TEXTILHILFSMITTEL

IHRE CHEMIE, KOLLOIDCHEMIE UND ANWENDUNG

VON

DR. PHIL., DIPL.-ING. AUGUST CHWALA

PRIVATDOZENT AN DER TECHNISCHEN HOCHSCHULE IN WIEN

MIT EINEM BEITRAG VON

PROF. DR. ROBERT HALLER
RIEHEN-BASEL

MIT 150 ABBILDUNGEN

WIEN

VERLAG VON JULIUS SPRINGER

1939

ISBN-13: 978-3-7091-5256-0   e-ISBN-13: 978-3-7091-5404-5
DOI: 10.1007/978-3-7091-5404-5

Vorwort.

Als ich im Jahre 1934 den Entschluß faßte, eine zusammenfassende
Arbeit über die Textilhilfsmittel zu schreiben, geschah dies unter dem
Eindruck, daß das damals bestehende Schrifttum über die neuzeitlichen
Textilhilfsmittel nur höchst mangelhaft war. Außer Aufsätzen in einer
Reihe von Fachzeitschriften gab es nichts, was dem Chemiker oder Koloristen über den kolloidchemischen Aufbau dieser Körper und über den
Zusammenhang zwischen ihrer Konstitution und ihrer Wirkungsweise
aufzuklären imstande gewesen wäre. In den letzten Jahren hat auf dem
in Rede stehenden Gebiete die chemische Wissenschaft und die Praxis,
vor allem auch die Synthese neuartiger Stoffe, einen so unerhörten Aufschwung genommen, daß ich es nicht bedauere, meine Arbeit erst jetzt
zum Abschluß bringen zu können, d. h. zu einer Zeit, die einen besseren
technischen Überblick ermöglicht als irgendeine vorhergehende. Denn
so war es mir möglich, die neueren und neuesten Arbeiten aus dem wissenschaftlichen und technischen Schrifttum einschließlich der Patente, die
neueren und neuesten Errungenschaften der Synthese von Textilhilfsmitteln und deren Anwendungen in diesem Buche noch zu verarbeiten.
Die Leistungen auf dem Gebiete der Textilhilfsmittelsynthese haben eine
wissenschaftliche Höhe erreicht, die jener der Forschung auf dem Felde
der Farbstoffe oder anderer wichtiger organischer Körper nichts nachgibt.
Gleichwie bei den Kunstfasern hat die Chemie und Technologie bei den
Textilhilfsmitteln im letzten Jahrzehnt eine ungeahnte Entwicklung durch-
gemacht, und die Herstellung von Hilfsstoffen, die bei der Veredlung von
Textilien Anwendung finden, ist zu einer großen Industrie geworden. Die
Bestrebungen, die bei den Textilhilfsmitteln vielfach verwendeten Fette
und Öle durch synthetische Stoffe zu ersetzen, haben zu schönen Erfolgen
geführt und auch sonst sieht man in der Entwicklung der synthetischen
Textilhilfsmittel klar und deutlich die Linien hervortreten, denen die
Arbeiten der nächsten Jahre folgen werden.

Demgegenüber ist das Schrifttum über Textilhilfsmittel trotz der Fülle
von wissenschaftlichen und technischen Einzelarbeiten überraschend
gering. Ich hatte mir daher für das vorliegende Buch das Ziel gesetzt,
eine zusammenfassende Darstellung von *Aufbau, Chemismus und Wirkungsweise der wichtigsten in der Praxis anzutreffenden Hilfsmittel* zu
geben sowie ihr Verhalten in Berührung mit Fasermaterial und Farb-

stoffen bei den verschiedenen Veredlungsprozessen zu beschreiben. Die hierbei auftretenden Erscheinungen sind im wesentlichen kolloidchemischer Natur, da sich die ihnen zugrunde liegenden Vorgänge an den Fasergrenzflächen und in den groben sowie in den submikroskopischen Kapillaren des Faserinneren abspielen; überdies zeigt der größte Teil der gebräuchlichen Textilhilfsmittel an sich ein typisch kolloides Verhalten.

Es kam mir nicht darauf an, ein möglichst lückenloses Verzeichnis aller im Handel anzutreffenden Textilhilfsmittel mit Hinweisen auf deren Konstitution zu geben, wie dies von anderer Seite versucht wurde. Es sollten vielmehr jene inneren Zusammenhänge herausgearbeitet werden, die *zwischen dem Aufbau und der durch diesen Aufbau, bzw. durch den Gehalt an funktionellen Gruppen verursachten Wirkungsweise* der Textilhilfsmittel einerseits und dem chemisch und histologisch verschieden gearteten *Fasermaterial* anderseits bestehen, wobei hier, wie auch an anderen Stellen des Buches, zum Teil bisher unveröffentlichte Erfahrungen und Versuchsergebnisse aus dem eigenen Institut mitverwendet wurden. Eine allfällige Reihung der Textilhilfsmittel schließt kein Werturteil in sich, da erfahrungsgemäß die besonderen Anwendungsbedingungen bei den Hilfsmitteln allzu stark vom Einzelfall abhängig sind.

Dem eigentlichen Werk über die Textilhilfsmittel habe ich einen eigenen Abschnitt über die „Histologie und Mikrostruktur der Gespinstfasern" vorgeschaltet, der Herrn Prof. Dr. Robert HALLER, Riehen (Schweiz), zum Verfasser hat, in der Erwägung, daß dem Benutzer des Buches eine kurze Übersicht über die Grundtatsachen dieses Gebietes dienlich und erwünscht sein wird.

Um das Verständnis der Hauptkapitel, die sich mit den Themen Chemie, Kolloidchemie und Verhalten der Textilhilfsmittel befassen, zu erleichtern und zu fördern, glaubte ich, dem Leser vor dem Eingehen auf diese einige einleitende Kapitel allgemeinen Inhaltes über Kolloidchemie, Quellung und Ladungsverhältnisse der Cellulose- und Proteinfasern mit auf den Weg geben zu sollen.

Der große Aufschwung, den die Industrie der Textilhilfsmittel ganz besonders der stets erfolgreichen deutschen Forscherarbeit und deutscher Opferwilligkeit verdankt und der durch die gerade vom heutigen Deutschland erkannte Notwendigkeit, auch auf diesem Gebiete neue Wege zu gehen, weitere Impulse erhalten hat, wird in den kommenden Jahren sicherlich in unverminderter Stärke anhalten. Ich gebe mich der Hoffnung hin, mit meinem Versuch, die Textilhilfsmittel *vom konstitutionellen Standpunkt aus und im Hinblick auf die Wechselwirkung mit dem Fasergut*, bzw. auf die sich hierbei abspielenden kolloidchemischen Vorgänge zu betrachten, einen Beitrag zur ferneren Entwicklung dieses neuen Zweiges der Textilchemie zu leisten und dem praktischen Textilfachmann und Koloristen, dem Forscher und dem Studierenden damit zu dienen.

Ich hätte die Arbeit an dem vorliegenden Werk nie bewältigen können, wenn mir nicht die überaus wertvolle Mithilfe meines langjährigen, treuen Mitarbeiters, Herrn Dipl.-Ing. A. MARTINA, Wien, zuteil geworden wäre. Es geschieht nur auf seinen ausdrücklichen und beharrlich wiederholten

Wunsch hin, daß er nicht als Mitverfasser dieses Buches genannt erscheint, worauf er Anspruch zu erheben vollauf berechtigt wäre. Ich muß mich daher darauf beschränken, ihm an dieser Stelle für seine unendlich hingebungsvolle, opferwillige sowie stets hilfsbereite Mitarbeit und seine sich auf die letzten Einzelheiten erstreckende Gewissenhaftigkeit im Sichten, Bearbeiten und kritischen Verarbeiten des gesamten Stoffes meinen aufrichtigsten und wärmsten Dank auszusprechen, den er sich in reichstem Maße verdient hat. Lediglich seine hochwertige unermüdliche Unterstützung und Mitgestaltung hat mir, der ich von meinem Berufe ganz in Anspruch genommen bin, die Durchführung und den Abschluß dieses Werkes ermöglicht.

Ebenso ist es mir eine angenehme Pflicht, meinem lieben Freund, Herrn Dr. Edmund WALDMANN, Wien, zu danken, mit dem mich seit dem Jahre 1925 vielfache gemeinsame Arbeit auf den verschiedensten Gebieten der Textilchemie verbindet. Sein ebenso gerne erbetenes wie gewährtes Eingehen auf mir etwa entgegentretende Probleme hat dazu beigetragen, das vorliegende Werk an so mancher Stelle in willkommener Weise zu ergänzen.

Weiter sei mir gestattet, meinen geschätzten Freunden, Herrn Dr. Alexander PRIOR, Chemnitz, dem Vorsitzenden der Deutschen Sektion des Internationalen Chemiker-Coloristen-Verbandes, sowie Herrn Dipl.-Ing. F. WEBER, Wien, für wertvolle Ratschläge und Winke, mit denen sie meine Arbeit unterstützten, herzlichsten Dank zu sagen.

Herr Dr. Eckard HÄMMERLE, Dornbirn, unterstützte mich in entgegenkommendster Weise durch freundliche Überlassung einer Auswahl von Textilmusterstücken, die die Wirkung der Hilfsmittel in der Praxis während des Veredlungsganges systematisch sichtbar machen.

Schätzenswerte Anregungen verdanke ich den Herren: Direktor Ing. G. BRIGNON, Möllersdorf bei Wien, Professor Dr. E. ELÖD, Karlsruhe, und Prof. Dipl.-Ing. L. KOLLMANN, Wien.

Für die Überlassung von Photokopien bin ich auch Herrn Prof. Dr. N. K. ADAM, Southampton, und Herrn Studienrat Direktor Dipl.-Ing. R. BRAUCKMEYER, Wurzen i. Sa., verpflichtet.

Ferner gilt mein Dank auch den Textilhilfsmittel erzeugenden Firmen: I. G. Farbenindustrie A.-G., Frankfurt (Main), Höchst. — Böhme Fettchemie Ges. m. b. H., Chemnitz, — Chemische Fabrik Stockhausen & Cie., Krefeld. — Chemische Fabrik Grünau A. G., Berlin-Grünau. — A. Th. Böhme, Chemische Fabrik, Dresden. — Zschimmer & Schwarz, Chemnitz. Chemische Fabrik Pfersee G. m. b. H., Augsburg. — Chemische Fabrik Theodor Rotta, Zwittau i. Sa. — Deutsche Houghton Fabrik Komm.-Ges., Magdeburg-Buckau. – Chemische Fabrik Röhm & Haas A. G., Darmstadt. — Chemische Fabrik R. Baumheier A.-G., Oschatz i. Sa. — Gesellschaft für Chemische Industrie in Basel. — Chemische Fabrik vormals Sandoz, Basel. — Imperial Chemical Industries Ltd., Manchester. – Aziende Colori Nazionali Affini A. C. N. A., Milano. — Etablissements Kuhlmann, S. A., Paris, die mir bereits früher für meine akademischen Vorlesungen und teilweise neuerdings für das vorliegende

Werk durch freundliche Beistellung von Substanzmustern und literarischem Belegmaterial sowie von Lichtbildern, die zum Teil eigens für dieses Buch angefertigt worden sind (Böhme Fettchemie Ges. m. b. H.), ihre schätzbare Hilfe haben angedeihen lassen.

In der Reihe derer, denen ich hier meinen aufrichtigsten Dank abstatte, darf auch der Verlag Julius Springer, Wien, nicht fehlen, der den Druck und die Ausstattung des Buches mit seinen vielen Diagrammen und Abbildungen in großzügiger, weder Kosten noch Mühe scheuender Weise besorgt hat.

Zum Schlusse möchte ich an meine Herren Fachgenossen die Bitte richten, mich auf Mängel oder Unrichtigkeiten aufmerksam machen und mir auch gegebenenfalls erwünschte Ergänzungen aufzeigen zu wollen.

Wien, am 22. Juni 1939.

A. CHWALA.

Inhaltsverzeichnis.

Dritter Abschnitt.
Das kolloidchemische Verhalten der Textilfasern in Berührung mit wäßrigen Lösungen.

Vierter Abschnitt.
Das elektrokinetische Granzflächenpotential der Textilfasern in Berührung mit Wasser.

Fünfter Abschnitt.
Die Textilhilfsmittel.

Sechster Abschnitt.
Chemismus und molekularer Feinbau der Textilhilfsmittel.

Siebenter Abschnitt.
Die Textilhilfsmittel in wäßrigen Dispersionen.

Achter Abschnitt.
Kolloide Mittel gegen die Härtebildner des Wassers bei textilchemischen Prozessen.

Neunter Abschnitt.
Wasch- und Reinigungsmittel.

Zehnter Abschnitt.

Schmälzöle.

Elfter Abschnitt.
Carbonisierhilfsmittel.

Zwölfter Abschnitt.
Hilfsmittel für das Walken.

Dreizehnter Abschnitt.
Schlichtmittel.

Chemisches Verhalten und struktureller Aufbau der Gespinstfasern.

Von ROBERT HALLER, Riehen (Schweiz).

Auf Grund ihres histologischen Aufbaues ergibt sich für die Gespinstfasern folgende Einteilung:

1. *Einfache Fasern (mit einzelnen Zellen)*:

a) nativ: Baumwolle;

b) chemisch isoliert: kotonisierte Bastfasern.

2. *Zusammengesetzte Fasern*:

a) vegetabilische native Fasern: alle Bastfasern, Flachs, Hanf, Jute, Ramie, Schilf, Ginster;

b) animalische native Fasern: Wolle, Seide.

3. *Kunstfasern*:

a) mit mikroskopischer Struktur: die regenerierten Cellulosen der Viskosekunstseide und der Kupferkunstseide;

b) strukturlos: Acetatkunstseide.

Die Grundsubstanz der nichtanimalischen Fasern ist die Cellulose. Diese ist ein Kohlehydrat von noch nicht endgültig festgestellter Konstitution mit drei Hydroxylgruppen im Molekül, ist also als dreiwertiger Alkohol anzusprechen, dessen zahlreiche Ester und Äther zum Teil auch große technische Bedeutung erlangt haben, wie z. B. die Acetylcellulose. Auch die für die Alkohole charakteristische Ersetzbarkeit des Hydroxylwasserstoffes durch ein Metall ist für die Cellulose von Bedeutung geworden, da auf ihr die Xanthogenatbildung, die grundlegende Reaktion der Viskosekunstseidefabrikation, beruht. Die drei im Cellulosemolekül vorhandenen Hydroxylgruppen scheinen nach den bisherigen Erfahrungen verschiedene chemische Aktivität zu besitzen [1].

Der versuchte Abbau der Cellulose läßt gewisse Schlüsse über die Bausteine ihres Moleküls zu. Der oxydative Abbau führt zur „Oxycellulose", der Abbau mit Säuren zur „Hydrocellulose" und dann zum Traubenzucker. Sowohl Oxy- als Hydrocellulose sind keine einheitlichen chemischen Körper, sondern Gemische von Abbauprodukten mit unveränderter Cellulose, und ihr charakteristisches Verhalten wird durch eben diese Abbauprodukte hervorgerufen. Eine Anzahl von Reaktionen der Oxycellulose, insbesondere die Osazonbildung, zeigt das Vorhandensein von Aldehydgruppen in ihr an. Anderseits ist aus dem Säureabbau zum Traubenzucker zu schließen, daß die Cellulose aus Glucoseresten aufgebaut ist (vgl. S. 18).

Im folgenden soll ein kurzer Abriß über das chemische und physikalische Verhalten der verschiedenen Fasern gegeben, aber auch ihre Histologie etwas ausführlicher behandelt werden; denn die Kenntnis des strukturellen Aufbaues der Faser ist für den Textilchemiker vielleicht ebenso wichtig wie die ihres konstitutiven.

A. Verhalten der Fasern gegenüber physikalischen und chemischen Einflüssen.

I. Vegetabilische (Cellulose-) Fasern.

1. Baumwolle.

Gegen *Luft* und *Wasser* ist Cellulose unter normalen Verhältnissen fast absolut widerstandsfähig. Hingegen schädigt längerdauernde starke *Belichtung* in Gegenwart von Luft, besonders in Anwesenheit gewisser als Katalysatoren wirkender Metallsalze und Farbstoffe (speziell von Kupfer- und Eisensalzen bzw. gelben und orangeroten Küpenfarbstoffen, vor allem solcher die keinen Ringstickstoff enthalten [2]). Für viele textiltechnische Operationen ist ein bestimmter höherer *Feuchtigkeitsgehalt* der Baumwolle vorteilhaft, für manche eine Behandlung mit *Wasserdampf* notwendig, mit der man u. a. den Zweck verfolgt, die Faser in einen vom normalen abweichenden Quellungszustand zu versetzen. Die *Benetzung* der Baumwollfaser geht in der Weise vor sich, daß das Wasser nicht durch Kapillarwirkung, sondern durch Diffusion zum Lumen vordringt.

Verdünnte *Ätzalkalien* sind weder im kalten noch im heißen Zustand von besonderer Einwirkung auf Baumwolle, vorausgesetzt, daß die Erhitzung (auch unter Druck bis zu 3 Atm.) unter Luftausschluß erfolgt. Eine Lösung von Cellulose wurde unter solchen Verhältnissen bisher nicht festgestellt; der Gewichtsverlust bei der „Beuche" beruht auf der Loslösung der Nichtcellulosestoffe, der Wachse, Fette und Pektinsubstanzen aus der Faser. Über das Verhalten der Baumwolle gegen konzentrierte Alkalien wird bei der Merzerisation gesprochen.

Verdünnte *Säuren* verändern Baumwolle kaum; sobald aber durch Eintrocknen des nassen Materials Konzentration erfolgt, tritt Bildung von Hydrocellulose ein, nachweisbar mit FEHLINGscher Lösung. Am gefährlichsten sind die Mineralsäuren, vor allem Schwefelsäure, dann Salzsäure und Salpetersäure. Aber auch die organischen Säuren, wie Oxalsäure, Weinsäure, Zitronensäure, Glykolsäure, können Baumwolle schädigen, hingegen sind Milchsäure, Ameisensäure und Essigsäure harmlos.

Bezüglich der Einwirkung von *Salzen* sei nur erwähnt, daß Salze dreiwertiger Metalle (Al, Fe, Cr), besonders solche mit schwachen Säuren, wie Essigsäure, von Baumwolle in erheblichem Maß aufgenommen werden und daß neben anderen hydrolytisch dissoziierte Salze, wie Zinkchlorid, quellend auf Cellulose einwirken.

Reduktionsmitteln, wie den heute so stark gebrauchten Sulfoxylaten gegenüber ist Baumwolle indifferent.

Auch recht energische *Oxydationsprozesse*, wie Chloratätzen, laufen oft auf der Baumwollfaser ab, ohne sie merklich zu schädigen. Hingegen läßt sich als Folge der Einwirkung von Hypochloriten auch in verdünntesten Lösungen Oxycellulose nachweisen, die auch beim Erhitzen von Cellulose in alkalischem Medium bei Luftzutritt entsteht. Eine neue Methode des Nachweises von Oxycellulose beruht auf deren Eigenschaft, Metallsalze zu fixieren und besteht darin, daß sich an oxycellulosehaltigen Stellen durch Behandlung mit Stannochlorid und dann mit Goldchlorid Cassiusscher Goldpurpur bildet [3]. Hydrocellulose gibt diese Reaktion nicht.

Eigentliche *Lösungsmittel* für Cellulose kennt man nicht, denn es ist nicht möglich, sie mit ihren ursprünglichen Eigenschaften aus irgendeiner ihrer sog. Lösungen wiederzuerhalten. Kupferoxydammoniak, das sog. Schweizersche Reagens, löst Cellulose in beschränkten Mengen, wovon in der Technik zur Herstellung der Kupferseide Gebrauch gemacht wird. Die aus der Lösung abgeschiedene Substanz zeigt aber ausgesprochenes Reduktionsvermögen. Sowohl die Lösung der Cellulose in Kupferoxydammoniak wie die in Äthylendiaminkupfer haben kolloiden Charakter, wie aus ihrer beträchtlich erhöhten Viskosität hervorgeht.

2. Flachs, Hanf, Jute.

Im Prinzip gilt alles bisher von der Baumwolle Gesagte auch für die Bastfasern, da auch bei ihnen Cellulose die Grundsubstanz darstellt, doch enthalten sie beträchtlich größere Mengen von Begleitkörpern. Die Bastfasern bestehen, zum Unterschied von der einzelligen Baumwolle, aus Zellverbänden, in denen die einzelnen Elemente durch Substanzen aneinandergekittet werden, die nur zum geringsten Teil Cellulose sind. Diese Begleitkörper oder inkrustierenden Substanzen betragen durchschnittlich bei Flachs 14%, bei Hanf 15% und bei Jute 35% vom Fasergewicht.

Auf Grund folgender Reaktionen lassen sich Baumwolle, Flachs, Hanf und Jute voneinander unterscheiden.

	$J + ZnCl_2$	Ruthenium-rot	Phloro-gluzin + HCl	Eisenchlorid + Ferricyan-kalium	Cellulosegehalt
Baumwolle .... {	Cellulose-reaktion	—	—	—	90—92%
Flachs .... {	Cellulose-reaktion	rote Färbung	—	—	71—82%
Hanf .... {	Cellulose-reaktion	rote Färbung	blaß rosa	—	77%
Jute .... {	gelbbraun	rote Färbung	rote Färbung	indigoblau	63%

Von dem Verhalten der Bastfasern gegen chemische Agenzien sei hier nur erwähnt, daß Oxydationsmittel, besonders Hypochlorite und Hypobromite, auf Flachs und Hanf, die einander überhaupt in vielem ähnlich sind, heftiger als auf Baumwolle einwirken, und zwar vor allem durch Veränderung und Lösung der Kittsubstanzen, so daß die Faser rasch in ihre Elemente, die Einzelzellen, zerfallen kann. Diese Eigentümlichkeit wird zur sog. „Kotonisierung" der Flachs- und Hanffaser benützt.

II. Animalische Fasern.

1. Wolle.

Man unterscheidet eine große Zahl von Wollarten, die je nach der Schafrasse, von der sie stammen, in ihrem Aussehen unter dem Mikroskop verschieden sind, im chemischen Verhalten und im histologischen Aufbau aber voneinander kaum abweichen. Chemischen und physikalischen Einflüssen gegenüber zeigt die Wolle ein durchaus anderes Verhalten als die Pflanzenfasern. Das Wollhaar besteht größtenteils aus zwei Proteinsubstanzen, dem auf die Schuppenschicht beschränkten Keratin A, das in Pepsin-Salzsäure unlöslich ist und mit rauchender Salpetersäure keine Xanthoproteinreaktion gibt, und dem in den Rindenzellen wie in der Markschicht vorhandenen Keratin C, das in Pepsin-Salzsäure ebenfalls unlöslich ist, aber die Xanthoproteinreaktion mit rauchender Salpetersäure zeigt. Das Wollkeratin ist aus einer Anzahl von Aminosäuren, dem Tyrosin, Tryptophan und Cystin, aufgebaut, Histidin ist nur in geringen Mengen oder gar nicht vorhanden. Ausnahmslos, wenn auch in nach der Rasse verschiedenen Quantitäten, enthält die Wolle Schwefel, zum Teil in elementarer Form, zum Teil aber zweifellos in organischer Bindung. Durch Kalkwasser lassen sich erhebliche Mengen Schwefel extrahieren, ohne daß jedoch die Faser, speziell in ihrem färberischen Verhalten, merklich beeinträchtigt würde [4].

Auf Grund angeblicher Diazotierungen der Wollfaser sind von MARCEKK und LISLEY [5] in ihr freie Amidogruppen angenommen worden. Doch hat GRÄNACHER [6] gezeigt, daß beim Behandeln von Wolle mit Natriumnitrit in saurer Lösung zunächst eine Nitrosoverbindung entsteht, die mit weiteren Mengen salpetriger Säure Diazoniumverbindungen bildet; die gleichzeitig entstehende Salpetersäure gibt Diazoniumnitrat: die Diazoverbindung bildet sich tatsächlich, aber nicht aus einer freien Amidogruppe. Diazogruppen kann man über Amidogruppen erhalten, wenn man die Wolle in Nitriergemisch nitriert und hierauf mit Hydrosulfit reduziert. Die dann mit Naphtholen entstehenden Farbstoffe sind viel intensiver als auf unbehandelter Wolle [7].

Von *Licht* wird die Wollfaser unter bestimmten Bedingungen, auch schon auf dem lebenden Schaf, in eigenartiger Weise beeinflußt [8]. Durch Lichteinwirkung verändertes Wollhaar zeigt im Vergleich mit unbeeinflußtem abweichendes, charakteristisches Verhalten gegenüber Farbstoffen und Alkalien.

Wärme verändert die physikalischen Eigenschaften der Wolle erheblich. Bei 100 bis 105° C verliert das Wollhaar an Festigkeit, wird brüchig und rauh, bei 130° C zersetzt es sich. In Dampf von 100° C wird die Wollfaser plastisch, in kochendem Wasser verliert sie die Fähigkeit einzuschrumpfen, wovon man in der Praxis beim sog. „Krabben" Gebrauch macht, um die Wolle in einen stabilen, durch die folgenden Veredlungsoperationen nicht mehr veränderbaren Zustand überzuführen.

Gegen *Alkalien* ist Wolle außerordentlich empfindlich. Schwache Lösungen rufen Quellung hervor, kochende 5%ige Laugen zersetzen die Wolle rasch. Am intensivsten ist der Effekt von Laugen von 20° Bé, während solche von 39 bis 40° Bé bei kurzer Einwirkung die Wollfaser intakt lassen, ihr jedoch ein seidenglänzendes Aussehen verleihen sollen. Konzentriertes Ammoniak wirkt bei kurzdauernder Behandlung in der Kälte nicht, in der Wärme kaum verändernd, bei langandauernder Einwirkung aber, von etwa sechs bis acht Wochen, zerfällt die Wolle zu einem aus ihren histologischen Aufbauelementen bestehenden Brei; die Kittsubstanz geht dabei in Lösung und kann durch Verdunstung des Ammoniaks als braune, amorphe Masse gewonnen werden [9]. Gefärbte Wolle widersteht eigentümlicherweise diesem Angriff des Ammoniaks. Alkalicarbonate schädigen nur in konzentrierter Form und bei erhöhter Temperatur. Durch Formaldehyd wird, wohl infolge von gerbungsähnlichen Vorgängen, die Alkaliempfindlichkeit der Wolle stark herabgemindert.

Reduktionsmittel wirken auf Wolle kaum ein, schweflige Säure dient bekanntlich als Wollbleichmittel. Sulfoxylate rufen beim Ätzen von Wollfärbungen, vorzugsweise in Konzentrationen von mehr als 150 g Sulfoxylat-Formaldehyd im Liter, nach dem Dämpfen beträchtliche Schwächung der bedruckten Stellen hervor, und zwar infolge Abspaltung von Sulfiden und Sulfhydraten, die ja Wolle viel stärker schädigen als freie Alkalien [10]. Abhilfe dagegen wurde in Zusätzen gefunden, welche die Sulfide „in statu nascendi" zersetzen. Als solche werden Zinksalze verwendet oder das Natriumsalz der Monochloressigsäure [11].

Oxydationsmittel, wie Wasserstoffsuperoxyd, können in verdünntem Zustand als unschädliche Bleichmittel angewendet werden. Bei längerer Einwirkung in konzentrierter Form zersetzen sie die Wolle. Chlor wirkt unter bestimmten Bedingungen sehr energisch, nicht nur oxydativ, auf die Wollfaser ein, auch adsorptiv werden gewisse Mengen zurückgehalten. Die Wolle erhält durch Chlor rauhen Griff, ihr Filzvermögen wird herabgesetzt, eventuell auch ganz aufgehoben, ihr Farbaufnahmevermögen kräftig erhöht. Beim Dämpfen wird stark gechlorte Wolle gelb.

Neutrale *Metallsalze* werden von der Wollfaser kaum aufgenommen, dagegen finden die Salze der dreiwertigen Metalle Al, Fe, Cr vorzugsweise mit schwachen Säuren als Beizen Anwendung und auch kolloide Tonerde nimmt die Wolle kräftig auf.

2. Seide.

Die Seide steht der Wolle sehr nahe, doch fehlt ihr der Schwefel vollständig. Die Seidenraupe scheidet zwei Sekrete aus, das fadenbildende Fibroin und das die beiden Fibroinfäden verbindende Sericin, auch Bast genannt, das in schwachen Alkalien, am besten in Seifenlösungen, löslich ist und durch den das Fibroin freilegenden Entbastungsprozeß entfernt wird. Der Gehalt der Rohseide an Fibroin beträgt zirka 65 bis 67%, der an Sericin zirka 22%; der Rest ist Wasser und etwa 1% Asche. Das Fibroin gehört zu den Proteinen wie die Wollfaser. Durch Abbau der Seidenfaser mit schwachen Alkalien gelingt es, Amidosäuren zu isolieren, die weiter zu Tyrosin, Glykosin, Alanin, Amidobuttersäuren und nach FISCHER und SKITA [12] auch zu Aminovaleriansäure abgebaut werden können. Mit MILLONschem Reagens gibt Seide die bekannte Proteinreaktion, außerdem zeigt Fibroin die Biuretreaktion. Sericin ist, wie in schwachen Alkalien, auch in konzentrierter Salzsäure löslich. Aus seinen alkalischen Lösungen kann es durch Alkohol, Gerbstoffe, Blei- und Zinnsalze gefällt werden, Formaldehyd verwandelt es in eine unlösliche Verbindung.

Seide verträgt *Wärme* bis zu 140° C, ohne Schaden zu nehmen, bei 170° C beginnt sie sich langsam zu zersetzen.

Das Verhalten der Seide zu *Säuren* ist dem der Wolle ähnlich. Konzentrierte Schwefel- und Salzsäure lösen Seide unter weitgehendem Abbau auf. Mit konzentrierter Salpetersäure erhält man die Xanthoproteinreaktion, mit solcher von der Dichte 1,33 bei 45° C eine verhältnismäßig echte Gelbfärbung. Ameisensäure ruft Quellung hervor, die Faser wird unter Festigkeitseinbuße plastisch und zeigt nach dem Auswaschen erhöhten Glanz, aber auch nicht unwesentliche Schrumpfung. Im Gegensatz zu Wolle zeigt Seide bemerkenswerte Affinität zu Gerbsäure, mit der man sie bis zu 25% ihres Eigengewichtes beladen kann; dieses Verhalten benutzt man zur Erschwerung und späteren Schwarzfärbung der Seide.

Gegen *Alkalien* ist Seide widerstandsfähiger als Wolle. Höhere Konzentrationen zerstören die Faser rasch. Carbonate und Ammoniak sind ohne merklichen Einfluß. Kalkwasser verursacht Quellung und verleiht der Faser rauhen Griff, weshalb in den Seidenveredlungsstätten auf die Enthärtung der Betriebswässer zu achten ist.

Der Erschwerung der Seide wird auch ihre mehr minder hohe Affinität zu den verschiedensten *Metallsalzen* dienstbar gemacht. Man verwendet zu diesem Zweck Zinn- und Bleisalze, die aus ihren Lösungen durch die Seidenfaser in Mengen von mehr als 100% ihres Eigengewichtes aufgenommen werden können. Die Faser wird schwerer und voluminöser, voller, aber weniger haltbar; sie ist lichtempfindlich und auch färberisch von unerschwerter Seide verschieden [13].

III. Kunstfasern.

Die Kunstfasern lassen sich in zwei Gruppen teilen. Die erste ist die der regenerierten Cellulosen. Native Cellulose wird gelöst und aus ihren Lösungen wieder als Cellulose ausgefällt, deren Reaktionen sich allerdings keineswegs restlos mit denen des nativen Ausgangsstoffes decken. Die zweite Gruppe bilden Fasern, deren chemische Zusammensetzung von derjenigen der Cellulose abweicht und die auch ein völlig anderes Verhalten zeigen wie das Ausgangsmaterial. Zur ersten Gruppe gehören Viskoseseide und Kupferseide, zur zweiten Nitroseseide und Acetatseide.

Die *Viskosekunstseide* ist eine durch Fällung von Cellulosexanthogenat hergestellte regenerierte Cellulose. Als solche zeigt sie naturgemäß die charakteristischen Cellulosereaktionen, violette Färbung mit Chlorzink-Jod, Blaufärbung mit Jod-Schwefelsäure, Löslichkeit in Kupferoxyd-ammoniak, Unlöslichkeit in organischen Solventien. Hingegen besitzt sie im Vergleich zu Baumwolle höhere Quellfähigkeit und größere Wasser-empfindlichkeit, im nassen Zustand stark verminderte Reißfestigkeit. Schon geringe Konzentrationen von Ätzalkalien rufen Quellung und bei längerer Einwirkung Desorganisation der Faser hervor, doch wirken konzentrierte Alkalien, besonders in kolloidem Medium, wie beispielsweise im Druck, eigentümlicherweise weniger energisch. Die Farbstoffaufnahme entspricht ungefähr derjenigen der merzerisierten Baumwolle, der die Viskoseseide überhaupt sehr ähnlich ist. Viskoseseide gibt die Zinnsalz-Goldchlorid-Reaktion [14] und mit FEHLINGscher Lösung eine mehr weniger intensive Abscheidung von Kupferoxydul, das zum größten Teil auf der Faser haften bleibt. Dies zeigt einen mehr weniger hohen Gehalt an Oxy- und möglicherweise auch an Hydrocellulose an. Zu basischen Farbstoffen besteht eine gewisse Affinität.

Auch die *Kupferkunstseide* ist regenerierte Cellulose. Während jedoch für Viskoseseide Holz als Ausgangsmaterial verwendet werden kann, müssen zur Erzeugung der Kupferseide Baumwoll-Linters in Kupfer-oxydammoniak gelöst werden; aus dieser Lösung wird die Cellulose durch Säure- oder Salzlösungen regeneriert.

Die chemischen Reaktionen und das physikalische Verhalten der Kupferseide sind so ziemlich die gleichen wie die der Viskoseseide, doch sind Naßreißfestigkeit und Widerstandsfähigkeit gegen Alkalien bei der Kupferseide höher. Die Aufnahmefähigkeit für basische Farbstoffe ist geringer als bei Viskoseseide, hingegen ist die für substantive Farbstoffe sehr kräftig ausgeprägt.

Die *Nitrokunstseide*, die heute nur mehr geringe Bedeutung besitzt, ist ein Cellulosederivat. Die Cellulose wird durch ein Gemisch von Schwefel- und Salpetersäure nitriert. Der nitrierten Cellulose werden nach dem Spinnprozeß die Nitrogruppen wieder entzogen. Den hierbei gebildeten Amidogruppen ist zweifellos die große Affinität zu sauren Farbstoffen zuzuschreiben.

Acetatkunstseide ist Celluloseacetat, jedoch keine einheitliche, einer stöchiometrischen Formel entsprechende Verbindung. Als Derivat der Cellulose hat sie von dieser abweichende physikalische und chemische Eigenschaften.

Die Acetatseide ist in gewissen organischen Lösungsmitteln, wie Aceton und Eisessig, löslich. Ihr Quellungsvermögen ist sehr beschränkt, daher ihre Naßreißfestigkeit höher als die der Kunstfasern aus regenerierter Cellulose. Während Gespinste aus Triacetat, das im Gegensatz zum handelsüblichen Produkt chloroformlöslich ist, in kochendem Wasser beständig sind, bewirkt bei Acetatseiden, die so wie die des Handels etwa 50 bis 59% Essigsäure enthalten, Kochen mit Wasser unter beträchtlicher Festigkeitsabnahme Kräuselung und Trübung des Glanzes des sonst hochglänzenden Materials.

Alkalien verseifen Acetatseide. Man kann unter dem Mikroskop mit $^1/_{10}$-Natronlauge unter Zusatz geeigneter Farbstoffe erkennen, daß die Verseifung schichtweise von außen nach innen vor sich geht [15].

Infolge ihrer geringen Quellfähigkeit verhält sich die Acetatseide ablehnend gegen die in der Baumwollfärberei üblichen Farbstoffgruppen. Substantive Farbstoffe ziehen kaum auf, die meisten überhaupt nicht. Küpenfarbstoffe färben wohl, doch ist dies eine Folge der durch die alkalischen Bäder hervorgerufenen Verseifung der Acetatseide und Bildung regenerierter Cellulose. KARTASCHOFF [16] hat gezeigt, daß die Färbung von Acetatseide auf einer Lösung des Farbstoffes in der Fasersubstanz beruht, wie denn auch tatsächlich der Färbeeffekt durch Verseifen der gefärbten Faser zum Verschwinden gebracht wird.

Beim Anbrennen schmilzt die Acetatseide und formt ein Schmelzkügelchen.

Mit Chlorzink-Jod erfolgt Gelbfärbung, mit Jod-Schwefelsäure zunächst ebenfalls Gelbfärbung, dann Verseifung und Blaufärbung. Mit Hilfe dieser letzteren Reaktion kann man bei verseifter Acetatseide den Grad der Verseifung erkennen; da diese von außen nach innen fortschreitet, erhält man mit dem Reagens blaue Färbung der äußeren Schicht regenerierter Cellulose, die sich dann aufspaltet und im Innern den noch gelbgefärbten Kern von Acetatseide sehen läßt [17].

Bezüglich der Kunstfasern aus Proteinstoffen vgl. S. 45.

Anschließend wären noch einige aus nativen Fasern hergestellte Produkte zu erwähnen, die sich infolge chemischer Behandlung färberisch anders verhalten als ihre Ausgangsmaterialien. Es sind in den letzten Jahren Gespinste auf den Markt gekommen, die als sog. Reservegarne verwendet werden, um beim Färben von Geweben, in die diese Garne hineinverarbeitet sind, ungefärbte Effekte zu erzielen.

Das von den Textilwerken Horn A. G. gemäß D.R.P. 396926 erzeugte „Immungarn" besteht aus einem unveränderten Cellulosekern, der oberflächlich (durch Behandeln mit Natronlauge zunächst in Natroncellulose, dann mit p-Toluol-Sulfochlorid) in einen Celluloseester der p-Toluolsulfonsäure übergeführt ist. Äthylendiamin-Kupfer wirkt quellend, aber ohne die tonnenförmigen Anschwellungen der Baumwollfaser. Chlorzink-Jod gibt gelbbraune Färbung, Jod-Schwefelsäure die gleiche Reaktion wie mit Acetatseide. Mit Alkalien erfolgt Verseifung. Die Quellfähigkeit ist außerordentlich reduziert. Mit substantiven und bei Anwendung bestimmter Vorsichtsmaßregeln mit Küpenfarbstoffen färben sich diese Garne nicht, stark dagegen mit basischen Farbstoffen. Die Festigkeit ist gering und auch die Haltbarkeit beschränkt, da die mit der Zeit spontan sich abscheidende Schwefelsäure durch Hydrocellulosebildung das Material zum Zerfall bringt. Durch Erwärmen über 90° C wird das Garn gelbbraun und brüchig.

Das Verfahren der Chemischen Fabrik vorm. Sandoz gemäß D.R.P. 525 084 und 530 395 sollte die Erzeugung von Cellulosemono- bzw. -diacetaten ermöglichen, die die Eigenschaften des „*Immungarns*" besitzen, jedoch seine Nachteile vermeiden und lagerecht sein sollten. Dieses „*Passivgarn*" wird aus Natroncellulose und einem Gemisch von Essigsäureanhydrid und Eisessig mit Zinkchlorid als Katalysator hergestellt. Es ist wesentlich haltbarer als „*Immungarn*". Die Veresterung erstreckt sich hier auf die ganze Faser. Verseifung tritt sehr leicht ein, alkalische Behandlung, auch schon längeres Seifen, verringert die Immunität gegen substantive Farbstoffe weitgehend. Ob das „Passivgarn" mit Recht als Mono- bzw. Diacetylcellulose bezeichnet wird, ist nach den Untersuchungen von HESS [18] sehr zweifelhaft, der röntgenographisch festgestellt hat, daß Mono- und Diacetate nativer vegetabilischer Gespinstfasern nicht existieren und daß man es bei allen derartigen Produkten mit wechselnden Gemischen von Cellulosetriacetat und unveränderter Cellulose zu tun hat. Doch ist nicht ohne weiteres verständlich, warum man aus einem derartigen Gemisch die chloroformlösliche Triacetatcellulose nicht zu extrahieren vermag.

Von der Gesellschaft für chemische Industrie in Basel wurde gemäß D.R.P. 554 781 durch Einwirkung von Cyanurchlorid auf Natroncellulose ein Gespinst erzeugt, das nicht nur gegen substantive Farbstoffe in hohem Maß immun, sondern auch gegen Alkalien sehr widerstandsfähig ist und sich daher auch zum Reservieren von Küpenfarbstoffen eignet. Zu Acetatseidenfarbstoffen besteht im Gegensatz zu den früher genannten Garnen keine Affinität. Die Lagerbeständigkeit ist unbegrenzt.

Die I. G. Farbenindustrie A. G. verwendet gemäß D.R.P. 346 883 zur Herstellung eines reservierenden Gespinstes mit analogen Eigenschaften wie die obigen Benzoylchlorid.

Die Versuche, Gespinstfasern zu immunisieren, wurden nicht auf vegetabilisches Material beschränkt. Die Firma Cassella & Co. erhielt gemäß D.R.P. 384 103 durch Behandlung von Wolle mit Essigsäureanhydrid in der Hitze, wobei Schwefelsäure als Katalysator diente, ein Material, das sich gegen bestimmte saure Farbstoffe sehr ablehnend verhält. Die vorzüglichen Eigenschaften der Wolle werden durch diese Behandlung anscheinend nicht beeinträchtigt.

B. Histologischer Aufbau der Gespinstfasern.

Es sei hier auf die eingangs aufgestellte Systematik verwiesen, deren Reihenfolge in diesem Abschnitt eingehalten werden soll.

Als außerordentlich zweckmäßig für das Studium des histologischen Aufbaues der Gespinstfasern, besonders derjenigen pflanzlichen Ursprungs, hat sich die Verwendung der Farbstoffkondensationsmethode [19] erwiesen. Sie besteht darin, daß man die mit einem geeigneten Farbstoff gefärbte Faser — sehr gut eignen sich hierzu bestimmte Küpenfarbstoffe — in

Wasser, Alkohol oder Glycerin einige Zeit unter Druck bis zu 170° C erhitzt. Der Farbstoff beginnt unter diesen Bedingungen zu wandern und lagert sich vorzugsweise in Hohlräumen, bei der Baumwolle im Lumen, oft in Form wundervoller Kristalle ab. — Auf diese Art läßt die Methode den histologischen Aufbau der Fasern deutlich wahrnehmen und sie ermöglichte die Erkenntnis, daß die Seidenfaser von bis dahin unbekannt gebliebenen feinen Kanälen durchzogen ist. Ferner gestattet die Methode die Feststellung, ob eine Färbung chemischen oder adsorptiven Charakter hat. Färbungen, bei denen Kondensation durchgeführt werden kann, sind nicht als auf chemischer Grundlage zustande gekommen anzusehen.

I. Einfache Fasern.

Die *Baumwolle* ist die einzige einzellige Gespinstfaser. Die Zelle zeigt einen von der Zellwand umschlossenen Hohlraum, das Zell-Lumen, das den abgestorbenen Protoplasten einschließt. An der Zellwand unterschied man bis vor kurzem nur die eigentliche Zellmembran aus fast reiner Cellulose und die diese überziehende Kutikula, die beim Behandeln der Faser mit Kupferoxydammoniak oder Äthylendiaminkupfer nach Zerfall und Lösung der Zellwand zurückbleibt. Untersuchungen des Verfassers [20, 21] haben es jedoch wahrscheinlich gemacht, daß die sog. Kutikula nichts anderes ist als die äußerste Schicht der Zellwand, deren adsorptiv gebundene Inkrusten [22] ein von dem der Cellulose abweichendes Verhalten vermitteln. Nach Entfernung dieser Inkrusten, z. B. durch die Bleiche, wobei auch die protoplasmatischen Rückstände gelöst werden, verhält sich die Faser ganz ebenso wie reine Cellulose [23]. Hingegen beobachtet man des öfteren beim Auflösen von Baumwollfasern eine das Innere der Faser auskleidende und gegen die Zellwand abschließende Membran [24, 25]. Die Zellwand selbst besteht aus konzentrisch angeordneten Schichten, die übereinanderliegen, ohne von eigenen Zwischenhäuten überzogen zu sein [26].

Nach den neuesten Forschungen wären also an der Baumwolle drei histologische Elemente zu unterscheiden: 1. Die Hauptmasse stellt die aus konzentrisch angeordneten Lamellen, welche als histologische Elemente anzusehen sind, bestehende Zellwand dar — zweifellos bedingen diese konzentrischen Schichten die unter dem Mikroskop zu beobachtende Spiralstreifung der Faser. 2. Die durch Inkrustation mit Nichtcellulosen enstandene äußerste Schicht der Zellwand, die sog. Cuticula. 3. Die Innenauskleidung der Zelle, anscheinend eine gesonderte, bis heute jedoch nicht näher erforschte Membran.

II. Zusammengesetzte Fasern.

a) Vegetabilische Fasern.

Hierher gehören die Bastfasern *Flachs, Hanf, Nesselfaser, Ramie* und *Jute*, die gemeinschaftlich besprochen werden können, da ihr histologischer Aufbau im Prinzip einheitlicher Natur ist.

Die Bastfasern stellen Zellbündel vor. Eine große Zahl von Einzelzellen ist durch die Interzellularsubstanz, welche auch als Mittellamelle bezeichnet wird, zusammengehalten. Diese besteht vorzugsweise aus Pektinkörpern und kann daher behufs Auflockerung des Faserbündels auf biologischem Weg mit Hilfe abbauender Bakterien (Röste) zum Teil entfernt werden. Bei einzelnen Fasern, besonders Hanf und Jute, ist diese Bindesubstanz verholzt, weshalb zu ihrer Beseitigung chemische Mittel, Alkalien im Verein mit Oxydationsmitteln, Hypochlorite oder Hypobromite, verwendet werden müssen. Diesen Prozeß der Isolierung der Bastfaserzelle aus der technischen Faser nennt man „Kotonisieren".

Auf Grund der neuesten Forschungen von LÜDKE [27], HESS [28], HALLER [29], SCHLOTMANN [30] ist die Zellwand der Bastfasern aus konzentrischen Lamellen zusammengesetzt, die jedoch, im Gegensatz zur Baumwolle, einzeln von gesonderten Membranen umgeben sind. Eine der Cuticula der Baumwolle entsprechende Primärmembran umhüllt die Faser. Auch eine das Lumen gegen die Zellwandung abschließende Membran ist vorhanden, die bei der Quellung der Faser deutlich sichtbar wird.

b) Animalische Fasern.

Am *Wollhaar* sind drei histologische Aufbauelemente zu unterscheiden. Die äußere Schicht bilden die aus Keratin A bestehenden flachen Zellen der Schuppen, die in dachziegelförmiger Anordnung das Wollhaar so außerordentlich dicht umschließen, daß nur durch ihre Beschädigung bestimmte Reaktionen der darunterliegenden Rindenschicht (PAULYsche Diazoreaktion) ermöglicht werden. Sehr langes Liegen in konzentriertem Ammoniak lockert den Zellverband der Schuppenschicht, ohne Lösung zu bewirken, Halogene, besonders Chlor, zerstören die Schuppen unter Umständen völlig. Die von den Schuppen eingeschlossene Rindenschicht besteht aus Verbänden feiner spindelförmiger, durch eine Kittsubstanz [31] zusammengehaltener Zellen, die durch längere Einwirkung von konzentriertem Ammoniak, das die Kittsubstanz löst, isoliert werden können. Das dritte histologische Aufbauelement, das nicht in jedem Wollhaar zu finden ist, sondern ein Charakteristikum gröberer Wollen darstellt, sind die Markzellen, deren Isolierung nur schwer ohne chemische Beeinflussung ihrer Substanz gelingt.

Färberisch ist die Wollfaser ein durchaus heterogenes Gebilde, die hauptsächlichen Träger der Färbbarkeit sind die Rindenzellen, während die Schuppenzellen kaum Farbstoff aufnehmen.

Die *Seide* besitzt keine eigentliche Struktur. Die viskose Flüssigkeit, welche die Spinndrüse der Seidenraupe verläßt, bildet beim raschen Erstarren an der Luft zwei durch den Seidenleim, das Sericin, zusammengeklebte Fäden von unregelmäßig höckeriger Oberfläche. Um die Einzelfäden zu isolieren, wird in der Technik das Sericin durch warme, schwach alkalische Bäder, vorzugsweise mit Seife, entfernt. Mit Hilfe der Farbstoffkondensation nach HALLER-RUPERTI [32] wurden im Seidenfaden eine Anzahl Kanäle festgestellt. Durch bestimmte Behandlungen wird der Seidenfaden rauh und zeigt unter dem Mikroskop feine, vom eigentlichen Faden abstehende Fibrillen.

III. Kunstfasern.

Die *Kunstseiden* werden durch Verdüsen von Lösungen von Cellulose
bzw. Cellulosederivaten erhalten und entbehren demgemäß einer mikroskopisch erfaßbaren Struktur. Kleine Hohlräume sind nicht als Struktur,
sondern als Fehler aufzufassen. Eine Gespinstfaser, der man nach einem
besonderen Verfahren ein Lumen zu applizieren versucht hat, ist die
Celta-Kunstseide. Doch kann von einem eigentlichen Lumen in diesem
Fall nicht gesprochen werden, da die Celta-Kunstseide unter dem Mikroskop einseitig aufgeschlitzte röhrenförmige Gebilde aufweist.

C. Mikrostruktur der Gespinstfasern.

Die Gespinstfasern sind an sich unlösliche, organisierte, d. h. quellungs-
fähige Körper, die die Fähigkeit haben, Wasser und wäßrige Lösungen
bis zu einem für die einzelnen Faserarten verschiedenen Quellungsmaximum einzulagern: Kolloide im Gelzustand.

Schon 1858 hat NÄGELI [33] seine „Mizellartheorie" begründet, die
er später [34] noch eingehender ausgeführt hat. Darnach sind die Moleküle der organisierten Körper in Molekülgruppen zusammengefaßt, die
er Mizellen nennt und die mikroskopisch nicht wahrnehmbare Kristalle
darstellen sollen. Auch die Mizellen können wieder zu größeren oder
kleineren Gruppen zusammentreten, die sich im Raum sowohl in ebene
wie in krumme Flächen orientieren können. „Überdies können sie,
ohne ihre gegenseitige Anordnung zu verändern, sich soweit voneinander
entfernen, daß Moleküle anderer Substanzen, zu denen sie Affinität
haben, sich zwischen sie einschieben und eine förmliche Hülle um sie
bilden."

Die NÄGELIsche Mizellartheorie hat in der modernen Kolloidchemie
ihre Bestätigung gefunden und das in dem letztzitierten Satz aufgezeigte
Verhalten der organisierten Substanz liefert zum Teil die Erklärung z. B.
für die Färbevorgänge.

Die in die organisierte Substanz eindringende Flüssigkeit, die eine als
Quellung bezeichnete Volumzunahme zur Folge hat, tritt nicht in die
Mizellen selbst ein, sondern nur zwischen dieselben. Die Volumvergröße-
rung hat daher ihre Ursache in dem Auseinanderschieben der Mizellen
durch das dazwischengelagerte Wasser. Wird dieses durch Erwärmen,
Austrocknen o. dgl. wieder entfernt, so rücken die Mizellen im Verhältnis
zu der Menge der verdunsteten Flüssigkeit wieder zusammen, um zuletzt
ihre frühere gegenseitige Entfernung und damit das ursprüngliche Volumen wieder einzunehmen. Da sich die Mizellen unter Umständen bis
zur gegenseitigen Berührung einander nähern können, müssen die benachbarten Mizellarschichten aufeinanderpassen oder ineinandergreifen, was
eine polyedrische Form der Mizellen voraussetzt. NÄGELI nimmt daher
an, daß die Mizellen Kristallform haben.

Er führt weiter aus, daß die organisierten Substanzen aus einem
Gemenge zweier chemisch verschiedener Stoffe bestehen, und vergleicht
sie zur Veranschaulichung mit einem Backsteinmauerwerk, in welchem die

größere Masse der Mizellen die Backsteine, die kleinere den diese verbindenden Mörtel vorstellt, die Verbindungssubstanz, die in unregelmäßiger Weise in den Mizellarzwischenräumen, den „Interstitien", eingelagert ist. Die beiden Substanzen sind chemisch verschieden und ungleich löslich, so daß sie durch chemische Einwirkung oder geeignete Lösungsmittel voneinander getrennt werden können. Das NÄGELIsche Mizellargefüge ist diskontinuierlich und es sind vermutlich Kohäsionskräfte, welche die Mizellen so stark aneinanderheften, daß sich oft, wie bei den Gespinstfasern, ungewöhnliche Reißfestigkeiten ergeben.[1] Auch Adhäsionskräfte können bedeutende Werte annehmen, doch können diese durch Quellung, d. i. durch Einlagerung von Wasser in die Mizellarinterstitien, oft erheblich geschwächt werden, wie sich in der Verminderung der Reißfestigkeit der meisten Gespinstfasern im gequollenen Zustande zeigt.

Es sei hier nur ganz kurz erwähnt, daß BÜTSCHLI [35] den Bau der organisierten Substanz ganz anders aufgefaßt und auf Grund mikroskopischer Studien angenommen hat, daß die organisierten Gebilde Wabenstruktur besäßen und ähnlich aufgebaut wären wie Schäume. Derartige Netz- und Wabenstrukturen sind wohl nur für das Protoplasma der Pflanzenzellen zutreffend. Bestimmte Substanzen, insbesondere Gallerten von Stärke, Tragant, Gummi, besitzen wabenartigen Aufbau. HALLER [36] hat durch Niederschlagsbildung in Gallerten der im Zeugdruck üblichen Verdickungsmittel mikroskopisch — nicht etwa durch Dunkelfeldbeleuchtung — nahezu stets Netzstrukturen nachweisen können. Dies brachte ihn dazu, diese Gallerten mit einem Schwamm zu vergleichen. Auf diese Weise ist es leicht erklärlich, daß Flüssigkeiten, z. B. Farbstofflösungen, durch diese Verdickungen auf dem Gewebe in den durch die Gravur der Druckwalze bestimmten Grenzen gehalten werden. Die kapillaren Kräfte in der Verdickungsmasse überwiegen die des Gewebes, und so wird eine scharf begrenzte örtliche Färbung überhaupt erst möglich.

Die Ultramikroskopie hat die bereits von NÄGELI behauptete Diskontinuität der Substanz der Gespinstfasern ebenfalls bestätigt. So zeigt die Baumwolle unter dem Ultramikroskop im dunkeln Gesichtsfeld hell leuchtende, von dunkeln Stellen unterbrochene Streifen. Den hellen Streifen entsprechen die Kristallite NÄGELIs, den dunklen Stellen die Bindesubstanz. Da Kristallite und Bindesubstanz sich weder chemisch noch bezüglich des Lichtbrechungsvermögens stark voneinander unterscheiden dürften, beruht der Wechsel zwischen Hell und Dunkel wohl auf Größenunterschieden der Mizellen beider Bauelemente. Durch Oxydationsmittel oder Säuren zum Zerfall gebrachte Baumwollfaser zeigt unter dem Ultramikroskop an den Bruchstellen der Faser deutliche Netzstruktur. Das Innere der Maschen ist hell leuchtend, die Maschenbegrenzungen sind dunkel. Bei Einwirkung von Kupferoxydammoniak erkennt man, daß zuerst die Bindesubstanz gelöst wird, dann die Mizellen sich voneinander lösen und mit BROWNscher Bewegung frei in der Lösung schwimmen, bis auch sie gelöst werden und die BROWNsche Bewegung aufhört. Daß die verschie-

---

[1] Vgl. aber S. 22.

denen Veredlungsoperationen die Struktur der Baumwolle beeinflussen, sieht man z. B. daran, daß gebleichte Baumwolle unregelmäßige Unterbrechung der Kontinuität der leuchtenden Teilchen aufweist, was auf Substanzverluste an bestimmten Stellen hinweist.

Ähnliche Bilder wie Baumwolle bieten unter dem Ultramikroskop *Flachs-* und *Ramie*faser.

Bei der edlen *Seide* ist sehr scharfe Längsstreifung zu beobachten, bei der wilden, der Tussahseide, ist das Bild viel ungleichmäßiger. Infolge ihres histologisch uneinheitlichen Aufbaues zeigt die *Wollfaser* unregelmäßig verschwommene Bilder, da zweifellos die Beugungsbilder von Schuppensubstanz und Rindensubstanz einander überlagern.

Die Bilder der *Kunstseide* weichen von denen der nativen Fasern stark ab; man sieht nicht mehr eigentliche Parallel-, sondern ausgesprochene Netzstrukturen, die sich bei *Viskoseseide* einerseits und *Kupferseide* anderseits so voneinander unterscheiden, daß sie nach HERZOG [37] zur Unterscheidung dieser beiden Fasern geeignet sind. Die *Acetatseide* schließlich ist optisch nahezu als leer zu betrachten; sie verhält sich im Dunkelfeld wie Glaswolle oder Gelatinefäden.

D. Bedeutung der Mikrostruktur der Gespinstfasern für die Vorgänge bei der Veredlung, insbesondere der Färbung.

Erst in neuerer Zeit wurden die Vorgänge bei der Veredlung, vor allem bei der Färbung, nicht nur am Makrokosmus, dem Gespinst und Gewebe, sondern auch am Mikrokosmus, der Einzelfaser, studiert, da ja schließlich in erster Linie das Einzelindividuum, das Samenhaar, die Bastfaser, der Fibroinfaden, das Wollhaar usw., durch die Veredlungsoperationen in Mitleidenschaft gezogen wird [38].

Betrachten wir zuerst wieder die *Baumwolle*. Auf den Faserquerschnitt wirken Chlorzink-Jod bzw. Jod-Schwefelsäure so, daß die Zellwand violett bzw. indigoblau gefärbt wird (normale Cellulosereaktion), während sich deren Umgrenzung, die „Cuticula", gelbbraun färbt. Die die reine, Cellulosereaktion verhindernden Substanzen sind also in der äußersten Zellwandschicht konzentriert, die beispielsweise durch Laugenbehandlung zur normalen Cellulosereaktion mit Jod befähigt wird. Alle in ihrer Gesamtheit als „Bleiche" bezeichneten Reinigungsoperationen der Baumwolle haben daher die Aufgabe, die Nichtcellulosen, Wachse, Fette, Farbstoffe, Pektinkörper, aus der Cuticula zu entfernen, und es ist erklärlich, daß z. B. beim Behandeln mit Kupferoxydammoniak die tonnenförmigen Aufquellungen verschwinden, wenn die Inkrusten beseitigt werden.

Während eine Extraktion der Fette und Wachse durch Äther und Benzol das Quellungsbild der nativen Faser nicht ändert, genügt ein halbstündiges Chloren mit Hypochloritlösungen von 1° Bé, um in Kupferoxydammoniak oder Äthylendiaminkupfer nicht mehr perlschnurartige, sondern gleichmäßige Quellung hervorzurufen. Trotzdem ist die äußerste

Zellwandschicht noch nicht vollkommen von den Inkrusten befreit; wird rohe Baumwolle in einem chlorechten Farbstoff, z. B. Chlorantinorange G, gefärbt, dann mit 1° Bé Hypochloritlösung gebleicht, gewaschen und schließlich mit Äthylendiaminkupfer behandelt, so erfolgt zwar gleichmäßige Quellung, aber gleichzeitig deutliche Ablösung der orange gefärbten Cuticularschicht. Verwendet man statt Oxydationsbleiche starke Reduktionsmittel, wie Hydrosulfit, so verhält sich die gebleichte Faser nach dieser Behandlung in den genannten Quellungsmitteln vollständig normal. Das Hypochlorit entfernt also offenbar außer den natürlichen Farbstoffen auch noch andere Begleitkörper der nativen Faser.

Daß durch Merzerisation die Baumwollfaser nicht nur äußerlich, sondern auch in ihrem inneren Aufbau verändert wird, zeigen Untersuchungen an Röntgendiagrammen nativer und merzerisierter Baumwolle [39]; vgl. S. 26. Wird merzerisierte Baumwolle mit den genannten Quellungsmitteln behandelt, so bleibt zwar die Perlschnur aus, obwohl die Cuticula noch vorhanden ist. Erst eine Kombination von Bleiche, d. h. eine Behandlung mit Hypochloriten, mit nachfolgender Merzerisation vermag die Begleitsubstanzen so vollständig zu entfernen, daß eine Cuticularschicht nicht mehr nachzuweisen ist. Eine alkalische Kochung unter Druck, mit nachfolgender Behandlung in Oxydationsmitteln ist aber das einzige Mittel zur Überführung der nativen Baumwolle in den Zustand annähernd reiner Cellulose.

Der Einfluß der Cuticula der nativen Faser auf den Färbeprozeß äußert sich in verminderter Aufnahmefähigkeit gegenüber substantiven und wesentlich erhöhter gegenüber basischen Farbstoffen. Das letztere Verhalten erklärt sich leicht aus der höheren Affinität der basischen Farbstoffe zu Hemicellulosen. Dem Eindringen der Submikronen der substantiven Farbstoffe wirkt die Cuticula der nativen Faser infolge ihres dichten Gefüges hemmend entgegen; daher lagert sich bei Färbung roher Baumwolle mit einem substantiven Farbstoff dieser restlos auf den äußersten Faserschichten ab und läßt die Zellmembran fast ungefärbt. Es ist einleuchtend, daß eine derartige Färbung weitaus größere Reversibilität, also viel geringere Wasser- und Waschechtheit besitzen muß als eine solche auf vorgereinigter Faser.

Bei den Küpenfarbstoffen, die in ihren Färbebädern, den Küpen, so wie die substantiven Farbstoffe kolloid zerteilt sind, ist eigenartigerweise zwischen der Art der Färbung auf nativer und auf vorgebleichter Faser kaum ein Unterschied festzustellen. Dies dürfte seinen Grund darin haben, daß die warme — nur Indigo wird kalt gefärbt —, kräftig ätzalkalische, hydrosulfithaltige Küpe während der einstündigen Färbedauer als Bleiche wirkt, d. h. den größten Teil der Begleitkörper der nativen Baumwolle entfernt.

Der Zusammenhang zwischen dem histologischen Aufbau der nativen Baumwollfaser und der Wirkung der Veredlungsoperationen liegt infolge der einfachen Verhältnisse ziemlich klar zutage, um so mehr, als der lamellare Aufbau der Baumwollfaser, da die Sekundärmembranen zwischen den Lamellen fehlen, kaum einen nennenswerten Einfluß auf die Veredlungsvorgänge ausüben dürfte.

Der Aufbau der *Bastfasern* ist von dem der Baumwolle völlig verschieden. Die die Bastzellen verkittende Membran, die Mittellamelle, ist infolge ihrer chemischen Zusammensetzung viel leichter beeinflußbar und z. B. gegen Hypochlorit viel empfindlicher als reine Cellulose. Bei zu weitgehender Einwirkung der Oxydationsmittel wird daher der Zellverband gelockert, die technische Faser zerfällt in die Bastzellen, man erhält die „kotonisierte" Faser, aus welcher durch Verspinnen mit mehr oder weniger Baumwollfaser eine neue Faser erzeugt werden kann, deren Festigkeit jedoch weitaus geringer ist als die der technischen Bastfaser. Die einzelnen Bastzellen verhalten sich sowohl gegenüber Kupferoxydammoniak und Äthylendiaminkupfer — perlschnurartige Quellung läßt auch hier auf eine Cuticularschicht schließen — wie beim Färben ähnlich der Baumwollfaser. Die Praxis zeigt dies bei der Färbung des sog. „Gminderlinnens".

Wenn nun auch der Aufbau der Bastfaserelemente dem der Baumwollfaser entspricht, so unterscheidet sich doch die Zellwand der Bastfaser von der der Baumwolle dadurch, daß ihre Lamellen einzeln von Sekundärcuticeln umgeben sind, so daß bei der Bastfaser alle Erscheinungen, die bei der Baumwolle auf die Cuticula zurückzuführen sind, vervielfacht auftreten müssen. Daß dies z. B. bei der Einwirkung von Kupferoxydammoniak der Fall ist, hat LÜDKE gezeigt [40].

Wegen des verhältnismäßig komplizierten Aufbaues einerseits der technischen Bastfaser, anderseits der Bastfaserzelle, stößt hier schon die Bleiche auf weit größere Schwierigkeiten als bei der Baumwolle. Und während der Gewichtsverlust bei Baumwolle, die zu einem 99% reiner Cellulose enthaltenden Produkt gebleicht wird, nur 6% ausmacht, beträgt er für Bastfasern bei normaler Bleiche durchschnittlich 22%. Da die Bleiche nicht nur die Nichtcellulosen der Mittellamelle zum Teil entfernen, sondern sich auch auf die die einzelnen Zellen umschließenden Lamellen erstrecken sollte, so muß man, um den größten Teil der Nichtcellulose zu beseitigen, abwechselnd mit Alkalien und sehr verdünnten Chlorlaugen behandeln.

Die *Wolle* weist, histologisch gesehen, Analogien mit den Bastfasern auf. Das Schuppenepithel umschließt als diskontinuierliche Grenzschicht — daher der Cuticula der Baumwolle nur bedingt vergleichbar — die Rindenschicht, die, ähnlich wie die technische Bastfaser aus einzelnen Zellen aufgebaut ist. Von den Begleitkörpern der Wolle kennen wir Fette und elementaren Schwefel. Zu weitgehende Entfettung der Wollfaser wird in der Technik vermieden, um den Griff nicht rauh und trocken zu machen.

Zur Aufhellung der an und für sich gelben Farbe der Wolle — so weiß wie gebleichte Baumwolle kann man sie nicht erhalten — benutzt man vorzugsweise Reduktionsmittel, schweflige Säure, Bisulfite und Hydrosulfite, jedoch auch Superoxyde, während Chlor in anderer Weise einwirkt. Vorsichtige Chlorierung verstärkt das Farbstoffaufnahmevermögen, energische macht die Wolle, besonders beim nachherigen Dämpfen, noch gelber und hart im Griff.

Für Farbstoffe aufnahmsfähig sind nur die Rindenzellen, während die Schuppensubstanz nahezu ungefärbt bleibt. Es ist dies bemerkenswert, da die Wolle zu den verschiedensten Farbstoffklassen Affinität zeigt [41].

Merkwürdig sind bei der Wolle die Diffusionsverhältnisse. Wir kennen eine Reaktion, die PAULYsche Diazoreaktion, die es gestattet, durch Alkaliwirkung oder andere Ursachen hervorgerufene Wollschäden zu erkennen. Sie beruht darauf, daß wohl die Rindensubstanz, nicht aber das Schuppenepithel Tyrosin enthält. Wird die Schuppenschicht geschädigt und derart die Rindenschicht freigelegt — so lautet die gegenwärtig gültige Erklärung —, dann vermag das in dieser vorhandene Tyrosin als aromatische Hydroxylverbindung, gewissermaßen als Naphthol, mit diazotierter Sulfanilsäure unter Bildung eines orangeroten Farbstoffes zusammenzutreten [42]. Nun ist aber das zur Anwendung gelangende Natronsalz der diazotierten Sulfanilsäure molekulardispers in Wasser löslich, und es ist zweifellos interessant, daß diese molare Lösung die unverletzte Schuppenschicht nicht durchdringen soll, während Farbstoffe, wie z. B. Methylenblau, nicht nur in der Wärme durch die Schuppenschicht hindurch die Rindenschicht anfärben. Noch eine zweite Reaktion, die ALWÖRDENsche, macht Wollschäden kenntlich, jedoch mehr solche, die durch zu lange Behandlung mit heißem Wasser, durch Hitze oder übermäßiges Chlorieren verursacht wurden. In frisches konzentriertes Chlorwasser eingelegt, zeigt ungeschädigte Wolle unter dem Mikroskop, am besten bei schiefer Beleuchtung, zwischen den Schuppen merkwürdige blasige Vorquellungen, die ihre Entstehung dem Vorhandensein einer eigentümlichen, möglicherweise als Dichtung zwischen Schuppen- und Rindenschicht fungierenden, „Elastikum‟ genannten Substanz verdanken sollen. Bei geschädigter Wolle tritt diese Erscheinung nicht auf.

Über den inneren Aufbau des Fibroinfadens der *echten Seide* sind wir noch zu wenig informiert, um zwischen Struktur und Veredlungsvorgängen Beziehungen aufzeigen zu können. Die rohe Seide enthält die beiden Fibroinfäden in Sericin eingebettet. Durch einen einfachen Lösungsvorgang, die „Entbastung‟, in einer alkalischen Seifenlösung, wird das Sericin entfernt und das Fibroin isoliert.

Die *Kunstseiden* besitzen keinen eigentlichen histologischen Aufbau. Eine richtige Bleiche kommt für Kunstseide nicht in Frage, da sie schon in reiner Form erzeugt wird. Unter Umständen ist eine schwache Wasserstoffsuperoxydbleiche erforderlich oder es sind durch warme Seifenbäder bestimmte Ölmengen zu entfernen, mit denen die Faser schon bei der Fabrikation versehen wurde, um sie auf die Konusse aufziehen zu können. Doch unterläßt man derartige Operationen nach Tunlichkeit, um Fibrillenbrüche zu vermeiden. Die hohe Quellbarkeit, d. h. die starke Flüssigkeitsaufnahme durch die Faser, erschwert die Veredlungsoperationen. Zu kräftige Spannung der nassen Ware ist zu vermeiden und den Trocknungsmaßnahmen besondere Sorgfalt zu widmen.

Zweiter Abschnitt.

Die Kolloidchemie der Cellulose- und Proteinfasern.

A. Cellulosefasern.

Man teilt sie nach ihrer Herkunft ein in Fasern aus:

1. nativer Cellulose (Pflanzenfasern),
2. regenerierter (Hydrat-) Cellulose (Kunstfasern).

I. Pflanzliche Fasern aus nativer Cellulose.

Die native Cellulose bildet den überwiegenden Bestandteil der pflanzlichen Fasern, wie Baumwolle, Flachs, Hanf, Jute, Ramie usw.

So besteht z. B. die Baumwolle zu 90 bis 92%, der Flachs zu 70 bis 82%, der Hanf zu ungefähr 77%, die Jute zu etwa 60—65% und die Ramie zu etwa 78% aus reiner Cellulose. Der Rest setzt sich aus Pektinstoffen, Hemicellulosen, Pentosen u. dgl. sowie Aschebestandteilen und Wasser zusammen.

Der Chemismus und Feinbau der Cellulose ist von bestimmendem Einfluß auf das kolloidchemische Verhalten der verschiedenen Cellulosefasern. Daneben spielen die Begleitstoffe der Cellulose, insbesondere wenn sie selbst einen beträchtlichen Teil des Fasergewichtes ausmachen, eine gewisse Rolle bei den Verarbeitungs- und Veredlungsprozessen pflanzlicher Fasern (vgl. S. 4).

Die Cellulose gehört zu den Kohlehydraten und besitzt die Summenformel $(C_6H_{10}O_5)_x$. Beim vollständigen Abbau der Cellulose wird sie unter Hydrolyse in Glucose (Traubenzucker) gespalten.

Die Glucose kann offenkettig oder in der tautomeren Form eines 6-Ringes (HAWORTH [1]) auftreten. Das zyklisch konstituierte Glucosemolekül kann man sich aus den offen struktuierten nach folgendem Schema entstanden denken:

$$
\underset{6}{CH_2OH}\cdot\underset{5}{CHOH}\cdot\underset{4}{CHOH}\cdot\underset{3}{CHOH}\cdot\underset{2}{CHOH}\cdot\underset{1}{CHO}
\;\rightleftharpoons\;
\begin{array}{c}
O \\
\overset{*}{HOHC_1} \qquad {}_5CH\!-\!\overset{6}{CH_2OH} \\
| \qquad\qquad | \\
HOHC_2 \qquad {}_4CHOH \\
\overset{3}{C} \\
HOH
\end{array}
$$

Die ursprünglich offene Aldehydform des Traubenzuckers ist ganz oder in überwiegendem Maße in die tautomere Cyclohalbacetalform übergegangen. Letztere kann wegen des durch den Ringschluß entstandenen asymmetrischen Kohlenstoffatoms (in obiger Formel mit * angegeben) in zwei isomeren Formen bestehen, zwischen denen ein bestimmter Gleichgewichtszustand herrscht. Man bezeichnet die beiden Isomeren der zyklisch konstituierten Glucose als α- bzw. *β-Glucopyranose,* deren Formeln wie folgt lauten:

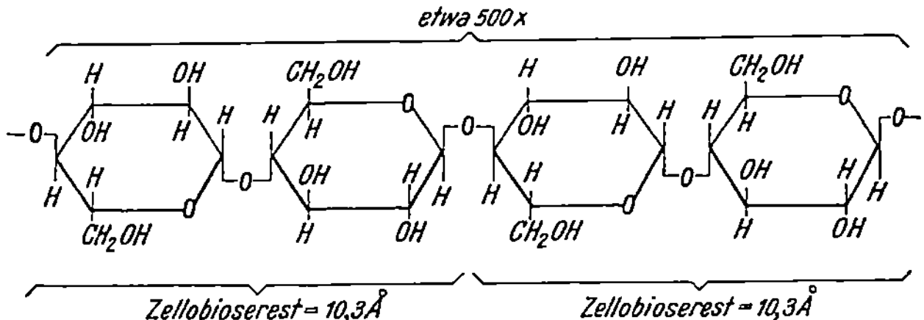

Beide Isomeren leiten sich vom heterozyklischen Grundkörper *Pyran*

ab.

Beim hydrolytischen Abbau der Cellulose erhält man intermediär Cellobiose, die durch weitere Säurebehandlung unter Wasseraufnahme zu Glucose (Glucopyranose) zerfällt.

Die Cellobiose besteht aus zwei Molekülen β-Glucopyranose, die unter Wasseraustritt in 1,4-Stellung glucosidisch miteinander verbunden sind; die Formel der Cellobiose ist:

Bei der Aufstellung einer Strukturformel der Cellulose muß den Verhältnissen der Cellobiosebildung bei der Hydrolyse Rechnung getragen werden. Dies geschieht durch die Annahme, daß nicht die β-Glucopyranose, sondern die Cellobiosereste die unmittelbaren Bausteine darstellen, durch

Abb. 1. Strukturformel der Cellulose.

deren Aneinanderreihung infolge von Hauptvalenzkräften das Cellulosemolekül entsteht. Die Auffassung der *Kettenstruktur* ist mit den chemisch-physikalischen Befunden im besten Einklang.[1]

---

[1] Z. B. müssen Gebilde mit Kettenstruktur in der Längsrichtung der Ketten infolge der starken Hauptvalenzkräfte große und in der Querrichtung wegen der bedeutend schwächeren Nebenvalenzkräfte geringe Festigkeit haben (Festigkeitsanisotropie), was die Praxis bestätigt.

2*

Demnach hat man sich die Cellulosemoleküle als lange, fadenförmige Makromoleküle vorzustellen, die aus einer Vielzahl von Cellobioseresten, die untereinander mittels Sauerstoffbrücken verbunden sind, bestehen (SPONS-LER und DORE [2], MEYER und MARK [3], HAWORTH [1] u. a.).

Die Strukturformel der Cellulose bringt Abb. 1.

Man erkennt deutlich die Cellobiosereste, die infolge glucosidischer Bindung (Äthersauerstoffbrücken) das Cellulosemolekül aufbauen. Durch die Aneinanderreihung der Cellobiosereste entstehen lange, kettenförmige Gebilde, die man als *Hauptvalenzketten*, auch *Faden-* oder *Makromoleküle*, bezeichnet.

Die einzelnen Cellulosehauptvalenzketten sind in den Fasern nicht willkürlich angeordnet. Aus der Quellungsanisotropie (starke Querquellung bei mangelnder Längsquellung), Festigkeitsanisotropie (große Längsreißfestigkeit bei geringer Querfestigkeit) und aus der optischen Anisotropie, sowie aus der Spaltbarkeit parallel zur Faserachse kann man schlie-

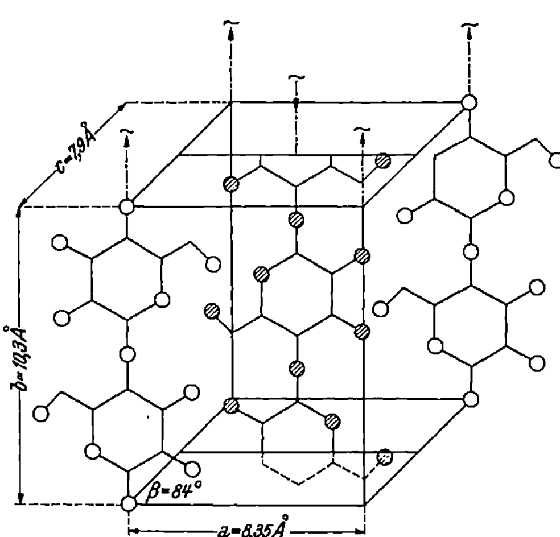

Abb. 2. Raummodell des Elementarkörpers nativer Cellulose. Die Sauerstoffatome und Hydroxylgruppen sind durch Kreise dargestellt. Die Kreise entgegenlaufender Ketten sind schraffiert. (Nach MEYER und MISCH.)

ßen, daß die Ketten mehr oder weniger parallel und in der Richtung der Faserhauptachse verlaufen. Die Cellulosefasern besitzen kristalline Struktur, und zwar sind sie *polykristallin*, d. h. sie bestehen aus einer Vielzahl von Einzelkristalliten. Im kristallinen Gefüge der nativen Cellulose kann man an Hand röntgenographischer Beobachtungen sog. Elementarkörper unterscheiden, deren Aufbau und Dimensionen nach MEYER und MISCH [4] aus Abb. 2 ersichtlich sind.

Das Raummodell des Elementarkörpers nativer Cellulose ist eine rhombische Säule, deren Kantenlänge $a = 8,35$ Å, $b = 10,3$ Å und $c = 7,9$ Å beträgt. Die b-Kante steht senkrecht zur a—c-Ebene; der Winkel β ist 84°. Die Länge der b-Kante stimmt genau mit der Länge eines Cellobioserestes (10,3 Å) überein. Den Querschnitt durch einen Elementarkörper nativer Cellulose, wobei die Querschnitte durch die Glucoseringe als Ovale schematisiert sind, bringt Abb. 3.

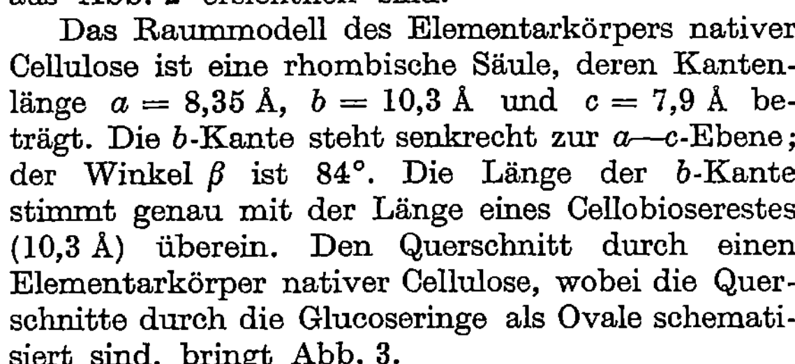

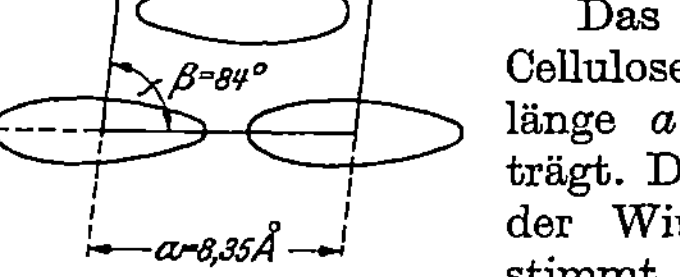

Abb. 3. Querschnitt durch einen Elementarkörper der nativen Cellulose. (Nach MEYER und MISCH.)

Ein Elementarkörper enthält zwei Cellobiosereste (vier Glucosereste), da die an den Kanten befindlichen gleichzeitig vier Elementarkörpern angehören.

Man erkennt aus dem Modell von MEYER und MISCH,[1] daß zwei Kettenscharen einander entgegenlaufen. Der seitliche Zusammenhang der

---

[1] Vgl. auch die älteren Angaben von MEYER und MARK [3].

Ketten erfolgt durch Nebenvalenzkräfte der Hydroxylgruppen. Die kleinste Distanz zwischen zwei Hydroxylgruppen gleichgerichteter Ketten ist 2,6 Å; sie entspricht der in anderen Verbindungen aufgefundenen Entfernung zwischen assoziierten Hydroxylgruppen.

Für das textile Verhalten ist die Länge der Hauptvalenzketten von Bedeutung. HENGSTENBERG und MARK [5] kamen auf Grund röntgenographischer Untersuchungen zu dem Ergebnis, daß die Fadenmoleküllänge nativer Cellulose im Durchschnitt 600 Å ($6, 10^{-6}$ cm $= 0,06\,\mu$) ist, was etwa 120 Glucopyranoseresten entsprechen würde. Nach den viskosimetrischen Messungen STAUDINGERS [6] von Lösungen nativer Cellulose in Kupferoxydammoniak besteht diese Auffassung nicht mehr zu Recht; die Länge der Makromoleküle beträgt vielmehr ein Vielfaches des von HENGSTENBERG und MARK gefundenen Wertes, mindestens aber 7500 bis 10000 Å ($= 0,75 - 1 \cdot 10^{-4}$ cm $= 0,75 - 1\,\mu$) entsprechend beiläufig 2000 Glucopyranoseresten.

Bezeichnet man die Anzahl Glucosereste im Molekül als Polymerisationsgrad, so fanden STAUDINGER und FEUERSTEIN [7] die in Tab. 1 gebrachten Werte.

Das Molekulargewicht der Cellulosemakromoleküle erhält man aus der Anzahl der Glucopyranosereste (Polymerisations-

Tabelle 1. Polymerisationsgrad und Kettenlänge von nativer Cellulose aus Pflanzenfasern. (Nach STAUDINGER und FEUERSTEIN.)

Pflanzenfaser	Polymerisationsgrad	Kettenlänge	
		in Å	in μ
Baumwolle	2020	10400	1,04
Baumwoll-Linters	1440	7400	0,74
Ramie	2660	13700	1,37
Flachs	2420	12500	1,25
Hanf	2200	11300	1,13

grad) durch Multiplikation mit 162 (Molgewicht eines Glucoserestes). Für native Cellulose ist das Molekulargewicht mindestens 200000 bis 300000 und noch höher, was in guter Übereinstimmung mit dem Befund von KRAEMER und LANSING [8] steht, die aus Sedimentationsversuchen in der Ultrazentrifuge Molgewichte von 150000 bis 200000 fanden.

Nach neueren röntgenographischen Messungen [9] sind die Cellulosemakromoleküle noch länger als STAUDINGER angibt. Man neigt sogar dazu, anzunehmen, daß sich in Bastfasern die Ketten zum Teil über deren ganze Länge entlang ziehen [10].

Alle obigen Zahlenangaben sind als Durchschnittswerte zu betrachten. Die Kettenlänge ist nicht bei allen Cellulosemakromolekülen dieselbe. Bei gleichem chemischen Aufbau sind immer verschieden lange Hauptvalenzketten vorhanden; die Cellulose bildet polymerhomologe Reihen [6].

Röntgenographische [11] und polarisationsoptische [12] Bestimmungen zwingen zum Schluß, daß die Cellulosefasern *Stäbchenmischkörper* vorstellen, d. h. aus einem geordneten Haufwerk mikrokristalliner Teilchen, deren Ketten zu gittermäßig geordneten kristallinen Bereichen (Kristallite) geschlossen sind, bestehen. Man bezeichnet diese Kristallite in Anlehnung an das „*Micell*" NAEGELIS (vgl. S. 12) als „*Mizelle*" (vgl. aber weiter unten). Aus röntgenographischen Daten des Faserdiagramms haben HENGSTENBERG und MARK [5] errechnet, daß die Mizellen (Kristallite) eine Mindestlänge von 600 Å, sowie eine Breite von 50 bis 60 Å aufweisen und aus Bündeln von beiläufig 80 bis 100 Ketten bestehen. Neuere Messungen von MEYER [13] ergaben eine Kristallitlänge von 1000 bis 1500 Å. Ferner müssen sie in einer Querrichtung breiter sein als in der anderen (elliptischer Querschnitt), da sie sich durch äußeren Druck in eine Ebene quetschen lassen, so daß eine höhere Orientierung entsteht, als in der Faser ursprünglich vorhanden war (vgl. S. 28). Die Längsachse der Kristallite liegt im allgemeinen (s. S. 24) in der Richtung der Faserhauptachse; die Querachsen sind in bezug zum Faserradius ohne sonderliche Ausrichtung.

Die Kettenbündel der Kristallite liegen in der Cellulose nicht eng aneinander und erfüllen nicht zur Gänze die Faser, da diese in Quellungsmittel durchtränkbar und für Kolloide sowie grenzflächenaktive Stoffe wegsam ist. Zwischen den sich gegenseitig berührenden Kristalliten müssen Hohlräume vorhanden sein, in die Quellungsmittel, z. B. Wasser, eindringen kann. Die Untersuchungen FREY-WYSSLINGS [14] führten zu dem in Abb. 4 gebrachten Modell des submikroskopischen Faserbaues.

Im Gegensatz zur älteren Auffassung von MEYER und MARK [15], wonach sich die Cellulose aus selbständigen, individuellen Mizellen (strichlierte Rechtecke in Abb. 4), die durch intermizellare Räume getrennt sind, aufbaut, nimmt FREY-WYSSLING an, daß die Hauptvalenzketten (Fadenmoleküle) der Cellulose über den eigentlichen kristallinen Mizellbereich herausragen und zum Teil anderen Mizellen (Kristalliten) angehören.[1] Man spricht deshalb nach FREY-WYSSLING an Stelle von Mizellen (die im Sinne NAEGELIS individuelle Kristallite bedeuten sollten) besser von *geordneten Gitterbereichen* oder (ungestörten) *kristallinen Bereichen,* wodurch die gegenseitige Verbindung (Verwachsung) der Kristallite in der Längsrichtung durch oft wenig geordnete (parallele) Hauptvalenzketten und unabhängig von der Längenbegrenzung der kristallinen Bereiche zum Ausdruck kommt.

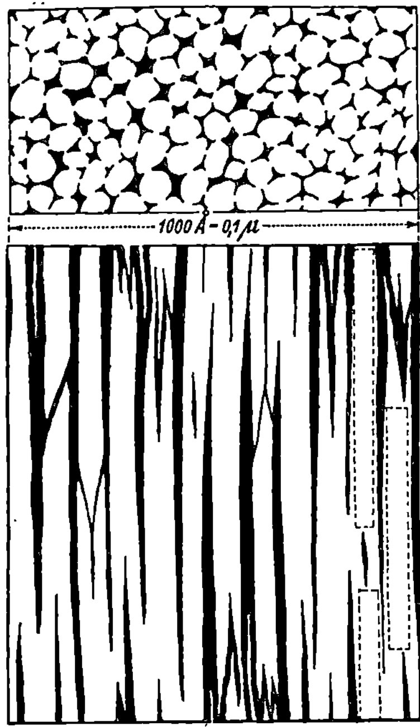

Abb. 4. Modell des submikroskopischen Faserbaues. Oben Querschnitt, unten Längsschnitt. (Nach FREY-WYSSLING.)

Die Lage der Celluloseketten in der Faser gemäß den Vorstellungen FREY-WYSSLINGS zeigt Abb. 5.

Wo die Ketten parallel verlaufen und zu Kettenbündeln (Kristallite, Mizellen) zusammentreten, liegen geordnete Gitterbereiche — in Abb. 5 stark

---

[1] Vgl. die von HERRMANN, GERNGROSS und ABITZ [16] für Gelatine entwickelte Fransentheorie. KRATKY [17] und HERMANNS [18] nehmen an, daß auch bei der Cellulose aus den Enden der Kristallite ungeordnete Ketten fransenartig herausragen und sich gegenseitig zu einer Netzstruktur verknüpfen. Nach SCHRAMEK [19] zeigen die Kristallite einen geordneten Kern (parallele Anordnung der Hauptvalenzketten), während sich die Ordnung mit zunehmender Entfernung vom kristallinen Kern immer mehr vermindert (vgl. auch SAUTER [20]).

ausgezogen — vor. Darüber hinaus durchziehen die Makromoleküle ungeordnet (unorientiert) die Faser, finden sich aber an anderen Stellen, teilweise mit anderen Hauptvalenzketten, unter paralleler Ausrichtung zu ungestörten kristallinen Bereichen, deren Länge etwa 600 bis 750 Å und mehr ist, wieder. Eine Hauptvalenzkette kann demnach nacheinander mehreren, etwa 5 bis 10, geordneten Gitterbereichen angehören. Enden Makromoleküle in einem ungestörten kristallinen Bereich, wo wieder andere beginnen, so werden sie durch die Restvalenzkräfte der intakten Ketten wie mit einer Schließe zusammengefaßt und verhalten sich wie durch die ganze Faser gehende Ketten. Die geordneten Gitterbereiche werden von intermizellaren Räumen getrennt, die untereinander kommunizieren. Bei der Bestimmung der Größenordnung der intermizellaren Zwischenräume fand FREY-WYSSLING durch Vermessung darin abgelagerter Gold- und Silberteilchen, daß die Fasern heterokapillar gebaut sind. Sie enthalten relativ wenige grobe submikroskopische Spalten und Hohlräume mit einem Durchmesser von beiläufig 50 bis 130 Å und viele feine — zwischenmizellare — Kapillaren mit einem Durchmesser von etwa 10 Å. Ein grundsätzlicher Unterschied zwischen den groben Spalten und den feinen Kapillaren besteht nicht; vielmehr scheinen beide Hohlraumsysteme kontinuierlich ineinander überzugehen. Die Heterokapillarität wird nach FREY-WYSSLING durch die Anwesenheit größerer Gebiete mit gleichartiger Kristallstruktur verursacht. Die geordneten Gitterbereiche (Kristallite bzw. Mizellen) sind zwar untereinander durch zwischenmizellare Räume ($\varnothing \sim 10$ Å) getrennt, erfahren aber durch Nebenvalenzkräfte einen seitlichen Zusammenhalt zu größeren Verbänden, die man als *Mikrofibrillen* bezeichnet.[1] Letztere umfaßt einen geordneten, ungestörten Gitterbereich (Mizellverband), der durch zwischenmizellare Spalten zerklüftet ist. Die Mikrofibrillen können voneinander unabhängig oder miteinander verwachsen sein. Zwischen den einzelnen Mikrofibrillen verlaufen die groben submikroskopischen Kapillaren ($\varnothing$ etwa 50 bis 130 Å) als nach allen Seiten auskeilende Spalträume, die untereinander und mit den intermizellaren Räumen ein kommunizierendes Röhrensystem bilden, was für den Verlauf der Quellung von Bedeutung ist. Die Länge der groben, submikroskopischen Kanäle kann bis zu 1000 Å ($0,1\,\mu$) und mehr betragen. Abb. 6 bringt zwecks Darstellung der Heterokapillarität des submikroskopischen Faserbaues einen schematisierten Faserquerschnitt.

Aus dieser Anordnung geht hervor, daß nur etwa ein Drittel aller Hydroxylgruppen im Cellulosemolekül an der Oberfläche der kristallinen Bereiche und der Mikrofibrillen vorhanden ist. Die mizellare Oberfläche der nativen Cellulose beträgt der

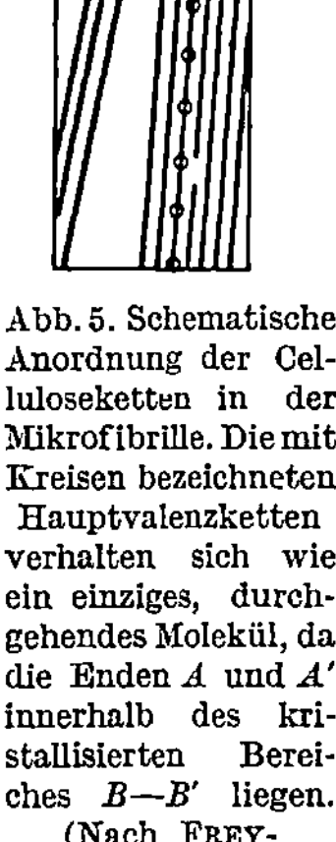

Abb. 5. Schematische Anordnung der Cellul2seketten in der Mikrofibrille. Die mit Kreisen bezeichneten Hauptvalenzketten verhalten sich wie ein einziges, durchgehendes Molekül, da die Enden A und A' innerhalb des kristallisierten Bereiches $B—B'$ liegen. (Nach FREY-WYSSLING.)

---

[1] Die Mikrofibrille ist streng von den mikroskopisch sichtbaren Fibrillen zu unterscheiden.

24 Cellulosefasern.

Größenordnung nach etwa $5 . 10^7$ cm² je 1 g Cellulose, d. i. beiläufig 5000 m² je Gramm.

Behandelt man Cellulosefasern mit wäßrigen Dispersionen, so dringen sowohl die Wassermoleküle als auch der gelöste Stoff, besonders wenn es sich um kapillaraktive Körper handelt, in die groben, makroskopischen und schließlich in die submikroskopischen Kanäle ein, deren Durchmesser noch den kolloiddispersen Stoffen das Eindiffundieren ermöglicht. Letztere gelangen somit an die Begrenzungsflächen der Mikrofibrillen, wo sie in kolloidchemische Wechselwirkung (Adsorptionsvorgänge) treten können. In die zwischen-mizellaren Räume vermögen sie wegen ihrer Größe im allgemeinen nicht mehr einzudringen; letztere werden nur von den Molekülen des Quellungswassers erfüllt. Allerdings werden die zwischenmizellaren Räume durch das Quellwasser unter Umständen so stark erweitert, daß die höchstdispersen, kolloiden Anteile in die zwischenmizellaren Kanäle diffundieren können. In den überwiegenden Fällen dürfte sich trotzdem alles kolloidchemische Geschehen beim Behandeln und Veredeln von Cellulosefasern im wesentlichen in den gröberen submikroskopischen Kanälen und Hohlräumen, sowie an der Oberfläche der Mikrofibrillen und Kristallite abspielen.

Die geordneten Gitterbereiche (Kristallite, Mizellen) rücken, wie KATZ [21] röntgenographisch feststellte, bei der Quellung in reinem Wasser ungestört auseinander. Die gegenseitige Lage der Makromoleküle und der Interferenzen

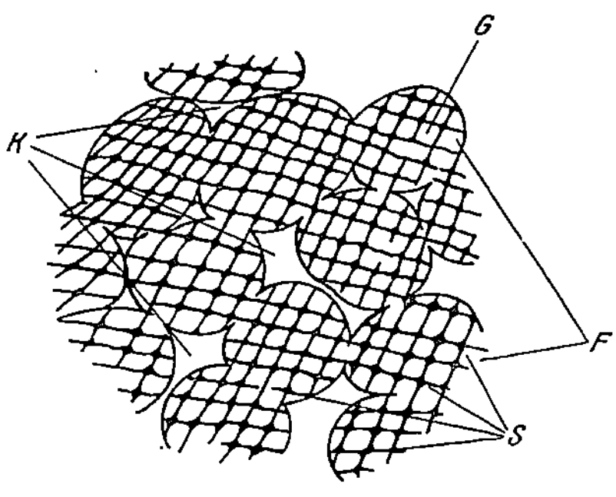

Abb. 6. Darstellung der Heterokapillarität des submikroskopischen Faserbaues; schematischer Querschnitt durch eine Faser. Submikroskopische Fibrillen F, bestehend aus homogenen Gitterbereichen G, die durch intermizellare Spalten S (schwarz; Durchmesser beiläufig 10 Å) zerklüftet sind. Zwischen den Mikrofibrillen weite Kapillaren K (weiß; Durchmesser etwa 60 bis 130 Å). (Nach FREY-WYSSLING.)

erfährt bei diesem Vorgang keine Änderung. Man nennt diese Art der Quellung, wo nur die Oberfläche der Mikrofibrillen oder bestenfalls die Grenzflächen der geordneten Gitterbereiche benetzt werden, *intermizellare (zwischenmizellare)* Quellung. Dringt das Quellungsmittel, z. B. Natronlauge, Kupferoxydammoniak, zwischen die einzelnen Hauptvalenzketten der Kettenbündel, so bezeichnet man diese Art der Quellung als *intramizellare (innermizellare)* auch, *permutoide* Quellung. In diesem Falle wird die ganze Faser von der Quellungsflüssigkeit durchtränkt und alle Hohlräume von dieser erfüllt; das Röntgendiagramm erfährt eine wesentliche Änderung.

Die Lage der Ketten und kristallinen Bereiche (Kristallite) zur Faserachse ist bei den Pflanzenfasern verschieden. Am besten und fast durchweg parallel zur Faserachse orientiert sind die Bastfasern, wie Ramie und Hanf; der Neigungswinkel der b-Kante[1] ihrer Kristallite ist zur Faserachse beiläufig 0 bis 3°. Bei der Baumwolle bildet die b-Kante der Kristallite mit der Faserachse einen Winkel von etwa 30°. Die Baumwolle besitzt sogenannte Spiral-(Wendel-) Fasertextur (Schraubenstruktur). Ihre Kristallite sind weniger orientiert als in den Bastfasern. Bei letzteren sind nach PRESTON [22] sowie MOREY [23] 80 bis 85% aller überhaupt vorhandenen Kristallite parallel zur

---

[1] Vgl. S. 20.

Faserachse gelagert (Orientierungsgrad 80 bis 85%), während bei der Baumwolle nur 60 bis 70% aller Kristallite spiralartig angeordnet sind (Orientierungsgrad 60 bis 70%).

Manche Fasern weisen in der äußersten Schicht eine Cellulosehaut auf, in der die Ketten nicht parallel zur Faserachse, sondern quer zur Achse liegen, also gewissermaßen um die Faser gewickelt sind (Cuticula). Einige charakteristische Erscheinungen bei der Quellung, z. B. Einschnürungen der perlschnur-

Tabelle 2. Festigkeitseigenschaften von Cellulosefasern.
(Nach STAUDINGER, SORKIN und FRANZ.)

Faser	den.	Polymerisationsgrad	Knickbruchfestigkeit 180°	Reißfestigkeit g/den.
Peru-Baumwolle	2,34	2600	11000	2,60
Ägyptische Baumwolle	2,00	2600	10000	2,50
Kupferkunstseide	3,9	560	170	2
Viskose	2,1	325	20	1,5

artig gequollenen Baumwollfaser in Kupferoxydammoniak, werden dadurch verursacht.

Die Hauptvalenzkettenlänge ist in Verbindung mit der Orientierung der Kristallite von großer Bedeutung für die mechanischen Festigkeitseigenschaften der Cellulosefasern. STAUDINGER, SORKIN und FRANZ [24] zeigten, daß die Reißfestigkeit, Bruchdehnung und

Tabelle 3. Orientierung und mechanische Eigenschaften von Cellulosefasern. (Nach MOREY.)

Orientierungsgrad in Prozenten	Reißfestigkeit 10^3 kg/cm^2	Bruchdehnung in Prozenten
68	2,2	22
82	4,2	13

Knickbruchfestigkeit von der Kettenlänge und vom Orientierungsgrad direkt beeinflußt werden. Die Reißfestigkeit und vor allem die Knickbruchfestigkeit wächst mit zunehmender Kettenlänge und besserer Orientierung; vgl. Tab. 2. Die Bruchdehnung wird durch längere Makromoleküle begünstigt, sinkt aber mit höherem Orientierungsgrad, wie aus Tab. 3 hervorgeht.

II. Kunstfasern aus regenerierter (Hydrat-) Cellulose.

Die aus regenerierter Cellulose hergestellten Kunstfasern (Viskose, Kupferkunstseide und Zellwolle) unterscheiden sich von den Pflanzenfasern durch den molekularen Feinbau und durch die Länge der Hauptvalenzketten.

Wenn man native Cellulose mit Alkali behandelt und aus der entstandenen Alkali-Cellulose die Cellulose wieder regeneriert, so hat sie eine andere Kristallstruktur. Es entsteht eine allotrope Modifikation der nativen Cellulose, was MEYER und BADENHUIZEN [25] durch direkte Rückführung der regenerierten Cellulose in native Cellulose durch Behandeln in heißem Wasser bewiesen und die man mit dem wenig zweckmäßigen Namen *Hydratcellulose* bezeichnet. In dieser allotropen Form tritt die Cellulose in allen Kunstseiden (mit Ausnahme der Acetatseide, die bekanntlich einen Ester der Cellulose darstellt) und in merzerisierter Baumwolle auf.

Der Elementarkörper der regenerierten Cellulose ist eine monokline Säule mit folgenden Dimensionen [26]: $a = 8{,}14$ Å, $b = 10{,}3$ Å, $c = 9{,}14$ Å und Winkel $\beta = 62°$. Die b-Kante steht senkrecht auf der a—c-Ebene; ihre Länge ist im Vergleich zur b-Kante des Elementarkörpers der natürlichen Cellulose (10,3 Å) unverändert. Hingegen haben sich die Kettenscharen in der Richtung a infolge der intra- (inner-) mizellaren Quellung durch die Lauge auseinandergedrängt und etwas verschoben. Den Querschnitt durch einen Elementarkörper aus regenerierter Cellulose, wobei die Querschnitte durch die Glucoseringe wie in Abb. 3 als Ovale schematisiert sind, zeigt Abb. 7.

Man erkennt daraus, daß das Gefüge der Hydratcellulose im Vergleich zur nativen Cellulose aufgelockert und dem Einfluß quellender und hydratisierender Agentien aufgeschlossener ist.

Die Abb. 7 bezieht sich auf lufttrockene Hydratcellulose. Es ist SAKURADA und HUTINO [27] gelungen, beim Behandeln nativer Cellulose mit Laugen

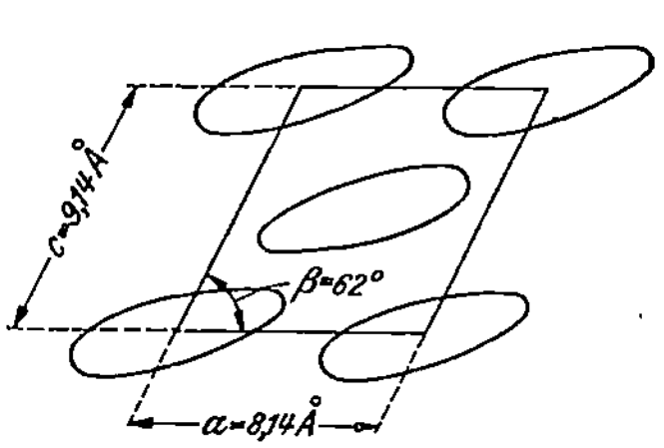

Abb. 7. Querschnitt durch einen Elementarkörper der Hydratcellulose. (Nach ANDRESS.)

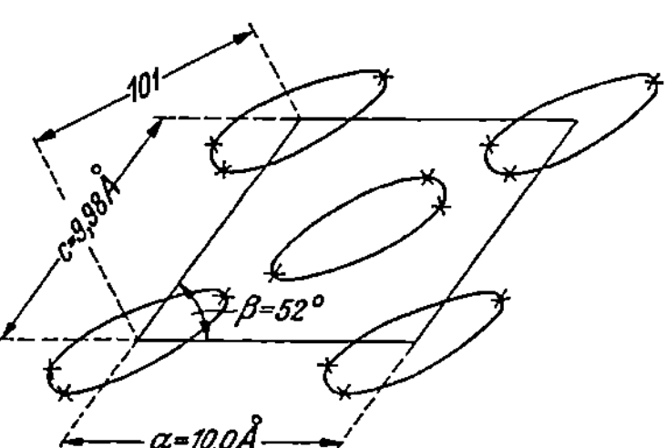

Abb. 8. Querschnitt durch einen Elementarkörper der sog. Wassercellulose. (Nach SAKURADA und HUTINO.)

und nachträglichem vorsichtigen Auswaschen in der Kälte unter bestimmten Bedingungen eine röntgenographisch vermeßbare Struktur von noch gequollener, regenerierter Cellulose zu erhalten. Das Faserdiagramm einer noch nicht entquollenen Zwischenphase bei der Gewinnung von Hydratcellulose zeigt deutliche Unterschiede gegen jenes der nativen Cellulose und gegen jenes der sogenannten Hydratcellulose. SAKURADA und HUTINO weisen dieses neue Gitter einer weiteren Cellulosemodifikation zu und bezeichnen diese als *Wassercellulose*; sie ist im Grunde genommen nur eine bestimmte Quellungsform der Hydratcellulose, in die sie beim Trocknen auch übergeht.

Der Elementarkörper der sog. Wassercellulose hat die Dimensionen $a = 10{,}0$ Å, $b = 10{,}3$ Å, $c = 9{,}98$ Å; Winkel $\beta = 52°$. Abb. 8 bringt einen Querschnitt durch den monoklinen Elementarkörper; die Querschnitte der Glucoseringe sind als Ovale schematisiert. Die Kreuze geben die Anzahl und die Lage der Hydroxylgruppen an.

Bemerkenswert ist die Zunahme der Faserperiode a im Elementarkörper der Wassercellulose in bezug auf jene der Hydrat- und nativen Cellulose. Gegenüber der Hydratcellulose beträgt die Differenz ungefähr 2 Å, woraus sich für die 101-Ebene eine Differenz von etwa 1,1 bis 1,2 Å errechnen läßt, was dem Durchmesser eines Wassermoleküls entspricht. In der 101-Schichtebene sind die Hydroxylgruppen der einzelnen Hauptvalenzketten angehäuft, so daß in dieser Netzebene eine bevorzugte Wasseraufnahme (Quellungsanisotropie) auftritt.

Die Anordnung der Hydroxylgruppen der Glucosereste in bevorzugten Lagen beeinflußt funktionell alle intramizellaren Prozesse, die sich im Zuge der Behandlung von Cellulosefasern abspielen. Das submikroskopische und mizellare Gefüge ist bei der regenerierten Cellulose lockerer und mit mehr Hohlräumen (Poren) durchsetzt als bei der nativen Cellulose. Aus diesem Grunde gehen alle auf kapillaraktive Vorgänge beruhenden Reinigungs- oder Veredlungsoperationen bei den Pflanzenfasern schwerer und langsamer oder erst bei höherer Temperatur vor sich als bei den Kunstfasern (s. S. 184). Umgekehrt sind Arbeitsgänge, die bei den Pflanzenfasern mit Vorteil bei energischeren Bedingungen durchgeführt werden, z. B. die Beuche und das Merzerisieren, auf die viel leichter quellbaren Kunstfasern nicht ohne weiteres anwendbar. Hierzu kommt noch, daß der Polymerisationsgrad der Fasern aus regenerierter Cellulose mit 200 bis 500 bedeutend niederer ist als bei den Pflanzenfasern aus nativer Cellulose, deren Polymerisationsgrad 1500 bis 2000 und mehr beträgt. Die Quellbarkeit und Löslichkeit der Cellulose in Alkalien nimmt mit sinkendem Polymerisationsgrad zu; deshalb ist die Gefahr einer Faserschädigung immer gegeben, wenn man Kunstfasern gemeinsam mit Pflanzenfasern, beispielsweise Mischgespinste oder Mischgewebe aus Zellwolle-Baumwolle, einer bei letzterer ohne weiteres anwendbaren energischen Behandlung unterzieht.

Der geringere Polymerisationsgrad von Kupfer- und Viskosefasern sowie der Zellwolle ist teils auf den verhältnismäßig niederen Polymerisationsgrad der Ausgangsstoffe, teils auf Abbauvorgänge während der Kunstfaserherstellung zurückzuführen. Die Tab. 4 gibt nach STAUDINGER und FEUERSTEIN [7] über den Polymerisationsgrad verschiedener Kunstfasern und ihrer Ausgangsstoffe Auskunft.

Tabelle 4. Polymerisationsgrad von Kunstfasern und ihrer Ausgangsstoffe. (Nach STAUDINGER und FEUERSTEIN.)

	Kunstseide			Zellwolle, Viskoseverfahren
	Kupferkunstseide	Viskoseseide	Acetatkunstseide	
Ausgangsmaterialien:				
Linters	1400	—	1400	—
Linters, gebleicht	700	—	700	—
Zellstoff	—	700—900	—	700—900
Kunstfasern	400—500	250—450	250—350	190—400 (450)

Kupferkunstseiden haben einen höheren Polymerisationsgrad als Viskose- oder Acetatkunstseide. Bei ersteren wirkt der Sauerstoff bei der „Vorreife" auf die Na-Cellulose spaltend, während bei letzterer die Makromoleküle acetolytisch abgebaut werden.

Die im Verhältnis zur nativen Cellulose vergleichsweise geringere Kettenlänge bei der regenerierten Cellulose (1000 bis 2500 Å) bedingt auch kleinere Kristallite. HENGSTENBERG und MARK [5] ermittelten auf röntgenographischem Weg eine mittlere Länge der kristallinen Bereiche von 300 bis 350 Å und eine Breite von etwa 40 Å. Die Kunstfasern enthalten mithin kleinere, aber mehr Kristallite und ebenso mehr submikroskopische bzw. intermizellare Räume als Pflanzenfasern. Die Anzahl der an inneren Grenzflächen auftretenden Hydroxylgruppen ist bei der regenerierten Cellulose etwa doppelt so hoch wie bei nativer Cellulose; die mizellare Oberfläche ist dementsprechend größer und beträgt 7 bis 8 . 10^7 cm²/g, d. i. 7000 bis 8000 m²/g. Trotzdem treten wäßrig disperse kolloide Farbstoffe und Textilhilfsmittel wie bei der nativen Cellulose auch bei den Fasern aus regenerierter Cellulose vorzugsweise in die makroskopischen bzw. submikroskopischen Hohlräume (∅ bei Viskose- und Kupferkunstseide ungefähr 50 bis 60 Å) sowie in die zwischenmizellaren Kapillaren ein. Ihre kolloidchemische Wechselwirkung mit dem Fasermaterial tritt in erster Linie an den Begrenzungsflächen der Mikrofibrillen (s. S. 23) und -der kristallinen Bereiche auf.

Für die Festigkeitseigenschaften der Kunstfasern aus regenerierter Cellulose ist außer dem Polymerisationsgrad (Hauptvalenzkettenlänge) noch der Orientierungsgrad von Bedeutung. Die prozentuale Anzahl orientierter Kristallite schwankt bei den einzelnen Kunstfasersorten und beträgt durchschnittlich 50 bis 70%. Der Orientierungsgrad kann durch die Herstellungsbedingungen der gesponnenen Kunstfaser beeinflußt werden. Werden die Fasern beim Spinnen gestreckt (Streckspinnverfahren), so orientieren sich die Fadenmoleküle und kristallinen Bereiche besser. Bei praktisch gleichem Polymerisationsgrad steigt, wie Tab. 5 nach STAUDINGER [6] zeigt, die Festigkeit; die Bruchdehnung wird dagegen durch die bessere Orientierung herabgesetzt (vgl. Tab. 3).

Tabelle 5. Orientierung und Festigkeit von Viskoseseide. (Nach STAUDINGER.)

Viskoseseide	Polymerisationsgrad	Reißfestigkeit	
		trocken g/den.	naß g/den.
60/18 nicht gestreckt ..	320	1,4	0,6
60/18 gestreckt	330	2,0	0,8
100/48 nicht gestreckt ..	330	1,6	0,6
100/48 gestreckt	360	1,9	0,8

Ferner muß berücksichtigt werden, daß in Abhängigkeit von der Art des Streckspinnverfahrens verschiedene Orientierungseffekte erzielt werden, nämlich:

1. Die Streckkräfte wirken nur auf die Kristallite der plastischen, bereits koagulierten, schlauchartigen Außenhaut orientierend und nicht auf den noch flüssigen Inhalt. Hört die Streckung während des Spinnens auf, bevor der flüssige Schlauchinhalt koaguliert ist, so zeigt nur die Außenhaut einen Orientierungseffekt; hingegen sind die kristallinen Bereiche im Inneren der Kunstfaser ungeordnet.

2. Die Streckkräfte wirken während und nach der Koagulation des Schlauchinhaltes ein; es erfolgt eine weitgehende und ziemlich gleichmäßige Orientierung über den ganzen Faserquerschnitt.

Diesen Hauteffekt hat PRESTON [22] auf polarisationsoptischem Weg nachgewiesen.

Die durch kürzere Ketten verursachten geringeren Festigkeitseigenschaften der Kunstfasern gehen besonders deutlich aus der geringen Knickbruchfestigkeit[1] (vgl. Tab. 2) und aus der verminderten Naßreißfestigkeit (s. Tab. 5) hervor.

---

[1] Allerdings kann auch bei Kunstfasern aus regenerierter Cellulose durch einen länglichen Faserquerschnitt eine verhältnismäßig hohe Knickbruchfestigkeit vorgetäuscht werden [24].

Bekanntlich ist die Naßreißfestigkeit der Baumwolle nicht unmerklich größer als die Trockenreißfestigkeit, während sie bei den Kunstfasern nur 40 bis 60% der Trockenreißfestigkeit ausmacht. Im ersten Fall erfolgt durch das eindiffundierte, als Schmiermittel wirkende Wasser unter dem Einfluß äußerer Zugkräfte eine zusätzliche Parallelisierung noch ungeordneter langer, zwischen den Kristalliten befindlicher Ketten (vgl. Abb. 5) zu kristallinen Bereichen, wodurch mehr Nebenvalenzkräfte der Hydroxylgruppen wirksam werden und eine Festigkeitserhöhung bedingen. Im zweiten Fall ist die Kettenlänge zu gering, um einen solchen Effekt ausnützen zu können. Überdies nimmt regenerierte Cellulose viel mehr Wasser auf als native Cellulose, wodurch ein Teil der Nebenvalenzen der Hydroxylgruppen zur Bindung der Wassermoleküle verbraucht wird und für die innere Kohäsion verlorengeht.

Der für die Praxis wesentlichste Unterschied zwischen Fasern aus nativer Cellulose und Hydratcellulose ist der Polymerisationsgrad. Er äußert sich auch bei folgender Erscheinung. Die Cellulose ist durch Säuren hydrolysierbar, d. h. die Cellulosemakromoleküle werden in Bruchstücke *(Hydrocellulose)* und unter Umständen in die Bestandteile gespalten. Die Cellulosefasern sind säureempfindlich, gegen nicht zu konzentrierte Alkalien aber beständig.

Die Änderung des Polymerisationsgrades der Cellulose aus einer gereinigten Baumwollfaser (ursprünglicher Polymerisationsgrad 1650) durch Säureangriff in Funktion von der Art und Einwirkungszeit der Säure bei 53° C bringt die Abb. 9.

Durch 1 n-Mineralsäuren wird die Baumwolle schon bei 53° C innerhalb kurzer Zeit stark angegriffen. Bei 100° C ist die Faserschädigung noch viel stärker. Auffallend ist die Tatsache, daß der Abbau der nativen Cellulose durch Schwefelsäure, Salzsäure oder Salpetersäure zuerst sehr rasch vor sich geht, wobei der Polymerisationsgrad unter 200 bis 300 sinkt, dann aber nur mehr wenig fortschreitet. Aus diesem Grund leiden Pflanzenfasern beim Behandeln in saurer Umgebung, z. B. bei der sauren Kondensation des Kunstharzes beim knitterfesten Imprägnieren, viel stärker als die Kunstfasern aus regenerierter Cellulose, deren Polymerisationsgrad ohnehin nur ein Bruchteil desjenigen der nativen Cellulose ist und bei der Säureeinwirkung nicht mehr wesentlich herabgesetzt wird.

Sinkt der Polymerisationsgrad nativer Cellulose unter 600, so werden die Festigkeitseigenschaften stark vermindert. Unter einem Polymerisationsgrad von 150 bis 100 zerfällt die Cellulose zu Pulver [28].

Die Intensität des Celluloseangriffes durch Säuren kann durch den Polymerisationsgrad nur als Mittelwert erfaßt werden. Praktisch ist der Schaden größer, da die Säuren die Cellulose örtlich weitgehend abbauen, wodurch Faserstellen auftreten, deren Festigkeit so gering ist, daß sie einer Belastung nicht mehr standhalten, obwohl der mittlere Polymerisationsgrad noch eine genügende Festigkeit erwarten ließe.

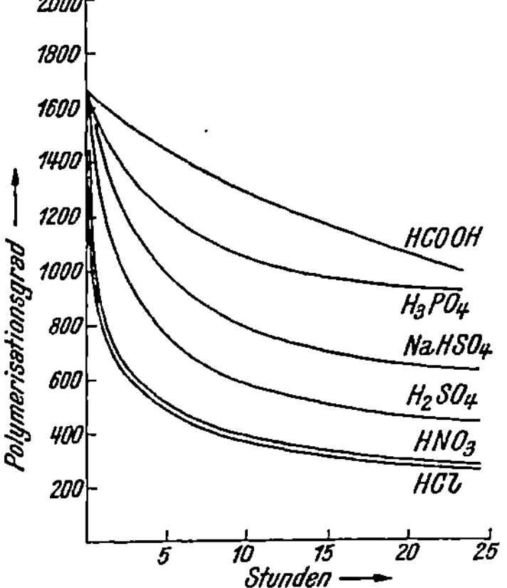

Abb. 9. Änderung des Polymerisationsgrades nativer Cellulose durch Säureangriff. (Nach STAUDINGER, SORKIN und FRANZ.)

B. Proteinfasern.

Wie bei den Cellulosefasern, sind auch bei den Proteinfasern zu unterscheiden:

1. native Proteinfasern (tierische Fasern),
2. künstliche Proteinfasern (Caseinseide).

I. Native Proteinfasern.

Von den tierischen Fasern spielt die (Natur-) Seide und die Wolle die größte Rolle. Demgemäß ist die Kolloidchemie der

a) Seide,
b) Wolle

zu behandeln.

a) Die (Natur-) Seide.

Der wichtigste Bestandteil der Naturseide ist das Seidenfibroin, dessen kolloidchemischer Aufbau zuerst von HERZOG [29], BRILL [30] sowie MEYER und MARK [31] näher untersucht wurde. Die Analyse der Feinstruktur der Naturseide zeigte, daß sie aus langen, gestreckten Polypeptidketten, die ungefähr parallel zur Faserachse verlaufen, besteht.

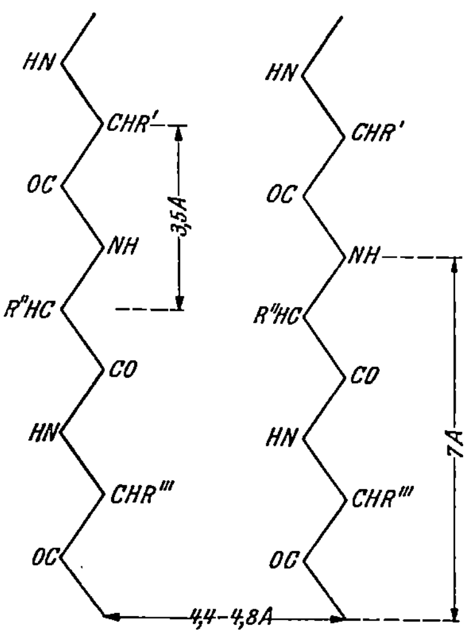

Abb. 10. Anordnung der Polypeptidketten im Seidenfibroin. (Nach MEYER und MARK.)

Chemisch betrachtet, setzen sich die Hauptvalenzketten der Proteinstoffe nach FISCHER [32] aus α-Aminosäureresten zusammen. Beim Seidenfibroin bestehen die Polypeptidketten zum größten Teil aus Glycin (Glykokoll, Aminoessigsäure) und Alanin (α-Aminopropionsäure) neben etwa 11% Tyrosin.[1] Die Seitenketten sind im Seidenfibroin im Gegensatz zu dem später zu behandelnden Wollkeratin größtenteils kurz und chemisch relativ träge. Im wesentlichen beschränken sich die Seitenketten infolge der niedermolekularen α-Aminosäuren, die als Bausteine für das Seidenfibroin dienen, auf die Methylgruppen des Alanins.

Ähnlich wie bei der Cellulose liegen die Hauptvalenzketten (Polypeptidketten) zum Teil parallel nebeneinander. Sie werden durch die intramolekulare Kohäsion, die vorzugsweise durch die Restvalenzkräfte zwischen den CONH-Gruppen nebeneinanderliegender Polypeptidketten hervorgerufen wird, zusammengehalten und bilden dann geordnete kristalline Bereiche.

Den Feinbau des Seidenfibroins nach den Ergebnissen der chemischen und röntgenographischen Analyse [31] zeigt Abb. 10.

---

[1] Die Formeln dieser Stoffe sind folgende: Glycin: NH_2CH_2COOH, Alanin: $CH_3CH(NH_2)COOH$, Tyrosin (p-Oxyphenylalanin):

$$HO\langle\underline{\quad}\rangle—CH_2CH(NH_2)COOH.$$

Wie man daraus entnimmt, ist der durchschnittliche Abstand zwischen zwei Polypeptidketten etwa 4,5 bis 5 Å. Die Länge eines Aminosäurerestes in der Richtung der Faserhauptachse ist 3,5 Å. R′, R″ und R‴ bedeuten H, CH_3, CH_2⟨⟩OH usw., je nachdem, ob Glycin, Alanin oder Tyrosin die Polypeptidkette aufbauen. Meist — aber nicht immer — wechselt ein Glycinrest mit einem Alaninrest in der peptidischen Bindung der Alanyl-Glycyl-Kette. Daneben enthält die Seide noch Kittsubstanzen aus verhältnismäßig kurzen, amorphen Polypeptiden, die α-Aminosäurereste in ungeordneter Aneinanderreihung enthalten.

Die Kristallite sind wie bei der Cellulose in der Richtung der Faserhauptachse orientiert. Der Orientierungsgrad ist kleiner als bei der Cellulose, was zum Teil auf den amorphen Anteil der Seide zurückzuführen ist. Sie ist nach FREY-WYSSLING [14] von submikroskopischen Kanälen durchsetzt, deren Durchmesser etwa 50 bis 60 Å beträgt. Diese stehen in Kommunikation mit den groben mikroskopischen Rissen und Klüften sowie mit dem intermizellaren Kapillarsystem.

b) Die Wolle.

Wie im histologischen Teil (S. 4 und 11) angegeben, besteht die Wollfaser aus mehreren Schichten. Die äußere Schuppenschicht aus Keratin A dient vorzugsweise als Schutz der darunter befindlichen empfindlicheren Rindenschicht. Der wichtigste Bestandteil derselben ist das sog. Wollkeratin (Keratin C), das für den Aufbau und für die funktionellen Zusammenhänge desselben mit den chemisch-physikalischen Reaktionen der Wolle bestimmend ist.

Die Übertragung der bei der Naturseide mit Erfolg angewendeten röntgenographischen Versuchsmethode auf die Wolle versagte zunächst [33]. Erst die durch ASTBURY [34] entdeckte reversible intramolekulare Umwandlung des der Wolle und dem Haar zugrunde liegenden Proteins, des Keratins,[1] die beim Strecken der Wollfaser und des Haares stattfindet, ergab die Möglichkeit, in Verbindung mit kolloidchemischen Untersuchungsergebnissen den submikroskopischen Aufbau der Wolle befriedigend zu erklären.

Das Keratin tritt' in zwei ineinander reversibel umwandelbaren Modifikationen auf. Das α-Keratin, wie es normalerweise in der Wollfaser vorliegt, geht beim Dehnen unter Wasser in die langgestreckte β-Keratinform über. Beim Entspannen der gedehnten Wollfaser oder des gedehnten Haares nimmt es rasch seine ursprüngliche Länge wieder an (Prinzip einer molekularen Schraubenfeder). Der Vorgang des Dehnens und Kontrahierens kann in kaltem Wasser beliebig oft wiederholt werden; er ist vollkommen reversibel.

Während sich das der Wollfaser im gewöhnlichen, nicht gedehnten Zustand zugrunde liegende α-Keratin röntgenographisch nicht ausmessen ließ, gelang dies bei der gestreckten Wollfaser. Man fand hierbei die gleichen charakteristischen Formen langgestreckter Polypeptidketten, wie sie beim Seidenfibroin auftreten. Das Übergehen des α-Keratins in das β-Keratin

---

[1] Alle Säugetierhaare (Wolle, Haar, Nägel, Stachel, Horn, Fischbein) leiten sich von dem für die epidermischen Wachstumserscheinungen charakteristischen Protein „Keratin" ab.

beim Einwirken einer äußeren Zugkraft in wäßriger Umgebung ist nur dann
denkbar, wenn die Hauptvalenzketten in der ungestreckten Wolle regelmäßig
gefaltet sind. Durch Auseinanderziehen der eine Art Ziehharmonika bildenden α-Form auf etwa das Doppelte der ursprünglichen Länge — das Wollhaar ist unter Wasser maximal um etwa 100% seiner Länge dehnbar — entsteht die nicht mehr weiter dehnbare β-Form, wie Abb. 11 zeigt.

Die Identitätsperiode entlang der Faserachse ist beim α-Keratin 5,1 Å,
beim β-Keratin 3,4 Å; sie entspricht in letzterem Fall dem Abstand der
Peptidbindungen in der gestreckten Zickzackkette, wie etwa beim Seidenfibroin. Drei Polypeptidreste, die im β-Keratin eine Länge von $3 \times 3,4 =$
$= 10,2$ Å haben, weisen nach der Faltung zu Pseudoringen in der α-Form
eine Länge von bloß 5,1 Å, also nur mehr die Hälfte,
auf. Die Dehnung bzw. Entdehnung der gestreckten
Wolle wird durch eine *innermolekulare* Umwandlung
zu polymorphen Modifikationen bewirkt. Die durchschnittliche Entfernung zweier Hauptvalenzketten
parallel zu den Seitenketten ist 9,8 Å[1] und quer
zu den Seitenketten 4,65 Å. Die Länge der Seitenketten beträgt 4,5 bis 5 Å.

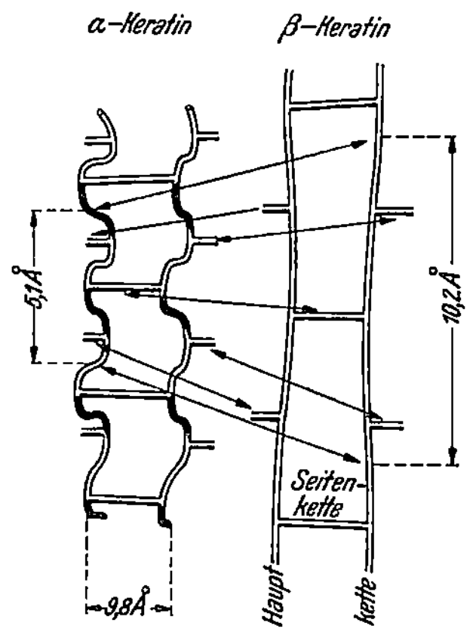

Abb. 11. Übergang des α-Keratins in das β-Keratin.
(Nach Astbury.)

Es ist interessant zu verfolgen, wie der unterschiedliche chemische Aufbau des Seidenfibroins
und des Wollkeratins bereits durch die molekularen Bausteine bedingt wird. Im Gegensatz zum
Seidenfibroin, das im wesentlichen nur aus zwei
α-Aminosäuren (Glycin und Alanin) besteht, die
dazu noch wenig Kombinationsmöglichkeiten zulassen, weist das Wollkeratin eine bedeutend
vielgestaltigere und mannigfachere Zusammensetzung auf. Unter anderem wurden in der Wolle
folgende, in Tab. 6 zusammengefaßte, α-Aminosäuren nachgewiesen.

Während im Seidenfibroin die Seitenketten neutral und kurz sind, besitzt das Wollkeratin neben ebenfalls chemisch trägen und kurzen Seitenketten, die vom Glycin, Valin, Serin, Alanin, Prolin, Tyrosin und Leucin
herrühren, noch solche, die chemisch aktive Carboxyl- oder Aminogruppen
(Extragruppen) enthalten. Es kommt zu einer salzartigen, innermolekularen
Absättigung der ionisierten COOH- und NH_2-Gruppen. Dieser der ionogenen
Salzbildung analoge elektrovalente Bindungsvorgang führte für die chemischaktiven Seitenketten zur Bezeichnung „*Salzbindeglieder*". Man versteht

---

[1] Der durchschnittliche Abstand zweier Hauptvalenzketten ist zwar
9,8 Å, bleibt aber selbst zwischen zwei gleichen Hauptvalenzketten nicht
konstant, sondern variiert je nach der Art der chemischen Natur der Seitenketten.

Über die Länge der Polypeptidketten sind sichere Angaben nicht bekannt.
Analog den Verhältnissen bei den nativen Cellulosefasern (S. 21) ist die
Vermutung gerechtfertigt, daß die Hauptvalenzkette des Keratins aus
mehreren hunderten, vielleicht sogar aus 1000 bis 2000 α-Aminosäureresten
besteht. Man wird nicht fehlgehen, die Länge einer Polypeptidkette mit
ungefähr 4000 bis 5000 Å (4 bis $5 \cdot 10^{-5}$ cm) anzunehmen, wobei berücksichtigt
werden muß, daß starke Schwankungen je nach Art der Wolle vorkommen
werden.

darunter kurze Seitenketten, deren Carboxyl- und Aminogruppen miteinander abgesättigt sind. Sie bewirken durch gegenseitige elektrovalente Bindung (zwischenmolekulare Salzbildung) die Aneinanderlagerung der Polypeptidketten zu kristallinen Bereichen (Kristallite). In gleicher Weise wirken die Kovalenzen der Schwefelbrücken des Cystins *(Cystinbindeglieder)* vernetzend.

Die Salzbindeglieder und die Cystinbindeglieder bestimmen

Tabelle 6. α-Aminosäuren, die am Aufbau des Wollkeratins beteiligt sind.[1]

α-Aminosäuren[2]	Menge in Prozenten	Reaktion der Seitenkette	Molekulargewicht
Glycin	0,6	neutral	75
Histidin	0,6	basisch	155
Tryptophan	1,8	kaum basisch	204
Asparaginsäure ..	2,3	sauer	133
Valin	2,8	neutral	117
Lysin	2,8	basisch	146
Serin	2,9	neutral	105
Alanin..........	4,4	,,	89
Prolin	4,4	,,	115
Tyrosin	4,4	,,	181
Arginin	10,2	basisch	174
Leucin	11,5	neutral	131
Glutaminsäure ...	12,9	sauer	147
Cystin	13,1	neutral	240

die seitliche Lage und den seitlichen Zusammenhalt der Polypeptidketten. In der Richtung der Faserhauptachse kommen andere Kräfte zur Geltung. Die röntgenographischen Untersuchungen ASTBURYs ergaben, daß die Entfernung der

---

[1] Die Gewichtsangaben sind einer Arbeit von KING [35] entnommen.

[2] Die Formeln dieser α-Aminosäuren sind folgende:

Glycin (α-Aminoessigsäure):

$$NH_2CH_2COOH.$$

Histidin (β-Imidazolylalanin):

$$COOH—CH(NH_2)—CH_2—C——N$$

$$HC \quad CH$$

$$NH$$

Tryptophan (β-Indolylalanin):

$$COOH—CH(NH_2)—CH_2—C$$

$$HC$$

$$NH$$

Asparaginsäure (α-Aminobernsteinsäure):

$$COOH—CH_2—CH(NH_2)—COOH.$$

Valin (α-Aminoisovaleriansäure):

$$CH_3$$
$$\diagdown$$
$$CH—CH(NH_2)—COOH.$$
$$\diagup$$
$$CH_3$$

Lysin (α-, ε-Diaminocapronsäure):

$$COOH—CH(NH_2)—CH_2—CH_2—CH_2—CH_2—NH_2.$$

C- und N-Atome in den Keto- und Imidogruppen geringer ist, als sie unverbundenen Kohlenstoff- bzw. Stickstoffatomen entsprechen würde. ASTBURY nimmt deshalb an, daß zwischen beiden Gruppen eine Art Lactam-Lactim-Umwandlung eintritt, die im Gleichgewicht zu einer teilweisen Hauptvalenzbindung führt. Ein ähnlicher Keto-Enol-Übergang kann zwischen der Ketogruppe und benachbarten — CHR-Gruppen, ebenfalls unter hauptvalentiger Bindung, auftreten, wie das Schema

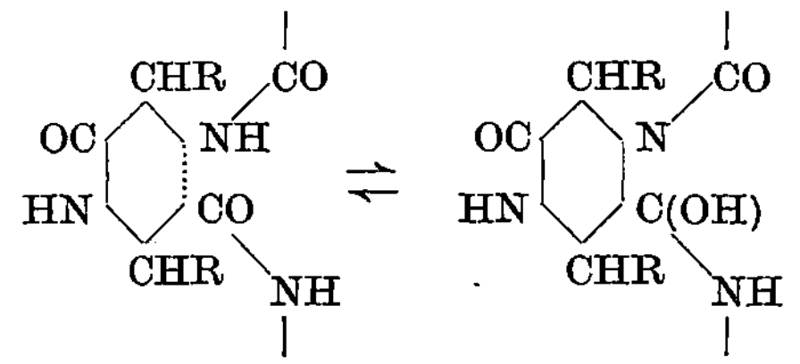

$$
\begin{array}{ccc}
\mathrm{CHR} \diagup \mathrm{CO} & & \mathrm{CHR} \diagup \mathrm{CO} \\
\mathrm{OC} \diagdown \mathrm{NH} & \rightleftharpoons & \mathrm{OC} \diagdown \mathrm{N} \\
\mathrm{HN} \diagup \mathrm{CO} & & \mathrm{HN} \diagup \mathrm{C(OH)} \\
\mathrm{CHR} \diagdown \mathrm{NH} & & \mathrm{CHR} \diagdown \mathrm{NH}
\end{array}
$$

Lactam-Lactim-Übergang.

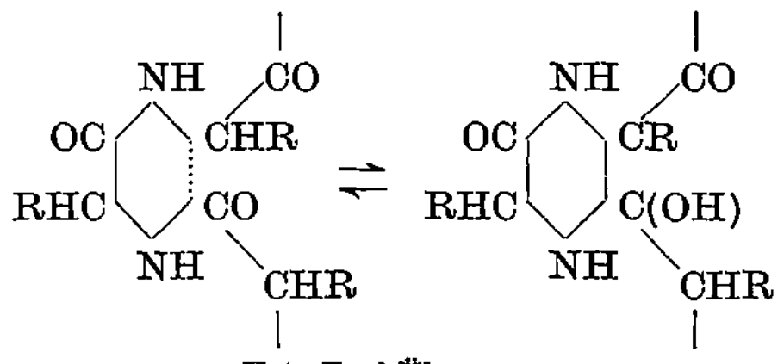

$$
\begin{array}{ccc}
\mathrm{NH} \diagup \mathrm{CO} & & \mathrm{NH} \diagup \mathrm{CO} \\
\mathrm{OC} \diagdown \mathrm{CHR} & \rightleftharpoons & \mathrm{OC} \diagdown \mathrm{CR} \\
\mathrm{RHC} \diagup \mathrm{CO} & & \mathrm{RHC} \diagup \mathrm{C(OH)} \\
\mathrm{NH} \diagdown \mathrm{CHR} & & \mathrm{NH} \diagdown \mathrm{CHR}
\end{array}
$$

Keto-Enol-Übergang.

Serin (α-Amino-β-Oxypropionsäure):

$$\mathrm{COOH-CH(NH_2)-CH_2OH.}$$

Alanin (α-Aminopropionsäure):

$$\mathrm{COOH-CH(NH_2)-CH_3.}$$

Prolin (Pyrrolidincarbonsäure):

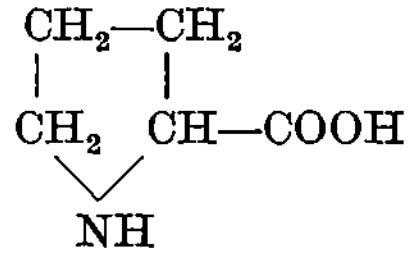

$$
\begin{array}{c}
\mathrm{CH_2-CH_2} \\
\mathrm{CH_2 \quad CH-COOH} \\
\diagdown \diagup \\
\mathrm{NH}
\end{array}
$$

Tyrosin (p-Oxyphenylalanin):

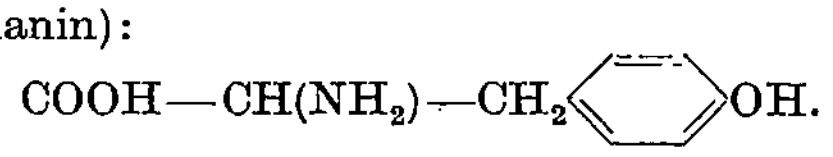

$$\mathrm{COOH-CH(NH_2)-CH_2}\!\!\left\langle\!\!\bigcirc\!\!\right\rangle\!\!\mathrm{OH.}$$

Arginin (α-Amino-δ-guaneido-valeriansäure):

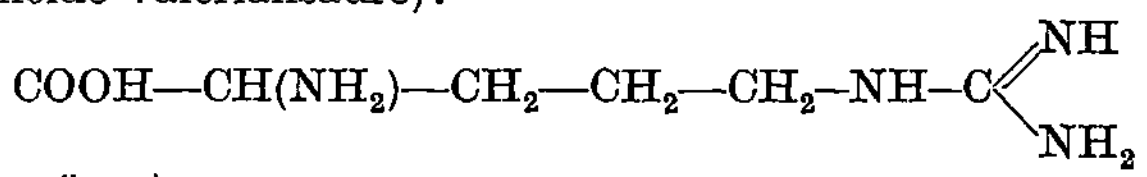

$$\mathrm{COOH-CH(NH_2)-CH_2-CH_2-CH_2-NH-C}\!\!\diagup^{\mathrm{NH}}_{\diagdown\mathrm{NH_2}}$$

Leucin (α-Aminoisocapronsäure):

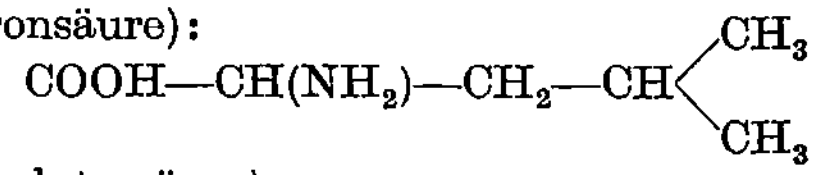

$$\mathrm{COOH-CH(NH_2)-CH_2-CH}\!\!\diagup^{\mathrm{CH_3}}_{\diagdown\mathrm{CH_3}}$$

Glutaminsäure (α-Aminoglutarsäure):

$$\mathrm{COOH-CH(NH_2)-CH_2-CH_2-COOH.}$$

Cystin:

$$\mathrm{COOH-CH(NH_2)-CH_2-S-S-CH_2-CH(NH_2)-COOH.}$$

zeigt, wodurch das Bestreben zur Zusammenziehung (Kontraktion) bedingt wird. Wären die Polypeptidketten in der Wolle frei von Beschränkungen durch Seitenketten, so würden überkontrahierte knäuelartige Gebilde mit z. B. nebenstehender Struktur entstehen (Leim, Gelatine). Den kontrahierenden Kräften wirken in der Wolle die Salzbindeglieder und Disulfidbrücken des Cystins[1] entgegen, die eine Knäuelung verhindern. Als Folge der einwirkenden Kräfte resultiert eine Gleichgewichtslage. Die Polypeptidketten falten sich zu hexagonalen *Pseudodiketopiperazinringen* (α-Keratin). Durch äußere Zugkräfte können die hexagonalen Falten zu offenen Ketten gedehnt werden (β-Keratin). Unter

gewissen Bedingungen sind auch überkontrahierte Formen der Faserproteine erhältlich. Eine schematische Darstellung dieser Verhältnisse bringt Abb. 12.

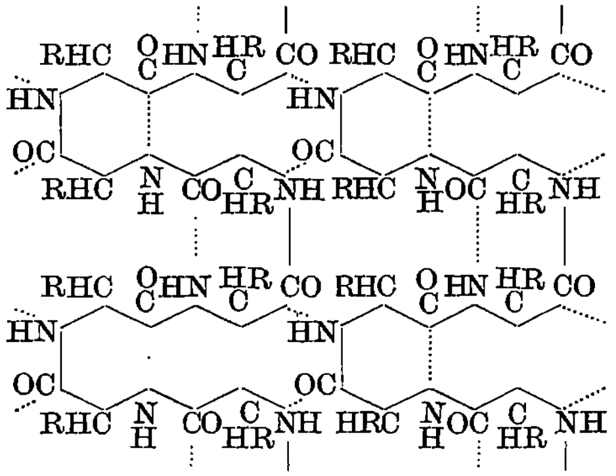

In Abb. 13 ist die Anordnung verschiedener

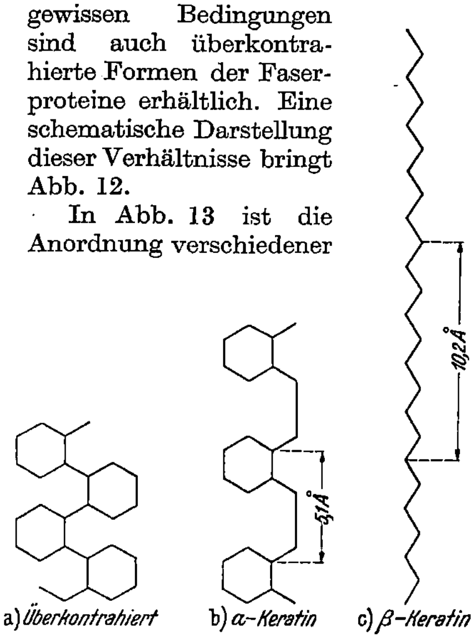

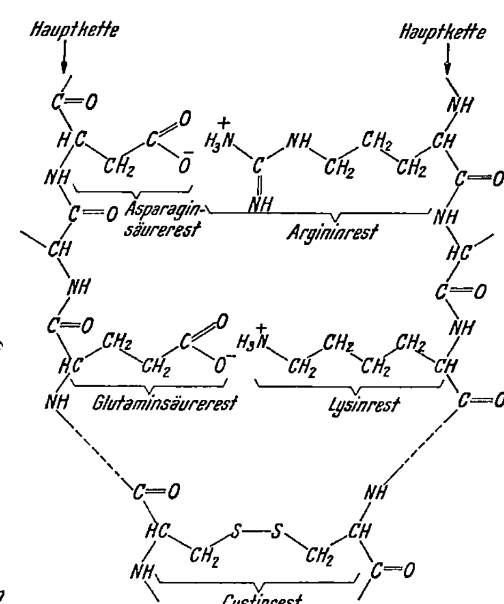

Abb. 12. Schematische Darstellung von Faserproteinen. a) Überkontrahierter Zustand. b) Kontrahierte Form, wie sie in der Wolle (α-Keratin) vorliegt. c) Gestreckte, offenkettige Form, wie sie in der Seide und in gedehnter Wolle (β-Keratin) auftritt. (Nach ASTBURY.)

Abb. 13. Schematische Anordnung verschiedener Salzbindeglieder und der Disulfidbrücke des Cystins zwischen den Polypeptidhauptketten im β-Keratin. (Nach ASTBURY.)

Salzbindeglieder und der Cystinbrücke zwischen den Polypeptidketten im β-Keratin dargestellt.

[1] In der Wolle kommt der Schwefel, der meist 2—4% (bezogen auf das Fasergewicht) ausmacht, fast ausschließlich als — S—S-Bindung, wie sie im Cystin vorliegt, vor [36].

Man sieht deutlich, daß die Abstände zwischen den einzelnen Hauptvalenzketten je nach der Größe der Seitenketten schwanken.

Durch Zusammenschluß zahlreicher Polypeptidketten zu einem Hauptvalenzkettenbündel erfolgt die Bildung von Kristalliten (Mizellen). SPEAKMAN [37] hat auf indirektem Weg ein Bild von der Größe solcher kristalliner Bereiche in der Wollfaser gegeben.

Bestimmt man die Arbeit, die notwendig ist, um Wolle um 30% ihrer ursprünglichen Länge zu dehnen, so erhält man beim Dehnen in Wasser, Luft und in verschiedenen Alkoholen die in Tab. 7 zusammengestellten Werte.

Tabelle 7. Streckarbeit, um Wolle um 30% ihrer Länge zu dehnen. Temperatur 22,2°. (Nach SPEAKMAN.)

Medium, in dem die Streckung vorgenommen wurde	Streckarbeit $g.cm/cm^2.10^5$
Luft	5,37
Wasser	1,43
Methylalkohol	1,72
Äthylalkohol	2,44
n-Propylalkohol	4,43
n-Butylalkohol	5,01
n-Amylalkohol	5,02
n-Octylalkohol	5,17
Äthylenglykol	1,63
Glycerin	5,35

Wasser, Methylalkohol, Äthylalkohol und Äthylenglykol dringen leicht in die submikroskopischen Kanäle und in die Intermizellarräume der Wolle unter Quellung ein, wodurch der Faserdurchmesser vergrößert wird. Wird die Quellung durch Wasser hervorgerufen, so ist die gequollene Wollfaser um 17,5% breiter als trockene Wolle. Durch die Bildung von Solvathüllen an der Oberfläche der Mikrofibrillen und Kristallite wird der Reibungswiderstand im Innern der Wollfaser vermindert. Die aufgenommenen Flüssigkeitsmengen dienen als Gleitmittel und setzen die Streckarbeit herab. Butyl-, Amyl- und Octylalkohol sowie Glycerin haben ein zu großes Molekül und können deshalb nicht in die Intermizellarräume eindiffundieren.

Der n-Propylalkohol nimmt eine Mittelstellung ein. Er diffundiert teilweise in die Intermizellarräume und vermindert etwas den inneren Reibungswiderstand beim Strecken der Wollfaser. Die Intermizellarräume der Wolle sind demnach etwa von der gleichen Größenordnung wie die Länge des n-Propylalkohols, nämlich 5 bis 6 Å (5 bis 6.10^{-8} cm).

Behandelt man trockene Wolle mit Gemischen von leicht- und nicht eindiffundierbaren Alkoholen, beispielsweise mit einem solchen von Methyl- und n-Octylalkohol, so dringt zunächst der Methylalkohol unter Quellung und Erweiterung der Intermizellarräume in die Wollfaser ein. Der Octylalkohol vermag infolge seines großen Moleküls zunächst dem Methylalkohol nicht zu folgen. Erst wenn die durch die Methylalkoholaufnahme bedingte Durchmesservergrößerung der Intermizellarräume jenen Betrag erreicht, der der Länge des Octylalkoholmoleküls entspricht, kann auch dieses in die Intermizellarräume eindringen, was bei einem Gemisch von 15% Methyl- und 85% Octylalkohol der Fall ist.

Aus diesem Verhalten konnte SPEAKMAN die Größe der Intermizellarräume im Quellungszustand rechnerisch bestimmen. Er fand den für alle kolloidchemischen, in wäßriger Phase sich abspielenden Vorgänge wichtigen Durchmesser der durch Quellung erweiterten Intermizellarräume bzw. submikroskopischen Kapillaren zu ungefähr 40 bis 50 Å (40 bis 50.10^{-8} cm).

FREY-WYSSLING [14] gelangte durch direkte Vermessung eingelagerter Gold- und Silberkristallite zu einem gleichen Ergebnis. Er fand bei der

Wolle für den mittleren Durchmesser des submikroskopischen Hohlraumsystems Werte von 50 bis 80 Å.

Die Polypeptidketten sind in der Wollfaser teilweise zu kristallinen Bereichen vereinigt, die wieder Mikrofibrillen bilden und in der Richtung der Faserhauptachse liegen. Der Orientierungsgrad ist kleiner als bei den Cellulosefasern. Ferner enthält die Wollsubstanz noch beträchtliche Mengen amorpher Proteinstoffe (z. B. Wollgelatine), die teils aus verhältnismäßig leicht quellbaren niedermolekularen, teils aus höhermolekularen Polypeptiden bestehen, wobei in letzteren durch die Regellosigkeit in der Aufeinanderfolge der einzelnen Aminosäurereste ungestörte Gitterbereiche nicht auftreten können. HALLER [38] isolierte kürzlich aus der Wolle durch längeres Behandeln mit 35%igem wäßrigen Ammoniak — wahrscheinlich unter proteolytischer Spaltung — eine amorphe Kittsubstanz, die er als *Lanain* bezeichnete. Im Gegensatz zu den unversehrten kristallinen Spindel- und Schuppenzellen enthält dieser amorphe Körper keinen Schwefel. Durch das Fehlen namhafter Salzbindeglieder bzw. Disulfidbrücken des Cystins tritt der amorphe Charakter besonders hervor (vgl. S. 11).

Infolge ihres amphoteren Verhaltens kann die als Ampholyt aufzufassende Wollfaser sowohl mit Säuren als auch mit Alkalien unter Quellung chemisch reagieren.

α) **Der Einfluß von Säuren auf die Wollfaser.** Die quellende Wirkung von Säuren tritt bereits in der Kälte, vorzugsweise aber in der Hitze auf.[1] Dies erklärt sich durch die chemische Reaktion der Säuren, z. B. Schwefel-, Ameisen-, Essig-, Salzsäure usw., mit den basischen Gruppen der Salzbindeglieder. Basisch reagierende Seitenketten gehen auf Arginin bzw. Lysin als Bausteine der Polypeptidkette zurück; ein Teil des basischen Stickstoffes leitet sich vom Imidazolstickstoff des Histidins ab (vgl. S. 33).

Das Wollprotein besitzt bei p_H 4 bis 7 eine gewisse Stabilität. Es verbindet sich in diesem p_H-Intervall weder mit Säuren noch mit Laugen. Dies gilt insbesondere für den isoelektrischen Punkt, in welchem sich die intramolekularen Anziehungskräfte der basischen und sauren Gruppen der Salzbindeglieder gerade das Gleichgewicht halten. Die Größenangaben verschiedener Forscher bezüglich des isoelektrischen Punktes schwanken zwischen 4,8 bis 5,5. Am sichersten scheint der von ELÖD [39] bestimmte Wert von 4,9 zu sein.

Die Wolle besitzt hierbei die größte innere Stabilität, was sich in der stark verminderten Quellung und durch die innere Festigkeit, die hierbei einen Maximalwert erreicht, äußert. Wird Wolle z. B. bei einem p_H 5,5 um 30% ihrer ursprünglichen Länge gestreckt, so ist hierzu eine bestimmte Streckarbeit notwendig. Untersucht man die Streckarbeit bei gleicher prozentualer Streckung in Abhängigkeit vom p_H, so benötigt man nach Versuchen von SPEAKMAN [37] sowohl in saureren als auch alkalischeren Lösungen eine in bezug auf die Streckarbeit bei p_H 5,5 geringere Arbeit.

---

[1] So ist beispielsweise der Quellungsgrad der Wolle, Naturseide und Leder in Abhängigkeit von p_H folgender (nach ELÖD [39]):

Quellungsgrad

p_H	Wolle	Seide	Leder
3,20	1,226	1,498	5,22
2,00	1,252	1,528	5,33
1,00	1,468	1,512	5,55

In Abb. 14 ist die Streckarbeit, die notwendig ist, um Wolle um 30% ihrer ursprünglichen Länge zu dehnen, in Funktion vom p_H dargestellt.

Bei p_H 4 bis 7 findet kaum eine Verminderung der Streckarbeit statt. Die Wolle ist praktisch unempfindlich gegen den Einfluß der Wasserstoff- und Hydroxylionen im p_H-Intervall von zirka 4 bis 7. Man nennt deshalb diese Region auch die der „p_H-Stabilität".[1]

Im p_H-Intervall 1 bis 4 bewirken die Wasserstoffionen starke intramizellare Quellung unter Spaltung der Salzbindeglieder. Die Aminoextragruppen werden mit zunehmender Wasserstoffionenkonzentration immer mehr ionisiert, so daß die Wolle das Verhalten einer Polyammoniumverbindung annimmt. Die Wassermoleküle vermögen dann zwischen die einzelnen Polypeptidketten einzudringen und wirken dort wie Gleitmittel, so daß die Streckarbeit vermindert wird. Bei p_H 1 tritt eine maximale Aufspaltung der Salzbindeglieder ein, was sich durch ein Minimum der Streckarbeit bemerkbar macht. Tatsäch-

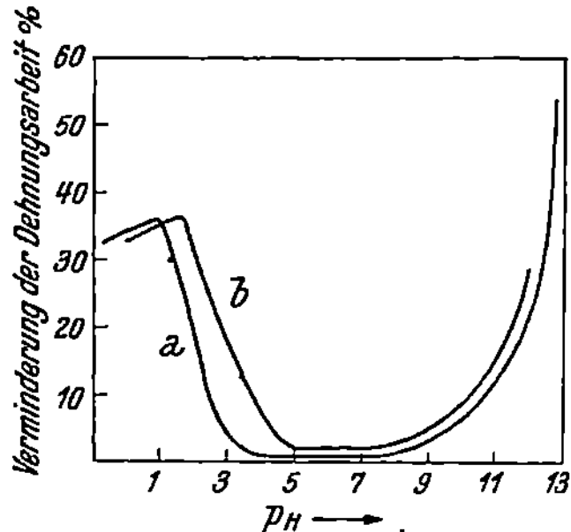

Abb. 14. Verminderung der Dehnungsarbeit von Wolle in Funktion vom p_H der Behandlungsflüssigkeit; a) in destilliertem Wasser, b) in 0,2 n Natriumchloridlösung. (Nach SPEAKMAN und HIRST.)

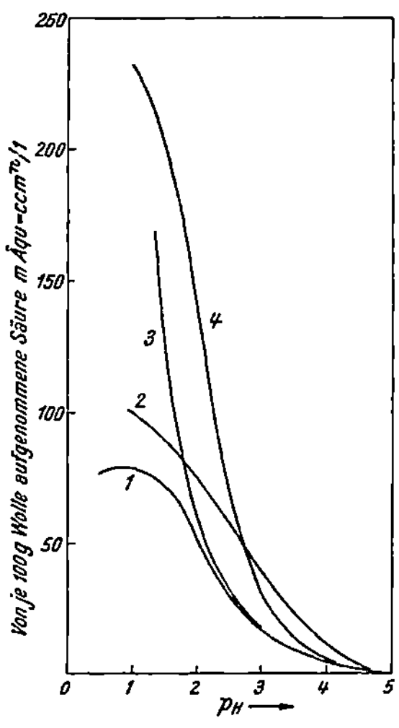

Abb. 15. Säurebindungsvermögen von Wolle in Funktion vom p_H für Salzsäure (1), Schwefelsäure (2), Chloressigsäure (3) und Phosphorsäure (4) bei 22,2°. (Nach SPEAKMAN und STOTT.)

lich besitzen viele der in Wasser molekulardispers löslichen Wollfarbstoffe bei p_H 1,3 maximale Anfärbekraft [39].

In direkter Beziehung zur Streckarbeitsverminderung steht auch die Säureaufnahme durch die Wolle. In Abb. 15 ist die von 100 g Wolle im Gleichgewichtszustand aufgenommene Menge verschiedener Säuren in Kubikzentimetern 1 n-Säure in Funktion vom p_H dargestellt.

Die Kurven für starke Säuren, vorzugsweise Salzsäure, der Abb. 15 verlaufen im p_H-Bereich 0 bis 4 parallel zu jenen der Abb. 14. Man kann dar-

---

[1] In Anlehnung an diese Stabilitätszone ziehen es manche Forscher [40] vor, nicht, wie früher ausgeführt, von einem isoelektrischen Punkt, sondern von einem isoelektrischen Intervall beim Wollkeratin zu sprechen. Die Verhältnisse sind bei den einzelnen Wollsorten noch unübersichtlich, so daß genannte Begriffsfassung für das Verständnis des amphoteren Verhaltens des Wollproteins vielleicht mehr leistet als der Begriff des isoelektrischen Punktes.

aus (vgl. Abb. 15, Kurve *1*) den Anteil der freien Aminogruppen (Extragruppen) in der Wolle berechnen. Da von 100 g Wolle maximal 80 m Äqu. = 80 cm³ 1 n-Salzsäure gebunden werden, errechnet sich der Gehalt an freiem Aminostickstoff zu:

$$\text{Aminostickstoff} = \frac{80 \times 14}{1000} = 1,12\% \, N.$$

Zum Vergleich sei angegeben, daß man den Aminostickstoff durch Desaminieren mittels salpetriger Säure [41] gemäß der Gleichung

$$HOOC—CHR—NH_2 + HONO \rightarrow HOOC—\underset{\underset{R}{|}}{C}=N=N + 2\,H_2O \rightarrow$$

$$\rightarrow HOOC—CHR—OH + N_2 \uparrow + H_2O$$

experimentell durch den freigesetzten Stickstoff bestimmen kann. Auf diesem Weg erhielt man allerdings Werte, die wesentlich kleiner waren [42].

Als Beweis, daß der mit Säuren titrierbare Aminostickstoff in der Wolle durch äquivalente Mengen Carboxylgruppen zu Salzbindegliedern ammoniumartig gebunden wird und die basischen Seitenketten des Lysins und Arginins nicht frei im Hauptvalenzkettensystem angeordnet sind, ist der Verlauf der Säurebindungskurve in Abb. 15 anzusehen.

Wäre der Aminostickstoff in der Wolle *nicht* mit den Carboxylgruppen im Zwitterionenverband vereint, so müßte die Titration mit einer beliebigen, starken Mineralsäure bei p_H 7 beendet sein. Dies ist der normale Ablauf jeder Neutralisation einer Base mit einer Säure. In Wirklichkeit beginnt, wie Abb. 15 zeigt, die Neutralisation des Aminostickstoffes bei p_H 5 und ist erst bei p_H 1 beendet. Die Titrationssäure verdrängt mit steigender Konzentration nur allmählich die schwächeren Carboxylgruppen aus den elektrovalenten Salzbindegliedern. Bei p_H 1 sind sämtliche Aminogruppen durch die starke Mineralsäure gebunden, gemäß der Gleichung

$$R — COO^- \, H_3N^+ — R_1 + HAc \rightleftharpoons R — COOH + R_1 — NH_3 \cdot Ac$$
$$Ac = Cl', \quad {}^1/_2 SO_4'', \quad CH_3COO' \text{ usw.}$$

Man erkennt daraus, daß das Äquivalentgewicht der Wolle gegenüber Säure nicht konstant ist, sondern vom p_H abhängt. Um 1 Grammäquivalent Säure (beispielsweise 49 g Schwefelsäure, 36,5 g Salzsäure usw.) im Stadium der maximalen Bindungsfähigkeit zu neutralisieren, benötigt man etwa 1200 g Wolle. Da das Äquivalentgewicht von Wollfarbstoffen bzw. deren Farbsäuren durchschnittlich 250 bis 400 beträgt, würde die Wolle im Gleichgewichtszustand 20 bis 30% Farbstoff aufnehmen können.

Im übrigen hängt das Säurebindungsvermögen auch von der chemischen Natur der Säure und deren Quellungsdruck ab. Quellen unter dem Einfluß des letzteren, z. B. bei der Chloressigsäure (vgl. Abb. 17, Kurve *6*), die einzelnen Peptidketten stark auf, so verbrauchen auch die NH-Gruppen der Hauptvalenzketten — also nicht die NH_2-Gruppen der Seitenketten — zusätzliche Säuremengen, wie aus Abb. 15, Kurve *3* und *4*, hervorgeht.

Als Träger der freien Aminogruppen kommt vor allem die Guanidogruppe des Arginins und die ε-Aminogruppe des Lysins in Betracht (vgl. S. 33). Der basische Imidstickstoff der Imidazolgruppe, die sich im Histidin vorfindet, tritt im Vergleich hierzu mengenmäßig weit zurück. Benutzt man die in Tab. 6 angegebenen Werte für den Gehalt der Wolle an Histidin, Lysin und Arginin und berechnet daraus den Aminostickstoff, so erhält man die in Tab. 8 zusammengestellten Zahlenangaben.

Tabelle 8. Berechnung des freien Aminostickstoffes aus den basischen Komponenten der Wollfaser. (Nach SPEAKMAN.)

	α-Aminosäurerest			Prozentgehalt des freien Aminostickstoffes der einzelnen Aminosäuren in der Wolle
	Molekulargewicht	Gehalt in der Wolle in Prozenten	Aminostickstoff in Prozenten	
Histidin	155	0,6	9,04	0,05
Arginin	174	10,2	8,05	0,82
Lysin	146	2,8	9,58	0,27

Summe...1,14 % N

Die Übereinstimmung der laut Tab. 8 rechnerisch gefundenen freien Aminostickstoffmenge mit der aus dem Säurebindungsvermögen ermittelten (vgl. oben) ist gut.

Die basisch reagierenden Amino- und Guanidogruppen sind im Wollprotein durch die sauer reagierenden Carboxylgruppen, die von der Asparagin- und Glutaminsäure herrühren, unter Bildung ammoniumartiger Salze intermolekular, vielleicht zum Teil auch intramolekular neutralisiert;[1] vgl. Abb. 13.

Eine Überschlagsrechnung ergibt, daß genügend ionisierbare Carboxylgruppen im Wollkeratin vorhanden sind, um die Aminogruppen zu neutralisieren. Benützt man die in Tab. 6 angegebenen Werte für die Glutamin- und Asparaginsäure, so errechnet sich die in Tab. 9 zusammengestellte Menge freier Carboxylgruppen im Wollkeratin.

Tabelle 9. Berechnung des Carboxylgruppengehaltes in der Wolle aus den sauren Komponenten derselben. (Nach SPEAKMAN.)

	α-Aminosäurerest			Prozentgehalt an Carboxylgruppen der einzelnen Aminosäuren in der Wolle
	Molekulargewicht	Gehalt in der Wolle in Prozenten	Carboxylgruppen in Prozenten	
Glutaminsäure	147	12,9	30,6	3,95
Asparaginsäure	133	2,3	33,8	0,78

Summe...4,73% COOH

Auf Stickstoff umgerechnet ergibt dies gemäß der Beziehung

$$\frac{4,73 \cdot 14}{45} = 1,47\% \text{ N.}$$

---

[1] Solche Verbindungen vom Typus der Zwitterionen $\overset{+}{N}H_3 — R — COO^-$ enthalten in jeder Molekel ein positives und ein negatives Ion vereinigt. Sie besitzen Dipolcharakter. Eines der am einfachsten aufgebauten Zwitterionen ist das *Betain* (Trimethylaminoessigsäure) $(CH_3)_3\overset{+}{N} CH_2COO^-$, das dieser Klasse der intramolekularen Salze den Sammelnamen „Betaine" gegeben hat.

Der freie Aminostickstoff beträgt, wie früher angegeben, im Wollkeratin 1,12%. Es sind also genügende Mengen Carbonsäuren in den sauren Seitenketten vorhanden, um die gesamten, basisch reagierenden Seitenketten abzusättigen. Darüber hinaus besteht sogar ein geringer Überschuß an Carboxylgruppen.

Säuren, die man auf Wolle bei $p_H < 5$ einwirken läßt, brechen die elektrovalente Bindung zwischen den freien Amino- und Carboxylgruppen nach der Gleichung

$$R_1 - COO^- \overset{+}{N}H_3 - R_2 + HAc \; \rightleftharpoons \; R_1 - COOH + [R_2 - NH_3]^+ Ac^-.$$

Man sieht, daß die Wolle durch die Säurebehandlung eine positive Ladung erhält, was für die kolloidchemischen Vorgänge von großer Wichtigkeit ist, da sich anionaktive Textilhilfsmittel an positiv geladenen Grenzflächen leicht anreichern [43].

Die Wolle erleidet durch den stark hydratisierenden und quellenden Einfluß der Wasserstoffionen eine derartige Beanspruchung der seitlichen Zusammenhaltekräfte, daß zunächst nicht einzusehen ist, warum die Kristallite nicht dauernd getrennt werden. Dazu ist folgendes zu bemerken: Durch die Aufspaltung der Salzbindeglieder werden die elektrovalenten Bindungskräfte zwischen den einzelnen Polypeptidketten größtenteils aufgehoben. Daß trotzdem das System der kristallinen Gitterbereiche erhalten bleibt, ja beim Auswaschen der Säure wieder in den ursprünglichen Zustand rückgebildet wird, ist auf zwei wichtige Tatsachen zurückzuführen. Die Hauptvalenzkettenlänge der Wollfaser ist so groß, daß die von den CONH-Gruppen ausstrahlenden Restvalenzkräfte VAN DER WAALscher Natur infolge der großen Anzahl derselben so bedeutend sind, daß dadurch bereits ein gewisser Zusammenhalt bedingt wird. Hierzu kommen noch die starken molekularen (kovalenten) Bindungskräfte der Schwefelbrücken des Cystins, das 13 bis 14% der Wolle ausmacht.

Die Disulfidbrücken werden in sauren Flüssigkeiten unter nicht allzu extremen Bedingungen (starke Azidität, längeres Kochen) kaum angegriffen, so daß der dadurch bedingte seitliche Halt nach wie vor bestehen bleibt. Die Quellung und Aufspaltung der Mizellen durch Säuren ist demnach mehr lokal und erfaßt nicht die gesamte Faser. Es handelt sich um eine Art Gleichgewicht, das, ohne die Gitterbereiche zu sprengen, wieder in den ursprünglichen Zustand rückführbar ist.

β) **Der Einfluß von Alkalien auf die Wollfaser.** Im sauren p_H-Bereich wird das chemische Verhalten der Wollfaser vorzugsweise von den Salzbindegliedern, die durch Säuren unter Brechung derselben aufgespalten werden, wobei sich die Mineralsäure an die freie Aminogruppe anlagert, bestimmt. Die Cystinbindeglieder treten in den Hintergrund, da sie von Wasserstoffionen nicht oder nur wenig angegriffen werden.

Ganz anders verhält sich Wolle in alkalischen Behandlungsbädern. Zunächst werden durch den Einfluß der Hydroxylionen die Salzbindeglieder gebrochen. Dieser Prozeß ist der Aufspaltung der Seitenketten durch Säuren analog und an sich reversibel. Nach dem Einwirken verhältnismäßig schwach alkalischer Lösungen und Auswaschen derselben bilden sich die ursprünglichen Salzbindeglieder wieder zurück. Hierbei ist zu berücksichtigen, daß die basischen Gruppen verschiedene Aktivität ausüben, d. h. bei verschiedenem p_H aus dem Salzbindegliedverband verdrängt werden, wie aus Abb. 16 hervorgeht. Es ist darin das Bindungsvermögen von 100 g Wolle für Natronlauge — ausgedrückt in cm³ 1 n-Lauge — in Abhängigkeit vom p_H dargestellt.

Die Kurve bildet die Fortsetzung der in Abb. 15 gebrachten Säureaufnahmskurve von 100 g Wolle für das alkalische Gebiet.

Wird Wolle in verschieden starke Lauge gebracht, so werden die basischen Gruppen der Salzbindeglieder aus ihrer zwischen- und innermolekularen Verbindung mit den Carboxylgruppen in der Reihenfolge verdrängt, die durch Histidin, Lysin und Arginin gekennzeichnet ist. Wie aus Abb. 16 hervorgeht, steigt mit zunehmendem p_H die aufgenommene Natronlaugenmenge schwach bis zu p_H 12 an. Die Stufe bei p_H 10 bis 11 entspricht dem Verdrängen der Lysin-Seitenketten vor jenen des Arginins, da die Guanidogruppe im letzteren stark basischen Charakter besitzt. Die Dissoziationskonstante des Lysins beträgt $3{,}2 \cdot 10^{-5}$, entsprechend einem p_H-Wert von etwa 10; die Dissoziationskonstante des Arginins ist hingegen $1 \cdot 10^{-1}$, also von der Größenordnung starker Basen, und entspricht einem p_H-Wert von etwa 12. Nachdem auch die basischen Seitenketten, die vom Arginin herstammen, durch die Hydroxylionen verdrängt wurden, steigt die Kurve in Abb. 16 steil an. Dies ist darauf zurückzuführen, daß unter starkem Angriff auf die Disulfidbrücke

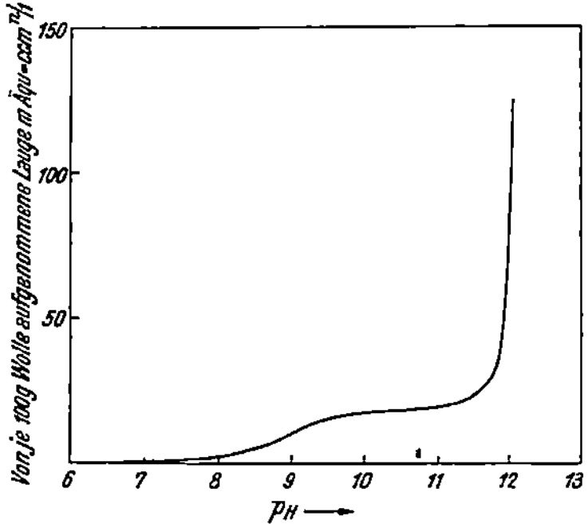

Abb. 16. Bindungsvermögen für Natriumhydroxyd durch Wolle in Funktion vom p_H bei 22,2°. (Nach SPEAKMAN und STOTT.)

des Cystins die kristallinen Bereiche aufgelöst werden und die Faser zerfällt. Dieser Vorgang ist im Gegensatz zur Sprengung der Salzbindeglieder durch Wasserstoff- oder Hydroxylionen irreversibel, so daß er in jedem Falle eine Faserschädigung bedeutet.

Allerdings werden selbst durch verhältnismäßig starke Laugen in der Kälte nicht alle Schwefelbrücken des Cystins zerstört. Ein Teil des Gesamtschwefels ist leicht abspaltbar; der restliche Teil dagegen wird in eine stabile Form übergeführt. Man erhält selbst bei anhaltender Laugebehandlung wohl einen verminderten, aber nahezu konstanten Schwefelgehalt [44].

Dieses eigenartige Verhalten des Wollkeratins wird durch die Reaktionsmöglichkeiten sog. Disulfide erklärt. Zunächst wird das Cystin unter hydrolytischer Aufspaltung der Disulfidbrücke zerlegt [45]:

$$\begin{array}{l} OC{<}\\ \qquad {>}CH{-}CH_2{-}S{-}S{-}CH_2{-}HC{<}\qquad{>}CO \quad HOH \\ HN{<} \qquad\qquad\qquad\qquad\qquad\qquad\qquad {>}NH \quad \overrightarrow{\text{Alkali}} \end{array}$$

$$OC{<}{>}CH{-}CH_2{-}SH \;+\; OC{<}{>}CH{-}CH_2{-}SOH.$$
$$HN{<} \qquad\qquad\qquad\qquad HN{<}$$

Sulfhydryl (Cystein).   Sulfensäure.

Die entstandenen Spaltstücke können verschiedenartig weiter reagieren. Teils wird Schwefel in Form von Schwefelwasserstoff bzw. Alkalisulfid abgespalten, teils bilden sich neue Seitenketten. So reagiert die oben entstandene hypothetische und reaktionsfähige Sulfensäure mit den basischen Seitenketten der Wolle, beispielsweise mit einem Lysinrest, gemäß dem Schema:

$$\begin{array}{l}OC{\diagdown} \\ \quad\ {\diagup}CH\text{---}CH_2\text{---}SOH \ + \ HNH\text{---}(CH_2)_4\text{---}HC{\diagdown}^{CO}_{\ NH} \quad \rightarrow \\ HN{\diagup}\end{array}$$

Sulfensäure.   Lysinrest.

$$\begin{array}{l}OC{\diagdown} \\ \quad\ {\diagup}CH\text{---}CH_2\text{---}S\text{---}NH\text{---}(CH_2)_4\text{---}HC{\diagdown}^{CO}_{\ NH} \ + \ H_2O. \\ HN{\diagup}\end{array}$$

Es entstehen neue, schwefelhaltige Bindeglieder zwischen zwei Hauptvalenzketten, die im Gegensatz zu den Cystinbindegliedern nur mehr ein Schwefelatom enthalten [37]. Sie sind aber säure- und alkaliunempfindlicher als das Cystin [46]. Damit steht die Konstanz des Schwefelgehaltes alkalisch behandelter Wolle gut im Einklang. Es wird etwa die Hälfte des im Cystin vorhandenen Schwefels durch Alkali entfernt; die andere Hälfte wird zum Aufbau neuer, alkalibeständigerer Bindeglieder gebraucht. Tatsächlich konnten STIRM und ROUETTE [36] sowie CROWDER und HARRIS [44] aus Wolle mit einem Gesamtschwefelgehalt von 3,95% bzw. 3,72% etwa die Hälfte des Schwefels, nämlich 1,95% bzw. 1,80% durch Alkali herauslösen.

Neben den besprochenen Reaktionen können sich beim Einwirken von Alkali auf Wolle noch folgende Vorgänge abspielen:

$$\begin{array}{ll}OC{\diagdown} & OC{\diagdown} \\ \quad\ {\diagup}CH\text{---}CH_2\text{---}SOH \ \rightarrow & \quad\ {\diagup}CH\text{---}CHO \ + \ H_2S(Na_2S). \\ HN{\diagup} & HN{\diagup}\end{array}$$

Sulfensäure.   Aldehyd.

Die entstandene aldehydförmige Verbindung [44] reagiert mit den Aminogruppen der Seitenketten unter Bildung eines neuen schwefelfreien Brückengliedes [47].

$$\begin{array}{l}OC{\diagdown} \\ \quad\ {\diagup}CH\text{---}CHO \ + \ H_2N\text{---}(CH_2)_4\text{---}HC{\diagdown}^{CO}_{\ NH} \quad \text{-}\rightarrow \\ HN{\diagup}\end{array}$$

$$\begin{array}{l}OC{\diagdown} \\ \quad\ {\diagup}CH\text{---}CH=N\text{---}(CH_2)_4\text{---}HC{\diagdown}^{CO}_{\ NH} \ + \ H_2O. \\ HN{\diagup}\end{array}$$

Ebenso kann die hypothetische Sulfensäure durch Luftsauerstoff zur Cysteinsäure oxydiert werden:

$$\begin{array}{ll}OC{\diagdown} & OC{\diagdown} \\ \quad\ {\diagup}CH\text{---}CH_2\text{---}SOH \ + \ O_2 \ \rightarrow & \quad\ {\diagup}CH\text{---}CH_2\text{---}SO_3H, \\ HN{\diagup} & HN{\diagup}\end{array}$$

woraus durch Hydrolyse Alanin und Taurin entstehen können:

$$\begin{array}{l}OC{\diagdown} \\ \quad\ {\diagup}CH\text{---}CH_2\text{---}SO_3H \ + \ 2\,HOH \ \rightarrow \ H_2SO_4 \ + \ CH_3\cdot CH(NH_2)\cdot COOH \\ HN{\diagup}\end{array}$$

                                                                      Alanin.

bzw.:

$$\begin{array}{c} OC< \\ \quad >CH-CH_2-SO_3H + HOH \longrightarrow NH_2-CH_2-CH_2-SO_3H + CO_2, \\ HN< \end{array}$$

Taurin.

die auch isoliert wurden [36].

Der alkalische Angriff auf das Wollkeratin beeinflußt außer den geordneten Gitterbereichen der Rindenschicht auch den Schuppenpanzer der Wollepidermis, der einen natürlichen Schutz des Wollproteins darstellt. Hierbei kommt es zur ganzen oder teilweisen Ablösung der schindelartig oder tütenartig ineinandersteckenden Epithelzellen, so daß die darunterliegende Rindenschicht um so leichter dem Angriff des Alkalis ausgesetzt ist. Auch dieser Vorgang hat seine molekulare Grundlage in der Auflösung aller seitlichen Bindeglieder des Wollkeratins. Es sei hier bloß erwähnt, daß die meisten Reaktionen chemischer bzw. physikalisch - mikroskopischer Natur zum Nachweis von Wollschädigungen auf das verschiedene Verhalten beruhen, das Wollfasern mit vollständig erhaltenem Schuppenpanzer und Wolle, deren Epithelschicht ganz oder teilweise entfernt wurde, aufweisen [48].

Die Größe des Alkaliangriffes auf Wolle kann u. a. aus den Reißfestigkeitsverminderungen von Wollgarn bestimmt werden. In Tabelle 10 sind nach HARRISON [49] die Reißfestigkeiten von Wollgarn nach dem Behandeln mit Alkali zusammengestellt.

Tabelle 10. Reißfestigkeit von Wollgarn nach dem Behandeln mit verschiedenen Alkalien durch 15 Minuten bei 50° C. (Nach HARRISON.)

Normalität	p_H-Wert	Reißfestigkeit in Pfund	
		trocken	naß
Mittlere Reißfestigkeit unbehandelter Strähne	—	37,5	20,5
Nach dem Behandeln in destilliertem Wasser...........	5,55	36,0	20,0
Borax:			
0,1000 n..........	8,98	36,5	26,0
Trinatriumphosphat:			
0,0001 n..........	8,75	36,0	23,5
0,0010 n..........	10,09	33,5	19,5
Natriumcarbonat:			
0,0001 n..........	9,20	35,5	23,5
0,0010 n..........	9,78	31,5	24,4
0,0050 n..........	10,15	29,5	24,5
0,1000 n..........	11,50	28,5	20,5
Ammoniak:			
1,0000 n..........	11,00	35,0	26,5
Natriumhydroxyd:			
0,0001 n..........	9,70	35,5	19,0
0,0010 n..........	11,62	33,0	21,0
0,0100 n..........	11,89	34,0	24,5
0,0200 n..........	12,00	28,8	20,5
0,0300 n..........	12,28	33,5	21,5
0,0500 n..........	12,54	30,5	10,5
0,1000 n..........	12,77	28,5	8,0
0,2000 n..........	13,01	19,0	5,5

Man sieht, daß bis p_H 12 der Alkaliangriff unter relativ milden Bedingungen nicht allzu groß ist. Steigt das p_H weiter an, so fällt die Reißfestigkeit stark ab. Dieses Verhalten stimmt mit der Titrationskurve der Abb. 16

völlig überein. Es werden hierbei sowohl die Schwefelbindeglieder als auch die Salzbindeglieder gesprengt, so daß der seitliche Zusammenhalt des Hauptvalenzkettensystems verlorengeht, mit der Einschränkung, daß ein Teil des Disulfidschwefels in neue, alkalibeständigere Bindeglieder übergeführt wird.

Wie wichtig dieser restliche Halt für das Bestehen einer noch halbwegs intakten Wollfaser notwendig ist, geht aus dem Wollangriff mit Natriumbisulfit hervor. Dieses reagiert nach ELSÄSSER [50] mit dem Cystin der Wolle wie folgt:

$$\begin{array}{c} OC{<} \\ \quad\ \ {>}CH{-}CH_2{-}S{-}S{-}CH_2{-}CH{<}^{CO} + NaHSO_3 \longrightarrow \\ HN{<} \qquad\qquad\qquad\qquad\qquad\qquad {>}NH \end{array}$$

$$\begin{array}{c} OC{<} \qquad\qquad\qquad OC{<} \\ \quad\ \ {>}CH{-}CH_2{-}SH + \quad\ \ {>}CH{-}CH_2{-}S{-}SO_3Na. \\ HN{<} \qquad\qquad\qquad HN{<} \end{array}$$

Neben den Cystinbindegliedern werden wegen der sauren Reaktion des Natriumbisulfites auch die Salzbindeglieder gebrochen. Der gesamte zwischenmolekulare Zusammenhalt (Vernetzung) geht verloren; aus diesem Grunde bildet die Wolle beim Kochen mit Natriumbisulfitlösung eine gummiähnliche, amorphe Masse.

Natriumsulfit vermag dies nicht zu bewirken. Es spaltet zwar ebenso wie Natriumbisulfit die Cystinbindeglieder [51], kann aber wegen seiner praktisch neutralen Reaktion die Salzbindeglieder nicht brechen.

II. Künstliche Proteinfasern.

In jüngster Zeit ist die großtechnische Darstellung von künstlichen Proteinfasern, wie *Lanital* und *Tiolan*, aus Casein gelungen [52]. Die erste Darstellung von Caseinfasern geht allerdings bereits auf TODTENHAUPT [53] zurück.

Kolloidchemisch betrachtet steht die Caseinseide zu den natürlichen Proteinfasern, wie Wolle, in dem gleichen Verhältnis wie die Kunstfasern aus regenerierter Cellulose zu jenen aus nativer Cellulose. Die Polypeptidketten sind bei der Caseinfaser kürzer als bei der Wolle und das Mizellargefüge lockerer (poriger) als bei dieser. Dadurch unterliegen Caseinfasern einer stärkeren Quellung und einem größeren Faserangriff als natürliche Proteinfasern. Anderseits nehmen sie, wie die Kunstfasern aus regenerierter Cellulose, die Farbstoffe schneller aus der Farbflotte auf als die nativen Fasern. Infolge des geringeren Orientierungsgrades und der geringeren Hauptvalenzkettenlänge ist die Trockenreißfestigkeit der Caseinfasern geringer als die der Wolle. In Verbindung mit der stärkeren Quellung der Lanital- bzw. der Tiolanfasern bewirken diese Momente ein stärkeres Absinken der Naßreißfestigkeit als bei der Wolle.

Eine vollsynthetische Proteinfaser ist die *Nylonfaser* (Du Pont). Nach ihrem Erfinder CAROTHERS [54] stellt man die als Superpolysäureamide aufzufassende Faser durch Kondensation von höheren aliphatischen Dicarbonsäuren (Adipinsäure, Methyladipinsäure) mit höheren aliphatischen Diaminen (Tetra-, Hexamethylendiamin) bei 180 bis 250° C nach dem Schema

$$n\,H_2N(CH_2)_xNH_2\,+\,m\,HOOC(CH_2)_yCOOH\,\rightarrow$$
$$\rightarrow\,H_2N(CH_2)_xNHOC(CH_2)_yCONH\ldots COHN(CH_2)_xNHOC(CH_2)_yCOOH$$

unter Stickstoffatmosphäre her, worauf die Spinnmasse verdüst wird. Bei genügend hohem Polymerisationsgrad sind derartige Proteinfasern gegen Wasser weitgehend unempfindlich.

<h3 style="text-align:center">Dritter Abschnitt.</h3>

Das kolloidchemische Verhalten der Textilfasern in Berührung mit wäßrigen Lösungen.

Alle Textilfasern nehmen in Berührung mit Wasser oder wäßrigen Lösungen Wasser und zum Teil die darin gelösten Stoffe auf. Sie vergrößern dadurch die Faserdimensionen, vorzugsweise ihren Durchmesser, d. h. sie *quellen* auf. Die Quellung der Protein- und Cellulosefasern ist von der Temperatur, von der Einwirkungsdauer und vom p_H des Quellbades abhängig. Mit wachsender Temperatur und Behandlungsdauer nimmt die Quellung im allgemeinen zu. Von der Wasserstoffionenkonzentration der Behandlungsflüssigkeit wird sie in eigenartiger Weise beeinflußt, wie aus Versuchen von MEUNIER und REY [1], ELÖD und SILVA [2], GÖTTE und KLING [3] und SPEAKMAN und STOTT [4] für Wolle, sowie von HEUSER und BARTUNEK [5], NEALE [6] und LOTTERMOSER und RADESTOCK [7] für Baumwolle, hervorgeht.

I. Quellung der Proteinfasern.

Die Quellung der Wolle in Funktion vom p_H des Behandlungsbades bringt Abb. 17. Sie ist im p_H-Intervall 4 bis 6, also im isoelektrischen Punkt, bzw. Bereich am geringsten, was auch für andere Proteinfasern gilt.[1]

In saureren oder alkalischeren Flüssigkeiten quillt Wolle stärker auf. Im p_H-Bereich 1 bis 2 ist ein Quellungsmaximum zu beobachten. Alkalische Flotten quellen mit steigender Hydroxylionenkonzentration zuerst langsam, dann immer stärker; über p_H 12 tritt unbegrenzte Quellung sowie Faserangriff und schließlich Faserauflösung, vor allem in der Hitze, ein.

Durch höhere Wasserstoff- bzw. Hydroxylionenkonzentration als dem p_H-Intervall 4 bis 6 entspricht, erfolgt eine Quellung, die über jenen Betrag hinausgeht, der mit reinem Wasser erhältlich ist. Diese Erscheinung kann auf verschiedene Ursachen zurückgeführt werden. Sie ist eine Folge der *zwischenmolekularen Anziehungskräfte* oder des auftretenden *osmotischen Druckes*. Vielfach überschneiden sich beide Kräftegattungen, so daß eine eindeutige Stellungnahme nicht immer möglich ist.

---

[1] Vgl. z. B. LLOYD und BIDDER [8], DENHAM und DICKINSON [9].

a) Quellung infolge zwischenmolekularer Anziehungskräfte.

α) **Hydratationstheorie.** Die ionogenen Stellen der riesigen Protein-moleküle binden die mit dem Quellwasser in die mikroskopischen und sub-mikroskopischen Ka-näle bzw. Kapillarrisse eingedrungenen Was-serstoff- bzw. Hydro-xylionen, während die von polarisierten Was-sermolekülen umgebe-nen hydratisierten Ge-genionen, z. B. Cl', SO_4'', Na·, K· usw., im Faserinneren mehr oder weniger festgehal-ten (inaktiviert) wer-den. Infolge ihrer Was-serhülle dehnen letz-tere die Faser und be-wirken eine Verbreite-rung des Faserquer-schnittes.

Das Quellungsma-ximum bei p_H 1 bis 2 ist auf den Wettstreit der Anziehung hydratisier-ter Ionen zurückzufüh-ren. In saurer Umge-bung bildet die Wolle mit den einwirkenden

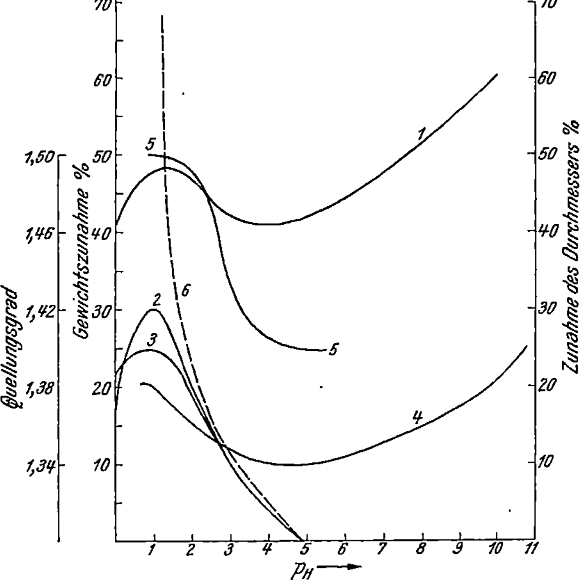

Abb. 17. Die Quellung der Wolle in Abhängigkeit vom p_H der Behandlungsflüssigkeit. Quellungszunahme der Wolle infolge des Quellens in Salzsäure bzw. Natronlauge bei 20° C (*1*) nach MEUNIER und REY. Zunahme des Wollfaserdurchmessers infolge der Quel-lung bei 22,2° C in Salzsäure (*2*), Schwefelsäure (*3*) und Mono-chloressigsäure (*6*) nach SPEAKMAN und STOTT und in Pufferlö-sungen bei 20° C (*4*) nach GÖTTE und KLING. Quellungsgrad der Wolle bei 90° C in Salzsäure (*5*) nach ELÖD und SILVA.

Säuren Proteinsalze, die ihrerseits elektroly-tisch dissoziieren und hydratisierte Gegenionen binden. Mit sinkendem p_H nimmt die Bildung der dissoziierbaren Proteinsalze bis zu p_H 1 bis 2 zu, bis ein Maximum der Wollsalzbildung und damit ein optimaler Wert der Bindungskräfte für hydratisierte Ionen eingetreten ist. Noch stärkere Säuren ($p_H < 1$) führen, wie Abb. 18 nach SPEAKMAN und STOTT [4] zeigt, zu keiner weiteren Proteinsalzbildung, da das Wollmolekül ein maximales Säurebindungs-vermögen aufweist.

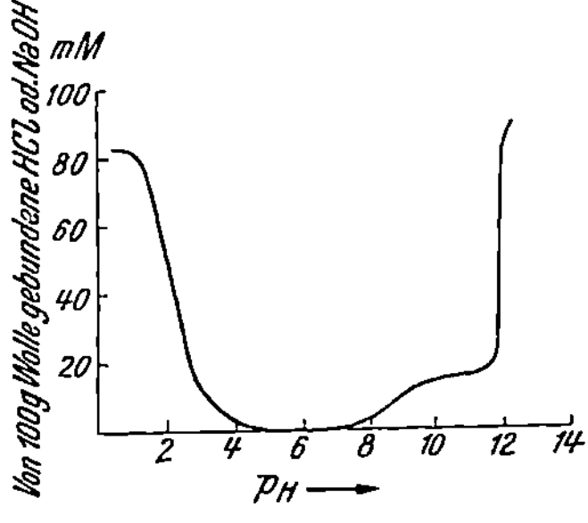

Abb. 18. Säure- und Alkalibindung der Wolle bei 22,2° C. (Nach SPEAKMAN und STOTT.)

Zur Bindung von 1 Grammäquivalent einer beliebigen *starken* Säure sind nach MEYER und FIKENTSCHER [10], PELET-JOLIVET [11] und GEORGIEVICS [12] sowie SPEAK-MAN und STOTT etwa 1200 g Wolle erforderlich, d. h. das Äquivalentgewicht der Wolle als Base beträgt maximal etwa 1200 (vgl. S. 39).

Es können deshalb nicht mehr hydratisierte Gegenionen im Quellwasser inaktiviert werden. Im Gegenteil, zu hohe Säurekonzentration in der Quellflüssigkeit bedingt infolge stärkerer Eigenbindung hydratisierter Ionen durch die im Quellwasser befindliche freie Säure wieder Dehydratisierung, so daß die Quellung zurückgeht.

β) **Theorie der elektrostatischen Abstoßung.** Durch die Aufnahme von Wasserstoff- bzw. Hydroxylionen wird den Polypeptidketten eine gleichsinnige positive bzw. negative Ladung erteilt; sie stoßen sich gegenseitig ab und saugen in die entstandenen Zwischenräume Quellungswasser ein. Das Maximum der sauren Wollquellung wird dadurch hervorgerufen, daß beim Quellen in zu sauren Bädern die überschüssig aufgenommene Säure die abstoßende Wirkung der Polypeptidketten wieder vermindert, indem sie die gerichtete Anordnung polarisierter Wassermoleküle durch eigene Orientierungskräfte stört.

b) Quellung infolge osmotischen Druckes.

Die Grundlage für die Behandlung dieser Quellungsart ist die DONNANsche Theorie der Membrangleichgewichte [13]. Sie wurde für den Fall der Proteinstoffe, und zwar bei Gelatine, zuerst von PROCTER und WILSON [14] angewendet und von ELÖD und SILVA [2] beim Quellen der Wolle in Funktion vom p_H des Quellbades geprüft.

Die Wollfaser wird als eine osmotische Zelle und die Faserwände als semipermeable Membranen aufgefaßt, die für die riesigen Eiweißionen undurchlässig, für Wasser und gewöhnliche Elektrolyte jedoch durchlässig ist.

Die Verteilung der Anionen und Kationen innerhalb und außerhalb der Membran bzw. zwischen Wollfaser und Behandlungsbad wird durch das Membrangleichgewicht

$$[K_i] \cdot [A_i] = k[K_a] \cdot [A_a]$$

geregelt. $[K_i]$, $[A_i]$ bedeuten die Konzentration der Kationen und Anionen in der Innenflüssigkeit, d. i. das Quellwasser in den submikroskopischen Kanälen, $[K_a]$, $[A_a]$ die Konzentration der Kationen bzw. Anionen in der Quellflüssigkeit (Quellbad).

Bringt man Wolle, deren Eigen-p_H dem des isoelektrischen Punktes (p_H 4,9) entspricht, in sehr verdünnte Säure, z. B. Salzsäure, deren p_H kleiner als 4,9 sein muß, so diffundieren zunächst beide Ionengattungen, sowohl Wasserstoff- als Chlorionen in die Wollfaser ein. Die Wasserstoffionen werden von den Aminogruppen der elektrovalenten Salzbindeglieder, die sich seitlich an den Polypeptidketten befinden (vgl. S. 35), gebunden und verdrängen die schwachen Carboxylgruppen aus dem Salzverband.

Es bildet sich zwischen den Aminogruppen des Wollmoleküls und der Salzsäure ein Salz (Proteinchlorid), gemäß der Gleichung:

$$\overset{\displaystyle |}{\underset{\displaystyle |}{C}}-R_1-\overset{+}{N}H_3\overset{-}{O}OC-R_2-\overset{\displaystyle |}{\underset{\displaystyle |}{C}} + HCl \longrightarrow \overset{\displaystyle |}{\underset{\displaystyle |}{C}}-R_1-\overset{+}{N}H_3Cl^- + \overset{\displaystyle |}{\underset{\displaystyle |}{C}}-R_2-COOH.$$

Das entstandene Salz dissoziiert in riesige, kolloide und nicht diffundierbare Eiweißkationen und kleindimensionierte Chlorgegenionen. Eine Diffusion letzterer durch die Faserhaut ist nach dem DONNANschen Membrangleichgewicht nicht möglich. Würde nämlich ein merklicher Teil der Chlorionen durch die Membran in die Behandlungsflüssigkeit zurückwandern, so wäre die Elektroneutralität gestört und die positive Ladung der kolloiden, zurückbleibenden Eiweißkationen nicht kompensiert. Schon bei unmeßbar kleinen diffundierten Chlorionenmengen treten elektrokinetische Potentialdifferenzen, die sog. Membranpotentiale auf, die eine weitere Diffusion der Chlorionen verhindern.

Die von den Polypeptidketten chemisch gebundenen Wasserstoffionen werden von einer äquivalenten Menge Chlorionen, die zufolge des Membrangleichgewichtes gleichfalls in die submikroskopischen Kanäle und innermizellaren bzw. kristallinen Zwischenräume eindiffundiert ist, in Form von Gegenionen umgeben. Diese sind einigermaßen frei beweglich und bedingen einen osmotischen Druck, der jenem der eindiffundierenden Ionen entgegenwirkt. Der osmotische Druck der Chlorionen im Quellwasser des Faserinneren verhindert bald ein weiteres Eindringen von Chlorionen aus der Badflüssigkeit, da deren osmotischer Druck infolge Anwendung sehr verdünnter Chlorwasserstofflösungen ($p_H \sim 2$ bis 5) voraussetzungsgemäß klein ist. Wenn den Chlorionen des Quellbades die Diffusion durch die Membranwände in die Faser verwehrt ist, können auch keine Wasserstoffionen infolge des Gesetzes der Elektroneutralität eindiffundieren und das Membrangleichgewicht stören. Daraus ergibt sich, daß die freie Wasserstoffionenkonzentration im *Inneren* der Wolle kleiner sein muß als in der Außenflüssigkeit, da die Konzentration der Chlorionen im Quellwasser infolge der chemischen Bindung äquivalenter Mengen Wasserstoffionen durch das Wollprotein im Vergleich zu der des Quellbades erheblich ist. Als Folge davon findet man nur eine geringe Menge freier Salzsäure in der Wollfaser. Die hypothetische freie Wasserstoffionenkonzentration im Quellwasser ist z. B. nach ELÖD und SILVA [2] nur 0,02 n, wenn die Badflüssigkeit 0,1 n-Salzsäure enthält. Das p_H im Inneren der *Wolle ist bei der Behandlung mit verdünnten Säuren um mehrere Einheiten höher als im Quellbad.*

Ist die Außenflüssigkeit stärker sauer (0,5 bis 1 n), so diffundieren mehr Wasserstoff- und Chlorionen durch die Membran. Infolge des höheren Säurebindungsvermögens der Wolle in stärker sauren Flüssigkeiten (vgl. Abb. 18) werden mehr Wasserstoffionen vom Wollmolekül gebunden. Folglich steigt auch der Gehalt an Chlorgegenionen im Quellwasser im Innern der Faser, da nach dem Membrangleichgewicht zwecks Erhaltung der Elektroneutralität gleichviel Wasserstoff- und Chlorionen durch die Membran diffundieren. Dies vollzieht sich so lange, bis alle basischen Aminogruppen abgesättigt sind. Wenn das der Fall ist, ist die maximale Gegenionenkonzentration im Faserinneren erreicht. Da aber voraussetzungsgemäß die Wasserstoff- und Chlorionenkonzentration im Quellbad hoch sind, bewirkt deren starker osmotischer Druck ein weiteres Eindiffundieren von Chlorionen und damit auch Wasserstoffionen, trotzdem die beträchtliche Chlorgegenionenmenge innerhalb der Membran sich dem Eindringen weiterer Chlorionen entgegenstemmt. Die Folge davon ist, daß beim Behandeln der Wolle in stärkerer Salzsäure auch im Inneren der Wollfaser eine beträchtliche Menge freier Säure vorhanden ist; im Gleichgewicht herrscht innerhalb und außerhalb der Wollfaser etwa gleiche freie Wasserstoffionenkonzentration, d. h. *das* p_H *im Inneren der Proteinfaser ist bei der Behandlung mit konzentrierteren Säuren ungefähr gleich dem des Behandlungsbades.*

Ganz hohe Säurekonzentration des Quellbades (> 1 n) bewirkt eine noch stärkere Diffusion freier Säuren ins Faserinnere, ohne daß aber mehr Wasserstoffionen chemisch gebunden werden, da das maximale Säurebindungsvermögen der Proteinstoffe nur eine beschränkte Aufnahme von Wasserstoffionen zuläßt.

Für die Quellung der Faser ist der im Inneren derselben auftretende osmotische Quellungsdruck maßgebend; er ist proportional dem Konzentrationsunterschied der Ionen zu beiden Seiten der Membran und stellt nach PROCTER und WILSON [14] die eigentliche Quellungskraft dar. Im isoelektrischen Punkt ist die Solvatation am geringsten, da die basischen Aminogruppen durch die Carboxylgruppen zur Gänze neutralisiert sind. Beim Behandeln mit verdünnten Säuren ist die Konzentration der im Quellwasser der submikroskopischen und zwischenmizellaren — bzw. kristallinen Räume befindlichen Gegenionen zwar verhältnismäßig groß gegenüber der Chlorionenkonzentration des Quellbades, erreicht aber absolut gemessen nur kleine Werte. Der osmotische Druck und damit die Quellung sind gering. Mit wachsender Säurekonzentration der Behandlungsflüssigkeit nimmt die Konzentration der den osmotischen Quellungsdruck verursachenden Gegenionen im Quellwasser gegenüber der Chlorionenkonzentration im Bad relativ ab, absolut aber zu. Der osmotische Druck und die Quellung nehmen zunächst zu, bis man sich der maximalen Säurebindungsmöglichkeit nähert.

Es tritt dann ein Wettbewerb zweier Erscheinungen ein. Durch das mit sinkendem p_H steigende Äquivalentgewicht der Wolle (vgl. Abb. 18) werden mehr Wasserstoffionen gebunden; es entstehen dementsprechend im Quellwasser des Faserinnerns immer größere Mengen mehr oder minder freibeweglicher Gegenionen, deren osmotischer Druck die Quellung begünstigt. Der osmotische Quellungsdruck ist als Summe der Einzeldrucke dem Unterschied der gesamten Ionenkonzentration zu beiden Seiten der Membran proportional. Mit zunehmender Säurekonzentration im Quellbad wird dieser Unterschied zunächst immer größer. Zum anderen steigt mit wachsender Säurekonzentration außerhalb der Faser auch die Konzentration der freien überschüssigen Säure in der Faser, was zu einem Ausgleich der Ionenverteilung zwischen Badflüssigkeit und Quellwasser führt und der Quellung entgegenwirkt, da der für den osmotischen Quellungsdruck maßgebliche Unterschied der beidseitigen Ionenkonzentrationen immer geringer wird. Der osmotische

Quellungsdruck nimmt deshalb in zu konzentrierter Säure wieder ab, so daß die Quellung ein Maximum durchläuft. Die Abhängigkeit der Quellung und des nach dem DONNANschen Membrangleichgewicht für Wolle berechneten osmotischen Quellungsdruckes vom p_H zeigt Abb. 19. Man sieht weitgehende Parallelität des Kurvenverlaufes für den Quellungsgrad und osmotischen Druck; vor allem wird bei beiden ein Maximum bei p_H etwa 1,3 erreicht.

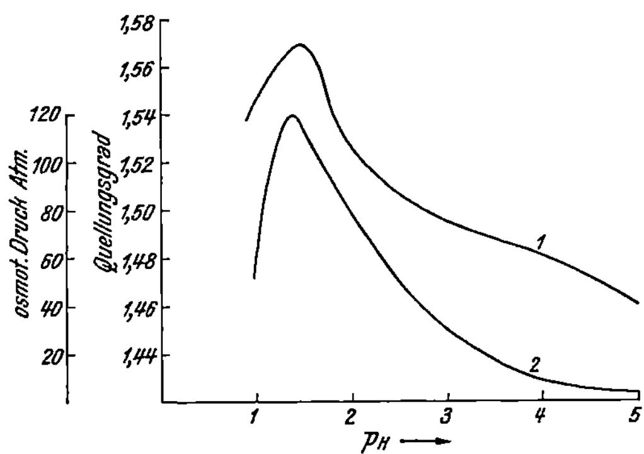

Abb. 19. Quellung der Wolle bei 20° C in Salzsäure. Beobachteter Quellungsgrad (1) und nach der Theorie des Membrangleichgewichtes berechneter osmotischer Druck (2). (Nach ELÖD und SILVA.)

II. Quellung der Cellulosefasern.

Ganz ähnliche Verhältnisse wie bei der Quellung von Proteinfasern in sauren Flüssigkeiten findet man bei der Quellung von Cellulosefasern in Alkalien. Die Cellulose verhält sich nach NEALE [6] starken Laugen gegenüber wie eine einbasische, sehr schwache Säure, deren Molekulargewicht 162 und deren Dissoziationskonstante $1,84 \cdot 10^{-14}$ [1] beträgt. Sie reagiert mit Alkalien unter Salzbildung; gleichzeitig tritt, wie Abb. 20 zeigt, eine Quellung der Cellulosefasern ein. Wie bei der sauren Quellung von Proteinstoffen, trifft man auch bei der alkalischen Quellung von Cellulosefasern ein Quellungsmaximum an. Die Erklärung hierfür ist ganz analog jener, die bei der sauren Wollquellung gegeben wurde. Sie kann durch zwischenmolekulare Bindungskräfte oder durch einen osmotischen Quellungsdruck verursacht werden. Hier soll nur letztere Möglichkeit, die von NEALE eingehend geprüft wurde, kurz skizziert werden.

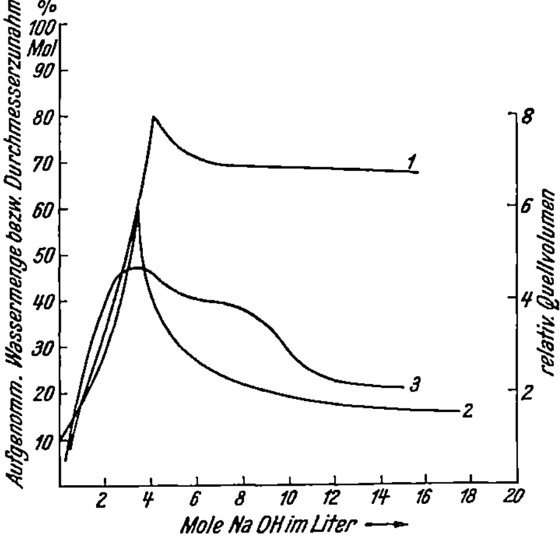

Abb. 20. Die Quellung von Cellulosefasern in Alkalien. Zunahme des Faserdurchmessers infolge der Quellung in Natronlauge (1) nach HEUSER und BARTUNEK. Von je 162 g Cellulose aufgenommenes Wasser (2) nach NEALE. Relatives Quellungsvolumen der Cellulose (3) nach LOTTERMOSER und RADESTOCK.

---

[1] Damit stimmt die für Zucker als Säure beobachtete Dissoziationskonstante größenordnungsmäßig überein.

Wie bei der Behandlung von Wolle in verdünnten Säuren, tritt zunächst Neutralisation der Cellulose durch Alkali ein; sie bindet letzteres chemisch ab. Das entstandene Salz dissoziiert in die mehr oder minder beweglichen Gegenionen (K·, Na·) und in die riesigen Celluloseanionen. Infolge des Auftretens von Membranpotentialen können die Gegenionen nicht in das Quellbad zurückwandern, sondern bleiben im Quellwasser der submikroskopischen Kanäle und zwischenmizellaren — bzw. kristallinen Räume. Sie setzen dem weiteren Eindringen von Alkali- und damit auch Hydroxylionen Widerstand entgegen. Dieser steigt mit zunehmender Laugenkonzentration zunächst noch an, so daß die Unterschiede der Ionenkonzentrationen inner- und außerhalb der Faser vergrößert werden. Proportional damit wächst der osmotische Quellungsdruck mit zunehmender Laugenkonzentration. Dies geht so lange, bis man sich jener Konzentration nähert, wo die höchste Alkalibindung der Cellulose, die nach NEALE sowie HESS, TROGUS und SCHWARZKOPF [15] je Mol Cellulose ein Mol Alkalihydroxyd beträgt, erreicht ist. Mit noch weiter zunehmender Laugenkonzentration wird die Menge freies Alkalihydroxyd in der Faser immer größer, so daß es zur Angleichung der Ionenkonzentrationen zu beiden Seiten der Faserwände (Membran) kommt. Da aus der Differenz der Ionenkonzentrationen außer- und innerhalb der

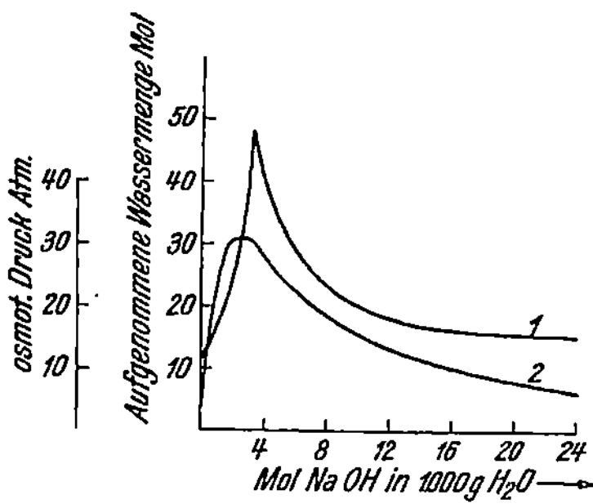

Abb. 21. Quellung von Cellulose in Natronlauge. Beobachtete Wasseraufnahme (*1*) und nach der Theorie des Membrangleichgewichtes berechneter osmotischer Druck (*2*). (Nach NEALE.)

Faser der Quellungsdruck resultiert, findet in zu hoher Laugenkonzentration wieder ein Sinken der Quellung statt. In der Tat verläuft die Kurve des berechneten osmotischen Quellungsdruckes und die der Quellung in Funktion von der Laugenkonzentration weitgehend parallel, wie Abb. 21 zeigt.

Vierter Abschnitt.

Das elektrokinetische Grenzflächenpotential der Textilfasern in Berührung mit Wasser.

Die Textilfasern zeigen in Berührung mit Wasser oder wäßrigen Lösungen ein elektrokinetisches Grenzflächenpotential, d. h. sie sind elektrisch geladen. Die Eigenladung der Textilfasern kann

vom p_H der Flüssigkeit und
durch Adsorption von Ionen aus der Behandlungsflotte

beeinflußt werden.

I. Veränderung der Ladung von Proteinfasern durch das pH.

Ein Maß für das elektrische Grenzflächenpotential ist die Wanderungsgeschwindigkeit geladener Teilchen in einem elektrischen Feld. Abb. 22 bringt die Wanderungsgeschwindigkeit fein pulverisierter Woll- bzw. Seideteilchen in Pufferlösungen zwischen einer eintauchenden Anode und Kathode in Abhängigkeit von der Wasserstoffionenkonzentration nach Versuchen von HARRIS [1].

Man erkennt, daß die Wollteilchen bei $p_H > 3,4$ negativ und bei $p_H < 3,4$ positiv geladen sind und in erstem Fall zur Anode und im zweiten zur Kathode wandern. Die Seide zeigt den Umschlagspunkt ihrer unter gewöhnlichen Verhältnissen negativen Eigenladung bei p_H 2,5.

Daraus ergibt sich die für viele kolloidchemische Vorgänge[1] des Veredlungsprozesses von Proteinfasern wichtige Tatsache, daß diese, trotzdem ihr isoelektrischer Punkt bei p_H 4,9 liegt, erst im p_H-Bereich <3 merklich positiv aufgeladen sind und dann den Charakter einer Polyammoniumverbindung annehmen (vgl. S. 40).

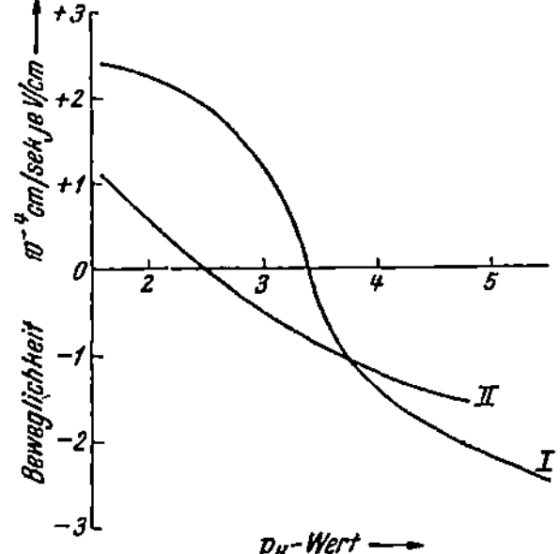

Abb. 22. Elektrische Wanderungsgeschwindigkeit von Wollteilchen (1) und Seideteilchen (2) in Pufferlösungen in Funktion vom p_H. (Nach HARRIS.)

II. Das elektrokinetische Grenzflächenpotential von Cellulosefasern in Funktion vom p_H.

Die Abhängigkeit des elektrokinetischen Grenzflächenpotentials der Cellulosefasern vom p_H des Behandlungsbades (verdünnte Salzsäure bzw. Natronlauge) zeigt Abb. 23 nach Angaben von HARRISON [2].

Zum Unterschied von Proteinfasern behalten die Cellulosefasern auch in sauren Lösungen bis $p_H \sim 2$ stets ihre negative Eigenladung.[2] Dieses Verhalten ist für manche Vorgänge in der Textilindustrie von Bedeutung (vgl. S. 131).

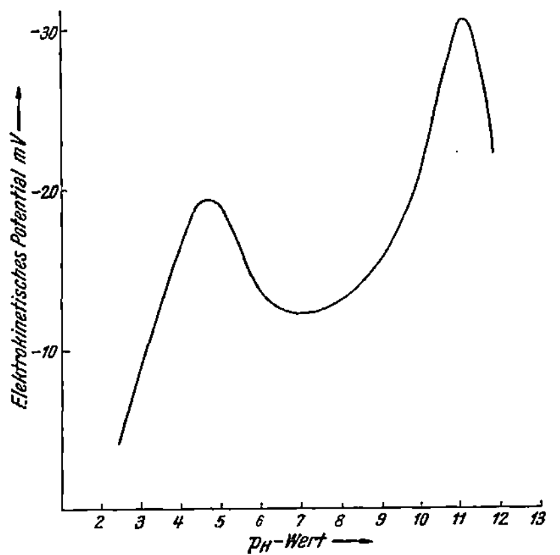

Abb. 23. Das elektrokinetische Grenzflächenpotential von Cellulose in Funktion vom p_H. (Nach HARRISON.)

III. Die Beeinflussung des elektrokinetischen Grenzflächenpotentials durch absorbierte Ionen.

Die unter gewöhnlichen Verhältnissen negative Eigenladung der Protein- und Cellulosefasern kann durch absorbierte Ionen aus der Be-

---

[1] Vgl. z. B. S. 193 ff.

[2] Cellulose ist wie die sie aufbauende Glucose eine schwache Säure; vgl. S. 51.

handlungsflüssigkeit stark verändert werden. Mehrwertige Kationen, z. B. $Al^{\cdots}$, Th^{IV}, entladen schon in geringen Konzentrationen und bewirken sogar Umladung (vgl. S. 122). Mehrwertige Anionen, z. B. $Fe(CN)_6^{IV}$, bedingen eine Verstärkung der negativen Ladung; noch wirksamer sind höhermolekulare grenzflächenaktive Anionen und Kationen von seifenartigen Kolloidelektrolyten. Infolge ihrer Kapillaraktivität reichern sie sich aus verdünnten Lösungen an der Faseroberfläche an und vergrößern oder vermindern gewöhnlich die meist negative Aufladung der Textilfasern (vgl. S. 123).

Fünfter Abschnitt.

Die Textilhilfsmittel.

I. Begriffsbestimmung.

Der Umfang und die Bedeutung des Begriffes „*Textilhilfsmittel*" änderte sich mit den Aufgaben, die man den so bezeichneten Stoffen im Rahmen und im Lauf der Zeit in der Textilveredlung zuwies. Während ursprünglich darunter nur Mittel zur Vorbereitung oder zur Unterstützung von Veredlungsvorgängen verstanden wurden, haben die Textilhilfsmittel nunmehr nahezu in jedem Zweig der Textilveredlung Eingang gefunden. Damit ist ein gründlicher Wandel des Begriffes „Textilhilfsmittel" einhergegangen. Heute faßt man unter dieser Bezeichnung alle jene Produkte zusammen, die die Handhabung der Natur- oder Kunstfasern, die Herstellung und Veredlung von Textilien und deren Zwischenstadien in günstiger Weise beeinflussen, was nicht nur durch Erzielen eines besseren technischen Effektes (Qualität), sondern auch durch Vermeiden von sonst auftretenden Fehlern oder Schäden ermöglicht werden kann. Darüber hinaus haben die „*Textilhilfsstoffe*", auch kurz „*Hilfsmittel*" oder „*Hilfsstoffe*" genannt, sogar als eigentliche Veredlungsprodukte, beispielsweise zur Mattierung, wasserdichten Imprägnierung, als Avivage-, Appreturmittel, zum Knitterfestmachen von Kunstseide u. dgl., breite Anwendung gefunden. Ebenso spielen sie in der für jeden Textilbetrieb wichtigen Frage der Unschädlichmachung der Härtebildner des Wassers eine bedeutende Rolle.

Allen diesen Hilfsstoffen ist, sofern man von den typisch anorganischen Präparaten absieht, eines gemeinsam: die Kolloidstruktur und das kolloide Verhalten ihrer wäßrigen Dispersionen.

II. Geschichtliches und Ausblick.

Das älteste Textilhilfsmittel ist zweifellos die Seife; schon die Germanen scheinen sie gekannt zu haben. Jahrhundertelang war die Seife als Wasch- und Reinigungsmittel — vielfach in Sondereinstellungen, z.B. als sog. Marseillerseife — der einzige Hilfsstoff in der Textilindustrie, ohne daß man sich über ihre Wirkungsweise nähere Vorstellungen machte.

Ihre bewußte Verwendung als Textilhilfsmittel im engeren Sinn geschah erstmalig in der Walke.

Vor etwa 200 Jahren kamen die ersten Hilfsstoffe auf Nichtseifenbasis zur Anwendung; sie sind der Beginn einer Entwicklung, die zu der heute schier unübersehbaren Menge von Textilhilfsmitteln geführt hat. Zur Herstellung von Türkischrot nach dem sog. Altrotverfahren, das gegen 1740 bis 1750 von Griechenland aus weitgehende Verbreitung in Europa gefunden hatte, wurden als Ölbeize Öle angewandt, die aus den Rückständen der Olivenölgewinnung stammten. Man bezeichnete diese Rückstandsöle als Tournantöle; sie bestanden aus ranzigem Olivenöl, das 30 bis 50% freie Fettsäuren, auch Oxyfettsäuren, enthielt, gaben mit Alkalien (z. B. Soda, Schafmist) wegen der intermediären Seifenbildung in Wasser leicht Emulsionen und fanden unter dem Sammelnamen „Türkischrotöle" Verwendung. Mit dem heute bekannten „Türkischrotöl" hatten die damaligen Türkischrotöle allerdings nichts gemeinsam. Man begnügte sich mit einem natürlich vorkommenden Produkt, das in nur einfacher Weise für den Gebrauch modifiziert wurde.

Um die künftige Entwicklung der Textilveredlungsindustrie und auch der Textilhilfsmittel zu verstehen, muß man sich vor Augen halten, daß in diese Zeitepoche wichtigste Erfindungen der chemischen Großindustrie, wie die Darstellung der Schwefelsäure nach dem Bleikammerprozeß (1774) und die Sodagewinnung nach LEBLANC (1793), fallen.

Im sog. Türkischrotöl auf Basis von ranzigem Olivenöl (Tournantöl) besaßen die damaligen Koloristen ein Produkt, das durch einfache Maßnahmen in Wasser dispergiert werden konnte. Das Bestreben, auch andere wasserunlösliche Öle und Fette in Wasser fein und gleichmäßig zu verteilen, wodurch erst die wertvollen Eigenschaften der Hilfsstoffe zutage treten, führte zur Entdeckung der „sulfonierten Öle". Es sind dies durch Behandlung mit Schwefelsäure wasserlöslich gemachte Öle und Fette. Durch die Einwirkung von Schwefelsäure auf Olivenöl gelang es RUNGE (1834), das sog. *Sulfoleat* — ein sulfoniertes Olivenöl — als einen Vorgänger des *Sulforizinates*, dem aktiven Bestandteil des Türkischrotöles, zu erhalten. Die Einführung der sulfonierten Olivenöle in die Praxis erfolgte 1846 durch MERCER (dem Erfinder der Mercerisierung). Größere Verbreitung fanden die Sulfoleate allerdings erst in den sechziger und siebziger Jahren des vorigen Jahrhunderts (SCHÜTZENBERGER, ZIEGLER, KÖCHLIN). Das Sulforizinat wurde erstmalig von CRUM (1875) in Glasgow bei Versuchen, das Olivenöl durch das billigere Ricinusöl zu ersetzen, dargestellt. Er schuf damit die Grundlage für die ausgedehnte Anwendung des Ricinusöles zur Herstellung von Hilfsstoffen für die Textilindustrie. Diese Entwicklung setzte besonders um die Jahrhundertwende ein, nachdem es STOCKHAUSEN 1899 gelungen war, in der *Monopolseife* [1] ein Ricinusölsulfonat herzustellen, das die gewöhnlichen Türkischrotöle in der Netzfähigkeit, Säure-, Kalk- und Bittersalzbeständigkeit in einem für die damaligen Verhältnisse ganz erheblichen Ausmaß übertraf (Ära der sog. veredelten Türkischrotöle). Sie erreichte zwischen 1923 bis 1928 ihren Höhepunkt (Zeit der sog. Hochsulfonate) und fand damit einen gewissen Abschluß.

Während des Weltkrieges wurde infolge Mangels oder Fehlens der früher allgemein zugänglich gewesenen Rohstoffe nach Ersatzprodukten gesucht, die dennoch brauchbare Wasch- und Textilhilfsmittel abgeben. sollten. Die von Günther (1916) aufgefundenen alkylierten Naphthalinsulfonsäuren waren die Anfangsglieder einer Stoffklasse, die insbesondere die Reihe der Hilfsstoffe auf Nichtfettbasis wesentlich bereicherte.

Im weiteren Verlauf der letzten zwei Jahrzehnte gewann die organisch-synthetische Arbeitsrichtung auch für die Herstellung von Textilhilfsstoffen immer mehr an Bedeutung; ab 1929 entstanden die neuesten, ganz oder teilweise synthetischen Textilhilfsmittel, die vorzugsweise unter dem Begriff „synthetische Waschmittel" jedem Textilchemiker geläufig sind. Vor allem hat die Einführung der löslichmachenden Gruppe, die bis dahin durch Behandlung der Öle und Fette mit sulfonierenden Agenzien vollzogen wurde, eine dem heutigen Stand der organischen Chemie würdige Verfeinerung erfahren. Gleichzeitig wurde die Beständigkeit gegen Wasserstoffionen, Hydroxylionen und Metallionen derartig gesteigert, daß den höchsten praktischen Anforderungen entsprochen werden kann. Auf Grund dieser Eigenschaften ist es oft möglich, den Veredlungsvorgang durch Zusammenlegen bisher getrennter Arbeitsgänge zu beschleunigen oder dem Arbeitsprozeß überhaupt eine neue Gestalt zu geben, wodurch der Veredlungsvorgang verbilligt und die Qualität der Ware gesteigert werden konnte.

Der hier nur kurz skizzierte Werdegang der Textilhilfsmittel, der mit dem ursprünglichen Türkischrotöl auf Basis eines neutralisierten Tournantöles anhebt und über die sulfonierten Öle (Sulfoleate, sulfoniertes Ricinusöl u. dgl.) zu den neueren, erstaunlich vielseitigen und konstitutiv mannigfaltigsten textilen Hilfsmitteln überleitet, wäre unvollständig, wenn nicht auf jene Bestrebungen hingewiesen würde, die dem Gebiet der Textilhilfsmittel neue Impulse und größere Ausweitung zu geben berufen sind.

Als Hauptlinien dieser künftigen Entwicklung treten immer klarer hervor:

1. Die Abkehr und das Bestreben der Unabhängigkeit von natürlichen Fettstoffen und damit das Vordringen rein synthetisch aufgebauter Produkte, z. B. aus Abfallstoffen bei der Benzin-Hochdruck-Synthese (I. G. Farbenindustrie A. G. [2]).

Hierher gehört auch die Darstellung synthetischer, höhermolekularer Fettsäuren [3] durch Oxydation von Paraffin, wie es bei der Hydrierung von Kohlenoxyd nach Fischer-Tropsch [4] anfällt.

2. Die Forderung höchster Beständigkeit und spezifischer Wirksamkeit, um eine rationelle Verwendung der Textilhilfsmittel zu gewährleisten. Diesen Forderungen kann bereits heute in einem solchen Maß entsprochen werden, wie man es noch vor wenigen Jahren kaum für möglich gehalten hätte.

3. Das verständnisvolle Eingehen auf die Besonderheiten, die durch die Verwendung von Kunstfasern aus regenerierter Cellulose bzw. aus Casein an den Ausrüster und Veredler gestellt werden.

Sechster Abschnitt.

Chemismus und molekularer Feinbau der Textilhilfsmittel.

I. Allgemeiner Aufbau der Textilhilfsmittelmoleküle.

Wenn auch das Molekül jedes einzelnen Textilhilfsmittels seine nur ihm zukommenden Besonderheiten aufweist, die erst die spezifische Eignung des Hilfspräparates für einen bestimmten Zweck in der Textilindustrie gewährleisten, so ist der allgemeine Bau sämtlicher Hilfsprodukte für die Textilien verarbeitende Industrie der gleiche.[1]

Alle besitzen einen mehr oder minder ausgeprägten, hydrophoben, wasserunlöslichen Kohlenwasserstoffrest und löslichmachende, hydrophile Gruppen, die die feine und gleichmäßige Verteilung in Wasser ermöglichen. Der hydrophobe Kohlenwasserstoffrest ist zumeist der eigentliche Träger jener Eigenschaften, die man vom Textilhilfsmittel fordert (z. B. weicher Griff, Glätte, wasserabweisende Wirkung usw.).

Die hydrophilen Gruppen bewirken die Dispergierung des an sich wasserunlöslichen, hydrophoben Kohlenwasserstoffrestes. Sie sind ferner die Träger aller Reaktionen der Hilfsmittel in wäßrigen Lösungen, da sich hierbei der hydrophobe Molekülanteil wegen seiner Reaktionsträgheit indifferent verhält.

II. Der hydrophobe Kohlenwasserstoffrest.

Der hydrophobe Molekülanteil der Textilhilfsmittel ist meist aliphatischer, selten aromatischer bzw. hydroaromatischer, aber auch kombiniert aliphatisch-aromatischer Natur.

Man spricht dann von einem Alkyl- (z. B. Dodecyl-, Octadecyl-), Aryl- (Phenyl-) und Aralkyl- (Benzyl-) Rest.

In den weitaus überwiegenden Fällen besitzen die Textilhilfsmittel einen höhermolekularen, aliphatischen (Alkyl-) Rest[2] von etwa 10 bis 20 und mehr Kohlenstoffatomen, wie er in den Paraffinkohlenwasserstoffen und in höhermolekularen Fettsäuren[3] natürlich vorgebildet ist. Deshalb sind die Textilhilfsmittel den Seifen in vieler Beziehung ähnlich. Die bei diesen gewonnenen Erkenntnisse können in sinnvoller Weise abgeändert und ergänzt auch auf die seifenähnlichen Textilhilfsmittel übertragen werden.

---

[1] Selbstverständlich bleiben hierbei die typisch anorganischen Hilfsstoffe, wie Glaubersalz, Schwefelsäure u. dgl., unberücksichtigt.

[2] Im Falle eines gesättigten, höhermolekularen Alkyls findet man wegen der Aneinanderreihung von —CH_2-Gruppen zuweilen die Bezeichnung „Polymethylenketten".

[3] Wegen des Fettcharakters der höhermolekularen, aliphatischen Verbindungen bezeichnet man sie mit dem Sammelnamen „Fettstoffe". Man spricht dann sinngemäß von einem „Fettrest".

Die Anordnung der Kohlenstoffatome in einem Fettrest ist nach röntgenographischen Untersuchungen im Paraffin, in den Fettsäuren, in höhermolekularen Alkoholen und Aminen sowie in Seifen und seifenähnlichen Stoffen stets gleich [1]. Die aneinandergereihten, durch Hauptvalenzkräfte (Kovalenzen) untereinander verbundenen Kohlenstoffatome bilden ein längeres Kohlenstoffgerüst mit fadenförmiger Struktur (Fadenmolekül), das man als „*Hauptvalenzkette*" bezeichnet. In dieser sind die Kohlenstoffatome in einer Ebene und gewinkelt angeordnet, so daß sie gemäß Abb. 24 eine zickzackförmige Linie bilden.

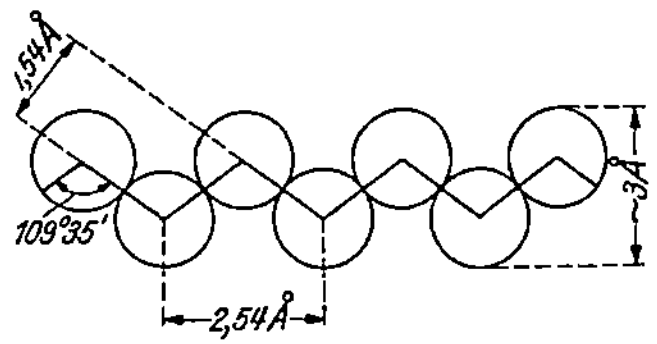

Abb. 24. Anordnung der Kohlenstoffatome in einem aliphatischen Kohlenwasserstoffrest.

Der wahre Abstand zweier Kohlenstoffatome in aliphatischen Verbindungen beträgt 1,54 Å [2]. In der Richtung der Kettenhauptachse ist er wegen des Valenzwinkels von 109° 35′ (Tetraederwinkel) zwischen zwei Kohlenstoffatomen, wodurch die zickzackförmige Struktur bewirkt wird, bloß 1,27 Å. Der gegenseitige Abstand doppelt gebundener Kohlenstoffatome ist 1,35 Å. Eine ungesättigte Hauptvalenzkette ist deshalb etwas kürzer als eine gesättigte. Der gegenseitige Abstand der parallel zueinander liegenden fadenförmigen Moleküle ist etwa 3,7 Å. Er hängt von der Art der löslichmachenden Gruppe und von allfälligen Substituenten (z. B. CH_3-Gruppen) in der Hauptvalenzkette ab.

Tabelle 11. Hauptvalenzkettenlänge aliphatischer Reste.

Kohlenstoffanzahl	Höhermolekularer Alkylrest	Länge der Hauptvalenzkette Å
12	Dodecyl-	15,24
14	Tetradecyl-	17,78
16	Hexadecyl-	20,32
18	Octadecyl-	22,86

In einer homologen Reihe nimmt die Dimension in der Richtung der Molekülhauptachse und unter Berücksichtigung, daß Reihen mit gerader und ungerader Kohlenstoffanzahl getrennt betrachtet werden, um 2,54 Å zu, wie aus Tab. 11 hervorgeht.

Der höhermolekulare Alkylrest der seifenähnlichen Textilhilfsmittel besitzt sonach eine Länge von etwa 15 bis 23 Å. Diese Größenangabe gilt für die zu einem Kristallverband vereinigten, fadenförmigen Fettstoffmoleküle, also im festen Zustand. STAUDINGER [3] nimmt zwar an, daß die Fadenmoleküle auch in Lösungen bei mehr oder minder freier Beweglichkeit ihre starre, gestreckte Form beibehalten. Viel wahrscheinlicher ist jedoch, wie ADAM [4], W. HALLER [5], LANGMUIR [6] und W. KUHN [7] gezeigt haben, daß die höhermolekularen, aliphatischen Verbindungen in Lösungen neben annähernd vollständig gestreckten Fadenmolekülen zahllose andere, fast beliebig gekrümmte, stets wechselnd gestaltete Hauptvalenzketten aufweisen, die sämtlich annähernd gleichem Energiegehalt entsprechen. Jede einzelne der gewinkelten C—C-Bindungen ist frei drehbar, so daß schon bei vier Kohlenstoffatomen von einer konstanten Moleküllänge keine Rede mehr sein kann, wie Abb. 25 nach Kuhn zeigt.

Der wahrscheinlichste mittlere Abstand des Anfangspunktes vom Endpunkt eines n-gliedrigen Fadenmoleküles ist nach Kuhn proportional der Quadratwurzel aus der Kettengliederzahl n.

Der hydrophobe, aliphatische Kohlenwasserstoffrest muß nicht unbedingt natürlichen Ursprunges sein. In jüngster Zeit (vgl. S. 181) ist es gelungen, auch rein synthetisch aufgebaute, höhermolekulare Kohlenwasserstoffketten als Grundlage für die Darstellung von Textilhilfsstoffen zu gewinnen. In den meisten Textilhilfsmitteln auf Fettbasis ist der Kohlenwasserstoffrest unverzweigt. Es ist dies aber nicht Voraussetzung für die Tauglichkeit eines Hilfsstoffes. Es können auch verzweigte, höhermolekulare Alkylreste für den hydrophoben Kohlenwasserstoffrest Anwendung finden, z. B. bei vollsynthetischen Hilfsmitteln wie die *Igepale*. Bei der

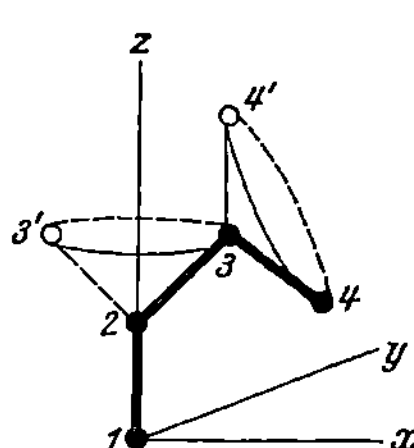

Abb. 25. Rotationsmöglichkeiten von gewinkelten —C—C—-Bindungen. (Nach Kuhn.)

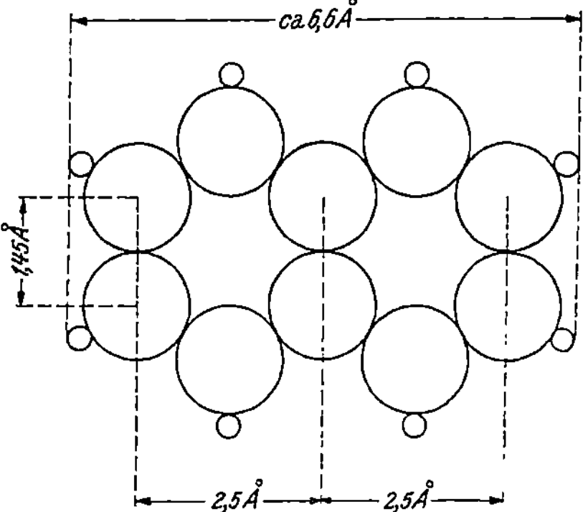

Abb. 26. Anordnungen der Atome im Naphthalin.

Darstellung synthetischer Hilfsmittel hat man auch vor direkten Eingriffen in die Hauptvalenzkette nicht haltgemacht. Es ist gelungen, durch Einführung von Heteroatomen (O-Atome, N-Atome, S-Atome usw.), die meist als Bindeglieder für die löslichmachende Gruppe dienen, die Hauptvalenzkette vielfach zu modifizieren.

Viel seltener als die Textilhilfsmittel auf Fettbasis sind jene, deren Kohlenwasserstoffrest aromatischen oder hydroaromatischen Charakter besitzt. In erster Linie sind die Abkömmlinge des Naphthalins, dessen molekulare Feinstruktur aus Abb. 26 ersichtlich ist, zu nennen.

Es muß betont werden, daß rein aromatische Textilhilfsmittel mit ganz wenigen Ausnahmen (z. B. *Ludigol* = m-nitrobenzoesaures Natrium) überhaupt nicht verwendet werden, sondern einen mehr oder minder großen aliphatischen Rest (Propyl-, Butyl- usw. Rest) aufweisen.

III. Die hydrophilisierenden (löslichmachenden) Kräfte.

Die Unlöslichkeit des *hydrophoben* Kohlenwasserstoffrestes in Wasser erfordert die Anwesenheit solcher Molekülanteile, die infolge ihrer großen

Affinität zum Wasser eine Hydratisierung und Dispergierung in demselben ermöglichen. Man bezeichnet jene Molekülstellen oder -gruppen, deren Tendenz zur Hydratisierung sehr ausgeprägt ist, als *hydrophil*.

Die Dispergierung der Textilhilfsmittel auf Fettbasis kann durch

ionogen aktive und
nichtionogen aktive

hydrophile Gruppen erzielt werden.

a) Löslichmachen mittels ionogener Gruppen.
(Anion- und Kationaktivität.)

Durch ionogen aktive, stark solvatisierte Gruppen, die eine große Hydratisierungssphäre aufweisen, gelingt es, die hydrophoben Fadenmoleküle seifenartiger Textilhilfsmittel im Wasser zu verteilen.

Der Lösungsvorgang beruht im wesentlichen darauf, daß der zu lösende Stoff dem Lösungsmittel ähnlich ist und sich mit diesem mischt (z. B. Wasser und Alkohol) oder sich infolge von Anziehungskräften auf die Wassermoleküle eine beträchtliche Menge derselben in lockerer Bindung um das Molekül oder Ion des zu lösenden Stoffes ansammelt und es mit einer Wasserhülle umgibt. Da letztere das Verhalten der übrigen Wassermoleküle zeigt, vor allem sich mit diesen mischt, werden die Ionen oder Moleküle des zu lösenden Stoffes sozusagen wasserähnlicher und daher im Wasser verteilbar.

Die hydrophoben und hydrophilen Bestrebungen der beiden Molekülkomponenten eines jeden Textilhilfsmittels werden durch den Lösungsvorgang nicht berührt. Der hydrophobe Kohlenwasserstoffrest versucht stets der solvatisierenden Kraft der starken Lösungsdruck aufweisenden ionogen aktiven Gruppen entgegenzuwirken; es stellt sich ein Gleichgewichtszustand ein. Demgemäß zeigen die Textilhilfsmittel in wäßrigen Dispersionen Eigenschaften, die wie die elektrolytische Dissoziation, die Ausbildung von Ionen, die elektrische Leitfähigkeit und die Wanderung im elektrischen Feld, an die der gewöhnlichen Elektrolyte erinnern. Hingegen verhalten sich die gleichen Stoffe bei manchen Vorgängen, beispielsweise bei der Diffusion oder durch ihr diffuses Lichtzerstreuungsvermögen sowie durch die Gelbildung und Kapillaraktivität, ähnlich wie die klassischen Kolloide GRAHAMS. Man bezeichnet solche Körper, die eine Mittelstellung zwischen Kolloiden und Elektrolyten einnehmen, als *Kolloidelektrolyte.*

Dieser Ausdruck wurde im allgemeinen Sinne zuerst von DUCLAUX [8] gebraucht. Er wurde dann von MCBAIN [9] sowie von WO. PAULI und VALKÓ [10] in teilweise übertragenem Sinne übernommen und wesentlich vertieft.

Die ionogen aktiven Textilhilfsmittel sind typische Vertreter der Kolloidelektrolyte [11].

Von bestimmendem Einfluß auf die Elektrolyteigenschaften der Textilhilfsmittel ist die ionogen aktive Gruppe. Sie ist die Trägerin der elektrischen Ladung. Durch elektrolytische Dissoziation derselben entstehen wie bei gewöhnlichen Elektrolyten Ionen. Der Vorgang ist hierbei gemäß der Gleichung folgender:

$$R\text{---}XY \;\rightleftharpoons\; [R\text{---}X]^{\ominus} + Y^{\oplus}.$$

Es bedeuten: R den hydrophoben, vorzugsweise aliphatischen Kohlenwasserstoffrest und XY die ionogene, elektrolytisch dissoziierbare Gruppe.

Beim elektrolytischen Zerfall treten Anionen und Kationen auf. Besitzt das den Fettrest aufweisende Ion (Fettkettenion) eine negative Ladung — z. B. $[R\text{---}X]^-$ — also Anioncharakter, so spricht man von einem *anionaktiven* Kolloidelektrolyten bzw. Textilhilfsmittel. Ist umgekehrt der Fettrest mit dem positiv aufladenden Anteil der ionogenen Gruppe behaftet — z. B. das sich wie ein Kation verhaltende Fettkettenion $[R\text{---}X]^+$ —, so bezeichnet man diese Textilhilfsmittel als *kationaktiv* (BERTSCH [12]).

Man unterscheidet deshalb anion- und kationaktive Textilhilfsmittel. Wegen des Seifencharakters der meisten Textilhilfsstoffe faßt man diese große Gruppe von Kolloidelektrolyten auch unter der Bezeichnung „seifenartige Kolloidelektrolyte" zusammen. Je nach dem Ladungssinn des hochmolekularen Ions (Fettkettenion) bezeichnet man — als Gattungsname — die einzelnen Vertreter der seifenartigen Textilhilfsmittel zuweilen als „Anion- und Kationseifen", eine allgemeine Ausdrucksweise, von der auch in diesem Werk Gebrauch gemacht wird.[1] Man muß sich hierbei aber vor Augen halten, daß es sich dann keineswegs nur um die gewöhnlichen Seifen handelt, was übrigens bei den „Kationseifen" ausgeschlossen wäre. Allgemeines Schrifttum vgl. [14].

Die stoffliche Unterteilung der anion- und kationaktiven Textilhilfsmittel ergibt:

α) **Anionaktive Textilhilfsmittel.**

$(R\text{---}COO)^-Me^+$	gewöhnliche Seifen (Alkalisalze höhermolekularer Fettsäuren).
$(R\text{---}X\text{---}R_1\text{---}COO)^-Me^+$	Seifen mit abgewandeltem Fettsäurerest.
$(R\text{---}O\text{---}SO_3)^-Me^+$	Salze von Fettschwefelsäureestern (Ölsulfonate, Fettalkoholsulfonate, Alkylsulfate).
$(R\text{---}SO_3)^-Me$	Salze höhermolekularer, echter Sulfonsäuren (Alkyl-, Aryl- und Aralkylsulfonate).
$(R\text{---}S\text{---}SO_3)^-Me^+$	Alkylthiosulfate.
$(R\text{---}O\text{---}PO_3)^-Me^+$	Alkylphosphate.
$\left(\genfrac{}{}{0pt}{}{R\text{---}O}{R\text{---}O}\!\!>\!P_2O_7\right)^{--} \; 2\,Me^+$	Alkylpyrophosphate.

Hierin bedeuten: R einen längeren, aliphatischen Rest (höheres Alkyl) mit 12 bis 18 Kohlenstoffatomen. (R kann auch, wie beispielsweise bei den alkylierten Naphthalinsulfonsäuren, ein höhermolekularer, kombiniert aliphatisch-aromatischer Rest sein), R_1 einen niedermolekularen Alkylrest

---

[1] Hingegen scheint die von HARTLEY [13] gewählte Klassifizierung als „Paraffinkettensalze" zu einschränkend, da sich die aromatisch aufgebauten Textilhilfsmittel, vor allem aber alle neueren ionogen aktiven Hilfsprodukte mit modifizierter Hauptvalenzkette dieser Bezeichnungsart entziehen.

mit 2 bis 4 Kohlenstoffatomen, X eine Bindungsgruppe (—COO—, —CONH—, —O— u. dgl.), Me = Alkali, beispielsweise Natrium, Kalium, Ammonium oder Amine.

Nomenklatur: Die Fettschwefelsäureester, die durch Sulfonieren von ungesättigten oder Hydroxylgruppen enthaltenden Fettstoffen oder von Fettalkoholen dargestellt werden, sind streng von den eigentlichen „Sulfonaten", den Salzen der echten Sulfonsäuren (C-Sulfonate) auseinanderzuhalten. Bei ersteren ist der Schwefel nicht direkt mit einem Kohlenstoffatom des Fadenmoleküls, sondern über einen „Brückensauerstoff" verbunden, wie aus den nachstehenden Formelbildern hervorgeht, weshalb man auch von einem O-Sulfonat und gelegentlich von „Alkylätherschwefelsäuren" spricht.

$$R—\ldots—C—O—S\overset{O}{\underset{O—Me(H)}{\lessgtr}}O \qquad\qquad R—\ldots—C—S\overset{O}{\underset{O—Me(H)}{\lessgtr}}O$$

Fettschwefelsaures Metall bzw. Fettschwefelsäureester, Metallsalz eines Öl- oder Fettalkoholsulfonates, Alkyl*sulfat*, O-Sulfonat, (Alkylätherschwefelsäure).

„Echtes" Sulfonat bzw. Sulfonsäure, alkylsulfonsaures Metall, Alkyl*sulfonat*, C-Sulfonat.

In der wissenschaftlichen Literatur findet man oft die höhermolekularen Öl- und Fettalkoholsulfonate treffend als Alkylsulfate bezeichnet. Diese Ausdrucksweise ist wegen der Konfiguration —SO_4Me— auch tatsächlich gerechtfertigt. Man spricht dann von einem:

Natrium-Dodecylsulfat, $C_{12}H_{25}SO_4Na$ (Sulfonat des Dodecylalkohols),

Natrium-Cetyl- (Hexadecyl-) Sulfat, $C_{16}H_{33}SO_4Na$ (Sulfonat des Cetylalkohols) usw.

Die entsprechenden Salze echter Sulfonsäuren sind:

Natriumdodecylsulfonat, $C_{12}H_{25}SO_3Na$ und

Natriumcetylsulfonat, $C_{16}H_{33}SO_3Na$.

Sie können, wie die Formelbilder zeigen, leicht von den Fettalkoholsulfonaten auseinandergehalten werden.

Die —O—SO_3Me- und —SO_3Me-Gruppe kann zur Hauptvalenzkette verschiedene Stellung haben. Befinden sich diese löslichmachenden Gruppen am Ende des höhermolekularen Alkylrestes, so wird dies durch die Angabe „endständig" oder „extern" gekennzeichnet. Sind sie mehr in der Mitte der Hauptvalenzkette, so spricht man von „inneren" oder „internen" Schwefelsäureester- bzw. Sulfonsäuregruppen.

Die Ölsulfonate sind stets interne, die Sulfonate gesättigter Fettalkohole stets externe Fettschwefelsäureester und die Sulfonate ungesättigter Fettalkohole gemischt externe und interne Fettschwefelsäureester (vgl. S. 164).

Es sei schon jetzt auf die Wichtigkeit der Stellung der hydrophilen Gruppe im Molekül des Textilhilfsmittels bezüglich dessen kolloidchemischen Verhaltens hingewiesen (vgl. S. 154).

β) **Kationaktive Textilhilfsmittel.**

$$\overset{\text{III}}{R—N}(R_1R_2)\cdot HAc \qquad \text{Aminverbindungen}$$

$$[R—\overset{\text{V}}{N}(R_1R_2R_3)]^+ Ac^- \quad \text{Ammoniumverbindungen}$$

$$[R—\overset{\text{IV}}{S}(R_1R_2)]^+ Ac^- \qquad \text{Sulfoniumverbindungen}$$

$$[R—\overset{\text{V}}{P}(R_1R_2R_3)]^+ Ac^- \quad \text{Phosphoniumverbindungen}$$

Hierin bedeuten: R einen längeren, meist aliphatischen Rest mit etwa 12 bis 18 Kohlenstoffatomen. R_1, R_2, R_3 sind niedermolekulare Alkyle (z. B. CH_3, C_2H_5 usw.), Aralkyle (z. B. CH_2—C_6H_5) bzw. Aryle (z. B. C_6H_5, C_5H_5N); R_1 und R_2 können bei den dreiwertigen Stickstoffverbindungen — Aminen — auch Wasserstoff sein. Ac^- bedeutet ein niedermolekulares Anion, meist Chlor, Brom oder Schwefelsäureionen; in alkalischen Lösungen ist Ac^- ein Hydroxylion.

b) Löslichmachen mittels nichtionogener Gruppen.

Im Gegensatz zur Solvatisierung durch die stark aufladenden, aber örtlich begrenzten, ionogen aktiven Gruppen, von denen eine genügt, um die Hydrophobie eines Kohlenwasserstoffrestes von 10 bis 20 Kohlenstoffatomen zu überwinden, kann die Wasserlöslichkeit höhermolekularer, hydrophober Verbindungen auch durch Anreicherung vieler, an sich nur wenig hydratisierbarer, nichtionogener Stellen im Fadenmolekül bewirkt werden.

Jede einzelne der nichtionogenen Gruppen, die zu Wasser nur beschränkte Affinität zeigen, umgibt sich mit Wassermolekülen. Die an sich geringe Hydratationskraft der Einzelgruppe wird durch Häufung derselben wettgemacht. Bei einer genügenden Zahl der nur wenig wasseraffinen, nichtionogenen hydrophilen Gruppen reicht die Summe der einzelnen schwachen hydrophilen Kräfte aus, um die hydrophoben Kräfte des Kohlenwasserstoffrestes zu überwinden und ihn mit einer Hülle locker gebundener Wassermoleküle zu umgeben und dadurch nach außen wasserähnlich zu machen. Das allseits stark solvatisierte Fadenmolekül mischt sich dann mit den Molekülen des Lösungswassers.

Die Zahl der für den eben beschriebenen Hydratationsvorgang geeigneten hydrophilen Gruppen ist nicht groß. Vorzugsweise kommen gehäufte Hydroxylgruppen, Sauerstoff- (Äther-) Brücken[1] sowie Carbonamidgruppen (—C—N—) (Säureamidbrücken) in Betracht. Die Häufung

$$\begin{array}{cc} \| & | \\ O & H \end{array}$$

letzterer im Fadenmolekül hochmolekularer Verbindungen führt, wie bei den Eiweißstoffen, zur Wasserlöslichkeit.

Von allen drei angeführten Möglichkeiten zur Solvatisierung (Hydratisierung) von Kohlenwasserstoffresten ist bei der Herstellung der Textilhilfsmittel Gebrauch gemacht worden.

Man unterscheidet demgemäß Textilhilfsmittel, deren hydratationsfähiges Prinzip aus

α) gehäuften Hydroxylgruppen, beispielsweise

$$R—O—R_1(OH)_x; \quad RCOO—R_1(OH)_x; \quad RCONH—R_1(OH)_x \text{ u. dgl.,}$$

worin R einen höhermolekularen, vorzugsweise aliphatischen Rest mit 12 bis 18 Kohlenstoffatomen, $R_1(OH)_x$ einen Zuckerrest oder Polyalkoholrest bedeuten;

---

[1] Meist in Verbindung mit einer oder mehreren OH-Gruppen (sog. Ätheralkohole). Beim Lösen in Wasser bilden sich an den Ätherbrücken infolge Entstehens oxoniumartiger Additionsprodukte mit den Wassermolekülen Hydroxylgruppen aus (vgl. S. 66).

β) gehäuften Äthergruppen, beispielsweise

$$R\!\!-\!\!(O\!\!-\!\!R_1)_x\!\!-\!\!OH; \quad R\!\!-\!\!NH\!\!-\!\!(O\!\!-\!\!R_1)_x\!\!-\!\!OH \text{ u. dgl.,}$$

worin R einen höhermolekularen, vorzugsweise aliphatischen Rest, R_1 einen niedermolekularen Rest, meist C_2H_4, bedeuten;

γ) gehäuften Carbonamidgruppen, beispielsweise

$$R\!\!-\!\!CO\!\!-\!\!NH\!\!-\!\!R_1\!\!-\!\!(CONHR_2)_x\!\!-\!\!COOMe,$$

worin R einen höhermolekularen, vorzugsweise aliphatischen Rest, R_1 und R_2 einen niedermolekularen Rest, der von der Natur der verwendeten Eiweißkomponente abhängt, Me ein Alkali, beispielsweise Natrium, Kalium usw., bedeuten,

besteht.

Siebenter Abschnitt.

Die Textilhilfsmittel in wäßrigen Dispersionen.

Die wäßrigen Dispersionen der meisten Textilhilfsmittel gehören dem kolloidalen Zustand an. Dies ist auf den verhältnismäßig hochmolekularen Kohlenwasserstoffrest zurückzuführen, der durch ionogene oder nichtionogene hydrophile Gruppen im Wasser dispergierbar gemacht wird.

Bei den ionogen aktiven Hilfsmitteln vom Charakter der Anion- und Kationseifen bewirkt das Hydratationsbestreben der elektrolytisch dissoziierenden ionogen aktiven Gruppe, das in der Reihenfolge

$$COO' \simeq S(R_1R_2)\cdot \; < \; -O-SO_3' \simeq N(R_1R_2R_3)\cdot \; < \; SO_3'$$

zunimmt, die Wasserlöslichkeit. Das bekannteste Beispiel hierfür sind die Alkalisalze höhermolekularer Fettsäuren.

Der Ersatz der Carboxylalkaligruppe durch einen andersartigen hydrophilen Rest, z. B.

$$-OSO_3Na\text{-}, \quad -SO_3Na\text{-}, \quad -NH_2\cdot Ac\text{-}, \quad \overset{\displaystyle -N(R_1R_2R_3)\text{-}}{\underset{\displaystyle Ac}{\vert}} \text{ u. dgl.}$$

Gruppe, ist auf den Seifencharakter ohne wesentlichen Einfluß. Dies ist auch dann der Fall, wenn die salzbildenden, wasseraffinen ionogenen Gruppen mit dem Alkylrest nicht direkt, sondern wie bei den synthetischen Wasch- und Hilfsmitteln mittels Brückenglieder, die auch Heteroatome, z. B. O-, S-, N- u. dgl. enthalten können, verbunden sind.

Hingegen ist auf das Kolloidverhalten die Einführung hydrophiler nichtionogener Gruppen in den hydrophoben Kohlenwasserstoffrest, besonders wenn sich diese Gruppen in der Nähe der ionogen aktiven Molekülstellen befinden, von beträchtlichem Einfluß. Beispielsweise ist die α-Oxystearinsäure

$$\underset{\displaystyle OH}{\overset{\displaystyle CH_3(CH_2)_{15}\cdot CH-COOH}{\vert}}$$

in Wasser löslich, während die 9- bzw. 10-Oxystearinsäure

$$CH_3(CH_2)_8 \cdot CH(CH_2)_7 \cdot COOH \quad bzw. \quad CH_3(CH_2)_7 \cdot CH(CH_2)_8 \cdot COOH$$
$$| \qquad\qquad\qquad\qquad\qquad\qquad | $$
$$OH \qquad\qquad\qquad\qquad\qquad\qquad OH$$

wasserunlöslich ist; vgl. auch die Ausführungen auf S. 159.

Bei den neueren Wasch- und Textilhilfsmitteln ist der Natur der Brückengruppe hinsichtlich der Beeinflussung kolloidchemischer Eigenschaften einiges Augenmerk zuzuwenden.

Die $-C\!\!\stackrel{\displaystyle O}{\diagdown}_{\displaystyle O-}$ -Gruppe verändert fast kaum die Hydrophobie des höhermolekularen Kohlenwasserstoffrestes (R) einer Verbindung der allgemeinen Formel

$$R-COO-R_1-X,$$

worin R_1 einen niedermolekularen Kohlenwasserstoffrest (zwei bis vier Kohlenstoffatome) und X die ionogen aktive salzbildende Gruppe bedeuten.

Größer ist die Veränderung der Hydrophobie des höhermolekularen Kohlenwasserstoffrestes R durch eine Äthergruppe, z. B. in der Verbindung mit nachstehender allgemeiner Formel:

$$R-O-R_1-X,$$

da das ätherartig gebundene Sauerstoffatom beachtenswerte Restvalenzkräfte entwickelt (vgl. S. 66).

Wählt man als Bindungsgruppe (z. B. bei manchen sog. Fettsäurekondensationsprodukten) eine Carbonamidgruppe (—CO—NH—), beispielsweise in der Verbindung

$$R-\underset{\underset{O}{\|}}{C}-\underset{\underset{H}{|}}{N}-R_1-X,$$

so ist zu berücksichtigen, daß diese, besonders in alkalischen Flüssigkeiten, mit der tautomeren Enolform (—C[OH]=N—) im Gleichgewicht steht, die wegen der Hydroxylgruppe beträchtliche Wasseraffinität zeigt, wodurch die Schaum-, Netz-, Wasch- und Dispergierkraft verringert wird. Die Formel dieser tautomeren Verbindung wäre

$$R-C(OH)=N-R_1-X.$$

Man umgeht deshalb in der Praxis diese Möglichkeit, indem man das Wasserstoffatom der Carbonamidgruppe durch die Methylgruppe ersetzt und die Verbindung vom Grundtypus

$$R-\underset{\underset{O}{\|}}{C}-\underset{\underset{CH_3}{|}}{N}-R_1-X,$$

beispielsweise im *Igepon T* oder *Medialan A*, benützt. Dadurch wird das Netz-, Schaum- und Reinigungsvermögen erheblich verbessert.

Bei den nichtionogenen Hilfsmitteln wird die Wasseraffinität durch Bindung von Wassermolekülen an den gehäuften Hydroxyl- oder Äthergruppen infolge von Restvalenzkräften über „Wasserstoffbrücken" bewirkt. In der Hitze sind die Wasserstoffbrücken teilweise abspaltbar, so daß es zu einer Teilchenvergröberung und eventuell zu Trübungserscheinungen kommt (vgl. S. 181). Mit Phenolen oder phenolische Hydroxylgruppen enthaltende Verbindungen, z. B. Tannin, bilden die mittels Polyäthylenoxydresten löslich gemachten höhermolekularen Stoffe unlösliche Additionsverbindungen, wobei ebenfalls Restvalenzkräfte zur Wirksamkeit gelangen.

Der Kolloidzustand wäßriger Lösungen von Textilhilfsmitteln.

Für den kolloiden Charakter wäßriger Sole von Textilhilfsmitteln, den als erster KRAFFT [1] erkannte, sind die intermolekularen Attraktionskräfte zwischen den einzelnen hydrophoben Kohlenwasserstoffresten maßgebend. In gleicher Richtung wirken nach HARTLEY [2] die Wassermoleküle, die infolge ihrer eigenen Kohäsionskraft einen Druck auf die eingedrungenen hydrophoben Kohlenwasserstoffreste ausüben und sie aus der Lösung zu drängen versuchen. Sie wirken dem Lösungsdruck, der durch die hydrophilen, ionogenen oder nichtionogenen Stellen bewirkt wird, entgegen. Dadurch kommt es in Abhängigkeit von der Fettkettenlänge bei einer bestimmten Konzentration (*kritische* Konzentration) zur Bildung von Agglomeraten, die man als *ionische Mizellen* bezeichnet. Die Leitfähigkeit/Konzentrations-Kurve (Λ/c-Kurve) weist bei der kritischen Konzentration einen Knickpunkt auf.

Die klassischen Anschauungen über den Aggregationszustand wäßriger Dispersionen von Seifen und seifenartigen Stoffen verdanken wir McBAIN und seiner Schule [3]. Darnach besteht zwischen den verschiedenartigen Zuständen in solchen wäßrigen Dispersionen Gleichgewichte, die durch folgendes Schema ausgedrückt werden:

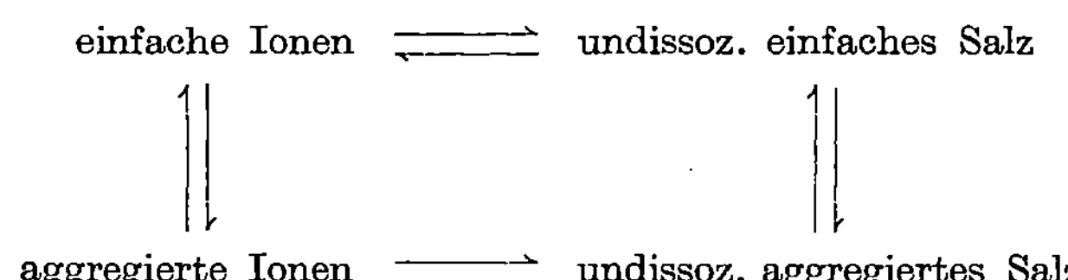

Die Bildung kolloider Anteile nimmt McBAIN in verhältnismäßig konzentrierten Lösungen der Seifen und seifenartigen Stoffe, deren Konzentration etwa 30 bis 50 g im Liter beträgt, an. Nach der neueren Auffassung von HARTLEY [4], die sich auch auf die Untersuchungsergebnisse von LOTTERMOSER und PUESCHEL [5], HOWELL und ROBINSON [6], LOTTERMOSER und FROTSCHER [7] sowie von SCHMID [8] stützen kann, erfolgt die Bildung kolloidaler Aggregate bereits bei wesentlich geringeren Konzentrationen, nämlich bei 0,3 bis 5 g/l. Diese Erscheinung steht mit der Tatsache, daß in der Praxis besonders von den neueren synthetischen Hilfsmitteln vielfach 0,1 bis 0,3 g/l (berechnet auf 100%ige Substanz) verwendet werden und sich diese Hydrosole als stark grenzflächen- und kapillaraktiv erweisen, in bester Übereinstimmung.

Die Bedeutung der ionischen Mizelle für die Grenzflächenaktivität.

Man ist heute der Auffassung, daß der ionischen Mizelle *an sich* für Adsorptionsvorgänge an Grenzflächen keine oder nur untergeordnete Bedeutung zukommt. Als eigentliche Träger der grenzflächenaktiven Wirkung sind vielmehr die einfachen, nicht assoziierten Fettkettenionen bzw. Moleküle nichtionogener Stoffe, die an Grenzphasen adsorptiv gebunden werden, anzusehen.

An hydrophoben Grenzflächen, z. B. Schmutzteilchen, tritt hierbei eine Orientierung und bei genügender Konzentration an der Grenzfläche auch Parallelausrichtung der angereicherten Fettkettenionen zu einer meist monomolekularen Schicht ein [9]. An hydrophilen Grenzflächen, z. B. Pigmenten, scheinen sich auch Doppelschichten auszubilden [10]. Abb. 27 bringt diese Verhältnisse in Form einer schematischen Skizze.

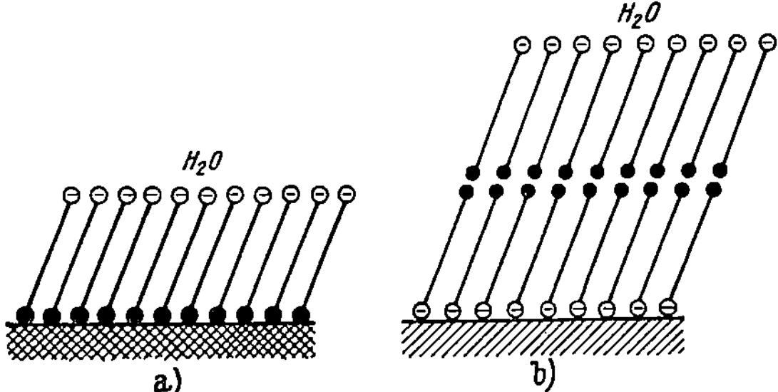

Abb. 27. Monomolekulare Schicht von Fettkettenanionen an einer hydrophoben (*a*) und bimolekulare Schicht an einer hydrophilen Grenzfläche (*b*). Schwarze Kreise = CH_3-Gruppen, weiße Kreise = anionaktive, elektrolytisch dissoziierende Gruppe, z. B. —COONa, —OSO_3Na, —SO_3Na.

Die Messungen der Dicke solcher Schichten ergab fast durchwegs eine Größe von 20 bis 30 Å, die nur durch die gestreckte Form der Moleküle seifenartiger Stoffe erklärt werden kann. Eine Adsorption der eigentlichen Mizelle kommt demgemäß nicht in Frage.

Die besondere Bedeutung der ionischen Mizelle und vor allem deren lockeres Vorstadium (Vormizellen) für kolloidchemische Vorgänge liegt vielmehr darin, daß sie an Stellen grenzflächenaktiven Geschehens, wo die Einzelionen der Anion- bzw. Kationseifen unter orientierter Adsorption verbraucht werden, rascher die Einzelionen nachliefert, als es letztere im nicht assoziierten Zustande tun könnten. Hierzu befähigt sie die größere Beweglichkeit und ihre Kompaktheit, die es gestattet, eine große Anzahl geballter Einzelionen an solche Stellen zu bringen, wo dieselben benötigt werden.

Daß diese Auffassung richtig ist, geht aus dem Vergleich der A/c-Kurve mit der Oberflächenspannung/Konzentration- (σ/c-) Kurve hervor. In Abb. 28 ist die von LOTTERMOSER und STOLL [11] erhaltene maximale Herabsetzung der Oberflächenspannung von Wasser durch Fettalkoholsulfonate in Abhängigkeit von deren Konzentration gezeigt. Man entnimmt dem Kurvenverlauf, daß der Knickpunkt der Λ/c-Kurve, der durch einen senkrechten Strich kenntlich gemacht ist, und der Beginn des steilen Anstieges der Beweglichkeit der zu den Vormizellen assoziierten Fettschwefelsäureesterionen mit dem Oberflächenspannungsminimum praktisch zusammenfällt. Daß sich das Minimum der σ/c-Kurve mit dem Knickpunkt der Λ/c-Kurve nicht völlig deckt, sondern etwas in der Richtung der Bildung von Vormizellen verschoben ist, deutet darauf hin, daß diesen bei Grenzflächengeschehen — und zwar, wie früher gezeigt, nur mittelbar — eine wichtige Funktion zukommt. Die Bildung einer ionischen Mizelle bzw. der Vormizelle, ist nicht allein deshalb bedeutungsvoll, weil sie die Nachlieferung der eigentlich grenzflächenaktiven nichtassoziierten Fettkettenionen besorgt, sondern weil sie das Herandiffundieren von kapillaraktiven Ionen und die Anreicherung derselben an der Grenzfläche überhaupt erst ermöglicht. Wären die seifenartigen Kolloid-

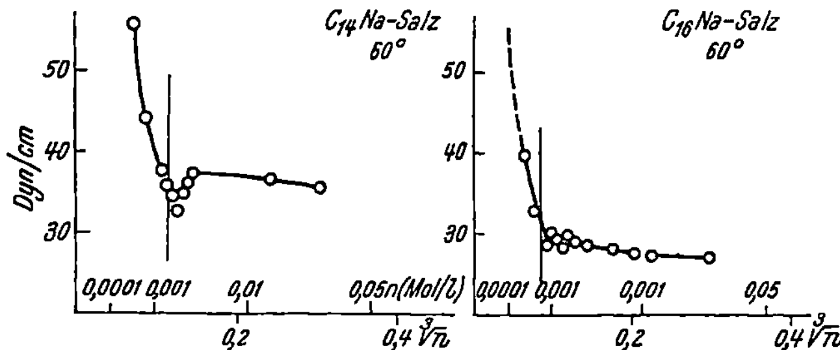

Abb. 28. Verlauf der Oberflächenspannung (σ) von Tetradecyl- und Hexadecylnatriumsulfat in Funktion von der Konzentration bei 60° C. Der Knickpunkt der Λ/c-Kurve ist durch einen senkrechten Strich angegeben. (Nach LOTTERMOSER und STOLL.)

elektrolyte in wäßrigen Lösungen nur ionogen verteilt, so würden ihre Ionen infolge des hohen osmotischen Druckes die Tendenz haben, in die Lösung zu wandern [12]. Eine Anreicherung an Grenzflächen wäre undenkbar. Durch die Bildung der Aggregationsprodukte entstehen Gebilde mit kleinem osmotischen Druck, die von den Wassermolekülen in Berührung mit Grenzflächen an dieselben gedrängt werden [2] und sich dort unter Zerfall in kapillaraktive einfache Fettkettenionen ansammeln. Werden letztere zum Aufbau einer orientierten Grenzflächenschicht verbraucht, so zerfallen infolge der Störung des Gleichgewichtes weitere Mizellen in Einzelionen, so daß keine Verarmung an letzteren eintreten kann. Damit ist eine hohe Konzentrationssteigerung der grenzflächenaktiven Textilhilfsmittelteilchen an der Faser- oder Schmutzgrenzfläche verbunden, so daß die Konzentration der Hilfsmittel an der Grenzphase 500 bis 1000mal größer sein kann als im Inneren der Behandlungsflotte, und die Voraussetzung für eine praktische Durchführung aller grenzflächenaktiven Vorgänge geschaffen, ohne daß die aufzuwendenden Hilfsmittel in unwirtschaftlicher Konzentration angewendet werden müssen.

Die Metastabilität der ionischen Mizelle, vor allem ihres lockeren Vorstadiums der „Vormizelle", in Verbindung mit ihrer hohen Beweglich-

keit und ihrer Neigung infolge des kleinen osmotischen Druckes auch aus
sehr verdünnten wäßrigen Dispersionen (0,3 bis 5 g/l) an Grenzflächen zu
wandern, sind die unmittelbaren Ursachen jener Eigenschaften, die man
bei hochmolekularen Kolloidelektrolyten antrifft und die sich als Wasch-,
Netz-, Dispergier-, Emulgier- usw. Fähigkeit praktisch äußern.

Achter Abschnitt.

Kolloide Mittel gegen die Härtebildner des Wassers bei textilchemischen Prozessen.

In der Textilindustrie wird fast ausschließlich Wasser als Lösungs-
und Dispergierungsmittel verwendet. Dies führte schon frühzeitig zum
Studium der Mängel und Fehlerquellen, die sich bei der Benutzung technischer Wässer ergeben können. Man lernte den schädlichen Einfluß der
Kalzium-, Magnesium-, Eisen-, Mangan- usw. Salze sog. harten Wassers
auf viele textilchemische Vorgänge und auf den Ausfall der Warenqualität des veredelten Textilgutes kennen. Durch Wahl möglichst reinen
Wassers, das arm an obigen schädlichen Salzen ist, oder durch Reinigung
auf chemischem Wege können die Mißstände, die bei der Verwendung
harten Wassers auftreten, vermieden werden.

Unter Härte des Wassers versteht man den Gehalt an Calcium- und
Magnesiumsalzen. Sie kommen als Bicarbonate, z. B.

$$Ca(HCO_3)_2, \; Mg(HCO_3)_2,$$

und als Sulfate bzw. Chloride, z. B.

$$CaSO_4, \; MgSO_4, \; CaCl_2, \; MgCl_2,$$

in Wasser gelöst vor. Die Bicarbonate werden durch Erhitzen unter Abscheidung der Calcium- bzw. Magnesiumcarbonate zersetzt; sie bilden die
„temporäre", vorübergehende, Härte. Die Sulfate bzw. Chloride sind die Ursache der bleibenden, „permanenten", Härte, weil sie durch Temperaturerhöhung unzersetzt in Lösung bleiben und nach wie vor ihre schädliche
Wirkung bei textilchemischen Prozessen ausüben.

Die Härte des Wassers mißt man nach Graden. Man unterscheidet:[1]

1 Grad deutscher Härte　　　(= 1° DH.),
　　　　　　　　　　　　= 1 Teil CaO in 100 000 Teilen Wasser,
　　　　　　　　　　　　= 0,01 g CaO (10 mg CaO) im Liter Wasser,
　　　　　　　　　　　　= 10 g CaO in 1 m³ Wasser.
1 Grad französischer Härte (= 1° FH.),
　　　　　　　　　　　　= 1 Teil CaCO₃ in 100 000 Teilen Wasser,
　　　　　　　　　　　　= 0,01 g CaCO₃ (10 mg CaCO₃) im Liter Wasser,
　　　　　　　　　　　　= 10 g CaCO₃ in 1 m³ Wasser.

---

[1] Die durch Magnesiumsalze verursachte Härte wird hierbei in die äquivalente Kalkhärte umgerechnet, unter Berücksichtigung des Molverhält-
nisses MgO : CaO = 40,3 : 56. Im allgemeinen überwiegt die Kalkhärte
stark die Magnesiahärte.

1 Grad englischer Härte (= 1° EH.),
  = 1 Grain $CaCO_3$ in 1 Gallone,
  = 0,01 g $CaCO_3$ (10 mg $CaCO_3$) in 0,7 l Wasser.

In der Tab. 12 sind die entsprechenden englischen und französischen Härtegrade für die deutschen Härtegrade 1 bis 25 angegeben.

Die Umrechnung zwischen deutschen, französischen und englischen Härtegradbezeichnungen bringt noch folgende Zusammenstellung:

Härtegrade		
deutsch	englisch	französisch
1,00 =	1,25 =	1,79
0,80 =	1,00 =	1,43
0,56 =	0,70 =	1,00

Tabelle 12. Umrechnung von englischen und französischen Härtegraden in deutsche Härtegrade.

Härtegrad		
deutsch	französisch	englisch
1	1,79	1,25
2	3,58	2,50
3	5,37	3,75
4	7,16	5,00
5	8,95	6,25
6	10,74	7,50
7	12,53	8,75
8	14,32	10,00
9	16,11	11,25
10	17,90	12,50
11	19,69	13,75
12	21,48	15,00
13	23,27	16,25
14	25,06	17,50
15	26,85	18,75
16	28,64	20,00
17	30,43	21,25
18	32,22	22,50
19	34,01	23,75
20	35,80	25,00
21	37,59	26,25
22	39,38	27,50
23	41,17	28,75
24	42,96	30,00
25	44,75	31,25

Die Kalkseifen, die durch chemische Wechselwirkung zwischen den in hartem Wasser vorhandenen Kalk- bzw. Magnesiasalzen und Seifen entstehen, scheiden infolge ihrer Unlöslichkeit im Wasser für Wasch- und Seifprozesse aus. Dadurch wird ein sehr beträchtlicher materieller Mehraufwand an Seife verursacht.[1] Wie groß der Schaden durch Vernichtung der waschaktiven Seife durch die Härtebildner des Wassers im Einzelfall sein kann, ergibt folgende Rechnung:

Nimmt man die Seife als reine Natriumoleatseife an, so erfordert die Umsetzung der in einem Kubikmeter harten Wassers enthaltenen Kalksalze je Grad DH. 108,6 g 100%iger Natriumoleatseife. Die gewöhnliche Handelsseife enthält etwa 50% Fettsäure, so daß im Durchschnitt für die restlose Umsetzung der Kalzium- bzw. Magnesiumionen mit den Oleationen für den Raummeter Wasser von 10° DH. etwa 2 kg handelsübliche Seife nutzlos verbraucht werden. Nimmt man einen Kilopreis der Seife von 40 bis 50 Rpf. an, so ergibt sich ein Verlust von etwa 90 Rpf. je Raummeter Wasser von 10° DH. bzw. von 9 Rpf. je Raummeter und Grad DH.

In Tab. 13 sind die Mengen handelsüblicher Seife, die von 1 m³ Wasser von 1 bis 20° DH. bei einem Fettsäuregehalt von 50% restlos in die wertlose Kalk- bzw. Magnesiaseife übergeführt werden, zusammengestellt.

---

[1] Er beträgt in Deutschland allein jährlich 30 bis 50 Mill. Reichsmark.

Die in der Textilindustrie üblichen Seifenbäder enthalten meistens 2 bis 10 g Seife im Liter Wasser; im Raummeter sind also 2 bis 10 kg Seife enthalten. Nach Tab. 13 gehen von diesen 2 bis 10 kg Seife je Raummeter Waschflotte bei Annahme eines 10° DH. harten Wassers und eines Fettsäuregehaltes von 50% rund 2 kg Seife unbedingt verloren. Wurde eine Seifenflotte von 5 g Seife[1] im Liter verwendet, so entspricht dies einem Verlust von etwa 40%. Bei verdünnteren Seifenlösungen bzw. in härterem Wasser ist der Verlust dem Hundertsatz nach noch größer, wie dies aus Tab. 14 entnommen werden kann.[2]

Zeigt diese Rechnung in wirtschaftlicher Hinsicht die Mißstände und Verluste bei Verwendung von hartem Wasser, so gestaltet sich die technische Lage noch ungünstiger. Nach jedem Wasch- und Seifprozeß muß weitgehend mit Wasser gespült werden, um die überschüssige Seife zu entfernen. Die Spülwassermengen übertreffen mengenmäßig bei weitem die eigentlichen Waschflotten. Dadurch werden in das Seifenbad unverhältnismäßig große Mengen Härtebildner gebracht, die erst recht zur Bildung der unlöslichen und schädlichen Kalk- bzw. Magnesiumsei-

Tabelle 13. Die von 1 m³ Wasser verschiedenen Härtegrades vernichtete Seifenmenge.

Härtegrad	Vernichtete Seifenmenge bei einem Fettsäuregehalt von 50% (entspricht einem Seifengehalt von 54%) in Gramm
2	403
4	806
6	1209
8	1614
10	2015
12	2418
14	2821
16	3224
18	3627
20	4030

Tabelle 14. Prozentualer Seifenverlust bei verschiedenen Härtegraden in Prozenten der angewandten Seifenmenge (5 g/l[1]).

Härte des Wassers Grad DH.	Restierende Seifenmenge nach der Kalkseifenbildung im Liter		Seifenverlust in Prozent der angewandten Seifenmenge (ursprüngliche Seifenkonzentration 5 g/l)
	in Gramm	in Prozenten	
2	4,6	92	8
4	4,19	84	16
6	3,79	76	24
8	3,39	68	32
10	2,98	60	40
12	2,58	52	48
14	2,18	44	56
16	1,78	36	64
18	1,37	28	72
20	0,97	20	80

[1] Mit 50% Fettsäuregehalt entsprechend etwa einem Seifengehalt von 54%.

[2] Die Abhängigkeit des Alkaliseifenverlustes von der Seifenkonzentration geht aus folgender Zusammenstellung hervor, die jenen Härtegrad angibt, bei dem in Funktion von der Seifenkonzentration eine Natronseife mit 50% Fettsäure vollständig in Kalkseife umgewandelt ist.

Seifenkonzentration: 1 g/l   Härtegrad: 5° DH.
2 „   10° „
3 „   15° „
4 „   20° „
5 „   25° „

fen führen. *Es ist daher der Spülvorgang die eigentliche Ursache, die das Problem der Unschädlichmachung der Härtebildner des Wassers besonders aktuell und wichtig gestaltet.* Bei Verwendung chemisch gereinigten Wassers, bzw. eines Wassers, dessen Härtebildner durch kolloidchemische Maßnahmen unschädlich gemacht wurden, zur Herstellung der Seifenbäder muß man sich immer vor Augen halten, daß zwar im Seifenbad selbst die Bildung der Kalk- und Magnesiumseifen unmöglich oder sehr erschwert ist, daß aber zum Spülen in weitaus überwiegendem Maße — schon aus wirtschaftlichen Erwägungen — hartes Wasser verwendet wird, wodurch dann die Gefahr der Bildung schädlicher Erdalkaliseifen stets gegeben ist.

Aber nicht allein bei Wasch- und Spülprozessen ist hartes Wasser für den Veredlungsvorgang der Textilware schädlich. Es gibt eine ganze Reihe kalkempfindlicher Prozesse in der Textilindustrie. Die Veredlungsvorgänge, die mehr oder weniger unempfindlich gegen die Härtebildner des Wassers sind oder diese zu ihrem richtigen Ablauf sogar benötigen, sind in der Minderheit.

Die Empfindlichkeit verschiedener Textilprozesse gegen die Härtebildner des Wassers äußert sich in mannigfachen Schäden der Textilware. Es kommt zur Abscheidung von unlöslichen Kalk- und Magnesiumseifen, die klebrig sind, gut auf der Textilfaser haften und Schmutzteilchen adsorptiv hartnäckig festhalten. Dadurch bilden sich Flecken, die Unegalitäten und Verschleierung der Farben hervorrufen. Der Griff wird ungünstig beeinflußt; statt eines weichen, angenehmen Griffs erhält man eine harte Ware. Die Weißware vergilbt bei längerem Lagern und bekommt wegen des Gehaltes an leicht oxydierbaren Fettstoffen einen unangenehmen, ranzigen Geruch. Die Reibechtheit der Färbungen leidet ausnahmslos. Wird ein Textilprozeß, beispielsweise die Weißwäsche (Maschinen-Dampf-Wäsche), oftmals in hartem Wasser wiederholt, so können die Ablagerungen von Kalkseifen auf der Textilfaser so groß werden, daß diese brüchig wird und einem frühzeitigen Verschleiß unterliegt.

Man hat deshalb durch Wahl genügend reiner und weicher, in der Natur vorkommender Wässer diesem Mißstand zu begegnen gesucht, indem sich die Textilbetriebe vorzugsweise dort ansiedelten, wo weiches Wasser zur Verfügung stand. In dem Maße, als die Textilindustrie immer mehr Aufschwung gewann und damit eine früher nicht bekannte Größe der Fabriksanlagen entstand, war es unmöglich, mit den bekannten Quellen weichen Wassers, z. B. Aachen, Verviers (Belgien), im Eifelgebiet u. a. m., das Auslangen zu finden. Der moderne Textilbetrieb muß deshalb die Härtebildner auf chemischem Wege entfernen, bzw. durch kolloidchemische Maßnahmen unschädlich machen. Die Vermeidung der Schäden durch die Härtebildner des Wassers kann grundsätzlich erfolgen:

A. durch Verringerung der Ionenkonzentration der Härtebildner ($Ca^{\cdot\cdot}$, $Mg^{\cdot\cdot}$), so daß das Löslichkeitsprodukt der Calcium- bzw. Magnesiumseifen nicht überschritten wird und eine Ausflockung letzterer nicht eintreten kann. Die Verringerung der Konzentration der Erdalkaliionen kann geschehen durch:

a) chemische, irreversible Umsetzung unter Bildung schwer löslicher Erdalkalisalze (Carbonate, Hydroxyde, Phosphate) oder reversible Bindung an unlösliche Austauschstoffe (Zeolithe oder Organolithe) und nachfolgende Regenerierung derselben;

b) durch koordinative Komplexbindung der Erdalkaliionen in einem negativ geladenen Anionenkomplex.

B. Die Bildung der wasserunlöslichen Calcium- und Magnesiumseifen wird zwar zugelassen, letztere bleiben aber durch sofort beim Entstehen der Erdalkaliseifen auf diese kolloidchemisch einwirkende Stoffe (Dispergatoren) in so fein verteilter, leicht ausspülbarer Form erhalten, daß sie ihre schädlichen Eigenschaften auf das Textilgut nicht mehr ausüben können.

A. Unschädlichmachung der Härtebildner des Wassers durch chemische Umsetzung bzw. Fällung.

Sie kann nach folgenden Verfahren, die in der Praxis anzutreffen sind, geschehen:

1. Nach dem Kalk-Soda-Verfahren.
2. Nach dem Trinatriumphosphatverfahren.
3. Nach dem Basenaustausch- (Permutit-) Verfahren.

I. Das Kalk-Soda-Verfahren.

Die Fällung der Härtebildner nach dem Kalk-Soda-Verfahren gründet sich darauf, daß man die Bicarbonate (temporäre Härte) und die Mg-Salze mit gelöschtem Kalk zu unlöslichen Carbonaten bzw. Hydroxyden umsetzt, während $CaSO_4$ und $CaCl_2$ (permanente Härte) durch Natriumcarbonat gefällt werden, wie Gleichungen (1) bis (4) angeben.

$$Ca(HCO_3)_2 + Ca(OH)_2 \rightarrow 2\,CaCO_3 \downarrow + 2\,H_2O, \tag{1}$$

$$Mg(HCO_3)_2 + 2\,Ca(OH)_2 \rightarrow Mg(OH)_2 \downarrow + 2\,CaCO_3 \downarrow + 2\,H_2O, \tag{2}$$

$$CaSO_4 + Na_2CO_3 \rightarrow CaCO_3 \downarrow + Na_2SO_4, \tag{3}$$

$$MgSO_4 + Ca(OH)_2 \rightarrow Mg(OH)_2 \downarrow + CaSO_4. \tag{4}$$

Die kombinierte Fällung mit Kalk und Soda hat manche Vorteile im Vergleich zur ausschließlichen Verwendung der Einzelkomponenten. Der billige Kalk fällt Calcium- und Magnesiumbicarbonat sowie Magnesiumsulfat und Magnesiumchlorid. Hingegen ist es nicht möglich, durch Kalk den gelösten Gips zu fällen. Die teuere Soda fällt Calciumchlorid bzw. -sulfat, hingegen nicht die Magnesiumsalze.[1]

Die aufzuwendenden Kalk- und Sodamengen berechnet man nach folgenden Formeln, worin H_t die temporäre und H_p die permanente Härte bedeuten:

---

[1] Deshalb muß man zur vollständigen Fällung der Magnesia Kalk nehmen, da das Magnesiumhydroxyd praktisch unlöslich ist, nämlich zu etwa 0,009 g/l. Dagegen ist das Magnesiumcarbonat im Gegensatz zum Calciumcarbonat im Wasser merklich löslich.

Kalkzusatz (in mg CaO/l) $= 10\,H_t + 1{,}4\,MgO$ (mg MgO/l).
Sodazusatz (in mg Na_2CO_3/l) $= 18{,}9\,H_p$.

Man sieht auch daraus, daß der Kalk zur Fällung der Bicarbonate und der Magnesiumsalze (direkte Abhängigkeit vom Magnesiagehalt) dient, während die Soda den gelösten Gips oder Calciumchlorid fällt. Harte Wässer, die nur geringe Magnesiahärte und permanente Härte aufweisen, benötigen zur Enthärtung vorzugsweise Kalk. Die fällenden Agenzien müssen genau dosiert zugesetzt werden. Zur rascheren Fällung, insbesondere in der Kälte und im Wasser mit starker Magnesiahärte, muß ein Überschuß an Kalk, bezogen auf die theoretisch notwendige Menge, benützt werden.

Die Enthärtung des Wassers nach dem Kalk-Soda-Verfahren ist nicht absolut. Je nach der Fällungstemperatur und ohne Überschuß an fällenden Reagenzien bleibt eine Resthärte von 2 bis 4° DH. bestehen.[1]

Der Kolloidchemismus der Fällung der Härtebildner nach dem Kalk-Soda-Verfahren ist deshalb interessant, weil zwei Reaktionsarten nebeneinander vor sich gehen und sich weitgehend überschneiden. Die sich nach Gleichungen (1) bis (4) abspielenden Fällungsreaktionen verlaufen als Ionenreaktionen augenblicklich. Trotzdem benötigt die vollständige makroskopische Fällung des Calciumcarbonates längere Zeit, insbesondere dann, wenn die Fällung in der Kälte vorgenommen wird. Für die praktische Durchführung des Enthärtungsprozesses nach dem Kalk-Soda-Verfahren ergibt sich demgemäß die Verwendung großer Reaktionsgefäße, in welchen sich die Fällung vollzieht, oder aber das Arbeiten bei erhöhter Temperatur.

Die Ursache für die eigenartige Erscheinung, daß trotz nahezu augenblicklichen chemischen Umsatzes das gebildete Calciumcarbonat in der Kälte erst nach einiger Zeit in sichtbarer Form ausfällt, liegt darin, daß sich um bereits vorhandene und mit verhältnismäßig großer Keimbildungsgeschwindigkeit entstehende Keime kolloiddispers verteiltes $CaCO_3$ ansammelt (Induktionsperiode), worauf aus diesem durch Wachstum mit geringer Kristallisationsgeschwindigkeit makroskopische Kristalle auftreten. Die Kristallisation des Calciumcarbonates wird durch bereits vorhandene $CaCO_3$-Kristalle beschleunigt; Zinkionen (10 mg/l) hemmen die Fällung [2]. Durch Einwirken von elektrischen Strömen kann eine raschere Entladung der zuerst auftretenden kolloiden Fällungsprodukte bewirkt werden, was zur schnelleren Kristallisation führt [3]. Daß bei der Fällung der Härtebildner zunächst kolloiddisperse Reaktionsprodukte entstehen, ist auf die starke Verdünnung (0,1 bis 0,2 g CaO/l) zurückzuführen. Nach der Regel v. WEIMARNs [4] bilden sich in extrem konzentrierten bzw. verdünnten Lösungen zunächst stets kolloide Umsetzungsprodukte.

Bei erhöhter Temperatur geht die Kristallbildung des Calciumcarbonates viel rascher vor sich, bei Temperaturen über 50° C entsteht auf Zusatz von

---

[1] Im Liter Wasser sind etwa 2 g Calciumbicarbonat löslich. Hingegen vermag Wasser nur zirka 0,034 g Calciumcarbonat im Liter zu lösen, was einer Härte von etwa 2° DH. entspricht. Deshalb entsteht nach dem Kalk-Soda-Verfahren stets eine Resthärte, die ohne Überschuß der Fällungsmittel zirka 2° DH. beträgt. Durch einen Überschuß an Soda kann nach dem Massenwirkungsgesetz die Löslichkeit des Calciumcarbonates noch weiter vermindert werden; in günstigsten Fällen kommt man auf etwa 0,2 bis 0,4° DH. (vgl. S. 76).

Soda zu hartem Wasser nahezu sofort kristallines Calciumcarbonat.[1] Es verläuft dann der Enthärtungsvorgang nicht nur rascher, sondern auch quantitativer, da die in der Kälte noch teilweise kolloid dispergierten Carbonate und Hydroxyde durch die Temperaturerhöhung infolge Aggregation ausgeflockt werden. Berücksichtigt man jedoch die großen Wassermengen, die in jedem Textilbetrieb verbraucht werden, so ist die Enthärtung bei erhöhter Temperatur wegen der damit verbundenen Kosten nicht ohne weiteres gangbar. Man zog deshalb in der Praxis die langsamere Fällungsreaktion in der Kälte vor, mußte allerdings zu umfangreichen und verhältnismäßig teuren Anlagen schreiten, worin die Berührung der fällenden Agenzien mit dem harten Wasser genügend lange dauert, um eine praktisch befriedigende Enthärtung zu erzielen.

II. Das Trinatriumphosphatverfahren.

Neben dem Kalk-Soda-Verfahren hat sich in den letzten Jahren die sog. Phosphatenthärtung in der Praxis eingeführt.

Behandelt man das zu enthärtende Wasser mit Trinatriumphosphat, so tritt Fällung nach Gleichungen (5) bis (8) ein.[2]

$$3\,Ca(HCO_3)_2 + 2\,Na_3PO_4 \rightarrow Ca_3(PO_4)_2 + 6\,NaHCO_3, \qquad (5)$$

$$3\,Mg(HCO_3)_2 + 2\,Na_3PO_4 \rightarrow Mg_3(PO_4)_2 + 6\,NaHCO_3. \qquad (6)$$

$$3\,CaSO_4 + 2\,Na_3PO_4 \rightarrow Ca_3(PO_4)_2 + 3\,Na_2SO_4, \qquad (7)$$

$$3\,MgSO_4 + 2\,Na_3PO_4 \rightarrow Mg_3(PO_4)_2 + 3\,Na_2SO_4. \qquad (8)$$

Die gebildeten Erdalkaliphosphate scheiden sich relativ rasch und in groben Flocken ab. Im Gegensatz zu den kristallinischen Fällungen des Calciumcarbonates ist ein Wachsen um Kristallkeime, das in stark verdünnten Lösungen nur sehr langsam vor sich geht, hier nicht notwendig.

Im Vergleich zur Enthärtung nach dem Kalk-Soda-Verfahren vollzieht sich der Fällungsprozeß schneller und vollkommener. Der Enthärtungseffekt ist ähnlich wie beim Kalk-Soda-Verfahren von der Menge des Überschusses des Fällungsreagens abhängig. Nach Versuchen von WESLY [7] enthärtet Kalk-Soda bei Anwendung eines 50%igen Überschusses über die theo-

---

[1] Die Kristallisationsgeschwindigkeit des Calciumcarbonates ist in der Hitze derart groß, daß es umgekehrt nicht möglich ist, in heißem, hartem Wasser durch Zusätze von Schutzkolloiden kolloid verteilte Calciumcarbonatteilchen zu erhalten. Aus eingehenden, bisher unveröffentlichten Versuchen des Verfassers ergab sich, daß durch die bekannten Textilhilfsmittel mit Schutzkolloideigenschaften, vor allem durch *Lamepon A*, bis zu 50° C kolloid verteilte Calciumcarbonatteilchen erhältlich sind. Bei noch höherer Temperatur, besonders in der Siedehitze gelang es, selbst unter Verwendung der besten Schutzkolloide nicht, die Bildung großer, scharfkantiger Calciumcarbonatkristalle (Kalzit) zu verhindern (vgl. auch S. 193).

[2] Die reinen, tertiären Calcium- bzw. Magnesiumphosphate scheinen nach diesbezüglichen Untersuchungen von DANEEL und FROEHLICH [5] bei obigen Reaktionsfolgen nicht zu entstehen. Das Verhältnis $CaO : P_2O_5 = 3 : 1$, wie es die Formel $Ca_3P_2O_8$ fordert, wurde nicht gefunden. Meist entstehen Verbindungen der Formel $3\,Ca_3P_2O_8 \cdot Ca(OH)_2$. Dadurch reduzieren sich die theoretisch notwendigen Mengen Natriumtriphosphat, um vollständige Fällung zu erzielen, um etwa 10% (vgl. KOEPPEL [6]).

retisch erforderliche Menge bei 90° C und einer halben Stunde auf 0,2° DH., während Natriumtriphosphat unter gleichen Umständen auf 0,12° DH. enthärtet.

Oftmals behandelt man, teils aus chemischen Gründen (wenn nämlich das zu enthärtende Wasser viel freie Kohlensäure enthält), teils aus wirtschaftlichen Erwägungen zuerst mit Kalk-Soda, um die Kohlensäure zu neutralisieren, bzw. den größten Teil der Härtebildner zu entfernen. Die Schlußenthärtung wird alsdann mit Trinatriumphosphat durchgeführt. Dadurch stellen sich die Kosten niederer als bei der bloßen Trinatriumphosphatenthärtung; überdies hat dieses kombinierte Verfahren den Vorteil einer geringeren Resthärte, da Trinatriumphosphat vollständiger enthärtet als Kalk-Soda allein.

III. Das Basenaustausch- (*Permutit-*) Verfahren.

Das sog. Basenaustausch- oder *Permutit*-Verfahren ist im Gegensatz zum Kalk-Soda- oder Trinatriumphosphatverfahren nicht auf der Unschädlichmachung der Härtebildner durch irreversible Überführung in unlösliche Salze begründet, sondern beruht darauf, daß das Natrium in künstlichen oder natürlichen Natrium-Aluminium-Silikaten vom Zeolithtypus durch Calcium bzw. Magnesium austauschbar ist. Es entsteht das entsprechende Calcium- bzw. Magnesium-Aluminium-Silikat, das unlöslich zurückbleibt, während das Natrium an das Anion der Härtebildner gebunden in das enthärtete Wasser übergeht. Man kann also von einer ortsfesten Fällung an der Oberfläche und in den Kanälen des Zeolithes sprechen, die im Gegensatz zu den Fällungen mit Kalk-Soda bzw. Phosphat *reversibel* ist. Durch Behandlung mit konzentrierter Kochsalzlösung in einem dem eigentlichen Enthärtungsprozeß folgenden Vorgang ist es möglich, aus dem im Enthärter gebildeten Calcium- bzw. Magnesium-Aluminium-Silikat das ursprüngliche Natrium-Aluminium-Silikat *(Permutit)* rückzubilden. Die Vorgänge bei diesen Reaktionsfolgen vollziehen sich nach Gleichung (9) und (10).

Enthärtung:

$$Ca(HCO_3)_2 + (Na_2O \cdot Al_2O_3 \cdot 2\,SiO_2 \cdot 6\,H_2O) \rightarrow$$
$$\rightarrow (CaO \cdot Al_2O_3 \cdot 2\,SiO_2 \cdot 6\,H_2O) + 2\,NaHCO_3, \quad (9)$$

(Sulfate bzw. Chloride und Magnesiumsalze analog.)

Regenerierung:

$$(CaO \cdot Al_2O_3 \cdot 2\,SiO_2 \cdot 6\,H_2O) + 2\,NaCl \rightarrow$$
$$\rightarrow (Na_2O \cdot Al_2O_3 \cdot 2\,SiO_2 \cdot 6\,H_2O) + CaCl_2. \quad (10)$$

(Magnesiumsalze analog.)

Das nach dem *Permutit*-Verfahren enthärtete Wasser weist bei richtig geleitetem (heute bereits vollautomatischem) Enthärtungsprozeß eine Resthärte von 0,05 bis 0,08° DH. auf. Vergleichsweise sei erwähnt, daß man nach dem Kalk-Soda-Verfahren beim Arbeiten in der Kälte und bei Anwendung der theoretisch zur Fällung der Härtebildner notwendigen Kalk- bzw. Sodamengen je nach der Einwirkungszeit eine Resthärte findet, die sich um etwa 2° DH. bewegt. Bei Anwendung größerer überschüssiger Mengen Kalk und Soda und beim Enthärten in der Hitze sind allerdings wesentlich niedrigere Resthärten, etwa 0,2 bis 0,4° DH. auch nach dem Kalk-Soda-Verfahren erzielbar.

Nach Gleichung (9) entsteht beim Enthärten nach dem *Permutit*-Verfahren ein der vorübergehenden Härte entsprechender Hundertsatz Natriumbicarbonat, das die Reaktion des permutierten Wassers schwach alkalisch macht. In solchen Fällen, wo diese leichte Alkalinität (p_H etwa 7,8 bis 8) stört, muß sie gegebenenfalls durch Neutralisation beseitigt werden.

Bei Verwendung von *Permutit*-Anlagen ist mit einem gewissen Verlust des *Permutites* zu rechnen. Derselbe beträgt etwa 4 bis 5% der Apparatfüllung im Jahr. Beim *Neo-Permutit* — einem natürlich vorkommenden Zeolith — ist der jährliche Verlust etwa 1 bis 2%. Als laufende Betriebsauslagen sind die Kosten des zur Regeneration des *Permutites* notwendigen Kochsalzes anzusehen. Die Kochsalzmenge muß drei- bis fünfmal so groß sein, als theoretisch der gebundenen Kalk- bzw. Magnesiummmenge nach Gleichung (10) entsprechen würde, da von der zur Regenerierung verwendeten Kochsalzlösung nur etwa 25% des gelösten Kochsalzes umgesetzt werden. Für ein Rohwasser mit 10° DH. benötigt man beiläufig 600 g Kochsalz je Raummeter.

In letzter Zeit haben die auf Kohlenstoffbasis aufgebauten künstlichen basenaustauschenden Stoffe an Interesse gewonnen. Man nennt sie in Anlehnung an die Zeolithe auch „*Organolithe*" [8]. Es eignen sich hierzu gewisse Phenol- (Harnstoff-) Formaldehyd-Kunstharze [*Wofatit* (I. G. Farbenindustrie)] sowie Stoffe, die zur Gruppe der Huminsäuren gehören und durch Behandeln von Kohle, Lignit, Anthracit, Sulfitcelluloseablauge u. dgl. mit Schwefelsäure, Oleum usw. entstehen [9]. Hierbei bilden sich wasserunlösliche, säurefeste Körper, wie *Zeo Carb H* [10], *Allassion C* [11] oder *Wasserstoffpermutit* [12], deren nähere Konstitution bislang noch nicht bekannt ist. Sie enthalten als aromatische Oxysäuren austauschbare Wasserstoffatome, die durch Kationen (Ca, Mg, Na usw.) etwa nach den Gleichungen

$$MeSO_4 + 2\ \text{Organolith} - H \rightarrow (\text{Organolith})_2Me + H_2SO_4,$$

$$Me(HCO_3)_2 + 2\ \text{Organolith} - H \rightarrow (\text{Organolith})_2Me + H_2O + CO_2$$

ersetzbar sind. Die Regeneration erfolgt durch Säure. Der Vorgang ist der Regenerierung bei der Zeolithenthärtung mittels Kochsalz äquivalent.

Das durch derartige Organolithe enthärtete Wasser reagiert sauer. Die Azidität kann beseitigt werden, wenn man es mit permutiertem, schwach alkalischem Wasser (p_H ungefähr 8) mischt oder wenn man es mit gelförmigen Metalloxyden, z. B. Eisenoxyd, behandelt [13].

Eine weitere Klasse von Organolithen stellen die Oxydationsprodukte von Anilin (eine Art Anilinschwarz) oder Kondensationsprodukte von Aminen, z. B. m-Phenylendiamin mit Formaldehyd [14], dar. Sie tauschen als basische Körper im Gegensatz zu den huminartigen Organolithen die Anionen der Härtebildner des Wassers gegen Hydroxylgruppen aus und sind durch Alkalien wieder regenerierbar.

B. Unschädlichmachung der Härtebildner des Wassers durch koordinative Komplexbindung.

Führt man positiv geladene Calcium- bzw. Magnesiumionen in einen negativ geladenen Anionkomplex über, so können sie mit den gleichfalls negativ geladenen Fettsäureanionen nicht mehr reagieren; sie werden dadurch, obwohl noch immer in der Flotte vorhanden, inaktiv. Zu einer solchen

Inaktivierung durch Komplexbindung sind manche Stoffe in mehr oder minder ausgeprägtem Maße geeignet.

Die besonders günstige peptisierende Wirkung der Alkalihexametaphosphate bzw. Pyrophosphate für eine große Reihe von Stoffen wurde zuerst von CHWALA [15] beschrieben. Zur Erklärung dieser Tatsache wurde auf die hohe komplexbildende Kraft dieser Stoffe hingewiesen.

In Ausgestaltung dieser Feststellung wurden die Hexametaphosphate zur Komplexbindung der Ionen der Härtebildner des Wassers später herangezogen [16]. Die Alkalihexametaphosphate lösen sich in Wasser zu einer viskosen, kolloiden Flüssigkeit. In dieser Lösung sind nicht alle Alkaliatome ionogen abgespalten, sondern verbleiben zum Teil im Anionkomplex. Dieses Verhalten ist aus der Chemie der Komplexsalze wohl bekannt; man schreibt die Formeln derartiger Verbindungen im Sinne der WERNERschen Valenztheorie [17] so, daß sich die abdissoziierenden Kationen außerhalb der eckigen Klammer befinden, die den Anionkomplex, der auch Kationen enthält, umgibt. Beispielsweise dissoziiert das Natriumhexametaphosphat gemäß der Gleichung (11) in folgender Weise:

$$Na_2[Na_4(PO_3)_6] \rightleftharpoons 2\,Na^{\cdot} + [Na_4(PO_3)_6]''. \tag{11}$$

Die Natriumatome im Anionkomplex $[Na_4(PO_3)_6]''$ können ganz oder teilweise durch Calciumatome ersetzt werden, wie dies Gleichungen (12a) und (12b) angeben.

$$Na_2[Na_4(PO_3)_6] + Ca^{\cdot\cdot} \rightarrow Na_2[Na_2Ca(PO_3)_6] + 2\,Na^{\cdot}, \tag{12a}$$

$$Na_2[Na_4(PO_3)_6] + 2\,Ca^{\cdot\cdot} \rightarrow Na_2[Ca_2(PO_3)_6] + 4\,Na^{\cdot}. \tag{12b}$$

Ähnlich wie das Hexametaphosphat wirkt auch das Natriumtetrametaphosphat. In Berührung mit Calciumionen werden diese in den Anionenkomplex gemäß Gleichung (13) eingeführt.

$$Na_2[Na_4(PO_3)_4] + Ca^{\cdot\cdot} \rightarrow Na_2[Ca(PO_3)_4] + 2\,Na^{\cdot}. \tag{13}$$

Die Gleichungen (12) und (13) stellen den eigentlichen Mechanismus der Inaktivierung der Härtebildner des Wassers durch Hexametaphosphat bzw. Tetrametaphosphat dar. Letztere bilden einen wesentlichen Bestandteil des Handelspräparates *Calgon* (BENCKISER)[1] [18].

Die anorganische Chemie unterscheidet starke und schwache Komplexsalze. Erstere, beispielsweise gelbes Blutlaugensalz $K_4[Fe(CN)_6]$, sind sehr stabil, letztere hingegen haben die Tendenz, das Komplexaggregat wieder in die Einzelionen zerfallen zu lassen. Die komplexen Hexametaphosphate gehören zu den schwachen Komplexsalzen und spalten sich zum Teil bereits durch Temperaturerhöhung. Die Zersetzung des *Calgons* tritt insbesondere beim Kochen auf; es können bis zu 70% der aktiven Substanz durch Hydrolyse in unwirksame Stoffe übergeführt werden.[2]

---

[1] Es besteht aus Natriummetaphosphat in Form des Tri-, Tetra- und Hexametaphosphates; daneben enthält es geringe Mengen Ortho- und Pyrophosphat. In alkalisch eingestellten Sorten ist außerdem noch Soda enthalten.

[2] Die Metaphosphate sowie die ihnen zugrunde liegende Metaphosphorsäure stellen eine labile Form der bekannten Phosphorsäuren dar. In kochendem Wasser tritt Hydrolyse unter Bildung von primärem Natriumorthophosphat gemäß der Gleichung (14) ein:

$$(NaPO_3)_x + x\,H_2O \rightarrow x\,NaH_2PO_4. \tag{14}$$

Entsprechend dieser Zersetzung der komplexen Metaphosphate in der Hitze treten beim Stehenlassen von heißen, klaren *Calgon*-haltigen Seifenlösungen in hartem Wasser Trübungen und Ausflockungen von Kalkseife auf. Die durch *Calgon* bewirkte Verhinderung der Kalkseifenbildung durch Komplexbindung der Härtebildner weist bei etwa 70° C ein Maximum auf und wird darüber wieder vermindert [19]. Will man trotzdem die Kalkseifenfällung verhindern, so muß ein beträchtlicher Überschuß *Calgon* angewendet werden.

Ferner ist darauf hinzuweisen, daß *Calgon* nicht unbegrenzt kalkbeständig ist. Werden alle Natriumatome durch Calcium ersetzt, so fällt unlösliches Calciummetaphosphat aus. Auch deshalb muß man stets einen Überschuß an *Calgon* verwenden.

In der Kälte und in gelinder Wärme sind hingegen die komplexen Metaphosphate[1] beständig, so daß unlösliche Kalksalze, z. B. Kalkseifen und Calciumcarbonat, zu klaren Lösungen umgesetzt werden.

Lösen der Kalkseife:

mit Hexametaphosphat:
$$Ca(RCOO)_2 + Na_2[Na_4(PO_3)_6] \rightarrow 2\ RCOONa + Na_2[Na_2Ca(PO_3)_6],$$
mit Tetrametaphosphat:
$$Ca(RCOO)_2 + Na_2[Na_2(PO_3)_4] \rightarrow 2\ RCOONa + Na_2[Ca(PO_3)_4],$$

Lösen des Calciumcarbonates:

mit Hexametaphosphat:
$$CaCO_3 + Na_2[Na_4(PO_3)_6] \rightarrow Na_2CO_3 + Na_2[Na_2Ca(PO_3)_6],$$
mit Tetrametaphosphat:
$$CaCO_3 + Na_2[Na_2(PO_3)_4] \rightarrow Na_2CO_3 + Na_2[Ca(PO_3)_4].$$

Die Fähigkeit, unlösliche und unwirksame Kalkseife wieder in die waschaktive Natriumseife zurückzuverwandeln, ist eine schätzenswerte Eigenschaft der komplexen Natriummetaphosphate.

Die Hexa- und Tetrametaphosphate bilden mit Kalksalzen leicht Komplexsalze; ihre komplexbindende Kraft für die Unschädlichmachung von Magnesiumionen ist hingegen kleiner, aber an sich vorhanden. Überdies reagieren diese Metaphosphate leicht sauer (p_H etwa 5,8). Aus diesen Gründen setzt man noch Pyrophosphat zu, das alkalisch reagiert und besonders auf Magnesiumsalze komplexbindend nach Gleichung (15) wirkt:

$$Na_2[Na_2(P_2O_7)] + Mg^{\cdot\cdot} \rightarrow Na_2[Mg(P_2O_7)] + 2\ Na^{\cdot}. \tag{15}$$

Da aber die komplexbindende Kraft des Pyrophosphates auf Calciumionen im Gegensatz zu der des Hexametaphosphates nur gering ist, darf der Zusatz des Pyrophosphates nur klein sein; er beträgt etwa 10%.

Zur Enthärtung von Wasser sind nach den Angaben der Herstellerin 0,15 g *Calgon* je 1° DH. und je Liter zu verwenden. Überdies ist zu berücksichtigen, daß zur Unschädlichmachung der etwa durch die Textilware in das Bad gebrachten Kalksalze bzw. Kalkseifen, selbst bei Verwendung schon enthärteten Wassers, als Sicherheitsfaktor ungefähr 0,5 g *Calgon* je Liter

---

[1] Hexametaphosphate werden auch von der Chemischen Fabrik Budenheim vertrieben.

angesetzt werden müssen. Aus Tab. 15 sind die Mengen *Calgon* ersichtlich, die für einen Liter Wasser je Grad DH. anzuwenden sind. Die in Tab. 15 angeführten Zahlen sind stets um 0,5 g je Liter entsprechend obigen Ausführungen zu erhöhen.

Tabelle 15. *Calgon*-Menge zur Enthärtung von 1 l Wasser in Abhängigkeit von der Härte desselben. Je Liter sind noch 0,5 g *Calgon* zur Unschädlichmachung etwa in das Bad gebrachter Kalkseifen zuzusetzen.

	1	2,5	5	7,5	10	12,5	15	17,5	20	25	30	35	40
Calgon g/l	0,15	0,38	0,75	1,13	1,5	1,88	2,25	2,63	3,0	3,75	4,5	5,25	6,0

Infolge der relativ großen anzuwendenden *Calgon*-Mengen und des verhältnismäßig großen Preises beschränkt sich die Anwendung desselben auf Spezialzwecke. Beispielsweise wird in der Weißwäscherei nach einigen normalen Waschungen mit Seife/Soda durch ein *Calgon*-Bad gegeben, wobei die sich in den früheren Waschprozessen angesammelte Kalkseife reaktiviert und zur ersten groben Entfernung des Schmutzes benutzt wird.

Eine weitere Anwendung findet das *Calgon* u. a. in der Apparatbleicherei, um das sich in der Faser abgelagerte Silikat — vom Wasserglas herstammend, das in Gegenwart von Calcium- oder besser Magnesiumionen als vorzüglicher Stabilisator für das Wasserstoffsuperoxyd dient — herauszuwaschen.

Ähnlich wie die Tetra- und Hexametaphosphate, wirken auch die sog. „Polyphosphate" [20] komplexbindend auf die Härtebildner des Wassers [21].

Das Tripolyphosphat $Na_5P_3O_{10}$ und das Tetrapolyphosphat $Na_6P_4O_{13}$ besitzen insbesondere in stark alkalischen Flotten ein größeres Bestreben, Calcium- und Magnesiumionen in den Anionkomplex überzuführen, als das Natriumhexametaphosphat. Vor dem stark hygroskopischen Hexametaphosphat haben die Polyphosphate den Vorteil, daß sie als wohlkristallisierte Verbindungen, z. B. $Na_5P_3O_{10} \cdot 6\,H_2O$, auch an feuchter Luft beständig sind, nicht zusammenbacken und damit die richtige Dosierung leichter ermöglichen.

Die komplexbindende Wirkung, z. B. die des Natriumtripolyphosphates, geht aus Gleichung (16) hervor.

$$Na\,[Na_4(P_3O_{10})] + Ca^{\cdot\cdot} \rightarrow Na\,[Na_2Ca(P_3O_{10})] + 2\,Na^{\cdot}, \qquad (16)$$

Polyphosphate, insbesondere das $Na_5P_3O_{10}$, bringen die Chemische Werke vorm. H. & E. Albert A. G. in den Handel. Die gleiche Firma bringt auch ein Natriumammoniumtripolyphosphat der Formel $Na(NH_4)_4P_3O_{10} \cdot 4\,H_2O$ heraus, das seine kalkseifenlösende Wirkung schon bei einem p_H von 7,5 entwickelt, während die Lösungen des reinen Natriumtripolyphosphates p_H-Werte von 9,0 bis 9,5 aufweisen.

Die Polyphosphate werden, wie die Metaphosphate, in der Hitze zersetzt. Die Hydrolysengeschwindigkeit ist allerdings bei den Polyphosphaten kleiner als beim Natriumhexametaphosphat, d. h. Seifenlösungen in hartem Wasser, die durch Zusatz von Tri- bzw. Tetrapolyphosphat vollkommen klar gehalten werden, bilden in der Hitze nicht so rasch eine Flockung von unlöslicher Kalkseife als die mit Natriumhexametaphosphat versetzten Seifenlösungen.

Ein weiteres polymeres Spezialphosphat ist das *Optavon* (Zschimmer u. Schwarz) das ebenfalls Kalzium- und Magnesiumionen komplex bindet.

Von der I. G. Farbenindustrie A. G. sind komplexbindend wirkende Erzeugnisse zur Unschädlichmachung der Härtebildner des Wassers unter der Bezeichnung *Trilon A* und *Trilon B* in den Handel gebracht worden [22].

Dem *Trilon A* liegt als dem Natriumsalz der Nitrilotriessigsäure (Aminotrimethylcarbonsäure) die Formel:

$$N\begin{cases} CH_2COONa \\ -CH_2COONa \\ CH_2COONa, \end{cases}$$

dem *Trilon B* als dem Natriumsalz der Äthylendiamintetramethylcarbonsäure die Formel

$$\begin{matrix} NaOOCCH_2 \\ \\ NaOOCCH_2 \end{matrix}\Big\rangle N-C_2H_4-N\Big\langle \begin{matrix} CH_2COONa \\ \\ CH_2COONa \end{matrix}$$

zugrunde.

Wesentlich für die Überführung der Calcium- und Magnesiumionen in den Anionkomplex scheint nach den diesbezüglichen Patentausführungen die Gruppierung

$$-N(RCOOH)_n$$

zu sein.

Die Überführung der Calcium-Magnesium-Ionen in den Anionenkomplex, beispielsweise beim *Trilon A*, kann man sich wie folgt vorstellen:[1]

$$2\,[NaOOCCH_2-N=(CH_2COO)_2]Na_2 + Ca^{\cdot\cdot} \rightarrow$$

$$\rightarrow \left[\begin{matrix} (OOCCH_2)_2=N & & N=(CH_2COO)_2 \\ | & & | \\ H_2CCOO-Ca-OOCCH_2 & & \end{matrix}\right]Na_4 + 2\,Na^{\cdot} \quad (17)$$

Setzt man deshalb hartem Wasser *Trilon A* oder *Trilon B* und Seife zu, so resultiert trotz der Anwesenheit der Härtebildner eine klare, schäumende Seifenlösung. Sie behält diesen Aspekt auch nach längerem Kochen vollständig bei. Eine Zersetzung des Aminopolycarbonsäurekomplexsalzes durch Hydrolyse tritt nicht ein. Man benötigt, um hartes Wasser zu enthärten, je 1° DH. und je Liter Wasser, vom temperaturabhängigen *Trilon A* 0,12 bis 0,3 g und vom *Trilon B* 0,16 g.

Die Temperaturabhängigkeit des *Trilons A* geht aus folgender Zusammenstellung hervor [22].

	Temperatur			
	20°	40°	60°	80—100°
Trilon A	0,3 g	0,23 g	0,16 g	0,12 g
Trilon B	0,16 ,,	0,16 ,,	0,16 ,,	0,16 ,,

Die Grammzahlen geben diejenigen Mengen Enthärtungsmittel an, die in einem Liter Wasser je 1° DH. die Bildung von Kalkseife im System Olein-

---

[1] Die Umsetzung der Härtebildner mit *Trilon B* geht entsprechend wie folgt vor sich:

$$\left[\begin{matrix} OOCCH_2-N & -C_2H_4- & N-CH_2COO \\ | & & | \\ H_2CCOONa & NaOOCCH_2 & \end{matrix}\right]Na_2 + Ca^{\cdot\cdot} \rightarrow$$

$$\rightarrow \left[\begin{matrix} OOCCH_2-N & -C_2H_4- & N-CH_2COO \\ | & & | \\ H_2CCOO-Ca-OOCCH_2 & & \end{matrix}\right]Na_2 + 2\,Na^{\cdot} \quad (18)$$

seife/*Trilon A*/hartes Wasser völlig verhindern, so daß die Lösungen wasserklar bleiben.

Für die Komplexbindung von Magnesium in alkalischen Lösungen, z. B.
in der Naphthol- oder Küpenfärberei, eignet sich nur das *Trilon B*.

Außer·diesen im Handel befindlichen Erzeugnissen gibt es in gleicher
Weise wirkende Stoffe, die es aber zu einer praktischen Bedeutung bisher
nicht gebracht haben.

So ist beispielsweise Natriumcitrat [23] oder brenzkatechindisulfonsaures
Natrium[1] geeignet, Calcium- und Magnesiumionen komplex zu binden. In
ihrer Wirkung erreichen sie allerdings nicht die beschriebenen Erzeugnisse.

Ein weiteres, durch Komplexbindung enthärtend wirkendes Mittel soll
das durch Einwirkung von gasförmigem Ammoniak auf Phosphorpentoxyd
unter geeigneten Bedingungen erhältliche Kondensationsprodukt der ver-
mutlichen Formel

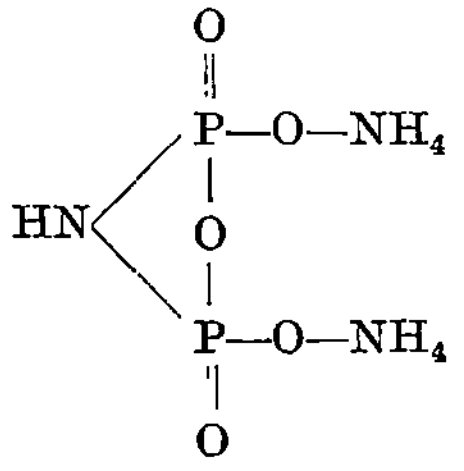

$$HN \begin{cases} P(=O)-O-NH_4 \\ O \\ P(=O)-O-NH_4 \end{cases}$$

sein [24].

C. Unschädlichmachung der Härtebildner des Wassers durch Kolloiddispergierung eben entstehender Erdalkaliseifen.[2]

Die Erdalkaliseifen bilden sich bekanntlich in Form unlöslicher,
käsiger Flocken durch Wechselwirkung zwischen den wasserlöslichen

---

[1] Dessen Formel ist:

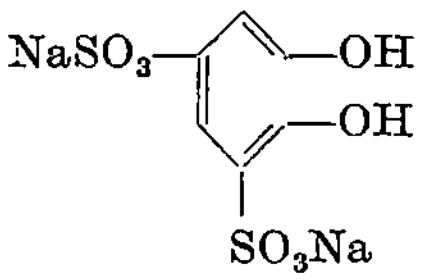

$$NaSO_3-C_6H_2(OH)(OH)-SO_3Na$$

Es gibt mit Calciumionen das Komplexsalz

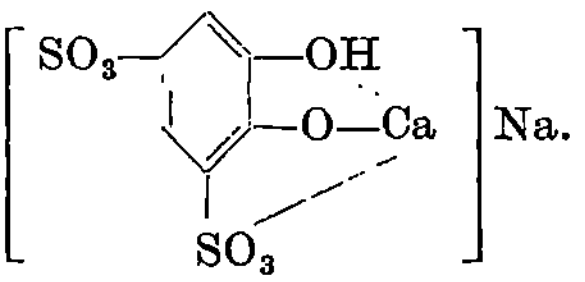

$$\left[SO_3-C_6H_2(OH)(O-Ca)-SO_3 \right] Na.$$

[2] Normalerweise überwiegt die Kalkhärte bei weitem die Magnesiahärte.
Aus diesem Grunde spricht man vielfach statt von Erdalkaliseifendispergatoren
kurz von Kalkseifendispergatoren, ohne die Peptisierung von Magnesiumseifen ausdrücklich zu erwähnen, obwohl auch diese, wie die Kalkseifen, durch
derartige Dispergatoren kolloid verteilt werden. Diese eingebürgerte, kürzere
Ausdrucksweise wird auch hier benutzt. Man muß sich nur vor Augen halten,
daß die anzutreffenden Ausführungen stets gleicherweise auch für Magnesiumseifen gelten.

Alkaliseifen und den Härtebildnern des Wassers. Die entstandene Kalk- bzw. Magnesiumseife scheidet sich nur unter gewissen Umständen, insbesondere in Anwesenheit überschüssiger Mengen der Härtebildner vollständig aus. In Gegenwart überschüssiger Alkaliseife kommt es hingegen zu keiner flockigen Fällung. Die Erdalkaliseifen bleiben in solchen Fällen in Form feinster kolloider Teilchen in der überschüssigen Alkaliseifenflotte dispergiert. Die Dispergierung unlöslicher Kalk- und Magnesiaseife durch überschüssige Alkaliseife ist dem Praktiker längst bekannt. Die Gefahr der Kalkseifenschäden durch Ablagerung grobflockiger Erdalkaliseifen ist im eigentlichen Seifenbad wegen der zumeist im starken Überschuß vorhandenen Alkaliseife nur gering. Erst beim nachfolgenden Spülen mit vielfach größeren Spülwassermengen als im Waschbad werden große Mengen Härtebildner in die Seifenflotte hereingebracht und damit die Bildung von Erdalkaliseifenflocken begünstigt.

In gleicher Weise wie mit überschüssiger Alkaliseife können die unlöslichen Erdalkaliseifen auch durch viele andere Stoffe, die unter der Bezeichnung Netz-, Wasch- und Dispergierungsmittel in der Textilindustrie Eingang gefunden haben, in Form feinster Dispersionen erhalten werden. Hierzu ist folgendes notwendig:

1. Die Dispergierung der Kalkseifen bzw. Magnesiumseifen durch sog. Kalkseifendispergatoren kann nur dann in einer für den Textilbetrieb zufriedenstellenden Weise erfolgen, wenn die Dispergatoren auf eben entstehende und noch hydratisierte Kalkseife, also im statu nascendi, einwirken können. Es ist deshalb notwendig, derartige Mittel entweder vor oder zumindest gleichzeitig mit dem Seifenzusatz dem harten Wasser einzuverleiben. Fügt man zuerst die Alkaliseifen dem harten Wasser und erst nach vollständiger Bildung der Erdalkaliseifen dispergatorisch wirkende Mittel zu, so ist es unmöglich, die bereits gebildeten Erdalkaliseifen in einen solchen kolloiden Feinheitsgrad zu verteilen, wie er zur Vermeidung der schädlichen Folgen auf der Textilware unbedingt notwendig ist. Noch mehr gilt dies für bereits eingetrocknete Kalkseife, wie sie beispielsweise bei der Weißwäsche aus vorhergehenden Wäschen auf dem Textilgut vorhanden sein kann. Diese bereits trockenen und fixierten Erdalkaliseifen können durch kolloidchemische Maßnahmen nicht entfernt werden.[1]

2. Eine weitere Voraussetzung für einen wirksamen dispergatorischen Effekt ist eine genügende Eigenbeständigkeit gegen die Härtebildner des Wassers, damit nicht ein Teil der aktiven Substanz durch Bildung von Erdalkalisalzen für die Dispergierung verlorengeht. Am besten ist es,

---

[1] Hingegen ist es möglich, durch die früher angegebenen komplexbindend wirkenden Stoffe auf Basis anhydrischer Phosphate oder durch Aminopolycarbonsäuren auch derartig verkrustete Erdalkaliseifen aus der Textilware wieder zu entfernen. Der Vorgang ist aber hier grundsätzlich ein anderer als bei den dispergatorisch wirkenden Stoffen. Das Calcium der unlöslichen Kalkseifen wird in den Anionkomplex übergeführt und im Seifenrest durch Natrium ersetzt. Auf diese Weise entsteht in Wasser leicht lösliche Alkaliseife, die ohne weiteres aus dem Textilgut herausgewaschen werden kann.

wenn die Erdalkaliseifendispergatoren gegen die Härtebildner des Wassers völlig unempfindlich sind.

3. Damit eine möglichst geringe Menge dispergatorisch wirkendes Mittel zur Feinzerteilung der Erdalkaliseifen ausreicht, ist es notwendig, daß solchen Stoffen infolge ihres hochmolekularen Aufbaues ein gewisses Filmbildungs- und Umhüllungsvermögen zukommt, das es ihnen ermöglicht, sich sofort an die gerade entstehenden Kalkseifenteilchen anzulagern. Die hydrophoben, wasserunlöslichen Erdalkaliseifen werden von einer Schicht des Kalkseifendispergators umgeben, der wasseraffine Kräfte entwickelt und dadurch das Gesamtsystem Erdalkaliseife—Dispergator durch genügend große Solvatation im Wasser in Schwebe erhält. Auf diese Weise wird ein Agglomerieren und Ausflocken der Kalkseifenteilchen vermieden und eine kolloide, stabile Dispersion erzielt.

Nach der chemischen Natur der Stoffe, die dispergierend auf eben entstehende Erdalkaliseifen wirken, kann man unterscheiden:

a) überschüssige Alkaliseifen;

b) Schwefelsäureester von Ölen und Fetten sowie Fettalkoholsulfonate;

c) sog. Fettsäurekondensationsprodukte;

d) synthetische höhermolekulare Stoffe;

e) hochmolekulare, natürliche Kolloide;

f) diverse andere Stoffe.

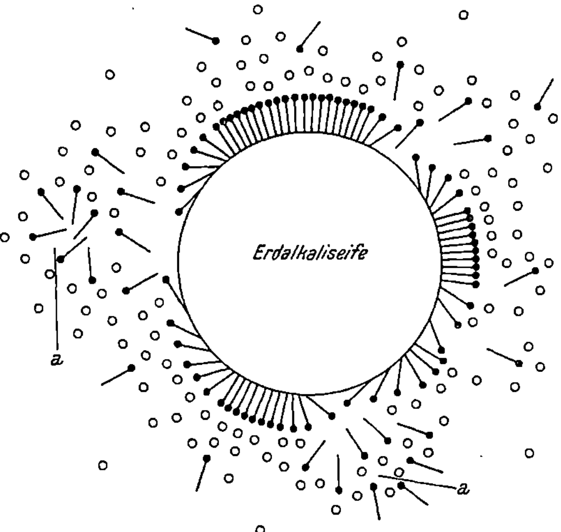

Abb. 29. Schematischer Aufbau eines durch absorbierte Fettkettenionen peptisierten, hydrophoben Erdalkaliseifenteilchens. Fettkettenionen = •—; Wassermoleküle = o. Die Gegenionen sind vernachlässigt. a = zerfallende ionische Mizellen.

a) Überschüssige Alkaliseife als Kalkseifendispergator.

Die Alkaliseifen bilden in wäßriger Lösung Neutralseifenteilchen, Fettsäureanionen, Alkaliionen und durch Hydrolyse Hydroxylionen sowie undissoziierte Fettsäureanteile aus. Bringt man in ein solches System Kalk- oder Magnesiumionen, so kommt es zur Bildung der im Wasser unlöslichen Calcium- bzw. Magnesiumseifen. Ist die Alkaliseife im Vergleich zu Erdalkaliseifen im Überschuß, so dispergiert jene letztere zu einer kolloiden Suspension. Es lagern sich die Fettkettenanionen mit ihrem hydrophoben Kohlenwasserstoffrest an die ebenfalls hydrophoben Erdalkaliseifenteilchen an. An das dem Wasser zugekehrte Ende der Dispergatorschicht, die aus den rings um die Kalkseifenteilchen angereicherten Fettkettenanionen besteht, tritt infolge der elektrischen Bindungskräfte interionischer Natur starke Solvatation ein. Ein solches über dem Umweg adsorbierter Fettkettenionen[1] hydratisiertes Kalkseifenteilchen besitzt dann den in Abb. 29 dargestellten Aufbau. Die abdissoziierten Alkaliionen bilden die sog. Gegenionschicht.

Die negative Aufladung, die jedem einzelnen Erdalkaliseifenteilchen durch die adsorbierten Fettkettenanionen erteilt wird, verhindert infolge der gegenseitig abstoßenden Wirkung ein Zusammentreten der Erdalkaliseifen zu größeren ausflockenden Aggregaten.

Die Alkaliseifen sind keine idealen Dispergatoren für Erdalkaliseifen, weil das Verhältnis der anzuwendenden, dispergierend wirkenden Alkaliseife zu der in Kolloidform überzuführenden Calcium- bzw. Magnesiumseife ungünstig ist. Man benötigt durchschnittlich 70 bis 100% Alkaliseife, bezogen auf das Gewicht Erdalkaliseife, um letztere in kolloider Suspension zu halten.

Dies wird dadurch begründet, daß außer der verhältnismäßig geringen Menge Fettkettenanionen in einer Alkaliseifenlösung ein Teil derselben infolge Hydrolyse in die freie, nicht dissoziierende Fettsäure und Lauge gespalten ist. Die entstandene Fettsäure benötigt einen weiteren Teil der neutralen Alkaliseife zur Bildung sog. saurer Seifen, denen ein spezifisches Dispergierungsvermögen auf Erdalkaliseifen nicht zukommt. Somit wird die Konzentration der Fettkettenanionen infolge Störung des Dissoziationsgleichgewichtes weiter herabgesetzt und die dispergierende Wirkung der Alkaliseifen vermindert.

In heißen Seifenflotten werden die Alkaliseifen stärker elektrolytisch aufgespalten. Es ist eine größere Menge von dispergatorisch wirkenden Fettkettenanionen vorhanden, weshalb Erdalkaliseifenausscheidung aus heißen Waschflotten bei Gegenwart überschüssiger Alkaliseifen nicht zu befürchten sind.

Als Folge dieser Erkenntnis wurden spezifische Dispergatoren für Erdalkaliseifen entwickelt, die die gewöhnlichen Alkaliseifen in vielfacher Beziehung übertreffen.

b) Fettschwefelsäureester und Fettalkoholsulfonate als Kalkseifendispergatoren.

Man unterscheidet bekanntlich bei den Fettschwefelsäureestern solche mit interner bzw. externer Schwefelsäureestergruppe.[2] Die Schwefelsäureester tierischer und pflanzlicher Öle gehören der Gruppe der internen Schwefelsäureester an, da sich die $-OSO_3H$-Gruppe inmitten des Gesamtmoleküles befindet. Die Fettalkoholsulfonate sind meist externe Schwefelsäureester, da sich mit wenigen Ausnahmen (Oleinalkoholsulfonate) die $-OSO_3H$-Gruppe am Ende des Fettmoleküles befindet.

Die sog. Türkischrotöle, als bekannteste Vertreter der Fettschwefelsäureester, besitzen eine gewisse Beständigkeit gegen die Härtebildner des Wassers. In Gemeinschaft mit Alkaliseifen kann hingegen Türkischrotöl, insbesondere bei Anwendung unterschüssiger Mengen, in hartem Wasser die Bildung von

---

[1] Zum Teil lagern sich auch größere Additionsgebilde von Fettkettenanionen an noch undissoziierte Neutralseifenteilchen an der Oberfläche der Erdalkaliseifenteilchen an.

[2] Vgl. S. 62.

unlöslichen Erdalkaliseifen kaum verhindern. Die Türkischrotöle bestehen nur zum Teil aus Fettschwefelsäureester; der größere Anteil ist gewöhnliche und polymerisierte Ricinolseife. Für die Peptisierung der Erdalkaliseifen, besonders wenn man mit möglichst geringen Mengen Peptisator auskommen will, ist aber nur der erdalkalibeständige Fettschwefelsäureester von Wert.

Die sog. veredelten Türkischrotöle, wie die *Monopolseife* (Stockhausen & Co.) [25], die zwar in erster Linie als verbesserte Färbeöle ausgearbeitet wurden, infolge ihrer besonderen Herstellungsweise[1] gute Beständigkeit gegen Calcium- und Magnesiumionen zeigen, bewirken bereits eine verstärkte Dispergierung der Erdalkaliseifen.

In der *Monopolseife*,[2] die, wie das Türkischrotöl, auch noch zu den sog. schwächer sulfonierten Erzeugnissen gehört, sind im wesentlichen die gleichen Stoffe enthalten wie im letzteren. Sie unterscheidet sich vom Türkischrotöl durch einen größeren Gehalt an Fettschwefelsäureester und Polyricinolseife.[3] Infolge der Kondensation der einfachen Ricinolsäure zu Di-, Tri- und Polyricinolsäuren, die auch die Bezeichnung Estolide [26] führen, wird der Gehalt an freien Carboxylgruppen vermindert. Wir sehen hier die bei der Auffindung der *Monopolseife* in ihren Folgerungen freilich nicht erkannte, einfachste und noch primitive Ausführungsform der Carboxylgruppenblockierung zur Erhöhung der Beständigkeit gegen die Härtebildner des Wassers, wie sie heute für die modernen Kalkseifendispergatoren bewußt durchgeführt wird.

Die Dispergierung der Erdalkaliseifen durch gewöhnliches Türkischrotöl oder durch *Monopolseife* bzw. *monopolseifen*artige Erzeugnisse erfolgt in gleicher Weise wie die Kalkseifendispergierung durch überschüssige Alkaliseife. An der Oberfläche der eben entstandenen Erdalkaliseifenteilchen werden die Fettschwefelsäureesteranionen absorbiert. Ihr hydrophober Fettrest wird durch Restvalenzkräfte mit der hydrophoben Oberfläche der Erdalkaliseifenteilchen verbunden. Die gegen das Wasser ragenden, elektrisch geladenen Schwefelsäureestergruppen hydratisieren und umgeben das Gesamtgebilde, wie in Abb. 29 gezeigt, mit einer Schicht lose gebundenen Hydratwassers.

Da die Fettschwefelsäureester im Gegensatz zu den höhermolekularen Fettsäuren starke Säuren sind, ist ihre Solvatationsfähigkeit vielfach größer als die der Fettsäureanionen. Es genügt deshalb, etwa 30 bis 50% Fettschwefelsäureester, bezogen auf das Gewicht der zu dispergierenden Erdalkaliseife, zu verwenden. Die Erdalkaliseifensuspensionen, die durch *Monopolseife* und *monopolseifen*artige Produkte erhalten werden, zeigen wegen der besseren Kalkbeständigkeit dieser Dispergatoren eine größere Stabilität als die mit überschüssiger Alkaliseife hergestellten Erdalkali-

---

[1] Zunächst wird Ricinusöl mit zirka 30% seines Gewichtes an Schwefelsäure in ähnlicher Weise wie bei der Türkischrotölherstellung sulfoniert. Nach einer entsprechenden Nachreaktionszeit wird das Ganze in Natronlauge von 37° Bé eingetragen. Unter starker Temperaturerhöhung tritt zum Teil intramolekulare Kondensation zu Polyricinolsäuren (Estolide) ein.

[2] Ähnliche Erzeugnisse sind etwa folgende:
Monopolbrillantöl (Stockhausen & Co.), *Türkonöl* (Buch & Landauer), *Isoseife* (Blumer), *Avirol KM* (Böhme Fettchemie), *Coloran K* (Chemische Fabrik Oranienburg), *Universalöl* (Schmitz).

[3] Vgl. S. 55.

seifendispersionen. Diese wertvolle Eigenschaft wurde von G. ULLMANN [27] erkannt und zu dem sog. *Hydrosan*verfahren [28] ausgebaut. An Stelle von *Monopolseife* wurden Fettschwefelsäureester mit höherem Gehalt an organisch gebundener Schwefelsäure entwickelt, deren dispergatorische Wirkung auf sich eben bildende Kalkseife größer ist als die der *Monopolseife*. Ein derartig aufgebautes Präparat auf Basis von Fettschwefelsäureestern kommt unter dem Namen *Hydrosan* (Pfersee) in den Handel.

Durch den Erfolg, den dieses Präparat in Textilkreisen hatte, gewann man die Erkenntnis, daß eine stärkere Sulfonierung mit einem größtmöglichen Gehalt an organisch gebundener Schwefelsäure (hoher Sulfonierungsgrad[1]) ausgeprägtere Kolloidelektrolyteigenschaften, bessere

---

[1] Der Sulfonierungsgrad bildet nach LANDOLT [29] eine wichtige Unterlage für die praktische Beurteilung eines sulfonierten Öles. Man bestimmt ihn nach der Formel:

$$\text{Sulfonierungsgrad} = \frac{100 \cdot \text{berechneter Ricinolschwefelsäureester}}{\text{Gewog. Gesamtfettsäure} + \text{gewog. org. gebundenes } SO_3}.$$

Durch Analyse kann man leicht den Gesamtfettgehalt und den organisch gebundenen SO_3-Anteil (Gesamt-SO_3, vermindert um anorganisches SO_3) bestimmen. Wie aus den Formeln für

Ricinolsäure: $C_{17}H_{32}OHCOOH = 298$ und

Ricinolschwefelsäureester: $C_{17}H_{32}(OSO_3H)COOH = 378$

hervorgeht, entsprechen 80 Teile SO_3 378 Teilen Ricinolschwefelsäure, d. i. 4,725mal soviel als organisches SO_3.

Aus dem gefundenen organischen SO_3-Gehalt kann man deshalb durch Multiplikation mit 4,725 den Gehalt an vorhandenem Ricinolschwefelsäureester berechnen (= berechneter Ricinolschwefelsäureester in obiger Formel). Der Divisor setzt sich aus zwei analytisch ermittelten Daten, nämlich dem Gesamtfettgehalt und dem organisch gebundenen SO_3-Gehalt (beide in Prozenten) zusammen.

In der folgenden Zusammenstellung ist der Sulfonierungsgrad einiger Fettschwefelsäureester nach LANDOLT angegeben.

Sulfoniertes Öl	Gesamtfettsäure in Prozenten	Organisch gebundener Schwefel in Prozenten	Sulfonierungsgrad in Prozenten
Türkischrotöl	44,2	2,16	22
Monopolseife	71,5	6,43	39
Prästabitöl V	36	9,24	93

Während also das *Türkischrotöl* nur etwa ein Fünftel des Gesamtfettes in Form des Ricinolsäureschwefelsäureesters enthält, besteht das *Prästabitöl V* fast zur Gänze aus diesem. Es soll darauf verwiesen werden, daß nicht immer der gesamte organisch gebundene Schwefel in Form des Schwefelsäureesters vorliegt. Besonders bei den energisch mit Chlorsulfonsäure oder Oleum

Kalkbeständigkeit und damit eine bessere Dispergierwirkung auf eben gebildete Erdalkaliseifen im Gefolge hat. Diese Erkenntnis führte in rascher Folge — ungefähr von 1925 bis 1928 — zu den höchst kalkbeständigen Produkten auf Ölbasis, dem *Prästabitöl V* und dem *Intrasol* (beide Stockhausen & Co.) wovon vor allem letzteres als Kalkseifendispergator in Frage kommt.

Das *Intrasol* ist einer der bestwirkendsten Erdalkaliseifendispergatoren auf Ölbasis [30]. Es enthält beträchtliche Mengen echter Sulfonsäuren. Zur völligen Dispergierung der von einem Gramm Alkaliseife im Liter Wasser von 10 bis 20° DH. gebildeten Kalkseife benötigt man etwa 0,3 g. Im Vergleich dazu braucht man zur Erzielung des gleichen Effektes von den neueren, später zu besprechenden Erdalkaliseifendispergatoren etwa 0,1 bis 0,2 g/l.

Unter dem Namen *Perintrol* (Stockhausen & Co.) kommt ein Produkt in den Handel, das wie *Intrasol* aufgebaut ist, aber einen Fettlösergehalt aufweist. Es eignet sich dort, wo neben der Kalkseifendispergierwirkung gleichzeitig eine fettlösende Wirkung (etwa Entfernen von Öl- und Fettanteilen aus der Textilware, die aus einem Schmälz- oder Präparationsvorgang stammen) einhergehen soll. Beispielsweise setzt man der Walkflüssigkeit *Perintrol* zu, um nach beendetem Walken rascher spülen zu können. In Abwesenheit des *Perintrols* würden sich bei zu raschem Zufluß harten Wassers Erdalkaliseifen bilden, die von der Oberfläche der Wolle absorbiert werden. Die Verwendung des *Perintrols* begünstigt nicht nur die Kalkseifendispergierung, sondern wirkt infolge des Fettlösergehaltes zusätzlicherweise entfernend auf Schmälzölreste in der Wolle. Dadurch wird die Warenoberfläche reiner und die Hydrophilie erhöht, was z. B. für Filztücher, die für die Papierindustrie bestimmt sind, von Wichtigkeit ist.

---

sulfonierten Ölen ist ein Teil des Schwefels in Form echter Sulfonsäuren gebunden (beispielsweise beim *Intrasol*). Der Fehler in der Berechnung des Sulfonierungsgrades ist, wie ersichtlich, nicht groß, da die Differenz im Molekulargewicht bei den echten Sulfonsäuren im Vergleich zu den Fettschwefelsäureestern je Mol 16 beträgt; bei einem Molekulargewicht von rund 300 macht dies etwa 5% aus.

Anders liegt der Fall, wenn zwei Schwefelsäureestergruppen oder eine Schwefelsäureestergruppe und eine Sulfonsäuregruppe in das Molekül eingeführt werden. Der Gehalt an SO_3 ist bei diesen Verbindungen viel größer als beim Ricinolsäuremonoschwefelsäureester, weshalb der früher angegebene Faktor 4,725 zur Berechnung des Schwefelsäureestergehaltes zu groß wäre.

Ein weiterer Fehler in der Berechnung des Sulfonierungsgrades kann bei Anwendung der früher angegebenen Formel auf Polyricinolsäurederivate geschehen. Durch innere Kondensation werden Hydroxylgruppen verbraucht, können also nicht zur Veresterung mit der Schwefelsäure dienen. Der Gehalt an organisch gebundenem SO_3 ist bei den Polyricinolsäureschwefelsäureestern geringer als bei den einfachen Ricinolsäuremonoschwefelsäureestern. Trotz allen diesen Fehlerquellen hat sich der Begriff des Sulfonierungsgrades in der Praxis weitgehend eingebürgert und gibt, wenigstens für niedrige und mittel sulfonierte Öle brauchbare Werte.

Infolge der großtechnischen Darstellung höhermolekularer Fettalkoholsulfonate erfuhr die Entwicklung der sulfonierten Öle und Fette einen gewissen Abschluß. Die Fettalkoholschwefelsäureester besitzen an sich eine gewisse Beständigkeit gegen die Härtebildner des Wassers. Je nach der Länge der hydrophoben Kohlenwasserstoffkette und dem gesättigten bzw. ungesättigten Charakter derselben sind Unterschiede bezüglich der Beständigkeit gegen die Härtebildner des Wassers festzustellen. Die Fettalkoholsulfonate mit 12 bis 14 Kohlenstoffatomen im Molekül und gesättigtem Fettrest sind gegen Wasserhärten bis zu 30° DH. vollkommen beständig und besitzen zusätzlich ein gewisses, allerdings wenig ausgeprägtes Schutzvermögen gegen die grobe Flockenbildung eben entstehender Kalk- und Magnesiumseifen. Die noch höhermolekularen *gesättigten* Fettalkoholsulfonate mit 16 bis 18 Kohlenstoffatomen im Molekül weisen eine Beständigkeit gegen hartes Wasser von 10 bis 20° DH. auf. Sie besitzen wegen zu geringer Löslichkeit ihrer Erdalkalisalze kaum mehr kalkseifendispergierende Wirkung. Man kann die Alkylsulfate mit gesättigtem Fettrest noch nicht als typische Kalkseifendispergatoren ansprechen [31].

Anders liegen die Verhältnisse bei den Sulfonaten des *ungesättigten* Oleinalkohols. Die Einführung zweier Schwefelsäureestergruppen etwa nach Gleichung (19):

$$CH_3(CH_2)_7CH = CH(CH_2)_7CH_2OH + 2\,H_2SO_4 \rightarrow$$

$$\rightarrow CH_3(CH_2)_7\underset{\underset{\textstyle OSO_3H}{|}}{CH}—CH_2(CH_2)_7CH_2OSO_3H + H_2O \qquad (20)$$

ergibt ein Oleinalkoholdischwefelsäureester, der im Gegensatz zu den einfachen Fettalkoholschwefelsäureestern bemerkenswerte dispergatorische Wirkung auf eben gebildete Kalkseife besitzt [32].[1]

Unter dem Namen *Gardinol KD* (Böhme Fettchemie Ges. m. b. H.) kommt ein derartiges Fettalkoholsulfonat auf Basis von Oleinalkohol in den Handel, das eine gute kalkseifendispergierende Fähigkeit zeigt.[2]

---

[1] Daneben dürften, insbesondere bei energischer Sulfonierung des Oleinalkohols [33], auch echte Sulfonsäuregruppen in das Fettalkoholmolekül eintreten und mit die Ursache für die hohe Beständigkeit gegen die Härtebildner des Wassers und für das gute Kalkseifendispergiervermögen sein.

[2] Diese gute Kalkseifendispergierwirkung ist zum Teil auch auf den Gehalt an echten Sulfonsäuren zurückzuführen. Im Gegensatz zu den Fettalkoholsulfonaten mit gesättigtem Fettrest besitzen die stark sulfonierten Oleinalkoholsulfonate vermindertes Waschvermögen, da die löslichmachenden Gruppen zum Teil auch im Innern der Fettketten vorhanden sind. In dieser Beziehung, nämlich gleichzeitig Waschen *und* Kalkseifendispergieren, erreicht keines der Fettalkoholsulfonate die sog. Fettsäurekondensationsprodukte.

Ähnlich wie *Gardinol KD* wirken noch *Sandopan WP* (Sandoz), *CDF* 1931 (Zschimmer & Schwarz), *Adulcinole* (Flesch), *Solpone* (A. Th. Böhme) u. a.

c) Fettsäurekondensationsprodukte als Kalkseifendispergatoren.

Die neueren, hochmolekularen Fettsäurekondensationsprodukte[1] übertreffen in bezug auf dispergierende Wirkung auf eben entstehende Erdalkaliseifen die meisten der früher genannten Präparate. Die Bevorzugung, die Fettsäurekondensationsprodukte zur Dispergierung von Erdalkaliseifen finden, ist dadurch begründet, daß ihnen neben der Dispergier- und Schutzkolloidwirkung gleichzeitig eine für die Praxis mindestens ebenso wichtige Eigenschaft, nämlich eine gute Waschkraft, zukommt, eine Eigenschaft, die den hochsulfonierten Ölen mit interner Schwefelsäureestergruppe um so mehr mangelt, je stärker der Sulfonierungsgrad und je höher der Gehalt an Fettschwefelsäureester mit interner $-OSO_3Na$-Gruppe im Fertigerzeugnis ist.[2]

Die gute Schutzwirkung der sog. Fettsäurekondensationsprodukte gegen die Flockung eben gebildeter Kalkseife erklärt sich aus ihrer chemischen Konstitution. Mit wenigen Ausnahmen stellen sie echte Sulfonsäuren (C-Sulfonate) mit externen Sulfogruppen dar. Der Kolloidelektrolytcharakter ist bei ihnen von allen anionaktiven seifenartigen Produkten am stärksten entwickelt. Infolge eines genügend langen, hydrophoben Kohlenwasserstoffrestes von meist 18 Kohlenstoffatomen zeigen sie gute filmbildende Wirkung, wodurch jedes einzelne Kalkseifenteilchen wirksam umhüllt und fein dispers in Schwebe gehalten wird.

Von den Fettsäurekondensationsprodukten kommen für die Kalkseifendispergierung in Frage:

Igepon T (I. G. Farbenindustrie A. G.).
Neopol T (Stockhausen & CO.).
Ultravon K (Gesellschaft für Chemische Industrie, Basel).
Melioran F 6 (Chemische Fabrik Oranienburg).
Lamepon A (Chemische Fabrik Grünau).

α) **Igepon T als Kalkseifendispergator.** Das *Igepon T* stellt das Kondensationsprodukt von Ölsäure und N-Methylaminoäthansulfonsäure (N-Methyltaurin) vor.[3] Es besitzt die Formel

$$C_{17}H_{33}CONC_2H_4SO_3Na.$$
$$|$$
$$CH_3$$

Daneben wurde von der gleichen Firma das *Igepon A*, d. i. das Kondensationsprodukt aus Ölsäure und Oxyäthansulfosäure (Isäthionsäure), dem das Formelbild $C_{17}H_{33}COOC_2H_4SO_3Na$[4] zukommt, entwickelt.

---

[1] Die Herstellung, die Eigenschaften und das kolloidchemische Verhalten dieser Erzeugnisse wird S. 173 ff. eingehend behandelt.

[2] Die schwach sulfonierten türkischrotölartigen Produkte besitzen wegen des Gehaltes an Ricinolseifen ein gewisses Waschvermögen. Allerdings erreicht die Waschkraft der Ricinolseifen nicht die der gewöhnlichen Seifen, deren Fettrest keine hydrophile Gruppe hat.

[3] Vgl. S. 174.

[4] Vgl. S. 173.

Die Kalk- und Magnesiumsalze beider Verbindungen sind, wie die Natriumsalze, sowohl in der Hitze als auch bei gewöhnlicher Temperatur, in Wasser leicht löslich. Dies ist für die praktische Anwendung besonders wichtig, da bereits in der Kälte ein ausgezeichnetes Kalkseifendispergiervermögen vorliegt. Während aber das *Igepon A* vorzugsweise als Waschmittel in neutralen Bädern in Frage kommt, eignet sich das *Igepon T* wegen seiner großen Beständigkeit gegen Säure und Lauge und infolge der —CON(CH₃)-Gruppe, die ähnlich wie bei den Eiweißstoffen gute Schutzkolloidwirkung bedingt, besser zur Kalkseifendispergierung. Dabei ist zu berücksichtigen, daß auch das *Igepon T* gute Waschfähigkeit besitzt, obwohl es in dieser Beziehung noch vom *Igepon A* übertroffen wird (vgl. auch S. 175).

Über den Mechanismus der Kalkseifendispergierung durch *Igepon T* besitzen wir eine schöne Untersuchung von K. Boedeker [34]. Wie aus dieser hervorgeht, befindet sich *Igepon T* in wäßriger Lösung in äußerst feiner Verteilung. Auch im Wasser von 20° DH. besteht selbst in der Kälte noch dieser ungemein fein disperse kolloide Zustand. Die Lösungen des *Igepon T* im reinen und harten Wasser sind klar; im Ultramikroskop erscheint das Gesichtsfeld leer. In dieser Hinsicht unterscheidet sich eine

Abb. 30. 3%ige Lösung von Natriumstearat in dest. Wasser bei 20° C im Ultramikroskop. (Nach Boedeker.)

Igepon-T-Lösung grundsätzlich von der einer gewöhnlichen Seife, wie aus den Abb. 30 bis 32 hervorgeht.

Die Abb. 30 bringt eine 3%ige Lösung von Natriumstearat ($C_{17}H_{35}COONa$) bei 20° C in dest. Wasser. Unter diesen Bedingungen ist diese Lösung zu einer Gallerte erstarrt, die mit einem dichten Netz von langen und sehr dünnen Fäden durchzogen ist. Die Länge dieser Fäden beträgt bis zu 10^{-2} cm, die Dicke hingegen nur etwa 10^{-4} cm. Die Netzfäden sind also ungefähr 100mal länger als breit und bestehen aus Kristalliten des Natriumstearates. Im Gegensatz hinzu zeigt eine 3%ige Lösung von Natriumoleat im dest. Wasser bei ultramikroskopischer Betrachtung keinerlei Fäden, aber doch Teilchen von kolloiden Ausmaßen. In hartem Wasser gibt sowohl Natriumstearat als auch Natriumoleat Flocken von Kalkseife, wie aus Abb. 31 zu ersehen ist.

Setzt man dem harten Wasser vor dem Seifenzusatz *Igepon T* zu, so treten keine grobflockigen Kalkseifen mehr auf, da *Igepon T* dispergierend auf gerade entstehende Kalkseife wirkt. Versetzt man nach den Versuchen Boedekers

Abb. 31. Lösung von Alkaliseife in hartem Wasser im Ultramikroskop. (Nach BOEDEKER.)

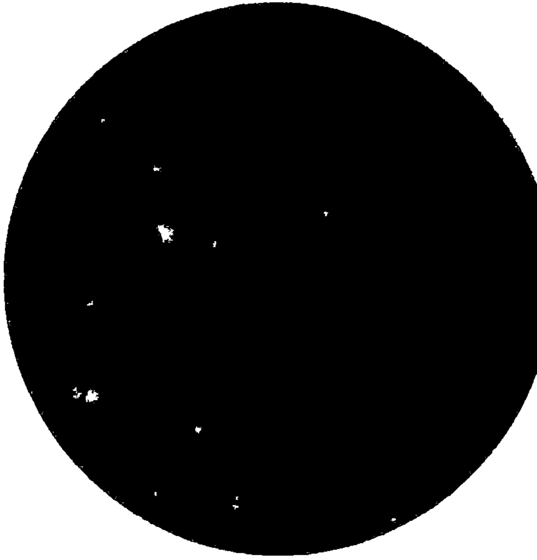

Abb. 32. Lösung von 1 g Alkaliseife und 0,5 g *Igepon T*
im Liter Wasser von 20° DH. im Ultramikroskop.
(Nach BOEDEKER.)

1 l Wasser von 20° DH. mit 0,5 g *Igepon T* und fügt hierauf 1 g Alkaliseife zu, so entsteht so fein disperse Erdalkaliseife, daß, wie Abb. 32 zeigt, im Ultramikroskop nur feinste Kolloidteilchen sichtbar sind.

Um im Wasser von 20° DH. die durch den Zusatz von 1 g Natriumoleat je Liter gebildete Kalkseife zu dispergieren, benötigt man nach BOEDEKER etwa die gleiche Menge Alkaliseife je Liter. Dagegen reichen bereits 0,5 g *Igepon T* im Liter aus, um die Erdalkaliseifen in fein disperser, wieder auswaschbarer Form zu halten.[1] Da der Gehalt an Aktivsubstanz im *Igepon T* etwa 30% ausmacht, haben 0,15 g 100%iges *Igepon T* die gleiche Wirkung wie 1 g Natriumoleat, d. h. die dispergierende Kraft des *Igepons T* auf sich eben bildende Kalkseife ist etwa sechsmal so groß als die der gewöhnlichen Seife. Dieses Verhalten ist einerseits auf die starke Ladung der durch elektrolytische Dissoziation des *Igepons T* entstehenden Fettkettenionen, die sich rings um die Kalkseifenteilchen anreichern, zurückzuführen; zum anderen ist das Umhüllungs- und Schutzkolloidvermögen infolge der —$CON(CH_3)$-Gruppe besonders ausgeprägt. Ein schematisches Bild der Peptisation von Erdalkaliseifen durch *Igepon T* zeigt die Abb. 33.

In der Praxis rechnet man, daß je nach dem Härtegrad des verwendeten Wassers 10 bis 20% *Igepon T*, bezogen auf das Gewicht der Seife, anzuwenden sind,

---

[1] 0,5 g *Igepon T* peptisieren die 1 g Natriumoleat äquivalente Menge Cal-

um die grobflockige Abscheidung von Erdalkaliseifen mit Sicherheit zu verhindern.[1]

Wie *Igepon T* wirkt das im Prinzip ähnlich aufgebaute *Neopol T* (Stockhausen & Co.) dispergierend auf eben gebildete Erdalkaliseifen.

β) Ultravon K als Kalkseifendispergator.

Das *Ultravon K* ist ein Kondensations-produkt aus Stearinsäure und o-Phenylendiamin, das durch Sulfonation zwecks Einführung von Sulfonsäuregruppen in den Benzolrest unter Bildung von Heptadecyl-benzimidazolsulfonat wasserlöslich gemacht wird.[2] In den Handel kommen *Ultravon K* und *Ultravon W*. (Beide von der Gesellschaft für Chemische Industrie, Basel.) Dem *Ultravon K* kommt die Formel

$$C_{17}H_{35}C\diagup\!\!\!\underset{N}{\overset{NH}{\diagdown}}\!\!\!\diagup C_6H_4SO_3Na,$$

dem *Ultravon W* die Formel

$$C_{17}H_{35}C\diagup\!\!\!\underset{N}{\overset{NH}{\diagdown}}\!\!\!\diagup C_6H_3(SO_3Na)_2$$

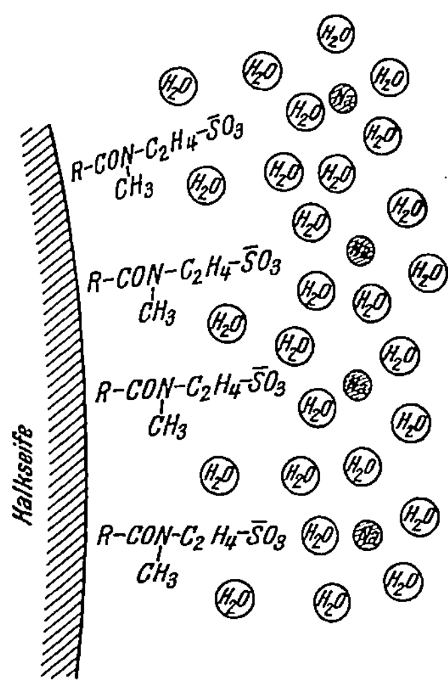

Abb. 33. Schematische Darstellung der Kalkseifendispergierung durch *Igepon T*.

zu. Als höhermolekulare echte Sulfonsäuren zeigen sie ausgeprägte Kolloid-elektrolyteigenschaften und gute Schutz-kolloidwirkung. Als eigentliches kalkseifendispergierendes Mittel ist *Ultravon K* anzusprechen, während das *Ultravon W* in erster Linie als Waschmittel in Betracht kommt.[3]

Infolge der basischen NH-Gruppe neigen die *Ultravone* zu einer intra-molekularen und zwischenmolekularen Absättigung mit der negativ geladenen SO_3-Gruppe. In der Tat ist das *Ultravon K* nicht säurebeständig,

---

ciumoleat so fein, daß letzteres im Ultramikroskop nur als feinste Teilchen wahrnehmbar ist. Für die Praxis genügen aber viel geringere Mengen *Igepon T* zur Dispergierung von Erdalkaliseifen, wobei zwar trüb undurchsichtige Verteilungen erhalten werden, die Flockung der Erdalkaliseifen aber noch mit Sicherheit vermieden wird.

[1] Vgl. S. 99.

[2] Vgl. S. 177.

[3] Ähnlich besitzen höhermolekulare Imidazolinsulfonate [35], z. B. das Heptadecenyl-Imidazolinoxypropan-Natriumsulfonat

$$C_{17}H_{35}C\diagup\!\!\!\underset{N-CH_2}{\overset{N-CH_2}{\diagdown}}$$
$$\underset{CH_2\cdot CHOH\cdot CH_2SO_3Na}{|}$$

gutes Dispergiervermögen auf eben entstehende Erdalkaliseife.

da sofort beim Ansäuern intramolekulare Salzbildung stattfindet, wodurch die Lösungstendenz der SO_3-Gruppe so stark vermindert wird, daß der hochmolekulare, hydrophobe Körper ausfällt. Das Bestreben des intramolekularen Ausgleiches der im gleichen Molekül befindlichen positiv und negativ geladenen Stellen verursacht auch in neutralen oder alkalischen Lösungen eine gewisse Agglomerierung. Diese äußert sich dadurch, daß der Dispersitätsgrad der *Ultravone* merklich geringer ist als der der *Igepone*. In Übereinstimmung damit erreicht das Kalkseifendispergiervermögen des *Ultravon K* nicht ganz das des *Igepon T*. Dies ist darauf zurückzuführen, daß infolge der größeren gegenseitigen Assoziation weniger adsorbierbare Fettkettenanionen in der Lösung vorhanden sind. Die anzuwendende Menge ist etwa 20% vom Seifengewicht.

γ) **Melioran F 6 als Kalkseifendispergator.** Es stellt ebenfalls ein Fettsäurekondensationsprodukt mit endständiger Sulfonsäuregruppe dar.[1] Neben anderen Sulfonaten enthält es auch die Verbindung $C_{15}H_{31}COC_6H_4$-SO_3Na. Ähnlich wie beim *Igepon T* und *Ultravon K* ist durch die endständige Sulfonsäuregruppe in Verbindung mit dem hochmolekularen Fettrest eine kalkseifendispergatorische Wirkung vorhanden. Es sind etwa 20% *Melioran F 6* vom Gewicht der verwendeten Alkaliseife notwendig, um im harten Wasser eine stabile Kalkseifendispersion zu erhalten und die Ausflockung grober Kalkseifenteilchen zu verhindern.

δ) **Lamepon A als Kalkseifendispergator.** Die bisher beschriebenen Erdalkaliseifendispergatoren auf Basis von Fettsäurekondensationsprodukten enthalten löslichmachende SO_3Na-Gruppen. *Lamepon A* besitzt hingegen keine Sulfogruppen (vgl. S. 178). Seine Löslichkeit wird durch die gehäuften —CONH-Gruppen des Eiweißrestes und deren starkes Hydratationsvermögen bewirkt. Seine Formel lautet:

$$C_{17}H_{33}CONH(CHRCONH)_nCHRCOONa.^2$$

Das *Lamepon A* wirkt nicht so sehr aufladend auf die Kalkseifenteilchen, da seine Elektrolyteigenschaften im Vergleich zu den echten Sulfonaten weniger ausgeprägt sind. Infolge des Eiweißrestes besitzt aber das *Lamepon A* ein hohes Schutzkolloidvermögen und verhindert auf diese Weise den Zusammentritt eben gebildeter Erdalkaliseifenteilchen zu groben Flocken. In der Tat ist die dispergatorische Wirkung auf gerade entstehende Kalkseife nahezu so groß wie die des *Igepon T*.[3]

d) Synthetische, höhermolekulare Stoffe als Kalkseifendispergatoren.

Die Dispergierbarkeit eines höhermolekularen Fettderivates in Wasser kann nicht allein durch elektrolytisch dissoziierende Gruppen, sondern

---

[1] Vgl. S. 177.

[2] Das *Lamepon A* stellt demnach ein Fettsäureeiweißkondensationsprodukt dar. R bedeutet hierbei einen aus dem Eiweißrest stammenden, niedermolekularen Kohlenwasserstoffrest, z. B. CH_3-Gruppen u. dgl. n gibt die Anzahl der Aminosäurereste in der Polypeptidkette an (vgl. auch S. 178).

[3] Vgl. S. 99.

auch durch nichtionogene, aber genügend hydratisierbare Molekülstellen bewirkt werden. Diese sog. nichtionogen aktiven Stoffe (vgl. S. 179) besitzen ebenfalls einen höhermolekularen, hydrophoben Kohlenwasserstoffrest, der gehäufte Hydroxylgruppen oder gehäufte Sauerstoff- (Äther-) Brücken aufweist. Als solche Körper kommen in den Handel: die neueren, nichtionogenen Waschmittel, wie *Igepal C* und *Igepal W* sowie *Leonil O* (I. G. Farbenindustrie A. G.), Netz- und Egalisiermittel z. B. *Peregal O* und *OK* (I. G. Farbenindustrie A. G.) und Erzeugnisse aus der *Emulphor*-Reihe[1] (I. G. Farbenindustrie A. G.).

α) **Igepal C (Igepal W) als Kalkseifendispergatoren.** Diese beiden vollsynthetischen Erzeugnisse stellen Anlagerungsprodukte von Äthylenoxyd an höhermolekulare Alkohole, die in geeigneter Weise mit dem Äthylenoxyd verbunden werden, dar. Ihre allgemeine Formel ist: $R—OC_2H_4OC_2H_4O \ldots OC_2H_4OH$.[2] Das *Igepal C* ist das besserlösliche der beiden genannten Produkte. Es kommt deshalb vorzugsweise als Kalkseifendispergator in Frage, während *Igepal W*, das dem *Igepal C* sehr ähnlich konstituiert ist, vor allem als Textilhilfsmittel für die Veredlung von Wolle dient und mehr in sauren Bädern angewandt wird. Es wird nur gelegentlich infolge seiner kalkseifendispergierenden Wirkung schützend auf eben gebildete Erdalkaliseifen einwirken können.

Das *Igepal C* besitzt ein Erdalkaliseifendispergiervermögen, das das der besten Kolloidelektrolyte noch übertrifft. Ähnlich wie bei dem *Lamepon A* tritt auch hier weniger eine aufladende Wirkung der Kalkseifenteilchen ein; diese ist bei dem nichtionogenen *Igepal C* nur in untergeordnetem Maße möglich. Hingegen ist das Schutzkolloidvermögen infolge des stark hydratisierten Molekülteiles, der aus den angelagerten Äthylenoxydresten besteht, und durch den genügend langen hydrophoben Kohlenwasserstoffrest stark ausgebildet. Man benötigt etwa 10 bis 12% *Igepal C*, berechnet auf das Alkaliseifengewicht, um im harten Wasser das Ausflocken der Erdalkaliseifen mit Sicherheit zu verhindern. Der Kolloidmechanismus, der sich bei diesem Vorgang abspielt, ist der, daß die grenzflächenaktiven *Igepal C*-Teilchen sich an der Oberfläche der hydrophoben Erdalkaliseifenteilchen mit dem ebenfalls hydrophoben Kohlenwasserstoffrest anlagern, während die andere Molekülseite mit den wasseraffinen Stellen des Polyäthylenoxydrestes in das Wasser ragt. Im Gegensatz zu den ionogen aktiven Kalkseifendispergatoren, etwa dem *Igepon T*, ist die Hydratationsschicht um jedes Erdalkaliseifenteilchen wesentlich dicker.

In gleicher Weise wirkt das im Prinzip ähnlich aufgebaute *Leonil O*.

---

[1] Die direkte Verwendung der *Emulphore* als Kalkseifendispergatoren kommt praktisch kaum in Frage. Sie dienen vielmehr als Emulgatoren für Öle und Fettsäuren, z. B. Olein, etwa als Schmälzmittel für die Kammgarn- und Streichgarnindustrie. Beim nachfolgenden Auswaschen mit Sodalösung bildet sich aus dem Olein das entsprechende Natriumoleat. Bei Verwendung von hartem Wasser ist dann die gute dispergatorische Wirkung der *Emulphore* auf gebildete Kalkseifen von Vorteil. Diese Dispergierwirkung ist auf die ausgezeichnete Kalkbeständigkeit zurückzuführen.

[2] Vgl. auch S. 181.

β) Peregal O (Peregal OK) als Kalkseifendispergator. Das *Peregal O* ist das Anlagerungsprodukt von Äthylenoxyd an Octadecylalkohol mit der Formel $C_{18}H_{37}(OC_2H_4)_nOC_2H_4OH$.[1] Es vereinigt, wie das *Igepal C*, einen hydrophoben Kohlenwasserstoffrest mit einem solchen, der durch gehäufte Ätherbrücken genügendes Hydratationsvermögen aufbringt, um in Wasser hochdisperse Lösungen entstehen zu lassen. Die Dispergierwirkung auf eben entstehende Erdalkaliseifen wird ähnlich wie beim *Igepal C* nicht durch elektrolytische Aufladung durch Fettkettenionen, sondern durch Adsorption der stark solvatisierten, nichtionogen aktiven *Peregal O*-Teilchen hervorgerufen. Das Schutzkolloidvermögen ist beim *Peregal O (Peregal OK)* so stark ausgeprägt, daß die besten ionogen aktiven Erdalkaliseifendispergatoren noch übertroffen werden.[2]

Trotzdem kommt das *Peregal O (Peregal OK)* im Gegensatz zum *Igepal C* als eigentlicher Kalkseifendispergator weniger in Frage. Bekanntlich ist das *Peregal O (Peregal OK)* in erster Linie ein Färbereihilfsmittel, etwa zum Egalisieren substantiver Ausfärbungen bzw. als Retardier- und Egalisiermittel für Küpenfärbungen. Bei Verwendung harten Wassers kann es bei schlecht gespülten Stücken, die noch Alkaliseifenreste enthalten, zur Bildung von Erdalkaliseifen kommen. Die Anwesenheit von *Peregal O (Peregal OK)* verhindert ein Absetzen der ansonst grobflockig entstehenden Erdalkaliseifen auf der Textilware.

e) Hochmolekulare natürliche Kolloide und diverse andere Stoffe als Kalkseifendispergatoren.

Manche Naturkolloide, wie Eiweißstoffe, Leim, Gelatine, Caseinate, Gummen, Zucker u. dgl., zeigen unter Umständen dispergierende Wirkung auf eben gebildete Kalkseife. Zuweilen benötigt man Mengen von nur 20 bis 30%, bezogen auf das Seifengewicht, um in hartem Wasser von selbst 20° DH. und mehr die Bildung grobflockiger Erdalkaliseifen wirksam zu verhindern. Der praktischen Verwendung solcher hochmolekularer, natürlicher Kolloide stellt sich allerdings meist eine unerwünschte Beeinflussung des weichen Griffes der Ware entgegen; der Griff wird hart und rauh.

Die bei der Zellstoffgewinnung nach dem Calciumbisulfitverfahren anfallende Sulfitcelluloseablauge enthält u. a. einen großen Gehalt an Ligninsulfonsäure, meist in Form des Calciumsalzes. Die gereinigte, vom Kalk befreite Sulfitablauge kommt unter dem Namen *Dekol* (I. G. Farbenindustrie A. G.) [36] zur Kalkseifendispergierung in den Handel. Heute ist dieses Präparat allerdings durch weit wirksamere Erzeugnisse überholt.

Die echten Sulfonate (C-Sulfonate) aromatischer Kohlenwasserstoffe, z. B. die des alkylierten Naphthalins, zeigen ein gewisses, allerdings sehr geringes Erdalkaliseifendispergiervermögen. Dies ist vor allem darauf zurückzuführen, daß ein höhermolekularer, langgestreckter, kettenförmiger Fettrest diesen Verbindungen fehlt, wodurch die Schutzkolloidwirkung nur wenig ausgeprägt ist und die starke Aufladung durch Adsorption derartiger Anionen zur Erhaltung einer feindispersen Erdalkaliseifensuspension nicht ausreicht.

---

[1] Hierbei stellt n etwa 15 bis 20 dar, d. h. man lagert am Octadecylalkohol 15 bis 20 Mole Äthylenoxyd an (vgl. S. 180).
[2] Vgl. S. 99.

D. Vergleichsweise Zusammenfassung der neueren Erdalkaliseifendispergatoren.

Die bei manchen der neueren Textilhilfsmittel anzutreffende Schutzkolloidwirkung gegen die Flockung eben entstehender Erdalkaliseifen geben dem Praktiker die Möglichkeit, die mit Recht gefürchteten Schäden der Ware durch Adsorption grobflockig ausfallender und leicht festhaftender Erdalkaliseifen zu vermeiden. Durch die Verwendung derartiger Hilfsmittel wird zwar die Bildung der wasserunlöslichen, hydrophoben Erdalkaliseifen nicht verhindert; dagegen werden sie in so fein disperser Verteilung erhalten, daß sie aus der Ware leicht ausspülbar sind und keine Flecken auf derselben bilden.

Es soll aber schon jetzt darauf verwiesen werden, daß es nicht von praktischem Interesse ist, die angegebenen, nicht billigen Textilhilfsmittel bloß mit der Unschädlichmachung eben entstehender Erdalkaliseife durch Überführung in eine hochdisperse, leicht ausspülbare Form zu belasten, d. h. nur ihre Dispergierwirkung auf Erdalkaliseifen im statu nascendi auszunutzen [37]. Die meisten derselben verbinden mit dem hohen Erdalkaliseifenschutzvermögen gute Waschkraft. Die Erdalkaliseifen, selbst in fein disperser Form, besitzen jedoch keinerlei Waschwirkung [38].[1] Man würde nur den verhältnismäßig teuren Hilfsmitteln die für die Waschaktivität nutzlose Aufgabe der Dispergierung von Erdalkaliseifen auferlegen und sie den Wasch- und Reinigungsvorgängen entziehen, da sie adsorptiv von den Erdalkaliseifenteilchen festgehalten werden [37]. Deshalb verwendet man, wo immer es möglich ist, enthärtetes Wasser oder benutzt Soda als Vorenthärtungsmittel. Es ist dem Praktiker bekannt, daß der Sodazusatz zu einer Seifenlösung in hartem Wasser die Bildung von Erdalkaliseife nicht verhindern kann. Gibt man die Soda *vor* der Seife, insbesondere in der Hitze, wo die Fällung der Härtebildner des Wassers durch die Soda rascher vor sich geht, zu, so wird das Wasser teilweise enthärtet; die geringe Resthärte verbraucht nur wenig Alkaliseife zum Umsatz in die Erdalkaliseifen, so daß der größte Teil der Alkaliseife und des allfällig mitverwendeten synthetischen Hilfsmittels im Bade waschaktiv erhalten bleiben. Mit anderen Worten, man schätzt das Dispergiervermögen neuerer Hilfsmittel für Erdalkaliseifen als eine *zusätzliche* Eigenschaft, die neben der eigentlich wertvollen Aktivität des Hilfsmittels für einen bestimmten Veredlungsvorgang, z. B. für das Waschen, auftritt. Man ist aber nicht gewillt und kann aus wirtschaftlichen Erwägungen nicht einen verhältnismäßig hohen Preis, den derartige Erzeugnisse immerhin haben, nur zur Unschädlichmachung der Gesamthärte eines Wassers, besonders bei höheren Härtegraden, bezahlen. Eine Verwendung dieser Hilfsmittel bloß wegen der guten dispergatorischen Wirkung auf Erdalkaliseifen würde zu teuer kommen.

Dagegen kann die Verwendung von synthetischen Hilfsmitteln zur Erdalkaliseifendispergierung dann am Platz sein, wenn die spezifische

---

[1] Vgl. S. 191.

Aktivität des Hilfsmittels, etwa sein Wasch-, Netz- oder Egalisiervermögen im eigentlichen Behandlungsbade ausgenutzt wurde. und beim nachfolgenden Spülen mit hartem Wasser das Schutzkolloidvermögen gegen das Ausflocken von Erdalkaliseifen verwertet wird. Dies ist insbesondere dann der Fall, wenn man ein Gemisch von härteempfindlichen Alkaliseifen und von den früher genannten Textilhilfsmitteln verwendet.

Die vergleichende Untersuchung des Erdalkaliseifendispergiervermögens beschränkt sich nach den im Schrifttum zu findenden Angaben im wesentlichen auf die der Fettsäurekondensationsprodukte und Fettalkoholsulfonate [39]. Wie S. 89 gezeigt, besitzen von den Textilhilfsmitteln aus der Reihe der Fettalkoholsulfonate nur die durch Sulfonierung von ungesättigtem Oleinalkohol entstandenen Erzeugnisse eine bemerkenswerte Dispergierfähigkeit für eben entstehende Erdalkaliseifen. Die anderen Fettalkoholsulfonate stehen in dieser Beziehung erheblich hinter den Fettsäurekondensationsprodukten zurück, wie von MÜNCH [31] durch die Bestimmung der Rubinzahl [40] und der Goldzahl [41] festgestellt wurde.[1] Seine Resultate sind in Tab. 16 zusammengestellt.

Tabelle 16. Erdalkaliseifendispergiervermögen verschiedener Textilhilfsmittel. Die Bestimmungen wurden in neutraler Lösung durchgeführt. (Nach MÜNCH.)

Handelserzeugnisse	Goldzahl	Rubinzahl
Fettsäurekondensationsprodukte[2]	0,06—0,2	1—5
Fettalkoholsulfonate aus gesättigten Fettalkoholen	1—5	10—50

Demnach übertreffen die Fettsäurekondensationsprodukte die Fettalkoholsulfonate auf Basis gesättigter Fettalkohole in bezug auf Dispergiervermögen auf Erdalkaliseifen.

Die Fettalkoholsulfonate schneiden bei obiger Untersuchung u. a. auch deshalb schlecht ab, weil sich die Fettalkoholsulfonate auf Basis gesättigter Fettalkohole meist vom Laurinalkohol ableiten. Eine Fettkette mit bloß zwölf Kohlenstoffatomen reicht aber nach eigenen Untersuchungen des Verfassers auch bei den Fettsäurekondensationsprodukten nicht aus, um eine befriedigende Erdalkaliseifendispergierung zu bewirken, da der hydrophobe Kohlenwasserstoffrest noch zu kurz ist. Die Fettalkoholsulfonate, die sich vom Stearinalkohol ableiten, würden zwar einen längeren hydrophoben Fettrest aufweisen, sind aber, insbesondere in der Kälte, an sich bzw. als Calcium-

---

[1] Diese beiden Methoden erlauben eine genaue Feststellung des Schutzkolloidvermögens. Sie beruhen darauf, daß man die Schutzwirkung der Hilfsmittel gegen die ausfällende Wirkung einer Kochsalzlösung ermittelt. Als Kolloide bzw. ausflockbare Stoffe werden bei der Rubinzahl Kongorubin A, bei der Goldzahl ein besonders dargestelltes, hochdisperses Goldsol verwendet.

[2] Als Fettsäurekondensationsprodukte wurden *Igepon T* und *Neopol T* benutzt.

salze zu wenig löslich, um als Kalkseifendispergatoren wirksam zu sein (vgl. S. 89).

Vergleichsweise soll erwähnt werden, daß die Schutzzahl von Gelatine — ausgedrückt durch die Goldzahl — etwa 0,005 bis 0,01, die von gewöhnlichen Seifen, z. B. Natriumoleat, etwa 2 bis 10 ist. Die Goldzahl von energisch sulfoniertem, ungesättigtem Oleinalkohol wurde nicht ermittelt; sie dürfte etwa bei 0,1 bis 0,5 liegen.

Eine Bestätigung erfuhren diese Angaben durch die Bestimmung der Rubinzahlen einer großen Anzahl von Textilhilfsmitteln von BAUDOUIN [42] und KESSLER [43]. Nach diesen Untersuchungen sind die nicht ionogen aktiven, hochmolekularen Polyätheralkohole (*Igepal C, Leonil O, Peregal O* usw.) bezüglich des Schutzvermögens noch besser als die Fettsäurekondensationsprodukte. Im System Wasser/gewöhnliche Seife/Hilfsmittel wurde, wie zu erwarten, bei Verwendung harten Wassers eine Verminderung der Dispergierwirkung infolge der Adsorption grenzflächenaktiver Textilhilfsmittelteilchen an der Erdalkaliseifenoberfläche gefunden. Im System hartes Wasser/Textilhilfsmittel wird im Falle zu fein dispers gelöster Fettsäurekondensationsprodukte (z. B. *Igepon T*) infolge der agglomerierenden Wirkung der Härtebildner des Wassers (Ausbildung mehr kolloid gelöster Calcium- bzw. Magnesiumsalze von optimalem Teilchengrad) das Schutzkolloidvermögen auf Rubinrot erhöht. Die Fettalkoholsulfonate und nichtionogen aktiven höhermolekularen Alkylpolyäthylenoxyde verändern im harten Wasser ihr Schutzkolloidvermögen nicht. Dies ist darauf zurückzuführen, daß die Fettalkoholsulfonate an sich gröber disperse Teilchen entwickeln als die Fettsäurekondensationsprodukte, so daß durch die Agglomerierung keine typisch kolloiden Teilchen entstehen, während die Alkylpolyäthylenoxyde wegen des Fehlens salzbildender Gruppen von den Ionen der Härtebildner überhaupt nicht beeinflußt werden.

Die Bestimmung des Schutzvermögens gegen die Flockung eben gebildeter Erdalkaliseifen ist von KUCKERTZ [44] beschrieben worden. Er fand nach der von LINDNER [45] angegebenen Methode der Trübungsmessung und nach der Methode der direkten Kalkseifenfällung übereinstimmend die in Tab. 17 enthaltenen Werte.

Tabelle 17. Dispergiervermögen verschiedener Textilhilfsmittel auf eben entstehende Erdalkaliseifen. (Nach KUCKERTZ.)

Handelserzeugnis	Zusatz des Erdalkaliseifendispergators in Prozenten vom Seifengewicht, der die Fällung der Kalkseife gerade noch verhindert
Igepon T	16
Lamepon A ...	21
Gardinol KD...	40
Peregal O	14

Tab. 17 zeigt, daß die Fettsäurekondensationsprodukte bezüglich des Erdalkaliseifendispergiervermögens die besten Fettalkoholsulfonate noch wesentlich übertreffen, was auch LOTTERMOSER und FLAMMER [38] bestätigen. Dagegen kommt das verhältnismäßig wenig kolloidelektrolytisch betonte *Lamepon A* infolge der großen Schutzkolloidwirkung des

Eiweißrestes nahe an das *Igepon T* heran.[1] Beide werden noch vom *Peregal O* übertroffen. Aus eigenen Versuchen kann hinzugefügt werden, daß unter gleichen Versuchsbedingungen, wie sie KUCKERTZ wählte, *Igepal C* einen Wert von etwa 11 bis 12% aufweist, somit in der Reihe am besten abschneidet.

Das Kalkseifendispergiervermögen ist vom p_H und von der Temperatur abhängig, wie KESSLER [43] an Hand der Rubinzahlen feststellte; seine Ergebnisse bringt Tab. 18.

Tabelle 18. Abhängigkeit des Dispergiervermögens (ausgedrückt durch die Rubinzahlen) vom p_H und von der Temperatur. (Nach KESSLER.)

Produkt	Rubinzahlen[2] in g/l			
	bei 20° C		bei 50° C	
	p_H 7	p_H 9,5	p_H 7	p_H 9,5
Fettsäurekondensationsprodukt	5,0	2,8	1,5	2,0
Eiweißkondensationsprodukt	2,3	2,5	2,3	5,0
Fettalkoholsulfonat aus ungesättigtem Fettalkohol	50	35	12	11
Fettalkoholsulfonat aus gesättigten Fettalkoholen	55	50	12	16
Höhermolekularer Polyätheralkohol[3]	0,8	0,6	0,4	0,4

Aus der Tab. 18 geht zunächst in Übereinstimmung mit den in Tab. 17 gebrachten Werten hervor, daß die Kalkseifendispergierwirkung in der Reihenfolge Fettalkoholsulfonate—Fettsäure- und Eiweißkondensationsprodukte—höhermolekulare Polyätheralkohole zunimmt. Schwach alkalische Flüssigkeiten begünstigen die Kalkseifendispergierwirkung. Erhöhte Temperatur beeinflußt die Dispergierwirkung nicht einheitlich; teilweise nimmt sie ab, zum Teil aber zu. Es ist allerdings dem Praktiker bekannt, daß beim Dispergieren von Erdalkaliseifen im Entstehungszustand steigende Temperatur den Dispergator wegen der rascheren Koagulation der Erdalkaliseifen immer mehr belastet.

In einer homologen Reihe eines höhermolekularen Kalkseifendispergators wirkt dagegen steigende Temperatur insofern günstig, als sich das Maximum der Dispergierkraft in die Richtung der Glieder mit längerer Fettkette verschiebt, wie LOTTERMOSER und FLAMMER [38] für den Fall der Fettalkoholsulfonate gezeigt haben.

---

[1] Nach einer Notiz [46] soll das Kalkseifendispergiervermögen von *Gardinol KD* und *Igepon T* in alkalischen Bädern zurückgehen und das des *Lamepon A* steigen.

[2] Es wurde *Kongorubin A* benutzt.

[3] Vom Typus des *Peregals, Igepals, Leonils* bzw. *Emulphors.*

Neunter Abschnitt.

Wasch- und Reinigungsmittel.

A. Theoretischer Teil.

1. Einführung.

Wasch- und Reinigungsvorgänge spielen in der Textilindustrie eine bedeutende Rolle. Die Waschmittel dienen zur Vorreinigung des Rohmaterials *(Rohwollwäsche)* zur Zwischenreinigung während des Veredlungsganges, z. B. vor oder nach dem Färben *(Vorappretur, Abkoch- und Abseifprozesse)* oder zur Reinigung der bereits in Gebrauch befindlichen Textilwaren *(Haus-, Weiß-, Dampf-, Maschinenwäscherei)*.

Die Anforderungen, die hierbei an die Waschmittel gestellt werden, sind sehr verschieden. Will man ein richtiges und vollständiges Bild der beim Waschen vor sich gehenden Vorgänge im einzelnen und in ihrer Gesamtheit geben, so ist es nicht statthaft, nur die Waschmittel allein herauszustellen. Daneben muß noch die Art der Anschmutzung und die des Textilmaterials berücksichtigt werden, da erst die Kenntnis *aller* Faktoren und ihres wechselseitigen Zusammenwirkens eine Charakterisierung der Vorgänge beim Waschen erlaubt.

Diese Voraussetzung reicht aber nicht immer aus. Außer dem Wasch- oder Reinigungseffekt werden bei der Beurteilung der Eignung irgendeines Waschmittels Nebeneffekte berücksichtigt, die zur bloßen Waschkraft in keinem direkten Verhältnis stehen, aber für die Praxis von Wichtigkeit sind, z. B. die Beeinflussung des Griffes, des Maschen- und Warenbildes u. dgl. Derartige gewünschte oder unerwünschte Veränderungen des Warencharakters treten besonders bei Textilien aus Proteinfasern auf.

2. Theorie des Waschens.

Das wichtigste und seit Jahrhunderten verwendete Waschmittel ist die Seife. Sie stellt förmlich eine Art Universalreinigungsmittel dar, das sich im großen und ganzen sowohl für Protein- als auch Cellulosefasern eignet und in dieser Hinsicht von keinem der sog. synthetischen Waschmittel erreicht wird. Sie weist aber den Mißstand der Unbeständigkeit gegen die Härtebildner des Wassers und gegen Säuren'auf. In wäßrigen Lösungen erfährt sie als Salz einer schwachen Säure mit einer starken Base hydrolytische Dissoziation. Ihre wäßrigen Dispersionen reagieren deshalb stets alkalisch, was beim Waschen der alkaliempfindlichen Wolle, vor allem in der Wärme, von Nachteil ist. Zum anderen tritt, wie S. 131 gezeigt wird, der optimale Wascheffekt mit Anionseifen im schwach alkalischen p_H-Bereich auf, so daß beim Waschen von Cellulosefasern der hydrolytische Zerfall der Seife an sich wegen der Verwendung alkalischer Waschbäder nicht nachteilig ist.

Zur Erklärung der Waschwirkung von gewöhnlicher Seife wurde früher (BERZELIUS 1828) die Hydrolyse herangezogen. Darnach sollte das durch die hydrolytische Spaltung entstandene Alkali verseifend auf das in jedem Schmutz befindliche Fett wirken, wodurch letzteres in Form von Seife von der Faser entfernt werden soll. Diese älteste Annahme ist heute längst überholt, da die durch die Hydrolyse entstehende Alkalimenge infolge der großen Verdünnung keine Verseifung bewirken kann, anderseits die neueren synthetischen, nicht hydrolysierenden Waschmittel auch in neutralen und selbst sauren Flotten waschen, wo eine Verseifung des Neutralfettes ausgeschlossen ist. Ebenso versagt diese Verseifungstheorie zur Erklärung des Entfernens von Schmutz auf Mineralölbasis, da das Mineralöl unverseifbar ist; allerdings vermag gewöhnliche Seife nur unvollständig Mineralöl auszuwaschen, was seinerzeit als Stütze für obige Annahme gewertet wurde. Auch hier zeigen die neueren, nicht hydrolysierenden Waschmittel, insbesondere die nichtionogen aktiven Waschmittel gute Reinigungskraft für mineralölbeschmutzte Textilien, so daß sich der Waschvorgang sicher auf anderen Grundlagen aufbaut.

Die spätere Annahme, daß die Schaumfähigkeit und die dadurch bedingte mechanische Ablösung der Schmutzteilchen die Grundlage für das Auftreten eines Wascheffektes bilden, erfaßt nur zum Teil die tatsächlichen Verhältnisse. Die Saponine besitzen beispielsweise großes Schaumvermögen, ohne typische Wasch- und Reinigungsmittel zu sein. Anderseits kann eine Waschflotte ohne besondere Schaumentwicklung gute Waschkraft entfalten [1]. Beim Waschen der Rohwolle mittels Wollschweißlösung (DUHAMEL [2]) erzielt man einen befriedigenden Wascheffekt, ohne daß ein merklicher Schaum entsteht.

Einen wesentlichen Fortschritt zur Erklärung der Waschwirkung bedeutet die Annahme SPRINGS [3], daß sich zwischen Seife und den Schmutzteilchen eine Art Adsorptionsverbindung ausbildet, die so fest ist, daß Ruß aus einer wäßrigen Suspension auf Zusatz von Seife durch ein Filter, von dem er ansonsten zurückgehalten wird, ohne weiteres hindurchgeht. Auch diese Annahme reicht zur Erklärung des Waschvermögens der Seife und seifenartigen Stoffe nicht aus, da Ruß- oder andere Schmutzteilchen mit vielen Stoffen Adsorptionsverbindungen eingehen, ohne daß denselben eine Waschwirkung zukommt.

Ebenso befriedigen die Erklärungsversuche, die sich auf das Emulgier- und Dispergiervermögen der Seife stützen, nicht, da es bessere Emulgatoren bzw. Dispergatoren als Seife gibt, die aber keine merkliche Waschkraft haben.

Nach der heute geltenden Auffassung sind für das Auftreten einer Waschwirkung eine Reihe von Voraussetzungen zu erfüllen, die in der *Gesamtheit* zur Erklärung des Waschvermögens beitragen.

Als Teilerscheinungen spielen eine Rolle:

Benetzung,
Adsorption,
Oberflächenspannung,
Grenzflächenspannung,
elektrische Aufladung (bei ionogen aktiven Waschmitteln),
Art des Schmutzes,

Art des Fasermaterials,
Einfluß des p_H der Waschflotte,
Schaumfähigkeit,
Emulgier- und Dispergiervermögen,
Schutzkolloidwirkung.
Waschtemperatur, Waschdauer und Alter der Flotte.

Erst in Verbindung mit dem spezifischen Molekülaufbau der Waschmittel und den dadurch bedingten eigenartigen Kräftetendenzen in ihren wäßrigen Dispersionen geben obige Einzelerscheinungen ein klares Bild von den Vorgängen beim Waschen.

3. Die Benetzung.

Man versteht darunter die Bedeckung der Faser- und Schmutzteilchenoberfläche, bzw. deren intermizellare sowie submikroskopische Räume durch Wasser oder wäßrige Dispersionen der Textilhilfsmittel.

In Berührung mit einer ebenen Fläche erfährt ein runder Tropfen einer Flüssigkeit im Gleichgewichtszustand eine linsenförmige Ausbildung (Abb. 34).

Auf die Flüssigkeit wirken entlang der Berührungslinie mit der Grenzfläche drei Kräfte ein, die sich das Gleichgewicht halten: Die Oberflächenspannung des festen Körpers σ_1, die Zwischenflächenspannung $\sigma_{1,2}$ und die Oberflächenspannung der Flüssigkeit σ_2.

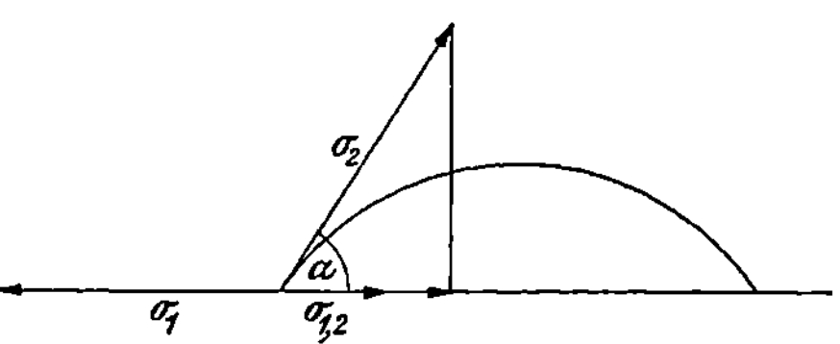

Abb. 34. Gleichgewichtszustand eines Flüssigkeitstropfens auf einer ebenen Fläche.

Letztere wirkt in der Tangentenrichtung der Linse; auf die Berührungsebene reduziert, ergibt sich ihr Wert zu $\sigma_2.\cos\alpha$, wobei α den sog. Rand- (Kontakt-) Winkel angibt. Im Fall daß sich alle drei Kräfte das Gleichgewicht halten, gilt die Gleichung (YOUNG, 1805):

$$\sigma_1 - \sigma_{1,2} = \sigma_2.\cos\alpha. \tag{1}$$

Die Ausbreitungs- (Spreitungs-) Arbeit W_{SP}[1] wird formuliert durch:

$$W_{SP} = \sigma_1 - \sigma_{1,2} - \sigma_2,$$
$$= \sigma_2(\cos\alpha - 1). \tag{2}$$

Die Taucharbeit W_T[2] wird gekennzeichnet durch:

$$W_T = \sigma_1 - \sigma_{1,2},$$
$$= \sigma_2.\cos\alpha. \tag{3}$$

Die Benetzbarkeit mit Wasser und wäßrigen Lösungen ist um so besser, je kleiner der Randwinkel α ist. Freiwillige Ausbreitung der Flüssigkeit

---

[1] Sie stellt jene Arbeit vor, die eine Ausbreitung einer Flüssigkeit an einer Grenzfläche bewirkt.

[2] Sie ist jene Arbeit, die erforderlich ist, um einen Körper in die Flüssigkeit einzutauchen. Das Aufsteigen von Wasser in Kapillaren, z. B. in Textilfasern, ist ein praktisches Beispiel für die Taucharbeit.

Tabelle 19. Veränderungen der Oberflächenspannung des Randwinkels von Ceresin gegen Wasser durch Zusatz verschiedener
Stoffe.

Lösung	Randwinkel α	Oberflächen-spannung σ_2 (Dyn/cm)
Reines Wasser................................	110°	72,8
Alkylnaphthalinsulfonsaures Natrium, 5 g/l	65°	38,1
Natriumoleat, 5 g/l............................	46°	26,0

Tabelle 20. Veränderung der Oberflächenspannung und des Randwinkels von Wasser gegen Acetylcellulose durch Zusatz verschiedener Stoffe.

Lösung	Randwinkel α	Oberflächen-spannung σ_2 (Dyn/cm)
Reines Wasser................................	55°	72,8
Alkylnaphthalinsulfonsaures Natrium, 5 g/l	35°	38,1
Natriumoleat 5 g/l	0°	26,0

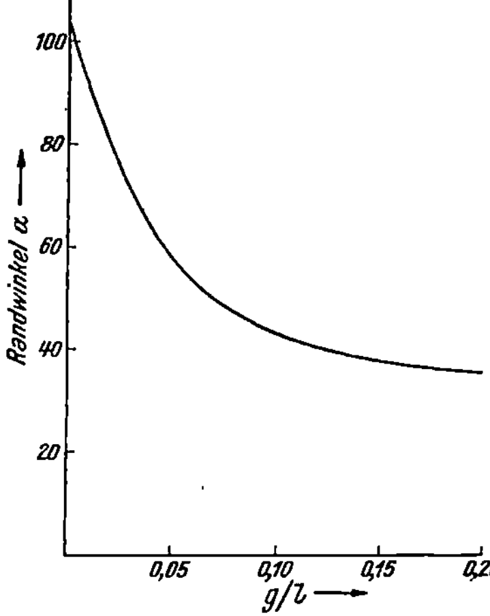

Abb. 35. Randwinkel von Paraffin (Schmp. 57° C) gegen eine Natriumoleat-lösung in Funktion von der Konzentration. (Nach POWNEY und FROST.)

erfolgt, wenn der Randwinkel Null ist [cos $\alpha = 1$; vgl. Formel (2)]. Ist der Randwinkel kleiner als 90°, so tritt Benetzung ein (hydrophile Stoffe); ist er größer als 90°, so findet Wasserabweisung statt (hydrophobe Stoffe). Letzteres ist beispielsweise beim Paraffin und Ceresin der Fall, die mit einem Randwinkel von 105 bis 110° zu den stärkst hydrophoben Körpern gehören.

Die Beeinflussung des Randwinkels durch Textilhilfsmittel geht nach HAL-LER [4] aus Tab. 19 und 20 hervor.

Die Abhängigkeit des Randwinkels von der Konzentration des grenzflächenaktiven Stoffes zeigt nach Versuchen von POWNEY und FROST [5] die Abb. 35 für Natriumoleat bei 23° C.[1]

Die Benetzung der beschmutzten Textilfasern durch die Wassermoleküle der Waschflotte, auf deren Wichtigkeit für den Waschvorgang bereits HILLYER [6] hingewiesen hat, ist die erste Voraussetzung zur Solvatation und Entfernung der Schmutzteilchen. Die *reinen* Textilfasern

---

[1] Nach diesen Autoren ist der Randwinkel gegen Wasser von Paraffin (Schmp. 57° C) 102 bis 104°, von Wolle 55°, von Acetatkunstseide 30°, von Kupferkunstseide 17° und von Baumwolle 30°.

sind leicht und freiwillig durch Wasser benetzbar (Randwinkel α = Null). Die schwerere Benetzbarkeit *verunreinigter* Textilfasern wird durch die hydrophoben, meist fettartigen Schmutzteilchen mit großem Randwinkel gegen Wasser bedingt.

Ersetzt man die Grenzfläche Schmutzstoff/Wasser durch eine neue Zwischenfläche, die nach der einen Richtung hydrophob, nach der anderen hydrophil und hydratisierbar ist,[1] dann können die Wassermoleküle an die hydrophil gemachten Schmutzteilchen herankommen und sie benetzen (Abb. 36).

In der Abb. 36a ist die Anordnung von Wassermolekülen an einer hydrophoben, von Wasser nicht benetzbaren Grenzfläche F angegeben. Erstere sind zu dieser nicht polar ausgerichtet, sondern ordnen sich gemäß ihren inneren Kohäsionskräften willkürlich an der Grenzfläche an und besitzen von derselben einen Abstand von etwa 3 bis 4 Å. Abb. 36b zeigt die gleiche hydrophobe Grenzfläche F, die durch eine adsorbierte Zwischenschicht von Ionen oder Molekülen, die einen hydrophoben Kohlenwasserstoffrest KW und eine hydratisierbare, von polarisierten, bestimmt angeordneten Wassermolekülen umgebene Gruppe G besitzen, und nun-

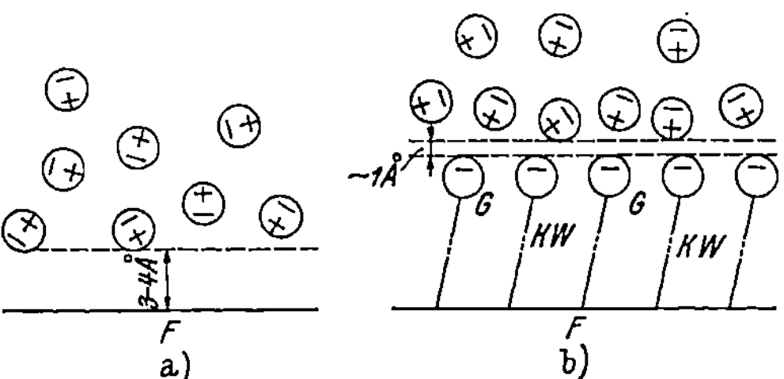

Abb. 36. Anordnung von Wassermolekülen an einer hydrophoben (*a*) und an einer durch angereicherte Fettkettenionen hydrophilisierten (*b*) Schmutzfläche F.

mehr vom Wasser benetzbar geworden ist. Die Entfernung der Wassermoleküle von den hydratisierten Stellen beträgt 1 bis 1,5 Å.

Durch die Bildung einer neuen Zwischenfläche werden die Kräfteverhältnisse der ursprünglichen Grenzfläche Schmutz/Wasser entscheidend verändert. Der hydrophobe Kohlenwasserstoffrest entwickelt gegen die ebenfalls meist hydrophoben Schmutzteilchen bedeutende Restvalenzkräfte (VAN DER WAALsche Kräfte). Die hydratisierten Stellen zeigen ihrerseits große Affinität (Kohäsivkräfte) zu den polarisierten Wassermolekülen. Auf diese Weise wird die wegen des Dipolcharakters des Wassers ursprünglich hohe Grenzflächenspannung Wasser/Schmutz stark erniedrigt, so daß die Bildung der Zwischenfläche einen Energiegewinn darstellt. Man nennt deshalb adsorbierbare Stoffe, die die zur Herstellung einer neuen Grenz- (Ober-) Fläche notwendige Arbeit verringern, als *grenz- (ober-) flächenaktiv*, auch kapillaraktiv.

4. Die Adsorption.

Aus Abb. 36 geht die Wichtigkeit der Anreicherung polar gebauter Verbindungen, die im gleichen Molekül oder Ion hydrophobe und hydro-

---

[1] Dieser grundsätzliche heteropolare Molekülaufbau ist, wie früher hervorgehoben, für die meisten Textilhilfsmittel und auch für die Waschmittel kennzeichnend.

phile Kräfte entwickeln, für den Benetzungsvorgang fettartiger Schmutzteilchen durch die hydrophile Waschflotte hervor. Die Mizellen, besonders
ihr Vorstadium die sog. „Vormizellen" aus Fettkettenionen und aus
durch gehäufte hydrophile Stellen wasserlöslich gewordenen Molekülen
mit längerem Kohlenwasserstoffrest sind bevorzugt geeignet, aus verdünnten wäßrigen Lösungen an Grenzflächen zu wandern und sich dort
unter Rückbildung zu nicht agglomerierten Einzelionen anzureichern.
Die Gegenionen der Fettkettenionen verbleiben hingegen in der Lösung.

Man bezeichnet die Anreicherung einer Ionengattung an einer Grenzfläche
als polare oder hydrolytische Adsorption im Gegensatz zur apolaren (gewöhnlichen) Adsorption, bei welchen die Ionenarten im äquivalenten Verhältnis von der Grenzfläche aufgenommen werden.

Die Zusammensetzung einer wäßrigen Dispersion von grenzflächenaktiven Stoffen ist an einer Grenzfläche nicht identisch mit jener im
Inneren der Flüssigkeit. Nach GIBBS [7] besteht eine wichtige thermodynamische Beziehung zwischen der Konzentration der gelösten Substanz
an der Grenzfläche (c_1), in der Lösung (c) und der Grenzflächenspannung (σ)

$$c_1 = -\frac{c}{RT} \cdot \frac{d\sigma}{dc}. \tag{4}$$

Die Gleichung (4) gibt an, daß bei einer Adsorption eines Stoffes an
einer Grenzfläche die Grenzflächenspannung erniedrigt wird, und zwar
um so stärker, als die Konzentration des Adsorptivs in der Zwischenphase größer ist als in dessen Lösung. Die Grenzflächenspannungserniedrigung ist eine Folge des Energiegewinnes, der durch den Ersatz
der Abstoßungskräfte zwischen hydrophobem Schmutz und Wasser durch
spezifische zwischenmolekulare Anziehungskräfte erhalten wird.
Stoffe, deren aktive Teilchen sowohl zu Wasser als zu hydrophoben
Körpern Affinität besitzen und als Art Brücken zwischen hydrophoben
und hydrophilen Grenzflächen aufgefaßt werden dürfen, dienen in erster
Linie als Waschmittel. Es kommt dabei weniger auf den Molekülbau —
der an sich ebenfalls von Einfluß auf den Waschvorgang ist — an, sondern
auf die asymmetrisch verteilten Kräfte längs des Moleküls. Die in Wasser
grenzflächenaktiven Waschmittel müssen eine oder mehrere Gruppen
mit einem möglichst großen Dipolmoment besitzen, um sich mit polarisierten Wassermolekülen, die gleichfalls starke Dipole darstellen, zu
umgeben. Zum anderen müssen sie einen hydrophoben, tunlichst dipol-
freien Kohlenwasserstoffrest aufweisen, der zu den hydrophoben Molekülen des Schmutzes Anziehungskräfte zwischenmolekularer Natur
entwickelt. Die exzentrische Kräfteverteilung im gleichen Molekül
oder Ion der Waschmittel bewirkt weiters eine eigenartige Anordnung
derselben in Grenzflächen, z. B. Wasser/Schmutz. Wie LANGMUIR [8]
und HARKINS [9] gezeigt haben, ordnen sich die aktiven Teilchen an
Grenzflächen nicht willkürlich, sondern in ganz bestimmten, energetisch
bevorzugten Lagen an. Ist die Grenzfläche nur schütter von den Fettkettenionen bzw. langgestreckten Molekülen nichtionogener Waschmittel
besetzt, so liegt der Kohlenwasserstoffrest in der Grenzfläche. Mit zu-

nehmender Anreicherung der aktiven Waschmittelteilchen in Grenzflächen rücken die hydrophoben Kohlenwasserstoffreste immer mehr aus der ursprünglichen Grenzfläche Wasser/Schmutz heraus und bilden schließlich eine neue, kompakte Zwischenfläche (Abb. 37).

Die Zwischenschicht enthält in dicht gepackter Form die parallel ausgerichteten Fettkettenionen bzw. Moleküle; sie hat ähnliche Struktur wie die festen Kristalle der Waschmittel. Beispielsweise beträgt der gegenseitige Abstand der Fettreste 3 bis 4 Å.[1] Die hydratisierten, hydrophilen Stellen dieser Zwischenfläche ragen in das Wasser, die hydrophoben Kohlenwasserstoffreste bilden die eigentliche, neue Zwischenphase aus. Man nennt diesen Vorgang „orientierte Adsorption" und bezeichnet derartig gelagerte Teilchen an einer Grenzfläche als orientiert ausgerichtet. Die orien-

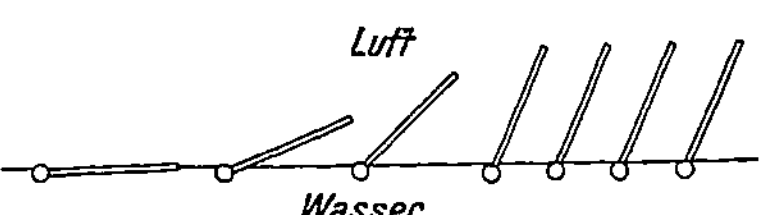

Abb. 37. Anordnung der an einer Zwischenfläche befindlichen Waschmittelteilchen in Abhängigkeit vom Anreicherungsgrad.

tierten Zwischenschichten sind oft nur monomolekular, höchstens aber einige Molekülschichten dick. Man darf eine Zwischenphase aus orientierten Teilchen nicht als ein starres Gebilde ansehen. Durch die Wärmebewegung und durch die Stöße der Wassermoleküle wird die Zwischenschicht der grenzflächenaktiven Waschmittelteilchen zerstört und sogleich wieder rückgebildet. Die Fettkettenionen bzw. hydratisierten Moleküle sind deshalb in steter Bewegung; ist die Grenzfläche von ihnen noch nicht genügend erfüllt, um eine kompakte Zwischenschicht zu geben, so pendeln sie um eine Gleichgewichtslage.

Die Grenzflächen- und Kapillaraktivität besitzt sonach eine energetische Wurzel. Dies kommt auch dadurch zum Ausdruck, daß die Arbeit zur Bildung neuer Grenzflächen und damit die Grenzflächenspannung infolge der neugebildeten Zwischenschichten aus den adsorbierten Waschmittelteilchen verringert wird. Handelt es sich bei einer Grenzphase um eine solche gegen Luft, so bezeichnet man diese als *Oberfläche.* Die Arbeitsverringerung zur Herstellung neuer Oberflächen zeigt sich in einer kleineren *Oberflächenspannung.* Sie spielt beim Eindringen der Waschflotte in die mit Luft erfüllten submikroskopischen Kapillarräume (Wasserwege) der Fasern eine große Rolle.

5. Oberflächenspannung.

Die Oberflächenspannung einer wäßrigen Dispersion von Waschmitteln wird, wie die Grenzflächenspannung, von der asymmetrischen Verteilung der hydrophilen und hydrophoben Kräfte in den Waschmittelmolekülen, die in der Oberflächen- bzw. Grenzflächenschicht angereichert sind, funktionell beeinflußt. Da die Neigung zum Hydratisieren meist durch die Art der ionogenen Gruppe oder der hydrophilen, nichtionogenen Stellen

---

[1] Die Festigkeit der Grenzflächenschicht wird durch seitliche Attraktionskräfte, die ganz den Gitterkräften im nichtsolvatisierten Kristall entsprechen, verursacht; die Struktur der Zwischenschicht ist kristallin.

vorgegeben ist, kann praktisch eine Variation der Oberflächenspannung nur durch Veränderung der Länge der hydrophoben Kohlenwasserstoffkette (Fettrest) erfolgen.[1]

Wie die Oberflächenspannung von der Kohlenstoffanzahl in der Hauptvalenzkette bei den Natriumsalzen verschiedener, höhermolekularer Fettsäuren abhängt, geht aus Arbeiten von LOTTERMOSER und SCHADLITZ [10], LOTTERMOSER und TESCH [11], LOTTERMOSER und BAUMGÜRTEL [12] sowie LOTTERMOSER und GIESE [13] hervor.

Tabelle 21. Oberflächenspannungsminimum von Natriumsalzen gesättigter Fettsäuren bei 65° C in wäßriger Lösung.
(Nach LOTTERMOSER und SCHADLITZ.)

Kohlenstoffanzahl	Seife	Formel	Nach Stalagmometer-methode		Nach Ringabreiß-methode	
			Konzentration der Lösung bei Erreichen des Oberflächenspannungsminimums in Prozenten	Oberflächenspannungsminimum Dyn/cm	Konzentration der Lösung bei Erreichen des Oberflächenspannungsminimums in Prozenten	Oberflächenspannungsminimum Dyn/cm
10	Na-Kaprinat ..	$C_9H_{19}COONa$	1,2	24,9	10	31,9
12	Na-Laurat	$C_{11}H_{23}COONa$	0,43	20,2	0,4	23,5
14	Na-Myristat ...	$C_{13}H_{27}COONa$	0,26	19,5	0,1	22,9
16	Na-Palmitat...	$C_{15}H_{31}COONa$	0,10	19,2	0,05	22,0
18	Na-Stearat	$C_{17}H_{35}COONa$	0,11	20,2	0,3	23,1
20	Na-Arachinat..	$C_{19}H_{39}COONa$	—	—	2,3	30,0

In Tab. 21 sind die Oberflächenspannungsminima angegeben, die sich bei Verwendung der einzelnen Seifen überhaupt erzielen lassen. In einer zweiten Kolonne ist dazu die Konzentration angeführt, bei der das Minimum der Oberflächenspannung erreicht wird. Je geringer die Oberflächenspannung und die zum Erzielen des Oberflächenspannungsminimums notwendige Konzentration ist, um so kapillaraktiver ist die betreffende Seife. Demgemäß kann das Natriumcaprinat noch kaum als Seife bezeichnet werden. Erst beim Natriumlaurat mit 12 Kohlenstoffatomen im Fettrest zeigen sich die typisch kolloiden Eigenschaften der seifenartigen Kolloidelektrolyte. Mit zunehmender Anzahl der Kohlenstoffatome nimmt die Kapillaraktivität bis etwa 16 bzw. 18 Kohlenstoffatome zu; Seifen mit noch längerer Kohlenstoffkette sind bereits zu unlöslich, so daß die Kapillaraktivität wie beim Natriumarachinat wieder stark absinkt.

---

[1] Im Falle der nichtionogen aktiven Waschmittel hat es der Synthetiker in der Hand, durch mehr oder minder starke Häufung der hydrophilen, nichtionogenen Stellen die Oberflächenspannung auch durch Veränderung des hydrophilen Molekülanteils bei gleichbleibender Länge der hydrophoben Hauptvalenzkette zu beeinflussen.

Das Optimum der Oberflächenspannungsherabsetzung wird nach den Versuchen von Lottermoser und Schadlitz bei einer Temperatur von 65° C durch die Verwendung von Natriumpalmitat erreicht. Die Hauptvalenzkette weist hierbei 16 Kohlenstoffatome auf. Dieser Befund wurde auch von Walker [14] in Seifenlösungen von 60 bis 70° C erhalten. Bei gewöhnlicher oder schwach erhöhter Temperatur (15 bis 30° C) liegt das Optimum der Oberflächenspannungserniedrigung nach Lasceray [15] beim Natriummyristat, was von Godbole und Sadgobal [16] bestätigt wurde. Die von letzteren erhaltenen Versuchsergebnisse sind in Tab. 22 zusammengefaßt.

Daraus geht hervor, daß bei 30° C die Seifen mit 14 Kohlenstoffatomen im Fettrest das Optimum der Kapillaraktivität zeigen. Bemerkenswert ist ferner, daß die Kaliseifen die Oberflächenspannung meist stärker herabsetzen als die Natriumseifen.

Tabelle 22. Oberflächenspannung von Seifenlösungen (1 g im Liter) bei 30° C. (Nach Godbole und Sadgobal.)

Kohlenstoffanzahl	Seife	Natriumseife Dyn/cm	Kaliseife Dyn/cm
12	Laurat ...	43,3	41,6
14	Myristat ..	26,6	24,2
16	Palmitat ..	57,5	46,8
18	Stearat ...	61,4	60,0
18	Oleat	35,0	22,4
18	Linoleat ..	39,5	28,4
18	Ricinoleat .	48,7	53,5

Bei gewöhnlicher Temperatur (15—20° C) wird nach Lottermoser und Tesch (a. a. O.) die Oberflächenspannung durch Natriumlaurat, also einer Seife mit 12 Kohlenstoffatomen in der Hauptvalenzkette, am meisten herabgesetzt.

Die optimale Oberflächenspannungsherabsetzung verschiebt sich in der homologen Reihe der gewöhnlichen Seifen mit zunehmender Temperatur in der Richtung des längeren Fettrestes.[1] Zum anderen zeigen die kapillaraktiven Seifen bei einer bestimmten Temperatur und bei gleicher Konzentration um so größere Kapillaraktivität, je länger ihre Hauptvalenzkette ist (Traube [17]).

Eine gewisse Sonderstellung in der Gruppe der Alkalisalze höhermolekularer Fettsäuren nehmen die Seifen auf Basis ungesättigter Fettsäuren ein. Wegen der besseren Löslichkeit entwickeln die Alkalisalze der ungesättigten Fettsäuren, z. B. die der Ölsäure, trotz der Anwesenheit von 18 C-Atomen im Fettsäurerest, wie aus Tab. 22 hervorgeht, bereits bei gewöhnlicher Temperatur große Oberflächenaktivität.[2] Im Vergleich zu den Seifen aus gesättigten Fettsäuren gleicher Hauptvalenzkettenlänge ist die Oberflächenspannung der Alkalisalze ungesättigter Fettsäuren in der Kälte größer, in der Hitze dagegen geringer als die der korrespon-

---

[1] Wie überhaupt mit steigender Temperatur eine allgemeine Verbesserung der Lage der Maxima kolloidchemischer Eigenheiten in Funktion mit längerem hydrophoben Kohlenwasserstoffrest einhergeht.

[2] Die gleiche Erscheinung zeigen die seifenartigen Kolloidelektrolyte mit ungesättigtem Kohlenwasserstoffrest.

dierenden Seifen auf Basis gesättigter .Fettsäuren. Beispielsweise entwickelt Natriumoleat bereits bei gewöhnlicher Temperatur bedeutende Kapillaraktivität und, wie später gezeigt, gute Waschfähigkeit, während das Natriumstearat seine günstigsten Eigenschaften erst in der Kochhitze hervorkehrt. Über die optimale Oberflächenspannungserniedrigung durch Natriumoleat im Vergleich zum Natriumstearat bestehen mehrere Untersuchungsergebnisse, die in der Tab. 23 festgehalten sind.

Tabelle 23. Optimale Oberflächenspannungserniedrigung einer Natriumstearat- und Oleatlösung nach Messungen verschiedener Beobachter. .Dyn/cm.

Bei gewöhnlicher Temperatur (15—20° C)					In der Wärme (60—65° C)	
Natriumstearat		Natriumoleat			Natriumstearat	Natriumoleat
LAS-CARAY [15]	LOTTER-MOSER [10]	HARKINS [9]	LAS-CARAY [15]	HIROSE [18]	LOTTER-MOSER [10]	HIROSE [18]
55,0	42,5	24,3	26,7	30,7	20,2	29,7

Während die Oberflächenspannung beim Natriumstearat durch Temperaturerhöhung stark verringert wird, ändert sich die des Natriumoleates mit zunehmender Temperatur kaum.

Die durch Temperatursteigerung wachsende Kapillaraktivität bei den Alkalisalzen gesättigter Fettsäuren wird durch folgende Momente verursacht. Bei gewöhnlicher Temperatur liegen die Seifen mit gesättigter Hauptvalenzkette vorzugsweise in Form ihrer aufgeladenen Neutralteilchen, die bereits kristallinen Charakter zeigen, bzw. im Mizellstadium, vor. Bei Temperatursteigerung kommt es infolge der Wärmebewegung zu einem Auseinanderfall der großmizellaren Gebilde unter Bildung von kleineren und beweglicheren Mizellen, den sog. Vormizellen. Bei den Seifen auf Basis ungesättigter Fettsäuren liegen bereits bei gewöhnlicher Temperatur und in den in Frage kommenden Konzentrationen größtenteils einfache Fettkettenionen, bzw. solche im Vormizellstadium aggregiert vor. Eine Temperaturerhöhung kann keine wesentliche Vermehrung der kapillaraktiven Teilchen bewirken, ist also z. B. auf den Oberflächenvorgang nur von geringem Einfluß.

Daß die optimale Oberflächenspannungserniedrigung bei den Alkalisalzen gesättigter Fettsäuren größer ist als bei jenen der ungesättigten Fettsäuren, ist auf die verschiedene Struktur der Grenzflächenschicht der beiden Seifenarten zurückzuführen. Die Hauptvalenzkette der ungesättigten Fettsäuren besitzt in der Doppelbindung eine wasseraffine Molekülstelle, die hydrophil wirkt. Je Molekül treten zwei Berührungspunkte mit dem Wasser auf. Der eine an der Carboxylalkaligruppe, der andere an der Doppelbindung. Es ist deshalb die Fläche, die eine einfach ungesättigte Fettsäure in einer dicht gepackten Zwischenschicht besetzt, größer als die der entsprechenden, gesättigten Fettsäure. Tatsächlich ergaben derartige Messungen nach ADAM [19] und LANGMUIR [8], daß Ölsäure in einer Grenzfläche $46 \cdot 10^{-16}$ cm², hingegen Stearinsäure nur $21 \cdot 10^{-16}$ cm² besetzt.

Die größere Flächenbelegung durch aktive Teilchen mit ungesättigter Hauptvalenzkette kann nur dadurch vor sich gehen, daß es zu einer wenigstens teilweisen Krümmung der letzteren kommt. Die Vorbedingung hierzu zeigen die höhermolekularen Fadenmoleküle bzw. Fettkettenionen bereits in ihrer wäßrigen Lösung, da sie in derselben, wie S. 59 gezeigt, überhaupt keine definierte Gestalt annehmen. Die Folge einer solchen Hauptvalenzkettenkrümmung bei der Adsorption grenzflächenaktiver Teilchen ist die Ausbildung einer dünneren Zwischenschicht als sie bei der Adsorption von Stoffen mit einer gesättigten Kohlenwasserstoffkette auftritt. Die daraus zu ziehenden Folgerungen für das Dispergier-, Emulgier- und Schutzkolloidvermögen werden noch zu erörtern sein.

Es sei noch darauf hingewiesen, daß die Anwesenheit weiterer hydrophiler Stellen im Fadenmolekül bzw. im Fettkettenion, z. B. mehrere Kohlenstoffdoppelbindungen (Linolsäure, Linolensäure usw.) oder Hydroxylgruppen (z. B. Ricinolsäure), einen noch stärkeren Abfall der Oberflächenaktivität, wie aus Tab. 22 hervorgeht, bedingt.

Die Kaliumsalze der Fettsäuren unterscheiden sich in Bezug auf die Oberflächenaktivität im allgemeinen nur wenig von den entsprechenden Natriumsalzen; erstere sind etwas kapillaraktiver. Eine Ausnahme scheint nach ANGELESCU und POPESCU [20] das Natriumpalmitat zu machen, da dieses die Oberflächenspannung stärker herabsetzen soll als das Kaliumpalmitat (vgl. aber Tab. 22).

Die Oberflächenspannung von Seifengemischen, die aus Fettsäuren verschiedener Kohlenstoffanzahl im Molekül bestehen, liegt immer zwischen den Werten der reinen Einzelkomponenten.

Die Natriumsalze eines Gemisches zweier Fettsäuren, die in der Hauptvalenzkette 14 und 18 Kohlenstoffatome aufweisen, besitzen bei äquimolekularer Zusammensetzung eine Oberflächenspannung von etwa 23 Dyn/cm. Die Oberflächenspannung einer Seife mit 16 Kohlenstoffatomen im Fettrest ist dagegen bloß 22,0 Dyn/cm. Man kann demnach nicht durch Mischen einer höher- und niedermolekularen Seife die Grenzflächenspannung der Seife erreichen, deren Molekulargewicht zwischen beiden liegt.

Die Oberflächenaktivität von Alkalisalzen höhermolekularer Dicarbonsäuren, nämlich cetylmalonsaures Natrium

$$\left(C_{16}H_{33}\!-\!CH\!\!\begin{array}{c}\diagup COONa\\\diagdown COONa\end{array}\right)$$

und 1,16-hexadecyldicarbonsaures Natrium

$$(NaOOC[CH_2]_{16}COONa)$$

wurden im Vergleich zu den Natriumsalzen entsprechender Monocarbonsäuren von SZEGÖ und MALATESTA [21] untersucht. Die Oberflächenspannung ist bei den Dicarbonseifen, wie aus Abb. 38 hervorgeht, wesentlich höher als bei den normalen Monocarbonseifen.

Die Oberflächenspannungsverhältnisse anderer Kolloidelektrolyte als die der Alkalisalze höhermolekularer Fettsäuren waren in der letzten Zeit Gegenstand mehrfacher Untersuchungen.

LOTTERMOSER und STOLL [22] bestimmten die Oberflächenspannung einer homologen Reihe von Fettalkoholsulfonaten (Alkylsulfaten). In der Tab. 24 sind die von ihnen nach der Ringabreißmethode bei 40 und 60° C erhaltenen Oberflächenspannungsminima angegeben. Die Konzentration des Fettalkoholsulfonates in der wäßrigen Lösung, die zur Erreichung der optimalen Oberflächenaktivität notwendig war, ist aus einer weiteren Kolonne ersichtlich.

Wie bei den gewöhnlichen Seifen, ist auch bei den Fettalkoholsulfonaten bei 40 und 60° C eine Hauptvalenzkette mit 16 Kohlenstoffatomen von einem Maximum der Oberflächenspannungsaktivität, bzw. von einem Minimum der Oberflächenspannung selbst, begleitet.

Es ist beachtenswert, daß das Hexadecylnatriumsulfat und das Octadecylnatriumsulfat nicht bloß ein Oberflächenspannungsminimum, sondern deren zwei aufweisen.

Eine erschöpfende und exakte Deutung dieses Verhaltens kann an Hand der bisherigen Unterlagen nicht gegeben werden. Der vermutliche Vorgang hierbei ist etwa der folgende: Die Fettalkoholsulfonate besitzen als Kolloidelektrolyte in wäßrigen Dispersionen Teilchen verschiedener Größe. Diese Teilchen sind teils ionogen dispers (Fettkettenionen), teils in Form von Vormizellen, Mizellen und aufgeladenen Neutralkolloiden, die schon die Gitterstruktur der kristallinen, festen Fettalkoholsulfonate besitzen, vorhanden. Der Hundertsatz der Teilchen einer bestimmten Größe, nämlich die der Vormizellen, ist bestimmend für das kolloidchemische Grenzflächenverhalten, in unserem Falle für die Herabsetzung der Oberflächenspannung. Bei den Fettalkoholsulfonaten mit 12 und 14 Kohlenstoffatomen im Fett-

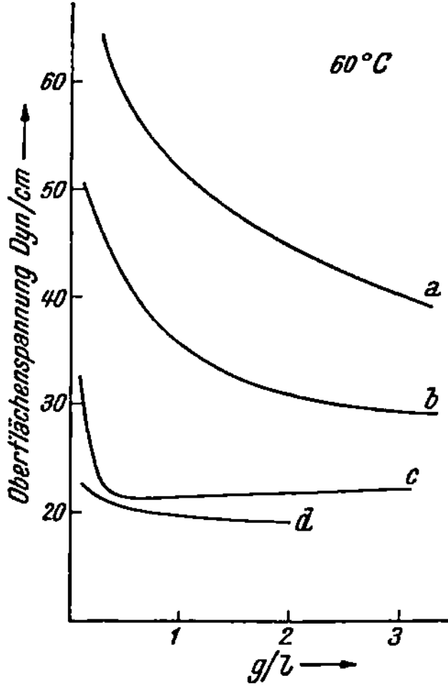

Abb. 38. Oberflächenspannung von 1,16-hexadecyldicarbonsaurem Natrium (*a*), von cetylmalonsaurem Natrium (*b*), von Natriumoleat (*c*) und von Natriumstearat (*d*) in Funktion von der Konzentration bei 60° C. (Nach Szegö und Malatesta.)

Tabelle 24. Oberflächenspannungsminima verschiedener Fettalkoholsulfonate, gemessen nach der Ringabreißmethode. (Nach Lottermoser und Stoll.)

Kohlenstoffanzahl	Fettalkoholsulfonat	Formel	Konzentration der Lösung beim Erreichen des Oberflächenspannungsminimums in Prozenten	Oberflächenspannungsminimum (Dyn/cm)	
				bei 40° C	bei 60° C
12	Dodecyl-Na-Sulfat	$C_{12}H_{25}OSO_3Na$	0,2	35,2	37,2
14	Tetradecyl-Na-Sulfat	$C_{14}H_{29}OSO_3Na$	0,2	35,8	37,1
16	Hexadecyl-Na-Sulfat	$C_{16}H_{33}OSO_3Na$	0,3 / 0,06	29,6 / 31,4	28,7 / 28,9
18	Octadecyl-Na-Sulfat	$C_{18}H_{37}OSO_3Na$	0,4 / 0,08	34,3 / 34,6	31,4 / 32,7

kettenion ist das Gleichgewicht zwischen den verschiedenen Zustandsstadien weitgehend in der Richtung der einfachen, nicht aggregierten Fettkettenionen und Vormizellen verschoben.

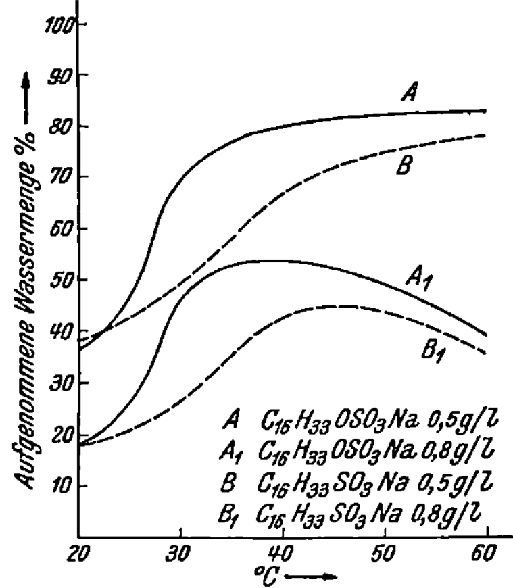

Abb. 39. Kapillaraktivität (Netzvermögen) von Hexadecylsulfat und Hexadecylsulfonat bei verschiedenen Temperaturen. (Nach EVANS.)

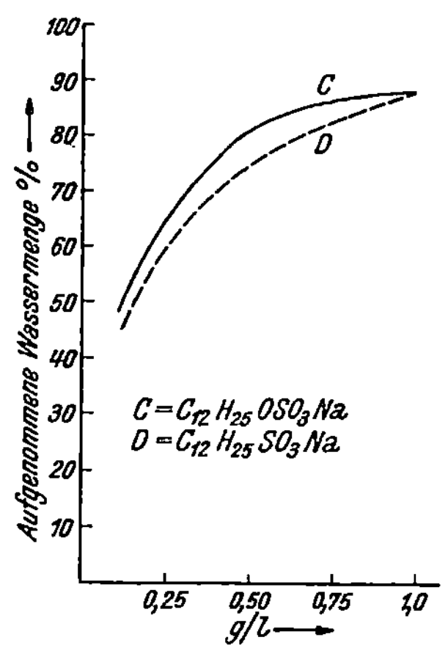

Abb. 40. Kapillaraktivität (Netzvermögen) von Dodecylsulfat und Dodecylsulfonat in Abhängigkeit von der Konzentration bei 50° C. (Nach EVANS.)

Die Fettalkoholsulfonate mit 16 und 18 Kohlenstoffatomen im Fettrest sind wesentlich schwerer löslich als die niederen Glieder und liegen deshalb vorzugsweise als Mizellen und aufgeladene Neutralteilchen vor. Immerhin sind bei einer gewissen höheren Konzentration (etwa 3 bis 4 g/l) genügend einfache Fettkettenionen und Vormizellen da, um hierbei ein Optimum der Oberflächenaktivität aufzuweisen. Mit sinkender Konzentration tritt dann eine immer mehr steigende Aufspaltung in einfache Fettkettenionen bzw. nur lose agglomerierte Vormizellen ein. Sind die höhermizellaren Gebilde in letztere vollständig zerfallen, so tritt ein zweites Optimum der oberflächenspannungsherabsetzenden Wirkung auf.

Die Kapillaraktivität, d. h. die Herabsetzung der Oberflächenspannung von Alkylsulfonaten, z. B. cetylsulfonsaures Natrium ($C_{16}H_{33}SO_3Na$), wurde von SCHRAUTH [23][1] im Vergleich zu jener des Natriumsalzes des Cetylschwefelsäureesters ($C_{16}H_{33}OSO_3Na$) als Vertreter eines Alkylsulfates (Fettalkoholsulfonates) ermittelt. Er

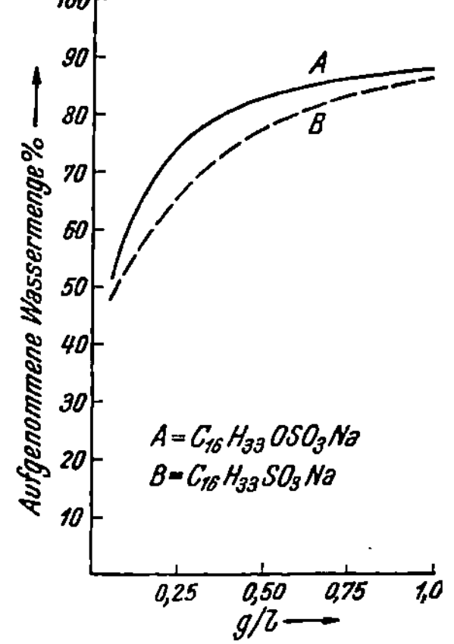

Abb. 41. Kapillaraktivität (Netzvermögen) von Hexadecylsulfat und Hexadecylsulfonat in Abhängigkeit von der Konzentration bei 50° C. (Nach EVANS.)

fand bei gleicher Konzentration und gleicher Temperatur bei den Alkalisalzen der echten Alkylsulfonsäuren geringere Kapillaraktivität als bei den Fettalkoholsulfonaten mit äquivalenter Hauptvalenzkette. Dies

---

[1] Vgl. auch NISHIZAWA und TOMITSUKA [24].

wurde von Evans [25] bestätigt, dessen Untersuchungsergebnisse in Abb. 39, 40 und 41 dargestellt sind. Die Kapillaraktivität[1] der Alkylsulfate überragt demgemäß vergleichsweise die der entsprechenden Alkylsulfonate.

In Übereinstimmung damit hat Adam [26] gezeigt, daß die Konzentration eines kapillaraktiven Stoffes zur Erzielung eines Randwinkels von 0° (vgl. S. 104) bei den Alkylsulfaten kleiner ist als bei den Alkylsulfonaten mit gleicher Kettenlänge, wie aus Tab. 25 hervorgeht.

Tabelle 25. Abhängigkeit des Randwinkels von der Konzentration. (Nach Adam.)

Waschmittel	Minimalkonzentration zur Bildung eines Randwinkels von 0° (gegen Baumwolle)
Cetylnatriumsulfat ($C_{16}H_{33}OSO_3Na$)	0,2 g/l
Cetylnatriumsulfonat ($C_{16}H_{33}SO_3Na$) ...	0,4 g/l

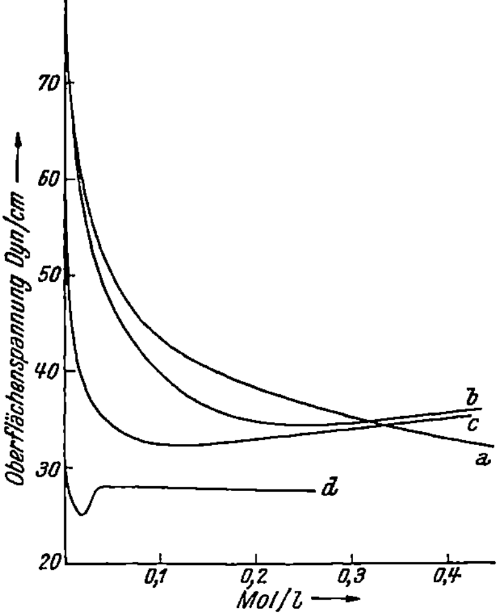

Abb. 42. Oberflächenspannung der Lösungen von $C_6H_3(CH_3)_2SO_3Na$ (a), $C_6H_4 . CH(CH_3)_2SO_3Na$ (b), $CH_3 . C_6H_3 . CH(CH_3)_2SO_3Na$ (c) und Natriumoleat (d) in Abhängigkeit von der Konzentration. (Nach Neville und Jeanson.)

Dieses Verhalten überrascht, vom kolloidchemischen Standpunkt aus betrachtet, keineswegs. Die echten Sulfonsäuren ($R-SO_3H$) sind im Vergleich zu den Fettschwefelsäureestern ($R-O-SO_3H$) stärkere Säuren und hydratisieren noch besser. Hierdurch wächst der Elektrolytcharakter; hingegen nimmt das Bestreben, im Wasser Kolloidteilchen (Mizellen) auszubilden, ab. Die in Wasser fein disperser gelösten Alkylsulfonate zeigen deshalb geringere Neigung, sich an der Oberfläche anzureichern als die Alkylsulfate und verringern demgemäß weniger die Oberflächenspannung.

Bestimmungen der oberflächenspannungsherabsetzenden Wirkung durch Alkylbenzolsulfonate sind von Neville und Jeanson [27] nach der Ringabreißmethode gemacht worden. Ihre Ergebnisse sind aus Abb. 42 ersichtlich. Aus den Untersuchungen von Neville und Jeanson geht hervor, daß die Salze echter, aromatischer Sulfonsäuren bezüglich Herabsetzung der Grenzflächenspannung nicht die aliphatischen Alkylsulfonate bzw. Alkylsulfate erreichen.[2]

---

[1] Die Kapillaraktivität wird durch die Wasseraufnahme, die infolge der Luftverdrängung aus den Faserkapillaren eines eingetauchten Baumwollgewebes eintritt, charakterisiert. Die aufgenommene Wassermenge, in Prozenten vom Fasergewicht angegeben, ist demnach ein Maß für das Netzen.

[2] Eine Ausnahme hiervon scheinen die alkylierten Naphthalinsulfosäuren

Hingegen ist es möglich, durch Verwendung von Salzen synthetisch aufgebauter, höhermolekularer Sulfonsäuren mit einer längeren Fettkette, die seit einigen Jahren unter der Bezeichnung „Fettsäurekondensationsprodukte" in der Textilpraxis Eingang gefunden haben, eine vortreffliche Herabsetzung der Oberflächenspannung zu erzielen.

So weisen beispielsweise die unter dem Namen *Igepon A* und *T*[1] in den Handel kommenden Fettsäurekondensationsprodukte als Alkalisalze echter Sulfonsäuren eine ausgezeichnete Herabsetzung der Oberflächenspannung auf. LEDERER [28] bestimmte, an allerdings älteren, nicht elektrolytfreien Präparaten[2] (Teigmarken), die Oberflächenspannung von *Igepon-A-* und *Igepon-T*-Lösungen; seine Ergebnisse sind aus Tab. 26 ersichtlich.

Neuere Angaben über die Kapillaraktivität von *Igepon A* und *Igepon T*, die im wesentlichen die obigen Resultate bestätigen, sind von WELTZIEN und OTTENSMEYER [29] ermittelt worden (s. diesbezüglich S. 176).

Die Kapillaraktivität verschiedener synthetischer Sulfonsäuren auf Basis von Fettsäurekondensationsprodukten haben DHINGRA, UPPAL und VENKATARAMAN [30] geprüft.[3] Ihre Versuchsergebnisse sind aus Tab. 27 ersichtlich.

Man ersieht aus Tab. 27, daß die Fettsäurekondensationsprodukte mit aromati-

Tabelle 26. Oberflächenspannung von *Igepon*-Lösungen bei 18° C, gemessen mit dem Stalagmometer nach TRAUBE, in Abhängigkeit von der Konzentration. (Nach LEDERER.)

Igepon A		Igepon T	
Konzentration g/l	Oberflächenspannung Dyn/cm	Konzentration g/l	Oberflächenspannung Dyn/cm
0,1	44,5	0,1	43,3
0,5	34,3	0,5	38,9
1,0	30,8	1,0	37,8
2,0	—	2,0	34,6
5,0	29,4	5,0	31,7
10,0	29,0	10,0	30,0

Tabelle 27. Kapillaraktivität, charakterisiert durch die Untersinkzeit von Baumwolle in verschieden konzentrierten Lösungen verschiedener Fettsäurekondensationsprodukte bei 35° C. (Nach DHINGRA, UPPAL und VENKATARAMAN.)

Produkt[4]	Untersinkzeit in Sekunden bei einer Konzentration von		
	2 g/l	3 g/l	4 g/l
A	500	382	255
B	1700	1194	1025
C	427	320	240
D	430	347	250
E	1165	895	630
F	545	265	200
X	245	65	27

bzw. deren Salze zu machen. Es ist aber bekannt, daß deren Kapillaraktivität erst durch gewisse Verunreinigungen in wirksamer Weise gefördert wird.

[1] Die Konstitution dieser Produkte wird S. 173 f. ausführlich angegeben.

[2] Die Zusammensetzung dieser Präparate war: *Igepon-A*-Teig, 45% Aktivsubstanz, 4% Seife und 51% Salze und Wasser. *Igepon-T*-Teig, 33,5% Aktivsubstanz, 2,5% Seife und 64% Salze sowie Wasser.

[3] Derartige Stoffe, z. B. das N-mono-stearoyl-sulfanilsaure Natrium, wurden auch von SEIDEL und ENGELFRIED [31] auf ihr textilchemisches Verhalten geprüft.

[4] Die Formeln der Verbindungen A—F sind:

schen Sulfonsäuren schlechter netzen als die mit niedermolekularen, aliphatischen Sulfonsäuren dargestellten Waschmittel z. B. vom *Igepon*-Typus.

Die Kapillaraktivität kationaktiver, seifenartiger Kolloidelektrolyte ist nur wenig untersucht. HARTMANN und KÄGI [32] fanden eine starke Oberflächenaktivität bei einseitig acylierten, höhermolekularen Äthylendiaminderivaten der allgemeinen Formel

$$R—COHN—C_2H_4—N(R_1, R_2, R_3)$$
$$|$$
$$Ac$$

die als „Sapamine" seit längerer Zeit angewandt werden (vgl. S. 361). WARK [33] bestimmte die Oberflächenspannung von Trimethyl-cetylammoniumbromidlösungen

$$C_{16}H_{33}—N(CH_3)_3$$
$$|$$
$$Br$$

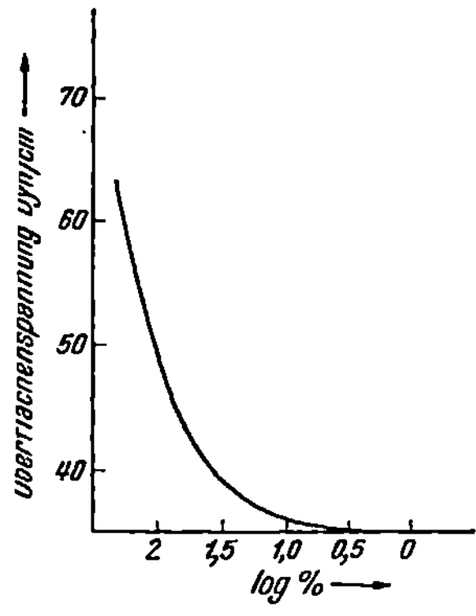

Abb. 43. Oberflächenspannung von Trimethyl-cetylammoniumbromid in Funktion vom Logarithmus der Konzentration. (Nach WARK.)

nach der Blasendruckmethode; die von ihm gefundenen Werte sind in Funktion vom Logarithmus der Konzentration aus Abb. 43 ersichtlich.

A = oleylanilid-p-sulfonsaures Natrium $\left(C_{17}H_{33}CONH\langle\ \rangle SO_3Na\right)$,

B = oleyl-α-naphthalid-4-sulfonsaures Natrium

$$\left(C_{17}H_{33}CONH\langle\ \rangle SO_3Na\right),$$

C = N-methyloleylanilid-p-sulfonsaures Natrium

$$\left(\begin{array}{c}C_{17}H_{33}CON\langle\ \rangle SO_3Na\\ |\\ CH_3\end{array}\right),$$

D = ricinoleylanilid-p-sulfonsaures Natrium

$$\left(C_{17}H_{32}[OH]—CONH\langle\ \rangle SO_3Na\right),$$

E = ricinoleyl-α-naphthalid-4-sulfonsaures Natrium

$$\left(C_{17}H_{32}[OH]—CONH\langle\ \rangle SO_3Na\right),$$

F = N-methyl-ricinoleylanilid-p-sulfonsaures Natrium

$$\left(\begin{array}{c}C_{17}H_{32}[OH]—CON\langle\ \rangle SO_3Na\\ |\\ CH_3\end{array}\right),$$

X = ein modernes, handelsübliches Waschmittel auf Basis von Alkylsulfat oder -sulfonat.

Es geht daraus hervor, daß die Kapillaraktivität der Kationseifen im Vergleich zu der der Anionseifen etwas zurücksteht, was auch der Verfasser wiederholt beobachten konnte.[1]

Die Beeinflussung der Oberflächenspannung durch nichtionogene Waschmittel wurde von CHWALA und MARTINA [34] untersucht; sie

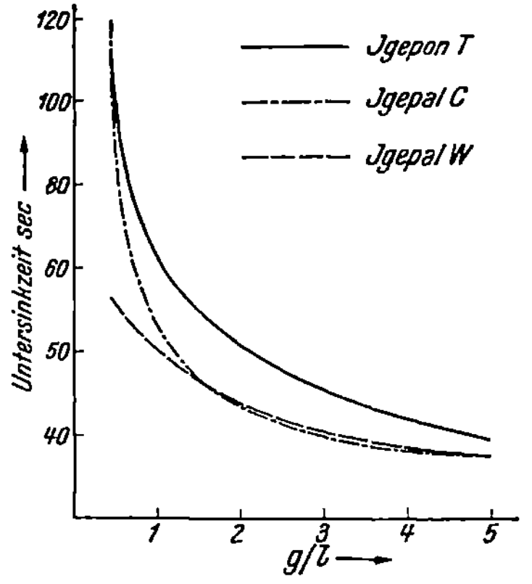

Abb. 44. Untersinkzeit von Wollscheibchen in Lösungen von *Igepon T*, *Igepal C* und *Igepal W* bei 25° C. (Nach CHWALA und MARTINA.)

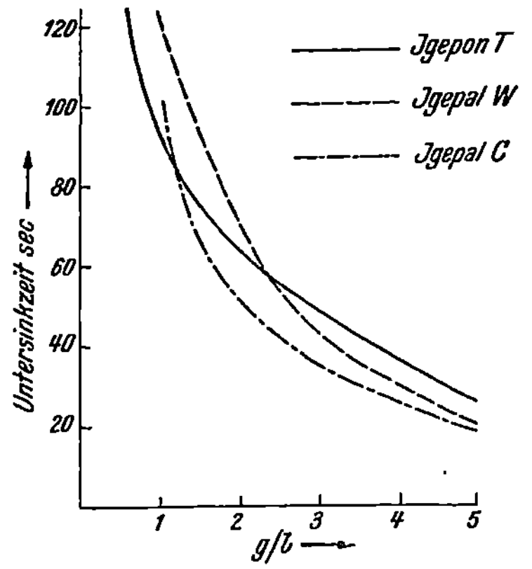

Abb. 45. Untersinkzeit von Baumwollscheibchen in Lösungen von *Igepon T*, *Igepal C* und *Igepal W* bei 25° C. (Nach CHWALA und MARTINA.)

konnten zeigen, daß die Kapillaraktivität[2] derartiger, unter dem Namen „*Igepale*" 3 in den Handel kommender Produkte die der besten anionaktiven Waschmittel noch übertrifft, wie dies aus Abb. 44 und 45 hervorgeht.[4]

6. Grenzflächenspannung.

Eine nicht minder wichtige Rolle als die oberflächenspannungsherabsetzende Wirkung, wodurch die Luft aus den Faserkapillaren verdrängt wird, besitzt die Grenzflächenaktivität für das Benetzen der Oberfläche von Textilien und von Schmutzteilchen durch die Waschflotte.

Einer älteren Arbeit von LORANT [35] ist die Herabsetzung der Grenzflächenspannung verschiedener Stoffe durch eine Natriumoleatlösung, wie sie Tab. 28 bringt, entnommen.

---

[1] Bisher unveröffentlichte Versuche.

[2] Charakterisiert durch die Untersinkzeit von Woll- und Baumwollscheibchen.

[3] Die Konstitution dieser Produkte ist S. 181 angegeben.

[4] Allerdings ist zu berücksichtigen, daß die *Igepale* als vollsynthetische Stoffe einen anderen hydrophoben Kohlenstoffwasserstoffrest aufweisen als die auf natürliche Fettbasis aufgebauten Waschmittel, mithin nicht ohne weiteres miteinander verglichen werden dürfen. Für die Praxis ist nur das Netzvermögen je Gramm eingewogener Substanz wichtig. Unter Berücksichtigung dieses Umstandes sind obige Ausführungen zu verstehen.

Tabelle 28. Grenzflächenspannungserniedrigung verschiedener Stoffe durch eine Natriumoleatlösung bei 22° C. (Nach Lorant.)

Grenzfläche gegen	Wasser Dyn/cm	Natriumoleat n/10 = 30,4 g/l Dyn/cm
Luft...................	72,4	30,4
Äthyläther	10,4	1,71
Chloroform	29,4	2,09
Tetrachlorkohlenstoff ...	43,4	1,64
Nitrobenzol	23,5	2,54

Besonders groß ist die Herabsetzung der Grenzflächenspannung beim Tetrachlorkohlenstoff; in der Tat ist dieser leicht in Emulsion überführbar. Diese Eigenschaft wird bei der Herstellung sog. Fettlöserseifen praktisch benutzt (vgl. S. 284).

Neuere Arbeiten auf dem Gebiete der Grenzflächenspannung Seifenlösung/Öle sind von Lottermoser und Winter [36], Lottermoser und Baumgürtel [12] und Lottermoser und Giese [13] gemacht worden. Die Tabelle 29 enthält die wichtigsten Ergebnisse dieser Untersuchungen.

Man sieht deutlich, wie stark die Grenzflächenspannung des Paraffinöles gegen Wasser in Gegenwart verschiedener Seifen verringert wird. Hierbei ist zu beachten, daß das Optimum der Grenzflächenspannungsverminderung bei den höchsten, in der Tabelle aufgenommenen Konzentrationen bei gewöhn-

Tabelle 29. Grenzflächenspannung von Paraffinöl gegen verschiedene Seifenlösungen; die Grenzflächenspannung des Paraffinöles gegen Wasser allein beträgt bei 20° C 43,9 Dyn/cm, bei 80° C 38,8 Dyn/cm. (Nach Lottermoser und Mitarbeiter.)

	Kohlenstoffanzahl	Optimale Grenzflächenspannungserniedrigung und dazu erforderliche Konzentration der Seifenlösung			
		Konzentration in Prozenten	20° C Dyn/cm	Konzentration in Prozenten	80° C Dyn/cm
Natriumcaprinat	10	5	28,5	5	4,80
Natriumlaurat........	12	3	19,6	5	1,49
Natriummyristat	14	1	18,0	0,1	1,62
Natriumpalmitat	16	1	15,4	0,5	1,30
Natriumstearat	18	1	9,8	0,5	1,04
Natriumoleat.........	18	1	14,1	5	1,33
Kaliumpalmitat	16	1	16,2	0,3	2,44
Kaliumstearat	18	1	10,2	0,3	2,12
Kaliumoleat	18	1	14,6	1	1,97
T[1]-Palmitat	16	1	10,6	0,7	4,65
T-Stearat...........	18	1	13,9	0,3	3,82
T-Oleat.............	18	1	7,8	0,5	0,40

licher Temperatur noch kaum erreicht war. Messungen mit noch konzentrierteren Lösungen sind wegen der dann auftretenden, teilweisen Unlöslichkeit der höhermolekularen Seifen nicht mehr exakt durchführbar.

---

[1] T = Triäthanolamin $N(C_2H_4OH)_3$.

Besonders auffallend ist die ausgezeichnete Grenzflächenaktivität des Triäthanolaminoleates, das auch tatsächlich ein vortreffliches Emulgiermittel vorstellt.

Bemerkenswert ist, daß die einzelnen Grenzflächenspannungskurven keine direkte Abhängigkeit von der Molekülgröße, wie dies bei der Oberflächenspannung gezeigt wurde (S. 108 f.), besitzen.[1]

Die Veränderung der Grenzflächenspannung Paraffinöl/Wasser durch Fettalkoholsulfonate ist aus einer Arbeit von LOTTERMOSER und STOLL [22], deren Ergebnisse Tab. 30 angibt, ersichtlich.

Tabelle 30. Grenzflächenspannung von Paraffinöl gegen verschiedene Fettalkoholsulfonatlösungen; die Grenzflächenspannung des Paraffinöles gegen Wasser allein beträgt bei 20° C 32,1 Dyn/cm, bei 40° C 32,5 Dyn und bei 60° C 32,9 Dyn. (Nach LOTTERMOSER und STOLL.)

Fettalkoholsulfonat	Kohlenstoff-anzahl	Konzentration in Prozenten	Grenzflächenspannung in Dyn/cm		
			20° C	40° C	60° C
Dodecylnatriumsulfat	12	1	9,7	10,7	11,3
		0,5	10,2	11,1	11,6
		0,4	10,2	11,4	11,8
		0,2	11,9	13,0	15,6
		0,1	18,2	19,6	21,1
Tetradecylnatriumsulfat	14	1		7,9	8,7
		0,5		8,8	9,6
		0,4	—	9,0	9,6
		0,2		9,5	10,1
		0,1		9,8	10,2
Hexadecylnatriumsulfat	16	1		5,2	5,5
		0,5		6,3	6,9
		0,4	—	6,8	7,3
		0,2		7,5	8,3
		0,1		8,2	9,0
Octadecylnatriumsulfat	18	1			4,6
		0,5			5,0
		0,4	—	—	5,2
		0,2			5,7
		0,1			7,0

Im Gegensatz zu den Seifen zeigen die Fettalkoholsulfate keine optimale Grenzflächenspannungserniedrigung bei einer bevorzugten Konzentration; die Grenzflächenspannung sinkt mit wachsender Konzentration monoton ab.

---

[1] Im allgemeinen zeigt die Grenzflächenspannungskurve mit wachsender Konzentration zunächst ein steiles Absinken, das dann immer mehr verflacht (vgl. Tab. 30); schließlich verlaufen die Kurven nahezu parallel zur Abszissenachse. Die Grenzfläche wird von einer gewissen Konzentration an mit kapillaraktiver Substanz abgesättigt, und eine weitere Konzentrationserhöhung in der Flotte wirkt nicht mehr grenzflächenspannungserniedrigend.

Tabelle 31. Grenzflächenspannung von *Igepon*-Lösungen bei 20° C gegen Petroleum. (Nach LEDERER.)

Igepon A		Igepon T	
Konzentration in Prozenten	Grenzflächenspannung	Konzentration in Prozenten	Grenzflächenspannung
0	31,5	0	31,5
0,01	20,4	0,01	13,6
0,1	4,0	0,1	4,9
0,5	2,7	0,5	4,0
1,0	2,5	1,0	3,2
2,0	1,6	2,0	2,6
3,0	—	3,0	2,4

Tabelle 32. Grenzflächenaktivität verschiedener synthetischer Sulfonsäuren, charakterisiert durch die Tropfenanzahl deren wäßriger Lösungen beim Einfließen in Petroleum. $T = 33°$ C. (Nach DHINGRA, UPPAL und VENKATARAMAN.)

Grenzflächenaktives Mittel[1]	Tropfenanzahl bei verschiedenen Konzentrationen			
	1 g/l	2 g/l	3 g/l	4 g/l
A	97	120	131	138
B	57	84	101	109
C	80	91	100	107
D	138	182	210	248
E	88	104	110	122
F	115	160	205	242
X	92	120	210	325

Ähnliche Zusammenhänge der Zwischenflächenspannung von Fettalkoholsulfonaten mit dem Grenzflächengeschehen fanden SZEGÖ [37] sowie SZEGÖ und BERETTA [38].

Die Abhängigkeit der Grenzflächenspannung von Petroleum/Wasser durch Zusätze grenzflächenaktiver, höhermolekularer Sulfonate ist von LEDERER [28,] untersucht worden. Seine Versuchsergebnisse an *Igepon A* und *T* sind in Tab. 31 enthalten.

Die starke Herabsetzung der Grenzflächenspannung Petroleum/Wasser durch die beiden *Igepon*-Sorten ist sehr deutlich. Es sei vergleichsweise erwähnt, daß eine 0,2%ige Kernseifenlösung die Grenzflächenspannung von 31,5 Dyn/cm auf etwa 7 Dyn/cm herabsetzt. Die *Igepone* sind also bei 20° C grenzflächenaktiver als Kernseife, wobei allerdings der ungesättigte Charakter der Hauptvalenzkette bei ersteren zu berücksichtigen ist, da hierdurch bekanntlich die Kapillaraktivität bei gewöhnlicher Temperatur wesentlich gesteigert wird.

Weitere synthetische, höhermolekulare Sulfonsäuren wurden bezüglich ihrer Grenzflächenaktivität von DHINGRA, UPPAL und VENKATARAMAN [30] geprüft (Tab. 32).

Wie ersichtlich, zeigen die Naphthalinabkömmlinge eine bessere Grenzflächenaktivität als die entsprechenden Benzolderivate. Bemerkenswerterweise zeigen alkylierte Naphthalinsulfonsäuren in Form ihrer Alkalisalze in Anwesenheit gewisser Verunreinigungen hohes Netzvermögen.

Eine vergleichsweise Zusammenstellung der Grenzflächenspannungsherabsetzung durch einander äquivalente Seifen, Fettalkoholsulfonate und echte sulfonsaure Salze, die sich von der gleichen Kohlenstoffhauptvalenzkette ableiten, ist nach SCHRAUTH [23] aus Tab. 33 ersichtlich. Man entnimmt ihr, daß in der homologen Reihe die Seife am wenigsten,

---

[1] *A* bis *X* stellen die auf S. 116 angegebenen Verbindungen dar.

die echten Alkylsulfonate stärker und am stärksten die Fettalkoholsulfonate grenzflächenaktiv sind.[1]

Tabelle 33. Tropfenzahl beim Einfließen verschiedener kapillaraktiver Lösungen in Spindelöl bei 20° C. Konzentration aller Lösungen 0,5 g/l. (Nach SCHRAUTH.)

Kapillaraktiver Stoff	Formel	Tropfenanzahl
Natriumlaurat	$C_{11}H_{23}COONa$	17
Laurylsulfonsaures Natrium	$C_{12}H_{25}SO_3Na$	27
Laurylnatriumsulfat	$C_{12}H_{25}OSO_3Na$	29
Natriumpalmitat	$C_{15}H_{31}COONa$	28
Cetylsulfonsaures Natrium	$C_{16}H_{33}SO_3Na$	36
Cetylnatriumsulfat	$C_{16}H_{33}OSO_3Na$	37

7. Die Bedeutung der elektrischen Ladung für das Grenzflächengeschehen zwischen Fasern, Schmutz und Waschflotte.

Die Bildung eines elektrokinetischen Potentials zwischen Faser und Schmutz, bzw. diesem und der Waschflotte ist nach stattgefundener Benetzung der verunreinigten Faser eine wichtige, aber nicht unbedingte Voraussetzung für die Waschwirkung.

Die elektrostatischen Anziehungs- und Abstoßungskräfte wurden zur Deutung des Waschvorganges zuerst von SPRING [3] herangezogen. Er zeigte, daß in reinem Wasser suspendierter Ruß durch ein Filter leicht zurückgehalten wird, in Gegenwart von Seife aber glatt durch das Filter läuft. McBAIN [40], ZSIGMONDY [41], PAULI-VALKÓ [42] und vor allem MADSEN [43] haben diese Ansicht zur Erklärung des Waschens aufgegriffen und weiter ausgebaut.[2]

Für den Waschprozeß ist nicht allein die Grenzfläche Schmutz/Waschflotte, sondern auch die Zwischenfläche Faser/Schmutz von maßgeblicher Bedeutung.

Die elektrische Aufladung hat bei der Verwendung ionogener Waschmittel demnach die doppelte Aufgabe:

1. das Auftreten eines elektrokinetischen Potentials zwischen Faser und Schmutz zu ermöglichen, wodurch die Adhäsionskräfte zwischen beiden wegen der abstoßenden Wirkung gleichsinniger Ladungen verringert wird;

2. die Bildung eines elektrokinetischen Potentials zwischen Waschflotte und Schmutzteilchen zu bewirken, um letztere feindispers in Schwebe zu halten, da die Schmutzteilchen meist lyophobe Verteilungen (Emulsionen, Suspensionen) geben, die durch Aufladungen stabilisiert werden müssen (FISCHER und HARKINS [45]).

Demgemäß sind die Eigenlade- und Aufladungsverhältnisse in Abhängigkeit vom Fasermaterial, vom Schmutz und deren gegenseitige Beeinflussung zu erörtern.

---

[1] Ähnliche Ergebnisse erzielte auch ROBINSON [39].
[2] Vgl. auch PROSCH [44].

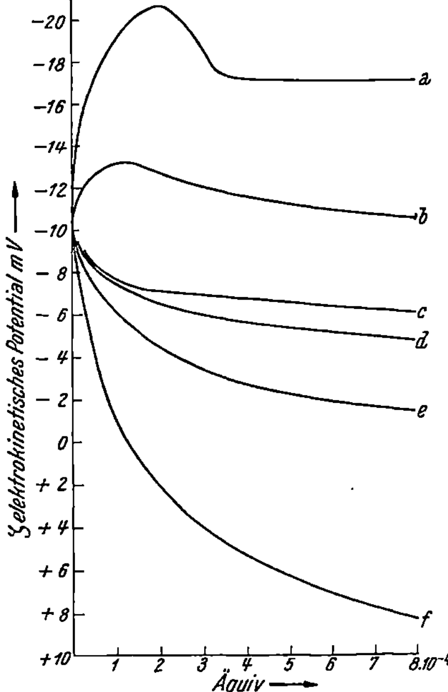

Abb. 46. Elektrokinetisches Grenzflächenpotential von Cellulose in Lösungen von
Natriumoleat (*a*), Natriumchlorid (*b*), Bariumchlorid (*c*), Salzsäure (*d*), Aluminiumchlorid (*e*)
und Thoriumchlorid (*f*). (Nach BULL und
GORTNER, sowie BRIGGS.)

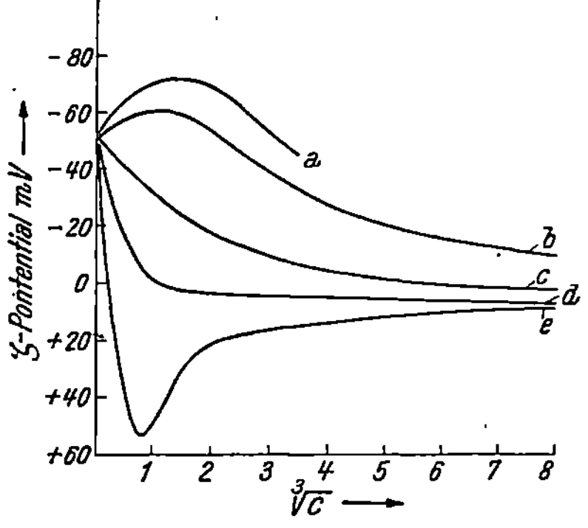

Abb. 47. Elektrokinetisches Grenzflächenpotential von Mineralölteilchen in Lösungen
von $K_4Fe(CN)_6$ (*a*), KCl (*b*), $BaCl_2$ (*c*), $AlCl_3$ (*d*)
und $ThCl_4$ (*e*) in Abhängigkeit von der Kubik-
wurzel der Elektrolytkonzentration. (Nach
POWIS.)

In reinem Wasser haben die
pflanzlichen und tierischen Fasern
ein negatives Potential (vgl. S. 53),
das durch Adsorption von Anionen
vergrößert (BRIGGS [46]), durch Aufnahme von Kationen verringert und
sogar positiv werden kann. Letzteren
Vorgang bezeichnet man als Umladung. Abb. 46 zeigt dies nach Versuchen von BULL und GORTNER [47]
sowie BRIGGS.

Die Eigenladung und der Poten-
tialwert von Schmutzteilchen hängen
von der Art derselben ab.

In Berührung mit reinem Wasser
und Luft entwickeln, wie BARTELL und
MILLER [48], MILLER [49] und FRUM-
KIN [50] zeigten, durch Erhitzen ent-
gaste Kohle- (Ruß-) Teilchen Hydroxylionen und laden sich an der Oberfläche
positiv auf. Der Chemismus dieses Vorganges wird durch das Schema

$$C_x + O + H_2O \rightarrow C_x + 2\oplus + 2\,OH^-$$

angedeutet.

Die positive Ladung befindet sich
an der Oberfläche des Kohlenstoffes.
Die negativ geladenen Hydroxylionen
haben das Bestreben in die Lösung
zu diffundieren, werden aber von der
entgegengesetzt geladenen Oberfläche
zurückgehalten. Es bildet sich eine
diffuse Ionenwolke, die eine elektrische
Doppelschicht verursacht (GOUY [51]).

Die Hydroxylionen können mit den
Ionen eines zugefügten Elektrolyten
verschieden reagieren.

Bei Adsorptionsvorgängen können
sie durch Anionen des Adsorptivs ersetzt
oder ausgetauscht werden (Austausch-
adsorption). Dies ist beispielsweise bei
mehrwertigen Anionen, z. B. $[Fe(CN)_6]^{IV}$,
insbesondere aber bei den anionaktiven,
seifenartigen Kolloidelektrolyten der
Fall, da die Fettkettenanionen von den
Wassermolekülen aus der Lösung an die
Grenzflächen gedrängt werden und deshalb das Bestreben haben, an diese zu
diffundieren. Es sammeln sich in der diffusen, stark hydratisierten Ionenwolke die negativ geladenen $[Fe(CN)_6]$- bzw. Fettkettenanionen, ohne sich
zu entladen und verstärken die negative Ladung.

Treten umgekehrt mehrwertige Kationen, z. B. Al$\cdots$, Th^{IV} bzw. kation-aktive Fettkettenionen mit den Hydroxylionen der diffusen Ionenwolke in Wechselwirkung, so werden sie durch letztere entladen und ausgeflockt. Über die Bedeutung dieses Umstandes für den Waschvorgang wird später berichtet.

Oft zeigt der Kohlenstoff an sich eine negative Ladung, die nach KRUYT und DE KADT [52] sowie PILOJAN, KRIWORUTSCHKO und BACH [53] auf die Anwesenheit von Carboxylgruppen zurückzuführen ist. Durch elektrolytische Dissoziation derselben findet in alkalischen Flotten wegen des Entstehens dissoziierbarer Carboxylalkaligruppen eine negative Aufladung statt.[1]

Ähnliche Verhältnisse wie für den Kohlenstoff gelten für den meist hydrophoben Schmutz auf Basis von Ölen und Fetten.

In der Abb. 47 ist nach POWIS [55] die Änderung des elektrokinetischen Potentials von Mineralölteilchen durch Zusatz verschiedener Elektrolyte dargestellt. Man sieht, wie entsprechend den vorhergehenden Ausführungen,

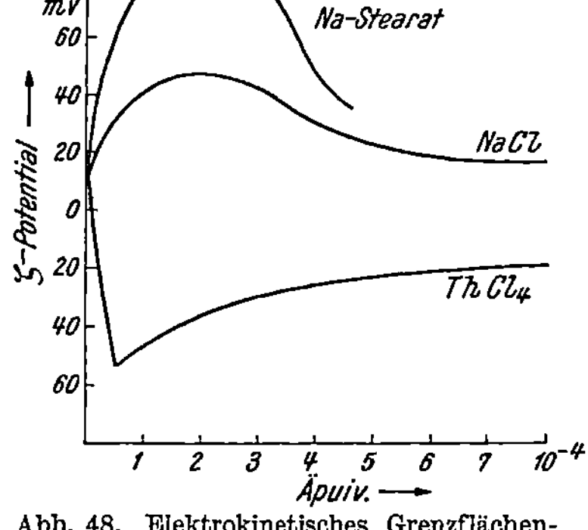

Abb. 48. Elektrokinetisches Grenzflächenpotential·von Paraffinteilchen in Lösungen von Natriumstearat, Natriumchlorid und Thoriumchlorid. (Nach BULL und GORTNER.)

$K_4Fe(CN)_6$ die negative Aufladung verstärkt, während Bariumchlorid und Aluminiumchlorid vollständig entladen; Thoriumsalze bewirken sogar Umladung unter positiver Aufladung der Mineralölteilchen.

Abb. 48 bringt die von BULL und GORTNER [47] bestimmte Veränderung der Aufladung (in relativen Einheiten) von Paraffinölteilchen in Salz- und Seifenlösungen. Man entnimmt daraus, daß das Natriumstearat als Kolloidelektrolyt besonders stark negativ auflädt. Dies geht noch deutlicher aus den Versuchen von URBAIN und JENSEN [56] hervor, die bei Seifen eine mit wachsender Kettenlänge steigende Verschiebung des elektrokinetischen Potentials zu negativeren Werten beobachteten (Abb. 49).

Die starke, elektrisch negative Aufladung der Schmutzteilchen, z. B. emulgierter Öl- oder Rußpartikelchen, durch anionaktive Stoffe bewirkt eine Vergrößerung der Wanderungsgeschwindigkeit, wie dies aus Tab. 34 nach Beobachtungen von URBAIN und JENSEN hervorgeht.

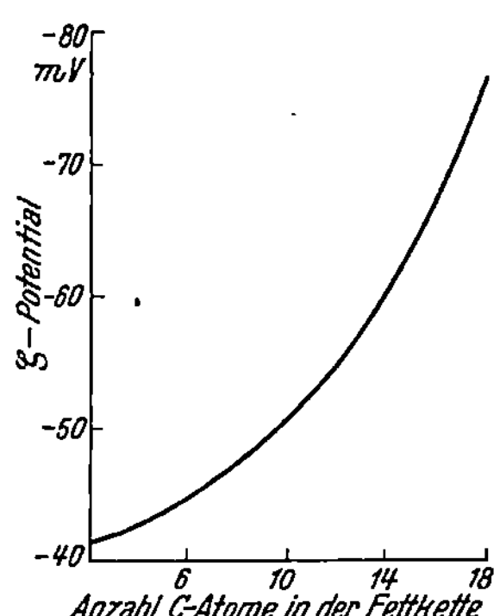

Abb. 49. Elektrokinetisches Grenzflächenpotential von Rußteilchen in Lösungen der Alkalisalze höhermolekularer Fettsäuren, in Funktion von der Kohlenstoffanzahl im Fettrest. (Nach URBAIN und JENSEN.)

Daraus ist die Wichtigkeit der elektrischen Aufladung für den Emulsionsvorgang, für die Stabilität der Emulsion und für die Ablösemöglichkeit des Schmutzes von der Faser beim Waschen ersichtlich.

---

[1] Es kann aber, wie McBAIN und PEAKER [54] ermittelt haben, in dünnen Grenzflächenschichten bereits eine teilweise Trennung der elektrischen Ladungen eintreten. Sie fanden aus der Leitfähigkeit einer mit einem dünnen Ölsäurefilm bedeckten Wasseroberfläche eine etwa 7%ige elektrolytische Spaltung der in der Grenzfläche befindlichen Ölsäuremoleküle.

Hingegen verringert die Adsorption von Kationen die Wanderungsgeschwindigkeit, bzw. bewirkt sogar eine Überführung der ursprünglich zur Anode wandernden Teilchen zur Kathode, wie Abb. 50 nach LIMBURG [57] zeigt. Demgemäß beeinflußt die Adsorption von Anionen den Waschvorgang in günstigem, die der Kationen in ungünstigem

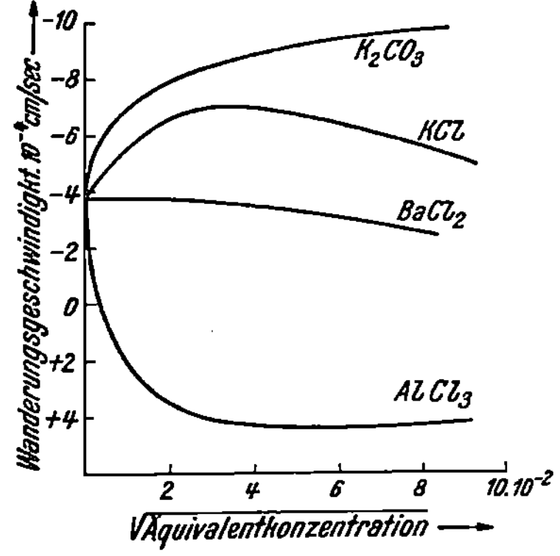

Abb. 50. Abhängigkeit der Wanderungsgeschwindigkeit von den adsorbierten Ionen. (Nach LIMBURG.)

Tabelle 34. Veränderung der Wanderungsgeschwindigkeit durch Aufladen in einer Seifenlösung. (Nach URBAIN und JENSEN.)

Disperse Phase	Wanderungsgeschwindigkeit in cm/sec je V/cm . 10⁵	
	in Wasser	in Seifenlösung
Paraffinöl	71	125
Baumwollsamenöl .	61	116
Gasruß	45	53

Sinn, wie aus Versuchen von GÖTTE [58] hervorgeht (Tab. 35), wonach $K_4Fe(CN)_6$ besser, $BaCl_2$ und $AlCl_3$ schlechter als reines Wasser waschen. Der Zusatz von KCl verändert den Waschwert des Wassers nicht.

Tabelle 35. Einfluß der Adsorption von Anionen und Kationen auf die Waschwirkung. (Nach GÖTTE.)

Konzentration g/l	Wäsche in der Salzlösung 0,01 n		Wäsche im Wasser vom gleichen p_H wie die Salzlösung		Waschwert Q^1
	Salz	% W_S	p_H	% W_0	
3,7	$K_4Fe(CN)_6$	34	7,6	29	0,7
0,75	KCl	25	7,0	25	0
2,1	$BaCl_2$	22,5	7,0	25	— 0,5
1,3	$AlCl_3$	11,8	3,4	17	— 1,6

Infolge der bevorzugten Adsorption von Fettkettenionen an der Faser- und Schmutzoberfläche verarmt die Lösung an denselben. Dies wurde experimentell von LEWIS [59], CARRIERE [60] sowie NEVILLE und HARRIS [61] für gewöhnliche Seifen ermittelt. Beispielsweise zeigte der Schaum einer 0,25%igen Olivenölseifenlösung, deren ursprüngliches p_H 10,0 war, eine Seifenkonzentration von 1,13% und ein p_H von 9,6. Eine ähnliche Adsorption von Fettkettenanionen stellte McBAIN [62] bei Cetylsulfonsäurelösungen fest.

Die angereicherten Waschmittelteilchen bilden, wie SECK [63] zeigte, ein Gel von hydratisierten, polar orientierten Fettkettenionen bzw. Molekülen. Die lyophilen Gruppen dieses Gels ragen in das Wasser, der

---

[1] Bezüglich Q vgl. S. 134.

lipophile Kohlenwasserstoffrest ist mit dem hydrophoben Schmutz oder mit der Faser in Verbindung.

Eine zusammenfassende Betrachtung der Ladungsverhältnisse beim Waschen mit ionogenen Waschmitteln ergibt, daß das elektrokinetische Potential der Grenzfläche Faser(Schmutz)/Waschflotte und der Zwischenfläche Faser/Schmutz durch die Adsorption anionaktiver Fettkettenionen vergrößert wird.[1] Ein in gewisser Hinsicht ähnliches Verhalten zeigen die nichtionogen gelösten Mizellkolloide der modernen Waschmittel (CHWALA und MARTINA [34]). Die in Berührung mit Wasser an den Äthersauerstoffen durch Wasserstoffbrücken (S. 66) ausgebildeten Hydroxylgruppen erteilen dem Molekül an mehreren Stellen gehäufte, schwache, negative Ladungen, weshalb die Anreicherung derartiger Verbindungen an Grenzflächen diesen ebenfalls eine allerdings nur schwache negative Aufladung erteilt. Es treten Abstoßungskräfte zwischen Faser und Schmutz auf, die eine Auflockerung der gegenseitigen Bindung ermöglichen (Entfernung des Schmutzes). Parallel damit geht eine schwache elektrisch gleichsinnige Aufladung der von der Faser abgelösten und in der Waschflotte fein dispergierten Schmutzteilchen einher, wodurch ein Wiederausflocken derselben an der Oberfläche des Textilmaterials verhindert wird. Freilich tritt bei den nichtionogen aktiven Waschmitteln der Einfluß der gleichsinnigen elektrischen Aufladung auf den Waschvorgang zurück. In erster Linie wird hier die Waschfähigkeit durch Adsorption stark hydratisierter Teilchen, die einen hydrophoben Kohlenwasserstoffrest und wasseraffine Molekülstellen in polarer Anordnung enthalten, bewirkt. Es bildet sich eine Zwischenschicht gelartigen Charakters, die die Schmutzteilchen gut umhüllt. Eine große Änderung des Grenzflächenpotentials findet bei der Anreicherung nichtionogen aktiver Waschmittelteilchen an der Schmutzoberfläche nicht statt, woraus sich die ziemliche p_H-Unempfindlichkeit des Wascheffektes beim Waschen mit nichtionogenen Erzeugnissen erklärt (vgl. S. 193 ff.).

Die Adsorption kationaktiver, seifenartiger Kolloidelektrolyte in alkalischen, neutralen und schwach sauren ($p_H > 5$) Lösungen hat hingegen eine Verringerung der negativen Ladung von Protein- und Cellulosefasern sowie der dispergierten Schmutzteilchen und ein Sinken des elektrokinetischen Grenzflächenpotentials zur Folge. Es kann sogar eine Umladung, vor allem der Schmutzteilchen stattfinden, während die Fasern schwieriger umzuladen sind und meist noch eine schwach negative Ladung besitzen. Dadurch werden die Abstoßungskräfte zwischen Faser und Schmutzteilchen verringert, bzw. treten durch entgegengesetzte Ladungen starke Anziehungskräfte auf; der Schmutz wird dann förmlich auf der Faser fixiert.

Aus diesem Grunde waschen unter gewöhnlichen Verhältnissen nur die anionaktiven, seifenartigen Kolloidelektrolyte (Anionseifen), bzw. die sehr schwach negativ aufgeladenen, praktisch nichtionogen wirkenden Mizellkolloide beschmutzte Protein- und Cellulosefasern. Die Kation-

---

[1] Man kann sogar sagen, daß innerhalb gewisser Grenzen (p_H-Bereich 7 bis 11) die Waschwirkung parallel dem verstärkt negativen Grenzflächenpotential verläuft.

seifen sind keine Waschmittel im engeren Sinne;[1] in Sonderfällen, z. B. beim Waschen von Proteinfasern in stärker sauren Flotten ($p_H < 3$), wo das Textilmaterial (Wolle und Seide) eine positive Eigenladung hat, zeigen die Kationseifen infolge der gleichsinnigen positiven Aufladung von Faser- und Schmutzteilchen und der dadurch bedingten Abstoßungskräfte, eine Waschwirkung; vgl. auch S. 137.

Die von REYCHLER [67] und EVANS [25] für Kationseifen gefundene Waschwirkung bei beschmutzter Baumwolle unter gewöhnlichen Waschverhältnissen ist vielleicht darauf zurückzuführen, daß in Gegenwart von Soda die meist Fettsäuren enthaltenden Öle und Fette anionaktive Seifen bilden, die dann in der üblichen Weise reinigen.

8. Die Abhängigkeit des Grenzflächenverhaltens von der Art des Schmutzes.

Die Herabsetzung der Grenzflächenspannung Schmutz/Waschflotte hängt nicht allein von der Beeinflussung der Zwischenflächenarbeit durch die absorbierten Waschmittelteilchen, sondern noch vom Charakter der Schmutzgrenzfläche gegen das Wasser ab.

Es ist bekannt, daß im allgemeinen Schmutzteilchen mit eigenen polaren Gruppen, z. B. Öle und Fette pflanzlicher Natur, leichter entfernbar sind als die auf Basis mineralischer Öle.[2]

Insbesondere sind die durch langes Lagern an der Luft verharzten Schmierölflecken, die oft Graphit und meist katalytisch wirksame, feinst verteilte Eisenpartikelchen aus den Lagern der Maschinen enthalten, nur schwierig restlos entfernbar. Die schlechte Auswaschbarkeit apolaren Schmutzes gilt nicht nur für die Anionseifen, sondern nach Versuchen von CHWALA und MARTINA [34] auch für die nichtionogen aktiven Waschmittel, wie dies Tab. 36 und 37 zeigen.

---

[1] Vgl. GÖTTE [64], BERTSCH [65], LOTTERMOSER und FLAMMER [66].

[2] Deren Auswaschbarkeit wird außer durch ihre apolare Grenzflächengestaltung von der Moleküllänge und damit vom Siedepunkt wesentlich beeinflußt. So ist beispielsweise nach SPEAKMAN und CHAMBERLAIN [68] der Restfettgehalt einer mit 10% Paraffinöl geschmälzten Wolle nach dem Waschen mit Seife (5 g/l) in Abhängigkeit vom Siedepunkt des Paraffinöles folgender:

Siedepunkt in Grad Celsius bei 10 mm Quecksilbersäule	Restfettgehalt in Prozenten vom Wollgewicht	Siedepunkt in Grad Celsius bei 10 mm Quecksilbersäule	Restfettgehalt in Prozenten vom Wollgewicht
165—175	1,80	220—240	4,82
175—185	2,90	240—260	5,37
185—200	3,54	260—280	5,90
200—220	4,54	280—300	6,10

Demnach werden sich relativ niedrig siedende Mineralöle leichter entfernen lassen als hochsiedende Fraktionen bzw. verharzte, hochmolekulare Anteile.

Tabelle 36. Stückwäsche von 2,5% Mineralöl enthaltender Wolle bei 45° C in destilliertem Wasser. Der Wascheffekt ist durch den Entfettungsgrad (in Prozenten vom ursprünglichen Fettgehalt = 100%) gekennzeichnet. (Nach Chwala und Martina.)

Waschmittel	% Entfettung bei					
	ohne Zusatz gewaschen			gewaschen + 1 g Soda/Liter		
	1 g/l	2 g/l	4 g/l	1 g/l	2 g/l	4 g/l
Marseillerseife ..	1,2	1,5	2,2	1,3	2,1	35,1
Igepon T	59,8	73,0	79,6	54,0	58,2	58,8
Igepal W	40,0	53,8	80,5	38,1	44,5	77,9

Tabelle 37. Stückwäsche von 5% Olivenöl enthaltender Wolle bei 45° C in destilliertem Wasser. Der Wascheffekt ist durch den Entfettungsgrad (in Prozenten vom ursprünglichen Fettgehalt = 100%) gekennzeichnet. (Nach Chwala und Martina.)

Waschmittel	% Entfettung bei					
	ohne Zusatz gewaschen			gewaschen + 1 g Soda/Liter		
	1 g/l	2 g/l	4 g/l	1 g/l	2 g/l	4 g/l
Marseillerseife ..	1,5	23,2	44,4	2,2	47,8	82,5
Igepon T	64,1	77,9	83,6	56,5	68,0	70,3
Igepal W	42,8	61,3	92,1	40,1	57,9	90,0

Der Vergleich beider Tabellen zeigt vor allem bei den gewöhnlichen Seifen einen Unterschied im Grenzflächenverhalten der polare und nichtpolare Gruppen aufweisenden Schmutzteilchen beim Waschen.

Die sich daraus ergebenden, den Waschprozeß ungünstig beeinflussenden Verhältnisse können durch bewußte Veränderung der Grenzfläche Schmutz/Waschflotte in der Richtung eines polaren Aufbaues derselben durch Besetzung mit orientiert ausgerichteten Molekülen nicht nur von der Seite der Waschmittel wesentlich verbessert werden. Speakman und Chamberlain [68] zeigten, daß die Anreicherung von polar gebauten Molekülen *im* Schmutz, bzw. in dessen Grenzfläche gegen die Waschflotte die Zwischenflächenarbeit stark herabsetzt und von günstigem Einfluß auf den Waschprozeß ist.

Versetzt man Mineralöl mit polar gebauten Stoffen, die in Wasser unlöslich sind, z. B. mit Ölsäure (Olein, $C_{17}H_{33}COOH$), so orientieren sich die Ölsäuremoleküle infolge der hydrophilen COOH-Gruppe bei der Berührung des Mineralöles mit Wasser gegen letzteres. An der Grenzfläche Mineralöl/Wasser bildet sich eine Zwischenschicht von Oleinsäuremolekülen, die mehr oder weniger polar ausgerichtet sind, aus. Enthält die Waschflotte, wie dies meist der Fall ist, Alkalien (Soda), so entsteht die wasserlösliche Oleatseife, wodurch das Olein dem Mineralöl entzogen wird; eine polar orientierte Grenzschicht *im* Mineralöl kann sich deshalb nicht bilden. Trotzdem die Grenzflächenspannung des mit Ölsäure versetzten Mineralöles gegen Wasser stark herabgesetzt wird, ist die Auswaschbarkeit beispielsweise durch eine Seifenlösung erst bei sehr großen Zusätzen an Olein (zirka 40 bis 60%) wesentlich verbessert, wie aus Tabelle 38 ersichtlich ist.

Hingegen bewirken wasser- und alkaliunlösliche Körper mit polaren, hydrophilen Gruppen, z. B. Fettalkohole, etwa Octadecenol (Oleinalkohol, $C_{18}H_{35}OH$)[1] höhermolekulare Alkylamine, z. B. Octadecenylamin ($C_{18}H_{35}NH_2$) höhermolekulare Fettsäureamide, Fettsäurenitrile u. dgl., neben einer starken Herabsetzung der Grenzflächenspannung Mineralöl/Wasser einen verbesserten Auswascheffekt, da sie von der Waschflotte dem Mineralöl nicht entzogen werden (vgl. Tab. 39).

Um noch ein Bild von der Wirksamkeit des Octadecenylamins zu geben, sei angeführt, daß ein Zusatz von 2,5% desselben zu Mineralöl den Restfettgehalt von 2,74% auf 1,32% und ein solcher von 5% Octadecenylamin auf 0,79% Restfett herabsetzt. Anderseits bewirkt ein größerer Gehalt an höhermolekularem, kationaktivem Amin eine Fixierung des Mineralöles in der Wolle. Beispielsweise ergibt ein Zusatz von 50% Octadecenylamin[2] zum Mineralöl einen Restfettgehalt von 4,56% und ein Zusatz von 75% Octadecenylamin 5,51% Restfett. In letzterem Fall wird sogar Waschmittel aus der Waschflotte auf die mit kationaktiven Stoffen und Mineralöl versehene Wolloberfläche gefällt; vgl. S. 137 und Abb. 51.

Tabelle 38. Veränderung der Grenzflächenspannung Mineralöl/Wasser und der Auswaschbarkeit einer mit 5% Mineralöl geschmälzten Wolle durch Zusätze von Ölsäure.
(Nach SPEAKMAN und CHAMBERLAIN.)

Gehalt an Ölsäure im Mineralöl in Prozenten	Grenzflächenspannung Mineralöl/Wasser Dyn/cm	Restfettgehalt nach dem Waschen in Prozenten vom Wollgewicht
0	47,9	2,74
20	13,1	2,07
40	15,0	1,22
60	15,0	0,56
80	—	0,18

Tabelle 39. Veränderung der Grenzflächenspannung Mineralöl/Wasser und der Auswaschbarkeit einer mit 5% Mineralöl geschmälzten Wolle durch Zusätze von Octadecenol (Oleinalkohol).
(Nach SPEAKMAN und CHAMBERLAIN.)

Gehalt an Oleinalkohol im Mineralöl in Prozenten	Grenzflächenspannung Mineralöl/Wasser Dyn/cm	Restfettgehalt nach dem Waschen in Prozenten vom Wollgewicht
0	47,9	2,74
2,5	20,9	1,81
5	19,1	0,61
6	18,9	0,58
10	20,2	0,57

Wie man aus den obigen Ausführungen erkennt, müssen die günstigsten Bedingungen für den Waschprozeß nicht nur von der Seite der Waschmittel, sondern auch von der der Anschmutzung gesucht werden. Wird allen Faktoren entsprochen, so erhält man den im jeweiligen Fall besten Wascheffekt. Hand in Hand mit dem Grenzflächenverhalten des

---

[1] Ähnlich wirkt Cholesterinalkohol, der auch im Wollfett vorkommt.

[2] Bei einer 5%igen Schmälze; der Restfettgehalt nach dem Auswaschen des reinen Mineralöles betrug 2,74%.

Schmutzes gegen die wäßrige Waschflotte geht ein Dispergieren und Emulgieren der Schmutzteilchen einher, worauf zuerst DONNAN und POTTS [69] hinwiesen. Die Dispergier- und Emulgierkraft kann durch die Größe der emulgierten Schmutzteilchen charakterisiert werden. Deren Durchmesser wurde von HARKINS und BEEMANN [70] an den in der Waschflotte feinst verteilten Öl- und Fetttröpfchen in günstigsten Fällen zu etwa $1,5\,\mu$ ($1,5\,.\,10^{-4}$ cm) gefunden; oft sind aber die emulgierten Öl-, Fett-, Ruß- usw. Teilchen wesentlich größer. Dies hängt davon ab, ob dem Geschehen an der Grenzfläche Schmutz/Waschflotte in allen Punkten in zweckentsprechender Weise Rechnung getragen wurde. Ebenso spielen, wie bereits gezeigt, die Aufladeverhältnisse durch die ionogenen Waschmittelteilchen eine wichtige Rolle.

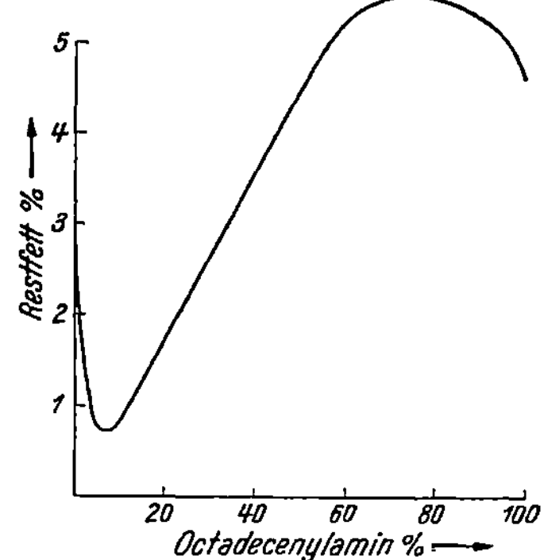

Abb. 51. Restfettgehalt einer mit 5% Mineralöl geschmälzten Wolle nach dem Waschen mit Seife in Abhängigkeit von der dem Mineralöl zugesetzten Octadecenylaminmenge. (Nach SPEAKMAN und CHAMBERLAIN.)

9. Die Abhängigkeit des Grenzflächenverhaltens des Schmutzes beim Waschvorgang von der Art des Fasermaterials.

Neben der Grenzfläche Schmutz/Waschflotte, die im wesentlichen der Ort ist, wo alle Dispergier-, Emulgier- (allgemein: Zerteilungs-) und Adsorptionsvorgänge vor sich gehen, spielt für das Waschvermögen noch die Grenzphase Textilfaser/Schmutz eine Rolle. Das Restvalenzkraftfeld bei den Protein- und Cellulosefasern ist in Übereinstimmung mit ihrem chemischen Aufbau sehr verschieden. Die Wolle besitzt örtlich starke Bindungskräfte durch die gehäuften —CO—NH-Gruppen, so daß sie die Schmutzteilchen stärker anzieht als Cellulosefasern, die verhältnismäßig schwache Anziehungskräfte zwischenmolekularer Natur durch die Hydroxylgruppen entwickeln. Hierzu kommen noch die Kapillaranziehungskräfte, die in den engen Wasserwegen und submikroskopischen Räumen der Fasern auftreten; sie sind bei der Wolle etwa 60 Å, bei der Baumwolle etwa 110 bis 130 Å weit;[1] vgl. S. 37 und 23. Dementsprechend konnten SPEAKMAN und CHAMBERLAIN [68] bei Waschversuchen von 5% Mineralöl enthaltender Wolle und Baumwolle mit Seifenlösungen, bei letzterer günstigere Reinigungseffekte als bei Wolle erzielen, wie folgende Gegenüberstellung zeigt:

---

[1] Die kapillaren Anziehungskräfte errechnen sich nach der OSTWALDschen Formel (71) $p = \dfrac{2\,\sigma}{r}$, worin p den Kapillardruck, σ die Grenzflächenspannung und r den Kapillardurchmesser angibt, bei einem Grenzflächenspannungswert von etwa 100 Dyn/cm und einem Durchmesser der submikroskopischen Kanäle von 60 bis 130 Å zu etwa 350 bis 170 (!) Atm. Die engen Kapillaren üben demnach größere Anziehungskräfte aus als die weiten.

Faser	Restfettgehalt in Prozen- ten vom Fasergewicht[1]
Wolle	2,42
Baumwolle	0,58

Ferner ist bei Waschprozessen von Proteinfasern und Cellulosefasern zu berücksichtigen, daß erstere in alkalischen Flotten höchstens bei 50 bis 55° C gewaschen werden dürfen, da sonst Faserschädigungen unvermeidlich sind. Hingegen können Cellulosefasern, vor allem auf Basis nativer Cellulose (Baumwolle) bei höherer, sogar bei Siedetemperatur und darüber (Beuche) gewaschen werden, wodurch der Waschprozeß nicht unerheblich begünstigt wird.

Auf eine technische Maßregel, die beim Waschen niemals unbeachtet bleiben sollte, sei hier im Zusammenhang mit dem Grenzflächenverhalten Schmutz/Faser verwiesen, nämlich auf ein ausreichendes Quellen des beschmutzten Fasermaterials vor dem eigentlichen Waschprozeß. Meist wird dies durch das sog. „Einweichen" vollzogen; häufig verwendet man hierzu schon einmal benutzte „Waschlauge". Hierdurch wird das Eindringen der grenzflächenaktiven Waschmittelteilchen in die submikroskopischen Räume der Fasern wesentlich erleichtert; die darin befindliche Luft wird verdrängt, die Schmutzteilchen benetzt, losgelöst und dispergiert bzw. emulgiert. Die unter Aufnahme der hydratisierten Waschmittelteilchen eintretende Quellung der Protein- und Cellulosefasern erfolgt gemäß S. 47 und 41 besonders in alkalischen und stark sauren Flotten, weshalb im allgemeinen eine innerhalb gewisser Grenzen gehaltene Alkalität der Waschflotte einer neutralen oder schwach sauren p_H-Einstellung vorzuziehen ist; vgl. aber S. 193 ff.

10. Die Beeinflussung der Ladungsverhältnisse und des Waschvermögens durch das p_H.

Für das Waschen mit ionogen aktiven Waschmitteln ist das elektrokinetische Potential der Textilfasern und des Schmutzes von großer Be-

---

[1] Analog werden infolge der größeren Affinität der Anionseifen zu den Proteinfasern von der Wolle mehr Waschmittelteilchen adsorbiert als von der inaktiveren Baumwolle; dies ist aus der folgenden Gegenüberstellung nach ADAM [26] ersichtlich.

| Waschmittel | Adsorbierte Waschmittelmenge von | |
| | Wolle | Baumwolle |
	in Prozenten	
Gewöhnliche Seife.........................	2,3	0,17
Cetylnatriumsulfat ($C_{16}H_{33}OSO_3Na$).........	0,3	0,17
Cetylnatriumsulfonat ($C_{16}H_{33}SO_3Na$)........	0,8	0,23

Durch die starke Bindung der kapillaraktiven Waschmittelteilchen an der Wolloberfläche verarmt die Waschflotte um den äquivalenten Teil derselben, was die Waschkosten ungünstig beeinflußt; bei zu starker Adsorption, wie sie insbesondere bei lange dauernden Waschoperationen eintritt, kann dadurch der Reinigungseffekt nicht unerheblich verschlechtert werden (vgl. S. 151).

deutung, während es beim Reinigen mit nichtionogen aktiven Waschmitteln eine verhältnismäßig untergeordnete Rolle spielt.

Dieses elektrokinetische Potential kann außer durch Adsorption grenzflächenaktiver Waschmittelteilchen auch durch die Wasserstoffionenkonzentration derWaschflotte beeinflußt werden. So wurde gezeigt (s.S.53), daß die Protein- und Cellulosefasern im größeren Teil des Gesamt-p_H-Gebietes negativ geladen sind und nur in stark saurer Umgebung positive Ladung annehmen. Das Maximum des elektrokinetischen Potentials der Textilfasern wird in alkalischen Lösungen bei einem p_H von beiläufig 11 erreicht; ein zweites, schwächeres Maximum der (positiven) Aufladung ist bei den Proteinfasern in stark saurer Lösung anzutreffen. Im p_H-Bereiche 3 bis 5 zeigen die Protein- und Cellulosefasern kein wesentliches elektrokinetisches Grenzflächenpotential gegen die wäßrige Umgebung.

Parallel damit zeigt die Quellung dieser Fasern sowohl in saurer als auch alkalischer Lösung einen optimalen Wert, der beiläufig bei der gleichen Wasserstoffionenkonzentration auftritt, wo das elektrokinetische Grenzflächenpotential ein Maximum aufweist. Im p_H-Bereiche 4 bis 6 ist dagegen die Quellung nur gering. Man wird erwarten können, daß in Übereinstimmung mit dieser Erscheinung auch der Waschprozeß in saurer und alkalischer Umgebung bei Verwendung von ionogen aktiven Waschmitteln ein Maximum des Reinigungseffektes erkennen läßt, da hierbei die Abstoßungskräfte die größte Wirkung erreichen. Dies ist beim Waschen von Cellulosefasern mittels Anionseifen in der Tat festgestellt worden. RHODES und BASCOM [72] fanden für eine 0,25%ige Seifenlösung bei 40° C die günstigsten Waschbedingungen bei p_H 10,7, was von GÖTTE [63] bestätigt wurde. DUNBAR [73] ermittelte den größten Weißgehalt beim Waschen beschmutzter Baumwolle mittels Cetylnatriumsulfat (Temperatur 45° C) bei p_H 10. RHODES und WYNN [74] bestimmten kürzlich die optimale Waschkraft von Seife — ebenfalls beim Waschen von beschmutzter Baumwollware — bei p_H 9,66.

Anderseits scheint eine zu allgemeine Betonung der besten Waschbedingungen bei p_H 10,7 (vgl. z. B. LINDNER [75]) nicht ganz opportun, da REUMUTH [76] bei Waschversuchen an künstlich beschmutzter *Wolle* mittels Seife und Fettalkoholsulfonaten den besten Aufhellungsgrad bei p_H 9,5 bis 10 bzw. 8,5 bis 9,5 erhielt. Übereinstimmend damit fand KERTESS [77] bei Waschversuchen mit Fettalkoholsulfonaten als günstigste p_H-Einstellung für die Reinigung von Wolle einen Wert von 9,5. MULLIN [78] führt an, daß bei der Wäsche von Wolle nur ein sehr kleiner Alkalizusatz günstig, ein größerer hingegen ungünstig den Wascheffekt beeinflußt. PHILLIPS [79] gibt als günstigstes p_H für die Rohwollwäsche $p_H \sim 9$ an.

Von besonderer Wichtigkeit für unsere Kenntnisse der p_H-Abhängigkeit des Waschvermögens sind die Untersuchungen GÖTTES. Er ermittelte die reinigende Wirkung von Natriumstearat, Fettalkoholsulfonaten und verschiedener Kationseifen auf künstlich mit Tusch und pflanzliche sowie mineralische Öle verunreinigte Baumwolle, die unter stets gleichen Umständen gewaschen wurde. Der Wascheffekt ist durch den prozentualen Weißgehalt, bzw. durch den Grad der Aufhellung charak-

9*

terisiert. Davon muß der Weißgehalt, der beim Waschen mit einer Blindflotte, die nur Puffersubstanzen zur Einstellung des gewünschten p_H und keine Waschmittel enthält, erzielt wird, in Abzug gebracht werden. Letzteren bringt Tab. 40 und Abb. 52 für verschiedene p_H-Werte. Der Blindwaschwert zeigt bei p_H 4 bis 5 ein Minimum und in Übereinstimmung mit obigen Überlegungen im sauren bzw. alkalischen Medium ein Maximum. Hierbei beträgt jenes in der alkalischen Lösung ein Vielfaches des Maximalwertes in saurer Lösung.

Tabelle 40. Abhängigkeit des Wascheffektes reinen Wassers von der Wasserstoffionenkonzentration. (Nach GÖTTE.)

Puffergemisch	p_H-Wert des Wassers	Prozentualer, relativer Weißgehalt		
Salzsäure	1,0	17,50		
Glykokoll-Salzsäure	2,1	13,75		
,, ,,	3,3	12,00		
Kaliumbiphthalat-Natriumhydroxyd	4,0	11,75		
,, ,,	5,0	11,50		
Phosphatgemisch	6,0	12,75		
,,	7,0	18,5	17,0	
,,	7,5	19,5	21,0 (16,25)	
Borax-Salzsäure	8,0	19,75	20,25	
,, ,,	8,3	23,75		
Borax-Natriumhydroxyd	9,5	30,0		
,, ,,	10,0	37		
Soda-Salzsäure	11,0	37		
Soda-Natriumhydroxyd	12,0	37,5		
Natriumhydroxyd	12,6	41,5		

Dies stimmt völlig mit dem Gang des elektrokinetischen Potentials als Funktion vom p_H bei den Protein- und Cellulosefasern überein. Hierzu

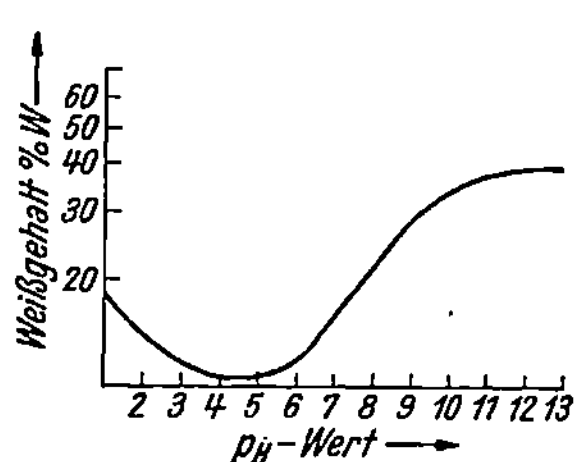

Abb. 52. Reinigungswirkung von Wasser verschiedener p_H-Werte auf künstlich beschmutzte Baumwolle bei 60° C. (Nach GÖTTE.)

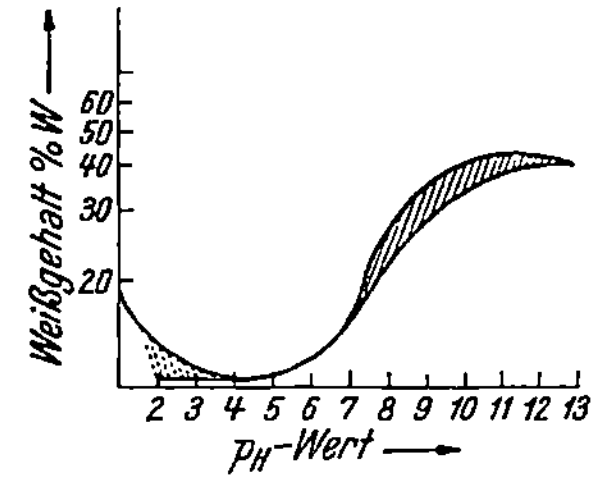

Abb. 53. Waschkraft einer Lösung von 1 g Natriumstearat im Liter, auf künstlich beschmutzte Baumwolle in Abhängigkeit vom p_H der Flotte bei 60° C. (Nach GÖTTE.)

kommt, daß, wie GÖTTE fand, emulgierte Schmutzteilchen bei p_H 5 die geringste Aufladung in wäßriger Umgebung zeigen. Es fehlen im p_H-Bereich 4 bis 6 die elektrischen Abstoßungskräfte, um ein Lockern des

Schmutzes von der Faseroberfläche und aus den Kapillaren zu ermöglichen. Die Kurve der Abb. 52 stellt somit eine Standardkurve für das Waschvermögen des reinen, mit Puffersubstanzen auf verschiedene p_H-Werte eingestellten Wassers dar und dient demnach als Bezugskurve für den Wascheffekt der Waschmittellösung. Den Aufhellungsgrad, der durch das Wasser allein bewirkt wird, bezeichnet man als „Wasserwert". Dementsprechend zeigen alle Kurven, die sich über der Bezugskurve im Diagramm befinden, eine bessere (positive) und solche, die unter der Bezugskurve liegen, eine verminderte (negative) Waschwirkung als reines Wasser von verschiedenem p_H an.

Die Waschkurve für eine Seifenlösung bringt Abb. 53. Sie wurde von Götte für 1 g octadecylsaures Natrium (Natriumstearat, $C_{17}H_{35}COONa$) im Liter in Abhängigkeit vom p_H ermittelt. Die schraffierte Fläche zwischen der Waschkurve des Natriumstearates und der Bezugskurve des reinen Wassers stellt die zusätzliche Waschwirkung des Natriumstearates dar. Sie befindet sich in einem p_H-Bereich von 7 bis 12. Die punktierte Fläche zwischen p_H 1 bis 4 gibt die Verminderung des Waschvermögens des Natriumstearates in saurer Umgebung im Vergleich zur Waschwirkung reinen Wassers vom gleichen p_H an. Der Grund der Verringerung des Wasserwertes ist der, daß bei einem p_H unter 7 die höhermolekularen fettsauren Alkalisalze in unlösliche Fettsäuren zersetzt werden. Diese scheiden sich an der beschmutzten Ware ab, umhüllen die Schmutzteilchen mit einer unlöslichen Schicht der Fettsäure, so daß die Emulgierung derselben durch

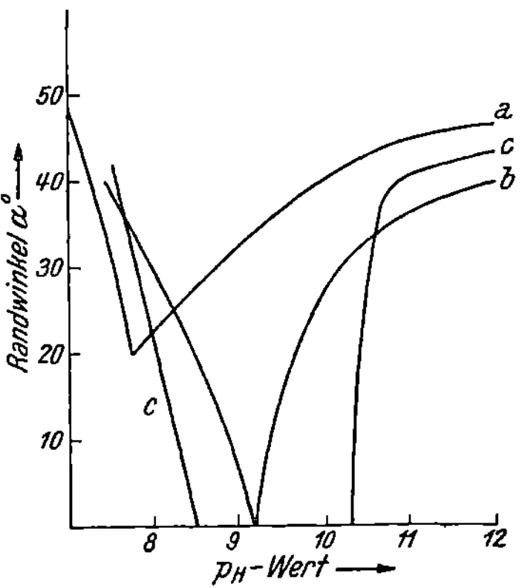

Abb. 54. Herabsetzung des Randwinkels von Paraffin durch Lösungen von 0,1 g Natriumoleat (a), 0,2 g Natriumoleat (b) und 1 g Natriumoleat (c) im Liter dest. Wasser bei 23° C. (Nach Powney und Frost.)

das Wasser verhindert wird. Aus dem Kurvenverlauf sieht man ferner, daß das Maximum des Wascheffektes in Übereinstimmung mit dem Befund von Rhodes und Bascom [72] bei p_H 10,7 liegt.

Das Auftreten eines optimalen Wascheffektes ist durch die Wechselwirkung mehrerer, einander unterstützender Erscheinungen bedingt:

1. Wie aus Abb. 54 hervorgeht, erreicht nach Powney und Frost [5] bei 23° C die Herabsetzung des Randwinkels von Paraffin bis zum Nullwert (wo freiwillige Benetzung eintritt) beim Natriumoleat ein Maximum im alkalischen Medium. Dessen Lage ist stark von der Konzentration des Natriumoleates abhängig. Eine Lösung, die beispielsweise 1 g $C_{17}H_{33}COONa$ im Liter enthält, zeigt eine Verringerung des Randwinkels auf 0° im p_H-Bereiche 8,5 bis 10,3. Schärfer ausgeprägte Randwinkelminima werden in verdünnten Seifenlösungen erhalten, ohne daß aber dabei immer ein Randwinkel $\alpha = 0°$ erzielt wird.

2. Parallel mit der maximalen Herabsetzung des Randwinkels zeigt die

Quellung der Protein- und Cellulosefasern bei p_H 10 bis 11 ihre stärkste Ausbildung (vgl. S. 47).

3. Weiters wächst das elektrokinetische Grenzflächenpotential zwischen Schmutz und Wasser mit zunehmender Alkalität fortgesetzt, wie aus Abb. 52 für die das Waschvermögen des reinen, nur mit Puffersubstanzen versetzten Wassers charakterisierende Wasserwertkurve hervorgeht. Allerdings wird hierbei ein Höchstwert in Funktion mit dem p_H nicht erreicht. Durch die Erhöhung der Hydroxylionenkonzentration steigt vielmehr der Weißgehalt der gewaschenen Baumwolle stets an; dieser Anstieg verflacht in stark alkalischen Flotten immer mehr.

4. Die langgestreckten Fettkettenionen seifenartiger Kolloidelektrolyte werden in Anwesenheit der Hydroxylionen, die an sich einen Teil der Wassermoleküle binden, dehydratisiert; sie scheiden sich entweder aus der Lösung ab (Aussalzeffekt) oder agglomerieren zu großen, ionischen Aggregaten (Mizellen, aufgeladenen Neutralteilchen u. dgl.), die kaum oder nur geringes Waschvermögen aufweisen, so daß mit zunehmender Alkalität nach einem Optimum der Weißgehalt der gewaschenen Baumwolle wieder sinkt. Die Elektrolytwirkung kann nicht allein durch Fremddionen, sondern auch durch die überschüssigen arteigenen Seifenanionen (und -kationen) zur Geltung kommen. Damit steht im Einklang, daß der beste Wascheffekt bei einer Konzentration von 2 bis 3 g/l Seife[1] erzielt wird. Eine größere Seifenkonzentration setzt den Waschwert infolge der aussalzenden Wirkung der eigenen Ionen herab. Eine geringere als die optimale Konzentration vermag das maximale Waschvermögen wegen der fehlenden waschaktiven Teilchen nicht zu erreichen.

Aus allen vier Erscheinungen, die ihrerseits wieder einen Bestwert in Funktion vom p_H zeigen, folgert bei gemeinsamem Zusammenwirken eine maximale Ausbildung des Waschvermögens.

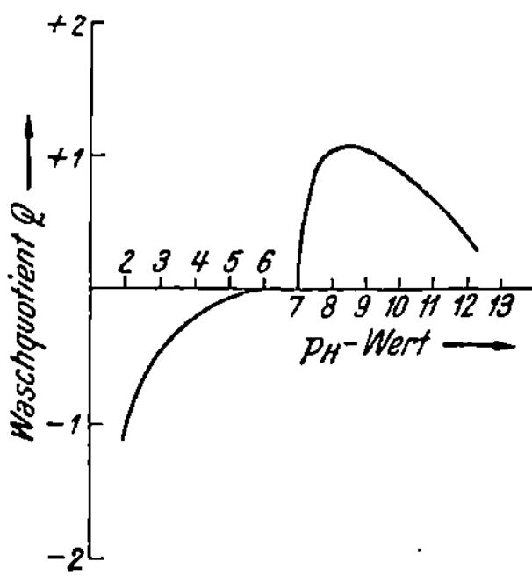

Abb. 55. Waschquotientenkurve für 1 g Natriumstearat/l in Abhängigkeit vom p_H beim Waschen künstlich beschmutzter Baumwolle; Temperatur 60° C. (Nach GÖTTE.)

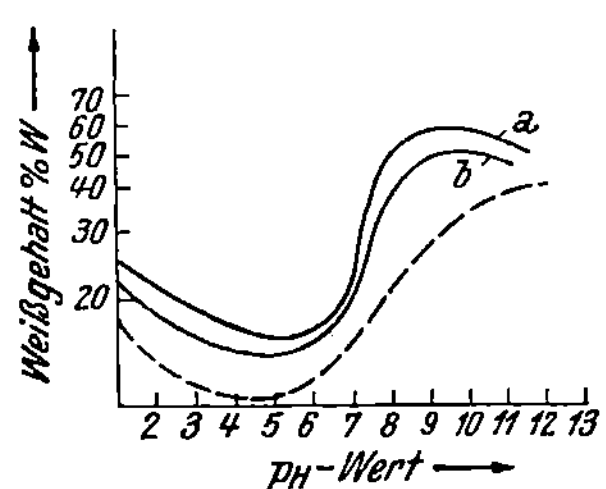

Abb. 56. Waschkraft einer Lösung von 1 g Hexadecylsulfat (*a*) und 1 g Octadecylsulfat (*b*) im Liter auf künstlich beschmutzte Baumwolle in Abhängigkeit vom p_H der Flotte bei 60° C. (Nach GÖTTE.)

Man kann den Reinigungsgrad wie in Abb. 52 und 53 durch die Waschwertkurve charakterisieren; eine rationellere Darstellungsweise ist die des sog. „Waschquotienten" (Q). Bezeichnet man nach GÖTTE den Weiß-

---

[1] RHODES und BASCOM [72] fanden das Optimum des Waschvermögens bei 40° C bei einer Seifenkonzentration von 2,5 g Seife im Liter, wobei die Seifenlösung ein. p_H 10,2 aufwies.

gehalt der mittels Waschmittel gereinigten Faser mit W_s und den durch Waschen im reinen, gepufferten Wasser erhaltenen Aufhellungsgrad (Wasserwert) mit W_0, so ist Q der Logarithmus des Quotienten

$$\frac{W_s}{W_o}, \text{ also } \log \frac{W_s}{W_o} = Q.^1$$

In Abb. 55 ist die Waschquotientenkurve für Natriumstearat in Abhängigkeit vom p_H angegeben. Man sieht deutlich, daß eine Waschwirkung nur im alkalischen p_H-Bereich entfaltet wird.

In ähnlicher Weise wie gewöhnliche Seifen hat GÖTTE die Fettalkoholsulfonate als Vertreter der neueren synthetischen Waschmittel bezüglich ihres Waschverhaltens beim Reinigen beschmutzter Baumwolle untersucht. Im Gegensatz zu den Seifen fand er die Waschkurve bei den Fettalkoholsulfonaten, beispielsweise beim Hexadecylsulfat oder Octadecylsulfat, im ganzen p_H-Bereich über der Bezugs- (Wasserwert-) Kurve des reinen Wassers vom gleichen p_H-Wert; die Abb. 56 bringt diesen Befund beim Hexadecyl- und Octadecylsulfat. Es ist aus ihr ersichtlich, daß die Waschwertkurve bei den Fettalkoholsulfonaten wie bei den Seifen einen Höchstwert in alkalischer Umgebung besitzt. Diese Erscheinung geht auf die gleichen, bereits bei den gewöhnlichen Seifen erörterten Ursachen zurück. Ferner zeigt Abb. 56, daß die Fettalkoholsulfonate, und ähnliches gilt für alle anderen säurebeständigen synthetischen Waschmittel, im Gegensatz zu den Alkalisalzen höhermolekularer Fettsäuren auch in saurer Lösung Waschwirkung entfalten, die allerdings der absoluten Höhe nach nicht die in alkalischer Flotte erreicht, sondern hinter ihr zurücksteht; überdies treten hierbei beim Waschen von Proteinfasern Nebenerscheinungen auf (vgl. S. 195).

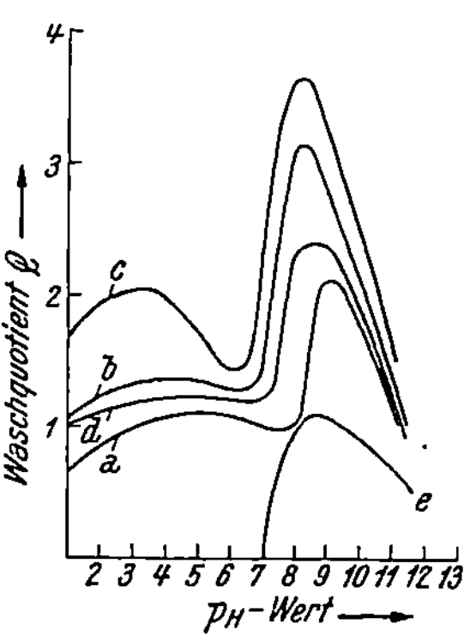

Abb. 57.   Waschquotientenkurve für 1 g Dodecyl- (*a*), Tetradecyl- (*b*), Hexadecyl- (*c*) und Octadecyl- (*d*) Natriumsulfat, sowie 1 g Natriumstearat (*e*) im Liter dest. Wasser beim Waschen künstlich beschmutzter Baumwolle; Temperatur 60° C.   (Nach GÖTTE.)

Nach den Versuchen GÖTTES überragen die Fettalkoholsulfonate in bezug auf Waschkraft die gewöhnlichen Seifen, was besonders deutlich aus den Quotientenkurven hervorgeht. In Abb. 57 sind die Quotientenkurven von Fettalkoholsulfonaten der allgemeinen Formel $C_nH_{2n+1} \cdot OSO_3Na$ (wobei n die Anzahl der Kohlenstoffatome in der Hauptvalenzkette darstellt) im Vergleich mit der Quotientenkurve von Natriumstearat (s. Abb. 55) gebracht. Vom Natriumstearat und von

---

¹ Hierbei ergibt sich die Quotientenkurve des reinen, mit Puffersubstanzen versehenen Wassers nach einfachen mathematischen Beziehungen als Abszisse.

Positives Q bedeutet einen Wascheffekt, der über den des Wassers gleichen p_H-Wertes hinausgeht; negatives Q bedeutet sinngemäß eine verminderte Reinigungswirkung.

den Fettalkoholsulfonaten (Dodecyl-, Tetradecyl-, Hexadecyl- [Cetyl-] und Octadecylnatriumsulfat) wurden je 1 g/l bei 60° C verwendet.

Die Quotientenkurven der Fettalkoholsulfonate beim Waschen künstlich beschmutzter Baumwolle liegen nach GÖTTE durchwegs höher als die des Natriumstearates,[1] was LOTTERMOSER und FLAMMER [66] nicht bestätigen konnten. Sie führen dies darauf zurück, daß die Verwendung verhältnismäßig großer Puffersubstanzmengen entgegen der Annahme GÖTTES die Waschwirkung der gewöhnlichen Seifen wegen der agglomerierenden und aussalzenden Wirkung beeinträchtigt, während die der synthetischen Waschmittel eher noch verbessert wird, wie Abb. 58 für *Igepon T* zeigt[2]. LOTTERMOSER und FLAMMER arbeiteten ohne Puffersubstanzen. Mit der Feststellung von LOTTERMOSER und FLAMMER stimmt auch das praktische Verhalten der Fettalkoholsulfonate überein. Hier soll noch nicht auf die Anwendung derselben in der Praxis eingegangen werden (vgl. S. 166); es sei aber schon jetzt darauf hingewiesen, daß die synthetischen Waschmittel, darunter auch die Fettalkoholsulfonate, die gewöhnlichen Seifen in manchen Belangen, z. B. in der Weißwäsche (Haushaltwäsche, Dampf-, Maschinenwäscherei), nicht ersetzen konnten.

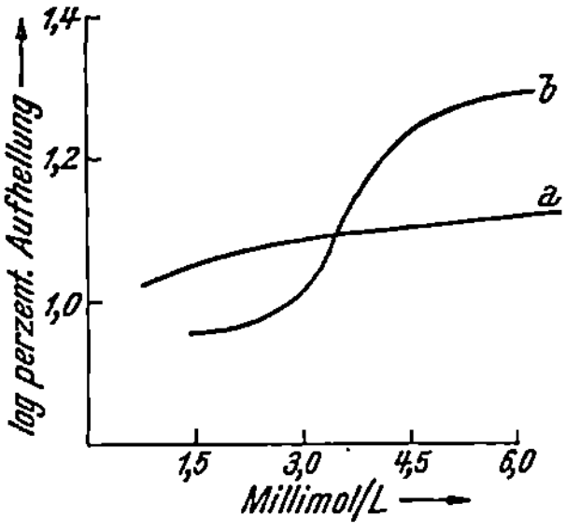

Abb. 58. Waschwirkung von *Igepon T* allein (*a*) und *Igepon T* in Gegenwart von KH_2PO_4 . $Na_2B_4O_7$-Puffer (*b*) bei p_H 7 und 40° C beim Waschen künstlich beschmutzter Baumwolle. (Nach LOTTERMOSER und FLAMMER.)

Bei der Beurteilung der besprochenen Waschversuche muß man sich vor Augen halten, daß aus Vergleichsrücksichten stets künstliche Anschmutzungen gewählt wurden, die sich zwar tunlichst den Bedingungen der Praxis nähern, die vielfältigen Erscheinungen des dort anzutreffenden Schmutzes aber nicht zu erreichen vermögen. Es sind deshalb die Ergebnisse derartiger laboratoriumsmäßiger Waschversuche nicht ohne weiteres auf praktische Verhältnisse übertragbar. Vor allem sind sie nicht als absolute Werte anzusehen, sondern variieren beim Waschen im Großen in einem gewissen Umfang. Je leichter die Anforderungen an das Waschmittel werden, um so mehr gleichen sich die Werte an; je schwieriger hingegen die Verhältnisse sind, um so ausgeprägter wird oft die Überlegenheit des einen

---

[1] Bemerkenswert ist die Tatsache, daß gemäß Abb. 57 aus der Reihe der untersuchten Fettalkoholsulfonate das Hexadecylnatriumsulfat (Cetylnatriumsulfat, $C_{16}H_{33}OSO_3Na$) unter den gewählten Versuchsbedingungen (Temperatur 60°) das beste Waschvermögen zeigt. Dies stimmt mit dem auf S. 109 und S. 112 angegebenen Auftreten eines Oberflächenspannungsminimums bei den Seifen und Fettalkoholsulfonaten mit 16 Kohlenstoffatomen im Fettrest bei etwa 60° C gut überein.

Einen ähnlichen Befund machten LOTTERMOSER und FLAMMER bei der Bestimmung der Waschkraft von Alkylnatriumsulfaten beim Waschen künstlich beschmutzter Baumwolle; bei einer Waschtemperatur von 40° C zeigte das Tetradecylnatriumsulfat den günstigsten Wascheffekt (vgl. S. 150).

[2] Vgl. auch S. 176.

Waschmittels gegen ein anderes sein. Dies hängt dann vom Einzelfall ab; allgemeine Schlußfolgerungen sind daraus meist nicht ableitbar, da es ausgeschlossen ist, in einer einzigen Versuchsserie alle Bedingungen, die die Praxis an ein Waschmittel stellt, zu berücksichtigen.

Auf S. 126 wurde bereits erwähnt, daß die Kationseifen, deren grenzflächenaktiver Rest im Kation gebunden ist, beim Waschen unter gewöhnlichen Bedingungen kein Reinigungsvermögen besitzen. GÖTTE zeigte an Hand des Triäthyl-laurylammoniumchlorids

$$(C_2H_5)_3{=}N\diagdown\genfrac{}{}{0pt}{}{Cl}{C_{12}H_{25}}\quad,$$

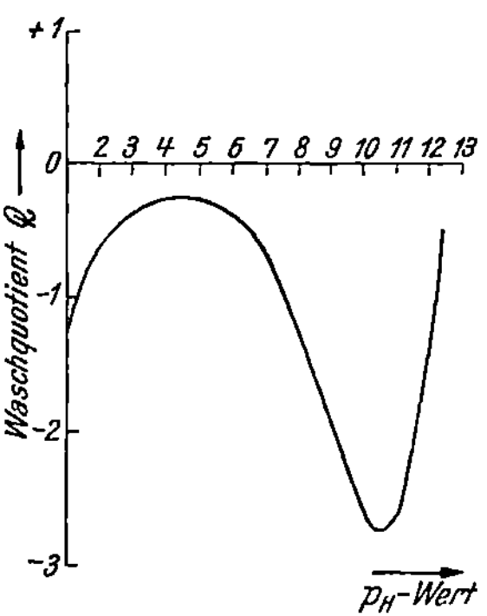

Abb. 59. Waschquotientenkurve für 1 g Triäthyl-laurylammoniumchlorid/1 beim Waschen künstlich beschmutzter Baumwolle; Temperatur 60° Celsius. (Nach GÖTTE.)

daß beim Behandeln künstlich beschmutzter Baumwolle mittels Kationseifen die Quotientenkurve in Funktion vom p_H vollständig im negativen Quadranten verläuft, wie es Abb. 59 bringt. Dies ist darauf zurückzuführen, daß die Cellulose auch in stark sauren Flotten ihre negative Ladung beibehält (vgl. S. 53). Hingegen werden beschmutzte Proteinfasern, z. B. Rohwolle, die in Lösungen, deren p_H unter 3 liegt, deutlich positive Eigenladung annehmen (vgl. S. 53), durch kationaktive, seifenartige Kolloidelektrolyte, welche den Schmutz ebenfalls positiv aufladen, befriedigend gewaschen.[1] Der dabei auftretende Wascheffekt ist ganz analog jenem, der beim Waschen der gewöhnlich negativ geladenen Faser mit Anionseifen erhalten wird, nur besitzt die elektrische Ladung umgekehrtes Vorzeichen. Zur sauren Wäsche von Proteinfasern benötigt man viel größere Mengen Kationseifen als Anionseifen beim gewöhnlichen Waschprozeß; der Mehraufwand kann unter Umständen 5- bis 15mal größer sein. Eine saure Wollwäsche mit Kationseifen wäre wirtschaftlich untragbar.

Eine interessante kolloidchemische Erscheinung tritt zuweilen beim Waschen von Proteinfasern in sauren Flotten auf. Wäscht man z. B. beschmutzte Wolle in einem Bad, das 0,5 g Schwefelsäure im Liter enthält und dessen Anfangs-p_H-Wert etwa 2,2 ist, bei einem Flottenverhältnis 1 : 50 und bei 50° C, so wird zunächst ein Teil des Schmutzes dispergiert; die Waschflotte wird trüb. In dem Maße, als die Wolle Schwefelsäure chemisch bindet (vgl. S. 37), steigt das p_H der Flotte und überschreitet den kritischen Wert von p_H 3,5; es ist nach 15minütiger Behandlungsdauer unter den oben angegebenen Bedingungen auf beiläufig 4,7 gestiegen. Die zuerst positiv geladene Wolloberfläche nimmt dann infolge der abnehmenden Säurekonzentration negative Eigenladung an (vgl. Abb. 22), wodurch die positiv geladenen, bereits dispergierten

---

[1] Bisher unveröffentlichte Versuche des Verfassers.

und emulgierten Schmutzteilchen wieder von der Wolle angezogen und festgehalten werden. Das schon oberflächlich gereinigte Wollmaterial wird wieder schmutzig und die trübe Waschflotte wasserklar.[1] Daraus ergibt sich die Schlußfolgerung, daß man mit Kationseifen nur dann eine saure Wollwäsche durchführen kann, wenn das p_H während der ganzen Waschdauer unter 3 gehalten wird (vgl. S. 126).

Infolge der gegenseitigen Fällung setzen Kationseifen die Waschwirkung anionaktiver seifenartiger Kolloidelektrolyte herab, wie GÖTTE für eine Mischreihe von Cetylnatriumsulfat und Cetylpyridiniumbisulfat zeigte; seine Versuchsergebnisse bringt Abb. 60. Man sieht, wie der Waschquotient des Cetylnatriumsulfates durch den Zusatz der Kationseife zunächst vermindert wird und bei einem Gehalt von etwa 55% Cetylpyridiniumbisulfat auf den Waschwert des reinen Wassers von gleichem p_H sinkt. Es sind dann die unlöslichen Salze der Anion- und Kat-

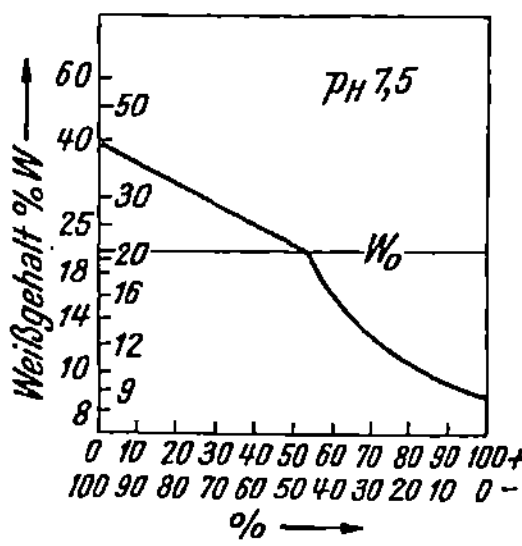

Abb. 60. Beeinflussung der Waschkraft von Cetylnatriumsulfat (—) durch Cetylpyridiniumsulfat (+) bei p_H 7,5. (Nach GÖTTE.)

ionseifen vorhanden, die nach CHWALA, MARTINA und BECKE [80] gemäß der Gleichung

$$[C_{16}H_{33}SO_4]^- + [C_{16}H_{33}{-}NC_5H_5]^+ \rightarrow \left[C_{16}H_{33}\overset{-}{S}O_4 \cdot \overset{+}{N}C_5H_5 \atop \underset{C_{16}H_{33}}{|} \right] \downarrow$$

entstehen. Da nach der Orientierungstheorie von LANGMUIR [8] und HARKINS [9] nur polar gebaute, grenzflächenaktive Stoffe für kolloidchemische Adsorptionsvorgänge in Frage kommen, ist es nicht verwunderlich, daß die unpolaren Salze aus hochmolekularen Anionen und Kationen kein Waschvermögen zeigen.

Setzt man der Mischung noch weiter Cetylpyridiniumbisulfat zu, so sinkt die Quotientenkurve unter jene, die mit reinem Wasser erhalten wird, da die überschüssige Kationseife beim angewandten p_H 7,5 auf die negativ geladene Faser aufzieht und den Weißgehalt dadurch noch verschlechtert.

Der Wascheffekt der Anion- und Kationseifen hängt sehr vom p_H der Waschflotte ab, derartig, daß erstere Protein- und Cellulosefasern vorzugsweise in alkalischer, neutraler oder schwach saurer ($p_H > 5$) Lösung und letztere nur Proteinfasern, und zwar ausschließlich in stark sauren Bädern ($p_H < 3$) reinigen. Die nichtionogen aktiven Waschmittel waschen — sofern dies ihre Konstitution zuläßt — sowohl Cellulose- als auch Proteinfasern im ganzen p_H-Bereich; sie werden in bezug auf Waschvermögen vom p_H der Flotte nur wenig beeinflußt. Ihre Quotientenkurve liegt bei der Reinigung von Protein- und Cellulosefasern bei allen p_H-Werten über der des reinen Wassers vom gleichen p_H.

---

[1] Unveröffentlichte Versuche des Verfassers.

11. Waschwirkung und Schaumfähigkeit.

Es wurde eingangs darauf hingewiesen, daß das Schaumvermögen seifenartiger Stoffe allein zu einer Erklärung des Waschvorganges nicht ausreicht, daß es aber einen Teilfaktor im Gesamtgeschehen beim Waschen ausmacht. Der Schaum unterstützt das Ablösen und die mechanische Entfernung des Schmutzes von der Faser; ferner ist er ein Indikator für die Anwesenheit waschaktiver Teilchen.

Er tritt dann auf, wenn Luft durch Bewegung der Waschflotte in diese eingeführt wird. An der Grenzfläche Luft/Waschflotte sammeln sich die Waschmittelteilchen (Fettkettenionen bzw. Moleküle) unter polarer, orientierter Ausrichtung. Das hydrophobe Ende ragt in die Luft, während die hydrophilen Gruppen, von Wassermolekülen umgeben,

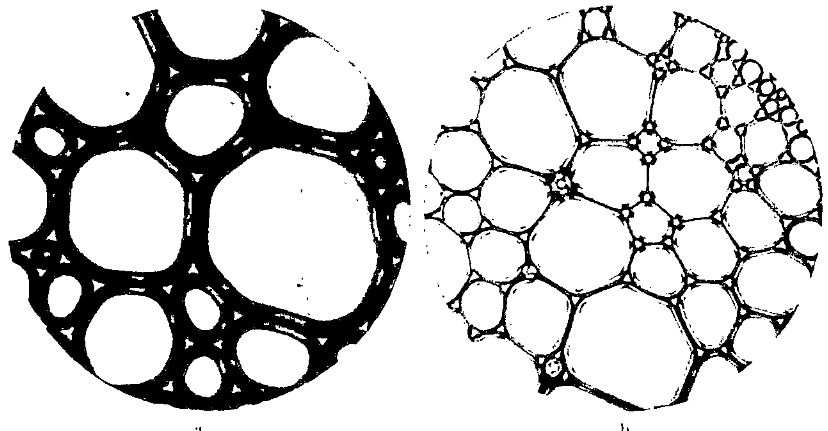

Abb. 61. Schaum von Seifen — (a) und Fettalkoholsulfonat — (b) -Lösungen. (Nach REUMUTH.)

solvatisiert sind. Es bildet sich an der Grenzphase ein dünnes Häutchen von Waschmittelteilchen aus. Nach Untersuchungen von PERRIN [81] sind die Waschmittelteilchen in diesen Häutchen geschichtet angeordnet. Die Elementarstufe der Schichtdicke fand er zu 4,2 bis 4,5 mμ (42 bis 45 Å), was der Länge eines Doppelmoleküls entsprechen würde. Die Gesamtdicke derartiger Schichten kann bis zu 120 mμ und darüber betragen.[1]

Damit der Schaum genügend Stabilität besitzt und nicht rasch zusammensinkt, ist es notwendig, daß seine Begrenzungswände, nämlich die polar ausgerichteten Waschmittelteilchen, eine gewisse Viskosität zeigen. Sie wird dadurch bedingt, daß, wie SECK [63] zeigte, derartige Schichten Gelcharakter aufweisen.

Die Wände zwischen den einzelnen Luftbläschen des Schaumes

---

[1] Dies würde einer Schichtenanzahl von etwa 30 Elementarstufen (Doppelmolekülen) entsprechen.

werden ringsum von den orientiert ausgerichteten Fettkettenionen bzw. Molekülen abgegrenzt; hierdurch wird förmlich ein Mantel gebildet. In der Mitte desselben befindet sich, wie in einer Kapillare, flüssige Waschmittellösung. Man bezeichnet die Grenzfläche zwischen den einzelnen Schaumbläschen als Schaumlamellen, da die Luftbläschen nicht kugelig, sondern von ebenen Flächen begrenzt sind. Der Schaum zeigt lamellare Struktur, wie aus Abb. 61 hervorgeht. In dieser sind Schäume von Seifen und Fettalkoholsulfonaten nach REUMUTH [82] in Form von Mikrophotographien dargestellt. Man sieht deutlich, daß der Schaum bei den Fettalkoholsulfonaten kleinblasiger ist; auch sind die Schaumlamellen bedeutend feiner.[1] Die Kapillaren in der Mitte der Lamelle sind gut entnehmbar. Für den Waschvorgang ist der Durchmesser der Kapillaren in Verbindung mit der Schmutzteilchengröße von Einfluß. Er darf nicht zu groß sein, da sonst die Kapillarkraft erheblich leiden würde; die Kapillaren dürfen auch nicht zu klein sein, da dann die Reibung in denselben beträchtlich ist und das Eindringen sowie Wegtragen der Schmutzteilchen erschwert wird.

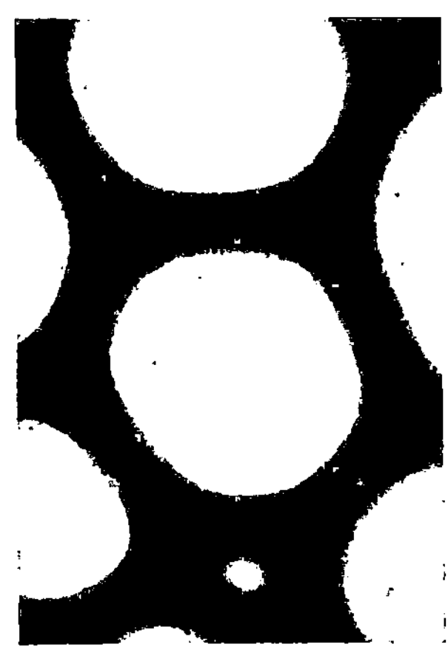

Abb. 62. Dispergierte Rußteilchen in einer Schaumlamelle. (Nach REUMUTH.)

Die Wirkung des Schaumes beim Waschprozeß ist eine unterstützende. Durch die Kapillarwirkung in den Schaumlamellen werden starke Attraktionskräfte auf die Schmutzteilchen ausgelöst; sie werden gelockert und von der Faseroberfläche teils durch die Kapillarkräfte der Schaumlamellen und zum größeren Teil durch die mechanischen Einflüsse der verschiedenen Waschbehelfe (Bewegung der Flotte, Reiben, Drücken, Quetschen u. dgl.) entfernt. Da sich hierbei jedes einzelne Schmutzteilchen mit einer Hülle adsorbierter Waschmittelteilchen umgibt, werden die Schmutzpartikelchen genügend hydratisiert, so daß sie sich in den mit Waschflüssigkeit angefüllten Kapillaren der Schaumlamellen bewegen können. In Abb. 62 ist der Transport von Rußteilchen in der Schaumlamelle einer Fettalkoholsulfatlösung nach REUMUTH dargestellt. Man sieht deutlich in der Mitte der Lamelle die mit den Rußteilchen beladene Waschmittellösung zirkulieren.

Die Schaummenge ist von der Länge der Hauptvalenzkette des Waschmittels abhängig. Bei den gewöhnlichen Seifen wurde eine solche Beziehung von GODBOLE und Mitarbeiter [83] festgestellt. Sie fanden

---

[1] Gemäß der OSTWALDschen Beziehung $p = \dfrac{2\,\sigma}{r}$ (vgl. S. 129) wird bei kleinerem Radius der Kapillare (r) bei gleichbleibender Oberflächenspannung (σ) der Kapillardruck (p) größer. Deshalb sind jene Anionseifen, deren Schaumlamellendurchmesser klein ist, kapillaraktiver als solche mit weiten Schaumlamellen.

für die Schaumzahlen[1] verschiedener Seifenlösungen die in der Tab. 41 zusammengefaßten Resultate.

Die Ausbildung eines Schaumzahlenmaximums beim Myristat mit 14 Kohlenstoffatomen in der Hauptvalenzkette ist deutlich zu beobachten. Dies gilt für eine Temperatur von 30° C. Bemerkenswert ist, daß die Oberflächenspannungserniedrigung der Myristate bei 30° C ebenfalls am größten von allen untersuchten Seifen ist (vgl. Tab. 22).

Tabelle 41. Schaumzahlen für Lösungen von Alkalisalzen höhermolekularer Fettsäuren (1 g/l) bei 30° C. (Nach Godbole und Sadgopal.)

Seife	Kohlen-stoffanzahl	Schaumzahlen von	
		Natrium-seife	Kalium-seife
Laurat	12	16,9	23,2
Myristat	14	48,9	94,0
Palmitat	16	5,4	20,4
Stearat	18	1,6	7,3
Oleat	18	15,4	21,2
Linoleat	18	1,1	6,2
Ricinoleat	18	0	0

Die Kaliumsalze weisen, da sie leichter löslich sind als die entsprechenden Natriumsalze, ein besseres Schaumvermögen auf. Ebenso besitzen die Oleate wegen des niederen Schmelzpunktes der Ölsäure trotz der 18 Kohlenstoffatome im Fettrest gutes Schaumvermögen.

Für die Fettalkoholsulfonate wurde das Schaumvermögen in Abhängigkeit von der Fettkettenlänge von Götte [64] ermittelt. In Abb. 63 ist die Schaummenge der Fettalkoholsulfonate von der allgemeinen Formel $C_nH_{2n+1}OSO_3Na$ bei 20, 40 und 60° C angegeben. Man ersieht daraus, daß die Schaummenge sowohl von der Länge der Hauptvalenzkette als auch von der Temperatur stark abhängig ist. Bei 60° C wird die optimale Schaummenge wie die maximale Oberflächenspannungsverminderung bei 16 Kohlenstoffatomen im Fettrest erreicht. Bei niederen Temperaturen, wo allerdings die höheren Glieder der homologen Reihe nur mehr wenig löslich und deshalb nicht mehr streng untereinander vergleichbar sind, verschiebt sich das Maximum der Schaummenge in die Richtung der niederen Glieder mit geringerer Kohlenstoffanzahl im Molekül. Gleichzeitig steigt, absolut gemessen, die

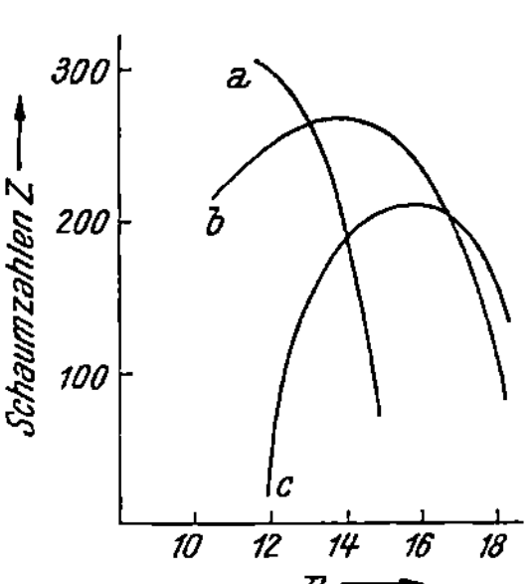

Abb. 63. Schaumvermögen von Fettalkoholsulfonaten bei 20° C (a), bei 40° C (b) und bei 60° C (c) in Wasser von 0° DH. (Nach Götte.)

Schaummenge, was im Gegensatz zur Waschwirkung steht, die im allgemeinen auch bei niederen Temperaturen — sofern nur die dieser Temperatur entsprechend optimal wirksame Anionseife verwendet wird — ziemlich gleich bleibt. Es kann auch aus diesem Grund die Schaummenge kein Maß für die Waschwirkung sein.

Wie sehr Schaum- und Waschvermögen voneinander unabhängig

---

[1] Über die Bestimmung der Schaumzahl vgl. [84].

sind, zeigen die folgenden Abb. 64 und 65 nach Angaben von Nüsslein [85]. In Abb. 64 ist die Schaum- und Waschkraft homologer Reihen von gewöhnlicher Seife und von synthetischen Waschmitteln des *Igepon-T*-

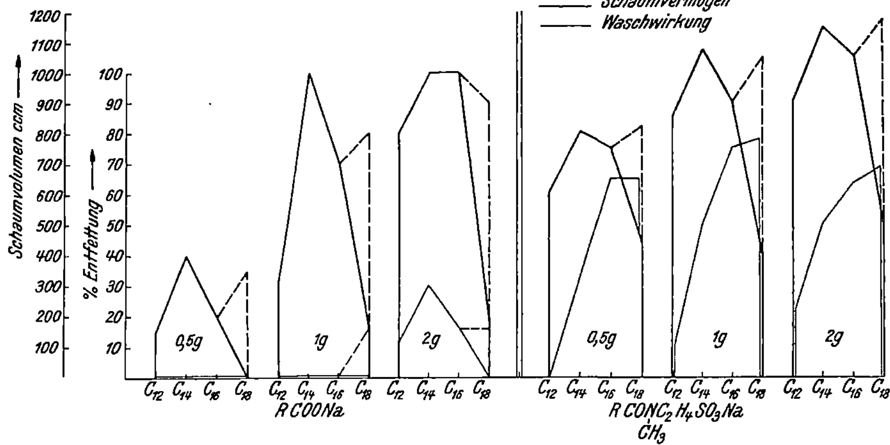

Abb. 64. Schaum- und Waschkraft homologer Reihen von gewöhnlicher Seife und von Waschmitteln des *Igepon T*-Typus beim Waschen von 5% Olivenöl enthaltender Wolle bei 40°C in dest. Wasser. Die Produkte sind 100%ig. (Nach Nüsslein.)

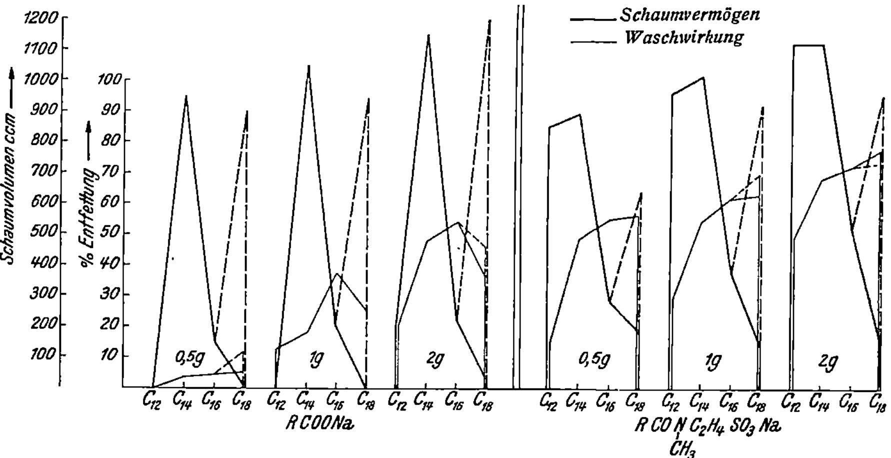

Abb. 65. Schaum- und Waschkraft homologer Reihen von gewöhnlicher Seife und von Waschmitteln des *Igepon T*-Typus beim Waschen von 5% Olivenöl enthaltender Wolle bei 40° C in dest. Wasser unter Zusatz von 1 g kalz. Soda im Liter. Die Produkte sind 100%ig. (Nach Nüsslein.)

Typus beim Waschen von Wolle, die 5% Olivenöl enthält, in neutraler Lösung bei 40° C angegeben. Abb. 65 bringt das Schaum- und Waschvermögen der gleichen Erzeugnisse unter denselben Waschbedingungen, aber unter Zusatz von 1 g kalz. Soda im Liter. Die strichlierten Linien bedeuten in allen Fällen die Schaum- und Waschkraft des Natriumoleates bzw. des *Igepon T.*

Man erkennt, daß der Schaum in der Tat in erster Linie ein Indikator für die Anwesenheit noch aktiver Waschmittelteilchen ist; als solcher wird er vom Praktiker geschätzt und zuweilen auch überschätzt, denn nicht jede Flotte, die stark schäumt, wäscht gut.

Ohne direkten Zusammenhang mit der Waschkraft ist das Schaumvermögen der Kationseifen. Obwohl ihre wäßrigen Dispersionen beachtlichen Schaum entwickeln, reinigen sie — z. B. Ammonium- oder Pyridiniumverbindungen — Cellulosefasern im ganzen p_H-Bereich nicht und Proteinfasern nur bei $p_H < 3$.

Die Schaumentwicklung ist bei den Alkalisalzen höhermolekularer Fettsäuren am stärksten. Die synthetischen Waschmittel, wie Fettalkoholsulfonate, Fettsäurekondensationsprodukte und nichtionogen aktive, seifenartige Stoffe, haben geringeren oder unbeständigeren Schaum.

12. Der Emulgier- und Dispergiervorgang; die Einwirkung von Waschmittelteilchen auf den Schmutz.

Der in der Praxis anzutreffende Schmutz ist teils mineralischer (kristalliner), teils fettartiger Natur.

Der mineralische Schmutz, zu dem auch der Ruß zu zählen ist, bildet mehr oder minder regellose Agglomerate größerer Einzelaggregate, die man als *Sekundärteilchen* bezeichnet. Sie setzen sich wieder aus den sog. *Primärteilchen* von etwa 100 bis 1000 Å zusammen, in welchen die Moleküle bereits regelmäßige Anordnung (geordnete Gitterbereiche) aufweisen, während die Sekundärteilchen völlig ungeordnet sind. Zwischen den einzelnen Primärteilchen klaffen regellos Spalten (submikroskopische Kanäle). Die chemisch-physikalische Zerteilung der größeren Agglomerate durch die eindringenden kapillaraktiven stark hydratisierten Waschmittelteilchen in die feinen Risse und Kanäle erfolgt durch Aufhebung der zwischenmolekularen Kräfte, die die Primärteilchen im Verband der Sekundärteilchen zusammenhalten. Diese Dispergierung verläuft nach Chwala [86] hauptsächlich in Richtung kleinerer Sekundärteilchen, die noch verhältnismäßig groß, etwa 10000 bis 100000 Å (1 bis 10 μ) sind.

Der fettartige Schmutz umgibt die Oberfläche der Faser meist in kompakter Schicht. Er befindet sich auch in den gröberen und feineren Rissen in der Fasersubstanz und ist vielfach mit mineralischen Schmutzteilchen vermischt. Die Dispergierung fettigen Schmutzes erfolgt im wesentlichen durch Herabsetzung des Randwinkels zwischen Fett und Wasser. Zunächst ist, wie Abb. 66a zeigt, infolge der zusammenhängenden Bedeckung der Faseroberfläche durch den öl- und fettartigen Schmutz der Rand- (Kontakt-) Winkel α zwischen Schmutz und Wasser größer als 90° und oft nahezu 180°; reines Wasser kann an solche Faserstellen nicht herankommen. Setzt man dem Wasser grenzflächenaktive Waschmittel zu, so reichern sich deren Teilchen an der Faseroberfläche an. Infolge ihres Bestrebens, die ganze Faseroberfläche mit einer möglichst dichtgepackten Hülle (deren Dicke etwa 15 bis 25 Å ist) aus adsorbierten Waschmittelteilchen zu umgeben, zeigen sie zur Faser größere Affinität

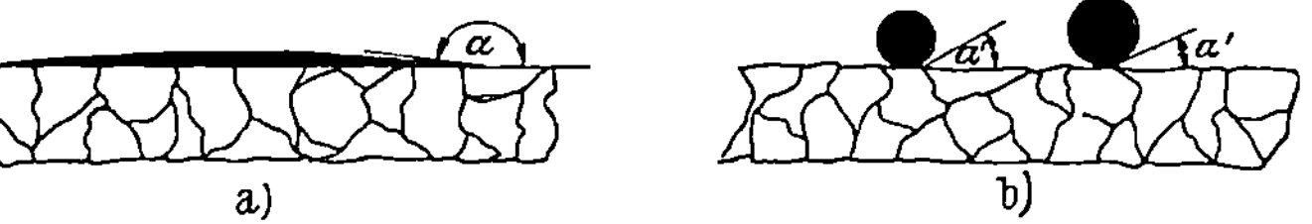

Abb. 66. Abhängigkeit des Dispergiervermögens der Waschflotten vom Randwinkel. (Nach ADAM.)

als der öl- oder fettartige Schmutz und verdrängen ihn unter Bildung von Kügelchen, deren Randwinkel α' kleiner als 90° ist; vgl. Abb. 66b.

Im einzelnen kann man sich diesen Vorgang durch folgende schematisch skizzierte Teilerscheinungen bewirkt denken (Abb. 67a bis c).

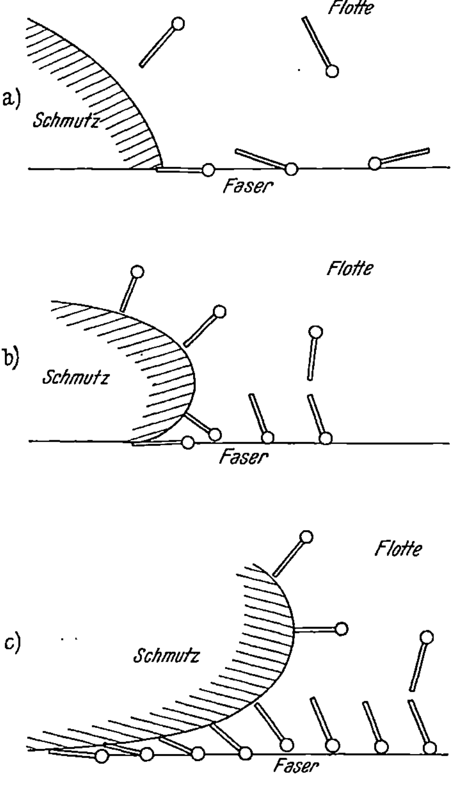

Abb. 67. Schematische Darstellung der Ablösung fettartigen Schmutzes von einer Faseroberfläche durch Waschmittelteilchen.

Am Beginn des Waschens sind nur wenig Waschmittelteilchen an der Grenzfläche Faser/Flotte vorhanden. Sie liegen mehr oder weniger flach in dieser Grenzfläche; ihre Lage kennzeichnet Abb. 67a. Mit zunehmender Konzentration oder längerer Waschdauer diffundieren immer mehr Waschmittelteilchen an die Zwischenfläche Faser/Flotte und Schmutz/Flotte. Wie Abb. 67b zeigt, stellen sich die Waschmittelteilchen infolge der stärkeren Grenzflächenbedeckung im Sinn der Ausführungen von ADAM [26] immer mehr auf, wobei der Rand des Öles oder Fettes, wo die Schmutzschicht am dünnsten und leichtesten angreifbar ist, von der Faseroberfläche abgehoben wird. Unter dem Druck der nachdrängenden herandiffundierten Waschmittelteilchen dringen letztere immer tiefer unter die Schmutzschicht ein und heben immer größere Teile derselben ab (Abb. 67c). Die aufgewölbten Anteile werden hierbei durch die von allen Seiten nachschiebenden Waschmittelteilchen zwangsläufig zu Kügelchen geformt, sofern die Waschtemperatur genügend hoch ist, um alles Fett und Öl in flüssiger Phase zu erhalten.

ADAM [26] konnte zeigen, daß beim Waschen öl- oder fetthaltiger Wolle — z. B. künstliche Anschmutzung aus Lanolin oder Mineralöl und Lampenruß u. dgl. — mittels Cetylnatriumsulfat ($C_{16}H_{33}OSO_3Na$)

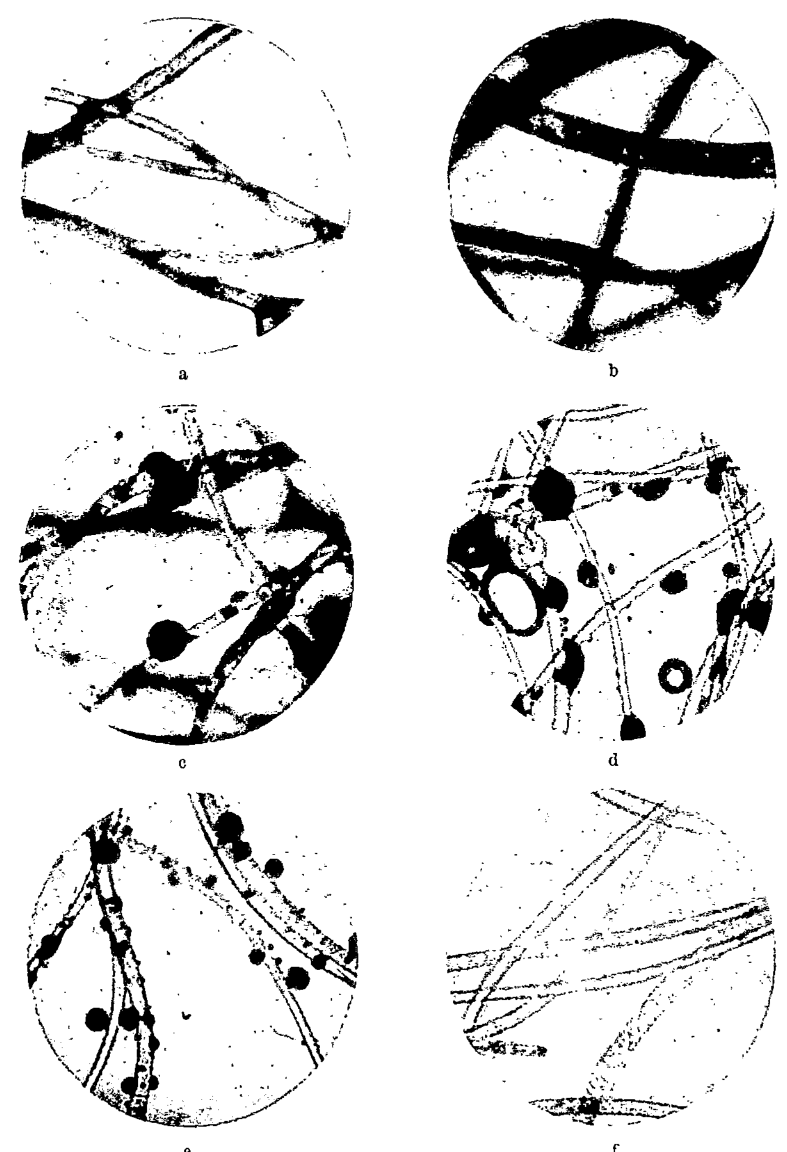

Abb. 68. Verhalten fettartigen Schmutzes beim Behandeln von Lanolin enthaltender Wolle mittels dest. Wassers (*a*) und mittels einer Lösung von 0,01 g/l (*b*), 0,05 g/l (*c*), 0,1 g/l (*d*) und 0,2 g/l (*e*) Cetyl-natriumsulfat bei 46° C; (*f*) zeigt die mit 0,2 g/l Cetylnatriumsulfat entfettete Wolle am Ende des Waschprozesses. (Nach ADAM.)

oder *Igepon T* ($C_{17}H_{33}CON$—$C_2H_4SO_3Na$) in der Wärme (46 bis 60° C)

$$\overset{|}{C}H_3$$

Chwala, Textilhilfsmittel.   10

das flüssige Fett oder Öl sich an der Faseroberfläche in Kügelchen ansammelt. Die Tröpfchen an der Grenzfläche Faser/Waschflotte werden mit zunehmender Waschmittelkonzentration im Bad immer kleiner, und schließlich von der Faser abgehoben, wie aus Abb. 68 hervorgeht.

Der öl- oder fettartige Schmutz wird infolge der eigenartigen kolloidchemischen Wirkung der von allen Seiten herandrängenden Waschmittelteilchen in Form von Tröpfchen gesammelt und hierauf durch die mechanischen Behelfe beim Waschen (Bewegung der Waschflotte oder des Waschgutes, Kapillarkräfte der Schaumlamellen u. dgl.) von der Faseroberfläche entfernt und sozusagen „ausgekehrt". Die auf beschriebene Weise von der Faser abgelösten fettartigen Schmutzteilchen sind verhältnismäßig grobdispers in der Waschflotte verteilt. Die Tröpfchen weisen in günstigsten Fällen einen Durchmesser von etwa 1,5 μ auf (vgl. S. 129). Durch Verwendung von Fettlöserseifen (s. S. 284) kann die Teilchengröße der dispergierten Öl- oder Fettkügelchen wesentlich verkleinert werden, wie ADAM [26] für den Fall einer mit Cyclohexanol versetzten gewöhnlichen Seife als Waschmittel und Mineralöl als Anschmutzung bewies.

13. Die Schutzkolloidwirkung der Waschmittel auf emulgierte Schmutzteilchen; die Verteilung des Schmutzes zwischen Flotte und Waschgut.

Nachdem der Schmutz von der Faseroberfläche abgelöst und zu einer Emulsion bzw. Suspension dispergiert ist, muß das Wiederaufziehen der bereits dispergierten Schmutzteilchen auf die Faser verhindert werden. Die Textilfasern zeigen nämlich deutliche Neigung, mineralischen oder fettartigen Schmutz zu adsorbieren. Bringt man eine völlig gereinigte Protein- oder Cellulosefaser in eine wäßrige Emulsion oder Suspension von Schmutzteilchen — die ohne Verwendung irgendeines Emulgators durch bloßes Schütteln erzeugt wurden —, so werden die eingebrachten Textilfasern stark schmutzig. Die aufgenommene Schmutzmenge nimmt mit zunehmender Behandlung zu. Deshalb wächst die Gefahr der Resorption bereits dispergierter Schmutzanteile aus der Waschflotte durch die Faser mit der Dauer der Waschoperation. Sie hängt ferner von der Temperatur und von der Flottenmenge im Verhältnis zum Waschgut (Flottenlänge) ab; besonders kurze Flotten sind in den Waschmaschinen anzutreffen.

Es stellt sich schließlich bei jedem Waschvorgang ein Gleichgewicht zwischen der von der Faser entfernten — wegdispergierten — und der von ihr wieder aufgenommenen — resorbierten — Schmutzmenge ein. Der Gleichgewichtszustand hängt in erster Linie von der Badkonzentration an grenzflächenaktiven Waschmitteln ab. DUNBAR [73] zeigte, daß aus einer 0,25%igen Spindelölemulsion bei 45° C um so weniger Öl von reiner Wolle aufgenommen wird, je höher die Konzentration an anionaktivem Waschmittel (Cetylnatriumsulfat), das der Spindelölemulsion zugesetzt wurde, ist (Tab. 42).

Man sieht daraus, daß selbst eine Waschmittellösung, deren Konzentration bereits unwirtschaftlich wäre, den Schmutz nicht restlos zu entfernen vermag.[1]

Die Einstellung eines Gleichgewichtes bei der Suspendierung festen Schmutzes (Rußteilchen) geht aus Peptisationsversuchen von Tierkohle mittels Natriumoleat hervor. Abb. 69 bringt die von v. Buzagh [87] dabei erhaltenen Versuchsergebnisse. Es sind darin die von 100 cm³ einer 0,8%igen Natriumoleatlösung nach 24 Stunden in Schwebe gehaltenen Kohleteilchen in Abhängigkeit von der zur Dispergierung angewandten Kohlemenge enthalten. Für den Reinigungsvorgang geht daraus hervor, daß zur Erzielung eines höchstmöglichen Wascheffektes eine zur Gleichgewichtseinstellung genügende Waschmittelmenge vorhanden sein soll, was sich im Auftreten eines Schaumes äußert.[2]

Allerdings ist zu beachten, daß nicht immer bis zum Erreichen des Gleichgewichtes gewaschen werden kann. In der Praxis wird der Waschvorgang meist so geleitet, daß eine möglichst weitgehende Reinigung in einer begrenzten Zeit erhalten wird.

Damit das Gleichgewicht

entfernter (dispergierter) Schmutz $\rightleftarrows$ resorbierter Schmutz

zur Erzielung eines größtmöglichen Wascheffektes tunlichst weit nach rechts verschoben wird, müssen die emulgierten und suspendierten Schmutzteilchen von einer Schutzhülle umgeben sein, die ihr Wiederausflocken verhindert oder mindestens sehr erschwert (Schutzkolloidwirkung).[3] Diese Rolle übernehmen die gröber dispersen, aggregierten, aber noch immer stark hydratisierten

Tabelle 42. Aufgenommene Ölmenge aus einer 0,25%igen Spindelölemulsion in Abhängigkeit von der Waschmittelkonzentration bei 45° C. (Nach Dunbar.)

Konzentration des zugesetzten Waschmittels ($C_{16}H_{33}OSO_3Na$) g/l	Von der Wolle im Gleichgewicht adsorbierte Ölmenge in Prozenten vom Wollgewicht
0,1	2,8
0,5	1,14
3,0	0,37
5,0	0,25
10,0	0,16

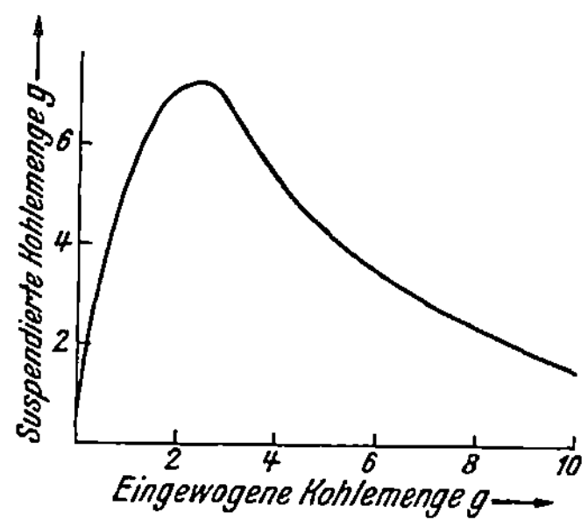

Abb. 69. Gleichgewichtseinstellung beim Peptisieren von Tierkohle mittels Natriumoleat in Abhängigkeit von der Kohlemenge. (Nach Buzagh.)

---

[1] Vgl. auch damit Tab. 36 und 37.

[2] Nach Carter [88] kann das Gleichgewicht bei festen Schmutzteilchen durch Zusatz von Wasserglas zur Lösung der Anionseifen in eine für den Waschvorgang günstigere Richtung getrieben werden.

[3] Man versteht darunter die Wirkung solcher Kolloide, die infolge großer Hüllen gebundenen Wassers gegen die Koagulation weitgehend geschützt sind und diesen Schutz auf instabile, hydrophobe Dispersionen (Sole, Emulsionen, Suspensionen, Trübungen) übertragen.

Die Dicke der aus stark hydratisierten Schutzkolloidteilchen bestehenden gequollenen Schutzhülle kann 30 bis 50 Å und mehr betragen (Lindner [89]).

Anteile der aktiven Waschmittelteilchen, nämlich die ionischen Mizellen und die oberflächlich aufgeladenen sog. Neutralkolloide. Die Schutzkolloidwirkung der Waschflotten ist demnach unmittelbar mit ihrem kolloidchemischen Aufbau verknüpft.

Seifenartige Kolloidelektrolyte, die schon bei gewöhnlicher Temperatur vorzugsweise molekulardispers verteilt sind oder sich im sog. „Vormizell"-Stadium befinden, werden in der Hitze keine guten Schutzkolloideigenschaften entwickeln, da in Funktion mit zunehmender Temperatur eine Erhöhung des Dispersitätsgrades und damit eine Verringerung der für die Schutzwirkung maßgeblichen gröber dispersen Teilchen verbunden ist. Umgekehrt weisen Anionseifen, die bei gewöhnlicher Temperatur nur in groben Kolloidteilchen vorliegen, infolge der mit wachsender Temperatur abnehmenden Teilchengröße in der Hitze gutes Schutzkolloidvermögen auf.[1] Dementsprechend waschen Anionseifen mit ungesättigter Fettkette in der Kälte oder Lauwärme (Wollwäsche; Rohwolle und Stückwolle) gut, in der Kochhitze hingegen schlechter. Umgekehrt waschen Anionseifen mit hochmolekularer, gesättigter Fettkette (16 bis 18 Kohlenstoffatome) wegen der geringen Löslichkeit in der Kälte schlecht, dafür wegen des guten Schutzkolloidvermögens, das selbst in der Kochhitze eine Resorption des suspendierten Schmutzes weitgehend verhindert, in kochenden Bädern (z. B. Weißwäsche von Baumwolle und Leinen) gut.

Das Schutzkolloidvermögen verschiedener Anionseifen wurde von BAUDOUIN [90] nach der Rubinzahlmethode[2] bestimmt. Seine Versuchsergebnisse bringt Tab. 43.

---

[1] So beträgt beispielsweise das Schutzkolloidvermögen von Natriumstearat, gemessen nach der Goldzahlmethode (vgl. diesbezüglich Fußnote 2), bei 60° C 100 mg/100 cm³ Goldsol, hingegen bei 100° C bloß 0,1 mg/100 cm³ Goldsol, d. h. in der Kochhitze ist das Schutzkolloidvermögen des Natriumstearates etwa tausendmal größer als bei 60° C.

[2] Zur Messung der schutzkolloiden Wirkung kann die Goldzahlmethode von ZSIGMONDY [91] oder die Rubinzahlmethode von OSTWALD [92] verwendet werden.

Im ersten Fall benutzt man den Farbtonumschlag nach Violett, den ein feindisperses, hochrotes Goldsol bei Zusatz von Elektrolyten zeigt. Als „Goldzahl" bezeichnet man die Anzahl Milligramm Schutzkolloid, die eben nicht mehr ausreicht, um den Farbtonumschlag von 10 cm³ Goldsol beim Zusatz von 1 cm³ 10%iger Natriumchloridlösung zu verhindern.

Bei der Rubinzahlmethode wird der Farbtonumschlag von Rot nach Violett, den eine 0,1%ige Kongorubinlösung bei Zusatz von Elektrolyten zeigt, als Indikator für die den Koagulationsvorgang begleitende Abnahme des Dispersitätsgrades angewandt.

Als „Rubinzahl" bezeichnet man diejenige Schutzkolloidmenge in Milligramm, berechnet auf 100 g Kongorubinsol von einer Endkonzentration von 0,01%, die den Farbtonumschlag durch 160 Millimole Natriumchlorid nach 10 Minuten gerade nicht verhindern kann.

Die Rubinzahlmethode entspricht besser den textilpraktischen Anforderungen als die Goldzahlmethode, da sie mit einem substantiven Farbstoff durchgeführt wird und deshalb den textilen Vorgängen, z. B. in der Färberei, angepaßter ist.

Tabelle 43. Schutzkolloidvermögen verschiedener Anionseifen, charakterisiert durch
die Rubinzahl. (Nach BAUDOUIN.)

Anionseife	Rubinzahl in Prozenten[1]
Leim	0,04
Gelatine	0,045
Eialbumin	0,15
Natriumoleat	0,2
Türkischrotöl	(8,0)[2]
Monopolseife	(6,5)[2]
Fettalkoholsulfonat I	0,15
„ II	1,0
Fettsäurekondensationsprodukt I	0,25
„ II	0,30
Eiweißfettsäurekondensationsprodukt...	0,34
Alkylierte naphthalinsulfosaure Salze ..	1,0

Demnach zeigen die Eiweißstoffe das beste Schutzkolloidvermögen;
einzelne Anionseifen erreichen ebenfalls beachtliche Schutzwirkung gegen
das Ausflocken hydrophober Zerteilungen.[3]

14. Der Einfluß der Temperatur auf den Waschvorgang.

Der Einfluß der Temperatur auf den Wascheffekt verschiedener
Waschmittel ist nicht einheitlich. Hierbei ist wieder die entscheidende
Stellung der Fettrestkonfiguration zu beobachten. Die Art der löslich-
machenden Gruppe ist hingegen von geringerer Wichtigkeit.

Seifenartige Kolloidelektrolyte, die bereits bei gewöhnlicher Temperatur hochdispers vorliegen, weisen bei Temperaturerhöhung keine wesentliche Steigerung des Wascheffektes auf; oft sinkt dieser sogar, insbesondere beim Waschen in der Kochhitze. Ein solches Verhalten zeigen
die Anionseifen mit ungesättigtem Fettrest. Waschmittel, die in der
Kälte vorzugsweise grob disperse Sole bilden, entfalten mit zunehmender
Temperatur immer größere Waschkraft.

Dieses eigenartige, aus dem Dualismus zwischen hydrophober Kohlenwasserstoffkette und löslichmachender Gruppe resultierende Gehaben
hängt vom wechselnden Überwiegen der hydrophobisierenden bzw.
hydrophilisierenden Tendenz ab.

Da die Oberflächenspannung (σ) eine Teilerscheinung darstellt, die

---

[1] BAUDOUIN wählte bei der Bestimmung der Rubinzahl in Abweichung
von der üblichen Angabe in Milligramm die Konzentration der Hilfs-
mittellösung in Prozenten, die nach 10 Minuten gerade die Farbtonänderung
verhinderte.

[2] Diese beiden Werte fallen aus, da ihr großer Eigenelektrolytgehalt
eine starke Verschlechterung des Schutzkolloidvermögens bewirkt.

[3] Hingegen besitzen die Verbindungen auf Polyätherbasis (vgl. S. 179)
ein Schutzkolloidvermögen, das das der Eiweißstoffe, die klassische Schutzkolloide sind, erreicht bzw. noch übertrifft.

mit anderen Faktoren den Waschvorgang bestimmt, ist es interessant, die Temperaturabhängigkeit von σ einer homologen Reihe von Anionseifen zu kennen. Daraus können — allerdings nur teilweise — Rückschlüsse auf den Waschprozeß in Funktion von der Temperatur gefolgert werden. In Tab. 44 ist nach GÖTTE [64] die Temperaturabhängigkeit des Oberflächenspannungsminimums mehrerer Glieder einer homologen Reihe von Fettalkoholsulfonaten der allgemeinen Formel $C_nH_{2n+1}OSO_3Na$ bei 40 und 60° C angegeben. In der letzten Spalte derselben ist unter der Bezeichnung Δ die Änderung der Oberflächenspannung nach dem Erwärmen von 40° C auf 60° C angegeben.[1] Die Fettalkoholsulfonate mit 12 und 14 Kohlenstoffatomen im Fettrest, deren kolloiddisperser Anteil — insbesondere Teilchen des Vormizellstadiums — bereits bei 40° C in großer Menge vorhanden ist, werden infolge der Temperaturerhöhung molekulardisperser; ihre Oberflächenaktivität sinkt. Die höhermolekularen Alkylsulfate mit 16 und 18 Kohlenstoffatomen in der Fettkette entwickeln bei 60° C mehr aktive, kolloiddisperse Teilchen als bei 40° C; ihre Oberflächenaktivität wächst mit steigender Temperatur.

Tabelle 44. Abhängigkeit der Oberflächenspannung von Fettalkoholsulfonaten von der Temperatur. (Nach GÖTTE.)

Fettalkoholsulfonat	Kohlenstoffatome	Oberflächenspannung		Δ
		40° C	60° C	
		Dyn/cm		
Dodecylnatriumsulfat	12	35,2	37,2	— 2
Tetradecylnatriumsulfat	14	35,8	37,1	— 1,3
Hexadecylnatriumsulfat	16	29,6	28,7	+ 0,9
Octadecylnatriumsulfat	18	34,3	31,4	+ 2,9

In ähnlicher Richtung verliefen die Versuche von LOTTERMOSER und FLAMMER [66], deren Ergebnisse Abb. 70 bringt. Beim Waschen künstlich angeschmutzter Baumwolle mittels gesättigter Alkylnatriumsulfate bei 40° C in destilliertem Wasser fanden diese Autoren das beste Reinigungsvermögen bei jenen Alkylnatriumsulfaten, die 14 bis 16 C-Atome im Fettrest enthalten, die also am Wendepunkt von Δ der Tab. 44 stehen.

Neben dem chemischen Feinbau der Waschmittelmoleküle spielt für den Ausfall des Waschvorganges bei dem gleichen Waschmittel auch die Waschtemperatur eine große Rolle. Abb. 71 bringt nach DUNBAR [73] den Entfettungsgrad verschieden geölter Wolle beim Waschen mit Cetylnatriumsulfat ($C_{16}H_{33}OSO_3Na$) in Funktion von der Waschtemperatur.

Die Waschversuche wurden mit Wollgarn durchgeführt, das je 5,4% Olivenöl, 6,25% Olein und 18,2% Mineralöl enthielt. Die Konzentration der Fettalkoholsulfonatlösung war bei der Wäsche der olivenölhaltigen Wolle

[1] Eine Herabsetzung der Oberflächenspannung wurde mit einem positiven, eine Erhöhung derselben mit einem negativen Vorzeichen, entsprechend einer Steigerung bzw. Verminderung der Oberflächenaktivität, versehen.

1 g/l, beim Olein 2 g/l und bei mit Mineralöl geschmälzter Wolle 4 g/l. Gewaschen wurde bei $p_H = 7$; Flottenverhältnis 1 : 50; Waschdauer eine halbe Stunde.

Aus Abb. 71 ist ersichtlich, daß man den besten Wascheffekt beim Cetylnatriumsulfat und mit Olivenöl, Olein und Mineralöl beschmutzter Wolle in einem Temperaturintervall von 40 bis 60° C erhält, was in guter Übereinstimmung mit obigem Befund Lottermosers und Flammers [66] steht.

Die Temperaturabhängigkeit des Waschvermögens von *Igepon T* ermittelte Schöller [93]. Wäscht man Wolle, die 5% Olivenöl enthält, bei p_H 7 und einem Flottenverhältnis 1 : 50 in einer Lösung von 0,8 g *Igepon T*/l, so werden bei 45° C 87%, bei 90° C hingegen nur 43% des

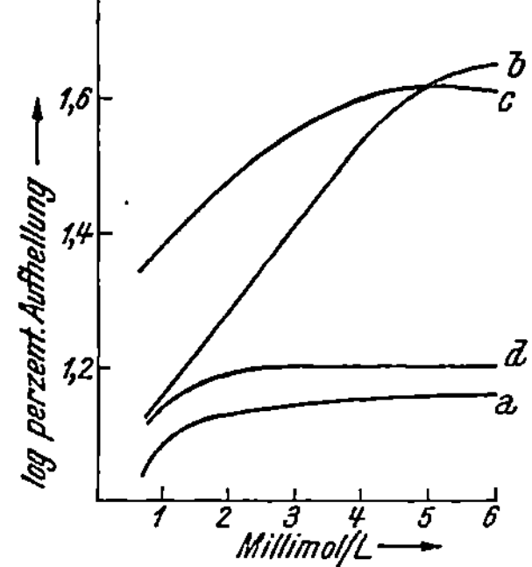

Abb. 70. Reinigungswirkung von Dodecyl-(*a*), Tetradecyl-(*b*), Hexadecyl-(*c*) und Octadecyl-(*d*)-Natriumsulfat auf künstlich beschmutzte Baumwolle bei 40° C in Funktion von der Konzentration. (Nach Lottermoser und Flammer.)

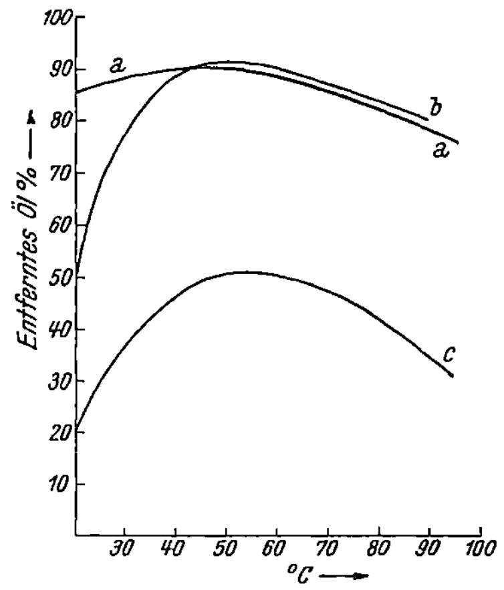

Abb. 71. Temperaturabhängigkeit des Wascheffektes beim Waschen von Olivenöl (*a*), Olein (*b*) und Mineralöl (*c*) haltigem Wollgarn mittels Cetylnatriumsulfat. (Nach Dunbar.)

angewandten Olivenöles entfernt. Ebenso sinkt der Entfettungsgrad beim Waschen von 5% olivenöl-, mineralöl- oder oleinhaltiger Wolle in einer Lösung von 2 g *Igepon T*/l unter sonst gleichen Waschbedingungen von 81 auf 77% bzw. von 20 auf 12% und von 55 auf 51%. Der Rückgang des Waschvermögens infolge der Bindung faseraffiner Waschmittelteilchen durch die Wolle bei zu hoher Waschtemperatur ist in konzentrierten Waschflotten geringer als in verdünnteren Bädern.

Über den Temperatureinfluß beim Waschen mit nichtionogenen und nicht faseraffinen Waschmitteln vgl. S. 198.

15. Die Abhängigkeit des Wascheffektes von der Waschdauer.

Die Peptisation des Schmutzes zu suspendierten und emulgierten Ruß- und Fetteilchen schafft, in Wechselwirkung mit der durch das Schutzkolloidvermögen der verschiedenen Anionseifen gesteuerten Resorption der in der Flotte bereits feinverteilten Schmutzpartikelchen durch das Fasergut, eine Art Verteilungsgleichgewicht des Schmutzes zwischen dem Waschgut und der Flotte.

Ist die Waschflotte an dispergiertem Schmutz gesättigt, so hört die Waschwirkung auf, um erst bei Erneuerung des Waschbades (Flottenwechsel) wieder einzusetzen. Es ist deshalb der Wascheffekt, wie RHODES und BRAINARD [94] zeigten, stark vom Flottenwechsel (Waschperiode) abhängig. Abb. 72 bringt die von ihnen erhaltenen Versuchsergebnisse. Künstlich · beschmutzte Baumwolle wurde bei 40° C in einer 0,25%igen Seifenlösung — $p_H = 10,2$ — unter fünfmaligem Erneuern der Waschflotte gereinigt. Die „Waschperiode" betrug $3^3/_4$, 7,5, 15, 30 und 60 Minuten, d. h. nach diesen Waschzeiten wurde das verbrauchte, mit Schmutzteilchen gesättigte Waschbad gegen ein frisches ausgewechselt. Die Gesamtwaschdauer ist alsdann 18,75, 37,5, 75, 150 und 300 Minuten, entsprechend den Punkten A, B, C, D und E der Kurve in Abb. 72.

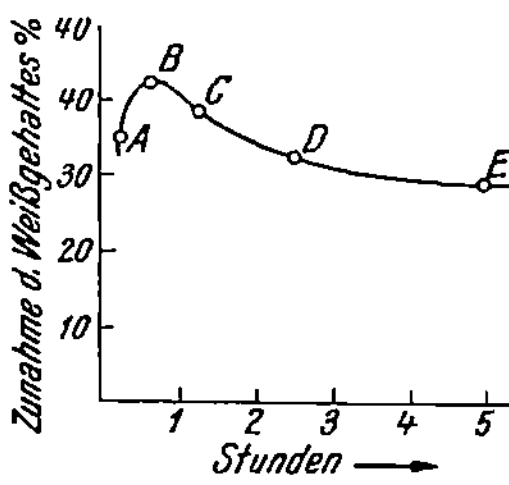

Abb. 72. Einfluß des Flottenwechsels auf den Wascheffekt (Weißgehalt) beim Waschen künstlich beschmutzter Baumwolle in einer 0,25%ig. Seifenlösung bei 40° C. (Nach RHODES und BRAINARD.)

Man sieht daraus, daß eine 7,5minutige Waschperiode (Kurvenpunkt B) den günstigsten Aufhellungsgrad ergab, während mit wachsender Waschdauer bei den einzelnen Waschperioden bis zur Flottenerneuerung der Reinigungseffekt immer mehr abnimmt. Offenbar hängt dies damit zusammen, daß die Schmutzteilchen in der Waschflotte unter Verbrauch grenzflächenaktiver Waschmittelteilchen allmählich feiner zerteilt werden, wodurch sie an sich leichter in die Wasserwege und submikroskopischen Hohlräume der Fasern eindringen und dort festhaften. Zum andern wird durch den in der Flotte noch weiter fortschreitenden Peptisationsprozeß die Schutzkolloidwirkung der Waschmittelteilchen infolge der neugebildeten Grenzflächen immer stärker beansprucht. Die Folge davon ist ein Verschieben des Gleichgewichtes

adsorbierter (festhaftender) Schmutz $\rightleftharpoons$ peptisierte (bewegl.) Schmutzteilchen

nach links. Während langdauernder Wäsche schlägt sich also ein Teil des vom Waschgut bereits entfernten Schmutzes wieder auf der Faser nieder (vgl. auch CARTER [88]).

16. Die Alterung der Waschflotten.

Die kolloiddispersen Systeme (Sole, Emulsionen, Suspensionen) sind im Gegensatz zu den molekulardispers verteilten Stoffen thermodynamisch instabil und von beschränkter Lebensdauer. Gröber disperse Kolloide flocken mit der Zeit aus; feindisperse Kolloide bilden größere Teilchen. Stets macht sich das Bestreben bemerkbar, den Dispersitätsgrad freiwillig in die Richtung niederer Energiewerte zu verändern. Auch die Sole seifenartiger Kolloidelektrolyte unterliegen dieser Erscheinung. Für den Benetzungs- (Adsorptions-), Dispergier- und Schutzkolloidvorgang beim Waschprozeß ist ein bestimmtes optimales Gleichgewicht zwischen dem Gehalt an Fettkettenionen, „Vormizellen", ionischen Mizellen und aufgeladenen, sog. Neutralkolloiden notwendig. Tritt durch den Alterungsprozeß des

Waschmittelsols eine Störung in der Gleichgewichtseinstellung im Sinn der Bildung weniger grenzflächenaktiver, größerer Agglomerate ein, so muß dadurch das Grenzflächenverhalten dieser Sole berührt werden.[1] Dies ist in der Tat der Fall. LASCARAY [15] zeigte, daß die oberflächenspannungsherabsetzende Wirkung von Lösungen der Alkalisalze höhermolekularer Fettsäuren (Natriumpalmitat und -stearat) 18 bzw. 24 Stunden nach der Zubereitung bereits merklich gelitten hat (Tab. 45).

Ebenso leidet das Schutzkolloidvermögen durch den Alterungsprozeß, wie dies an Hand der „Goldzahlen"[2] von PROSCH [95] und KRATZ [96] festgestellt wurde.

Parallel mit diesen Befunden sinkt die Waschwirkung beim Altern der Waschmittelsole, wie Abb. 73 nach Versuchen

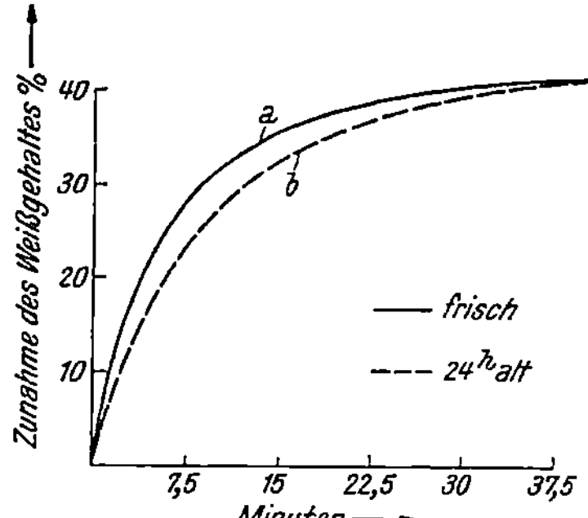

Abb. 73. Einfluß des Flottenalters auf den Wascheffekt beim Waschen künstlich beschmutzter Baumwolle mittels Seife. (Nach RHODES und BRAINARD.)

von RHODES und BRAINARD [94] bringt. Es ist darin der Weißgehalt einer künstlich beschmutzten Baumwolle nach dem Waschen mit einer sofort nach der Herstellung benutzten und mit einer 24 Stunden alten Seifenlösung dargestellt. Man bemerkt ein deutliches, durch das Altern hervorgerufenes Sinken der Waschkraft.

Tabelle 45. Veränderung der Oberflächenspannung von Seifenlösungen beim Altern; Temperatur 18° C. (Nach LASCARAY.)

Natriumpalmitat			Natriumstearat		
	Oberflächenspannung			Oberflächenspannung	
Konzentration g/l	sofort	nach 24 Std.	Konzentration g/l	sofort	nach 24 Std.
	Dyn/cm			Dyn/cm	
0,278	68,6	71,3	0,306	68,2	71,7
0,556	60,1	64,8	0,612	62,1	62,7
0,834	56,3	61,0	0,918	58,8	59,7
1,112	55,3	59,0	1,224	56,7	57,3

17. Zusammenfassende Darstellung der Verhältnisse beim Waschen.

Im wesentlichen ergibt sich aus den im Vorstehenden zergliedert behandelten Einzelerscheinungen, die in ihrer Gesamtheit den Wasch-

---

[1] Die ungünstige Beeinflussung der Waschkraft durch den Alterungsprozeß ist besonders bei solchen Anion- und Kationseifen bemerkbar, die an sich in wäßrigen Dispersionen gröber kolloide Teilchen entwickeln, z. B. bei den gewöhnlichen Seifen. Die mehr ionogen dispersen Fettalkoholsulfonate und Alkylsulfonate zeigen einen kleineren Alterungseffekt, da sich in ihren Solen nicht so schnell grob disperse Teilchen bilden.

[2] Vgl. S. 148, Fußnote 2.

prozeß bedingen, daß zur Entfaltung einer Waschwirkung die hydrophoben Schmutzteilchen benetzbar und wasseraffin gemacht werden müssen. Eine Zusammenfassung führt zu folgendem Bild über die verwickelten Vorgänge beim Waschen. Demnach sind von Belang:

1. *Geeignete Molekülgestalt.* Die bisher bekanntgewordenen Waschmittel enthalten einen langgestreckten normalen oder verzweigten hydrophoben Kohlenwasserstoffrest und eine meist endständig (polar) angeordnete hydrophile, ionogen aktive oder nichtionogen aktive Gruppe. Letztere bewirkt die Löslichkeit der Waschmittel im Wasser; während der hydrophobe Molekülanteil infolge der intermolekularen Anziehungskräfte zwischen den einzelnen Kohlenwasserstoffresten die Bildung kolloider Aggregate verursacht.

2. *Gleichgewicht zwischen hydrophilem und hydrophobem Bestreben.* Die Länge des hydrophoben Kohlenwasserstoffrestes (meist 20 bis 25 Å) muß in Übereinstimmung mit der Stärke der löslichmachenden Gruppe ($COONa$-, SO_3Na-, $-O-SO_3Na$-, $-N(R_1R_2)\cdot HAc$-, $-N(R_1R_2R_3)$-, $(-OH)_x$-, $(-O)_x$- usw.

$$\overset{\displaystyle|}{Ac}$$

Gruppen) stehen, damit die orientierte Adsorption der Waschmittelteilchen an der Schmutz- und Faseroberfläche nicht gestört wird.

3. *Dispersitätsgrad der waschaktiven Teilchen.* Für den Waschvorgang sind vorzugsweise zweierlei Arten kolloiddisperser Waschmittelteilchen (Mizellen) notwendig.

a) Solche, die nur aus wenigen agglomerierten Einzelteilchen (Fettkettenionen, Molekülen) bestehen, deren Mizellargewicht etwa 1000 bis 3000 ist und die verhältnismäßig labil sind.

Sie gehören zu den höchstdispersen kolloiden Teilchen einer Waschflotte (Vormizellen) und sind (mittelbar) die grenzflächen- und *waschaktiven* Anteile derselben.

Infolge der Metastabilität ihrer wäßrigen Dispersionen reichern sie sich an Grenzflächen (Faser, Schmutz) unter Rückbildung der nichtaggregierten Einzelteilchen an. Letztere bilden um die Fasern und Schmutzpartikelchen eine dünne, verhältnismäßig wenig beständige Hülle aus polar ausgerichteten, orientiert adsorbierten Fettkettenanionen bzw. Molekülen. Der dadurch bedingte Energiegewinn äußert sich in einer Verminderung der Ober- und Grenzflächenspannung, was die Voraussetzung für das Netz-, Durchdringungs-, Dispergier- und Emulgiervermögen ist. Erst dadurch wird eine rationelle Wäsche in der Praxis ermöglicht, da die Konzentration des Waschmittels an der Oberfläche des Waschgutes und des Schmutzes etwa 100- bis 1000fach größer als in der Waschflotte ist, so daß man mit Bädern, die nur 0,2 bis 5 g Waschmittel im Liter enthalten, auskommt.

b) Solche, die aus vielen aggregierten Einzelteilchen bestehen, wie in den ionischen Mizellen bzw. Neutralkolloidteilchen mit einem Mizellargewicht von 5 bis 30000 und darüber. Diese gröber dispersen Anteile der Waschflotte sind in Berührung mit Grenzflächen verhältnismäßig beständig und umgeben die bereits emulgierten oder suspendierten Schmutzteilchen mit einer dünnen, aber ziemlich festen, zäh viskosen und stark hydratisierten Hülle, wodurch ein Aufziehen der Schmutzteilchen aus der Waschflotte auf das Waschgut verhindert wird. Derartige kolloiddisperse Anteile einer Waschflotte wirken vorzugsweise als *Schutzkolloide.*

4. *Bestimmte Ladungs- bzw. p_H-Verhältnisse.* Im Falle der Anwendung ionogen aktiver Waschmittel muß die Ladung der Schmutzteilchen und der

Faser gleiches Vorzeichen haben. Entgegengesetzte Aufladung verhindert das Waschen und bewirkt Fixierung der Schmutzteilchen. Beim Waschen mit ionogen aktiven Seifen ist ein möglichst großes elektrokinetisches Grenzflächenpotential notwendig. Da letzteres von der Natur der Faser und von der Wasserstoffionenkonzentration beeinflußt wird, ist der Waschvorgang vom p_H der Waschflotte abhängig. Es ergibt sich im sauren und alkalischen p_H-Bereich ein maximaler Wascheffekt, der durch einen Gleichgewichtszustand zweier sich überlagernder Einzelerscheinungen zustande kommt, nämlich:

a) Steigerung der Waschwirkung mit wachsendem elektrokinetischen Grenzflächenpotential bei sinkendem oder steigendem p_H in sauren bzw. alkalischen Lösungen.

b) Verminderung der Waschwirkung durch Teilchenvergröberung zu waschinaktiveren kolloiden Teilchen infolge der Aussalzwirkung der dabei zahlenmäßig zunehmenden Wasserstoff- bzw. Hydroxylionen.

Nichtionogen aktive Waschmittel sind von den Ladungsverhältnissen und demgemäß vom p_H des Waschbades weitgehend unabhängig.

5. *Der Schaum* unterstützt das Ablösen des durch die Waschmittelteilchen zu feindispersen Tröpfchen verformten fettartigen Schmutzes sowie des in kleinere Sekundärteilchen zerlegten mineralischen Schmutzes. Vor allem aber dient er als Indikator für die Anwesenheit noch grenzflächen- und kapillaraktiver Waschmittelteilchen.

6. *Die Waschtemperatur* wirkt regulierend auf den Waschprozeß, dergestalt, daß mit steigender Temperatur eine Verbesserung der maximalen Lage kolloidchemischer Einzelerscheinungen, die zum Waschprozeß beitragen, in Funktion mit längerem hydrophoben Kohlenwasserstoffrest vor sich geht. Waschmittel mit 12 bis 14 C-Atome im gesättigten und solche mit 18 C-Atome im ungesättigten Kohlenwasserstoffrest waschen am besten bei gewöhnlicher bis schwach erhöhter Temperatur (20 bis 40° C), während jene mit 16 bis 18 C-Atome im gesättigten Kohlenwasserstoffrest bei 40 bis 80° C ihr stärkstes Waschvermögen aufweisen.

7. *Die Waschdauer* spielt insofern eine Rolle, als sich beim Waschvorgang ein u. a. davon abhängiges Gleichgewicht zwischen bereits dispergiertem und von der Faser wieder resorbiertem Schmutz bildet. Die Praxis hat es allerdings nicht immer in der Hand, gerade bis zur Sättigungsgrenze zu waschen, da die Dauer der Waschoperationen meist von der Art und Größe der Waschmaschine oder des Warendurchsatzes bestimmt werden.

8. *Zunehmendes Alter* der Waschflotten wirkt sich wegen der Teilchenvergrößerung im allgemeinen ungünstig auf den Wascheffekt aus.

B. Die Konstitution der Waschmittel und ihr kolloidchemisches Verhalten.

I. Gewöhnliche Seifen.

Trotz aller neueren Bestrebungen, die Seife aus ihrer überragenden Stellung in der Textilindustrie zu verdrängen, ist sie nach wie vor das wichtigste Textilhilfsmittel, zumindest was die Menge des umgesetzten Fettstoffes anbelangt.

In der Textilindustrie werden vorzugsweise die Natronseifen, aber auch Kaliseifen vieler natürlicher Fettsäuren bzw. Fettsäuregemischen verwendet. Der Praktiker benutzt das unterschiedliche Verhalten der einzelnen Alkalisalze gesättigter bzw. ungesättigter Fettsäuren, um jeweils das am günstigsten wirkende Seifen*gemisch* zu verwenden. Hierbei bedingt natürlich der Verwendungszweck die zu benutzende Fettsäuregrundlage.

Auf die Waschaktivität der Seifen ist der Schmelzpunkt der Fettsäuren von Einfluß. Diese Erscheinung ist dem Praktiker längst bekannt. Der „Titer" bzw. Trübungspunkt der Seifenlösung, d. i. die Temperatur, wo in der kolloiden Seifenlösung grobdisperse, waschinaktive Teilchen entstehen, ist ein direktes Maß für den Temperaturbereich, innerhalb dessen die benutzte Seife anwendbar ist. In der Tab. 46 sind die Schmelzpunkte einiger Fettsäuren und die Temperatur, bei welcher sich die entsprechende Seifenlösung trübt, zusammengestellt.

Tabelle 46. Titer der Fettsäuren und Trübungspunkt ihrer Alkalisalze in wäßriger Lösung.

Fettsaures Salz	Schmelzpunkt der entsprechenden Fettsäure °C	Temperatur, bei welcher Trübung der Seifenlösung auftritt °C
Natriumlaurat	44	40—45
Natriummyristat	54	50—55
Natriumpalmitat	62	60—65
Natriumstearat	71	65—70
Natriumarachinat	77	75—80
Natriumoleat	14	20—30

Man ersieht daraus, daß der Trübungspunkt der Seifenlösung parallel mit dem Schmelzpunkt der Fettsäure verläuft. Mithin eignen sich für Wasch- und Reinigungszwecke, die in der Kälte oder bei gelinder Wärme durchgeführt werden, vorzugsweise die Seifen mit ungesättigtem Fettrest, wie er z. B. in der Ölsäure vorliegt. Derartige Seifenlösungen sind verhältnismäßig niedrigviskos und entwickeln schon bei 20 bis 30° C gutes Reinigungsvermögen. In der Kochhitze sind hingegen die fettsauren Alkalisalze mit einem ungesättigten Fettrest weniger wirksam, da die in wäßriger Umgebung entwickelten kolloiden Teilchen zu klein sind. Bei den Seifen aus gesättigten Fettsäuren ist die Waschaktivität von der Länge des Fettrestes abhängig. Die Kalium- und Natriumsalze der Laurinsäure (Leimseifen) entwickeln bei gewöhnlichen und mittleren Wärmegraden (zirka 20 bis 40° C) gutes Wasch- und Reinigungsvermögen, während die der Palmitin- und Stearinsäure erst bei 40 bis 60° und darüber ihre eigentliche Waschaktivität entfalten, und eignen sich deshalb allein oder zweckmäßiger in Gemischen mit solchen Seifen, die erst bei mittleren und höheren Temperaturen große Waschkraft zeigen (Talg-, Kernseifen), in der Haus- und Dampfwäscherei. Die typischen Ölsäureseifen, z. B. Marseillerseife, sind für die Rohwollwäscherei wichtig, da dort eine höhere Einwirkungstemperatur der alkalischen Flotte auf die Wolle wegen der dann auftretenden Wollschädigungen vermieden werden muß. Die bessere Löslichkeit der Seifen mit ungesättigtem Fettrest spielt auch beim Entgerbern und bei Spülprozessen eine große Rolle, da sie ein rascheres und vollständigeres Auswaschen ermöglicht.

Die Kalium- und Natriumseifen unterscheiden sich in bezug auf ihre Waschwirkung, wenn die für die jeweilige Seife günstigste Waschtemperatur gewählt wird, kaum. In der Praxis macht sich die bessere Löslichkeit der Kaliseifen durch einen früheren Beginn der Waschwirkung bemerkbar. Man kann sagen, daß im allgemeinen die Waschaktivität der Kaliseifen um etwa 5 bis 10° C früher einsetzt als die der Natriumseifen. Man benutzt deshalb in Fällen, wo eine möglichst tiefe Waschtemperatur erforderlich ist, mit Vorteil Kaliumoleatseifen (z. B. Kalischnitzelseife, [Stockhausen & Co., Zschimmer u. Schwarz]).

Die meisten in der Textilindustrie benutzten Seifen bauen sich auf Fettsäuren natürlicher Öle und Fette auf. Diese besitzen bekanntlich ein langgestrecktes, kettenförmiges Kohlenwasserstoffgerüst.

Daneben finden gelegentlich Alkalisalze anderer Carbonsäuren Verwendung. So zeigen beispielsweise die Kalium- und Natriumsalze der Harzsäuren, z. B. Abietinsäure, der folgendes Kohlenwasserstoffgerüst zugrunde liegt,[1]

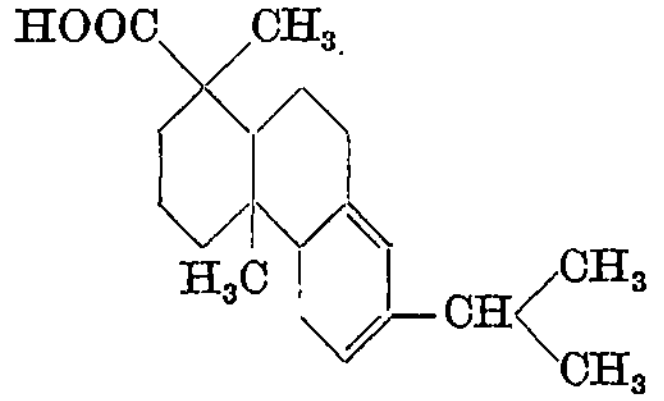

Schaum- und Waschvermögen. Im allgemeinen steht aber letzteres, was die Konzentrationsabhängigkeit anbelangt, jenem der langgestreckten, aliphatischen, höhermolekularen Seifen nach. Hingegen scheinen derartige Harzseifen für gewisse artverwandte Baumwollwachse besonderes Emulgiervermögen zu besitzen, so daß sie manchmal zu Beuchflotten zugesetzt werden (vgl. S. 290). Ein Nachteil der Harzseifen ist die infolge der konjugierten Doppelbindung stark begünstigte Bildung von harzartigen, schwer entfernbaren Stoffen, die zu Vergilbungen u. dgl. Anlaß geben können.

Die Alkalisalze höhermolekularer Fettsäuren werden in wäßriger Lösung hydrolysiert; ihre wäßrigen Dispersionen reagieren alkalisch, was

---

[1] Wie aus dem Formelbild ersichtlich, bestehen die Harzsäuren (Abietinsäure) aus einem kombinierten, hydroaromatischen und ungesättigten Ringsystem. Die genaue Stellung der konjugierten Doppelbindung ist übrigens noch nicht sichergestellt. Wie bei den höhermolekularen, aliphatischen Carbonsäuren, ist die ionogen aktive COOH-Gruppe stark exzentrisch angeordnet; am entgegengesetzten Molekülende befindet sich ein kurzer, aliphatischer (Isopropyl-) Rest. Offenbar besitzt letzterer zum Teil die Schwingungsmöglichkeiten, die ein langgestreckter Kohlenwasserstoffrest nach der Auffassung von KUHN (vgl. S. 59) aufweist und die mit ein Grund für die Grenzflächenaktivität sind.

beim Waschen von Wolle wegen deren Alkalienempfindlichkeit von Nachteil sein kann. Über die Größe der Hydrolyse bestehen keine genaueren Angaben. McBain [97] führt für verhältnismäßig konzentrierte Seifendispersionen die in Tab. 47 gebrachten Werte an.

Tabelle 47. Hydrolysengrad verschiedener Seifen bei 90° C in 0,1 n ($\cong$ 20—30 g/l) Lösungen. (Nach McBain.)

Seife	Formel	Hydrolyse in Prozenten	
		Kaliumseife	Natriumseife
Laurat	$C_{11}H_{23}COOK(Na)$	2,9	2,5
Myristat ...	$C_{13}H_{27}COOK(Na)$	3,3	4,5
Palmitat ...	$C_{15}H_{31}COOK(Na)$	7,4	7,5
Stearat	$C_{17}H_{35}COOK(Na)$	15,0	13,0
Oleat	$C_{17}H_{33}COOK(Na)$	8,1	8,6

Demnach hydrolysieren die Stearate am stärksten, was die Messungen von Kröper [98] bestätigen.

Für die Praxis sind die Untersuchungen von Stockhausen und Kessler [99] über die Hydrolyse von Textilseifen wichtiger. Unter Berücksichtigung der Ausführungen von Bleyberg und Lettner [100] ergeben sich die in Tab. 48 enthaltenen Werte.

Tabelle 48. Hydroxylionenkonzentration technischer Textilseifen in Abhängigkeit von der Konzentration, von der Temperatur und vom Alkaligehalt. (Nach Stockhausen und Kessler.)

Seifenart	Konzentration g/l	Hydroxylionenkonzentration $\times 10^{-4}$									
		Reine Seife		Mit Alkaliüberschuß						Mit unterschüssigem Alkali	
				I			II				
		25° C	65° C	Alkali in Prozenten	25° C	65° C	Alkali in Prozenten	25° C	65° C	Alkali in Prozenten	25° C	65° C
K-Seife	10	0,4	1,6		1,6	6,4		20	13		0,2	0,25
	5	0,8	1,6	0,028	1,6	3,2	0,228	13	6,4	—0,2	0,2	1,0
	3	2,0	1,6		1,6	3,2		6,4	8,0		(0,05)	1,3
	1	2,0	2,0		1,6	2,0		3,2	5,1		0,3	0,6
Na-Seife	10	0,1	0,6		0,8	2,5		6,4	13		(0,05)	0,6
	5	0,3	0,8	0,105	0,8	2,5	0,305	6,4	6,4	—0,2	0,2	1,0
	3	0,5	2,0		0,8	2,5		6,4	4,0		0,2	1,0
	1	0,5	1,0		0,6	2,5		2,0	4,0		0,2	0,6

Wie ersichtlich, nimmt mit steigender Temperatur die Hydrolyse zu, weil die großen ionischen Mizellen unter Bildung der leicht entladbaren, nichtaggregierten Fettsäureanionen zerfallen, wodurch undissoziierte Fettsäuremoleküle und Hydroxylionen entstehen. Ein Alkaliüberschuß bewirkt ein starkes Anwachsen der Alkalität des Seifenbades mit zunehmender Seifenkonzentration. Unterschüssiges Alkali verursacht in mittleren Konzentrationen (3 bis 5 g/l) die größte Hydroxylionenkonzentration. Die Kaliumsalze der höhermolekularen Fettsäuren reagieren im allgemeinen alkalischer als die entsprechenden Natriumsalze, was auf die bessere Löslichkeit der ersteren zurückzuführen ist.

Da die Textilseifen vielfach in Gegenwart von Soda verwendet werden, ist es wichtig, den Einfluß der Soda auf die Hydroxylionenkonzentration der Seifenlösung zu kennen. Tab. 49 bringt die von STOCKHAUSEN und KESSLER erhaltenen Resultate.

Tabelle 49. Beeinflussung der Hydroxylionenkonzentration von Textilseifen durch Soda. (Nach STOCKHAUSEN und KESSLER.)

Soda g/l	Seife g/l	Hydroxylionenkonzentration × 10^{-4}	
		25° C	65° C
1	—	6,4	13
3	—	13	25
5	—	13	25
3	5	13·	25
5	3	13	25
5	0,5	13	25

Für die Hydroxylionenkonzentration einer Seife-Soda-Lösung ist mithin vor allem die Sodakonzentration maßgeblich. Die Seife beeinflußt in Gegenwart von Soda die Hydroxylionenkonzentration praktisch nicht.

II. Seifen mit abgewandeltem Fettsäurerest.

Bei der Darstellung der meisten synthetischen Waschmittel geht das Bestreben dahin, die Carboxylgruppe, wie sie in den höhermolekularen Fettsäuren vorliegt, entweder ganz zu vermeiden oder in eine unschädliche, nicht ionisierbare Form überzuführen.

Nach neueren Arbeiten [101] gelingt es unter Beibehaltung der Carboxylgruppe durch Modifikation des hydrophoben Kohlenwasserstoffrestes, Erzeugnisse herzustellen, die trotz der Carboxylgruppe neben guter Waschkraft eine gewisse Beständigkeit gegen Säuren und Härtebildner aufweisen.

Befindet sich in einer höhermolekularen Fettsäure in α-Stellung zur Carboxylgruppe eine hydrophile, nichtsaure Gruppe, wie OH-, NH_2- u. dgl. Gruppen, z. B. in der α-Oxystearinsäure $CH_3(CH_2)_{15}CH(OH)COOH$, so sind diese Körper in Wasser dispergierbar, während die von der Carboxylgruppe weit entfernte Hydroxylgruppe, z. B. in der 9-Oxystearinsäure $CH_3(CH_2)_7$-$CHOH(CH_2)_8COOH$ oder in der Ricinolsäure $CH_3(CH_2)_5CH(OH)CH_2CH =$ $= CH(CH_2)_7COOH$ keine Wasserlöslichkeit bedingt (vgl. S. 64).

Praktische Bedeutung haben derartige modifizierte Seifen noch nicht gewonnen.

Ein hier einzureihendes Textilhilfsmittel, das vorzugsweise in der Walke angewendet wird, aber auch gutes Waschvermögen zeigt, ist das *Medialan A* (I. G. Farbenindustrie A. G.). Es ist das Natriumsalz des Oleylsarkosids (Oleylsarkosinnatrium) von der Formel

$$C_{17}H_{33}CONCH_2COONa$$
$$|$$
$$CH_3$$

also eine Seife mit modifizierter Fettkette [102]. Die hydrophile, nichtsaure Molekülstelle — entsprechend den oben erwähnten Körpern —

ist hier die —CON-Gruppe, die zwar nicht direkt benachbart, aber in

$$\overset{|}{CH_3}$$

der Nähe der ionogen dissoziierbaren Carboxylalkaligruppe ist. Das *Medialan A* ist deshalb einigermaßen gegen Säuren und gegen die Härtebildner des Wassers beständig. In Wasser von 20° DH. bildet es Dispersionen, die schäumen und keine Flocken von Erdalkaliseifen abscheiden. Es hydrolysiert nicht so stark wie das Natriumoleat, bringt aber die Wolle oberflächlich stärker zum Quellen als letzteres, was für den Walkvorgang von Wichtigkeit ist (s. S. 238).

Die Marke *Medialan AL* (I. G. Farbenindustrie A. G.) enthält noch Fettlöser.

III. Fettalkoholsulfonate.[1]

Die gewöhnlichen Seifen würden an sich zufriedenstellende Wasch- und Reinigungsmittel abgeben, wenn ihre Unzulänglichkeiten, wie die Kalk- und Säureunbeständigkeit, ihre Hydrolyse und damit die alkalische Reaktion ihrer wäßrigen Dispersionen bei der neueren Entwicklung der Textilindustrie nicht immer stärker hervorgetreten wären. Von BERTSCH [103] wurde als erstem ausgesprochen, daß in beständigen Wasch- und ·Textilhilfsmitteln die Carboxylgruppe auszuschalten ist. Durch Umwandlung der COOH-Gruppe der Fettsäuren in die OH-Gruppe, wodurch höhermolekulare Fettalkohole entstehen, deren Ester mit anorganischen Säuren, vorzugsweise Schwefelsäure (Fettalkoholsulfonate), bei guter Waschwirkung innerhalb gewisser Grenzen kalk- und säurebeständig sind, konnten wertvolle Wasch- und Textilhilfsmittel erhalten werden. Die Fettbasis dieser Verbindungen sind die höhermolekularen Fettalkohole.

a) Die Fettalkohole.[2]

Die höhermolekularen Fettalkohole sind bereits lange bekannt. CHEVREUL [104] isolierte 1817 den Cetylalkohol (Äthal, $C_{16}H_{33}OH$), der in Form seines Palmitinsäureesters einen wesentlichen Bestandteil des Walrats (Palmitin-säure-Cetylester), der zumeist aus der Kopfhöhle des Pottwals gewonnen wird, ausmacht. So geben beispielsweise HILDITCH und LOVERN [105] an, daß im Spermwalkopföl bis zu 45% Cetylalkohol enthalten sind. Aus flüssigen Seetierwachsen, z. B. dem Spermöl, kann neben dem gesättigten Cetylalkohol, noch der ungesättigte Oleinalkohol ($C_{18}H_{35}OH$), der darin vorzugsweise als Ölsäureester vorkommt, dargestellt werden [106]. Aus diesem Grunde ist das Spermöl für die Fettalkoholgewinnung eine wichtige, natürliche Rohstoffquelle geworden. Hierzu ist nur notwendig, die Wachse zu verseifen, die gebildeten Alkaliseifen in Erdalkaliseifen überzuführen, bzw. gleich mit Erdalkali zu spalten und die Fett-(Wachs-)Alkohole mit Alkohol, Azeton u. dgl. zu isolieren [107]. Ebenso liefert die Hitzespaltung (überhitzter Wasserdampf) vom Walfischtran bei 250 bis 300° C Fettalkohole [108].

---

[1] Über die Nomenklatur und die Abgrenzung gegenüber den Alkylsulfonaten vgl. S. 62.

[2] Da die Fettalkohole in Form ihrer Ester mit höhermolekularen Fettsäuren in zahlreichen Wachsarten anzutreffen sind, bezeichnet man sie auch gelegentlich als „Wachsalkohole".

Große technologische Bedeutung besitzen heute die durch katalytische Hydrierung von Fetten, Ölen, Wachsen und Fettsäuren hergestellten höhermolekularen Fettalkohole.

BOUVEAULT und BLANC [109] hatten bereits 1903 eine Methode zur Darstellung der wichtigsten Vertreter der Fettalkohole durch Reduzierung der Fettsäureester mittels Natrium in absolutem Alkohol (z. B. Butylalkohol) angegeben. Sie befriedigte technisch in keiner Weise. Erst in neueren Untersuchungen von SCHRAUTH [110], ADKINS und Mitarbeiter [111], SCHMIDT [112] und NORMANN [113] über die günstigsten Bedingungen der katalytischen Hochdruckhydrierung schufen die Grundlage für die technologische Durchführung der Hydrierung der Carboxylgruppe. Man ist heute in der Lage, jedes Fett oder jede Fettsäure nahezu quantitativ[1] in den entsprechenden Fettalkohol überzuführen.

Die katalytische Hochdruckhydrierung findet bei Temperaturen über 200° C (250 bis 320° C) und bei einem Wasserstoffdruck von 150 bis 250 Atm. in Gegenwart von Katalysatoren (Metallen), vorzugsweise fein verteiltes Kupfer, Nickel, Kobalt, Mangan, Chrom — allein oder als Mischkatalysatoren, z. B. Kupferchromit —, statt [114]. Die Metalle können als solche Verwendung finden oder auf oberflächenvergrößernden Stoffen, beispielsweise auf Kieselgur, aufgebracht werden.

Zur katalytischen Reduktion können die natürlichen Öle und Fette (Triglyceride), künstliche Ester (Methyl-, Äthyl-, Butylester u. dgl.) sowie die freien Fettsäuren herangezogen werden. Die Bruttoreaktion vollzieht sich hierbei nach folgenden Angaben:

b) Die Hydrierung.

α) **Freie Fettsäure:**

$$R-C{\overset{OH}{\underset{O}{\diagup\diagdown}}} \xrightarrow{H_2} RCH_2OH + H_2O. \tag{1}$$

β) **Künstliche Ester** (z. B. Methylester):

$$R-C{\overset{O-CH_3}{\underset{O}{\diagup\diagdown}}} \xrightarrow{H_2} RCH_2OH + CH_3OH. \tag{2}$$

γ) **Fettsäuretriglyceride:**

$$\xrightarrow{H_2} 3\,R-CH_2OH + CH_3CH_2CH_2OH + 2\,H_2O. \tag{3}$$

Der Reaktionsmechanismus ist aber nach NORMANN [113] wesentlich kom-

---

[1] NORMANN findet 97- bis 98%iges Ausbeuten der Theorie.

plizierter. Zunächst entsteht aus einem Fettsäureester durch Wasserstoffanlagerung ein Halbacetal

$$R\text{---}COOR_1 + H_2 \rightarrow R\text{---}HC\diagup^{OH}_{\diagdown OR_1} \qquad (4)$$

woraus durch weitere Wasserstoffaufnahme und gleichzeitige Wasserabspaltung der Äther

$$R\text{---}HC\diagup^{OH}_{\diagdown OR_1} + H_2 \rightarrow R\text{---}CH_2\text{---}O\text{---}R_1 + H_2O \qquad (5)$$

gebildet wird, der durch Reduktion

$$R\text{---}CH_2\text{---}O\text{---}R_1 + 2\,H_2 \rightarrow R\text{---}CH_2OH + R_1H + H_2O \qquad (6)$$

in den Fettalkohol und in den der Alkoholkomponente (R_1OH) des Fettsäureesters ($R\text{---}COOR_1$) entsprechenden Kohlenwasserstoff (R_1H) zerfällt. Zum andern kann das Halbacetal ohne Wasserabspaltung direkt hydriert werden, wobei sich zwei Alkohole bilden:

$$R\text{---}HC\diagup^{OH}_{\diagdown OR_1} + H_2 \rightarrow RCH_2OH + R_1OH. \qquad (7)$$

In der Tat ist bei der Reduktion der Fettsäureester, z. B. der Methylester, die Bildung obiger Hydrierungsprodukte gefunden worden. Bei der Reduktion der Fettsäuretriglyceride entsteht neben den höhermolekularen Fettalkoholen Propylalkohol. Daneben sind bei richtiger Leitung der Druckhydrierung nur geringe Mengen von Kohlenwasserstoffen nachweisbar.

Die Reduktion der freien Fettsäure verläuft an sich einfach, doch treten dadurch Komplikationen auf, daß die Fettsäuren mit den eben gebildeten Fettalkoholen zwischendurch zu Estern (Wachsen) zusammentreten und somit dann die Bedingung für das Reaktionsschema (4) bis (7) gegeben sind.

Die Gewinnung der ungesättigten Fettalkohole, deren wichtigster Vertreter der Oleinalkohol ist, geschieht durch selektive Reduktion der Carboxylgruppe unter Aufrechterhaltung der ungesättigten Bindungen durch Verwendung sog. „vergifteter" Kontaktstoffe [115].

Neben der Druckhydrierung bei extremen Bedingungen (hohe Temperatur, hoher Wasserstoffdruck) ist in Anlehnung an die alte Methode von BOUVEAULT und BLANC [109] die Reduktion mit Natrium in Gegenwart von niederen Alkoholen bei mäßiger Temperatur und relativ kleinen Drucken (15 bis 20 Atm.) ausgearbeitet worden [116].

Auf ganz anderem Wege, nämlich nicht durch Hydrierung der Carboxylgruppe höhermolekularer Fettsäuren, wurden von der I. G. Farbenindustrie A. G. Fettalkohole dargestellt. Durch Oxydation von Paraffin mittels Luft in Gegenwart geeigneter Katalysatoren können höhermolekulare Fettalkohole mit einer oder mehreren Hydroxylgruppen dargestellt werden [117].

Nach einem zweiten Verfahren der I. G. Farbenindustrie A. G. kann durch Chlorieren von Paraffin und darauffolgende Behandlung mit Lauge Fettalkohol dargestellt werden. Die Stellung der Hydroxylgruppen ist allerdings nicht näher bekannt; teilweise befinden sie sich auch innerhalb des Kohlenwasserstoffgerüstes [118].

Über weitere Darstellungsmöglichkeiten höhermolekularer Fettalkohole vgl. [119].

Die höhermolekularen Fettalkohole sind in Wasser unlöslich. Durch Veresterung mit niedermolekularen Mineralsäuren, wie Schwefelsäure, Phosphorsäure, Pyrophosphorsäure, Perschwefelsäure, phosphorige Säure u. dgl. erhält man wasserlösliche Erzeugnisse, die gute Waschkraft aufweisen. Die praktisch bedeutungsvollste dieser Veresterungsmöglichkeiten ist die mit Schwefelsäure (Fettalkoholsulfonierung). Als erste haben Dumas und Peligot [120] den Schwefelsäureester des Cetylalkohols (Äthals) dargestellt. Eingehender hat sich v. Cochenhausen [121] mit der Darstellung höhermolekularer Fettalkoholschwefelsäureester beschäftigt. Da sich die verschiedensten Sulfonierungsarten, die zur Erzeugung von „sulfonierten Ölen und Fetten" ausgearbeitet wurden, meist ohne weiteres auf die Sulfonierung der Fettalkohole übertragen lassen, bietet die Sulfonierung letzterer keine Schwierigkeiten.[1] Man hat hierzu alle gebräuchlichen Sulfonierungsmittel, wie Schwefelsäure [123], Oleum [124], Chlorsulfonsäure [125], Sulfurylchlorid [126],[2] Glycerinschwefelsäure [127], Äthylschwefelsäure [128] u. a. m., vorgeschlagen und erhält leicht die entsprechenden Fettalkoholsulfonate [129].

Bei energischer Sulfonierung, vor allem der ungesättigten Fettalkohole, treten nach Lindner, Russe und Beyer [130] auch „echte" Alkylsulfonsäuren (2 bis 6% und mehr) auf.

Während die Sulfonierung gesättigter Fettalkohole, beispielsweise des Cetylalkohols, nur in einer Richtung verlaufen kann:

$$C_{16}H_{33}OH + H_2SO_4 \rightarrow C_{16}H_{33}OSO_3H + H_2O, \tag{8}$$

sind die Verhältnisse beim Einwirken sulfonierender Agenzien auf ungesättigte Fettalkohole, beispielsweise Oleinalkohol, ungleich komplizierter. Wie Riess [131] gezeigt hat, ist der Oleinalkohol (Octadecenol) in Wechselwirkung mit Schwefelsäure je nach der Arbeitsweise (9a) oder (9b)

$$CH_3(CH_2)_7CH = CH(CH_2)_7CH_2OH + H_2SO_4 \rightarrow$$

$$\rightarrow CH_3(CH_2)_7CH—CH_2(CH_2)_7CH_2OH \tag{9a}$$
$$|$$
$$OSO_3H$$

$$CH_3(CH_2)_7CH = CH(CH_2)_7CH_2OH + H_2SO_4 \rightarrow$$

$$\rightarrow CH_3(CH_2)_7CH = CH(CH_2)_7CH_2OSO_3H + H_2O \tag{9b}$$

---

[1] Nur die Sulfonierung des ungesättigten Oleinalkohols verläuft anders als die der korrespondierenden Ricinolsäure, da nach Hueter [122] die Anlagerung von Schwefelsäure an die Doppelbindung bei den ungesättigten Fettalkoholen ungleich leichter vor sich geht als bei den entsprechenden ungesättigten Oxycarbonsäuren.

[2] Es entsteht hierbei zunächst der Chlorsulfonsäureester des Fettalkohols

$$R—OH + SO_2{\Large<}^{Cl}_{Cl} \rightarrow R—O—SO_2—Cl + HCl,$$

der durch alkalische Verseifung in Fettalkoholsulfonat

$$R—O—SO_2—Cl + 2\,NaOH \rightarrow R—O—SO_2—ONa + NaCl + H_2O$$

übergeht.

a) zu einer Anlagerung der Schwefelsäure an die Doppelbindung oder
b) zu einer Veresterung der Hydroxylgruppe befähigt.

Die Reaktion (9a) ist von der Temperatur nur wenig abhängig. Werden auf Oleinalkohol 40% seines Gewichtes an Schwefelsäure (40%ige Sulfonierung) fünf Stunden einwirken gelassen, so werden bei 0° C 30,9%, bei 40° C 40,2% des Oleinalkohols an der Doppelbindung verestert.[1] Gleichzeitig findet bei 0° C nur eine 3,6%ige und bei 30° C eine 40,1%ige Veresterung an der Hydroxylgruppe statt. Die Reaktion (9b) verläuft also bei tiefen Temperaturen langsam und wird durch Temperaturerhöhung stark beschleunigt. Nach Reaktion (9a) entstehen vorzugsweise „interne" Schwefelsäureester des Octadecandiols mit freier, unveresterter, endständiger Hydroxylgruppe. Die Reaktion (9b) liefert praktisch hingegen hauptsächlich gemischte interne und externe Schwefelsäureester des Octadecandiols, wobei die Schwefelsäure zu ungefähr gleichen Teilen an die innenständige Doppelbindung und an die endständige Hydroxylgruppe geht.

Um bei der Sulfonierung der ungesättigten Alkohole, vorzugsweise vom Oleinalkohol (Octadecenol), die Doppelbindung zu erhalten, wodurch bereits in der Kälte stark kapillaraktive und deshalb wertvolle Fettalkoholsulfonate entstehen, sind in der letzten Zeit einige Vorschläge zur alleinigen Veresterung der endständigen Hydroxylgruppe ungesättigter Fettalkohole gemacht worden, z. B.:

1. Behandlung der Fettalkohole mit Pyridin und Schwefeldioxyd unter Druck [132].

2. Sulfonation der Fettalkohole mit einem Additionsprodukt des Schwefelsäureanhydrids an Dioxan [133].[2]

3. Behandlung der Fettalkohole mit Oleum, Chlorsulfonsäure oder Pyrosulfat in Gegenwart organischer Basen, beispielsweise Pyridin [134].

---

[1] Eine noch weitergehendere Anlagerung der Schwefelsäure an die Doppelbindung erhält man nach HUETER [122] bei 70%iger Sulfonierung bei 0 bis 5° C während zwölfstündiger Einwirkung. Es entsteht fast ausschließlich der Monoschwefelsäureester des Octadekandiols; dessen Formel lautet:

$$CH_3(CH_2)_7CH(CH_2)_8CH_2OH.$$
$$|$$
$$OH$$

[2] Dieses besitzt die Formel:

$$SO_3$$
$$O$$
$$H_2C \quad CH_2$$
$$| \quad |$$
$$H_2C \quad CH_2$$
$$O$$
$$SO_3$$

4. Sulfonieren mit Chlorsulfonsäure und Natriumchlorid, wobei sich intermediär das Natriumsalz des Pyroschwefelsäuremonochlorides[1] (Pyrosulfurylchlorid) bildet [135].

5. Sulfonieren mit Natriumchlorsulfonat $Na-O-SO_2-Cl$ [136].

Aus der kurzen Zusammenstellung über die verschiedenartigen Sulfonierungsarten der Fettalkohole ist es leicht verständlich, daß die mannigfachsten Fettalkoholsulfonate durch Variation der Sulfonierungsbedingungen und des Fettalkoholkörpers hergestellt werden können.

Die im Handel befindlichen Produkte leiten sich sowohl von den gesättigten als ungesättigten Fettalkoholen ab. Eine exakte Einreihung derartiger Erzeugnisse an Hand ihres konstituellen Aufbaues ist oft nicht leicht, da auch aus ungesättigten Fettalkoholen, wie oben gezeigt, Schwefelsäureester gesättigter Fettalkohole entstehen. Daneben enthalten manche dieser Erzeugnisse, wenn zu ihrer Darstellung energische Sulfonierungsbedingungen gewählt wurden, nicht unbeträchtliche Mengen von echten Alkylsulfonaten (C-Sulfonaten). Demgemäß variieren auch die kolloidchemischen Eigenschaften je nach dem Fettrest, dem Sulfonierungsgrad und dem Gehalt an Alkylsulfonaten.

Als wichtigste Handelsprodukte sind im folgenden einige aufgezählt, ohne daß die Reihenfolge derselben ein Werturteil beinhaltet.

Gardinol CA[2], *WA*[3], *OTS, V, KD* (Böhme Fettchemie).
Modinal (Böhme Fettchemie).
Cyclanon O, L, OA, LA, WN dopp. konz. (I. G. Farbenindustrie A. G.).
CDF 1931 N, S, FW (Zschimmer & Schwarz).
Sapidan C, W, CT, K Plv, T Plv. (A. Th. Böhme).
Adulcinole (Flesch).
Ocenol-Sulfonat (Deutsche Hydrierwerke).
Texapon (Deutsche Hydrierwerke).
Tytrofon R Z B (Baumheier).
Zetesap (Zschimmer & Schwarz).
Sandopan WP (Sandoz).
Sandopan A konz. (Sandoz).
Lissapol A, C, T, LS, LD (Imperial Chemical Industries).
Primatex NTA (Kuhlmann).

Die Eigenschaften der Fettalkoholsulfonate hängen vorzugsweise vom Charakter des hydrophoben Kohlenwasserstoffrestes des verwendeten Fettalkohols, bzw. Fettalkoholgemisches ab. Auf diese Tatsache, die bei der Beurteilung der Fettalkoholsulfonate nicht immer genügend beachtet wird, muß bei einer vergleichenden Wertung der Handelstypen Rücksicht genommen werden.[4]

---

[1] Es besitzt die Formel:

$$Cl-SO_2-O-SO_2 \cdot ONa.$$

[2] Es ist ein Sulfonat des technischen Oleylalkohols.

[3] Es wird durch Sulfonieren von technischem Laurylalkohol erhalten.

[4] Damit soll nicht gesagt sein, daß einzelne Fettalkoholsulfonate derart aus dem gemeinsamen Rahmen der Klasse der Alkylsulfate fallen können,

Es hat sich gezeigt, daß die textilchemisch wichtigen Eigenschaften bei den Fettalkoholsulfonaten die gleichen Regelmäßigkeiten zeigen wie in der Reihe der fettsauren Alkalisalze. So erreicht z. B. das Anwachsen der kolloiden Eigenschaften mit steigendem Molekulargewicht bis zu einem Optimalwert und darauffolgendem, durch die geringere Löslichkeit der höheren Glieder bedingtem Absinken derselben oder die Grenzlaugenkonzentration (Aussalzeffekt) in Funktion von der Länge des Fettrestes nahezu die gleichen Werte wie bei den gewöhnlichen Seifen. Ebenso ist der Erstarrungspunkt, bei dem der Seifenleim gelatinös wird, bei den Fettalkoholsulfonaten wie bei den Alkalisalzen der Fettsäuren direkt von der Molekulargröße des Alkylrestes abhängig (KRAFFTsches Kristallisationsgesetz). Der Ersatz der Carboxylalkaligruppe durch die Schwefelsäureestergruppe ist bei gleichbleibendem Alkylrest für den seifenartigen Charakter ohne wesentlichen Einfluß [122].

Die niederen Glieder der Fettalkoholsulfonatreihe mit gesättigtem Kohlenwasserstoffrest (12 bis 14 C-Atome im Molekül) sind in Wasser leichter löslich als die höheren Glieder und besitzen deshalb größere Netz- und Waschwirkung bei gewöhnlicher, bzw. gelinde gesteigerter Temperatur. Hingegen ist die Waschwirkung der gesättigten Fettalkoholsulfonate mit 16 bis 18 Kohlenstoffatomen im Fettrest in der Hitze größer als bei den niedermolekularen Alkylsulfaten.

Dies geht aus den Versuchen von GÖTTE [64] (vgl. S. 150) hervor, die von LOTTERMOSER und FLAMMER [66] bestätigt wurden. Demnach zeigt bei $40°$ C das Tetradecylsulfat ($C_{14}H_{29}OSO_3Na$) den besten Wascheffekt, während bei $60°$ C das Hexadecylsulfat (Cetylalkoholsulfonat $C_{16}H_{33}OSO_3Na$) am besten wäscht.[1] In der Kochhitze dürfte das vom Stearinalkohol ableitbare Octadecylsulfat ($C_{18}H_{37}OSO_3Na$) am waschaktivsten sein, wofür allerdings zahlenmäßige Unterlagen fehlen.

Ähnlich wie bei den Alkalisalzen höhermolekularer Fettsäuren verursacht auch bei den Fettalkoholsulfonaten ein ungesättigter Alkylrest (Fettrest) eine starke Herabsetzung des Titers und damit eine bessere Löslichkeit und Waschaktivität bei niederen Temperaturen. Demgemäß netzen und waschen die Sulfonierungsprodukte des Oleinalkohols, sofern sie noch wenigstens teilweise den ungesättigten Fettrest aufweisen, bereits in der Kälte oder bei schwach erhöhter Temperatur.

Die Löslichkeit der verschiedenen handelsüblichen Marken ist je nach der Natur des zugrunde liegenden Fettalkoholsulfonates und je nach der Lösungstemperatur verschieden. Die Fettalkoholsulfonate, die sich vom Laurin- und Myristinalkohol ableiten, bilden bereits in der Kälte oder in gelinde erwärmtem Wasser klare, schäumende Lösungen. Die Fettalkoholsulfonate mit 16 bis 18 Kohlenstoffatome im gesättigten Fettrest

daß plötzlich ganz andere Eigenschaften auftreten als sie überhaupt dieser Reihe von synthetischen Waschmitteln zukommen. Vor allem ist es ausgeschlossen, daß etwa die Eigenschaften der später zu besprechenden Fettsäurekondensationsprodukte aufscheinen können.

[1] Dies gilt für Waschversuche an künstlich beschmutzter Baumwolle bei p_H 7.

ergeben erst in der Wärme, bzw. in der Hitze klare, kolloiddisperse Lösungen. Beim Abkühlen trüben sich diese Dispersionen, ohne daß es aber zu Abscheidungen kommt [137][1]. Der Dispersitätsgrad der Fett-alkoholsulfonate auf Basis gesättigter Fettalkohole ist deshalb nicht sehr hoch; im Gegensatz hierzu geben die meisten Fettsäurekondensations-produkte mit ungesättigtem Fettrest sehr hochdisperse kolloide Disper-sionen, die sich schon den „wahren", molekulardispersen Lösungen nähern. Analog verhalten sich Fettalkoholsulfonate, die externe Schwefelsäure-ester des ungesättigten Oleylalkohols, dessen Doppelbindung erhalten blieb, darstellen (vgl. S. 164).

Anderseits weisen die Fettalkoholsulfonate wegen der gröber dispersen Teilchen ihrer wäßrigen Lösungen ein gewisses Avivagevermögen auf und erteilen der damit behandelten Ware einen weichen Griff. Die Avivage-wirkung wird noch dadurch unterstützt, daß die relativ grob kolloid-dispersen Teilchen aus den Lösungen in Berührung mit Textilfasern von letzteren leichter aufgenommen werden als die meisten echten Sulfonate der Fettsäurekondensationsprodukte, die vielfach sehr hochdisperse Lösungen geben.

Die Affinität der Fettalkoholsulfonate zu Textilfasern wurde quanti-tativ von REUMUTH [139] untersucht. Er bestimmte die Wiederauffettung gewaschener Wolle, deren Rest-fettgehalt 0,14% betrug, in ver-schieden konzentrierten Lösun-gen eines Fettalkoholsulfonates. Die Tab. 50 bringt seine Ver-suchsergebnisse.

Ein relativ beträchtlicher Teil der angewandten Fettalkoholsul-fonatmenge ist, insbesondere bei niederen Konzentrationen (0,5 bis 1 g/l), von der Faser aufge-nommen worden. Dies ist für den Avivagevorgang von großer Wichtigkeit, da bereits sehr ver-dünnte Lösungen (0,2 bis 0,5 g/l) einen guten Avivageeffekt ergeben. Die starke Aufnahme der Fett-alkoholsulfonate von der Wollfaser aus neutralen Bädern zeigt Abb. 74.

Tabelle 50. Wiederauffettung von Wolle durch Fettalkoholsulfo-nate bei 45° C; Flottenverhältnis 1:50.

Fettalkohol-sulfonat g/l	Aus der Behandlungsflotte auf-genommene Menge Fettalkohol-sulfonat	
	in Gramm für 20 g Wolle	in Prozenten vom Woll-gewicht
0,5	0,176	0,88
1,0	0,274	1,37
5,0	0,43	3,15
10,0	0,688	2,44

Die Ausnutzung der Griffverbesserung durch Fettalkoholsulfonate wird noch eingehend bei den sog. Avivagemitteln (vgl. 25. Abschnitt) angegeben; auch beim Waschvorgang interessiert die wiederauffettende Wirkung der

---

[1] Diese Trübungen sind auf den hohen Titer der gesättigten Fettalkohol-sulfonate zurückzuführen; beispielsweise trübt sich eine Lösung des Cetyl-alkohol-Natriumsulfonates bereits bei 48 bis 49° C. Zur Vermeidung dieses für den Waschvorgang bei gewöhnlicher oder mittlerer Temperatur schäd-lichen Übelstandes wurde vorgeschlagen, Halogene, vorzugsweise Chlor, in den Fettrest einzuführen [138]. Der Titer derartiger Fettalkoholsulfonate soll hierdurch nicht unerheblich (um etwa 10 bis 15° C) herabgesetzt werden.

Fettalkoholsulfonate. Wird bei einer zu weitgehenden Wäsche von Rohwolle das als Schutzmittel und intramolekulare Gleitmittel aufzufassende Kapillarfett der Wolle ganz oder zu weitgehend entfernt, so erhält die Wollfaser einen sperrigen, harten und strohigen Griff; dieser Nachteil kann durch die Aufnahme des Fettalkoholsulfonates aus der Flotte und seiner avivierenden Wirkung wieder ausgeglichen werden.

Die Kalk- und Magnesiumsalze der Fettalkoholsulfonate sind bis zu einem gewissen Grad in Wasser löslich; die Alkylsulfate sind innerhalb bestimmter Grenzen härtebeständig. In sehr hartem Wasser werden allerdings die Fettalkoholsulfonate unbeständig und es kommt zu Trübungen und Abscheidungen. Eine Ausnahme hiervon machen die Fettalkoholschwefelsäureester, die sich vom ungesättigten Oleinalkohol ableiten. Chemisch stellen sie zum Teil Disulfonate des Octadecandiols (S. 89) vor; oft enthalten sie nicht unbeträchtliche Mengen echter Alkylsulfonate (C-Sulfonate).

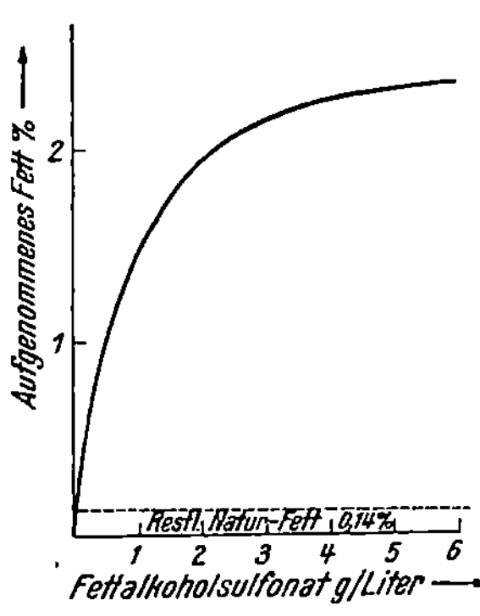

Abb. 74. Wiederauffettung gewaschener Wolle mittels Fettalkoholsulfonate. (Nach REUMUTH.)

In Gegenwart von Seife besitzen die Alkylsulfate in hartem Wasser eine Schutzwirkung gegen das Zusammenballen und Ausflocken eben gebildeter Kalkseife in nur gering ausgeprägtem Ausmaße [140], was besonders für die Schwefelsäureester, die sich von niedermolekularen Fettalkoholen mit 12 bis 14 Kohlenstoffatomen in der Fettkette ableiten, gilt. Hingegen zeigen die höhermolekularen Fettalkoholsulfonate, die sich vom ungesättigten Oleinalkohol ableiten und infolge energischer Sulfonierungsbedingungen auch Salze echter Sulfonsäuren enthalten, typisches Schutzkolloidvermögen gegen das Ausflocken der Kalkseife, das an das der sog. Fettsäurekondensationsprodukte heranreicht (vgl. S. 99).

Die Fettalkoholsulfonate haben sich seit ihrer Einführung in die Textilindustrie für die mannigfachsten Prozesse als geeignet erwiesen. Es fehlt deshalb nicht an einem umfangreichen Schrifttum darüber, das hier unmöglich vollständig gebracht werden kann. Viele Hinweise sind bereits im theoretischen Teil angegeben worden; weiteres Schrifttum s. [141].

Schwefelsäureester höhermolekularer Verbindungen, die Hydroxylgruppen enthalten, können auch so dargestellt werden, daß man aus höhermolekularen Fettsäuren oder deren Triglyceriden mittels Glycerin die entsprechenden Monoglyceride etwa nach dem Schema

$$
\begin{array}{ccc}
\text{RCOO—CH}_2 & \text{CH}_2\text{OH} & \\
| & | & \\
\text{RCOO—CH} & +\ 2\ \text{CH—OH} & \rightarrow 3\ \text{RCOO—CH}_2\text{—CHOH—CH}_2\text{OH} \quad (10)\\
| & | & \\
\text{RCOO—CH}_2 & \text{CH}_2\text{OH} &
\end{array}
$$

darstellt und diese sulfoniert [142]. Die erhaltenen Erzeugnisse besitzen gutes Netz-, Schaum- und Waschvermögen; sie kommen unter der Bezeichnung *Vel* (Colgate-Palmolive-Peet Co.) in den Handel.

Fettalkoholsulfonate sekundärer Alkohole sind von der Carbide and Carbon Chemicals Corporation dargestellt worden.

Aus Methylisobutylketon, Äthylhexylaldehyd und nachfolgendem Hydrieren erhält man [143] das 7-Äthyl-2-Methylundecan-4-ol nach der Reaktionsgleichung

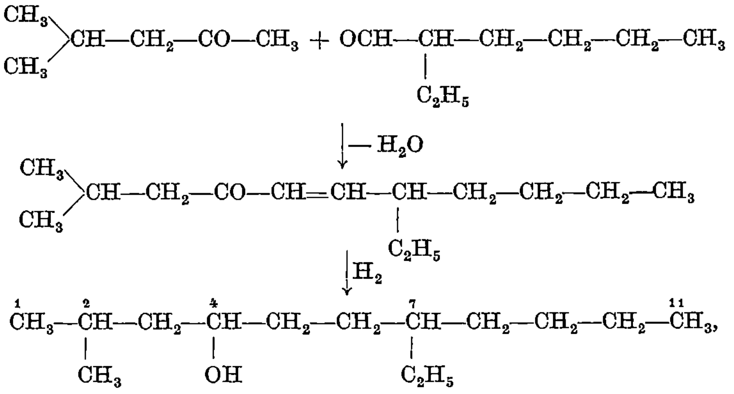

$$\begin{array}{l} CH_3 \\ \qquad \diagdown \\ \qquad \quad CH-CH_2-CO-CH_3 \ + \ OCH-CH-CH_2-CH_2-CH_2-CH_3 \\ \qquad \diagup \qquad\qquad\qquad\qquad\qquad\qquad\quad | \\ CH_3 \qquad\qquad\qquad\qquad\qquad\qquad\qquad\qquad C_2H_5 \end{array}$$

$$\big\downarrow -H_2O$$

$$\begin{array}{l} CH_3 \\ \qquad \diagdown \\ \qquad \quad CH-CH_2-CO-CH{=}CH-CH-CH_2-CH_2-CH_2-CH_3 \\ \qquad \diagup \qquad\qquad\qquad\qquad\qquad\qquad | \\ CH_3 \qquad\qquad\qquad\qquad\qquad\quad C_2H_5 \\ \qquad\qquad\qquad\qquad\qquad \big\downarrow H_2 \end{array}$$

$$\overset{1}{C}H_3-\overset{2}{C}H-CH_2-\overset{4}{C}H-CH_2-CH_2-\overset{7}{C}H-CH_2-CH_2-CH_2-\overset{11}{C}H_3, \quad (11)$$
$$\qquad\quad | \qquad\qquad\quad | \qquad\qquad\qquad\quad | $$
$$\qquad\quad CH_3 \qquad\qquad OH \qquad\qquad\qquad C_2H_5$$

das durch Behandeln mit Sulfonierungsmitteln in ein Fettalkoholsulfonat übergeführt werden kann.

Aus Äthylhexylaldehyd und Aceton kann durch Wasserabspaltung und Hydrierung das 5-Äthylnonan-2-ol, ein sekundärer Undecylalkohol, nach dem Schema

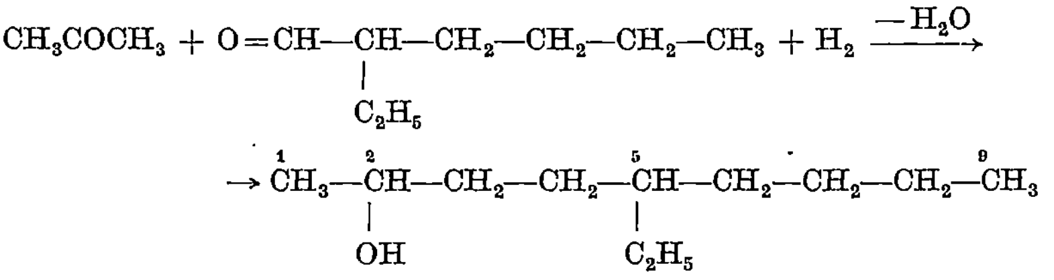

$$CH_3COCH_3 \ + \ O{=}CH-CH-CH_2-CH_2-CH_2-CH_3 \ + \ H_2 \ \xrightarrow{-H_2O}$$
$$\qquad\qquad\qquad\qquad\quad | $$
$$\qquad\qquad\qquad\qquad C_2H_5$$

$$\rightarrow \overset{1}{C}H_3-\overset{2}{C}H-CH_2-CH_2-\overset{5}{C}H-CH_2-CH_2-CH_2-\overset{9}{C}H_3 \quad (12)$$
$$\qquad\quad | \qquad\qquad\qquad\quad | $$
$$\qquad\quad OH \qquad\qquad\qquad C_2H_5$$

erzeugt werden [144], der durch Behandeln mit Chlorsulfonsäure in Gegenwart von β,β'-Dichloräthern als Verdünnungsmittel [145] in ein Fettalkoholsulfonat übergeführt werden kann.

Derartige Schwefelsäureester synthetisch hergestellter höhermolekularer sekundärer Alkohole kommen unter der Bezeichnung *Tergitol* bzw. *Texitol* (Carbide and Carbon C. C.) in den Handel [146]. Sie zeigen neben Schaum- und Waschvermögen gute Netzwirkung und dienen vor allem als Netz- und Durchdringungsmittel. Den Fettalkoholsulfonaten, die sich von Fettalkoholen mit verzweigter Kohlenwasserstoffkette ableiten, scheint überhaupt eine besonders ausgeprägte Kapillaraktivität zuzukommen [147].

IV. Andere Fettalkohol-Mineralsäureester.

Neben den Schwefelsäureestern der Fettalkohole, die technisch nach wie vor die weitaus wichtigsten Fettalkoholester sind, finden sich in Handelspräparaten noch andere Veresterungsprodukte.

1. Phosphorsäureester.

Reine Phosphorsäureester der Fettalkohole kommen nicht in den Handel. Hingegen gibt es mehrere Vorschläge, gemischte Phosphor- und Schwefelsäureester durch gleichzeitige oder aufeinanderfolgende Sulfonierung oder Phosphatierung ungesättigter Fettalkohole darzustellen [148]. Ob allerdings derartige Sulfonierungsbedingungen Handelsprodukten zugrunde liegen, ist fraglich.

Neuerdings ist die Darstellung von Estern höhermolekularer Fettalkohole mit polymeren Metaphosphorsäuren (Hexametaphosphorsäure) vorgeschlagen worden [149]. Diese Erzeugnisse sollen besonders beständig gegen die Härtebildner des Wassers sein.

2. Pyrophosphorsäureester.

Die Pyrophosphorsäureester der höhermolekularen Fettalkohole von der allgemeinen Formel $R-O-PO_2-O-PO_2-OH$ besitzen neben gutem Netz- und Waschvermögen stabilisierende Wirkung auf sauerstoffabgebende Stoffe, wie Natriumperborat und Wasserstoffsuperoxyd [150]. Sie können deshalb als Stabilisatoren und Netzmittel in Bleichflotten wirken, z. B. *Homogenit B* und *Homogenit W* (Böhme Fettchemie Ges. m. b. H.); vgl. auch S. 337.

Ferner sind sie geeignet, festes Perborat zu stabilisieren und seine Sauerstoffabgabe zu regeln. Sie dürften deshalb ein Bestandteil des *Ondal* (Böhme Fettchemie Ges. m. b. H.) sein.

3. Perschwefelsäureester.

Die Perschwefelsäureester der Fettalkohole von der allgemeinen Formel $R-O-SO_2-O-O-SO_2-OH$ sind waschaktiv und besitzen Bleichvermögen [151]. Ob diese Verbindungen die Grundlage für Handelsprodukte abgeben, ist allerdings fraglich.

Abschließend soll noch auf die Schwefelsäureester der Fettalkoholglucoside hingewiesen werden. Sie entstehen beispielsweise, wenn man Glucose mit Chlorsulfonsäure und nachfolgend mit Fettalkohol behandelt. Unter Sulfonation und Kondensation entstehen z. B. Verbindungen der Formel [152]

$$R-O-CH-CHOH-CHOH-CHOH-CH-CH_2OSO_3H,$$

mit Ringschluss über $-O-$ zwischen dem ersten und vorletzten Kohlenstoffatom,

die gutes Waschvermögen besitzen sollen; sie sind erwähnenswert, weil sie Waschmittel darstellen, die sich nicht allein von Fettstoffen ableiten.

V. Fettsäurekondensationsprodukte.

Die sog. Fettsäurekondensationsprodukte sind, wie die Fettalkoholsulfonate, aus dem Bestreben entstanden, die schädlichen Einflüsse der Carboxylgruppe im Fettmolekül zu vermeiden. Während bei den Fettalkoholschwefelsäureestern der ihnen zugrunde liegende Fettalkohol — sofern er nicht natürlichen Ursprungs ist — durch Reduktion der entsprechenden Fettsäure, deren Carboxylgruppe durch Hydrierung in die Hydroxylgruppe umgewandelt und dadurch zum Verschwinden gebracht wird, entsteht, begnügt man sich bei den sog. Fettsäurekondensationsprodukten mit einer Blockierung (Maskierung) der COOH-Gruppe. Durch die Vernichtung der salzbildenden Kraft, bzw. des Ionisierungsvermögens der Carboxylalkaligruppe werden die Kalk- und Säureunbeständigkeit der Alkalisalze höhermolekularer Fettsäuren vermieden.

Die praktisch wichtigste Blockierungs- (Maskierungs-) Möglichkeit für die Carboxylgruppe ist die Veresterung, bzw. Amidierung derselben (BERTSCH [103]).

a) *Veresterung*.

$$R-C\underset{O}{\overset{OH}{\lessgtr}} + R_1OH \rightarrow R-C\underset{O}{\overset{O-R_1}{\lessgtr}} + H_2O. \qquad (13)$$

b) *Amidierung*.

$$R-C\underset{O}{\overset{OH}{\lessgtr}} + NH_3 \rightarrow R-C\underset{O}{\overset{NH_2}{\lessgtr}} + H_2O. \qquad (14)$$

Die Verbesserung der Kalk- und Säurebeständigkeit sulfonierter Öle durch Veresterung der Carboxylgruppe mit niedermolekularen Alkoholen, z. B. Butylalkohol [153], führte zwar zu gut netzenden Erzeugnissen, die aber kein sonderliches Waschvermögen zeigen, z. B. *Avirol AH* extra (Böhme Fettchemie, Ges. m. b. H.). Durch Säuren, bzw. Laugen sind bekanntlich Ester relativ leicht spaltbar, so daß die Schwäche des Veresterungsverfahrens die ist, Erzeugnisse mit nur beschränkter Säure- und Alkalibeständigkeit zu geben.

Die Amidierung der salzbildenden Carboxylgruppe bewirkt einen viel sichereren Verschluß derselben als die Veresterung. Die Wasserlöslichkeit der höhermolekularen Fettsäureamide kann durch nachträgliche Sulfonation erzielt werden.[1] Allerdings entstehen dann Schwefelsäureester mit innenständiger OSO_3H-Gruppe, die nur geringe Waschkraft besitzen. Es eignen sich deshalb derartige Produkte [154] als Netzmittel, z. B. *Humectol CX* (I. G. Farbenindustrie A. G.), nicht aber als Waschmittel.

---

[1] Meist weisen derartige Fettsäureamide, wie Ölsäureamid, Ricinolsäureamid, schwefelsäureanlagerungsfähige Stellen (Doppelbindung, alkoholische Hydroxylgruppe u. dgl.) im Fettrest auf.

Die Säureamide, die sich von aromatischen Aminen, beispielsweise vom Anilin oder Toluidin, ableiten, können Sulfonsäuregruppen im aromatischen Kern enthalten (*Humectol*-Reihe).

Für die Textilchemie, insbesondere für die Erzeugung von typischen Waschmitteln, sind hingegen jene Verfahren wichtig, die unter Blockierung der salzbildenden Carboxylgruppe zu Erzeugnissen führen, deren Fettsäurerest mit Alkyl-, Aralkyl- und Arylresten,[1] die die eigentlich löslichmachende kalk- und säurebeständige Gruppe enthalten, verbunden ist.

Die Wasserlöslichkeit dieser als Fettsäurekondensationsprodukte bezeichneten Stoffe wird durch eine vorzugsweise ionogen aktive Gruppe, z. B. $-SO_3Me$, bewirkt. Die Fettsäurekondensationsprodukte sind mit wenigen Ausnahmen anionaktive Salze echter Sulfonsäuren, wobei die Sulfonsäuregruppe endständig an den hydrophoben Fettrest angeordnet ist. Je nachdem, ob der die Sulfongruppe aufweisende mit dem eigentlichen Fettsäurerest über eine Ester-, Säureamid-, Keto- u. dgl. Brücke verbundene niedermolekulare Kohlenwasserstoffrest aliphatisch oder aromatisch ist, zeigt das Fettsäurekondensationsprodukt den Charakter einer aliphatischen, bzw. aromatischen echten Sulfonsäure. Auf jeden Fall sind derartige ionogenaktiven Fettsäurekondensationsprodukte im überwiegenden Ausmaße mehr oder minder stark abgewandelte Alkylsulfonate mit endständiger (externer) Sulfonsäuregruppe.

Hingegen besitzen die einfachen Alkylsulfonate ($R-SO_3Me$) wegen ihrer verhältnismäßig umständlichen und teuren Herstellungsweise bis jetzt kaum technisches Interesse.

REYCHLER [155] stellte als erster die Cetylsulfonsäure ($C_{16}H_{33}SO_3H$) aus Cetyljodid durch Überführen desselben in das Cetylsulfhydrat und daraus durch Oxydation die Cetylsulfonsäure gemäß dem Schema

$$C_{16}H_{33}J \xrightarrow{\ NaSH\ } C_{16}H_{33}SH \xrightarrow{\ O_2\ } C_{16}H_{33}SO_3H \qquad (15)$$

her. Sie besitzt seifenartige Konsistenz und ist in Wasser, vorzugsweise in der Hitze, klar löslich. Diese Lösungen schäumen beim Schütteln wie gewöhnliche Seifenlösungen und besitzen gute Wasch- und Reinigungswirkung. Weitere Untersuchungen über einfache Alkylsulfonate der allgemeinen Formel RSO_3Me wurden von McBAIN und MARTIN [156], TWITCHELL [157], NORRIS [158], McBAIN und WILLIAMS [159], HARTLEY [160] hauptsächlich bezüglich der allgemeinen und kolloidchemischen Eigenschaften gemacht. Die Grenzflächen- und Waschaktivität der freien Alkylsulfonsäuren ist auf die Löslichkeit und starke elektrolytische Dissoziation derselben zurückzuführen. Die wäßrigen, kolloiden Lösungen bestehen wie die gewöhnlichen Seifen aus ionischen Mizellen (vgl. S. 66). Man nennt deshalb die freien Alkylsulfonsäuren mit Recht auch „Wasserstoffseifen" (McBAIN). Diese ursprünglich auf die säurebeständigen Alkylsulfonsäuren angewandte Bezeichnungsweise kann aber ganz allgemein für die neueren, säurebeständigen waschaktiven Stoffe im sauren p_H-Bereich erstreckt werden. Es soll dadurch zum Ausdruck kommen, daß solche Substanzen auch dann beträchtliche Waschkraft entfalten.

Die textilchemische Seite bei Untersuchungen der Alkylsulfonate wurde von SCHRAUTH [23] und EVANS [25] gepflegt. Beide Autoren kommen zum Schluß, daß die Alkylsulfonate, ähnlich den Alkylsulfaten (Fettalkohol-

---

[1] Diese können somit aliphatischer, hydroaromatischer und aromatischer Natur sein.

sulfonaten), textilchemisches Interesse besitzen, im allgemeinen aber bezüglich des Netz-, Wasch- und Emulgiervermögens gegen die entsprechenden
Alkylsulfate zurückstehen (vgl. S. 113 und 121). Dagegen sind sie unempfindlich
gegen hydrolysierende Einflüsse, also auch in der Hitze vollkommen säure-
und laugebeständig, während bekanntlich die Fettalkoholsulfonate in sauren
und alkalischen Flotten zur Abspaltung der Schwefelsäureestergruppe, insbesondere in der Hitze, neigen. Ebenso ist die Kalk- und Magnesiumbeständig-
keit der Alkylsulfonate größer als die der Fettalkoholsulfonate.

Die Darstellung der Alkylsulfonate wurde in letzter Zeit wesentlich
vereinfacht; so gewinnt man sie durch Umsetzung der Alkylsulfate (Fettalkoholsulfonate) mit Natriumsulfit

$$R{-}OSO_3Na + Na_2SO_3 \rightarrow R{-}SO_3H + Na_2SO_4 \qquad (16)$$

unter Druck [161].

Eine weitere — allerdings auch kein technisches Interesse bietende —
Herstellungsmöglichkeit ist die energische Sulfonierung von Kohlenwasserstoffen mit endständiger Doppelbindung [162].

Größtes theoretisches wie praktisches Interesse besitzen hingegen die
abgewandelten Alkylsulfonate auf Basis höhermolekularer Fettsäuren, die
mit einem die Sulfongruppe tragenden Kohlenwasserstoffrest verknüpft,
„kondensiert", sind. Diese Erzeugnisse sind unter dem Namen *Igepone,
Neopole, Ultravone, Melioran, Lamepon* bekannt.

a) *Igepon A* (I. G. Farbenindustrie A. G.).

Das *Igepon A* ist das Kondensationsprodukt von Ölsäure mit Isäthionsäure, d. i. Oxyäthansulfonsäure $HOCH_2CH_2SO_3H$ [163].
Der Chemismus der hierbei stattfindenden Reaktion ist folgender:

$$CH_3(CH_2)_7CH{=}CH(CH_2)_7C{\diagup}^{O}_{\diagdown OH}\ (oder\ Cl) \quad + HOCH_2CH_2SO_3Na \rightarrow$$

Ölsäure (oder Ölsäurechlorid). Oxyäthansulfosaures Natrium.

$$\rightarrow CH_3(CH_2)_7CH{=}CH(CH_2)_7C{\diagup}^{O}_{\diagdown OCH_2CH_2SO_3Na\,(H)} \quad + H_2O(NaCl). \quad (17)$$

Das *Igepon A* stellt demnach chemisch einen Ester der Ölsäure und der
Oxyäthansulfonsäure (Isäthionsäure) dar. Diese Charakterisierung bestimmt gleichzeitig das chemische und kolloidchemische Verhalten. Als
Ester ist das *Igepon A* nur beschränkt säure- und laugebeständig und wird
von stärkeren Säuren bzw. Laugen, besonders in der Hitze, an der Ester-
brücke gespalten (verseift). Im alkalischen Medium bildet sich hierbei das
Alkalisalz der Ölsäure und der Oxyäthansulfosäure wieder zurück. Im
sauren p_H-Bereich tritt freie Ölsäure sowie freie Oxyäthansulfosäure auf.

Hingegen ist das Waschvermögen des *Igepon A* für Proteinfasern
und für Kunstfasern aus regenerierter Cellulose ausgezeichnet und
übertrifft das vieler anderer Waschmittel. Dies gilt besonders für die
Wäsche von Wolle (Rohwollwäsche, Garnwäsche, Stückwäsche und Hauswäsche von Wollwaren). Die Beständigkeit des *Igepon A* gegen die Härtebildner des Wassers ist sehr gut, erreicht aber nicht die des Schwester-

präparates *Igepon T*. Infolge der guten Kalkbeständigkeit ist dem *Igepon A* bei gleichzeitiger Mitverwendung von Seife in hartem Wasser eine gewisse Schutzwirkung gegen das Ausfallen eben gebildeter Kalkseife eigen; allerdings wird es darin von *Igepon T* übertroffen [164].

Unter Berücksichtigung sämtlicher chemischer und textiler Eigenschaften kann gesagt werden, daß das *Igepon A* vornehmlich als Waschmittel in Frage kommt, besonders dort, wo auf beste Waschwirkung Wert gelegt wird und nicht zu strenge Anforderungen an die Säure- und Alkalibeständigkeit gestellt werden. Unterstützt wird die gute Waschwirkung durch die leichte und klare Löslichkeit selbst in kaltem und hartem Wasser.

Kolloidchemisch betrachtet eignet sich *Igepon A* deshalb besonders als Waschmittel, weil in ihm der hydrophobe Charakter der Fettkette am reinsten erhalten blieb. Die in bezug auf Restaffinität nur wenig aktive Ester- $\left(-C\underset{O-}{\overset{\nearrow O}{\diagdown}}-\right)$ Gruppe verändert fast nicht den hydrophoben Molekülanteil und stört deshalb nur wenig die orientierte Adsorption der *Igepon-A*-Teilchen an Grenzflächen (vgl. S. 65).

Das *Igepon A* — eine Sondermarke mit gleichem aktiven Körper ist *Igepon AP* extra — kommt als elektrolythaltiges Pulver in den Handel. Der Zusatz von Elektrolyten (Na_2SO_4, $NaCl$) dient zum Verschnitt und begünstigt die Grenzflächenaktivität, was auf eine gewisse Aggregierung zu fein disperser Anteile in der *Igepon-A*-Lösung zurückzuführen ist (vgl. S. 176).

b) *Igepon T* (I. G. Farbenindustrie A. G.).

Das *Igepon T*[1] ist das Kondensationsprodukt aus Ölsäure mit N-Methylaminoäthansulfonsäure (Methyltaurin) [165].

Der Reaktionsmechanismus ist hierbei folgender:

$$CH_3(CH_2)_7CH{=}CH(CH_2)_7C\underset{Cl}{\overset{\nearrow O}{\diagdown}} + HN{-}CH_2CH_2SO_3Na + NaOH \rightarrow$$

$$\underset{CH_3}{|}$$

Ölsäurechlorid.   Methyltaurin.

$$\rightarrow CH_3(CH_2)_7CH{=}CH(CH_2)_7C\underset{N{-}CH_2CH_2SO_3Na}{\overset{\nearrow O}{\diagdown}} + NaCl + H_2O \qquad (18)$$

$$\underset{CH_3}{|}$$

Oleylmethylaminoäthylsulfonsaures Natrium.

Das *Igepon T* ist ein Abkömmling eines Säureamides. Als Brückenbindeglied zwischen dem Fettsäurerest und der kurzen Alkylsulfon-

---

[1] Die Sondermarke *Igepon KT* (I. G. Farbenindustrie A. G.) ist das aus Cocosfettsäuren bereitete Analogon zum *Igepon T*, also ein Cocosölfettsäuremethyltaurin.

säure dient eine —C⟨$^O_{N-}$ -Gruppe, die im Gegensatz zur —C⟨$^O_{O-}$ -Gruppe

             |
           CH_3

bedeutend beständiger ist und selbst in der Hitze durch starke Säuren oder Alkalien nicht gespalten wird. Das *Igepon T* besitzt deshalb in wäßriger Lösung hohe Beständigkeit gegen Säuren und Alkalien, ohne daß es dabei zersetzt wird.[1]

Als Abkömmling einer aliphatischen Sulfonsäure gibt das *Igepon T* leicht lösliche Kalksalze, weshalb dasselbe als praktisch unbegrenzt kalkbeständig angesehen werden kann. In Verbindung mit seiner guten Schaumfähigkeit und hohen Grenzflächenaktivität entwickelt das *Igepon T* gute Reinigungswirkung beim Waschen von Proteinfasern, wird allerdings darin von *Igepon A* übertroffen [164].

In Gegenwart gewöhnlicher Seifen weist *Igepon T* in hartem Wasser ein Schutzvermögen gegen das Ausfallen eben gebildeter Erdalkaliseifen auf, das von keinem anderen anionaktiven seifenartigen Kolloidelektrolyten erreicht wird. Dies ist teils auf die hervorragende Kalkbeständigkeit des *Igepon T*, die durch den Charakter einer echten aliphatischen Sulfonsäure bedingt wird, teils auf die peptisierende Wirkung der —CON-Gruppe zurückzuführen.[2]

                                                         |
                                                         CH_3

Infolge der hohen Beständigkeitseigenschaften gegen Säuren und Laugen sowie gegen die Härtebildner des Wassers, der hohen Grenzflächenaktivität und des guten Dispergiervermögens hat das *Igepon T* in den verschiedensten Zweigen der Textilindustrie Anwendung gefunden wie kaum ein zweites synthetisches Hilfsmittel.

Das *Igepon T* kommt mit Elektrolyten (Na_2SO_4, NaCl) verschnitten als Pulver in den Handel. Die Elektrolyte begünstigen die Grenzflächenaktivität infolge Vergröberung zu feindisperser Anteile in der *Igepon T*-Lösung zu kapillaraktiveren Teilchen, wie aus Versuchen von WELTZIEN und OTTENSMEYER [29], deren Ergebnis Tab. 51 bringt, hervorgeht.

---

[1] Das *Igepon T* ist sogar in kalter, konzentrierter Salzsäure löslich. Hingegen ist es als Carbonisierhilfsmittel weniger geeignet, da die konzentrierte, heiße Schwefelsäure, die sich im Trockenofen nach dem Verdunsten des Wassers bildet, Verseifung bewirken kann.

[2] Das durch starke Restvalenzkräfte verursachte hohe Schutzkolloidvermögen der Carbonamidgruppe (—CONH-) geht aus dem Verhalten der Eiweißstoffe, den klassischen Schutzkolloiden hervor. Die —CON-Gruppe

                                                           |
                                                           CH_3

entspricht in bezug auf Schutzkraft der —CONH-Gruppe, ist aber im Waschmittelmolekül vorzuziehen, weil die Carbonamidgruppe zu hydrophil ist und das Grenzflächengeschehen stört; vgl. die Ausführungen auf S. 65 und die systematischen Untersuchungen von DHINGRA, UPPAL und VENKATARAMAN, S. 115 und 120.

Tabelle 51. **Beeinflussung der Oberflächenspannung von synthetischen Waschmitteln durch Salzzusätze.**
(Nach WELTZIEN und OTTENSMEYER.)

Stoff (0,1 g/l)	Oberflächenspannung (Dyn/cm)			
	20° C		80° C	
	ohne Salz	mit 1 g Na_2SO_4/l	ohne Salz	mit 1 g Na_2SO_4/l
Igepon T	59	50	57	37
Gardinol WA ...	66	58	57	44
Igepon A	67	59	58	47

Die Kapillar- und Waschaktivität von Gemischen aus *Igepon A* und *Igepon T* soll größer sein als jene, die sich additiv aus den Komponenten ergeben würde [166].

Ein dem *Igepon T* sehr ähnliches Erzeugnis kann man nach WALDMANN und CHWALA [167] darstellen. Wird β,β'-Dichlordiäthyläther mit Natriumsulfit unter geeigneten Bedingungen umgesetzt, so entsteht nach der Gleichung

$$ClC_2H_4OC_2H_4Cl + Na_2SO_3 \rightarrow ClC_2H_4OC_2H_4SO_3Na + NaCl \qquad (19)$$

und unter nachfolgender Wechselwirkung mit Methylamin

$$ClC_2H_4OC_2H_4SO_3Na + CH_3NH_2 \rightarrow HNC_2H_4OC_2H_4SO_3Na + HCl^1 \quad (20)$$
$$\mid$$
$$CH_3$$

das Methylaminodiäthyläthernatriumsulfonat. Es ist mit einem Fettsäurechlorid, z. B. mit Ölsäurechlorid, nach der Gleichung

$$R\text{—}COCl + HNC_2H_4OC_2H_4SO_3Na \rightarrow R\text{—}CONC_2H_4OC_2H_4SO_3Na + HCl^2 \quad (21)$$
$$\mid \qquad\qquad\qquad\qquad\qquad \mid$$
$$CH_3 \qquad\qquad\qquad\qquad\quad CH_3$$

acylierbar, wobei eine dem *Igepon T* ähnliche Verbindung entsteht, die sich von diesem durch den Mehrgehalt einer $-OC_2H_4$-Gruppe unterscheidet. Für das Schutzkolloidvermögen gegen das Ausfallen eben gebildeter, hydratisierter Erdalkaliseifen ist die Anwesenheit einer Äthergruppe von Vorteil (vgl. S. 95).

Hierher gehören auch Vorschläge des Patentschrifttums zur Darstellung und Verwendung von abgewandelten Alkylsulfonaten, die als Bindungsatome Sauerstoff- oder Schwefelatome enthalten, beispielsweise Stearyläthyläthernatriumsulfonat, $C_{18}H_{37}OC_2H_4SO_3Na$ [168], oder Alkylmercaptoäthylnatriumsulfonat, $R\text{—}S\text{—}C_2H_4SO_3Na$ [169].

c) *Neopol T* (Chemische Fabrik Stockhausen & Co.).

Das *Neopol T* ist in seinem Aufbau dem *Igepon T* sehr ähnlich.

Es zeigt demgemäß neben gutem Waschvermögen für Wolle starke kalkseifendispergierende Wirkung [140].

---

[1] Sie wird von überschüssigem Methylamin gebunden.
[2] Sie wird von zugesetzter Natronlauge gebunden.

d) *Melioran F 6* (Oranienburger chemische Fabrik).

Die nähere Konstitution dieses Erzeugnisses ist nicht genau bekannt. Es scheint ein Mischpräparat zu sein, das vielleicht auch höhermolekulare Ketosulfonsäuren enthält [170].

Behandelt man Fettsäurechloride mit aromatischen Kohlenwasserstoffen, z. B. Benzol unter geeigneten Bedingungen, so entstehen hochmolekulare, aromatische Ketone (Phenone, z. B. Palmitophenon), die durch Sulfonierung wasserlöslich werden, wie dies das Schema

$$\text{RCOCl} + \text{C}_6\text{H}_6 \rightarrow \text{RCOC}_6\text{H}_5 \rightarrow \text{RCOC}_6\text{H}_4\text{SO}_3\text{H} \tag{22}$$

zeigt. Das R stellt hierbei einen längeren gesättigten Fettrest dar.

Die erhaltenen Erzeugnisse sind anionaktive Waschmittel auf Basis echter aromatischer Sulfonsäuren mit externer Sulfogruppe. Sie weisen gutes Waschvermögen für Wolle sowie beträchtliches Dispergiervermögen für eben gebildete Kalkseifen auf.

e) *Ultravone* (Gesellschaft für chemische Industrie, Basel).

Eine weitere Möglichkeit, die Carboxylgruppe höhermolekularer Carbonsäuren zu verschließen und ihr Ionisierungsvermögen zu beseitigen, besteht in der Wechselwirkung der Fettsäuren mit Diaminen.

Durch Kondensation von aromatischen, orthoständigen Diaminen, beispielsweise o-Phenylendiamin mit Fettsäuren erhält man die sog. Benzimidazole. Das folgende Reaktionsbild zeigt dies für den Fall der Stearinsäure.

$$\tag{23}$$

o-Phenylendiamin.   Stearinsäure.   2-Heptadecylbenzimidazol.

Dadurch verschwindet sowohl die Hydroxylgruppe als auch der Carbonylsauerstoff der Carboxylgruppe und deren Kohlenstoff wird ein Glied des gebildeten heterozyklischen Ringes (Benzimidazol). Durch Sulfonation können im Benzolkern eine oder zwei echte Sulfongruppen eingeführt werden, wodurch sich anionaktive, seifenartige Kolloidelektrolyte bilden. Sie kommen unter der Bezeichnung *Ultravone* in den Handel [171].

Das *Ultravon K* stellt das Monosulfonat obigen Heptadecylbenzimidazols dar. Es ist säureunbeständig, da die freie Sulfonsäure sogleich mit den basischen Stickstoffatomen ein inneres, wasserunlösliches Salz, ähnlich der Sulfanilsäure, bildet. Deshalb dient das *Ultravon K* weniger als Waschmittel, sondern als Kalkseifendispergiermittel für eben gebildete Kalkseife, vor allem in der Hitze (vgl. S. 93).

Das *Ultravon W* ist das Disulfonat des Heptadecylbenzimidazols. Es ist säurebeständig, da nach der intramolekularen Neutralisation der einen Sulfonsäuregruppe durch die Stickstoffatome die zweite SO_3H-

Gruppe zur Löslichkeit im sauren p_H-Bereich genügt. Das *Ultravon W* wird deshalb als Waschmittel, vorzugsweise für Wolle, benutzt.

Die Neigung, unlösliche, innere Absättigungsprodukte zwischen den elektropositiven und elektronegativen Molekülstellen zu geben, dürfte die Ursache sein, warum der Dispersitätsgrad der *Ultravone* verhältnismäßig grob ist. Waschaktive Teilchen sind aus diesem Grund nicht so zahlreich vorhanden wie beispielsweise bei den *Igeponen*. Ferner sind die SO_3H-Gruppen nicht wie bei letzteren am Ende einer kurzen aliphatischen Kette, sondern befinden sich in einem aromatischen Rest (Benzolkern). Im allgemeinen sind die aliphatischen Sulfonsäuren von günstigerem Einfluß auf die Netz- und Waschwirkung, Kalkbeständigkeit und Kalkseifendispergiervermögen als die Abkömmlinge aromatischer Sulfonsäuren.[1] Es ist deshalb verständlich, daß die *Ultravone* bezüglich dieser Eigenschaften, insbesondere was die Summe derselben anbelangt, nicht ganz die Erzeugnisse der *Igepon*-Richtung erreichen.

Die Umsetzung höhermolekularer Fettsäuren mit orthoständigen Diaminen kann außer mit aromatischen Diaminen, die zu den *Ultravonen* führt, auch mit aliphatischen Diaminen, beispielsweise Äthylendiamin, $H_2NC_2H_4NH_2$, erfolgen, was besonders leicht in Anwesenheit von Salzen der aliphatischen Diamine vor sich geht (WALDMANN und CHWALA [172]).

So bildet sich beispielsweise aus Äthylendiamin, Äthylendiaminhydrochlorid und Stearinsäure das 2-Heptadecylimidazolinhydrochlorid:

$$C_{17}H_{35}C\!\!<^{O}_{OH} + \tfrac{1}{2}\ \substack{H_2N-CH_2\\ |\\ H_2N-CH_2} + \tfrac{1}{2}\ \substack{H_2N-CH_2\\ |\\ H_2N-CH_2}\cdot 2\,HCl \rightarrow$$

$$\rightarrow C_{17}H_{35}-C\!\!<^{N-CH_2}_{NH-CH_2}| \cdot HCl + 2\,H_2O. \qquad (24)$$

Der Imidwasserstoff des wasserlöslichen, kationaktiven Alkylimidazolinhydrochlorids kann durch einen aromatischen Rest ersetzt werden, wodurch N-Aryl- bzw. N-Aralkyl-Imidazoline entstehen (N-Phenyl- bzw. N-Benzyl-μ-Imidazoline), die durch Behandeln mit sulfonierenden Agenzien in die anionaktiven, aromatischen Sulfonsäuren übergeführt werden können. Es ist auch möglich, den Imidwasserstoff durch eine niedermolekulare Alkylsulfonsäure, beispielsweise mittels γ-Chlor-β-oxypropansulfosäure ($ClCH_2\cdot CHOH\cdot CH_2SO_3H$), auszutauschen, wodurch anionaktive Waschmittel entstehen [173].

f) *Lamepon A* (Chemische Fabrik Grünau).

Das *Lamepon A* nimmt eine gewisse Ausnahmsstellung in der Reihe der sog. Fettsäurekondensationsprodukte ein. Es ist nicht auf Basis einer echten Sulfonsäure mit endständiger SO_3H-Gruppe aufgebaut, sondern entsteht durch Einwirken von Fettsäurechlorid (Ölsäurechlorid) auf abgebaute Eiweißstoffe [174] nach der Gleichung

$$C_{17}H_{33}COCl + NH_2R_1(CONHR_2)_xCOONa + NaOH \rightarrow$$

$$\rightarrow C_{17}H_{33}CONHR_1(CONHR_2)_xCOONa + NaCl + H_2O. \qquad (25)$$

---

[1] Vgl. S. 116.

Es ist ein Fettsäure-Eiweißkondensationsprodukt mit endständiger Carboxylalkaligruppe und verbindet die allgemeinen Eigenschaften eines Fettstoffes mit jenen der Eiweißstoffe. Deshalb unterscheidet sich die endständige Carboxylalkaligruppe des *Lamepon A* in vieler Beziehung von der der gewöhnlichen Seifen. So ist z. B. das *Lamepon A* nicht nur gut kalkbeständig, sondern ein sehr brauchbares Dispergiermittel für eben gebildete Kalkseife. Offenbar spielt hier das typische Schutzkolloidvermögen der Eiweißstoffe, das sich auf die starken Restvalenzkräfte der gehäuften CONH-Gruppen stützt, eine große Rolle. Hingegen ist es nur beschränkt säurebeständig; von Mineralsäuren wird *Lamepon A* zersetzt. Die bloße Hydratation der Carbonamidgruppen genügt dann nicht, um den längeren Fettrest in Lösung zu halten.

Infolge des Eiweißgehaltes zeigt das *Lamepon A* Eigenschaften, die den anderen Anionseifen nicht oder nur teilweise zukommen. Bei der Wollveredlung weist es wegen der Verwandtschaft mit dem Eiweiß der Wolle ein gewisses Faserschutzvermögen auf; es wirkt einem alkalischen Angriff auf die Wollsubstanz entgegen (vgl. S. 369).

Das Schutzkolloidvermögen tritt nicht allein bei der Dispergierung von Kalkseife zutage; es stabilisiert Wasserstoffsuperoxydbäder und verringert deren katalytischen Angriff auf spinnmattierte Kunstfasern (vgl. S. 340).

Das typische Waschvermögen der früher genannten synthetischen Waschmittel weist *Lamepon A* nicht in gleichem Maße auf.

VI. Nichtionogen aktive Waschmittel.

Ihre Wasserlöslichkeit wird nicht wie bei den anionaktiven Waschmitteln durch eine salzbildende —COONa-, OSO_3Na-, —SO_3Na-Gruppe, sondern durch gehäufte Hydroxylgruppen (entweder als solche oder über Wasserstoffbrücken, vgl. S. 66) bewirkt.

In der Natur sind vielfach Körper anzutreffen, die unter gewissen Bedingungen Schaum- und Waschvermögen aufweisen; es sind dies die sog. *Saponine*. Sie enthalten ein kompliziert zusammengesetztes, im einzelnen oft noch nicht näher bestimmtes hydrophobes Kohlenwasserstoffsystem vorzugsweise aus hydroaromatischen Ringen, dessen Wasserlöslichkeit durch gehäufte Hydroxylgruppen glucosidisch gebundener Zuckerreste bedingt wird [175].

Ferner sind Ester höhermolekularer Fettsäuren mit Polyglykolen (Typus $RCOOC_2H_4(OC_2H_4)_nOC_2H_4OH$) oder Polyglycerinen (Typus $RCOOCH_2\cdot$ $\cdot CHOHCH_2(OCH_2CHOHCH_2)_nOCH_2CHOHCH_2OH$) in Wasser zu mehr oder minder kolloiden Verteilungen dispergierbar [176].

Die neueren synthetischen Waschmittel nichtionogener Art sind Anlagerungsprodukte von Äthylenoxyd· an höhermolekulare Verbindungen mit einem hydrophoben Kohlenwasserstoffrest, die reaktiven Wasserstoff, z. B. in —OH-, —NH_2-, —$CONH_2$- u. dgl. Gruppen, enthalten.

Je nach dem Aufbau unterscheidet man nichtionogen aktive Waschmittel, deren höhermolekularer Kohlenwasserstoffrest

a) aus natürlichen Fettstoffen stammt,
b) synthetischer Natur ist.

1. Nichtionogen aktive Waschmittel auf natürlicher Fettbasis.

Hierher gehören das

> *Peregal O* (I. G. Farbenindustrie A. G.),
> *Leonil O* („ „ „ „ „),

a) *Peregal O* (I. G. Farbenindustrie A. G.).

Man erhält es durch Anlagerung von etwa 15 bis 20 Molen Äthylenoxyd an Octadecyl- (Stearin-) Alkohol [177] nach der Gleichung

$$C_{18}H_{37}OH + 15\text{—}20\ C_2H_4O \rightarrow C_{18}H_{37}(OC_2H_4)_{14\text{—}19}OC_2H_4OH. \qquad (26)$$

Es stellt eine feste, weißliche Masse dar, die in Wasser klar löslich ist und in Form einer wäßrigen Lösung in den Handel kommt. Es zeigt Netz-, Schaum- und Waschvermögen, wird aber in dieser Hinsicht von anderen ionogen aktiven Waschmitteln übertroffen. Es dient praktisch überhaupt nicht als typisches synthetisches Waschmittel, wie etwa die *Igepone*. Seine reinigende Wirkung kommt vielmehr. dann zur Geltung, wenn es als Egalisiermittel beim Färben fetthaltiger Cellulosefasern in neutralen oder alkalischen Bädern benutzt wird (vgl. S. 354). Unterstützt wird der Reinigungseffekt des *Peregal O* durch sein ausgezeichnetes Schutzkolloidvermögen gegen das Ausfallen grobdisperser Erdalkaliseifen im statu nascendi, das jenes der besten Anionseifen noch übertrifft (vgl. S. 99).

b) *Leonil O* (I. G. Farbenindustrie A. G.).

Die genauere Zusammensetzung dieses für die saure Wollwäsche (s. S. 193 ff.) und zum Reinigen im sauren Färbebad entwickelten nichtionogen aktiven Waschmittels ist nicht bekannt. Seine Reinigungskraft ist vom p_H des Waschbades und von den Ladungsverhältnissen zwischen Fasern und Flotte ziemlich unabhängig.

Es ist ein weißliches, festes Erzeugnis, das in Wasser klar löslich ist und in Form einer wäßrigen Lösung in den Handel kommt (*Leonil O*-Lösung).

Weitere nichtionogene Waschmittel, die allerdings bisher keine praktische Bedeutung erlangt haben, sind die von der Imperial Chemical Industries hergestellten höhermolekularen Abkömmlinge der Glukamine [178]. Ihre allgemeine Formel ist

$$R\text{—}NH\text{—}CH_2\text{—}(CHOH)_4\text{—}CH_2OH$$

bzw.

$$R\text{—}CONH\text{—}CH_2\text{—}(CHOH)_4\text{—}CH_2OH.$$

Im Schrifttum sind ferner von der Böhme Fettchemie Ges. m. b. H. Verbindungen angegeben worden [179], die als höhermolekulare Abkömmlinge von Glucosiden — durch Kondensation von Fettalkoholen mit Zucker unter geeigneten Reaktionsbedingungen entstanden — nichtionogene Wasch- und Textilhilfsmittel abgeben. Hier sind auch die Ester höhermolekularer Fettsäuren mit Zucker anzuführen [180].

2. Nichtionogen aktive Waschmittel auf synthetischer Fettbasis.

Derartige Erzeugnisse sind als vollsynthetische Produkte anzusehen, da sowohl der hydrophobe Kohlenwasserstoffrest (aus ungesättigten Abfallstoffen [Olefinen] bei der Darstellung von Benzin mittels Hochdrucksynthese gewonnen) als auch die wasseraffinen Molekülstellen (Polyoxyalkylätherreste) durch Synthese aus niedermolekularen Bausteinen gewonnen werden. Ihre allgemeine Formel ist

$$R\text{—}O\text{—}(C_2H_4O)_nC_2H_4OH,$$

worin R eine, wahrscheinlich verzweigte, synthetisch aufgebaute Kohlenwasserstoffkette bedeutet. Die Länge derselben ist nicht bekannt, dürfte aber beiläufig 12 bis 16 C-Atome umfassen. Die Anzahl der angelagerten Äthylenoxydmoleküle mag fünf bis zehn betragen.

Diese Erzeugnisse unterscheiden sich grundsätzlich von den Anionseifen. Infolge Fehlens einer elektrolytisch dissoziierenden, salzbildenden Gruppe reagieren ihre wäßrigen Dispersionen neutral und sind gegen Säuren, Laugen und Metallsalze vollkommen beständig. Sie waschen in jedem p_H-Bereich, am besten in neutralen und schwach alkalischen Flotten. In der Hitze werden die intermediär über Wasserstoffbrücken (vgl. S. 66) gebildeten Hydroxylgruppen teilweise abgespalten, so daß die ursprünglich klare Lösung schwach trüb wird. Beim Erkalten verschwindet diese wieder; der Vorgang ist reversibel. Das Waschvermögen wird davon kaum beeinflußt.

Die einzelnen Vertreter dieser neuesten Waschmittel [181] sind:

Igepal C,   *Igepal W*,   *Igepal L*,   *Igepal F*   und   *Leonil WS*.

a) *Igepal C* (I. G. Farbenindustrie A. G.).

Das *Igepal C* dient zur Reinigung von Cellulosefasern, wie Baumwolle, Kunstseide, Zellwolle, Mischgewebe und Leinen. Es zeichnet sich neben seiner guten Waschkraft durch hohe Netz- und Schutzkolloidwirkung aus. Auf S. 117 wurde gezeigt, daß die Grenzflächenaktivität des *Igepal C* in Berührung mit Cellulosefasern am größten ist und das der anionaktiven synthetischen Waschmittel übertrifft. Infolge der vollkommenen Beständigkeit gegen jedwede Metallsalze und gegen die Härtebildner des Wassers besitzt das *Igepal C* eine Kalkseifenschutzwirkung, die von keinem ionogenen Waschmittel erreicht wird. Es wäscht deshalb auch in stark salzhaltigem oder sehr hartem Wasser; seine Waschkraft wird dadurch nicht berührt. Das *Igepal C* eignet sich in neutraler, alkalischer und selbst saurer Reaktion zur Reinigung von Cellulosefasern. Bei der Weißwäsche wird es allerdings in bezug auf Waschvermögen von der gewöhnlichen Seife im allgemeinen übertroffen, wenn man nur für die Abwesenheit der schädlichen Härtebildner des Wassers Sorge trägt.

Von besonderer Bedeutung ist das *Igepal C* für die Nachbehandlung von Druckwaren, da seine Reinigungskraft in keiner Weise durch die aus der bedruckten Ware in die Nachbehandlungsbäder gelangenden Metallsalze, z. B. Zinksalze u. dgl., beeinträchtigt wird. Mangels salzbildender Gruppen können mit den Salzen keine unlöslichen, das Warenbild und die Echtheit der Färbung schädigenden Metallverbindungen nach Art der Metallseifen entstehen.

Ferner eignet sich das *Igepal C* für die Nachbehandlung von Indanthrenfärbungen und von *Naphthol-AS*-Kombinationen. Es bewirkt hierbei allein oder in Verbindung mit Hexametaphosphaten oder den *Trilon*-Marken (s. S. 81) eine vorzügliche Reibechtheit und einen klaren Charakter der „geseiften" Färbungen, da schädliche Ablagerungen nicht auftreten können und lose anhaftende Farbstoffteilchen mit Sicherheit von der Faser abgelöst werden.

Das *Igepal C* ist ein gelbliches Öl, das in Form einer wäßrigen, viskosen, gelbbraunen Flüssigkeit in den Handel kommt. Wird es bei Temperaturen über 50 bis 70° C angewendet, so treten Trübungserscheinungen auf, die beim Erkalten vollkommen verschwinden.

b) Igepal W (I. G. Farbenindustrie A. G.).

Diese Marke dient zum Waschen von reiner Wolle und Mischgespinsten mit Zellwolle und Baumwolle. Im Vergleich zum *Igepal C* ist es hydrophober, was aus seinem Löslichkeitsverhalten hervorgeht. Es bildet leichter und bei tieferen Temperaturen getrübte Lösungen als *Igepal C*; allerdings ist diese Erscheinung wie bei diesem reversibel.

Das Erzeugnis ist in bezug auf hydrophoben und hydrophilen Anteil im Waschmittelmolekül so abgestimmt, daß es in Berührung mit Proteinfasern, z. B. Wolle, die größte Grenzflächenaktivität aus der *Igepal*-Reihe entwickelt und in dieser Hinsicht die Anionseifen übertrifft (vgl. S. 117). Der Wascheffekt beim Reinigen von Wolle steht, insbesondere was die Konzentrationsabhängigkeit desselben anbelangt, hinter jenem zurück, den man mittels Anionseifen, z. B. mit *Igepon A* oder *Gardinol WA*, erhält. Vielleicht ist dies darauf zurückzuführen, daß die Fettkettenionen der genannten Anionseifen infolge ihres Elektrolytcharakters zu den positiven Ladungen der Aminogruppen größere Affinität als die nichtionogenen Waschmittelteilchen des *Igepal W* haben. In sehr verdünnten Lösungen kann sich die größere Affinität der Anionseifenteilchen zur Wollfaser insofern günstig auswirken, als sie sich leichter und stärker an der Wolloberfläche anreichern wie die kapillaraktiven Teilchen des nichtfaseraffinen *Igepal W*.

Das *Igepal W* eignet sich zum Waschen in neutralen, alkalischen und schwach sauren Flotten. Die Herstellung von Walkwaren gelingt mit *Igepal W* an Stelle von Seife nicht.

Infolge seiner Unempfindlichkeit gegen alle Metallsalze behält das *Igepal W* selbst in sehr hartem Wasser seine volle Waschkraft. Verwendet man gleichzeitig gewöhnliche Seife mit dem *Igepal W* in hartem Wasser, so wird durch die hervorragende Schutzwirkung des *Igepal W* das Ausfallen grobdisperser Erdalkaliseifen mit Sicherheit vermieden. Die Hauptanwendung dieses nichtionogen aktiven Waschmittels liegt demnach in der Beseitigung öliger, auch aus Mineralöl bestehender Verunreinigungen, die aus dem Spinn- und Webprozeß in die Ware gelangt sind, in hartem Wasser.

Das *Igepal W* ist ein gelbbraunes Öl, das in Form einer wäßrigen, viskosen, gelbbraunen Flüssigkeit in den Handel kommt. Seine wäßrigen Dispersionen trüben sich bei 40° C und darüber. Beim Erkalten tritt reversibel Aufhellung ein.

c) *Igepal L* (I. G. Farbenindustrie A. G.).

Das *Igepal L* ist der Vertreter einer nichtionogen aktiven Fettlöserseife. Es besteht aus einem Emulgatoranteil vom Typus der gewöhnlichen *Igepale*, der mit einer Fettlöserkomposition versetzt ist. Infolge der guten Netzwirkung und der hohen Beständigkeit des Emulgators gegen Säuren, Laugen und Metallsalze behält das *Igepal L* selbst in sehr hartem Wasser sein gutes Wasch- und Reinigungsvermögen für Fasern, die ölige und verharzte Verunreinigungen aufweisen. Die *Igepal-L*-Lösungen zeigen beim Erwärmen wie die wäßrigen Dispersionen des *Igepal C* bzw. *Igepal W* Trübungen, die beim Abkühlen wieder restlos verschwinden.

Das *Igepal L* kommt in Form einer gelbbraunen Paste in den Handel. Zum Lösen teigt man mit geringen Wassermengen an, bis eine dünnflüssige Paste erhalten wird; dann erst setzt man letztere der eigentlichen Arbeitsflotte zu.

d) *Igepal F* (I. G. Farbenindustrie A. G.).

Es dient zur Reinigung von Bettfedern. Das *Igepal F* bildet eine gelbe, klare, viskose Flüssigkeit von schwach aromatischem Geruch. Es läßt sich mit kaltem Wasser in jedem Verhältnis verdünnen. Bei Temperaturen über 50° C trüben sich die Lösungen von *Igepal F*, beim Erkalten werden sie wieder klar.

e) *Leonil WS* (I. G. Farbenindustrie A. G.).

Das *Leonil WS* hat ein ähnliches Anwendungsgebiet wie das *Leonil O*. Ferner dient es in der Stückwäsche als brauchbares synthetisches Waschmittel.

C. Praktische Anwendung der Waschmittel.

I. Die Waschwirkung im reinen (enthärteten) Wasser.

Bekanntlich entwickeln die gewöhnlichen Seifen nur im weichen Wasser ihre volle Waschkraft, da sich wegen ihrer Kalk- und Magnesiumunbeständigkeit im harten Wasser sofort unlösliche Calcium- und Magnesiumseifen ausscheiden.

In der Praxis steht aber reines, von Natur aus weiches Wasser nur in Ausnahmsfällen zur Verfügung. Die meisten der in der Textilindustrie verwendeten Gebrauchswässer besitzen eine erhebliche Härte, die bis zu 20 bis 30° DH. und noch mehr betragen kann. Es wird deshalb das Wasser, zumeist in den größeren Betrieben, künstlich enthärtet (vgl. achter Abschnitt).

Im enthärteten Wasser ist die Verwendung der Seife durchaus angängig; wegen ihrer Wohlfeilheit wird sie in größtem Maßstab angewendet. Dennoch besitzen die synthetischen Waschmittel auch in reinem, enthärteten Wasser mancherlei Vorteile gegenüber Seife. Diese hängen in erster Linie von der Art des zu waschenden Textilmaterials ab. Es hat sich gezeigt, daß die synthetischen Waschmittel, wie die Fettalkoholschwefelsäureester, die abgewandelten, höhermolekularen Alkylsulfonsäuren und die nichtionogen aktiven Waschmittel, als Wollwaschmittel und zur Wäsche von Kunstseidenwaren in Betracht kommen. Beim Waschen von nativen Cellulosefasern (Baumwolle, Leinen) vermochten die synthetischen Waschmittel die Seife, vor allem in der Weißwäsche, nicht zu ersetzen, was u. a. auf das im Vergleich zur gewöhnlichen Seife geringere Emulgier- und Schutzkolloidvermögen der synthetischen Anionseifen zurückzuführen sein dürfte [182]; vgl. auch Tab. 43.

Das Hauptanwendungsgebiet synthetischer Waschmittel ist die Wäsche von Wolle, Mischgespinsten und Mischgeweben mit Zellwolle, vor allem zur Beseitigung öliger Verunreinigungen, die aus dem Spinn- und Webprozeß in die Ware gelangt sind, sowie von Kunstseide. Beispielsweise seien als Waschvorgänge, bei denen synthetische Waschmittel verwendet werden, genannt:

1. Rohwollwäsche,
2. Kammzug-Lisseusenwäsche,
3. Waschen von Wollgarn und Wollstückware,
4. Hauswäsche von Wollstückware.

1. Rohwollwäsche.

Die Wäsche roher Wolle ist der erste Waschprozeß, dem diese unterworfen wird. Die Verunreinigungen der Rohwolle sind mannigfacher Art; neben Wollfett und Wollschweiß sind Schmutzteilchen pigmentartiger Natur, wie Erdbestandteile u. dgl., zu entfernen. Das Waschen der Rohwolle geschieht vorzugsweise im Leviathan mit Seife und Soda. Mit Vorteil benutzt man in Verbindung mit gewöhnlicher Seife synthetische Waschmittel, z. B. *Igepon A*, aber auch andere Fettsäurekondensationsprodukte, Fettalkoholsulfonate (z. B. vom *Gardinol*-Typus) oder nichtionogene Waschmittel. Die bloße Verwendung synthetischer Waschmittel mit Soda ist aus preislichen Gründen meist nicht durchführbar. Man begnügt sich damit, die gegen die Härtebildner des Wassers empfindliche Seife *teilweise* durch die kalkbeständigen, synthetischen Waschmittel zu ersetzen. Diesen fällt die Aufgabe zu, durch ihr größeres Waschvermögen den Entfettungsgrad der Wolle hinaufzusetzen und etwa entstandene Erdalkaliseifen in feinkolloider Dispersion zu erhalten. Gewöhnlich ersetzt man 10 bis 20% des Gewichtes der angewandten Seife durch synthetische Waschmittel. Fügt man diese den letzten Bädern zu, so wird das Klarspülen sehr erleichtert.

Weist die zu waschende Wolle sog. Pechspitzen auf, so empfiehlt es sich, eine fettlöserhaltige Seife bzw. ein Fettlöser enthaltendes synthetisches Waschmittel, allenfalls in Gegenwart von Ammoniak, zu verwenden (vgl. S. 284).

2. Kammzugwäsche.

Sie stellt den zweiten Waschprozeß, dem die Wolle im Zug der Veredlung unterworfen wird, dar. Von kolloidchemischem Standpunkt aus betrachtet sind die Anforderungen an das Waschmittel bei der Kammzugwäsche, die auf der Lisseuse erfolgt, wesentlich kleiner als bei der Rohwollwäsche. Es handelt sich um die Entfernung von Fettresten (Entölen), Farbstoffpigmenten, Staub u. dgl. Um ein Rauhwerden und Vergilben des wertvollen Materials beim nachfolgenden Trocknen zu vermeiden, soll die Wolle möglichst alkalifrei die Lisseuse verlassen. Man verwendet daher in den ersten Bädern der Lisseuse Soda oder den milder wirkenden Ammoniak, während die folgenden Bäder nur ein synthetisches Waschmittel, wie Fettsäurekondensationsprodukte, Fettalkoholsulfonate oder die nichtionogenen Waschmittel der *Igepal*-Klasse, enthalten.

3. Das Waschen von Wollgarn und Wollstückware.

Dies geschieht nicht, um natürliche Verunreinigungen der Wolle, die zum größten Teil schon bei der Rohwollwäsche entfernt werden, zu beseitigen, sondern dient zum Waschen der in der Spinnerei zur klaglosen Durchführung des Spinnprozesses auf die Faser gebrachten Spinn- oder Schmälzöle. Die Spinn- oder Schmälzöle sind, wie S. 203 beschrieben, Emulsionen von pflanzlichen oder tierischen Ölen bzw. flüssigen Fettsäuren. Arbeitet man nach dem Streichgarnspinnverfahren, so hat man bei der Wäsche von Wollgarn oder Wollstückware mit einem Gehalt von 5 bis 12% an flüssigen Fettsäuren, vorzugsweise Olein, zu rechnen. Beim Kammgarnspinnverfahren werden geringere Schmälzmittelmengen benutzt, die etwa 0,5 bis 1,5%, bezogen auf Wollgewicht, betragen. Das Schmälzmittel besteht meist aus Oliven- oder Erdnußöl, zuweilen auch aus Mineralöl. Da es die Weiterverarbeitung, z. B. bei ungefärbtem Material das Färben, ferner den Griff und die Warenqualität, ungünstig beeinflußt, muß es vorher entfernt werden. Hierbei haben sich synthetische Waschmittel, wie die Fettsäurekondensationsprodukte, Fettalkoholsulfonate und nichtionogenen Waschmittel, bewährt. Bei oleingeschmälzter Wolle (Streichgarn) nimmt man außer dem Waschmittel noch Soda, da man auf diese Weise am billigsten arbeitet. Das Olein wird hierbei in waschaktive Seife übergeführt, die ihrerseits den Reinigungsvorgang unterstützt. Die Mitverwendung kalkbeständiger und kalkseifendispergierender Waschmittel hat den Vorteil, daß dadurch die Bildung grobflockiger Erdalkaliseifen in hartem Wasser verhindert wird.

Garnwäsche: Die Wäsche der sehr fetthaltigen Streichgarne geschieht im allgemeinen auf Kufen oder auf dem sog. Garnleviathan (1 bis 3 g Waschmittel und 1 bis 3 g Soda calc. je Liter). Nur vereinzelt wird man Streichgarne im Färbeapparat selbst vorreinigen, da der Fettgehalt meist zu groß ist.

Kammgarn wird wegen des geringeren Fettgehaltes nicht besonders vorgewaschen, da die mechanische Behandlung die Neigung zum Verfilzen verstärkt. Es genügt meist eine Wäsche im Färbeapparat selbst. Bei geringen Fettmengen (unter 1%) verwendet man beispielsweise etwa 0,5% *Igepon T* oder *Gardinol* vom Gewicht des Fasergutes. Bei höherem Fettgehalt ist eine Vorreinigung empfehlenswert, da das durch das synthetische ionogene Waschmittel bereits emulgierte Fett bei der sauren Ausfärbung in der Hitze wieder aufzieht (vgl. S. 196). Man wäscht deshalb in einem Vorreinigungsbad mit 0,5 bis 1,5 g Waschmittel je Liter unter Zusatz von etwas Ammoniak, eine halbe Stunde im Apparat bei 40 bis 45° C. Dann läßt man die schmutzige Waschflotte ab und färbt nach dem warmen Nachspülen auf frischer Flotte.

Für die Garnwäsche auf laufenden Bädern hat sich *Igepon AP* hochkonzentriert neben Soda wegen seiner langanhaltenden Waschwirkung bewährt. Für die Wäsche leichter Damenartikel sind *Igepon AP* extra, *Igepon T* und Fettalkoholsulfonate in Verwendung.

Stückwäsche: Das Waschen von Kammgarnstücken, besonders von schwerer Ware die einen gewissen Schluß erhalten soll, erfolgt im allgemeinen mit Seife und Ammoniak. Nach dem „Abstoßen" kann man z. B. mit *Igepon A* oder einem anderen synthetischen Waschmittel und wenig Ammoniak nochmals behandeln, wodurch man einen reinen Warenausfall erhält. Leichte Kammgarnwaren, die nicht filzen dürfen, wäscht man möglichst nur mit synthetischen Waschmitteln ohne Alkalizusatz.

Streichgarnstücke, die 5 bis 12% Olein enthalten, werden in einem Bad gewaschen, das neben Soda etwas Seife, *Igepon A* oder andere synthetische Waschmittel enthält. Die Verwendung von *Igepon A* oder einem anderen synthetischen Waschmittel empfiehlt sich besonders dann, wenn man hartes Wasser benutzt, wobei man z. B. 1 bis 2 kg Soda und 100 g *Igepon A* auf 300 l Flotte nimmt. Arbeitet man mit weichem Wasser, so ist es von Vorteil, das *Igepon A* oder die anderen härtebeständigen Waschmittel dem Spülwasser, das gewöhnlich hart ist, zuzugeben. Nach dem Abstoßen des ersten „Gerbers" setzt man etwa 150 bis 200 g *Igepon A* auf etwa 300 l Flotte zu. Man erreicht eine völlige Entfernung der Seife und vermeidet die Bildung unlöslicher, den Griff sowie den Geruch beim Lagern ungünstig beeinflussender grobdisperser Erdalkaliseifen.

Wäscht man länger gelagertes Garn oder Stückware, so können sich aus den in der Schmälze vorhandenen Fetten Oxyfettsäuren bilden. Enthalten die Schmälzmittel Mineralöl oder Paraffinöl, so genügen zuweilen die gewöhnlichen Waschmittel nicht um eine vollständige Entfernung der Oxyfettsäuren oder der Mineralöle zu bewirken. In solchen Fällen verwendet man an Stelle von gewöhnlicher Seife oder synthetischen Waschmitteln Fettlöser enthaltende Erzeugnisse, z. B. *Laventin HW*, *Igepal L* oder *Medialan AL* u. dgl. (vgl. S. 284).

4. Hauswäsche von Wollstückwaren.

Die Wäsche von wollenen Bekleidungsstücken erfolgt meistens mit milder Seife, neuestens auch mit Waschmitteln auf Basis von Fettalkoholsulfonaten, z. B. *Fewa* (Böhme Fettchemie G. m. b. H). Letztere haben den Vorteil, daß sie in neutralen und sogar in schwach sauren Bädern waschen, wodurch die gefärbte Wolle weniger zum Ausbluten neigt. Da sich keine unlöslichen Erdalkaliseifen abscheiden, erhält man beim Waschen mit derartigen Erzeugnissen eine Wolle mit weichem, fülligem Griff.

Von Interesse ist es, das Waschvermögen der verschiedenen synthetischen Waschmittel untereinander zu vergleichen. Im allgemeinen neigt man dazu, den Fettalkoholsulfonaten größere Waschkraft als den Fettsäurekondensationsprodukten zuzuschreiben. Zu diesem Urteil mag vielleicht die Tatsache beitragen, daß die Fettalkoholsulfonate durch die Wahl der Fettalkoholkomponente oder des Fettalkoholgemisches eher auf optimale Waschkraft eingestellt werden können als die Fettsäurekondensationsprodukte, die meist chemisch wohldefinierte Einzelindividuen sind. So zeigt Abb. 75 nach Versuchen von BRASS [183] für *Gardinol WA* einen etwas besseren Wascheffekt an, als man mit *Igepon T* erhält, wobei zu berücksichtigen ist, daß das Reinigungsvermögen des *Igepon T* von dem des *Igepon A* übertroffen wird.

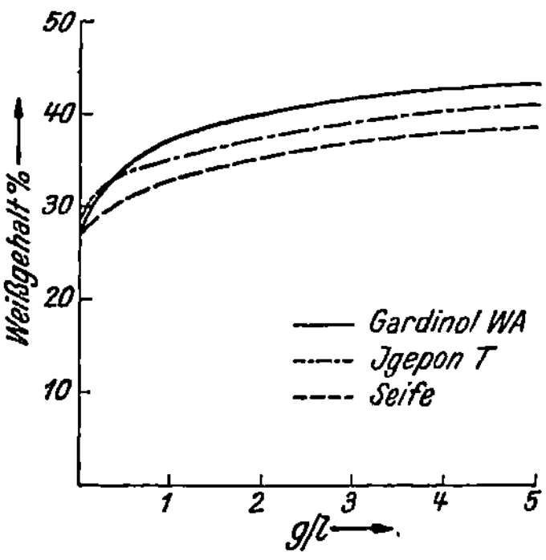

Abb. 75. Waschwirkung von Seife, *Gardinol WA* und *Igepon T* bei der Wollwäsche in Wasser von 0° DH. (Nach BRASS.)

Derartige laboratoriumsmäßige Waschversuche charakterisieren aber nur zum Teil die wirklichen Verhältnisse in der Praxis. Großwaschversuche mit synthetischen Waschmitteln wurden von FRANZ [184] bei der Wollwäsche in technischem Ausmaß durchgeführt. Seine Ergebnisse bringen Tab. 52 und 53.

Tabelle 52. Großwaschversuche mit Kammgarn in enthärtetem Wasser. (Nach FRANZ.)

Waschmittel	Fettgehalt in Prozenten				
	vor Beginn	nach 5 Minuten	nach 10 Minuten	nach 15 Minuten	nach 20 Minuten
1 kg Soda, 1 kg Seife	0,75	0,47	0,56	0,46	0,42
1 kg Soda, 0,2 kg *Gardinol WA*	—	—	—	—	0,42
1 kg Soda, 0,2 kg *Igepon A*	1,05	0,55	0,32	—	0,30
1 kg Soda, 0,2 kg *Lamepon A*	0,87	—	0,41	—	0,40

Tabelle 53. Großwaschversuche mit Streichgarn in enthärtetem Wasser. (Nach FRANZ.)

Waschmittel	Fettgehalte in Prozenten					
	vor Beginn	nach 5 Minuten	nach 10 Minuten	nach 15 Minuten	nach 20 Minuten	nach 30 Minuten
2 kg Soda, 1 kg Seife	8,10	—	—	4,73	—	0,4
2 kg Soda, 0,15 kg *Gardinol WA* ..	8,63	1,93	0,80	0,74	0,73	0,5
1 kg Soda, 1 kg *Igepon A*	8,39	2,46	0,54	—	0,52	0,5

Beide Tabellen zeigen, daß mit synthetischen Waschmitteln das der Wolle vor dem Spinnen einverleibte Fett (Schmälzöl) rascher entfernt wird als mit gewöhnlicher Seife, besonders wenn es sich um größere Fettmengen wie beim Streichgarn handelt. Die Fettsäurekondensationsprodukte scheinen hierbei die Fettalkoholsulfonate etwas zu übertreffen. Die rasche und energische Entfettung ist beim Waschen in Gegenwart von Soda wichtig, da ein zu langes Einwirken der alkalischen Waschflotte auf die alkaliempfindliche Wolle die Warenqualität vermindert. Zum andern darf die Entfettung wieder nicht zu weit getrieben werden, da das als natürliche Schmiermittel dienende Wollfett zwischen den Schuppen der Wollepidermis herausgelöst wird und die Ware einen leeren, harten und strohigen Griff annimmt. Die Sperrigkeit zu stark entfetteter Rohwolle kann z. B. beim Krempeln, Spinnen, Kämmen usw. infolge mangelnden Gleitvermögens zu Faserbrüchen führen [185].

Die Verwendung synthetischer Waschmittel beim Waschen von Wolle hat den Vorteil, daß sie leichter und rascher aus der Wolle ausspülbar sind als gewöhnliche Seife. In Seifenbädern quillt die Wolle auf und hält die eindiffundierten Seifenanteile fest, so daß der Spülprozeß längere Zeit dauert. Man setzt deshalb nach dem Waschen mit Seife und Soda dem folgenden Spülbad, das meist mit hartem Wasser angesetzt wird, synthetische Waschmittel zu. Dadurch vermeidet man das Ausfallen grobflockiger Erdalkaliseifen und kann die Seife rascher und vollständiger aus der Wolle entfernen als ohne Mitverwendung synthetischer Waschmittel. Bei der Vorappretur empfindlicher Ware, z. B. Damenstoffe und feine Zephirgarne, bedingt das raschere Entfetten und die leichtere Ausspülbarkeit der synthetischen, nichtfilzenden Waschmittel ein offenes und klares Warenbild (vgl. S. 186).

II. Die Waschwirkung im harten Wasser.

Die synthetischen ionogen aktiven Waschmittel sind hinreichend kalkbeständig, um auch in hartem Wasser Waschaktivität zu entfalten. Ihre Calcium- bzw. Magnesiumsalze besitzen innerhalb gewisser Grenzen Waschvermögen (vgl. S. 175). Dies geht beispielsweise aus Versuchen von GÖTTE [64] mit Fettalkoholsulfonaten, die einen verschieden langen, gesättigten Fettrest enthalten, hervor; seine Ergebnisse bringt die Abb. 76.

Wie ersichtlich, verschiebt sich das Maximum der Waschwirkung in hartem Wasser in die Richtung der niedermolekularen Fettalkoholsulfonate. In reinem, enthärtetem Wasser besitzt das Hexadecylnatriumsulfat ($C_{16}H_{33}OSO_3Na$) bei 60° C die optimale Waschwirkung für künstlich beschmutzte Baumwolle; unter gleichen Bedingungen, aber im Wasser von 10° DH. wäscht das Tetradecylnatriumsulfat ($C_{14}H_{29}OSO_3Na$) am besten.

Daraus geht hervor, daß die Calciumsalze der Fettalkoholsulfonate zwar noch löslich, aber bereits zu gröber kolloiddispersen Partikelchen agglomeriert sind. Umgekehrt wird die Anzahl waschaktiver Teilchen mit zunehmender Härte des verwendeten Wassers bei den Fettalkoholsulfonaten mit kleinerem Fettrest größer. Ähnliche Verhältnisse finden sich auch bei den echten Sulfonsäuren, wie sie den meisten der sog. Fettsäure-kondensationsprodukte zugrunde liegen; auch deren Calciumsalze besitzen innerhalb gewisser Grenzen Waschvermögen.

Die Waschkraft der Fettalkoholsulfonate und Fett-säurekondensationsprodukte ist in hartem Wasser (10 bis 30° DH.) beachtlich geringer als in weichem oder enthärtetem Wasser. Nach FRANZ [184] benötigt man zur Erzielung des gleichen Wascheffektes in hartem Wasser oft das Drei- bis Vierfache jener Menge, die in Wasser von 0° DH. für eine befriedigende Entfettung ausreicht. Hingegen sind die Waschmittel, die keine salzbildende, löslichmachende Gruppe aufweisen, wie die nicht-ionogenen Mizellkolloide, bezüglich ihrer Wasch-aktivität von der Härte des Wassers weitgehend unabhängig. Nach Versuchen von SCHÖLLER [93] ist der Entfettungsgrad eines 3% Maschinenöl enthaltenden Viskosekunstseidentrikots beim Behandeln mit 0,5 g *Peregal O/l* in reinem Wasser bei 45° C 90%, bei 90° C 95%; in Wasser von 10° DH. beträgt die Entfettung unter sonst gleichen Versuchs-bedingungen bei 45° C 90%, bei 90° C 97%.

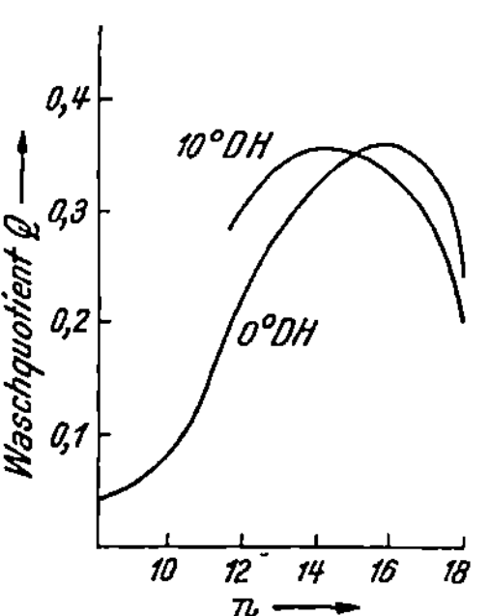

Abb. 76. Quotientenkurve beim Waschen von künst-lich beschmutzter Baum-wolle mittels gesättigter Al-kylnatriumsulfate bei 60° C in Wasser von 0° DH. und 10° DH. (Nach GÖTTE.)

Vielfach wird in der Textilindustrie in hartem Wasser mit Seife in Gegenwart sog. Kalkseifendispergatoren (vgl. S. 82ff.) gewaschen. Es bestand lange die Ungewißheit, ob unter solchen Umständen die fein dispergierten Kalk- und Magnesiumseifen in der Praxis Waschwirkung besitzen oder nicht. LINDNER [186] hat gezeigt, daß selbst feinst disper-gierte Kalkseifen den Waschvorgang nicht unterstützen. Seine Versuchs-ergebnisse sind in Tab. 54 und 55 zusammengefaßt.

Tabelle 54. Waschversuche mit Teppichgarn in Wasser von 29,5° DH. bei 45° C. (Nach LINDNER.)

Versuch	Waschmittel in Gramm/Liter			Fett	CaO	Weißgehalt[3]
	Seife[1]	Soda	synthetisches Waschmittel[2]	in Prozenten		
Rohgarn	—	—	—	5,70	0,29	20,1
	1,6	—	—	4,31	0,79	28,7
	1,6	—	1,12 *A*	1,61	0,51	35,9
	1,6	—	1,12 *B*	1,48	0,49	35,7
a	1,6	1,5	1,12 *A*	0,78	0,55	40,3
b	1,6	1,5	1,12 *B*	0,71	0,52	40,1
c	—	1,5	1,12 *A*	0,45	0,48	47,8
d	—	1,5	1,12 *B*	0,39	0,44	47,6

[1] Marseillerseife mit zirka 60% Fett.
[2] *A = Gardinol KD, B = Igepon T.*
[3] Gemessen gegen Barytweiß, dessen Weißgehalt gleich 100 gesetzt wurde.

Tabelle 55. Waschversuche mit Rohwolle in Wasser von 29,5° DH.
bei 45° C. (Nach Lindner.)

Versuch	Waschmittel in Gramm/Liter			Fett	CaO	Weißgehalt[3]
	Seife[1]	Soda	synthetisches Waschmittel[2]	in Prozenten		
Rohwolle	—	—	—	14,74	0,22	20,8
	1	—	—	13,50	0,79	24,6
	1	—	0,7 A	8,09	0,44	30,4
	1	—	0,7 B	9,76	0,43	29,8
a′	1	0,5	0,7 A	5,22	0,41	32,6
b′	1	0,5	0,7 B	4,60	0,39	32,2
c′	—	0,5	0,7 A	5,08	0,33	39,9
d′	—	0,5	0,7 B	4,88	0,38	40,1

Die Waschversuche wurden mit Teppichgarn bzw. Rohwolle durchgeführt. Die natürliche Härte des dabei verwendeten Wassers war 29,5° DH. Die Waschdauer betrug zehn Minuten, die Flottenlänge 1 : 30, bzw. 1 : 40. Die Auswertung der Versuche geschah durch Bestimmung des Fett-, Weiß- und Kalkgehaltes vor und nach dem Waschen. Als Waschmittel kamen zur Verwendung: Marseillerseife mit zirka 60% Fettgehalt, *Igepon T* und *Gardinol KD*.

Man sieht zunächst, daß die reinigende Wirkung der synthetischen anionaktiven Waschmittel im harten Wasser bezüglich des Weißgehaltes, Restfettgehaltes und der abgelagerten Kalksalze besser ist als die der Seife, was wegen der Verwendung des harten Wassers nicht überrascht.

Für die Praxis wichtiger sind die Versuchsergebnisse bei gleichzeitiger Mitverwendung von Soda, die an sich einen gewissen Enthärtungseffekt bedingt. Beim Vergleich der letzten Versuche der Tab. 54 (sie sind darin mit a, b, c und d angeführt) ergibt sich, daß die synthetischen Waschmittel mit Soda allein eine bessere Wirkung ergeben als die gleichen Mengen synthetischer Waschmittel, Soda *und* Seife. Ganz ähnliche Resultate erhält man nach Tab. 55; die vier letzten Versuche (mit a′, b′, c′ und d′ bezeichnet) zeigen die Überlegenheit des Systems synthetisches Waschmittel + Soda im Vergleich zu der Kombination synthetisches Waschmittel + Soda + Seife. Wenn trotz des Mehraufwandes von 1,0 g. bzw. 1,6 g Marseillerseife je Liter in Gegenwart von Soda und synthetischen Waschmitteln der Wascheffekt geringer als beim System synthetisches Waschmittel + Soda ist, so kann dies nur dadurch erklärt werden, daß die Seife auch in Gegenwart der synthetischen Wasch- und Kalkseifendispergiermittel infolge der Bildung von unlöslichen und *waschinaktiven* Kalk- und Magnesiumseifen an der Entfaltung ihrer Waschwirkung gehindert wird.

Beim Zusammentreffen der Seifen mit den Härtebildnern des Wassers entstehen selbst in Anwesenheit von Soda stets die unlöslichen Calcium-

---

[1] Marseillerseife mit zirka 60% Fett.
[2] A = *Gardinol KD*, B = *Igepon T*.
[3] Gemessen gegen Barytweiß, dessen Weißgehalt gleich 100 gesetzt wurde.

und Magnesiumseifen.[1] Die Anwesenheit synthetischer Waschmittel mit
guter Schutzwirkung gegen das Ausfallen eben gebildeter, noch hydratisierter Metallseifen bewirkt eine kolloide Dispersion derselben, vermag
aber an sich die Fällung nicht zu verhindern; es bilden sich nur keine
groben Flocken, sondern kolloiddisperse Teilchen. Dies merkt man daran,
daß die Waschflotte eine mehr oder
minder starke Opaleszenz bzw. Trübung
aufweist.[2] Um zu zeigen, daß die fein
dispergierten Calcium- und Magnesiumseifen
keinerlei Waschwirkung entfalten, wurden
von LINDNER [185] Waschversuche mit
künstlich beschmutzter Baumwolle in hartem Wasser mittels *Gardinol KD* (in Tab. 56
mit *A* angegeben), *Igepon T* (in Tab. 56
mit *B* bezeichnet) und Seife durchgeführt.

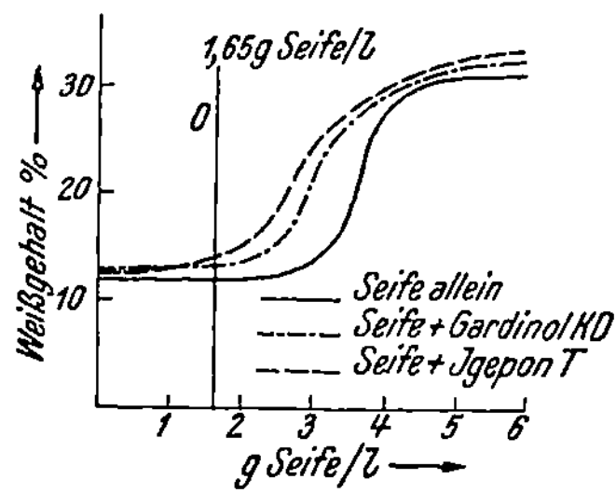

Abb. 77. Weißgehalt beim Waschen
künstlich beschmutzter Baumwolle
mit Seife, mit Seife und *Gardinol KD*,
sowie Seife und *Igepon T* bei 60° C in
Wasser von 15° DH. (Nach LINDNER.)

Seine Ergebnisse bringt Tab. 56 und
Abb. 77. Die Waschversuche wurden in
Wasser von 15° DH. bei 60° C und einem
Flottenverhältnis von 1 : 50 während einer
Stunde durchgeführt. Auf 1 g Marseiller-
seife wurden je 0,7 g *Gardinol KD* bzw. *Igepon T* verwendet, um die
Kalkseifenflockung mit Sicherheit zu vermeiden.

Tabelle 56. Waschversuche mit künstlich
beschmutzter Baumwolle in Wasser von
15° DH. bei 60° C. (Nach LINDNER.)

Marseillerseife g/l	Relativer Weißgehalt nach dem Waschen[3]		
	Seife allein [4]	Seife + *A* [5]	Seife + *B* [6]
1	12	13	12,5
2	12	13	15
3	13,5	22	24
4	28	29	29
5	31	29	30
6	31	32	33

Man sieht aus Tab. 56 und aus der übersichtlicheren Abb. 77, daß
Seifenlösungen in hartem Wasser allein oder in Gegenwart synthetischer

[1] Vgl. S. 97.

[2] Die dispergierten Kalkseifenteilchen weisen je nach dem Trübungsgrad
einen Durchmesser von etwa 10^{-4} bis 10^{-6} cm auf. Sie sind im Durchschnitt
10- bis 100mal und noch größer als jene Teilchen, die sich für den Waschvorgang als besonders aktiv erweisen (vgl. S. 154).

[3] Der Weißgehalt der reinen nicht angeschmutzten Baumwolle ist willkürlich gleich 100 gesetzt.

[4] Marseillerseife, 60%ig an Fettsäure.

[5] *A* = *Gardinol KD*; hiervon wurden 70%, bezogen auf Seifengewicht verwendet.

[6] *B* = *Igepon T*; hiervon wurden 70%, bezogen auf Seifengewicht, benutzt.

Waschmittel keine Waschwirkung entfalten, solange nicht ein Überschuß an Seife genommen wird.

Der Weißgehalt ist bei der Wäsche mit einer Seifenlösung bis zu 3 g/l ungefähr gleich groß. Erst in konzentrierteren Seifenlösungen, etwa über 4 g/l, tritt ein Wascheffekt auf. Bei gemeinsamer Verwendung von Seife und synthetischen Waschmitteln (70% vom Seifengewicht) ist bei einer Seifenkonzentration von 1 g und 2 g sowie 0,7 bzw. 1,4 g Waschmittel im Liter kaum ein Unterschied im Weißgehalt im Vergleich zur Wäsche mit Seife allein (bis zu 3 g/l) festzustellen. Erst bei Verwendung von 3 g Seife und 2,1 g Waschmittel im Liter Wasser von 15° DH. zeigt sich ein brauchbares Waschvermögen.

Wasser von 15° DH., wie es LINDNER zu seinen Versuchen benutzte, benötigt eine bestimmte Menge Seife zur vollständigen Umsetzung der Härtebildner in die entsprechenden Kalkseifen; sie ist im gegenständlichen Fall 1,65 g Seife/l, d. h., um die Härtebildner in einem Liter Wasser von 15° DH. vollständig in die Calciumseifen überzuführen, benötigt man 1,65 g Seife, 60%ig, an Fettsäure. In Abb. 77 ist dies durch die Ordinate 0 gekennzeichnet.

Bis zu diesem Punkt wird die Seife in hartem Wasser, gleichgültig ob man sie allein oder in Gegenwart synthetischer, kalkseifendispergierender Waschmittel anwendet, in unlösliche, *nichtwaschende* Kalkseife übergeführt. Das synthetische Waschmittel entfaltet keine Waschwirkung, sondern wird restlos zur Umhüllung und Dispergierung der sich bildenden unlöslichen Kalkseifen verbraucht und kann sich nicht an der Oberfläche der Fasern und der Schmutzteilchen anreichern. Erst wenn ein Überschuß von synthetischen Waschmitteln und von gewöhnlicher Seife vorhanden ist, zeigt die Flotte Schaum- und Waschvermögen. Bei der gemeinsamen Verwendung von Seife und synthetischen Waschmitteln braucht man noch 0,2 bis 0,3 g Seife und 0,15 bis 0,2 g Waschmittel je Liter Wasser von 15° DH. mehr als jenen Mengen, die zur Umsetzung mit den Härtebildnern bzw. zur Dispergierung der entstandenen Erdalkaliseifen notwendig sind, entsprechen würde. Verwendet man Seife allein, so sind noch etwa 1,35 g Seife über dem Punkt der vollständigen Umsetzung mit den Kalksalzen des Wassers hinaus erforderlich, bevor eine Waschwirkung zu beobachten ist. Der in die Erdalkaliseifen umgewandelte Seifenanteil ist also nicht nur völlig waschunwirksam, sondern benötigt zusätzliche Seifenmengen — die 70 bis 80% der in Erdalkaliseife umgewandelten Alkaliseifen ausmachen — um in feindisperser Form in der Waschflotte zu bleiben. Für den Waschprozeß ist der zur Dispergierung der Erdalkaliseifen aufzuwendende Seifen- oder synthetische Waschmittelbetrag verloren.

Hingegen haben LOTTERMOSER und FLAMMER [66] unter Bedingungen, die den Erfordernissen der Textilindustrie weniger entsprechen, festgestellt, daß Fettalkoholsulfonate und *Igepon T* in Gegenwart feinst dispergierter Kalkseifen — sofern von den synthetischen Waschmitteln überschüssige Mengen verwendet werden, die sich rechts von der Ordinate O der Abb. 77 bewegen — besser waschen als in Abwesenheit der kolloiddispersen Kalkseifen. Hierbei sollen die Fettalkoholsulfonate *Igepon T* übertreffen.

Eine Enthärtung. des Wassers wird deshalb rationeller sein als der übermäßige Verbrauch von Seife oder synthetischen Waschmitteln beim Waschen in hartem Wasser (vgl. S. 97). Daran ändert auch die Mitverwendung von Soda, wenn sie nicht *vor* dem Seifenzusatz und in der *Hitze* der Flotte zugesetzt wird, nur wenig, da die Kalkseifen rascher ausfallen als das Calciumcarbonat (s. S. 74).

Auf eine Erscheinung beim Waschen von Baumwolle (Weißwäsche) mittels synthetischer Waschmittel und Soda soll noch hingewiesen werden. Das gebildete Calciumcarbonat scheidet sich, zumal in der Hitze, in groben Kristallen, die teilweise in der Ware zurückbleiben („Mineralisierung"), ab. Beim Gebrauch reiben und scheuern die scharfkantigen Kristalle das Textilmaterial, wodurch es zu frühzeitigem Verschleiß kommen kann. Die synthetischen calciumbeständigen Waschmittel können, mit bedingter Ausnahme des *Lamepon A*, das bis zu 50° C das abgeschiedene Calciumcarbonat kolloid verteilt, in der Hitze aber die Kristallbildung nicht verhindern kann,[1] diesen Mißzustand nicht beseitigen. In Gegenwart von gewöhnlicher Seife umhüllen die gebildeten Calciumseifen die rauhe und kantige Oberfläche der Calciumcarbonatkristalle, so daß die Schneidwirkung stark vermindert wird.

III. Das Waschen in sauren Flotten.

Die Durchführung der Wasch- und Reinigungsprozesse in sauren Flotten kann für die Textilchemie in mehrfacher Hinsicht von Interesse sein. Viele, meist billige Färbungen sind waschunecht und bluten in alkalischen Bädern stark aus. Hierdurch können mannigfache Unzukömmlichkeiten, wie Anfärben von Weißeffekten, Weißätzen u. dgl., eintreten. Ebenso kann mitgewaschene Weißwäsche Anfärbeflecken erhalten.

Ein weiterer Vorteil der sauren Wäsche findet sich in der Wollwäscherei. Die Wolle besitzt bekanntlich bei p_H 4,9 ihren isoelektrischen Punkt (s. S. 37). Sie ist bei diesem p_H am reaktionsträgsten, besitzt hierbei ihr Quellungsminimum und wird am wenigsten angegriffen. Es erscheint nun durchaus zweckvoll, den Waschvorgang beim isoelektrischen Punkt der Wolle vorzunehmen, da hierbei die größte Schonung der wertvollen Wollsubstanz, die in alkalischen Flotten stets mehr oder minder angegriffen wird, zu erwarten ist (ELÖD [187]).[2]

Mittels gewöhnlicher Seifen ist eine solche „saure" Wäsche wegen deren Säureunbeständigkeit nicht durchführbar. Die teilweise .bzw. beträchtlich säurebeständigen gewöhnlichen und „veredelten" Türkischrotöle (*Monopolseife*-Typ) sowie hochsulfonierten türkischrotölartigen Hilfsmittel brachten darin wegen der mit zunehmendem Sulfonierungsgrad immer geringeren, an sich wenig ausgeprägten Waschwirkung, keine Änderung. Erst die säurebeständigen, typischen Waschmittel auf Basis anionaktiver, seifenartiger Kolloidelektrolyte, nämlich der Fettalkohol-

---

[1] Bisher unveröffentlichte Versuche des Verfassers.

[2] Bei gleicher Entfernung vom isoelektrischen Punkt ist die Schädigung der Wolle auf der alkalischen Seite größer als im sauren p_H-Bereich. Dies gilt vor allem für alkalische Lösungen, deren p_H 10 bis 11 übersteigt.

schwefelsäureester und Alkylsulfonsäuren, die als sog. „Wasserstoffseifen" in Wasser löslich und grenzflächenaktiv sind, schienen einen
Umbruch der vorliegenden Verhältnisse zu ermöglichen, was auch vielfach erwartet wurde [188]. Umfangreiche ältere Untersuchungen, insbesondere von FRANZ [189], zeigten, daß eine saure Wäsche von Wolle
(Rohwolle und Stückwäsche) mit ionogen aktiven säurebeständigen
Anionseifen kaum möglich ist. Abgesehen vom eigentlichen Waschprozeß
und dessen kolloidchemischem Geschehen würden durch die sauren Bäder
die eisernen Maschinenelemente durch Korrosion stark angegriffen werden.
Ferner erfordert nach FRANZ die saure Wäsche ein Vielfaches der Menge
anionaktiver Waschmittel, die bei p_H 9 bis 10 zur Erzielung eines praktisch
völlig befriedigenden Weiß- und Restfettgehaltes genügt. Der Griff
der Wolle soll nach dem Waschen bei saurem p_H im Vergleich zur alkalischen Wäsche ungewohnt leer sein, so daß man selbst bei Verwendung
von synthetischen Waschmitteln meist weiterhin alkalisch wäscht. Schließlich soll der Abfall schwach sauer gewaschener Wollpartien bei der
mechanischen Verarbeitung größer sein als bei normal in alkalischen
Flotten gewaschener Rohwolle, d. h. das Rendement (Ausbeute) sinkt.
Offenbar hängt dies mit der Eigentümlichkeit der Wollfaser zusammen,
im isoelektrischen Punkt und in dem daran anschließenden p_H-Bereich
(p_H 4,9 bis 7,0) äußeren Zugkräften den größten Widerstand entgegenzusetzen. Nach SPEAKMAN [190] beruht dies darauf, daß die Salzbindeglieder, die die Hauptvalenzketten (Polypeptidketten) neben den Schwefelbrücken der Cystinbindeglieder in seitlicher Richtung zusammenhalten,
in diesem p_H-Intervall die größten gegenseitigen Anziehungskräfte entwickeln, die Wollfaser somit die größte innere Kohäsion aufweist (vgl.
S. 38). Dieser Zustand der Wollfasern ist aber den technologischen
Beanspruchungen weniger angepaßt als der, den eine Wolle, die bei
p_H 9 bis 10 gewaschen wurde, aufweist.[1] Die Polypeptidketten
der Wollfasern werden, wenn die Wolle nach dem sog. Kammgarnspinnverfahren verarbeitet wird, auf der Verzugsstrecke gegen den Widerstand
der Salz- und Cystinbindeglieder gestreckt (vgl. S. 35). Infolge der
Hydrolyse der Salzbindeglieder in alkalischer Umgebung erfolgt der
Ausgleich der durch das Strecken und Verziehen bewirkten intramolekularen Spannungen schneller als bei schwach sauer gewaschener Rohwolle,
deren Resistenz gegen die von außen einwirkenden Zug- und Verformungs-
kräfte an sich groß ist.[2] Daher soll sich sauer gewaschene Wolle wegen
der starren Bindung der Salzbindeglieder gegen Reiß-, Schlag- und Stoß-
kräfte (z. B. beim Wolfen und Krempeln) weniger elastisch und aus-
weichend gegenüber den Dehnungsbeanspruchungen während der Verarbeitung (z. B. beim Kämmen und Verziehen) verhalten.

Der im Vergleich zur alkalischen Wollwäsche (Rohwollwäsche und
Stückwäsche) größere Aufwand an anionaktiven, säurebeständigen
Waschmitteln bei der Reinigung in sauren Flotten ist nicht allein auf

---

[1] Oft ist die Eigenreaktion alkalisch gewaschener Rohwolle merklich alkalisch, z. B. p_H 8 bis 8,8.

[2] Über die molekularen Ursachen dieses eigentümlichen Verhaltens s. S. 32.

eine an sich geringere Waschkraft im sauren
p_H-Bereich,[1] sondern vorzugsweise auf eine chemische Wechselwirkung der freien Anionseifen
(„Wasserstoffseifen", z. B. die freie Sulfonsäure
des *Igepon T*, freie Fettalkoholschwefelsäureester) mit den basischen Gruppen der Wollsubstanz zurückzuführen.

Die Abb. 78 zeigt nach Versuchen nach
DUNBAR [73], wie weit der Entfettungsgrad
beim Waschen gefetteter Wolle durch das p_H
der Waschflotte beeinflußt wird. Da während
des Waschprozesses Säure bzw. Lauge von der
Wolle verbraucht werden (vgl. S. 37ff.), so sind
in Abb. 78 nur die Anfangs-p_H-Werte angegeben.

Im sauren p_H-Bereich kann man von einem
Aufziehen der faseraffinen Waschmittelanionen
auf die Wollfaser sprechen, wodurch die
aktiven Waschmittelteilchen der Flotte entzogen und chemisch von der Wolle gebunden
werden [191].[2] NEVILLE und JEANSON [27]
untersuchten die Aufnahme von *Igepon T* und
Gardinol WA durch Wolle aus 0,5%igen Lösungen verschiedener p_H-Werte bei einstündigem
Behandeln bei 50° C und einem Flottenverhältnis 1 : 100. Ihre Versuchsergebnisse bringt
Abb. 79.

Daraus ist die starke chemische Bindung
des *Igepon T* und des *Gardinol WA* aus sauren
Flotten ersichtlich. Auch aus neutralen und
selbst schwach alkalischen Flüssigkeiten nimmt
die Wollfaser — allerdings nur kleine Mengen —
der genannten Anionseifen auf. SCHÖLLER [93]
zeigte in Übereinstimmung damit, daß Wolle
aus einer neutralen 0,2%igen *Igepon-T*-Lösung
bei 45° C und einem Flottenverhältnis 1 : 50
innerhalb einer Stunde 11,5% und bei 95° C
43% der im Bad ursprünglich befindlichen
Igepon-T-Menge aufnimmt. Ungleich stärker
ist der Einbau säurebeständiger Waschmittel
in das Eiweißmakromolekül im p_H-Bereich

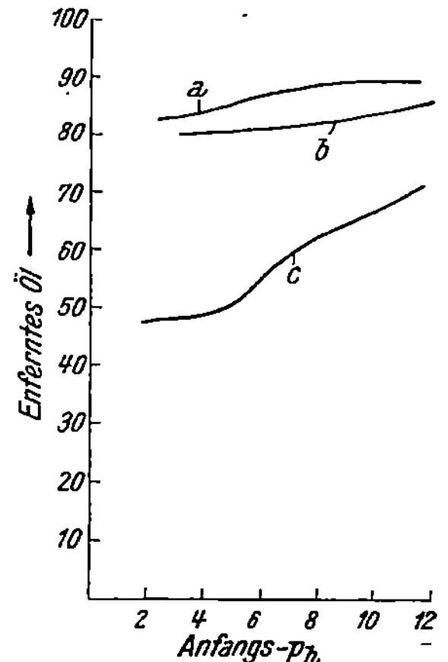

Abb. 78. Entfettungsgrad von
Wolle, die 6,25% Olein (*a*), 5,4
Prozent Olivenöl (*b*) und 18,2%
Mineralöl (*c*) enthält, beim Waschen mit 2 g/l (*a*), 0,5 g/l (*b*)
und 4 g/l (*c*) Cetylnatriumsulfat
bei 45° C in Abhängigkeit vom
Anfangs-p_H-Wert der Waschflotte. (Nach DUNBAR.)

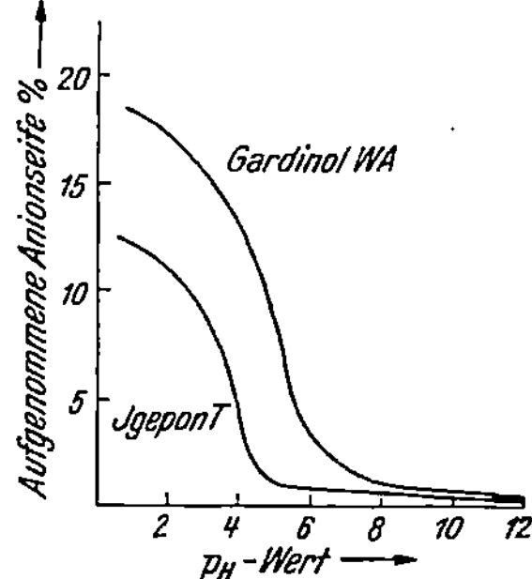

Abb. 79. Von der Wolle aufgenommene Menge *Igepon T*
und *Gardinol WA* in Abhängigkeit vom p_H-Wert des Bades. (Nach NEVILLE und JEAN-
SON.)

0 bis 3 und vor allem in der Kochhitze. SCHÖLLER fand, daß Wolle bei einem
Flottenverhältnis 1 : 50 aus einer Waschflotte, die im Liter 2 g *Igepon T* und
0,8 g Schwefelsäure entsprechend einem p_H 1,8 bis 1,9 enthält, bei 45° C

---

[1] Auch beim sauren Waschen von Baumwolle wurde S. 135 gezeigt, daß
die Waschkraft der absoluten Höhe nach kleiner ist als in alkalischen Bädern.

[2] Ähnliches gilt im übrigen ganz allgemein für die anionaktiven Textilhilfsmittel in Wechselwirkung mit Wolle in sauren Flüssigkeiten [192].

50,1% und bei 95° C sogar 73% des im Bad ursprünglich vorhandenen *Igepon T* chemisch bindet. Das für den Waschprozeß schädliche Aufziehen des Waschmittels erfolgt besonders bei 90 bis 100° C. Schon nach einer Minute ist nur mehr jene *Igepon-T*-Menge in der Flüssigkeit nachweisbar, die auch nach dem Erhitzen durch 10 oder 60 Minuten bei derselben Temperatur im Bad verbleibt. Ein Indikator für die Verarmung der sauren Waschflotte an waschaktiven Teilchen ist das Verschwinden der Schaumfähigkeit. Die bei gewöhnlicher Temperatur stark schäumenden sauren *Igepon-T*-Bäder verlieren beim Kochen in Gegenwart von Wolle bald ihren Schaum.

Der durch die chemische Bindung bedingte Verlust an grenzflächenaktiven Waschmittelteilchen muß natürlich auch den Wascheffekt (Entfettungsgrad, Weißgehalt des Textilgutes) in Mitleidenschaft ziehen. Die Versuche von SCHÖLLER bestätigten diese Erwartung vollkommen, wie aus Tab. 57 hervorgeht.

Tabelle 57. Beeinträchtigung der prozentualen Entfettung von je 5% Olivenöl, Mineralöl oder Olein enthaltendem Wollgewebe beim Waschen mit einer Lösung von 2 g Igepon T/Liter durch Azidifizierung der Waschflotte mit 0,4 g Schwefelsäure/Liter ($p_H \sim 2,2$). Flottenverhältnis 1 : 50, Waschtemperatur 100° C, Kochdauer eine Viertelstunde. (Nach SCHÖLLER.)

Prozentuale Entfettung beim Waschen mit 2 g Igepon T/Liter	Art der Anschmutzung		
	5% Olivenöl	5% Mineralöl	5% Olein
	in Prozenten		
Neutral	77	12	54
In Gegenwart von 0,4 g H_2SO_4/l	14	6	20

Noch deutlicher wird der Unterschied, wenn man die Waschbedingungen verschärft; die dabei erhaltenen Waschergebnisse bringt Tab. 58; das Wollgewebe wurde unter dem Druck der Abquetschwalzen einer Waschmaschine behandelt.

Die chemische Bindung eines Großteiles der waschaktiven „Wasserstoffseifen" durch die basischen Gruppen der Wollsubstanz kann aber nicht allein zur Erklärung des so großen Rückganges der Waschaktivität der Anionseifen in sauren Lösungen ausreichen. Wendet man nach SCHÖLLER extrem hohe Waschmittelkonzentrationen von 10 g/l und darüber in stark sauren Flotten an, so bleiben nach dem Aufziehen in der Hitze noch immer 2 bis 3 g/l Waschmittel im Bade zurück, eine Menge, die bei p_H 7 zur nahezu vollständigen Entfettung ausreichen würde. Trotzdem ist der Restfettgehalt selbst bei Verwendung solcher extrem hoher Waschmittelmengen nicht wesentlich geringer, als die Tab. 57 bzw. Tab. 58 zeigen; eine praktisch befriedigende Waschwirkung ist auch in diesem Falle nicht zu erzielen. Dies ist darauf zurückzuführen, daß die Ladung der emulgierten Öl- und Fetteilchen infolge der adsorbierten Fettkettenanionen auch im sauren p_H-Bereich stark negativ ist. Die normalerweise negativ geladene

Wolle verändert als amphoterer Kolloidelektrolyt bei variablem p_H ihre Außenladung gegen die Badflüssigkeit; in stark saurer Umgebung nimmt die Wolle positive Eigenladung an (vgl. Abb. 22). Zwischen der positiv geladenen Wolloberfläche und dem durch Adsorption von Fettkettenanionen negativ geladenen Öl- und Schmutzteilchen treten dann starke Anziehungskräfte auf. Die von der Wolle bereits abgelösten und emulgierten Öl- und Fetteilchen ziehen wieder auf dieselbe auf, wie SCHÖLLER durch Behandeln von Wollgewebe in sauren Öl- und Fettemulsionen direkt beweisen konnte.

Tabelle 58. Abfall der prozentualen Entfettung von je 5% Olivenöl, Mineralöl oder Olein enthaltendem Wollgewebe beim Waschen mit einer Lösung von 4 g Igepon T/Liter durch Azidifizierung der Waschflotte mit 2 g Schwefelsäure/Liter ($p_H \sim 1{,}4$ bis $1{,}5$). Flottenverhältnis 1:10; Waschtemperatur 80° C; Behandlungsdauer eine Viertelstunde. (Nach SCHÖLLER.)

Prozentuale Entfettung beim Waschen mit 4 g Igepon T/Liter	Art der Anschmutzung		
	5% Olivenöl	5% Mineralöl	5% Olein
	in Prozenten		
Neutral	95	92	89
In Gegenwart von 2 g H_2SO_4/l	32	19	40

Aus diesen Gründen ist eine saure Wäsche mittels säurebeständiger Anionseifen, insbesondere bei solchen Säurekonzentrationen, wie sie in der Färberei üblich sind (p_H 1 bis 3), also ein gleichzeitiges Waschen und Färben nicht möglich. Selbst eine nur schwach saure Wäsche beim isoelektrischen Punkt der Wolle (p_H 4,9) läßt bereits eine Beeinträchtigung der Waschwirkung der säurebeständigen Anionseifen im Vergleich zu neutralen oder alkalischen Bädern erkennen, so daß sich trotz der unleugbaren Vorteile der schonenderen Behandlung und des offenen Charakters der Wolle (Vermeiden jeglichen Verfilzens) der wirtschaftliche Nachteil des im Vergleich zur neutralen oder alkalischen Wäsche größeren Waschmittelaufwandes ungünstig bemerkbar macht [184].[1]

Ein ganz anderes Bild gewinnt man über die saure Wollwäsche oder über das gleichzeitige Waschen und Färben von Wolle, wenn statt der säurebeständigen seifenartigen Kolloidelektrolyte die neueren, nicht ionogen aktiven Waschmittel auf Basis von nichtionogenen Mizellkolloiden verwendet werden. Das *Igepal W* wirkt nach SCHÖLLER [93] in dieser Hinsicht nur mäßig, da das Gleichgewicht zwischen hydrophobem und hydrophilem Molekülanteil noch zu ungünstig eingestellt ist. Hingegen eignet sich das *Leonil O* bzw. *WS* für die Anforderungen des sauren Waschens. Es bildet, wie alle nichtionogenen Mizellkolloide, in wäßriger Lösung

---

[1] Ein ionogenes Mittel zur isoelektrischen Wollwäsche ist das *Isolana* (Hansa-Werke, Hemelingen); es dürfte das Sulfonat eines Ölsäuremonooder -polyglycerids sein (vgl. S. 168).

keine Fettkettenanionen, die emulgierte Schmutzteilchen negativ und bei
$p_H < 3,5$ der Wollfaser entgegengesetzt aufladen, sondern ist in Form
nichtionogener Mizellen, die auch im sauren p_H-Bereich und in der
Kochhitze waschaktiv sind, vorhanden. Zu Wolle besitzt *Leonil O*
(gleiches gilt für *Leonil WS*) sowohl in neutralen als auch sauren Flotten
und selbst in der Hitze keine Affinität. Ein nennenswertes Aufziehen
auf die Wollfaser ist dadurch ausgeschlossen. So fand SCHÖLLER, daß
aus einer Lösung von 2 g *Leonil O*/l bei 95° C und p_H 7 0%, bei p_H 1,8
bis 1,9 etwa 8 bis 9% der ursprünglich angewandten *Leonil-O*-Menge von
der Wolle zurückgehalten wurden. In Übereinstimmung damit ist die
Entfettung von 5% Olivenöl, Mineralöl oder Olein enthaltendem Wollgewebe mittels *Leonil O* auch in sauren Flotten gut und wenig temperaturabhängig, wie aus Tab. 59 und Tab. 60 hervorgeht.

Tabelle 59. Prozentuale Entfettung von je 5% Olivenöl, Mineralöl
oder Olein enthaltender Wolle durch *Leonil O* (2 g/l) in neutraler
und saurer Flotte. Flottenverhältnis 1 : 50; Waschtemperatur 100° C;
Kochdauer eine Viertelstunde. (Nach SCHÖLLER.)

Prozentuale Entfettung beim Waschen mit 2 g Leonil O/Liter	Art der Anschmutzung		
	5% Olivenöl	5% Mineralöl	5% Olein
	in Prozenten		
Neutral	63	30	80
In Gegenwart von 0,4 g H_2SO_4/l	75	82	85

Tabelle 60. Prozentuale Entfettung von je 5% Olivenöl, Mineralöl
oder Olein enthaltendem Wollgewebe durch *Leonil O* (4 g/l) in
neutraler und saurer Flotte. Behandlung in einer Waschmaschine unter dem Druck der Quetschwalzen. Flottenverhältnis 1 : 10; Waschtemperatur 80° C; Waschdauer eine Viertelstunde.
(Nach SCHÖLLER.)

Prozentuale Entfettung beim Waschen mit 4 g Leonil O/Liter	Art der Anschmutzung		
	5% Olivenöl	5% Mineralöl	5% Olein
	in Prozenten		
Neutral	87	81	95
In Gegenwart von 2 g H_2SO_4/l	91	81	78

Daraus geht hervor, daß ausgewählte Produkte der nichtionogen
aktiven Waschmittel mit für diesen Spezialzweck ausbalancierten hydrophoben und hydrophilen Tendenzen im Waschmittelmolekül zum sauren
Waschen sowie zum gleichzeitigen Waschen und Färben im Gegensatz
zu den anionaktiven seifenartigen Kolloidelektrolyten geeignet sind.

Ebenso sollen die nicht ionogenen Ester der höhermolekularen Fettsäuren
mit Polyclycerin (vgl. S. 179) zur sauren Wäsche dienen können [193].

Die Entfettungswirkung nichtionogener Waschmittel, z. B. *Leonil O*, im Färbebad kann man aus nachstehenden Angaben, die unter extremen Bedingungen erhalten wurden, ersehen [93].

Rohwolle mit einem Fettgehalt von 22,9% wurde nach folgendem Ansatz gefärbt:

$$0,3\% \text{ Anthralanblau G,}$$
$$0,3\% \text{ Anthralangelb G,}$$
$$0,3\% \text{ Anthralanrot G,}$$
$$10\% \text{ Glaubersalz,}$$
$$4\% \text{ Schwefelsäure, } 96\%\text{ig.}$$

Nach dem Färben betrug der Fettgehalt 20,1%. Setzt man obiger Flotte 3% *Leonil O*, bezogen auf Warengewicht zu, so ist der Fettgehalt nach dem Färben 10,75%; verwendet man 6% *Leonil O*, so sinkt der Fettgehalt auf 2,76%.

Derzeit ist es noch nicht möglich, eine zusammenfassende Beurteilung über die *technologische* Durchführbarkeit der sog. sauren Rohwollwäsche, die wohl am zweckmäßigsten im isoelektrischen Punkt der Wolle (p_H 4,9) durchgeführt wird, zu geben. Unter der Voraussetzung, daß für die saure Wollwäsche geeignete Waschmittel, z. B. *Leonil O* bzw. *WS*, verwendet werden, wodurch die *kolloidchemischen* Bedingungen für das Gelingen dieses Waschprozesses erfüllt sind, ist darauf zu verweisen, daß manche Autoren, wie FRANZ [189] und SPEAKMAN [190], das Waschen von Wolle in sauren Flotten wegen der nachfolgenden angeblichen Schwierigkeiten bei der weiteren Verarbeitung (Spinnerei und Weberei) wenig vorteilhaft halten. Zum andern geben NÜSSLEIN [85], SCHÖLLER [93] und ELÖD [187] an, daß im Gegensatz hierzu sauer gewaschene Wolle bei besser erhaltenen Festigkeitseigenschaften keinerlei technologische Mängel bei der Verarbeitung zeigt. In der Tat sind bereits größere Posten sauer gewaschener Wolle mit befriedigendem Erfolg verarbeitet worden [194].

Ferner bietet die schwachsaure Wäsche für Wollwaren, die wenig echt gefärbt sind oder bei denen jegliches „Verfilzen" vermieden werden muß, als Sonderfall der sauren Wäsche oft bemerkenswerte Vorteile [187].

Z e h n t e r   A b s c h n i t t.

Schmälzöle.

Die Rohwolle (Schweißwolle) enthält neben Schmutzteilchen wie Sand und anderen Verunreinigungen im Durchschnitt etwa 10 bis 25% Wollfett.[1]

---

[1] Das Wollfett — fälschlich als Fett bezeichnet, es stellt vielmehr ein Wachs vor — ist ein Gemisch von freien Fettsäuren, wachsähnlichen Estern, Kohlenwasserstoffen (Unverseifbares) u. dgl. Es enthält etwa 50 bis 55% Ester, ungefähr 40 bis 45% Unverseifbares und etwa 1 bis 2% freie Fettsäuren. Die Ester leiten sich von höhermolekularen Alkoholen, wie Cholesterin und Isocholesterin, und höhermolekularen Fettsäuren, wie Ölsäure, Palmitinsäure u. dgl., ab.

Das Wollfett dient zum Schutz der wachsenden Wollfaser gegen die Wetterunbilden und wird aus Drüsen, die sich an der Faserwurzel befinden, abgesondert. Deshalb enthalten Wurzelpartien mehr Wollfett als die Faserspitzen, wie aus Tab. 61 hervorgeht (FRANZ [1]).

Tabelle 61. Gehalt an Wollfett an verschiedenen Stellen der Wollfaser. (Nach FRANZ.)

Wollfett an den	Wolle							
	I	II	III	IV	V	VI	VII	VIII
Wurzeln............	28,30	23,94	22,24	22,25	15,58	10,28	19,92	11,35
Spitzen	18,61	11,66	13,28	12,84	10,59	8,68	18,59	11,00

Das Wollfett ist von günstigem Einfluß auf die mechanischen und elastischen Eigenschaften der Wolle, sofern es nicht durch Alterung infolge Oxydation durch den Luftsauerstoff in zähviskose, harzartige Massen umgewandelt wurde. Die Veränderungen, die das Wollfett beim Lagern der Wolle erleidet, wie Ranzigwerden, verminderte Auswaschbarkeit und starke Klebrigkeit, die der weiteren Verarbeitung hinderlich sind, erfordern eine weitgehende Entfernung desselben durch Waschen der Wolle; dies geschieht in der sog. Rohwollwäsche.[1]

Durch das Waschen der Rohwolle mit Seife oder mit synthetischen Waschmitteln und Soda, bzw. bei der sauren Rohwollwäsche (vgl. S. 193) werden die Verunreinigungen und das Wollfett entfernt. Der Restfettgehalt soll bei Kammwolle nach internationaler Übereinkunft nicht über 0,75% liegen, ist aber bei einer intensiven Wäsche meist tiefer, etwa um 0,3 bis 0,4%. Eine ungenügende Wäsche ergibt bei Überschreitung von 1% Rückstandsfett in der Kammgarnindustrie bereits Schwierigkeiten beim Verarbeiten (Flockenbildung).

Durch zu starke Entfettung der Wolle kann die Dehnung und Elastizität derselben beträchtlich leiden, wie aus Tab. 62 hervorgeht.

Die nach der Wäsche zurückbleibende geringe Wollfettmenge genügt nicht, um eine gute Gleitfähigkeit[2] der Wollfasern zu gewährleisten. Es fehlt beim Wolfen, Krempeln und Spinnen ein Gleitmittel, um die mechanischen Beanspruchungen, welchen die Wollfasern bei diesen Prozessen ausgesetzt sind, auszugleichen. Es kommt zu Faserbrüchen und zur Verkürzung der Wollfäden, wodurch die Qualität und das Rendement leiden.

Die Faserbrüche hängen außer vom ungenügenden Fettgehalt auch vom Grad der Verfilzung während des Waschens der Rohwolle ab.[3]

Tabelle 62. Abhängigkeit der prozentualen Dehnung vom Wollfettgehalt.

Wolle	Wollfettgehalt in Prozenten	Dehnung in Prozenten
Probe 1....	12,16	31,52
Probe 2....	4,85	33,29
Probe 3....	1,25	27,12
Probe 4....	0,41	22,60

---

[1] Das neue amerikanische Verfahren der Frosted Wool Comp. [2], das durch Abkühlung der Wolle auf etwa — 17° C das Fett in einen starren Zustand überführt, worauf durch Ausklopfen Sand, Schmutzteilchen, Kletten und Wollfett entfernt werden, soll nur beiläufig erwähnt sein (vgl. auch S. 219).

[2] Bezüglich des kolloidchemischen Vorganges beim Schmälzen vgl. LANGMUIR [3], ADAM [4] und TRILLAT [5].

[3] Die Verfilzung ist bei p_H 4 bis 8 am geringsten (vgl. S. 234). Mit zu-

Wie weit die Qualität der Wolle infolge Faserbrüche vermindert wird, geht am besten aus einem Stapeldiagramm hervor. Der Einfachheit halber bestimmt man aber meistens nur den Prozentsatz der Fasern unter einer bestimmten Faserlänge, die erfahrungsgemäß noch eine gute Qualität gewährleistet. In Tab. 63 ist die Qualitätsverminderung von Wolle, ausgedrückt durch den Anstieg der Fasern unter 65 mm Länge, angegeben. Die Wolle wurde ohne Gleitmittel gekrempelt (SPEAKMAN [6]).

Man sieht deutlich, wie mit fortschreitender Verarbeitung die Faserbrüche zunehmen und somit die Qualität nichtgeölter Wolle leidet.

Um die späteren Ausführungen besser zu verstehen, ist es notwendig, einen kurzen Abriß der Technologie der Wollspinnerei zu bringen.

Tabelle 63. Qualitätsverminderung von Wollfasern, charakterisiert durch den Gehalt an Fasern unter 65 mm Länge, die durch Krempeln ohne Mitverwendung eines Gleitmittels hervorgerufen wird. (Nach SPEAKMAN.)

Muster von	Fasern unter 65 mm Länge in Gewichtsprozenten
Originalwolle	18,6
Krempelstelle 1 ..	36,6
Krempelstelle 2 ..	47,4
Krempelstelle 3 ..	53,4

Die Verarbeitung der Wolle geschieht nach zwei voneinander verschiedenen Verfahren, dem *Streichgarnspinnverfahren* und dem *Kammgarnspinnverfahren.*

Beim Streichgarnspinnverfahren verarbeitet man, angefangen von kurzstapeligen, aber hochwertigen Schurwollen bis zu den billigsten Alt- (Reiß-) Wollen die verschiedenartigsten Wollsorten. Ein gemeinsames Kennzeichen derselben ist die relative Kürze der Wollfaser. Man verwendet daher zur Erzielung eines spinnbaren Wollgarnes solche Öle und Fette, die neben der Gleitfähigkeitsverbesserung gutes Haltevermögen für die oft sehr kurzen Wollfasern aufweisen. Die Menge des Schmälzmittels beträgt beim Streichgarnspinnverfahren aus diesem Grunde etwa 8 bis 15% vom Wollgewicht. Wegen der verhältnismäßig großen Ölmenge muß die Schmälze in der Streichgarnindustrie billig sein und eine gewisse Klebefähigkeit aufweisen, um die kurzen Wollfasern zusammenzukleben.

Man benutzt vorzugsweise Olein (Ölsäure) und verbindet damit einen verhältnismäßig niederen Preis mit einer leichten und guten Auswaschbarkeit, was bei den großen, auf die Wolle gebrachten Ölmengen (8 bis 15%) von Bedeutung ist. Für die Verarbeitung kurzfaseriger, aber hochwertiger Schurwollen wird, wie in der Kammgarnindustrie, auch beim Arbeiten nach dem Streichgarnspinnverfahren Oliven- oder Erdnußöl genommen, da diese ein besseres Rendement geben und eine feinere Garneinstellung ermöglichen als Olein.

---

nehmendem p_H steigt das Filzvermögen stark an. Mit synthetischen Waschmitteln wäre die Durchführung eines Waschprozesses bei p_H 7 oder sogar in sauren Flotten, wobei keinerlei Verfilzung hervorgerufen wird, möglich. Die Faserbrüche sollten aus diesem Grunde vermindert werden. Da aber im neutralen oder schwach sauren p_H-Bereich die inneren Kohäsionskräfte der Wollfaser aus den auf S. 37 angeführten Gründen am stärksten sind, setzt eine schwach saure Wollfaser mechanischen Beanspruchungen Widerstand entgegen, so daß es trotz dem geringeren Verfilzen in verstärktem Maße zu Faserbrüchen kommen kann.

Die billigen Artikel aus Altwolle (Reißwolle) werden häufig mit Mineralöl geschmälzt, wobei man dickflüssige, fast schwarze Sorten (Blacköle) verwendet, weil diese einen guten Zusammenhalt der meist sehr kurzen Wollfasern geben.

Beim Kammgarnspinnverfahren werden nur langstapelige Wollen von hoher Qualität verwendet. Zu kurze Fasern (unter 20 mm) werden beim Kämmen in Form des „Kämmlings" ausgeschieden. .Das Schmälzmittel hat beim Kammgarnspinnverfahren nur die Funktion eines Gleitmittels; im allgemeinen braucht man ein Zusammenkleben oder Zusammenhalten der langfaserigen Wollen bei Schmälzmittel für Kammgarnartikel nicht. Man benutzt deshalb nur wenig, nämlich 0,5 bis 1,5% Öl auf Wollgewicht gerechnet, wobei die klebenden Eigenschaften des Schmälzmittels möglichst wenig ausgeprägt sein sollen. Olivenöl und Erdnußöl sind solche Fettkörper, die bei geringer Zähigkeit sich gut auf der Wolloberfläche verteilen, relativ wenig oxydieren und keine stark klebenden sowie vergilbenden Oxydationsprodukte bilden. Nach dem Waschen resultiert eine Ware mit ausgezeichnetem Weißgehalt. Die genannten Neutralfette sind an sich wohl schwerer auswaschbar als die Fettsäuren, die mit einer verdünnten Soda- oder Ammoniaklösung von der Wolle entfernt werden; dagegen ist die Menge Oliven- oder Erdnußöl, die auf die Wolle aufgebracht wird, verhältnismäßig klein und deshalb leicht entfernbar.

Gleichgültig, ob man nach dem Kammgarn- oder Streichgarnspinnverfahren arbeitet, ist es notwendig, der Wolle ein Gleitmittel zuzusetzen, das infolge seiner fadenmolekülartigen Struktur eine gute filmbildende Eigenschaft besitzt, jede einzelne Wollfaser mit einer dünnen Hülle umgibt und so die gegenseitige Reibung der Wollfasern an den schuppenförmig ausgebildeten Epithelzellen vermindert. Dadurch wird die Wolle in der Krempel[1] geschont und ihre Dehnbarkeit, Schmiegsamkeit sowie Formbarkeit und Einordnung in den Garnverband begünstigt. In den pflanzlichen, tierischen und mineralischen Ölen besitzen wir solche Körper. In der Praxis verwendet man seit langem derartige Gleitmittel, die man als *Schmälzöle* (auch *Spinn-* und *Spicköle*) bezeichnet. Den Vorgang selbst nennt man *Schmälzen*.

Tabelle 64. Beeinflussung der Faserverkürzung durch Fadenbrüche bei Verwendung geschmälzter Wolle, ausgedrückt durch den Gehalt an Fasern unter 90 mm. (Nach SPEAKMAN.)

Art des Schmälzöles	Ölmenge in Prozenten	Fasern unter 90 mm in Gewichtsprozenten
Ungeölt	0,41	73,7
Olein............	1,14	63,6
Olivenöl	1,15	67,3
Mineralöl	1,23	68,3

[1] Hierbei ist das Krempeln der Kammwolle in bezug auf Festigkeitsbeanspruchung ohnedies ein einfacherer Fall der Fasertrennung, da die gewaschene Wolle in ziemlich offenem Zustand der mechanischen Behandlung unterworfen wird. Beim Reißen von Lumpen ist die Schwierigkeit der Fasertrennung bedeutend größer und man muß deshalb oft bis zu 30% Gleitmittel — aus preislichen Gründen verwendet man dann meistens Mineralöl —, bezogen auf das Wollgewicht, verwenden, um eine zu starke Qualitätsverminderung zu vermeiden.

Durch das Schmälzen der Wolle werden die Fadenbrüche beim Krempeln und Spinnen herabgesetzt. In Tab. 64 sind nach SPEAKMAN [6] die Fasern, die eine Länge unter 90 mm haben, vor und nach dem Verarbeiten ungeölter und geschmälzter Wollpartien angegeben. Als Wolle wurde stets eine gewaschene Australwolle mit einem Eigenfettgehalt von 0,41% verwendet.

Man sieht, wie die Fadenbrüche durch Verwendung verschiedener Öle herabgesetzt werden und die Qualität der Wolle besser erhalten bleibt.

Überraschend schlecht schneidet hierbei das Mineralöl ab, das doch ein typisches Schmier- und Gleitmittel darstellt. Auch FRANZ [7] will in mehreren Großversuchen ungenügende Gleitfähigkeit von Mineralemulsionen festgestellt haben, doch scheinen eigene praktische Erfahrungen des Verfassers dem zu widersprechen (vgl. S. 215).

Die Anforderungen, die an Schmälzöle gestellt werden, sind folgende: Hohe Gleitfähigkeit, geringe Zersetzlichkeit (Autoxydation), kein starker Eigengeruch, der auf der Faser festhaftet, möglichst helle Farbe, kein Vergilben der Ware und gute Auswaschbarkeit mit einer Soda-(Ammoniak-) Lösung bzw. mit einer Seife-Soda-Lösung.

Die gebräuchlichen Schmälzmittel gehören vorzugsweise den tierischen und pflanzlichen Ölen an. Vielfach werden flüssige Fettsäuren (Ölsäure, Olein) zum Schmälzen verwendet. Sie werden hauptsächlich aus tierischen Fetten (Talg) gewonnen. Daneben findet man auch mineralölhaltige Schmälzmittel.

1. Tierische Öle und Fette als Schmälzmittel.

In der Frühzeit der Textilindustrie wurden alle möglichen tierischen Öle und Fette als Schmälzmittel benutzt, z. B. Tran, Talg, schmalzähnliche Fette u. dgl. Diese Verfahren sind heute überholt. Die Fette werden leicht ranzig und verharzen beim Trocknen und Lagern der Wolle zu klebrigen Stoffen, so daß die Gleitfähigkeit derartiger Schmälzmittel ungenügend wird. Aus diesem Grunde verbietet sich auch die Verwendung des in der Wolle natürlich vorkommenden Wollfettes, das die gleichen Mängel aufweist.

2. Flüssige Fettsäuren (Olein) als Schmälzmittel.

Im Gegensatz zu den tierischen Ölen und Fetten ist die Verwendung von Olein zum Schmälzen der Wolle in weitestem Maße ausgebildet.

Dies gilt besonders für das sog. Streichgarnspinnverfahren. Für das Kammgarnspinnverfahren verwendet man vorzugsweise mit Olivenöl oder Erdnußöl geschmälzte Wolle.

Tatsächlich haftet den flüssigen Fettsäuren als Schmälzmittel eine große Anzahl von Vorzügen an. Vor allem ist das Olein — daneben kommen auch die Fettsäuren des Erdnußöles, die dem Olein sehr ähnlich sind, in Frage — in einfacher Weise aus der Wolle wieder auswaschbar. Hierzu genügt eine verdünnte Sodalösung. Die bei der Sodawäsche in statu nascendi entstehende Seife wirkt besonders emulgierend und reinigend auf die Schmutz- und Fetteilchen. Die Gleitfähigkeit, die Olein den Wollfasern erteilt, ist gut, obwohl eine weitere Verbesserung derselben noch von Vorteil wäre.

Diesen günstigen Eigenschaften stehen aber mancherlei Nachteile gegenüber. Das Olein greift als Säure die Metallteile der Krempelhäkchen und Kammnadeln an. Es bilden sich Metallseifen von zäher, klebender Konsistenz, die zum Verschmieren und zum frühzeitigen Verschleiß führen. Ein Teil der Metallseifen — meistens sind es Eisenseifen — löst sich im überschüssigen Olein auf, kommt mit demselben auf die Ware und begünstigt katalytisch den Oxydationsprozeß der Ölsäure. Es bilden sich hierbei ranzig riechende Oxydationsprodukte von dunkler Eigenfarbe, so daß beim „Dämpfen" der geschmälzten Wolle die Gefahr des „Einbrennens"[1] in verstärktem Maße besteht.

Ein weiterer Nachteil, den die Verwendung der Ölsäure als Schmälzmittel birgt, ist die katalytische Beschleunigung des Autoxydationsprozesses durch Metalle, wie Eisen, Chrom, Kupfer, Blei u. dgl. Die Selbstoxydation kann dann sehr rasch und unter starker Wärmeentwicklung vor sich gehen. Dies trifft besonders dann zu, wenn die Wolle verpackt gestapelt wird. Die Wärmeleitfähigkeit der Wolle ist an sich gering, so daß es leicht zu Stauungen der entwickelten Wärme im Innern des gelagerten Wollmaterials kommt, was nicht selten zu Bränden führt.

Das Olein ist kein chemisch einheitliches Produkt. Der Hauptbestandteil ist Ölsäure, eine einfach ungesättigte Fettsäure ($C_{17}H_{33}COOH$). Daneben kommen je nach den verwendeten Rohstoffen (Talg, Knochenfett, Tran) mehrfach ungesättigte Fettsäuren (z. B. Linolsäure $C_{17}H_{31}COOH$) vor, die die Selbstoxydation der mit Olein geschmälzten Wolle begünstigen. Ferner enthalten die Oleine geringe Mengen gesättigter Fettsäuren (Palmitin und Stearinsäure).

Das Olein, das zum Schmälzen verwendet wird, kommt als sog. *Saponifikatolein* oder *Destillatolein* in den Handel. Das nur durch Verseifung gewonnene Saponifikatolein enthält Neutralfette und unverseifbare Stoffe aus dem ursprünglichen Öl. Das Destillatolein enthält wenig Neutralfett — dieses bleibt im Destillationsrückstand (Stearinpech) zurück —, aber mehr Unverseifbares, da sich während der Destillation infolge Zersetzung Kohlenwasserstoffe bilden. Ferner besitzt es geringe Mengen von Oxysäuren und Laktonen.[2]

Eine Destillatfettsäure von besonders leichter Verseifbarkeit ist *Elain SB* (Böhme Fettchemie Ges. m. b. H.).

---

[1] Unter „Dämpfen", auch „Einbrennen", „Crabben" oder „Fixieren" genannt, versteht man eine Arbeitsoperation, die bei Kammgarnwebwaren vor dem Waschen durchgeführt wird, um die Wolle griffiger zu machen. Werden hierbei die meist stark gefärbten Zersetzungsprodukte in der Faser festgebrannt, so kommt es zu Vergilbungserscheinungen und Fleckenbildungen, die beim nachträglichen Waschen nicht mehr entfernt werden können. Diesen unangenehmen Eigenschaften wirkt eine Behandlung mit *Eulysin A* (I. G. Farbenindustrie A. G.) entgegen. Es ist auf Grundlage von Äthanolaminen aufgebaut und greift als mildes Alkali die Wollfaser auch in der Hitze nicht an.

[2] Das γ-Lakton soll nach ERASMUS [8] in Gegenwart von Eisen aktiviert werden und unter Peroxydbildung die Übertragung des Luftsauerstoffes begünstigen.

Wie man sieht, bilden die technischen Oleine ein buntes Gemisch verschiedener Komponenten. Deshalb sind die Anforderungen, die die Praxis an Textiloleine bezüglich ihrer Eignung für Wollschmälzen stellt, ziemlich strenge. In Tab. 65 sind nach KEHREN [9] die wichtigsten Kennzahlen eines Textiloleins zusammengefaßt.[1]

Tabelle 65. Die praktisch wichtigsten Kennzahlen eines Textiloleins; der Gesamtfettgehalt muß mindestens 99% ausmachen. (Nach KEHREN.)

Flammpunkt in °C	Titer in °C	Säurezahl	Verseifungszahl	Unverseifbares in Prozenten	Esterzahl	Neutralfett in Prozenten	Jodzahl	Rhodanzahl	Metalle in Prozenten	MACKEY-Test[2]	Diskrepanz[3]
zirka 160	10 bis 17	175 bis 195	190 bis 205	2 bis 5	2 bis 5	2 bis 5	70 bis 90	75 bis 85	< 0,05	negativ	10

Neben der chemischen Analyse ist die Prüfung der Selbstentzündbarkeit des Oleins von großer Wichtigkeit. Sie geschieht nach konventionell festgelegten Bedingungen im MACKEY-Testapparat.

Eine systematische Untersuchung der Einflüsse verschiedener Versuchsbedingungen auf den MACKEY-Test bezüglich seiner Eignung als Wollölprüfer verdanken wir KEHREN [14]. Er verwirft die Verwendung eines durch die Fettsäuren angreifbaren Metalldrahtzylinders, weil sich dann während des Versuches Metallseifen bilden, die in die Probe gelangen und dort infolge Autoxydation einen erhöhten Temperaturanstieg bewirken und eine schlechtere Qualität vortäuschen.[4] Besser sind nach KEHREN Glashülsen oder nach STIEPEL [15] perforierte Extraktionshülsen.

Die Wichtigkeit der Berücksichtigung von Katalysatoren bei der MACKEY-Prüfung ist in der letzten Zeit von mehreren Seiten betont worden. MANECKE und LINDNER [16] beobachteten, daß eine mit 2% Chromkali und Schwefelsäure behandelte Wolle, die nachträglich mit einem nicht selbstentzündlichen Olein getränkt wurde, trotz der Gegenwart von Chrom keine Temperatursteigerung im MACKEY-Apparat ergab. Die Wollfaser fixiert das Chrom so

---

[1] Über die genormten Bestimmungsmethoden zur Ermittlung der chemischen Konstanten von Ölen und Fetten siehe [10].

[2] Der MACKEY-Test [11] ist ein Maß für die Selbstentzündlichkeit. Bezüglich der Durchführung der Testprobe siehe z. B. GRÜN [12].

[3] Unter Diskrepanz versteht man die Differenz zwischen Jodzahl und Rhodanzahl. Sie ist nach KAUFMANN [13] ein Maß für den Gehalt an mehrfach ungesättigten Fettsäuren. Bei Fettsäuren mit *einer* Doppelbindung, z. B. Ölsäure, ist die Rhodanzahl und Jodzahl gleich. Bei mehrfach ungesättigten Fettsäuren, z. B. Linolsäure mit *zwei* Doppelbindungen, ist die Jodzahl größer als die Rhodanzahl.

Fettsäure	Jodzahl	Rhodanzahl
Ölsäure	89,9	89,9
Linolsäure	181	90,5

[4] Der Verfasser fand in vielen bisher unveröffentlichten Versuchen, daß Drahtzylinder aus Silber oder schwer versilbertem Messing brauchbare Resultate ergeben.

fest, daß es von der *nachträglich* aufgebrachten Fettsäure nicht mehr in einen katalytisch wirksamen Zustand (oleinlösliche Chromseife) übergeführt werden kann.

Hingegen konnte KEHREN [17] zeigen, daß selbst bei Anwesenheit von Mineralöl die öllöslichen Chromseifen den MACKEY-Test sehr verschlechtern. Wird beispielsweise *vorher* mit Olein oder Olein-Mineralöl-Mischungen gefettete Wolle mit einer sauren Kaliumbichromatlösung gekocht, so bilden sich aus den freien Fettsäuren der Schmälze und der Kaliumbichromatflotte Chromseifen, die in der überschüssigen Schmälze löslich sind. KEHREN empfiehlt deshalb, Wolle, besonders Reißwolle, nicht im Fett mit Chromierungsfarbstoffen zu färben [18].

Bezüglich der katalysierenden Wirkung von Eisenseifen neigt man heute dazu, sie unter gewissen Bedingungen weniger gefährlich anzusehen. Zwar wird heute von den Oleinherstellern der Gefahr der Eisenseifenbildung durch Verwendung von Transportmitteln aus Nichteisenstoffen oder aus verzinnten Eisenfässern wirksam begegnet, doch ist es im Zuge der Verarbeitung nicht möglich, die Berührung mit eisernen Maschinenbestandteilen zu vermeiden. Nach KEHREN soll die Gefahr der Eisenseife für die Selbstentzündlichkeit dann verhältnismäßig gering sein, wenn die Trockentemperatur oleingeschmälzter Wolle nicht über 60° C liegt. Bei höheren Eisengehalten und hoher Trockentemperatur kann es, wie bei der chromseifenhaltigen, gefetteten Wolle, beim Trocknen zu Bränden kommen [19].

Mehrfach ungesättigte Fettsäuren beeinflussen katalytisch die Selbsterhitzung. Es besteht nach KEHREN Übereinstimmung zwischen Diskrepanz und MACKEY-Test derart, daß eine erhöhte Diskrepanz bei sonst normalen übrigen Konstanten des Oleins von einer stärkeren Temperaturerhöhung bei der MACKEY-Probe begleitet ist.

Hingegen wirkt ein größerer Neutralfettgehalt verzögernd auf die Autoxydation des auf der Wolle fein verteilten Oleins. In Tab. 66 ist die Testprobe eines normalen Destillatoleins im MACKEY-Apparat mit einem Einsatz nach STIEPEL (perforierte Extraktionshülse) und einem Eisendrahtnetz (wie es der ursprüngliche Apparat enthielt) angegeben. Es ist deutlich die temperatursteigernde Wirkung des Eisens zu ersehen.

Um die Selbstentzündlichkeit der Wolle zu vermindern, versetzt man das Olein zuweilen mit sog. Antioxydantien. Darunter werden solche Stoffe verstanden, die eine hemmende Wirkung auf den Oxydationsprozeß des feinst verteilten Oleins besitzen. Es sind dies z. B. β-Naphthol, Hydrochinon und andere Stoffe. Es soll aber darauf hingewiesen werden, daß die oxydationshemmende Wirkung der Antioxydantien nur solange besteht, als diese selbst noch unverbraucht, d. h. nicht oxydiert sind. Ist dies nach einiger Zeit der Fall, so hört auch die antikatalytische Wirkung auf (vgl. auch S. 271).

Tabelle 66. MACKEY-Test eines Destillatoleins; dessen Konstanten sind: Säurezahl 194, Jodzahl 85,7, Rhodanzahl 82,0, Diskrepanz 3,7, Unverseifbares 4,27%, Eisen 0,019%. (Nach KEHREN.)

Zeit in Minuten	Temperatur in °C	
	Perforierte Extraktionshülle	Eisendrahtnetzeinsatz
30	79	84
40	87	91,5
50	93	95
60	95	97,5
70	96	99,5
80	97	102
90	98	107

Das Aufbringen des Oleins auf die Wolle kann in zweifacher Weise geschehen: als blankes Öl,
in Form einer wäßrigen Emulsion.

Ursprünglich wurde das Olein in ziemlich kompakter Form, etwa als dünner Strahl, durch Auftropfenlassen oder durch Versprühen auf die Wolle gebracht. Heute wendet man das Olein meistens in Form einer sog. Emulsion an, die mit Gießkannen oder mit Hilfe von Düsen aufgebracht wird. Dadurch ist in einfacher Weise ein gleichmäßiges Schmälzen aller Warenpartien sichergestellt. Die Entfernung des Wassers bietet keine Schwierigkeiten, da es infolge der großen Oberfläche der Wollfasern bei der Verarbeitung in kurzer Zeit verdunstet.

Zur Darstellung der Oleinemulsionen benötigt man sog. Emulgatoren, die das Olein in feine, wäßrige Verteilung überführen. Man unterscheidet als solche Emulgatoren:

1. gewöhnliche Seifen;
2. Fettschwefelsäureester auf Basis sulfonierter Öle und Fette, bzw. Fettalkoholsulfonate;
3. höhermolekulare aliphatische und aromatische Sulfonsäuren;
4. synthetische, hochmolekulare Stoffe.

a) Seifen als Oleinemulgatoren.

Man verwendete früher vielfach gewöhnliche Seife zur Dispergierung des Oleins, obwohl gerade diese viele Nachteile beim späteren Verarbeiten der Wolle (Krempeln, Kämmen, Spinnen u. dgl.) besitzt. Ein größerer Gehalt an Alkaliseife, insbesondere Natronseife, bewirkt nach dem Trocknen auf der Wollfaser eine gewisse Klebrigkeit, was vor allem bei den Nadeln und Kratzenbeschlägen hervortritt. Gleichzeitig werden die Wollfasern untereinander verklebt; es tritt das sog. „Wickeln" auf. Beim Spinnen läuft das klebrige Garn schlecht von den Spulen. Man benutzt deshalb mit Vorliebe Ammonseifen, die diesen Übelstand des Klebens in viel geringerem Maße als die Natron- oder Kaliseifen zeigen.

Zuweilen stellt man sich die Oleinemulsion in der wolleverarbeitenden Fabrik selbst her, indem der Ölsäure etwa 1% Ammoniak (= etwa 4% käufliches Ammoniak, 25%ig) zugesetzt wird, worauf man mit Wasser verkocht. Es entsteht hierbei eine grobdisperse und wenig stabile Emulsion. Da sie meist gleich verwendet wird, sind allerdings die Ansprüche bezüglich Haltbarkeit an sich nicht groß.

Neben der Selbstherstellung von Oleinemulsionen kommt für den Spinner der Kauf der im Handel befindlichen fertigen Emulsionen in Betracht. Oft enthalten derartige Präparate einen beträchtlichen Wasseranteil. Daneben sind Alkali- oder Ammonseifen und freie Ölsäure vorhanden.

Oftmals setzt man den Oleinemulsionen auch Neutralfett, wie pflanzliche Öle, zwecks leichterer Emulgierung zu. Dementsprechend schwankt die Zusammensetzung der Handelserzeugnisse beträchtlich, wie aus Tab. 67 hervorgeht.

Im allgemeinen läßt sich über Oleinemulsionen, die mittels Seifen hergestellt wurden, sagen, daß ihre Beständigkeit und ihr Zerteilungsgrad

Tabelle 67. Zusammensetzung verschiedener Schmälzemulsionen.

Schmälzemulsion	Wasser	Natronseife	Ammonium-seife	Olein	Neutralfett
			in Prozenten		
Marke I	67,2	5,8	—	9,0	18,0
Marke II...............	48,2	15,8	15,6	20,4	—
Marke III	56,1	4,7	2,2	20,4	16,6
Marke IV	21,0	—	18,0	61,0	—

nicht jenes Maß erreichen, wie es nach dem Stande der modernen Emulgiertechnik möglich wäre. Die Teilchen des emulgierten Oleins sind relativ groß, ziemlich ungleichmäßig und neigen deshalb leicht zum Aufrahmen. In hartem Wasser leidet die Emulsionsbeständigkeit und der Dispersitätsgrad durch die Unbeständigkeit der als Emulgator dienenden Seife, die durch die Härtebildner des Wassers in die für den Emulgierungsprozeß wertlose Erdalkaliseife umgesetzt wird. Letztere wirken stark verklebend auf die Wollfasern und damit über den eigentlichen Schmälzvorgang hinaus ungünstig auf die weiteren Verarbeitungsprozesse.

b) Fettschwefelsäureester als Oleinemulgatoren.

Sie besitzen infolge der OSO_3Na-Gruppe größere Beständigkeit gegen die Härtebildner des Wassers. Hingegen ist ihr Emulgiervermögen oft weniger gut ausgeprägt, da mit zunehmendem Sulfonierungsgrad nach ERBAN [20] die Emulgierfähigkeit und Emulsionsbeständigkeit infolge des stärker hydrophilen Charakters derartiger Ölsulfonate zurückgehen. Trotzdem werden sulfonierte Öle und Fette allein oder in Gemeinschaft mit Seife zur Emulgierung von Olein verwendet. Es ist nur notwendig, die Emulgierfähigkeit und die Beständigkeit gegen die Härtebildner des Wassers durch sorgsame Auswahl der Einzelkomponenten richtig übereinzustimmen. Hierher gehörende Handelserzeugnisse sind u. a.:

Stokoemulgator O (Stockhausen & Co.).
Monopolbrillantöl NFE (Stockhausen & Co.).

Besser als die sulfonierten Öle und Fette eignen sich die Fettalkoholsulfonate zur Dispergierung von Olein. Sie sind säure- und härtebeständig und besitzen gleichzeitig hohes Dispergiervermögen. Unter der Bezeichnung *Stenolat CGA* und *Stenolat CGA* konz. Paste (Böhme Fettchemie Ges. m. b. H.) kommt ein auf Fettalkoholsulfonate aufgebautes Emulgiermittel für Olein in den Handel.

c) Höhermolekulare aliphatische und aromatische Sulfonsäuren bzw. deren Salze sowie Fettsäurekondensationsprodukte als Oleinemulgatoren.

Es fehlte nicht an Vorschlägen, die in anderen Textilzweigen vielfach verwendeten sog. Fettsäurekondensationsprodukte zur Dispergierung von Olein heranzuziehen [21]. Die mit diesen Stoffen durchgeführten Versuche sind nicht ermutigend ausgefallen. Einerseits ist das Dispergier-

vermögen der meisten dieser Erzeugnisse infolge des hohen Dispersitätsgrades ihrer wäßrigen Lösungen nicht sehr ausgeprägt; zum andern ist ihr
Netzvermögen so groß, daß nicht nur die Wolle, sondern auch die Metallteile der Verarbeitungsmaschinen genetzt werden, wodurch gerade das
Gegenteil des Gleitens hervorgerufen wird. Hingegen eignet sich das
Lamepon A (Chemische Fabrik Grünau) als Eiweißabkömmling zur Emulgierung von Olein. Man rührt das Olein in das pastöse *Lamepon A* ein
und verdünnt mit Wasser. Die Emulsionsbildung wird erleichtert, wenn
man etwas Seife mitverwendet.

Die Sulfonate aromatischer Verbindungen, die sich vom alkylierten
(mono- und di-isopropylierten bzw. -butylierten) Naphthalin [22] und
Tetrahydronaphthalin ableiten, erwiesen sich infolge ihrer guten Dispergierwirkung, insbesondere im Verein mit Stabilisatoren auf Eiweißbasis,
zur Herstellung beständiger Emulsionen als brauchbar. Als Stabilisatoren
kommen beispielsweise Leim, Gelatine, Casein u. dgl., die zwecks geringerer Klebrigkeit meist in abgebauter Form benutzt werden, in Betracht [23].

Auch Abkömmlinge der Kohlehydrate und Cellulose (z. B. Methylcellulose)
sind im Patentschrifttum angegeben [24].

Es muß darauf verwiesen werden, daß der weitgehenden Anwendung von
solchen Stabilisatoren als Zusätze zu Wollschmälzen Hindernisse entgegenstehen. Meist wirken sie erst in größeren Mengen (5 bis 10 g/l) befriedigend,
wodurch die Gefahr einer Griffverschlechterung der Wolle durch die Glutinstoffe oder Kohlehydrate zu befürchten ist.

Die Konsistenz derartiger Emulgatoren ist nicht ölig, sondern meistens
fest bis teigförmig. Sie wirken deshalb nicht als ölendes und glättendes Medium
für die Wolle, stellen demnach, unter diesem Gesichtspunkt betrachtet,
einen Ballast dar, der nur zur Dispergierung des Oleins dient. In diese
Klasse mit oft 30 bis 70% Stabilisator gehören u. a. folgende Handelserzeugnisse:

Nekal AEM (I. G. Farbenindustrie A. G.).
Leonil LE (I. G. Farbenindustrie A. G.).
Emulgator 300 (Oranienburger chemische Fabrik).
Invadin M (Gesellschaft für chemische Industrie, Basel).
Nilo T (Sandoz).

Diese Emulgatoren müssen erst in Wasser (1 : 4) zu einer Paste gelöst
werden, worauf man das Olein langsam einrührt.

d) Synthetische, hochmolekulare, nichtionogen aktive Stoffe als Oleinemulgatoren.

Die nichtionogen aktiven, durch gehäufte Hydroxylgruppen löslich
gemachten Stoffe besitzen ein gutes Emulgiervermögen für Olein. Sie
sind gegen Säuren und Salze absolut beständig, besitzen Schutzkolloid-
und Stabilisierwirkung auf die bereitete Emulsion und haben noch den
großen Vorteil, selbst ölig zu sein. Unter der Bezeichnung *Emulphore*
(*Emulphor-OL*-Lösung und *Emulphor EL*) (beide I. G. Farbenindustrie
A. G.) kommen Anlagerungsprodukte von Äthylenoxyd an höhermolekulare Fettstoffe mit reaktivem Wasserstoff, beispielsweise Fettalkohole,

in den Handel [25]. Man verwendet 2 bis 5% *Emulphor OL* bzw. *Emul-phor EL* vom Oleingewicht.

Das *Emulphor EL* löst sich im Olein auf. Rührt man das Gemisch aus Emulgator/Olein in Wasser ein, so entsteht sofort eine feindisperse, gegen die Härtebildner des Wassers völlig unempfindliche Emulsion.

Das *Emulphor-OL* ist im Olein nicht löslich. Man rührt letzteres in den vorgelegten Emulgator langsam ein. Die erhaltene Paste (Stammemulsion, Stammpaste) wird mit Wasser allmählich verdünnt. Diese Emulsionen sind haltbarer als die mit oleinlöslichen Emulgatoren hergestellten.

Die oleinlöslichen Emulgatoren können den Handelsoleinen von der Erzeugerfirma zugesetzt werden. Sie sind dann vom Verbraucher durch bloßes Eingießen in Wasser ohne jede weitere Verwendung von Emulgatoren dispergierbar. Man bezeichnet sie als Emulsionsoleine, z. B. *Motard-Emul-sionsolein* (Ver. Stearinwerke). Ein weiteres Emulsionsolein ist das *Enviol EM* (Böhme Fettchemie Ges. m. b. H,).

Infolge der guten Kalkbeständigkeit und des Kalkseifendispergiervermögens der nichtionogen aktiven, höhermolekularen Fettstoffe, die durch Polyalkylenoxydgruppen löslich gemacht wurden, wirken die *Emulphore* über den eigentlichen Schmälzvorgang hinaus. Das Olein muß bekanntlich nach der Herstellung der Ware aus dem Textilgut ausgewaschen werden. Dies geschieht mittels Soda- oder Seife-Soda-Lösung. Verwendet man hierzu hartes Wasser, so kommt es zur Bildung unlöslicher Erdalkaliseifen, die sich in der Ware niederschlagen würden. Die *Emulphore* wirken dispergierend auf eben entstandene Kalkseife und halten sie in feindisperser, leicht auswaschbarer Form in Schwebe.

3. Pflanzliche Öle und Fette als Schmälzmittel.

Die pflanzlichen Öle und Fette werden hauptsächlich in der Kammgarnspinnerei zur Erhöhung der Gleitfähigkeit der Wolle verwendet. Von den vielen. zunächst in Betracht kommenden pflanzlichen Ölen scheiden die meisten aus, wenn man die praktischen Anforderungen, die an solche Öle gestellt werden, berücksichtigt.

Daß trocknende Öle, wie Leinöl, Holzöl, oder halbtrocknende Öle, wie beispielsweise Mohnöl oder Rüböl u. dgl., wegen der bei der Oxydation und Polymerisation entstehenden, stark klebrigen Stoffe, keine Verwendung finden, bedarf keiner näheren Beweisführung.[1]

Hingegen haben sich nichttrocknende, leicht emulgable Öle, wie Olivenöl und Erdnußöl — letzteres weist allerdings einen stärkeren Eigengeruch auf —, sehr gut bewährt und werden in großer Menge zum Schmälzen der Wolle in der Kammgarnindustrie benutzt.

Die pflanzlichen Öle weisen, wie das früher behandelte Olein, keine einheitliche chemische Zusammensetzung auf.

---

[1] In teilweise hydrierter Form eignen sich auch trocknende Öle, z. B. teilweise hydriertes Baumwollsaatöl, als Schmälzöle. Selbstverständlich dürfen hierbei nicht alle Doppelbindungen mit Wasserstoff abgesättigt werden. Der Zweck solcher Verfahren ist, die mehrfach ungesättigten Fettsäuren in einfach ungesättigte überzuführen.

Das Olivenöl besteht im Durchschnitt aus etwa 85% Ölsäuretriglycerid, ungefähr 4 bis 5% Linolsäuretriglycerid und aus etwa 10 bis 11% Triglyceriden gesättigter Fettsäuren, wie Palmitin- und Stearinsäure. In Tab. 68 sind die wichtigsten Kennzahlen eines Oliven- und Erdnußöles, wie sie von der Praxis gefordert werden, zusammengestellt.

Tabelle 68. Kennzahlen von Olivenöl und Erdnußöl für Schmälzmittelzwecke in der Kammgarnindustrie.

Öl	Stockpunkt in °C	Flammpunkt in °C	Säurezahl	Verseifungszahl	Jodzahl	Rhodanzahl	Diskrepanz	MACKEY-Test nach 1½ Std. in °C
Olivenöl	—2 bis —6	230	1 bis 5	185 bis 196	80 bis 90	75 bis 77	5 bis 10	100 bis 110
Erdnußöl	0 bis —3	230	1 bis 5	188 bis 202	83 bis 103	70 bis 80	10 bis 20	100 bis 110

Neuerdings sind auch synthetische Ester, z. B. der Ölsäureester des Methylcyclohexanols, $C_{17}H_{33}COOC_6H_4CH_3$, als Schmälzöle vorgeschlagen worden [26]. Sie sollen nicht vergilben und nicht ranzig werden.

Infolge der lichten Farbe der zur Verwendung kommenden pflanzlichen Öle ist im Gegensatz zum Olein, das oft eine recht dunkle Eigenfarbe zeigt, eine Vergilbung bei nicht zu extrem langer Lagerung kaum zu befürchten, was bei der Verwendung eines so hochwertigen Rohmaterials, wie es in der Kammgarnspinnerei benutzt wird, für die Praxis von hohem Wert ist. Der MACKEY-Test der Neutralöle ist im allgemeinen günstiger als der des Oleins [27].

In der Tab. 69 sind nach FRANZ [7] die Weißgehalte[2] verschieden geschmälzter Wolle nach dem Lagern im Licht und im Dunkeln zusammengestellt. Vergleichsweise sind auch die mit Paraffinöl erhaltenen Versuchsresultate angeführt.

Tabelle 69. Weißgehalt in Prozenten bei einem Schmälzauftrag von 4%.[1]
(Nach FRANZ.)

Zum Schmälzen verwendetes Öl	Weißgehalt nach		
	dem Schmälzen	13 Wochen Lagern im Licht	16 Wochen Lagern im Dunkeln
Olivenöl ...	44,8	44,7	44,8
Erdnußöl ..	45,2	44,6	44,1
Paraffinöl .	45,4	44,0	45,1

---

[1] Um den Einfluß etwaiger Emulgatoren auf die Änderungen des Weißgehaltes auszuschalten, wurden die Öle in Benzin gelöst, auf die Wolle aufgebracht und nach dem Verdunsten des Benzins der Weißgehalt ermittelt.

[2] Gemessen mit dem Weißmeßgerät nach HENNING [28].

Die Änderungen des Weißgehaltes beim Lagern im Licht oder im Dunkeln sind bei Verwendung von Olivenöl und Erdnußöl bzw. Paraffinöl sehr gering.

Man kann daraus schließen, daß das Olivenöl und Erdnußöl gegen eine Zersetzung beim Lagern genügend widerstandsfähig sind. Es bilden sich keine dunkelgefärbten, harzartigen und klebenden Verbindungen. Dies ist um so wichtiger, als die Verteilung des Öles infolge der großen Wolloberfläche außerordentlich fein ist.

1 g Wolle, deren Faserdurchmesser durchschnittlich 20 bis 30 μ (2 bis 3.10^{-3} cm) beträgt, hat eine innere Oberfläche von 1500 bis 1000 cm². Bei einer 1%igen Schmälzung kommen auf 1 g Wolle 0,01 g Öl, so daß dem Luftsauerstoff sehr viel mehr Ölmoleküle ausgesetzt sind als im kompakten, nicht verteilten Schmälzöl. Unter sehr ungünstigen Umständen können demnach auch die ansonst gut geeigneten pflanzlichen Öle, wie Olivenöl und Erdnußöl, oxydiert werden, was zu Faserschädigungen führen kann.

Bei der Oxydation durch den Luftsauerstoff entstehen unter Verringerung der Jodzahl freie Fettsäuren, Oxyfettsäuren u. dgl., die man durch das Ansteigen der Säurezahl messen kann. Die Änderungen dieser beiden Kennzahlen ergeben ein Bild über die Beständigkeit des verwendeten Öles.[1]

In Tab. 70 sind die Veränderungen, die Olivenöl bzw. Erdnußöl nach verschieden langem Lagern erlitten haben, zusammengefaßt. Hierbei wurden die beiden Öle einmal in Form des blanken, kompakten Öles, das andere Mal in Form einer wäßrig dispersen Emulsion aufgebracht.

Tabelle 70. Veränderungen von Olivenöl bzw. Erdnußöl in Abhängigkeit von der Lagerzeit. (Nach FRANZ.)

Öl	Ölmenge, bezogen auf Wollgewicht in Prozenten	Lagerzeit in Tagen	Aufbringungsform		Änderungen der Kennzahlen	
			blankes Öl	Emulsion	Säurezahl (Zunahme)[2]	Jodzahl (Abnahme)[3]
Olivenöl ... {	1	8 44 121	—	Emulsion	12,7 17,7 23,9	7· 31,8 39,9
Erdnußöl .. {	2 3,5 5	150	—	Emulsion	32,30 27,60 33,33	—
Erdnußöl .. {	2 3,5 5	150	blankes Öl	—	35,62 32,80 32,68	—

Es war naheliegend, ähnlich wie beim Olein den pflanzlichen Ölen sog. Antioxydantien zuzusetzen, um eine Oxydation durch den Luftsauerstoff zu verhindern. Nach übereinstimmenden Versuchsergebnissen von FRANZ [7] und SPEAKMAN [6] gelingt es nicht, durch Verwendung solcher Antioxy-

---

[1] Hierbei ist es, wie Tab. 70 zeigt, gleichgültig, ob das Öl in kompakter Form oder als Emulsion aufgetragen wird.

[2] Ursprüngliche Säurezahl 1.

[3] Ursprüngliche Jodzahl 85.

dantien, z. B. β-Naphthol, *Nigiton, Nigapin T*,[1] Salol, Äthylbenzoat usw., die Zersetzung der Öle wesentlich zurückzudrängen.

Die pflanzlichen Öle werden in kompakter Form durch Auftropfen bzw. Versprühen oder in Emulsionsform auf die Wolle gebracht.

Die Darstellung der Emulsionen ist bei den pflanzlichen Ölen wesentlich einfacher als beim Olein. Die Neutralöle sind leichter zu beständigen Emulsionen verteilbar als die freien Fettsäuren, da die Emulgatoren für letztere eine gewisse Säurebeständigkeit aufweisen müssen. Aus diesem Grunde gibt es eine bedeutend größere Anzahl von Emulgatoren zur Herstellung von Ölemulsionen als bei den Emulgatoren zur Dispergierung von Olein. Es können unterschieden werden:

1. gewöhnliche Seifen;
2. Fettschwefelsäureester auf Basis sulfonierter Öle und Fette bzw. Fettalkoholsulfonate;
3. höhermolekulare aliphatische und aromatische Sulfonsäuren;
4. synthetische, hochmolekulare, nichtionogen aktive Stoffe.

a) Seifen als Emulgatoren für pflanzliche Öle.

Alkaliseifen vermögen Olivenöl und Erdnußöl leicht zu emulgieren. Die erhaltenen Ölemulsionen sind verhältnismäßig grob dispers und die Emulsion wenig beständig. Die Stabilität könnte durch einen erhöhten Seifenaufwand begünstigt werden, doch sind die klebenden Eigenschaften der Alkaliseifen bei der weiteren Verarbeitung der Wolle einer geordneten Prozeßführung hinderlich. Überdies sind die Seifen unbeständig gegen die Härtebildner des Wassers, wodurch ebenfalls klebende Erdalkaliseifen entstehen.

Es hat deshalb nicht an Vorschlägen gefehlt, den Dispersitätsgrad und die Beständigkeit der mittels Seifen hergestellten Ölemulsionen zu erhöhen. Durch die Mitverwendung sog. Lösevermittler, wie aliphatische und hydroaromatische Alkohole (Hexalin, Methylhexalin), Ketone (Cyclohexanon) u. dgl., gelingt es, feiner disperse, beständigere Ölemulsionen zu erhalten.

Die Anilide und Amide höhermolekularer Fettsäuren, beispielsweise die der Stearinsäure, Ölsäure usw., sind allein oder besser in Gegenwart von Seifen gute Emulgatoren, die gleichzeitig den Dispersitätsgrad der emulgierten Öle erhöhen [29]. Infolge ihres Fettcharakters besitzen sie beachtliche Gleitfähigkeit, was um so wertvoller ist, als sie im Gegensatz zu den Seifen nicht kleben. Für die Kammgarnspinnerei hat sich ein derartig zusammengesetztes Handelserzeugnis, das *Duron* (Hansa-Werke, Hemelingen) eingeführt.

Es wird nicht allein, sondern mit Seifen verwendet. Das zu emulgierende Oliven- oder Erdnußöl muß 15% freie Fettsäuren, gerechnet als Olein, die mit Ammoniak neutralisiert werden, enthalten.

Man verkocht z. B. 66 kg Wasser, 60 kg *Duron*-Körper und 76 kg Erdnußöl, die 15%, d. i. 11,4 kg, Olein enthalten und rührt 305 kg kaltes Wasser

---

[1] Zwei Stabilisierungsmittel, die in der Margarineindustrie häufig verwendet werden.

ein. Hierauf fügt man 3 kg Ammoniak, 25%ig, zur Neutralisation der Fettsäuren hinzu, worauf allmählich weitere 500 kg Wasser eingerührt werden. Von der fein dispersen Emulsion werden 3 bis 8 kg, auf 100 kg Wolle gerechnet, verwendet.

Von der I. G. Farbenindustrie A. G. wird ein Emulgierpräparat, *Emulphor FM* öllöslich, in den Handel gebracht, das gleichzeitig mit Seife verwendet wird und eine erhöhte Stabilität und größere Feinheit der Emulsion ergibt.

Man löst beispielsweise 2,5 kg *Emulphor FM* öllöslich in 97,5 kg Olivenöl auf und rührt in diese Mischung 5 kg einer 10%igen Seifenlösung ein. Hierauf verdünnt man mit 50 l Wasser zu einer Stammemulsion, die bei Gebrauch noch weiter mit Wasser verdünnt wird.

b) Fettschwefelsäureester und Fettalkoholsulfonate als Emulgatoren für pflanzliche Öle.

Die Türkischrotöle und die diesen verwandten Erzeugnisse vom Typ der veredelten Türkischrotöle werden häufig allein oder unter Mitverwendung von Seifen zum Emulgieren von Ölen für die Herstellung von Schmälzmitteln herangezogen. Beispielsweise seien aus der großen Anzahl diesbezüglicher Produkte genannt:

Monopolbrillantöl NFE (Stockhausen & Co.).
Emulgator 134 (Zschimmer & Schwarz).
Puropolöl EMK, EMP (Simon und Türkheim).
Talvon SE (Zschimmer & Schwarz).
Nilo EM, EMC (Sandoz).
Emulgator C (A. Th. Böhme-Dresden).

Ein Emulgator für pflanzliche Öle auf Basis von Fettalkoholsulfonaten ist das *Stenolat CGK* (Böhme Fettchemie Ges. m. b. H.); als eine entsprechende gebrauchsfertige Emulsion auf Stenolatbasis ist die *Stenolatschmälze W 60* (Böhme Fettchemie Ges. m. b. H.) zu nennen, die vorzugsweise in der Kammgarnspinnerei Anwendung findet.

Ein weiteres gebrauchsfertiges hier einzureihendes Schmälzmittel ist das *Spizarol S* (A. Th. Böhme-Dresden).

c) Höhermolekulare, aliphatische und aromatische Sulfonsäuren, bzw. deren Salze sowie Fettsäurekondensationsprodukte als Emulgatoren für pflanzliche Öle.

Die synthetischen Fettsäurekondensationsprodukte eignen sich nur wenig als Emulgatoren für pflanzliche Öle; vgl. die auf S. 209 angegebenen Gründe. Eine Ausnahme macht das *Lamepon A* (Chemische Fabrik Grünau), ein Fettsäure-Eiweiß-Kondensationsprodukt.

Für die Praxis wichtiger sind die Salze aromatischer Sulfonsäuren, die sich vom alkylierten Naphthalin u. dgl. ableiten (vgl. S. 209). Solche Emulgatoren für pflanzliche Öle sind z. B.:

Nekal AEM (I. G. Farbenindustrie A. G.).
Invadin C (Gesellschaft für chemische Industrie, Basel).
Emulgator BE Plv. (Oranienburger Chemische Fabrik).

d) Synthetische, hochmolekulare, nichtionogen aktive Stoffe als Emulgatoren für pflanzliche Öle.

In die Gruppe der nichtionogenen Emulgatoren für pflanzliche Öle gehört das *Emulphor A* öllöslich, *Emulphor A* extra und *Igepal W* (I. G. Farbenindustrie A. G.).

Das *Emulphor A* öllöslich und *Emulphor A* extra werden im Öl dispergiert (etwa 5%) und die Mischung unter Rühren in kaltes Wasser eingetragen.

Das *Igepal W* ist nicht öllöslich. Man rührt deshalb das Öl langsam in den vorgelegten Emulgator ein und verdünnt dann mit Wasser. Man soll kaltes Wasser nehmen, da über 50° C die Emulgierkraft leidet (vgl. S. 66).

4. Mineralische Öle als Schmälzmittel.

Die auf Grundlage von Mineralöl aufgebauten Schmälzmittel besitzen vor allem den Vorteil der Billigkeit; man verwendet sie deshalb beim Ölen von minderer Wolle, z. B. zum Schmälzen von Reißwolle, wo sehr beträchtliche Schmälzmittelmengen — bis zu 30% — Anwendung finden. Sie greifen ferner die Metallbestandteile der Krempel nicht an und neigen nicht zur Selbstentzündung. Die Schmier- und Gleitfähigkeit ist nach den Erfahrungen der Praxis trotz anders lautender Angaben (s. S. 203) eine befriedigende.[1] Vielfach übertreffen die spinntechnischen Eigenschaften der Mineralöle die des Oleins. Ein Verharzen oder Verkleben auf der Wolle durch Oxydation an der Luft ist bei Verwendung gut raffinierten Mineralöles (Paraffinöl, Vaselinöl) nicht zu befürchten. Diesen Vorteilen steht der schwerwiegende Nachteil der schlechten Auswaschbarkeit des Mineralöles durch Soda-Seife-Lösungen infolge der zu geringen Erniedrigung der Grenzflächenspannung Mineralöl/Wasser entgegen. Überdies ist zu berücksichtigen, daß die Preisdifferenz zwischen dem billigen Mineralöl und dem teueren Olein bzw. Olivenöl nicht vollständig

---

[1] Vergleichsweise wurde die Schmierkraft von Olivenöl und Mineralöl auf Wolle in letzter Zeit von SHINKLE und MORRISON [30] experimentell gemessen, indem sie den Gleitwinkel eines mit der zu untersuchenden Wolle bespannten Holzblockes auf einer schrägen Glasplatte bestimmten. Obwohl die derartig gemessenen Reibungskräfte nicht mit jenen übereinstimmen, die beim Reiben von Faser zu Faser in der Praxis auftreten, sind die Ergebnisse zur Beurteilung der Schmierkraft von Schmälzmitteln wichtig. In der folgenden Zusammenstellung sind die Versuchsergebnisse dieser Forscher zusammengestellt.

Die Gleitfähigkeit des Mineralöles übertrifft die des Olivenöles bis zu einem Gehalt von etwa 3% Öl in der Wollfaser. Ein noch größerer Ölgehalt begünstigt allerdings das Olivenöl, das dann gleitfähiger macht.

Olivenöl		Mineralöl	
Öl in der Wolle in Prozenten	Reibungskoeffizient	Öl in der Wolle in Prozenten	Reibungskoeffizient
0,1	0,520	0,1	0,520
1,7	0,513	1,2	0,500
3,3	0,247	2,0	0,315
3,5	0,242	3,3	0,256
9,1	0,247	6,7	0,255
11,2	0,250	12,7	0,276

eingespart werden kann. In der Streichgarnspinnerei besitzt das verwendete Olein neben der Gleitfähigkeitserhöhung der Wollfasern noch den großen Vorteil, daß es durch eine einfache Soda- (Ammoniak-) Wäsche oder Soda-Seife-Wäsche unter Bildung von waschaktiver Seife nicht nur leicht ausgewaschen werden kann, sondern zusätzlich als Waschmittel dient. Beim Kammgarnspinnverfahren muß zum Auswaschen der schwerer entfernbaren Mineralölanteile mehr Seife aufgewendet werden als für die Entfernung des Oliven- bzw. Erdnußöles. Der Mehraufwand an Seife macht die ursprüngliche Einsparung mehr oder weniger wett. Dies gilt vor allem, wenn die Schmälzmittel größere Mengen Mineralöl enthalten und der Emulgator die Auswaschbarkeit nicht oder nur wenig begünstigt. Ein geringerer Gehalt an Mineralöl, etwa 30 bis 50% vom Gewicht des gesamten Schmälzmittels unter Verwendung eines passend abgestimmten Emulgators, kann zu brauchbareren Resultaten führen [31]. In den Handel kommen u. a. folgende Erzeugnisse:

Monopolspinnöl (Stockhausen & Co.).

Kuspifan (Stockhausen & Co.).

Olinor C (Böhme Fettchemie Ges. m. b. H.).

Eine andere Möglichkeit, die Entfernung des Mineralöles aus der Wolle zu erleichtern, ist die Herabsetzung der Grenzflächenspannung Mineralöl/Wasser. Hierzu ist beispielsweise Ölsäure geeignet [32]; bereits 5%, bezogen auf das Gewicht des angewandten Mineralöles, setzen die Grenzflächenspannung erheblich herab. Beim Waschen mit Sodalösung bildet sich aber sofort die im Wasser lösliche Seife, wodurch das die Oberflächenspannung herabsetzende Olein dem Mineralöl entzogen wird. Um deshalb eine befriedigende Auswaschbarkeit des Mineralöles zu erreichen, müßte man bis zu 40% und mehr Olein diesem zusetzen.

Trotzdem ist der Restfettgehalt, den solche Kombinationen aus Olein und Mineralöl, die allenfalls noch Neutralöle enthalten können, nach dem Waschen mit Seife-Soda ergeben, merklich höher als der

Tabelle 71. Abhängigkeit des Restfettgehaltes geschmälzten Streichgarnes — nach dem Waschen — vom Waschmittel und von der Art der Schmälze. (Nach KEHREN.)

Schmälze	Gesamtfett in Prozenten	Waschmittel	Restfettgehalt in Prozenten
Olein..................	3,05	Soda..................	0,31
Mineralöl (emulgiert)..{	6,83	Ammoniak..........	2,35
	6,83	Soda und Seife	0,75
	6,83	*Igepal W*	5,62
Mineralöl + Olein[1]....{	5,46	Ammoniak..........	2,55
	5,46	Soda und Seife	0,53
	5,46	Soda und *Igepal W* .	0,66

[1] Die Kombination bestand aus 33% Olein, 12% Neutralfett und 55% Mineralöl.

einer oleingeschmälzten Wolle, wie kürzlich KEHREN [33] feststellte. Er fand beim Waschen verschieden geschmälzten Streichgarnes die in Tab. 71 gebrachten Werte.

Daraus geht hervor, daß auch die neueren mineralölhaltigen Schmälzen im Gegensatz zum Olein mit Soda allein nur ungenügend auswaschbar sind und selbst Soda und Seife ungünstiger entfetten als bei Verwendung reinen Oleins.

Wesentlich besser als Oleinzusätze eignen sich polargebaute, mineralöllösliche Stoffe, die die Grenzflächenspannung herabsetzen, aber im Wasser unlöslich sind, wie etwa die höheren Fettalkohole [34].[1] Es genügen im allgemeinen 5 bis 7% Oleinalkohol, bezogen auf das Gewicht des Mineralöles, um den Restölgehalt unter 0,5% zu vermindern.

In jüngster Zeit ist Paraffin, das noch bessere Beständigkeitseigenschaften als Mineralöl und gute Gleitfähigkeit besitzt, als Schmälzmittel verwendet worden [35]. Unter der Bezeichnung *Prälanol* (Stockhausen & Co.) kommt eine etwa 40%ige Paraffinemulsion, deren Emulgatorbestandteile die beständigen Fettalkoholsulfonate sind und die gemäß den zugrunde liegenden Patentschriften obige Gedankengänge der Grenzflächenspannungserniedrigung flüssiger und fester Kohlenwasserstoffe gegen Wasser berücksichtigt, in den Handel. Die Auswaschbarkeit einer solchen Kammgarnschmälze soll nach FRANZ [7] vorzüglich sein, wie aus seinen Versuchsergebnissen, die in Tab. 72 zusammengestellt sind, hervorgeht.

Tabelle 72. Fettrückstand in Prozenten vom Wollgewicht nach dem Waschen mit Seife-Soda-Lösung. Die Wolle wurde mit *Prälanol* bzw. Erdnußöl so geschmälzt, daß 4% Paraffin bzw. Erdnußöl in der Wollfaser vorhanden waren. (Nach FRANZ.)

Schmälze	Waschflotte		Lagerzeiten			
	Seife	Soda	15 Stunden	1 Woche	2 Wochen	4 Wochen
	in Gramm/Liter					
Paraffin ...... {	2	$^1/_2$	0,13	0,16	0,13·	0,11
	1	$^1/_4$	0,16	0,19	0,15	0,16
Erdnußöl ..... {	2	$^1/_2$	—	0,26	0,36	0,49
	1	$^1/_4$	—	0,32	0,31	0,49

In Übereinstimmung damit fand GÖTZE [36], daß der Restfettgehalt von Mineralöl oder Paraffin enthaltenden Schmälzen, sofern besonders wirksame Emulgatormischungen verwendet werden, nach der Seife- und Sodawäsche nicht wesentlich höher ist als der von Olein.

Die Verwendung mineralölhaltiger Schmälz- und Spinnmittel hat sich in der Praxis weniger für das Schmälzen reiner Wolle als für die Gleitfähigmachung von Gemischen aus Wolle und Kunstspinnfasern

---

[1] Vgl. auch S. 128.

in ausgedehntem Maß eingeführt.[1] Derartige mineralölhaltige Präparate, deren Emulgatoren vielfach sulfonierte Öle und Fette bilden, sind u. a.:

Kuspifan A (Stockhausen & Co.).[2]
Kuspifan C (Stockhausen & Co.).[3]
Olinor C (Böhme Fettchemie Ges. m. b. H.).[4]

Vor kurzem ist von der I. G. Farbenindustrie A. G. ein synthetisches, in diese Klasse einzureihendes Schmälzmittel, das *Servital OL*, für die Streichgarnindustrie in den Handel gebracht worden [37]. Es gehört zur Gruppe der nichtionogenen Hilfsmittel, deren Löslichkeit durch Polyäthylenoxydreste erzielt wird. Mit Wasser bildet es eine in jedem p_H-Bereich beständige, äußerst feindisperse Emulsion. Gegen die Härtebildner des Wassers ist es völlig unempfindlich. Von besonderem Wert ist die Möglichkeit, die mit *Servital OL* geschmälzte Ware der sauren oder alkalischen Walke zu unterziehen, da es hierbei als Gleitmittel im ganzen p_H-Bereich dient. Hierauf kann das *Servital OL* mit Wasser allein oder mit geringfügigen Mengen Waschmittel ausgewaschen werden.

Elfter Abschnitt.
Carbonisierhilfsmittel.

Das Carbonisieren der Wolle wird zwecks Entfernung der pflanzlichen Bestandteile — Kletten, Ringelkletten, Klettenkrusten — durchgeführt. Bei Verwendung von Altwolle sind oft beträchtliche Mengen von Cellulosefasern (Baumwolle, Zellwolle) vorhanden, die ebenfalls entfernt werden müssen.

Die mechanische Befreiung von den Kletten kann nur bei langen und wenig gekräuselten Wollen, wie sie die Kammgarnspinnerei verarbeitet, geschehen. Die letzten, hartnäckig anhaftenden Kletten werden mit dem Kämmling ausgeschieden.

---

[1] Mineralöl (Paraffinöl) ist nämlich aus Cellulosefasern wesentlich leichter auswaschbar als aus Wolle. Dies ist weniger auf besondere Restvalenzkräfte zwischen Wolle und dem Mineralöl zurückzuführen, sondern ist dadurch begründet, daß die Salzbindeglieder auf die anionaktiven Emulgatorbestandteile der Mineralölemulsion einwirken, so daß es zu einer selektiven Zerlegung der Emulsion in der Wolle kommt. Das Mineralöl verteilt sich dann verhältnismäßig grob auf der Wollfaser und ist nur schwer wieder entfernbar.

[2] Das *Kuspifan A* wird angewandt, wenn reines Zellwollmaterial zu reinem Zellwollgarn ausgesponnen werden soll. Es wird sowohl in der Streichgarn- als auch in der Kammgarnspinnerei benutzt.

[3] Das *Kuspifan C* eignet sich zum Schmälzen von Mischungen aus Zellwolle mit Schafwolle, vorzugsweise zum Spinnfähigmachen in der Streichgarnspinnerei.

[4] Das *Olinor C* ist speziell für reine Zellwolle geschaffen worden.

Bei den Streichgarnwollen ist wegen der stärkeren Ringelbildung der Wollhaare und des dadurch bedingten stärkeren Festhaltens der Kletten eine rein mechanische Klettenbeseitigung nicht möglich.[1] Es ist deshalb notwendig, durch chemische Zerstörung der aus Cellulose bestehenden Kletten die Wolle von diesen zu befreien. Dies geschieht durch die „*Carbonisierung*", d. h. durch einen Angriff auf das Cellulosematerial der Kletten, wozu man heiße Säure oder säureabspaltende Verbindungen verwendet; das Wollkeratin ist gegen eine solche Behandlung verhältnismäßig widerstandsfähig. Die ansonst nicht entfernbaren Kletten werden dadurch so brüchig und morsch, daß es dann mechanisch (Reiben und Wolfen) leicht gelingt, eine vollständige Entklettung zu erzielen.

Durch die Säurebehandlung tritt Hydrolyse der Cellulose zu Hydrocellulose mit einem Polymerisationsgrad unter 150 bis 100 (vgl. S. 29) und bei genügend langem Einwirken der Säure sogar zu Glucose ein. In der Praxis kann man den chemischen Abbau allerdings nicht so weit treiben, da dann die Wolle ebenfalls stark leiden würde. Man begnügt sich deshalb mit einer oberflächlichen Hydrolysierung zu mürben Abbauprodukten, die am Schlagwolf durch Reiben oder Schlagen zu Pulver zerkleinert, aus der Wolle herausgeschlagen werden. Durch die wasserentziehende Wirkung der verwendeten Stoffe (Schwefelsäure, Salzsäure, Aluminiumchlorid) kommt es zu einer teilweisen Verkohlung der Cellulose, die sich durch eine Schwärzung, „Carbonisierung", bemerkbar macht.

Obwohl der Carbonisierungsprozeß seit mehr als 50 Jahren technisch durchgeführt wird, hat die wissenschaftliche Erforschung des ganzen Vorganges erst in letzterer Zeit eingesetzt [2]. Der erste kolloidchemisch interessante Prozeß beim Carbonisieren ist das sog. „Säuern", d. h. das Imprägnieren der Wolle mit der Carbonisierflüssigkeit. Je nach der zur Anwendung kommenden Säure kann man unterscheiden:

Carbonisieren mit Schwefelsäure (weniger Salzsäure);
Carbonisieren mit Aluminiumchlorid-Salzsäure.[2]

1. Carbonisieren mit Schwefelsäure.

Das Carbonisieren wurde bis in jüngster Zeit fast nur mit Schwefelsäure durchgeführt. Erst in den letzten Jahren wurde in Amerika das Carbonisieren mit Aluminiumchlorid-Salzsäure, das später behandelt wird, ausgearbeitet. In Europa hat sich das Carbonisieren mittels Aluminiumchlorid-Salzsäure noch nicht durchsetzen können.

Das richtige und gleichmäßige Imprägnieren der Wolle mit Schwefelsäure ist von großem Einfluß auf den Ausfall der Wollqualität und auf die klaglose Durchführung des Carbonisierprozesses. Die Dauer des

---

[1] In neuester Zeit ist in Amerika ein Verfahren entwickelt worden [1], bei dem die zu entklettende Wolle auf — 10 bis — 17° C abgekühlt wird, wodurch alle Verunreinigungen der Wolle (auch Wollfett) in einen starren, brüchigen, mechanisch leicht ausklopfbaren Zustand übergeführt werden. Auch die Kletten werden bei der tiefen Temperatur spröde und lassen sich leicht zu Pulver zerreiben, das aus der Wolle unschwer entfernbar ist.

[2] Von dem Carbonisierverfahren mit Salzsäuregas [3] soll hier abgesehen werden.

Säuerns und die Säurekonzentration hängen von der Stoffart ab. Schwerere und dichtere Stoffe benötigen eine längere Imprägnierungzeit und konzentriertere Säure als lose Wolle oder leicht eingestellte Wollartikel.

Die beim Säuern aufgenommene Schwefelsäure wird chemisch unter Salzbildung mit den Aminogruppen der Salzbindeglieder (Proteinsalze) und physikalisch durch Kapillaradsorption in den makroskopischen und submikroskopischen Kanälen der Wollfaser gebunden. Bei zu hoher Säurekonzentration, z. B. 4° Bé H_2SO_4, entstehen auch Amidosulfonsäuren (Sulfaminsäuren) nach dem Schema

$$R\text{—}NH_2 + H_2SO_4 \rightarrow R\text{—}NHSO_3H + H_2O,$$

die nicht rückgebildet werden können. Gewöhnlich wird bei 20 bis 30° C mit der Carbonisiersäure getränkt; die Kletten sind dann besser entfernbar als beim Imprägnieren bei erhöhter Temperatur.

Dies ist darauf zurückzuführen, daß die Wolle in der Hitze infolge der stärkeren Quellung (vgl. S. 47) leichter und rascher die Schwefelsäure aufnimmt und mit ihr chemisch reagiert als in der Kälte. Die aufgebrachte Carbonisiersäure wird deshalb vorzugsweise von der *Wolle* gebunden, so daß für die Tränkung der Kletten auf *Cellulose*basis nur ungenügende Mengen Schwefelsäure zurückbleiben. In der Kälte findet hingegen eine mehr gleichmäßige Durchnetzung der Proteinfasern *und* der Cellulosebestandteile statt.

Daß die Wolle bei erhöhter Temperatur mehr Schwefelsäure aufnimmt, geht aus den Zahlenangaben der Tab. 73 hervor.

Die Imprägnierung der Wolle mit der Carbonisiersäure in der Wärme hätte den Vorteil, daß infolge der geringeren Grenzflächenspannung eine gleichmäßigere und tiefere Netzung

Tabelle 73. Von der Wolle aufgenommene Schwefelsäure in Abhängigkeit von der Säurekonzentration und Behandlungstemperatur.

Konzentration der Schwefelsäure in Prozenten	Tränkungsdauer in Minuten	Aufgenommene Schwefelsäuremenge in Prozenten vom Wollgewicht	
		bei 26°C	bei 49°C
2,5	15	6,78	7,10
4,5	15	8,82	9,14

erzielt werden kann. Da aber dann aus den geschilderten Gründen die Zerstörung der Kletten verringert wird, verwendet man die viel wirkungsvolleren, auch in der Kälte aktiven Carbonisierhilfsmittel. Dadurch wird nicht nur ein gleichmäßigeres Durchnetzen erzielt; auch die Dauer des Säuerns, die Konzentration der Carbonisiersäure und die Brennzeit können vermindert werden, wodurch die Qualität der Wolle besser erhalten bleibt, wie Tab. 74, 75 und 76 zeigen.

Man sieht, wie mit zunehmender Säurekonzentration und Feuchtigkeit der Wollangriff immer stärker wird. Noch besser als der Abfall der Reißfestigkeit zeigt der sog. Ammoniakstickstoff die Verminderung der Wollqualität an. Selbst dort, wo die Reißfestigkeit infolge Faserangriffes noch wenig gelitten hat, merkt man bereits an der gesteigerten, herausgelösten Stickstoffmenge den Säureangriff.

Die Bedeutung der Brenntemperatur für die Wollqualität geht aus den in Tab. 75 ersichtlichen Ammoniakstickstoffzahlen in Abhängigkeit von der Brenntemperatur hervor.

Die Carbonisierung um 100° C herum, wie sie in Europa im Gegensatz zu Amerika, wo man mit der Temperatur bis auf 120° C geht, üblich ist, schont die Wolle. Ferner bewirkt die hohe Brenntemperatur offenbar infolge des stärkeren Abbaues der Wollsubstanz (Proteolyse) und des damit verbundenen Stickstoffverlustes eine geringere Affinität der Säurefarbstoffe zu Wolle.

Neben der Säuerungstemperatur und dem Erhitzungsgrad beim Brennen ist noch die Brenndauer von bedeutendem Einfluß auf den Ausfall der Wollqualität, wie aus Tab. 76 hervorgeht.

Tabelle 74. Abhängigkeit des Wollangriffes durch verschieden konzentrierte Carbonisiersäuren. Brenndauer 60 Minuten, Brenntemperatur 121° C.

Konzentration der Carbonisiersäure	Wassergehalt der Wolle vor dem Trocknen	Reißfestigkeit in Pfund	Ammoniakstickstoff[1] nach dem Brennen mg/g Wolle
in Prozenten			
Nicht carbonisiert	—	27	0,20
2,5	3	27	0,58
	21	27	0,59
	50	26	1,01
5	3	27	0,96
	21	27	1,06
	50	23	1,52
7,5	3	27	1,38
	50	9	3,19
10	3	21	2,15
	50	1—2	5,92

Aus den Tab. 73 bis 76 geht die Schädlichkeit zu extremer Schwefelsäurekonzentration bzw. Carbonisierbedingungen hervor. Durch die Verwendung geeigneter Netzmittel als Zusätze zu den Carbonisierflotten können diese Unzukömmlichkeiten zum großen Teil verhindert werden.

Zur Bewertung des Carbonisiereffektes und des Faserangriffes während der Carbonisation sind von Elöd und Haas [4] in der letzten Zeit verschiedene Versuche durchgeführt worden.

Zur Ermittlung des Angriffes der Wolle durch die Carbonisieragentien, wie Schwefelsäure oder Salzsäure, benutzten die Autoren eine von ihnen ausgearbeitete Methode, wobei die Geschwindigkeit der Farbstoffaufnahme bei einem bestimmten p_H-Wert (p_H 1,3) und bei konstanter Temperatur (70° C) ein Maß für

Tabelle 75. Abhängigkeit des Wollangriffes von der Brenntemperatur, charakterisiert durch die Ammoniakstickstoffzahl. Gesäuert wurde 15 Minuten mit einer 4,25%igen Schwefelsäure bei 20° C. Dann wurde 15 Minuten bei 70 bis 75° C vorgetrocknet und hierauf 15 Minuten gebrannt.

Brenntemperatur in °C	Ammoniakstickstoff mg/g Wolle
Unbehandelt	0,15
99	0,26
110	0,35
121	0,45

[1] Unter Ammoniakstickstoffgehalt ist jener zu verstehen, der sich bei der Destillation einer Wollprobe mit Magnesiumoxyd ergibt. Ist die Wolle durch die Säure angegriffen, Stickstoff also unter Bildung von Ammonsulfat herausgelöst worden, so erhält man denselben beim Destillieren mit einer sehr schwachen Base, um die Wolle nicht anzugreifen. Er ist ein Maß für den Wollangriff.

Tabelle 76. Abhängigkeit des Wollangriffes von der Brennzeit. Carbonisiertemperatur 104 bis 105° C. Die Kletten waren bereits nach 10 bis 15 Minuten zerstört.

Brenndauer in Minuten	Ammoniak-stickstoff mg/g Wolle
Unbehandelt	0,15
5	0,22
10	0,26
15	0,31
20	0,37
30	0,48

die *Proteolyse*, d. h. für den Abbaugrad der Wollsubstanz ist. Je größer die Farbstoffaufnahmegeschwindigkeit in den ersten fünf bis zehn Minuten ist, um so stärker wurde die Wolle von den Carbonisieragentien angegriffen. Als Farbstoff benutzten Elöd und Haas Kristallponceau 6 R. Die Abb. 80 bringt nach ihren Versuchen die Abhängigkeit der Farbstoffaufnahme (in Milligramm) und damit auch die des Faserangriffes von der Konzentration der Carbonisiersäuren (in Milliäquivalenten). Als Carbonisiersäuren wurden Schwefelsäure und Salzsäure, letztere sowohl im offenen als auch geschlossenen Gefäß während der Carbonisation, benutzt.

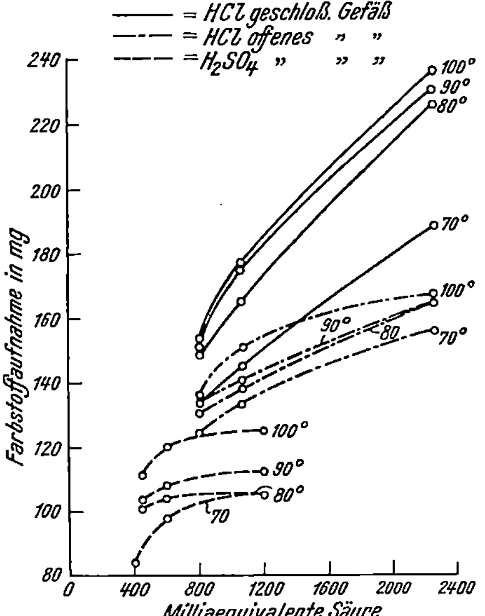

Abb. 80. Abhängigkeit des Wollangriffes (gekennzeichnet durch die Geschwindigkeit der Farbstoffaufnahme) beim Carbonisieren von der Säurekonzentration und Temperatur. (Nach Elöd und Haas.)

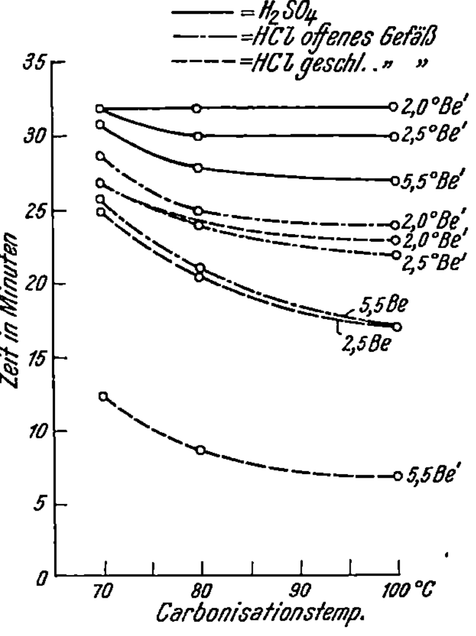

Abb. 81. Abhängigkeit des Wollangriffes (gekennzeichnet durch die Auflösegeschwindigkeit in 15%iger KOH) beim Carbonisieren von der Säurekonzentration und Temperatur. (Nach Elöd und Haas.)

Zur Umrechnung der in der Praxis üblichen Angaben der Carbonisiersäurenkonzentration in Graden Bé dient folgende Zusammenstellung:

Salzsäure:

$$2° \quad Bé = 2{,}95\% = 820 \text{ Milliäquivalente/Liter,}$$
$$2{,}5° \quad „ = 3{,}92\% = 1075 \qquad „ \qquad „ \;,$$
$$5{,}5° \quad „ = 8{,}30\% = 2280 \qquad „ \qquad „ \;.$$

Schwefelsäure:

$$2° \quad Bé = 2,25\% = 460 \text{ Milliäquivalente/Liter,}$$
$$2,5° \quad „ = 2,95\% = 602 \quad „ \qquad „ \ ,$$
$$5,5° \quad „ = 6,05\% = 1235 \quad „ \qquad „ \ .$$

Wie man aus Abb. 80 erkennt, nimmt die mit Salzsäure bei 70°, 80°, 90° und 100° C carbonisierte Wolle mehr Kristallponceau 6 R auf als die mit Schwefelsäure gleicher Äquivalentkonzentration carbonisierte Wolle. Die Carbonisierdauer betrug einheitlich eine Stunde. Die Carbonisation mit Schwefelsäure ist demnach wesentlich schonender als mit Salzsäure. Ferner geht aus Abb. 80 hervor, daß die Carbonisation mit Salzsäure im geschlossenen Gefäß den höchsten Grad der Proteolyse aufweist. Dies ist offenbar darauf zurückzuführen, daß die Salzsäurekonzentration infolge Fehlens einer Luftzirkulation größer ist als bei der Carbonisierung mit Salzsäure im offenen Gefäß. Höhere Carbonisationstemperatur bewirkt bei allen Versuchen einen gesteigerten Abbau der Wollsubstanz.

Ein weiteres Kriterium zur Ermittlung von Wollschäden ist die Geschwindigkeit der Auflösung von Wolle in Kalilauge, die mit wachsender Proteolyse zunimmt. Elöd und Haas haben die Lösungsgeschwindigkeit in 15%iger Kalilauge bei 60° C und einem Flottenverhältnis von 1 : 20 bestimmt. Die Abb. 81 enthält die Zeit (in Minuten), die verstreicht, bis die mit Schwefelsäure oder Salzsäure verschiedener

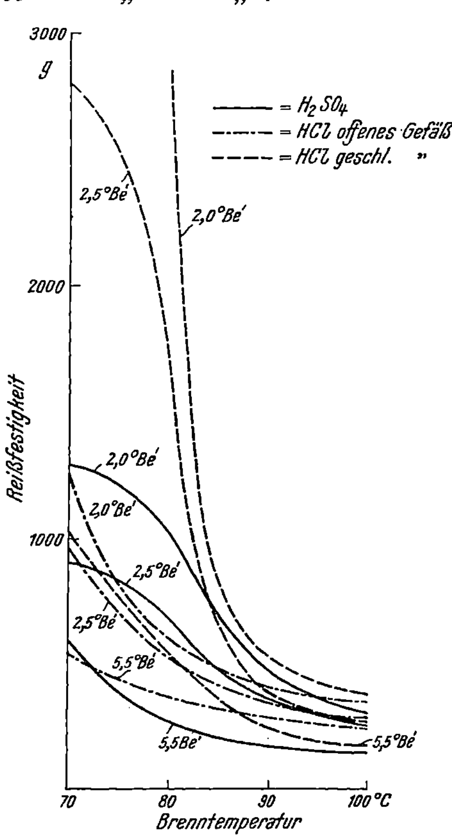

Abb. 82. Abbaugrad der Baumwolle (gekennzeichnet durch die Reißfestigkeit) beim Carbonisieren in Funktion von der Brenntemperatur und der Säurekonzentration. (Nach Elöd und Haas.)

Konzentration behandelte und bei verschiedenen Temperaturen carbonisierte Wolle in der 15%igen Kalilauge bei 60° C vollständig in Lösung ging. Wie auch aus dieser Abbildung ersichtlich ist, verläuft die Carbonisierung mit Schwefelsäure viel schonender als mit Salzsäure im offenen Gefäß oder gar im geschlossenen Gefäß.

Zur Bewertung eines Carbonisiereffektes ist es notwendig, neben der Bestimmung des Wollangriffes auch die Zerstörung der cellulosehaltigen Fremdbestandteile zu ermitteln. Elöd und Haas wählten in ihrer Untersuchung als Maß für die Hydrolyse von Cellulosefasern während der Carbonisation die Reißfestigkeit und die Jodzahl.[1] Die Abb. 82 und 83 zeigen, daß die Baumwolle durch Säuren gleichen spezifischen Gewichtes am stärksten durch Salzsäure beim Carbonisieren im offenen Gefäß, also unter Luftzutritt, angegriffen wird. Hierbei spielt die Dauer des Tränkens der Baumwolle mit der Säure sowie die Quellung derselben in der Carbonisiersäure auf den Grad des Abbaues der Cellulose insofern eine Rolle, als bei kurzer Einwirkungszeit eine wachsende Behandlungsdauer eine bessere Carbonisierung bedingt. Freilich ist diese Wirkung nur in den ersten Minuten des Tränkens ausschlaggebend. Bei längerer Tränkungszeit (30 Minuten) verschwinden die Unterschiede immer mehr, d. h. der Celluloseangriff wird auch bei längerer Tränkungszeit nur wenig gesteigert. Diese Erscheinung erklärt auch den günstigen Effekt, den die Mitverwendung von Netzmitteln zu Carbonisierflotten aufweist. Offenbar wird die bei der Zerstörung der Cellulosebestandteile wegen der Säureanreicherung in denselben an sich günstige längere Tränkungsdauer durch den Netzmittelzusatz auch bei kürzerer Einwirkungszeit der Carbonisiersäuren in Bezug auf Imprägnierungseffekt erreicht.

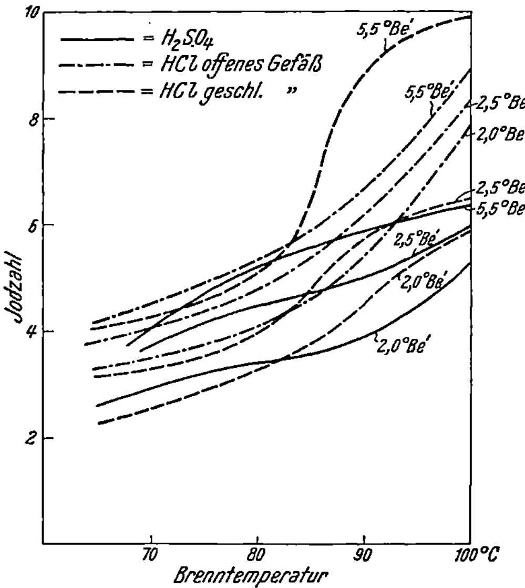

Abb. 83. Abbaugrad der Baumwolle (gekennzeichnet durch die Jodzahl) beim Carbonisieren in Funktion von der Brenntemperatur und Säurekonzentration. (Nach ELÖD und HAAS.)

Die Imprägnierungszeit der Wolle mit Schwefelsäure kann wegen des guten Netzvermögens der mit Carbonisierhilfsmittel versetzten Säure von ein bis zwei Stunden auf 10 bis 15 Minuten herabgesetzt werden. Es genügt bei Anwesenheit eines Netzmittels infolge der besseren Durchdringung des Textilgutes eine Schwefelsäure von $2\frac{1}{2}$ bis 3° Bé zu verwenden statt einer solchen von 4 bis 6° Bé wenn kein Netzmittelzusatz erfolgt. Die Brenndauer zur vollständigen Zerstörung pflanzlicher Bestandteile wird infolge des tiefen Eindringens der Schwefelsäure auf 10 bis 15 Minuten vermindert. Schließlich wirken die Netzmittel infolge ihrer Kapil-

---

[1] Die Jodzahl gibt nach BERGMANN und MACHEMER [5] diejenige Menge n/10-Jodlösung an, die von 1 g der Celluloseabbauprodukte verbraucht wird. Aus der Jodzahl kann man das Molekulargewicht bzw. die Länge der Spaltstücke errechnen. Zunehmende Jodzahl bedingt einen sinkenden Polymerisationsgrad.

laraktivität beim Auszentrifugieren der überschüssigen Säure begünstigend
auf den Schleudereffekt, indem die überschüssige Säure weniger stark
von der Wolle zurückgehalten wird und besser abrinnt als ohne Netzmittel. Der wichtigste Vorteil der Carbonisierhilfsmittelzusätze liegt
aber zweifellos in der gleichmäßigen und durchdringenderen Netzung des
Cellulose- und Wollmaterials, was besonders bei dichten Stoffen von
großem Wert ist. Während man früher mit konzentrierterer Schwefelsäure (4 bis 6° Bé) infolge der ungleichmäßigen Netzung trotz der höheren
Konzentration einen schlechten Netzeffekt hatte (wodurch örtlich sehr
hohe Schwefelsäurekonzentrationen auf dem Wollgut zur Ausbildung
gelangen, die beim Carbonisieren einen verstärkten Angriff auf die
Wollfaser ausüben, der sich beim Färben als sog. Carbonisierflecke
schädlich bemerkbar macht), gelingt es, bei Verwendung typischer Carbonisiernetzmittel mit geringeren Schwefelsäurekonzentrationen ($2^1/_2$ bis
3° Bé) zu arbeiten und die Kletten dabei ebensogut zu zerstören. Daß
die Wollqualität dadurch und wegen der vielfach hohen Affinität der
Netzmittel zur Wolle geschont wird, ist klar.

Infolge der enormen Beanspruchung in bezug auf Säurebeständigkeit
bei relativ hohen Temperaturen eignen sich nur wenige der bekannten
Netzmittel als Zusatz (etwa 1 g je Liter) zur Carbonisierschwefelsäure.

In erster Linie sind es Produkte auf Basis von Naphthalinsulfonsäure,
die sich als Carbonisiernetzmittel bewährt haben.[1] Die wichtigsten hier-
hergehörigen Handelserzeugnisse sind folgende:

Leonil SBS, Teig, hochkonzentriert (I. G. Farbenindustrie A. G. [6]).
Leonil SB (I. G. Farbenindustrie A. G.).
Eucarnit (Böhme Fettchemie Ges. m. b. H. [7]).
Oranit KSN (Chemische Fabrik Oranienburg [8]).
Resolin NC (Sandoz).
Invadin C (Gesellschaft für chemische Industrie, Basel).

Die Sulfonate natürlicher Öle und Fette sind im allgemeinen wegen
der besonders hohen Anforderungen als Netzmittel für Carbonisiersäuren
nicht brauchbar. Die höchstsäurebeständigen Ölsulfonate sind zum Teil
geeignet, durch ihren Zusatz die Schwefelsäurekonzentration wesentlich
herabzusetzen und dennoch einen genügenden Carbonisiereffekt erzielen
zu lassen. In diese Reihe gehören z. B.:

Prästabitöl V (Stockhausen & Co. [9]).
Flerhenol M Superior (Flesch [10]).

Die neueren, nichtionogen aktiven Wasch-, Netz- und Dispergiermittel haben sich infolge ihrer absoluten Säureunempfindlichkeit als
Zusätze zur Carbonisierschwefelsäure geeignet erwiesen. Zufolge ihrer
Waschwirkung besitzen sie beim Entfernen der Carbonisiersäure noch
zusätzlich Dispergiervermögen auf vorhandenen Schmutz.

Ein solches nichtionogen aktives Carbonisiernetzmittel ist das

Igepal W (I. G. Farbenindustrie A. G.).

---

[1] Die meisten der anderen üblichen Netzmittel, auch Fettalkoholsulfonate
und Fettsäurekondensationsprodukte, werden teils hydrolysiert, teils ausgesalzen; sie verlieren dann ihre netzende Wirkung.

Eine interessante und in der Praxis nicht unwichtige Variante ist die Carbonisierung von acetatcellulosehaltiger Wolle. Während die native und die Hydratcellulose unter den üblichen Bedingungen der Carbonisation ohne weiteres in die leicht entfernbare Hydrocellulose übergehen, ist dies bei der Acetatcellulose nicht oder nur unter bestimmten Voraussetzungen der Fall. Ob Acetatcellulose durch die Carbonisiersäure unter vorhergehender Verseifung zur Hydratcellulose und Essigsäure in die Hydrocellulose übergeführt wird oder nicht, hängt vor allem von der Trockendauer ab [11]. Behandelt man z. B. eine acetatzellwolle-(acetatcellulose-) haltige Wolle mit einer 4° Bé starken Salzsäure, schleudert auf etwa 40% Feuchtigkeit ab, trocknet bei 80° C und Luftzutritt vor und brennt bei 80 bis 90° C, so bleibt die Acetatzellwolle, vorausgesetzt daß der Trocknungsvorgang nicht länger als 15 bis 20 Minuten dauert, erhalten. Bei längerer Trockendauer, etwa 60 Minuten und mehr, wird die Acetatcellulose durch den Einfluß der Feuchtigkeit, Wärme und Säure verseift und die gebildete Hydratcellulose wie bei der Carbonisation gewöhnlicher Cellulose in Hydrocellulose übergeführt. Man kann diese Bedingungen noch verschärfen, wenn man unter Zutritt von Wasserdampf, eventuell noch von Salzsäuregas carbonisiert. Man erhält dann eine acetatzellwollfreie Wolle, was bei der Aufarbeitung von Lumpen, die Acetatcellulose enthalten, von Bedeutung ist.

Die Erhaltung der Warenqualität bei der Carbonisation von Acetatcellulose geht aus folgendem Beispiel hervor [11]. Zur Verwendung gelangte Stückware, die aus 40% Acetatzellwolle (Aceta matt) und 60% klettenhaltigen Kämmlingen bestand. Drei Proben dieses Stückes wurden mit einer 4° Bé starken Salzsäure, die 1 g *Leonil SB* (I. G. Farbenindustrie A. G.) im Liter enthielt, getränkt und auf 40% Feuchtigkeit abgeschleudert. Hierauf wurde zehn Minuten bei 80° C getrocknet; die zur Trocknung verbrauchte Luftmenge betrug 120 l. Dann wurden die vorgetrockneten Proben zehn Minuten bei 85° C gebrannt. Nach dem Spülen und Neutralisieren blieben die Proben 24 Stunden an der Luft bei gewöhnlicher Temperatur. Die Bestimmung der Reißfestigkeit derartig behandelter Mischgespinste ergab folgende Resultate:

Versuch	Reißfestigkeit vor der Carbonisation	Reißfestigkeit nach der Carbonisation	Festigkeitszunahme in Prozenten
	in Kilogramm		
I	29	33	13,8
II	29	32	10,3
III	31,5	33	4,8

2. Carbonisieren mit Aluminiumchlorid-Salzsäure.

Die Carbonisierung mit Aluminiumchlorid-Salzsäure wird, wie bereits angeführt, hauptsächlich in Amerika durchgeführt. Als Vorteil wird die größere Schonung der Wolle angegeben [12], doch ist zu bemerken, daß die Brenntemperatur bedeutend höher ist als bei der Carbonisierung mit Schwefelsäure, so daß bei unsachgemäß geleitetem Carbonisierprozeß leicht größere Wollschädigungen auftreten können.

Man verwendet ein Gemisch von zwei bis drei Teilen Aluminiumchlorid und einem Teil Salzsäure. Die Dichte dieser Carbonisierflüssigkeit soll 6 bis 10° Bé betragen.

Die Beeinflussung der Wollqualität beim Carbonisieren mit Aluminiumchlorid-Salzsäure läßt sich im allgemeinen wie folgt zusammenfassen:

Die Konzentration des Aluminiumchlorides, vor allem die der zugesetzten Salzsäure, ist bestimmend für den Carbonisiereffekt.

Die Brenntemperatur und Brenndauer beeinflussen nicht so sehr die Wolle wie beim Carbonisieren mit Schwefelsäure.

Die Vortrocknung, die bei der Schwefelsäurecarbonisation von großer Bedeutung für den Wollangriff ist und dort möglichst tief gehalten werden soll (vgl. Tab. 74), spielt bei der Aluminiumchloridcarbonisierung keine schädigende Rolle.

Die Gefahr der Carbonisierfleckenbildung beim Carbonisieren vor dem Färben ist beim Aluminiumchlorid-Salzsäureverfahren nicht so ausgeprägt wie bei der Schwefelsäurecarbonisierung. Das Aluminiumchlorid gibt die Salzsäure infolge Hydrolyse nur allmählich ab, so daß die Carbonisierung gleichmäßiger erfolgt als bei der Behandlung mit Schwefelsäure. Dafür ist die Carbonisiertemperatur höher und beträgt durchschnittlich 120 bis 127° C.

Das bei der Hydrolyse entstehende Aluminiumoxyd kann nahezu vollständig aus der Wolle mechanisch entfernt werden. Zurück bleiben meist etwa 0,2% Aluminiumhydroxyd, die aber ohne Einfluß auf das Anfärbevermögen sein sollen.

Die bei der Carbonisierung mit Aluminiumchlorid-Salzsäure verwendbaren Netzmittel, die ebenfalls eine egale und vollständige Durchnetzung der ganzen Warenpartie erzielen lassen, sind an Zahl noch geringer als bei der Schwefelsäurecarbonisation, da sie nicht nur säurebeständig, sondern auch gegen Aluminiumchlorid unempfindlich sein müssen. Es kommen deshalb nur die nichtionogen aktiven Hilfsmittel wie *Igepal W* (I. G. Farbenindustrie A. G.), sowie die säure- und salzunempfindlichen sog. kationaktiven Netzmittel, etwa vom Typus der *Sapamine* (Gesellschaft für chemische Industrie, Basel) [13], in Frage. Ein weiteres derartiges Netzmittel ist das *Sandozin B* (Sandoz). Es werden etwa 1 bis 3 g je Liter verwendet.

Zwölfter Abschnitt.

Hilfsmittel für das Walken.

Die Walk- und Filzfähigkeit ist bei den tierischen Haaren (Proteinfasern), wie Wolle, Mohair, Hasenhaar, Ziegenhaar u. dgl., mehr oder minder ausgeprägt. Man versteht darunter die Eigenschaft dieser Fasern, durch Einwirkung mechanischer Stoß-, Schub-, Zug- und Reibungskräfte unter gewissen Bedingungen ihre örtliche Lage im Textilgut zu verändern und sich miteinander zu verschlingen. Es bildet sich ein Gewirr von Faserschlaufen, die über, unter und durch andere Faserschlingen gehen sowie mit diesen in innigster Verbindung sind, und das nur schwer wieder trennbar ist.

Unter „Filzen" wird nach ARNOLD [1] das Bearbeiten von losem Fasergut und von Stückware zum Zweck einer innigen Verbindung des Fasermaterials und Bildung einer homogenen, mehr oberflächlichen Deckschicht verstanden. Als „Walken" bezeichnet man die Behandlung von Stückware, damit der ganze Warencharakter durchgängig dichter, fester und homogener wird. Beide Begriffe werden nicht immer streng auseinandergehalten. Im Grund genommen bestehen keine grundsätzlichen, sondern nur graduelle Unterschiede des auf gleiche Ursachen zurückzuführenden Phänomens. Man muß das — oft unerwünschte — „Filzen" als ein Vorstadium des „Walkens" ansehen, da es den gleichen Effekt, nämlich die innige Verschlingung der Proteinfasern, allerdings in viel schwächerem Maße, zeigt. Hilfsmittel zur Begünstigung dieser Wirkung werden vorzugsweise beim Walken benutzt.

Je nach der Faserart muß beim Walken und Filzen unterschieden werden:

1. Walken von Wolle,
2. Walken von anderen Haaren (Haarhutfabrikation).

1. Walken von Wolle.

Das Walken von Wolle ist im allgemeinen leichter durchführbar als das der anderen Haare, da die Besonderheiten der Wollfaser (Schuppenepithel) eine bessere Eignung für den Walkvorgang schaffen als die der Kaninchen- oder Ziegenhaare u. dgl.

Die Verarbeitung der Wolle geschieht bekanntlich nach dem Kammgarn- bzw. Streichgarnspinnverfahren. Ersteres liefert einen glatten Faden aus langstapeliger Wolle, die einer starken Streckung (Verzugstrecke) und Fixierung (Lisseuse) unterworfen wird. Das Kammgarn erfährt eine beträchtliche Drehung (Verzwirnung), so daß der einheitliche Charakter mit wenig wegstehenden Faserenden noch verstärkt wird. Beim Streichgarnspinnverfahren verwendet man meist kürzere Fasern, die zum Teil ihre natürliche Kräuselung beibehalten, und erhält ein verhältnismäßig offenes, sperriges, durch zahlreiche Faserenden moosig erscheinendes Garn. Dieser verschiedene Charakter von Kammgarn- und Streichgarnartikel ist für das Walken, wie später gezeigt, von großer Wichtigkeit. In der Tat ist das Streichgarn das Grundelement für die *Tuche* und *Filze*, d. i. für gewalkte Gewebe.

Die moderne Theorie des Walkens und Filzens der Wolle gründet sich auf folgende sichergestellte Tatsachen:

a) auf den eigenartigen physikalischen Bau der Wollfaser;
b) auf die Quellfähigkeit der Proteinsubstanz;
c) auf die Dehnung und Kontraktion (Streckung und Zusammenziehung der gefalteten Polypeptidketten) im feuchten, warmen Zustand;
d) auf die Wanderungsfähigkeit der Wollfaser.

Ferner sind von Einfluß:

e) die Temperatur;
f) die Walkhilfsmittel.

a) Einfluß des physikalischen Baues der Wollfaser.

Der Feinbau und die morphologische Struktur der Wollfaser wurde S. 4 und 11 eingehend behandelt.

Die Epidermisschicht der Wolle besitzt Schuppenstruktur; die Schuppen weisen in die Richtung der Faserspitze und sind vom Wurzelende abgekehrt. Die Wollfaser kann sich demgemäß nur mit dem Wurzelende voran weiterbewegen, während in der umgekehrten Richtung die Schuppen wie Sperrklinken wirken und dem Wandern der Wolle mit der Faserspitze voran großen Reibungswiderstand entgegensetzen. Die Wolle ist nur einseitig beweglich, was bereits von MONGE (1792) erkannt, aber erst in neuerer Zeit zur Deutung des Walkens wieder aufgegriffen wurde [2].[1]

Die Schuppigkeit der Wolle ist nach SPEAKMAN und Mitarbeiter [4] unter Wasser größer als in Luft, wie dies Tab. 77 für den prozentualen Reibungswiderstand[2] von Merinowolle verschiedener Qualitäten bringt.

Tabelle 77. Schuppigkeit von Wollfasern an der Luft und in Wasser. (Nach SPEAKMAN.)

Wolle	Mittlerer Faserdurchmesser in μ	Prozentualer Reibungsunterschied	
		an der Luft	in Wasser
Tasmanische Superqualität Merino .	16—17	50,9	119,5
Australische Merino...............	25—27	33,7	49,1

Die erhöhte Schuppigkeit in Wasser kann u. a. durch eine Aufrichtung (Aufstellen) der Schuppen infolge der Quellung bedingt werden, da die gequollene Faser den Schuppenpanzer auseinandertreibt. In Übereinstimmung mit Tab. 77 ist die Walkfähigkeit bei den feinsten Wollsorten besser als bei gröberen Sorten, die nur geringe Schuppigkeit zeigen.

b) Die Quellfähigkeit der Wolle.[3]

Während die Schuppen der Wollepidermis gegen den quellenden Einfluß von Wasser unempfindlich sind, werden die Rindenschicht bzw. die darin befindlichen submikroskopischen Kanäle leicht mit Wasser erfüllt;

---

[1] Hingegen ist die Theorie von WITT [3], die das Filzen und Walken durch eine gegenseitige Verzahnung entgegengesetzt gerichteter Wollfasern erklären will, nach dem heutigen Stand der Forschung nicht mehr aufrechtzuerhalten, da sie mit den experimentellen, vor allem mikroskopischen Befunden nicht übereinstimmt.

[2] Er ergibt sich aus der Differenz der Reibung in der Richtung von der Faserspitze zum Wurzelende und in entgegengesetzter Richtung, ausgedrückt in Prozenten.

[3] Vgl. auch die ausführliche Darstellung auf S. 46 ff.

die kurzkettigen, wenig oder nicht orientierten Proteinanteile (Wollgelatine, Lanain) werden hydratisiert und quellen die Faser auf, was sich in einer Verbreiterung derselben bemerkbar macht.

Die Quellung der Wolle ist stark vom p_H der Behandlungsflotte abhängig. Die funktionellen Zusammenhänge zwischen Quellungsgrad und p_H wurden von MEUNIER und REY [5], ELÖD und SILVA [6], SPEAKMAN und STOTT [4] sowie GÖTTE und KLING [7] teils durch Bestimmung der

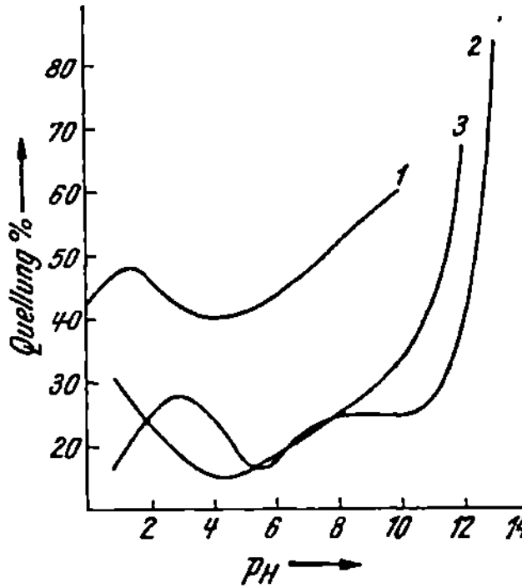

Abb. 84. Die Quellung von Wolle in Abhängigkeit vom p_H des Quellbades nach MEUNIER und REY bei 20° C (1) und nach GÖTTE und KLING bei 20° C (2) sowie 70° C (3). Die Unterschiede zwischen Kurve 1 und 2 sind auf verschieden lange Quellzeit zurückzuführen.

Gewichtszunahme der gequollenen Faser, teils durch Ermittlung der Dickenzunahme untersucht. Im sauren p_H-Bereich und bei gewöhnlicher Temperatur ergibt eine längere Einwirkungszeit (24 Stunden und darüber) übereinstimmend ein Quellungsmaximum bei p_H 1,5. Bei kürzerer Einwirkungsdauer (eine halbe Stunde) und 20° C liegt nach GÖTTE und KLING das Maximum der Quellung bei p_H 3; in der Hitze finden diese Autoren ebenso wie ELÖD und SILVA überhaupt kein Quellungsoptimum, vielmehr nimmt die Quellung mit steigender Wasserstoffionenkonzentration stetig zu, wie aus Abb. 84 ersichtlich ist.

In alkalischen Lösungen nimmt die Quellung zunächst nur wenig zu; bei p_H 11 beginnt dann ein sprunghafter Anstieg der ursprünglich begrenzten Quellung, die mit wachsendem p_H in unbegrenzte Quellung und Faserauflösung übergeht.

Für den Walkvorgang ist es wichtig, aus den genannten Arbeiten entnehmen zu können, daß die Wolle in ziemlich sauren Flüssigkeiten (p_H etwa 1 bis 2) und in mäßig alkalischen Flotten (p_H 10 bis 11, da sonst schon Faserschädigung eintritt) großes Quellvermögen für die Walkflotte aufweist.

c) Dehnung und Kontraktion der Wollfaser.

Parallel mit dieser Erscheinung verläuft die p_H-Abhängigkeit der Dehnungsarbeit. Mißt man nach SPEAKMAN und HIRST [8] die Arbeit, die zur 30%igen Dehnung der Wollfaser erforderlich ist, in Funktion mit dem p_H des Quellungsbades, in welches die Wollfasern vorher eingelegt wurden, so erhält man die in Abb. 85 gebrachte Kurve.

Man entnimmt derselben, daß im p_H-Bereich von etwa 4 bis 7 die Wollfaser einer Dehnung den größten Widerstand entgegensetzt. Mit steigender und sinkender Wasserstoffionenkonzentration nimmt die Dehnungsarbeit ab. Sie erreicht bei p_H 1,5 einen Minimalwert. Auf der alkalischen Seite ist die zur Dehnung erforderliche Arbeit bis zu p_H 11 nur um geringes kleiner als bei p_H 7 bis 8. In stärker alkalischen Lösungen nimmt die Dehnungsarbeit außerordentlich rasch ab, was auf beginnende Faserauflösung schließen läßt. Die Verminderung der Dehnungsarbeit im sauren, bzw.

alkalischen Zustand ist darauf zurückzuführen, daß die seitlichen Bindeglieder zwischen den Polypeptidketten, nämlich die Salzbindeglieder und
die Cystinbrücken (vgl. S. 37 ff.) durch Wasserstoffionen bzw. Hydroxylionen angegriffen und hydrolytisch ge-
spalten werden. Durch Säuren werden die Carboxylgruppen, durch Laugen die Aminogruppen aus dem Salzverband verdrängt. Die
Schwefelbrücken des Cystins sind gegen Säuren im allgemeinen unempfindlich, werden
aber durch Alkali hydrolysiert.

Infolge der Aufspaltung der Querverbin-
dungen zwischen den Polypeptidketten durch
Lösen der Ionenbindungen der elektrovalenten
Bindeglieder sowie durch hydrolytische Spaltung der Disulfidbrücken der kovalenten Cystinbindeglieder nehmen die seitlichen Halte-
kräfte ab. Die Wollfaser wird plastisch und

Abb. 85. Abhängigkeit der Dehnungsarbeit vom p_H. (Nach SPEAK-
MAN und HIRST.)

innerhalb gewisser Grenzen reversibel dehn-
bar und verformbar. Nur in stark alkalischen Lösungen (p_H über 11)
tritt bleibende Verformung und Zerstörung der Faser auf. Die Wolle
zeigt das Bestreben, eine etwa erfolgte Dehnung der hexagonal gefalteten
Polypeptidketten durch eine Entdehnung (Kontraktion) wieder rückgängig
zu machen und in den früheren, nicht gedehnten Zustand zurückzukehren.
Die Kontraktion erfolgt jedoch
nicht in gleicher Weise wie die Dehnung, sondern verläuft gegen diese
verzögert. Es tritt Hysteresis ein,
d. h. die Dehnungs-, Entdehnungs-
schaulinien decken sich, wie Abb. 86,
nach SPEAKMAN, STOTT und CHANG
[4], für Menschenhaar zeigt, nicht.

Sie wurden so erhalten, daß
Menschenhaar in Wasser, dessen
p_H 5,5 war, also nahe beim isoelektrischen Punkt der Wolle liegt, in Salzsäure (p_H 1,6) und in Sodalösung (p_H
10,7) zunächst mit wachsender Belastung (g/cm²) gedehnt wurde, bis

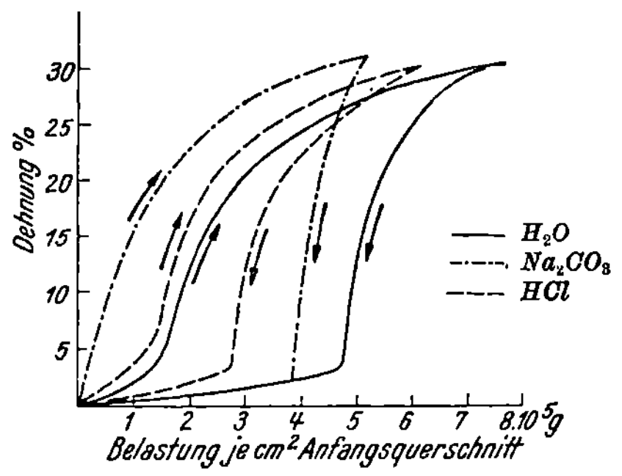

Abb. 86. Hysteresis zwischen Dehnung (↓) und
Kontraktion (↑). (Nach SPEAKMAN, STOTT und
CHANG.)

eine etwa 30%ige Dehnung erreicht ist. Hierauf wurde mit wieder
sinkender Belastung die Entdehnung gemessen. Man sieht, daß die
Dehnung durch Sodalösung und in Übereinstimmung mit Abb. 85 noch
mehr durch Salzsäure erleichtert wird. Die Entdehnungsarbeit bei der
Kontraktion wird im Vergleiche zu der in Wasser (p_H 5,5) durch Salzsäure nur wenig, durch Sodalösung hingegen stärker vermindert, was auf
die langsamere Rückbildung neuer Schwefelbrücken zurückzuführen ist.
Die ionischen Bindungen der Salzbindeglieder stellen sich in jeder
neuen Streck-, bzw. Kontraktionslage des Polypeptidkettensystems rasch

ein, weshalb die Hysteresis (Fläche zwischen aufsteigendem und absinkendem Ast) in Säuren verhältnismäßig klein ist. Hingegen verlaufen die Dehnungs-, Entdehnungskurven in alkalischen Lösungen weit auseinander; die Hysteresis ist deshalb verhältnismäßig groß.

Für die Praxis des Walkens ergibt sich daraus, daß in sauren Walkflotten die Dehnung der Wollfasern bei gleicher äußerer Belastung größer ist als in schwach alkalischen. Das Kontraktionsbestreben bei der Entlastung ist gleichfalls in sauren Flotten größer als in alkalischen, weshalb das Walken in Gegenwart von Lauge langsamer vor sich geht als in Anwesenheit von Säure.

d) Die Wanderungsfähigkeit der Wollfasern.

Unter dem Einfluß von Stoß-, Schub-, Zug- und Reibungskräften, z. B. durch die Zylinder, Stauchklappe und Hämmer der Walkvorrichtungen bei der Zylinder- und Hammerwalke, werden die Fasern, die zufällig mit dem Wurzelende in der Stoßrichtung liegen, leichter und stärker gedehnt als die, die sich mit der Haarspitze in der Stoßrichtung befinden. Jene Wollfasern, deren Schuppenränder zur Haarspitze gerichtet sind, leisten nämlich der Dehnung, wegen der Reibung an den Schuppenrändern benachbarter, entgegengesetzt gerichteter Fasern, beträchtlichen Widerstand. Sobald der Druck nach dem Passieren der Zylinder, Stauchklappe, Hämmer usw. vorüber ist, zeigt die gedehnte Wollfaser infolge der einzigartigen Elastizität der Proteinfasern mit gefaltetem Polypeptidkettensystem das Bestreben, sich zu kontrahieren und die frühere Lage im Garnverband wieder einzunehmen. Dies wird einerseits durch die gegenüber der Dehnung verzögerte Kontraktionsfähigkeit, anderseits durch die Schuppenstruktur verhindert, da die nach rückwärts gerichteten Schuppen in Berührung mit vorwärts gerichteten Schuppenrändern benachbarter Wollfasern wie Sperrklinken wirken. Diese Stellung der gedehnten Wollfasern wirkt sich so aus, als ob das Wurzelende festgehalten, fixiert wäre, während dem übrigen Faserteil eine gewisse Beweglichkeit zukommt. Die Kontraktionskräfte bedingen ein Entspannen aus dem Dehnungszustand, was sich durch eine Faserverkürzung in der Richtung zum Wurzelende bemerkbar macht, da eine Entdehnung in der Richtung zur Faserspitze wegen der Schuppenstellung unmöglich ist. Das eigenartige Wechselspiel aus Dehnung und Kontraktion bewirkt, daß die Wollfasern mit dem Wurzelende voran im Faser- (Garn-) Verband *wandern* [2]. Durch die im Verlaufe des Walkprozesses unzählige Wiederholung der Einwirkung mechanischer Stoß-, Schub- usw. Kräfte auf die gequollenen Wollfasern treten die kolloidchemischen Eigenheiten (Dehnung, Kontraktion) und die Schuppentextur ebensooft in Wechselwirkung, so daß eine Unmenge von Faserschlaufen entstehen, die infolge der Kräuselungsfähigkeit der Wolle über-, unter- und miteinander verknüpft sind, wie Abb. 87 zeigt. Nach Justin-Müller [9] soll es hierbei zu einem „Verkleben" der Fäserchen kommen.

Damit es zu dem Gewirr verschlungener Fasern gewalkter Ware kommt, muß die Wolle in einen dehnbaren, plastischen Zustand übergeführt werden. Dies ist gemäß Abb. 85 in sauren und alkalischen Lösungen der Fall; in Wasser vom p_H 4 bis 8 tritt im allgemeinen kein nennenswerter Walkeffekt ein, da die Wolle in diesem p_H-Bereich nur wenig gequollen ist und der Dehnung großen Widerstand entgegensetzt.

In Übereinstimmung mit diesem Verhalten der Wollfasern wird in der Praxis entweder in saurer (Säurewalke) oder in schwach alkalischer Flotte (Seifenwalke, Sodawalke) gewalkt (vgl. aber S. 242).

Es ist noch darauf hinzuweisen, daß durch das Walken nicht allein ein Verschlingen der Wollfasern bewirkt werden soll. Es treten noch ebenso wichtige mechanische Veränderungen auf, nämlich die „Entspannung" und das Verdichten des Gewebes in der Kett- und Schußrichtung.[1]

Das Walken kann bekanntlich auf zweierei Weise geschehen:

1. Walken der auf der Waschmaschine bereits vorgewaschenen Ware (saure und Seifenwalke).

2. Walken der Rohware im Fett (Sodawalke).

Die Rohware besitzt infolge mechanischer Spannungen der Einzelfasern im Garn durch Drehung und Verzwirnung und der Garne in der Gewebebindung einen verhältnismäßig harten Griff. Wird eine derartige Ware in Seifenlösungen eingegeben, so quillt die Wolle und wird formbar. Setzt man sie in diesem Zustande der Einwirkung der Wasch- bzw. Walkmaschine aus, so tritt infolge der Neigung der Proteinfasern, sich im nassen Zustande zu kontrahieren und ihre im Garn- und Gewebeverband gestreckte Form aufzugeben sowie ihre natürliche Kräuselung wiedereinzunehmen, eine „Entspannung" ein. Sie bewirkt das „Einspringen". Der Griff der Ware wird weicher. Das Einspringen beim Entspannen findet entweder beim Waschen — wenn man vorgewaschene Ware walkt — oder während der eigentlichen Walke statt.

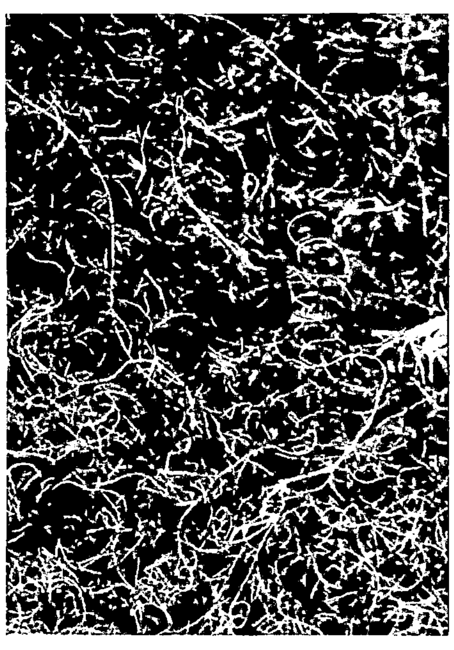

Abb. 87. Wollfasern nach dem Walken. (Nach BRAUCKMEYER.)

Durch das Walken tritt weiter eine Kürzung der Kett- und besonders der Schußfäden auf. Durch die Wanderung der einzelnen Wollfasern im Garn

---

[1] Beim üblichen Walken laufen die Kettfäden unter starker mechanischer Spannung durch die Zylinder, Stauchklappe usw., während die Schußfäden stark entspannt sind. Aus diesem Grunde gehen gewalkte Gewebe vorzugsweise in der Schußrichtung ein, da in der Kettrichtung durch die mechanische Bearbeitung eine gewisse Dehnung bewirkt wird.

gelangen diese in Berührung mit einem benachbarten Garn und wandern, soweit es die Reibung des eigenen Garnverbandes, bedingt durch die Drehung und Verzwirnung, ermöglicht, auch in die Nachbargarne ein. Die Überbrückung und Umgehung der einzelnen Fasern durch Faserkreuzungen, bzw. Verschlingungen kann sogar über drei bis vier und mehr Kett- und Schußfäden gehen, da die Wolle in feuchtem Zustande außerordentlich, bis zu 100%, reversibel dehnbar ist. Es treten neue Bindungen zwischen den Garnen durch die aus dem Garnverband herausgewanderten Einzelfasern ein; die Wollfasern befinden sich hierbei in einem mehr oder weniger gedehnten Zustand. Sie haben daher das Bestreben, sich zusammenzuziehen, was zu großen Kontraktionskräften zwischen den einzelnen Kett- und Schußfäden führt. Die Folge davon ist, daß sich das gewalkte Gewebe in der Kett- und vor allem in der Schußrichtung zusammenzieht; es wird dichter, geschmeidiger und kerniger.[1]

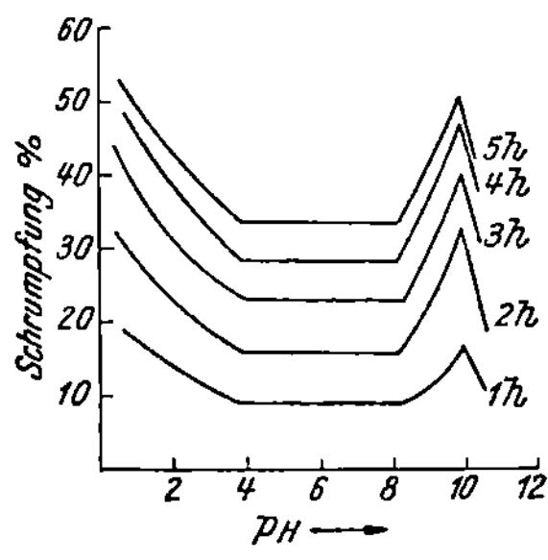

Abb. 88. Eingehen eines Cheviot-Gewebes beim Walken in Funktion vom p_H der Walkflotte. Schrumpfung = Flächenabnahme in Prozenten. (Nach SPEAKMAN, STOTT und CHANG.)

Die Verkürzung des Gewebes in der Kett- und Schußrichtung infolge der Wanderung formelastischer Wollfasern bewirkt ein „Eingehen" oder „Schrumpfen" des Wollgewebes. Da die Quellung sowie die Dehnungs- und Kontraktionsarbeit vom p_H abhängig sind, muß auch das Eingehen (Schrumpfen) eine Funktion vom p_H der Walkflotte sein, wie dies von SPEAKMAN, STOTT und CHANG [4] gezeigt wurde. Abb. 88 bringt ihre Versuchsergebnisse bezüglich des Schrumpfens eines Cheviotgewebes, das vor dem Walken zwecks Annahme definierter p_H-Werte 24 Stunden in die Walkflüssigkeit eingelegt wurde. Als Maß der Schrumpfung dient die prozentuale Flächenverminderung.

Man erkennt, daß zwischen p_H 4 und 8 in Übereinstimmung mit dem Quellungsminimum und der maximalen Dehnungsarbeit in diesem p_H-Intervall nur eine verhältnismäßig geringe Schrumpfung eintritt. Im sauren Medium und in schwach alkalischen Flotten findet starkes Eingehen durch das Walken statt. Bei p_H 10 fanden SPEAKMAN, STOTT und CHANG ein Maximum der Schrumpfung, während die Quellung und Dehnung mit wachsendem p_H immer größer werden. Offenbar ist dies darauf zurückzuführen, daß in zu alkalischen Walkflotten die Wollfaser bereits angegriffen wird und hierbei einen Teil ihres Schuppenpanzers verliert. Zum andern werden die ionischen Bindungskräfte der Salzbindeglieder und die Disulfidbrücke hydrolytisch derart stark gespalten, daß die Kontraktionskräfte sehr vermindert werden. Infolge der Einwirkung starker Laugen quellen die hydratisierbaren, kurzkettigen Proteinanteile zwischen den Schuppen hervor und umgeben die Wollfaser mit einer zäh anhaften-

---

[1] So sinkt z. B. nach Versuchen von BRAUCKMEYER [10] durch das Walken von Lieferungstuch die Luftdurchlässigkeit einer 100 cm² großen Fläche von 225 l bei 100 mm Wassersäule vor dem Walken auf 27 l nach der Walke.

Durch zu starkes Walken treten allerdings derartige Spannungen und Verdichtung des Gewebes ein, daß der Griff wieder hart und bockig wird.

den, schlüpfrigen Schicht hoher Gleitfähigkeit, wodurch die Einzelfasern mechanischen Stoß- und Schubkräften leicht ausweichen. Aus allen diesen Gründen sinkt in zu alkalischen Flüssigkeiten der Walkeffekt.

Die Abhängigkeit des Schrumpfens und Eingehens vom p_H wurde ferner von GÖTTE und KLING [7] an Krempelflor in Pufferlösungen untersucht. Die Tränkung in den Pufferflüssigkeiten war nur kurz; die Dauer des Filzens betrug drei Minuten. Diese Autoren fanden die in Abb. 89 gebrachten Resultate (vollausgezogene Kurve 1).

Darnach sollte die Verfilzung der Wolle mit wachsendem p_H linear abnehmen, was im Widerspruch mit den Befunden von SPEAKMAN, STOTT und CHANG steht. Es scheint allerdings, daß bei höherer Wasserstoffionenkonzentration (p_H 3) ein wesentlich größerer Walkeffekt erhalten wird als nach GÖTTE und KLING einer linearen Steigerung entsprechen würde (vgl. gestrichelte Kurve 2 in Abb. 89), während im p_H-Bereiche 4 bis 7 praktisch keine Abnahme der Schrumpfung festzustellen ist. Sie tritt erst im alkalischen Medium auf. Es dürften die losen Einzelfasern des Krempelflors durch Lauge viel leichter quellbar sein als die zum Garnverband vereinigten Wollfasern des Cheviotgewebes, wie es SPEAKMAN und seine Mitarbeiter verwendeten. GÖTTE und KLING nehmen an, daß sich bei den von ihnen gewählten Versuchsbedingungen sehr rasch eine Gleitschicht aus gequollenen, zwischen den Schuppen hervorgetretenen, niedermolekularen Wollanteilen bildet, die zu einer Verminderung des Schrumpfens in alkalischen Flotten führt.

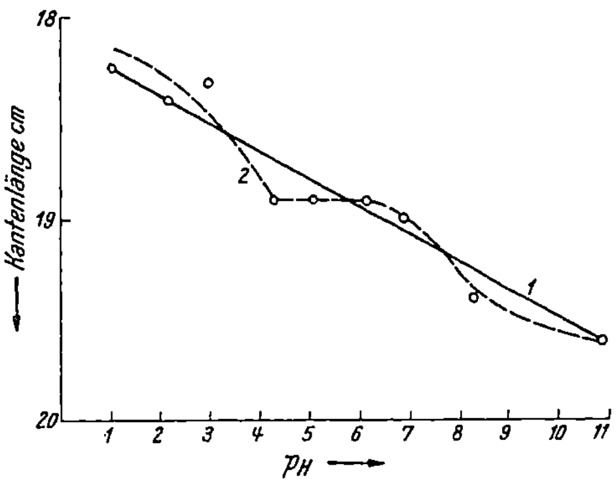

Abb. 89. Eingehen eines Wollfaches (ursprüngliche Länge 20 cm) beim Walken in Abhängigkeit vom p_H der Walkflotte. Idealisierte Kurve (1) und aus den Messungsergebnissen erhaltene Kurve (2). (Nach GÖTTE und KLING.)

e) Einfluß der Temperatur auf das Walken.

Zum Walken ist neben Feuchtigkeit auch Wärme erforderlich. Der Einfluß letzterer auf den Walkeffekt wurde ebenfalls von SPEAKMAN, STOTT und CHANG untersucht. Sie fanden beim Walken von Wolltuch mit Kaliseife die in Abb. 90 gebrachten Ergebnisse.

Die Schrumpfung besitzt bei etwa 45° C ein Maximum. Vergleicht man den funktionellen Zusammenhang zwischen Schrumpfung und Temperatur mit dem der Dehnung (Quellung) und Temperatur, so zeigt sich auch hier,[1] daß nur zum Teil Parallelität herrscht. Die Dehnung der Wolle nimmt, wie Abb. 91 zeigt, mit zunehmender Temperatur stetig zu,

---

[1] Vgl. die Abhängigkeit der Dehnung und Schrumpfung mit wachsendem p_H.

während die Schrumpfung gemäß Abb. 90 bei etwa 45° C ihren optimalen Wert erreicht und dann wieder abnimmt.

Nach SPEAKMAN, STOTT und CHANG ist diese Erscheinung darauf zurückzuführen, daß die prozentuale Hysteresis bei etwa 45° C ein Minimum

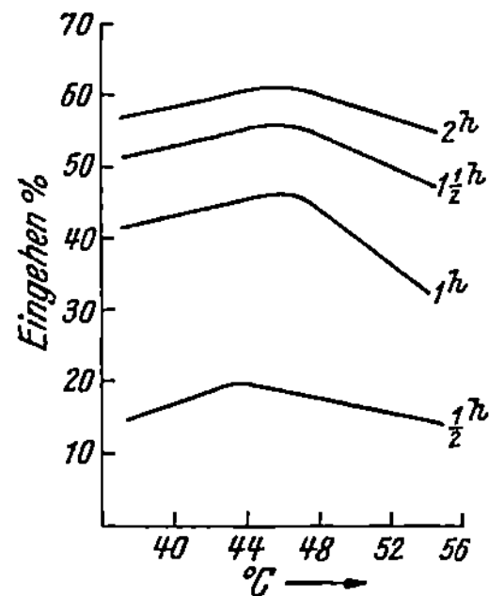

Abb. 90. Abhängigkeit des Eingehens von der Temperatur. (Nach SPEAKMAN, STOTT und CHANG.)

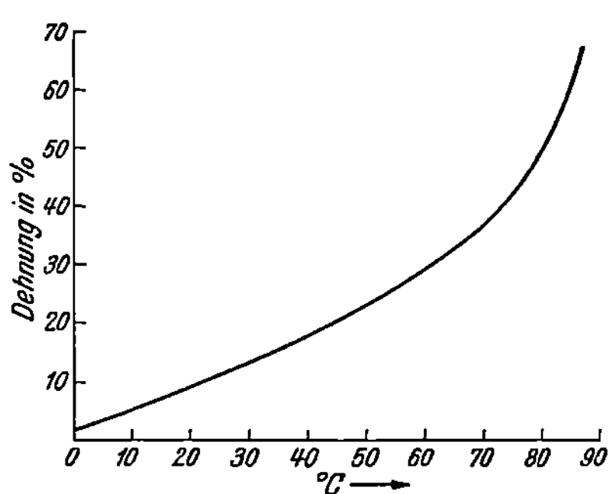

Abb. 91. Dehnung der Wolle in Funktion von der Temperatur; Belastung 5,10⁵ g/cm². (Nach SPEAKMAN.)

aufweist. Mit wachsender Temperatur tritt, ähnlich wie in zu alkalischen Flüssigkeiten, eine immer stärkere Spaltung der Salz- und Cystinbindeglieder ein, so daß die Kontraktionskräfte immer schwächer werden. Die Dehnungs- Entdehnungs-Schaulinien (vgl. S. 231) entfernen sich bei Temperaturen über 45° C immer mehr voneinander, die prozentuale Hysteresis steigt gemäß Abb. 92 dann stark an.

Der gedehnten Wollfaser fehlt bei zu hohen Walktemperaturen das Bestreben, durch Kontraktion rasch in die ursprüngliche Lage zurückzuschnellen, was reflektorisch zu einer Vorwärtsbewegung der Wollfasern mit dem Wurzelende voran führt. Sie verharrt vielmehr im gedehnten Zustande, so daß die Wanderung unzähliger Wollfasern, wie es sonst beim Walkvorgang eintritt, bedeutend geringer wird, wodurch die Dichte des Filzes und das Eingehen (Schrumpfen) leiden.

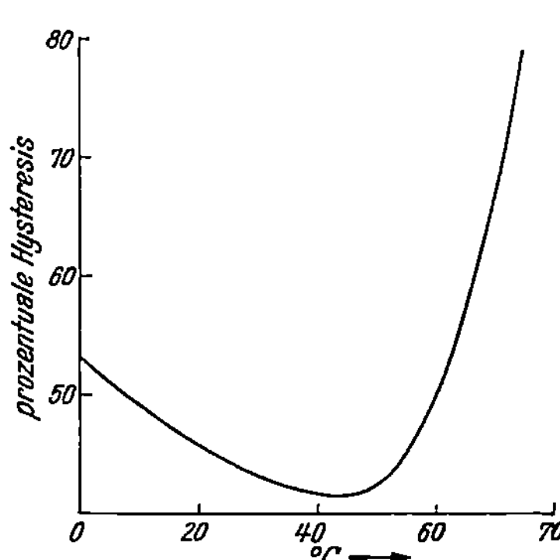

Abb. 92. Prozentuale Hysteresis zwischen Dehnung und Kontraktion in Abhängigkeit von der Temperatur. (Nach SPEAKMAN, STOTT und CHANG.)

f) Die Hilfsmittel beim Walken.

Wie gezeigt, kann durch Veränderung des p_H, der Temperatur und der Walkdauer das Eingehen und Schrumpfen der Wolle innerhalb gewisser Grenzen variiert werden. Letzten Endes wirken alle diese Maßnahmen auf die Gestaltung der kolloidchemischen Eigenheiten der Wollfasern, wie die Quellung, Hydratisierung, Dehnung und Kontraktion, ein. Sie können durch Hilfsstoffe, vor allem in alkalischen Walkflotten, zusätzlich beeinflußt werden. Dagegen kommt die Verwendung von Hilfsmitteln in sauren Walkflotten weniger in Frage. Die saure Walke wird vorzugsweise in der Hutindustrie und im allgemeinen mit Schwefelsäure oder Gemischen aus gleichen Teilen Schwefelsäure, Essigsäure oder Ameisensäure durchgeführt. Die Konzentration derselben ist meistens 1 bis 2° Bé. Man verwendet 3 bis 4% Säure vom trockenen Warengewicht. Der Vorteil der sauren Walke ist eine größere Walkgeschwindigkeit als in alkalischen Flüssigkeiten, da, wie GÖTTE und KLING [7] zeigten, die Sperrigkeit der Schuppenränder mit zunehmender Wasserstoffionenkonzentration immer größer wird, was sich in einer gesteigerten Rauhheit der Wollfasern äußert, die die Wanderungsgeschwindigkeit und Kontraktion begünstigt (vgl. auch S. 232). Die sauer gewalkte Wolle zeigt im Vergleich mit alkalisch gewalkter höhere Festigkeit und Elastizität bei großer Schonung der Faser.[1] Der Griff ist kernig. Vor der sauren Walke muß die Ware gut gewaschen und gereinigt werden, worauf man in das Säurebad gibt und nach längerer Einwirkung (30 bis 60 Minuten) die überschüssige Säure abschleudert und mit der in der Ware zurückgebliebenen Säure in die Walkmaschine eingibt.

Durch Zusätze von höhermolekularen Fettalkoholsulfonaten, z. B. dem Octadecylnatriumsulfat [11], soll eine Beschleunigung der Walke möglich sein. Im wesentlichen dürfte diese Wirkung auf ein besseres und gleichmäßigeres Eindringen der sauren Walkflüssigkeit in die Wollfasern und auf die Ausbildung eines allerdings nur dünnen Schmiermittelfilms um die Wollfasern, wodurch die Dehnung begünstigt wird, zurückzuführen sein.

Daß durch Zusatz von Ölsulfonaten zur sauren Walkflüssigkeit tatsächlich das Einwalken (Schrumpfen) vergrößert wird, zeigt Tab. 78.

Im Gegensatz zur sauren Walke verwendet man beim Walken in alkalischen Flüssigkeiten stets kolloidchemisch wirksame Hilfsmittel. Der älteste und heute noch gebräuchlichste derartige Hilfsstoff — von anderen Zusätzen, wie Walkerde u. dgl., soll hier abgesehen werden — ist die gewöhnliche Seife. Sie ist im übrigen als das erste bei einer Veredlungsoperation bewußt benutzte Textilhilfsmittel überhaupt anzusehen. Die

Tabelle 78. Veränderung des Walkvermögens durch Zusatz von sulfoniertem Ricinusöl zur sauren Walkflüssigkeit; p_H 1,25.

Gewalkte Ware	Einwalken (Eingehen) der Fläche[2]	
	in Säure	in Säure und sulfoniertem Ricinusöl
Tuch fein	100	138
Tuch grob	100	119

---

[1] Trotzdem walkt man vielfach in alkalischen Flüssigkeiten. Bei der Sodawalke (Walken in Fett) erspart man einen Arbeitsgang (Vorwäsche, Entgerbern) und Chemikalien. Beim Walken von Mischgespinsten aus Schafwolle-Zellwolle ist eine saure Walke wegen der leichten Angreifbarkeit der Fasern aus regenerierter Cellulose durch Wasserstoffionen wenig zu empfehlen.

[2] Die Flächenverminderung ist in willkürlichen Einheiten angegeben.

Alkalisalze höhermolekularer Fettsäuren wirken nicht allein als Hydroxylionenspender, sondern darüber hinaus als spezifische Walkhilfsmittel. Nach SPEAKMAN, STOTT und CHANG [4] beträgt die Schrumpfung eines Wollgewebes nach vierstündigem Walken in einer Sodalösung vom p_H 10 etwa 30%, während sie in einer Kaliumseifenlösung gleichen p_H-Wertes ungefähr 38% ausmacht. Die Seifen begünstigen das Eingehen und Schrumpfen der Wolle über den ihrer Hydrolyse entsprechenden p_H-Wert hinaus.

Die Seifen können entweder als solche der Walkflotte zugesetzt werden (Walken entgerberter Wolle) oder beim Walken im Fett, z. B. einer mit Olein geschmälzten Streichgarnware durch die verwendete Sodalösung in der Walkflüssigkeit erst gebildet werden (Sodawalke). Letzterer Fall ist dann zu empfehlen, wenn die Schmälze mit einer etwa 3° Bé aufweisenden Sodalösung rasch entfernbar ist, so daß man mit kurzen Walkzeiten (zwei bis drei Stunden) auskommt. Eine längere Walkzeit würde wegen des unbedingt notwendigen Sodaüberschusses und des entsprechend hohen p_H-Wertes infolge der längeren Einwirkung des Alkalis zu Faserangriffen und Wollschädigungen führen.

Die gute Wirkung von Zusätzen gewöhnlicher Seifen beim Walken ist zurückzuführen:

1. Auf die geregelte Abgabe von Hydroxylionen infolge hydrolytischer Spaltung, wodurch die Quellung und Dehnung begünstigt wird, ohne daß man Gefahr läuft, die Wolle durch zu hohe Hydroxylionenkonzentration anzugreifen. Die gewöhnlichen Seifen wirken puffernd auf die Hydroxylionenkonzentration [12]. Sie verhindern in Gegenwart von Soda (Sodawalke), das Auftreten zu hoher p_H-Werte. Das p_H einer 1%igen Seifenlösung ist etwa 9,1, nach Zusatz von 0,5 g calc. Soda zum Liter 9,7, während eine reine Sodalösung von 0,5 g/l einen p_H-Wert von 10,7 aufweist.

2. Bildet die Seife, der Walkflüssigkeit in richtigen Mengen zugesetzt, eine ganz dünne Gleitschicht um die Wollfasern aus, die für eine stärkere Dehnung durch die Zylinder, Stauchklappe und Hämmer ausreicht, die Sperrklinkenwirkung der rauhen Schuppenränder beim Kontrahieren jedoch nicht vermindert (innere Gleitwirkung gegenüber Nachbarfasern). Dadurch wird das Wandern der Wollfasern mit dem Wurzelende voran begünstigt. Ebenso wird die Gleitfähigkeit gegenüber den Maschinenbestandteilen erhöht und die Gefahr der „Walkflockenbildung" zurückgedrängt (äußere Gleitwirkung). Zuviel Seife darf aber nicht genommen werden, da dann das Gleiten zwischen der Ware und den Maschinenteilen zu groß wird, z. B. Schleifen der Zylinder auf der zu nassen und glatten Wolle, wodurch die Dehnung leidet. Die Sperrklinkenwirkung der Schuppenränder verhindert infolge der zu dicken Gleitschicht nicht mehr in normalem Maße das Zurückschnellen der gedehnten Wollfasern beim Kontrahieren, wodurch der Walkeffekt sinkt. Zuweilen macht man von dieser Möglichkeit praktischen Gebrauch, beispielsweise beim „Anstoßen" der Kammgarnware, indem man absichtlich zuviel Seifenlösung (100% und mehr des Warengewichtes) verwendet, damit nur die weichmachende und entspannende Wirkung der Walkmaschine zur Geltung kommt, ohne daß ein Verfilzen der Wollfasern eintritt.

In der Praxis walkt man gewöhnlich mit 70 bis 80% Seifenlösung, bezogen auf das Warengewicht. Die Seifenlösung enthält etwa 10 bis 15% Seife, 100%ig gerechnet.

3. Wirken die gewöhnlichen Seifen noch spezifisch auf das Walken von Wollfasern ein. Wie bereits mehrfach erwähnt, ist für einen guten Walkeffekt eine gewisse Dehnung und Quellbarkeit der Wollfasern in gelinder Wärme und in feuchter Umgebung Voraussetzung. Die Dehnung und Quellung stehen in funktionellem Zusammenhang mit dem p_H der Walkflüssigkeit. In Berührung mit wäßrigen Säuren und Laugen nimmt die Wolle verschiedene Mengen Säure bzw. Lauge in direkter Abhängigkeit von den p_H-Werten des Quellbades auf.[1]

In Flüssigkeiten, deren p_H nahe dem isoelektrischen Punkt der Wolle ist, beispielsweise im p_H-Bereich 4 bis 7,5, ist die Säure- bzw. Laugekonzentration aus den auf S. 49 dargelegten Gründen in der Faser wesentlich geringer als im Behandlungsbade. Diese eigenartige Erscheinung wird durch das DONNANsche Gleichgewicht erklärt. Behandelt man Wolle mit sehr verdünnter Lauge, so spielt sich folgende Reaktion ab:

$$\overset{|}{\underset{|}{C}}-R_1-\overset{+}{N}H_3\overset{-}{O}OC-R_2-\overset{|}{\underset{|}{C}}+NaOH \rightleftarrows \overset{|}{\underset{|}{C}}-R_1-NH_2+\overset{|}{\underset{|}{C}}-R_2-COONa+H_2O$$

$$\overset{|}{\underset{|}{C}}-R_2-COONa \rightleftarrows \overset{|}{\underset{|}{C}}-R_2-COO^- + Na^{\cdot}.$$

Die Hydroxylionen werden von der Wolle chemisch gebunden, während die Natriumionen in Form mehr oder minder beweglicher Gegenionen im Quellwasser, das sich im Faserinnern befindet, vorliegen. In Berührung mit verhältnismäßig verdünnten Laugen ist die Konzentration der Natriumgegenionen im Quellwasser im Vergleich zu der der Behandlungsflüssigkeit relativ hoch. Dem weiteren Eindringen von Natriumionen aus der Walkflüssigkeit wird infolge des osmotischen Gegendruckes der Natriumionen im Quellwasser der submikroskopischen Räume bald ein Ende gesetzt; es entsteht ein Gleichgewicht. Hydroxylionen können durch die Membran ohne gleichzeitige Diffusion von Natriumionen nicht in die Wollfaser eindringen, das sonst die Elektroneutralität gestört würde. Aus diesem Grunde ist das p_H schwach alkalisch behandelter Wolle — sofern die Quellflüssigkeit nur geringe Laugenkonzentration aufweist, wie es bei der Seifenwalke der Fall ist — im Innern der Wolle einige Einheiten niederer als im Bade. Mit anderen Worten, man walkt nicht bei einem p_H von etwa 9 bis 10, wie es die Walkflotte aufweist, sondern bei einem weniger alkalischen p_H-Wert, bei welchem die Dehnung und Quellung geringer sind. Verwendet man hingegen hydrolytisch spaltbare Alkalisalze höhermolekularer Fettsäuren, so dissoziieren diese in Natriumionen und Fettsäuranionen. Letztere lagern sich zu größeren Agglomeraten, den sog. ionischen Mizellen, zusammen;

---

[1] Vgl. S. 38 und 42.

vgl. S. 66. Ferner tritt hydrolytische Spaltung unter Entwicklung von Hydroxylionen und freier Fettsäure ein. Teilweise werden die Hydroxylionen in das Lösungswasser abgegeben, teilweise sind sie mit den freien Fettsäuren im Mizellverband eingeschlossen und inaktiviert.

Behandelt man Wolle in einer alkalisch reagierenden Seifenlösung, so findet zunächst Diffusion der Natriumionen, Hydroxylionen, ionischen Mizellen und Fettsäureanionen statt. Die Hydroxylionen werden in gleicher Weise wie beim Quellen in reiner Lauge von der Wolle verbraucht, während die Natriumionen im Quellwasser mehr oder minder beweglich sind und einen osmotischen Druck ausüben, der der weiteren Diffusion von Natriumionen und damit auch von Fettsäureanionen, bzw. freien Hydroxylionen entgegenwirkt. Es würde ein ähnlicher Gleichgewichtszustand auftreten wie beim Quellen in reinen, verdünnten Laugen, wenn nicht die Seifen eine nur ihnen eigentümliche kolloidchemische Eigenschaft besäßen. Wie oben erwähnt, enthalten die ionischen Mizellen nichtaktive Hydroxylionen, die sozusagen maskiert und geborgen durch den Mizellverband in die gröberen Kapillarrisse und submikroskopischen Kanäle der Wolle eindiffundieren. Da die Konzentration der Seife im Innern der Faser infolge des Membrangleichgewichtes kleiner sein muß als im Behandlungsbade und zwischen den verschiedenen Zustandsstadien wäßrig disperser seifenartiger Kolloidelektrolyte bestimmte Gleichgewichtseinstellungen herrschen, zerfallen die großen ionischen Mizellen im Quellwasser des Faserinnerns und geben die zuerst inaktiviert gewesenen Hydroxylionen frei. Ferner liefert die hydrolytische Spaltung der in der Mizelle vorhanden gewesenen, noch nicht dissoziierten Seifenmoleküle (Neutralteilchen) weitere Hydroxylionen im *Innern* der Wollfaser. Der Effekt ist schließlich eine wesentliche p_H-Steigerung im Faserinnern, wie es ohne Verwendung von hydrolytisch spaltbaren Seifen infolge des Membrangleichgewichtes nicht möglich wäre.

Zum Teil werden die Fettsäureanionen und die hydrolytisch abgespaltenen Fettsäuren im Faserinnern abgelagert und erteilen der Wollfaser infolge ihrer guten Schmier- und Gleitwirkung größere Neigung, den einwirkenden Kräften in der Walkmaschine durch Dehnung und Streckung auszuweichen.

Die neueren anionaktiven seifenartigen Kolloidelektrolyte, wie die Fettalkoholsulfonate und sog. Fettsäurekondensationsprodukte, bewirken im Gegensatz zu den gewöhnlichen Seifen keine Verbesserung des Walkeffektes in alkalischen Lösungen. In Gemeinschaft mit gewöhnlichen Seifen können sie unter Umständen das Walken sogar verzögern oder gar verhindern. Dies erklärt sich dadurch, daß die reinen Fettalkoholsulfonate und Fettsäurekondensationsprodukte neutral reagieren; im p_H-Bereich um 7 ist die Quellung und Dehnung der Wollfaser an sich nicht sehr groß, weshalb es ohne weiteres einzusehen ist, daß die neutralen, synthetischen seifenartigen Stoffe das Eingehen und Schrumpfen beim Walken nicht begünstigen. Daß sie auch in alkalischen Flüssigkeiten den Walkeffekt nicht beeinflussen, ist darauf zurückzuführen, daß sie als Salze starker Säuren mit starken Basen einen ausgeprägten Elektrolytcharakter auf-

weisen und keine sonderliche puffernde Wirkung auf Hydroxylionen ausüben. Vor allem bilden sie nicht Agglomerate, in deren Innern sich
maskierte (inaktivierte) Hydroxylionen befinden, die trotz des Membrangleichgewichtes mittels ionischer Mizellen in die Wollfaser eindringen. Der
geringe Einfluß von solchen synthetischen seifenartigen Körpern auf die
Stabilisierung der p_H-Verhältnisse geht aus Versuchen von GERSTNER [12]
hervor, die in Tab. 79 gebracht sind.

Tabelle 79. Veränderung der p_H-Werte beim Behandeln von
Wolle in Gegenwart von gewöhnlichen Seifen und Fettalkoholsulfonaten; Temperatur 60° C. (Nach GERSTNER.)

Lösung in Gramm/Liter	p_H vor dem Behandeln	p_H nach dem Behandeln
10 g Marseillerseife	9,1	8,5
10 g Marseillerseife und 0,5 g calc. Soda	9,7	8,7
2 g *Gardinol WA* und 0,5 g calc. Soda	9,5	7,5

Die synthetischen Anionseifen auf Basis von Fettschwefelsäureester
bzw. Alkylsulfonsäuren bewirken, in größerer Menge Seifenlösungen zugesetzt, eine Aufspaltung der ionischen Seifenmizellen unter Bildung von
höherdispersen Mischmizellen, so daß der Gehalt an maskierten Hydroxylionen sehr zurückgeht. Eine Teilchengrößenverminderung von Agglomeraten in Seifensolen (1 g/l) durch Zusatz von *Igepon T* (0,5 g/l) hat
BOEDEKER [13] ultramikroskopisch nachgewiesen (vgl. S. 91). Aus diesem
Grunde setzen seifenartige, anionaktive Kolloidelektrolyte den Walkeffekt gewöhnlicher Seifen herab, wenn sie in größerer Menge der
Walkflotte einverleibt werden.

Von den Seifen sind nicht alle zum Walken tauglich. Sie müssen in
wäßriger Lösung (1 : 10) bei höherer Temperatur einen fadenziehenden
Seifenleim ergeben. Aus diesem Grunde
eignen sich von den festen Seifen die
Talgseifen besser als Palmkernöl-
seifen [14].

Dies dürfte neben der geringeren
Gleitwirkung auch auf das kleinere p_H
bei letzteren zurückzuführen sein. Die
Abhängigkeit des p_H-Wertes von der
Kettenlänge der verwendeten Seife gibt
nebenstehende Übersicht [15].

Seife	p_H-Wert in 0,1%iger Lösung
Natriumstearat ..	9,6
Natriumpalmitat .	9,6
Natriummyristat .	8,1
Natriumlaurat ...	7,5
Natriumoleat	8,15

Vielfach verwendet man gelatinöse Walkseifen, die man sich durch
Verseifung von Talg und Olein mit Lauge in der Hitze herstellt. Die im
Handel befindlichen Walkmittel auf Basis gewöhnlicher Seifen enthalten
zuweilen weitere Zusätze, beispielsweise Sulfitcelluloseablauge, die die in
alkalischem Medium leicht angreifbare Wollfaser vor Schädigungen schützen
soll. Damit auch in schwach alkalischen Seifenflotten ein schnelleres
Schrumpfen und Eingehen stattfindet, benutzt man zuweilen Natrium-

sulfit, das die Disulfidbrücke der kovalenten Cystinbindeglieder chemisch angreift und partiell löst, wodurch die Dehnung begünstigt wird (vgl. S. 45).

Die kolloidchemisch wirksamen Walkmittel in alkalischen Bädern müssen, wie oben gezeigt, hydrolytisch spaltbar sein. Ein derartiges, seifenähnliches, gleichfalls der Hydrolyse unterliegendes Walkhilfsmittel ist das *Medialan A* (I. G. Farbenindustrie A. G.). Es besitzt die Formel

$$C_{17}H_{33}CONCH_2COONa$$
$$|$$
$$CH_3$$

und stellt demnach ein Sarkosid dar.[1] Vor der Seife besitzt es den Vorteil höherer Kalk- und Säurebeständigkeit. Im Vergleich zu gewöhnlichen Seifen ist die Filzwirkung von *Medialan A* größer [16].

Bei der Seifenwalke ist die Bildung von Kalkseifen beim nachfolgenden Spülen mittels harten Wassers mit ihren ungünstigen Folgen zu berücksichtigen. Es ist notwendig, etwa verwendetes hartes Wasser langsam zufließen zu lassen, damit die Kalkseifen nicht auf der Ware niedergeschlagen werden. Die Mitverwendung von Kalkseifendispergatoren (vgl. S. 82ff.) hat sich bewährt.

Zuweilen setzt man den Walkflotten auch sog. Fettlöserseifen zu. Diese haben den Zweck, etwaige hartnäckig zurückgehaltene Verunreinigungen zu entfernen. Der schwierigste, derartig gelagerte Fall ist die Beseitigung von sog. Pechspitzen. Es sind dies Harz- und Pechanteile, die zur Kennzeichnung der Schafe aufgebracht werden und sich nur sehr schwer entfernen lassen. Man verwendet ebenfalls Fettlöserseifen, allenfalls unter Zusatz von Ammoniak als mildes Alkali. Derartige Fettlöser enthaltende Erzeugnisse sind u. a. *Tetralix* spezial (Stockhausen & Co.), *Imerol L* (Sandoz), *Effektol S, SRE, SS, SP* (A. Th. Böhme-Dresden).

In neuester Zeit machen sich Bestrebungen bemerkbar, den Walkprozeß in neutraler oder ganz schwach saurer Flotte (p_H etwa 6) vorzunehmen, z. B. bei der *Agressol*-Walke [17].[2] Zu erwähnen ist auch das sog. Neutralwalkverfahren mit *Gerbo WK* (Böhme Fettchemie Ges. m. b. H.).

2. Walken von anderen Haaren.

Die Filz- und Walkfähigkeit anderer tierischer Haare, z. B. Ziegenhaar (Mohair), Hasenhaar usw., ist nur wenig ausgeprägt, bzw. mangelt überhaupt. Dies ist darauf zurückzuführen, daß die Schuppigkeit derselben im Vergleich zu Wolle geringer ist. Weiter ist die Quellfähigkeit durch alkalische und saure Flüssigkeiten in der Wärme und in feuchter Umgebung wesentlich kleiner als bei Wolle.

Trotzdem gelingt es durch entsprechende Maßnahmen, auch schlecht filzende tierische Haare walkbar zu machen. In der Haarhutfabrikation werden schon seit 150 Jahren schlecht filzende Haare durch „Beizen"[3]

---

[1] Vgl. S. 159.

[2] Sie erfolgt mit *Agressol L* (A. Th. Böhme-Dresden).

[3] Der Ausdruck „Beizen", wie er in der Haarhutfabrikation üblich ist, darf nicht mit dem „Beizen" beim Färben verwechselt werden.

mit Quecksilbernitrat-Salpetersäure filzfähig gemacht. Es handelt sich hierbei um einen Oxydationsvorgang, den das Quecksilbernitrat katalytisch beschleunigt. Durch das „Beizen" erfolgt eine chemische Veränderung der tierischen Haare, wodurch sie leichter quellbar und dehnbar werden, was die Voraussetzung für einen Walkeffekt ist. Durch die katalysierte Oxydationswirkung der Salpetersäure wird die Disulfidgruppe des Cystins angegriffen.

Wie S. 42 angegeben, zerfällt das Cystin bei der hydrolytischen Spaltung zu Cystein und Sulfensäure, wobei letztere sofort weiter zur Cysteinsäure oxydiert wird, wie folgende Gleichung zeigt:

$$HOOC—(NH_2)CH—CH_2—SOH \xrightarrow{O_2} HOOC—(NH_2)CH—CH_2—SO_3H$$

$$\text{Sulfensäure.} \qquad\qquad\qquad\qquad \text{Cysteinsäure.}$$

Die Cysteinsäure kann nach der Gleichung

$$HOOC—(NH_2)CH—CH_2—SO_3H \xrightarrow{O_2} CO_2 + NH_2CH_2—CH_2—SO_3H$$

$$\text{Cysteinsäure.} \qquad\qquad\qquad\qquad \text{Taurin.}$$

zu Taurin und Kohlendioxyd zersetzt werden.

Das Cystein wird gemäß folgender Reaktion

$$HOOC—(NH_2)CH—CH_2SH \xrightarrow{HOH} HOOC—(NH_2)CH—CH_2OH + H_2S$$

$$\text{Cystein.} \qquad\qquad\qquad\qquad \text{Serin.}$$

in Serin und Schwefelwasserstoff gespalten; der Schwefelwasserstoff wird durch die Salpetersäure sofort zu Schwefelsäure oxydiert.

Da die Proteinfaser durch die Behandlung mit Quecksilbernitrat-Salpetersäure nicht zerstört werden darf, sondern nur eine gewisse Auflockerung der durch die Cystinbindeglieder bewirkten seitlichen Zusammenhaltung der Polypeptidketten gewünscht wird, entstehen nur verhältnismäßig geringe Mengen der oben angegebenen Oxydationsprodukte, deren Nachweis BRAUCKMEYER und ROUETTE [18] gelungen ist. In Übereinstimmung damit ist der prozentuale Anteil des Schwefels in der gebeizten Proteinfaser kleiner als in der nichtgebeizten, was durch analytische Schwefelbestimmung bestätigt wurde, da die ursprüngliche, nichtgebeizte Faser 3,04% Schwefel und die gebeizte Faser nur mehr 2,76% Schwefel enthielt.

Die Verwendung anderer Katalysatoren an Stelle des giftigen Quecksilbers, das von der tierischen Faser in kleinen Mengen chemisch gebunden und hartnäckig zurückgehalten wird [19][1], gelang als erstem BÖHM [20]. Er verwendete eine quecksilberfreie Beize, die aus Salpetersäure, Wasserstoffsuperoxyd und Eisen als Katalysator bestand *(Argyrofelt, Aurofelt)*. Sie befriedigte in der Praxis nicht vollständig. ELÖD [21] fand durch Benutzung eines anderen Katalysators eine wesentliche Verbesserung, die in ihrer Wirksamkeit etwa der quecksilbernitrathaltigen Beizen entspricht *(Aurofelt EL)*.[2]

---

[1] Der Quecksilbergehalt kann unter Umständen bis zu 4% betragen.

[2] Deutsche Gold- u. Silberscheideanstalt (Degussa).

In letzter Zeit wurde die Frage der Erhöhung der Filz- und Walkfähigkeit schlecht filzender tierischer Fasern durch Beizen mit katalysiertem
Wasserstoffsuperoxyd von BRAUCKMEYER und ROUETTE [18] untersucht.
Sie kommen zur Schlußfolgerung, daß neben dem Katalysator vor allem
das p_H von ausschlaggebender Bedeutung für die Verbesserung des Walkeffektes ist. Das Maximum dieser Verbesserung finden sie bei p_H 1,1
bis 1,3.[1]

Im alkalischen p_H-Bereich findet hingegen eine *Verminderung* der Walkfähigkeit statt, was im Einklang mit praktischen Erfahrungen steht. Es
ist schon lange bekannt, daß ein unsachgemäßes Bleichen der Wolle mit
alkalischem Wasserstoffsuperoxyd die Filzfähigkeit herabsetzt, trotzdem
durch Alkali in Anwesenheit von Wasserstoffsuperoxyd hydrolytische Spaltung der Disulfidbrücke wie in saurer Umgebung eintritt. Beispielsweise
ist der Schwefelgehalt einer Wolle vor der Behandlung 3,04%, nach dem
Behandeln mit alkalischem Wasserstoffsuperoxyd nur mehr 2,58%. Die
Auflockerung der Disulfidbrücken, gekennzeichnet durch den Schwefelverlust,
ist in alkalischen Lösungen sogar größer als in sauren Flüssigkeiten. Trotzdem ist dies nicht der Grund für die Verminderung des Walkvermögens.
Diese Erscheinung ist darauf zurückzuführen, daß in alkalischen Bädern
die durch Alkali aus dem Salzverband verdrängten Aminogruppen der elektrovalenten Salzbindeglieder nach der Gleichung

$$\overset{|}{\underset{|}{C}}-R_1-\overset{+}{N}H_3\overset{-}{O}OC-R_2-\overset{|}{\underset{|}{C}} + NaOH(KOH) \rightarrow$$

$$\rightarrow \overset{|}{\underset{|}{C}}-R_1-NH_2 + Na(K)OOC-R_2-\overset{|}{\underset{|}{C}} + H_2O$$

Seitenkette mit   Seitenkette mit saurer Carboxylgruppe
basischer Aminogruppe.   bzw. neutraler Carboxylalkaligruppe.

frei werden, in saurer Lösung aber durch die Säure neutralisiert sind. Durch
das alkalische Wasserstoffsuperoxyd wird die die freie Aminogruppe tragende
Seitenkette aus dem riesigen Wollmolekül herausoxydiert. Tatsächlich
konnte in alkalischen wasserstoffsuperoxydhaltigen Einwirkungsflotten
mittels Phosphorwolframsäure eine starke Fällung erzielt werden, während
saure Wasserstoffsuperoxydbäder nach dem Behandeln der tierischen Fasern
keine Fällung mit Phosphorwolframsäure ergaben. Durch den Faserangriff
(Proteolyse) alkalischen Wasserstoffsuperoxydes verlieren die Proteinfasern
unter Umständen ihre Dehnbarkeit und Elastizität, so daß das Walkvermögen
zurückgeht.

Die Art der Säure zur Erzielung des richtigen p_H-Wertes von 1,1 bis 1,3
ist ziemlich gleichgültig; es ist nicht notwendig, die an sich oxydierend
wirkende Salpetersäure zu verwenden, da die katalysierte Oxydations-

---

[1] Bei der Bestimmung der Wasserstoffionenkonzentration in Wasserstoffsuperoxydlösungen führt nur die elektrometrische Messung mit der
Glaselektrode zu brauchbaren Werten. Indikatoren werden entfärbt oder
in der Farbnuance verändert. Die Wasserstoff- und Metallelektroden scheiden
ebenfalls aus, da sie durch naszierenden Sauerstoff polarisiert werden.

wirkung des Wasserstoffsuperoxydes in saurer Umgebung zum besseren
Schrumpfen allein genügt, wie Tab. 80 zeigt.

Tabelle 80. Filzversuche mit gebeizter Wolle. Beize
450 cm³, Badtemperatur 20° C, Beizdauer zwölf Stunden, Flottenverhältnis 1 : 15. Filzgröße unbehandelt 86 cm².
(Nach Brauckmeyer und Rouette.)

	Versuch 1	Versuch 2
Schwefelsäure, konzentriert	1 cm³	—
Wasserstoffsuperoxyd, 30%ig	1 „	1 cm³
Katalysator	0,4 „	0,4 „
Filzgröße.........................	57 cm²	88 cm²

Man erkennt, wie das schwefelsäurehaltige Wasserstoffsuperoxydbad
ein starkes Eingehen des gebeizten Filzes bei der folgenden Seifenwalke
bewirkte, während eine neutrale Wasserstoffsuperoxydbehandlung auch
in Gegenwart von aktiven Katalysatoren keine Begünstigung des Walkeffektes hervorruft.

Übereinstimmend damit fanden Brauckmeyer und Rouette die durch
die Quellung bewirkte Vergrößerung des Durchmessers bei gebeiztem
Ziegenhaar (Mohair) zu 21,1%, bei ungebeizter Faser hingegen nur zu 8,5%.

Bezüglich des Katalysators machen die genannten Autoren aus patent-
rechtlichen Gründen keinerlei Angaben.

Wieweit in der Praxis die nichtfilzenden, tierischen Haare, wie Hasen-
und Kaninchenhaare, sowie *schlecht filzende Wolle* durch eine Beize mit
saurer, katalysierter Wasserstoffsuperoxydlösung in ihrem Walkvermögen
verbessert werden, bringt Tab. 81.

Tabelle 81. Walkversuche mit einem Wollgewebe. Breitenänderung
während des Walkens. Ursprüngliche Breite 55 cm.
(Nach Brauckmeyer und Rouette.)

Wollgewebe	Breite nach einer Walkzeit von				
	45 Minuten	105 Minuten	165 Minuten	210 Minuten	Fertig ausgerüstet
	in Zentimeter				
Rohweiß, ungebeizt	54,5	53	51	49	49
„ , gebeizt	54	52	50	47,5	47
Chromfarbig, ungebeizt ..	54	53	52	52	51,5
„ , gebeizt	54,5	52	50	47	47,5
Säuregefärbt, ungebeizt ..	55	53	51	50	49,5
„ , gebeizt	55	52	50	47,5	47
Küpenfarbig, ungebeizt ..	54	53	51	49,5	49
„ , gebeizt	54	52	50	47	47

Neben dem stärkeren Eingehen der gebeizten Wolle beim Walken tritt
noch eine bessere Filzbildung (Filzdecke) ein. Dem entspricht auch eine

erhebliche Verbesserung der Festigkeitswerte, wie aus Tab. 82 ersichtlich ist. In allen Fällen ergibt die gebeizte Wolle erhöhte Festigkeitseigenschaften. Als Nachteil der Wasserstoffsuperoxydbeize ist lediglich eine schwache Bräunung der Proteinfasern bemerkbar, was auf die Bildung von stark gefärbten Humin- und Melanoidin-Stoffen zurückzuführen ist.

Tabelle 82. Reißfestigkeit und Dehnung des nach Tab. 81 behandelten Wollgewebes. (Nach BRAUCKMEYER und ROUETTE.)

Wolle	Rohware		Ungebeizt gewalkt		Gebeizt gewalkt	
	Reißfestigkeit in Kilogramm	Dehnung in Prozenten	Reißfestigkeit in Kilogramm	Dehnung in Prozenten	Reißfestigkeit in Kilogramm	Dehnung in Prozenten
Rohweiß	91,5	23	86,5	37	101,5	40
Chromgefärbt	89	22	64,5	26	79	32
Säuregefärbt	82	23	77,5	28	84,5	36
Küpengefärbt	92,5	24	88,5	33	94	38

Faserschädigungen treten, soweit man unter 40° C arbeitet und keine zu konzentrierten Wasserstoffsuperoxydlösungen verwendet, nicht auf.

Dreizehnter Abschnitt.

Schlichtmittel.

Unter Schlichten versteht man die Behandlung von natürlichen und künstlichen Textilfasern mit filmbildenden Stoffen, um eine reibungslose und einwandfreie Verarbeitung in der Weberei zu ermöglichen. Da auf dem Webstuhl besonders die Ketten den größten mechanischen Beanspruchungen ausgesetzt sind, müssen gerade diese mit einer schützenden, schlauchartigen Hülle, der sog. *Schlichte,* umgeben werden.

Würde man ohne Schlichte arbeiten, so würden sich die Textilfasern beim Verweben im Riet des Stuhles oder im Geschirr zu sehr reiben und abscheuern, wodurch die Festigkeit sinkt. Die Gefahr der Faserschädigung durch das Geschirr oder durch den Schützen würde sehr groß werden. Infolge der rauhen Faser- bzw. Garnoberfläche kommt es zum Absprengen einzelner Faserteilchen, die Flusen bilden und die Warenqualität herabsetzen.

Die durch das Schlichtmittel erzeugte Hülle muß glatt und dünn sein und den Faden bzw. das Garn vollständig und gleichmäßig umgeben. Möglichst großer *Fadenschluß* der geschlichteten Faser ist eine wichtige Voraussetzung für ein einwandfreies Verweben.

Die Anforderungen, die in der Praxis an gute Schlichten und Schlichtmittel gestellt werden, hängen vom Fasermaterial und vom gewünschten Schlichteffekt ab. Ferner ist zu bedenken, daß die Frage der Eignung einer

Schlichte nicht allein dadurch beantwortet werden kann, daß nur die Forderungen des Webers Berücksichtigung finden. Darüber hinaus dürfen auch die weiteren Veredlungsvorgänge, vor allem das Färben, nicht nachteilig beeinflußt werden.

In erster Linie ist zu beachten:

1. Die Schlichte muß derart beschaffen sein, daß ein glatter Lauf beim Spulen und Schären sowie im Webstuhl (Riet, Geschirr) ohne Aufrauhen oder Aufreißen der einzelnen Fasern und Garne bei möglichst hoher Stuhlleistung gewährleistet wird.

2. Die Schlichte muß eine trockene, nicht klebende schlauchartige Hülle eines Schlichtefilmes mit gutem Fadenschluß[1] bilden, um ein Verschmieren des Webgeschirres und ein Zusammenkleben der einzelnen Fasern zu vermeiden.

3. Es muß jeder Einzelfaden bzw. jedes Garn mit einem Film umhüllt werden.

4. Der Schlichtefilm darf die Geschmeidigkeit und Festigkeit der Faser nicht ungünstig beeinflussen, sondern soll sie möglichst erhöhen. Die Elastizität und Dehnung der Faser darf nur wenig leiden.

5. Der Schlichtefilm darf sich nach seiner Bildung und eventuellen Härtung (Polymerisation) chemisch nicht mehr verändern, vor allem nicht zu weitgehend polymerisieren, da dann das Entschlichten große Schwierigkeiten bereitet.

6. Die Bildung des Schlichtefilmes soll schnell vor sich gehen, d. h. die aufgebrachte Schlichte muß bei etwa 75 bis 90° C rasch trocknen, um den hohen Geschwindigkeiten in modernen Schlichtmaschinen zu genügen.

7. Die Affinität zwischen Schlichte und den in chemischer Hinsicht sich differenziert verhaltenden Fasern soll möglichst groß sein, um eine einwandfreie Benetzung und Durchdringung des Fasermaterials durch die Schlichtflotte zu gewährleisten.

8. Die Schlichte muß bei erhöhter Temperatur (30 bis 45° C) in trockenem und feuchtem Zustande beständig sein. Sie darf nicht in Fäulnis übergehen und beim Lagern die Festigkeitseigenschaften der Fasern nicht durch Bildung von Säuren oder als Sauerstoffüberträger wirkende Zersetzungsprodukte (Peroxyde) beeinträchtigen.

9. Die Schlichte soll in Wasser löslich oder leicht dispergierbar sein und neutral oder schwach alkalisch reagieren. Saure Schlichtflotten können bei Cellulosefasern zu starken Faserangriffen und Schädigungen führen (vgl. S. 29).

Man kann allerdings, besonders bei der Leinölschlichte, organische Lösungsmittel verwenden, doch verteuern diese den Arbeitsvorgang, be-

---

[1] Der Fadenschluß kann durch die „Nagel-", „Abreiß-" oder „Schlingenprobe" geprüft werden. Keine dieser Methoden gibt allein oder in der Gesamtheit ein maßgebliches Urteil für die Brauchbarkeit einer Schlichte. Es ist immer notwendig, an Hand eines Webversuches unter möglichst scharfen Versuchsbedingungen, d. h. dicht eingestellte Ketten und hohe Schußzahl, die Eignung eines Schlichtmittels zu erproben [1].

dingen zusätzliche apparative Maßnahmen beim Schlichten und zur Zurückgewinnung des Lösungsmittels und erhöhen bei der Verwendung von beispielsweise Benzin die Feuergefahr.

10. Die Schlichte muß auch nach längerem Lagern — selbst bei erhöhter Temperatur und in feuchtem Zustand — ohne Schädigung des Fasermaterials leicht und vollständig entfernbar sein. Für Acetatseide, die gegen die schädigende Einwirkung der meist alkalischen Entschlichtungsflotten (vgl. S. 285) sehr empfindlich ist und leicht an Festigkeit Einbuße erleidet, ist diese Forderung von besonderer Wichtigkeit.

Die praktisch in Betracht kommenden Schlichtmittel können in zwei Gruppen unterteilt werden [2]:

A) *Steifungsmittel.*

Hierher gehören: die nativen und abgebauten Naturkolloide, wie Stärke, Leim, Gelatine, Casein, Eiweiß, Pflanzenschleime (Johannisbrotmehl, Algenpräparate) und synthetische polymere Produkte (Polyvinylderivate) sowie Celluloseabkömmlinge.

B) *Ölschlichten.*

Hierher gehören: trocknende und halbtrocknende Öle, vorzugsweise Leinöl als solches oder gekochtes Leinöl.

Das Aufbringen der Schlichte kann grundsätzlich auf zwei Arten erfolgen:

1. Schlichten im Strang (Strang- [Strähn-]) Schlichterei.

2. Schlichten der Ketten von einem Kettbaum (Kett-, Breit- oder Maschinenschlichterei).

Zur ersten Schlichtungsart eignen sich in erster Linie die Ölschlichten in organischen Lösungsmitteln *(Trockenschlichtung)* oder in Form wäßriger Emulsionen. Sie wird nur bei Kunstseide angewendet.

Die zweite Schlichtungsart arbeitet ausschließlich mit wäßrigen Emulsionen oder Pasten *(Naßschlichtung)*. Sie dient vorzugsweise zum Schlichten von Baumwolle, aber auch von Kunstseide und Zellwolle. Bei der Breitschlichterei von Kunstseide und Zellwolle ist wegen der in wäßriger Umgebung leicht erfolgenden irreversiblen Überstreckung der Hydratcellulosefäden die Gefahr eines streifigen Ausfalles der Färbungen stets gegeben. Die Fadenspannung beim Schlichten und Trocknen muß deshalb durch Kontroll- und Regulierinstrumente so gehalten werden, daß die Streckung 2 bis 3% nicht überschreitet.

Die Anwendung der Schlichtmittel hängt vielfach von der Faserart ab; Tab. 83 bringt eine Zusammenstellung darüber.

Daß man zum Schlichten der verschiedenen Fasern gleichfalls verschiedene Schlichtmittel benutzt, hängt von wirtschaftlichen Erwägungen, von den Fasereigenschaften und von den technischen Anforderungen ab. Für das Schlichten von Baumwolle kommt praktisch nur die billige Stärke in Frage, die bei dieser Fasersorte einen genügenden Schlichteffekt ergibt. Ebenso werden Wollketten heute vielfach mit verhältnismäßig wenig

Tabelle 83. Häufigste Schlichtmittel für die verschiedenen Fasersorten.

	Wolle, auch in Form von Misch-garn Wolle-Zellwolle	Baumwolle, auch in Form von Garn Baumwolle-Zellwolle	Kunstseide aus	
			regenerierter Cellu-lose: Viskose, Kupferseide	Acetylcellulose: Acetatkunstseide
Schlichte	Früher Leim, jetzt vielfach Stärke *Tylose TWA 25, TWA 600 Hortol S*	Stärke, meist in abgebauter Form *Tylose MGC 25 Hortol S*	Eiweißstoffe (Leim, Gelatine), polymere Produkte, Leinöl *Tylose TWA, KZ 25*	Leinöl, polymere Produkte, Eiweißstoffe

Stärke geschlichtet. Früher war der teurere Leim das bevorzugte Schlicht-mittel für Wollketten, weshalb man sogar von einem „Leimen" sprach. Für Kunstseide aus leicht quellbarer regenerierter (Hydrat-) Cellulose, wie Viskose und Kupferseide, kommen Eiweißstoffe, Ölschlichten, Cellulose-abkömmlinge und polymere Produkte in Frage, die von der Hydrat-cellulose aus den wäßrigen Schlichtbädern leicht aufgenommen werden. Die nur wenig quellende Acetatkunstseide nimmt in wäßriger Umgebung hochkolloide Verbindungen verhältnismäßig wenig auf. Die Schlichte sitzt dann mehr oberflächlich, wodurch der Schlichteffekt und die Glätte, besonders bei größerer Faserbeanspruchung, leiden. Geschlossene Schlichtfilme erhält man auf Acetatkunstseide mittels Leinölschlich-ten, die auch heute noch den besten Schlichteffekt für diese Faser-art, insbesondere bei dichter Einstellung und hoher Schußzahl, ergeben. Schließlich hängt die Anwendung eines bestimmten Schlichtmittels nicht allein von der chemischen Beschaffenheit der Schlichte und des Faser-materials sowie den Affinitätskräften zwischen beiden ab; oft spielen die technischen Anforderungen zur Herstellung von Spezialartikeln eine große Rolle. Bei der Darstellung von Kreppware aus Viskose oder Acetatseide ist das Leinöl noch immer das geeignetste Schlichtmittel.

I. Steifungsmittel.

Diese Gruppe von Schlichtmitteln umfaßt:

1. pflanzliche, natürliche Kolloide (Stärke, Pflanzenschleime, Gum-men);

2. tierische, natürliche Kolloide (Leim, Gelatine, Casein);

3. synthetische Kolloide (polymere Vinylabkömmlinge, Cellulose-äther).

1. Pflanzliche, natürliche Kolloide.

Der wichtigste Bestandteil der meisten hier einzureihenden Schlicht-mittel ist die *Stärke*. Sie stellt ein hochmolekulares Naturkolloid aus der Gruppe der Polysaccharide von der Summenformel $(C_6H_{10}O_5)_x$ dar. Ferner enthält sie geringe Mengen Phosphorsäure und Kieselsäure.

16 a

Das native Stärkekorn, dessen Größe zwischen 2 bis 100 μ schwanken kann, ist nicht homogen aufgebaut. Es besteht aus einer widerstandsfähigen, in Wasser nur schwer quellbaren Hülle, die im Inneren schichtförmig die eigentliche Stärkesubstanz enthält, die deutliche Radialstruktur zeigt. Die Zusammensetzung der einzelnen Schichten wechselt. Ein Teil derselben *(α-Amylose)* wird durch Enzyme zu Maltose oder Dextrin abgebaut, während ein anderer Teil durch die Enzymwirkung nicht wesentlich verändert wird *(β-Amylose)*.

Die Stärke setzt sich aus Hauptvalenzketten aneinander gereihter Maltosereste, die wie die Cellobiose in 1,4-Stellung glucosidisch verbunden sind, zusammen. Die Maltose besteht, zum Unterschied von der stereoisomeren Cellobiose,[1] die aus β-Glucopyranoseresten aufgebaut ist, aus α-Glucopyranoseresten; vgl. Abb. 93 [3].

Obwohl die Kettenlänge der Stärkemakromoleküle etwa der der Cellulosehauptvalenzketten entspricht, verhält sich Stärke kolloidchemisch ganz anders als Cellulose. In Wasser quillt die Stärke bei erhöhter

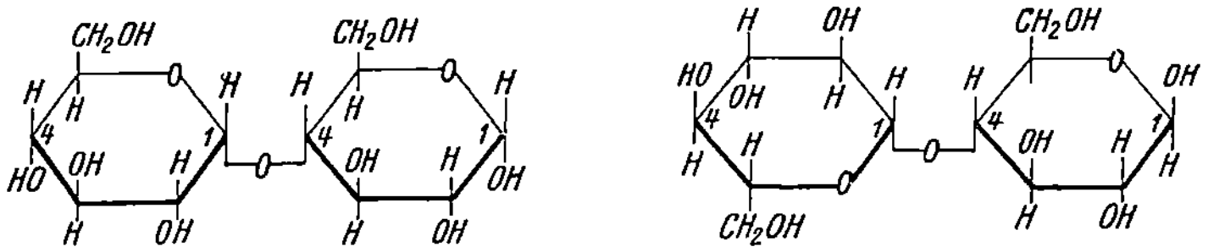

Abb. 93. Grundstruktur der Stärke (a) im Vergleich zur Cellulose (b). (Nach HAWORTH.)

Temperatur zu einem stark wasserhaltigen Gel auf; zum Teil lösen sich Stärkeanteile niederen Polymerisationsgrades zu einem Sol auf. Die Viskosität gequollener Stärke ist viel geringer, oft acht- bis zehnmal kleiner als die gleichkonzentrierter Lösungen von Cellulose in geeigneten Lösungsmitteln, z. B. Kupferoxydammoniak. Das dürfte darauf zurückzuführen sein, daß die Hauptvalenzketten des Stärkemakromoleküls infolge sterischer Gleichrichtung der Gruppen (vgl. Abb. 93) stark gewinkelt, verzweigt, verästelt oder zu Ringen geschlossen — „geknäuelt" — sind [4]. Die Stärke liegt in ihren *Lösungen* nicht in Aggregaten mehrerer großdimensionierter Moleküle, also nicht in Mizellen, sondern in die einzelnen Hauptvalenzketten aufgespalten vor. Die in Wasser nur *quellbaren*, Phosphorsäure enthaltenden Anteile höheren Polymerisationsgrades *(Amylopektin)* werden von dem in den Solzustand übergegangenen Stärkeanteil *(Amylose)* zu einer dicken, klebrigen Masse, dem *Kleister* verfrittet.

Der in der Stärke anzutreffende Phosphorsäuregehalt ist nach SAMEC [5] esterartig an die Hydroxylgruppen der Maltosereste gebunden, und zwar vorzugsweise in jenen des gelbildenden Amylopektins, während die Amylose keine oder nur wenig Phosphorsäure aufweist. Man kann deshalb die Amylo-

---

[1] Vgl. auch S. 19.

pektinmoleküle als kolloidelektrolytische, hochmolekulare Phosphorsäureester der Maltosehauptketten, etwa der Formel

$$\text{HO--}\underset{\text{HO--}}{\bigcirc}\text{--CH}_2\text{--O--P}\overset{\text{O}}{\underset{\text{OH(Me)}}{\diagdown}}\text{OH(Me)}$$

auffassen. Auf ein Phosphoratom kommen im Amylopektinmolekül 100 bis
2000 Maltosereste und ein bis zwei abdissoziierbare Wasserstoffionen. Vielfach sind diese durch Alkali- oder Erdalkaliionen (Me) ersetzt.

Ähnlich dürfte auch die Kieselsäure gebunden sein.

Die nichtionische Hydratisierung der Hauptvalenzketten beim
Quellen der Stärke erfolgt durch Restvalenzkräfte der Hydroxylgruppen
und der Brückensauerstoffatome. Die ionische Hydratisierung geschieht
durch die mit dem Polysaccharid esterartig verbundene Phosphorsäure
unter Ionenschwarmbildung.

Die Quellung der Stärke in heißem Wasser zu einer steifen Gallerte,
dem Kleister, hängt von den einzelnen Stärkearten ab. Die Verkleisterungstemperatur ist bei

$$
\begin{array}{lll}
\text{Kartoffelstärke} \dots . & 58,7 \text{ bis} & 62,5^\circ \text{ C,} \\
\text{Reißstärke} \dots \dots . & 58,7 \text{ „} & 61,2^\circ \text{ C,} \\
\text{Maisstärke} \dots \dots . & 55 \text{ „} & 62,5^\circ \text{ C,} \\
\text{Weizenstärke} \dots . & 65 \text{ „} & 67,5^\circ \text{ C.}
\end{array}
$$

Der Vorgang des Verkleisterns zeigt bei allen Stärkesorten das gleiche
Bild. Zunächst nimmt das Volumen des Stärkekorns im heißen Wasser
infolge Wasseraufnahme zu; die Struktur des nativen Korns bleibt hierbei,
wie Abb. 94 zeigt, noch erhalten. Nach dem Verkleistern treten die in-
zwischen stark gequollenen und deformierten Stärkekörner zu groben,
klebrigen Teilchen zusammen, die kaum mehr die einzelnen Individuen
erkennen lassen; vgl. Abb. 95.

Bei weiterem Erhitzen oder Rühren platzen die Hüllen infolge des
großen Quellungsdruckes[1] und der fein disperse Inhalt tritt aus. Die Haut-
reste werden durch bloßes Erhitzen nicht wesentlich verändert.

Parallel mit diesem Befund steigt die Zähigkeit des Systems Stärke-
Wasser bei der Verkleisterungstemperatur enorm an, um beim weiteren
Erhitzen wieder zu sinken; die Verringerung der Viskosität nach einem
Maximalwert wird durch Rühren begünstigt, wie dies Abb. 96 nach Ver-
suchen von SECK [7] bringt.

Die Viskositätsverringerung nach einem Maximum führt SECK auf
das Zurückgehen der *Strukturviskosität*, die ein wesentliches Merkmal der
Stärkekleister ist, zurück.

---

[1] Nach RODEWALD [6] beträgt dieser unter Umständen bis zu 500 Atm.

Abb. 94. Kartoffelstärkekörner beim Verkleistern (125facher Vergrößerung). (Nach SECK.)

Abb. 95. Kartoffelstärkekörner 15 Minuten nach dem Verkleistern; ungerührt (125fache Vergrößerung). (Nach SECK.)

Die Zähigkeit von Stärkesolen ist nicht nur von der Konzentration und vom Druck abhängig. Nach FREUNDLICH [8] bewirkt die Elastizität der einzelnen Kolloidteilchen, nach OSTWALD [9] die Struktur und der Feinbau des Sols (Lyosphären) diese Anomalie der Zähigkeit. In sehr verdünnten Solen steigt die Zähigkeit linear mit der Konzentration an. Bei höherer Konzentration wird der Anstieg progressiv immer steiler. In verdünnten Solen sinkt die Viskosität gemäß dem HAGEN-POISEUILLEschen Gesetz [10]

$$\frac{v}{t} = k \cdot p$$

(p = Druck, t = Zeit, v = Volumen der in der Zeit t durchgeflossenen Flüssigkeit, k = Konstante) proportional mit zunehmendem Druck, während dies in konzentrierten Solen nicht mehr der Fall ist. Der Viskositätskoeffizient hängt also vom Geschwindigkeitsgefälle ab. Diese Viskositätsanomalie bezeichnet man als *Strukturviskosität*. Es gilt dann das OSTWALD-WAELEsche Gesetz [11]

$$\frac{v}{t} = k \cdot p^n$$

(p = Druck, t = Zeit, n = Faktor, v = Volumen der in der Zeit t durchflossenen Flüssigkeit, k = Konstante).

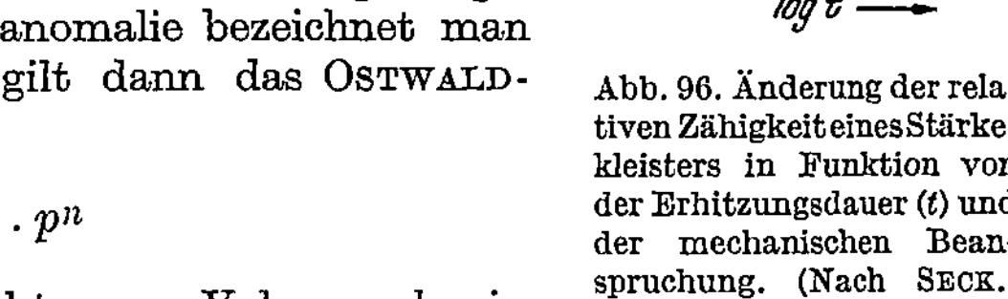

Abb. 96. Änderung der relativen Zähigkeit eines Stärkekleisters in Funktion von der Erhitzungsdauer (t) und der mechanischen Beanspruchung. (Nach SECK.)

Die Untersuchungen über die Strukturviskosität der Stärkekleister stammen von HATSCHEK [12], RÖTHLIN [13] und FREUNDLICH [14] sowie OSTWALD [9] und TSUDA [15]. Die Strukturviskosität einer 5%igen Zerteilung nativer Weizenstärke in Wasser, charakterisiert durch die Durchflußzeit im Verhältnis zu der des reinen Wassers (= Strömungswiderstand) in Funktion vom hydrostatischen Druck, bringt Abb. 97.

HALLER [16] zeigte, daß bei der sofort hintereinander folgenden Bestimmung der Zähigkeit von Strukturviskosität aufweisenden Stärkesolen keine einheitlichen Zähigkeitswerte erhalten werden können. Er fand beispielsweise bei der ersten Messung — alles in relativen Zähigkeitswerten — 52,4, bei der zweiten Messung 43,7, bei der dritten 37,0, bei der vierten 31,9 und bei der fünften Messung 25,1.

Die Strukturviskosität eines Stärkekleisters hängt sehr von der Stärkeart ab. Kartoffelstärke gibt schon in geringen Konzentrationen deutliche Strukturviskosität, während Maisstärke diese Eigenschaft erst in konzentrierteren Solen aufweist. Reisstärke verhält sich in dieser Hinsicht noch günstiger. Dies dürfte mit dem mittleren Korndurchmesser im Zusammenhang stehen; er beträgt nach LLOYD [17] für

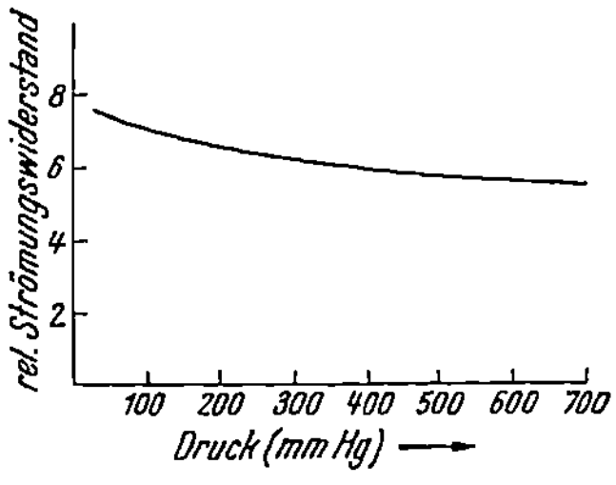

Abb. 97. Abhängigkeit des relativen Strömungswiderstandes eines Stärkekleisters v. hydrostatischen Druck. (Nach RÖTHLIN.)

$$
\begin{aligned}
&\text{Kartoffelstärke etwa } 40 . 10^{-4} \text{ cm,}\\
&\text{Maisstärke} \qquad\quad \text{,, } 14 . 10^{-4} \text{ ,, ,}\\
&\text{Reisstärke} \qquad\quad\;\; \text{,, } 4 . 10^{-4} \text{ ,, .}
\end{aligned}
$$

Je größer die Teilchen der gequollenen Stärke im Kleister sind, desto größer ist auch die durch die besondere Struktur bedingte abnorme Zähigkeit. Da in der Praxis vorzugsweise die billige Kartoffelstärke[1] zum Schlichten verwendet wird, bedeutet deren Verhalten, daß gerade bei dieser auf eine Viskositätsverminderung gesehen werden muß, um praktisch brauchbare Schlichtflotten zu erhalten.

Durch die Verkleisterung der Stärke werden außer der für die Praxis wichtigen Veränderung der Fließgeschwindigkeit auch die optischen Eigenschaften der Stärkesubstanz verändert. Die Gitterstruktur der ursprünglichen Stärkesubstanz geht in eine amorphe Struktur über; die für Kristallgitter charakteristische Doppelbrechung verschwindet.

Der gequollene Stärkekleister besitzt noch keine genügenden Eigenschaften, um als Schlichte zu dienen. Vor allem ist er viel zu viskos. Die Fließgeschwindigkeit eines Kleisters ist für die technische Durchführung der Schlichte von großer Wichtigkeit. Das Schlichten geschieht so, daß die zu schlichtenden Garne durch die pastöse, Stärke enthaltende Schlichtflotte geführt und dann zwischen Walzen abgequetscht werden. Die aufgenommene Schlichtmenge hängt bei konstantem Abquetschdruck von der Viskosität und vom Netzvermögen der Schlichtflotte ab, wie Tab. 84 nach FARROW und JONES [18] zeigt.

Tabelle 84. Aufgenommene Schlichtemenge verschiedener Stärkearten in Funktion von der Zähigkeit der Schlichtflotte.
(Nach FARROW und JONES.)

Stärke	Konzentration der Schlichtflotte in Prozenten	Viskosität relativ	Aufgenommene Schlichtflotte in Prozenten, bezogen auf Garngewicht	Aufgenommene Stärke in Prozenten vom Garngewicht
Maisstärke	4,2	0,15	63	2,6
Maisstärke	6,1	0,46	134	8,2
Kartoffelstärke	5,2	1,41	178	9,3

Eine verhältnismäßig geringe Erhöhung der Stärkekonzentration in der Schlichtflotte hat einen bedeutenden Viskositätszuwachs sowie eine unverhältnismäßig große Stärkeaufnahme zur Folge. Industriegeschlichtetes Garn weist im allgemeinen einen Stärkegehalt von 2 bis 4% auf. Um deshalb praktisch befriedigende Resultate zu erhalten, muß die native Stärke abgebaut — aufgeschlossen — werden. Das Mizellgewicht der nativen Stärke (bzw. Molekulargewicht der Stärkemakromoleküle) schwankt je nach der Stärkesorte, ist aber mindestens über 150000; das Mizellgewicht der in der Schlichtflotte enthaltenen abgebauten Stärke dürfte etwa 15000 bis 30000 betragen.

Wie weit der Schlichtefilm aus Stärke durch den „Aufschluß" verändert wird, zeigt, nach Versuchen von NEUMANN [19], Tab. 85.

---

[1] Dies gilt für europäische Verhältnisse; in Amerika wird hingegen in erster Reihe die Maisstärke zu Schlichtzwecken benutzt.

Tabelle 85. Eigenschaften von Stärkefilmen in Abhängigkeit von der Stärkebehandlung. Schlichtetemperatur 70° C. (Nach Neumann.)

	Native Stärke, geschlichtet mit normalem Abquetschdruck			Aufgeschlossene Stärke	
				ohne Abquetschung geschlichtet	geschlichtet mit normaler Abquetschung
Konz. der Schlichtflotte ..	10%	2,5%	1%	5%	5%
Aufgenommene Stärkemenge in Prozenten vom Garngewicht	22,9	10,5	5,1	6,4	2,4
Reißfestigkeit[1]	119	122	108	138	121
Dehnung[1]	83	92	92	99	98
Scheuerfestigkeit[1]	2251	823	376	1134	574

Die aufgeschlossene Stärke gibt unter Berücksichtigung der vom Garn aufgenommenen Stärkemengen einen besseren Schlichteffekt als nicht aufgeschlossene Stärke. Dies ist nach Neumann sowie Krais und Biltz [20] darauf zurückzuführen, daß bei der abgebauten Stärke wegen des kleineren Mizellgewichtes eine größere Anzahl Mizellen zu einem Häutchen gleichen Gewichtes zusammentritt als bei nicht aufgeschlossener Stärke. Dadurch werden die inneren Kohäsionskräfte und die „innere Klebkraft" erhöht.

Hierzu kommt noch, daß die abgebaute Stärke beim Schlichten bunter Garne die Farben weniger verschleiert als nicht abgebaute Stärke.

Die Viskositätsverminderung des Stärkekleisters kann geschehen:

1. durch chemischen Abbau (Spaltung) der Stärkehauptvalenzketten:
    α) mittels Säuren oder Laugen,
    β) durch oxydativen Abbau;
2. durch mechanischen Abbau, z. B. beim Kochen oder durch intensives Rühren;
3. durch biologischen Abbau mittels Enzyme;
4. durch kolloidchemische Maßnahmen.

a) Der chemische Stärkeabbau.

Der chemische Angriff auf das Stärkemakromolekül kann durch Wasserstoff- bzw. Hydroxylionen oder durch oxydativen Eingriff erfolgen.

α) **Abbau durch Säuren und Laugen** (z. B. D. R. P. 200145). Die Glucosidbindung (Brückensauerstoff) der Stärke ist wie die aller Polysaccharide durch Wasserstoffionen spaltbar: sie wird nach dem Schema

[1] In willkürlichen Einheiten.

hydrolysiert. Hydroxylionen bewirken gleichfalls einen, wenn auch geringeren Abbau. Abb. 98 bringt nach SAMEC [5] den Einfluß des p_H auf den Abbau der Stärke; der Spaltungsgrad der letzteren ist durch die Zähigkeit charakterisiert. Man erkennt, daß Säuren die Stärkesubstanz viel stärker abbauen als Lauge.[1] Bei unrichtiger Leitung des Abbauprozesses kann die Spaltung allerdings zu weit gehen (Bildung von wasserlöslichen Anteilen), wodurch der Schlichteffekt (Fadenschluß) leidet.

β) **Oxydativer Abbau.** Der Abbau der Stärkehauptvalenzketten kann auch durch oxydativen Eingriff in das Makromolekül erfolgen. Er ist leichter zu leiten als der mit Säuren, so daß man in der Praxis derartige Mittel zum Aufschluß der Stärke gerne verwendet.

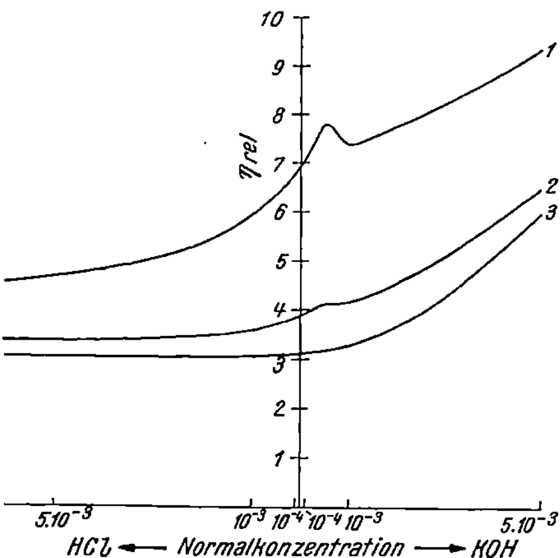

Abb. 98. Einfluß des p_H auf den Stärkeabbau, charakterisiert durch die Viskosität der Spaltprodukte nach einstündigem (*1*), dreistündigem (*2*) und sechsstündigem Erhitzen (*3*) auf 120° C. (Nach SAMEC.)

Es kommen in Betracht: sauerstoffabgebende Mittel, wie Perborat, Persulfate, Wasserstoffsuperoxyd, Natriumsuperoxyd, Percarbonate u. dgl., sowie Chlor, bzw. chlorabgebende Körper, die unter intermediärer Bildung von unterchloriger Säure aktiven Sauerstoff entwickeln. Ein hier einzureihendes, in der Praxis vielfach anzutreffendes Mittel ist das *Aktivin* (Chem. Fabrik Pyrgos).[2] Es ist das p-Toluolsulfochloramidnatrium, das mit Wasser nach der Gleichung

$$CH_3{-}C_6H_4{-}SO_2N\begin{smallmatrix}Na\\Cl\end{smallmatrix} + HOH \rightarrow CH_3{-}C_6H_4{-}SO_2NH_2 + NaOCl$$

$$NaOCl \rightarrow NaCl + {}^1\!/_2 O_2$$

unter Abgabe aktiven Sauerstoffes reagiert. Die Entwicklung des letzteren kann durch die Temperatur, Erhitzungsdauer und Menge des ursprünglich angewandten *Aktivins* einigermaßen geregelt werden [21].

Die geregelte Abgabe des Sauerstoffes ist wichtig, da sonst zu weit abgebaute Stärkeanteile entstehen, die die Festigkeit des Stärkefilms herabsetzen.

---

[1] Man nimmt etwa 0,25% Salzsäure oder 0,5 bis 0,6% Schwefelsäure, bezogen auf das Stärkegewicht.

[2] Auch *Chloramin* (Heyden), *Mianin* (Fahlberg) genannt. Der aktive Chlorgehalt beträgt etwa 20%. Im Gegensatz zu Hypochloriten ist das p-Toluolsulfochloramidnatrium recht beständig. Das technische Produkt ist etwa 85 bis 90%ig.

Weitere Abarten: *Aktivin S, Aktivin S* spezial (Chem. Fabrik Pyrgos).

Baut man Stärke mit Hypochlorit ohne Regelung ab, so erhält man für die Verminderung der Festigkeit nach NEALE [22] für Maisstärke folgende Werte:

	Reißfestigkeit	Dehnung
Maisstärke nicht abgebaut	468 kg/cm²	4%
Maisstärke mit NaOCl behandelt	371 kg/cm²	2,2%

Im allgemeinen scheinen die durch zwischenzeitliche Bildung von unterchloriger Säure wirkenden Körper die Stärkesubstanz weitgehender abzubauen als Perborate oder Persulfate, wie aus Tab. 86 nach Versuchen von SAMEC [23] hervorgeht.

Es reichen schon kleine Mengen derartiger Stoffe, etwa 2 bis 3% Perborat bzw. Persulfat und 1% *Aktivin*, berechnet auf das angewandte Stärkegewicht,

Tabelle 86. Abbaugrad verschiedenartig oxydativ aufgeschlossener Stärke. (Nach SAMEC.)

Art des Abbaues	Mittleres Molekulargewicht nach dem Abbau
Ammonpersulfat	34 000
Natriumperborat	30 000
Natriumsuperoxyd	26 000
Wasserstoffsuperoxyd...	17 000
Chlor	13 000

aus, um eine für die Schlichtpraxis genügende Aufschließung der Stärke zu erhalten.

b) Der mechanische Stärkeabbau.

Wird ein Stärkekleister erhitzt, so nimmt seine ursprüngliche, für die Schlichtzwecke viel zu hohe Viskosität ab. Dies ist darauf zurückzuführen, daß die Strukturviskosität bei längerem Erhitzen infolge teilweiser Verminderung der Lyosphären zurückgeht; vgl. Abb. 96. Dieser Vorgang wird begünstigt, wenn das Erhitzen bei erhöhter Temperatur, z. B. 110 bis 120° C, etwa durch überhitzten Dampf oder unter Druck erfolgt.

Die Struktur eines Stärkekleisters erfährt durch Rühren eine wesentliche Verminderung, die in erster Linie von der Rührgeschwindigkeit abhängt. Diese Erscheinung wurde zuerst von MALFITANO [24] und dann von NEUMANN [25] beobachtet; in letzter Zeit ist sie von SECK [7] eingehend behandelt worden. Der Einfluß des Rührens auf die Verminderung der Strukturviskosität eines Stärkekleisters ist bereits aus Abb. 96 ersichtlich; die Abb. 99 zeigt dies nach Angaben von SECK noch deutlicher.

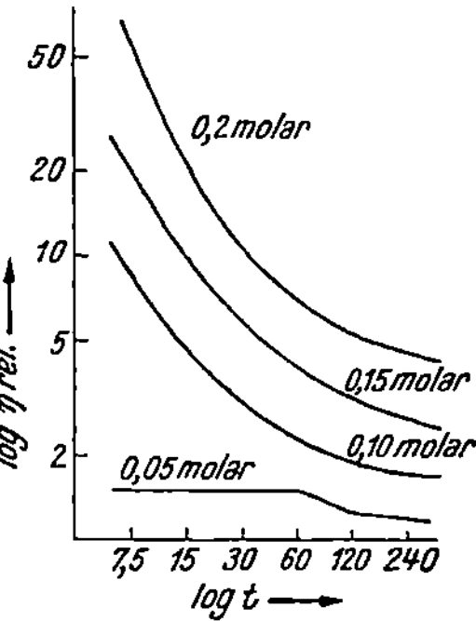

Abb. 99. Verminderung der Strukturviskosität eines Stärkekleisters durch Rühren in Funktion von der Erhitzungsdauer und Konzentration. (Nach SECK.)

Die technische Durchführung des mechanischen Abbaues der Stärke kann durch Pressen des Kleisters durch enge Düsen [26] oder durch Behandeln in Kolloidmühlen [27] erfolgen. Derartige Stärke kommt unter der Bezeichnung „Mizellstärke"[1] in den Handel, scheint sich aber eher für Appreturzwecke als zu Schlichten zu eignen.

c) Der biologische Stärkeabbau.

Der Abbau der Stärkesubstanz durch Enzyme, der sich beim Entschlichten von Stärkeschlichten weitgehend eingeführt hat (s. S. 275), besitzt für die Viskositätserniedrigung des Kleisters zu Schlichtzwecken nur geringes Interesse, da es nicht immer gelingt, den Aufschluß so zu leiten, daß nicht wesentliche Mengen der Stärkesubstanz zu weit abgebaut werden; derartige Anteile sind für die Schlichte wertlos oder sogar schädlich. Man benutzt z. B. 1 bis 2% Malzdiastase, bezogen auf das Stärkegewicht.

d) Kolloidchemische Maßnahmen beim Stärkeabbau.

Die Verkleisterung der Stärke und der Abbau zu gering viskosen Produkten kann nach SAMEC [5] durch Zusätze verschiedener Salze begünstigt werden. Die Kationen derselben beeinflussen die Verkleisterungstemperatur im allgemeinen nur wenig, während die Anionen für eine Verminderung der Verkleisterungstemperatur in erster Linie maßgeblich sind. Die Reihe der Anionen in der Richtung steigender Wirksamkeit ist:

$$SO_4'', \quad CH_3COO', \quad Cl', \quad NO_3', \quad Br', \quad J', \quad CNS';$$

sie entspricht etwa der HOFMEISTERschen Ionenreihe bezüglich der Quellungsbegünstigung. Ebenso wirken Harnstoff ($CO[NH_2]_2$), Natriumsalicylat ($C_6H_4OHCOONa$), Sulfosalicylsäure ($C_6H_3OHSO_3HCOOH$) und Thioharnstoff ($CS[NH_2]_2$) fördernd auf die Verkleisterung. Die günstige Wirkung derartiger Stoffe, vor allem von CNS', J', $CS(NH_2)_2$, erblickt KATZ [28] in der Adsorption von hydratisierten Ionen oder Molekülen an der Oberfläche der Stärkemakromoleküle. Die praktische Bedeutung der Begünstigung der Stärkeverkleisterung durch Salze ist gering.

Hingegen setzt man zuweilen kapillaraktive Mittel, wie die Salze von Alkylnaphthalinsulfonsäuren, z. B. *Nekal BX* (I. G. Farbenindustrie A. G.), *Leonil SB* extra (I. G. Farbenindustrie A. G.), *Invadin N* (Ges. f. chem. Industrie, Basel), der aufgeschlossenen Stärke zu und zwar etwa 1 g Netzmittel je Kilogramm Schlichtflotte. Dadurch wird nicht nur das Netzvermögen der Schlichtflotte erhöht, sondern zusätzlich die Viskosität vermindert. Abb. 100 bringt die verkleisterungsfördernde Wirkung verschiedener Kalisalze aromatischer Sulfonsäuren [29].

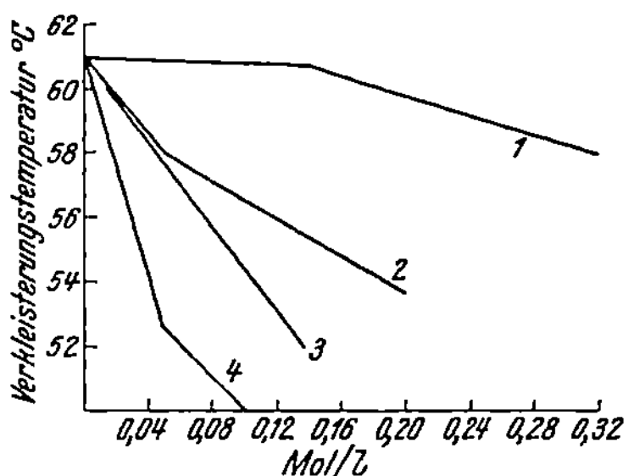

Abb. 100. Verkleisterungsfördernde Wirkung von Kaliumbenzolsulfonat (*1*), Kalium-β-Naphthalinsulfonat (*2*), Kalium-β-Phenanthrensulfonat (*3*) und Kalium-p-Triphenylsulfonat (*4*) auf eine 0,45%ige Suspension von Kartoffelstärke. (Nach KATZ, MUSCHTER und WEIDINGER.)

Die Schlichtereien stellen sich die aufgeschlossene Stärke meist selbst her. Es gibt auch Handelsprodukte, die bereits abgebaute Stärke enthalten, z. B.

Ortoxin K, A (I. G. Farbenindustrie A. G.),
Amylose AN, D, N (I. G. Farbenindustrie A. G.),
Hydratolschlichte (Chem. Fabrik Koblenz),
Fekulose TK (Fekulose Comp.),
Apparatin, Purtonstärke (Zschimmer & Schwarz).
Haakestärke,
Ozonstärke,

Die teilweise abgebaute und aufgeschlossene Stärke bildet beim Trocknen einen Film, der verhältnismäßig spröde ist. Um die Sprödigkeit und den harten Griff zu mildern sowie die Glätte zu erhöhen, setzt man der Stärkeschlichte vielfach Fette und Öle, auch Glycerin u. dgl. zu. Der Zusatz solcher Körper muß aber mit Vorsicht geschehen, da sonst die Festigkeitseigenschaften des Stärkefilms beträchtlich leiden können. NEALE [22] untersuchte die mechanischen Eigenschaften verschiedener Stärkefilme; das Ergebnis seiner Versuche bringt Tab. 87.

Tabelle 87. Mechanische Eigenschaften verschiedener Stärkefilme bei 66% relativer Feuchtigkeit. (Nach NEALE.)

Filmzusammensetzung	Reißfestigkeit kg/cm²	Maximale Dehnung in Prozenten	Elastizitätsmodul dyn/cm² . 10¹⁰
Kartoffelstärke	414	4,2	3,25
„ + 4,4% Ricinusöl	365	3,6	2,5
„ + 2,1% Talg	380	2,2	3,8
„ + 6,3% Talg	200	1,1	2,15
„ + 9,7% Talg	212	1,2	2,1
„ + 3,1% Glycerin..........	381	4,3	2,65
„ + 4,9% Glycerin..........	319	3,3	2,3
Maisstärke	468	4,0	3,8
„ + 4,6% Japanwachs	320	1,8	3,2
„ + 1,27% Na-Oleat + 1,27% Talg	163	0,7	2,75

Wie man aus den Versuchsergebnissen von NEALE ersieht, setzen sämtliche Zusätze zu Stärkeschlichten die Festigkeitseigenschaften des Stärkefilms herab. Die Befunde von NEALE wurden von NEUMANN [19] durchaus bestätigt, wie dies Tab. 88 zeigt. Darnach setzen Türkischrotöl, Seife, Paraffin und Glycerin die Reißfestigkeit, Dehnung und Scheuerfestigkeit herab. Allerdings verwendet die Praxis wesentlich geringere Mengen von weichmachenden Stoffen als sie NEUMANN zu seinen Versuchen benutzte, so daß sich dann die allgemeine Verschlechterung des Schlichtfilms nicht so stark auswirkt. Die Weichmachungsmittel sollen im allgemeinen nicht über 5% vom Stärkegewicht betragen.

Tabelle 88. Veränderung des Stärkeschlichtefilms durch verschiedene Zusätze. (Nach Neumann.)

	5%	5%	5%	5%
Konzentration der Stärke	5%	5%	5%	5%
„ des Türkischrotöles	—	2,5%	—	—
„ des Paraffins	—	—	2,5%	—
„ der Seife..........	—	—	2,5%	· —
„ des Glycerins......	—	—	—	2,5%
Aufgenommene Schlichtemenge ...	4,4%	3,6%	7,3%	2,1%
Reißfestigkeit[1]..................	132	105	104	114
Dehnung[1]........................	100	94	88	91
Scheuerfestigkeit[1]	550	106	180	157

Um ein mit Stärke geschlichtetes Garn genügend weichgriffig zu erhalten, ohne die Festigkeitseigenschaften zu stark zu mindern, wäre es nach Neumann notwendig, die stärkenden (steifenden) und weichmachenden Mittel getrennt aufzubringen, wie es der Handweber tut; für die Praxis kommt dies allerdings nicht in Frage.

Die in der Praxis verwendeten Fettstoffe, wie Talg, Japanwachs, Paraffin u. dgl., werden entweder als solche mit der Stärkeschlichte gekocht oder der fertigen Schlichtflotte in Emulsionsform, meist als sulfonierte Fette, zugesetzt. Derartige Handelserzeugnisse auf Basis sulfonierten Talges sind z. B. *Tallosan S* (Stockhausen & Co.), *Estosan T* (Stockhausen & Co.), *Talvon T* (Zschimmer & Schwarz), *Ceranin T* (Sandoz). Von den sulfonierten Ölen seien beispielsweise genannt: Türkischrotöl, *Monopolseife* (Stockhausen & Co.), *Avirol E* extra (Böhme Fettchemie Ges. m. b. H.), *Triumphöl* (Zschimmer & Schwarz).

Emulgiertes Paraffin enthalten z. B. *Ramasit I* (I. G. Farbenindustrie A. G.), *Migasol PC* (Ges. f. chem. Industrie), *Cerol FS* (Sandoz).

Es kommen auch Mischungen aus Stärke abbauenden Stoffen, wie Perborat, und emulsionsfähigen Fettstoffen, z. B. die *Stokotabletten* (Stockhausen & Co.), in den Handel. Man nimmt etwa 1 bis 1,5%, bezogen auf das Stärkegewicht.

Neben Stärke werden zuweilen auch andere pflanzliche Naturkolloide — meist als Zusatz zu Stärkeschlichtflotten — zum Schlichten benutzt.

Der aus dem Fruchtleim der Johannisbrotkerne (Johannisbrotmehl) gewonnene Pflanzengummi, z. B. *Leicogummi*,[2] kann allein oder besser in Gemeinschaft mit Stärke verwendet werden. Wegen des großen Quellungsvermögens des Pflanzengummis verwendet man an Stelle von einem Teil Stärke einen halben Teil *Leicogummi*. Der Zusatz des Pflanzengummis gibt nach Neumann [19] dem Schlichtefilm einen härteren Griff und größere Steifheit.

Nach Versuchen von Münch und Brasseler [30] erhöhen 2%ige Sole von Pflanzengummi die Steifheit eines Baumwollchiffons um 120%; gleich kon-

---

[1] In willkürlichen Einheiten.

[2] Andere derartige Erzeugnisse sind: *Tragasol, Fruktangummi*. Hier dürfte auch die *Stokoschlichte SO* (Stockhausen & Co.) einzureihen sein.

zentrierte Sole von Kartoffel-, Weizen- oder Maisstärke bewirken eine Erhöhung der Steifheit um etwa 50%.

Die Scheuerfestigkeit ist bei Mitverwendung von Pflanzengummi zu Stärkeschlichten größer, die Reißfestigkeit und Dehnung kleiner, wenn berücksichtigt wird, daß von der Faser gleiche Schlichtmengen aufgenommen werden.

2. Tierische, natürliche Kolloide.

Die Stärke — in erster Linie die Kartoffelstärke — wird zum Schlichten von Baumwolle angewendet. Es wurde öfter versucht, gemeinsam mit der Stärke tierische Naturkolloide, vorzugsweise Leim, zu benutzen, doch werden hierdurch die Schlichteeigenschaften der billigeren Stärke, wie aus Tab. 89, nach Versuchen von NEUMANN [19], hervorgeht, nicht wesentlich verbessert. Die Reißfestigkeit wird durch den Leimzusatz erhöht, die Dehnung hingegen vermindert; die Scheuerfestigkeit erfährt praktisch keine Änderung. Der Dehnungsrückgang ist mit einem härteren Griff verbunden und auf einen zu starren Verband des Schlichtefilms zurückzuführen.

Tabelle 89. Veränderung der mechanischen Eigenschaften eines Kartoffelstärkefilms durch Zusatz von Leim. Schlichttemperatur 70° C. (Nach NEUMANN.)

	Reine Stärke-Schlichte	Kombinierte Stärke-Leim-Schlichte
Schlichteflotte { Stärkekonzentration	5%	5%
Leimkonzentration	—	2,5%
Aufgenommene Schlichtemenge (bezogen auf Garngewicht)	6,4%	6,4%
Reißfestigkeit[1]	127	135
Dehnung[1]	105	89
Scheuerfestigkeit[1]	901	899

Eine größere Rolle spielen die Schlichtmittel auf Basis von Eiweißstoffen beim Schlichten von Kunstseide, insbesondere von Viskose- und Kupferkunstseide, während Stärke hierzu im allgemeinen nicht verwendet wird.[2] Die Vorteile der eiweißähnlichen Stoffe zu Schlichtzwecken im Vergleich zur Kartoffelstärke beim Schlichten von Viskose- und Kupferkunstseide bringen Tab. 90 und Tab. 91, nach Versuchen von GERSTNER und WALTHER [31].

Trotz des geringeren Schlichteauftrages bei den Eiweißschlichten sind die mechanischen Eigenschaften dieser Schlichtefilme auf der Viskose- und Kupferkunstseide günstiger als die mit Kartoffelstärke erhaltenen, was vollkommen parallel mit dem Befund von je drei Webversuchen einhergeht. Darnach verhält sich die mit Kartoffelstärke geschlichtete Viskose-

---

[1] In willkürlichen Einheiten.

[2] Ebenso verwendet man heute an Stelle von Eiweißstoffen Stärke beim Schlichten von Wollketten (vgl. S. 249).

und Kupferkunstseide beim Verweben wesentlich ungünstiger als die mit Eiweißschlichten versehenen Kunstfasern.[1]

Tabelle 90. Beurteilung verschiedener Schlichten auf Viskose-Kunstseide. (Nach GERSTNER und WALTHER.)

Schlichteart	Aufgenommene Schlichtemenge in Prozenten vom KS.-Gewicht	Festigkeit			Dehnung		
		vor dem Verweben	nach dem Verweben	Verlust in Prozenten	vor dem Verweben	nach dem Verweben	Verlust in Prozenten
Roh (ungeschlichtet)	—	160	120	25	24,0	18,0	25
Kartoffelstärke..	3,4	198	150	24,2	26,0	16,6	36,1
Eiweißschlichte 1	2,2	197	164	16,7	24,0	18,8	21,6
Eiweißschlichte 2	2,0	195	153	21,5	23,3	15,9	31,7

Tabelle 91. Beurteilung verschiedener Schlichten auf Kupfer-kunstseide. (Nach GERSTNER und WALTHER.)

Schlichteart	Aufgenommene Schlichtemenge in Prozenten vom KS.-Gewicht	Festigkeit			Dehnung		
		vor dem Verweben	nach dem Verweben	Verlust in Prozenten	vor dem Verweben	nach dem Verweben	Verlust in Prozenten
Roh (ungeschlichtet)	—	252	240	4,7	14,2	10,6	25,3
Kartoffelstärke..	3,8	295	220	25,4	14,0	10,1	27,8
Eiweißschlichte 1	2,0	285	234	17,8	11,1	10,2	8,1
Eiweißschlichte 2	2,0	274	213	22,2	10,7	9,1	14,9

Die Eiweißstoffe, wie Leim, Gelatine, Casein u. dgl., dienen allein oder unter Zusatz von weichmachenden Mitteln, meist sulfonierten Ölen und Fetten, z. B. Türkischrotöl, und sulfoniertem Talg als Schlichtmittel. Um den Kunstfaserfaden nicht zu spröde zu machen, kommen sie vielfach in abgebauter (depolymerisierter) Form in den Handel. Solche Erzeugnisse sind u. a. *Silkovan K, A* spez., *ZW* (Röhm & Haas), *Blufajoschlichte* (John), *Bezetschlichte* (Louis Blumer).

Derartige Schlichtprodukte finden nicht allein zur Schlichtung von Viskose- und Kupferkunstseide, sondern auch von Acetatkunstseide Verwendung; der Schlichtegehalt soll in letzterem Falle 4 bis 6%, bezogen

[1] Es ist aber darauf hinzuweisen, daß Spezialschlichten auf Stärkebasis, z. B. *Ortoxin K* und *Ortoxin A* (ersteres für die Schlichtung von Kunstfasern aus Hydratcellulose, letzteres für Acetatkunstseide), zum Schlichten von Kunstseide, z. B. von glatten Viskosegeweben, wie Futterstoffe, Bänder usw., von der I. G. Farbenindustrie A. G. entwickelt wurden.

auf das Acetat-Kunstseidengewicht betragen [32], während man bei den Kunstseiden aus regenerierter Cellulose mit 1,5 bis 2,5% auskommt.

Dies ist darauf zurückzuführen, daß die hydrophile, leicht quellbare Hydratcellulose die verhältnismäßig großmolekularen Aggregate der Eiweiß-schlichten gut aufnimmt, während die Acetatkunstseide mangels wasseraffiner Kräfte kein besonderes Aufnahmevermögen für hydrophile Kolloide zeigt.

Die Schlichttemperatur beträgt etwa 40 bis 60° C. Man kann zur Ver-besserung des Griffes weichmachende Mittel, z. B. *Monopolbrillantöl SO 100* (Stockhausen & Co.) zur Schlichtflotte zusetzen. Ein solcher Zusatz beträgt etwa 2 bis 5%, bezogen auf den Trockengehalt der Schlichtmasse [33].

Der Vorteil der Eiweißschlichten im Vergleich zur Stärkeschlichte ist ihre leichte und vollständige Auswaschbarkeit selbst bei milden Ent-schlichtungsbedingungen. Es genügt ein einstündiges Behandeln mit einer Seifenlösung von 5 bis 10 g Seife im Liter oder mit einer Lösung von 1 g calc. Soda pro Liter bei 70 bis 75° C, um die Schlichte zu entfernen.

3. Synthetische Kolloide.

Die Schlichtmittel auf Basis hochmolekularer synthetischer Körper wurden ursprünglich entwickelt, um eine leicht auswaschbare Schlichte für die empfindliche Acetatkunstseide zu schaffen. Sie finden heute viel-fach auch auf Kunstfasern aus Hydratcellulose Anwendung, wo sie gleich-falls einen guten Schlichteffekt aufweisen, wie Tab. 92 nach GERSTNER und WALTHER zeigt.

Tabelle 92. Schlichteffekt höhermolekularer synthetischer Kol-loide auf Viskose- und Kupferkunstseide.
(Nach GERSTNER und WALTHER.)

Kunstseideart	Schlichteart	Aufgenommene Schlichtemenge in Pro-zenten vom K.S.-Gewicht	Festigkeit			Dehnung		
			vor dem Verweben	nach dem Verweben	Verlust in Prozenten	vor dem Verweben	nach dem Verweben	Verlust in Prozenten
Viskose-kunstseide	Roh (unge-schlichtet) ..	—	160	120	25,0	24,0	18,0	25,0
	Synthetische, hochmoleku-lare Schlichte	2,3	203	162	20,9	26,0	17,3	33,4
Kupfer-kunstseide	Roh (unge-schlichtet) ..	—	252	240	4,7	14,2	10,6	25,3
	Synthetische, hochmoleku-lare Schlichte	2,0	297	235	20,8	12,2	10,5	16,3

Beim Vergleich mit Tab. 90 und 91 sieht man, daß die synthetischen, hochmolekularen Kolloide die natürlichen tierischen Kolloide, wie Leim u. dgl., in bezug auf Schlichteffekt bei Kunstseide zumindest erreichen und teilweise sogar übertreffen. In Übereinstimmung damit verliefen Webversuche bei Viskose- und Kupferkunstseide die mit synthetischen, hochmolekularen Kolloiden geschlichtet war, günstiger als bei eiweißhaltigen Schlichten.

Hingegen ist nach SCHRAMEK und SCHEUFLER [34] die Wasseraffinität bei den synthetischen, hochmolekularen Kolloiden im allgemeinen größer als bei Eiweißstoffen, so daß die Gefahr der Überdehnung der im wasserhaltigen Zustand an sich sehr empfindlichen Kunstfasern aus Hydratcellulose größer wird.

Die in der Praxis verwendeten synthetischen, hochmolekularen Kolloide leiten sich entweder von kunstharzähnlichen, durch Polymerisierung einfacher Bausteine vollsynthetisch erhaltenen Stoffen oder von natürlichen, durch chemische Eingriffe für Schlichtzwecke dienlich gemachten natürlichen Kolloiden ab.

Zu der ersten Gruppe gehören die Polyvinylabkömmlinge, z. B. Polyvinylalkohole, Polyvinylcarbonsäuren (Polyacrylsäure), deren Ester z. B. polymere Acrylsäuremethylester und die homologen, z. B. Methacrylsäuremethylester sowie Polyvinylacetat, Polyvinylchlorid u. dgl.

Polyvinylalkohol:

$$-CH_2-CH-CH_2-CH-CH_2-CH- \dots$$
$$\quad\quad\quad | \quad\quad\quad\quad | \quad\quad\quad\quad |$$
$$\quad\quad\quad OH \quad\quad\quad OH \quad\quad\quad OH$$

Polyacrylsäure:

$$-CH_2-CH-CH_2-CH-CH_2-CH- \dots$$
$$\quad\quad\quad | \quad\quad\quad\quad | \quad\quad\quad\quad |$$
$$\quad\quad\quad COOH \quad\quad COOH \quad\quad COOH$$

bzw. in der Lactonform:

$$CH_2-CH(COOH)-CH_2-CH-[CH_2-CH]_x-CH_2-CH-CH_2-CH(COOH)$$
$$|\quad\quad\quad\quad\quad\quad\quad | \quad\quad\quad\quad | \quad\quad\quad\quad | \quad\quad\quad |$$
$$|\quad\quad\quad O\quad\quad\quad CO \quad\quad COOH \quad\quad CO\quad\quad\quad O$$

Polyacrylsäuremethylester:

$$-CH_2-CH-CH_2-CH-CH_2-CH- \dots$$
$$\quad\quad\quad | \quad\quad\quad\quad | \quad\quad\quad\quad |$$
$$\quad\quad\quad COOCH_3 \quad COOCH_3 \quad COOCH_3$$

Methacrylsäuremethylester:

$$\quad\quad\quad CH_3 \quad\quad\quad CH_3 \quad\quad\quad CH_3$$
$$\quad\quad\quad | \quad\quad\quad\quad | \quad\quad\quad\quad |$$
$$-CH_2-C-CH_2-C-CH_2-C- \dots$$
$$\quad\quad\quad | \quad\quad\quad\quad | \quad\quad\quad\quad |$$
$$\quad\quad\quad COOCH_3 \quad COOCH_3 \quad COOCH_3$$

Polyvinylacetat:

$$-CH_2-CH-CH_2-CH-CH_2-CH- \dots$$
$$\quad\quad\quad | \quad\quad\quad\quad | \quad\quad\quad\quad |$$
$$\quad\quad\quad OOCCH_3 \quad OOCCH_3 \quad OOCCH_3$$

Polyvinylchlorid:

$$-CH_2-CH-CH_2-CH-CH_2-CH- \ldots$$
$$\quad\quad\;\; | \quad\quad\quad | \quad\quad\quad |$$
$$\quad\quad\; Cl \quad\quad\; Cl \quad\quad\; Cl$$

Derartige synthetisch erhaltene Verbindungen, vorzugsweise die Polyvinylalkohole, sind die wirksamen Bestandteile des *Vinarols*[1] (I. G. Farbenindustrie A. G.), der SISTIG-*Schlichte* (Leo Sistig) und *Supraschlichte* (Louis Blumer).

Die Polyvinylalkohole können je nach den Herstellungsbedingungen in hochpolymerer oder niederpolymerer Form vorliegen [35]. Erstere geben hochviskose Lösungen, die nur wenig in die Faser eindringen. Die niedermolekulareren Anteile geben eine gering viskose Lösung, die gleichmäßig und tiefer in die Faser eindringt. Um einen gut geschlossenen Film und gleichzeitig einen besseren Zusammenschluß der Kapillaren zu erzielen, kann man Gemische von hochpolymeren und niederpolymeren Polyvinylalkoholen zu Schlichtzwecken verwenden [36].

Zum Schlichten verwendet man für Viskose und Kupferkunstseide etwa 0,5%ige Schlichtflotten, für Acetatkunstseide nimmt man drei- bis fünfmal mehr. Die Schlichtung wird bei 50 bis 60° C durchgeführt.

Der Polyvinylalkohol wird meist durch Verseifen von Polyvinylacetat hergestellt. Diese Verseifung braucht nicht zur Gänze durchgeführt werden; man soll auch mit einem bloß zu 80% verseiften Polyvinylacetat brauchbare Schlichteffekte, insbesondere bei Acetatseide, erhalten [37].

Die anderen, oben erwähnten Polyvinylabkömmlinge haben nur geringe praktische Bedeutung. Sie sind in Wasser unlöslich und müssen entweder in einem organischen Lösungsmittel [38] gelöst oder zu einer Emulsion z. B. mittels Leimlösung [39], dispergiert werden. Ein interessanter Vorschlag [40] ist die Verwendung von Harnstoff als hydrotrope Substanz. Behandelt man die an sich unlöslichen Polyvinylabkömmlinge mit einer wäßrigen Lösung von Harnstoff in der Hitze, so gehen die Polyvinylderivate in Lösung.

Zu der zweiten Gruppe synthetischer, hochmolekularer Stoffe, die durch Umwandlung von natürlichen Kolloiden entstehen, gehören die Celluloseabkömmlinge.

Behandelt man Alkalicellulose mit Alkylhalogeniden bzw. Sulfaten, so entstehen sog. Celluloseäther. Für Schlichtzwecke eignet sich in erster Linie die sog. Methylcellulose.

Nach BOCK [41] kann die Alkylierung der Cellulose mit größerem Erfolg in Gegenwart quarternärer Ammoniumhydroxyde, z. B. Tetramethylammoniumhydroxyd mittels Alkylhalogeniden bzw. Sulfaten, erfolgen. Man benötigt dann nur die Hälfte der Gewichtsmenge an CH_3- oder C_2H_5-Gruppen, verglichen mit der erforderlichen Menge beim Behandeln von Alkalicellulose mit Alkylhalogeniden oder Sulfaten.

Die Alkyläther der Cellulose, vorzugsweise der Methyl- bzw. Äthyläther, quellen im kalten Wasser stark auf und bilden schließlich ein feindisperses Sol. Dies ist darauf zurückzuführen, daß die Celluloseäther im Gegensatz zur nativen Cellulose, wo sich die Restvalenzkräfte der

---

[1] *Vinarol BO* konz., *Vinarol* supra.

Hydroxylgruppen benachbarter Hauptvalenzketten absättigen (I),[1] dem Eindringen der Wassermoleküle zwischen die Hauptvalenzketten keinen Widerstand entgegensetzen, da die Äthergruppen die gegenseitige Absättigung der Hydroxylgruppen verhindern (II). Die eigentliche Löslichkeit der Celluloseäther in Wasser kommt nach STAUDINGER und SCHWEITZER [42] dadurch zustande, daß die Äthersauerstoffe mit den Wassermolekülen oxoniumartige Additionsverbindungen geben (vgl. S. 63). In der Hitze werden diese gespalten, wodurch die Äthercellulose wieder unlöslich wird; beim Erkalten bilden sich reversibel die Oxoniumhydroxyde zurück, was von einem Wiederauflösen des Celluloseäthers begleitet ist.

Ein im Handel befindliches Erzeugnis zu Schlichtzwecken auf Basis von Cellulosemethyläther ist die niedrig viskose Marke *Tylose TWA* 25 und die hochviskose Marke *Tylose TWA* 600 (I. G. Farbenindustrie A. G.); weiter seien genannt *Tylose MGC* 25 und *Tylose KZ* 25 (I. G. Farbenindustrie A. G.).

I   II

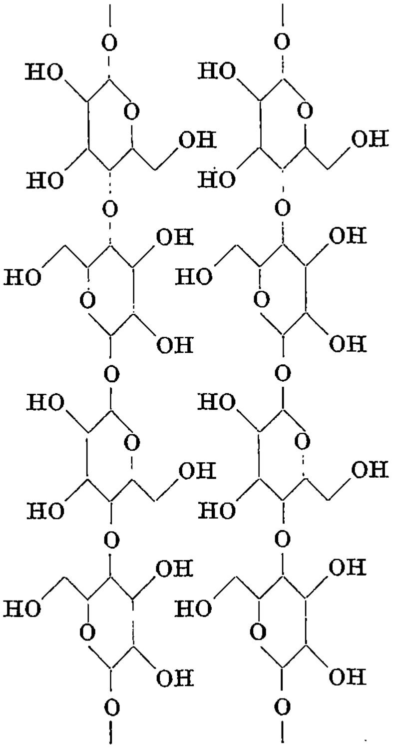

Cellulose.

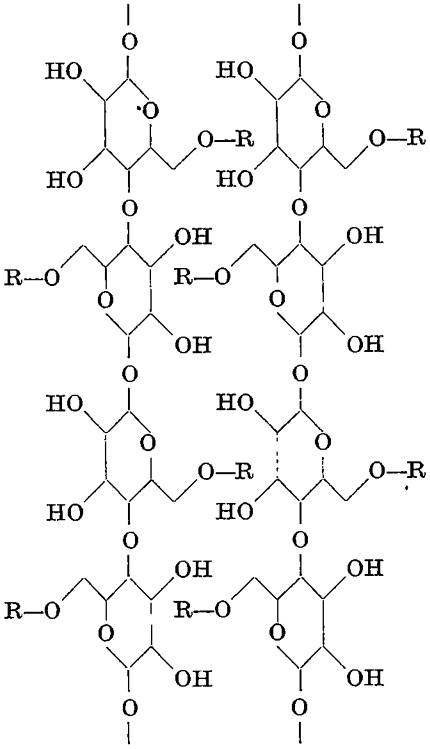

Alkyläther der Cellulose
(R = Methyl-, Äthylrest).

---

[1] Vgl. S. 21; die Distanz zwischen solchen Hydroxylgruppen entspricht der Entfernung assoziierter Hydroxylgruppen.

Wegen der hohen Viskosität der wäßrigen Dispersionen verwendet man Sole, die etwa 15 g *Tylose TWA* 25 oder 8 bis 12 g *Tylose TWA* 600 bzw. 15 bis 25 g *Tylose KZ* 25 im Liter enthalten. Geschlichtet wird normalerweise bei etwa 25 bis 30° C, auf keinen Fall aber über 40° C, da aus den eben besprochenen Gründen der Cellulosemethyläther ausflockt.

In diese Gruppe gehört auch das *Hortol S* (Böhme, Fettchemie Ges. m. b. H.), eine auf Cellulosebasis aufgebaute Schlichtsubstanz. Man verwendet etwa 10 bis 15 g/l.

Die Celluloseäther finden vorzugsweise zum Schlichten von Wolle, Halbwolle und Zellwolle Verwendung. Sie übertreffen, wie aus Versuchen von BECKERS [43] hervorgeht, in manchen Belangen die früher verwendeten Schlichten auf Stärke- oder Leimbasis. Tab. 93 zeigt die hierbei erhaltenen Versuchsresultate.

Tabelle 93. Schlichteffekt mit *Tylose TWA* 25 im Vergleich zu früher benutzten Schlichten. (Nach BECKERS.)

Faserart	Ungeschlichtet		Geschlichtet mit *Tylose TWA* 25		Alte Schlichte	
	Reißfestigkeit in Gramm	Dehnung in Millimeter	Reißfestigkeit in Gramm	Dehnung in Millimeter	Reißfestigkeit in Gramm	Dehnung in Millimeter
Streichgarn.....	461	47	478	72,5	481	57,7
Kammgarn.....	346	47,5	357	52,5	357	52,0
Baumwolle-Zellwolle 83/16 bis 84/16	279,5	29	288	33,5	293	28

Ein interessanter, aber technisch wohl noch bedeutungsloser Vorschlag, ist die Verwendung von Cellulose-Carboxy-Methyläther, der Formel

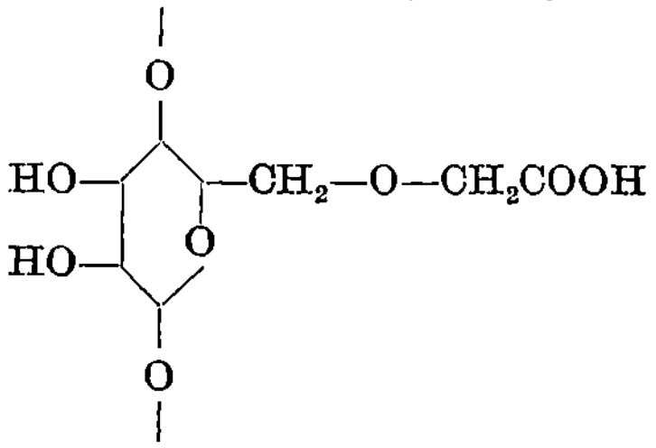

$$\text{HO}\!-\!\underset{\text{HO}-}{\overset{\text{O}}{\big|}}\!-\!CH_2\!-\!O\!-\!CH_2COOH$$

der in Form des Natriumsalzes wasserlöslich ist. Derartige Schlichten sollen leicht auswaschbar sein und sich deshalb besonders für Acetatseide eignen [44].

Ebenfalls ein Vorschlag des Patentschrifttums ist die Verwendung der Essigsäureester von Polysacchariden [45]. So sollen sich die ganz oder teilweise acetylierten Mono- und Disaccharide, z. B. die Pentacetylglycose in Pyridin oder Trichloräthylen gelöst, als Schlichtmittel eignen und mit heißem Wasser, wodurch Verseifung zu leicht löslicher Glycose eintritt, auf einfache Weise entfernbar sein.

II. Ölschlichten.

Die Verwendung von Ölschlichten gründet sich darauf, daß trocknende Öle mit mehrfachen Doppelbindungen im Fettrest beim Trocknen und Lagern an der Luft unter Sauerstoffaufnahme einem Oxydations- und Polymerisationsprozeß unterliegen. Es bildet sich ein hochmolekularer Körper von fester, zäher Konstitution (Linoxyn), der die Faser als schlauchartige, zusammenhängende Hülle (Film) umgibt.

Die Fähigkeit der Filmbildung trocknender Öle, vorzugsweise des billigen Leinöles, wurde von BOYEUX [46] bereits 1906 erkannt. Er verwendete in Benzin oder Benzol gelöstes Leinöl zum Schlichten von Naturseide. Seine Arbeitsmethode wurde später auf die Kunstseide (Viskose, Kupfer- und Acetatkunstseide) mit vollem Erfolg übertragen. Der Fadenschluß, die Geschmeidigkeit und Elastizität, die ein Linoxynfilm der geschlichteten Faser verleiht, wird von keinem anderen Schlichtmittel übertroffen, ja kaum erreicht. Das Leinöl eignet sich besonders zur Schlichtung von Acetatseide und von Kreppgarn.

Man erhält bei Kreppgeweben, z. B. Crêpe de Chine, Crêpe Marocain, Crêpe Satin, ein um so ansprechenderes Warenbild, je langsamer der Schuß einspringt. Da die Leinölschlichte beim Entschlichten nur langsam erweicht und von der Faser abgelöst wird, hat die Leinölschlichtung des Schußgarnes für den Ausrüster gewisse Vorteile. Es ist nämlich für den Kreppvorgang nützlich, wenn die Kette zuerst von der Schlichte befreit wird; der Schuß findet dann beim Einspringen ein schmiegsameres Material vor.

Den ausgezeichneten Schlichteeigenschaften eines Linoxynfilms auf Kunstseide, die in erster Linie dem Weber zugute kommen, stehen allerdings auch schwerwiegende Nachteile, wie schlechte Auswaschbarkeit und Faserangriff, gegenüber. Dies erklärt sich durch die chemischen Vorgänge und Veränderungen beim „Trocknen" und Altern eines Leinölfilms.

Wie bereits erwähnt, nimmt ein frischer Leinölschlichtfilm aus der Luft Sauerstoff auf. Das Tempo und die Größe der Sauerstoffaufnahme hängen von der Temperatur, der Luftfeuchtigkeit und von der Belichtung ab. Mit zunehmender Temperatur und bei Belichtung tritt eine Beschleunigung des Trocknens ein. Der Einfluß erhöhter Temperatur auf die Trocknungsgeschwindigkeit geht aus nebenstehenden Angaben hervor.

Ebenso begünstigt trockene Luft das „Trocknen", während sehr feuchte Luft stark hemmend wirkt. Hohe Temperatur und hohe Luftfeuchtigkeit beim Lagern der mit Leinöl geschlichteten Kunstseide bewirken eine zu

Trocknungs- temperatur in °C	Trocknungszeit in Stunden
0	18
17,5	5
24,5	3
30	2
48	$^1/_2$

starke Polymerisation. Aus diesem Grunde muß die Erprobung einer Leinölschlichte neben der Prüfung der Faserglätte und Entschlichtbarkeit auch eine Stabilitätsprüfung (dreistündiges Erhitzen in gewöhnlicher Luft auf 105° C und 72stündiges Erhitzen in sehr feuchter Luft mit 80 bis 90% relativer Luftfeuchtigkeit bei 50 bis 60° C = „Tropenprüfung") einschließen.

Die aktiven Bestandteile des Leinöles sind die Triglyceride der Linolsäure (Octadekadien-9,12-säure-1):

$$CH_3(CH_2)_4—CH=CH—CH_2—CH=CH—(CH_2)_7COOH$$

und der Linolensäure (Octadekatrien-9,12,15-säure-1):

$$CH_3CH_2—CH=CH—CH_2—CH=CH—CH_2—CH=CH—(CH_2)_7COOH.$$

Der chemische Vorgang beim „Trocknen" des Leinöles ist folgender [47]: Durch Sauerstoffaufnahme tritt zunächst Peroxydbildung gemäß dem Schema

$$\begin{matrix} R_1—CH & & O & & R_1—CH—O \\ \| & + & \vdots & \rightarrow & | \quad\quad | \\ R_2—CH & & O & & R_2—CH—O \end{matrix}$$

ein. Das gebildete Peroxyd kann sowohl zu Spaltreaktionen als auch zu Kondensationen Anlaß geben.

Bei der Spaltung erhält man niedermolekulare Verbindungen wie Formaldehyd, Ameisen-, Essig-, Propionsäure, Azelainsäure $HO_2C(CH_2)_7CO_2H$, Kohlendioxyd usw. Dadurch steigt die Säurezahl; nachstehende Übersicht bringt nach EIBNER [48] die Zunahme der Säurezahl beim Trocknen von Leinöl bzw. Leinölfirnis.

Trocknungszeit	Leinöl Säurezahl	Leinölfirnis Säurezahl
—	3,0	5,6
1. Tag	4,2	72
12. „	zirka 60	75,2
60. „	192	—

Die Jodzahl sinkt dementsprechend.

Die Kondensationsreaktionen sind noch nicht völlig klargestellt. Nach MARCUSSON [49] können die Peroxyde mit noch unveränderten Doppelbindungen nach dem Schema

$$\begin{matrix} R_1—CH—O & & CH—R_3 & & R_1—CH—O—CH—R_3 \\ | \quad\quad | & + & \| & \rightarrow & | \quad\quad\quad\quad | \\ R_2—CH—O & & CH—R_4 & & R_1—CH—O—CH—R_4 \end{matrix}$$

unter Bildung eines 1,4-Dioxanringes reagieren. Treten auf diese Weise mehrere Ölmoleküle zusammen, so entstehen hochpolymere kolloide Verbindungen.

Daneben bilden sich durch Hydrolyse Oxysäuren, u. a. nach D'ANS [50] Dioxystearinsäure aus der immer vorhandenen Ölsäure, z. B.

$$CH_3(CH_2)_7CH=CH(CH_2)_7COOH + O_2 \rightarrow$$

$$\rightarrow CH_3(CH_2)_7CH—CH(CH_2)_7COOH \xrightarrow{HOH} CH_3(CH_2)_7CH—CH(CH_2)_7COOH.$$
$$\begin{matrix} | \quad | & & | \quad\ | \\ O——O & & OH\ \ OH \end{matrix}$$

In der Tat wird beim Trocknen des Öles die Acetylzahl größer. Nach SCHEIBER und NALTSAS [51] steigt diese Kennzahl beim Trocknen von Leinöl innerhalb von vier Wochen von 16 auf 18 und nach sechzehn Wochen auf 77.

Als Nebenprodukte, insbesondere in Abwesenheit von Licht und bei hoher Luftfeuchtigkeit, treten stark gelb bis braun gefärbte Verbindungen auf; dies dürfte auf die Bildung stark gefärbter α-Diketone zurückzuführen sein, z. B.:

$$R_1\text{—CH—CH—}R_2 \xrightarrow{\;HOH\;} R_1\text{—CH—CH—}R_2 \xrightarrow{\;O_2\;} R_1\text{—C—C—}R_2 + 2\,H_2O.$$

Durch Belichtung können die stark vergilbten Linoxynfilme wieder aufgehellt werden. Es ist darauf hinzuweisen, daß die gelben Stoffe beim Entschlichten viel schwieriger aus der Kunstseide entfernt werden können als ein normaler, nur wenig gefärbter Linoxynfilm.

Die Bildung eines guten Schlichtefilms auf Leinölgrundlage erfordert demgemäß ein rasches Trocknen des aufgebrachten Leinöles in möglichst trockener Atmosphäre bei viel Luft- und Lichtzutritt und bei mäßigen Temperaturen. Es entsteht unter Autoxydation eine flüssige, oxydierte Phase, die Peroxydcharakter aufweist und teils unter Spaltung und Abgabe niedermolekularer Stoffe, teils unter Kondensation und Polymerisation zu festen, kolloiden Gebilden, dem Linoxynfilm, aggregiert. Nach Scheiber [52] kommt der primären Sauerstoffaufnahme beim Trocknen des Leinöles eine integrierende und nicht bloß katalytische Rolle zu. Erst die Oxydationsprodukte sind zu Kondensations- und Polymerisationsreaktionen unter Molekülvergrößerung fähig; die zur Polymerisation nur wenig bereiten, isolierten Doppelbildungen im Leinöl werden in aktivere, sauerstoffhaltige Systeme (Peroxyde) übergeführt.

Grundsätzlich sind also die Oxydationsvorgänge in der aufgebrachten Leinölschlichte zunächst zu beschleunigen, damit die darauf folgenden Kondensations- und Polymerisationserscheinungen nicht durch zu weitgehende Oxydationsprozesse noch während der Bildung kolloider Teilchen (Linoxynfilm) in die Richtung schwer auswaschbarer, nicht quellbarer Produkte führen. Aus diesem Grunde ist es vorteilhafter, nicht Leinöl, sondern gekochtes und voroxydiertes Leinöl, das bereits Peroxyde enthält, zu Schlichtzwecken zu verwenden [53].

Deshalb setzt man den Leinölschlichten, insbesondere im feuchten Klima, Trockenstoffe (Sikkative) zu, um das Trocknen zu beschleunigen. Durch den Gehalt an Metallen wächst allerdings die Gefahr des Faserangriffes auf die Cellulose infolge Oxycellulosebildung sehr, da die Metalle nicht nur als Sauerstoffüberträger auf das Leinöl, sondern auch auf die Cellulose wirken. Beispielsweise zeigt mit Titandioxyd mattierte Kunstseide größeren Faserangriff als nichtmattierte.[1] Besonders schädlich wirkt das Mangan [54].

Ferner sind Leinölschlichtbäder, die Säuren, selbst organische Säuren, enthalten sehr gefährlich, da Wasserstoffionen den Faserangriff sehr beschleunigen. Man muß deshalb stets auf eine leichte Alkalität des Leinölschlichtbades sehen. In ähnlicher Weise können auch die bei der Linoxyn-

---

[1] Vgl. S. 340.

bildung durch Abbau entstehenden niedermolekularen Bruchstücke wegen ihres Säurecharakters — merkwürdigerweise, und ohne daß dies völlig geklärt ist, nicht immer — den Faserangriff katalytisch beeinflussen [55].

Die rasche Trocknung des aufgebrachten Leinöls kann auch durch ozonhaltige Luft erfolgen. Beispielsweise sinkt hierduch die Trockenzeit bei ansonst gleichen Trockenbedingungen von 60 auf 22 Stunden.

Um die Oxydation während der Polymerisation zurückzudrängen, verwendet man sog. Antioxydantien. Diese als Antioxygene dienlichen Stoffe enthalten meist Hydroxyl- und/oder Aminogruppen, z. B. Phenole, Kresole, Thymol, Hydrochinon, Resorcin, Pyrogallol, β-Naphthol, Diphenylamin, Hydroxydiphenylamin [56], Triäthanolamin und dessen öllösliche Seifen [57], Acetonbisulfit sowie unterschwefligsaure und unterphosphorige Salze [58] usw.

Die Wirkung derartiger Antioxygene ist umstritten. Vielfach, besonders wenn sie in großen Mengen vorhanden sind, wird der Trockenprozeß merklich verzögert. Man soll deshalb nicht mehr als 1%, bezogen auf das Leinölgewicht, an Sikkativ verwenden. Während des Lagerns der mit Leinöl geschlichteten Kunstseide verhalten sich die Antioxygene ganz verschieden, wie SCHEIBER [52] für Resorcin und β-Naphthol gezeigt hat; seine Versuchsergebnisse bringt Abb. 101. Wie man daraus erkennt, hört der Einfluß von 2,75% Resorcin nach vier Monaten plötzlich auf. Das β-Naphthol (3,6%) wird allmählicher oxydiert, bis es schließlich ebenfalls unwirksam geworden ist.

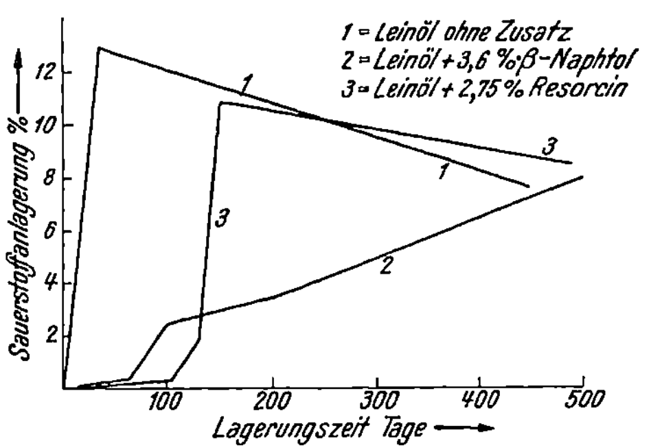

Abb. 101. Beeinflussung der Sauerstoffanlagerung an Leinöl durch Antioxydantien in Funktion von der Lagerungszeit. (Nach SCHEIBER.)

Qualitativ ähnliche Resultate erhielten HILPERT und NIEHAUS [59] bei der Ermittlung des Verbrauches von Antioxygenen.

Die praktische Durchführung der Leinölschlichtung kann auf zwei Arten geschehen:

1. Schlichtung mit Leinöl, das in organischen Lösungsmitteln gelöst ist (Lösungsschlichte).

2. Schlichtung mit in Wasser emulgiertem Leinöl (Emulsionsschlichte).

Nach dem ersten Verfahren, das auf BOYEUX zurückgeht und vorzugsweise im Strahn angewandt wird, arbeitet man so, daß die zu schlichtenden Kunstseidensträhne mit Benzin gewaschen und hierauf in einer Schlichtzentrifuge mit einer Lösung von Leinöl in Benzin getränkt und dann geschleudert werden. Anschließend wird die mit Leinöl geschlichtete Kunstseide auf Stäben oder Stangen in Trockenkammern bei guter Belüftung bei 30 bis 40° C getrocknet (*Schetty-Schlichte* der Färberei Schetty, Basel).

Ein kolloidchemisch sehr interessanter Vorschlag bezüglich der Lösungsschlichten stammt von der Allgemeene Kunstzijde Unie [60]. Beim Schlichten von Kunstseide in dicken Wicklungen, z. B. auf Spulen, tritt durch die Kapillarwirkung eine Konzentrationsänderung der Leinölschlichte in den verschiedenen Teilen der Spule ein, so daß die Schlichtung unegal ausfällt. Dieser Mangel kann verhindert werden, wenn man geblasenes, an der Luft oxydiertes Leinöl verwendet, das sich zufolge Ausbildung hydrophiler Gruppen in unpolaren organischen Lösungsmitteln, z. B. Benzin, nicht oder nur mehr schwer löst, hingegen in Aceton gut löslich ist. Man löst zunächst das geblasene Leinöl in Aceton auf und setzt Benzin bis zur beginnenden Ausscheidung (Gelbildung) zu. Mit dem Gemisch des geblasenen Leinöles in Aceton und Benzin wird nun geschlichtet. Das Aceton verdunstet infolge seines niedrigen Siedepunktes (56° C) viel rascher als das Benzin (Siedep. 120 bis 160°), sodaß sich letzteres auf der Spule anreichert. Da es das geblasene Leinöl nicht mehr in Lösung halten kann, koaguliert dieses und scheidet sich auf der Faser ab. Dadurch können Konzentrationsänderungen und ein Wandern des Leinöles nicht mehr auftreten. Es soll eine egale Schlichtung erzielbar sein.

Das zweite Verfahren der Schlichtung mit Leinöl besteht darin, wäßrige Emulsionen desselben auf die Kunstseide aufzubringen. Es hat vor dem ersten den Vorteil, daß das teure und feuergefährliche Benzin vermieden wird. Der Nachteil der Emulsionsschlichten ist der, daß die in nassem Zustande leicht überstreckbare Kunstseide gegen Zugbeanspruchungen sehr empfindlich ist.[1] Der zur Emulgierung notwendige Emulgator wirkt zuweilen auf den Trockenvorgang verzögernd. Deshalb setzt man dem Leinöl bei Emulsionsschlichten vielfach Sikkative als Oxydationsbeschleuniger [61] zu, wodurch wieder neue Gefahrenquellen auftreten (vgl. S. 273). Die mit dem Sikkativzusatz — der nicht über 1% gehen soll — verbundenen Nachteile vermeidet das Verfahren des Etab. Gamma (Lyon), indem die mittels Leinölemulsionen geschlichtete Kunstseide in ozonhaltiger Luft getrocknet wird *(Gammaschlichte)*. Ferner muß bei der Emulsionsschlichte darauf gesehen werden, daß die geschlichtete Kunstseide nach dem Entfernen der überschüssigen Schlichtflotte durch Schleudern gut ausgeschlagen wird, da sonst die einzelnen Fäden des Strahnes in feuchtem Zustande während des Verdunstens des Emulsionswassers zusammenkleben.

Als Emulgatoren verwendet man *Nekal AEM* (I. G. Farbenindustrie A. G.), das aus dem Natriumsalz von Alkylnaphthalinsulfonsäuren und abgebautem Leim besteht, sulfonierte Öle, Fettalkoholsulfonate und gewöhnliche Seife. Letztere kann am einfachsten durch partielle Verseifung des Leinöles selbst erzeugt werden. Die Leinölkonzentration schwankt zwischen 150 und 400 g/l; die Schlichttemperatur beträgt etwa 25 bis 40° C.

Mit dem Leinöl werden zuweilen gleichzeitig emulgierte Fettstoffe, z. B. Öle, Talg, Paraffin, aufgebracht, um den Griff und die Glätte der Faser günstig zu beeinflussen.

---

[1] Dadurch tritt eine irreversible Überdehnung in der Längsrichtung ein, die die innere Struktur der Faser so verändert, daß beim Färben Unegalitäten entstehen.

Die trotz bisher unerreichter Vorzüge sehr fühlbaren Nachteile der gewöhnlichen Leinölschlichte auf Kunstseide, vor allem auf Acetatseide, haben die Textilhilfsmittel erzeugenden Firmen bewogen, Produkte zu entwickeln, die die wertvollen Eigenschaften des Linoxynfilms aufweisen, ohne dessen Mißstände zu zeigen.

Die auf Basis sulfonierter Leinöle aufgebauten Produkte haben sich wegen des zu starken Eingriffes in das Leinölmolekül für Schlichtzwecke wenig bewährt. Die Sulfonation selbst gelingt in befriedigender Weise nur mit etwas verdünnter Schwefelsäure, z. B. mit einer solchen, die 85 bis 90% H_2SO_4 enthält [62]; sonst tritt „Verbrennung" des Leinöls ein. Daran ändert auch die Mitverwendung von Lösungsmitteln nur wenig [*Linopol C* (Stockhausen & Co.)].

Durch Behandeln des Leinöles bei 60 bis 90° C mit einer konzentrierten Lösung von Natriumbisulfit ($NaHSO_3$) in Gegenwart von Luft entsteht der Schwefligsäureester des Leinöles [63], etwa nach dem Schema

$$R_1\!-\!CH = CH\!-\!R_2 + NaHSO_3 \rightarrow R_1\!-\!CH_2\!-\!CH\!-\!R_2$$
$$\underset{OSO_2Na}{|}$$

Derartig „sulfitiertes" (besser „bisulfitiertes") Leinöl kommt unter dem Namen *Este-Kunstseiden-Schlichte* (I. G. Farbenindustrie A. G.) in den Handel. Nach SAUTER [64] kann es sowohl in der Strang- als auch in der Maschinen- (Kettbaum-) Schlichterei angewendet werden, da es in Benzin löslich ist und mit Wasser in Gegenwart von Bicarbonat emulgiert.

Durch die Verwendung sulfitierten Leinöles werden die mechanischen Fasereigenschaften während des Lagerns und nach dem Entschlichten besser geschont als bei gewöhnlicher Leinölschlichte, wie Tab. 94 und 95 zeigen.

Tabelle 94. Beeinflussung der mechanischen Festigkeitseigenschaften von Viskose, 120 den., durch verschiedene Leinölschlichten. Die Entschlichtung erfolgte ohne Lagerung sofort nach dem Trocknen (48 Stunden). (Nach SAUTER.)

Trocknungs-temperatur in °C	Unbehandelt		Schlichteart					
			Leinöl—Benzin		Leinöl—Benzin und Sikkativ[1]		Sulfitiertes Leinöl	
	Reißfestigkeit in Gramm	Dehnung in Prozenten	Reißfestigkeit in Gramm	Dehnung in Prozenten	Reißfestigkeit in Gramm	Dehnung in Prozenten	Reißfestigkeit in Gramm	Dehnung in Prozenten
20	194	24	172	19	171	19	189	23
60	196	23	175	20	168	18	186	22

[1] 0,3% Manganresinat.

Tabelle 95. Beeinflussung der mechanischen Festigkeitseigenschaften von Viskose, 120 den., durch verschiedene Leinölschlichten. Die Entschlichtung erfolgte nach dreiwöchigem Lagern bei 70% relativer Luftfeuchtigkeit. (Nach SAUTER.)

Lagerungsbedingungen	Unbehandelt		Schlichteart					
			Leinöl—Benzin		Leinöl—Benzin und Sikkativ[1]		Sulfitiertes Leinöl	
	Reißfestigkeit in Gramm	Dehnung in Prozenten	Reißfestigkeit in Gramm	Dehnung in Prozenten	Reißfestigkeit in Gramm	Dehnung in Prozenten	Reißfestigkeit in Gramm	Dehnung in Prozenten
20° C hell	196	23	176	18	163	17	174	21
20° C dunkel ..	193	24	155	18	158	17	191	23
60° C dunkel ..	186	22	173	19	138	13	142	13

Vierzehnter Abschnitt.

Entschlichtungsmittel.

Die Entschlichtung bezweckt die Entfernung der Schlichtebestandteile, um ein egales Färben der Ware zu ermöglichen.[2] Die Zusammensetzung der Schlichten ist, wie S. 249 gezeigt, ziemlich verschieden. Es hängt dies davon ab, welches Textilmaterial geschlichtet werden soll.

Für Baumwolle kommt Stärke, zum Teil in Verein mit emulgierten Fetten, Seifen und Öl-, bzw. Fettsulfonaten zur Verwendung. Besonders werden Talg und Wachse in fein verteilter Form zur Gleitfähigkeitserhöhung der Schlichte zugesetzt. Die Kunstseide wird meist mit abgebauten Eiweißstoffen und mit sog. Ölschlichten, vorzugsweise Leinölschlichten, geschlichtet. Ferner finden neuere, synthetische Schlichtmittel häufig bei der Kunstseiden- und Zellwolleschlichte Anwendung.

Die Entfernung so verschiedenartiger Schlichtebestandteile erfordert ebenso verschiedene Maßnahmen, um eine vollständige Entschlichtung zu erzielen. Hierbei ist es wichtig, daß die Entschlichtung der Schlichtebestandteile praktisch restlos erfolgt, da sonst bei der nachfolgenden Färbung leicht Unegalitäten eintreten können.

Infolge der verschiedenartigen Schlichtezusammensetzung ist die Entfernung derselben je nachdem, ob es sich um:

Entschlichtungsmittel für Stärke und stärkehaltige Schlichten,

Entschlichtungsmittel für Leinölschlichten, bzw. linoxynhaltige Schlichtpräparate

---

[1] 0,3% Manganresinat.

[2] Vielfach wird auch stärkegeschlichtete Baumwollware einem Vorentschlichtungsprozeß unterworfen, um das nachfolgende Beuchen leichter und in kürzerer Zeit durchzuführen.

handelt, getrennt zu beschreiben. Hingegen ist für das Entschlichten der synthetischen Schlichtmittel, etwa auf Basis von Polyvinylalkoholen, kein Entschlichtungsmittel notwendig, da derartige Präparate bereits durch warmes Wasser oder durch eine Seifenwäsche entfernt werden.

I. Entschlichtungsmittel für Stärke und stärkehaltige Schlichten.

Die Entschlichtungsmittel zur Entfernung von Stärke beruhen darauf, daß die Stärkesubstanz, die aus unlöslichen Polysacchariden besteht, durch Hydrolyse in lösliche Bruchstücke (Zucker) übergeführt wird (vgl. S. 19). Die Hydrolysegeschwindigkeit ist von der Temperatur und von der Wasserstoffionenkonzentration abhängig; sie wird durch bestimmte Zusätze beschleunigt. Der Abbau der Stärkesubstanz kann auf mehrfache Weise erfolgen:

1. durch Enzyme (biologische Katalysatoren),
2. durch chemische Katalysatoren,
3. durch oxydative Spaltung.

1. Verzuckerung durch Enzyme.[1]

Die enzymatischen Entschlichtungsmittel, deren Teilchen in den kolloiden Zustandsbereich fallen, stellen biologische Katalysatoren dar, die die Hydrolyse der Stärke nach der Gleichung

$$(C_6H_{10}O_5)x + xH_2O = xC_6H_{12}O_6$$

katalytisch beschleunigen.

Die hier in Frage kommenden Enzyme, die spezifisch auf den Abbau von Stärke einwirken und deshalb auch Amylasen (amylum = Stärke) genannt werden, kann man einteilen in α-Enzyme und β-Enzyme. Zu den α-Enzymen gehören die Bakterien- und Pankreasamylasen, zu den β-Enzymen die Malzdiastasen. Verwendet man α-Enzyme bzw. β-Enzyme zum Abbau der Stärke, so erhält man in beiden Fällen Maltose (vgl. S. 250). Werden aber Mischungen von α- und β-Enzymen zur Hydrolyse der Stärke benutzt, so fällt als Endprodukt des Hydrolysenvorganges Glucose an. Von den beiden Enzymarten sind nur die α-Enzyme „aktivierbar", d. h. die Abbauwirkung auf Stärke wird durch Zusatz von Kochsalz, Aminosäuren, Phosphaten, Pyrophosphaten, höhermolekularen Ammonium-, Sulfonium- und Phosphoniumverbindungen, Halogenfettsäuren (Bromessigsäure) u. dgl. wesentlich vergrößert. Die β-Enzyme sind nicht aktivierbar.

Die wichtigsten diastatischen Enzyme, die den Handelsprodukten zugrunde liegen, sind:

a) Malzdiastasen (sie sind pflanzlichen Ursprunges und werden aus keimender Gerste gewonnen),

b) Pankreasdiastasen (sie sind tierischen Ursprunges und werden aus der Bauchspeicheldrüse gewonnen),

c) diastatische Bakterien (Bakterienamylasen).

---

[1] Unter Enzyme versteht man Produkte lebender Zellen, die von diesen ausgeschieden werden und abtrennbar sind; sie üben Reaktionen auf bestimmte organische Verbindungen, in unserem Fall auf Stärke, aus (diastatische Enzyme).

a) Malzdiastatische Erzeugnisse.[1]

Diastaphor (Diamalt A. G.).   *Terhyd MA* (Pfersee).
Gabalit (Diamalt A. G.).   *Dogmalin* (Mainzer & Co.).
Deglatol (Böhme Fettchemie   *Maltoferment* (Schoder).
    Ges. m. b. H.).   *Maltostase* (Pattermann).
Diastase (Lindomalt A. G.).

b) Pankreaspräparate.[1]

Novofermasol (Diamalt A. G.).   *Dedresan* (Böhme Fettchemie
Viveral E (Kalle & Co.).   Ges. m. b. H.).
Viveral S (Kalle & Co.).   *Terhyd EH* (Pfersee).
Degomma DL (Röhm & Haas).   *Ultraferman* (Gebrüder Bayer).
                     Delibran (Wunschel).

c) Bakterienpräparate.[1]

Biolase (Kalle & Co.).   *Rapidase* (Société Rapidase).

Die diastatischen, spezifisch auf Stärke einwirkenden Enzyme (Amylasen) bauen nur Stärke ab. Zunächst verflüssigen sie den Stärkekleister, indem die großen Stärkemizellen in kleinere Bruchstücke ohne Umwandlung der chemischen Substanz zerlegt werden. Dann tritt ähnlich wie bei der Einwirkung chemischer Katalysatoren eine Art Dextrinierung ein, worauf durch vollständige Hydrolyse das Stärkemolekül unter Zuckerbildung zerstört wird.

Die abbauende Wirkung der α-Enzyme kann durch Aktivatoren stark vergrößert werden. So bewirkt z. B. der Zusatz von Kochsalz eine vergrößerte Abbaugeschwindigkeit. Man setzt deshalb vielfach den Handelserzeugnissen aktivierende Salze, vorzugsweise Kochsalz, zu.

Demgemäß schwankt der Gehalt an aktiven Substanzen bzw. Salzen oft beträchtlich, wie aus Tab. 96 hervorgeht.

Wie aus dieser Zusammenstellung ersichtlich ist, besteht bei den diastatischen und bakteriellen Amylasen das Entschlichtungsmittel zum größten Teil aus Enzymsubstanz. Bei Pankreaspräparaten wird zur Unterstützung der abbauenden Wirkung ein großer Salzzusatz, meist Kochsalz, verwendet.

Tabelle 96. **Aschegehalt verschiedener enzymatischer Entschlichtungsmittel.**

Handelserzeugnis	Asche in Prozenten
Diastaphor	2
Novofermasol	85
Biolase	4,5

Dagegen vernichten gewisse Stoffe, beispielsweise Kupfer-, Zink- und Bleisalze, auch wenn sie nur in Spuren vorhanden sind, die abbauende Wirkung der Amylasen; sie sind Katalysatorgifte.

Neben dem günstigen Einfluß sog. Aktivatoren sind zur Erreichung der optimalen Enzymwirkung die Wasserstoffionenkonzentration, die Temperatur und die Einwirkungszeit des Entschlichtungsbades sowie dessen Konzentration ausschlaggebend.

In Tab. 97 ist eine Übersicht über den p_H- und Temperaturbereich angegeben, bei welchem die Entschlichtungsmittel praktisch verwendet werden. Ferner ist daraus die Menge anzuwendender Entschlichtungsmittel zu ersehen.

---

[1] Eine Wertung der einzelnen Handelserzeugnisse ist durch die Reihenfolge in keiner Weise beabsichtigt.

Tabelle 97. Die allgemeinen Abbauverhältnisse von Stärke durch Enzyme.

	Malzdiastasen	Pankreasdiastasen	Diastatische Bakterien
p_H-Bereich.............. (Optimales p_H)........	4,5—6,2 (zirka 5—6)	6,5—7,2 (6,8)	6,0—8,5
Temperaturbereich .... (Optimale Temperatur) .	50—65° C (etwa 55° C)	35—55° C (etwa 40° C)	60—90° C
Anzuwendende Menge	3—20 g/l	1—3 g/l	$^1/_2$—1 g/l
Typ-Präparat	*Diastaphor*	*Viveral S Degomma DL*	*Biolase*

Die Faktoren, die die enzymatische Wirkung beeinflussen, sind:

Wasserstoffionenkonzentration,
Temperatur,
Reaktionszeit,
Aktivatoren.
Schlichtebegleitstoffe.

α) **Einfluß der Wasserstoffionenkonzentration.** Wie aus Tab. 97 ersichtlich, besitzen die einzelnen Enzympräparate bei verschiedenem p_H optimale Wirkung. Durch p_H-Änderungen des Entschlichtungsbades wird die Wirksamkeit der Fermente vermindert, wodurch der Entschlichtungseffekt leidet. Die Entschlichtungswirkung einer Malzdiastase in Abhängigkeit vom p_H der Entschlichtungsflotte bringt Tab. 98 nach Versuchen von LETSCHE [1].

Auch die Pankreasdiastasen werden durch p_H-Änderungen nicht unwesentlich im Entschlichtungseffekt beeinflußt, wie Tab. 99 zeigt.

Die in Tab. 98 und 99 zusammengestellten Angaben über die prozentuale Entschlichtung durch Malzdiastasen bzw. Pankreasdiastasen in Funktion von der Wasserstoffionenkonzentration bringt Abb. 102.

Man sieht deutlich, daß im Gegensatz zu Malzdiastasen, deren Wirkungsoptimum in schwach sauren Bädern ist, Pankreasdiastasen nahezu im Neutralpunkt am besten entschlichten. Im Gegensatz zu den Malzdiastasen sind die Pankreasdiastasen gegen Alkali weniger empfindlich. Die Wirkung der Enzyme ist auf einen verhältnismäßig engen p_H-Bereich be-

Tabelle 98. Beeinflussung des Entschlichtungseffektes durch p_H-Änderungen bei Malzdiastasen.[1] (Nach LETSCHE.)

p_H	Wirksamkeit in Prozenten
6	100
6,68	58
7,5	5

Tabelle 99. Veränderung des Entschlichtungseffektes bei verschiedenem p_H bei Pankreasdiastasen. (Nach LETSCHE.)

p_H	Wirksamkeit in Prozenten
3,9	22
6	55,6
6,5	80,6
6,8	100
7,2	87,5
7,5	80,5

---

[1] Die optimale Entschlichtwirkung ist gleich 100 gesetzt. Analytisch ergibt sie sich als größte gefundene Zuckermenge.

schränkt. Es empfiehlt sich deshalb, während der Entschlichtung eine p_H-Kontrolle durchzuführen.

Nach ROEDORF [2] eignet sich hierzu Bromthymolblau. Es besitzt bei p_H 7,4 eine blaue, bei p_H 6,8 bis 7,0 eine grüne und bei p_H 6,2 eine gelbe Farbe.

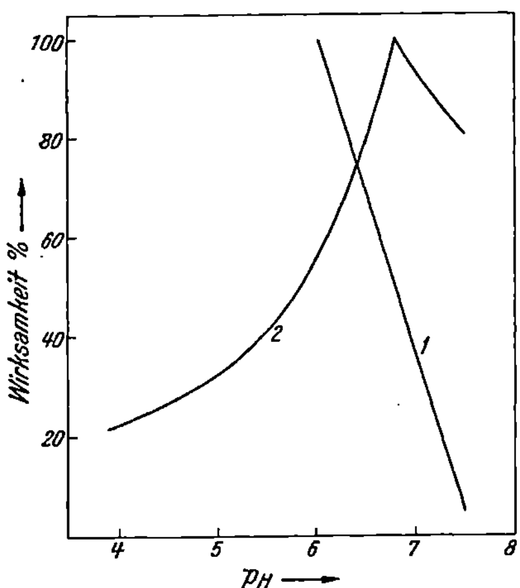

Abb. 102. Abhängigkeit der Entschlichtungswirkung von Malzdiastasen (1) und Pankreasdiastasen (2) vom p_H. (Nach LETSCHE.)

Tritt nach Zusatz des Bromthymolblauindikators zur Entschlichtungsflotte eine Gelbfärbung auf, so ist bei Verwendung von Pankreasdiastasen kein völlig einwandfreier Entschlichtungsvorgang zu erwarten.

Die Herstellungsfirmen tragen diesem Umstande insofern Rechnung, indem sie Erzeugnisse auf den Markt bringen, die durch geeignete Puffersubstanzen auf den optimalen p_H-Wert gebracht wurden und denselben auch längere Zeit beibehalten, wie z. B. *Viveral S.*

Allerdings ist zu berücksichtigen, daß das Entschlichtungsbad selbst keinerlei sauer oder alkalisch reagierende Stoffe enthalten darf. Zuweilen werden dieselben durch das Textilgut vom Schlichten her in das Bad gebracht. Bei längerer Entschlichtungsdauer[1] tritt neben der Verzuckerung der Stärke durch die Wirkung von Milchsäurebakterien sog. Milchsäuregärung ein, wodurch Milchsäure entsteht, die die Wasserstoffionenkonzentration erhöht und das optimale p_H verändert.

β) **Einfluß der Temperatur.** Neben der optimalen Wasserstoffionenkonzentration ist die Temperatur des Entschlichtungsbades von großem Einfluß auf den Entschlichtungseffekt. Wie sehr durch Temperaturänderungen derselbe beeinflußt werden kann, zeigt Tab. 100.

Die entschlichtende Wirkung von Pankreasdiastasen ist demnach auf einen sehr engen Temperaturbereich von etwa 35 bis 55° C beschränkt, wie noch deutlicher aus Abb. 103 hervorgeht.

Beim Entschlichten mit Pankreaspräparaten wird man demnach nicht wesentlich über 50 bis 55° C gehen dürfen, ohne zuviel an Wirksamkeit des Präparates einzubüßen. Ganz ähnlich liegen die Verhältnisse bei den Malzdiastasen. Auch hier ist die für eine gute Entschlichtung notwendige Temperatur zwischen 50 bis 65° C zu halten. Über 70° C ist kein Entschlichtungseffekt vorhanden, da die Pankreasdiastasen ebenso wie die Malzdiastasen in der Hitze irreversibel zerstört werden.

Tabelle 100. **Temperaturabhängigkeit der Entschlichtung mit Pankreasdiastase.** (Nach LETSCHE.)

Temperatur in °C	Wirksamkeit in Prozenten
20	25
30	50
40	100
50	92
60	19
70	0

Im Gegensatz hierzu sind die diastatischen Bakterien auch bei höherer Temperatur noch wirksam. Selbst bei 90° C entschlichten derartige Erzeug-

---

[1] Z. B. beim kontinuierlichen Entschlichten in Rollenkufen.

nisse, beispielsweise *Biolase*, anstandslos. Die Wichtigkeit dieses Verhaltens für die Praxis liegt zunächst darin, daß durch Unvorsichtigkeit hervorgerufene Temperatursteigerung keine Verminderung des Entschlichtungseffektes bewirkt. Zum anderen sind damit noch weitere Vorteile verbunden; vgl. S. 281.

γ) **Einfluß der Reaktionszeit.** Wenn die besten Abbaubedingungen, wie richtige Wasserstoffionenkonzentration und optimale Temperatur, bei der Entschlichtung mittels enzymatischer Abbaumittel berücksichtigt werden, so ist im allgemeinen eine längere Einwirkungsdauer der Enzyme auf die zu entschlichtende Ware von einem besseren Entschlichtungseffekt begleitet als eine nur kurze Behandlung mit der Entschlichtungsflotte.

Wenn dagegen ungünstige p_H-Verhältnisse und Entschlichtungstemperaturen vorliegen, kann die längere Einwirkungszeit der Enzyme nicht mehr jenen Entschlichtungsgrad bewirken, wie er unter Innehaltung der optimalen Entschlichtungsbedingungen erreicht werden würde; vgl. Tab. 101.

Je ungünstiger die Wasserstoffionenkonzentration beim Entschlichten ist, desto schlechter wird der Entschlichtungseffekt, selbst wenn man dreimal so lange das Enzympräparat einwirken läßt, als es bei optimalem p_H notwendig ist.

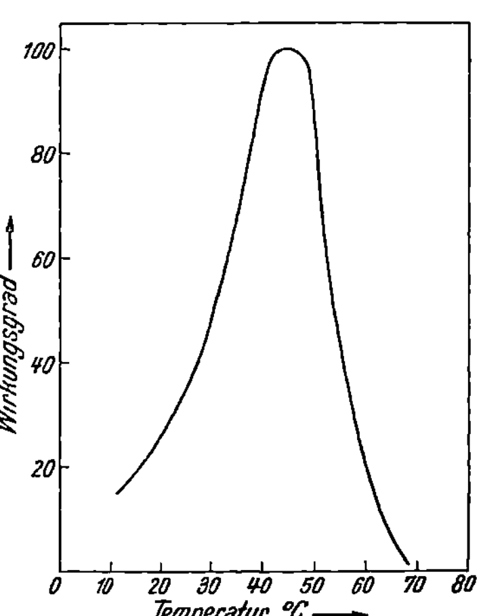

Abb. 103. Abhängigkeit der Entschlichtungswirkung von Pankreasdiastasen von der Temperatur. (Nach LETSCHE.)

δ) **Einfluß der Aktivatoren.** Wie bereits erwähnt, wird die abbauende Wirkung der α-Enzyme durch gewisse Zusätze salzartiger Natur stark beschleunigt. So erhöht beispielsweise die Mitverwendung von 1 g Natriumchlorid im Liter die durch Pankreaspräparate gebildete Zuckermenge unter sonst gleichen Umständen von 18 g Maltose auf 39 g, also um rund 100%.

Außer Kochsalz finden noch eine ganze Reihe anderer Aktivatoren Verwendung (vgl. S. 275). Im Patentschrifttum ist eine Reihe von Vorschlägen enthalten, die kurz erwähnt sei. Darnach kommen als Aktivatoren u. a. in Betracht:

Salze der Phosphor- und Pyrophosphorsäure [3], hochmolekulare Aminsalze und quartäre Ammonium-, Phosphonium- und Sulfoniumverbindungen [4], Zucker und zuckerartige Stoffe [5], Halogenfettsäuren, z. B. Bromessigsäure [6], Natriumsulfoxylat [7], Chromate und Bichromate [8] usw.

Tabelle 101. Abhängigkeit der Entschlichtungswirkung einer Pankreasdiastase von der Reaktionszeit und dem p_H. (Nach LETSCHE.)

Entschlichtungszeit in Stunden	Wirksamkeit in Prozenten der Optimalwirkung bei p_H			
	7,14	6,8	4,43	3,86
1	86	100	70	22
3	85	—	63	13

Für den Entschlichtungsvorgang ist es, unabhängig von der Art des Entschlichtungsmittels, von größter Wichtigkeit, daß neben der vollkommenen Entfernung der Schlichtebestandteile die Faserqualität bestmöglich erhalten wird und keinem Angriff ausgesetzt ist. Eine gewisse Verminderung der

Tabelle 102. Veränderung der Reißfestigkeit und Dehnung bei der Entschlichtung mit diastatischen Enzymen. (Nach NOPITSCH.)

Behandlung	Reißfestigkeit in Gramm	Dehnung in Prozenten
Rohfaden (Baumwolle) .	322	38
Geschlichtet	350	33
Entschlichtet mit:		
Diastaphor	306	34
Biolase	298	34

Reißfestigkeit und Dehnung ist bei allen Entschlichtvorgängen zu beobachten. Diese dürfen bei sachgemäßem Arbeiten keine merklichen Einbußen erleiden, was bei der enzymatischen Entschlichtung im allgemeinen der Fall ist, wie aus Tab. 102 nach Versuchen von NoPITSCH [9] hervorgeht.

Die geringe Herabsetzung der Reißfestigkeit und Dehnung fällt durchaus in jene Größenordnungen, die auch bei anderen Entschlichtungsmethoden auftreten. Ein spezifischer Angriff auf das Fasermaterial tritt nicht ein. Allenfalls werden die Hemicellulosen herausgelöst.

ε) **Allgemeines über das Entschlichten mittels Enzympräparate.** Die Wirkung enzymatischer Entschlichtungsmittel ist außer von den oben besprochenen Einflüssen noch von der Art der Ware und der Schlichtezusammensetzung abhängig. Die bisherigen Angaben über die entschlichtende Wirkung betrafen meistens den Abbau reiner gequollener Stärke, ohne auf die Begleitstoffe, wie sie in der Praxis in einer Schlichte stets vorliegen, Rücksicht zu nehmen. Weiters verhält sich die eingetrocknete Stärke den Amylasen gegenüber oft anders als der gequollene Stärkekleister, wie er bei der analytischen Prüfung enzymatischer Entschlichtungsmittel meist verwendet wird.

Die Begleitstoffe der in der Praxis verwendeten Stärkeschlichten sind meist emulgierte Fette, vorzugsweise Talg, die dem Stärkekleister zugesetzt und mit ihm verkocht werden, bis sie genügend fein verteilt sind. Besser ist es, derartige Fettstoffe durch geeignete Dispergatoren feindispers erteilt der Schlichtflotte in Emulsionsform zuzusetzen. Vielfach verwendet man auch Emulsionen von unverseifbaren Stoffen, z. B. Paraffin, Ceresin, Wachse u. dgl., die sich nur schwer vollständig entfernen lassen. Beim Eintrocknen umhüllen diese Stoffe die Stärke und erschweren wegen ihrer Wasserunlöslichkeit und Unangreifbarkeit durch die Entschlichtungsmittel den Entschlichtungsprozeß. Sie halten hartnäckig vom Fett eingeschlossene Stärke zurück und entziehen diese der Enzymeinwirkung.

Zum besseren Durchdringen und Benetzen der Ware mit der Amylaselösung wird deshalb oft ein Vornetzprozeß eingeschaltet. Er hat den Zweck, die geschlichtete Ware, die dem Eindringen der wäßrigen Enzymlösung wegen der Hydrophobie der Fettbestandteile Widerstand entgegensetzt, besser netzbar zu machen und ein gleichmäßigeres und vollständigeres Entschlichten zu ermöglichen. Als solche Netzmittel kommen beispielsweise in Frage: *Nekal BX* (I. G. Farbenindustrie A. G.), *Avirol AH* extra (Böhme Fettchemie Ges. m. b. H.), *Oranit* (Oranienburger chemische Fabrik), *Invadin C* (Gesellschaft für chemische Industrie, Basel) usw. Die Verwendung solcher Netzmittel ist unter Umständen deshalb notwendig, weil die Temperatur der Enzymlösung bei Anwendung von Malzdiastasen bzw. Pankreasdiastasen nicht wesentlich über 50 bis 60° C betragen darf und bei diesen Temperaturen das Netzvermögen der Enzymlösung nicht besonders gut ist. Vielfach setzt man die Netzmittel dem eigentlichen Entschlichtungsbade zu und erspart sich das Vornetzen.

Bei Verwendung von diastatischen Bakterien kann das Vornetzen bzw. der Zusatz von Netzmitteln zur Entschlichtungsflotte u. U. entfallen, da die Bakterienamylasen im Gegensatz zu den Malz- und Pankreasdiastasen bis zu 90° C beständig sind. Die heiße Entschlichtungsflotte durchdringt in der Hitze viel leichter das zu entschlichtende Textilgut als bei 50 bis 60° C.

Die hohe Arbeitstemperatur bei der Entschlichtung mittels diastatischer Bakterien erlaubt nicht nur ein rascheres Arbeiten ohne Mitverwendung von typischen Netzmitteln, sondern gestattet auch in Spezialfällen die Verbindung mehrerer Arbeitsoperationen zu einem Arbeitsgang. Dies ist z. B. beim Entschlichten und Einbrennen[1] von Wolle der Fall.

Bei dicht geschlagener Ware, z. B. Regenmantel- und Uniformstoffen, genügt bisweilen selbst ein Vornetzen nicht, um die Enzyme gleichmäßig an alle Stärketeilchen heranzubringen. Man muß in solchen Fällen die Enzyme länger auf die zu entschlichtende Ware einwirken lassen. Da sich hierbei, wie` erwähnt, eine ungünstige Wasserstoffionenkonzentration von selbst ausbilden kann, ist die Verwendung solcher Erzeugnisse, die Puffersubstanzen enthalten, und das optimale p$_H$ für den Entschlichtungsvorgang längere Zeit gewährleisten, z. B. *Viveral S*, von Vorteil.

In besonders schwierigen Fällen, wenn die Schlichtemasse größere Mengen Paraffin oder Ceresin enthielt, ist vor dem eigentlichen Entschlichten durch Enzyme ein Abkochen mit Soda und einem Fettlösungsmittel[2] notwendig. Vorteilhafterweise benutzt man hierzu die neutralen synthetischen Waschmittel, wie Fettalkoholsulfonate und Fettsäurekondensationsprodukte [10].

Betreffs allgemeinen Schrifttums über enzymatische Entschlichtungsmittel vgl. [11].

2. Verzuckerung durch chemische Katalysatoren.

Der Abbau der Stärkesubstanz kann durch Wasserstoffionen wesentlich beschleunigt werden. Es werden dadurch die Äthersauerstoffbrücken aufgespalten, wodurch sich schließlich Glucose bildet. Die Entschlichtung durch Säuren, z. B. Salzsäure, wurde in der Praxis früher vielfach geübt jedoch nach dem Aufkommen der biologischen Entschlichtungsmethoden zugunsten letzterer verlassen. Es ist nämlich unmöglich, bei der Entschlichtung mit Säuren den Vorgang so zu leiten, daß nicht die Cellulosefaser, vor allem Baumwolle, angegriffen wird. In der Tat ist der Verlust an Baumwollsubstanz, der beim Entschlichten mit Säuren auftritt, stets etwas größer als der, der bei Einwirkung enzymatischer Entschlichtungsmittel gefunden wird. Nach HOWELL [12] beträgt dieser Mehrverlust beim Säureabbau der Stärke infolge des gleichzeitig vor sich gehenden Faserangriffes etwa 0,8°/$_0$ vom Gewicht der Baumwolle.[3]

Aus dem Patentschrifttum sind verschiedene Vorschläge bekannt, durch Wahl weniger aggressiver Säuren eine schonendere Entschlichtung zu erzielen [13], ohne daß aber in der Praxis derartige Erzeugnisse anzutreffen sind.

---

[1] Bezüglich „Einbrennen" vgl. S. 204. Man setzt beim gleichzeitigen Einbrennen und Entschlichten der heute vielfach mit Stärke (statt wie früher mit dem teureren Leim) geschlichteten Wollwaren dem Einbrennbad *Biolase N* extra Plv. zu.

[2] Vgl. S. 283.

[3] Er kann bei unsachgemäßem Arbeiten auch noch größer sein. Durch Verwendung milderer Säuren, z. B. Oxalsäure, kann diesem Mißstand allerdings einigermaßen begegnet werden.

Die Entschlichtung mit Laugen, insbesondere mit Abfallaugen aus der Wasserstoffsuperoxydbleicherei, die noch etwas wirksamen aktiven Sauerstoff enthalten, liefert nach einigen Stunden in der Hitze einen brauchbaren Entschlichtungseffekt, ohne die Faser allzu stark anzugreifen, da Laugen viel milder abbauen (vgl. S. 256).

3. Entschlichtung durch oxydativen Abbau.

Neben den enzymatischen Entschlichtungsmitteln haben sich in der Praxis noch solche Mittel eingeführt, die infolge Abgabe von aktivem Sauerstoff oxydierend auf die Stärkeschlichte einwirken.

Es wurde bereits frühzeitig versucht, die biologische Entschlichtung mit einem Oxydationseffekt zu verknüpfen. Diese Versuche schlugen jedoch fehl, da die Enzyme gegen aktiven Sauerstoff, insbesondere wenn dieser in größerer Menge im Bad vorhanden ist, empfindlich sind und in ihrer Wirkung stark zurückgehen.[1]

Ein Handelserzeugnis, das zur Entschlichtung von stärkehaltigen Schlichten dient und auf die Abgabe von aktivem Sauerstoff basiert, ist das *Eliminol* (Österr. chem. Werke). Als wirksames Entschlichtungsmittel enthält es Natriumpersulfat. Man verwendet ein Bad, das 1 bis 2 g *Eliminol* im Liter enthält. Gearbeitet wird bei 70° C. Zweckmäßigerweise setzt man dem Entschlichtungsbad etwa 10 g Ätznatron je Liter zu. Die im kochenden Wasser vorgenetzte Ware wird bei 70° C in die Entschlichtungsflotte eingegeben und darinnen ein bis zwei Stunden belassen. Nach dem Entschlichten muß sofort mit heißem Wasser ausgewaschen werden, weil das Persulfat die Stärke nicht so weit abbaut, daß sie in der Kälte nicht mehr auf die Faser zurückgeht [15]; vgl. auch Tab. 86.

Ein weiteres, oxydativ wirkendes Entschlichtungsmittel ist das *Aktivin* (Chem. Fabrik Pyrgos). Wie auf S. 256 angegeben, wirkt es infolge intermediärer Bildung von Hypochlorit oxydierend. Es soll nach KOSCHE [16] in bezug auf entschlichtende Wirkung von Enzymen, beispielsweise *Viveral E* übertroffen werden.

II. Entschlichtungsmittel für Leinölschlichten.

Wie S. 249 ausgeführt, werden die Kunstseiden (Viskose, Kupferseide, und Acetatseide) trotz mancher Gefahren, die daraus für die Kunstfaser entstehen, vielfach mit Leinöl geschlichtet, da kein anderes Schlichtmittel einen gleich guten Schlichteffekt für diese Fasern ergibt wie Leinöl. Der Nachteil ist in erster Linie der, daß bei langem Lagern der geschlichteten Kunstseide das Leinöl zu sehr oxydiert und polymerisiert, so daß die Entfernung des entstandenen Linoxynfilmes Schwierigkeiten bereitet. Die dadurch bedingten Maßnahmen zum Ablösen des Linoxyns müssen entsprechend energisch sein, was wieder die Gefahr eines Faserangriffes, bzw. bei Acetatseide die Gefahr einer oberflächlichen Verseifung vergrößert.

Der Chemismus des Entschlichtens von leinölgeschlichteter Kunstseide

---

[1] Vgl. aber [14], wonach *geringe* Mengen freien Sauerstoffes im enzymatischen Entschlichtungsbad nicht nur nicht schädlich wirken, sondern den Entschlichtungsvorgang sogar begünstigen sollen.

hat mit der Entschlichtung von Stärkeschlichten das eine gemeinsam, daß in beiden Fällen ein hochmolekularer, wasserunlöslicher Körper durch Abbau in kleinere Bausteine übergeführt wird, die entweder in Wasser leicht löslich sind oder sieh durch entsprechende Hilfsstoffe darin leicht kolloiddispers verteilen lassen. Während aber bei der Entfernung der Stärkeschlichten ein chemischer Spaltungsprozeß einsetzt, der durch Wasserstoffionen, durch Enzyme oder durch aktiven Sauerstoff begünstigt wird, arbeiten die Entschlichtungsmittel bei der Entfernung von Linoxynfilmen vorzugsweise nach typisch kolloidchemischen Regeln. Allerdings soll schon jetzt darauf verwiesen werden, daß bei der Entfernung des Linoxyns auch solche Mittel mitverwendet werden können, die die Linoxynsubstanz durch chemische Einwirkung in kleinere Bruchstücke spalten.

Die meisten Entschlichtungsmittel für mit Leinöl geschlichtete Kunstfasern enthalten sog. „Fettlöser". Man versteht darunter solche Stoffe, die höhermolekulare, hydrophobe Körper, z. B. Fette, Öle, Wachse u. dgl., zu lösen vermögen. Viele von diesen Fettlösern besitzen die Eigenschaft, auch das hydrophobe Linoxyn zu lösen oder zumindest zu quellen, wodurch die Entfernung desselben leichter vor sich geht. Behandelt man reines Linoxyn in vitro mit Fettlösern, z. B. Hexalin oder Methylhexalin, Kohlenwasserstoffen, wie Tetralin, Dekalin, Benzol, Xylol, Cymol, Toluol usw., Terpentinöl oder Ketonen, z. B. Cyclohexanon, sowie Chlorkohlenwasserstoffen, z. B. Trichloräthylen, Tetrachlorkohlenstoff usw., so erhält man bei genügend langer Einwirkung eine dickviskose Lösung.

Die Wirkung der fettlöserhaltigen Entschlichtungsmittel beruht in der Praxis nicht darauf, daß der Fettlöseranteil das Linoxyn von der Faseroberfläche als solches löst. Dies ist schon deshalb nicht möglich, weil die Fettlöser in den Entschlichtungsflotten kolloiddispers verteilt sind, also nicht die geschlossene Phase bilden, die für ein wirkliches Lösevermögen Voraussetzung ist. Die feinst verteilten Fettlöserteilchen treten vielmehr wegen des grenzflächenaktiven Verhaltens der seifenartigen Hilfsmittel in der Entschlichtungsflotte an die Faseroberfläche heran und reichern sich dort an. Sie werden vom Linoxyn, insbesondere in der Hitze, aufgenommen, wodurch letzteres quillt. Das gequollene Linoxyn ist aber durch die kapillaraktiven Stoffe, die ebenfalls im Entschlichtungsbade vorhanden sind, viel leichter entfernbar als das hydrophobe, nicht gequollene Linoxyn, das dem Eindringen der wäßrigen Flotte großen Widerstand entgegensetzt.

Um die Fettlöseranteile derartiger Erzeugnisse in Wasser fein dispers zu verteilen, finden anionaktive, seifenartige Stoffe sowie nichtionogen aktive Mizellkolloide mit Seifencharakter Anwendung. In den Handelserzeugnissen sind nahezu alle Vertreter dieser beiden Klassen anzutreffen. Man benutzt gewöhnliche Seifen, Türkischrotöl und türkischrotölartige Erzeugnisse, Fettalkoholsulfonate und Fettsäurekondensationsprodukte sowie Salze alkylierter Naphthalinsulfonsäuren; auch die synthetischen Waschmittel vom Typus des *Igepal* sind in letzter Zeit zu Dispergatoren für Fettlöser verwendet worden. In Tab. 103 sind nach FISCHER [17] verschiedene am Markte befindliche Erzeugnisse an Hand ihrer analytischen Zusammensetzung angeführt.

Tabelle 103.   Zusammensetzung   verschiedener   handelsüblicher
Entschlichtungsmittel.[1] (Nach FISCHER.)

Emulgator		Fettlöser				
		Terpentinöl	Methyl-hexalin	Trichlor-äthylen	Tetralin	Xylol
Grundkörper	in Prozenten	in Prozenten				
Seife	5	—	—	—	95	—
Fettalkohol-sulfonat	14	—	—	20	—	—
Seife	15	58	—	—	—	—
„	66	—	—	—	—	10
„	13	—	21	—	—	—
Türkischrotöl ..	20	—	72	—	—	—
Nekal	25	14	—	—	—	—
„	5	50	—	—	—	—
Seife	7	—	86		—	—
Türkischrotöl ..	15	55	—	—	—	—

Wie man sieht, wechselt die Zusammensetzung der Handelserzeugnisse
beträchtlich. Vielfach enthalten sie auch größere Mengen Wasser.

Die häufigsten in der Praxis anzutreffenden Fettlöser enthaltenden
seifenartigen Hilfsmittel (Fettlöserseifen) sind — z. T. mit Angabe der
Zusammensetzung — in Tab. 104 zusammengefaßt.

Tabelle 104.   Zusammenstellung handelsmäßiger Fettlöserseifen.

Name	Herstellerfirma	Zusammensetzung
Laventin KP	I. G. Farbenindustrie A. G.	*Nekal* und Fettlöser
Laventin HW	I. G. Farbenindustrie A. G.	*Igepon T* und Fettlöser
Igepal L	I. G. Farbenindustrie A. G.	*Igepal C* und Fettlöser
Medialan AL	I. G. Farbenindustrie A. G.	*Medialan A* und Fettlöser
Lenokal AL	I. G. Farbenindustrie A. G.	Hochsulfoniertes Öl u. Fettlöser
Lanaclarin LM, LT, 205	Böhme Fettchemie Ges. m. b. H.	Fettalkoholsulfonat *(Gardinol)* und Methylhexalin
Spezialseife C	Stockhausen & Co.	Seife und Methylhexalin
Verapol	Stockhausen & Co.	Seife und Fettlöser
Desilpon VK	Zschimmer & Schwarz	Seife, Ölsulfonate und Fettlöser
Terpinopol	Stockhausen & Co.	Terpengemisch
Terpinopol N extra	Stockhausen & Co.	
Antoxyl	Flesch	Fettalkoholsulfonat u. Fettlöser
Sapidan	A. Th. Böhme	Fettalkoholsulfonat u. Fettlöser
Triol	Baumheier	Seife und Fettlöser
Terpuril	Pfersee	Fettlösergemisch
Cycloran M	Oranienburger chem. Fabrik	Seife und Methylhexalin
Imerol L, S, W	Sandoz	
Silvatol I	Ges. f. chem. Ind., Basel	

[1] Der restliche Teil ist Wasser.

Allgemeines über Entschlichten mit Fettlösern. Die Entschlichtung von Linoxynfilmen mittels kapillaraktiver Stoffe und kolloiddisperser Fettlöser ist abhängig:

> von der Temperatur der Flotte,
> vom p_H des Entschlichtungsbades und
> von der Faserart.

Zur Erzielung eines guten Entschlichtungseffektes ist die Temperatur des Entschlichtungsbades in den verschiedenen Stadien des Löseprozesses für das Linoxyn von großer Wichtigkeit. Es ist nicht empfehlenswert, die geschlichtete Ware sofort in das heiße Entschlichtungsbad einzugeben, da ansonst die Leinölschlichte „festbrennt" (WELTZIEN). Durch die auch nur kurze Einwirkung einer Temperatur von etwa 90° C wird die weitere Polymerisierung des auf der Faser befindlichen Filmes aus getrocknetem Leinöl so beschleunigt, daß gerade das Gegenteil des beabsichtigten Effektes eintritt. Anstatt daß der Linoxynfilm leichter ablösbar wird, entstehen nahezu nicht mehr entfernbare, höchst polymere Linoxynanteile; die Folge davon sind ungenügend entschlichtete Faserstellen. Beim nachträglichen Färben erhält man eine streifige Ware. Der richtige Vorgang ist deshalb der, bei verhältnismäßig niederer Temperatur einzugehen und die Schlichtebestandteile einem Vorquellprozeß zu unterwerfen. Dies ist dann der Fall, wenn das Entschlichtungsbad etwa 40° C aufweist. Die Flotte selbst stellt man sich so her, daß man die käuflichen Entschlichtungsmittel entweder allein oder in Verbindung mit gewöhnlicher Seife (4 bis 10 g/l) zweckmäßig unter Zusatz von etwas Ammoniak (etwa 1 bis 2 cm³/l) löst. Damit der Vorquellprozeß möglichst weit fortschreitet, läßt man die Ware am besten über Nacht bei etwa 40 bis 50° C im Entschlichtungsbad und erwärmt am nächsten Tag langsam innerhalb von zwei Stunden auf etwa 90 bis 95° C und hält etwa eine Stunde auf dieser Temperatur. Ist der Entschlichtungseffekt noch nicht befriedigend, so gibt man in ein zweites, frisch bereitetes Entschlichtungsbad, das etwa 2 bis 5 g Seife und käufliche Fettlöserpräparate enthält und dessen Temperatur etwa 90 bis 95° C ist, ein und behandelt ein bis zwei Stunden. Normalerweise ist eine nicht zu lang gelagerte, leinölgeschlichtete Ware nach dieser Behandlung frei von Bestandteilen getrockneten Leinöles (Prüfung mit der Quarzlampe).

Bei der Entschlichtung von mit Leinöl geschlichteter Acetatseide, wo wegen der Verseifungsgefahr nicht bei so hohen Temperaturen gearbeitet werden darf, setzt man die Temperatur auf etwa 75° C herab. Gerade bei der Acetatseide ist ein zu langes Lagern der leinölgeschlichteten Ware unbedingt zu vermeiden, da bei dieser Kunstfaser energische Entschlichtungsbedingungen, wie sie zur Entfernung hartnäckig anhaftender Linoxynanteile notwendig sind, wegen der Gefahr der oberflächlichen Verseifung nicht angewendet werden können.

Für den Entschlichtungseffekt ist ferner das p_H der Entschlichtungsflotte von großem Einfluß. Die durch Aufnahmen von Lösemitteln gequollenen Linoxynteilchen werden von der alkalisch reagierenden

Entschlichtungsflotte von der Faseroberfläche abgelöst und im Bad fein verteilt. Je nach dem Alkalitätsgrad wirkt dasselbe mehr oder minder verseifend auf die verseifbaren Bestandteile des Schlichtfilmes ein. Es ist einleuchtend, daß die Auflösung des Linoxyns durch Bildung von Alkaliseifen aus dem getrockneten Leinöl in alkalischeren Bädern leichter und weitgehender vor sich geht als in weniger alkalischen. Zum anderen darf man, besonders beim Entschlichten von Acetatseide, das p_H der Entschlichtungsflotte wegen der Gefahr des Faserangriffes nicht zu hoch treiben.[1] Im allgemeinen wählt man ein p_H, das sich um etwa 10,5 bewegt.

Die eben besprochenen Maßnahmen zum Entschlichten von mit Leinöl geschlichteten Kunstfasern versagen, wenn es sich um extrem lang gelagerte Ware handelt. In diesem Fall konnte der Schlichtauftrag sich derartig weitgehend oxydieren und polymerisieren, daß es durch die angegebenen Mittel nicht möglich ist, eine vollständig entschlichtete Ware zu erhalten. Man kann in solchen Fällen sauerstoffabgebende Stoffe, z. B. Wasserstoffsuperoxyd, Perborat, Persulfat u. dgl., der Entschlichtungsflotte zusetzen. Es ist nur notwendig, diese Körper bei verhältnismäßig niederen Temperaturen auf das zu entschlichtende Textilgut einwirken zu lassen, da in der Hitze Selbstzersetzung unter Abgabe von unwirksamem molekularen Sauerstoff eintritt. Zweckmäßig setzt man die oxydierend wirkenden Stoffe bereits beim Vorquellprozeß der Entschlichtungsflotte zu, läßt etwa zehn bis zwölf Stunden bei 35 bis 50° C einwirken und arbeitet im übrigen, so wie früher angegeben. Bei dieser Arbeitsweise, insbesondere in zu stark alkalischen Bädern, ist allerdings die Gefahr eines Faserangriffes nicht von der Hand zu weisen. Es muß sorgfältig darauf gesehen werden, daß die sauerstoffabgebenden Stoffe vor dem Eingehen der Ware vollkommen gelöst sind, damit nicht durch örtliche Anreicherung und Faseroxydation eine Verminderung der Warenqualität einhergeht.

Fünfzehnter Abschnitt.

Beuchmittel.

Um Baumwolle bzw. daraus bereitete Gespinste und Gewebe im Zuge der Veredlungsoperationen weiterverarbeiten zu können, muß sie gereinigt werden. Die Reinigung besteht in einer Behandlung mit alkalischen Flüssigkeiten. Diese kann bei gewöhnlichem Druck in der Kochhitze (100° C) durchgeführt werden; man bezeichnet sie dann als „*Abkochen*". Eine weit energischere und weitergehende Reinigung erzielt man durch längeres Kochen (vier bis sieben Stunden) unter Druck

---

[1] Bei zu großer Alkalität des Bades, wie sie zuweilen bei der sog. „Schnellentschlichtung" angewendet wird, können erhebliche Festigkeitsverluste, oft bis zu 15%, eintreten [18].

($1\frac{1}{2}$ bis 2 at) und bei erhöhter Temperatur (110 bis 130° C) in einem Druckkessel.[1] Man bezeichnet diesen Vorgang als „*Beuche*".[2]

Die Beuche kann je nach den angewandten Alkalien in verschiedener Weise durchgeführt werden.

a) Beuche mit Kalk.

Diese älteste Form des Beuchens ist am Kontinent ziemlich verlassen worden, wird aber in England noch angewendet. Man beucht mit einer Suspension von 5 bis 10 g CaO/l. Die Verseifung der Pflanzenwachse (vgl. S. 289) gelingt mit Kalk besser als mit Lauge. Dadurch, daß die Baumwollfaser während des Kochprozesses mit einer Schicht wasserunlöslicher Kalkseifen umgeben ist, wird sie gegen oxydative Einflüsse besser als beim Beuchen mit Lauge geschützt. Das Fasermaterial wird dadurch mehr geschont, was in einer höheren Reißfestigkeit und Dehnung zum Ausdruck kommt. Der Nachteil dieses Verfahrens ist der, daß noch ein Säuerungsprozeß mit verdünnter Salzsäure zur Spaltung der auf der Ware abgelagerten Kalkseifen unter Abscheidung von freien Fettsäuren und unter Lösen des Kalkes zu Calciumchlorid sowie ein darauffolgendes Abkochen mit Sodalösung zur endgültigen Beseitigung der Fettsäuren angeschlossen werden muß. Insgesamt hat man mit drei durch Umpacken und Spülen getrennten Arbeitsoperationen zu rechnen, wodurch der Prozeß langwierig und teuer wird. Allerdings erhält man eine sehr gut gebeuchte Ware, die gerade wegen des notwendigen Umpackens sauber und meist frei von den gefürchteten Koch- (Beuch-) Flecken ist. Ferner ist man von der Wasserzusammensetzung unabhängiger als bei den nachfolgenden Verfahren.

b) Beuche mit Natronlauge.

Man arbeitet in gleicher Weise wie beim Beuchen mit Kalk, nur entfällt das Säuern und das Abkochen mit Sodalösung. Die angewandten Laugekonzentrationen schwanken; eine in der Praxis vielfach anzutreffende Konzentration ist ungefähr 8 bis 12 g Natriumhydroxyd im Liter ($1\frac{1}{2}$ bis 2° Bé). Bezieht man sich auf das Warengewicht, so nimmt man 3 bis 5% Natriumhydroxyd bei einem Flottenverhältnis von 1 : 4 bis 1 : 5. Man kann reine Natronlauge oder Merzerisierabfall-Lauge — in letzterem Fall ungefähr 3° Bé — benutzen.

Die Verseifung der Pflanzenwachse mittels Lauge ist nicht so vollständig wie beim Beuchen mit Kalk. Da das Umpacken wegfällt, kommt es bei ungünstigen Arbeitsbedingungen, wie zu hartes, trübes Wasser, schlechte, einseitige Zirkulation der Flotte im Beuchkessel, ungünstige Packung der Ware usw., zu Abscheidungen, vor allem zu ungleichmäßig

---

[1] Die Beuchkessel haben verhältnismäßig große Dimensionen. Der Fassungsraum beträgt etwa 3000 bis 5000 l. Selbstverständlich sind auch größere und kleinere Kessel in der Praxis anzutreffen.

[2] Bezüglich der Schreibweise vgl. ULLMANN [1], der die Bezeichnung „Bäuche" als richtig ansieht, und das Deutsche Sprachpflegeamt [2], das den Nachweis für die Richtigkeit von „Beuchen" gebracht hat.

verteilten Flecken, die als „*Beuchflecke*" sehr gefürchtet sind, da sie
nur durch eine nochmalige Beuche weggebracht werden können. Die
Baumwollfaser wird durch die Laugekochung weniger geschont als beim
Beuchen mit Kalk. Dafür kommt man mit einer einzigen Arbeitsoperation aus.

c) Beuche mit Natronlauge-Soda.

Sie wird wie die Beuche mit reiner Natronlauge durchgeführt. Durch
den Sodazusatz wird die Alkalität etwas gemildert, was beim Beuchen
empfindlicher, beispielsweise zellwollehaltiger Ware von Vorteil ist. Als
Flotte benutzt man eine Lösung von 2 bis 3% Natronlauge und 3 bis 5%
Soda, alles auf Warengewicht berechnet. Durch den Sodazusatz tritt
neben der Verringerung der Alkalität eine gewisse Enthärtung der Beuchflotte ein.

So einfach das Beuchen dem Grunde nach erscheint, so ist es in der
Praxis gar nicht leicht, stets eine einwandfrei gebeuchte Ware zu erhalten.
Die Ware hält alle Verunreinigungen, die mit dem Wasser in den Beuchkessel
gebracht werden, oder während des Beuchens entstehen, wie ein Filter
zurück. Es ist demnach notwendig, klares, von Schwebestoffen und Schmutz
befreites Wasser, das tunlichst kein Eisen und Mangan enthalten soll, zu
verwenden. Die Härte des Wassers soll 5 bis 10° DH. nicht übersteigen,
andernfalls ist es zu enthärten.

Die Beuchflotte muß zwischen der Ware gut zirkulieren können, was
ein richtiges Einlegen derselben in den Beuchkessel und eine entsprechend
dimensionierte Pumpe voraussetzt. Die Zirkulationsrichtung der Beuchlauge
wird zweckmäßig nach jeder halben Stunde gewechselt, damit sich etwa
abgesetzte Verunreinigungen immer wieder lockern.

Die zu beuchende Ware wird am besten in entschlichtetem Zustand
gebeucht (über die Entschlichtung vgl. S. 274). Man kann auch so arbeiten,
daß man die unentschlichtete Ware in den Beuchkessel eingibt und mit einer
Beuchlauge, die 1 bis 2 g Persulfat im Liter enthält, zwei Stunden auf 70° C
erhitzt. Nach dieser Zeit ist die Entschlichtung meist beendet. Nun läßt
man die Entschlichtungsflotte ab, gibt frische Beuchlauge auf die Ware
und beucht in der üblichen Weise.

Großes Augenmerk ist dem Entlüften des Beuchkessels zuzuwenden.
Am zweckmäßigsten läßt man die Lauge langsam von unten in die Ware
eintreten, so daß die Luft aus derselben möglichst weitgehend ausgetrieben
wird. Bevor man den Entlüftungshahn schließt, soll längere Zeit ein kräftiger
Dampfstrahl durch denselben blasen, um sicher zu sein, daß die Luft aus
dem Kessel entfernt wurde.

Das Auswaschen der Ware nach beendetem Beuchen soll so geschehen,
daß mit *kochend heißem* Wasser die hell- bis dunkelbraune Beuchflotte, die
emulgierte Wachs- u. dgl. Teilchen enthält, die bei 70 bis 80° C erstarren,
langsam verdrängt wird. Auf diese Weise ist ein Niederschlagen der erstarrten
Fett- und Wachsteilchen mit Sicherheit zu vermeiden.

Das Beuchen hat also den Zweck, die natürlichen und die aus der
Spinnerei und Weberei stammenden Verunreinigungen (Schmierölflecke)
zu entfernen und die Netzfähigkeit der Baumwolle zu erhöhen. Die rohe
Baumwollfaser weist neben Cellulose eine mehr oder minder große Anzahl
von Begleitstoffen auf, die die weitere Veredlung (Bleichen, Färben,

Drucken) störend beeinflussen. Die ungefähre Zusammensetzung roher Baumwolle ist beispielsweise nach MATHEWS [3]:

Cellulose 83,71%
Fette und Wachse 0,61%
Hemicellulosen, Pektine 5,79%
Proteine 1,50%
Wasser 6,74%
Asche...................... 1,65%

Je nach der Baumwollsorte können diese Zahlenwerte ziemlich stark schwanken. Dazu kommt noch, daß die Beuche nur ausnahmsweise mit Rohbaumwolle durchgeführt wird, z. B. lose Fasern für Watte. Die weitaus größte Menge wird in Form von Geweben (Stückware) teilweise auch als Garn gebeucht; letzteres wird allerdings vielfach nur überbrüht. Beim Beuchen von Geweben ist zu berücksichtigen, daß durch die mehr oder minder vollständige Entschlichtung der ursprüngliche Fett- und Wachsgehalt der Rohbaumwolle laut obiger Zusammenstellung nicht unwesentlich geändert werden kann.

Den Veredler interessiert von den genannten Verunreinigungen vor allem das sog. Baumwollwachs, das den Spinnvorgang begünstigt, die Veredlungsoperationen, z. B. das Färben, aber nachteilig beeinflußt. Es setzt die Netzfähigkeit der Baumwolle herab und bewirkt eine ungleichmäßige Netzung und damit ein ungleichmäßiges Anfärben.

Das Baumwollwachs, das im Mittel etwa 0,4 bis 0,8% der Rohware ausmacht, besteht aus mehreren Anteilen [4], nämlich aus freien, höhermolekularen Fettsäuren, schwer verseifbaren Fettsäureestern des Carnaubawachsalkohols, aus freien, unverseifbaren, höhermolekularen Alkoholen, z. B. β- und γ-Gossypylalkohol ($C_{30}H_{61}OH$), Montanylalkohol und aus Kohlenwasserstoffen. Der Schmelzpunkt des Baumwollwachses ist etwa 70 bis 75° C, die Säurezahl ungefähr 31, die Verseifungszahl 65 und der Gehalt an Unverseifbarem beiläufig 50 bis 55%. Demnach ist etwa die Hälfte des Baumwollwachses durch alkalische Behandlungsflotten als wasserlösliche Seifen ganz in Lösung zu bringen. Die andere Hälfte ist in der Beuchlauge unlöslich und darin bloß emulgierbar.

Die Proteine liegen in Form verschiedener Eiweißstoffe vor, die ebenso wie die Hemicellulosen, Pektine und Aschebestandteile durch die heiße Lauge unter Abbau zu niedermolekularen, wasseraffinen Stoffen in Lösung gebracht werden. Die Entfernung der stickstoffhaltigen Verbindungen ist notwendig, um die Bildung von Chloraminen beim Bleichen mit Hypochloriten, die beim Lagern von Weißware das Vergilben begünstigen, möglichst hintanzuhalten.

Schließlich wird durch das Beuchen eine tunlichst restlose Entfernung der Samenschalen angestrebt. Dies geschieht nicht durch die Beuche an sich; vielmehr werden sie durch die heiße Behandlung mit Alkalien „aufgeschlossen", d. h. so zermürbt, daß sie nachher leicht aus der Ware gerieben werden können.

Durch die Beuche sind etwa 60 bis 65% des ursprünglich vorhandenen Pflanzenwachses, etwa 90% aller stickstoffhaltigen Stoffe (Proteine) und beiläufig 90 bis 95% des ursprünglichen Aschegehaltes der Rohbaum-

Tabelle 105. Baumwollwachs-, Protein- und Aschegehalt in Abhängigkeit von der Anzahl der Beuchoperationen. (Nach KOLLMANN.)

Anzahl der Abkochungen	Restgehalt nach dem Beuchen		
	Baumwollwachs	Asche	Proteinstoffe
	in Prozenten		
1. Beuche	0,26	0,10	0,19
2. Beuche	0,16	0,06	0,12

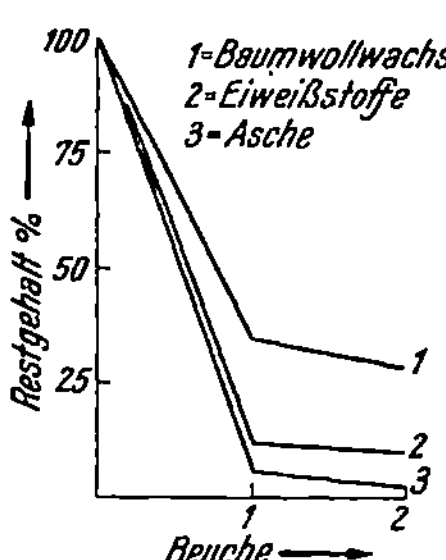

Abb. 104. Veränderung des Gehaltes an Baumwollwachs, Eiweißstoffen und Asche durch ein- und zweimaliges Beuchen. (Nach SCHOLEFIELD und WARD.)

wolle zu beseitigen. Die Eiweißstoffe und die Asche müssen möglichst vollständig, die Baumwollwachse zum größten Teil ausgelaugt werden. Ein restloses Entfernen des Baumwollwachses gelingt nur schwer; nach KOLLMANN [5] ist dies selbst nach zweimaliger Beuche nicht der Fall, wie Tab. 105 zeigt.

Mit diesen Ergebnissen stimmen die Versuchsresultate anderer Autoren, z. B. SCHOLEFIELD und WARD [6], FILIPOV und VORONKOV [7], wie aus Abb. 104 ersichtlich, überein.

Die Entfernung der Baumwollwachse durch die Beuchlauge kann durch Mitverwendung grenzflächenaktiver und emulgierend wirkender Stoffe begünstigt werden. Dies ist darauf zurückzuführen, daß zwar ein Teil des Wachses durch das Alkali (Natriumhydroxyd) in wasserlösliche Seifen übergeführt wird, ein wesentlicher Teil aber in Wasser unlöslich und nur dispergierbar ist.

In der Praxis werden der Beuchflotte (Natronlauge oder kombiniert Natronlauge mit Soda) Stoffe zugesetzt, die unterschieden werden können in:

I. Seifen und Ölsulfonate allein oder in Kombination mit Fettlösern.

II. Seifenartige synthetische Mittel.

III. Hochmolekulare, natürliche Kolloide.

IV. Mittel, die aktiven Sauerstoff entwickeln (in der Oxydationsbeuche).

V. Diverse Mittel.

I. Seifen, Ölsulfonate und Lösungsmittel enthaltende Kombinationen.

Die emulgierende Wirkung der Seifen auf Öle, Fette und Wachse ist bekannt. Man setzt deshalb der Lauge zuweilen gewöhnliche Seifen, auch Harzseifen — vor allem in England — zu. Die Seifen können freilich nur in enthärtetem Wasser dienlich sein. In hartem Wasser sind sie selbst unbeständig, bilden unlösliche Erdalkaliseifen und verursachen ihrerseits Beuchflecke. Von den Seifen wirken besonders die Harzseifen, die auch als schwache Sauerstoffüberträger dienen, günstig auf den Beucheffekt, doch sollen sie unter Umständen zum Vergilben neigen. Aus Tab. 106 ist nach Versuchen von SCHOLEFIELD und WARD [6] der Einfluß von harzsaurem Natrium auf die Beuche von Baumwollgewebe ersichtlich.

Tabelle 106. Begünstigung des Beucheffektes durch Zusatz von Harzseife. Verwendet wurde entschlichtetes Baumwollgewebe, Beuchdauer $7^1/_2$ Stunden bei 1,5 Atm. Ursprünglicher Wachsgehalt 1,11%.
(Nach SCHOLEFIELD und WARD.)

Beuche	Restgehalt an Wachs in Prozenten vom Warengewicht	Weißgehalt in Prozenten	Reißfestigkeit in lb.
10 g NaOH/l	0,18	72	76,5
10 g NaOH/l + 2 g Harzseife im Liter	0,09	74	81

Man setzt den Seifen manchmal Lösungsmittel zu, um ein leichteres und vollständigeres Entfernen der Baumwollwachse zu erzielen. Obwohl durch die Mitverwendung eines Fettlösers das Ablösen der Fette und Wachse besser ist als ohne Lösungsmittel, wird die Wirkung vielfach überschätzt. Die folgenden Angaben von KOLLMANN [8] zeigen, daß man beim Beuchen mit reiner Lauge nahezu die gleichen Resultate bezüglich Restwachsgehalt und Netzfähigkeit erhält wie bei der Mitverwendung von Fettlösern; vgl. Tab. 107

Tabelle 107. Einfluß von Fettlösern auf den Beucheffekt.
(Nach KOLLMANN.)

	Baumwollwachsgehalt in Prozenten	Untersinkzeit in Sekunden
Rohware	0,76	über 60
Beuche mit NaOH 10 g/l	0,26	1
Beuche mit NaOH und Mittel I (5 g/l)	0,39	1,5
Beuche mit NaOH, Mittel I und Fettlöser	0,11	1
Beuche mit NaOH und Mittel II (5 g/l)	0,24	1
Beuche mit NaOH, Mittel II und Fettlöser	0,19	1

Ganz ähnlich wie die Seifen wirken ·die Ölsulfonate. Infolge ihrer höheren Beständigkeit gegen die Härtebildner des Wassers eignen sie sich vor allem zum Emulgieren der Lösungsmittel. Als solche werden u. a. verwendet: Xylol, Hexalin, Methylhexalin, Tetralin, Dekalin, Terpentinöl u. dgl. Ferner finden auch reine Ölsulfonate, vorzugsweise diejenigen, die sich vom Ricinusöl ableiten, Anwendung als Zusätze zu Beuchflotten. In den Handel gelangen verschiedene, derartig aufgebaute fettlöserfreie bzw. fettlöserhaltige Beuchhilfsmittel, z. B.:

Verapol (Stockhausen & Co.).
Terpinopol BT (Stockhausen & Co.).
Tetrapol (Stockhausen & Co.).
Perlano (Böhme Fettchemie Ges. m. b. H.).
Beuchseife (Zschimmer & Schwarz).
Beuchöl P, PO, K (Zschimmer & Schwarz).
Supralan S 131 (Zschimmer & Schwarz).
Kaseito (Zschimmer & Schwarz).

Diffusil (A. Th. Böhme-Dresden).
Solventol (A. Th. Böhme-Dresden).
Perpentol (Oranienburger chem. Fabrik).

Der verhältnismäßig geringe Effekt von Fettlösungsmittel enthaltenden Seifen bzw. Sulfonaten ist zum Teil auch darauf zurückzuführen, daß die Fettlöser, selbst wenn ihr Siedepunkt über der Beuchtemperatur im Kessel liegt, meist wasserdampfflüchtig sind und sich im Dampfraum ansammeln.

II. Seifenartige synthetische Beuchmittel.

Größeres Interesse als die Seifen und Ölsulfonate hat der Zusatz von seifenartigen, synthetischen Mitteln, wie Fettalkoholsulfonate und Fettsäurekondensationsprodukte. Sie sind gegen die Härtebildner des Wassers

Tabelle 108. Begünstigung des Beucheffektes durch Mitverwendung von Fettalkoholsulfonat zur Beuchflotte. Angewendet wurde entschlichtetes Baumwollgewebe, Beuchdauer $7^1/_2$ Stunden bei 1,5 Atm. Ursprünglicher Wachsgehalt 1,1%. (Nach SCHOLEFIELD und WARD.)

Beuche	Restgehalt an Baumwollwachs in Prozenten vom Warengewicht	Weißgehalt in Prozenten	Reißfestigkeit in lb.
10 g NaOH/l	0,18	72	76,5
10 g NaOH/l + 2 g *Lissapol A*/l	0,14	77	82

beständig und dispergieren etwa gebildete Erdalkaliseifen, die aus den verseiften Anteilen des Baumwollwachses durch Wechselwirkung mit den Härtebildnern des Wassers entstehen. Gleichzeitig besitzen sie gutes Emulgiervermögen für Öle, Fette und Wachse. Tatsächlich ist die Begünstigung des Beucheffektes durch Mitverwendung derartiger Mittel beachtlich, wie Tab. 108 für Fettalkoholsulfonate[1] nach Angaben von SCHOLEFIELD und WARD [6] bringt.

Ähnlich wirken auch die Fettsäurekondensationsprodukte, z. B.: *Igepon T* (I. G. Farbenindustrie A. G.), *Neopol T* (Stockhausen & Co.), *Ultravon W* (Gesellschaft für chemische Industrie, Basel), *Sanozil* (Sandoz).

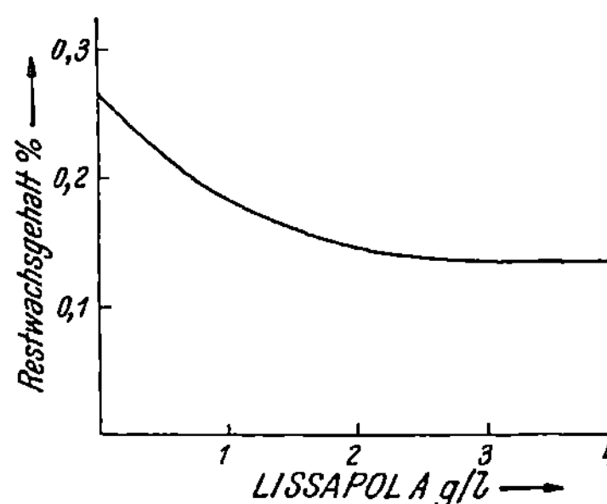

Abb. 105. Abhängigkeit des Restgehaltes an Baumwollwachs nach dem Beuchen von der Konzentration des Hilfsmittels. (Nach SCHOLEFIELD u. WARD.)

Die Wirkung derartiger Beuchhilfsmittel ist sehr von der Konzentration abhängig, wie im Falle des *Lissapol A* von SCHOLEFIELD und WARD gezeigt wurde. Abb. 105 bringt die von diesen Autoren erhaltenen Ergebnisse.

[1] Zur Anwendung gelangte *Lissapol A*, ein von der Imperial Chemical Industries vertriebenes Fettalkoholsulfonat (vgl. S. 165).

Wie man erkennt, erreicht man erst mit 2 g *Lissapol A* eine wesentliche Verminderung des Restwachsgehaltes, der auch durch die doppelte Menge *Lissapol A* nicht mehr sonderlich verbessert wird. Ähnliches gilt für die übrigen hier einzureihenden Erzeugnisse.

Die emulgierende Wirkung der synthetischen, seifenartigen Produkte kann durch Zusatz von typisch kolloiden Stoffen zur Beuchflotte, wie Wasserglas, noch verstärkt werden. Unter der Bezeichnung *Nuva B* (I. G. Farbenindustrie A. G.) kommt eine solche Mischung aus dem *Igepon T*-Grundkörper, nämlich das Natriumsalz der Oleylmethyl-aminoäthylsulfonsäure mit Wasserglas in den Handel [9]. Durch den Zusatz von Wasserglas wird der Beucheffekt erhöht; zum anderen tritt die Lösungstendenz, die viele der gut netzenden synthetischen Beuchmittel auf den Kalk- bzw. Zementanstrich des Beuchkessels ausüben, zurück.

III. Hochmolekulare, natürliche Kolloide.

Die Eiweißstoffe besitzen bekanntlich ein großes Emulgier- und Schutzkolloidvermögen. Diese Eigenheit behalten sie auch in Beuchflotten bei. Das *Percolloid B* (Holtmann & Co.) stellt ein aus Lederabfällen gewonnenes Abbauprodukt dar, das sich nach den Angaben der Herstellerin [10] gut als Beuchmittel eignet. Über die Begünstigung des Beucheffektes der bei einer sodahaltigen Natronlauge durch Mitverwendung von *Percolloid B* erzielt wird, unterrichtet Tab. 109.

Tabelle 109. Beeinflussung des Beucheffektes durch *Percolloid B*. Gebeucht wurde entschlichtete Kretonware 16/16, 20/20; Beuchdauer 6 Stunden bei $2^1/_4$ Atm. Angewandte *Percolloid B*-Menge $^1/_2\%$ vom Warengewicht. (Nach Holtmann & Co.)

Art der Beuche	Baumwollwachsgehalt in Prozenten	Asche in Prozenten	Stickstoffgehalt in Prozenten	Weißgehalt in Prozenten	Reißfestigkeit in Kilogramm		Dehnung in Prozenten	
					Kette	Schuß	Kette	Schuß
Rohware	1,102	1,07	0,319	55,3	37,5	37	15	13
Ohne *Percolloid B* gebeucht	0,209	0,125	0,169	66,7	41,2	35,9	7,5	25
Mit *Percolloid B* gebeucht .	0,115	0,053	0,069	72,7	46,9	38	9	30

Ebenso ist die Netzfähigkeit (Kapillarität) der mit *Percolloid* gebeuchten Ware besser als die der ohne Zusatz gebeuchten.

Die *Percolloid B* enthaltenden Beuchflotten besitzen reduzierende Beschaffenheit. 1 kg *Percolloid B* verbraucht rund 140 l Luft, bis sein Reduktionsvermögen erschöpft ist.

Dies ist für eine schonende Beuche wichtig. Scheller [11] hat gezeigt, daß Cellulosefasern durch „aktiven Sauerstoff", z. B. Wasserstoffsuperoxyd, in alkalischem Medium und in Gegenwart von Stabilisierungsmitteln ohne nachteiligen Einfluß auf Cellulose ist, während der an sich indifferente *elementare* Sauerstoff der Luft in Gegenwart von Alkali einen Abbau der Cellulose unter Molekülverkleinerung und Bildung von

Oxycellulose bewirkt (vgl. auch S. 332). Als Maß des Faserangriffes diente bei seinen Versuchen die Viskosität, die Lösungen von Cellulosefasern in völlig luftfreiem Kupferoxydammoniak, unter Anwendung absolut sauerstofffreien Stickstoffes hergestellt, zeigen. Wird z. B. mit 3% Natronlauge und 3% Soda (auf Warengewicht bezogen) sechs Stunden bei 125 bis 135° C nach sorgfältigem Entlüften des Kessels gebeucht, so fand SCHELLER eine Viskositätsabnahme von 6490 CP. auf 3500 CP. Wird hingegen die Beuche mit einer Ware durchgeführt, die vorher eine halbe Stunde in Wasser im Vakuum zur Beseitigung aller Sauerstoffspuren ausgekocht wurde, so ist die Viskosität nach dem Beuchen noch 6250 CP. Daraus ersieht man deutlich den schädigenden Einfluß des Luftsauerstoffes auf die mechanischen Festigkeitseigenschaften der Cellulosefaser während des Beuchprozesses. Aus diesem Grund setzt man den Beuchflotten vielfach reduzierende Körper, wie Bisulfit, Hydrosulfit *(Rongalit)* u. dgl., zu. Ihre Wirkung ist aber nur unvollkommen, da sie schnell verbraucht werden.

Ein ähnliches Erzeugnis wie *Percolloid B* ist das *Sirrix O* bzw. *Sirrix OO* (Sandoz); vgl. [12].

IV. Beuchmittel, die aktiven Sauerstoff entwickeln.

Der normale Farbausfall gebeuchter Baumwolle ist ein etwas helleres Braun bzw. Graubraun als es die entschlichtete, nicht gebeuchte Rohware aufweist. Diese Färbung ist auf natürliche Farbstoffe zurückzuführen, die als Einlagerungssubstanzen in der Cuticula angereichert sind und dort hartnäckig festgehalten werden [13]. Die durch die Beuche normalerweise bewirkte Farbaufhellung genügt für mittlere und dunkle Färbungen vollständig. Für sehr helle Ausfärbungen oder wenn man Weißware herstellen will, ist es nützlich, mit der Beuche gleichzeitig eine gewisse *Vorbleiche* durchzuführen, wodurch einerseits zarte Farbnuancen voll zur Geltung kommen, anderseits die folgende *Vollbleiche* mit Hypochlorit oder Wasserstoffsuperoxyd verbilligt wird. Für die Durchführung einer gemeinsamen Beuche und Vorbleiche („Oxydationsbeuche") ist die Tatsache wichtig, daß die Baumwolle durch heiße, alkalische Flotten, die „aktiven Sauerstoff" enthalten, im Gegensatz zum „indifferenten" Luftsauerstoff nicht wesentlich angegriffen wird, worauf bereits HALLER und SEIDEL [14] hinwiesen.

Nach SCHELLER [11] sind die mechanischen Festigkeitseigenschaften von Baumwolle nach dem Behandeln mit 3%igem Wasserstoffsuperoxyd in Gegenwart von Alkali folgende:

Behandlung	Reißfestig-keit in Kilogramm	Dehnung in Prozenten
Rohware	50	20,5
3%iges Wasserstoffsuperoxyd + 0,6% Natriumhydroxyd	39,1	17,4
3%iges Wasserstoffsuperoxyd + 0,6% Natriumhydroxyd + 3% Wasserglas	46,7	19,8

Man erkennt deutlich den Einfluß von elementaren und aktiven Sauerstoff. Bei der alkalischen Behandlung der Baumwolle mit Wasserstoffsuperoxyd ohne Stabilisator treten viele Bläschen elementaren Sauerstoffes auf, die in inniger Berührung mit der Baumwolle eine starke Schädigung der Faser verursachen. Wird die alkalische Wasserstoffsuperoxydlösung durch Wasserglas stabilisiert, so tritt fast kein elementarer Sauerstoff auf. Die Ionen des Wasserstoffsuperoxydes bleichen die Naturfarbstoffe, sind aber auf die Cellulose ohne wesentliche Einwirkung, was in der Erhaltung der ursprünglichen, mechanischen Eigenschaften der Baumwollfaser zum Ausdruck kommt.

Ein Mittel, das, der Beuchflotte zugesetzt, eine gewisse Vorbleiche bewirkt, ist das *Peraktivin* (Chem. Fabrik Pyrgos). Es ist das p-Toluolsulfodichloramin der Formel CH_3⟨—⟩SO_2NCl_2 [15]. In Berührung mit wäßriger Lauge spaltet es sich zunächst schnell in das p-Toluolsulfochloramidnatrium (*Aktivin*, vgl. S. 256) und Natriumhypochlorit nach der Gleichung

$$CH_3 \cdot C_6H_4 \cdot SO_2NCl_2 + 2\,NaOH \rightarrow CH_3C_6H_4SO_2N\langle{}^{Cl}_{Na} + NaOCl.$$

Aus dem zwischendurch gebildeten *Aktivin* entsteht — allerdings nur langsam — weiteres Hypochlorit und p-Toluolsulfamid nach der Gleichung

$$CH_3C_6H_4 \cdot SO_2N\langle{}^{Cl}_{Na} + HOH \rightarrow CH_3 \cdot C_6H_4 \cdot SO_2NH_2 + NaOCl.$$

Im wesentlichen beruht die bleichende Wirkung des *Peraktivins* in der Beuche auf eine geregelte Abgabe von Hypochlorit. Auf die Pflanzenwachse übt es infolge seines verhältnismäßig niedermolekularen Aufbaues keinen emulgierenden Einfluß aus.

Die Zersetzungsgeschwindigkeit des *Peraktivins* ist selbst in der Kochhitze gering. Eine Lösung von 2 g *Peraktivin* in 1000 cm³ Natronlauge (1 g NaOH/l) enthält nach einstündigem Kochen ohne „Sauerstoffakzeptor" [16] noch 80%, in Gegenwart von 50 g rohem, entschlichtetem Baumwollgewebe noch 25% der ursprünglichen Menge aktiven Chlors.

Selbst unter den energischen Bedingungen bei der Beuche zersetzt sich das *Peraktivin* bzw. das daraus durch Wechselwirkung mit der Beuchlauge entstehende *Aktivin* nur sehr langsam, wie aus Versuchen von HALLER und SEIDEL [14] hervorgeht. Die Abb. 106 bringt nach diesen Autoren die Veränderungen in *Aktivin*-Gehalt einer Beuchlauge in Abhängigkeit von der Dauer des Beuchens; ferner sind der Alkali-

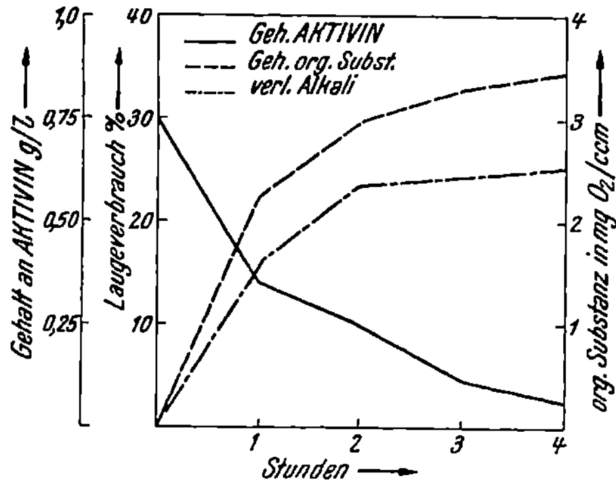

Abb. 106. Gehalt an *Aktivin*, Alkali und Abbauprodukten („organische Substanz") in Funktion von der Beuchzeit. (Nach HALLER und SEIDEL.)

verbrauch und die gebildeten Abbauprodukte, die als sog. „organische Substanz" von der Beuchlauge gelöst werden — ebenfalls in Funktion von der Beuchzeit —, eingetragen.

Man erkennt, daß selbst nach vierstündigem Beuchen noch „Aktivin" vorhanden ist.

Daß durch eine *aktivin*haltige Beuchflotte (das gleiche gilt natürlich für *Peraktivin*) eine einwandfreie Oxydationsbeuche ohne wesentlichen Faserangriff bei beachtlicher Farbaufhellung möglich ist, zeigt Tab. 110.

Tabelle 110. Oxydationsbeuche eines entschlichteten Baumwollgewebes mit *Aktivin*. Beuchdauer 6 Stunden bei 2,5 Atm. (Nach HALLER und SEIDEL.)

Beuchart	Aktivinzusatz in Prozenten vom Warengewicht	Gewichtsverlust des Gewebes nach der Beuche in Prozenten	Alkaliverbrauch in Prozenten	Weißgehalt des Gewebes in Prozenten	Kupferzahl[1]	Reißfestigkeit in Kilogramm	
						Kette	Schuß
Rohgewebe .	—	—	—	43,0	0,307	23,06	15,53
NaOH 3° Bé	—	5,15	14,43	50,2	0,063	23,20	16,75
NaOH 3° Bé	0,2	6,23	15,6	55,0	0,100	23,11	16,70
NaOH 3° Bé	0,4	6,28	16,4	56,4	0,100	24,63	16,60
NaOH 3° Bé	0,6	6,32	16,8	57,0	0,100	24,47	16,25
NaOH 3° Bé	0,8	6,35	17,2	59,0	0,080	23,80	16,95
NaOH 3° Bé	1,0	6,37	17,6	62,0	0,080	23,77	16,90
NaOH 3° Bé	5,0	7,53	18,9	62,1	0,075	23,81	17,11

Hingegen wird beim Kochen unter Druck die Cellulosefaser in Gegenwart von Luftsauerstoff und Alkali, wie seit langem bekannt ist, stark angegriffen. Über die Größe der Faserschädigung bei nicht entlüftetem Beuchkessel unterrichtet Tab. 111. In der Praxis kommen allerdings derart ungünstige Fälle nie in Frage, da man, wie eingangs ausgeführt (S. 288), peinlich darauf achtet, die Luft aus dem Kessel möglichst vollständig zu entfernen.

Tabelle 111. Faserangriff durch elementaren Sauerstoff beim Beuchen eines entschlichteten Baumwollgewebes in nicht entlüftetem Kessel. Beuchdauer 6 Stunden bei 2,5 Atm. (Nach HALLER und SEIDEL.)

Beuche	Reißfestigkeit in Kilogramm		Kupferzahl[1]	Abkochzahl[2]
	Kette	Schuß		
Rohgewebe	23,06	15,53	0,307	18,70
NaOH 3° Bé entlüftet...........	23,63	13,03	0,100	2,90
NaOH 3° Bé nicht entlüftet	6,91	5,96	0,200	8,50

[1] Nach der Methode von BRAIDY [17].

[2] Darunter wird die Anzahl Kubikzentimeter n/10 Permanganat, die von 1 g Gewebe verbraucht werden, verstanden.

Entgegen dem Verhalten heißer wasserstoffsuperoxydhaltiger Lösungen greifen heiße Hypochloritlaugen den Kalkanstrich und die Metallbestandteile (Eisenteile) des Beuchkessels an. Die gelösten Metalle, vor allem das Eisen, wirken als Katalysatoren und Sauerstoffüberträger auf die Cellulose, so daß unter Umständen schwere Faserschädigungen auftreten können. Es ist deshalb auch vorgeschlagen worden [15], die eigentliche Beuche und die *Peraktivin*-Behandlung zu trennen und *hintereinander* auszuführen.

Größeres Interesse als die über Hypochlorit wirkenden Beuchzusätze beanspruchen jene, die direkt aktiven Sauerstoff abgeben.

Das *Biancal* (Flesch) bildet als Natriumsalz einer aromatischen Sulfopersäure[1] [18] der Formel $C_{10}H_7SO_2O \cdot ONa$ in wäßriger Umgebung aktiven Sauerstoff gemäß der Gleichung

$$\text{Naphthalin}-S\overset{O}{\underset{}{\diagup}}\overset{O}{\diagdown}O-ONa \;\rightarrow\; \text{Naphthalin}-S\overset{O}{\underset{}{\diagup}}\overset{O}{\diagdown}ONa \;+\; {}^{1}/_{2}\,O_2 \uparrow$$

ab. Aus dem naphthalinsulfopersauren Natrium entsteht naphthalinsulfonsaures Natrium und aktiver Sauerstoff. Die Sauerstoffabgabe erfolgt nicht augenblicklich, sondern langsam und geregelt. Das gebildete naphthalinsulfonsaure Natrium unterstützt zwar das Netzen und das gleichmäßige Eindringen der Beuchflotte, besitzt aber kein spezifisches Emulgiervermögen.

Unter der Bezeichnung *Ondal* [20] wird von der Böhme Fettchemie Ges. m. b. H. ein Präparat in den Handel gebracht, das in wäßrigen Lösungen mit Fettalkoholpyrophosphaten stabilisiertes Wasserstoffsuperoxyd entwickelt. Derartige, aktiven Sauerstoff enthaltende Beuchflotten sind zudem kapillaraktiv, so daß man eine gut gebeuchte und gleichzeitig vorgebleichte Ware erhält.

Man verwendet ungefähr 0,5% *Ondal*, bezogen auf das Warengewicht, und beucht im übrigen in gewohnter Weise, z. B. fünf bis sieben Stunden bei 2 Atm. und normaler Lauge bzw. Lauge-Soda-Konzentrationen.

V. Diverse Beuchmittel.

Die große Verwendung von Mischgespinsten aus Baumwolle-Zellwolle hat zu neuen Aufgaben beim Beuchen geführt, die durchaus nicht leicht zu lösen sind. Die aus regenerierter Cellulose bestehenden Kunstfasern sind gegen den Angriff von Alkali viel empfindlicher als die native Cellulose der vegetabilischen Faser. Man ist deshalb bestrebt, die scharfen Arbeitsbedingungen der normalen Beuche zu mildern, z. B. die Alkalikonzentration zu verringern, an Lauge abzubrechen und den Sodagehalt zu erhöhen, die Kochtemperatur zu erniedrigen und die Kochzeit zu verkürzen. Zweifellos wird dadurch die Hydratcellulose mehr geschont, dafür leidet aber der Reinigungsgrad der Baumwolle; das Pflanzenwachs und die Schalenteile werden nicht so weitgehend entfernt.

---

[1] Aliphatische Sulfopersäuren [19], z. B. das octadecylpersulfonsaure Natrium würden zwar gleichzeitig bleichend und emulgierend wirken, sind aber nicht im Handel erhältlich.

Auf S. 320 ist die löslichkeitsvermindernde Wirkung von Aluminiumsalzen in Merzerisierlaugen beim Behandeln von Zellwolle und zellwollehaltigen Mischgespinsten angegeben. Von dieser Eigenschaft kann man auch beim Beuchen Gebrauch machen. Ein aluminiumhaltiges Beuchhilfsmittel ist das *Cekit* (Stockhausen & Co.), das auf eine Erfindung von ULLMANN [21] zurückgeht. Es stellt die Aluminiumseifen der *Monopolseife* — diese ist ebenfalls ein Erzeugnis der genannten Firma — dar. In der Beuchlauge löst es sich unter Bildung von Aluminat und dem Natriumsalz der *Monopolseife* auf. Das Aluminat wirkt nicht allein schonend auf Fasern aus Hydratcellulose (vgl. S. 25), sondern soll infolge seines kolloiden Charakters von günstigem Einfluß auf die Entfernung der Faserfremdstoffe, insbesondere der Baumwollwachse sein. Es soll demgemäß einen guten Beucheffekt [5] und infolge der seifenden Wirkung der benutzten *Monopolseife* eine weichgriffige Ware ergeben.

Ein weiteres Hilfsmittel, das gelegentlich beim Beuchen verwendet wird (ohne den Beucheffekt direkt zu beeinflussen), ist das *Ludigol* (I. G. Farbenindustrie A. G.). Beim Beuchen von küpengefärbter Buntware, die Stärkeschlichte oder Schlichtreste enthält, kann es infolge der reduzierenden Eigenschaften der durch die Druckkochung aus der Stärke entstehenden Stoffe (Zucker) oder der Flotte als solcher zur Wiederverküpung kommen, wodurch diese ansonst so echten Färbungen z. B. auf Weißeffekten ausbluten. Das *Ludigol* verhindert als m-nitrobenzolsulfonsaures Natrium [22]

$$\text{NO}_2$$
$$\text{SO}_3\text{Na}$$

der Beuchlauge in einer Menge von 3 bis 5 g im Liter zugesetzt durch die Oxydationstendenz der NO_2-Gruppe das Verküpen und Ausbluten. Gleiche oder ähnliche Zusammensetzung und Wirkung haben *Revatol S* (Sandoz), *Albatex BD* (Gesellschaft für chemische Industrie, Basel), *Resistsalt L* (Imperial chemical Industries).

Zuweilen hilft man sich in solchen Fällen auf einfachere Weise, indem man auf die Druckkochung überhaupt verzichtet und ohne Druck abkocht.

Auf die Verwendung von Chinon [23] zum Verhindern des Ausblutens von küpengefärbten Buntbleichwaren während des Beuchens soll nur hingewiesen werden; ebenso auf die Verwendung von Nitrogruppen enthaltenden quartären Ammoniumsalzen [24].

Sechzehnter Abschnitt.

Merzerisierhilfsmittel.

Das Merzerisieren von Baumwolle wird zu dem Zwecke durchgeführt, der Baumwollfaser Glanz, gesteigertes Farbstoffaufnahmevermögen, eine größere Reißfestigkeit und einen weicheren, fülligen Griff zu erteilen. Man behandelt die Baumwolle mit konzentrierter, kalter Natron- oder

Kalilauge. Bei Baumwolle verwendet man wegen des niederen Preises fast ausschließlich nur Natronlauge. Beim Merzerisieren von Baumwolle-Zellwolle-Mischgespinsten wird vielfach Kalilauge bzw. Mischlauge benutzt, da die Hydratcellulose der Kunstfasern, wie noch ausführlich gezeigt, durch Natronlauge in bestimmten Konzentrationsgebieten sehr stark gequollen und angegriffen wird (vgl. S. 317), während die Kalilauge diesen Mißstand nicht zeigt.

Es ist deshalb zu unterscheiden:

I. Merzerisierung von Baumwolle,
II. Merzerisierung von Baumwolle-Zellwolle-Mischgespinsten.

I. Merzerisierung von Baumwolle.

Die Konzentration der zum Merzerisieren benutzten Natronlauge schwankt, hält sich aber meistens in den Grenzen von etwa 28 bis 32° Bé, da bei einer Laugendichte von etwa 30° Bé der Glanz und die Reißfestigkeitssteigerung nach MECHEELS [1] optimale Werte erreichen, wie aus Tab. 112 hervorgeht.

Tabelle 112. Glanzsteigerung und Reißfestigkeitserhöhung merzerisierter Baumwolle in Abhängigkeit von der Laugendichte. Verwendetes Garn: Mako 100/2, Laugentemperatur 18° C. (Nach MECHEELS.)

Laugendichte in ° Bé	Glanzzahl	Reißfestigkeit in Gramm	Bruchdehnung in Prozenten
Unbehandeltes Garn	28	229	3,42
16	49	247,1	2,85
21	57	287,9	2,99
27	71	288,2	3,13
30	76	302,2	4,11
33	64	282,7	2,97

Die Temperatur beim Merzerisieren beträgt normalerweise etwa 10 bis 20° C; gekühlte Natronlauge, deren Temperatur ungefähr 2 bis 5° C beträgt, ist bei Baumwolle von Vorteil, da beim Merzerisieren Wärme entsteht. Beim Merzerisieren von Baumwolle-Zellwolle-Mischgespinsten wurde wegen des weniger starken Angriffes warmer Natronlauge auf die Zellwolle vorgeschlagen, erwärmte Lauge zu verwenden. Wie Versuche von MECHEELS [1] zeigten, sinkt hierbei der Glanz; vgl. Tab. 113.

Tabelle 113. Abhängigkeit des Glanzes und der Festigkeitseigenschaften merzerisierter Baumwolle von der Temperatur der Lauge. Verwendet wurde Mako-Zwirn 100/2. (Nach MECHEELS.)

Laugentemperatur in ° C	Glanzzahl	Reißfestigkeit in Gramm	Bruchdehnung in Prozenten
Unbehandeltes Garn	28	229	3,42
7,5	76	302,2	4,11
17	71	276,6	3,07
30	57	353,5	3,00

Bei noch höheren Temperaturen wird der Glanzeffekt weiter vermindert. So zeigte beispielsweise ein verhältnismäßig grober Mako-Zwirn 30/2 bei einer Laugentemperatur von 18° C eine Glanzzahl von 13 und bei einer Laugentemperatur von 70° C eine Glanzzahl 9. Der Glanzverlust ist selbst bei einem groben und an sich wenig glänzenden Zwirn deutlich erkennbar.

Die durch die Merzerisierung bedingten Veränderungen der Baumwollfaser sind eine etwa 20 bis 25% betragende Schrumpfung der Faserlänge und eine bis zu 50% erhöhte Reißfestigkeit. Gleichzeitig tritt eine Steigerung des Farbstoffaufnahmevermögens ein, die bis zu 40% betragen kann. Am wichtigsten ist jedoch die Erhöhung des Glanzes; in erster Linie wird die Merzerisierung der Baumwolle zwecks Erzielung eines Glanzes durchgeführt (MERCER, 1844). Die erzielte Glanzsteigerung ist von der verwendeten Baumwollsorte abhängig, wie Tab. 114 zeigt.

Tabelle 114. Abhängigkeit der Glanzsteigerung beim Merzerisieren von der Baumwollsorte. (Nach MECHEELS.)

Baumwollsorte	Garn-Nr.	Rohware	nach dem Merzerisieren in Lauge von	
			27° Bé	33° Bé
Sakellaridis	30/3	15	55	54
Sakellaridis	60/3	15	61	59
Louisiana	40/2	17	40	37
Mako	60/2	18	68	58
Mako	100/2	28	73	61

Die Theorie des Merzerisierungsvorganges konnte die bei dieser Veredlungsoperation auftretenden Erscheinungen noch nicht restlos klären. Ob es sich hierbei vorwiegend um chemische, kolloidchemische oder physikalische Prozesse handelt, ist mit Sicherheit noch nicht zu entscheiden.[1] Hingegen stimmen alle Forschungsergebnisse über die Veränderung des äußeren Habitus der Baumwollfaser durch die Behandlung mit kalter, konzentrierter Lauge überein. Der unregelmäßige Querschnitt der Baumwollfasern wird mehr rund, das Lumen und die spiralige Drehung verschwinden, wie aus Abb. 107 und 108 hervorgeht.[2]

Gleichzeitig nimmt die Länge der Baumwollfaser ab; man bezeichnet diese Erscheinung als Schrumpfung. Die Veränderungen der äußeren Gestalt der Baumwolle gehen auf tiefgreifende Umwandlungen des Feingefüges der Baumwollfaser zurück.

Konzentrierte Laugen wirken bekanntlich quellend auf Cellulosefasern; siehe S. 51. Die Laugen dringen in die mikroskopischen und submikroskopischen Kanäle ein und erweitern diese durch das mitgebrachte Hydratwasser. Da das Natriumion stärker hydratisiert ist als das Kalium-

---

[1] Vgl. [2].
[2] Sie entstammen einer Arbeit von REUMUTH [3].

Abb. 107. Querschnitte von nativer Cellulose vor dem Merzerisieren (*a*), schlecht merzerisiert (*b*) und unter Zusatz eines Hilfsmittels merzerisiert (*c*). (Nach REUMUTH.)[1]

[1] Die zu den Textabbildungen 107 a bis 107 c und 108 a bis 108 c notwendigen, eigens angefertigten Photokopien verdanke ich dem liebenswürdigen Entgegenkommen der Böhme Fettchemie Ges. m. b. H.

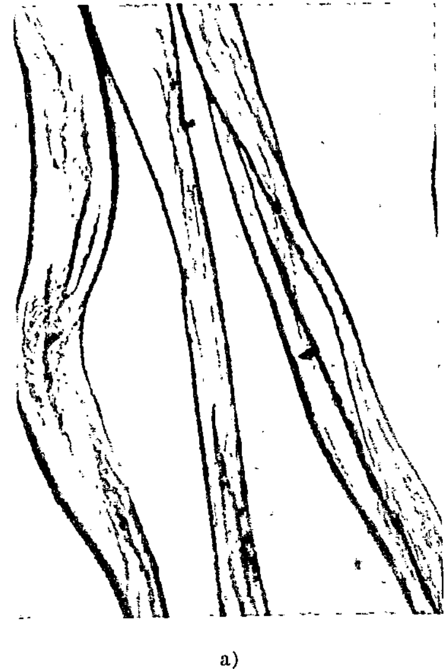

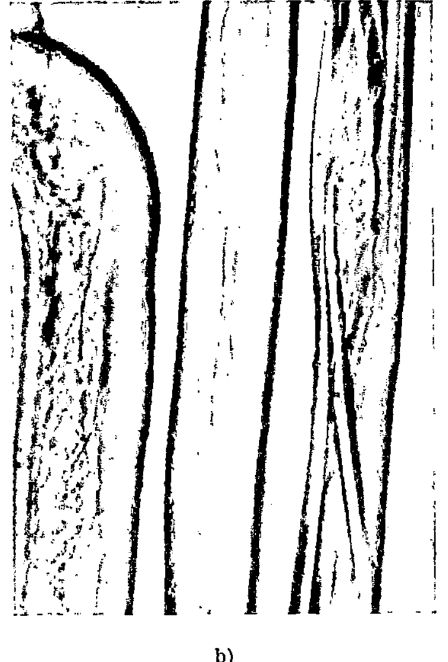

a)   b)

Abb. 108. Längsschnitte von nativer Cellulose vor dem Merzerisieren (a), schlecht merzerisiert (b) und unter Zusatz eines Hilfsmittels merzerisiert (c). (Nach REUMUTH.)

c)

ion, verursacht Natronlauge eine stärkere Quellung als Kalilauge. Noch mehr ist das Lithiumion hydratisiert, so daß Lithiumhydroxyd Baumwolle am stärksten quillt.[1]

Den Hydratationsgrad verschiedener Alkalimetalle zeigt folgende Zusammenstellung:

Hydratationsgrad

Li	Na	K	Rb	Cs
120	66	16	14	13

Die gleiche Gesetzmäßigkeit finden wir beim Quellen von regenerierter (Hydrat-) Cellulose, beispielsweise Viskosekunstseide bzw. Zellwolle, wie Abb. 109 nach Versuchen von HEUSER und BARTUNEK [4] bringt.

Die Quellung der Baumwolle durch Alkalihydroxyd zeigt in Abhängigkeit von der Konzentration der Lauge ein Maximum. Das Quellungsoptimum liegt bei einer Tem-

---

[1] Hingegen sind Rubidium- und Cäsiumionen noch weniger als Kaliumionen hydratisiert und quellen deshalb Cellulosefasern am schwächsten von

peratur von 20° C beim Lithiumhydroxyd bei etwa 12° Bé, bei Natronlauge etwa bei 18 bis 20° Bé und das der Kalilauge bei etwa 25° Bé.
In ähnlicher Weise weist die Quellung von Kunstfasern aus regenerierter Cellulose ebenfalls Quellungsmaxima auf, die für Lithiumhydroxyd
bei etwa 8° Bé, für Natriumhydroxyd bei etwa 12° Bé und für Kalilauge
bei 30° Bé liegen (Temperatur 20° C). Auf dieses unterschiedliche Verhalten der nativen Cellulose (Baumwolle) und der regenerierten Cellulose

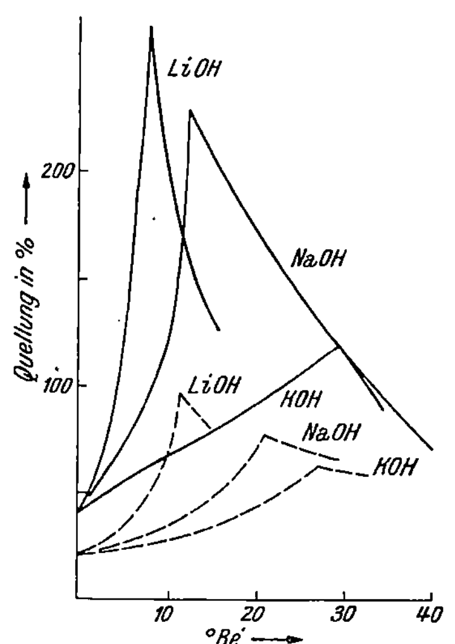

Abb. 109. Quellung von Baumwolle (gestrichelte
Kurven) u. Kunstfasern aus regenerierter Cellulose (ausgezogene Kurven) in Alkalien in Funktion von der Konzentration; Temperatur 20° C.
(Nach HEUSER und BARTUNEK.)

Abb. 110. Schematische Darstellung der Quellung
von Baumwolle mittels Lauge. Durch die Vergrößerung der submikroskopischen u. zwischenmizellaren Räume (schwarze Felder) wird die Faser
in die Breite gedehnt.

(Kunstseide und Zellwolle) beim Quellen mit Laugen wird noch später
bei der Beschreibung der Merzerisierung von Baumwolle-Zellwolle-Mischgespinsten zurückgekommen.

Die zunächst in die groben Kapillarrisse und feineren, submikroskopischen Kanäle eingedrungene Lauge wandert immer tiefer in die Faser
ein. Sie erfüllt die intermizellaren Räume und gelangt schließlich durch
innermizellare Quellung zwischen die einzelnen Hauptvalenzketten der
Cellulosemakromoleküle. Es bildet sich sog. Alkalicellulose, deren Raum-
gitter gegenüber der nativen Cellulose eine gewisse Erweiterung zeigt.
Mit dieser Entwicklung in die Breite geht eine Verkürzung der quellenden

---

den Alkalihydroxyden. Dies hängt damit zusammen, daß schwach hydratisierte Ionen die zwischenmolekularen Kräfte, bzw. Restvalenzkräfte VAN DER
WAALSscher Natur weniger absättigen als stark hydratisierte Ionen, die daher
entsprechend stärker vom Restvalenzkraftfeld aufgenommen (adsorbiert)
werden.

Faser einher. Diese Verkürzung muß man sich so vorstellen, daß die äußeren Schichten der Baumwollfaser, weil sie vor allem mit der Lauge in Berührung kommen, rascher und stärker quellen als die tiefer liegenden Faserschichten. Es kommt dadurch zur Ausbildung einer in die Breite wirkenden Kraft, die sich in einer Zugwirkung in der Richtung der Längsachse der Faser (Schrumpfung) auswirkt. Abb. 110 bringt eine Skizze dieser Erscheinung.

Das gleichmäßige Durchnetzen der Baumwolle mittels konzentrierter Natronlauge bietet Schwierigkeiten. Dies ist einerseits darauf zurückzuführen, daß die hydrophoben Bestandteile an der Faseroberfläche, z. B. Fette und Baumwollwachs, das Eindringen der hydrophilen Lauge erschweren. Ein weiterer Grund liegt in der hohen Oberflächenspannung hochprozentiger Alkalihydroxydlösungen.

Nach KRAUSE und KAPITAŃCZYK [5] ist die Oberflächenspannung einer etwa 50%igen Natronlauge 112 bis 113 Dyn/cm. Für die bei der Merzerisierung gebräuchliche Laugenkonzentration ergibt sich eine Grenzflächenspannung von etwa 100 Dyn/cm, während reines Wasser eine Oberflächenspannung von 73 Dyn/cm besitzt. Um derartig konzentrierte Laugen in die Faserkapillaren eindringen zu lassen, sind verhältnismäßig, hohe Kräfte notwendig. Der Kapillardruck hängt von der Oberflächenspannung und vom Kapillardurchmesser ab (vgl. S. 129). Um einen ungefähren Begriff von der Größe dieses Kapillardruckes zu geben, sei angeführt, daß er für eine Natronlauge mit einer Oberflächenspannung von 100 Dyn/cm bei einem Kapillardurchmesser von 10^{-5} cm etwa 20 Atm. beträgt. Der Kapillardruck, den die Baumwollfaser dem Eindringen der konzentrierten Lauge entgegensetzt, nimmt mit zunehmender Feinheit der submikroskopischen Kanäle immer mehr zu, so daß auch daraus ersichtlich ist, daß das tiefere Eindringen konzentrierter Laugen in das Innere der Baumwollfaser viel langsamer vor sich gehen wird als in die äußeren, durch grobe Kapillarrisse durchfurchten Faserschichten. Die Quellung der Baumwollfaser erfolgt demgemäß langsamer und nicht vollständig, im Gegensatz zur Hydratcellulose, deren Feingefüge lockerer und poriger ist als das der nativen, gewachsenen Baumwolle und dem tiefer gehenden Eindringen der Lauge keinen besonderen Widerstand entgegensetzt (vgl. S. 27).

Wird der durch die vorzugsweise seitliche Quellung bedingten Verkürzung der Baumwollfaser durch nachträgliches Spannen nach dem Eingehen in Natronlauge entgegengewirkt oder behandelt man Baumwolle überhaupt nur im gespannten Zustande mit der Merzerisierlauge, so findet keine Schrumpfung statt, bzw. ist diese nur vorübergehend und wird durch das nachträgliche Spannen wieder rückgängig gemacht. Hierbei kommt es zu einer besseren und gleichmäßigeren Ausrichtung der teilweise regellos gewachsenen Kristallite und Hauptvalenzketten (vgl. S. 24). Die Parallelisierung der Kristallite und die bessere Orientierung in die Richtung der Faserlängsachse bringt die einzelnen Hauptvalenzketten einander näher (Erhöhung des Orientierungsgrades), so daß mehr Hydroxylgruppen durch Restvalenzabsättigung die innere Kohäsion begünstigen und damit auch die Reißfestigkeit der merzerisierten Baumwollfaser steigern.

Neben den rein kolloidchemischen Vorgängen bei der Merzerisierung treten auch chemische und physikalische Begleitprozesse auf. Das Merzerisieren geht, wie erwähnt, unter Wärmeentwicklung vor sich. Ursprünglich wollte man daraus schließen, daß bei der Merzerisierung nur eine chemische Reaktion der Natronlauge mit der Baumwolle eintritt.

Dies ist nur zum Teil richtig. Zweifellos entstehen beim Einwirken von Alkalihydroxydlösungen auf Cellulose Alkalicellulosen. Man kann dies direkt beweisen, indem man schon merzerisierte Baumwolle nochmals mit Merzerisierlauge behandelt. Es treten dadurch keine wesentlichen Änderungen des Glanzes[1] bzw. der Festigkeitseigenschaften ein. Trotzdem entstehen die gleichen Wärmetönungen, die bei der Merzerisierung einer noch unmerzerisierten Baumwolle auftreten. Die Wärmebildung bei der Merzerisierung rührt also von der Adsorption der Natronlauge an die Cellulose und zum Teil von der Verdünnungswärme der konzentrierten Lauge mit dem Feuchtigkeitswasser der Baumwolle her [6]. Über das Wesen der Einlagerung und Bindung der Natronlauge an das Cellulosemolekül besteht eine Reihe Untersuchungen [7], aus denen hervorgeht, daß man bei hohen Konzentrationen an Natriumhydroxyd von einer Art Alkoholatbildung sprechen kann.

Demnach bildet sich zunächst Alkalicellulose (chemischer Vorgang), die in überschüssiger Lauge stark aufquillt (kolloidchemischer Vorgang).

Die Glanzerhöhung beim Merzerisieren von Baumwolle ist der wichtigste Effekt, der bei dieser Veredlungsoperation eintritt. Sie ist eine rein physikalische Erscheinung, da durch das Ablösen der äußersten Baumwollschicht (Cuticula) ein glatter, runder und homogener Faden entsteht. Eine glatte, homogene Oberfläche gibt ein besseres Reflexionsvermögen für auffallendes Licht als die rauhe und zerrissene Oberfläche der nicht merzerisierten Baumwolle. Zwischen der Schrumpfung und der Glanzsteigerung besteht nach MECHEELS [8] eine gewisse Beziehung. Die Schrumpfung und die Glanzsteigerung gehen einigermaßen parallel, wenn Rohgarne mit ursprünglich gleichem Glanz untereinander verglichen werden. Verwendet man dagegen Baumwollen mit ursprünglich verschiedenem Glanz zur Prüfung, so kann aus der Schrumpfung nichts über die Glanzsteigerung gefolgert werden.

Die praktische Durchführung des Merzerisierprosses kann so erfolgen, daß man der Schrumpfung beim Eintauchen der Baumwolle in die Merzerisierlauge entweder vor oder nach der Behandlung mit Natronlauge entgegenwirkt. Man unterscheidet deshalb:

---

[1] Dies geht beispielsweise aus Versuchen von MECHEELS [1], die folgende Zusammenstellung bringt, hervor.

Baumwollsorte	Garn-Nr.	Glanzzahl		
		Rohware	nach der 1. Merz.	nach der 2. Merz.
Sakellaridis	30/3	15	55	68
Sakellaridis	60/3	15	61	79
Louisiana	40/2	17	40	41
Mako	60/2	18	69	66
Mako	100/2	28	73	73

Merzerisierung ohne Spannung[1] (bzw. unter nachträglicher Spannung),
Merzerisierung mit Spannung.

a) Merzerisierung ohne Spannung.

Das Garn wird ohne Spannung in die ungefähr 25 bis 30° Bé starke Natronlauge bei 15 bis 20° C eingegeben. Nachdem die Quellung in der Merzerisierlauge unter starker Schrumpfung durchgeführt wurde, wird aus dem Bad
herausgenommen, der Schrumpfung durch Strecken derart entgegengewirkt,
daß man wieder auf die ursprüngliche Länge bringt, worauf die Natronlauge
ausgewaschen wird. Das Farbstoffaufnahmevermögen ist bei der Merzerisierung „ohne Spannung" größer, die Glanzerhöhung aber geringer als bei der
Merzerisierung mit Spannung.

b) Merzerisierung mit Spannung.

Für die Praxis ist die Merzerisierung unter gleichzeitiger Spannung wichtiger als die Merzerisierung ohne Spannung. Man nimmt Natronlaugen,
die etwa 28 bis 32° Bé aufweisen, und behandelt bei möglichst niederer Temperatur. Für die Glanzsteigerung sind Temperaturen um 5 bis 10° C jenen
bis zu 20° C vorzuziehen.

Das Netzvermögen der kalten, konzentrierten Natronlauge ist, wie erwähnt, nicht sehr ausgeprägt. Dies ist besonders dann der Fall, wenn auf
der Baumwollware noch hydrophobe Anteile, wie Fettstoffe oder natürliche
Pflanzenwachse, vorhanden sind. Bei der. sog. Trockenmerzerisierung wird
die geschlichtete Baumwollware direkt in das Merzerisierbad eingegeben.
Baumwollschlichten enthalten neben Stärke vielfach hydrophobe Stoffe,
wie Fette und Wachse, und Kohlenwasserstoffe, z. B. Paraffin, die dem Eindringen der konzentrierten Natronlauge in die Baumwollfaser erheblichen
Widerstand entgegensetzen. Zur Vermeidung dieses Übelstandes kann man
wie folgt vorgehen:

1. Man schaltet einen Vorkochprozeß, der alle hydrophoben Bestandteile
entfernt, ein und merzerisiert hierauf (Naßmerzerisage).

2. Man behandelt, ohne vorzukochen, mit Merzerisierlaugen, die durch
geeignete Zusätze ein starkes Netzvermögen zeigen (Trockenmerzerisage).

Zu 1: Das Abkochen bezweckt die Entfernung der Schlichtebestandteile
und die in der Baumwolle hartnäckig zurückgehaltenen natürlichen Pflanzenwachse. Dieser Prozeß kann ohne Druck (Abkochen) oder unter Überdruck
(Beuchen, vgl. S. 286) durchgeführt werden.

Der Nachteil dieses Prozesses ist das Einschalten eines neuen Arbeits-
ganges, der zusätzliche Kosten für Dampf und Arbeitslohn verbraucht.
Bei unsachgemäßer Behandlung kann durch Bildung von Oxycellulose eine
Verminderung der Festigkeitseigenschaften eintreten. Der Vorteil liegt im
Anfall einer gut netzbaren und leicht merzerisierbaren Baumwollware. Netz-
mittel sind dann nicht notwendig.

Zu 2: Das Merzerisieren ohne Vorkochen erspart einen Arbeitsgang und
vermeidet die Bildung von Oxycellulose. Nachteilig ist hierbei, daß die
Merzerisierlauge durch Schlichtebestandteile und Schmutz aus der Ware
sehr verunreinigt wird. Ferner ist ein gleichmäßiges Netzen mit der konzen-

---

[1] Die Merzerisierung ganz ohne Spannung hat nur geringes technisches
Interesse da die Glanzsteigerung erst infolge der gleichzeitigen oder nachträglichen Spannung auftritt.

trierten Lauge allein nicht ohne weiteres möglich. Man setzt deshalb den Lauge-
bädern Netzmittel zu, die die Netzfähigkeit der geschlichteten Baumwolle in
der kalten, konzentrierten Natronlauge stark erhöhen.[1] Der ganze Vorgang
wird, weil die Baumwolle im trockenen, nicht vorgebeuchten Zustand in
das Merzerisierbad gebracht wird, als *Trockenmerzerisage* bezeichnet. Voraussetzung hierfür ist die Verwendung typischer Merzerisierhilfs- (Netz-) Mittel.

Die Durchführung der Trockenmerzerisage geschieht meist so, daß die
Baumwolle im gespannten Zustand in die Lauge gebracht wird und diese
nach beendeter Einwirkung ebenfalls noch im gespannten Zustand ausgewaschen wird.

Die Anforderungen, die an Merzerisierhilfsmittel von der Praxis zur
Erzielung einer guten Netzwirkung bei der Trockenmerzerisierung gestellt
werden, sind sehr strenge. Sie müssen in der konzentrierten Lauge leicht und
klar löslich sein und dürfen selbst nach längerem Stehen, etwa nach 8 bis
10 Tagen und mehr, keine Trübung und Ausscheidung geben; das Netzvermögen darf hierbei nicht zurückgehen. Die Merzerisierflotte soll nach
dem Zusatz der Netzmittel nicht schäumen. Selbstverständlich müssen
die Merzerisierhilfsmittel hoch alkalibeständig sein und dürfen weder zersetzt noch ausgesalzen werden. Die Menge der anzuwendenden Hilfsmittel soll 10 bis 20 g/l nicht überschreiten, da dann die Kosten für dieselben bereits wieder so groß sind, daß sie die durch den Vorkochprozeß
beim Naßmerzerisieren ohne Netzmittelzusatz bedingten Mehrspesen
wieder wettmachen. Die Vorteile des Trockenmerzerisierverfahrens würden
dann nicht zum Ausdruck kommen.

Wegen der strengen Anforderungen kommen Netzmittel auf Basis
höhermolekularer Fettschwefelsäureester, Fettalkoholsulfonate, Fettsäurekondensationsprodukte im allgemeinen nicht in Frage. Diese Stoffe werden, wie die gewöhnlichen Seifen, ausgesalzen oder verseift.

Die am Markte befindlichen Merzerisierhilfsmittel tragen diesem Umstande insofern Rechnung, als sie auf die Verwendung derartiger, ansonst
guter Netzmittel entweder ganz verzichten oder sie nur in Verbindung mit
vollkommen laugebeständigen Hilfsstoffen verwenden. Vor allem haben
sich hierzu Körper bewährt, die eine phenolische Hydroxylgruppe aufweisen, z. B. Phenol, Kresole u. dgl. Sie lösen sich in konzentrierter Lauge
unter Bildung von Phenolaten gemäß der Gleichung

$$\langle\!\!\bigcirc\!\!\rangle\text{OH} + \text{NaOH} \rightleftarrows \langle\!\!\bigcirc\!\!\rangle\text{ONa} + \text{H}_2\text{O}$$

Die Netzwirkung derartiger Phenolate ist an sich für die Praxis noch
nicht ausreichend. Die Phenolate bewirken die Dispergierung anderer,
ansonst in der Merzerisierlauge unlöslicher Stoffe. Man bezeichnet diesen
Vorgang Hydrotropie und die durch die Mitverwendung der Phenolate

---

[1] Man kann auch vor dem Merzerisieren die Baumwolle in einer Netz-
mittelflotte behandeln. Für die Merzerisierung von Baumwolle-Zellwolle-
Mischgespinsten kommt dies nicht in Frage, da sonst ein kritisches Konzentrationsintervall, in welchem die Zellwolle sehr stark angegriffen wird, passiert
werden müßte (vgl. S. 317).

in der Merzerisierlauge kolloiddispers verteilten Begleitstoffe als hydrotrop gelöst. Hierbei übernehmen die unter Bildung von Phenolaten gelösten Phenole und deren Abkömmlinge die Rolle eines Emulgiermittels, während die hydrotrop verteilten Stoffe das Netzen begünstigen.

Neben derartig aufgebauten Merzerisierhilfsmitteln findet man auch solche im Handel, die keine Phenole enthalten.

Es sind demgemäß zu unterscheiden:

1. Merzerisierhilfsmittel auf Basis von phenolische Hydroxylgruppen enthaltenden Körpern und hydrotrop gelösten Stoffen.

Das erste wirklich befriedigende Netzmittel für die Trockenmerzerisierung war das *Mercerol* (Sandoz). Es enthält Kresol und als hydrotrop gelöste Stoffe hydroaromatische Alkohole, z. B. Hexalin und Methylhexalin [9]. Da die netzende Wirkung der Phenole in Merzerisierlaugen zu gering ist, besteht eine große Anzahl von Vorschlägen, durch Zusätze verschiedenartigster Natur die Netzwirkung zu verbessern. Die praktische Auswertung derselben findet man in manchen handelsüblichen Merzerisierhilfsmitteln.

Man kann die Zusätze nach der chemischen Natur derselben unterteilen:

1. Sulfonate,
2. Alkohole und Derivate,
3. organische Basen,
4. Säuren,
5. Diverse.

Zu 1: Die Verwendung von sulfonierten Ölen, beispielsweise Ricinusöl, und Phenolen ist der Oranienburger Chemischen Fabrik [10] geschützt.

Sulfonierte Öle oder alkylierte Naphthalinsulfonsäuren im Gemisch mit Polyätheralkoholen und Kresol sollen ebenfalls gute Netzeffekte in Merzerisierlaugen ergeben [11]. Ein ähnliches, mehrkomponentiges System ist nach Sandoz [12] ein Gemisch von Phenolen, sulfonierten Ölen und Fetten, hydroaromatischen Kohlenwasserstoffen und Monobutyläther des Diglykols als Zusatz zu Merzerisierlaugen bekanntgeworden. Ternäre Systeme aus Phenolen, aromatischen Kohlenwasserstoffen und aromatischen Sulfamiden, beispielsweise Toluolsulfobutylamid, ist der I. G. Farbenindustrie A. G. [13] geschützt.

Die Verwendung von nekalähnlichen Stoffen, sulfonierten Ölen und Phenolen ist von der Böhme Fettchemie Ges. m. b. H. patentiert [14].

Zu 2: Hierher gehören vor allem die schon zitierten *Mercerol*-Patente von Sandoz [9]. Während das Hauptpatent die Verwendung von Phenolen und hydroaromatischen Alkoholen als Merzerisiernetzmittel beansprucht, ist in verschiedenen Zusatzpatenten [15] die Mitverwendung von Kohlenwasserstoffen, aliphatischen Alkoholen, Ätheralkoholen; z. B. Äther von Di- und Polyglykol, u. dgl. unter Schutz gestellt.

In dieselbe Richtung fällt ein ternäres System aus Phenol, einem mittleren aliphatischen Alkohol, z. B. Octylalkohol, und einem aromatischen Alkohol, etwa Benzylalkohol (Deutsche Hydrierwerke [16]). Praktische Bedeutung dürfte diesem System allerdings nicht zukommen. Wichtiger hingegen dürfte die Mitverwendung von Terpenalkoholen, z. B. Terpineol, Pineoil [17], sein.

Zu 3: Die Verwendung aliphatischer und zyklischer Amine als Zusatz zu Phenolen ist bereits längere Zeit bekannt [18]. Besser sollen sich Zusätze von Alkylolaminen, z. B. Dihydroxyäthyl-n-Propylamin

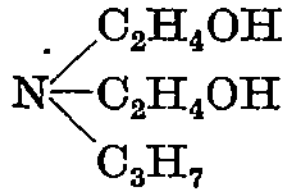

$$N \begin{cases} C_2H_4OH \\ C_2H_4OH \\ C_3H_7 \end{cases}$$

zu Kresol als Merzerisierhilfsmittel bewähren [19].

Zu 4: Größeres praktisches Interesse beanspruchen Zusätze von Carbonsäuren, vor allem Naphthensäuren [20] zu Phenolen. Während diese Carbonsäuren durch die starke Lauge ausgesalzen werden, ist dies bei Mitverwendung von Phenol, Kresol oder Xylenol nicht der Fall. Man kann auch ternäre Systeme aus Naphthensäuren und Kohlenwasserstoffen, z. B. Petroleumfraktionen, Cymol, Tetralin u. dgl., und Kresol mit Vorteil verwenden [21]. Schließlich soll noch darauf verwiesen werden, daß auch Alkyloxycarbonsäuren, z. B. Butyloxyessigsäure, und Alkylaminocarbonsäuren, z. B. Butylaminoessigsäure, als die Netzkraft steigernde Zusätze zu Phenolen vorgeschlagen wurden [22].

Zu 5: Eine kleine Auswahl diesbezüglicher im Patentschrifttum anzutreffender Angaben:

Die Verwendung von Halogenphenolen an Stelle der gewöhnlichen Phenole, z. B. Monochlorxylenol [23], soll eine verstärkte Schrumpfgeschwindigkeit ergeben. Die Erhöhung der Hydrophobie des Netzmittels, die beim *Mercerol* durch die Mitverwendung von hydroaromatischen Alkoholen erzielt wird, kann auch so geschehen, daß man in das Phenol einen aliphatischen Rest einführt. So soll beispielsweise Octylphenol, allenfalls in Gemeinschaft mit Kresol, einen brauchbaren Merzerisiereffekt ergeben [24].

Weitere Vorschläge sind noch die Verwendung von Thioäthern, die mindestens eine alkoholische Hydroxylgruppe aufweisen, z. B. der Monothiobutyläther des Monothioglykols (C_4H_9—S—C_2H_4OH) mit Kresol [25] bzw. Sulfamide der Benzolreihe, vorzugsweise Cymolsulfamid [26].

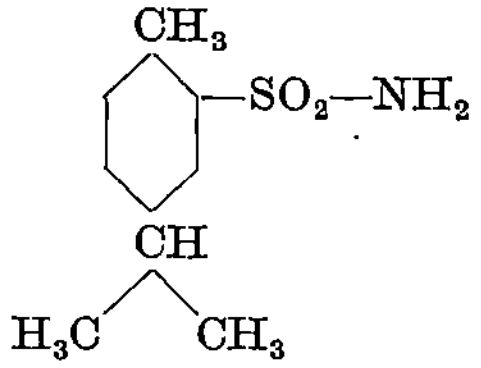

$$\underset{\underset{H_3C \quad \diagup \quad CH_3}{CH}}{\overset{CH_3}{\overset{|}{\bigcirc}}} -SO_2-NH_2$$

Im Handel sind u. a. folgende Erzeugnisse anzutreffen:

Leophen KN, K extra (I. G. Farbenindustrie A. G.).
Mercerol C (Sandoz).
Mercerol LP (Sandoz).
Mercerol GS (Sandoz).
Mercerol BP (Sandoz).
Floranit HF (Böhme Fettchemie Ges. m. b. H.).
Coloran O extra (Oranienburger chemische Fabrik).
Cottomerpin 34 (Pott & Co.).
Invadin MC (Gesellschaft für chemische Industrie, Basel).
Inferol M (A. Th. Böhme-Dresden).
Tytrovonöl N (Baumheier).
Mercerisier-Flerhenol (Flesch).
Perminal Merc (Imperial Chemical Industries).

Von diesen Erzeugnissen werden im Durchschnitt etwa 10 bis 20 g, bzw. Kubikzentimeter je Liter Lauge verwendet.

Die Wirkung von Netzmitteln beim Merzerisieren von Baumwolle, beispielsweise bei der Mitverwendung von *Mercerol*, ist aus Tab. 115 und Tab. 116 nach Versuchen von LANGER [27] ersichtlich. Die Festigkeitszunahme, die durch die Merzerisierung auftritt, ist bei der vorgekochten (gebeuchten) und dann mit Lauge ohne Mitverwendung von Netzmitteln merzerisierten Baumwolle etwa gleich groß, wie bei der nicht vorgekochten, nach dem sog. Trockenmerzerisierungsverfahren mit Lauge und *Mercerol* merzerisierten Baumwolle; sie beträgt in beiden Fällen durchschnittlich etwa 35 bis 40%.

Tabelle 115. Veränderungen der Festigkeitseigenschaften von Baumwolle, die unter Druck vorgekocht (gebeucht) und ohne Netzmittel merzerisiert wurde. Länge des Rohstranges 137 cm. (Nach LANGER.)

| Streckung in Zentimetern | Reißfestigkeit | | Dehnung | | Reißfestigkeitszunahme in Prozenten | Dehnungsabfall in Prozenten |
| | roh | merzerisiert | roh | merzerisiert | | |
	in Gramm		in Prozenten			
132	404	586	6,4	6,0	45	5
133	386	572	6,2	6,0	48	2
134	401	560	6,4	5,9	40	8
135	412	566	6,4	5,7	37	11
136	396	560	6,1	5,2	41	15
137	401	577	6,3	4,9	44	22
138	405	545	6,3	4,8	35	24
139	388	569	6,1	4,5	47	26
140	407	560	6,6	4,3	38	35
141	383	553	6,0	3,9	44	35

Tabelle 116. Veränderungen der Festigkeitseigenschaften von Baumwolle, die nicht vorgekocht (gebeucht) und mit Lauge unter Mitverwendung von *Mercerol* trocken merzerisiert wurde. Länge des Rohstranges 137 cm. (Nach LANGER.)

| Streckung in Zentimetern | Reißfestigkeit | | Dehnung | | Reißfestigkeitszunahme in Prozenten | Dehnungs- | |
| | roh | merzerisiert | roh | merzerisiert | | zunahme | abnahme |
	in Gramm		in Prozenten			in Prozenten	
132	384	537	6,5	6,8	40	5	—
133	423	560	6,1	6,4	32	5	—
134	411	554	5,8	6,2	35	7	—
135	384	536	5,6	5,8	47	4	—
136	392	543	6,0	5,6	39	—	7
137	374	537	6,4	5,2	44	—	9
138	381	531	6,6	5,1	39	—	23
139	365	521	6,1	4,6	43	—	25
140	359	525	5,8	4,5	46	—	22
141	338	515	5,8	4,3	52	—	26

Interessant ist das Verhalten der merzerisierten und gestreckten Baumwolle in bezug auf die Dehnungseigenschaften. Bei der unter Druck vorgekochten und mit Natronlauge ohne Mitverwendung von Netzmitteln merzerisierten Baumwolle ist stets ein Dehnungsabfall gegenüber der ursprünglichen Dehnung zu beobachten, gleichgültig, auf welche Länge man die Baumwolle nach dem Schrumpfen in der Merzerisierlauge nachträglich wieder streckt. Streckt man die geschrumpfte Baumwolle auf die ursprüngliche Länge von 137 cm, so erhält man einen Dehnungsabfall von 22%. Bei der Trockenmerzerisage, ohne Vorkochen, unter Mitverwendung von *Mercerol* erhält man bei der Streckung auf die ursprüngliche Länge gleichfalls eine Dehnungsabnahme, die der Größenordnung nach geringer als bei der gebeuchten und ohne Netzmittel merzerisierten Baumwolle ist. Streckt man nur auf etwa 133 bis 134 cm,

so erhält man bei der Verwendung von *Mercerol* sogar eine Dehnungszunahme.

Der Einfluß der Streckung auf die Erhöhung der Reißfestigkeit vorgekochter und ohne Netzmittelzusatz merzerisierter Baumwolle bzw. nicht vorgekochter und mit *Mercerol* merzerisierter Baumwolle ist aus den in Tab. 115 und 116 zusammengefaßten Versuchsresultaten LANGERS noch nicht klar ersichtlich, da hierbei ein 2/40 Mako-Flor benutzt wurde, der Fasern verschiedener Länge enthält. Wird ein Flor, der nur Fasern gleicher

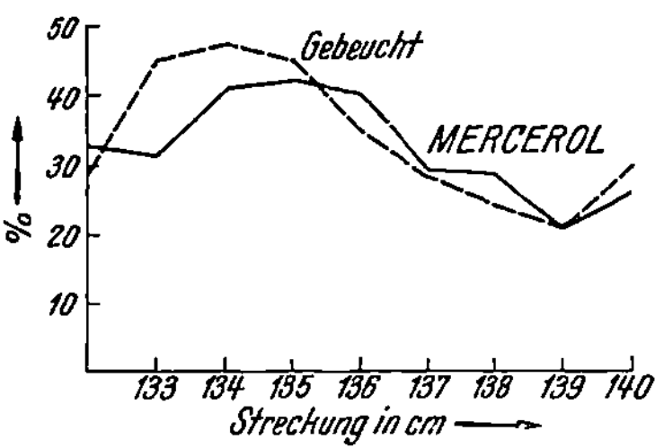

Abb. 111. Abhängigkeit der Reißfestigkeit merzerisierter Baumwolle von der Streckung. (Nach LANGER.)

Länge enthält, zur Prüfung herangezogen, so zeigt die Erhöhung der Reißfestigkeit in Abhängigkeit von der Streckung ein charakteristisches Verhalten, wie aus Abb. 111 hervorgeht.

Bei einer Streckung auf 134 bzw. 135 cm zeigt die Reißfestigkeitserhöhung ein Maximum, während sie mit zunehmender Streckung etwa auf die ursprüngliche Stranglänge von 137 cm wieder absinkt, bei einer Streckung auf 139 cm einen Minimalwert erreicht, um dann bei noch weitergehender Streckung wieder anzusteigen. Das Optimum des Reißfestigkeitszuwachses wird bei der gebeuchten und ohne Hilfsmittel merzerisierten Baumwolle bei einer geringeren Streckung erreicht als bei dem mit *Mercerol* merzerisierten Flor. Offenbar ist dies darauf zurückzuführen, daß die Merzerisierlauge infolge der durch den Abkochprozeß entfernten Pflanzenwachse und hydrophoben Anteile leichter und gleichmäßiger die Baumwollfaser durchdringt als die mit einem Netzmittel versehene Merzerisierlauge.

Für die praktische Durchführung des Merzerisierprozesses nach dem sog. Trockenmerzerisierverfahren ist die Geschwindigkeit, mit der die Merzerisierlauge in die Baumwolle eindiffundiert, von großer Wichtigkeit. Ein Maß für die Netzgeschwindigkeit ist nach LANDOLT [28] die Schrumpfung eines eingetauchten Baumwollfadens in Funktion mit der Zeit, wie dies Tab. 117 bringt.

Tabelle 117. Veränderungen der Länge eines Baumwollgarnes in Natronlauge von 30° Bé in Abhängigkeit von der Dauer der Laugeneinwirkung. Verwendetes Garn Mako 18/2; ursprüngliche Länge desselben 50 cm. (Nach LANDOLT.)

Merzerisierung	Rohgarn						Abgekochtes Garn					
	Längenveränderung nach Minuten											
	$^1/_4$	$^1/_2$	$^3/_4$	1	$1^1/_4$	$1^1/_2$	$^1/_4$	$^1/_2$	$^3/_4$	1	$1^1/_4$	$1^1/_2$
Natronlauge 30° Bé....	—	49,65	—	49,1	—	48,6	48,7	46,2	44,7	44,0	43,6	43,4
Mit 10 cm³ *Mercerol*/l .	45,0	43,2	42,7	42,6	42,5	42,3	46,0	43,8	43,5	43,4	43,4	43,3
Mit 10 cm³ *Floranit*/l .	47,3	44,5	43,1	42,6	42,3	42,1	45,5	43,8	43,5	43,4	43,4	43,3

Man sieht deutlich, daß netzmittel ein sehr rasches

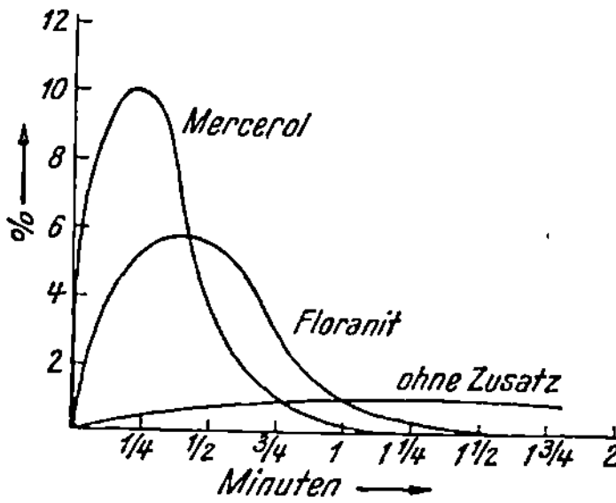

Abb. 112. Prozentuale Veränderung der Netzgeschwindigkeit beim Merzerisieren in Funktion von der Netzdauer durch verschiedene Netzmittelzusätze. (Nach LANDOLT.)

durch die Verwendung von Merzerisier-Eindringen der Merzerisierlauge in die Baumwolle erfolgt. Zur Beurteilung des Wertes eines Merzerisiernetzmittels reicht an sich die Darstellung des Schrumpfeffektes in Funktion von der Merzerisierdauer aus. Einen genaueren Einblick in den Merzerisiervorgang bei Anwesenheit von Netzmitteln gibt die prozentuale Veränderung der Netzgeschwindigkeit in Abhängigkeit von der Netzdauer, wie dies aus Abb. 112 ersichtlich ist.

Durch die Mitverwendung von Merzerisierhilfsmitteln wird die Netzgeschwindigkeit besonders am Anfang des Merzerisierens außerordentlich gesteigert. Dies ist für den Ausfall der Merzerisierung von großer Wichtigkeit, da auch die hydrophoben Stellen der Faseroberfläche sogleich genetzt werden und eine ungleichmäßige Merzerisierung vermieden wird; vgl. Abb. 107 und Abb. 108.

2. Merzerisierhilfsmittel ohne Verwendung von phenolische Hydroxylgruppen enthaltenden Körpern.

Neben den handelsüblichen Merzerisiernetzmitteln, die als hydrotrope Stoffe Phenol bzw. Kresole und deren Abkömmlinge enthalten, sind in letzter Zeit Merzerisierungsmittel entwickelt worden, die phenol- bzw. kresolfrei sind. Es wurde S. 308 darauf verwiesen, daß das eigentliche Netzen durch Zusatz von Hilfsmitteln auf phenolischer Basis weniger durch die Phenolate als durch die hydrotrop gelösten, an sich in der Lauge unlöslichen Zusätze, z. B. zyklische Alkohole u. dgl., erfolgt. Die Phenole bewirken nur die kolloide Verteilung dieser primären Netzstoffe, sie dienen als Lösevermittler. Die Löslichkeit in der Merzerisierlauge wird durch die phenolische Hydroxylgruppe bedingt; der hydrophobe, grenzflächenaktive Kohlenwasserstoffrest entstammt einerseits dem mit der phenolischen Gruppe verbundenen Kohlenwasserstoffgerüst, andererseits dem in der Merzerisierlauge hydrotrop gelösten Körper.

Die Merzerisierhilfsmittel, die auf die Mitverwendung von Stoffen mit phenolischer Hydroxylgruppe verzichten, müssen ebenfalls in der Lauge löslichmachende Gruppen sowie einen hydrophoben, laugeunlöslichen Anteil aufweisen. Dies kann so geschehen, daß die wasseraffinen Stellen direkt mit dem hydrophoben Rest in einem Molekül vereinigt sind oder daß man Gemische von in der Merzerisierlauge hydrotrop wirkenden Stoffen und hydrotrop gelösten Substanzen verwendet. Es sei gleich vorweggenommen, daß es eine große Anzahl von diesbezüglichen Vorschlägen im Patentschrifttum gibt, während sich in der Praxis diese Art von Netzmitteln nicht in gleichem Maße durchsetzen konnte wie jene, die phenolische Gruppen aufweisende Bestandteile enthält.

Bei der Synthese von Alkoholen aus Gemischen von Kohlenoxyd und Wasserstoff [29] entstehen Gemische verschiedener Alkohole, Ketone und Aldehyde. Die Alkohole sind noch verhältnismäßig niedermolekular; ihre Sulfonationsprodukte sind in Merzerisierlaugen innerhalb gewisser Konzentrationsgebiete löslich und bewirken eine Steigerung der Netzgeschwindigkeit beim Merzerisieren [30]. Sie kommen unter dem Namen *Leophen B* (I. G. Farbenindustrie A. G.) in den Handel. Im Mittel enthalten sie etwa sechs bis acht Kohlenstoffatome und gerade bzw. verzweigte Hauptvalenzketten.

An Stelle der sulfonierten synthetischen Alkoholgemische kann man auch gewöhnliche Alkohole mit vier bis zwölf Kohlenstoffatomen im Molekül sulfonieren und den Sulfonaten allenfalls Ätheralkohole, z. B. den Monoäthyläther des Butylenglykols, zusetzen [31]. Diese Stoffe dürften die Grundlage zum *Leophen M* (I. G. Farbenindustrie A. G.) abgeben.

Auf weitere Vorschläge, phenolfreie Merzerisierhilfsmittel zu verwenden, sei nur kurz verwiesen. Im wesentlichen gehen diese Angaben auf Patente der I. G. Farbenindustrie A. G. zurück.

Sulfonierte Ätheralkohole, z. B. aus Laurinalkohol und Äthylenoxyd, bzw. Aminoalkohole, wie Äthylhexylmonoäthanolamin, das sulfoniert wird, sollen brauchbare phenolfreie Merzerisierhilfsmittel abgeben [32]. Ebenso wurden Gemische von nichtsulfonierten Alkylolaminen (z. B. Butyldiäthanolamin) mit Glykolen (z. B. Butylenglykol) vorgeschlagen [33].

Von Interesse ist noch, daß die Salze von verhältnismäßig niedermolekularen Sulfaminsäuren, z. B. das di-N-propylsulfaminsaure Natron $(C_3H_7)_2\cdot$ $\cdot N\!\!-\!\!SO_3Na$ [34], brauchbare Merzerisierhilfsmittel geben sollen. Sie sind weniger metallempfindlich als die ebenfalls zum Merzerisieren vorgeschlagenen Amide der Dithiokohlensäure [35], z. B. das Natronsalz des Dibutylamids der Dithiokohlensäure von der Formel

$$S\!=\!\!\overset{\displaystyle |}{\underset{\displaystyle SNa}{C}}\!\!-\!\!N(C_4H_9)_2.$$

Die SNa-Gruppe zeigt ähnlich wie die phenolische ONa-Gruppe großes Lösevermögen in Alkalilauge. Die kurzen Alkylreste am Aminostickstoff bewirken eine gewisse Hydrophobie und Grenzflächenaktivität.

Weiters wurden Verbindungen der allgemeinen Formel [36]

$$A\begin{cases}(OH)_x \\ (OR)_y\end{cases}$$

vorgeschlagen, worin R ein Radikal, A ein aliphatisches Radikal von wenigstens drei Kohlenstoffatomen und $x\,y$ Ganzzahlen von mindestens 1 darstellen. Beispielsweise sei als Vertreter dieser Stoffe der Glycerinmonobutyläther

$$CH_2\!-\!O\!-\!C_4H_9$$
$$|$$
$$CHOH$$
$$|$$
$$CH_2OH$$

genannt. Die Lösung in Lauge wird durch Alkoholatbildung mit den alkoholischen Hydroxylgruppen bewirkt. Der hydrophobe Kohlenwasserstoffrest ist durch die Butylgruppe vertreten.

Um ein Bild von der Schrumpfungsgeschwindigkeit phenolfreier Merzerisierhilfsmittel zu geben, sind die nach Versuchen von SIEFERT [37] mit *Leophen B* erhaltenen Angaben in Tab. 118 zusammengestellt.

Tabelle 118. Schrumpfungsgeschwindigkeit von Baumwolle in *Leophen B* haltigen Merzerisierlaugen, ausgedrückt durch die prozentuale Kontraktion in Abhängigkeit von der Laugenkonzentration und von der Netzmittelkonzentration. (Nach SIEFERT.)

Schrumpfungszeit in Sekunden	Laugenkonzentration								
	30° Bé			32° Bé			33° Bé		
	Konzentration an *Leophen B* g/l								
	5	7,5	10	5	7,5	10	5	7,5	10
10	4	10	11	5	6,5	6,5	3,5	4,5	5
20	14	16,2	17,2	13,5	13,2	13,5	9	10,2	11
30	18	18	19,5	16,5	16,2	16,5	13,2	13,5	14
40	19,5	19	20,2	18,2	18	18	15,7	15,5	16
50	20	19,2	20,8	19	18,5	18,5	17	16,8	17
60	20,5	19,8	21	19,5	19	19	18	17,7	18,5

Der Tab. 118 ist zu entnehmen, daß eine brauchbare Netzwirkung, die die Voraussetzung für ein gleichmäßiges Schrumpfen ist, bereits bei einer Konzentration von 5 g *Leophen B* im Liter eintritt. Eine Erhöhung der Merzerisierhilfsmittelkonzentration ergibt keine wesentliche Steigerung des Schrumpfeffektes. Mit zunehmender Konzentration der Natronlauge sinkt die Netzwirkung etwas, da der Hydratationsgrad der quellenden Ionen abnimmt.

Auf ganz anderer Grundlage ist das *Prästabitöl KG* (Stockhausen & Co.) aufgebaut. Es ist ein Abkömmling der *Prästabitöl*-Klasse, also ein hochsulfoniertes, alkalibeständiges Ricinusöl, das noch Zusätze, z. B. Cymol, enthält. Ein weiteres laugenbeständiges Ölsulfonat für Merzerisation ist das *Inferol MO* (A. Th. Böhme-Dresden).

II. Merzerisierung von Baumwolle-Zellwolle-Mischgespinsten.

Baumwolle-Zellwolle-Mischgespinste sowie solche aus reiner Zellwolle werden ebenfalls merzerisiert. Im ersten Falle wird der mitverwendeten Baumwolle ein seidiger Glanz erteilt; beim Merzerisieren reiner Zellwolle beabsichtigt man hingegen keine Glanzerhöhung[1] — die auch gar nicht notwendig wäre, da die Zellwolle genügend glänzend ist —, sondern führt diese Veredlungsoperationen vor allem wegen der günstigen Griffbeeinflussung und wegen des Faden- und Porenschlusses durch. Das Maschenbild wird dann infolge Beseitigung des flusigen Charakters klarer. Ferner erfolgt wie bei der Baumwolle eine Begünstigung der Farbstoffaufnahmsfähigkeit.

Würde man, wie dies anfänglich geschah, das Merzerisieren von Zellwolle und zellwollehaltigen Mischgespinsten in gleicher Weise wie bei der Baumwolle durchführen, so entstünden eine Reihe von Mißständen, wie Faserangriff, Herabsetzung der Festigkeitseigenschaften, unter Umständen Zerstörung der Zellwolle usw., was darauf zurückzuführen ist, daß die Kunstfasern aus regenerierter (Hydrat-) Cellulose durch Alkalien leichter gequollen und gelöst werden als Baumwolle.

Dieses Verhalten wird durch quantitative Verschiedenheiten in der Größe der Aufbauelemente nativer und künstlicher Cellulosefasern bedingt. Im Gegensatz zu nativer Cellulose (Baumwolle), deren Polymerisationsgrad, d. i. die Summe der kettenförmig aneinandergereihten Glucopyranosereste, 2000 bis 3000 (vgl. S. 21) beträgt, ist jener der Hydratcellulose nur etwa 250 bis 400. Die regenerierte Cellulose und die daraus bereiteten Kunstfasern (Viskose, Kupferseide, Zellwolle) weisen ferner beträchtliche Mengen celluloseartiger Bausteine mit stark depolymerisierten, kurzen Polypyranoseketten auf, die eine größere Alkalilöslichkeit besitzen als langkettige Cellulose. STAUDINGER [38] konnte bei der Untersuchung der Quellung polymer homologer Reihen makromolekularer Stoffe, wie z. B. Cellulose, feststellen, daß die Diffusionsgeschwindigkeit der Makromoleküle mit sinkender Moleküllänge größer wird, d. h. die kurzkettigen Celluloseanteile der regenerierten Cellulose diffundieren rasch aus der in Quellung begriffenen Faser in die Merzerisierlauge, während aus der Baumwolle wegen des langkettigen Aufbaues der Strukturelemente nur geringe Mengen in Lösung gehen. Hierzu kommt, daß das Quellwasser bei Baumwolle durch eine dünne, die Faser umhüllende Haut (Cuticula) treten muß, während es bei Kunstfasern ohne weiteres in die makroskopischen und submikroskopischen Kanäle eintreten kann. Demgemäß beträgt der Quellgrad der Baumwolle 1,16 und der der Zellwolle 1,6 [39].

Es ist noch zu beachten, daß die Kunstfasern je nach ihrer Herstellung ein unterschiedliches Verhalten gegen die Einwirkung von Alkalihydroxyden zeigen. Man unterscheidet (vgl. S. 28):

Mantelfasern und
Kernfasern.

---

[1] Oft tritt bei der Merzerisage von Zellwolle sogar eine gewisse Glanzverminderung ein (MECHEELS [1]). Die Festigkeit wird hiebei nicht wesentlich beeinflußt.

Bei der ersteren, z. B. *Streckseiden,* umgibt ein dichter Fasermantel einen porösen Kern, der verhältnismäßig ungeordnete Hauptvalenzketten enthält.

Bei den letzteren ist der mittlere Teil (Kern) dichter gepackt und besser orientiert als die mit groben Kapillarrissen versehene Oberfläche. Die Merzerisierlauge diffundiert demzufolge leichter in die Kernfasern ein und löst mehr kurzkettige Celluloseanteile heraus als bei den Mantelfasern.

Die Quellung und die Menge der in Lösung gegangenen regenerierten (Hydrat-) Cellulose ist abhängig von

der Art des Alkalihydroxydes,
der Laugenkonzentration,
der Temperatur der Merzerisierlauge bzw. des Spülwassers,
Salzzusätzen zur Merzerisierflotte,
der Einwirkungszeit.

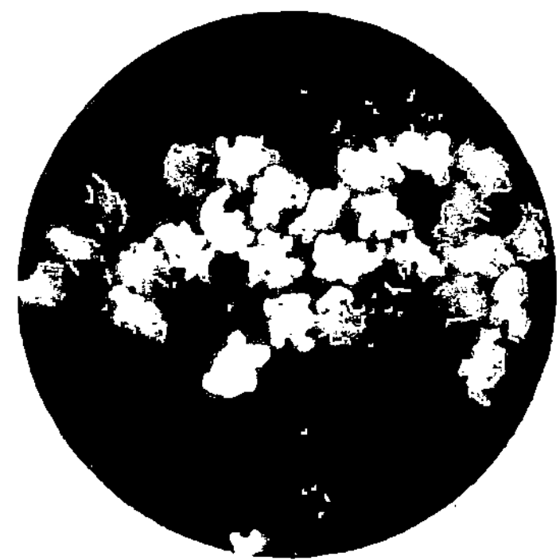

Abb. 113. Querschnitt einer unbehandelten Zellwolle. (Nach RATH.)

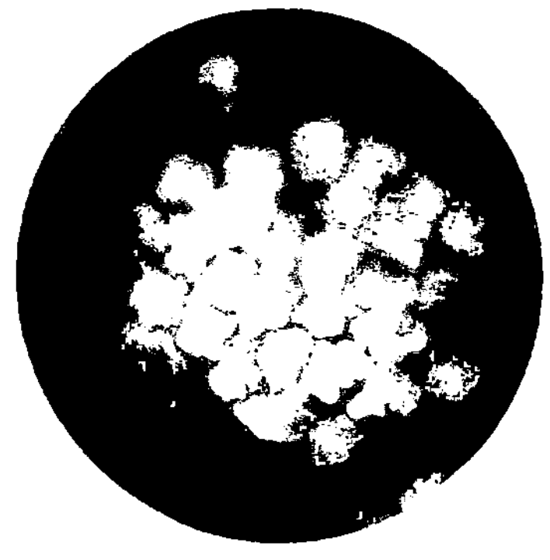

Abb. 114. Querschnitt der Zellwolle nach dem Behandeln mit Natronlauge, 30° Bé, während 8 Sekunden bei 20° C. (Nach RATH.)

Abb. 115. Querschnitt der Zellwolle nach dem Behandeln mit 27%iger Kalilauge während 8 Sekunden bei 20° C. (Nach RATH.)

a) Einfluß des Alkalis.

Daß die Hydratcellulose von Alkalihydroxyd stärker gequollen wird als native Cellulose, wobei von den in der Praxis gebräuchlichen Laugen die Natronlauge viel aggressiver wirkt als die Kalilauge, ging bereits aus Abb. 109 hervor. Die verschiedene Einwirkung von Natron- bzw. Kalilauge auf Viskosezellwolle bringen Abb. 113, 114 und 115 nach Versuchen von RATH [40].

Es zeigt Abb. 113 den Querschnitt der unbehandelten Zellwolle, Abb. 114 den derselben Zellwolle nach dem Behandeln mit Natronlauge, 30° Bé, während 8 Sekunden bei 20° C und Abb. 115 denselben nach 8 Sekunden langem Merzerisieren mit 27%iger Kalilauge bei 20° C. Die Querschnittskonturen sind bei der mit Kalilauge behandelten Zellwolle noch vollständig erhalten und wie bei der nichtbehandelten Zellwolle scharf ausgeprägt. Dagegen ist die mit Natronlauge merzerisierte Zellwolle bereits nach 8 Sekunden stark gequollen und zeigt im Schnitt nur mehr verschwommene Konturen, die sich deutlich von jenen der nichtbehandelten Zellwolle unterscheiden. Dementsprechend ist auch die Menge in Lösung gegangener kurzkettiger Cellulosen bei Natronlauge erheblich höher als bei Kalilauge, wie Abb. 116 nach MECHEELS [1] zeigt.

Für die Praxis ergibt sich daraus, daß die Verwendung von Kalilauge zur Mercerisierung von Zellwolle und zellwollehaltigen Gespinsten von Vorteil wäre. Da Kaliumhydroxyd wesentlich teurer ist als Natriumhydroxyd, ist die Tatsache von Bedeutung, daß es gar nicht notwendig ist, reine Kalilauge zu verwenden. Zur Verminderung des Faserangriffes genügen bereits *Mischlaugen* mit etwa 75% Natriumhydroxyd und 25% Kaliumhydroxyd [41].

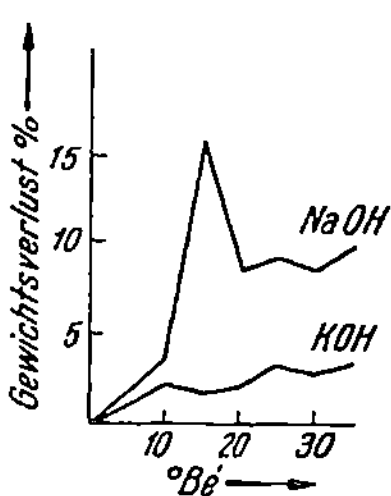

Abb. 116. Abhängigkeit des Faserangriffes von Kunstfasern aus Hydratcellulose durch Natron- bzw. Kalilauge. (Nach MECHEELS.)

b) Einfluß der Laugenkonzentration.

Die Löslichkeit der kurzkettigen Celluloseanteile hängt stark von der Laugenkonzentration ab. Die Abb. 109 zeigte, daß die Quellung von nativen Cellulosefasern und Hydratcellulosefasern in verschiedenen Alkalihydroxyden bestimmte Optimalwerte erreicht. Da der Lösevorgang eine Art unbegrenzte Quellung ist, muß der Faserangriff, insbesondere auf regenerierte Cellulose, in funktionellem Zusammenhang mit der Laugenkonzentration stehen. Hierbei löst wieder Natronlauge ungleich mehr kurzkettige Cellulosen auf als Kalilauge. Die vom Natriumhydroxyd gelöste Substanzmenge aus regenerierter Cellulose bringt Abb. 117. Sie zeigt deutlich, daß eine etwa 10%ige Natronlauge in Übereinstimmung mit dem optimalen Quelleffekt bei etwa 12° Bé (= 10,9%) das größte Lösevermögen auf Hydratcellulose ausübt.

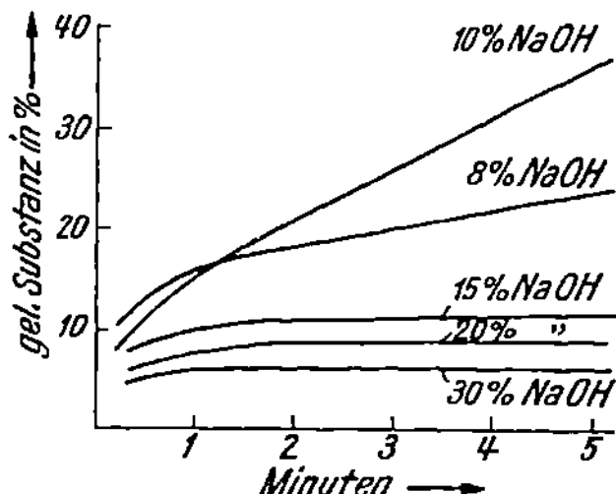

Abb. 117. Abhängigkeit des Faserangriffes auf Kunstfasern aus regenerierter Cellulose durch Natronlauge von der Laugenkonzentration und von der Einwirkungszeit. (Nach RATH.)

Hingegen ist die lösende Wirkung von Natriumhydroxyd, dessen Laugendichte etwa der beim Merzerisieren entspricht, ebenfalls in Übereinstimmung mit dem schwächeren Quelleffekt in konzentrierteren Natronlaugen, verhältnismäßig gering. Für die Praxis geht daraus hervor, daß beim Merzerisieren von Zellwolle und zellwollehaltigen Mischgespinsten der eigentliche Merzerisiervorgang keine besonderen Gefahren bezüglich Faserschädigung birgt, daß aber das nachfolgende Spülen zur Entfernung des Alkalis unbedingt durch ein Konzentrationsintervall führt, wo ein großer Faserangriff erfolgt. Wie stark derselbe ist, zeigt

Abb. 118, die einen Querschnitt durch die gleiche Zellwolle der Abb. 113 nach dem Behandeln in 10%iger Natronlauge bei 15° C bringt. Man sieht deutlich die beginnende Auflösung.

Dagegen wird die gleiche Zellwolle, wie aus den scharfen Konturen der Faserquerschnitte in Abb. 119 ersichtlich ist, durch 10%ige Kalilauge bei 20° C kaum angegriffen.

Die eigenartige Konzentrationsabhängigkeit der Quellung und des Faserangriffes bei den nativen und regenerierten Cellulosen wird durch die verschiedene Hydratation der quellenden Ionen in den Alkalilaugen wechselnder Konzentration bedingt. Nach WELTZIEN [42] fällt das Quellungsmaximum mit der Bildung von Alkalicellulose zusammen. Die anfängliche Zunahme der Quellung mit steigender Konzentration wird durch die wachsende Menge quellender, hydratisierter Ionen verursacht, bis das Quellungsmaximum bei einer Laugenkonzentration erreicht ist, die zur Bildung von

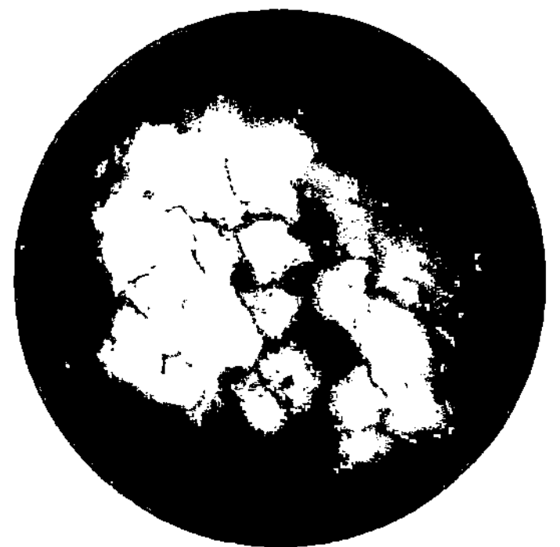

Abb. 118. Querschnitt einer Zellwolle nach dem Behandeln in 10%iger Natronlauge bei 15° C. (Nach RATH.)

Abb. 119. Querschnitt einer Zellwolle nach dem Behandeln in 10%iger Kalilauge bei 20° C. (Nach RATH.)

Alkalicellulose ausreicht. In noch stärkeren Laugen nimmt die Hydratation der quellend wirkenden Ionen ab, so daß die Quellung und Auflösung kurzkettiger Cellulosen, die durch den Hydratationsgrad dieser Ionen bestimmt werden, zurückgehen. Die kolloidchemischen Grundlagen für diese Erscheinung wurden S. 52 ausführlich behandelt.

Als praktische Nutzanwendung für das Merzerisieren von regenerierten Cellulosefasern ergibt sich daraus:

1. Merzerisieren nach dem sog. Trockenmerzerisierverfahren unter Mitverwendung von Merzerisiernetzmitteln. Bei vorgekochter (gebeuchter) Ware, die meist zentrifugenfeucht bzw. quetschfeucht in die Merzerisierflotte gebracht wird, würde das kritische Konzentrationsintervall von etwa 8 bis 15% NaOH unvermeidlich schon vor dem Merzerisieren durchschritten werden müssen. Gerade beim Merzerisieren von Zellwolle ist die Verwendung von Merzerisierhilfsmitteln unentbehrlich.

2. Verwendung großer Spülwassermengen, die möglichst schlagartig

auf das merzerisierte Textilgut aufgebracht werden müssen, um die starklösenden Konzentrationsbereiche (8 bis 15% NaOH) tunlichst rasch zu durcheilen.

c) Einfluß der Temperatur.

Die Quellung und Lösung niedermolekularer Celluloseanteile durch Natronlauge ist stark temperaturabhängig. Wie aus Abb. 120 ersichtlich, sinkt mit zunehmender Temperatur der Faserangriff.

Dies ist darauf zurückzuführen, daß die Natriumionen in der Hitze weniger hydratisiert sind als bei gewöhnlicher Temperatur. Man kann deshalb, ohne sonderliche Gefahr für die Kunstfasern aus Hydratcellulose, in der Wärme, etwa bei 60 bis 80° C, selbst jenes Konzentrationsintervall durchschreiten, wo die Natronlauge besonders aggressiv und zerstörend auf die Hydratcellulose einwirkt. Bekanntlich ist dieses Konzentrationsgebiet bei etwa 8 bis 15% NaOH. In der Tat bleiben, wie aus Abb. 121 ersichtlich, beim Einwirken einer 10%igen Natronlauge bei 80° C inner-

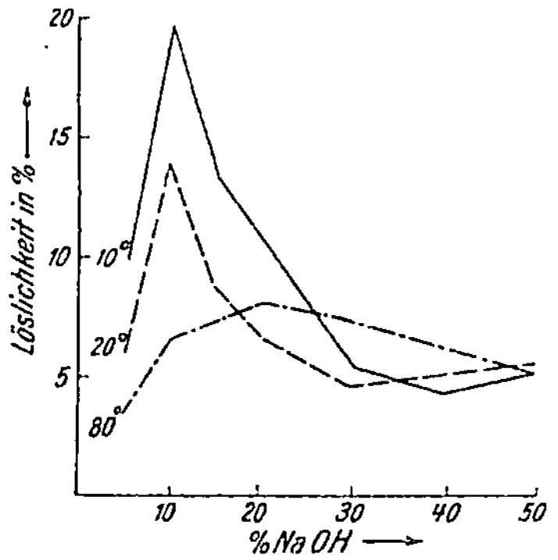

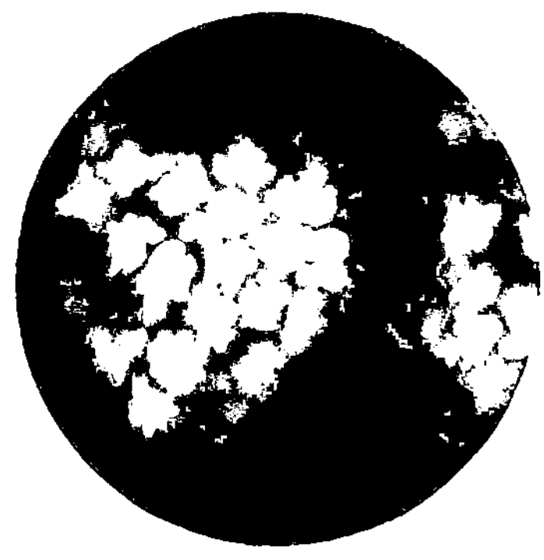

<table>
<tr><td>

Abb. 120. Abhängigkeit des Faserangriffes auf Kunstfasern aus regenerierter Cellulose von der Temperatur. (Nach RATH.)

</td><td>

Abb. 121. Querschnitt einer Zellwolle nach der Behandlung mit 10%iger Natronlauge bei 80° C während 8 Sekunden. (Nach RATH.)

</td></tr>
</table>

halb von 8 Sekunden die Querschnittskonturen der Zellwolle nahezu unverändert und sind scharf ausgeprägt (vgl. dazu Abb. 113 und 118).

Beim Merzerisieren von Zellwolle und zellwollehaltigen Mischgespinsten arbeitet man deshalb zuweilen mit heißem Spülwasser, dessen Menge verhältnismäßig groß ist und sehr rasch auf die noch Lauge enthaltende Ware aufgebracht wird. Man benutzt u. U. die zwei- bis dreifache Menge Spülwasser, die man ansonst beim Auswaschen des Alkalihydroxydes aus der Baumwolle anwenden würde. Auf diese Weise gelingt es, die gefürchteten Faserschädigungen bei der regenerierten Cellulose weitgehend zurückzudrängen.

d) Einfluß von Salzzusätzen.

Die Zurückdrängung der lösenden Wirkung von Alkalihydroxyden, vorzugsweise von Natronlauge, auf kurzkettige Hydratcellulose ist beim eigentlichen Merzerisieren nicht nötig, hingegen beim Spülen unbedingt erforderlich. Dies kann, wie erwähnt, durch Verwendung von Mischlaugen oder durch heißes Spülwasser geschehen, da hierdurch der Hydratationsgrad der quellenden Ionen vermindert wird. Die Verringerung der Hydratation kann auch durch Salzzusätze, z. B. Kochsalz, erfolgen.

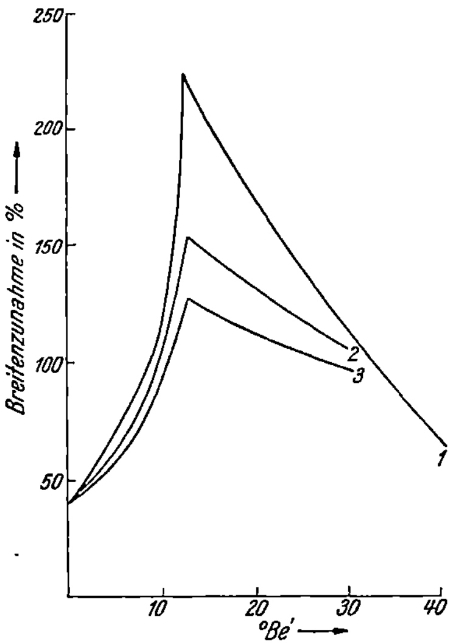

Abb. 122. Quellung von Kunstfasern aus regenerierter Cellulose in Natronlauge allein (*1*), in Natronlauge, die 40 g/l Kochsalz (*2*) und die 80 g/l Kochsalz (*3*) enthält. (Nach MECHEELS.)

Durch elektrolytische Dissoziation entstehen neben den Ionen des Natriumhydroxydes weitere Natriumionen und Chlorionen, die ihrerseits Hydratwasser binden, so daß der allgemeine Hydratationsgrad sinkt. Die in die Cellulose eindiffundierenden Ionen bewirken deshalb keine so große Quellung wie in salzfreier Lauge, wie aus Abb. 122 hervorgeht.

Neben der Dehydratisierung durch Kochsalz oder Glaubersalz kann ein zu starker Faserangriff auf regenerierte Cellulose durch koagulierende Salze, vor allem solche, die mehrwertige Kationen enthalten, wie Aluminiumsalze, z. B. Alaun, Aluminiumsulfat, Aluminiumrhodanid u. dgl., oder Zinksalze vermindert werden [43]. Ihre Wirkung beruht darauf, daß sie als Aluminate bzw. Zinkate neben der Verringerung des Hydratationsgrades infolge ihrer starken positiven Ladung das negative elektrokinetische Grenzflächenpotential der Cellulosefasern (vgl. S. 53) vermindern und dadurch die Aufnahme von Kationen zurückdrängen. In der Praxis wird dieses Verfahren seltener angewendet.

e) Einfluß der Merzerisierdauer.

Die Einwirkungszeit der Merzerisierlauge ist für den Faserangriff regenerierter Cellulose von Bedeutung. Es ist klar, daß die Laugeeinwirkung möglichst kurze Zeit betragen soll, da sonst immer mehr kurzkettige Celluloseanteile in unbegrenzte Quellung übergehen und die Faserverluste immer größer werden, wie aus Abb. 117 hervorgeht.

Bei Mischgespinsten aus Baumwolle und Zellwolle besteht überdies die Gefahr, daß die Spannungen zwischen den noch wenig gequollenen Baumwollfasern und den bereits stark gequollenen Kunstfasern aus regenerierter Cellulose so groß werden, daß starke Deformationen und geborstene Kapillaren, die durch wiederkoagulierte Hydratcellulose verklebt werden, auftreten oder unter Umständen vollkommene Faserzerstörung eintritt. Abb. 123 bringt nach HEES [44] ein schlecht merzerisiertes Mischgespinst aus 50% Viskose und 50% Baumwolle. Man sieht deutlich die deformierten Viskosefäden.

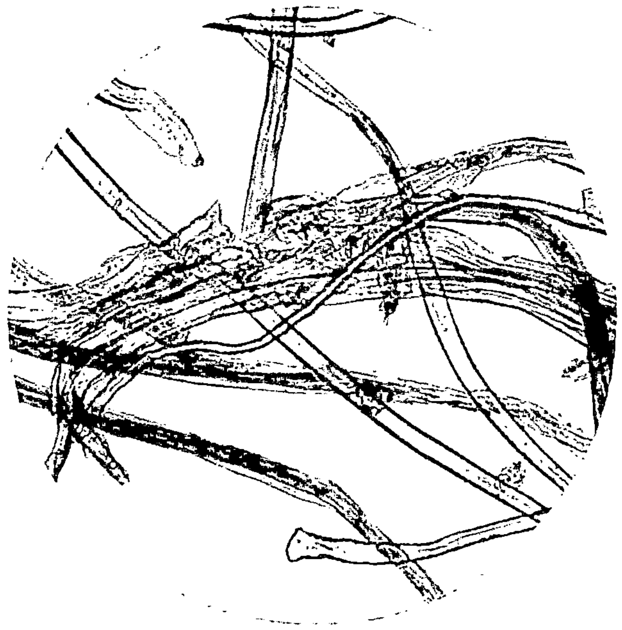

Abb. 123. Faserzerstörung eines Mischgespinstes aus 50% Baumwolle und 50% Viskose infolge schlecht geleiteter Merzerisation. (Nach HEES.)

Infolge der leichten Verformbarkeit stark gequollener Hydratcellulosefasern soll man beim Merzerisieren und Spülen derartigen Fasermaterials möglichst ohne Quetschdruck arbeiten, um eine Deformation bzw. einen Faserbruch zu vermeiden.

Siebzehnter Abschnitt.

Bleichhilfsmittel.

Durch das Bleichen strebt man die möglichst weitgehende Entfärbung der mittels anderer Reinigungsvorgänge nicht entfernbaren gefärbten Begleitstoffe der natürlichen und künstlichen Fasern an. Als unerwünschte Nebenreaktion muß man hierbei immer mit einem gewissen Faserangriff rechnen, den die Praxis auf ein erträgliches Maß herabzusetzen bemüht ist.

Das Bleichen von Protein- und Cellulosefasern kann durch oxydative oder reduktive Veränderung der natürlichen Farbstoffe geschehen. Erstere, die sog. Oxydationsbleiche, erfolgt mit aktivem Chlor oder aktivem Sauerstoff; letztere, die sog. Reduktionsbleiche, geschieht mit Natriumhydrosulfit oder *Blankit* (I. G. Farbenindustrie A. G.). Bei der Reduktionsbleiche werden die Farbstoffe zu den Leukoverbindungen, die in der Ware verbleiben und beim Lagern zum Vergilben neigen, reduziert. Sie ist keine eigentliche Bleichmethode; man verwendet vielmehr reduzierende Stoffe, in erster Linie zum „Schönen", oft zugleich mit Seife oder anderen Waschmitteln. Da spezifisch kolloidchemisch wirkende Hilfsmittel in der Reduktionsbleiche nicht verwendet werden, wird hier nur die praktisch ungleich wichtigere Oxydationsbleiche beschrieben.

Man muß unterscheiden:

I. Bleichen mit aktivem Chlor.

II. Bleichen mit wirksamem Sauerstoff.

III. Kombinationsbleiche mit hintereinander geschalteten Chlor- und Wasserstoffsuperoxydbädern.

I. Bleichen mit aktivem Chlor.[1]

Es kommt nur für Cellulosefasern in Frage.

Beim Behandeln von Wolle mit Hypochlorit, vor allem im sauren p_H-Bereich, tritt kein Bleichen, sondern ein Chlorierungsvorgang ein. Man bezeichnet ihn als *Chloren* der Wolle. Die gechlorte Wolle ist schrumpffest, d. h. geht beim Walken und Waschen nicht ein. Ferner besitzt sie erhöhtes Anfärbevermögen, was praktisch für den Druck von Bedeutung ist. Diese Erscheinungen werden durch das Zerstören der äußeren Schuppenschicht bedingt, wodurch die Filzfähigkeit verlorengeht und das Innere der Wollfaser beim Färben und Drucken besser zugänglich gemacht wird.

An Stelle von Hypochloriten kann hierzu das viel milder und geregelter wirkende *Aktivin* (Pyrgos) verwendet werden [1].

Man behandelt beispielsweise in einem Bad, das auf 1000 l Wasser 300 g *Aktivin* und 300 g Ameisensäure, 80%ig, enthält. Man arbeitet bei gewöhnlicher Temperatur; die Einwirkungsdauer der Chlorierungsflotte ist 20 bis 30 Minuten. Hierauf wird mit Natriumbisulfitlösung (10 l 35° Bé auf 1000 l Wasser) behandelt, um überschüssiges Chlor zu zerstören und den gelblichen Ton chlorierter Wolle zu entfernen bzw. zu mildern.

Die Oxydationsbleiche mit aktivem Chlor kann mittels Calcium- oder Natriumhypochlorit durchgeführt werden.

Ersteres kommt als sog. Chlorkalk, ein Gemisch von $Ca(OCl)_2$, $CaCl_2$, $Ca(OH)_2$ und Wasser in den Handel. Im wesentlichen besteht der Chlorkalk aus der Doppelverbindung $Ca(OCl)_2 \cdot CaCl_2$; sein aktiver Chlorgehalt beträgt etwa 40%.[2]

Da das Lösen des festen Chlorkalkes unbequem ist und nichtgelöste Anteile in Berührung mit der Faser schwere Schäden verursachen, verwendet man heute vielfach Lösungen von Natriumhypochlorit, die entweder durch Elektrolyse oder durch Einleiten von Chlor in Lauge erzeugt werden. Ein weiterer Vorteil des Natriumhypochlorites gegenüber dem Chlorkalk ist der Wegfall des Absäuerns nach beendetem Bleichen, das zur Entfernung aller Calciumverbindungen aus der Ware notwendig ist. Der aktive Chlorgehalt

---

[1] Da das Bleichen mittels aktiven Chlors üblicherweise mit gebeuchter Ware erfolgt, bezeichnet man dieses Verfahren Beuchchlorbleiche.

[2] Das *Perchloron*, ein nach einem Spezialverfahren [2] hergestellter hochprozentiger Chlorkalk, enthält 70% aktives Chlor und nur 7,5% unwirksames Calciumchlorid.

der käuflichen Natriumhypochlorit-Bleichlauge beträgt etwa 140 bis 150 g/l bei einem Gehalt an freiem Alkali von etwa 5 bis 6 g/l. Die Konzentration an aktivem Chlor in den eigentlichen Bleichbädern beträgt im Durchschnitt 1 bis 3 g/l bei gewöhnlicher oder schwach erhöhter Temperatur, bis höchstens 35° C (FREIBERGER [3]). Eine Temperatursteigerung von 10° C erhöht die Bleichgeschwindigkeit auf beiläufig das Doppelte [4], bedingt aber auch einen größeren Chlorverlust und verstärkten Faserangriff bei längerem Einwirken der warmen Bleichflüssigkeit.

Die bleichende Wirkung von Hypochloritlaugen auf Cellulosefasern ist in erster Linie vom p_H abhängig. Dies ist darauf zurückzuführen, daß in einer Hypochloritlösung in Funktion von der Wasserstoffionenkonzentration verschiedene Stoffe vorhanden sind. Angenähert gilt nachstehendes Schema:

$$\text{sauer}\begin{cases} p_H \text{ unter } 2 \text{ viel elementares Chlor,}\\ p_H \text{ 2 bis 3 elementares Chlor neben wenig freier unter-}\\ \qquad\text{chloriger Säure,}\\ p_H \text{ 4 bis 6 wenig elementares Chlor neben viel unter-}\\ \qquad\text{chloriger Säure,}\end{cases}$$

neutral-alkalisch p_H 7 bis 8 freie unterchlorige Säure neben neutralem Hypochlorit; in sekundärer Reaktion bildet sich Chlorat,

alkalisch p_H über 9 neutrales Hypochlorit.

Diese Vorgänge lassen sich wie folgt formulieren:

1. sauer:
$$Cl_2 + HOH \rightleftharpoons HOCl + HCl; \tag{1}$$
$$\text{abnehmend} \leftarrow p_H \rightarrow \text{zunehmend}$$

2. neutral:
$$Cl_2 + 2\,NaOH \rightarrow NaOCl + NaCl + H_2O, \tag{2}$$
$$NaOCl + HOH \rightleftharpoons HOCl + NaOH, \tag{2a}$$
bzw.
$$ClO' + HOH \rightleftharpoons HOCl + OH'; \tag{2a'}$$

3. schließlich zerfällt Hypochlorit spontan in Chlorid und Chlorat:
$$HOCl + 2\,ClO' \rightarrow HClO_3 + 2\,Cl'. \tag{3}$$

Der Zerfall des Hypochlorits in Chlorid und Chlorat ist nach MARKUSE [5] gleichfalls vom p_H abhängig, wie Abb. 124 zeigt.

Die Zerfallsgeschwindigkeit erreicht zwischen p_H 7 und p_H 8 ihr Maximum. In saureren oder alkalischeren Flotten geht sie stark zurück. Mit zunehmender Temperatur wird die Chloratbildung begünstigt. Das entstandene Chlorat wirkt nicht bleichend; deshalb bedeutet die in Chlorat umgewandelte Menge Hypochlorit einen Verlust an aktivem Chlor, der in der Nähe des Neutralpunktes am größten ist.

Wie aus Gleichung (2a) bzw. (2a') ersichtlich, erleidet das Natriumhypochlorit als Salz einer schwachen Säure mit einer starken Base Hydrolyse, wobei freie unterchlorige Säure und Natronlauge entstehen. Die

Hydrolyse wird durch Säuren, z. B. Kohlensäure, oder durch saure Salze, z. B. Natriumbicarbonat, begünstigt, durch überschüssige Lauge zurückgedrängt. Demnach besteht ein Gleichgewicht zwischen freier unterchloriger Säure (HOCl) und neutralem Hypochlorit (NaOCl bzw. ClO'). ELÖD und VOGEL [6] haben unter der Voraussetzung vollständiger Dissoziation die Gehalte an HOCl und ClO' einer Lösung, die 0,03 Mol Hypochlorit entsprechend 1 g aktives Chlor im Liter enthält, berechnet. Ihre Resultate bringt Abb. 125.

Aus dem Kurvenverlauf der Abb. 125 läßt sich das Maximum der Chloratbildung zwischen p_H 7 und 8 gemäß Abb. 124 erklären, da dann das molekulare

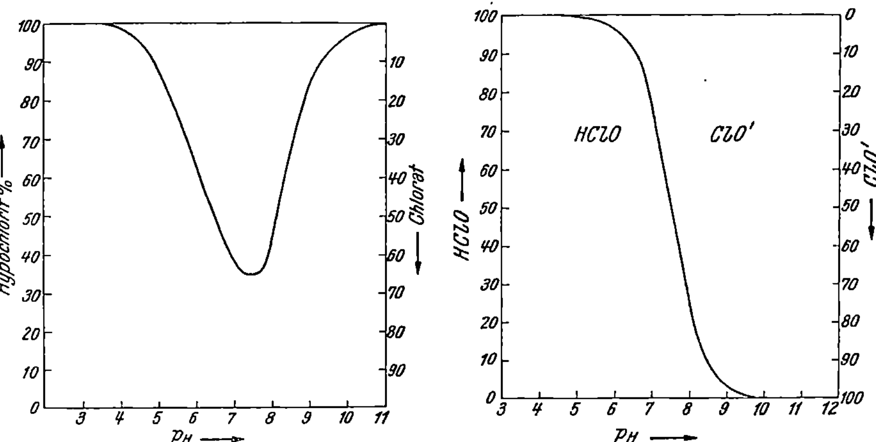

Abb. 124. Abhängigkeit des Hypochlorit/Chlorat-Gleichgewichts vom p_H. (Nach MARKUSE.)

Abb. 125. Gleichgewicht zwischen freier unterchloriger Säure (HClO) und neutralem Hypochlorit (ClO') vom p_H. (Nach ELÖD und VOGEL.)

Verhältnis zwischen HOCl und ClO' entsprechend der Gleichung (3) seinen optimalen Wert von 1 : 2 erreicht.

Die theoretischen Verhältnisse beim Bleichen mit aktivem Chlor sind trotz zahlreicher Arbeiten [7] keineswegs vollständig geklärt. Vielfach nimmt man an, daß die freie unterchlorige Säure das bleichende Prinzip sei. SCHILOW und MINAJEW [8] konnten beweisen, daß sich unterchlorige Säure an Doppelbindungen, die in natürlichen Farbstoffen der vegetabilischen Fasern immer vorkommen, nach dem Schema

$$\text{R—CH=CH—R}_1 + \text{HOCl} \rightarrow \underset{\underset{\text{OH} \quad \text{Cl}}{\mid \qquad \mid}}{\text{R—CH—CH—R}_1} \tag{4}$$

rasch anlagert. Meist tritt dann unter Abspaltung von Salzsäure die Bildung von ungefärbten Oxydationsprodukten ein.

Nach KAUFMANN [9] wird die bleichende Wirkung der freien unterchlorigen Säure durch anwesende ClO-Ionen unter Bildung des hypothetischen Ions (HOCl·ClO)' aktiviert. Wenn diese Überlegung richtig ist, so müßte nach Abb. 125 im p_H-Bereich 7 bis 8 die größte Bleichaktivität herrschen, was sich experimentell nicht immer bestätigen läßt. In alkalischen Flüssigkeiten werden die Bleichvorgänge durch die gleichzeitig vor sich gehende Quellung der Cellulosefasern beeinflußt, wobei die Quellung selbst funktionell mit dem p_H der Bleichflotte zusammenhängt.[1] Elöd und Vogel [6] haben die Bleiche von Baumwolle mittels Natriumhypochlorit in Abhängigkeit vom p_H der Bleichlösung, von der Konzentration an aktivem Chlor und von der Einwirkungsdauer unter-

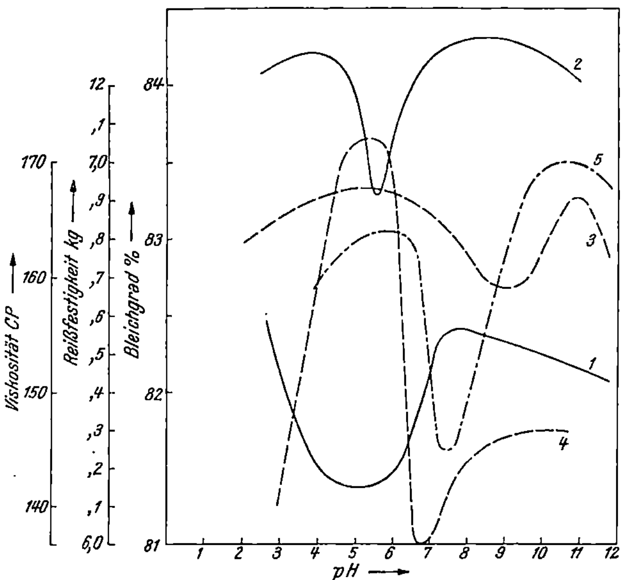

Abb. 126. Bleichen von Baumwolle mittels aktiven Chlors in Funktion vom p_H. Aktives Chlor 0,25 g/l. Bleichgrad nach 30 Minuten (*1*) und nach 4 Stunden (*2*). Reißfestigkeit nach dem Bleichen während 30 Minuten (*3*) und 4 Stunden (*4*). Viskosität der 30 Minuten gebleichten Ware in Kupferoxydammoniak (*5*). (Nach Elöd und Vogel.)

sucht. Die Abb. 126 und 127 bringen ihre Versuchsergebnisse bei einer Chlorkonzentration von 0,25 g/l und 4 g/l; die Bleichdauer war 30 Minuten bzw. 4 Stunden.

Wie man aus beiden Abbildungen erkennt, ist der *Bleichgrad* (Prozentsatz des Weißgehaltes) stark vom p_H des Hypochloritbades abhängig. Der Weißgehalt der gebleichten Baumwolle ist am geringsten, wenn die Hypochloritflotte ein p_H 5 bis 7 aufweist. In saureren und alkalischeren Flüssigkeiten bleicht Natriumhypochlorit — und ebenso Calciumhypochlorit — besser. Ein Maximum der Aufhellung tritt im p_H-Intervall 7 bis 9 bei milden Bleichbedingungen, wie geringe Chlorkonzentration, kurze Bleichdauer und gewöhnliche Temperatur, ein. Läßt man die Hypochloritlösung längere Zeit einwirken oder verwendet man konzen-

---

[1] Vgl. S. 51.

triertere Bleichbäder, so erhält man auf der alkalischen Seite den besten Bleicheffekt bei p_H 9 bis 10.

Benutzt man verdünnte Bleichbäder, etwa mit 0,25 g aktivem Chlor im Liter, so spielt die Einwirkungsdauer eine verhältnismäßig große Rolle. In konzentrierteren Hypochloritlösungen ist ihr Einfluß geringer; beispielsweise geben Natriumhypochloritbleichbäder mit 4 g aktivem Chlor im Liter nach den Versuchen von ELÖD und VOGEL nach vier Stunden

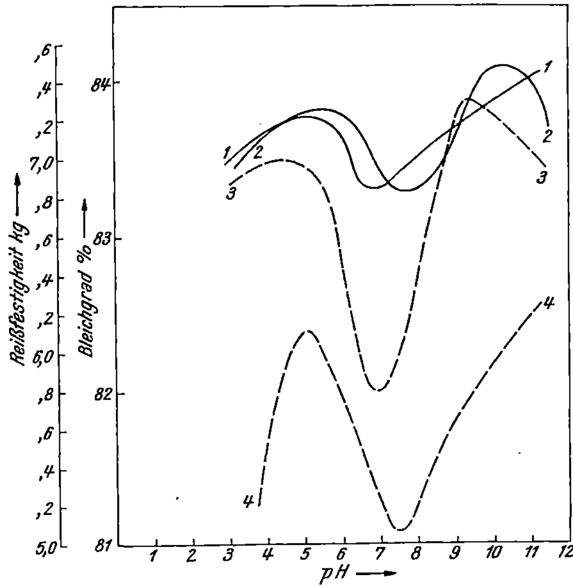

Abb. 127. Bleiche von Baumwolle mittels aktiven Chlors in Funktion vom p_H. Aktives Chlor 4 g/l. Bleichgrad nach 30 Minuten (*1*) und 4 Stunden (*2*). Reißfestigkeit nach dem Bleichen während 30 Minuten (*3*) und 4 Stunden (*4*). (Nach ELÖD und VOGEL.)

Bleichzeit keine wesentliche Erhöhung des rein visuellen Bleicheffektes, den man bereits nach 30 Minuten Bleichdauer erhält. Den Einfluß der *Bleichgeschwindigkeit*, d. h. die Abhängigkeit des Bleichgrades von der Einwirkungsdauer, bemerkt man demnach vor allem in verdünnteren Hypochloritlösungen. SECK [10] zeigte, daß sich beim Bleichen von Baumwolle mit schwach alkalischen Natriumhypochloritlösungen (0,2 bis 1,5 g aktives Chlor im Liter) zwischen der Badflüssigkeit und der Faser sehr rasch ein Adsorptionsgleichgewicht einstellt. Die in den ersten Sekunden aufgenommenen Hypochloritmengen gehorchen der Adsorptionsisotherme; es findet also zunächst bloße Adsorption ohne Bleichwirkung statt. Erst die weiteren der Badflüssigkeit entzogenen Hypochloritanteile wirken bleichend, wodurch der Chlorverbrauch über jenen steigt, der sich aus der Adsorptionsgleichung errechnen läßt. Mit anderen Worten, die Hypochloritabnahme der Bleichflüssigkeit ist beim Einsetzen der Bleichwirkung größer, als dem durch die Adsorption bedingten Verlust an wirksamem Chlor entsprechen würde. Die Bleichgeschwindigkeit ist mithin in konzentrierten Hypochloritlösungen größer als in verdünnten, weil sich in ersteren die Verarmung des Bleichbades an wirksamem Chlor durch bloße Adsorption des Hypochlorits an der Cellulosefaser weniger fühlbar macht. Aus diesem Grunde unterscheiden sich die Schaulinien 1 und 2 (Bleichgrad in Funktion vom p_H) der Abb. 126 bei halbstündiger bzw. vierstündiger Bleichung mit 0,25 g aktivem Chlor im Liter wesentlich voneinander, während die entsprechenden Kurven 1 und 2 der Abb. 127 nur geringe Unterschiede erkennen lassen. Man sieht weiters, daß nach der sofort einsetzenden Adsorption auch die Aufhellung als Oberflächenreaktion besonders in konzentrierteren Hypochloritlösungen mit großer Geschwindigkeit beginnt, aber später immer kleiner wird. Der durch die Adsorption der Hypochlorite an der Faser bedingte rasche Einsatz der Bleichwirkung (hoher Bleichimpuls) — selbst bei gewöhnlicher Temperatur — ist ein Charakteristikum der Chlorbleiche. Die Bleiche mit aktivem Sauerstoff verlangt wesentlich schärfere Bedingungen, um einen entsprechenden Bleicheffekt erzielen zu lassen. Anderseits erfordert die starke Adsorption überschüssigen Hypochlorits nach beendeter Bleichung zusätzliche Operationen zwecks vollständiger Entfernung der adsorptiv festgehaltenen Hypochloritreste. Beim Bleichen mit Calciumhypochlorit ist ein Absäuern und Antichlorieren, z. B. mit Thiosulfat, beim Bleichen mit Natriumhypochlorit nur ein Antichlorieren notwendig.

Das Maximum des Bleichgrades erhält man nach den mit der Praxis übereinstimmenden Versuchen von ELÖD und VOGEL in schwach alkalischen bzw. sauren Flotten. Praktisch arbeitet man vorzugsweise in alkalischen Hypochloritlösungen. Die angestrebte Oxydation der natürlichen Farbstoffe wird, wie eingangs erwähnt, stets von einem unerwünschten und schädlichen Faserangriff infolge Bildung von Oxycellulose (= niederpolymeren Cellulosen; vgl. S. 2) begleitet. Die Faserschädigung ist in neutralen Hypochloritflotten — p_H um 7 — am größten, was sich durch eine verminderte Reißfestigkeit der gebleichten Faser bemerkbar macht. Ein empfindlicheres Zeichen für eine Faserschädigung ist die Viskosität der Lösungen von Cellulose in Kupferaminlösungen, z. B. in Kupferoxydammoniak. In den Abb. 126 und 127 ist neben dem Bleichgrad die Reißfestigkeit der gebleichten Baumwolle in Abhängigkeit vom p_H des Bleichbades eingezeichnet. Man erkennt deutlich, daß in neutralen Hypochloritbädern die Reißfestigkeit infolge des größten Faserangriffes am stärksten vermindert wird. In alkalischen und schwach sauren Bleichflotten ist der Festigkeitsverlust wesentlich kleiner.[1]

Die Reißfestigkeitskurve 3 in der Abb. 126 erreicht allerdings erst bei p_H 9 ihren Minimalwert. Die auf Faserangriff und Spaltung der Hauptvalenzkette viel stärker ansprechende Viskosität der Cellulose in Kupferoxydammoniak (Kurve 5) zeigt dagegen in Übereinstimmung mit den Erfahrungen der Praxis bei $p_H \sim 7$ einen Mindestwert.

---

[1] In stärker sauren Hypochloritlösungen sinkt die Festigkeit der Cellulosefasern, weil Wasserstoffionen Hydrolyse der Ätherbrücken unter Abbauerscheinungen (Depolymerisation) bewirken (vgl. S. 29).

Den Nachweis der größten Faserschädigung durch Bildung von Oxycellulose in der Nähe des Neutralpunktes haben vor ELÖD und VOGEL bereits CLIBBENS und RIDGE [11], BAUR [12], KAUFMANN [7] u. a. beim Bleichen von Baumwolle mittels Hypochloriten geführt. So erhielt z. B. BAUR folgende Werte:

Reaktion des Hypochloritbades	Reißfestigkeit der Baumwolle in Prozenten des ursprünglichen Wertes
Sauer	69,8
Neutral	57,2
Alkalisch	72,8

Zur Gesamtbeurteilung der Bleiche ist es notwendig, außer dem Bleichgrad stets die Faserschädigung in Funktion vom p_H bzw. von den p_H-Änderungen, von der Bleichdauer und vom Chlorverbrauch zu berücksichtigen.

Nur dann kann man sich ein richtiges Bild von der Wirksamkeit eines Bleichverfahrens machen. Dies trifft auch auf den in der letzten Zeit mehrfach, vor allem von MINAJEW [13], vorgeschlagenen Zusatz von Natriumbicarbonat zur Aktivierung von Natriumhypochloritbädern zu. Vor MINAJEW haben bereits andere Autoren, wie EBERT und NUSSBAUM [14] und KIND [15] auf die Möglichkeit hingewiesen, durch Zusatz des als mildes Alkali wirkenden Natriumbicarbonates zu Hypochloritbleichbädern die beim Bleichen entstehenden sauren Oxydationsprodukte abzustumpfen. Nach MINAJEW soll aber das Bicarbonat nicht nur zur Neutralisation von Säure dienen, sondern im Bleichbade eine für den Bleichausfall günstige Wasserstoffionenkonzentration bewirken; der Bleichgrad und die Bleichgeschwindigkeit sollen dadurch begünstigt werden. Die Einstellung verschiedener Autoren zu den Angaben von MINAJEW ist nicht einheitlich. SCHMIDT [16] erhielt keine günstigen Resultate, überdies befürchtet er die Gefahr der Oxycellulosebildung, wodurch die gebleichte Ware später stark zum Vergilben neigt. Nach KORNREICH [17], WASSER [18] und GÖBEL [19] ist es möglich, durch Zusatz von Natriumbicarbonat zu alkalischen Natriumhypochloritlösungen den Bleicheffekt zu verbessern. Das Natriumbicarbonat setzt die Alkalität des Bleichbades herab, wodurch, wie aus Abb. 126 hervorgeht, der Bleicheffekt bei einer kurzen Bleichdauer begünstigt wird. Anderseits nähert man sich jenem p_H-Bereich, der eine große Gefahrenzone für den Faserangriff bedeutet, wie aus dem Kurvenverlauf der Reißfestigkeiten in Abb. 126 und 127 ersichtlich ist. Tatsächlich haben alle weiteren Bearbeiter dieser Variante des Bleichens mit Hypochloriten auf die verhältnismäßig starke Faserschwächung durch den Bicarbonatzusatz hingewiesen.

Die Wirkung von Bicarbonatzusätzen zu Hypochloritbleichbädern geht am besten aus Versuchen von WASSER [18] und GÖBEL [19] hervor.

WASSER fand, daß durch das Bicarbonat der p_H-Wert gewöhnlicher Natriumhypochloritbleichbäder, z. B. Grießheimer Bleichlauge, vermindert wird. Die Abhängigkeit des Bleichausfalles vom p_H-Wert bringt folgende Zusammenstellung:

Behandlung	pH-Wert	Bleichausfall
Gewöhnliche Natriumhypochloritlösung (Grießheimer Bleichlauge)	9,6	1
Dieselbe mit Bicarbonat	8,3	2
Neutrale Natriumhypochloritlösung	6,9	3

Hierbei bedeuten die Zahlen in der Rubrik Bleichausfall die Reihenfolge des Weißgehaltes. Die Klassifikation 1 gilt für den höchsten Weißgrad, die Klassifikation 3 für den geringsten. Die Wirkung des Natriumbicarbonates im funktionellen Zusammenhang mit der p_H-Änderung zeigt auch Tab. 119.

Tabelle 119. Bleiche von Baumwolle mit verschiedenen Natriumhypochloritlösungen. Flottenverhältnis 1 : 10, Konzentration des wirksamen Chlors 3%, bezogen auf Gewicht der Ware. (Nach WASSER.)

Art der Bleiche	p_H-Werte		Δp_H	Wirksames Chlor			Bleichausfall
	Anfang	Ende		Anfang g/l	Ende g/l	Verbrauch g/l	
Alkalische Natriumhypochloritlösung	9,3	8,4	0,9	2,95	2,24	0,71	1
Wie oben, nur + 4,8 g/l Natriumbicarbonat	8,4	8,0	0,4	2,88	2,02	0,86	2
Neutrale Natriumhypochloritlösung	7,3	6,7	0,6	2,84	2,09	0,75	3

Das Bicarbonat dient demnach in der Chlorlauge als *Puffer*. Es verringert die Alkalität gewöhnlicher alkalischer Bleichlauge, hält aber den p_H-Wert während der Bleiche einigermaßen konstant. Die beim Bleichen entstandenen sauren Oxydationsprodukte, wie beispielsweise Oxalsäure, können deshalb kein so starkes Zurückgehen des p_H-Wertes bewirken wie in Bleichbädern, die kein Natriumbicarbonat enthalten. Anderseits verringert das Natriumbicarbonat das p_H alkalischer Chlorbleichbäder so stark, daß zwar die Anfangsbleichgeschwindigkeit erhöht, dafür aber die Gefahr der Faserschädigung bedeutend wird.

Einen ähnlichen Befund erzielte GÖBEL [19] bei Zusatz von Natriumbicarbonat zu Calciumhypochloritbädern.

Im übrigen kann man eine ähnliche Begünstigung des Bleicheffektes außer durch den Natriumbicarbonatzusatz auch dadurch erreichen, daß man die Alkalität des Bleichbades durch vorsichtigen Zusatz einer beliebigen Säure auf den gleichen p_H-Wert bringt wie mit Natriumbicarbonat. Unter Umständen kann der Bleichgrad bei der mit Säure weniger alkalisch gemachten Hypochloritlösung größer sein als jener, den man beim Bleichen mit einer bicarbonathaltigen Bleichflotte gleichen Anfang-p_H-Wertes erzielt, da diese stärker gepuffert ist und deren Alkalität während des Bleichprozesses nicht so stark zurückgeht wie in einem bicarbonatfreien Bleichbad.

Die Erhöhung der Wasserstoffionenkonzentration während des Bleichvorganges ist vom Anfangs-p_H-Wert abhängig. In Abb. 128 ist nach den Versuchen von Elöd und Vogel [6] die jeweilige p_H-Änderung in Funktion vom Anfangs-p_H dargestellt.

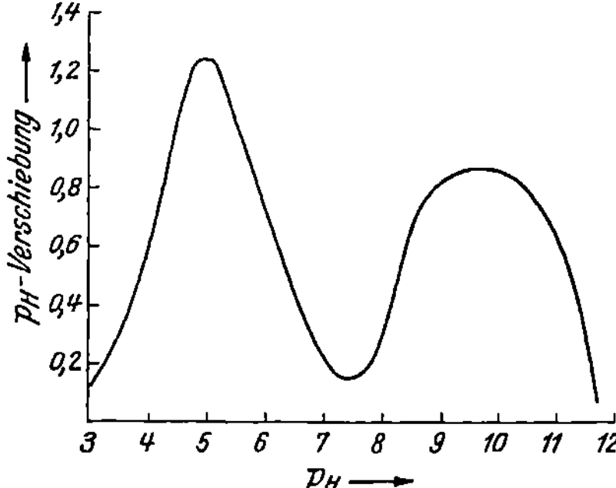

Abb. 128. Differenz zwischen dem p_H des Chlorbleichbades zu Beginn und zu Ende des Bleichens (p_H-Verschiebung) in Funktion vom Anfangs-p_H-Wert. (Nach Elöd und Vogel.)

Die p_H-Änderung während des Bleichens erreicht zwischen p_H 7 und 8 einen Mindestwert; in saureren bzw. alkalischeren Hypochloritlösungen steigt die p_H-Änderung steil an, um nach einem Maximum wieder abzusinken. Kleine p_H-Verschiebungen im Bereiche über p_H 8 bzw. unter p_H 7 bedingen große Differenzen zwischen Anfangs- und End-p_H-Werten. Entsprechend der größeren p_H-Änderung steigt der Chlorverbrauch, wie bereits aus den in Tab. 119 gebrachten Versuchsergebnissen hervorgeht, die durch folgende Zusammenstellung nach Angaben von Elöd und Vogel ergänzt werden.

Einstellung der p_H-Werte mittels	p_H-Wert	Chlorverbrauch mg Cl/g-Faser	Bleichgrad (Weißgehalt) in Prozenten
Natriumbicarbonat	8,15	1,92	83,3
Säure	8,15	2,09	83,6

Demnach ist der Bleichausfall einer Hypochloritlösung, die Natriumbicarbonat enthält, bzw. durch eine beliebige Säure etwas weniger alkalisch als ursprünglich eingestellt wurde, aber gleichen Anfangs-p_H-Wert wie die bicarbonathaltige Hypochloritflüssigkeit aufweist, praktisch gleich. Hingegen ist der Chlorverbrauch bei der nicht mit Bicarbonat auf einen p_H-Wert von 8,15 eingestellten Bleichflüssigkeit größer als bei der bicarbonathaltigen. Dies dürfte darauf zurückzuführen sein, daß sich im ersteren Falle durch die während der Bleiche auftretende Azidifizierung der p_H-Wert mehr in die Richtung weniger alkalischer Lösungen verschiebt, mithin gemäß Abb. 128 die Bleichgeschwindigkeit und damit auch der Chlorverbrauch schneller anwachsen. In Anwesenheit von Bicarbonat tritt infolge der puffernden Wirkung desselben keine so starke p_H-Verschiebung und · damit auch kein so starker Chlorverlust ein. Zusammenfassend ergibt sich, daß der Zusatz von Bicarbonat in Sonderfällen, wo es sich um eine rasche Bleiche oder Nachbleiche handelt, die möglichst kurz und nicht länger als zehn Minuten dauern soll, von günstigem Einfluß sein kann. Sonst ist die Gefahr der Faserschädigung infolge Oxycellulosebildung bei längerem Einwirken zu groß.

Die Eiweißbegleitstoffe der Cellulose reagieren mit dem Chlor der Hypochloritlösungen und bilden Chlorierungsprodukte, die das Chlor in

aktiver Form enthalten. Man bezeichnet sie als Chloramine der Eiweiß-
körper. Ihre Bildung geht nach folgendem Schema vor sich:

$$R\text{---}NH_2 + Cl_2 \rightarrow R\text{---}NHCl + HCl. \qquad (5)$$

Hierbei werden die braungefärbten Proteine in die grünlichgelb gefärbten Chloramine übergeführt. Die Aufnahme des Chlors geschieht sehr
rasch. Erst dann erfolgt die eigentliche Bleichung der Cellulosebegleit-
stoffe auf Basis von Polysacchariden. Die Chloramine der Proteine sind
in Laugen löslich, werden dagegen durch Säuren gefällt. Es ist deshalb
durch Säuern der gebleichten Ware nicht möglich, die letzten noch hartnäckig zurückgehaltenen Reste der Chloramine zu zerstören und aus der
Faser zu entfernen. Sie verbleiben in der Ware und wirken beim Trocknen
infolge Abspaltung von Salzsäure schädigend auf die Faser ein. Beim
Lagern bewirken sie ein Vergilben der gebleichten Cellulose. Um diesen
Mißstand zu vermeiden, müssen die gebildeten Eiweißchloramine möglichst
restlos zerstört werden. Die Zersetzung der Eiweißchloramine sowie der
überschüssig anhaftenden Bleichflüssigkeit geschieht durch sog. Antichlorieren. Dieses erfolgt in den meisten Fällen mit Thiosulfat (Antichlor),
auch mit Bisulfit u. dgl. Das wirksamste Antichlorierungsmittel — allerdings erst in der Hitze — ist das Wasserstoffsuperoxyd.

Ähnlich wie die Proteine wirken auch ihre Chloramine stabilisierend
auf alkalische Wasserstoffsuperoxydlösungen. Mißt man den Sauerstoff-
abfall in Sauerstoffbleichbädern in Gegenwart und in Abwesenheit von
Chloramin, so findet man in jenem Bleichbad, das Chloramin enthält,
einen bedeutend geringeren Sauerstoffverlust als in der chloraminfreien
Lösung. Dieses Verhalten ist für die kombinierte Chlor-Peroxydbleiche
(vgl. S. 341) von Bedeutung.

Der hohe Bleichimpuls, den Hypochloritbäder zeigen, kann sich bei
schlecht benetzbarer Ware insofern nachteilig bemerkbar machen, als
dann die Bleichaktivität an verschiedenen Stellen des Fasermaterials
Unterschiede zeigt. Man setzt deshalb den Hypochloritbädern Netzmittel zu, die ein gleichmäßiges Eindringen der Bleichflotte in die Faser
bewirken sollen.

Derartige Hilfsmittel müssen selbstverständlich beständig gegen Chlor
und bei Verwendung von Chlorkalk auch gegen Kalk sein. Ferner dürfen
sie selbst kein oder nur unbedeutende Mengen Chlor aufnehmen, da sonst
das Bad durch den Zusatz der Netzmittel an aktivem Chlor zu sehr ver-
armen würde.

Aus der Gruppe der Öl- und Fettalkoholsulfonate kommen u. a. in
Betracht:

Floranit VP (Böhme Fettchemie Ges. m. b. H.),
Netzpaste ZS (Zschimmer & Schwarz),
Zetesap TA und *TB* (Zschimmer & Schwarz),
Sandozol N und *NE* (Sandoz),
Avirol AH extra (Böhme Fettchemie Ges. m. b. H.),
Cyclanon O (I. G. Farbenindustrie A. G.),
Cyclanon L (I. G. Farbenindustrie A. G.).

Auf alkylierten Naphthalinsulfonsäuren bauen sich folgende Erzeugnisse auf:

Nekal BX (I. G. Farbenindustrie A. G.).

Diverse Hilfsmittel für Hypochloritbäder sind weiters:

Igepon T (I. G. Farbenindustrie A. G.),
Igepal C (I. G. Farbenindustrie A. G.).
Sandozin AS (Sandoz),

II. Bleichen mit aktivem Sauerstoff.

Diese Variante des Bleichens kommt sowohl für Protein- als auch Cellulosefasern in Frage.

Das Bleichen mit wirksamem Sauerstoff ist erst in den letzten Jahren — etwa seit 1925 — zu einem in der Praxis vielfach angewandten Bleichverfahren ausgearbeitet worden. Dies ist in erster Linie auf die preisliche Gestaltung und auf die bessere Stabilisierung der Wasserstoffsuperoxydbäder zurückzuführen. Der Preis konnte so weit gesenkt werden, daß die Verwendung des Wasserstoffsuperoxydes in größerem Maßstabe möglich wurde. Die Frage der Stabilisierung von Bleichbädern, die aktiven Sauerstoff enthalten, ist vor allem deshalb von Wichtigkeit, weil das Bleichen mit Wasserstoffsuperoxyd im Gegensatz zur Hypochloritbleiche stets in der Hitze (70 bis 95° C) erfolgt.

Auf die Theorie des Zerfalles von Wasserstoffsuperoxyd und des Bleichens mit aktivem Sauerstoff, die Gegenstand zahlreicher Arbeiten [20] ist, soll hier nicht weiter eingegangen werden. Für die Praxis des Bleichens ist hingegen von Interesse, daß der Bleichgrad von Sauerstoff abgebenden Bleichflotten wie beim Bleichen mit Hypochloritlösungen stark vom p_H der Bleichflotte abhängt.

SCHELLER [21] hat die Verhältnisse beim Bleichen von Cellulose mit aktivem Sauerstoff (Wasserstoffsuperoxyd) untersucht. Als Maß für den Gehalt an nichtabgebauter Cellulose wählte er die Viskosität in Kupferaminlösung und die reziproke Kupferzahl.[1] Zur Kennzeichnung des Bleicheffektes bestimmte er den Gehalt an α-Cellulose. Abb. 129 bringt seine Versuchsergebnisse in Abhängigkeit von der Alkalität bzw. Azidität der Bleichflüssigkeit.

Wie ersichtlich, ist der Bleicheffekt und die Erhaltung der Warenqualität beim Bleichen von Cellulose im schwach alkalischen Medium am günstigsten. Beim Neutralpunkt (p_H 7) tritt schwere Schädigung der Cellulosefaser ein; gleichzeitig sinkt der Gehalt an α-Cellulose beträchtlich. Nach SCHELLER ist dies darauf zurückzuführen, daß die bleichende Wirkung mittels aktiven Sauerstoffs auf die Ionen

$$\begin{pmatrix} O \\ | \\ O \end{pmatrix}'' \quad \text{bzw.} \quad \begin{pmatrix} O-Na \\ | \\ O \end{pmatrix}'$$

---

[1] Unter reziproker Kupferzahl wird der Quotient $\dfrac{100}{\text{Kupferzahl}}$ verstanden. Die Kupferzahl wurde nach BRAIDY [22] bestimmt.

zurückgeht. Diese nur im alkalischen p_H-Bereich vorhandenen Ionen sind auf die Cellulose selbst ohne Einwirkung, d. h. sie bauen dieselbe nicht ab. Das undissoziierte neutrale H_2O_2 besitzt keine bleichende Wirkung auf die Verunreinigungen der Cellulose, greift aber letztere unter starkem Abbau an. Ein solches Verhalten findet man auch, wenn man Cellulosefasern, z. B. Baumwolle, mit neutralem Wasserstoffsuperoxyd und zum anderen mit einem ätznatron- bzw. ätznatron- und wasserglashaltigen Wasser-

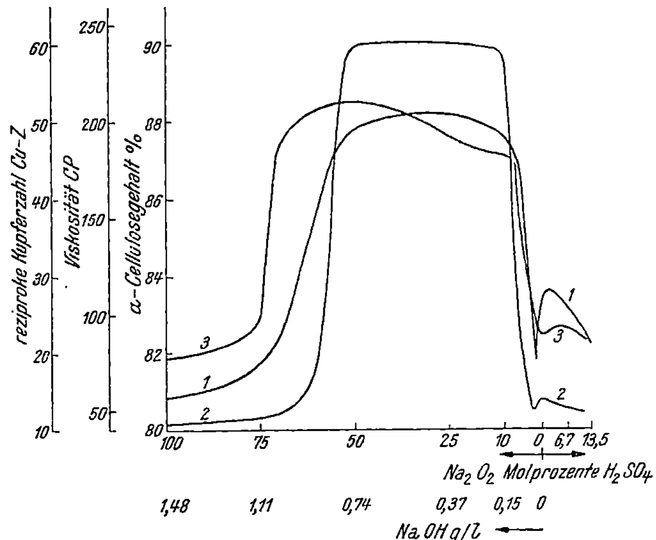

Abb. 129. Abhängigkeit der Wirkung einer Sauerstoffbleiche von der Lauge- und Säurekonzentration. Gehalt an α-Cellulose (1), Viskosität der Cellulose nach dem Bleichen in Kupferoxydammoniak (2), reziproke Kupferzahl (3). (Nach SCHELLER.)

stoffsuperoxyd behandelt. Die Veränderung der Reißfestigkeit und Dehnung, die hierbei auftritt, bringt die folgende Zusammenstellung:

Art der Behandlung	Reißfestigkeit in Kilogramm	Dehnung in Prozenten
1. Ohne Behandlung	50,0	20,5
2. Mit 3%igem neutralen Wasserstoffsuperoxyd	24,6	16,1
3. Mit 3%igem Wasserstoffsuperoxyd und 6 g NaOH/l .	39,1	17,4
4. Wie 3, aber noch 3% Wasserglas enthaltend	46,7	19,8

Man erkennt, daß neutrales Wasserstoffsuperoxyd infolge der lokalen Entwicklung von feinst verteiltem elementaren Sauerstoff in Abwesenheit eines Stabilisators starke örtliche Schädigung der Ware bewirkt. In Gegenwart von Alkali tritt nur dann beachtlicher Faserangriff ein, wenn infolge Mangels eines Stabilisators elementarer Sauerstoff entsteht. Die normale Sauerstoffbleiche, d. h. die Einwirkung der Ionen des Wasserstoffsuperoxydes in schwach alkalischen Flüssigkeiten, ist in Gegenwart eines stabilisierend wirkenden Stoffes, z. B. Wasserglas, ohne wesentliche schädliche Einwirkung auf Cellulose. In zu alkalischen Sauerstoffbleichbädern ($p_H > 12,5$) tritt allerdings selbst in Anwesenheit eines Stabilisators ein Abbau der Cellulose auf, der sich durch verminderte Reißfestigkeit offenbart. Die Haltbarkeit scharfer Bleichbäder nimmt mit zunehmender Alkalität trotz Stabilisierung in der Hitze rasch ab; der elementar abgeschiedene Sauerstoff greift die Cellulosefasern sofort an. Dies ist besonders dann der Fall, wenn nur mehr wenig gefärbte Verunreinigungen, die den aktiven Sauerstoff als primäre Akzeptoren rasch verbrauchen, und fast reine Cellulose vorhanden sind.

Für die Praxis ist dieses Verhalten von Bedeutung. Vielfach wird bei der technischen Sauerstoffbleiche die ungebleichte, Sauerstoffakzeptoren (gefärbte Fremdbestandteile) enthaltende Ware, im ersten Bad bei größerer Alkalität *vorgebleicht*, um das bessere Reinigungsvermögen derartiger Bleichflotten auszunutzen. Die vorgebleichte Ware wird dann in einem zweiten Bad mit geringerer Alkalität behandelt (Nachbleiche), um die bereits weitgehend gereinigte und vorgebleichte Ware zu schonen (Zweibadverfahren). Hat man nur wenig verunreinigte Ware zu bleichen, so muß eine hohe Alkalität der Bleichflüssigkeit möglichst vermieden werden.

Diese eigenartige Abhängigkeit des Bleichausfalles und des Faserangriffes (Celluloseabbaues) von der Wasserstoffionenkonzentration wurde von ELÖD und VOGEL [6] bestätigt. Sie ermittelten den Bleichgrad und die Reißfestigkeit von Baumwolle

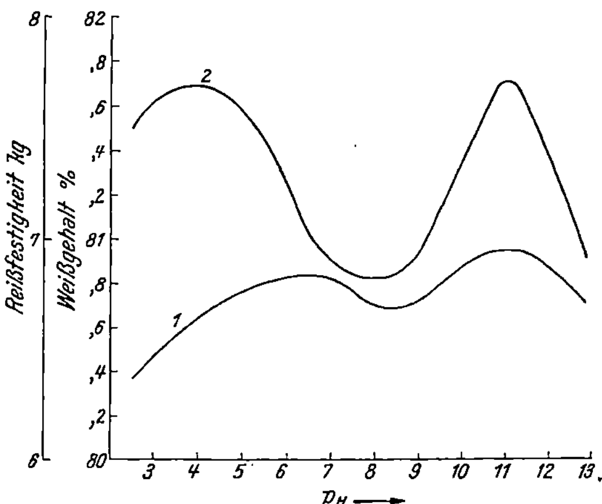

Abb. 130. Abhängigkeit der Reißfestigkeit (*1*) und des Bleichgrades (*2*) einer mit aktivem Sauerstoff gebleichten Cellulose vom p_H. (Nach ELÖD und VOGEL.)

nach dem Behandeln mit einer Lösung von 5,6 g Natriumsuperoxyd und 15 cm³ Wasserglas 36° Bé im Liter, die durch Zusatz von Schwefelsäure auf verschiedene p_H-Werte eingestellt wurde. Die Bleichdauer betrug zwei Stunden, die Temperatur 80° C. Abb. 130 bringt ihre Versuchsergebnisse.

Entsprechend den Resultaten von SCHELLER ist im p_H-Bereich um 7 der geringste Bleicheffekt und ein Mindestwert der Reißfestigkeit, somit ein Höchstmaß des Faserangriffes zu beobachten. In schwach alkalischen bzw. sauren Flotten erhält man einen höheren Weißgehalt bei schonenderer Bleiche. In zu stark sauren bzw. alkalischen Sauerstoffbädern ($p_H > 12$) werden der Bleichgrad und die Festigkeitseigenschaften der

Baumwolle ungünstig beeinflußt; im ersten Falle, weil die Ätherbrücken der Cellulose durch die Säure hydrolysiert werden, im letzteren, weil die Stabilisierung nicht mehr ausreicht, um die örtliche Entwicklung feinst verteilten elementaren Sauerstoffes, der stark faserschädigend wirkt, zu verhindern.

In Übereinstimmung damit steht ein Befund von DÖRFELT [23]. Er fand, daß die Zersetzungsgeschwindigkeit alkalischer Superoxydbäder, die beispielsweise 1,5 g Wasserstoffsuperoxyd im Liter aufweisen, am größten ist, wenn sie 0,6 g Natronlauge im Liter enthalten, was etwa einem p_H 12,5 entsprechen würde.

Die durch den elementaren Sauerstoff bedingte Faserschädigung tritt besonders dann auf, wenn durch Katalysatoren die Zersetzung des Wasserstoffsuperoxydes begünstigt wird. Solche Katalysatoren sind Schwermetallionen, z. B. Kupfer-, Mangan-, Eisen-, Molybdän- usw. Ionen [24]; stabile Sauerstoffbleichbäder müssen unter 0,1 mg/l von diesen Metallionen enthalten. Die durch Katalysatoren begünstigte Entwicklung elementaren Sauerstoffes tritt vor allem dann auf, wenn die Sauerstoffbäder an sich zur Abgabe molekularen, feinst verteilten Sauerstoffes, also beim Neutralpunkt und in zu alkalischen Bädern, neigen.

Um der schädlichen katalytischen Wirkung der Schwermetallionen zu begegnen, verwendet man sog. Stabilisatoren. Es sind dies gewisse Kationen bzw. Anionen oder organische Katalysatoren. Einen stabilisierenden Einfluß auf Sauerstoffbäder üben von den Kationen vor allem Magnesiumionen, aber auch Zink-, Calcium- u. dgl. Ionen aus. Die stabilisierende Kraft letzterer ist allerdings wesentlich kleiner als die des Magnesiums. Dieses wirkt nicht allein in ionogener Form, sondern auch in schwerlöslichen Verbindungen, z. B. als $Mg(OH)_2$. Von den Anionen ist in erster Linie das Silikation und in einigem Abstand Phosphation, Boration, Stannation u. dgl. zu nennen. Während die Phosphate (Triphosphat, Pyrophosphat, Metaphosphat, Polyphosphate [25]) und die Borate auch in Form ihrer Alkalisalze stabilisierend wirken, ist dies bei den Silikaten nicht der Fall. Wasserglas stabilisiert in reinem enthärtetem Wasser nicht; es dient erst in hartem Wasser oder in mit Magnesium- bzw. Calciumsalzen versetztem Wasser als Stabilisator, wie aus Abb. 131 hervorgeht [26].

Zur einwandfreien Stabilisierung von Wasserstoffsuperoxydbädern im alkalischen p_H-Bereich mittels Wasserglas, ist eine Wasserhärte von min-

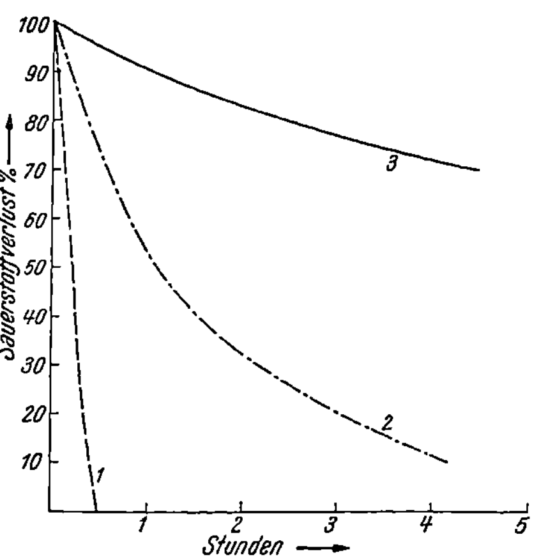

Abb. 131. Sauerstoffverluste eines Wasserstoffsuperoxydbleichbades in Gegenwart von Wasserglas (1), von Härtebildnern des Wassers ohne Wasserglas (2) und von Härtebildnern mit Wasserglas (3).

destens 2° DH., am besten in Form von Magnesiahärte erforderlich, was
etwa einem Gehalt von 0,015 g MgO im Liter entspricht. Als eigentliche
Stabilisatoren sind die unlöslichen Erdalkalisilikate, vor allem das Magne-
siumsilikat, anzusehen. Der Chemismus der Stabilisierung durch derartige
Verbindungen ist darauf zurückzuführen, daß entweder der Kation- oder
Anionrest oder beide zur Peroxydbildung, bzw. zur losen Addition von
Superoxyd befähigt sind. Dies ist besonders bei Magnesiumsilikat der
Fall, das auch im völlig reinen, alkalifreien Zustand stabilisierend wirkt
[21]. Vielleicht bilden sich hierbei Persilikate, wie sie KRAUSS [27] experi-
mentell dargestellt hat. Neben dem Magnesiumsilikat besitzt auch
Magnesiumphosphat und Magnesiumhydroxyd stabilisierende Eigen-
schaften auf Wasserstoffsuperoxyd.

Von den gewöhnlichen Ionen haben ferner Wasserstoffionen große
antikatalytische Wirksamkeit [28]. Es genügen 0,06 g Schwefelsäure oder
Phosphorsäure im Liter, um Wasserstoffsuperoxyd dauernd zu stabilisieren.
Aus diesem Grunde bleicht man in der Praxis nicht im sauren p_H-Bereich.

Die Stabilisatoren auf Grundlage kolloidverteilter organischer Stoffe,
die der Gruppe der Eiweißstoffe oder der Anion- bzw. Kationseifen angehören, sind von Bedeutung. Sie erreichen allerdings in keinem Falle die
Wirksamkeit von Magnesiumverbindungen, vorzugsweise von Magnesiumsilikat. Es ist bis heute unmöglich, selbst bei Mitverwendung von organischen Stabilisatoren, auf die Benutzung der oben genannten anorganischen
Stabilisatoren zu verzichten. Diese haben als unlösliche Verbindungen den
Nachteil, daß sie sich zuweilen auf der Faseroberfläche abscheiden und nur
unvollständig ausspülbar sind. In Sonderfällen, wie beispielsweise beim
Bleichen von mit Titandioxyd mattierter Kunstseide oder Zellwolle, wo
durch das Pigment — wie später gezeigt — eine starke katalytische Begünstigung des Faserangriffes auftritt, wirken die grenzflächenaktiven kolloiddispersen Stoffe infolge ihres Eindringungsvermögens in das Faserinnere
vermindernd auf die Faserschädigung, während dies mit den früher genannten anorganischen Stabilisatoren nicht gelingt.

Tabelle 120. Wirkung von Stabilisatorzusätzen zu Wasserstoffsuperoxydbädern. Temperatur 50°. Anfangswert 4,47 g/l aktiver Sauerstoff. Unverschlossenes Gefäß. (Nach FOLGNER und SCHNEIDER.) .

Stabilisator	Konzentration des Stabilisators g/l	Zurückbleibender Sauerstoff in Prozenten der Ausgangsmenge nach[1]					
		2	4	8 .	24	48	96
		Stunden					
Ohne Zusatz	—	96,7	91,0	83,3	57,0	24,0	6,0
Laurinalkoholsulfonat	0,3	100,0	100,3	101,2	103,3	108,7	—
Oleinalkoholsulfonat........	0,3	98,5	99,8	100,8	101,8	104,3	113,6
Igepon T	0,3	100,0	101,0	102,0	104,7	110,3	—

[1] Infolge der Wasserverdunstung tritt eine Konzentrierung des H_2O_2-
Bades ein, so daß bei guter Stabilisierung der Restsauerstoffgehalt über
den ursprünglichen steigt.

Die Vorschläge, organische Stabilisatoren, z. B. Eiweißstoffe [29], protalbin- und lysalbinsaure Salze [30] sowie gewöhnliche Seifen, etwa Marseillerseife[31], als Stabilisatoren zu verwenden, sind bereits alt. Die Wirksamkeit derselben, insbesondere der gewöhnlichen Seife, ist aber gering [32]. Größere Bedeutung besitzen die neueren Anion- und Kationseifen, z. B. die Fettalkoholsulfonate und sog. Fettsäurekondensationsprodukte. Sie geben auch im harten Wasser lösliche Verbindungen mit den Härtebildnern desselben, die als Stabilisatoren dienen [33]. Die Stabilisierwirkung, die durch die Mitverwendung verschiedener Anionseifen zu Sauerstoffbleichbädern erzielt wird, geht aus der Tab. 120 hervor.

Die Abhängigkeit der Stabilisierwirkung von *Igepon T* und Oleinalkoholsulfonat von den Härtebildnern des Wassers bringt Tab. 121.

Tabelle 121. Wirkung von Stabilisatorzusätzen zu Wasserstoffsuperoxydbädern in Gegenwart von Erdalkalisalzen. Temperatur 50°. Anfangswert 5,1 g/l aktiver Sauerstoff. Unverschlossenes Gefäß. (Nach FOLGNER.)

Stabilisator	Konzentration des Stabilisators g/l	Erd-alkalisalze	Härte °DH.	Zurückbleibender Sauerstoff in Prozenten der Ausgangsmenge nach			
				8	24	72	120
				Stunden			
Igepon T	0,6	—	—	88,9	86,7	87,9	87,6
		CaSO$_4$	12	75,9	74,7	74,1	76,5
		MgSO$_4$	12	79,1	75,1	75,4	78,8
Oleinalkoholsulfonat	0,6	—	—	72,0	67,3	63,1	60,5
		CaSO$_4$	12	52,3	45,3	36,7	31,6
		MgSO$_4$	12	63,3	56,1	51,3	51,5

Demnach setzen die Härtebildner des Wassers die Stabilisierwirkung bei p$_H$ 7 etwas herab. In alkalischen Lösungen bewirken aber die Erdalkalisalze, wie die Praxis lehrt, ein besseres Stabilisiervermögen.

Im Handel befinden sich folgende Erzeugnisse, die auf Basis von Fettalkoholsulfonaten oder Phosphor- bzw. Pyrophosphorester der Fettalkohole allein oder in Verbindung mit Magnesiumsalzen aufgebaut sind:

Homogenit B, Homogenit W (Böhme Fettchemie Ges. m. b. H.),
Ondal W 20 (Böhme Fettchemie Ges. m. b. H.),
Stabilisator A und *AP* (Sandoz),
Leukofix (Zschimmer & Schwarz).

Von den Fettsäurekondensationsprodukten seien *Igepon T*(I. G. Farbenindustrie A. G.) und *Lamepon A* (Chem. Fabrik Grünau)[1] genannt; letzteres verbindet als Kondensationsprodukt von Ölsäurechlorid mit abgebauten Eiweißstoffen die Grenzflächenaktivität der Anion- und Kationseifen mit den typischen Schutzkolloideigenschaften der Eiweiß-

---

[1] Vgl. S. 178.

stoffe. Die stabilisierende Wirkung von Fettsäure-Eiweiß-Kondensationsprodukten auf Sauerstoffbleichbäder bringt nach Versuchen von WIEGAND und SCHÖNIGER [34] Tab. 122.

Tabelle 122. Stabilisierwirkung von Fettsäure-Eiweißkondensationsprodukten *(Lamepon A)* in alkalischen Wasserstoffsuperoxydlösungen bei 90° C. Offenes Gefäß.
(Nach WIEGAND und SCHÖNIGER.)

Badzusammensetzung	Gehalt an aktivem Sauerstoff in Gramm je Liter nach einer Bleichdauer von Stunden						
	0	$^1/_2$	1	$1^1/_2$	2	$2^1/_2$	3
Ohne *Lamepon A*	1,60	1,45	0,96	0,80	0,64	0,51	0,42
Mit 0,5 g *Lamepon A/l*	1,60	1,60	1,68	1,68	1,85	1,84	1,82

Man erkennt daraus, daß Fettsäure-Eiweiß-Kondensationsprodukte die Abspaltung von gasförmigem elementaren Sauerstoff aus Bleichlösungen wirksam zu verhindern vermögen. Die langsame Zunahme an aktivem Sauerstoff bei dem mit *Lamepon A* versetzten Bade erklärt sich, wie bei den früheren Versuchen mit anderen organischen Stabilisatoren (vgl. Tab. 120), durch die Volumverkleinerung infolge des Verdunstens von Wasser.

Auch das *Igepon T* (I. G. Farbenindustrie A. G.)[1] besitzt infolge seiner —CON—-Gruppe beachtliche Stabilisierwirkung auf Wasserstoff-
$$|$$
$$CH_3$$
superoxyd, insbesondere in Gegenwart von Wasserglas. Das *Nuva B* (I. G. Farbenindustrie A. G.), das auch beim Beuchen als Emulgier- und Reinigungsmittel Verwendung findet (vgl. S. 293), enthält neben *Igepon T* Natriumsilikate und kann aus diesem Grunde besser als das reine *Igepon T* zur Stabilisierung von Sauerstoffbädern dienen.

Von den nichtionogenen Hilfsmitteln in der Sauerstoffbleiche ist das *Igepal W* (I. G. Farbenindustrie A. G.) zu erwähnen.

Wie aus den bisherigen Ausführungen ersichtlich ist, müssen zur klaglosen Durchführung einer Sauerstoffbleiche folgende Merkmale Berücksichtigung finden:

Das käufliche, mit Säuren stabilisierte Wasserstoffsuperoxyd muß durch Hydroxylionen *aktiviert* werden. Im Falle, daß man Natriumsuperoxyd zur Herstellung der Sauerstoffbleichbäder verwendet, erübrigt sich ein weiterer Zusatz von Lauge; in vielen Fällen ist sogar die Alkalität des Natriumsuperoxydbades zu hoch, so daß man durch partielles Neutralisieren mittels Säuren oder durch Zusatz von Natriumbikarbonat auf einen solchen p_H-Wert einstellen muß, wo der Faserangriff noch nicht in Erscheinung tritt.

Das durch Hydroxylionen aktivierte Sauerstoffbleichbad, dessen Bleichwirkung erst in der Wärme in praktisch genügendem Ausmaß

---

[1] Vgl. S. 174.

auftritt, muß zwecks Vermeidung von Sauerstoffverlusten *stabilisiert* werden. Die Stabilisierung geschieht mit den früher angegebenen anorganischen und organischen Stabilisatoren. Der wichtigste Stabilisator ist auch heute noch Wasserglas, aber nur in Gegenwart von Härtebildnern des Wassers, wodurch sich die eigentlichen Stabilisatoren, nämlich die Erdalkalisilikate, bilden.

Die Aktivierung von Sauerstoffbleichbädern durch Hydroxylionen hängt von der Art des zu bleichenden Fasermaterials ab. Es ist selbstverständlich, daß Wolle wegen ihrer Alkaliempfindlichkeit nicht mit scharfen Bleichbädern behandelt werden darf. Man macht entweder mit Ammoniak oder mit Triphosphat oder Pyrophosphat schwach alkalisch. Gerade in solchen Fällen ist der Zusatz von organischen Stabilisatoren von Vorteil, da sich die Verwendung von stark alkalischem Wasserglas verbietet. Wieweit die Wollqualität durch die Verwendung von Stabilisatoren beim Bleichen begünstigt wird, zeigt Tab. 123.

Neben der normalen Alkaliempfindlichkeit der Wolle ist noch der besondere Faserangriff zu berücksichtigen, der in zu stark alkalischen Wasserstoffsuperoxydbädern, vor allem in der Wärme, eintritt. SMITH und HARRIS [35] haben die Faserschädigung der Wolle durch alkalische, aktiven Sauerstoff enthaltende Flüssigkeiten eingehend untersucht. Sie stellten fest, daß die Aminogruppen der Salzbindeglieder wegoxydiert werden, wodurch der seitliche Zusammenhalt der Polypeptitketten eine Einbuße erleidet. Ferner werden die Cystinbrücken durch den Sauerstoff oxydativ angegriffen (vgl. S. 243). In Übereinstimmung damit enthält Wolle, die in zu stark alkalischen Sauerstoffbleichbädern behandelt wurde, bedeutend weniger Schwefel als die unbehandelte Wolle.

Tabelle 123. Beeinflussung der Wollqualität beim Behandeln mit schwach ammoniakalischem Wasserstoffsuperoxyd bei 50° C. (Nach FOLGNER und (SCHNEIDER.)

Stabilisator	Reißfestigkeitsänderung in Prozenten	Dehnungsänderung in Prozenten
Ohne Zusatz	+ 7,7	—11,9
Laurinalkoholsulfonat ..	+28,2	— 9,1
Igepon T	+17,6	+ 8,7

Beim Bleichen von Baumwolle, Kunstseide und Zellwolle können ohne Bedenken Ätzalkalien zur Aktivierung des Wasserstoffsuperoxydes dienen. Wegen der stärkeren Quellfähigkeit der Hydratcellulose ist beim Bleichen von Kunstseide (Viskose und Kupferkunstseide) und Zellwolle mit einer größeren Faserschädigung als bei den aus nativer Cellulose bestehenden vegetabilischen Fasern zu rechnen.

Ein Sonderfall der Bleiche mit aktivem Sauerstoff, wo die grenzflächenaktiven kolloiddispersen Hilfsmittel größere Bedeutung erlangt haben, ist der des Bleichens titandioxydhaltiger Kunstseide oder Zellwolle. Das in der Faser eingelagerte, feinst verteilte Pigment beschleunigt katalytisch die Wasserstoffsuperoxydzersetzung (vgl. auch S. 374). Der molekulardisperse, elementare Sauerstoff entsteht auch im Inneren der

Faser und bedingt einen örtlich starken Faserangriff. Der Zusatz von grenzflächenaktiven Hilfsmitteln, wobei sich das *Lamepon A* (Chem. Fabrik Grünau) durch ein besonders großes Schutzkolloidvermögen auszeichnet, verringert in fühlbarer Weise die Faserschädigung. Die Reißfestigkeit der mit Titandioxyd spinnmattierten Kunstseide bleibt beim Bleichen mit aktivem Sauerstoff besser erhalten, wenn man dem Bleichbade *Lamepon A* zusetzt, wie aus Tab. 124, nach Versuchen von WIEGAND und SCHÖNIGER [34], hervorgeht.

Tabelle 124. Beeinflussung der Festigkeitseigenschaften von mit Titandioxyd spinnmattierter Kunstseide beim Bleichen mit Wasserstoffsuperoxyd in Gegenwart von Stabilisatoren. Gebleicht wurde drei Stunden bei 75° C; Flottenverhältnis 1 : 20. (Nach WIEGAND und SCHÖNIGER.)

Bleichflotte	Rohgarn	Badzusammensetzung					
Gramm H$_2$O$_2$/l	—	4,0	4,0	4,0	4,0	4,0	4,0
„ Wasserglas/l	—	2,0	2,0	2,0	2,0	2,0	2,0
„ Natronlauge/l	—	—	—	1,0	1,0	4,0	4,0
„ *Lamepon A*/l	—	—	1,0	—	1,0	—	1,0
Reißfestigkeit in Gramm	136,0	108,5	123,5	110,0	116,5	94,3	115,0
Bruchdehnung in Prozenten	12,7	9,6	11,2	9,0	9,5	7,8	9,9

Es zeigt sich, daß durch den stabilisierenden Einfluß des Fettsäure-Eiweiß-Kondensationsproduktes *Lamepon A* der Angriff des Peroxydes auf die spinnmattierte Hydratcellulose erheblich vermindert wird. Die Festigkeits- und Dehnungswerte liegen bei der Verwendung von *Lamepon A* stets höher als bei den Bleichversuchen ohne Zusatz eines grenzflächenaktiven Stabilisators.

In ähnlicher Weise wie Fettsäure-Eiweiß-Kondensationsprodukte wirken auch andere Kolloidelektrolyte, vorzugsweise wenn sie Stickstoff in Säureamidbindung enthalten, z. B. *Igepon T* (I. G. Farbenindustrie A. G.).

Ferner sollen auch niedermolekulare, stickstoffhaltige Verbindungen, z. B. Triäthanolamin N(C$_2$H$_4$OH)$_3$, die Faserschädigung beim Bleichen von titanspinnmattierter Kunstseide mit aktivem Sauerstoff zurückdrängen.

Durch alle diese Maßnahmen wird die Bleichgeschwindigkeit nicht vermindert, sondern die Bildung von Titanperoxydkomplexen, die den Sauerstoff katalytisch auf die Cellulose übertragen, zurückgedrängt.

III. Kombinationsbleiche.

Die Kombinationsbleichverfahren beruhen darauf, daß man abwechselnd Chlor- und Sauerstoffbleichbäder auf die zu bleichende Faser einwirken läßt. Man erreicht dadurch in bestimmten Fällen ein besseres und haltbareres Weiß bei größerer Faserschonung, als wenn man nur aktives Chlor bzw. aktiven Sauerstoff verwendet. Man unterscheidet

a) die Ce-Es-Bleiche (Böhme Fettchemie Ges. m. b. H.),

b) das Bleichverfahren nach MOHR,

c) das I. G.-Korte-Bleichverfahren.

a) Die Ce-Es-Bleiche.

Sie wird zuweilen auch Chloraminbleiche genannt, da die bei der primären Einwirkung von aktivem Chlor aus den Proteinbegleitsubstanzen der Cellulose entstandenen Eiweißchloramine eine wichtige Rolle spielen. Man imprägniert die *nichtgebeuchte* Ware zuerst in einem Hypochloritbad, z. B. mit 2% aktivem Chlor, 2% Ätznatron und 1% Soda, eine Stunde bei gewöhnlicher Temperatur. Als Netzmittel setzt man *Floranit VP* oder *Avirol AH* extra (Böhme Fettchemie Ges. m. b. H.) zu.[1] Ohne auszuwaschen gibt man hierauf unmittelbar nach dem Abquetschen in ein Wasserstoffsuperoxydbad. Die Chloramine lösen sich in der alkalischen Wasserstoffsuperoxydlösung auf und wirken als kolloiddisperse Stabilisatoren. Ihre Wirksamkeit kann durch Zusatz von *Homogenit B* (Böhme Fettchemie Ges. m. b. H.) verstärkt werden (z. B. beim Bleichen von Trikot). Die Stabilisierung des H_2O_2-Bades wird auch durch *Ondal W* 20 (Böhme Fettchemie Ges. m. b. H.) begünstigt. Der Bleichverlust ist bei der Ce-Es-Bleiche geringer als bei der Beuchchlorbleiche, was besonders für zellwollehaltige Baumwolle gilt.

b) Die Mohr-Bleiche.

Sie beruht auf einem Vorkochen mit gebrauchter, sauerstoffhaltiger Flotte und auf einer darauffolgenden Behandlung mit aktivem Chlor unter Druck (vgl. S. 295). Schließlich wird eine Fertigbleiche mit Wasserstoffsuperoxyd durchgeführt. Die verwendeten Hilfsmittel sind auf S. 331 genannt.

c) Das I. G.-Korte-Bleichverfahren.

Es eignet sich für Bastfasern, z. B. Leinen, Hanf u. dgl., die einen verhältnismäßig hohen Gehalt an Ligninsubstanzen aufweisen [37]. Im Gegensatz zu den übrigen Bleichverfahren liefert es ein Vollweiß und eine holz- und schäbenfreie Ware. Die Bastfasern werden zuerst bei p_H unter 5 sauer chloriert, wodurch alle Nichtcelluloseanteile in alkalilösliche Chlorierungsprodukte übergeführt werden. Hierauf schließt man eine alkalische Hypochloritbleiche an, die alle alkalilöslichen Stoffe herauslöst und auf die Cellulosesubstanz bleichend wirkt.

Achtzehnter Abschnitt.

Färbereihilfsmittel.

Beim Färben von Protein- und Cellulosefasern werden vielfach kolloidchemisch wirkende Hilfsmittel benutzt. Sie haben den Zweck,

1. die Fasern durch die Farbflotte schnell und vollständig benetzbar zu machen und das Eindringen der Farbstoffe in die makroskopischen

---

[1] Oder eines der auf S. 331 genannten Netzmittel. Man kann auch den Netzvorgang von der Imprägnierung mit Hypochloritlösung trennen (Vornetzen).

und submikroskopischen Kanäle zu erleichtern (Netz- und Durchdringungsvermögen),

2. ein egales (gleichmäßiges) Aufziehen des Farbstoffes auf die Faser zu bewirken (Egalisier- und Retardiervermögen),

3. allfällige Schädigungen des Fasermaterials durch das Farbbad zu vermeiden (diese Wirkung und die dazu notwendigen Hilfsmittel werden im einundzwanzigsten Abschnitt gesondert beschrieben).

A. Das Netzen des Fasermaterials.

Die Färbehilfsmittel müssen kapillaraktiv sein, um die Ware zu netzen. Die physikochemischen Grundlagen des Netzvorganges wurden S. 103 behandelt. In der Praxis sind die Verhältnisse insofern verwickelter, als die Netzfähigkeit von der Konzentration, vom p_H der Behandlungsflüssigkeit und von der Temperatur abhängig ist. Die Proteinfasern werden vorzugsweise in sauren, die Cellulosefasern in neutralen oder schwach alkalischen Bädern genetzt. Beim Netzen der Textilfasern muß nicht allein die Grenzfläche Faser/Farbflotte, sondern auch jene zwischen Luft und Behandlungsflüssigkeit berücksichtigt werden. Für den klaglosen Ausfall der Netzung, d. i. die vollständige Benetzung und das Untersinken der Ware in der Flotte, ist neben der Kapillar- (Grenzflächen-) Aktivität auch das Luftverdrängungsvermögen von Bedeutung [1]. Beide sind von der Konzentration abhängig. Mit steigender Konzentration nimmt die Kapillaraktivität und das Luftverdrängungsvermögen bis zu einem Maximalwert zu; eine weitere Konzentrationserhöhung bewirkt keine wesentliche Änderung mehr (vgl. auch S. 68). Praktisch ist der Konzentrationserhöhung aus wirtschaftlichen Erwägungen bald eine Grenze gesetzt. Im allgemeinen rechnet man mit 0,5 bis 2, höchstens 5 g/l der verschiedenen Färbehilfsmittel. Bei zu großer Verdünnung nimmt das Netzvermögen sehr rasch ab [2].

Von großem Einfluß auf den Netzvorgang ist die Temperatur. Im allgemeinen nimmt das Netzvermögen mit steigender Temperatur, absolut genommen, zu, im Vergleich zur Netzkraft reinen Wassers, die in der Hitze ein Vielfaches des Wertes bei gewöhnlicher Temperatur erreicht, relativ aber ab. Man unterteilt deshalb die Netzmittel je nach ihrer besonderen Wirksamkeit in

Kaltnetzer   und   Heißnetzer.

Die ersteren haben als Grundlage einen meist verhältnismäßig niedermolekularen Kohlenwasserstoffrest, z. B. auf Basis alkylierten Naphthalins [3], wie *Nekal BX, BX* extrastark (I. G. Farbenindustrie A. G.), *Leonil SB* (I. G. Farbenindustrie A. G.), *Arosin 841, N* (Böhme Fettchemie Ges. m. b. H.), *Invadin N* (Gesellschaft für chemische Industrie Basel), *Sandozol KBN* (Sandoz), *Oranit* (Oranienburger Chem. Fabrik), *Neomerpin* (Pott), *Acidol* (A. Th. Böhme) usw., bzw. einen aliphatischen Kohlenwasserstoffrest mit beiläufig 8 bis 14 C-Atomen in der Fettkette, wie etwa die auf Basis von Fettalkoholsulfonaten aufgebaute *Netzpaste ZS*

(Zschimmer & Schwarz). Die Kapillaraktivität und das Luftverdräpgungsvermögen können durch hydrotrop[1] gelöste hydrophobe Stoffe, beispielsweise Adipinsäuredicyclohexylester, erhöht werden. Auch manche Sulfonate aus pflanzlichen Ölen, vorzugsweise Ricinusöl eignen sich zu dem gleichen Zweck. Genannt seien u. a. *Avirol AH* extra (Böhme Fettchemie Ges. m. b. H.),[2] *Geneucol M* (A. Th. Böhme-Dresden), *Inferol NF* (A. Th. Böhme-Dresden), *Optan* extra (Zschimmer & Schwarz), *Prästabitöl V* (Stockhausen & Co.).[3]

Während eine ganze Reihe· von guten Kaltnetzern in den Handel kommt, ist die Anzahl der Netzmittel, die auch in der Hitze ihre volle Wirksamkeit beibehalten oder erst entwickeln, verhältnismäßig klein. Vor allem sind hier *Humectol C* und *Humectol CX* (I. G. Farbenindustrie A. G.) zu erwähnen. Als Abkömmlinge von Ricinusölsäureamid bzw. Anilid, die nachträglich sulfoniert werden, sind sie gegen die Härtebildner des Wassers wegen der blockierten Carboxylgruppe beständig (vgl. S. 171) und netzen vor allem in der Hitze und in alkalischen Bädern.

Weitere Heißnetzer sind z. B. *Inferol 229* und *Inferol 236* (A. Th. Böhme-Dresden). Zu erwähnen ist ferner *Nekal BX* extra stark (I. G. Farbenindustrie).

B. Die Egalisier- und Retardierwirkung beim Färben.

Beim Färben werden vielfach Hilfsmittel verwendet, z. B. Öl- und Fettalkoholsulfonate, Fettsäurekondensationsprodukte und synthetische, nichtionogene Stoffe, die keine Netzmittel im engeren Sinne sind, aber infolge ihres grenzflächenaktiven Verhaltens das Netzen und Durchdringen der Textilfasern begünstigen und darüber hinaus als Egalisiermittel wirken. Sie regeln die Gleichgewichtsverhältnisse zwischen dem von der Faser aufgenommenen und dem noch im Bade befindlichen Farbstoffanteil und somit die Aufziehgeschwindigkeit. Der Ausfall der Warenqualität und der Charakter der gefärbten Ware hängt zum Teil vom verwendeten Hilfsmittel ab.

Bekanntlich muß beim Färben zwischen dem Verhalten der Protein- und Cellulosefasern unterschieden werden. Dementsprechend ist die Verwendung von Färbereihilfsmitteln von der Faserart und vom verwendeten Farbstoff abhängig. Wir unterteilen die Hilfsmittel entsprechend ihrem Verwendungszweck beim Färben in folgende Gruppen:

I. Kolloide Hilfsmittel beim Färben von Proteinfasern mit sauren Farbstoffen.

II. Kolloide Hilfsmittel zum Färben von Cellulosefasern mit substantiven Farbstoffen.

III. Kolloide Hilfsstoffe beim Färben mit Küpenfarbstoffen.

IV. Kolloide Hilfsstoffe beim Färben mit Entwicklungsfarbstoffen.

---

[1] Über Hydrotropie s. [4]; vgl. auch S. 308.

[2] Bezüglich seiner Konstitution vgl. S. 171.

[3] Vgl. auch S. 88.

I. Kolloide Hilfsmittel beim Färben von Proteinfasern mit sauren Farbstoffen.

Als saure Farbstoffe kommen die gewöhnlichen sauren Wollfarbstoffe und die Chromkomplexfarbstoffe, z. B. Palatinecht- und Neolan-Farbstoffe der I. G. Farbenindustrie A. G., bzw. der Gesellschaft für chemische Industrie, Basel, in Betracht. Die Wirkungsweise der Hilfsmittel unterscheidet sich in beiden Fällen beträchtlich, so daß eine weitere Unterteilung gerechtfertigt ist.

a) Hilfsmittel beim Färben mit gewöhnlichen sauren Wollfarbstoffen. In sauren Lösungen, deren p_H kleiner als 3,5 ist, sind die Keratinmoleküle der Wolle infolge aufgenommener Wasserstoffionen gemäß dem Schema:

$$R-\overset{+}{N}H_3\overset{-}{O}OC-R_1 + H\cdot \rightleftarrows R-\overset{+}{N}H_3 + R_1-COOH \qquad (1)$$

merklich positiv geladen, da die Dissoziation der Carboxylgruppe mit steigender Wasserstoffionenkonzentration zurückgeht (vgl. S. 39). Die Wolle nimmt in sauren Flüssigkeiten die Eigenschaften einer wasserunlöslichen, hochmolekularen Polyammoniumverbindung an. Mit steigender Wasserstoffionenkonzentration werden immer mehr Aminogruppen der basischen Seitenketten (Extragruppen) ionisiert, bis bei p_H 1,3 und darunter alle Aminogruppen „aktiviert" sind und als positiv geladene Ammoniumgruppen vorliegen, die für die chemische Bindung des sauren Farbstoffes nötig sind [5]. Die entstandene elektrische Ladung der Keratinmakromoleküle wird durch Bindung von Anionen ($\overline{Ac}$) in Form von Gegenionen ausgeglichen. Es entsteht nach der Gleichung

$$R-\overset{+}{N}H_3 + \overline{Ac} \rightleftarrows (R-\overset{+}{N}H_3\cdot\overline{Ac}) \qquad (2)$$

eine salzartige Verbindung zwischen dem Protein der Wolle und der einwirkenden Säure, die man als Proteinsalze (Wollsalze) bezeichnet.

In verdünnten Mineralsäuren, z. B. in n/10 Schwefelsäure, Salzsäure u. dgl., bildet die Wolle schon nach kürzester Zeit, meist nach wenigen Minuten, Proteinsalze. Die Bindung der Säureanionen von Wollfarbstoffen (Farbsäuren) durch die Wolle zu den Proteinfarbsalzen geht auch in der Hitze viel langsamer vor sich.[1] Dies beruht darauf, daß das Diffusionsvermögen der kleindimensionierten Mineralsäureanionen viel größer ist als das der Farbsäureanionen, deren hohes Molekulargewicht keine schnelle Diffusion erlaubt. Hingegen wird die geringe Diffusionskraft der Farbsäureanionen im allgemeinen nicht durch eine Aggregation derselben bedingt. Die meisten sauren Wollfarbstoffe sind im Gegensatz zu den sog. substantiven Farbstoffen im Farbbad nicht oder nicht wesentlich agglomeriert.[2]

Das Säurebindungsvermögen des Wollproteins ist vom p_H abhängig [6]. Für Mineralsäuren liegt die maximale Bindungskraft bei p_H 1,3 und

---

[1] Es kann u. U. Stunden und Tage dauern, bis die Sättigungsgrenze erreicht ist.

[2] Gewisse Klassen der gewöhnlichen sauren Wollfarbstoffe, beispielsweise die Polarfarbstoffe (Geigy), sind allerdings merklich aggregiert.

darunter, d. h. das Äquivalentgewicht der Wolle erreicht bei diesem p_H einen Höchstwert; vgl. auch die Ausführungen auf S. 39. 100 g Wolle können dann 0,085 bis 0,09 Grammäquivalent Säureanionen chemisch binden. Gegen Farbsäuren kann die Wolle auch in weniger sauren Flotten- (p_H 2 bis 3) noch eine maximale Säurebindung von 0,085 bis 0,09 Grammäquivalent aufweisen ·[7]. Der Grund hierfür ist die geringere Hydrolysierbarkeit des entstandenen Proteinfarbsalzes im Vergleich zum Protein/Mineralsäure-Salz, das bei $p_H > 1,5$ bis 2 schon merklich aufgespalten wird. Das Gleichgewicht

$$\text{Wolle} + \text{Säure} \rightleftharpoons \text{Wollsalz} \tag{3}$$

verschiebt sich bei den Salzen aus Wolle und Mineralsäure mit sinkender Wasserstoffionenkonzentration bereits bei $p_H \sim 1,5$, bei den Proteinfarbsalzen erst bei höheren p_H-Werten nach links.

Verwickelter sind die Verhältnisse beim Färben der Wolle mit Farbsäureanionen in Gegenwart von Mineralsäureanionen, z. B. von Schwefelsäure. Letztere reagiert mit den Aminogruppen der basischen Salzbindeglieder bedeutend rascher unter Bildung von Wollsalzen als die Farbsäuren. Die nachdiffundierenden Farbsäureanionen verdrängen dagegen die Schwefelsäure aus dem Salzverband mit dem Keratin, da die entstehenden Proteinfarbsalze infolge des vergleichsweise zu Schwefelsäure (oder Mineralsäure) höheren Molekulargewichtes der sauren Farbstoffe „unlöslicher" sind, d. h. ein kleineres Löslichkeitsprodukt aufweisen. Die Summe der von der Wolle maximal (p_H 1,3 und darunter) aufgenommenen Farbstoff- *und* Mineralsäuremenge beträgt 0,085 bis 0,09 Grammäquivalent, d. h. der Sättigungsgrad der Wolle bei der Bindung verschiedener Anionen ist bei dem genannten p_H unabhängig von der Natur der Säuren [7].

Die *Stabilität* des Proteinfarbsalzes, d. h. die *Affinität* des Farbstoffes zur Wolle, ist für den egalen Ausfall und für die Naßfestigkeit (Wasserechtheit) der Färbung von größter Bedeutung. Sie nimmt bei gewöhnlichen sauren Wollfarbstoffen mit wachsender Wasserstoffionenkonzentration zu, weil immer mehr Aminogruppen in die ionogen dissoziierenden Ammoniumgruppen umgewandelt werden, wodurch mehr ionoide Bindungskräfte auf die Farbsäureanionen zur Wirkung gelangen. Die gewöhnlichen sauren Wollfarbstoffe werden daher um so stärker auf der Wollfaser fixiert, je höher die Wasserstoffionenkonzentration des Farbbades ist, da dadurch der Hydrolyse des Proteinfarbsalzes entgegengewirkt wird, wie ANACKER [8] für Azocarmin GX gezeigt hat.

Die Stabilität der Salze aus Wolle und Farbsäureanionen nimmt bei gleicher Anzahl hydrophiler Gruppen (vor allem der SO_3H-Gruppen) mit steigendem Molekulargewicht bzw. Äquivalentgewicht der Farbsäure zu, wie aus Tab. 125 nach Versuchen von ENDER und MÜLLER [7] hervorgeht.

Ein höheres Molekular-(Äquivalent) Gewicht der Farbstoffanionen bedingt eine größere Unlöslichkeit und geringere Hydrolyse des Proteinfarbsalzes. Die Stabilität kann durch Nebenvalenzkräfte verstärkt werden, bedingt aber bei den gewöhnlichen sauren Farbstoffen nicht die

Affinität zur Wolle. Im Gegensatz zu den substantiven und Küpen-farbstoffen erfolgt die Bindung der Wollfarbstoffe nicht durch kolloid-chemische Prozesse (Adsorption [9]), sondern durch valenzchemische (ionoide) Bindung infolge elektrostatischer Kräfte.

Tabelle 125. Abhängigkeit der Stabilität (Wasserechtheit) von Proteinsalzen gewöhnlicher saurer Farbstoffe vom Molekular-gewicht. (Nach ENDER und MÜLLER.)

Farbstoff	Molekular-gewicht	Anzahl der Sulfogruppen	Wasserechtheit = abgezogene Farbstoffmenge in Prozenten der ursprünglich vorhandenen Menge
Orange II.............	328	1	45
Orange RO	342	1	38
Kristallponceau 6 R ...	458	2	42
Naphtholrot	538	3	34
Wollgelb	642	2	17

Hingegen sinkt die Stabilität und die Wasserechtheit des Wollfarb-salzes mit zunehmender Anzahl hydrophiler Gruppen, vor allem SO_3Na-Gruppen, im Farbstoffmolekül, weil dadurch das Löslichkeitsprodukt der gebildeten Proteinfarbsalze größer wird.

Die Praxis faßt diese Erkenntnisse in folgende zwei Regeln, die im allgemeinen zutreffen,[1] zusammen:

α) Schlecht egalisierende Farbstoffe sind naßechter als gut egali-sierende.

β) Ein Farbstoff egalisiert um so besser, je langsamer er auf die Faser aufzieht und je geringer seine Affinität zur Faser ist.

Die Affinität und das Egalisiervermögen sind somit gegensinnig. Der Grund hierfür liegt in der mehr oder minder ausgeprägten Stabilität des Proteinfarbsalzes. Eine hohe Stabilität bedingt einen schlechten Egalisier-effekt, da der an der Faseroberfläche zunächst in großen Mengen und unegal aufziehende Farbstoff nur dann an weitere, noch nicht besetzte Ammoniumgruppen im Faserinneren wandern kann, wenn die ionoide Bindung zwischen Farbsäure und Wolle (Wollfarbsalz) zwischendurch hydrolysierbar ist. Jene Wollfarbsalze, die nur wenig hydrolysieren, bleiben an der Stelle haften, an der sie zuerst entstanden sind. Das Egalisiervermögen eines Farbstoffes ist mithin um so schlechter, je größer die Stabilität (Wasserechtheit) des Proteinfarbsalzes ist.

Es ist zwischen gut egalisierenden und schlecht egalisierenden Farb-stoffen zu unterscheiden. ANACKER [8] zeigte, daß beim gleichzeitigen

---

[1] So diffundieren z. B. Farbstoffe mit großen Molekülen langsamer durch die Schuppenschicht, ziehen mithin weniger rasch auf als kleinmolekülige Farb-stoffe und führen trotzdem wegen der hohen Stabilität des Proteinfarbsalzes leicht zu unegalen Färbungen. Die Aufziehgeschwindigkeit ist nicht immer ein Maß für die Stabilität des Proteinfarbsalzes und für die Egalitätsverhältnisse.

einstündigen Behandeln von weißer und mit Azocarmin GX — einem Vertreter eines gut egalisierenden Farbstoffes — gefärbter Wolle in Blindbädern, die folgende p_H-Werte aufwiesen:

$$
\begin{aligned}
&\text{Destilliertes Wasser} \ldots\ldots\ldots\ldots\ldots\ p_H \ 7 \\
&1\% \ H_2SO_4 \ \text{vom Wollgewicht} \ldots\ldots\ p_H \ 2,5 \\
&2\% \quad ,, \qquad ,, \qquad ,, \qquad \cdots\cdots\cdots p_H \ 2,2 \\
&4\% \quad ,, \qquad ,, \qquad ,, \qquad \cdots\cdots\cdots p_H \ 1,9 \\
&8\% \quad ,, \qquad ,, \qquad ,, \qquad \cdots\cdots\cdots p_H \ 1,6
\end{aligned}
$$

bei einem Flottenverhältnis 1 : 50 in der Kochhitze ein beträchtlicher Teil des Farbstoffes aus der gefärbten auf die ungefärbte Wolle gewandert ist. Das Proteinfarbsalz dieses Farbstoffes, und auch das aller anderen gut egalisierenden Farbstoffe, hydrolysiert im ganzen untersuchten p_H-Bereich 1,6 bis 7.

Das Supranolrot R verhält sich nach ANACKER als typisch schlecht egalisierender Wollfarbstoff bei der gleichen Behandlung anders als das Azocarmin GX. Im p_H-Intervall 1,6 bis 6 bleibt die mitbehandelte, ungefärbte Wolle weiß; erst bei p_H 7 wird sie schwach angefärbt. Das Wollfarbsalz dieses Farbstoffes, und das aller schlecht egalisierenden Farbstoffe, hat ein sehr kleines Löslichkeitsprodukt und widersteht deshalb den hydrolytischen Einflüssen.

Man hilft sich gegen das schlechte Egalisieren dadurch, daß die Wasserstoffionenkonzentration des Farbbades herabgesetzt wird. Dies geschieht entweder durch Wahl einer schwachen Säure (Essigsäure oder Ameisensäure) oder indem man zunächst in neutralem Bade zu färben beginnt und die Säure nach und nach anteilweise zusetzt. Um die Aufziehgeschwindigkeit zu vermindern, geht man mit der Ware bei tieferen Temperaturen ein und treibt die Temperatur vorsichtig in die Höhe. Eine weitere Möglichkeit ist die Verwendung von hydrolysierenden Ammonsalzen, wie das Ammonacetat, das bei Temperaturen über 55° in ein saures Acetat der Formel

$$2 \ CH_3COONH_4 \cdot 3 \ CH_3COOH$$

unter Ammoniakabgabe zerfallen soll [10]. Dadurch kann die Säurekonzentration nur langsam ansteigen.

Das gleichmäßige Aufziehen schwer egalisierender, gewöhnlicher Wollfarbstoffe kann weiters durch *Egalisierhilfsmittel* begünstigt werden.

Enthält das Färbebad neben Farbsäureanionen noch hochmolekulare Fettkettenanionen, so tritt zwischen beiden ein Wettbewerb um die Bindung als Gegenion an der im sauren p_H-Bereich sich wie eine hochmolekulare Polyammoniumverbindung verhaltenden Wolle etwa nach dem Schema [vgl. auch (1) und (2)]:

$$R-\overset{+}{N}H_3 + R_1-COOH + R_2-\overset{-}{X} \rightleftharpoons (R-\overset{+}{N}H_3 \cdot \overset{-}{X}-R_2) + R_1-COOH \quad (4)$$

ein. In Gegenwart von Mineralsäure ist der Vorgang insofern verwickelter (vgl. S. 345), als die niedermolekularen Mineralsäuren, vor allem in der Hitze, schon nach kürzester Zeit Proteinsalze geben, während die Fettkettenanionen und besonders die Farbsäureanionen langsamer in die Wollfaser diffundieren. Der Wettbewerb der beiden letzten Ionengattungen ist deshalb in Gegenwart von Mineralsäure bei der Verdrängung derselben aus dem Salzverband mit den Ammoniumgruppen von integrierender Bedeutung für den Färbeprozeß.

Die kapillaraktiven Fettkettenanionen werden von der Wolle im p_H-Bereich < 3,5 rascher und fester gebunden als die Farbsäureanionen. Das ist vor allem in der Hitze der Fall. SCHÖLLER [11] fand, daß z. B. *Igepon T* aus einer Lösung, die 0,8 g Schwefelsäure/l enthielt, von Wolle nach 1 Minute bei 45° C zu etwa 50% und bei 95° C zu 75% aufgenommen wurde. Bei längerer Einwirkung, beispielsweise nach 5 bis 10 Minuten, ist die aufgenommene Menge noch größer. Die chemische Bindung der *Igepon T*-Säure durch das Wollprotein ist leicht nachweisbar, da die zuerst stark schäumende Färbeflotte beim Kochen in kurzer Zeit das Schaumvermögen verliert. Die Bindung höhermolekularer grenzflächenaktiver Fettkettenionen durch das Wollkeratin erfolgt nach NEVILLE und JEANSON [12] mit steigender Wasserstoffionenkonzentration (sinkendes p_H) immer stärker und energischer; vgl. Abb. 79. Aus diesen Gründen verdrängen die kapillaraktiven Fettkettenionen rascher und mehr Mineralsäureanionen aus den Proteinsalzen als die Farbsäureanionen. Die nachdiffundierenden Farbsäureanionen finden schon einen Teil der umsetzungsfähigen Ammoniumgruppen durch die Fettkettenionen besetzt und müssen entweder tiefer in das Innere der Faser wandern oder die Fettkettenanionen aus der salzartigen Proteinverbindung verdrängen, was alles eine gewisse Zeit erfordert. Infolge der ganzen oder teilweisen chemischen Absättigung der ionisierten Aminogruppen des Keratinmakromoleküls durch säurebeständige Anionseifen werden die sauren Farbstoffe von der Wollfaser abgehalten, bzw. ihr Aufziehen verlangsamt. Im ersten Fall tritt Reservierung der Wolle, im zweiten Retardierung der Ausfärbung ein.

Die Wirkung von anionaktiven Fettkettenionen auf die Aufnahme eines sauren Farbstoffes (Orange II) untersuchten NEVILLE und JEANSON. Ihre Ergebnisse bringt Abb. 132. Darnach bewirken geringe Mengen von säurebeständigen Anionseifen eine Verzögerung des Aufzieheffektes, größere Mengen eine merkliche Reservierung der Wolle. Die Wirkung der auf Grundlage höhermolekularer säurebeständiger Anionseifen aufgebauten Färbehilfsmittel erstreckt sich ausschließlich auf das Fasermaterial. Die sauren Farbstoffe werden im Dispersitätsgrad nicht oder

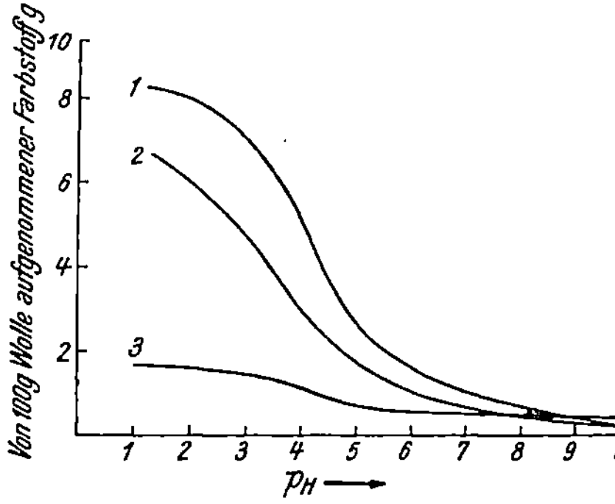

Abb. 132. Aufnahme von Orange II (0,1%) allein (*1*) und in Gegenwart von 0,1% (*2*) bzw. 0,5% (*3*) *Gardinol* in Funktion vom p_H. Flottenverhältnis 1:100, Dauer 2 Minuten bei 100° C. (Nach NEVILLE und JEANSON.)

kaum verändert. Der Wettbewerb zwischen dem Egalisiermittel und dem Farbstoff findet nur auf der Faser statt. Man bezeichnet deshalb derartige Egalisierhilfsmittel als *faseraffin* [13]. Findet dagegen die Wechselwirkung der Egalisiermittel mit dem in wäßriger Lösung befindlichen Farbstoff statt, dann bezeichnet man sie als *farbstoffaffin*. Zur Faser zeigen letztere im Gegensatz zu faseraffinen Mitteln keine Verwandtschaft und ziehen auf diese nicht auf, wie Tab. 126 nach Angaben von SCHWEN [13] bringt.

Tabelle 126. Aufziehversuche mit faseraffinen und farbstoffaffinen Mitteln bei Wolle. Behandlungsdauer 1 Stunde bei 100° C unter Zusatz von 4% Schwefelsäure. (Nach SCHWEN.)

Mittel 20 g (100%ig) auf 100 g Wolle	Affinitätsverhältnisse	Veränderung des Wollgewichtes nach der Behandlung in Prozenten
4% Schwefelsäure allein..................		— 1,12
Igepon T		+ 7,98
Leonil S	faseraffin	+ 14,70
Fettalkoholsulfonat.....		+ 16,35
Palmitinsulfonsäure		+ 8,35
Leonil O	farbstoffaffin	+ 0,82

Hilfsmittel, die beim Färben von Wolle mit sauren Wollfarbstoffen angewendet werden, sind u. a.:

Fettsäurekondensationsprodukte wie:
Igepon T (I. G. Farbenindustrie A. G.).

Fettalkoholsulfonate, wie:
Gardinole (Böhme, Fettchemie Ges. m. b. H.), *Cyclanon O, L, OA, LA*, konz. Paste (I. G. Farbenindustrie A. G.), *Solpon W* (A. Th. Böhme-Dresden) u. a. vgl. S. 165.

Ölsulfonate, wie z. B.:
Prästabitöl V (Stockhausen & Co.).

Salze alkylierter Naphthalinsulfonsäuren, wie:
Leonil S (I. G. Farbenindustrie A. G.),
Acidol (A. Th. Böhme-Dresden).

Von derartigen Hilfsmitteln werden durchschnittlich 0,3 bis 1 g/l, unter Umständen auch mehr verwendet.

Zu erwähnen ist, daß durch Zusatz des nichtionogenen *Leonil O* (I. G. Farbenindustrie A. G.)[1] zur sauren Färbeflotte ein gleichzeitiges Färben und Reinigen, insbesondere bei mineralöl- oder schmierölhaltiger Wolle, ermöglicht wurde [11].

---

[1] Vgl. S. 180.

Beim Färben von Mischgeweben aus Zellwolle (Baumwolle) und Wolle mit Mischungen aus sauren Wollfarbstoffen und substantiven Farbstoffen tritt oft ein „Verkochen" der Färbung infolge der Bildung von Eiweißspaltprodukten aus dem Wollprotein, die auf manche substantive Farbstoffe reduzierend wirken, auf, wodurch es zu Farbtonänderungen kommt. Dieser Mißstand kann durch Verwendung des *Vegansalz A* (I. G. Farbenindustrie A. G.) beseitigt werden [14].[1]

Eine weitere Störung beim Färben solcher Mischgewebe kann durch das Aufziehen des substantiven Farbstoffes auf die Wollfaser eintreten. *Katonal WL* und *SL*[2] (I. G. Farbenindustrie) verhindern als Reservierungsmittel für tierische Fasern gegen das Anfärben durch Direktfarbstoffe diese Unzukömmlichkeit und geben reinere Töne bei gleicher Farbtiefe auf den verschiedenen Fasern.

b) Hilfsmittel beim Färben mit Chromkomplexfarbstoffen.

Die Chromverbindungen der sauren Farbstoffe, wie beispielsweise die Palatinechtfarbstoffe (I. G. Farbenindustrie A. G.) und die Neolanfarbstoffe (Ges. für chemische Industrie in Basel), unterscheiden sich in ihrer Anwendung von den gewöhnlichen sauren Farbstoffen dadurch, daß sie zwecks egaler Ausfärbung eine höhere Säurekonzentration benötigen, die 6 bis 12%, bezogen auf Warengewicht, ausmacht. Während die gewöhnlichen sauren Wollfarbstoffe mit steigender Wasserstoffionenkonzentration größeres Aufziehvermögen und geringere Egalisierfähigkeit zeigen, verhalten sich komplexgebundenes Chrom enthaltende saure Farbstoffe gerade umgekehrt. ANACKER [8] zeigte, daß mit Palatinechtblau GGN gefärbte Wolle beim gemeinsamen Behandeln mit ungefärbter Wolle in einem Blindbad (1 Stunde bei Kochhitze) der Farbstoff mit zunehmender Wasserstoffionenkonzentration auf die ungefärbte Wolle wandert.

Diese Eigenschaft ist auf das komplexgebundene Chrom zurückzuführen, da der gleiche chromfreie Farbstoff sich wie ein gewöhnlicher saurer Farbstoff verhält, d. h. mit wachsender Wasserstoffionenkonzentration immer mehr auf der Wolle fixiert wird.

Hingegen ist die Teilchengröße für das eigenartige Verhalten der Chromkomplexfarbstoffe nicht maßgebend. VALKÓ [15] hat durch Bestimmung des Diffusionskoeffizienten gezeigt, daß sich die Aggregation der Palatinechtfarbstoffe innerhalb eines p_H-Intervalls von 1,3 bis 5,6 nicht ändert und kaum stärker ist als die eines normalen sauren Farbstoffes (Aggregationszahl 2 bis 3 bei 25° C). Die Rolle der Wasserstoffionen beruht bei den Chromkomplexfarbstoffen nicht auf einer Veränderung des Assoziationszustandes.

Die Konstitutionsformel des Palatinechtblau GGN ist z. B. folgende:[3]

---

[1] Vgl. S. 371.

[2] Ein weiteres derartiges Hilfsmittel ist *Thiotan RS* (SANDOZ).

[3] Es sind auch andere tautomere Formen möglich; vgl. ENDER und MÜLLER [16].

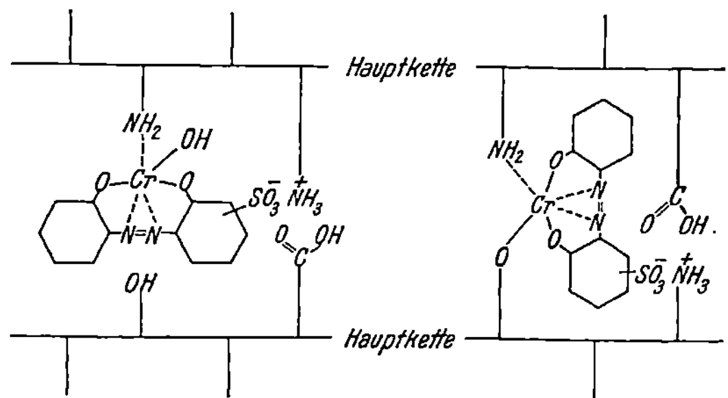

Von den sechs Koordinationsstellen des Chromatoms werden drei durch den Farbstoff und die übrigen drei in wässriger Lösung durch Hydroxo- und Aquogruppen besetzt. In Berührung mit Proteinfasern vermag sich das Chrom nach Angaben VALKÓs [14] mit den Eiweißstoffen koordinativ zu verbinden. ENDER und MÜLLER [16] haben kürzlich den experimentellen Beweis erbracht, daß es sich hierbei um eine Komplexbindung zwischen Chrom und den Keratinmakromolekülen handelt. Hierzu sind vor allem die freien, nicht-ionisierten Aminogruppen, zum geringen Teil auch die Hydroxylgruppen des Wollproteins geeignet. Die Bindungsmöglichkeiten von Chromkomplexfarbstoffen durch Wolle bringt Abb. 133 nach Angaben von ENDER und MÜLLER.

Die Affinität der Chromkomplexfarbstoffe zur Wolle wird durch elektrostatische Anziehung (ionoide Bindung) zwischen den Ammoniumgruppen der basischen Salzbindeglieder und den Sulfogruppen des Farbstoffes sowie durch koordinative Bindungskräfte zwischen dem Chromatom und den nichtionisierten Aminogruppen (zum Teil auch der Hydroxylgruppen) des Keratins bewirkt.

Abb. 133. Bindungsmöglichkeiten von Chromkomplexfarbstoffen durch Wolle. (Nach ENDER und MÜLLER.)

Mit steigender Wasserstoffionenkonzentration nimmt bei der Wolle der Charakter einer Polyammoniumverbindung zu, d. h. es werden immer mehr Aminogruppen der Salzbindeglieder ionisiert. Dadurch werden die elektrostatischen Anziehungskräfte wie bei den gewöhnlichen sauren Farbstoffen verstärkt und der Farbstoff auf der Wolle besser fixiert. Umgekehrt wird die komplexe Bindung wegen der mit steigender Wasserstoffionenkonzentration immer geringer werdenden Anzahl nichtionisierter NH_2-Gruppen geschwächt und schließlich aufgehoben. Für die Stabilität der salzartigen Verbindung aus Protein und den Anionen der Chromkomplexfarbstoffe gegen hydrolysierende Einflüsse ist mithin die Stärke der elektrostatischen *und* der komplexen Bindung maßgeblich. Die Affinität dieser Farbstoffe für Wolle wird von dem Anteil der beiden Bindungsarten bestimmt. Bei Chromkomplexfarbstoffen mit einer Sulfogruppe im Molekül überwiegt die Komplexbindung; bei zwei und mehr Sulfogruppen nähern sich die Chromkomplexfarbstoffe in ihrem färberischen Verhalten den gewöhnlichen sauren Farbstoffen, da dann die ionoide Bindung an Bedeutung zunimmt. Weiters spielt die Molekülgröße eine gewisse Rolle.

Aus diesen Ausführungen erkennt man, warum beim Färben mit Palatinecht- oder Neolanfarbstoffen die Säurekonzentration verhältnismäßig hoch sein muß. Würde man mit zu geringer Säuremenge (3 bis $6^0/_0$ vom Wollgewicht) färben, so genügt diese nicht, um die zuerst mit den NH_2-Gruppen der Faseroberfläche in großer Menge entstehende Verbindung aus Protein und Farbstoffanionen zu lösen, damit die Farbstoffteilchen auch an andere noch nicht besetzte Stellen des Faserinneren wandern; die Färbung wird unegal ausfallen. Verwendet man größere Säuremengen — 8 bis 12% vom Wollgewicht — so entstehen egale Ausfärbungen, da die Hydrolyse der salzartigen Verbindung aus Protein und Chromkomplexfarbstoff infolge Sprengung der Komplexbindung zwischen dem Chromatom und den Aminogruppen möglich ist. Es entstehen egale Ausfärbungen, doch wird die Wolle, besonders bei längerem Kochen, merklich geschädigt (Proteolyse).[1] Der Faserangriff kann durch Zusätze von Eiweißstoffen, wie Leim, Gelatine oder Sulfitcelluloseablauge zurückgedrängt werden (vgl. S. 368 u. 371).

Für die Praxis sind jene Hilfsmittel wichtiger, die es erlauben, die Säuremenge auf 4 bis 6%, bezogen auf das Wollgewicht, zu verringern, wobei trotzdem eine egal gefärbte Ware erhalten wird. In den Handel kommt als synthetisches Färbehilfsmittel für Palatinechtfarbstoffe das *Palatinechtsalz O* (I. G. Farbenindustrie A. G.). Es ist das Anlagerungsprodukt von Äthylenoxyd an einen höhermolekularen Fettalkohol von der allgemeinen Formel $C_nH_{2n+1}(OC_2H_4)_xOH$ [17]. Die Anzahl der Äthylenoxydreste ist verhältnismäßig hoch, nämlich 10 bis 20 Mol und mehr auf 1 Mol Fettalkohol; der Fettanteil wird dadurch in die Minderheit zurückgedrängt. Die Wirkungsweise des *Palatinechtsalz O*, von dem 3 bis 6%, auf Wolle gerechnet, genügen, wurde von VALKÓ [14] untersucht. Er fand, wie Tab. 127 zeigt, daß der Diffusionskoeffizient von Palatinechtfarbstoffen durch den Zusatz von *Palatinechtsalz O* verringert wird.

Tabelle 127. Einfluß von *Palatinechtsalz O* auf die Diffusionskonstante von Palatinechtblau GGN. (Nach VALKÓ.)

Gewichtskonzentration des Farbstoffes in Prozenten	Gewichtskonzentration des *Palatinechtsalz O* in Prozenten	p_H	Diffusionskoeffizient cm²/Tag	
			25° C	60° C
0,01	—	4,2	0,360	0,360
0,01	0,1	4,3	0,181	0,208

Während das Palatinechtblau GGN in wässriger Lösung praktisch nicht aggregiert ist (Assoziationszahl ca. 1,3), findet in Anwesenheit

---

[1] Über Faserschutzmittel gegen den übermäßigen Wollabbau vgl. einundzwanzigster Abschnitt 366.

von *Palatinechtsalz O* eine Vereinigung der Farbstoffmoleküle mit jenen des Egalisiermittels statt. Letztere wirken als Assoziationszentren. Offenbar tritt zwischen dem Chromatom und den Äther- bzw. Hydroxylgruppen Komplexbindung auf. Die Agglomerate enthalten etwa 5 bis 15 Farbstoffmoleküle und diffundieren deshalb langsamer als der nichtagglomerierte Farbstoff. Dadurch wird die Aufziehgeschwindigkeit verringert und das Egalisiervermögen verstärkt. Da das nichtionogene *Palatinechtsalz O* keinerlei Affinität zur Wollfaser hat, kommt seine egalisierende Wirkung lediglich durch Beeinflussung des Dispersitätsgrades der Chromkomplexfarbstoffteilchen, und zwar durch eine Vergröberung derselben zustande. Es ist typisch *farbstoffaffin* (vgl. S. 349).

In gleicher Weise wirkt das *Neolansalz II* (Ges. für Chemische Industrie in Basel). Es dürfte als Grundlage höhermolekulare Kationseifen aufweisen [18].

Weiters wurden höhermolekulare Sulfonium- und Phosphoniumverbindungen zur Herabsetzung der Schwefelsäuremenge und zum Egalisieren von Chromkomplexfarbstoffen vorgeschlagen [19]. Wahrscheinlich tritt auch hier Komplexbindung zwischen dem Chromatom des Farbstoffes und den basischen Gruppen derartiger Verbindungen unter Teilchenvergröberung ein.

II. Kolloide Hilfsmittel beim Färben von Cellulosefasern mit substantiven Farbstoffen.

Beim Färben von Fasern aus nativer und regenerierter Cellulose, wie Baumwolle, Kunstseide und Zellwolle, mit substantiven Farbstoffen spielen sich viel verwickeltere Vorgänge als beim Färben von Proteinfasern mit sauren Farbstoffen ab [20]. Die Farbstoffaufnahme erfolgt nicht durch ionoide Bindung (elektrostatische Anziehung), sondern durch Nebenvalenzbindung (VAN DER WAALSsche Kräfte). Nach VALKÓ [21] scheinen hierbei „Wasserstoffbrücken" eine große Rolle zu spielen (vgl. S. 66). Ferner zeigen wäßrige Lösungen von substantiven Farbstoffen im Gegensatz zu den sauren Farbstoffen im allgemeinen eine erhebliche Aggregation, insbesondere in Gegenwart von Salzen. Die meisten substantiven Farbstoffe sind kolloiddispers verteilt. Die Bildung der Aggregate ist eine Folge der VAN DER WAALSchen Kräfte, die auch die Substantivität zur Cellulose bedingen. Die Verhältnisse erinnern an die bei den ionogenen, seifenartigen Stoffen (vgl. S. 66), deren Fettkettenionen in wäßrigen Lösungen über einen bestimmten Konzentrations-Schwellenwert (kritische Konzentration) zu ionischen Mizellen zusammentreten. In Berührung mit der Fasergrenzfläche zerfallen die Aggregate der substantiven Farbstoffe in Einzelteilchen (Farbstoffanionen), die in die groben und submikroskopischen Kapillaren der Fasern eindiffundieren.

Zwischen der Substantivität und der Teilchengröße besteht insofern ein gewisser Zusammenhang, als ein bestimmtes kolloides Teilchengrößen-Intervall (Aggregationsgrad) für das Färben von Cellulosefasern notwendig ist. Die Aggregation der Farbstoffteilchen führt wie bei den seifenartigen Stoffen (vgl. S. 68) zu einer Anreicherung der kolloiddispersen Agglomerate in der Nähe der Fasergrenzfläche.

Die Substantivität wird durch Salzzusätze innerhalb gewisser Grenzen begünstigt. Die Salzwirkung kann man teilweise auf eine verstärkte Aggregation zur optimalen Teilchengröße, zum anderen auf Verringerung des elektrokinetischen Grenzflächenpotentials zwischen der negativ geladenen Cellulose und den ebenfalls negativ geladenen Farbstoffanionen zurückführen. Zu große Salzzusätze bewirken sehr starke Aggregation und schließlich Flockung (Elektrolytkoagulation).

Als Hilfsmittel beim substantiven Färben kommen höhermolekulare Anionseifen, wie Fettsäurekondensationsprodukte oder Fettalkoholsulfonate, und teilweise Ölsulfonate in Frage. Sie wirken dispergierend auf zu große Farbstoffagglomerate, sind kapillaraktiv und besitzen Netz- und Reinigungsvermögen. Die Fettalkoholsulfonate erteilen der gefärbten Ware wegen des verhältnismäßig groben Dispersitätsgrades ihrer wäßrigen Dispersionen einen angenehm weichen Griff (vgl. S. 167).

Der Dispersitätsgrad substantiver Farbstoffe wird durch Zusatz anionaktiver Kolloidelektrolyte im allgemeinen kaum beeinflußt, wie aus Tab. 128 nach Angaben von VALKÓ hervorgeht.

Tabelle 128. Beeinflussung der Aggregation von substantiven Farbstoffen durch Anionseifen. (Nach VALKÓ.)

Versuch Nr.	Zusammensetzung des Farbbades	Molekulargewicht des Teilchens	Aggregationsgrad
1	0,02% Chicagoblau 6 B + 0,05 n NaCl........	4 000	4
2	Wie 1 + 0,1% *Nekal A*.....................	5 500	6
3	Wie 1 + 0,1% *Nekal BX*	5 000	5
4	Wie 1 + 0,1% *Igepon T*	8 000	9
5	Wie 1 + 0,1% Gelatine....................	11 000	12
6	0,01% Benzopurpurin 4 B + 0,02 n NaCl	5 500	6
7	· Wie 6 + 0,03% dodecylschwefelsaures Natrium	5 500	6

Bemerkenswert ist die Aggregation durch Gelatine.

Hingegen findet durch Pyridinbasen (*Tetracarnit* [Böhme Fettchemie Ges. m. b. H.]) und solche enthaltende Gemische, z. B. aus *Gardinol* und *Tetracarnit* (*Oxycarnit L 50* [Böhme Fettchemie Ges. m. b. H.]) oder aus sulfonierten Ölen und *Tetracarnit* (*Sulfocarnit NE* [Sandoz]) eine weitgehende Desaggregierung statt, die sich auch in dem besonderen Lösevermögen beim Anteigen der Farbstoffe bemerkbar macht. Die Verwendung derartiger Hilfsmittel bewirkt selbst in schwierigeren Fällen, z. B. beim Färben von Zellwolle-Kreuzspulen, eine egale Durchfärbung.

Eine kolloidchemisch sehr interessante Bereicherung der Egalisierhilfsmittel für substantive Farbstoffe erfolgte durch das nichtionogene *Peregal O* und *Peregal OK* (I. G. Farbenindustrie A. G.). *Peregal O* ist das Anlagerungsprodukt von 15 bis 20 Mol Äthylenoxyd auf 1 Mol Stearinalkohol (vgl. S. 180); das *Peregal OK* gehört in die gleiche Gruppe wie das *Peregal O*. Die Wirkung dieser Egalisierhilfsmittel besteht darin, daß das Aufziehen der substantiven Farbstoffe auf die Faser verlangsamt wird. Es werden lediglich die Farbstoffteilchen beeinflußt; die beiden Hilfsmittel besitzen keinerlei Affinität zu Cellulosefasern und gehören somit zu den *farbstoffaffinen* Färbehilfsmitteln (vgl. S. 349).

Es bilden sich lose Additionsverbindungen zwischen den Farbstoffteilchen und dem *Peregal O* bzw. dem *Peregal OK*. Die entstandenen Aggregate sind bedeutend größer und gröber kolloid als die der reinen substantiven Farbstoffe, wie aus Diffusionsmessungen von VALKÓ an Chicagoblau 6 B gezeigt wurde (Tab. 129).

Tabelle 129. Beeinflussung der Aggregation von Chicagoblau 6 B durch Zusatz von *Peregal O* und *Peregal OK*. (Nach VALKÓ.)

Ver-such Nr.	Zusammensetzung des Farbbades	Molekular-gewicht des Teilchens	Aggre-gations-grad
1	0,02% Chicagoblau 6 B + 0,05 n NaCl	4 000	4
2	Wie 1 + 0,1% *Peregal O*	19 000	22
3	Wie 1 + 0,5% *Peregal O*	30 500	34
4	Wie 1 + 0,13% *Peregal OK*	40 000	44
5	0,02% Chicagoblau 6 B + 0,5 n NaCl	20 400	23
6	Wie 5 + 0,9% *Peregal O*	200 000	220
7	Wie 5 + 0,65% *Peregal OK*	60 000 000	6000

Durch die verstärkte Aggregation wird die Diffusions- und Aufziehgeschwindigkeit herabgesetzt. Die vom *Peregal O* bzw. *Peregal OK* wahrscheinlich über Wasserstoffbrücken (s. S. 66) gebundenen Farbstoffteilchen werden durch das Egalisiermittel zur Faser gebracht und zerfallen in Berührung mit derselben in die Einzelteilchen. Die Farbstoffaufnahme erfolgt nicht direkt durch die Faser aus der Farbstofflösung, sondern über das dazwischengeschaltete Egalisiermittel, wodurch das Aufziehen gehemmt und ein gleichmäßigeres Eindringen in die Cellulosefaser erreicht wird. Der ganze Vorgang wird durch die Neigung des *Peregal O* bzw. *OK* zur Selbstaggregation, vor allem in der Hitze, wo ein Teil der Wasserstoffbrücken, die die Löslichkeit in Wasser bedingen, abgespalten wird, begünstigt.

Tabelle 130. Beeinflussung der Aggregation von Chicagoblau 6 B mittels *Peregal O* durch *Nekal A*. (Nach SCHWEN.)

Farbstoff g/l	Kochsalz g/l	Hilfsmittel	Molekular-gewicht des Teilchens	Aggre-gations-grad
0,05	1,17	—	2700	3
0,05	1,17	1 g *Peregal O*/1	124 000	125
0,05	1,17	1 g *Peregal O*/1 + 1 g *Nekal A*/1	8450	8,5

Einer zu starken Aggregation kann durch Zusatz anionaktiver Mittel, wie *Nekal A*, *BX*, *Igepon T*, *Humectol CX* usw., entgegengewirkt werden, da hierdurch Desaggregierung eintritt, wie aus Tab. 130 nach Angaben von SCHWEN [13] hervorgeht.

Wie ersichtlich, hebt *Nekal A* (und ebenso andere Anionseifen) die durch *Peregal O* hervorgerufene Teilchenvergröberung zum größten Teil wieder auf. Die Erklärung für diese Erscheinung ist nach SCHWEN die, daß das *Nekal* durch Nebenvalenzen der Sauerstoffatome an das *Peregal O* gebunden wird, wodurch letzteres dem Färbebad entzogen wird und für die Beeinflussung der Farbstoffmoleküle nicht mehr in genügendem Maße zur Verfügung steht.

Ähnlich wie die *Peregale* wirkt auch das *Albatex PO* (Ges. für Chemische Industrie in Basel), das ein anionaktives Mittel [22] darstellt.[1]

III. Kolloide Hilfsmittel beim Färben mit Küpenfarbstoffen.

Das Färben mit Küpenfarbstoffen geschieht bekanntlich in zwei Phasen. Zuerst wird die durch Reduktion aus dem unlöslichen Küpenfarbstoff hergestellte wasserlösliche Leukoverbindung aufziehen gelassen und dann der eigentliche Farbstoff durch Oxydation entwickelt. Als Nachoperation, bei der gleichfalls Hilfsmittel verwendet werden, ist das „Seifen" zu erwähnen.

Bei der Verküpung findet eine Reduktion der Carbonylgruppe zur phenolischen Hydroxylgruppe nach dem Schema

$$2\,\text{R—CO} + 2\,\text{Na}^{\cdot} + 2\,\text{OH}^- + 2\,\text{H} \rightarrow 2\,\text{R—CO}^- + 2\,\text{Na}^{\cdot} + \text{H}_2\text{O} \qquad (5)$$

statt; es entstehen die Alkalisalze der Leukosäuren (Leukosalze), die nur im alkalischen Bereich ($p_H > 10$) bestehen können. Beim Neutralisieren fällt die unlösliche, freie Küpensäure aus.

Die Substantivität der Leukosalze zur Cellulosefaser wird in ähnlicher Weise wie bei den substantiven Farbstoffen beeinflußt [20]. So verzögern Eiweißstoffe, wie Leim oder Gelatine [26], *Lamepon A* (Chemische Fabrik Grünau), Sulfitcelluloseablauge (*Dekol* [I. G. Farbenindustrie A. G.]), Dextrin, Glucose bereits merklich das Aufziehvermögen, da sie, wenn auch nur schwach, aggregierend auf die Leukosalze einwirken (vgl. Tab. 128). Viel stärker aggregierend wirken *Peregal O* und *Peregal OK* (I. G. Farbenindustrie A. G.).[2] Diese Egalisiermittel geben mit Phenolen und Verbindungen, die phenolische Hydroxylgruppen aufweisen, z. B. Gerbstoffe, unlösliche Additionsverbindungen (s. S. 66). Es ist anzunehmen, daß auch hier die Bindung durch Wasserstoffbrücken erfolgt. Welche Werte die Aggregation der Leukosalze erreichen kann, hat VALKÓ für den Fall des Indanthrenbrillantgrün FFB gezeigt; vgl. Tab. 131.

---

[1] Es dürfte als Grundlage höhermolekulare Benzimidazolsulfonate haben [23]. Die Wirkung soll durch Alkylcellulosen [24] und Polyvinylalkohol [25] verstärkt werden.

[2] Vgl. S. 180 und S. 354.

Tabelle 131. Beeinflussung des Aggregationsgrades von Indanthrenbrillantgrün FFB. (Nach VALKÓ.)

Versuch Nr.	Zusammensetzung des Farbbades	Molekulargewicht des Teilchens	Aggregationsgrad
1	0,01% Indanthrenbrillantgrün FFB + 0,2 n NaOH + 0,5% $Na_2S_2O_4$	1 700	3
2	Wie 1 + 0,3% *Peregal O*	220 000	420

Das *Peregal O* und *Peregal OK* wirken als farbstoffaffine Egalisierhilfsmittel. Sie dienen als Anhäufungszentren für die zu größeren Aggregaten zusammentretenden Leukosalze, wodurch die Aufziehgeschwindigkeit bei gewissen Küpenfarbstoffen [27] vermindert wird. Nimmt man zu große Egalisiermittelmengen, dann ist die Verzögerung so stark, daß ein beträchtlicher Teil des Farbstoffes gar nicht auf die Faser zieht. Behandelt man eine mit Küpenfarbstoffen gefärbte Ware mit einer Blindküpe, die *Peregal O* oder *Peregal OK* enthält, so kann man den Farbstoff mehr oder weniger wieder entfernen (vgl. S. 365). Um daher bei der Verwendung der genannten Hilfsmittel den Farbstoff besser auszunutzen, kann man in Fällen zu starker Verzögerung des Aufziehens, insbesondere am Ende des Färbeprozesses anionaktive Hilfsmittel, wie *Nekal BX* oder *Humectol CX* (I. G. Farbenindustrie A. G.), Fettsäurekondensationsprodukte und Fettalkoholsulfonate zusetzen. Sie wirken wieder dispergierend auf die Additionsverbindung der Leukosalze mit dem *Peregal O* bzw. dem *Peregal OK*, erhöhen den Dispersionsgrad und damit die etwa zu stark gebremste Aufziehgeschwindigkeit (vgl. Tab. 130).

Ein weiteres Egalisier- und Retardiermittel für Küpenfarbstoffe ist das *Repellat* (Böhme Fettchemie Ges. m. b. H.). Als Grundlage enthält es Kationseifen (vgl. S. 363), die ebenfalls teilchenvergröbernd wirken. Ähnlich wie beim *Peregal O* und *Peregal OK* kann bei zu starker Verzögerung des Aufziehens — bzw. zur Erschöpfung des Färbebades — durch Zusatz von *Amendol*, das die agglomerierten Leukosalze zu kleineren Teilchen dispergiert, eine Erhöhung der Aufziehgeschwindigkeit erzielt werden.

Bei der Entwicklung der auf die Faser aufgezogenen Leukoverbindung durch Oxydation kommen sauerstoffhaltige Hilfsmittel, wie das *Ondal W 20* (Böhme Fettchemie Ges. m. b. H.)[1] in Betracht [29], wobei dieses gleichzeitig als Nachseifmittel dient.

Die Form des abgeschiedenen Küpenfarbstoffes ist für die Reibechtheit und für die Brillanz der Färbung nicht gleichgültig. Grobe, oberflächlich sitzende Partikelchen setzen die Reibechtheit herab und zerstreuen das Licht, so daß eine Trübung resultiert. Sie müssen aus der Faser entfernt werden, was durch Behandlung mit einem kochenden Seifenbad (Nachseifen) bewerkstelligt wird. Dadurch werden zu grobe Teilchen entfernt und zu feine Teilchen, wie HALLER [30] zeigte, zu Molekülaggregaten kondensiert

---

[1] Vgl. S. 297.

(vgl. S. 9). Die kalkunbeständige Seife kann durch andere Anionseifen, z. B. *Igepon T*, Fettalkoholsulfonate wie *Gardinol OTS*, *Modinal* (Böhme Fettchemie Ges. m. b. H.) *Cyclanon dopp. konz.* (I. G. Farbenindustrie A. G.) bzw. *Oxycarnit L 50* (Böhme Fettchemie Ges. m. b. H.), oder nichtionogene Waschmittel vom Typus der *Igepale*[1] mit Vorteil ersetzt werden. In Gegenwart von *Trilon A* oder *Trilon B* (I. G. Farbenindustrie A. G.)[2] bzw. *Calgon* (Benckiser)[3] erhält man besonders reibechte, brillante Färbungen.

Eine weitere Möglichkeit, mit Küpenfarbstoffen, vor allem in der Stückfärberei, zu färben, stellt das sogenannte Pigmentklotzverfahren, auch *Prästabitöl*-Verfahren genannt, dar. Die Ware wird mit dem unverküpten, feinst verteilten Farbstoff in Form einer Aufschlämmung mit *Prästabitöl V* (Stockhausen & Co.),[4] dessen hohe „Fließkraft" den Farbstoff tiefer und gleichmäßiger eindringen läßt (man kann auch *Eulysin A* [I. G. Farbenindustrie A. G.] verwenden), vorimprägniert. Durch nachträgliches Verküpen mit einer Blindküpe wird das Leukosalz erzeugt, das von der Faser aufgenommen wird. Die weiteren Operationen geschehen wie vorstehend beschrieben.

Man kann auch (vor allem beim Färben von Zellwolle und stark zellwollhaltiger Ware auf Apparaten, wo die Zellwolle infolge der hohen Laugekonzentration stark quellen würde und Unegalitäten auftreten) mit partiell verküpten Aufschlämmungen der Farbpigmente, die noch überschüssiges Hydrosulfit enthalten, behandeln und nach und nach Lauge zusetzen [31]. Bei der Verwendung von ungenügenden Laugemengen, die dann anteilweise ergänzt werden, soll sich nach ELLNER [32] eine Mischung von *Peregal OK* und *Humectol CX* als Dispergator und Netzmittel besonders bewähren.

IV. Kolloide Hilfsmittel beim Färben von Entwicklungsfarbstoffen.

Man versteht darunter jene Farbstoffe, die durch Wechselwirkung mehrerer löslicher Komponenten auf der Faser in wasserunlöslicher Form (Pigmentfarbstoffe) entstehen, wie die Eisfarben (z. B. Naphthol-AS-Kombinationen) und die Oxydationsfarben (Anilinschwarz). Hier sollen nur die mittels Naphthol AS hergestellten Azoentwicklungsfarbstoffe berücksichtigt werden.

Man behandelt zuerst die Ware mit einer Lösung des Naphtholats (Grundierbad) und kuppelt das von der Faser substantiv aufgenommene Naphthol mit einem Diazosalz. Die zu grobdispers entstehenden Pigmentteilchen werden wie bei den Küpenfarbstoffen durch einen „Seifprozeß" entfernt. Durch Agglomeration [30] zu feindisperser Teilchen während des „Seifens" wird die Reib- und Lichtechtheit erhöht.

Das Naphthol AS (β-Oxynaphthoesäureanilid) von der Formel

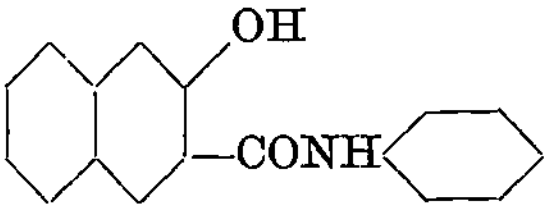

$$\text{OH} \quad \text{—CONH—}$$

---

[1] Vgl. S. 181.
[2] Vgl. S. 81.
[3] Vgl. S. 78.
[4] Vgl. S. 88.

zieht aus der Naphtholatlösung substantiv auf die Faser. Die Naphthole sind nicht ganz leicht löslich und gegen Kalksalze empfindlich. In hartem Wasser kann es unter Umständen zum Auftreten unlöslicher Erdalkalinaphtholate kommen. Man setzt deshalb der Naphtholatlösung Hilfsmittel zu, die, wie das *Eunaphthol AS* (I. G. Farbenindustrie A. G.) oder *Acorit*[1] (Böhme Fettchemie Ges. m. b. H.), *Sapidan CAN* (A. Th. Böhme-Dresden) usw. die Löslichkeit der Naphthole in der Lauge begünstigen und infolge ihrer Schutzkolloidwirkung eine Fällung von Erdalkalinaphtholaten verhindern.

Die mit dem Naphthol grundierte Ware wird mit einer sauren Lösung eines Diazosalzes gekuppelt. Hierbei entsteht der wasserunlösliche Azofarbstoff in heterodisperser Form. Die Reibechtheit eines solchen Entwicklungsfarbstoffes leidet infolge der Anwesenheit zu grobdisperser Teilchen. Setzt man dem Entwicklungsbad *Diazopon A* (I. G. Farbenindustrie A. G.), das auf Grundlage nichtionogener, höhermolekularer Stoffe vom *Peregal*-Typus aufgebaut ist [34] zu, so wirkt dieses infolge seiner hohen Schutzkolloidwirkung günstig auf die Teilchengröße des gebildeten Farbpigments ein. Die unlöslichen Azofarbstoffteilchen fallen gleichmäßiger an, so daß die Reibechtheit erhöht wird. Gleiche Wirkung zeigt auch das *Acorit* (Böhme Fettchemie Ges. m. b. G.) das zweckmäßig bereits der Grundierflotte zugesetzt wird.

Die Naphtholfarbstoffe erfordern ein besonders sorgfältiges Nachseifen. Man benützt hierzu die auf S. 358 angegebenen Hilfsmittel.

Neunzehnter Abschnitt.

Kolloide Nachbehandlungsmittel zur Erhöhung der Wasserechtheit substantiver Färbungen.

Die meisten substantiven Färbungen auf Baumwolle oder Kunstseide sind gegen die Einwirkung kalten oder warmen Wassers bzw. alkalischer Waschflotten nur mäßig echt. Sie neigen zum Bluten, d. h. die gefärbten Warenpartien färben auf ungefärbte oder anders gefärbte Textilstücke ab. Der Nachteil des Ausblutens macht sich vielfach unangenehm bemerkbar. Eine Verbesserung der Wasser- und Waschechtheit wäre von Vorteil:

bei Regenschirmstoffen;

beim Schlichten substantiv gefärbter Baumwolle oder Kunstseide, um das Ausbluten in die Schlichtflotte zu verhindern,

bei Mischgeweben mit Acetatseideneffekten, um das Ausbluten der substantiven Färbung auf die Acetatseide beim Liegenlassen der Stücke im nassen Zustand zu vermeiden;

in der Strumpffärberei, um das Wandern des Farbstoffes in der nassen Ware hintanzuhalten;

bei Futterstoffen, um die Naßbügelechtheit zu erhöhen;

---

[1] Es ist ein Fettalkoholsulfonat mit einer unveresterten Hydroxylgruppe [33].

beim Ätzdruck, um das Ausbluten des Grundes in die Ätzstellen beim Waschen zu vermeiden;

bei Halbwollgeweben, um die saure Überfärbeechtheit substantiv vorgefärbter Baumwolle zu verbessern.

Die beispielsweise geschilderten Mißstände des sog. Ausblutens machen sich besonders dort fühlbar, wo man billige Farbstoffe, die verhältnismäßig unecht und wasserempfindlich sind, verwendet. Man kann die Echtheitseigenschaften derartiger Färbungen durch Behandeln mit Aluminiumsalzen, z. B. Alaun, Kupfersalzen, Formaldehyd, Bichromat u. dgl., etwas verbessern, doch genügt die dadurch erzielte Echtheitserhöhung den praktischen Anforderungen selten.

Die moderne Textilveredlung kennt Verfahren, die Wasserechtheit unechter substantiver Färbungen in wirksamer Weise zu verbessern. Dies geschieht durch eine Nachbehandlung der gefärbten Ware. Es können zwei Verfahren unterschieden werden:

I. Verfahren, die eine Fixierung infolge Umhüllung der in der Faser befindlichen Farbstoffteilchen mittels in Wasser unlöslicher Körper bewirken.

II. Verfahren, bei denen durch Wechselwirkung von Kationseifen mit den anionaktiven in der Cellulosefaser befindlichen substantiven Farbstoffen in Wasser schwer- oder unlösliche Salze entstehen.

I. Umhüllung der Farbstoffteilchen mit unlöslichen Stoffen.

Behandelt man substantiv gefärbte Cellulosefasern mit Vor- (Halb-) Kondensaten aus Harnstoff (Thioharnstoff) oder Phenol und Formaldehyd, die noch wasserlöslich sind (vgl. S. 414ff.), so erhält man nach dem Trocknen durch Kunstharzeinlagerung neben anderweitigen Effekten (Knitterfestigkeit, Reißfestigkeitserhöhung) eine Steigerung der Echtheitseigenschaften der Färbung. Es wird die Wasserechtheit und bei genügend großer Kunstharzeinlagerung auch die Waschechtheit vergrößert [1].

Trotz des guten Effektes, der durch die Umhüllung der Farbstoffteilchen mit wasserunlöslichen Kunstharzen erzielt wird, haben sich diese Verfahren [2] in der Praxis bisher nicht durchsetzen können. Um eine wirklich gute Beständigkeit gegen Wasser und Waschflotten zu erzielen, ist eine verhältnismäßig starke Einlagerung von Kunstharz, die bis zu 20 bis 30% des Fasergewichtes gehen kann, notwendig. Dadurch leidet der Griff der Ware. Ein weiterer Nachteil ist die relativ hohe Kondensationstemperatur, die unter Umständen bis zu 150° C betragen kann und die bei unsachgemäßer Arbeit zu einer Verschlechterung der Faserqualität führt (vgl. S. 417).

II. Fixierung der Farbstoffteilchen durch chemische Umsetzung zu wasserunlöslichen Verbindungen (Salzen).

Im Gegensatz zu den unter I. genannten Verfahren konnten sich derartige Maßnahmen zwecks Erhöhung der Wasserechtheit substantiver Färbungen in der Praxis zu einem gewissen Grade einführen. Daß sie nicht die große Bedeutung erlangt haben, die man ihnen ursprünglich zuschrieb, ist darauf zurückzuführen, daß durch die chemische Umsetzung der Farbstoffe auf der Faser zu unlöslichen Salzen zwar eine ausgezeichnete

Wasserechtheit erzielt werden kann, daß aber die Waschunechtheit nach wie vor bestehen bleibt. Es haben sich deshalb in erster Linie solche Handelserzeugnisse durchgesetzt, die neben einer Verbesserung der Wasserechtheit noch eine zusätzliche, textilchemisch wichtige Eigenschaft besitzen, z. B. den Griff der Faser infolge einer guten Avivierwirkung günstig beeinflussen.

Läßt man auf substantive Farbstoffe, die als anionaktive Kolloidelektrolyte bei der Dissoziation negativ geladene höhermolekulare Anionen geben, positiv geladene Fettkettenionen, z. B. höhermolekulare Kationen, einwirken, so treten beide unter Bildung eines unlöslichen Salzes zusammen. Die Umsetzung gehorcht, wie CHWALA, MARTINA und BECKE [3] zeigten, den stöchiometrischen Gesetzen.

Bezeichnet man den Farbstoff schematisch mit R_1—SO_3Na und die kationaktiven Stoffe mit der allgemeinen Formel R_2—$NH_2 \cdot AcH$ (R_2—$\overset{+}{N}H_3 \cdot$ $\cdot \bar{A}c$), wobei R_1 und R_2 ein beliebiges höhermolekulares Radikal aliphatischer oder zyklischer Natur und AcH eine beliebige einwertige Säure darstellen, so wird die Umsetzung zwischen den Farbstoffanionen und den höhermolekularen Kationen nach der folgenden Ionengleichung

$$[R_1\!\!-\!\!SO_3]^- + [R_2\!\!-\!\!NH_3]^+ \rightleftharpoons (R_1\!\!-\!\!\bar{S}O_3 \cdot H_3\overset{+}{N}\!\!-\!\!R_2) \downarrow \qquad (1)$$

dargestellt.

Die mit den Farbstoffen reagierenden höhermolekularen basischen Körper können nach ihrem chemischen Aufbau unterteilt werden:

a) Höhere aliphatische Amine bzw. Aminsalze und deren Abkömmlinge mit drei- und fünfwertigem Stickstoff.

b) Höhere zyklische und heterozyklische Ringbasen und deren Abkömmlinge mit drei- und fünfwertigem Stickstoff.

c) Höhere basische Verbindungen, die sich vom vierwertigen Schwefel und vom fünfwertigen Phosphor ableiten, z. B. Sulfonium-, Phosphoniumverbindungen.

a) Aliphatische Amine mit drei- und fünfwertigem Stickstoff.

Die ersten auf den Markt gekommenen Nachbehandlungsmittel zur Erhöhung der Wasserechtheit substantiver Färbungen sind die *Sapamine* der Gesellschaft für chemische Industrie, Basel. Sie stellen Monoacylderivate des asym. Diäthyläthylendiamins dar [4]. Vom basisch reagierenden Grundkörper, dem Diäthylamino-äthyl-oleylamid, dessen Formel

$$C_{17}H_{33}CONHC_2H_4N(C_2H_5)_2$$

lautet, leiten sich folgende Aminsalze ab:

Sapamin A: $C_{17}H_{33}CONHC_2H_4N(C_2H_5)_2 \cdot CH_3COOH$ (Acetat).

Sapamin CH: $C_{17}H_{33}CONHC_2H_4N(C_2H_5)_2 \cdot HCl$ (Chlorhydrat).

Das Chlorhydrat bzw. Acetat der *Sapamin*-Base ist eine ölige Flüssigkeit, die sich in Wasser zu vollkommen klaren, säure- und salzbeständigen Lösungen dispergieren, die beim Schütteln ausgezeichnetes Schaumvermögen zeigen. Hingegen sind diese hochmolekularen Aminsalze nicht laugebeständig, da die freie *Sapamin*-Base in Wasser unlöslich ist.

Durch Überführung in die fünfwertige Stickstoffverbindung, also durch Quaternierung, können auch laugebeständige Erzeugnisse hergestellt werden. Behandelt man die oben angeführte *Sapamin*-Base mit Benzylchlorid bzw. Dimethylsulfat, so erhält man nach den folgenden Reaktionsgleichungen die benzylierte bzw. methylierte Base in Form eines Ammoniumsalzes.

Behandlung mit Benzylchlorid:

$$C_{17}H_{33}CONHC_2H_4N(C_2H_5)_2 + C_6H_5CH_2Cl \rightarrow$$

$$\rightarrow C_{17}H_{33}CONHC_2H_4 - N \overset{CH_2C_6H_5}{\underset{Cl}{\overset{}{<}(C_2H_5)_2}} \tag{2}$$

Diese Verbindung kommt unter dem Namen *Sapamin BCH* in den Handel.

Behandlung mit Dimethylsulfat:

$$C_{17}H_{33}CONHC_2H_4N(C_2H_5)_2 + (CH_3)_2SO_4 \rightarrow$$

$$\rightarrow C_{17}H_{33}CONHC_2H_4N \overset{CH_3}{\underset{SO_4CH_3}{\overset{}{<}(C_2H_5)_2}} \tag{3}$$

Es entsteht das Methosulfat der *Sapamin*-Base, das unter dem Namen *Sapamin MS* als Nachbehandlungsmittel zur Erhöhung der Wasserechtheit substantiver Färbungen verwendet wird.

Andere hierhergehörende kationaktive seifenartige Kolloidelektrolyte [5], die in wäßriger Lösung positive, grenzflächenaktive Ionen entsenden, sind das *Sapamin KW* und das *Lyofix DE* (Gesellschaft für chemische Industrie, Basel). Beide Produkte verbinden mit der Erhöhung der Wasserechtheit eine ausgezeichnete Avivierwirkung, die besonders beim *Sapamin KW* ausgeprägt ist. Es gehört zu den besten derzeit bekannten Avivagemitteln und ist das Methosulfat einer quartären Verbindung mit fünfwertigem Stickstoff. Es neigt dazu, die Reibechtheit der damit behandelten Färbung zu vermindern.

Ein weiteres in die Klasse der Aminsalze bzw. Ammoniumverbindungen gehörendes Handelserzeugnis ist das *Solidogen B* (I. G. Farbenindustrie A. G.) [6]. Es ist das Chlorhydrat einer durch Umsetzung von Chlorparaffin mit Ammoniak hergestellten Base mit dreiwertigem Stickstoff. Im Gegensatz zu den *Sapaminen* zeigt es keine avivierenden Eigenschaften. Eine Weiterentwicklung ist das *Solidogen BSE* der gleichen Firma; es enthält einen fünfwertigen Stickstoff. Mit den substantiven Farbstoffen gibt es Salze, die noch bessere Resistenz gegen die Einwirkung von Wasser (höhere Schweißechtheit) zeigen als das *Solidogen B* [7].

Verhältnismäßig niedermolekular und nicht auf kationaktive Stoffe mit längerer Fettkette aufgebaut, ist das *Sandofix* (Sandoz). Nach den

Angaben des Patentschrifttums [8] dürfte es sich um Kondensationsprodukte von Chlorhydrinen, z. B. Glycerindichlorhydrin mit Stickstoffbasen, z. B. Ammoniak, Äthanolamin, Äthylendiamin u. dgl., handeln. Es besitzt wie *Solidogen* kein spezifisches Aviververmögen.

Im Patentschrifttum ist ferner eine große Anzahl verschiedener Vorschläge zur Erhöhung der Wasserechtheit substantiver Färbungen zu finden, die drei- bzw. fünfwertige aliphatische Stickstoffverbindungen benützen wollen. Praktische Bedeutung scheint ihnen nicht zuzukommen. Es sollen deshalb hier nur kurz erwähnt werden: die Verwendung von Polyäthylendiaminen der allgemeinen Formel

$$H_2N(C_2H_4NH)_nC_2H_4NH_2 \ [9],$$

Kondensationsprodukte der eben erwähnten Polyäthylendiamine mit Fettsäuren [10], Octadecyl-oxymethyl-triäthylammoniumsalze [11] u. dgl.

Ebenso sollen die Alkylderivate des Harnstoffes [12], des Thioharnstoffes [13], des Hexamethylentetramins usw. [14] zur Wasserechtheitserhöhung substantiver Färbungen dienen können.

b) Zyklische und heterozyklische Ringbasen mit drei- und fünfwertigem Stickstoff.

Die höhermolekularen zyklischen Ringbasen, vorzugsweise die quaternären Alkylpyridiniumchloride bzw. -sulfate, geben die Grundlage für zwei Handelsprodukte ab. Das *Fixanol* (Imperial Chemical Industries) ist das Cetylpyridiniumchlorid [15], während das *Repellat* (Böhme Fettchemie Ges. m. b. H.) als aktive Substanz ein Alkylpyridiniumbisulfat enthält [16]. Die Formeln beider Verbindungen sind:

$$C_{16}H_{33}-N-Cl \qquad\qquad R-N-SO_4H$$
Fixanol.   *Repellat.*

Sie bilden mit den substantiven Farbstoffen sehr schwer lösliche Salze, erhöhen also stark die Wasserechtheit.

Aus der Patentliteratur sind viele Vorschläge, die in die hier behandelte Klasse gehören, zu finden, die aber zu keiner praktischen Verwertung geführt haben. Sie sollen deshalb nur kurz angeführt werden.

Die höhermolekularen Benzimidazole, die aus Fettsäuren und aromatischen orthoständigen Diaminen, z. B. o-Phenylendiamin, hergestellt werden können, besitzen in Form ihrer drei- bzw. fünfwertigen Stickstoffsalze fällende Wirkung auf höhermolekulare Farbstoffanionen [17].

Während die meisten der kationaktiven Nachbehandlungsmittel höhermolekulare Fettketten enthalten, geht ein Vorschlag der I. G. Farbenindustrie A. G. [18] bewußt von dieser Regel ab. Behandelt man substantiv gefärbte Cellulosefasern mit solchen kationaktiven Stoffen, die Kohlenwasserstoffketten mit höchstens sechs Kohlenstoffatomen und mehreren kationaktiven Resten enthalten, so soll die Wasserechtheit, Schweißechtheit und auch die Waschechtheit erhöht werden.

c) **Höhermolekulare basische Verbindungen, die sich vom vierwertigen Schwefel und vom fünfwertigen Phosphor ableiten.**

Außer den höhermolekularen kationaktiven Verbindungen auf Stickstoffbasis besitzen auch die Verbindungen des vierwertigen Schwefels und des fünfwertigen Phosphors (Sulfonium- und Phosphoniumverbindungen) die Fähigkeit, mit den höhermolekularen Farbstoffanionen wasserunlösliche Salze zu bilden.

Die Sulfoniumverbindungen, z. B. das Dodecyldimethylsulfoniumchlorid

$$Cl-S\begin{matrix} CH_3 \\ CH_3 \\ C_{12}H_{25} \end{matrix} \quad .$$

bzw. die Phosphoniumverbindungen, beispielsweise das Dodecyltrimethylphosphoniumchlorid

$$Cl-P\begin{matrix} CH_3 \\ CH_3 \\ CH_3 \\ C_{12}H_{25} \end{matrix}$$

bilden in wäßrigen Lösungen positiv geladene Fettkettenionen, die das Schwefel- bzw. Phosphoratom enthalten. Die kationaktiven höhermolekularen Fettkettenionen reagieren mit den Farbstoffanionen in der früher angegebenen Weise [19]. Im allgemeinen ist das Salzbildungsvermögen der Sulfonium- bzw. Phosphoniumverbindungen kleiner als das der Aminsalze bzw. Ammoniumverbindungen.

III. Allgemeinverhältnisse bei der Erhöhung der Wasserechtheit substantiver Färbungen.

Es wurde bereits erwähnt, daß den kolloidchemisch wirkenden, kationaktiven Nachbehandlungsmitteln im allgemeinen nur die Eigenschaft zukommt, die Wasserechtheit (Schweißechtheit, Bügelechtheit) substantiver Färbungen zu vergrößern. Derartig nachbehandelte Färbungen widerstehen Wasch- und Seifenflotten nicht, auch wenn man die neutral reagierenden synthetischen Anionseifen verwendet, da, wie Chwala, Martina und Becke [3] zeigen konnten, eine Peptisierung des in Wasser unlöslichen Salzes zwischen Farbstoffanion und Fettkettenkation zu kolloiden Verteilungen eintritt.

Ein weiterer Nachteil der Kationseifen, gleichgültig, ob es sich um Stickstoff-, Schwefel- oder Phosphorverbindungen handelt, ist der, daß meist eine Farbnuanceänderung und eine Lichtechtheitsverminderung eintreten. Letztere ist offenbar darauf zurückzuführen, daß die Kationseifen an sich eine verminderte Lichtbeständigkeit und Neigung zu Verfärbungen zeigen, insbesondere wenn sie mit Nebenprodukten verunreinigt sind. Während die Farbnuanceänderung nicht rückgängig zu machen ist, da das entstandene Salz zwischen Farbstoffanion und Fettkettenkation eine andere Lichtadsorption zeigt als der reine Farbstoff, kann die Verringerung der Lichtechtheit, wenigstens zum Teil, durch eine nachfolgende Behandlung mit gewissen anionaktiven Stoffen, vorzugsweise Harzseifen [20], behoben werden. Dies soll auch durch eine nachfolgende Behandlung mit Persalzen, z. B. mit Perborat bzw. Persulfat, möglich sein [21].

Zwanzigster Abschnitt.

Kolloidchemische Hilfsmittel zum Abziehen von Färbungen.

Das Abziehen von gefärbten Textilien besitzt in der Textilindustrie oft erhebliches Interesse. Entweder will man zu dunkle oder zu unegale Färbungen abziehen bzw. egalisieren oder gefärbte Altware, z. B. Reißwolle, vom Farbstoff befreien.

Die Abziehmöglichkeiten richten sich in erster Linie nach der Art des Farbstoffes. Substantive Farbstoffe werden beispielsweise mit Seife und Hydrosulfit, Schwefelfarbstoffe mit alkalischem Natriumsulfid entfernt. Wollfarbstoffe können oxydativ oder reduktiv, z. B. mit Zinksulfoxylat-Formaldehyd (*Dekrolin* [I. G. Farbenindustrie A. G.]), entfernt werden. Derartige Behandlungen zur Zerstörung des Farbstoffes erfordern — außer Wollschutzmitteln beim Entfärben von Wolle — keine eigentlichen Hilfsmittel.

Anders liegt der Fall beim Abziehen von Küpenfärbungen und unlöslichen Azofarbstoffen. Erstere sind mit einer Blindküpe nur unvollständig aus der Faser entfernbar. In den letzten Jahren sind kolloidchemische Hilfsmittel entwickelt worden, die es in Verbindung mit einer Blindküpe ermöglichen, den Farbstoff nahezu vollständig abzuziehen. Im wesentlichen sind es die gleichen Verbindungen, die beim Färben mit Küpenfarbstoffen ein Retardieren begünstigen. Ihre Wirkungsweise ist, kolloidchemisch betrachtet, die gleiche, wie bei den Hilfsmitteln für Küpenfarbstoffe beschrieben (vgl. S. 356).

Von den in der Praxis anzutreffenden Hilfsmitteln sind anzuführen:

a) Die bereits mehrfach genannten, nichtionogenen Hilfsmittel, wie *Peregal O* und *Peregal OK* (I. G. Farbenindustrie A. G.). Auf S. 357 wurde darauf verwiesen, daß die aus Fettalkoholen und angelagerten Äthylenoxydresten bestehenden Hilfsmittel für gewisse Küpenfarbstoffe großes Retardiervermögen aufweisen. Die Wirkung kommt dadurch zustande, daß derartige Erzeugnisse als Agglomerationszentren für die zu feindispersen Leukofarbstoffe dienen. Zum anderen kann man diese Neigung, gröberdisperse kolloide Teilchen mit den Leukofarbstoffen zu bilden, auch so ausnutzen, daß man eine zu unegale oder zu tiefe Färbung mittels einer Blindküpe ausegalisiert bzw. abzieht [1].

b) Wie auf S. 357 beschrieben, wirken auch höhermolekulare, kationaktive Stoffe agglomerierend auf Leukosalze. Als Hilfsmittel auf dieser Grundlage unter Zusatz von Anthrachinon ist das *Lissolamin V* (Imperial Chemical Industries). Als wirksames Agens enthalten sie höhermolekulare Pyridiniumsalze, beispielsweise Cetylpyridiniumbromid [2]. Ohne Anthrachinonzusatz kann der gleiche Grundkörper zum Abziehen von unlöslichen Azofarbstoffen (beispielsweise Naphthol-AS-Kombinationen) dienen. Nach ROVE und OWEN [3] wirken die höhermolekularen Kationseifen dispergierend auf die wasserunlöslichen aufgespaltenen Komponenten beim Abziehen der Färbung.

Ein weiteres kationaktives Hilfsmittel ist das *Repellat* (Böhme Fettchemie Ges. m. b. H.), das ebenfalls höhermolekulare Alkylpyridiniumsalze, beispielsweise Dodecylpyridiniumbisulfat, als aktive Substanz enthält (vgl. S. 363).

Kationaktive, höhermolekulare Kolloidelektrolyte, wie beispielsweise Sulfonium- und Phosphoniumverbindungen, sind nach Angaben des Patentschrifttums zum Abziehen von Küpenfärbungen geeignet [4]. Praktische Bedeutung scheinen derartige Vorschläge bis jetzt nicht zu besitzen.

Auch anionaktive Hilfsmittel, wie das *Albatex PO* (Gesellschaft für chemische Industrie, Basel), das als Grundlage höhermolekulare Benzimidazolsulfonate enthalten dürfte (vgl. S. 356), eignen sich für den gleichen Zweck [5].

Einundzwanzigster Abschnitt.
Wollschutzmittel.

Die Wollfaser unterliegt bei den verschiedenen Veredlungsprozessen vielfachen Angriffen. Heißes Wasser löst bereits 1 bis 2% des Wollgewichtes an verschiedenen, verhältnismäßig niedermolekularen Eiweißstoffen (Wollgelatine) aus der Wollfaser heraus [1]. Die Quellung und die Reaktion der amphoteren Wolle mit Säure und Laugen ist, wie die früher gebrachten Abb. 17 und 18 nach SPEAKMAN [2] zeigen, im p_H-Bereich 4,5 bis 7,5 am geringsten. Parallel damit ist auch der Angriff auf die Wollfaser unter Lösungs- und Abbauerscheinungen (Proteolyse) im gleichen p_H-Intervall am geringsten. ELÖD [3] empfiehlt deshalb die schonende Wollbehandlung im isoelektrischen Punkt der Wolle (I. P. = 4,9) vorzunehmen.[1] Derzeit ist es vielfach nicht möglich, die Veredlung der Wolle durchgängig beim I. P. durchzuführen. Das Färben geschieht größtenteils (eine Ausnahme macht z. B. das Färben mit Küpenfarbstoffen) in sauren Flotten (p_H 1 bis 3), ebenso das Carbonisieren und die saure Walke. Die Wasch- und Reinigungsprozesse sowie die alkalische Walke finden in schwach alkalischen Bädern (p_H 9 bis 10,5) statt.

Die Wolle wird sowohl in sauren, vor allem aber in alkalischen Flüssigkeiten und in der Hitze angegriffen. Über die dabei vor sich gehenden molekularen und kolloidchemischen Vorgänge vgl. S. 37.

---

[1] Z. B. isoelektrisches Waschen der Wolle; vgl. S. 193.

Welche Beträge der Faserangriff (Proteolyse in sauren Flüssigkeiten) annehmen kann, zeigt Tab. 132 nach bisher unveröffentlichten Versuchen des Verfassers.

Daraus geht hervor, daß beim Färben im sauren Bereich um p_H 1 und bei längerer Kochdauer die Proteolyse der Wolle nicht zu unterschätzen ist. Beim Färben mit Chromierungsfarbstoffen oder in dunklen Farbtönen, z. B. Dunkelblau, Dunkelgrün, Dunkelbraun usw., büßt die Wolle infolge der langen Kochzeit und der verhältnismäßig großen, aufgenommenen Farbstoffmenge mehr oder weniger an Elastizität ein und wird hart, spröde, brüchig und schrumpft.

Tabelle 132. Proteolyse von Wolle nach zweistündigem Kochen in Funktion von der Schwefelsäurekonzentration. Flottenverhältnis 1 : 100.

Konzentration der verwendeten Schwefelsäure g/l	Im Säurebad gefundene Eiweißmenge in Prozenten vom Fasergewicht
0,5	1,27
2,0	2,38
5,0	5,40

Ein weiteres Feld, wo der Wollangriff besonders in Erscheinung tritt, ist die Kunstwollveredlung und das Umfärben und Korrigieren von Färbungen. Die Wolle muß dabei den ganzen Veredlungsprozeß mit all seinen schädigenden Einflüssen ein zweites Mal durchmachen.

Bei der Carbonisation ist bei zu hoher Säurekonzentration stets die Gefahr eines Wollangriffes gegeben. Im Abschnitt Carbonisierhilfsmittel (vgl. S. 220) wurde bereits darauf hingewiesen und die Maßnahmen zur Verhinderung dieses Übelstandes beschrieben.

Noch gefahrvoller ist die alkalische Wollbehandlung besonders bei $p_H > 11$ und bei Temperaturen über 50° C. Über die Größe des Faserangriffes in alkalischen Flüssigkeiten unterrichtet Tab. 10.

Man muß deshalb Sorge tragen, durch Verwendung von sog. Wollschutzmitteln den Faserangriff zu vermeiden oder ihn auf ein erträgliches Maß zu vermindern.

Die in der Praxis verwendeten Wollschutzmittel können ihrer chemischen Natur nach unterteilt werden [4]:

I. Wollschutzmittel auf Basis von wasserlöslichen Eiweißstoffen,

II. Wollschutzmittel auf Grundlage von Fettschwefelsäureestern und echten Sulfonsäuren und

III. Wollschutzmittel, die gerbend auf die Wollsubstanz wirken.

I. Wollschutzmittel auf Basis wasserlöslicher Eiweißstoffe.

Diese Hilfsmittel beruhen auf einer Beobachtung der Praxis, wonach sich saure Färbebäder, die schon mehrmals benutzt wurden, viel weniger aggressiv auf Proteinfasern verhalten als frisch angesetzte. Aus alten, gebrauchten Bädern ziehen die Farbstoffe rascher, egaler und leuchtender auf die Wolle als aus frischen Bädern. Die Wolle kann dadurch schonender gefärbt werden; ihre Elastizität, Weichheit und Glanz bleiben besser erhalten. Durch die Anreicherung wasser- und säurelöslicher Wollproteine im Färbebad wird das Lösungsgleichgewicht zugunsten der in der Faser befindlichen niedermolekularen Proteinstoffe verschoben, wenn man die alten Bäder neuerdings verwendet. Zum anderen wirkt das im Färbebad befindliche Eiweiß als Puffersubstanz und bindet einen Teil der Säuren zu verhältnismäßig leicht hydrolysierbaren Proteinsalzen, wodurch die Wasserstoffionenkonzentration verringert wird. Diese Erkenntnis benutzte man, um natürliche, wasserlösliche Eiweißstoffe, wie Leim und Gelatine, oder Eiweißspaltprodukte, wie Protalbin- und Lysalbinsäure, als Wollschutzmittel zu verwenden. Handelserzeugnisse auf dieser Grundlage sind z. B.

Egalisal (Chem. Fabrik Grünau),[1]
Metasal K (Chem. Fabrik Grünau),[2]
Atefix (A. Th. Böhme-Dresden).

Man nimmt 3 bis 5%, bezogen auf das Wollgewicht.

Die günstige Wirkung der Faserschutzmittel auf Eiweißgrundlage, im besonderen des *Egalisals*, geht aus einer Arbeit von HARTMANN [5] hervor. Wird Wolle im Verhältnis 1 : 50 in der Kochhitze mit Schwefelsäure und Glaubersalz behandelt, so enthält die Flotte lösliche Proteinstoffe, die mit Phosphorwolframsäure gefällt werden können.

Die Fällung ist ein Maß für die eingetretene Proteolyse. Wie aus Tab. 133 ersichtlich ist, wird der Faserangriff durch den Zusatz von *Egalisal* zurückgedrängt.

Tabelle 133. Verringerung des Faserangriffes beim dreistündigen Kochen von Wolle in einer Lösung, die 1 g Schwefelsäure und 2 g Glaubersalz im Liter enthält, durch *Egalisal*, charakterisiert durch die Menge der Phosphorwolframsäurefällung. (Nach HARTMANN.)

Gewicht der Phosphorwolframsäurefällung bei		
Schwefelsäure + Glaubersalz (ohne *Egalisal*)	Schwefelsäure + *Egalisal* (ohne Wolle)	Schwefelsäure + *Egalisal* und Wolle
in Gramm		
0,0466	0,0964	0,0814

Aus Tab. 133 erkennt man, daß die Wolle bei obiger Behandlung eine gewisse Proteolyse erleidet. Das *Egalisal* gibt als Eiweißstoff mit Phosphorwolframsäure ebenfalls eine Fällung. Man sollte zunächst erwarten, daß sich bei der Behandlung von Wolle in Gegenwart von *Egalisal* die Phosphorwolframsäurefällung additiv aus den Einzelwerten für Wolle und für *Egalisal* zusammensetzt, d. h. daß sie 0,1430 g betragen sollte. Tatsächlich ist die Phosphorwolframsäurefällung im System Wolle und *Egalisal*

---

[1] Es ist aus Eiweißstoffen, z. B. Lederabfälle, durch Laugenabbau erhältlich.
[2] Es enthält neben abgebauten Eiweißstoffen hochbeständige Sulfonate.

geringer als jene, die man bei der Phosphorwolframsäurefällung von *Egalisal* a l l e i n erhält. Daraus muß geschlossen werden, daß das *Egalisal* nicht nur nicht die Proteolyse der Wolle zurückgedrängt hat, sondern zum Teil in das Wollkeratin eingebaut wurde. Es hat ein gegenseitiger Austausch zwischen *Egalisal* und den Proteinen der Wolle stattgefunden. Das Gleichgewicht zwischen dem herausgelösten und dem von der Faser aufgenommenen Eiweiß ist zugunsten letzteren verschoben worden. Die Wolle behält durch den Zusatz des *Egalisals* ihre Elastizität und man erhält ein offenes und weiches Material mit höherer Reiß- und Scheuerfestigkeit sowie höherer Dehnung, als ohne Zusatz.

An Stelle künstlicher Eiweißspaltprodukte verwendet man auch natürliche, wasserlösliche Eiweiße, z. B. Leim. Der Zusatz von Leim zu Farbbädern ist beim Färben der Wolle mit Küpenfarbstoffen gebräuchlich. Allerdings ist hierbei die Gefahr einer Griffverschlechterung bei Verwendung zu großer Mengen gegeben.

Eine gute Schutzwirkung gegen die Proteolyse des Wollkeratins besitzen ferner die Kondensationsprodukte aus Fettsäurechloriden und Eiweißabbauprodukten, wie das *Lamepon A* (Chem. Fabrik Grünau).

II. Wollschutzmittel auf Grundlage von Fettschwefelsäureestern und echten Sulfonsäuren.

Die Wirkungsweise derartiger Wollschutzmittel beruht darauf, daß die in sauren Flüssigkeiten vorhandenen freien Fettschwefelsäureester und echten Sulfonsäuren chemisch vom Wollprotein gebunden werden. Die „Wasserstoffseifen" ziehen aus sauren Bädern auf die Wollfaser auf; vgl. S. 195 und Abb. 79. Die entstandenen Proteinsalze zwischen den basischen Seitenketten der Wolle und den Anionen der genannten Verbindungen werden durch Wasser nicht so leicht hydrolysiert wie die native Wollfaser. FRIEDRICH und KESSLER [6] haben gezeigt, daß die gebundenen Fettschwefelsäureester bzw. Sulfonsäuren durch Spülen mit Wasser vom p_H 7 nicht oder nur sehr unvollständig auswaschbar sind. Derartig aufgebaute Wollschutzmittel sind chemisch in das Proteinmakromolekül eingebaut und verhindern auf diese Weise eine zu starke Proteolyse.

Von solchen im Handel befindlichen Wollschutzmitteln sind u. a. zu erwähnen:

Prästabitöl V (Stockhausen & Cie.),
Igepon T (I. G. Farbenindustrie A. G.).

Infolge der chemischen Bindung derartiger höhermolekularer Stoffe an der Wolloberfläche bildet sich eine dünne, hydrophobe Fetthülle um die Wollfaser, die ein zu starkes Eindringen der heißen aggressiven Badflotte und die dadurch bedingte Proteolyse verhindert.

Ein weiteres Wollschutzmittel auf Grundlage von Salzen echter Sulfonsäuren ist das *Protectol farblos, fest konz.* (I. G. Farbenindustrie A. G.).

Die Schutzwirkung von Eiweißspaltprodukten und Fettschwefelsäureestern (Ölsulfonat) gegen Faserschädigungen hat BRANDENBURGER [7] für den Fall küpengefärbter Wolle bestimmt. Er fand die in Tab. 134 gebrachten Reißfestigkeits- und Dehnungswerte.

Tabelle 134. Veränderung der Festigkeitseigenschaften von küpengefärbter Wolle durch Zusätze verschiedener Wollschutzmittel. (Nach BRANDENBURGER.)

Behandlung beim Färben	Reißfestigkeit in Gramm		Dehnung in Prozenten	
	trocken	naß	trocken	naß
Ohne Zusatz	537	428	18,8	41,5
Eiweißprodukt I .	586	442	21,6	42,2
Eiweißprodukt II	584	458	22,4	43,6
Ölsulfonat	604	470	23,6	42,4

Die Schutzwirkung gegen die Proteolyse ist deutlich ersichtlich. Die Wirksamkeit der verglichenen Handelserzeugnisse ist etwa gleich.

III. Wollschutzmittel, die gerbend wirken.

Gelegentlich wird Formaldehyd als Wollschutzmittel empfohlen [8]. Es reagiert sowohl mit den Aminogruppen der basischen Seitenketten [9] als auch mit den Iminogruppen der Polypeptidhauptketten [10]. Im ersten Falle wird die freie Aminogruppe nach folgendem Schema unter Bildung einer Methylenverbindung verschlossen. Im zweiten Falle tritt molekulare Vernetzung durch Methylen- (CH_2-) Brücken ein, z. B.:

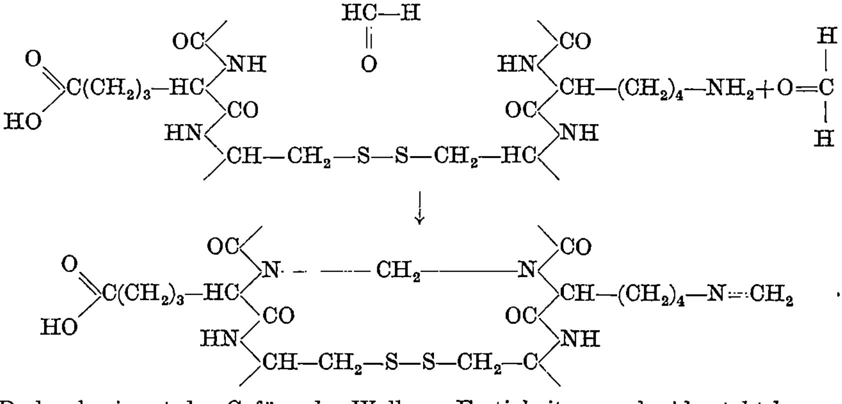

$$\text{Schema: Vernetzung durch Methylenbrücken}$$

Dadurch nimmt das Gefüge der Wolle an Festigkeit zu und widersteht besser den Faserangriffen, die eine stark gequollene Wolle zur Voraussetzung haben.

Für die Praxis sind die schwach gerbend wirkenden Erzeugnisse auf Basis von Sulfitcelluloseablauge (hochmolekulare Ligninsulfonsäuren), allenfalls in Gegenwart von Magnesiumsalzen [11], wichtiger. Ihre Wirkungsweise soll nach KÜNTZEL [12] darauf beruhen, daß zwischen dem Faserprotein und der Sulfitcelluloseablauge eine lockere Additionsverbindung durch Wasserstoffbrücken (d. i. eine Art Oxoniumsalzbildung; vgl. S. 66) entsteht, z. B.:

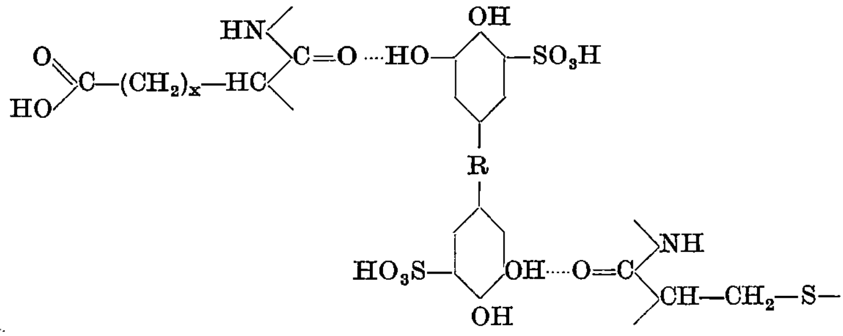

$$\underset{\text{HO}}{\overset{\text{O}}{\diagup}}\text{C-(CH}_2\text{)}_x\text{-HC}\overset{\text{HN}\diagdown}{\underset{\diagup}{\diagup}}\text{C=O}\cdots\text{HO-}\underset{\text{OH}}{\bigcirc}\text{-SO}_3\text{H}$$

In den Handel kommen folgende Erzeugnisse:

Protectol I Plv doppelt (I. G. Farbenindustrie A. G.),
Protectol II N (I. G. Farbenindustrie A. G.),
Protectol II Plv. doppelt (I. G. Farbenindustrie A. G.).
Levana (Sandoz),
Lanasan (Sandoz).

Ein weiteres Mittel gegen den Wollangriff ist das *Vegansalz A* (I. G. Farbenindustrie A. G.). Beim Färben von Mischgespinsten oder Mischgeweben aus Wolle und Cellulosefasern nach dem Einbadverfahren mit Gemengen aus substantiven Farbstoffen und neutral ziehenden sauren Wollfarbstoffen wird die Wolle durch das längere Kochen bei p_H 7 — insbesondere in Gegenwart größerer Mengen von Glaubersalz — viel stärker angegriffen als in sauren Flotten, da sich eine solche Flüssigkeit der Wolle gegenüber (I. P. = 4,9) wie eine schwach alkalische Lösung verhält [13]. Dadurch wird einerseits die Wollqualität vermindert, zum andern beeinflussen die Wollabbauprodukte sehr ungünstig die substantive Färbung. Diese schlägt im Ton um, „verkocht", und wird lichtunechter. Ferner leidet die Tragechtheit und Reibechtheit (vgl. S. 350).

Man verwendet zur Vermeidung dieses Mißstandes 5 bis 10% *Vegansalz A* allein oder zusammen mit *Leonil O* (vgl. S. 350).

Zweiundzwanzigster Abschnitt.

Mattierungsmittel.

Das Mattieren von Textilfasern ist eng mit dem Anwachsen der Kunstfasererzeugung verknüpft und im wesentlichen auf die Viskose, Acetatseide und Kupferseide bzw. Zellwolle beschränkt, denn diese fallen beim Erzeugungsprozeß mehr oder minder stark glänzend an.

Der Glanz der Kunstseide, d. i. das Vermögen, das Licht mehr oder weniger stark zu reflektieren, ist durch den Brechungsexponenten und durch die Oberflächenbeschaffenheit der einzelnen Kunstseidenfasern bedingt. Je glatter und homogener die Oberfläche der Kunstseidenfaser ist, desto besser und stärker wird bei an sich gleichbleibendem Brechungs-

exponenten die Glanzerscheinung sein. Wenn die Oberfläche durch Rissebildung, durch Einlagerung von undurchsichtigen Fremdkörpern oder
durch Gasbläschen mehr oder minder unterbrochen bzw. aufgerauht ist,
ist der Glanz entsprechend geringer; bei genügend starker Unterbrechung
der homogenen Oberfläche wird er aufgehoben. Neben der Störung der
gleichmäßigen Oberflächenbeschaffenheit durch Ein- oder Auflagerung von
Fremdstoffen ist noch der verschiedene Brechungsexponent der Einzelfäden
(Kapillaren), die zu einem Faserbündel vereinigt sind, zu berücksichtigen.
Der Glanz kann also in der *Gesamtheit* durch Unterbrechung der gleichmäßigen Oberflächenentwicklung und durch Änderung des Lichtbrechungs-
exponenten beeinflußt werden.[1] Auch die Stärke der Einzelfaser (Titer)
spielt eine gewisse Rolle.[2] Unter dem Einfluß der Mode gewann die Richtung, die den in der Anfangszeit der Kunstseidenerzeugung gewünschten,
oft allzu harten Glasglanz der Kunstseide minderte, bzw. eine völlig matte
Note verlangte, immer größeren Einfluß und führte zur Entwicklung von
sog. Mattierungsverfahren. Der Mattierungsvorgang kann in zwei voneinander völlig verschiedenen Stadien, nämlich

    a) während der Kunstseidenerzeugung,
    b) als Veredlung nach dem Färben

vorgenommen werden. Er liefert dann im Fall a sog. spinnmatte Kunstseide (primäre Mattierung) und im Fall b sog. nachmattierte Kunstseide
(sekundäre Mattierung).

Die Spinnmattierung, die während der Erzeugung des Kunstseidenfadens
durchgeführt wird, liefert nur Strangware, die zu Geweben und Gewirken
verarbeitet wird. Die Nachmattierung wird hauptsächlich als sog. Stückmattierung durchgeführt (weshalb man die Nachmattierung oft der Bezeichnung „Stückmattierung" gleichsetzt), da das Nachmattieren der Kunstseide im Strang zu keiner technischen Bedeutung gelangte. Es würden sonst

---

[1] Ein Maß für den Matteffekt gibt das Mengenverhältnis des diffus reflek-
tierten zum normal zurückgeworfenen Licht. Bestimmend für die Wirksamkeit einer Mattierung auf Basis ein- bzw. aufgelagerter, fester Stoffe ist deren
Lichtbrechungsvermögen. Kennzeichnend hierfür ist die Differenz zwischen
dem Brechungsindex des Mittels und dem der Fasersubstanz, die möglichst
groß sein soll. Die Mattierwirkung ist proportional dieser Differenz der beiden
Brechungsexponenten. Einige Zahlenangaben von Brechungsexponenten ver-
schiedener Stoffe sollen das erläutern:
Viskoseseide 1,536, Acetatseide 1,477, Zinkoxyd 2,04, Zinksulfid 2,37,
Titandioxyd (amorph) 2,33, Titandioxyd krist. (Rutil) 2,71, Bariumsulfat
1,637, Talk 1,589, Kieselsäure 1,46.
Man sieht, daß kristallisiertes Titandioxyd am besten wirkt, während
Bariumsulfat oder Kieselsäure nur in größeren Mengen einen befriedigenden
Matteffekt ergeben.

[2] Es soll nur auf das bekannte Beispiel großer Eiskristalle, die klar und
durchsichtig sind, und vieler kleiner Einzelkriställchen des Eises, wie sie z. B.
im Schnee auftreten und dann undurchsichtig weiß sind, hingewiesen werden.
In Übereinstimmung damit ist der Glanz von Kunstfasern um so größer,
je gröber das Garn, je weniger Elementarfäden es aufweist und je weniger es
gedreht ist.

nur die Nachteile der Spinnmattierung (größerer Verschleiß der Nadeln und Spinndüsen, schwierigeres Nuancieren beim Färben) in Kauf zu nehmen sein, ohne ihren Vorteil der vollständigen Unauswaschbarkeit beim Nachmattieren im Strang zu besitzen. Hierzu kommt noch, daß die Kunstseide bei einer Strangbehandlung in wäßrigen Bädern infolge ihrer geringen Naßfestigkeit stets einer gewissen Schädigung unterliegt, wodurch sie flusig und schlechter verarbeitungsfähig wird.

Wie groß die Pigmenteinlagerung zur Erzielung eines Matteffektes durch Störung der homogenen Oberflächenbeschaffenheit sein kann, zeigt Tab. 135 [1].

Tabelle 135. Pigmenteinlagerung in mattierten Kunstseiden.

Mattierungsart	Pigment-einlagerung in Prozenten
1. Mit Bariumsulfat mattierte Viskose (halbmatt)	2,02
2. Mit Titansalzen mattierte Viskose I	4,75
3. Mit Titansalzen mattierte Viskose II	3,4
4. Mit Titansalzen mattierte Kupferseide	2,5
5. Mit Zinnphosphat mattierte Stückware	10,3

I. Spinnmattierung.

Diese Art der Mattierung wird trotz mancher Schwierigkeiten bei der Erzeugung bzw. bei der nachträglichen Veredlung solcher spinnmatter Kunstseiden wegen der ausgezeichneten Waschbeständigkeit in ausgedehntem Maße angewendet und hat in den letzten Jahren an Umfang sogar noch zugenommen. Im Prinzip läuft dieser Vorgang darauf hinaus, daß der Spinnlösung, z. B. Natriumcellulosexanthogenat (m $C_6H_{10}O_5 \cdot n\ C_6H_9O_5CS_2Na$), Pigmente, praktisch nahezu ausschließlich Titandioxyd, in feinst verteilter Form zugesetzt werden. Hierauf wird die ganze Masse filtriert, was oft zu großen Unzukömmlichkeiten beim Filtrationsprozeß führen kann, da die feinst verteilten Pigmente stark zum Verstopfen der Filterporen neigen. Dann wird die homogene Masse (Viskosespinnmasse, Acetatseidenspinnmasse u. dgl.) in der üblichen Weise gesponnen. Es entsteht ein Kunstseidenfaden, dem feinst dispergierte Stoffe mechanisch eingelagert sind (vgl. Abb. 134).

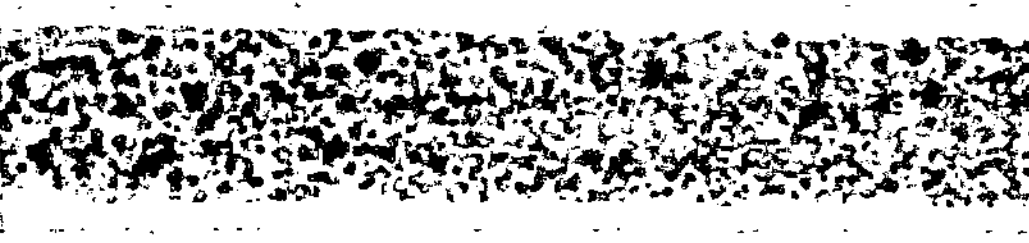

Abb. 134. Mikrophotographie einer spinnmattierten Kunstseide. (Nach REUMUTH.)

Die erzielte Mattierung ist je nach der Menge der Pigmente matt bis tiefmatt (ultramatt), vollständig waschbeständig und überfärbeecht. Die Beständigkeit gegen Wasch- und Färbeflotten erklärt sich dadurch, daß ein Herauslösen der ganz von regenerierter Cellulose umhüllten Pigmente unmöglich ist.

Das Färben spinnmatter Kunstseide bietet einige Schwierigkeiten, die aber in der Letztzeit mehr oder minder behoben wurden. Die Pigmente, die am Rande der Kunstseidenfaser angehäuft sind — bei der Acetatseide ist allerdings auch das Innere des Kunstseidenfadens relativ reich an Pigmenten —, erschweren eine Diffusion der Farbstoffteilchen in die gequollene Kunstseidenfaser. Ferner hellen sie durch ihren starken Weißgehalt, insbesondere beim Titandioxyd, die Farbnuance auf. Um dennoch eine genügend starke Anfärbung zu erzielen, muß mehr Farbstoff, bezogen auf das Kunstseidengewicht, verwendet werden, wodurch oft eine ungünstige Beeinflussung der Reibechtheit und Waschechtheit die Folge ist. Anderseits sind die eingelagerten Fremdpigmente in ihrem Verhalten gegen die Adsorption von Farbstoffen nicht völlig inert und können durch Restvalenzkräfte eine bevorzugte Farbaufnahme bewirken, wodurch unter Umständen die Wasser- und Waschechtheit der Färbung sogar verbessert werden kann.

Bei den mit Titandioxyd spinnmattierten und den später beschriebenen nachmattierten Kunstseiden tritt eine eigentümliche Eigenschaft auf. Die Lichtechtheit substantiv gefärbter, mit Titandioxyd mattierter Kunstseide erleidet, insbesondere im feuchten Zustande, bei manchen Farbstoffen eine starke Verminderung [3].

Das Ausbleichen substantiver Färbungen im feuchten Zustande macht sich vor allem bei lichteren Ausfärbungen bemerkbar, wobei normalerweise gut lichtechte Farbstoffe eine überraschend große Einbuße ihrer Lichtechtheit erleiden.

Neuerdings versucht man, das mißliche Vermindern der Lichtechtheit substantiver Ausfärbungen auf mit Titandioxyd spinnmattierter Kunstseide dadurch zu verhindern, daß man die Kunstseide vor oder nach dem Färben mit Chromsalzen und anderen Metallsalzen behandelt [4].

Die Festigkeitseigenschaften der mit Pigment spinnmattierten Kunstseide werden durch die inneren Reib- und Scheuerkräfte der wohl feinstverteilten, aber scharfkantigen Pigmentteilchen oft nicht unerheblich herabgesetzt [5], doch scheint es in der letzten Zeit gelungen zu sein, diesen Übelstand einigermaßen zu beseitigen. Ein weiterer Nachteil der spinnmattierten Kunstseide ist auch der, daß infolge der Einlagerung harter Pigmentteilchen beim Weben und Wirken der Kunstseide die Fadenführer und Nadeln einem starken Verschleiß infolge der Schleifwirkung der Pigmentteilchen ausgesetzt sind.[1]

Allerdings steht all diesen Nachteilen der schon erwähnte große Vorteil der absoluten Waschbeständigkeit gegenüber, weshalb sich die Spinn-

---

[1] Die mit Titandioxyd spinnmattierte Kunstfaser zeigt noch dem Mißstand beim Bleichen mit Wasserstoffsuperoxyd zur Bildung von Pertitansäurekomplexen zu neigen und katalytisch die Zersetzung des Wasserstoffsuperoxydes zu beschleunigen. Hierbei kommt es zu Faserangriffen, die sich in einer Verminderung der Festigkeitseigenschaften der mattierten Kunstfaser äußern. Durch Schutzkolloide, insbesondere mit ausgeprägter, filmbildender Kraft, wie etwa *Lamepon A* [8], *Igepon T* u. dgl., kann der Faserangriff zurückgedrängt werden.

mattierung immer mehr durchsetzt und die Nachmattierung zurück-
drängt.

Je nachdem, ob man Pigmente, Öle oder andere Stoffe den Spinnmassen einverleibt, erhält man matte bis tiefmatte bzw. ölmatte Kunstseiden [6].

Als Pigmente verwendet man fast durchweg Titandioxyd [7], das
wegen seines besonders hohen Brechungsexponenten (vgl. S. 372) das best-
deckendste Weißpigment ist. Die Agfa-Suprema (vgl. weiter unten) enthält
kein Titandioxyd und zeigt auch nicht die früher erwähnte Eigenschaft
der Lichtechtheitsverminderung der mit Titandioxyd spinnmattierten
bzw. nachmattierten Kunstseide.

Daneben wurden — oft nur versuchsweise — Titanphosphat, Bariumsulfat, Walkerde, Kaolin, Metallseifen, Aluminiumoxyd, Zinnphosphat
u. dgl. vorgeschlagen. Ebenso ist das Patentschrifttum bezüglich der Vorschläge zur Verwendung von organischen Stoffen, wie Öle, Wachse,
Paraffin, Kautschuk, synthetische Präparate u. dgl., sehr reichhaltig.
Praktisch wird allerdings nur Titandioxyd, je nach dem Mattierungseffekt 0,5 bis 2%, bezogen auf die Spinnmasse, verwendet.

Die Teilchengröße der eingelagerten Titanweißpigmente schwankt
und beträgt im Durchschnitt etwa 5 bis 8.10^{-5} cm. Die Bariumsulfat-
pigmente sind etwas größer, bis zu 5.10^{-4} cm und darüber. Das Verteilen
der Pigmente, bzw. das Erreichen eines feinen Dispersitätsgrades, wie er
für einen geregelten Spinnprozeß unerläßlich ist, da die Spinndüsenöff-
nungen einen Durchmesser haben, der sich um 10^{-2} cm bewegt, bereitet
oft erhebliche Schwierigkeiten. Man hat deshalb, ähnlich wie bei der
Herstellung von Emulsionen, wo man zur Verteilung der zu emulgierenden Öle stets einen Emulgator verwendet, auch bei den suspensoiden
Systemen der Pigmente in den Spinnmassen Dispergatoren zu verwenden
gesucht [10].

Neben der kolloidchemischen Verteilung werden zur Erreichung des gewünschten feinen Dispersitätsgrades auch mechanische Homogenisierungsvor-
richtungen, z. B. Kugelmühlen, benutzt [11].

Außer Titandioxyd, das als mattierendes Pigment größte praktische
Anwendung findet, sind noch eine ganze Anzahl anderer Mattierungs-
möglichkeiten, wie feinst verteilter Schwefel [12], wasserunlösliche Fettsäureamide [13], Äther der Polyphenole [14], β-Naphthol [15] u. dgl., vorgeschlagen worden.

Zur Herstellung ölmatter Kunstseide kann man nach Angaben des
Patentschrifttums Emulsionen von Stoffen verschiedenster Art, wie
Wachse, Paraffin, Lanolin [16], Petroleum, Fettsäuren, Terpene [17],
Fette [18], Fettalkohole [19] usw., benutzen; vgl. auch [20].

Der Vollständigkeit halber sei noch auf die Mattierung durch Gasein-
schlüsse hingewiesen, die aber weniger in Form von Emulsionen, als hauptsächlich durch Zusatz solcher Stoffe erzeugt wird, die in Berührung mit dem
Fällbade Gase entwickeln, z. B. Natriumsulfit [21], oder leicht verdampfen.
Ein solches Erzeugnis ist die *Agfa-Suprema*.

II. Nachmattierung.

Neben den Verfahren, durch kolloid verteilte Pigment-, Öl- oder Gas-einlagerungen während des Spinnprozesses eine Glanzschwächung der Kunstseide zu erzielen, hat man auch andere Methoden entwickelt, die eine Mattierung in einem beliebigen Stadium während oder nach dem Veredeln der Kunstfaser gestatten. Da solche Mattierungen meist am Schlusse des Veredlungsprozesses, also nach dem Färben ausgeführt werden, spricht man von Nachmattierung, auch Sekundärmattierung, bzw., da es sich meist um die Ausrüstung von Stückware handelt, oft von der sog. „Stückmattierung".

Es handelt sich bei der nachmattierten Ware meist um Pigment-an- und auflagerungen und nicht um jene tiefer sitzenden, das Innere der Kunstseidenfaser mehr oder weniger erfüllenden Pigmenteinlagerungen, wie sie die spinnmatte Kunstseide aufweist.

Die Vorteile der Nachmattierung im Vergleich zur Spinnmattierung sind recht mannigfaltig. Zunächst werden alle Nachteile, die sich bei der Emul-gierung der Pigmente und sonstigen Mattierungsstoffe in der Spinnmasse er-geben, vermieden. Die Verarbeitung und Veredlung bietet keine zusätzlichen Schwierigkeiten, wie sie durch die Einlagerung von Pigmentteilchen hervor-gerufen werden. Der Verschleiß an Nadeln und Fadenführern ist normal. Der Färbeprozeß wird in der bisher üblichen Weise durchgeführt [22].

Neben den Vorteilen einer normalen Verarbeitung und Färbung dürfen die Nachteile der Nachmattierung nicht außer acht gelassen werden. Während die Pigmentteilchen der spinnmattierten Kunstseide *in* der Hydratcellulose eingebettet sind, werden die Pigmentteilchen bei den sog. Nachmattierungen entweder nur an der äußeren Oberfläche der einzelnen Kunstseidenfasern lose adsorbiert festgehalten oder sind höch-stens etwas tiefer in die groben Kapillarrisse der äußersten Kunstfaser-schichten eingedrungen. Es ist einleuchtend, daß eine Resistenz der-artig angelagerter Teilchen gegen Waschflotten im wesentlichen Maße nicht ausgebildet sein kann. Das nur oberflächliche Anhaften der Pig-mentteilchen am Kunstseidenfaden wird durch den verhältnismäßig großen Teilchendurchmesser derselben, der etwa 10^{-4} bis 10^{-3} cm und darüber beträgt, erklärt. Er gestattet den Pigmenten nicht, in die wesentlich kleineren, submikroskopischen Kapillaren und Intermizellar-räume einzudringen, deren Größe etwa 10^{-7} bis 10^{-6} cm, also beiläufig hundertmal kleiner als der Durchmesser der kleinsten Pigment-teilchen ist.

Ein gemeinsamer Nachteil der mit Titandioxyd nachmattierten bzw. spinnmattierten Kunstseiden ist die Verminderung der Lichtechtheit von manchen substantiven Farbstoffen, die so groß sein kann, daß an sich gut lichtechte Farbstoffe von der Klassenbezeichnung 6 auf eine solche von 1 bis 2 herabsinken können (vgl. auch S. 374).[1]

Die Nachmattierung durch Anlagerung von Pigmenten an die Kunst-

---

[1] Mit der Ziffer 1 wird die schlechteste und mit der Ziffer 8 die beste Licht-echtheit bezeichnet.

seide, z. B. Viskose, Kupferseide, Acetatseide, kann grundsätzlich bei allen Kunstfaserarten in gleicher Weise vollzogen werden.

Allerdings ist hierbei zu berücksichtigen, daß das Aufnahmevermögen der verschiedenen Kunstseidenarten für Mattierungsmittel stark verschieden ist. So zieht beispielsweise Kupferseide, ähnlich wie beim Färbeprozeß, Pigmente besser auf als Viskose. Umgekehrt ist die in Wasser nur wenig quellende Acetatseide schwieriger mattierbar als Kunstfasern aus regenerierter Cellulose.

Die Acetatseide wird, sofern als Mattierungsmittel Pigmente in Frage kommen, vorzugsweise während des Spinnprozesses mattiert (spinnmatte Acetatseide). Wird Acetatseide einem Nachmattierungsprozeß unterworfen, so benutzt man weniger Pigmentanlagerungen als die eigentümliche Besonderheit der Acetatseide, in der Hitze mit Wasser, Seifen, alkalischen Lösungen. Emulsionen verschiedener Stoffe u. dgl. unter bestimmten Voraussetzungen einen matten Faden zu ergeben.

Man kann beim Nachmattierungsvorgang unterscheiden:

a) Nachmattierverfahren für Viskose und Kupferseide
   durch Pigmente,
   durch Öl-, Fett- und andere Stoffe.

b) Nachmattierverfahren für Acetatseide
   durch Pigmente,
   durch chemisch-physikalische Faserveränderung.

a) Nachmattierung von Viskose und Kupferseide.

Dieser für die Kolloidchemie der Mattierungsmittel wichtigste Teil des Mattierungsproblems kann je nach dem zur Anwendung kommenden Verfahren in

Zweibadverfahren und
Einbadverfahren

unterteilt werden.

α) **Zweibadverfahren.** Sie wurden in der Praxis zuerst verwendet und haben ihren Anfang in der Strumpfindustrie genommen. Heute werden sie mit Ausnahme gewisser Spezialfälle weniger angewendet, sind hingegen von kolloidchemischem Interesse.

Das Prinzip aller dieser Verfahren ist die chemische Umsetzung zweier unter Bildung wasserunlöslicher Stoffe reagierender Agenzien, wodurch auf der Faser ein Niederschlag gefällt wird, der einen Matteffekt ergibt. Als solche, durch chemische Umsetzung entstandene Niederschläge sind vorgeschlagen worden bzw. in Verwendung: Bariumsulfat, Bariumwolframat, Bariummolybdat, Bariumstannat, Bariumferrocyanid, Zinnphosphat, Zinnwolframat, Uranwolframat, Kobaltwolframat, Aluminiumseifen, Aluminiumsalze von Fettschwefelsäureestern, Eisentannat u. a.

Wohl die ersten derartigen Mattierungen wurden mittels Bariumchlorid und Natriumsulfat (Schwefelsäure) durchgeführt.

Man behandelt beispielsweise die Kunstfaser mit einer Lösung von 6 g Bariumchlorid im Liter, während einer Viertelstunde bei 30° C, quetscht ab

und behandelt nachträglich eine Viertelstunde lang mit einer Lösung von 4 g
Glaubersalz im Liter.

Das entstandene Bariumsulfat gibt allerdings keine sonderlich gute
Mattierung. Die Teilchen sind sehr heterodispers und in ihrer Größe
stark verschieden. An sich ist der Teilchendurchmesser im Vergleich
zu feinst gemahlenem Bariumsulfat verhältnismäßig groß; er beträgt
etwa 1 bis $5 . 10^{-3}$ cm, während feinst gemahlenes Bariumsulfat
Teilchen aufweist, die etwa $5 . 10^{-4}$ cm groß sind. Die Abb. 135 bringt eine
durch Bariumsulfat nach dem Zweibadverfahren mattierte Kunstseide. Die
nur oberflächliche, unregelmäßige und grobe Anlagerung der $BaSO_4$-Teilchen ist gut ersichtlich.

Abb. 135. Mikrophotographie einer durch Bariumsulfat nach
dem Zweibadverfahren mattierten Kunstseide. (Nach REU-
MUTH.)

Die Haftfähigkeit der Bariumsulfatteilchen ist aus den oben dargelegten Gründen eine sehr geringe. Hierzu kommt noch, daß das Bariumsulfatmolekül als stark abgesättigter Körper nur wenig Restvalenzkräfte
aufweist, weshalb seine Adsorptions- und Bindefähigkeit an artfremden
Grenzflächen gering ist. Wenn man nicht ein besonderes Bindemittel —
etwa auf Fettbasis — mitverwendet, neigen die Mattierungen mit Bariumsulfat zum „Stauben". Beim Spannen oder Zerreißen des Gewebes lösen
sich die Bariumsulfatteilchen als Pulver oder Staub von der mattierten
Kunstseide los; die Mattierung besitzt keine Waschbeständigkeit.

Eine Seifenlösung von etwa 2 g/l, die eine halbe Stunde bei 40 bis 50° C
auf die so mattierte Ware einwirkt, entfernt größtenteils die mattierenden
Bariumsulfatteilchen, wodurch der Matteffekt fast völlig verschwindet. Ein
anderes, bei dieser Mattierungsart auftretendes Übel war, daß es trotz genauester Einhaltung der Arbeitsbedingungen und sorgfältigster Behandlung nicht
gelang, größere Posten Kunstseide gleichmäßig auszubringen. Es wurde
versucht, durch Variation der Temperatur und Konzentration sowie durch
Zusätze von sulfonierten Ölen, z. B. Türkischrotöle, *Monopolseife* (Stockhausen & Co.), *Brillantavirol L 142* (Böhme Fettchemie Ges. m. b. H.), oder
emulgierten Fetten bzw. Paraffin [23] die gleichmäßige Gestaltung der Teilchengröße des gebildeten Bariumsulfates günstig zu beeinflussen. Als solche
Paraffinemulsionen kommen u. a. in Betracht: *Ramasit I* (I. G. Farbenindustrie A. G.), *Migasol P* (Gesellschaft für chemische Industrie, Basel),
Textal P (Pfersee), *Appretur PE* (Böhme Fettchemie Ges. m. b. H.), *Cerol S*
(Sandoz), *Paralin NN* (Chem. Fabrik Rotta), *Cerafil* (A. Th. Böhme-
Dresden) usw.

Eine wirklich befriedigende Lösung der Aufgabe, den Dispersitätsgrad des Bariumsulfates so weit zu erhöhen, daß die oben angeführten
Mißstände nicht mehr so stark in Erscheinung treten, ist nicht gelungen.
Die $BaSO_4$-Teilchen sind zu groß und heterodispers. Es leidet die Egalität
der Mattierung (Auftreten von Glanzstellen); durch die groben, rauhen

Kristalle wird der weiche und angenehme Griff der Kunstseide stark vermindert.

Es fehlte nicht an Versuchen, die Mißstände, die bei der Zweibadmattierung mittels Bariumsulfat auftreten, zu beseitigen.

Indem man an Stelle von Glaubersalz Alkalimolybdat- bzw. Wolframatlösungen benutzte und nach dem Ausschleudern mit einer 5%igen Bariumchloridlösung behandelt, erhielt man eine Mattierung, die wesentlich günstigere Eigenschaften zeigte als die mit Bariumsulfat [24]. Das entstehende, amorphe Bariummolybdat bzw. Wolframat verhält sich in bezug auf egalen Ausfall und gleichmäßigere Teilchengröße günstiger als das grobkristalline, daher leichter unegal ausfallende Bariumsulfat. Gleichzeitig kann eine Erschwerung der kunstseidenen Ware bewirkt werden, die unter Umständen bis zu 10% beträgt. Statt des Bariumchlorides kann man auch Zinnchlorid, Uranacetat, Kobaltsulfat, Chromalaun u. dgl. verwenden und erhält dann gelb, violett, grün usw. gefärbte Mattierungen, die man auch als „Buntmattierungen" bezeichnet [25].

Auf dieser Grundlage aufgebaute Handelspräparate sind *Delustran ST* (Sandoz) [26], *Visco-Mattyl N 150, N 160* (A. Th. Böhme-Dresden).

Eine andere Ausführungsform ist die sog. Bariumstannatmattierung. Bringt man Kunstseide in Natriumstannatlösungen, so zeigt das Na_2SnO_3 infolge der Alkalität des Bades und der damit verbundenen großen Quellwirkung auf die Hydratcellulose eine gewisse Affinität zu letzterer; das Natriumstannat reichert sich in der Kunstseidenfaser an. Passiert man mit einer derartig vorbehandelten Kunstseide ein Bariumchloridbad, so entsteht eine durch Bariumstannat hervorgerufene Mattierung. Das Bariumstannat ist amorph und daher wie das Bariumwolframat besser als das Bariumsulfat zur Erzielung eines gleichmäßigeren Matteffektes geeignet. Da ein Teil des Bariumstannates tiefer in der Faser sitzt, zeigt eine solche Mattierung gegen Waschflotten größere Widerstandskraft als die Bariumsulfatmattierung [27].

Nach einer Variation des gleichen Gedankens behandelt man Kunstseide im Zweibadverfahren mit Metallsalzen, z. B. Zinksalzen und nachträglich mit Ferrocyankalium, wodurch weißes, unlösliches Zinkferrocyanid erhalten wird, das als mattierendes Pigment dienen kann [28].

. Man hat auch versucht, durch chemische Umsetzung von Seifen und niedrig sulfonierten Ölen mit Aluminiumsalzen unlösliche Aluminiumseifen bzw. Sulfonate auf der Faser herzustellen, wodurch ein gewisser Matteffekt erzielt wird. Diese Aluminiumseifen hatten den Nachteil, daß sie stark klebrig waren. Nach den Angaben des D. R. P. 597 194 (Stockhausen & Co.) soll durch die Verwendung von stärker sulfonierten Ölen, deren Sulfonierungsgrad mindestens 45% beträgt, der Mißstand des starken Klebens beseitigt werden und eine gute Mattierung erzielbar sein. Praktische Anwendung scheint dieses Verfahren nicht zu besitzen.

Kationaktive Stoffe, z. B. das nach der folgenden Gleichung dissoziierende Dodecylpyridiniumbromid [29]

$$C_{12}H_{25}\text{—N—Br} \rightleftharpoons \left[N\text{—}C_{12}H_{25} \right]^+ + Br^- \tag{1}$$

reichern sich infolge der positiven Ladung des Fettkettenions an der negativ geladenen Kunstseide an und erteilen der Faser eine positive

Ladung. Bringt man so vorbehandelte Kunstseide in eine negativ geladene Pigmentsuspension, so werden die Pigmentteilchen von der durch die Fettkettenionen positiv aufgeladenen Kunstseide angezogen und auf der Faser fixiert. Die Mattierung ist wasserecht.[1]

Außer kationaktiven Stoffen können auch anionaktive Substanzen auf der Faser angereichert werden, worauf durch chemischen Umsatz das eigentlich mattierende Prinzip entwickelt wird. Beispielsweise wird Tannin von der Kunstseidenfaser bis zu 14% absorbiert, worauf durch chemische Wechselwirkung mit Eisensalzen unlösliche, dunkel gefärbte Niederschläge entstehen (Schwarzmattierung). Man behandelt beispielsweise Kunstseide mit einer Lösung von 10 g Tannin im Liter bei 60° C, schleudert und bringt in ein Bad von 10 g Eisenammonalaun im Liter.

Eine wichtige Ausgestaltung hat letzteres Verfahren durch die Böhme Fettchemie Ges. m. b. H. erfahren. Man behandelt zunächst die zu mattierende Ware mit einem Gemisch von einem kationaktiven Stoff, z. B. Laurylpyridiniumsulfat und dem Salz eines mehrwertigen Metalls („Grundierung"), worauf in einem zweiten Bad in einer Lösung eines Gerbstoffes (Sumach u. dgl.) der eigentliche Matteffekt durch chemische Umsetzung hervorgebracht, „entwickelt", wird [30]. Ein solches Erzeugnis ist in der Praxis unter dem Namen *Diazo-Radium-Mattine* und *Mattineentwickler T 170* (Böhme Fettchemie Ges. m. b. H.) zum Nachmattieren von dunklen Farben herausgebracht worden. Die Mitverwendung des kationaktiven, gegen Metallsalze beständigen Stoffes bedingt infolge der Netzwirkung ein tieferes Eindringen in die submikroskopischen Kanäle der Cellulose, weshalb diese Zweibadmattierung wasser- und waschecht ist.

Die Arbeitsweise soll kurz skizziert werden. Man wendet zunächst zum Grundieren ein Bad mit *Diazo-Radium-Mattine* von 3 bis 20 g/l bei 50° C an und behandelt zirka eine halbe Stunde. Sodann wird abgequetscht und in das Entwicklerbad von *Radium-Mattine-Entwickler T 170*, das ungefähr $1^1/_2$ bis 10 g/l enthält, gegangen. Nach einer halben Stunde Entwicklung wird gespült. Den Spülbädern kann je Liter 1 g Alaun oder $^1/_2$ g Eisenchlorid zugesetzt werden. Bei dunklen Farben entsteht durch diese Mattierung ein volles, blaustichiges Schwarz. Dadurch, daß organische Pigmente entstehen, deren Weißgehalt sehr gering ist, bilden sich im Gegensatz zu den Mattierungsmittel auf Grundlage von Weißpigmenten keine grauen Beläge; die Mattierung hellt nur wenig die ursprünglich dunkle Farbe, z. B. Schwarz, Marineblau, auf.

β) **Einbadverfahren.** Die Schwierigkeiten und die Mehrkosten beim Zweibadverfahren zur Erzielung eines Matteffektes gaben zur Entwicklung der Einbadmattierungsverfahren unmittelbaren Anlaß. Mit Ausnahme einiger besonderer Methoden wird das mattierende Pigment nicht erst durch chemische Wechselwirkung in der Faser erzeugt, sondern ist bereits vorgebildet im Mattierungsmittel selbst enthalten. Es wird

---

[1] Die eben besprochene Zweibadausführung der Mattierung mit kationaktiven Stoffen ist in der neueren Form der Einbadmattierung zu Bedeutung gelangt. Sie wird ausführlich auf S. 383 behandelt.

als feinste Suspension in Verbindung mit weichmachenden Fettstoffen, die sich im Wasser kolloid verteilen, wie etwa Fettalkoholsulfonate oder emulgierte Öle, Fette und Wachse, z. B. sulfoniertes Olivenöl, sulfonierter Talg u. dgl., auf das Textilgut aufgetragen. Nach dem Trocknen bleiben die Pigmente im Verein mit den Fettstoffen auf der Kunstseide zurück. Nach Untersuchungen von LASSÉ [31] ist der Hauptteil der Pigmente an der Oberfläche des Kunstseidenfadens angelagert. Durch Adsorptionskräfte und durch die Umhüllung mit den mehr oder weniger klebenden Weichmachungsmitteln, bzw. Fettstoffen werden die Pigmente von der Kunstseide festgehalten. Nur geringe Anteile davon sind tiefer in die Cellulose eingedrungen.

Es entsteht die Frage, warum nicht versucht wurde, durch weitgehende Zerkleinerung und Homogenisierung die Pigmentteilchen so zu verkleinern, daß eine tiefergehende und damit auch beständigere Mattierung erzeugt werden kann. Nach CHWALA [32] ist die chemisch-mechanische Dispergierung von festen Stoffen bestenfalls bis zu jenem Teilchengrad durchführbar, der von Natur aus in Form präexistenter Teilchen, die stets Agglomerate mehr oder minder größeren Ausmaßes darstellen, vorliegt.[1]

Beispielsweise gelingt es, durch mechanische Zerkleinerung der Weißpigmente in Gegenwart von Natriumpyrophosphat und in einigem Abstande in Anwesenheit von Salzen der Zitronensäure eine Erhöhung des Dispersitätsgrades zu erzielen. Trotzdem ist die Mattierung noch immer oberflächlich und unbeständig gegen wäßrige Flotten.[2]

Im allgemeinen kann gesagt werden, daß die Pigmentaufnahme ungefähr 2 bis 4%, bezogen auf trockene Ware, betragen soll, um einen ausreichenden Matteffekt zu geben. Außerdem müssen noch genügende Mengen Fettstoffe auf die Faser gebracht werden, um den Pigmenten einen gewissen Halt auf der Faser zu erteilen und um den harten Griff, der durch die scharfkantigen, rauhen Pigmente verursacht wird, wieder genügend weich zu machen. Der Anteil derartiger Fettstoffe kann bis zu 5% und mehr, bezogen auf das Warengewicht, betragen.

Die Zusammensetzung der Mattierungsmittel, insbesondere der früher benutzten Erzeugnisse, wechselt stark, je nach den verwendeten Komponenten. Sie enthalten ungefähr

$$
\begin{array}{lll}
20 \text{ bis } 30\% & \text{Fettstoffe,} \\
20 \quad ,, \quad 40\% & \text{Pigmente,} \\
40 \quad ,, \quad 20\% & \text{Wasser.} \cdot
\end{array}
$$

Ebenso werden noch Zusätze von hygroskopischen, wasseranziehenden Stoffen, beispielsweise Glycerin, Dextrose u. dgl., bzw. das Stäuben verhindernde Schutzkolloide (Alginate u. dgl.) in einem Betrage zugesetzt, der etwa 5 bis 8% des gesamten Mattierungsmittels ausmachen kann. In der Tab. 136 ist der Gehalt an Fettstoffen und Pigmenten mehrerer, früher benutzter Mattierungsmittel nach LASSÉ [34] zusammengestellt.

---

[1] Der Größenordnung nach bewegen sich diese Aggregate um 100 bis 1000 Å, d. i. etwa 10^{-6} bis 10^{-5} cm [33].

[2] Bisher unveröffentlichte Versuche des Verfassers.

Tabelle 136. Zusammensetzung früher ge-
bräuchlicher Mattierungsmittel.
(Nach Lassé.)

Mattierungs-mittel	Wasser in Prozenten	Pigmente in Prozenten	Fettstoffe in Prozenten
1. O	66,5	16,1	17,4
2. C	38,8	42,5	18,7
3. J	24,2	46,6	29,2
4. Z	23,3	31,6	45,1
5. A	91,0	2,5	6,5

Als Pigmente verwendet man hauptsächlich Titandioxyd, Lithopon, Zinkweiß, Bariumsulfat, Zinksulfidweiß, Aluminiumoxyd, Kreide, China-clay, Walkerde, Bentonit u. dgl. Die weichmachenden Fettstoffe bzw. Stabilisatoren sind vom Typ der sulfonierten Öle bzw. sulfonierten Fette, beispielsweise Olivenöl, Ricinusöl, Erdnußöl, Talg, Japantalg u. dgl. Nach der großtechnischen Erzeugung der Fettalkoholsulfonate werden diese in ausgedehntem Maße als Fettstoffbasis benutzt, ebenso hochmolekulare, kationaktive Fettstoffe.

Zur Erhöhung der Badbeständigkeit und zur Verhinderung der Sedimentation können als Schutzkolloide in beschränktem Umfang Verwendung finden:

Pflanzenschleime (Alginate), Tragant, Albumine, Leim, Malzabbau-produkte und synthetische, hochmolekulare, organische Verbindungen, wie *Tylose, Emulphor* u. dgl.

Solcherart setzen sich die meisten Mattierungsmittel zusammen. Im nachfolgenden sind einige der in der Praxis benutzten Präparate zur Einbad-mattierung angeführt:

Mattierung LC (Zschimmer & Schwarz),
Visco-Mattyl 33 (A. Th. Böhme-Dresden).

Größere Bedeutung für die Praxis hat das hauptsächlich von Prior [35] ausgearbeitete Foulardmattierungsverfahren zum Mat-tieren von Stückware gewonnen. Infolge der hohen Arbeitsgeschwin-digkeit am Foulard ist wegen des sonst unegalen Ausfalls der Mattierung ein substantiv aufziehendes Mattierungsmittel nicht an-wendbar.

Für diesen Zweig der Mattierungsmittel wurden von den textilhilfsmittel-erzeugenden Firmen Produkte in den Handel gebracht, die im allgemeinen auf sulfoniertem Talg und einem billigen Pigment, z. B. Walkerde, Kaolin (z. B. Kolloidkaolin) u. dgl., aufgebaut sind und in Form einer konzentrierten Suspension auf die Ware aufgebracht werden. Das Mattierungsmittel wird, ähnlich wie eine Appretur, während einer kurzen Warenpassage auf die Stückware aufgeklotzt. Gleichzeitig tritt eine Erschwerung ein, die 10 bis 20% betragen kann.

Im Handel befinden sich u. a. folgende Foulardmattierungsmittel:[1]
Estemattierung P (Stockhausen & Co.),
Foulardmattine T 190 W (Böhme Fettchemie Ges. m. b. H.),
Foulardmattine K (Böhme Fettchemie Ges. m. b. H.),
Foulardmattine F (Böhme Fettchemie Ges. m. b. H.),
Mattierung A 85 (Zschimmer & Schwarz),
Visco-Mattyl 65 (A. Th. Böhme-Dresden),
Ramin S (Deutsche Houghton Fabrik),
Mattoran FLD (Oranienburger Chem. Fabrik).

Die Darstellung einer derartigen Foulardmattierung geschieht etwa wie folgt: 30 kg Pigment, z. B. Kaolin, Zinkoxyd, Lithopon, Chinaclay, werden in 15 kg Fettstoff, z. B. geschmolzener, sulfonierter Talg oder emulgierte Fette, wie Japantalg u. dgl., angeteigt und unter stetem Rühren und Aufkochen mit 70 l Wasser vermischt, so daß eine cremige, dickflüssige Masse entsteht. Die Dichte der Flotte soll bei 35° C 18 bis 20° Bé sein.

Eine praktisch wichtige und kolloidchemisch interessante Bereicherung erfuhren die Einbadmattierungsmittel durch die Verwendung sog. kationaktiver Stoffe (BERTSCH [36]). Im Gegensatz zu den Alkalisalzen höhermolekularer Fettsäuren, Schwefelsäureestern, echten Sulfonsäuren besitzen die sog. kationaktiven Stoffe positiv geladene Fettkettenionen (vgl. S. 61) und reichern sich an der negativ geladenen Celluloseoberfläche an. Diese interessante Wirkung kationaktiver Stoffe war bereits früher bekannt [37]. Die Verwendung derselben zu Einbadmattierungsmitteln ist erst später ausgebaut worden, was hauptsächlich ein Verdienst der Böhme Fettchemie Ges. m. b. H. ist [38].

Zunächst werden die Pigmente, in den handelsüblichen Erzeugnissen Zinksulfidweiß, mit negativ aufladenden, weichmachenden Stoffen, z. B. Fettalkoholsulfonaten, in Wasser dispergiert. Man erhält eine Suspension, deren Teilchen negativ geladen sind. Nun fügt man kationaktive Verbindungen, z. B. das leicht herzustellende Laurylpyridiniumsulfat (bzw. Bisulfat),[2] in Form einer wäßrigen Lösung zu. Es tritt Flockung der beiden entgegengesetzt geladenen Kolloide, die eine Art unlösliches Salz (Elektroneutralverbindung) bilden, ein; das suspendierte Pigment wird hierbei mitgerissen. Man setzt solange von dem kationaktiven Stoff zu, bis die gesamte anionaktive Verbindung, beispielsweise dodecylschwefelsaures Natrium, nach der Gleichung

---

[1] Vielfach verwendet man obige Foulardmattierungsmittel gemeinsam mit sulfonierten Ölen und Fetten. Beispielsweise rührt man 35 kg *Estemattierung P* in 12 kg geschmolzenes *Tallosan ST, M* oder *Tallosan 34* (Stockhausen & Co.) ein, setzt 3 l Glycerin zu und vermischt zu einer homogenen Masse

[2] Es entsteht durch Kondensation aus dem Laurylschwefelsäureester und Pyridin bei 160 bis 180° C nach der Gleichung

$$C_{12}H_{25}OSO_3H + \text{[Pyridin]} \rightarrow C_{12}H_{25}-\overset{+}{N}-OSO_3H \qquad (2)$$

Laurylschwefel-   Pyridin.   Laurylpyridinium-
säureester.   bisulfat.

$$[C_{12}H_{25}OSO_3]^{\ominus} + Na^{\oplus} + \left[\underset{N-C_{12}H_{25}}{\bigodot}\right]^{\oplus} + HSO_4{}^{\ominus} =$$

$$= \left[\underset{C_{12}H_{25}-\overset{+}{N}\,O_3S\overset{-}{O}C_{12}H_{25}}{\bigodot}\right] + Na^{\oplus} + HSO_4{}^{\ominus} \tag{3}$$

in ein unlösliches Salz übergeführt worden ist. Die ursprünglich weiße
Milch der Pigmentsuspension ist verschwunden; über dem am Boden
abgesetzten Pigment befindet sich eine wasserklare Lösung. Man gießt
das Wasser ab und teigt mit einem Überschuß des kationaktiven Lauryl-
pyridiniumsulfates, eventuell unter Zusatz hygroskopischer Substanzen,
z. B. Glycerin, an, wobei Peptisation unter Bildung einer positiv geladenen
Pigmentsuspension eintritt, die substantiv auf Cellulosefasern aufzieht.

Ein auf diesen Gedankengängen aufgebautes substantiv aufziehendes
Mattierungsmittel ist unter dem Namen *Radiummattine T 53* (Böhme Fettchemie Ges. m. b. H.) im Handel.

Es kommen die Marken *T 53 A*, *T 53 B*, *T 53 C* und *T 53 K* (letztere
Variante für die Mattierung realer Seide, insbesondere für Strümpfe) zur Verwendung. Die Spezialmarke *Radiummattine T 53 B* besitzt ein besonders
ausgeprägtes Egalisiervermögen.

Die positiv geladenen Pigmentsuspensionen dieses Mattierungsmittels
ziehen substantiv auf die Faser auf. Es entsteht eine gleichmäßige,
homogene Mattierung, wie aus Abb. 136 ersichtlich ist. Die Bindung
zwischen Faser und Pig-
menten ist so groß, daß
die Mattierung wasser-
echt ist; hingegen wird
durch Seife oder Soda-
lösungen, besonders in der
Hitze und unter energi-
scher Behandlung, die
Mattierung mehr oder
minder ausgewaschen. Die

Abb. 136. Mikrophotographie einer mit *Radium-Mattine T 53*
mattierten Kunstseide. (Nach REUMUTH.)

nur lose, salzartige Bindung zwischen den Fettalkoholsulfonatanionen
und den Laurylpyridiniumkationen wird leicht aufgespalten; Hydroxylionen bewirken eine vollständige Trennung. Anderseits kann durch
überschüssige, anionaktive Waschmittel weitgehende Peptisation des
unlöslichen Salzes eintreten, wodurch die Mattierung waschunbeständig
wird (vgl. auch S. 364).

In mancher Beziehung verhalten sich kationaktive Pigmentsuspensionen wie ein regelrechter Farbstoff; insbesondere kann das Aufziehvermögen durch Temperaturänderungen und durch Salzzusätze beeinflußt und direkt gesteuert werden. Die Tab. 137 bringt nach GÖTTE [39]

den Temperatureinfluß bzgl. der Aufziehgeschwindigkeit, gemessen durch die Veränderung der Glanzzahl.[1]

Tabelle 137. Temperaturabhängigkeit der Aufziehgeschwindigkeit von *Radiummattine T 53 B.* (Nach GÖTTE.)

Behandlungs-temperatur °C	Behandlungszeit Minuten	Mattierungs-mittel *Radium-mattine T 53 B* g/l	Glanzzahl
—	—	—	40,3
2	10	2	6,4
10	10	2	5,9
20	10	2	5,6
30	10	2	4,8
40	10	2	4,6
50	10	2	3,8
60	10	2	3,8

Wie aus der Tab. 137 ersichtlich ist, tritt durch Steigerung der Temperatur eine allmähliche Zunahme des Matteffektes ein; vgl. auch Abb. 137. Setzt man den ursprünglichen Glanz (Glanzzahl 40,3) gleich 100, so sinkt derselbe bei einer Mattierung mit 2 g *Radium-*

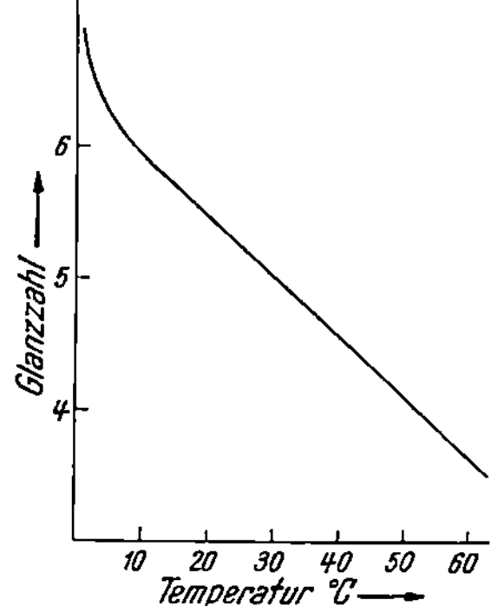

Abb. 137. Abhängigkeit des Mattierungseffekts (Glanzzahl) von der Mattierungstemperatur beim *Radiummattine T 53 B.* (Nach GÖTTE.)

Abb. 138. Einfluß von Salzzusätzen auf den Mattierungseffekt durch *Radiummattine T 53 B.* (Nach GÖTTE.)

mattine T 53B im Liter bei 50 bis 60° C auf 9,4%. Steigert man die angewendete Menge Mattierungsmittel auf 6 g/l, so wird der Glanz sogar auf 6,6% vermindert.

Interessant ist der Einfluß von Salzzusätzen, z. B. Glaubersalz, auf die Glanzverminderung. Wie aus Tab. 138 und Abb. 138 ersichtlich, steigt

---

[1] Gemessen wurde mit dem PULFRICHschen Stufenphotometer; die Glanzzahlen wurden nach KLUGHARDT bei einem Kippwinkel von $22^{1}/_{2}°$ bestimmt.

zunächst mit wachsender Salzmenge der Mattiereffekt, bis ein Minimalwert des Glanzes erreicht wird. Darüber hinausgehende Salzzusätze wirken wieder glanzerhöhend.

Durch die Verwendung kationaktiver Stoffe in Pigmentsuspensionen leidet die Lichtechtheit der damit mattierten gefärbten Textilwaren. Überdies erleidet der Farbton bei manchen Farbstoffen einen Umschlag. Man hat versucht, diesem Übelstand durch eine Nachbehandlung zu begegnen. Es wurden unter der Bezeichnung *Mattineentwickler T 170* und *Mattineentwickler KM* (beide Böhme Fettchemie Ges. m. b. H.) Nachbehandlungsmittel für substantive Mattierungen mit dem *Radiummattine T 53* herausgebracht. Sie dürften zum Teil auf Basis von Gerbstoffen aufgebaut sein [40].

Tabelle 138. Einfluß von Salzzusätzen auf den Mattierungseffekt bei *Radiummattine T 53 B*, 2 g/l, 15 Minuten Mattierungsdauer, 30° C. (Nach Götte.)

Salzgehalt der Flotte g Na$_2$SO$_4$/l	Glanzzahl
0	5,4
1,6	4,7
4,8	4,4
10,0	5,3

Neben den kationaktiven, substantiv aufziehenden Mattierungsmitteln gibt es im Handel noch andere Erzeugnisse, die, obwohl anionaktiv, eine gewisse Affinität zur Faser besitzen.

Unter dem Namen *Orapret MAT*, bzw. in pulverförmiger Form als *Mattoran A* (Oranienburger Chemische Fabrik) kommen derartige Mattierungsmittel in den Handel. Man mattiert beispielsweise mit etwa 8 g *Orapret MAT*, bzw. 4 g *Mattoran A* im Liter unter Zusatz von 0,3 g Calciumchlorid, bzw. 0,5 g Bittersalz, kristallisiert, je Liter. Unter dem Einfluß dieser Salze tritt eine gewisse Substantivität zur Kunstseidenfaser auf.

Unter der Bezeichnung *Estemattierung HS* (Stockhausen & Co.) wurde ein Mattierungspräparat in den Handel gebracht, das ebenfalls ·anionaktiv wirkt und zur Kunstseidenfaser Affinität besitzt. In Zusammenhang damit ist ein Hinweis des Patentschrifttums [41] erwähnenswert, wonach Monofettsäurepolyglyceride[1] das Aufziehen von Pigmenten begünstigen sollen.

Ein weiteres substantives spülechtes Mattierungsmittel ist das *Dullit S* (I. G. Farbenindustrie A. G.). Für Mischgewebe aus nichtmattierter Zellwolle oder Kunstseide und Wolle ist das substantive Mattierungsmittel *Dullit MG* (I. G. Farbenindustrie A. G.) ausgearbeitet worden, das im wesentlichen nur auf die Zellwolle aufzieht.

Außer den bisher beschriebenen Mattierungsmitteln, die sämtlich Pigmente enthalten, gibt es noch Handelsprodukte, die gleichfalls im Einbadverfahren arbeiten, sich aber von den vorgenannten Mattierungsmitteln durch das Fehlen von vorgebildeten Weißpigmenten (Titanweiß, Zinksulfidweiß, Lithopon u. dgl.) unterscheiden.

Der kolloidchemische Vorgang ist dabei meist der, daß ein in der Kälte stabiles, an sich keinen Matteffekt hervorrufendes System durch Hydrolyse bei erhöhter Temperatur zur Abscheidung von festen, undurchsichtigen und mattierenden Stoffen führt.

---

[1] Deren allgemeine Formel ist RCOO(CH$_2$CHOHCH$_2$O)$_x$CH$_2$CHOHCH$_2$OH (R bedeutet einen höhermolekularen Fettsäurerest).

Die Aluminiumsalze aromatischer Orthodicarbonsäuren oder deren Derivate, wie z. B. Phthalsäure, Tetrachlorphthalsäure, erleiden in der Hitze, bei zirka 60 bis 80° C, nach den Gleichungen:

$$\text{(Phthalat)} \quad C_6H_4(COO)_2{>}Al{-}OH + H_2O \rightleftarrows C_6H_4(COOH)(COO{-}Al{-}(OH)_2) \downarrow$$

$$\text{(Tetrachlorphthalat)} \quad C_6Cl_4(COO)_2{>}Al{-}OH + H_2O \rightleftarrows C_6Cl_4(COOH)(COO{-}Al{-}(OH)_2) \downarrow$$

Hydrolyse, die zur Abscheidung eines weißen Pigments von basischen Aluminiumsalzen in der Kunstseidenfaser führt, wodurch ein Matteffekt entsteht [42]. Da das in der Kälte noch nicht hydrolysierte Aluminiumphthalat zu einem gewissen Teil in das Innere des Kunstseidenfadens eindringt und somit bei der nachfolgenden Hydrolyse das undurchsichtige, weiße, basische Aluminiumphthalat ebenfalls zum Teil im Inneren der Hydratcellulose entsteht, besitzt eine derartige Mattierung Wasserechtheit.

Unter dem Namen *Dullit W* (I. G. Farbenindustrie A. G.) kommt ein derartiges Mattierungspräparat in den Handel. Ein Nachteil dieses Verfahrens ist die starke Verschlechterung des weichen Griffes der Kunstseide, weshalb man gleichzeitig oder nachträglich mit sog. Avivagemitteln eine Verbesserung des verschlechterten Griffes erzielen muß. Arbeitet man gleichzeitig mit einem Mattierungs- und Avivagebad, so muß ein salzbeständiges Weichmachungsmittel, z. B. *Soromin*[1] (I. G. Farbenindustrie A. G.), verwendet werden. Als Nachavivagemittel kommen vorzugsweise sulfonierte Öle und Fette oder Fettalkoholsulfonate, z. B. *Monopolbrillantöl SO* 100% (Stockhausen & Co.), *Brillantavirol* (Böhme Fettchemie Ges. m. b. H.) und verschiedene andere in Betracht.

Ein weiteres Verfahren, durch Hydrolyse von zunächst kolloid dispergierten Stoffen in der Faser unlösliche, makrodisperse, mattierende Einlagerungen zu erzeugen, ist die sog. Stannatmattierung [43].

Man behandelt die Kunstseide mit alkalischen Lösungen von Zinnsäure (Stannate); beim Trocknen werden die Stannate zersetzt und es kommt zur Einlagerung von Zinnsäure in die Kunstseidenfaser. Da die Stannate alkalisch reagieren,[2] erfolgt starke Quellung der Hydratcellulose, so daß die Stannate auch ins Innere der Kunstfaser diffundieren.

Unter dem Namen *Delustran FL* (Sandoz) wird ein derartig aufgebautes Erzeugnis in den Handel gebracht. Der Weißgehalt des Zinnsäurepigments ist infolge der starken Lasierfähigkeit des Zinnsäuregels nicht sehr groß; demnach tritt keine allzu starke Aufhellung gefärbter Textilien beim Mattieren

---

[1] Z. B. *Soromin-AF*-Paste oder *Soromin-N*-Pulver. (I. G. Farbenindustrie A. G.)

[2] Ein Teil des Alkalis wird durch Hydrolyse unter Bildung von Lauge abgespalten, weshalb Stannatlösungen stark alkalisch reagieren.

mit Stannaten ein.[1] Die Stannatmattierung hat sich zum Mattieren von Strümpfen und von kunstseidenen Bändern eingeführt.

Ähnliche Gedankengänge werden im D.R.P. 513079 (Gardner), E.P. 371293 (Speitel & Schenk) und F.P. 743922 (Dreyfus) behandelt. Imprägniert man Kunstseide mit einer 0,4%igen Lösung von Titansulfat und hydrolysiert durch Trocknen bei erhöhter Temperatur, so entsteht eine Mattierung, deren Pigmentteilchen zum Teil im Innern der Kunstfaser sitzen. Praktische Bedeutung scheint diese Variante allerdings nicht zu besitzen.

Neuerdings wurde eine interessante kolloidchemische Variation der Einbadimprägnierung auf Basis nicht vorgebildeter Pigmente von der Gesellschaft für chemische Industrie vorgeschlagen [44].

Löst man Kunstharzhalbkondensate aus Harnstoff und Formaldehyd in Säuren und verdünnt diese Lösungen mit Wasser, so erhält man kolloiddisperse kunstharzbildende Lösungen. Darin eingegebene Kunstseide zieht einen Teil des kolloid verteilten Kunstharzes auf. Beim Trocknen koaguliert die kolloide Lösung und es entsteht eine waschechte Mattierung auf Basis eingelagerter, fein verteilter Kunstharzpigmente. Diese Variation kann auch so ausgeführt werden, daß gleichzeitig Weißpigmente mitverwendet werden [45]. Diesen Gedankengängen entsprechende Handelserzeugnisse sind *Uromat I* und *Uromat II* (Gesellschaft für chemische Industrie, Basel).

In ähnlicher Weise werden Formaldehydharnstoffhalbkondensate, wie Dimethylolharnstoff, die noch wasserlöslich sind, aufgetragen und durch Säure (Passage durch ein Säurebad) fertig kondensiert. Unter dem Namen *Dullit D* (I. G. Farbenindustrie A. G.) kommt ein solches Mattierungsmittel, vorzugsweise für den Mattdruck, aber auch für die Stückmattierung, in den Handel [46].

b) Nachmattierung von Acetatseide.

Die früher beschriebenen Nachmattierungsverfahren sind zum Teil auch auf Acetatseide anwendbar; es hat sich jedoch eine Reihe einfacherer Prozeßführungen ausgebildet, die sich auf der der Acetatseide zukommenden Eigenschaft aufbauen, mit heißem Wasser, Seifenlösungen, Laugen u. dgl. matt zu werden. Früher nahm man an, daß sich hierbei ein Matteffekt als Folge des Verseifungsprozesses der Celluloseacetate ausbildet. Es scheint aber, daß der durch Verseifung bewirkte chemische Matteffekt nur von untergeordneter Bedeutung ist [47]. Man hat selbst bei starker Essigsäureabspaltung völlig glänzende Acetatseide erhalten; zum andern trat beim bloßen Kochen von Acetatseide mit Wasser ein Matteffekt ohne nennenswerte Essigsäureabspaltung ein. Da Acetatseide bei ungefähr 70° C plastisch und formbar wird, führt man das Auftreten eines Matteffektes durch warme Seifenlösung u. dgl. auf Rissebildung durch strukturelle Veränderungen im Gefüge der Acetatseide zurück. Eine trockene Hitzebehandlung regeneriert wieder den Glanz; der so erzeugte Matteffekt ist deshalb nicht bügelecht. Offenbar werden die meist oberflächlichen, strukturellen Veränderungen der Acetat-

---

[1] Behandelt man Kunstseide mit Natriumstannat, wobei dieses von der Faser merklich aufgenommen wird, und spült mit hartem Wasser, so bilden sich die entsprechenden Erdalkalistannate, die teilweise im Innern der Faser entstehen und eine wasserechte Mattierung ergeben; vgl. auch S. 379.

seide durch die Einwirkung der trockenen Hitze wieder rückgängig gemacht.

Die Nachmattierung der Acetatseide ohne Verwendung von Pigmenten bzw. pigmenterzeugenden Stoffen geschieht am einfachsten mit heißer, verdünnter Seifenlösung [48].

Man behandelt beispielsweise mit einer Marseillerseifenlösung, die 2 bis 20 g/l enthält, bei 90 bis 95° C. Das p_H der Seifenlösung beträgt etwa 10,1 bis 10,3.

Acetatseide mit mehr als 54 bis 55% Acetatgehalt wird selbst bei zweistündigem Kochen mit verdünnter Seifenlösung nur ungenügend matt. Deshalb setzt man vielfach verschiedene Zusätze der Seifenlösung zu, wodurch ein besserer und gleichmäßigerer Ausfall des Matteffektes erzielt wird. Dies gilt nicht nur für Acetatseiden mit hohem Essigsäuregehalt, sondern auch für gewöhnliche Acetatseide.

Am bekanntesten ist die Verwendung eines Gemisches von Phenol und Seife [49]. Man setzt dem Seifenbad 1 bis 2 g/l Phenol zu und behandelt eine halbe bis eine Stunde bei 95 bis 96° C. Die günstige Wirkung des Phenols ist auf ein gewisses Quellvermögen desselben auf die Acetylcellulose zurückzuführen. Es wird dadurch der plastische Zustand, der zu den strukturellen Veränderungen des Acetatseidenfadens unbedingt notwendig ist, leichter und rascher erreicht.

Die Quellfähigkeit der Acetatseide in manchen organischen Stoffen wird zur Erzielung eines besseren Matteffektes in verschiedenen Patentschriften beschrieben, z. B. bewirken Emulsionen von Terpentinöl [50], Pineoil [51], Naphthalin in Xylol [52] ein oberflächliches Aufquellen der Acetylcellulosesubstanz. Ebenso scheinen kolloid gelöste, kationaktive Stoffe, wie z. B. Cetylpyridiniumbromid bzw. Trimethylcetylammoniumbromid, gute Quellwirkung im Verein mit ihrer Anreicherungsmöglichkeit an negativ geladenen Grenzflächen zu besitzen, wie dahingehende Patentvorschläge [53] angeben.

Dreiundzwanzigster Abschnitt.

Mittel zur porös-wasserabweisenden Imprägnierung von Textilwaren.

Die Hydrophobierung, d. i. die Verminderung der Wasseraffinität von Textilien, die im Grenzfall bis zur Unempfindlichkeit und Undurchlässigkeit von Wasser geht, gehört mit zu den ältesten Verfahren der Textilindustrie. Dieser Industriezweig wurde aus dem Bestreben entwickelt, die Ware vor dem schädlichen Einfluß des Wassers zu bewahren, bzw. einen Schutz gegen Wetterunbilden zu geben. Schon frühzeitig wurden Wagendecken (Plachen), Zeltwerk u. dgl. wasserundurchlässig gemacht. Man behandelte das Textilgut mit trocknenden Ölen, etwa Leinölfirnis, wodurch nach dem Trocknen die einzelnen Fasern und die Zwischenräume zwischen diesen mit einer homogenen, filmartigen Schicht erfüllt wurden, die sich über das ganze Gewebe erstreckte und die Wasserdichtigkeit gewährleistete (Öltucherzeugung).

Man wendet auch heute derartige Verfahren vorzugsweise unter Verwendung von *Latex* an und bezeichnet diesen Vorgang als „Gummieren".[1]

Zur wasserabweisenden Ausrüstung von Textilien verwendet man jetzt mit Vorliebe solche Verfahren, die unter Erhaltung der Zwischenräume zwischen den einzelnen Gewebefasern (Poren) ein Abperlen auftropfenden Wassers bewirken (*porös-wasserabweisende* Imprägnierung). Man arbeitet weniger auf absolute Wasserundurchlässigkeit hin, sondern wünscht bei Erhaltung der Porosität einen wasserabweisenden Effekt oder wenigstens ein erschwertes Eindringen des Wassers in die Textilfaser. Dazu ist es nicht notwendig, alle Poren zu verkleben. Es genügt, wenn die Einzelfäden (Schuß und Kette) genügend viele hydrophobe Stellen aufweisen, um dem Eindiffundieren des Wassers genügend Widerstand entgegenzusetzen. Es muß der Randwinkel an diesen Stellen so groß sein, daß ein Benetzen durch aufgebrachte Wassertröpfchen nicht möglich ist oder zumindest sehr erschwert wird. Hierzu dienen in erster Linie Fettstoffe mit einem höhermolekularen, hydrophoben Kohlenwasserstoffrest, wie etwa Paraffin, Ceresin u. dgl. Der Randwinkel dieser Stoffe ist sehr groß und beträgt über 100° (vgl. S. 104).

Die Zwischenräume zwischen den einzelnen Fasern sind dann, wie in der unbehandelten Ware mit Luft erfüllt. Die hydrophoben Stoffe, die auf den Gewebefasern aufgelagert sind, verhindern das Netzen und Durchdringen von Wasser nur, wenn die Poren nicht zu groß sind, so daß die Wassertröpfchen einfach durchfallen. Es eignen sich deshalb die Methoden der oberflächlichen Hydrophobierung in erster Linie für dichter eingestellte Stoffe. Dagegen zeigen sie nicht den Mangel der sog. Gummierung, nämlich die Transpiration bei der Hautatmung unmöglich zu machen, da das gummierte Gewebe den Wasserdunst, der durch die Haut an die Umgebung abgegeben wird, nicht durchläßt. Ferner wird bei der Gummierung das Gewebe stets steif und neigt zur Brüchigkeit.

Ein weiteres Anwendungsgebiet der Methoden zur oberflächlichen Hydrophobierung von Textilien ist durch das verstärkte Auftreten der Kunstspinnfasern gegeben. Durch das Mitverspinnen von Zellwolle mit Schafwolle oder Baumwolle wurde ein Fasertyp geschaffen, der gegen Wassereinfluß nicht unempfindlich ist. Die Hydratcellulose, die den Kunstspinnfasern zugrunde liegt, ist stärker hygroskopisch als Wolle und Baumwolle (vgl. S. 27); sie nimmt begieriger Wasser auf als letztere und behält es beim Trocknen auch länger. Wird deshalb ein Gewebe aus Mischgarn durch Regen naß, so kommt es zu einer Änderung der Elastizitätsverhältnisse und zur Verschiebung des Webbildes, die man als „Wasserflecke" [1] bezeichnet. Durch Imprägnierung mit hydrophoben Stoffen kann bei voller Wahrung der Porosität die zu starke Hydrophilie der Kunstfasern zurückgedrängt werden, so daß die durch verschiedenartige Spannung der feuchten Kunstfaser bzw. Woll- und Baumwollfaser auftretenden Wasserflecken vermieden werden (Krumpffestmachen konfektionierter Ware).

Die große Hydrophilie der Kunstspinnfasern im Vergleich zu den natürlichen, tierischen und pflanzlichen Fasern kommt bereits bei der Verarbeitung der Rohstoffe zu Garn zum Ausdruck. Schmälzt man Gemische von Schafwolle-Zellwolle, bzw. Baumwolle-Zellwolle mit wäßrigen Dispersionen geeigneter Schmälzmittel (siehe S. 218), so nimmt die Zellwolle begierig das Emulsionswasser auf, so daß es zur teilweisen Entmischung der aufgebrachten

---

[1] Sowohl die Öltucherzeugung als auch das Gummieren sollen hier wegen des Fehlens typischer Handelspräparate nicht näher behandelt werden.

Emulsion durch die verschiedene Aufnahmsfähigkeit der angewandten Fasersorten kommt. Wenn man sich auch in einem solchen Falle dadurch helfen kann, daß man zunächst die eine Faserpartie, z. B. Wolle, schmälzt und hierauf erst die Zellwolle einarbeitet, was allerdings eine Komplikation bedeutet, so ist eine oberflächliche Hydrophobierung der zu stark hydrophilen Kunstspinnfasern nur wünschenswert. Dies ist um so mehr der Fall, als die Naßreißfestigkeit regenerierter Cellulosefäden bekanntermaßen ungünstig ist und nur etwa 40 bis 60% der Trockennaßreißfestigkeit beträgt.

Bei Verwendung von Badekostümen wurde es vielfach als unangenehm empfunden, daß der Trocknungsvorgang eine unverhältnismäßig lange Zeit in Anspruch nimmt. Eine Behandlung mit geeigneten wasserabweisenden Mitteln setzt das Wasseraufnahmevermögen der Badetrikots herab, wodurch der Trockenvorgang rascher vor sich geht.

Eine oberflächliche Hydrophobierung der Strümpfe würde das lästige Eindringen von Schmutzteilchen und Wassertropfen bei Schlechtwetter erschweren, wodurch die Reinigung leichter und rascher möglich wäre [2].

Diese Beispiele aus der Praxis zeigen, welche Anforderungen man heute an wasserabweisende Mittel stellt.[1]

Die im Handel anzutreffenden Erzeugnisse können nach ihrer Wirkungsweise unterteilt werden:

I. Mittel, die durch Ablagerung von hydrophoben Stoffen mit großem Randwinkel gegen Wasser auf der Faseroberfläche ein Benetzen durch Wasser verhindern bzw. erschweren.

II. Mittel, die durch oberflächliche chemische Veränderung der Wollfaser unter Ausbildung einer neuen, hydrophoben Verbindung einen wasserabweisenden Effekt verursachen.

I. Hydrophobierung durch Ablagerung wasserabweisender Stoffe auf der Textilfaser.

Die Ablagerung wasserabweisender, hydrophober Stoffe auf der Textilware ist neben der Öltucherzeugung das älteste Verfahren zur Erzielung eines wasserabweisenden Effektes. Es ist bekannt, durch Behandeln des Textilgutes mit löslichen Aluminiumsalzen, vorzugsweise Aluminiumacetat, und darauffolgendem Trocknen basische Aluminiumacetate, die wasserunlöslich sind, auf der Ware abzuscheiden. Diese verhältnismäßig primitive Imprägnierungsweise zur Erzielung einer wasserabweisenden oder wasserabstoßenden Wirkung wird heute nur mehr selten angewandt. Man stellt entweder durch chemische Umsetzung der höhermolekularen Seifen mit Aluminium-, Zink-, Kalk- u. dgl. Salzen im Zweibadverfahren wasserunlösliche Metallseifen, die infolge des hydrophoben Kohlenwasserstoffrestes gegen Wasser einen großen Randwinkel besitzen, auf der Faser

---

[1] Die porös-wasserabweisende Imprägnierung kann in An- oder Abwesenheit von Wasser geschehen. Man spricht demgemäß von einer *Naß*- bzw. *Trocken*-Imprägnierung. Für die Praxis eignen sich in erster Linie wegen der Billigkeit und bequemen Durchführung die Naßimprägnierungen, während die Trockenimprägnierungen wegen der Verwendung teurer, entzündlicher Lösungsmittel (Benzin) nur selten benutzt werden; vgl. aber S. 400.

her oder behandelt das Textilgut im Einbadverfahren mit solchen Mitteln, die derartige unlösliche Metallseifen bereits vorgebildet enthalten; zur Unterstützung des wasserabweisenden Effektes enthalten diese Mittel fein emulgiertes Paraffin und Aluminiumsalze (Acetat, Formiat), die beim Trocknen und durch Hydrolyse zersetzt werden. Es sind demnach zu unterscheiden:

1. Zweibadverfahren,
2. Einbadverfahren.

a) Wasserabweisendmachen nach dem Zweibadverfahren.

Als Ausgangsmaterialien dienen vielfach höhermolekulare Seifen, wie Natriumoleat, Marseillerseife, Kernseife und Aluminiumacetat bzw. -formiat.[1] Die chemische Umsetzung beider Komponenten erfolgt nach der Gleichung:

$$2\,RCOONa + Al(OH)(C_2H_3O_2)_2 \rightarrow (RCOO)_2AlOH + 2\,CH_3COONa. \quad (1)$$

Die Reihenfolge der beiden Reaktionsteilnehmer an der Umsetzung ist für den Ausfall des wasserabweisenden Imprägniereffektes und für den Griff nicht gleichgültig. Wird zuerst mit Aluminiumacetat getränkt und im zweiten Bade nach dem Zwischentrocknen mit Natriumoleatlösung behandelt, so resultiert ein mehr weicher, „seifiger" Griff. Der Imprägniereffekt hingegen erreicht hierbei nicht jenes Optimum, das man erhält, wenn man zuerst mit Seife behandelt und hierauf nach dem Zwischentrocknen durch ein Aluminiumsalzbad zieht. Im letzteren Falle ist der Griff etwas härter, der wasserabweisende Effekt aber größer, da sich neben den reinen Aluminiumseifen infolge des Überschusses an Aluminiumsalz durch Hydrolyse beim Trocknen unlösliche, basische Aluminiumsalze, z. B. Acetat, ausbilden, welche die von den Aluminiumseifen noch nicht besetzten Faseranteile erfüllen und auch diese hydrophobieren.

Bei der praktischen Durchführung behandelt man zuerst mit Seifenlösungen (2 bis 10 g/l), schleudert ab, trocknet und behandelt dann mit Aluminiumformiat oder Acetatlösung, deren Dichte 2 bis 5° Bé beträgt, und trocknet wieder. Zur Verstärkung der Hydrophobie kann die Behandlung allenfalls mehrmals wiederholt werden. Das essigsaure oder ameisensaure Tonerdebad darf nicht zu basisch sein, damit es nicht im Bade selbst zur Ausfällung von Aluminiumseife kommt. Man setzt deshalb öfters Essigsäure oder Ameisensäure dem Bade zu, etwa 50 cm³ Essigsäure, 80%ig, zu 100 l Flotte [4].

Wenn man auch in der Praxis vielfach wie oben beschrieben verfährt, so ist es weiters möglich, zuerst mit Aluminiumsalzen zu imprägnieren, zu trocknen und dann erst durch ein Seifenbad zu passieren. Es muß hierbei

---

[1] Gewöhnlich verwendet man Lösungen von einfach basischem Aluminiumacetat oder -formiat, z. B. $Al(OH)(C_2H_3O_2)_2$. Diese Lösungen sind verhältnismäßig verdünnt (8- bis 10%ig). Es ist deshalb ein Fortschritt, daß nunmehr *festes*, leicht lösliches Aluminiumacetat, das bislang ohne Zersetzung nicht herstellbar war, in genau dosierbarer Form nach einem Verfahren von Zschimmer & Schwarz [3] im Handel erhältlich ist.

darauf Bedacht genommen werden, daß in der Ware kein Überschuß an Alkaliseife zurückbleibt, wodurch der Imprägniereffekt infolge der netzenden, hydrophilen Eigenschaften der Seifen leiden würde. Vielfach schließt man dem Seifenbade nach einem Zwischentrockenvorgang eine nochmalige Passage durch eine verdünnte Aluminiumsalzlösung, beispielsweise 4 g Alaun im Liter an, wodurch dieser Übelstand behoben wird [5]. Freilich nimmt man damit infolge der zweimaligen Manipulation einen erhöhten Kostenaufwand in Kauf.

Neben Aluminiumseifen werden nach dem Zweibadverfahren auch Kupfer-, Kalk- und Magnesiumseifen für Imprägnierungszwecke benutzt [6]. Die Verwendung von Kupferseifen hat neben dem wasserabweisenden Effekt noch zusätzlicherweise eine fäulnisverhindernde, desinfizierende Wirkung im Gefolge. Man verwendet sie deshalb hauptsächlich für Rucksackstoffe, die verhältnismäßig oft naß werden und weil im feuchten Zustande Schimmelpilze besonders leicht zur Vermehrung gelangen. Die Imprägnierung mit Kupferseifen ist schwach grünlich gefärbt.

Zinkseifen, die ebenfalls schwach desinfizierende Eigenschaften besitzen, sind zur wasserabweisenden Imprägnierung vorgeschlagen worden [7], konnten sich aber gegen die Aluminiumseifen, die besser hydrophobierend wirken, nicht durchsetzen. Interesse beanspruchen noch Vorschläge, nach denen zur Verhinderung allzu grobflockiger Metallseifenablagerungen an der Faseroberfläche den Seifenbädern Schutzkolloide zugesetzt werden, die auf die gebildeten unlöslichen Metallseifen im statu nascendi zerteilend einwirken, so daß diese nicht grobdispers auf der Faser zur Ablagerung gelangen und nur einen losen Kontakt mit der Faseroberfläche besitzen, sondern feindispers auf der ganzen Oberfläche der Textilfasern in festhaftender Form zur Abscheidung gelangen [8]. Solche Stoffe sind beispielsweise die metallsalzunempfindlichen, nichtionogen aktiven Stoffe (vgl. S. 179).

Zur Erhöhung der Hydrophobie gibt man dem Seifenbade außer Paraffin- oder Wachsemulsionen zuweilen Natriumsilicat zu, das in Berührung mit Aluminiumsalzen unter Bildung unlöslicher, wasserabweisender Aluminiumsilicate chemisch reagiert [9]. Diese erfüllen die Zwischenräume zwischen den verhältnismäßig nur grobflockig angelagerten Aluminiumseifenteilchen und bilden auf diese Weise eine homogenere, wasserabweisende Schicht. Beispielsweise verwendet man ein Bad, das 200 g Marseillerseife und 300 g Wasserglas, 40° Bé in 100 l Flotte enthält.[1]

---

[1] Ein interessanter Vorschlag zur Zweibadimprägnierung ist die Verwendung von Monocetylphthalsäureester in Form des Natriumsalzes an Stelle von höhermolekularen Seifen. Die Umsetzung mit Aluminiumacetat ist hierbei vermutlich folgende [10]:

$$2\ \mathrm{C_6H_4(COOC_{16}H_{33})(COONa)} + \mathrm{Al(OH)(CH_3COO)_2} \rightarrow \mathrm{Al(OH)[C_6H_4(COOC_{16}H_{33})(COO)]_2} + 2\ \mathrm{CH_3COONa}$$

Es soll eine porös-wasserabweisende Imprägnierung entstehen, die die Färbungen nicht verschleiert.

Im allgemeinen gaben Zweibadverfahren im Vergleich zu den älteren einbadigen Imprägniermitteln einen besseren Imprägniereffekt als Einbadverfahren[1] [11]. Die Umständlichkeit zur Herstellung einer porös-wasserabweisenden Imprägnierung, der erhöhte Aufwand an Chemikalien und an Arbeitszeit hat dazu geführt, sog. Einbadimprägnierungsmittel zu entwickeln, die durch eine einmalige Tränkung der Textilware nach dem Trocknen eine porös-wasserabweisende Imprägnierung ermöglichen. Diese Mittel bestehen aus fein emulgierten Metallseifen, vorzugsweise Aluminiumseifen und Paraffin, Wachsen u. dgl. Die ersten derartigen auf den Markt gebrachten Erzeugnisse enthielten noch keine Aluminiumsalze. Man arbeitete zunächst auch mit ihnen nach dem Zweibadverfahren. Erst später wurde die Stabilität der Metallseifen- und Paraffinemulsionen so erhöht, daß man der verdünnten Imprägnierungsflotte noch zusätzlicherweise Aluminiumsalze einverleiben konnte.[2] Die konzentrierten Handelserzeugnisse vertrugen damals noch nicht größere Mengen von Aluminiumsalzen. Erst das kolloidchemische Studium der hier obwaltenden Verhältnisse ermöglichte die Erzeugung wasserabweisender Imprägnierungsmittel, die bereits alle für einen praktisch genügenden Imprägniereffekt enthaltenden Stoffe in konzentrierter Form aufweisen und die Imprägnierung nach einem wirklichen Einbadverfahren erlauben.

b) **Wasserabweisendmachen nach dem Einbadverfahren.**

Die Vorteile liegen hierbei vor allem in der rascheren und bequemeren Durchführung des Imprägnierungsvorganges, da nur eine einzige Arbeitsoperation erforderlich ist. Der erhaltene porös-wasserabstoßende Effekt ist bei der Imprägnierung mit den neueren Handelserzeugnissen nicht mehr kleiner als der, den man nach dem Zweibadverfahren erhält, was bei den ersten Produkten noch nicht der Fall war.

Die Zusammensetzung dieser Handelspräparate ist sehr mannigfaltig, das Prinzip aber stets gleich. Hydrophobe, wasserabstoßende Stoffe, wie Paraffin, Ceresin, Wachs, Harze u. dgl., werden allein oder in Gegenwart von höhermolekularen Metallseifen, vorzugsweise Aluminiumseifen, unter Mitverwendung von Schutzkolloiden zur besseren Stabilisierung emulgiert. Diesen Emulsionen werden Aluminiumsalze, z. B. Aluminiumacetat bzw. -formiat zur Erhöhung der porös-wasserdichten Imprägnierung zugesetzt. Im Durchschnitt enthalten die Handelserzeugnisse etwa

30 bis 40% Trockenrückstand,
20 bis 30% hydrophobe Anteile (Paraffin, Wachs u. dgl.),
  4 bis 5% Asche.

---

[1] Die modernen Einbadimprägnierungsmittel erreichen heute allerdings die Zweibadverfahren in bezug auf porös-wasserabstoßenden Effekt.

[2] Die ersten Einbadimprägnierungsflotten wurden vom Veredler durch vorsichtiges Einbringen von Aluminiumacetatlösungen in die bereits stark verdünnte Seifen-Paraffin-Schutzkolloid-Emulsion selbst hergestellt. In konzentrierten Mischungen trat damals wegen der hohen Aluminiumsalzkonzentration Flockenbildung ein, weshalb die Erzeugerfirmen zunächst aluminiumsalzfreie Produkte in den Handel brachten.

Es ist nicht gleichgültig, ob der Zusatz der Aluminiumsalze in konzentriert pastösem Zustand oder in verdünnten Flotten stattfindet. Nach MECHEELS [12] soll erstere Arbeitsweise Emulsionen ergeben, die größere Substantivität zur Textilfaser zeigen als letztere. Durch den Zusatz von Aluminiumionen werden die zuerst negativ geladenen Emulsionen der hydrophoben Stoffe umgeladen und kationaktiv.[1] Dies ist freilich erst bei einem gewissen Aluminiumsalzzusatz der Fall. In konzentriert pastösem Zustande soll infolge der örtlich weitaus höheren Aluminiumsalzkonzentration die Umladung leichter vor sich gehen, so daß man stärker positiv geladene, suspendierte Teilchen erhält, die aufziehfreudiger sind als die in verdünnten Flotten nur schwach positiv umgeladenen Suspensionen, die geringere Affinität zu den negativ geladenen Textilfasern zeigen. Nach QUEHL [15] wird hingegen der poröswasserabstoßende Imprägnierungseffekt durch die Umladung in konzentrierten oder verdünnten Flotten nicht wesentlich verändert. Es kann dadurch bestenfalls die Aufziehgeschwindigkeit in sehr verdünnten Flotten, wie dies MECHEELS gefunden hat, begünstigt werden.

Die Emulgierung der hydrophoben Fettstoffe kann durch Seifen[2] erfolgen, die dann in Berührung mit Aluminiumsalzen in Gegenwart von Schutzkolloiden, die eine feine Suspendierung der Aluminiumseifen gewährleisten, in die wasserunlöslichen Aluminiumseifen übergeführt werden. An Stelle der Seifen können auch solche Emulgatoren Verwendung finden, die, wie die Abkömmlinge höhermolekularer, aromatischer Sulfonsäuren oder nichtionogen aktiver Stoffe[3], gegen Aluminiumionen unempfindlich sind. Gute emulgatorische Wirkung besitzen die Kondensationsprodukte aus Eiweiß und höhermolekularen Fettsäuren.[4] Ferner sind die kationaktiven, höhermolekularen Dispergiermittel,[5] infolge ihrer Unempfindlichkeit gegen Metallsalze und gegen Säuren, brauchbare Dispergatoren zur Darstellung von porös-wasserabstoßenden Imprägnierungsmitteln.

Als Schutzkolloide verwendet man Eiweißstoffe, wie Leim, Gelatine, Casein, Pflanzenschleime, Celluloseäther (*Tylose*) u. dgl. Sie stellen stark hydratisierte Körper dar, umgeben bereits emulgierte Paraffinteilchen mit einer dünnen Schicht, wodurch beständigere Emulsionen erhalten werden. Ein zu großer Gehalt an solchen Schutzkolloiden ist zu vermeiden, da sonst der Griff zu ungünstig beeinflußt wird. Die Griffverschlechterung durch Aluminiumsalze und verhältnismäßig spröde Schutzkolloide kann selbst durch Verwendung solcher Emulgatoren, die, wie das *Lamepon A* oder die *Emulphore* gleichzeitig Dispergier- und Schutzkolloidwirkung aufweisen, wegen der Ablagerung von basischen Aluminiumsalzen nie ganz vermieden werden.[6]

---

[1] Die bewußte Herstellung positiv geladener Imprägnierungsmittel, die vor allem zu Wolle große Affinität aufweisen, während sie zu Baumwolle weniger gut ausgebildet ist [13], ist Gegenstand von Patenten [14].

[2] Infolge des stark hydrophoben Charakters der zu dispergierenden Stoffe eignen sich besonders hochmolekulare Alkaliseifen zur Emulgierung. Beispielsweise ist nach Versuchen des Verfassers Montanseife recht gut geeignet.

[3] Z. B. die *Emulphore* (I. G. Farbenindustrie A. G.); vgl. S. 215.

[4] *Lamepon A* (Chemische Fabrik Grünau).

[5] Z. B. *Sapamine* (Gesellschaft für chemische Industrie, Basel).

[6] Auch die Verwendung stark quellender Emulgiermittel, die keine spröden

Größtes Augenmerk ist dem Dispersitätsgrad der emulgierten, hydrophoben Stoffteilchen zuzuwenden. Die benutzten hydrophoben Körper sind in der Kälte meist fest und neigen deshalb leicht zum Kristallisieren. Dadurch bilden sich Flöckchen in der Badflotte, die auch durch sorgsames Verrühren nicht mehr dispergierbar sind. Im allgemeinen soll der Teilchendurchmesser guter, porös-wasserabstoßender Imprägnierungsmittel etwa 2 bis $10 \cdot 10^{-5}$ cm betragen, damit die Badflotte genügend stabil ist. Vielfach gelingt es nicht auf chemischem Wege, einen solchen Dispersitätsgrad zu erzielen. Es werden die fertigen, noch warmen und flüssigen konzentrierten Emulsionen mechanisch „homogenisiert", wodurch der Dispersitätsgrad erheblich erhöht wird [17]. In der Tat ist die Teilchengröße moderner Einbadimprägnierungsmittel zur porös-wasserabweisenden Ausrüstung derartig klein, daß die Beständigkeit auch bei stehender Flotte den praktischen Anforderungen im allgemeinen genügt.

In den Handel kommen u. a. folgende derartig aufgebaute Erzeugnisse:

Ramasit I, K konz., *KG* konz. (I. G. Farbenindustrie A. G.).
Imprägnol (Pfersee).
Prädigen T (Böhme Fettchemie Ges. m. b. H.).
Pluvion AP, J, J spez. (A. Th. Böhme-Dresden).
Trocklin S, A, SH, H, S 298 (Baumheier).
Stokoimprägnierung G 2 (Stockhausen & Co.).
Paralin ES spez., *NN* (Chem. Fabrik Rotta).
Aperlan (Chemische Fabrik Grünau).
Imprägnierung CFD (Zschimmer & Schwarz).
Orapret BEN (Oranienburger Chemische Fabrik A. G.)
Migasol P, PC, PJ, PCS (Gesellschaft für chemische Industrie, Basel).
Cerol T, FS, TFS (Sandoz).
Waxol (Imperial Chemical Industries).
Aridex WP (Dupont).

Sie stellen meist weiße bis gelblichweiße, dickflüssige bis pastös feste Massen dar, die in dünner Schicht das Licht zerstreuen, was u. a. ein Kennzeichen für den besonderen Feinheitsgrad der emulgierten Paraffinoder Wachs- u. dgl. Teilchen ist.

Die anzuwendenden Mengen der Imprägnierungsmittel hängen im allgemeinen vom gewünschten Effekt ab. Für leichtere, porös-wasserabweisende Ausrüstungen werden 5 bis 10 g, für mittlere Imprägnierungen 10 bis 30 g und für starke 30 bis 60 g der käuflichen Handelserzeugnisse je Liter verwendet.

Bei der porös-wasserabstoßenden Imprägnierung ist zu berücksichtigen, daß zur Beurteilung des Imprägnierungseffektes sowohl das Wasseraufnahmevermögen wie auch die Wasserdichtigkeit der imprägnierten

Schutzkolloide benötigen, z. B. Diglykolstearat ($C_{17}H_{35}COOC_2H_4OC_2H_4OH$), das mit Paraffin, Montanwachs, Bienenwachs, Karnaubawachs, synthetischen Wachsen, Ozokerit u. dgl. gute Emulsionen gibt, kann in Anwesenheit von Aluminiumsalzen die Griffbeeinträchtigung nicht verhindern [16].

Textilien verglichen werden müssen [18]. Daneben spielt noch der Zeitfaktor und die Konzentration des angewendeten Imprägnierungsmittels eine erhebliche Rolle. Nach QUEHL [15] ist insbesondere bei längerer Beregnungszeit ein großer Unterschied bei verschiedenen Imprägnierungsmittel festzustellen, wie aus Tab. 139 hervorgeht.

Tabelle 139. **Beeinflussung des Wasseraufnahmevermögens und der Wasserdichtigkeit durch die Beregnungszeit. Konzentration der Imprägnierungsmittel 30 g/l. (Nach QUEHL.)**

Beregnungszeit in Minuten	Unbehandelt		Produkt I		Produkt II		Produkt III	
	Aufgenommene Wassermenge in Prozenten	Durchgelassene Wassermenge in cm^3	Aufgenommene Wassermenge in Prozenten	Durchgelassene Wassermenge in cm^3	Aufgenommene Wassermenge in Prozenten	Durchgelassene Wassermenge in cm^3	Aufgenommene Wassermenge in Prozenten	Durchgelassene Wassermenge in cm^3
2	165	108,5	9	3	14	3	42	1,5
5	163	219	27	11,5	37	12,5	55	10,5
15	170	425	48	70	63	90,5	66	58
30	169	555	64	207	70	247	81	450
60	170	944	72	673	88	706	88	729

Zur Untersuchung wurde eine Wollgabardine verwendet, die mit verschiedenen Imprägniermitteln (Produkte I bis III) in einer Konzentration von 30 g/l bei 50° C behandelt, getrocknet und dekatiert wurden. Man sieht, wie ungleichartig die Wasserdichtigkeit (charakterisiert durch die durchgelassene Wassermenge) und das Wasseraufnahmevermögen (gekennzeichnet durch die aufgenommene Wassermenge) ausgebildet ist. Vor allem geht daraus der Einfluß des Zeitfaktors (Beregnungszeit) auf die Wirksamkeit porös-wasserabstoßender Imprägnierungsmittel aus der Untersuchung von QUEHL hervor. Noch größer werden die Unterschiede, wenn man stärker imprägniert. So fand QUEHL bei einer Badkonzentration von 60 g/l die in Tab. 140 angeführten Werte.

Tabelle 140. **Beeinflussung des Wasseraufnahmevermögens und der Wasserdichtigkeit durch die Beregnungszeit. Badkonzentration 60 g/l. (Nach QUEHL.)**

Beregnungszeit in Minuten	Unbehandelt		Produkt I		Produkt II		Produkt III	
	Aufgenommene Wassermenge in Prozenten	Durchgelassene Wassermenge in cm^3	Aufgenommene Wassermenge in Prozenten	Durchgelassene Wassermenge in cm^3	Aufgenommene Wassermenge in Prozenten	Durchgelassene Wassermenge in cm^3	Aufgenommene Wassermenge in Prozenten	Durchgelassene Wassermenge in cm^3
2	165	108,5	6	2,5	12	3	26	1,5
5	163	219	13	11,5	27	10,5	38	7
15	170	425	42	32	52	76	58	42
30	169	555	58	89	64	126	67	334
60	165	944	67	287	72	498	86	781

Zur Verwendung gelangte dieselbe Wollgabardine wie bei den Versuchen laut Tab. 139. Beim Vergleich der Werte der Tab. 139 und 140 ersieht man, daß die Erhöhung der Konzentration bei gleichen Beregnungszeiten im allgemeinen keine wesentliche Verminderung der Wasseraufnahme ergibt, daß dagegen die Wasserdichtigkeit verbessert wird. So zeigt beispielsweise Produkt I, in einer Konzentration von 30 g/l angewandt, bei 60 Minuten Beregnung eine Wasserdurchlässigkeit von 673 cm³, während diese bei Anwendung eines Bades von 60 g/l auf 287 cm³ herabgesetzt wird. Eine deutliche Verbesserung der Wasserdichtigkeit durch Erhöhung der Badkonzentration ist auch beim Handelserzeugnis II festzustellen, während das Präparat III bei der doppelt so großen Badkonzentration keine wesentliche Änderung der Wasserdichtigkeit erkennen läßt. Die Wasseraufnahmefähigkeit ist gemäß den Resultaten der Tab. 139 und 140 bei sämtlichen untersuchten Handelserzeugnissen durch Konzentrationserhöhung des Bades nicht sonderlich verändert worden. Dagegen ist der Gang der einzelnen Produkte bezüglich des Wasseraufnahmevermögens und der Wasserdichtigkeit mit veränderlicher Beregnungszeit untereinander stark verschieden. Man muß deshalb zur Gesamtbeurteilung porös-wasserabweisender Imprägnierungsmittel alle diese Faktoren gebührend berücksichtigen.

Daß die neueren einbadigen Imprägnierungsmittel tatsächlich die Porosität der Textilware erhalten, geht aus den Untersuchungen von MECHEELS [19] hervor. Bringt man das zu prüfende, porös-wasserabstoßend ausgerüstete Textilgut in einen Windkanal und prüft den Druck vor, bzw. nach dem eingespannten Textilgewebestück, so erhält man eine Druckdifferenz, die ein Maß für die Porosität ist. MECHEELS fand bei seinen Versuchen die in Tab. 141 angeführten Daten.

Wie aus Tab. 141 ersichtlich, wurde die Porosität des ursprünglichen Stoffes nicht nur nicht erhalten, sondern sogar etwas erhöht.[1]

Tabelle 141. Bestimmung der Porosität, gekennzeichnet als Druckdifferenz im Windkanal bei verschiedenen Einbadimprägnierungsmitteln bei verschiedenen Windstärken. (Nach MECHEELS.)

Einbadimprägnierung	Druckdifferenz (mm WS)	
	Versuchsreihe I	Versuchsreihe II
Nicht imprägniert ...	11,3	5,7
Produkt I	10,1	5,2
„ II	10,5	5,3
„ III	10,5	5,5
„ IV	10,7	5,2

Die Wirksamkeit neuerer, porös-wasserabweisender Imprägnierungsmittel kann dahingehend präzisiert werden, daß sie das Eindringen des Wassers in das Textilgut an sich nicht verhindern können; die imprägnierten Textilwaren nehmen aber infolge des Abperleffektes weniger

---

[1] Offenbar werden die einzelnen Textilfasern durch das Imprägnieren glatter; es treten weniger abstehende Faserteilchen auf, die teilweise die Poren erfüllen und dem Durchgang der Luft einen gewissen Widerstand entgegensetzen.

Wasser auf, wodurch dieses beim Trocknen leichter und rascher entfernbar ist als bei einer nicht imprägnierten Ware. Aus der Untersuchung von MECHEELS [19] geht hervor, daß stark feuchte Gewebe mit gleich viel Wassergehalt, gleichgültig ob sie imprägniert oder nichtimprägniert sind, zunächst den ungefähr gleichen Trocknungsverlauf zeigen, da die Poren des Gewebes durch Wasser geschlossen sind und der Luft den Zutritt versperren. Sobald diese überschüssige Wassermenge entfernt ist, setzt die Trocknung beim imprägnierten Stück infolge der besseren Luftdurchlässigkeit früher und schneller ein als bei den nichtimprägnierten Textilwaren. Dieses günstige Verhalten tritt

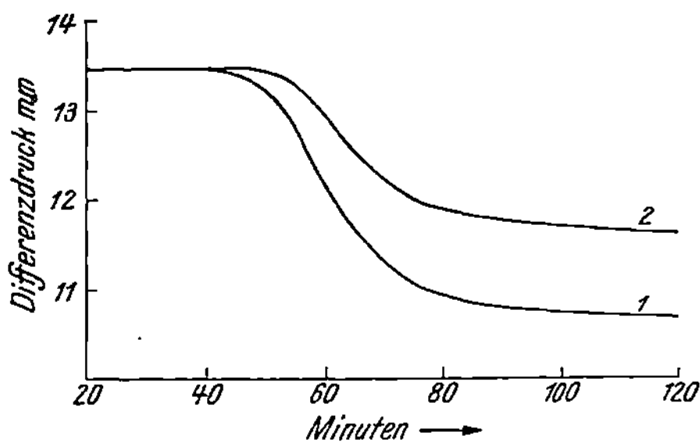

Abb. 139. Trockenverlauf eines imprägnierten (1) und eines nicht imprägnierten Tuches (2) im Windkanal, charakterisiert durch den Differenzdruck. (Nach MECHEELS.)

um so mehr hervor, als, wie die Versuchsergebnisse aus Tab. 139 und 140 zeigen, imprägniertes Textilgut bei der Beregnung an sich nicht soviel Wasser aufnimmt wie das nichtimprägnierte. Die Abb. 139 zeigt nach MECHEELS den Trocknungsverlauf eines imprägnierten, bzw. nichtimprägnierten Tuches, das im Windkanal getrocknet wurde.

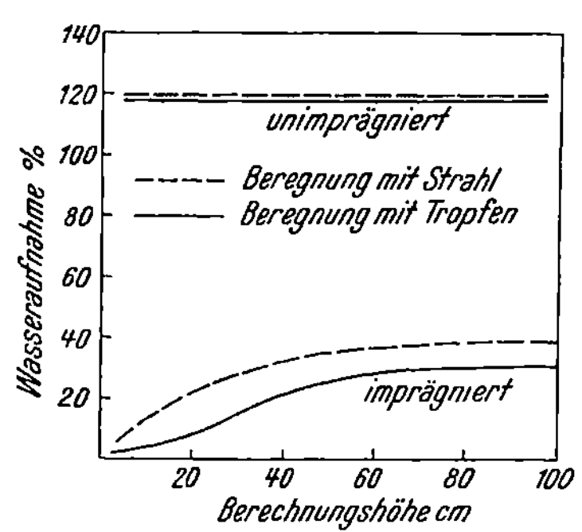

Abb. 140. Abhängigkeit des Imprägniereffekts (% Wasseraufnahme) bei Baumwolle von der Beregnungsart und der Beregnungshöhe. (Nach FRANZ und HENNING.)

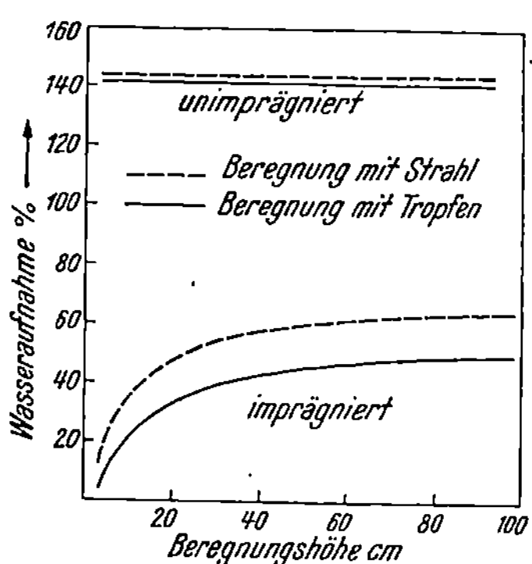

Abb. 141. Abhängigkeit des Imprägniereffekts (% Wasseraufnahme) bei Kunstseide von der Beregnungsart und der Beregnungshöhe. (Nach FRANZ und HENNING.)

Die porös-wasserabweisende Imprägnierung ist in ihrem Effekt noch von der Beregnungsart abhängig. Läßt man das Wasser in feinem Strahl auf die imprägnierte Ware auftreffen, so ist die porös-wasserdichte Ausrüstung im allgemeinen schlechter wasserabweisend als bei einem tropfenförmigen Beregnen. Diese Verhältnisse bringen die Abb. 140, 141 und 142 nach Versuchen von FRANZ und HENNING [20] bei Baumwolle, Kunstseide und Wolle. Bei geringer Beregnungshöhe erhält man eine Bewertung des Abperleffektes, bei großer Beregnungshöhe Aufschluß über die Wassertüchtigkeit des imprägnierten Stoffes.

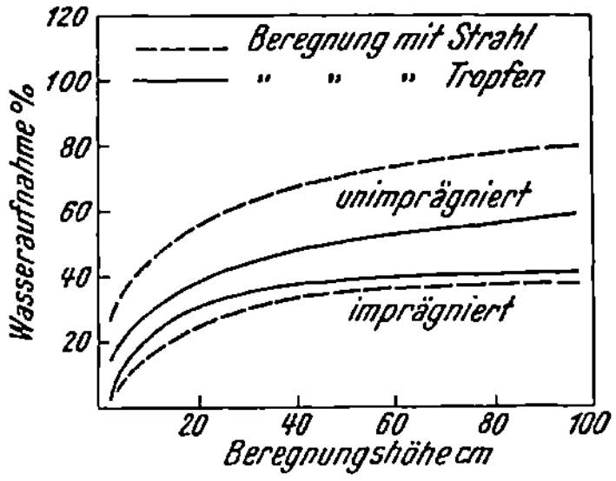

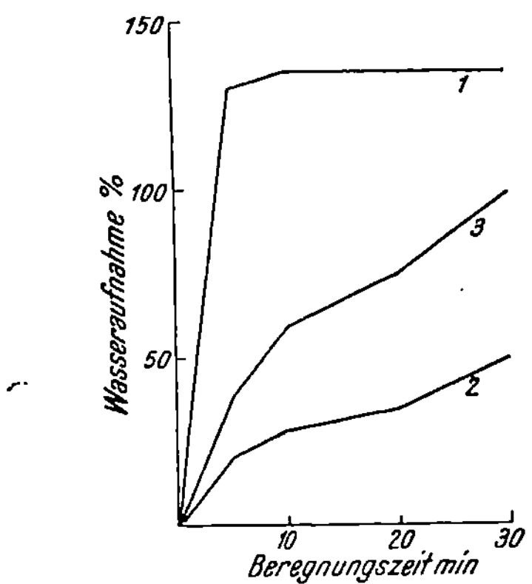

Abb. 142. Abhängigkeit des Imprägniereffekts (% Wasseraufnahme) bei Wolle von der Beregnungsart und der Beregnungshöhe. (Nach FRANZ und HENNING.)

Die Waschbeständigkeit der durch oberflächliche Anlagerung von hydrophoben Stoffen auf der Baumwollfaser erzeugten porös-wasserabweisenden Imprägnierung ist nicht so stark ausgeprägt, daß der Imprägnierungseffekt mehreren Wäschen widersteht. Schon eine einmalige Wäsche vermindert die Wirksamkeit porös-wasserabstoßender Ausrüstungen, wie Abb. 143 und 144 nach Angaben von BUNDESMANN [18] zeigen.

Andere Einbadimprägnierungsverfahren, die sich nicht auf die Verwendung von Emulsionen aufbauen, sollen, da sie sich in der Praxis nur für Spezialzwecke eingeführt haben, lediglich kurz erwähnt werden (Trocken-Imprägnierung).

Löst man Metallseifen, z. B. Aluminiumoleat oder besser Stearat, in geeigneten Lösungsmitteln, wie Chlorkohlenwasserstoffen, z. B. Trichloräthylen,

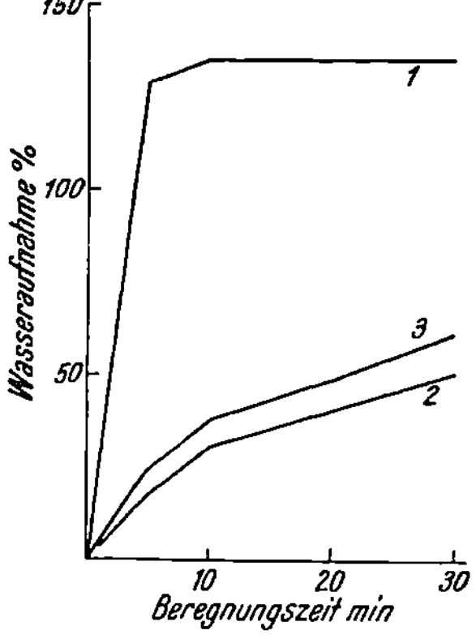

Abb. 143. Waschbeständigkeit der Imprägnierung I. Wasseraufnahme beim Beregnen des nichtimprägnierten (1), des imprägnierten (2) und des imprägnierten, sowie nachträglich gewaschenen Stoffes (3). (Nach BUNDESMANN.)

Abb. 144. Waschbeständigkeit der Imprägnierung II. Wasseraufnahme beim Beregnen des nichtimprägnierten (1), des imprägnierten (2) und des imprägnierten, sowie nachträglich gewaschenen Stoffes (3). (Nach BUNDESMANN.)

oder in Benzin auf, so erhält man stark gequollene Metallseifengele, die, im Einbadverfahren auf die Ware aufgebracht, nach dem Verdunsten des Lösungsmittels eine brauchbare, wasserabweisende Imprägnierung ergeben [21]. Je nach der Auftragsdicke kann die Imprägnierung wasserundurchlässig oder nur porös-wasserabweisend sein. Wichtig ist hierbei, daß man nicht molekulardisperse Lösungen, sondern tatsächlich gequollene Gele verwendet, da sonst der Imprägnierungseffekt sehr stark leidet. Den Metallseifen kann man noch andere hydrophobe Stoffe, wie Paraffin, Ceresin, Erdwachs (Ozokerit), Japantalg, Rückstände von der Erdöldestillation (Petrolate) usw., zusetzen. Ein Nachteil dieser Verfahren ist die Verwendung verhältnismäßig teurer Lösungsmittel, deren Rückgewinnung sich nicht immer lohnt, weshalb konzentrierte Gele auf die Ware aufgebracht werden müssen. Um einen Überschuß an Imprägnierungsmitteln zu vermeiden, muß man sehr stark abquetschen, was bei manchen Textilwaren nicht möglich ist.

Neben der porös-wasserdichten Ausrüstung durch oberflächliche Anlagerung höhermolekularer, hydrophober Stoffe lassen sich Imprägnierungen auch durch Tränkung der Fasern mit verhältnismäßig niedermolekularen Bausteinen, die beim nachfolgenden Trocknen unter Bildung hochmolekularer, unlöslicher und wasserabweisender Körper reagieren, erzielen. Behandelt man Textilwaren mit Vor- (Halb-) Kondensaten aus Phenolen bzw. Harnstoff mit Formaldehyd, so bilden sich beim Trocknen Kunstharze (Phenoplaste, Aminoplaste), die u. a. eine wenn auch schwache hydrophobierende Wirkung auf das Textilgut ausüben. Elöd und Etzkorn [22] zeigten, daß die hydrophobierende Wirkung mit der Zunahme des eingebauten Kunstharzes in der Faser zunimmt, wie aus Abb. 145 hervorgeht.

Dementsprechend ist nach Auerbach [23] der Reißfestigkeitsabfall bei Hydratcellulosefasern, die Kunstharze enthalten, kleiner als bei solchen, die nicht imprägniert sind. Behandelt man Zellwollgarn, Viskosegarn und Zellwollgewebe mit einer Lösung, die 200 g eines Harnstoffformaldehydvorkondensates im Liter (z. B. *Kaurit KF* [I. G. Farbenindustrie A. G.])[1] enthält, so tritt eine Erhöhung der Trockenreißfestigkeit und der Naßreißfestigkeit ein. Die prozentuale Zunahme der Naßreißfestigkeit ist wesentlich höher als die der Trockenreißfestigkeit, was auf die Erhöhung der Hydrophobie, bedingt durch die Kunstharzeinlagerung, zurückzuführen ist.

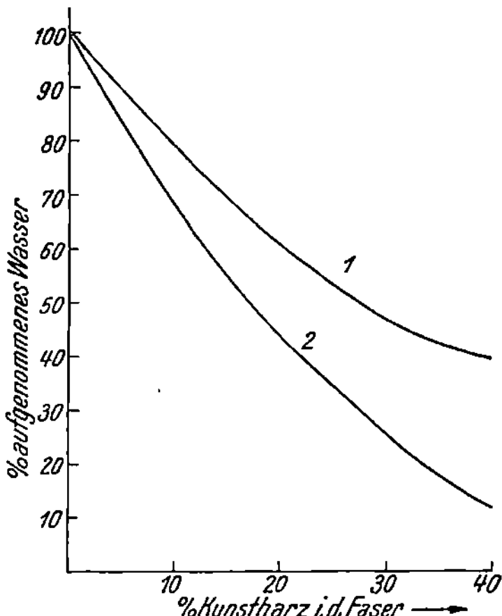

Abb. 145. Die Sorption von Wasser durch Viskose in Funktion von der eingelagerten Kunstharzmenge; Harnstoff-Formaldehyd-Kunstharz (*1*) und Thioharnstoff-Formaldehyd-Kunstharz (*2*). (Nach Elöd und Etzkorn.)

Neben den Pheno- bzw. Aminoplasten sind auch neuere Kunstharze für die Hydrophobierung vorgeschlagen worden, wie Mischpolymerisate aus Acrylsäureäthylester und Acrylsäurenitril [25]. Im allgemeinen reichen aber die kunstharzartigen Stoffe nicht aus, um eine der Praxis genügende porös-wasserabweisende Ausrüstung zu bewirken. Es fehlt deshalb nicht an Vorschlägen des Patentschrifttums, durch Verwendung hochmolekular-substituierter Bausteine, die bei der Kondensation mit Fettresten versehene Kunstharzderivate liefern, zu verwenden.

Höhermolekulare alkylierte Phenole[2] geben mit Formaldehyd hochmolekular-substituierte Phenoplaste [26].

---

[1] Die hierzugehörigen Patente vgl. [24].
[2] Z. B. Dodecylphenol: $C_{12}H_{25}C_6H_4OH$.

Benutzt man Harnstofformaldehydkondensate, die durch Reaktion von beispielsweise Monododecylharnstoff[1] und Formaldehyd entstehen [27], so erhält man hydrophobierende Mittel auf Basis von Aminoplasten.

In ähnlicher Weise wie Pheno- bzw. Aminoplaste mit höhermolekularen Fettresten kann man auch Mischpolymerisate aus Maleinsäureanhydrid und Vinylstearat [28] bzw. aus Maleinsäuredioctadecylester mit Vinyläthyläther [29] benutzen.[2]

Auf weitere Vorschläge zur Erhöhung der Hydrophobie durch Behandeln der Textilware mit Stearylaminacetatlösung plus einer Aldehyd abgebenden Substanz und Äthylendiamin [30][3] oder durch Behandeln mit Stearimidoäthylätherhydrochlorid [31][4] sei bloß hingewiesen.

II. Hydrophobierung durch oberflächliche chemische Veränderung der Textilfasern.

Die bekannten chemischen Veränderungen der Textilfasern zur Erzielung einer wasserabweisenden Wirkung gründen sich je nach der zu hydrophobierenden Textilfaser auf verschiedene chemische Umsetzungsmöglichkeiten. Bei den Cellulosefasern aus nativer oder regenerierter (Hydrat-) Cellulose kommen nur die Hydroxylgruppen als Partner zur chemischen Umsetzung in Betracht. Bei der Wolle sind es meistens die Aminogruppen der Salzbindeglieder, die mit den hydrophobierenden Stoffen in Wechselwirkung treten. Je nach der Umsetzung der Hydroxylgruppen mit der Cellulosefaser[5] kann man unterscheiden:

1. Esterifizierungsmittel.

2. Ätherifizierungsmittel.

---

[1] Monododecylharnstoff: $OC\begin{smallmatrix} NH-C_{12}H_{25} \\ \\ NH_2 \end{smallmatrix}$

[2] Maleinsäureanhydrid: $\begin{smallmatrix} CH-OC \\ \| \quad\quad >O. \\ CH-OC \end{smallmatrix}$

Vinylstearat: $CH_2=CH-OOC_{18}H_{37}.$

Maleinsäuredioctadecylester: $\begin{smallmatrix} C_{18}H_{37}-COO-CH \\ | \\ C_{18}H_{37}-COO-CH \end{smallmatrix}$

Vinyläthyläther: $CH_2=CH-OC_2H_5.$

[3] Stearylaminacetat: $C_{18}H_{37}-NH_2 \cdot HOOCCH_3.$

[4] Seine Formel ist:

$C_{18}H_{37}O-C\begin{smallmatrix} NH \cdot HCl \\ \\ C_2H_5 \end{smallmatrix}$

[5] Bei der Wolle läßt sich kein allgemeines Reaktionsschema wegen der Vielfalt der entstehenden neuen Verbindungen geben.

Es entsteht eine oberflächliche Faserschicht aus sog. *Acidylcellulose* bzw. *ätherifizierter Cellulose*.

a) Esterifizierungsmittel.

Behandelt man Cellulosefasern mit höhermolekularen Fettsäurechloriden, z. B. Stearinsäurechlorid, in Gegenwart von Pyridin [32], so bildet sich hierbei nach der Gleichung:

$$C_{17}H_{35}COCl + HO\text{—}Cellulose + \langle\!\!\langle\bigcirc\rangle\!\!\rangle N \rightarrow$$

$$\rightarrow C_{17}H_{35}COO\text{—}Cellulose + \langle\!\!\langle\bigcirc\rangle\!\!\rangle N \cdot HCl \qquad (2)$$

der Stearinsäureester der Cellulose. So behandelte Cellulose zeigt neben anderen Eigenschaften auch beachtliche wasserabweisende Wirkung.[1]

Da das Arbeiten mit Pyridin als Lösungsmittel teuer ist und praktische Schwierigkeiten verursacht, versuchte man, durch Esterifizierung der Cellulosefasern mit Emulsionen bzw. Suspensionen von Stearinsäurechlorid oder Stearinsäureanhydrid [32] in wäßrigen Seifenlösungen bei etwa 80° C zu arbeiten.

Auch die Behandlung von Cellulosefasern mit p-Toluolsulfochlorid in Pyridinlösung [34] soll die wasserabweisende Wirkung erhöhen.

Ein Vorschlag des Patentschrifttums ist die Veresterung von Cellulosefasern mit Isocyanaten [35]. Tränkt man Cellulose[2] in wasserfreien Lösungen höhermolekularer Isocyanate der allgemeinen Formel R—N=C=O (R bedeutet hierbei einen höhermolekularen Alkylrest), etwa in Benzol oder

---

[1] Ähnlich ist die Reaktion von Octadecylchlorkohlensäureester mit Cellulose in Pyridin [33] gemäß der Reaktionsfolge:

$$OC\begin{smallmatrix}Cl\\ \\O\text{—}C_{18}H_{37}\end{smallmatrix} + HO\text{-}Cellulose + \langle\!\!\langle\bigcirc\rangle\!\!\rangle N \rightarrow$$

$$\rightarrow C_{18}H_{37}O\text{—}C\begin{smallmatrix}O\\ \\O\text{-}Cellulose\end{smallmatrix} + \langle\!\!\langle\bigcirc\rangle\!\!\rangle N \cdot HCl.$$

[2] Mit Wolle entstehen höhermolekulare Harnstoffderivate gemäß der Gleichung:

$$R\text{—}N=C=O + H_2N\text{—}(CH_2)_x\text{—}HC\begin{smallmatrix}CO\\ \\NH\end{smallmatrix} \rightarrow$$

$$\rightarrow R\text{—}NH\text{—}C\begin{smallmatrix}O\\ \\NH\text{—}(CH_2)_x\text{—}HC\begin{smallmatrix}CO\\ \\NH\end{smallmatrix}\end{smallmatrix} \qquad (3)$$

Bei der Wolle ist die hohe Reaktionstemperatur von 150° C schon von einer gewissen Faserschwächung begleitet.

Benzin gelöst, und trocknet nach dem Verdunsten des Lösungsmittels bei etwa 150° C, so bildet sich nach Gl. (4) ein Carbamidsäureester der Cellulose.

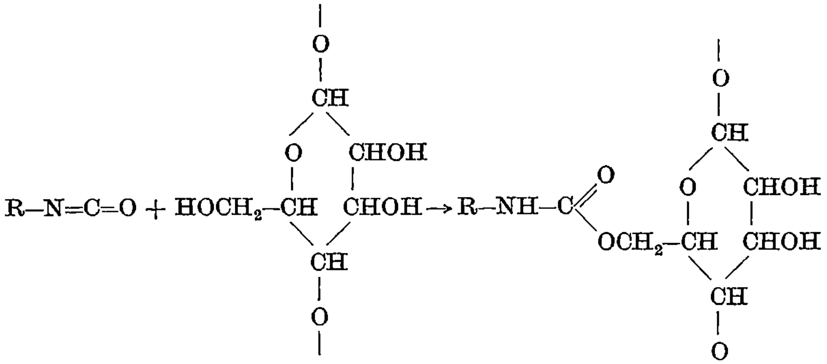

$$R\!-\!N\!=\!C\!=\!O + HOCH_2\!-\!CH \overset{\displaystyle CH}{\underset{\displaystyle CH}{\diamondsuit}} CHOH \to R\!-\!NH\!-\!C \tag{4}$$

Zur Erhöhung der Reaktionsfähigkeit kann noch das Gefüge nativer Cellulose durch Merzerisation der Baumwolle gelockert werden [36] oder durch Behandlung mit Alkylenoxyd [37] die sekundären Alkoholgruppen in die reaktionsfreudigeren primären Alkoholgruppen übergeführt werden.[1]

An Stelle der Isocyanate können nach den Angaben der Patente auch höhermolekulare Isothiocyanate der allgemeinen Formel $R\!-\!X\!-\!N\!=\!C\!=\!S$ benutzt werden. Der Nachteil derartiger Verfahren ist die verhältnismäßig hohe Reaktionstemperatur, bei der die Umsetzung in praktisch befriedigender Weise vor sich geht. Der erzielte wasserabweisende Effekt soll gut sein.

b) Ätherifizierungsmittel.

Werden Cellulosefasern mit Lösungen von Chlormethyläthern höherer Alkyle in Pyridin getränkt, so bilden sich Celluloseäther mit den betreffenden Alkylen. Benutzt man beispielsweise den Octadecylchlormethyläther, so entsteht nach Gleichung (5) der Octadecyloxymethyläther der Cellulose [38],[2] der als Acetal säureempfindlich ist.

---

[1] Die hierbei vor sich gehende Reaktion ist:

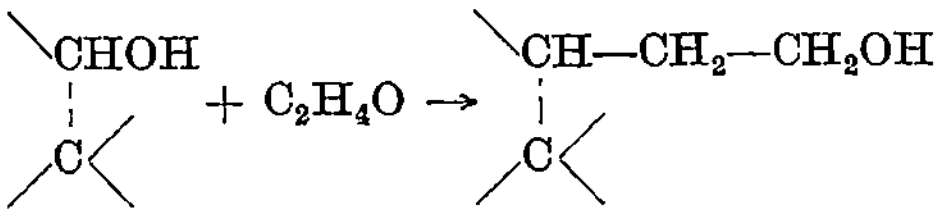

$$\diagdown\!CHOH \Big|_{\diagup C\diagdown} + C_2H_4O \to \diagdown\!CH\!-\!CH_2\!-\!CH_2OH \Big|_{\diagup C\diagdown}$$

[2] Mit Wolle entsteht unter Ersatz eines Aminowasserstoffes die Verbindung:

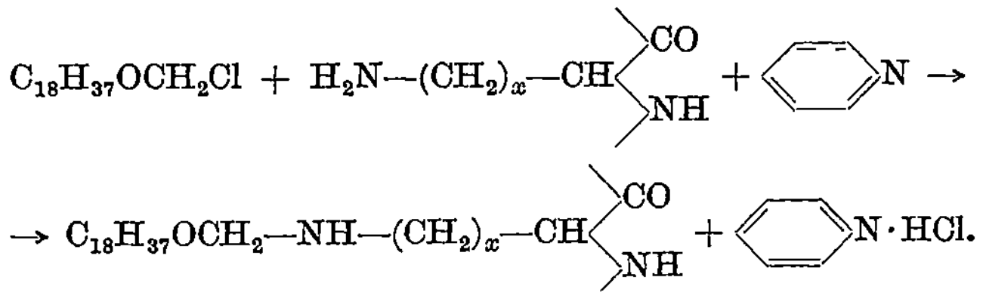

$$C_{18}H_{37}OCH_2Cl + H_2N\!-\!(CH_2)_x\!-\!CH\overset{\diagup CO}{\underset{\diagdown NH}{\Big\langle}} + \langle\!\!\!\bigcirc\!\!\!\rangle N \to$$

$$\to C_{18}H_{37}OCH_2\!-\!NH\!-\!(CH_2)_x\!-\!CH\overset{\diagup CO}{\underset{\diagdown NH}{\Big\langle}} + \langle\!\!\!\bigcirc\!\!\!\rangle N\cdot HCl. \tag{6}$$

Wegen der Verwendung von Pyridin als Lösungsmittel hat sich dieses Verfahren zur Erzielung einer wasserabweisenden Ausrüstung nicht einführen können.

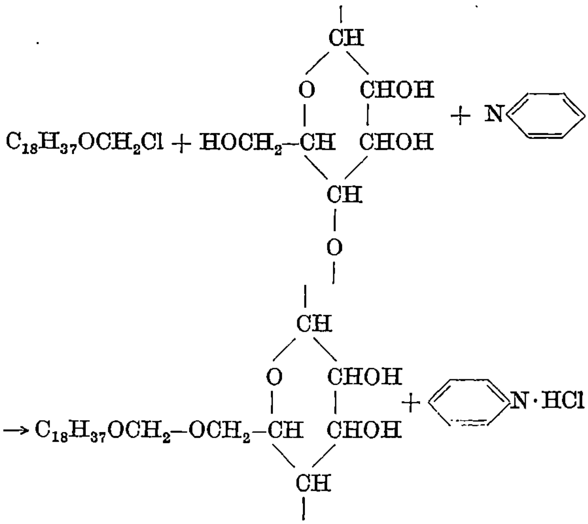

Führt man dagegen den Octadecylchlormethyläther mit Pyridin in das quartäre Octadecyloxymethylpyridiniumchlorid über [39], so erhält man nach den Patenten der Imperial Chemical Industries [40], ein in wäßrigen Dispersionen anwendbares Mittel zur wasserabweisenden Ausrüstung von Textilien. Es kommt unter dem Namen *Velan PF* (Imperial Chemical Industries) in den Handel. Seine Anwendung geschieht so, daß man durch Zusatz von Natriumacetat zur *Velan-PF*-Lösung das entsprechende Octadecyloxymethylpyridiniumacetat bereitet, damit die Ware tränkt und hierauf bei möglichst niederer Temperatur trocknet.[1] Hierauf wird eine kurze Erhitzung auf 90 bis 130° C („Baking-process") angeschlossen, wodurch die chemische Umsetzung mit den Hydroxylgruppen der Cellulose, bzw. den Aminogruppen der Wolle gemäß folgenden Gleichungen eintritt:

α) *Cellulose:*

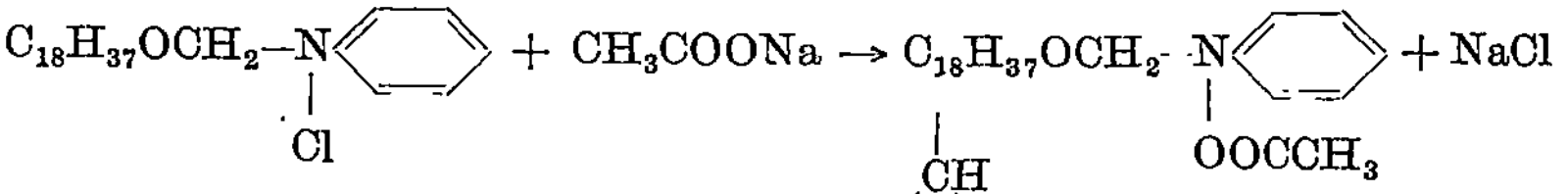

$$C_{18}H_{37}OCH_2Cl + HOCH_2-CH \cdots + N\langle\ \rangle \rightarrow$$

$$\rightarrow C_{18}H_{37}OCH_2-OCH_2-CH \cdots + \langle\ \rangle N \cdot HCl \quad (5)$$

$$C_{18}H_{37}OCH_2-N\langle\ \rangle\ \overset{|}{Cl} + CH_3COONa \rightarrow C_{18}H_{37}OCH_2-N\langle\ \rangle\ \overset{|}{OOCCH_3} + NaCl \quad (7)$$

$$C_{18}H_{37}OCH_2-N\langle\ \rangle\ \overset{|}{OOCCH_3} + HOCH_2-HC \cdots \rightarrow$$

$$\rightarrow C_{18}H_{37}OCH_2OCH_2-HC \cdots + N\langle\ \rangle + CH_3COOH. \quad (8)$$

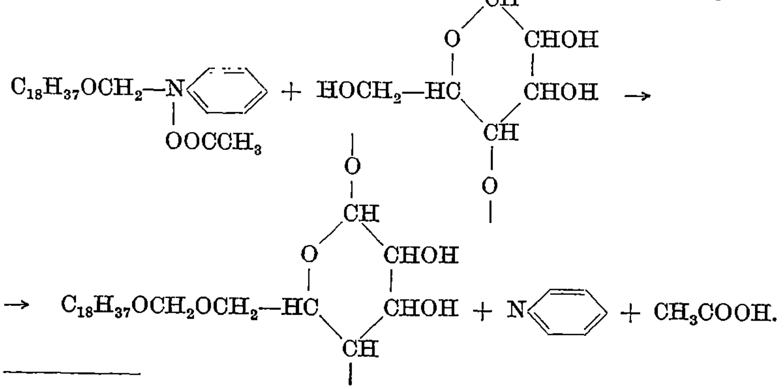

---

[1] Der Trockenprozeß muß vorsichtig durchgeführt werden, um

Es entsteht der Octadecyloxymethyläther der Cellulose;[1] man bezeichnet ihn auch als Stearoxymethylcellulose.

β) *Wolle:*

$$C_{18}H_{37}OCH_2{-}N\langle\underset{OOCCH_3}{\overset{\displaystyle\bigcirc}{|}}\rangle + H_2N{-}(CH_2)_x{-}HC\langle\overset{CO}{\underset{NH}{}} \rightarrow$$

$$\rightarrow C_{18}H_{37}OCH_2{-}HN{-}(CH_2)_x{-}HC\langle\overset{CO}{\underset{NH}{}} + N\langle\bigcirc\rangle + CH_3COOH. \qquad (9)$$

Es entsteht das Octadecyloxymethyl-,,Wollamin", also ein Iminoäther.

Durch die Behandlung mit *Velan PF* — etwa 10 bis 20 g/l bei 20 bis höchstens 40° C — und nachherigem Erhitzen erhält man eine angenehm weiche, füllige Appretur mit wasserabstoßenden Eigenschaften. Der Vorteil der *Velan-PF*-Behandlung (,,Velanisieren") liegt unter anderem darin, daß der Griff der Ware nicht wie bei vielen Einbadimprägnierungsmitteln durch die Ablagerung von basischen Aluminiumsalzen verschlechtert wird. Im Gegenteil, es tritt infolge des hochmolekularen Fettrestes eine gute Avivierwirkung auf. Ferner ist die mit *Velan PF* porös-wasserabweisend gemachte Textilware beliebig oft waschbar, ohne den Imprägniereffekt zu verlieren. Dies gilt auch für die Trockenreinigung mit Benzin oder Tri. Dagegen wird die Naßreißfestigkeit von Kunstfasern aus Hydratcellulose durch das Velanisieren nicht begünstigt, wie CHWALA [41] gezeigt hat.

Eine weitere Ausgestaltung des *Velan*-Gedankens ist die Verwendung von Verbindungen der allgemeinen Formel [42]:

$$\underset{R_2}{\overset{R_1}{}}\!\!\!\searrow\!\!N{-}CH_2{-}\underset{X}{\overset{|}{N}} \text{ (tertiär).}$$

R_1 und R_2 bedeuten aliphatische Radikale mit wenigstens zehn Kohlenstoffatomen; X ist ein Säureanion. Als Vertreter dieser Stoffe ist z. B. das Stearamidomethylpyridiniumchlorid

$$C_{18}H_{37}{-}NH{-}CH_2{-}\underset{\overset{\cdot}{Cl}}{\overset{|}{N}}\langle\bigcirc\rangle$$

eine unerwünschte Hydrolyse des in der Hitze unbeständigen *Velan PF*, das unter Bildung unwirksamer Körper zersetzt würde, zu verhindern.

[1] Als Methylendiäther gehört er in die Klasse der ,,Acetale". Diese sind gegen Alkalien und alkalisch reagierende Waschflotten durchaus beständig, werden aber durch Säuren zersetzt. Deshalb ist die mit *Velan PF* erzeugte porös-wasserabweisende Ausrüstung nicht säurebeständig. Der Cellulose-Octadecyloxymethyläther zersetzt sich in Gegenwart von Wasserstoffionen unter Abspaltung von Formaldehyd und Stearinalkohol wie folgt:

$$C_{18}H_{37}OCH_2O\text{-Cellulose} + H_2O \rightarrow C_{18}H_{37}OH + HCHO + HO\text{-Cellulose}.$$

Die ursprüngliche Cellulose wird rückgebildet.

das in ähnlicher Weise wie das *Velan PF* nach folgender Gleichung

$$C_{18}H_{37}NH{-}CH_2{-}N\!\!\bigcirc\!\!\underset{Cl}{\big|} + \text{OH-Cellulose} \rightarrow C_{18}H_{37}NHCH_2O\text{-Cellulose} + \bigcirc N + HCl \quad (10)$$

mit Cellulose bzw.

$$C_{18}H_{37}NH{-}CH_2{-}N\!\!\bigcirc\!\!\underset{Cl}{\big|} + H_2N\text{-Wolle} \rightarrow C_{18}H_{37}NHCH_2NH\text{-Wolle} + \bigcirc N + HCl \quad (11)$$

mit Wolle reagiert, zu nennen.

Mit Cellulose entsteht der Octadecylamidooxymethylcelluloseäther, mit Wolle das N,N′-Octadecyl-,,Wolle"-Methylendiamin.

Neuere Hilfsmittel zur wasserabweisenden Ausrüstung sind *Persistolsalz A* und *Persistolgrund A* (I. G. Farbenindustrie A.-G.) die stets gemeinsam einbadig in Wasser verwendet werden. Die Ausrüstung ist gegen eine alkalische Seifenwäsche beständig.

Weitere in diese Kategorie gehörende Hydrophobierungsmittel sind *Persistol LA* und *Persistol LB* (I. G. Farbenindustrie A. G.). Sie werden in organischen Lösungsmitteln, z. B. Tetrachlorkohlenstoff oder *Asordin* (I. G. Farbenindustrie A. G.), dispergiert. Man nimmt etwa 5 bis 10 g *Persistol LA* oder *Persistol LB* allein oder in Mischung und imprägniert die mit 5 cm³/l Milchsäure vorbehandelten Gewebe bei gewöhnlicher Temperatur. Zur Erzielung einer hochwertigen, waschbeständigen wasserabweisenden Ausrüstung ist eine erhöhte Trockentemperatur von 120 bis 140° C notwendig. Zur Steigerung des Abperleffektes kann man noch etwas Paraffin zusetzen. Ein derartiges Bad enthält z. B. 8 g/l *Persistol LA*, 2 g/l *Persistol LB* und 5 g/l Paraffin vom Schmp. 52° C.

Vierundzwanzigster Abschnitt.

Mittel zur Erhöhung der Knitterfestigkeit.

Die natürlichen tierischen Fasern, z. B. Wolle und Seide, haben im lufttrockenen Zustande das Bestreben, nach mechanischen Beanspruchungen, wie Knittern, Pressen, Quetschen usw., in den ursprünglichen Zustand zurückzukehren. Die Cellulosefasern, wie Baumwolle, Leinen, Flachs, Jute u. dgl., vor allem aber die künstlichen Fasern aus regenerierter Cellulose (Viskose, Kupferseide, Zellwolle) und in geringerem Maße die Acetatkunstseiden, neigen dazu, in jenem Zustande, wie er durch die mechanische Bearbeitung geschaffen wurde, zu verharren; sie *knittern*. Das Wesen des *Knitterns* bzw. der *Knitterempfindlichkeit* ist bei Einzelfasern das dauernde Durchbiegen und Knicken quer zur Faserrichtung und bei Geweben quer zur Richtung der Kett- und Schußfäden infolge plastischer Verformung durch das Einwirken mechanischer Kräfte.

Ein instruktives Bild für die Knitterempfindlichkeit gibt der sog. *Knitterwinkel*, der zuerst von KRAIS [1] und dann von HALL [2] zur Beurteilung des Knitterns herangezogen wurde. Nach der ersten Methode werden die zu prüfenden Fäden im belasteten Zustand um einen straff gespannten Silberfaden geknickt. Hierauf wird mit einem Gewicht belastet und 24 Stunden in diesem Zustande gelassen. Dann wird das Gewicht entfernt und beobachtet, wie weit die Faser in den ursprünglich gestreckten Zustand zurückgeht. KRAIS erhielt für Wolle, Seide, Baumwolle und Viskose die in Abb. 146 gezeigten Knickwinkel.

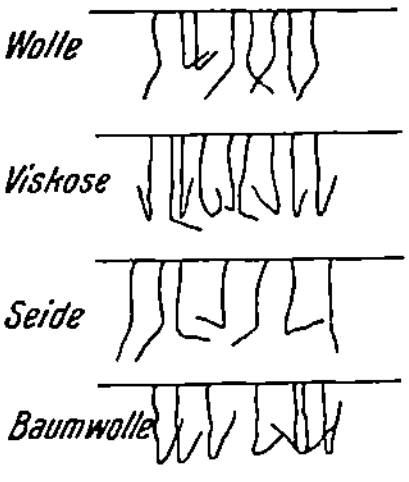

Nach HALL wird der Faden straff um ein Kartonblättchen (auch Objektträger sind geeignet) gewickelt, so daß an den Kanten Knicke entstehen. Nach Entfernen des Kärtchens bzw. Objektträgers (Abwickeln oder Durchschneiden der Faserwicklungen längs einer Kante) schließen die entspannten Fasern einen mehr oder minder großen Spreizungs- (Knitter-) Winkel ein; je größer dieser ist, um so besser ist die Knitterfestigkeit. Im Idealfalle sollte der Knitterwinkel 180° betragen, d. h. die Elastizitätskräfte hätten eine vollständige Rückführung in den ursprünglichen Zustand bewirkt. In der Praxis ist dieses Verhalten kaum anzutreffen; selbst die verhältnismäßig knitterfesten, natürlichen tierischen Fasern zeigen bei einer derartigen Prüfung mehr oder minder flache Winkel, wobei die Werte oft beträchtlich streuen [3].

Abb. 146. Knickwinkel von Wolle, Seide, Baumwolle und Viskose. (Nach KRAIS.)

Das Durchbiegen und Knicken der Textilfasern ist abhängig [4]:

I. von den strukturellen Verhältnissen der Fasern (Mizellarstruktur, Anordnung der Kristallite);

II. von den mechanischen Eigenschaften der Faser (Biegungselastizität, plastische Dehnung);

III. vom Wassergehalt und Quellungsgrad der Faser;

IV. vom Luftgehalt der Faser;

V. von der Art der Garn- und Gewebestruktur (Titer);

VI. von der Art der Ausrüstung.

VII. von den Behandlungsmitteln.

I. Einfluß der Faserstruktur.

Von Einfluß sind: die Faserform und der Faserfeinbau.

Von allen Fasern haben die aus Hydratcellulose die größte Neigung zum Knittern; sie nehmen einen aufgezwungenen Biegungswinkel leicht dauernd an. Bei Textilwaren aus tierischen Fasern, wie Wolle und Seide, verschwinden hingegen die durch den Gebrauch entstandenen Knicke und Falten, wenn dem Stoff Zeit zur Erholung gegeben wird.[1] Die

Lagerzeit in Tagen	Reißfestigkeit in Kilogramm	
	Kette	Schuß
13	33,5	23,4
39	34,4	27,5
61	35,2	28,7
85	40,0	30,5

[1] Die Erholung von Wolle beim Lagern, beispielsweise nach dem Waschen, geht aus nebenstehender Zusammenstellung nach SPEAKMAN und LIU [5] hervor.

Baumwollfaser nimmt eine Mittelstellung ein, was zum Teil auf die flache Form des Faserquerschnittes zurückzuführen ist. Bei flachen Fasern lassen sich die Knickungen durch Ausstreichen teilweise wieder entfernen, da solche Faserarten keine wesentliche Formelastizität besitzen, demnach auch nicht das Bestreben haben, einen ihnen von außen aufgezwungenen Zustand dauernd beizubehalten. Die Fasern mit mehr oder weniger rundem Querschnitt, z. B. Wolle, Seide, gewisse Viskose und Zellwollsorten und Kupferseide, besitzen eine erhebliche Formelastizität, also an sich genügend elastische Kräfte, um eine Streckung der geknickten Stelle zu bewirken. Wenn trotzdem Unterschiede in der Knitterfestigkeit dieser Faserarten auftreten, so müssen neben der Faserform noch andere Faktoren eine Rolle spielen, wie z. B. der Faserfeinbau. Beim Biegen und Knicken werden die Faserschichten verschiedenartig beeinflußt. Der innere (mittlere) Faserteil wird nur in geringem Maße beansprucht. Die äußeren Faserschichten erleiden dagegen Deformationen, und zwar werden die von der Biegekante entfernt liegenden Schichten gedehnt und dort vorhandene Kristallite auseinandergetrieben; es entstehen Spannungen. Die der Biegekante anliegenden Schichten werden gestaucht; es treten Pressungen auf [6]. Infolge dieser verschiedenen Biegebeanspruchung der Faser ist die Gliederung in der Querrichtung und die Orientierung in der Längsrichtung von großem Einfluß auf das Verhalten beim Knittern.

Im Abschnitt „Kolloidchemie der Cellulose- und Proteinfasern"[1] wurde gezeigt, daß für den submikroskopischen Faserfeinbau die Anzahl der zu kristallinen Bereichen (Kristalliten) zusammengetretenen Makromoleküle, ferner die Größe und Zahl der die Kristallite bzw. Mikrofibrillen trennenden submikroskopischen und zwischenmizellaren Hohlräume sowie der Orientierungsgrad der Kristallite zur Faserachse bestimmend sind. Die Textilfasern sind ein Haufwerk von Kristalliten mit geordneten Gitterbereichen, die zueinander ohne Orientierung sein können oder — wenigstens teilweise — eine bestimmte Lage einnehmen, die meist parallel oder unter einem Winkel zur Faserachse liegt (Fasertextur).

Ein zuweilen beträchtlicher Teil der Fasersubstanz ist nicht zu den durch Parallelisierung entstandenen kristallinen Bereichen vereinigt, sondern amorph verteilt. HALL [2], MARK [7] und neuerdings QUEHL [8] haben darauf aufmerksam gemacht, daß zwischen der Knitterfähigkeit und dem strukturellen Faserbau Zusammenhänge bestehen. Der Anteil amorpher Substanz im Verhältnis zu den kristallinen Bereichen zeigt die folgende Reihe:

$$\text{Wolle} > \text{Naturseide} > \text{Acetatseide} > \text{Cellulose,}$$

die in der Richtung steigender Mengen von Kristalliten und abnehmender Menge amorpher Substanz geordnet ist. Die gleiche Reihenfolge erhält

---

[1] Siehe S. 18.

man für die Knitterfähigkeit. Die Proteinfasern mit dem größten Gehalt an amorphen Bestandteilen haben die geringste Knitterneigung; die Cellulosefasern mit einem hohen Gehalt an Kristalliten besitzen die geringste Knitterfestigkeit.

Den Orientierungsgrad der Kristallite zur Faserachse (in der Richtung zunehmenden Orientierungsgrades geordnet) bringt die nachstehende Reihe:

Wolle < Naturseide < Acetatseide < Viskose < Kupferseide < Baumwolle <
< Bastfasern.

In derselben Reihenfolge (unter allfälligem Platzwechsel) sinkt die Knitterfestigkeit mit Zunahme des Anteiles kristalliner Substanz und wachsender Parallelisierung zur Faserachse.

Die Größe der Kristallite nimmt von den Proteinfasern zu den Cellulosefasern, vor allem aus nativer Cellulose, zu.[1] Darnach scheint eine weitgehende Übereinstimmung zwischen dem mizellaren Aufbau der Fasern und deren Knitterfestigkeit zu bestehen. Ein geringer Anteil an amorpher Substanz, große kristalline Gitterbereiche, d. h. eine stark ausgeprägte kristalline Struktur, und ein hoher Orientierungsgrad begünstigen im allgemeinen die Neigung zum Knittern.

Im besonderen soll die gute Knitterfestigkeit der Naturseide nach MARK durch einen verhältnismäßig hochorientierten Kern bedingt sein, während die äußeren Schichten mit zunehmender Entfernung vom Kern nach der Faserperipherie wachsende Desorientierung zeigen.

Bei der Wolle bewirken die Querelemente wie die elektrovalenten Salzbindeglieder und die kovalente Disulfidbrücke des Cystins genügend Widerstand gegen seitliche Verschiebungen. Dazu kommt noch die hohe innere Elastizität der hexagonal gefalteten Hauptvalenzketten.

Bei den Fasern aus nativer Cellulose (Baumwolle und Bastfasern) nimmt die Baumwolle infolge ihrer spiralförmigen Fasertextur eine gesonderte Stellung ein; sie ist deshalb graduell weniger knitterempfindlich als z. B. Leinen.

Nicht ganz so geklärt sind die Verhältnisse bei den künstlichen Cellulosefasern aus regenerierter Cellulose. Die Erzeugung der Kunstfasern kann bekanntlich ohne oder mit Streckung erfolgen.[2] Im ersten Falle ist

Tabelle 142. Einfluß der Streckung beim Spinnprozeß auf den Knitterwinkel. (Nach HALL.)

Kunstseide	Streckung in Prozenten	Knitterwinkel in Grad
Viskosekunstseide ...	0	74
	5	57
	10	50
	15	41,5
Acetatkunstseide	0	170
	5	101
	10	67
	15	62
	20	61

[1] Siehe S. 32; vgl. auch [9].
[2] Vgl. S. 28.

der Orientierungsgrad im Faserkern größer als in der äußersten Schicht (Mantelschicht), im zweiten Falle ist sowohl die Mantelschicht als auch der Kern verhältnismäßig hoch orientiert. Die unter Streckung erzeugten Kunstseiden haben
nach HALL [2] wegen des kleineren Gehaltes an querliegenden Kristalliten,
die der Biegung entgegenwirken, geringere Knickfestigkeit als die ohne
Streckung hergestellten, was mit der von MARK [7] vertretenen Ansicht, daß
ein steigender Orientierungsgrad eine abnehmende Knitterfestigkeit bedingt,
übereinstimmt; vgl. Tab. 142.

Zu einem entgegengesetzten Ergebnis kamen kürzlich ELÖD und ETZ-
KORN [10]. QUEHL [8] weist darauf hin, daß diese Auffassung nicht ohne
weiteres zutrifft, da die genannten Autoren z. B. Fäden von verschiedenem
Titer verglichen haben, was nicht angängig ist (vgl. später).

II. Einfluß der mechanischen Eigenschaften.

Die mechanischen Eigenschaften variieren besonders bei den Kunst-
fasern; sie hängen von der Kunstseidenart und von der Herstellung
(Reifungsgrad, Streckung) ab. Die Knitterfestigkeit steht in gewisser
Beziehung zu den mechanischen Eigenschaften. In der Tab. 143 ist die
Reißfestigkeit, Dehnung und der Knitterwinkel von Kunstfasern nach
OHL [11] angegeben.

Tabelle 143. Zusammenhänge zwischen Knitterfestigkeit und
mechanischen Eigenschaften von Kunstfasern. (Nach OHL.)

Kunstseidenart	Reißfestigkeit		Dehnungseigenschaften			Knitterwinkel in Grad
	trocken g/den.	naß g/den.	gesamt	elastisch	plastisch	
			in Prozenten			
Viskose a	1,62	1,02	16,3	1,60	98,40	38
„ b	1,56	0,92	18,2	1,66	98,34	41
„ c	1,49	0,81	20	1,86	98,14	57
„ d	1,50	0,76	21,0	2,00	98,00	66
„ e	1,44	0,70	24,0	2,22	97,78	88
Acetatseide f ..	1,40	1,00	24,0	3,30	96,70	150
„ g ..	1,36	0,90	25,0	3,20	96,80	176
„ h ..	1,33	0,77	28,0	3,66	96,34	190

In erster Linie hängt die Knitterfestigkeit bei den Kunstseiden von
der Faserart ab. Acetatkunstseide knittert weniger als Viskose.[1] Einen
Zusammenhang zwischen Knitterfestigkeit und mechanischen Eigenschaften zeigt Tab. 143 bezüglich Knitterwinkel und Dehnung. Mit
höherer Gesamt- und elastischer Dehnung (Biegungselastizität) sowie
sinkender plastischer Dehnung steigt die Knitterfestigkeit. Mit wachsender
Trocken- und Naßreißfestigkeit scheint die Knitterempfindlichkeit zuzu-

---

[1] Dies ist u. a. auch auf den geringeren Feuchtigkeitsgehalt der Acetatseide im Vergleich zur Viskose zurückzuführen. Nach WELTZIEN [12]
enthält Viskose bei 16 bis 18° C 12 bis 14%, Acetatseide nur 5 bis
7% Wasser.

nehmen, was mit der Auffassung HALLs, daß Kunstfasern, die beim Spinnen gestreckt wurden, zwar höhere Reißfestigkeit, aber geringere Knitterfestigkeit aufweisen, übereinstimmen würde.

III. Einfluß des Wassergehaltes.

Die Knitterneigung ist vom Wassergehalt und Quellungsgrad der Faser abhängig. Dies gilt vor allem für die Kunstfasern aus Hydratcellulose. Zum Teil sind auch Seide und Baumwolle in bezug auf Knitterempfindlichkeit von der Feuchtigkeit abhängig. Wolle knittert bei nicht zu hohen Feuchtigkeitsgehalten nicht viel mehr als bei niederem Wassergehalt. Der Einfluß der Luftfeuchtigkeit auf die Knitterneigung geht nach ELÖD und ETZKORN [10] aus Tab. 144 und noch deutlicher aus Abb. 147 hervor.

Tabelle 144. Abhängigkeit des Knitterwinkels von der Luftfeuchtigkeit. Temperatur 25° C. (Nach ELÖD und ETZKORN.)

Relative Luftfeuchtigkeit in Prozenten	Knitterwinkel von			
	Viskoseseide	Kupferseide	Azetatseide	Naturseide
92	17	26	22	23
65	32	38	48	78
30	54	53	58	95

Wie ersichtlich, besteht zwischen Wassergehalt (Quellung) und Knitterfestigkeit ein gewisser Zusammenhang. Je stärker die Faser gequollen ist, um so mehr knittert sie. Die adsorbierten Wassermoleküle vermindern die gegenseitigen Anziehungskräfte der Mizellen und Kristallite, da sie die Restvalenzkräfte der Makromoleküle teilweise zur eigenen Bindung beanspruchen.

Im vollkommen wasserfreien Zustand sind auch Hydratcellulosefäden knitterfrei. Sobald aber die getrocknete Kunstseide wieder feuchter Luft ausgesetzt wird, stellt sich ein Quellungsgleichgewicht, entsprechend der jeweiligen Luftfeuchtigkeit, ein, wodurch die Faser wieder zum Knittern neigt.

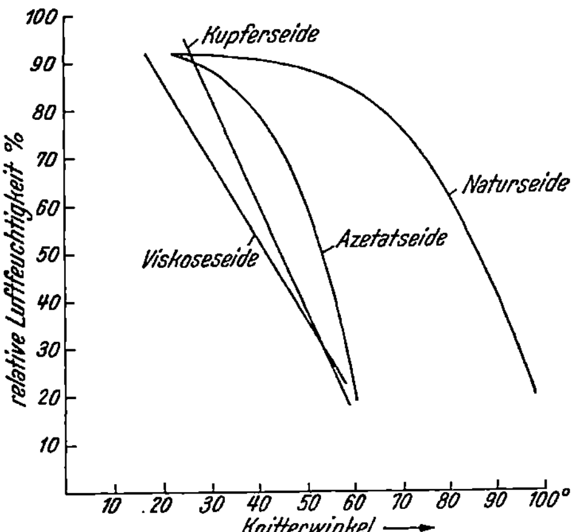

Abb. 147. Abhängigkeit des Knitterwinkels von der Luftfeuchtigkeit bei 25°. (Nach ELÖD und ETZKORN.)

IV. Einfluß des Luftgehaltes.

Im allgemeinen begünstigt ein größerer Luftgehalt die Knitterfestigkeit. Lufthaltige Kunstseiden, z. B. die *Celta*-Seide, besitzen oft eine

ungünstige Querschnittsform (flaches Rechteck, Bändchenstruktur), so
daß dadurch die Knitterempfindlichkeit wieder zunimmt.

V. Einfluß der Garn- und Gewebestruktur.

Die Knitterneigung der Einzelfaser ist für das Verhalten eines Gewebes
beim Knittern nur zum Teil maßgeblich. Von großem Einfluß sind die
spinntechnischen Faktoren, d. h. die Art der Verarbeitung zu Garn und
zu Geweben.

Die Knitterempfindlichkeit der Fertigware hängt von der Feinheit der
Einzelfaser (Titer), deren Drall und von der Drehung des Fadens ab. Die
Abhängigkeit des Knitterwinkels vom Titer
ist beträchtlich [13]; die nebenstehende Zu-
sammenstellung bringt einige Angaben nach
QUEHL [8].

Steigender Titer bedingt im allgemeinen
eine größere Knitterfestigkeit.

Eine gewisse Rolle spielt noch die Art
der Faserlage im Garn. Je stärker eine
Faser gedreht ist, desto geringer ist ihre
Knitterneigung. Die einzelnen Fasern sind

Fadentiter	Einzeltiter	Knitter-winkel
45/15	3	32°
100/40	2,5	47°
180/36	5	59°
250/50	5	61°
300/50	6	63°

im gedrehten Garn spiralförmig um die Faserachse angeordnet; beim
Knicken werden die Spirallagen auseinandergespreizt, ohne die Biegungselastizität wesentlich zu beanspruchen. Solche Garne sind z. B. Krepp-
garne, Frottézwirne, Schlingen-, Flammen- und Knotenzwirne. Garne
aus kürzeren (kurzstapeligen) Fasern verhalten sich bezüglich Knitterfestigkeit günstiger als lange Einzelfasern. Dementsprechend ist die
Knitterempfindlichkeit von Garnen aus Zellwolle kleiner als die eines
Kunstseidenfadens.

Neben den spinntechnischen Faktoren spielen die webtechnischen eine
bedeutsame Rolle, und zwar sowohl hinsichtlich der Gewebestruktur als
auch der Bindungsart. Unregelmäßige Bindungen (Relief-Dreherbindungen),
lockere Einstellung und dichte Gewebe vermindern die Knitterneigung.
Beispielsweise ist dies bei Kreppgeweben der Fall. Gewebe mit welligen und
maschenartigen Bindungen (Wirk- und Strickwaren) knittern weniger als
solche mit scharfen Fadenkreuzungen (Kett-Schuß-Fäden).

VI. Einfluß der Ausrüstung.

Die Knitterfestigkeit kann in weitem Umfange durch verschieden-
artige Ausrüstung beeinflußt werden. Hygroskopische, wasseranziehende
Stoffe erhöhen durchweg die Knitterneigung. Öle und Fettstoffe, wie
Avivier- und Appreturmittel, bewirken zuweilen eine meist ungenügende
Verminderung der Knitterempfindlichkeit.

VII. Mittel zum Knitterfestmachen.

Hingegen gelang es durch bestimmte chemische Maßnahmen, die den
Anteil amorpher Substanz in der Faser künstlich erhöhen, beim Ausrüsten eine knitterfreie Ware zu erhalten. Praktisch hat sich bis jetzt

aus einer großen Anzahl von Vorschlägen das Verfahren zum Knitterfestmachen auf Kunstharzbasis und die Einlagerung bestimmter Salze am meisten durchgesetzt.

Als Kunstharze werden nach den Patenten der Tootal Broadhurst Lee Comp. [14] und I. G. Farbenindustrie A. G. [15] Phenol-Formaldehyd-Kondensationsprodukte (Phenoplaste), bzw. solche aus Harnstoff oder Thioharnstoff und Formaldehyd (Aminoplaste) verwendet.

Daneben können noch eine ganze Anzahl stickstoffhaltiger Stoffe, wie Säureamide, hochmolekulare Amine, z. B. Stearylamin, Imidoäther,[1] sowie Aldehyde und aldehydabgebende Körper, z. B. Acetaldehyd, Glyoxal, Glycerinaldehyd, Paraformaldehyd usw., nach Angaben des Patentschrifttums benutzt werden, ohne daß aber derartige Kondensate praktische Bedeutung erlangt hätten.

Nach den ursprünglichen Angaben des Tootal-Verfahrens wird Formaldehyd und Phenol durch Kochen unter Zusatz von 1% Soda vorkondensiert. Hierbei spielen sich folgende Reaktionen ab:

Zunächst entsteht aus Phenol und Formaldehyd gemäß der Gleichung:

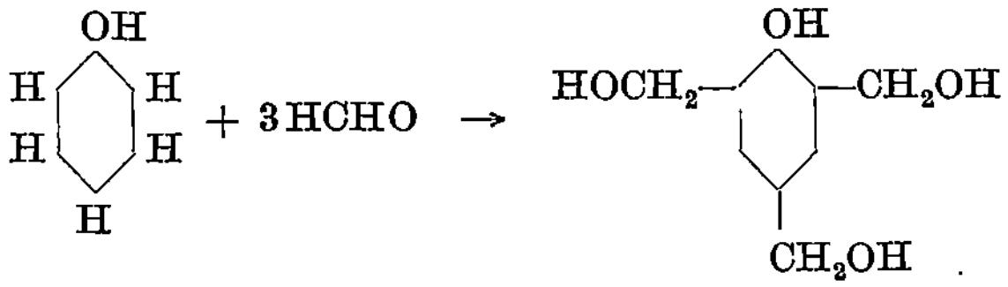

$$\text{Phenol} + 3\,\text{HCHO} \rightarrow \text{Trihydroxymethylphenol} \tag{1}$$

Phenolalkohol [16], woraus durch weitere Kondensation mit noch nicht umgesetztem Phenol die Dioxymethylverbindung des Dioxydiphenylmethans entsteht:

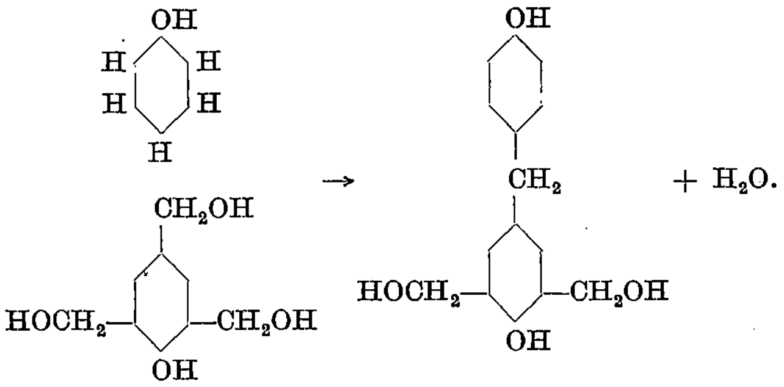

$$\rightarrow \text{Dioxydiphenylmethan-Verbindung} + H_2O. \tag{2}$$

Beim weiteren Kondensieren in der Hitze reagieren diese Erstkondensate unter Vernetzung sowie unter dreidimensionaler Verzweigung durch räumliche Atomverkettung; es bilden sich unlösliche Makromoleküle von Phenoplasten, z. B.

---

[1] Vgl. S. 402.

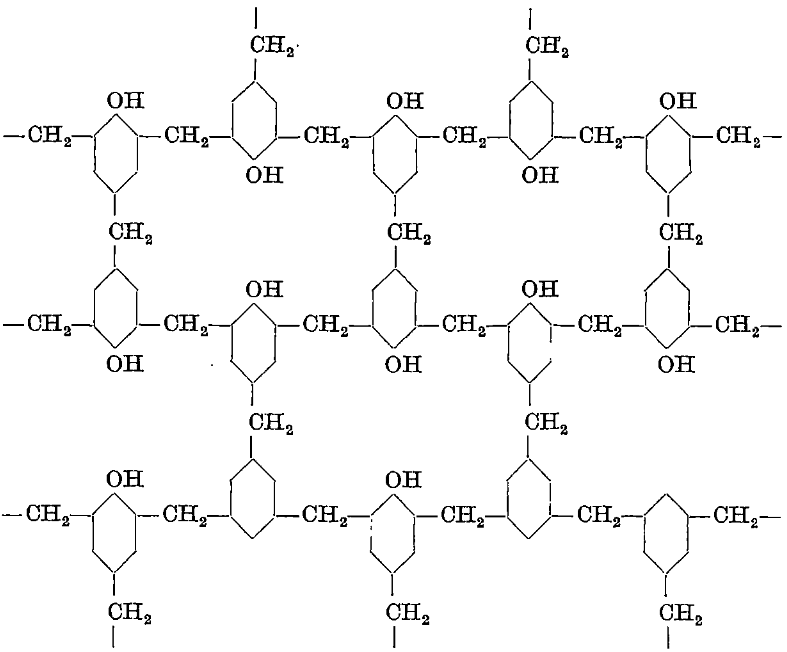

$$\text{[Phenoplast-Strukturformel: vernetzte Phenol-Formaldehyd-Kondensate, verknüpft über } CH_2\text{-Brücken mit } OH\text{-Gruppen an den Benzolringen]}$$

Die erhaltenen Phenoplaste eignen sich aus anderen Gründen nicht sonderlich zur Erhöhung der Knitterfestigkeit, obwohl der Knitterwinkel, wie aus Tab. 145 ersichtlich ist, durch deren Verwendung erhöht wird.

Tabelle 145. Abhängigkeit des Knitterwinkels und der Festigkeitseigenschaften von Viskosekunstseide durch die Aufnahme von Phenoplasten. Kondensationsdauer 5 Minuten bei 104° C. Katalysator 1% Soda. (Nach Elöd und Etzkorn.)

Aufgenommene Kunstharzmenge in Prozenten vom Fasergewicht	Knitterwinkel bei 50% relativer Luftfeuchtigkeit und 25° C	Reißfestigkeit g/100 den.	Bruchdehnung in Prozenten
44,4	93	242	7,9
41,0	87	200	9,2
39,0	65	197	12,5
26,3	56	185	13,0
17,3	45	170	15,0

Die aus Phenol und Formaldehyd erzeugten Vorkondensate sind nicht haltbar; die Viskosität nimmt dauernd zu, was auf ein Wachsen der kolloiden Teilchen in der Lösung deutet. Die Heterodispersität wächst, wodurch nach Elöd und Etzkorn [10] der Knitterwinkel ungünstig

beeinflußt wird. Sind die Teilchen zu groß, so lagern sie sich hauptsächlich an der Faseroberfläche ab und es kommt beim Knicken sogar zum
Faserbruch. Der Griff der behandelten Ware ist rauh und hart, die Dehnung und Festigkeit leiden. Ferner treten zuweilen Verfärbungen des
Textilgutes beim Trocknen ein.

Aus diesem Grunde benutzt man zum Knitterfestmachen vorzugsweise Aminoplaste aus Harnstoff oder Thioharnstoff und Formaldehyd
(I. G.-Tootal-Verfahren). Man erhält bei schwach alkalischer Erst-
kondensation in wäßrigem Medium haltbare, leicht lösliche Vorkondensate
aus kristallisiert faßbarem Mono-, bzw. Dimethylolharnstoff, z. B. nach
folgender Gleichung:

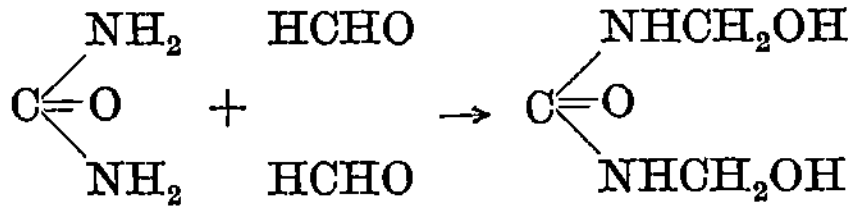

$$
\underset{\text{Harnstoff.}}{C\!\!<\!\!\overset{\displaystyle NH_2}{\underset{\displaystyle NH_2}{O}}} \;+\; \begin{matrix} HCHO \\ \\ HCHO \end{matrix} \;\rightarrow\; \underset{\text{Dimethylolharnstoff.}}{C\!\!<\!\!\overset{\displaystyle NHCH_2OH}{\underset{\displaystyle NHCH_2OH}{O}}} \tag{3}
$$

Daraus entstehen bei der zweiten, in der Faser erfolgenden, mittels
Säure katalysierten Fertigkondensation durch molekulare Vernetzung
Methylenharnstoffe verschiedener Zusammensetzung, z. B.:

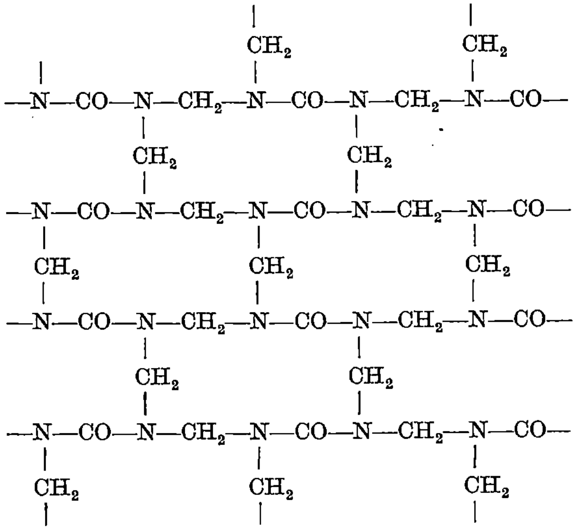

$$
\begin{array}{ccccc}
 & | & & | & \\
 & CH_2 & & CH_2 & \\
| & | & & | & \\
-N\!-\!CO\!-\!N\!-\!CH_2\!-\!N\!-\!CO\!-\!N\!-\!CH_2\!-\!N\!-\!CO- \\
| & & | & & | \\
CH_2 & & CH_2 & & \\
| & & | & & \\
-N\!-\!CO\!-\!N\!-\!CH_2\!-\!N\!-\!CO\!-\!N\!-\!CH_2\!-\!N\!-\!CO- \\
| & & | & & | \\
CH_2 & & CH_2 & & CH_2 \\
| & & | & & | \\
-N\!-\!CO\!-\!N\!-\!CH_2\!-\!N\!-\!CO\!-\!N\!-\!CH_2\!-\!N\!-\!CO- \\
| & & | & & \\
CH_2 & & CH_2 & & \\
| & & | & & \\
-N\!-\!CO\!-\!N\!-\!CH_2\!-\!N\!-\!CO\!-\!N\!-\!CH_2\!-\!N\!-\!CO- \\
| & & | & & | \\
CH_2 & & CH_2 & & CH_2 \\
| & & | & & |
\end{array}
$$

Aus den Hauptvalenznetzen bilden sich in der Hitze beim Trocknen
dreidimensionale, wasserunlösliche und unquellbare Makromoleküle aus
Carbamidharz [17]. Die einwandfreie Darstellung des Carbamidharzes
aus dem Vorkondensat ist stark von den p_H-Verhältnissen bei der Fertigkondensation abhängig. Das p_H soll bei dieser zwischen 4 bis 5 liegen;
die Kondensation selbst muß in der Wärme, tunlichst über 100° C, erfolgen. Es tritt aber nach einiger Zeit (zwei bis drei Stunden) bereits in
der Kälte Bildung unlöslicher Anteile im Behandlungsbade ein, wenn
dieses angesäuert wird. Deshalb benutzt man ein neutrales, bis leicht

alkalisches Vorkondensat, z. B. *Kaurit KF* (I. G. Farbenindustrie A. G.), das in Wasser löslich ist,[1] und versetzt das daraus hergestellte Imprägnierungsbad bei 20 bis 30° C mit Säuren oder säureabgebenden Stoffen, z. B. Weinsäure, Milchsäure, Zitronensäure, Phosphorsäure, saure Phosphate, Ammonsulfat, Ammonchlorid, Ammonrhodanid u. dgl.

Die Ammonsalze, z. B. Ammoniumsulfat, wirken insofern azidifizierend, als sie sich in der Kälte mit dem immer vorhandenen überschüssigen Formaldehyd gemäß folgender Gleichung

$$2\ (NH_4)_2SO_4 + 6\ HCHO \rightarrow (CH_2)_6N_4 + H_2SO_4 + 6\ H_2O$$

unter Bildung von gegen Lackmus neutral reagierendem Hexamethylentetramin und freier Säure umsetzen. Sie dienen als leicht dosierbare und handliche Säuerungsmittel. Gewöhnlich verwendet man von ihnen soviel, um ein p_H 4,5 bis 5 zu erzielen.

Der sauren Imprägnierungsflotte aus dem Harnstoff (Thioharnstoff)-Formaldehyd-Vorkondensat können noch Stabilisierungs- und Netzmittel, *Igepon T* oder *Igepal C* sowie säurebeständige Weichmachungsmittel, z. B. *Soromin WF, AF* und *SG* (I. G. Farbenindustrie A. G.) und Appreturmittel zugesetzt werden. Ebenso kann man Emulsionen von Erzeugnissen zum Porös-Wasserabstoßendmachen (vgl. S. 396) gleichzeitig mit den Vorkondensaten auf die Ware aufbringen und erzielt im Einbadverfahren Knitterfestigkeit und einen guten Wasserabperleffekt [18].

Die praktische Durchführung geschieht so, daß man die Ware auf einem Dreiwalzenfoulard mit der etwa 30° C warmen und 20- bis 25%igen, durch Puffer schwach sauer eingestellten Vorkondensatlösung imprägniert, auf etwa 90 bis 100% Aufnahme abquetscht und am Spannrahmen bei mäßiger Temperatur, etwa 60 bis 70° C trocknet. Zu rasche Trocknung ist nicht ratsam, da sich oberflächlich wasserunlösliches Carbamidharz bildet, das dem noch im Faserinnern befindlichen Wasser das Verdampfen verwehrt, wodurch es zur Sprengung des Faserverbandes kommen kann. Nach dem Trocknen erfolgt die eigentliche Kondensation und Verharzung zu den molekular vernetzten, dreidimensionalen Makromolekülen bei Temperaturen bis zu 160° C. Oberflächlich anhaftendes Harz kann durch Waschen mit einer Lösung von etwa 5 g Seife und 2 g Soda im Liter bei 50 bis 60° C entfernt werden. Die Harzeinlagerung, die die Knitterfestigkeit verursacht, ist waschbeständig.

Die knitterfeste Ausrüstung von Textilien mittels Carbamidharz (Aminoplaste) ist abhängig von der

Faserart,
Art der Kunstharzeinlagerung,
eingelagerten Kunstharzmenge.

1. Einfluß der Faserart.

Mittels Harnstoff- (Thioharnstoff)-Formaldehyd-Kunstharze, etwa nach dem I. G.-Tootal-Verfahren, können alle hydratcellulosehaltigen Kunstseiden und Zellwollen knitterfrei ausgerüstet werden. Acetatseide

---

[1] Es besteht im wesentlichen aus Dimethylolharnstoff.

läßt sich damit nicht gut knitterfest machen, da die Acetylcellulose infolge ihrer geringen Quellbarkeit in Wasser nur beschränktes Aufnahmevermögen für die wäßrigen Lösungen der Vorkondensate aufweist. Beim Trocknen lagert sich das gebildete Carbamidharz hauptsächlich an der Oberfläche der Acetatkunstseide ab, wodurch der Griff beeinträchtigt wird und die Erhöhung der Knitterfestigkeit nur gering ist.

Die Verminderung des Knitterns von Baumwolle mittels sauer kondensierter Carbamidharze geht stets mit einem Abfall der Reißfestigkeit einher (vgl. S. 29). Dies ist auf die zur Kondensation notwendige Säure, die die Baumwolle angreift,[1] und deren Polymerisationsgrad stark herabsetzt, zurückzuführen. Noch empfindlicher ist Leinen, so daß für die nativen Cellulosefasern die saure Kondensation kein befriedigendes knitterfestes Ausrüsten ergibt.[2]

Hingegen gelingt die Erhöhung der Knitterfestigkeit bei Wolle und Wolle-Zellwolle-Mischgespinsten ohne Nachteil, wenn man Carbamidharze einlagert.

2. Einfluß der Art der Kunstharzeinlagerung.

Zur Erzielung eines brauchbaren Knitterfesteffektes ist es, wie die Patente der Tootal Broadhurst Lee Comp. und I. G. Farbenindustrie A. G. verlangen, unbedingt notwendig, die Kunstharze *in* der Faser entstehen zu lassen. Es müssen die Zwischenräume zwischen den Mizellen, Kristalliten und Mikrofibrillen mit dem Kunstharz erfüllt werden. Da die Größe der zwischenmizellaren Räume in der Reihenfolge Viskose—Kupferkunstseide—Baumwolle—Bastfasern abnimmt (Acetatkunstseide, Naturseide und Wolle sind in dieser Hinsicht mit den Cellulosefasern nicht ohne weiteres vergleichbar), ist es auch aus diesem Grunde verständlich, warum Viskose- und Kupferkunstseide leicht, Baumwolle und Leinen

---

[1] Der Faserangriff der Baumwolle durch Säuren wird durch folgende Zusammenstellung illustriert. Baumwollgewebe wurde während 15 Minuten in verdünnte Schwefelsäure verschiedenen p_H-Wertes eingelegt, auf 200% abgequetscht und bei 120° C getrocknet. Die Bestimmung der Reißfestigkeit in Funktion vom p_H ergab:

p_H	Reißfestigkeit	
	Kette	Schuß
Ohne Behandlung	30,8	30,8
Wasser p_H 7	31,9	30,4
0,51	Zerstörung	
1,25	„	
2,18	10,2	10,2
3,08	29,9	29,2
4,08	30,4	28,7

[2] Eine alkalische, für die Baumwolle unschädliche Kondensation ergibt keine brauchbare Vernetzung zu dreidimensionalen Makromolekülen und demgemäß auch keine Erhöhung der Knitterfestigkeit.

schwer knitterfest ausgerüstet werden können. Die künstliche Vermehrung amorpher Substanzen in der Faser erfolgt um so leichter, je größer der hierfür verfügbare zwischenmizellare Raum ist. Eine oberflächliche Ablagerung von Kunstharz gibt eine mäßige Knitterfestigkeit und einen rauhen Griff. Durch die Einlagerung des Carbamidharzes in die submikroskopischen bzw. zwischenmizellaren Räume wird ein Teil der Restvalenzen, die von den Hydroxylgruppen ausstrahlen, durch das Kunstharz abgesättigt und letzteres durch nebenvalenzmäßige Wechselwirkung gebunden. Dadurch wird eine gegenseitige Lageveränderung bewirkt bzw. das Abgleiten der Mizellen und Kristallite unter der Einwirkung von Zug-, Druck-, Schiebe- usw. Kräften vermindert. Es steigt deshalb die Knitterfestigkeit und Reißfestigkeit, während die Dehnung zurückgeht. Die Blockierung der Restvalenzkräfte durch nebenvalentige Bindung des in der Faser eingelagerten Kunstharzes bewirkt weiter, daß die Feuchtigkeitsempfindlichkeit und das Quellvermögen zurückgehen.

3. Einfluß der Kunstharzmenge.

Das Auftreten der eben geschilderten günstigen Begleiterscheinungen beim Knitterfestmachen mit Carbamidharzen ist in seinem Ausmaß sehr von der eingelagerten Harzmenge abhängig, wie dies Tab. 146 nach Versuchen von ELÖD und ETZKORN [10] zum Ausdruck bringt.

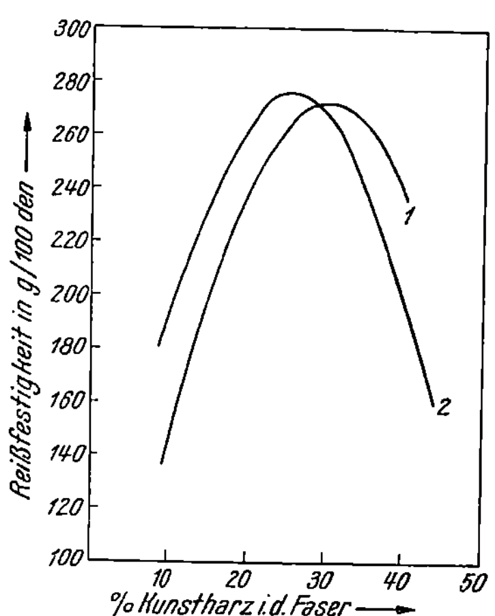

Abb. 148. Abhängigkeit der Reißfestigkeit von der eingelagerten Kunstharzmenge; Harnstoff-Formaldehyd-Kunstharz (1) und Thioharnstoff-Formaldehyd-Kunstharz (2). (Nach ELÖD und ETZKORN.)

Die Reißfestigkeit nimmt mit steigender Kunstharzmenge zunächst zu, erreicht einen Maximalwert und sinkt bei zu großer Harzeinlagerung wieder; vgl. Abb. 148. Die Dehnung wird mit wachsendem Harzgehalt stetig kleiner. Die Quellbarkeit knitterfest ausgerüsteter Kunstseide ist

Tabelle 146. Beeinflussung des Knitterwinkels, der Quellbarkeit und der Festigkeitseigenschaften von Viskosekunstseide durch die Menge eingelagerten Harnstoff-Formaldehyd-Kunstharzes. (Nach ELÖD und ETZKORN.)

Aufgenommene Carbamidharzmenge in Prozenten vom Fasergewicht	Knitterwinkel bei 50% relativer Luftfeuchtigkeit und 25° C	Reißfestigkeit g/100 den.	Bruchdehnung in Prozenten	Aufgenommenes Wasser in feuchter Luft (75% relativ, 25° C), bezogen auf das Fasergewicht in Prozenten
40	nicht meßbar	236	2,1	9,0
28	120	271	6,4	10,1
22	112	247	8,4	10,7
14,2	58	181	11,5	12,2
9,8	36	144	12,7	12,4

geringer als die der unbehandelten. Man kann aber nicht von einer wasserabweisenden Ausrüstung oder gar von einem Abperleffekt sprechen (vgl. S. 401). In Übereinstimmung damit ist die Naßreißfestigkeit knitterfest gemachter Kunstseide und Zellwolle nach AUERBACH [19] größer als die der nichtbehandelten Kunstseide, wie Tab. 147 zeigt.

Tabelle 147. Abhängigkeit der Naßreißfestigkeit von der knitterfreien Ausrüstung. (Nach AUERBACH.)

Kunstfaser	Reißfestigkeit, trocken in Gramm	Reißfestigkeit, naß in Gramm
Viskosegarn: unbehandelt	638	261
knitterfest	777	449
	(Zunahme 22%)	(Zunahme 73%)
Zellwollgarn: unbehandelt	481	233
knitterfest	505	300
	(Zunahme 5%)	(Zunahme 30%)

Durch die knitterfeste Ausrüstung nimmt aus den bereits früher erwähnten Gründen die Trockenreißfestigkeit und Naßreißfestigkeit zu. Die Zunahme ist bei letzterer relativ bedeutend größer, was auf die geringere Quellbarkeit infolge Blockierung von hydratationsfähigen Hydroxylgruppen durch das nebenvalentig gebundene Carbamidharz erklärt wird.

Außerdem dürfte die Cellulose durch überschüssiges Formaldehyd zum Teil unter Bildung von Methylencellulose (Cellulosemethylenäther[1]) gemäß folgender Reaktionsgleichung:

$$\begin{array}{c} \diagdown \\ CH-OH \\ | \\ CH-OH \\ \diagup \end{array} + HCHO \rightarrow \begin{array}{c} \diagdown \\ CH-O \\ | \qquad \diagdown CH_2 + H_2O, \\ CH-O \\ \diagup \diagup \end{array} \qquad (4)$$

die in Wasser keine Quellfähigkeit besitzt, verändert werden [20].

Die Verringerung der Quellbarkeit durch das eingelagerte Kunstharz ist mit einer der Gründe, daß die Knitterneigung herabgesetzt wird. Es wurde früher darauf hingewiesen, daß die Knitterempfindlichkeit von Hydratcellulose mit abnehmendem Wassergehalt sinkt; absolut wasserfreie, „übertrocknete" Kunstseide knittert nicht. Zweifellos liegt bei der Trocknung und Bildung des Kunstharzes die damit behandelte Kunstfaser im Zustande weitgehender Wasserfreiheit vor. Das im Innern der Faser erzeugte Carbamidharz fixiert gewissermaßen infolge seiner Unlöslichkeit und Unquellbarkeit im Wasser diesen Zustand geringen Wassergehaltes, bzw. den der Übertrocknung auch beim Liegen an feuchter Luft. Hierzu kommt noch die teilweise Absättigung wasseraffiner Restvalenzkräfte an den Begrenzungsflächen der submikroskopischen und zwischen-

---

[1] Er gehört zur Klasse der säureempfindlichen Acetale und wird durch saure Flüssigkeiten aufgespalten. Hingegen ist er gegen alkalische Bäder beständig.

mizellaren Räume, wodurch die Hydratation weiter zurückgedrängt wird. Die Verminderung der Wasseraufnahme infolge der Carbamidharzeinlagerung zeigt die bereits früher gebrachte Abb. 145 nach Versuchen von ELÖD und ETZKORN [10]. Der dadurch bedingte Anstieg des Knitterwinkels ist aus Abb. 149 zu ersehen.

Die Kunstharzeinlagerung bewirkt neben der Knitterfestigkeit eine Füllung und Erschwerung des Fasermaterials, was vielfach erwünscht ist. Im Durchschnitt beträgt die zur knitterfreien Ausrüstung benötigte Carbamidharzmenge 10 bis 15% und mehr des Fasergewichtes. Infolge der Erhöhung der Hydrophobie durch das wasserunlösliche Kunstharz erhalten derartig imprägnierte Textilien Tropf- und Schrumpfechtheit, d. h. die Gewebe laufen bei Naßbehandlungen und starker Feuchtigkeit nur wenig ein. Die Wasserechtheit und teilweise auch die Waschechtheit mancher substantiver Färbungen wird durch die Harzeinlagerung erhöht (vgl. auch S. 360); zuweilen tritt dadurch eine Farbnuanceänderung ein. Die knitterfreie Ausrüstung kann gemeinsam mit porös-wasserabweisenden Mitteln, z. B. auf emulgierter Paraffinbasis, durchgeführt werden, wodurch die Waschechtheit begünstigt wird [18].

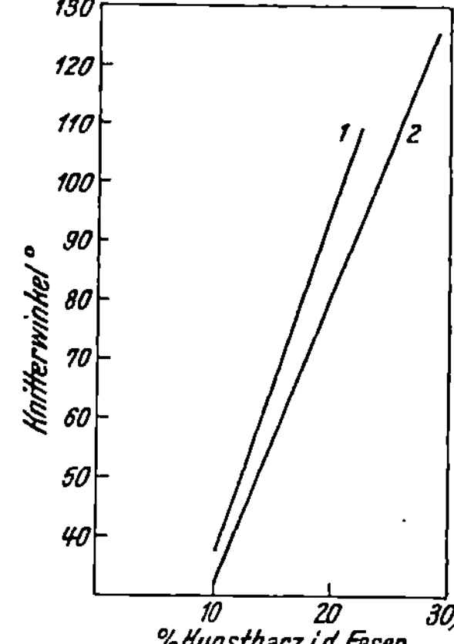

Abb. 149. Abhängigkeit des Knitterwinkels von der eingelagerten Kunstharzmenge; Harnstoff-Formaldehyd-Kunstharz (1) und Thioharnstoff-Formaldehyd-Kunstharz (2). (Nach ELÖD und ETZKORN.)

Neben der sich praktisch bewährten Einlagerung von Phenol- bzw. Carbamidharzen findet man im Schrifttum eine ganze Anzahl von diesbezüglichen Vorschlägen z. B.;

Die Behandlung mit Aldehyden, vorzugsweise Formaldehyd in stark sauren Lösungen bei p_H 2,5 bis 3,3, ohne Mitverwendung von Harnstoff, Thioharnstoff oder Phenol, soll die Knitterfestigkeit erhöhen [20]. Offenbar bilden sich, wie früher angegeben, Methylenäther der Cellulose. Eine Variante dieser Behandlungsweise ist die Verwendung von Aldehyden mit Sauerstoff abgebenden Substanzen, wie Perchlorsäure, Wasserstoffsuperoxyd usw., die in der Hitze aus dem Formaldehyd durch Oxydation Säure entwickeln, die dann katalysierend auf die Bildung der Methylenäther wirken [21].

Es wurde früher erwähnt, daß alle möglichen basischen Stickstoff enthaltenden Verbindungen zur Kondensation mit Formaldehyd vorgeschlagen wurden. Ein weiteres solches Amin ist beispielsweise das Melamin (2,4,6-Triamino-1,3,5-triazin) der Formel

$$\begin{array}{c}
NH_2 \\
| \\
C \\
\diagup\diagdown \\
N \qquad N \\
| \qquad || \\
H_2N{-}C \qquad C{-}NH_2 \\
\diagdown\diagup \\
N
\end{array}$$

das mit Formaldehyd in üblicher Weise kondensiert kunstharzartige Massen gibt, die die Knitterneigung vermindern sollen [22].

Weiters wurden Polyalkohole, z. B. Polyvinylalkohol, zur Kondensation mit Formaldehyd vorgeschlagen [23].

Auch die auf Acrylsäurebasis aufgebauten Kunstharze können zur Erhöhung der Knitterfestigkeit dienlich sein [24]. Ein derartiges Polymerisationsprodukt aus Acrylsäure in der Lactonform ist etwa:

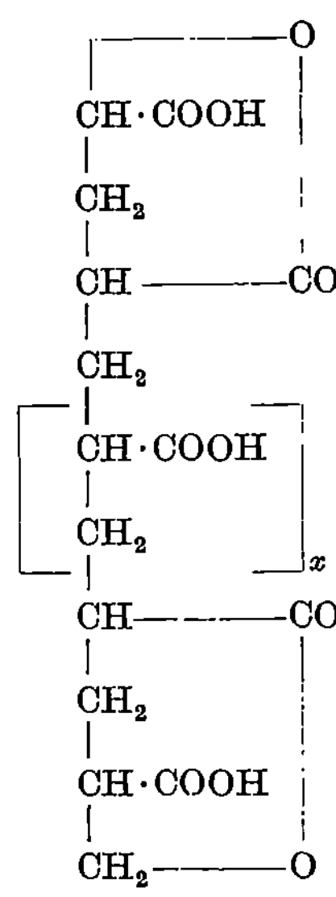

Ein gänzlich anderer Weg wurde beim Knitterfestmachen nach dem sog. *Preska*-Verfahren der Chemischen Fabrik Rotta beschritten. Während sich das I. G.-Tootal-Verfahren zur Einlagerung amorpher Körper in der Faser verschiedener Kunstharze bedient, gründet sich das Preska-Verfahren auf die Einlagerung gewisser Stoffe, wie Borax, Harnstoff, Zucker u. dgl., in Gegenwart eines Fettkörpers (Seife, Fettalkoholsulfonate, emulgiertes Fett), allenfalls auch hydrolysierbarer Aluminiumsalze, wodurch sich die zuerst genannten Verbindungen amorph in der Faser abscheiden [25], wie aus Abb. 150 nach Versuchen von QUEHL [8] hervorgeht.

Abb. 150a bringt den Querschnitt einer unbehandelten Viskose; Abb. 150b zeigt die gleiche Viskose nach dem Behandeln mit *Preska 110* (Chemische Fabrik Rotta). Die scharfen Ränder der unbehandelten Viskose werden durch den an und in der Faser abgelagerten *Preska*-Körper verschwommen, ein Zeichen, daß es sich um amorphe und nicht um kristalline Abscheidungen handelt. Hat der *Preska*-Körper Gelegenheit zur kristallinen Ausbildung, z. B. beim langsamen Verdunsten und Trocknen an der Luft, so treten äußere Abscheidungen, ein harter Griff und keine bemerkenswerte Knitterfestigkeit auf; Tab. 148 gibt nach Versuchen von QUEHL hierfür die entsprechenden Knitterwinkel an.

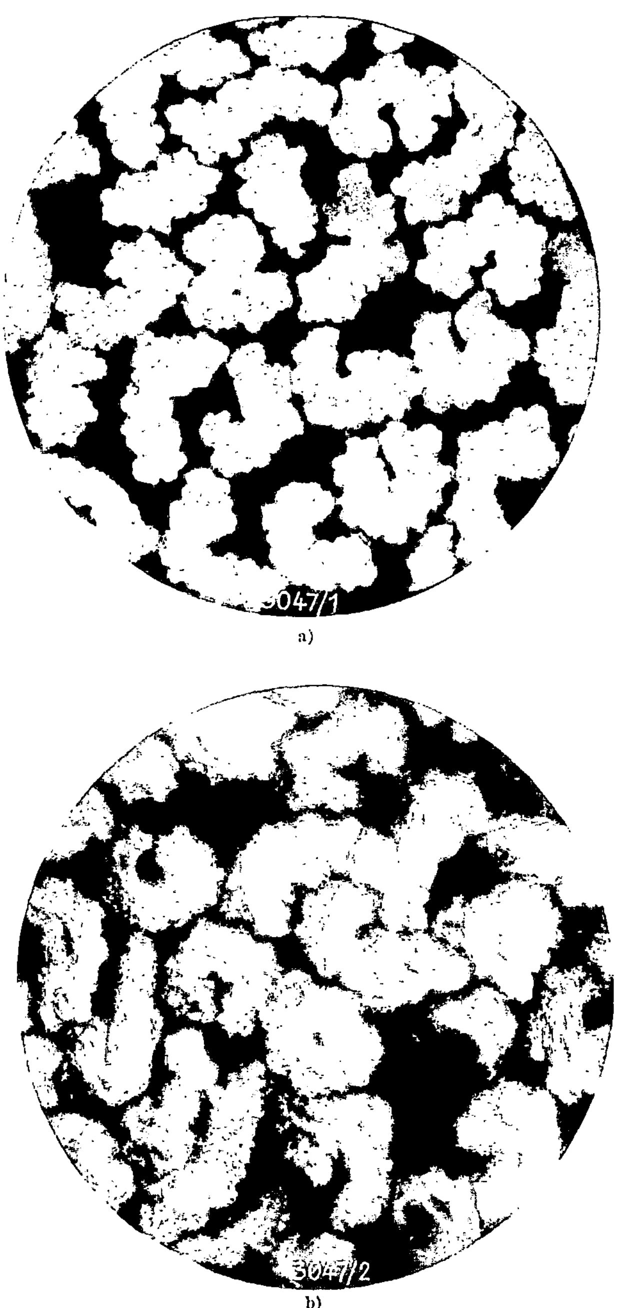

a)

b)

Abb. 150. Einlagerung des *Preska*-Körpers in Viskose. Unbehandelte Viskose (a) und nach der Behandlung mit *Preska 110* (b). (Nach QUEHL.)

Tabelle 148. Abhängigkeit des Knitterwinkels von den Trockenbedingungen beim Preska-Verfahren. (Nach QUEHL.)

Behandlungsart	Behandeltes Gewebe		
	Zellwoll-kleiderstoff	Viskose-futterstoff	Viskose-krepp
Unbehandelt.............................	98°	89°	138°
Preska 110, krist. (an der Luft verdunstet)..	104°	97°	142°
Preska 110, amorph (normal getrocknet)	128°	122°	154°

Fünfundzwanzigster Abschnitt.

Avivagemittel.

Der gebleichten oder gefärbten Ware wird, um sie verkaufsfertig zu
machen, eine Avivage oder Appretur gegeben.

Je nach den zu avivierenden (bezüglich der Appretur vgl. sechsundzwanzigster Abschnitt) Faserarten und je nach dem beabsichtigten
Effekt sind zu unterscheiden:

Ölavivagen,

Avivagen, die aus einem fettartigen Hilfsmittel, wie sulfonierte Öle und
Fette oder Fettalkoholsulfonate, oder aus anderen synthetischen Erzeugnissen mit Fettcharakter bestehen.

I. Ölavivagen.

Die Grundlage für die sog. Ölavivagen geben die sulfonierten Öle aus
pflanzlichen Ölen, vorzugsweise Olivenöl, ab. Die Sulfonation muß so
geleitet werden, daß der Ölcharakter weitgehend beibehalten bleibt. Der
Sulfonierungsgrad (vgl. S. 87) derartiger Erzeugnisse ist im allgemeinen verhältnismäßig gering. Sie eignen sich deshalb vorzugsweise
zum Nachavivieren. An Stelle der Olivenölsulfonate werden zuweilen
Olivenölemulsionen, die mittels Seife oder einem der neueren auf S. 214
beschriebenen Emulgatoren hergestellt werden.

In den Handel kommen u. a. folgende derartige Erzeugnisse:

Monopolbrillantöl SO 100 (Stockhausen & Co.).
Brillantavirol SM 100 (Böhme Fettchemie Ges. m. b. H.).
Olivenölavivage (Zschimmer & Schwarz).
Triumphavivage KSP (Zschimmer & Schwarz).
Triumphavivage SW (Zschimmer & Schwarz).
Triumphöl OS (Zschimmer & Schwarz).
Trikolin (Zschimmer & Schwarz).
Viscosil G (A. Th. Böhme-Dresden).
Avivan OT (Pfersee).

II. Avivagen aus sulfonierten Fetten und Fettalkoholsulfonaten.

Um den Textilfasern, besonders jenen aus regenerierter Cellulose, nach der Veredlung einen weichen und fülligen Griff zu erteilen, genügt meist ein Ölauftrag nicht; es ist hierzu ein gewisser Fettungsgrad notwendig, den die Ölderivate nicht oder nicht in vollem Ausmaße der Faser erteilen. Besonders streng sind die Anforderungen an ein Avivagemittel, wenn es sich um das Weichmachen von spinnmattierter Kunstseide handelt.

Die im Handel befindlichen, in diese Gruppe gehörenden Erzeugnisse bauen sich meist aus sulfoniertem Talg und nach der großtechnischen Darstellung der Fettalkohole (siehe S. 160 ff.) aus Fettalkoholsulfonaten auf. Letztere haben den Vorteil, bereits im Färbebad verwendbar zu sein, wodurch man sich gegenüber dem Nachavivieren einen Arbeitsgang erspart.

Der Sulfonierungsgrad der handelsüblichen Talgsulfonate ist verhältnismäßig klein, d. h. der Fettcharakter ist weitgehend erhalten geblieben. Mit Wasser geben derartige Erzeugnisse keine Lösung (Sol), sondern mehr oder minder hochdisperse Emulsionen. An Handelserzeugnissen sind u. a. zu nennen:

Tallosan S (Stockhausen & Co.),
Talvon T (Zschimmer & Schwarz),
Kunstseidenavivage ZS (Zschimmer & Schwarz),
Mattseidenavivage ZS (Zschimmer & Schwarz).

Die Fettalkoholsulfonate sind demgegenüber weit stärker sulfoniert. Ein geringer Anteil an unsulfoniertem Fettalkohol ist zuweilen von Vorteil, da dadurch der Avivageeffekt infolge der Teilchenvergröberung erhöht wird. Im Gegensatz zu Lösungen von Fettsäurekondensationsprodukten, deren Dispersitätsgrad sehr hoch ist, geben die Fettalkoholsulfonate, insbesondere jene aus höhermolekularen gesättigten Fettalkoholen, wie Stearinalkohol, wäßrige Dispersionen, deren Verteilungsgrad geringer ist; vgl. S. 167 und Abb. 74. Aus diesem Grunde besitzen die Fettalkoholsulfonate im Vergleich zu den Fettsäurekondensationsprodukten eine gewisse fettende Wirkung, d. h. ausgesprochenes Aviviervermögen [1].

In den Handel kommen u. a. nachstehende Erzeugnisse:

Cyclanon O (I. G. Farbenindustrie A. G.),
Cyclanon L (I. G. Farbenindustrie A. G.),
Cyclanon OA (I. G. Farbenindustrie A. G.),
Cyclanon LA (I. G. Farbenindustrie A. G.),
Brillantavirol L 142 konz. (Böhme Fettchemie Ges. m. b. H.),
Brillantavirol L 168 konz. (Böhme Fettchemie Ges. m. b. H.),
Brillant-Avirol AD (Böhme Fettchemie Ges. m. b. H.),
Brillantavirol L 333 (Böhme Fettchemie Ges. m. b. H.),
Estamit 302 (Böhme Fettchemie Ges. m. b. H.),
Brillantavivage T 149 (Böhme Fettchemie), Ges. m. b. H.

CFD 1931 N (Zschimmer & Schwarz),
CFD 1931 S (Zschimmer & Schwarz),
Sapidan (A. Th. Böhme-Dresden),

III. Diverse Avivagemittel.

Neben den Ölavivagen und Avivagemitteln auf Grundlage von sulfonierten Fetten und Ölen ist noch eine ganze Anzahl weiterer Avivagemittel im Handel anzutreffen. Vielfach sind sie synthetischer Natur und im Gegensatz zu den bisher beschriebenen Hilfsmitteln zuweilen kationaktiv. In diesem Falle besitzen sie über die reine Avivierwirkung hinaus noch zusätzliche Eigenschaften, die sie für die Textilindustrie wertvoll machen, z. B. die Erhöhung der Wasser-, Schweiß- und Bügelechtheit (vgl. S. 359). Sie ziehen, wie bereits ausgeführt (vgl. S. 137), auf die negativ geladene Cellulosefasern substantiv auf.

Als Beispiele für solche neuere Aviviermittel sind zuerst jene aus dem *Soromin*-Sortiment der I. G. Farbenindustrie A. G. zu nennen, und zwar *Soromin A, Soromin AF, Soromin F, Soromin WF, Soromin N* plv., *Soromin SG, Soromin S, Soromin DM* und *Soromin BS.* Die letzten drei sind substantiv und dürften als Grundlage kationaktive höhermolekulare Kolloidelektrolyte enthalten [2].

Ebenfalls kationaktiv sind das *Sapamin A* und *Sapamin CH* sowie das *Sapamin KW* und *Lyofix DE* der Gesellschaft für chem. Industrie, Basel, deren Konstitution auf S. 361 angegeben wurde. Hingegen ist das *Sapamin FL* (Ges. für chem. Industrie, Basel) anionaktiv. Der wirksame Körper dürfte ein höhermolekularer Monoester der Phthalsäure von der allgemeinen Formel

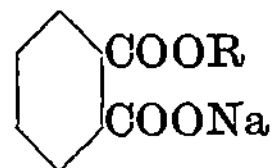

worin R einen höhermolekularen Fettsäurerest bedeutet, sein [3].

Als weitere Avivagemittel auf höhermolekularer Fettbasis sind u. a. zu nennen:
Finish KB (Sandoz), *Finish WFS* (Sandoz), *Ceranin S* konz. (Sandoz), *Ceranin W* konz. (Sandoz), *Sebosan K* (Stockhausen & Co.), *Sebosan F* (Stockhausen & Co.), *Viscosil W 35* (A. Th. Böhme-Dresden), *Migafar P* (Gesellschaft für chemische Industrie, Basel).

Sechsundzwanzigster Abschnitt.

Appreturhilfsmittel.

Das Appretieren von Textilien bezweckt, der gebleichten oder gefärbten Ware ein verkaufsfähiges Aussehen zu erteilen. Dadurch wird der Warencharakter, z. B. der Griff, die Fülle, der Glanz, das Aussehen usw., beeinflußt und der Ware, falls gewünscht, eine gewisse Steife oder Erschwerung erteilt.

I. Appreturen aus Naturkolloiden.

Zum Appretieren von Textilien verwendet man die mannigfachsten Kompositionen. Ein Großteil derselben enthält abgebaute Stärke, Pflanzenschleim, Gummen, Johannisbrotmehl, Dextrin, Eiweißstoffe, z. B. Leim, Gelatine u. dgl. Vielfach wird die aufgeschlossene Stärke, die aus den auf S. 254 angegebenen Gründen in abgebauter Form verwendet wird, im Textilbetrieb selbst bereitet. Über die dazu notwendigen Maßnahmen und Hilfsmittel vgl. S. 255 ff. Im allgemeinen kann gesagt werden, daß der Abbaugrad der Stärke für Appreturen geringer ist als jener für Schlichtzwecke. Im Handel sind verschiedene Erzeugnisse aus abgebauter Stärke zu Appreturzwecken anzutreffen, beispielsweise

Amylose AN (I. G. Farbenindustrie A. G.),
Amylose D (I. G. Farbenindustrie A. G.),
Amylose N (I. G. Farbenindustrie A. G.),
Rabic (Pfersee).

Als Füll- und Erschwerungsmittel dienen mineralische Zusätze, wie Kaolin, Chinaclay, Talkum, Weißpigmente, z. B. Lithopon, Titanweiß, sowie schwach hygroskopische Salze, vorzugsweise Bittersalz.

Der Charakter der Appreturen auf Grundlage nativer Steifungsmittel kann durch Zusätze von feinst verteilten Ölen, Fetten, z. B. Cocosfett, Wachsen oder emulgiertem Paraffin, sowie durch besondere Hilfsmittel mit Öl- bzw. Fettcharakter weitgehend variiert werden.

Hilfsmittel, die emulgiertes Paraffin enthalten, sind u. a.:

Ramasit I, III (I. G. Farbenindustrie A. G.),
Appretur PE (Böhme Fettchemie Ges. m. b. H.),
Migasol P (Gesellschaft für chemische Industrie, Basel),
Cerol S, FS (Sandoz),
Textal P (Pfersee),
Paralin NN (Chem. Fabrik Rotta),
Cerafil (A. Th. Böhme-Dresden).

Von den zu Appreturzwecken häufig verwendeten sulfonierten Ölen seien beispielsweise genannt:

Monopolseife (Stockhausen & Co.),
Monopolbrillantöl, -DX (Stockhausen & Co.),
Triumphöl Spezial (Zschimmer & Schwarz),
Triumphpaste DCA (Zschimmer & Schwarz),
Sandozol KB (Sandoz).

Als Fettkomponente benutzt man meist verseiften oder sulfonierten Talg, wobei die Sulfonation so geleitet wird, daß der Fettcharakter möglichst erhalten bleibt. Hilfsmittel auf dieser Grundlage sind u. a.:

Tallosan S, ST, K (Stockhausen & Co.),
Estamol T (Böhme Fettchemie Ges. m. b. H.),
Talvon T (Zschimmer & Schwarz),
Ceranin S konz., *W* konz., *T* (Sandoz),

Appreturtalg (A. Th. Böhme-Dresden),
Griff-Appret T (A. Th. Böhme-Dresden),
Talfurol M (A. Th. Böhme-Dresden),
Universat SK, SW (A. Th. Böhme-Dresden),
Melanol W, WK (Chem. Fabrik Rotta),
Melanol Paste (Chem. Fabrik Rotta),
Queron W (Chem. Fabrik Rotta).

In die gleiche Gruppe emulgierter bzw. sulfonierter Fette gehören die folgenden Erzeugnisse. Sie unterscheiden sich von den oben genannten durch den Gehalt an emulgiertem Wachs bzw. feinst verteiltem Paraffin:

Tallosan BWK (Stockhausen & Co.),
Tallofin C, BW, JW, AR (Stockhausen & Co.),
Cerafil P 40, J 30 (A. Th. Böhme-Dresden),
Cerat, -W (A. Th. Böhme-Dresden),
Talfurol P 50 (A. Th. Böhme-Dresden),
Ceranin P (Sandoz).

Falls bei Erschwerungsappreturen Bittersalz verwendet wird, müssen die benutzten Hilfsmittel gegen Magnesiumsulfat vollkommen beständig sein. Für Bittersalzappreturen kommen mithin nur die hochsulfonierten Öle, beispielsweise

Prästabitöl V (Stockhausen & Co.),
Appretavirol E (Böhme Fettchemie Ges. m. b. H.),
Triumphöl Supra Z (Zschimmer & Schwarz),
Geneucol MM (A. Th. Böhme-Dresden),
Sandozol BB (Sandoz),
Sandozol KB (Sandoz),

in Betracht. Ferner eignen sich hierzu synthetische höhermolekulare Hilfsmittel, die, wie z. B. *Soromin N* Plv. (I. G. Farbenindustrie A. G.) oder wie die Celluloseäther, beispielsweise *Tylose MGC* (I. G. Farbenindustrie A. G.) gegen Bittersalz beständig sind.

Die auf Stärke oder anderen Naturkolloiden aufgebauten Appreturen sind nicht waschbeständig. Schon nach der ersten Behandlung mit einer heißen Seifenlösung wird ein sehr beträchtlicher Teil der Appretur von der Ware entfernt; nach mehreren Wäschen ist die Appretur zur Gänze entfernt. Dieser Mißstand kann durch die Verwendung von *Fixapret B* (I. G. Farbenindustrie A. G.) behoben werden [1]. Als Dimethylolharnstoff von der Formel

$$CO \begin{cases} NHCH_2OH \\ NHCH_2OH \end{cases}$$

verbindet es sich entsprechend den Angaben auf S. 416 und 420 mit der Stärke unter Blockierung von Hydroxylgruppen und unter molekularer Vernetzung, wodurch die Quellbarkeit der Stärke in heißem Wasser mehr oder minder verlorengeht, so daß der Waschverlust, wie aus Tab. 149 hervorgeht, vermindert wird [2].

Tabelle 149. Beeinflussung der Resistenz einer Stärkeappretur gegen das Waschen durch Zusatz von *Fixapret B*.

Appretur	Verbleibende Appretur in Prozenten vom Anfangsgehalt nach dem halbstündigen Kochen in einer Lösung von 5 g Seife und 5 g calc. Soda nach			
	1. Wäsche	2. Wäsche	3. Wäsche	4. Wäsche
75 g Kartoffelmehl + + 7 g *Fixapret B/1*	97,2	70,0	57,0	54,0

Durch den Zusatz von etwa 10% *Fixapret B* wird die Stärke weitgehend auf der Faser fixiert.

Einem ähnlichen Gedankengang entspricht die Verwendung von Kondensationsprodukten aus Melamin und Formaldehyd [3], um die Quellung der Stärke zu verhindern. Auch hier wirkt der gebundene Formaldehyd vernetzend und verschließend auf die Hydroxylgruppen der Stärke (vgl. S. 421).

Ein weiterer Vorschlag des Patentschrifttums zur Verringerung der Quellung der Stärke ist die Verwendung höhermolekularer Alkyloxymethylpyridiniumsalze [4]. Die Reaktionsweise entspricht jener, die bei der Hydrophobierung von Cellulose mittels derartiger, in der Hitze unstabiler Körper auftritt (vgl. S. 405). Es entsteht ein höhermolekularer Alkyloxymethyläther der Stärke, der sich gegen Wasser hydrophob verhält, wodurch das Quellvermögen der Stärke verlorengeht.

II. Synthetische Appreturhilfsmittel.

Neben den Appreturhilfsmitteln auf Grundlage natürlicher Kolloidstoffe ist in den letzten Jahren eine Anzahl synthetischer Hilfsmittel entwickelt worden, die es erlauben, innerhalb weiter Grenzen den Griff, die Fülle und den Warencharakter zu beeinflussen.

Hier sind zunächst die wasserlöslichen bzw. quellbaren Celluloseäther anzuführen. Über die molekularen Ursachen des Quellungsmechanismus solcher Celluloseabkömmlinge ist auf S. 266 berichtet worden. In den Handel kommen sie unter der Bezeichnung *Cellapret* (I. G. Farbenindustrie A. G.), *Tylose* (I. G. Farbenindustrie A. G.). und *Hortol A* (Böhme Fettchemie Ges. m. b. H.). Je nach der Viskosität der wässrigen Dispersionen unterscheidet man die niederviskos löslichen Celluloseäther *(Tylose TWA 5)* und die mittelviskose Sole *(Tylose TWA 25* und *TWA 100)* sowie die hochviskose Sole ergebenden *Tylose*-Sorten *TWA 400, 600* und *1000*. Für Appreturzwecke kommen in erster Linie die zuletzt genannten *Tylosen* in Betracht, während sich die niedrig- und mittelviskosen *Tylosen* eher als Schlichtmittel (vgl. S. 267) eignen [5]. Die damit erzielte Appretur ist, wie bei den natürlichen Kolloiden (Stärke, Pflanzenschleim, Dextrin usw.), nicht waschbeständig.

Durch Verwendung wasserunlöslicher, aber laugelöslicher *Tylose-4-S*-Sorten, wie *Tylose 4 SM* und *4 S*-Flocken (I. G. Farbenindustrie A. G.) oder *Hortol waschfest* (Böhme Fettchemie G. m. b. H.)[1], kann man auch

---

[1] Ähnliche Erzeugnisse sind *Cellophas* (Imperial Chemical Industries) und *Ceglin* (Sylvania Corp.).

waschfeste Appretureffekte erzielen, wodurch die Tragfähigkeit sowie die
Reiß- und Scheuerfestigkeit der damit behandelten Gewebe, z. B. aus
Zellwolle, wesentlich verbessert werden. Man löst die *Tylose 4 S* in
kalter Lauge, imprägniert mit dieser Lösung die Ware und passiert
dann ein Säurebad, wodurch die *Tylose 4 S* wieder in wasserunlöslicher
Form koaguliert.

Man kann diese Koagulation auch durch Erhitzen erzielen, da, wie auf
S. 267 ausgeführt, hierbei die Löslichkeit der Celluloseäther vermindert
wird, bzw. überhaupt zu bestehen aufhört. Allerdings treten hierbei zuweilen
Vergilbungserscheinungen auf.

Für die neueren synthetischen Hilfsmittel zum Appretieren sind jene
auf Kunstharzbasis von großer Bedeutung geworden. Sie vermögen zum
Teil die Naturkolloide zu ersetzen, bzw. übertreffen sie in mancher Beziehung. Sie sind meist leicht wasserlöslich oder emulgierbar und erlauben
zum Teil eine Beschwerung der behandelten Ware bis zu 15%.

Aus dieser Gruppe sind zunächst die Appreturhilfsmittel aus der
Appretan-Reihe (I. G. Farbenindustrie A. G.) zu nennen, und zwar *Appretan
A, B, WL, N, EM, Z, GI, GII*. Sie dürften, wenigstens zum Teil, auf
Basis höhermolekularer Polyvinylverbindungen aufgebaut sein [6]. Wei-
tere derartige synthetische Mittel sind *Pyran W, WN, FG* (Chem. Fabrik
Rotta), die sich von Harnstoffderivaten ableiten. Auf Glucoseverbin-
dungen gehen *Mollan GS, A, P, FL* (Chem. Fabrik Rotta) zurück. In
diese Gruppe gehören weiter:

Gravidol FLK (Chem. Fabrik Rotta),
Gravitan (A. Th. Böhme-Dresden),
Volumin T, TO (Pfersee).

Gleichfalls Kunstharzprodukte sind der *Plexileim (Plexigum)*, bzw.
die daraus hergestellten *Plextole* (Röhm und Haas). Als Grundkörper
dienen Polyacrylsäure und deren Derivate, vorzugsweise der Polyacrylsäuremethylester [7]. Die damit bereiteten Appreturen widerstehen mehreren
Wäschen [8]. Die Waschbeständigkeit eines mit *Plextol D* erzeugten
Appretureffektes geht aus Tab. 150 hervor.

Tabelle 150. Widerstandsfähigkeit einer *Plextol D*-Appretur
gegen mehrere Seifenwäschen.

Appretur	Ausgangs-gewicht	Gewicht nach dem x-maligen Waschen					Gewichts-verlust nach der 5. Wäsche in Prozenten
		1	2	3	4	5	
Nicht appretiert	65	64	63	62,7	62,3	61,9	4,1
Plextol D	75	74	73	72,5	72,2	71,8	4,3

Der Gewichtsverlust der mit *Plextol D* appretierten Ware ist praktisch,
trotzdem eine Erschwerung von rund 15% eingetreten ist, nicht größer
als jener, der bei der Wäsche unbehandelter Ware auftritt. Von der
durch die *Plextol D*-Appretierung bewirkten Erhöhung des Anfangs-
gewichtes geht bei wiederholtem Waschen somit nichts verloren.

III. Schiebefeste Appreturen.

Ein Sonderfall der Appretur ist das Ausrüsten von vielfach lose eingestellten kunstseidenen Futterstoffen. Die verhältnismäßig plastische Kunstseide wird unter dem Einfluß äußerer Kräfte in ihrem Gefüge leicht irreversibel verändert. Es kommt zu einer Verschiebung der Kett- und Schußfäden, wodurch das Warenbild unruhig wird. Durch Behandeln mit natürlichen Harzen, beispielsweise mit Kolophonium in Form von (saurer) Seife oder in Form von Emulsionen, sowie mit Kunstharzen gelingt es, eine sog. schiebefeste Appretur zu bewirken. Als Hilfsmittel zur Erzielung einer schiebefesten Appretur seien u. a. genannt:

Appretan SF (I. G. Farbenindustrie A. G.),
Flexin MR (Böhme Fettchemie Ges. m. b. H.),
Atesan (A. Th. Böhme-Dresden),
Immofil (Röhm und Haas),
Fixan K (Chem. Fabrik Rotta),
Finish NS (Sandoz),
Fixoran (Oranienburger Chem. Fabrik).

Schrifttum.

Allgemeines.

J. Hetzer: Textilhilfsmitteltab., 2. Aufl. Berlin: Julius Springer, 1938. — L. Diserens: Progrès réalisés dans l'application des Matières colorantes, 2 Bde., Paris: Édition Teintex, 1937/38. — E. Valkó: Kolloidchemische Grundlagen der Textilveredlung, Berlin: Julius Springer, 1937. Das Werk Valkós befaßt sich eingehend und vorzugsweise mit den Veredlungsprozessen von seiten der Kolloidchemie der Fasern und der Farbstoffe.

1. Chemisches Verhalten und struktureller Aufbau der Gespinstfasern.

1. Lieser: Liebigs Ann. Chem., 464, 43 (1928). — 2. Kunz: Angew. Chem. 52, 269 (1939). — 3. Haller: Melliands Textilber. 12, 257 (1931), 14, 449 (1933). — 4. Melliands Textilber. 10, 544 (1929). — 5. Marcekk u. Lisley: Bull. Soc. chim. France 41, 1217 (1927). — 6. Gränacher: Handbuch der biologischen Arbeitsmethoden von E. Abderhalden, Abt. I, Teil II, S. 753. — 7. Melliands Textilber. 11, H. 9 (1930). — 8. v. Bergen: Melliands Textilber. 6, 754 (1925) — Loebner: Flecken der Wollwaren. 1890. — 9. Helv. chim. Acta 19, 15. — 10. Melliands Textilber. 14, 398 (1933). — 11. D.R.P. 554781 (Ciba). — 12. Fischer u. Skita: Z. Chem. 33, 171, 35, 224. — 13. Vgl. z. B. Weber: Melliands Textilber. 17, 145, 224, 328 (1936). — 14. Melliands Textilber. 12, 257 (1931). — 15. Haller: Helv. chim. Acta 15, 1337. — 16. Kartaschoff: Dissertation, Basel. — 17. Haller-Ruperti: Mschr. Text.-Ind. 1925, H. 9, 10. — 18. Hess: Melliands Textilber. 15, 31 (1934). — 19. Helv. chim. Acta 17, 761 — Ruperti u. Haller: Cellulosechem. 16, 188 (1925). — 20. Text. Forsch. 3, 20 (1921). — 21. Helv. chim. Acta 18, 803. — 22. Wislicenus: Kolloid-Z. 27, 213. — 23. Melliands Textilber. 16, H. 2 (1935). — 24. Helv. chim. Acta 16, 385. — 25. Melliands Textilber. 1935. — 26. Liebigs Ann. Chem. 466, 27 (1928). — 27. Cellulosechem. 13, 169, 191. — 28. Cellulosechem. 12, 95 (1931). — 29. Helv. chim. Acta 18, 860 (1935). — 30. Arch. wiss. Bot. 1, 329 (1933). — 31. Helv. chim. Acta 19, 15. — 32. Helv. chim. Acta 17, 765. — 33. Die Stärkekörner. Zürich, 1858. — 34. Nägeli: Das Mikroskop, S. 354, 422. 1877. — 35. Untersuchungen über Strukturen. Leipzig, 1898. — 36. Melliands Textilber. 9, 586, 771, 850, 931, 937 (1928). — 37. Die Unterscheidung der natürlichen und künstlichen Seiden. Dresden, 1910. — 38. Melliands Textilber. 16, 318 (1935). — 39. Hess: Chemie der Cellulose. Leipzig, 1928. S. 758 — Schramek: Kolloid.-Beih. 40, H. 3—6 (1934). — 40. Liebigs Ann. Chem. 466, 24; Cellulosechem. 13, 169, 191. — 41. Helv. chim. Acta 1936, 15. — 42. Froehlich-Spoettel-Taenzer: Wollkunde. Berlin: Julius Springer, 1929, S. 331.

2. Die Kolloidchemie der Cellulose- und Proteinfasern.

1. Haworth: Nature (London) 116, 430 (1925); Ber. dtsch. chem. Ges. 65, 43 (1932) — Haworth u. Peat: J. chem. Soc. London 1926, 3094 — Haworth, Peat u. Cooper: J. chem. Soc. London 1926, 876 — Haworth, Long u. Plant: J. chem. Soc. London 1927, 295, 2809 — Haworth: Die Konstitution der Kohlenhydrate. Dresden u. Leipzig, 1932 — Haworth u. Hirst: Trans. Faraday Soc. 23, 14 (1933). — 2. Sponsler u. Dore: Colloid Symposium Monogr. 4, 174 (1926); Cellulosechem. 11, 186 (1930). — 3. Meyer u. Mark: Ber. dtsch. chem. Ges. 61, 593 (1928); Der Aufbau der

hochmolekularen organischen Naturstoffe. Leipzig, 1930. — 4. MEYER u. MISCH: Helv. chim. Acta 20, 232 (1937); vgl. auch Österr. Chemiker-Ztg. 42, 7 (1939). — 5. HENGSTENBERG u. MARK: Z. Kristallogr. 69, 271 (1929). — 6. STAUDINGER u. Mitarbeiter: Ber. dtsch. chem. Ges. 63, 2308, 2317, 2331, 3182 (1930); Die hochmolekularen, organischen Verbindungen. Berlin: Julius Springer, 1932; Melliands Textilber. 18, 53 (1937). — 7. STAUDINGER u. FEUERSTEIN: Liebigs Ann. Chem. 526, 72 (1936). — 8. KRAEMER u. LANSING: J. physic. Chem. 39, 153 (1935) — Vgl. auch STAMM: J. Amer. chem. Soc. 52, 3047 (1930) — KRAEMER u. VAN NATTA: J. physic. Chem. 36, 375 (1932) — SIGNER u. GROSS: Helv. chim. Acta 17, 726 (1934). — 9. HESS u. NEUMANN: Ber. dtsch. chem. Ges. 70, 728 (1937). — 10. FREY-WYSSLING: Submikroskopische Morphologie des Protoplasmas und seiner Derivate. Berlin, 1938 — ASTBURY: Trans. Faraday Soc. 29, 193 (1933) — KRATKY u. MARK: Z. physik. Chem., Abt. B 36, 129 (1937). — 11. Vgl. 3 und 5. — 12. AMBRONN: Kolloid-Z. 13, 200 (1913), 20, 173 (1917) — AMBRONN u. FREY: Das Polarisationsmikroskop. Leipzig, 1926. — 13. MEYER: Ber. dtsch. chem. Ges. 70, 266 (1937) — Vgl. auch HESS, TROGUS, AKIM u. SAKURADA: Ber. dtsch. chem. Ges. 64, 408 (1931). — 14. FREY-WYSSLING: Protoplasma 25, 45, 261 (1936), 27, 372, 563 (1937); Naturwiss. 25, 79 (1937); Kolloid-Z. 85, 148 (1938) — Vgl. auch 10. — 15. Siehe 3 — Vgl. auch MEYER: Kolloid-Z. 53, 10 (1930) — SEIFRIZ: Amer. Naturalist 63, 410 (1929). — 16. HERRMANN, GERNGROSS u. ABITZ: Z. physik. Chem., Abt. B 10, 371 (1930) — Vgl. auch GERNGROSS, HERRMANN u. LINDEMANN: Kolloid-Z. 60, 276 (1932). — 17. KRATKY: Kolloid-Z. 64, 213 (1933), 68, 347 (1934), 70, 14 (1935), 84, 149 (1938) — KRATKY u. PLATZEK: Kolloid-Z. 84, 268 (1938) — BREUER, KRATKY u. SAITO: Kolloid-Z. 80, 139 (1937). — 18. HERMANS: Kolloid-Z. 81, 143 (1937), 83, 71 (1938) — HERMANS u. DE LEEUW: Kolloid-Z. 81, 300 (1937), 82, 58 (1938) — HERMANS, DE BOOYS u. VERMAAS: Kolloid-Z. 86, 107 (1939) — HERMANS, KRATKY u. PLATZEK: Kolloid-Z. 86, 245 (1939) — HERMANS u. PLATZEK: Kolloid-Z. 87, 296 (1939). — 19. SCHRAMEK: Mschr. Text.-Ind. 51, 99 (1936). — 20. SAUTER: Z. physik. Chem., Abt. B 35, 117 (1937) — STAUDINGER u. SAUTER: Melliands Textilber. 18, 849 (1937). — 21. KATZ: Erg. exakt. Naturwiss. 3, 316 (1924), 4, 154 (1925); Die Röntgenspektrographie als Untersuchungsmethode. Berlin u. Wien, 1934. — 22. PRESTON: Modern textile microscopy. London, 1933. — 23. MOREY: Text. Res. 3, 325 (1933), 4, 491 (1934), 5, 105, 483, 538 (1935). — 24. STAUDINGER, SORKIN u. FRANZ: Melliands Textilber. 18, 681 (1937). — 25. MEYER u. BADENHUIZEN: Nature (London) 140, 281 (1937). — 26. ANDRESS: Z. physik. Chem., Abt. A 122, 26 (1926). — 27. SAKURA u. HUTINO: Kolloid-Z. 77, 347 (1936). — 28. Vgl. 24 sowie STAUDINGER u. REINECKE: Melliands Textilber. 20, 109 (1939). — 29. HERZOG u. JANKE: Ber. dtsch. chem. Ges. 53, 2162 (1920); Z. Physik 3, 196 (1920); Festschrift der Kaiser Wilhelm-Gesellschaft, S. 118. Berlin, 1921. — 30. BRILL: Liebigs Ann. Chem. 434, 204 (1923). — 31. MEYER u. MARK: Ber. dtsch. chem. Ges. 61, 1932 (1928) — Vgl. auch MEYER: Angew. Chem. 41, 935 (1928); Melliands Textilber. 7, 605 (1926); sowie 3. — 32. FISCHER, E.: Untersuchungen über Aminosäuren, Polypeptide und Proteine, Bd. I. Berlin: Julius Springer, 1906; Bd. II. Berlin: Julius Springer, 1923. — 33. Vgl. z. B. MARK: Beiträge zur Kenntnis der Wolle. Berlin, 1926; sowie 3. — 34. ASTBURY: J. Soc. chem. Ind., Chem. & Ind. 49, 441 (1930); J. Text. Sci. 4, 1 (1931); Nature (London) 132, 593 (1933); Trans. Faraday Soc. 29, 193, 217 (1933); J. Soc. Dyers Colourists 49, 169 (1933); Fundamentals of fibre structure. Oxford, 1933; Angew. Chem. 45, 771 (1932), 47, 719 (1934);

Kolloid-Z. **69**, 340 (1934), **83**, 130 (1938); Melliands Textilber. **16**, 1 (1935); J. Text. Inst. **27**, P 282 (1936); Nature (London) **137**, 803 (1936); Text. Manuf. **62**, 236 (1936); Text. Recorder **54**, 36 (1936) — Astbury u. Woods: Nature (London) **126**, 913 (1930), **132**, 709 (1933); J. Text. Inst. **23**, T 17 (1932); Philos. Trans. Roy. Soc. London, Ser. A **232**, 333 (1933) — Astbury u. Street: Philos. Trans. Roy. Soc. London, Ser. A **230**, 75, 101 (1931) — Astbury u. Marwick: Nature (London) **130**, 309 (1932) — Astbury u. Atkin: Nature (London) **132**, 348 (1933) — Astbury u. Speakman: J. Soc. Dyers Colourists, The Jubilee Issue **1934**, 24 — Astbury u. Sisson: Proc. Roy. Soc. London, Ser. A **150**, 533 (1935) — Vgl. auch Gronych: Z. ges. Textilind. **40**, 404 (1937) — Halle: Kolloid-Z. **81**, 334 (1937) — 35. King: J. Text. Inst. **17**, T 53 (1926) — Vgl. auch Abderhalden: Z. physik. Chem. **52**, 368 (1907). — 36. Stirm u. Rouette: Melliands Textilber. **16**, 4 (1935) — Vgl. auch Rimington: Biochemical J. **23**, 41 (1929) — Barritt: Nature (London) **131**, 689 (1933); Biochemical J. **28**, 1 (1934) — Eavenson: Amer. Dyestuff Reporter **24**, 315 (1935). — 37. Speakman: Trans. Faraday Soc. **25**, 92, 169 (1929), **26**, 61 (1930), **29**, 148 (1933); Nature (London) **124**, 948 (1929), **127**, 665 (1931), **132**, 930 (1933), **1936**, 327; J. Text. Inst. **17**, T 457 (1926), **18**, T 431 (1927), **27**, P 231 (1936); J. Soc. Dyers Colourists **40**, 408 (1924), **41**, 172 (1925), **49**, 180 (1933), **52**, 335, 423 (1936); Proc. Roy. Soc. London, Ser. B **103**, 377 (1928), Ser. A **132**, 167 (1931); Text. Manuf. **57**, 449 (1931), **59**, 49 (1933); J. Soc. chem. Ind., Chem. & Ind. **48**, 321 (1929), **50**, 1 (1931); Wool Rec. Text. Wld. **43**, 205, 263 (1933); Angew. Chem. **45**, 771 (1932); Melliands Textilber. **17**, 580, 658, 736 (1936) — Speakman u. Goodings: J. Text. Inst. **17**, 607 (1926) — Speakman u. Hirst: Trans. Faraday Soc. **28**, 152 (1932), **29**, 148 (1933) — Speakman, Stott u. Chang: J. Text. Inst. **24**, T 273 (1933) — Speakman u. Stott: J. Text. Inst. **22**, T 339 (1931); Trans. Faraday Soc. **30**, 539 (1934), **31**, 1425 (1935); J. Soc. Dyers Colourists **50**, 341 (1934) — Speakman u. Clegg: J. Soc. Dyers Colourists **50**, 348 (1934) — Speakman u. Smith: J. Soc. Dyers Colourists **52**, 121 (1936) — Speakman u. Whewell: J. Soc. Dyers Colourists **52**, 380 (1936). — 38. Haller: Melliands Textilber. **17**, 645 (1936), **18**, 5 (1937); Kolloid-Z. **75**, 212 (1936); Helv. chim. Acta **19**, 15 (1936) — Vgl. auch Farrar u. King: J. Text. Inst. **17**, 588 (1926) — Holl: Dissertation, 1936. — 39. Elöd u. Silva: Z. physik. Chem., Abt. A **137**, 142 (1927); Melliands Textilber. **10**, 707 (1929) — Elöd u. Pieper: Angew. Chem. **41**, 16 (1928) — Elöd u. Boehme: Melliands Textilber. **13**, 365 (1932) — Elöd: Trans. Faraday Soc. **29**, 327 (1933); Melliands Textilber. **17**, 67 (1936), **18**, 49 (1937); Angew. Chem. **46**, 414 (1933) — Elöd u. Reutter: Melliands Textilber. **19**, 67 (1938). — 40. Speakman: Trans. Faraday Soc. **29**, 148 (1933) — Nüsslein: Melliands Textilber. **19**, 582 (1938) — Vgl. auch Henning: Angew. Chem. **46**, 771 (1934). — 41. van Slyke: J. biol. Chemistry **9**, 185 (1911). — 42. Blasel u. Matula: Biochem. Z. **58**, 917 (1913) — Meyer u. Fikentscher: Melliands Textilber. **7**, 605 (1926) — Speakman u. Stott: J. Soc. Dyers Colourists **50**, 341 (1934) — Elöd, König u. Stoll: Angew. Chem. **40**, 1240 (1927) — Kanagy u. Harris: Bur. Standards J. Res. **14**, 563 (1935) — Trotman u. Paddon: J. physic. Chem. **26**, 384 (1922). — 43. Chwala: Österr. Chemiker-Ztg. **40**, 39 (1937). — 44. Harris: Bur. Standards J. Res. **15**, 63 (1936) — Crowder u. Harris: Bur. Standards J. Res. **16**, 475 (1936). — 45. Schöberl: Liebigs Ann. Chem. **507**, 111 (1933); Collegium **1936**, 412. — 46. Zinke: Liebigs Ann. Chem. **406**, 118 (1914). — 47. Phillips: Nature (London) **138**, 121 (1936). — 48. Vgl. z. B.: Pauly: Z. physiol. Chem. **42**, 508 (1904), Z.

Farb.- u. Textilind. 3, 373 (1904) — PATAT: Melliands Textilber. 20, 277 (1939) — GROSS, v. ROLL u. SCHREIBER: Melliands Textilber. 20, 357 (1939) — 49. HARRISON: Text. Wld. 12, 87 (1935). — 50. ELSAESSER: D.R.P. 233210. — 51. CLARKE: J. biol. Chemistry 97, 235 (1932). — 52. FERRETTI: F.P. 813427; E.P. 483731, 483807/10. — 53. TODTENHAUPT: D.R.P. 170051, 178985, 182574, 183317, 203820; E.P. 25296; F.P. 356404; A.P. 836788; Ö.P. 28290 — Vgl. auch KOCH: Z. ges. Textilind. 39, 306 (1936) — PLAIL: Melliands Textilber. 17, 469 (1936) — BORGHETTY: Amer. Dyestuff Reporter 25, 538 (1936) — SOEHNGEN: Kunstseide 20, 78 (1938) — BRAIDA: Angew. Chem. 52, 341 (1839). — 54. CAROTHERS: A.P. 2071250, 2130948; EP 461236/37

3. Das kolloidchemische Verhalten der Textilfasern in Berührung mit wässrigen Lösungen.

1. MEUNIER u. REY: J. Int. Soc. Leather Trades Chemists 11, 509 (1927); C. R. Acad. Sci. 184, 285 (1927). — 2. ELÖD u. SILVA: Z. physik. Chem., Abt. A 137, 142 (1927). — 3. GÖTTE u. KLING: Kolloid-Z. 62, 207 (1933). — 4. SPEAKMAN u. STOTT: Trans. Faraday Soc. 30, 539 (1934). — 5. HEUSER u. BARTUNEK: Cellulosechem. 6, 19 (1925) — Vgl. auch COLLINS u. WILLIAMS: J. Text. Inst. 15, 149 (1924). — 6. NEALE: J. Text. Inst. 20, 373 (1929), 21, 225 (1930), 22, 320, 349 (1931). — 7. LOTTERMOSER u. RADESTOCK: Z. angew. Chem. 40, 1506 (1927). — 8. LLOYD u. BIDDER: Trans. Faraday Soc. 30, 864 (1934). — 9. DENHAM u. DICKINSON: Trans. Faraday Soc. 29, 300 (1933). — 10. MEYER u. FIKENTSCHER: Melliands Textilber. 7, 605 (1926). — 11. PELET-JOLIVET: Die Theorie des Färbeprozesses. Dresden, 1910. — 12. v. GEORGIEVICS: Mh. Chem. 15, 705 (1894), 32, 319, 661 (1911), 33, 46 (1912), 34, 751 (1913). — 13. DONNAN: Z. Elektrochem. 17, 572 (1911). — 14. PROCTER u. WILSON: J. chem. Soc. London 109, 307 (1916). — 15. HESS, TROGUS u. SCHWARZKOPF: Z. physik. Chem., Abt. A 162, 187 (1932).

4. Das elektrokinetische Grenzflächenpotential der Textilfasern in Berührung mit Wasser.

1. HARRIS: Bur. Standards J. Res. 8, 779 (1932), 9, 557 (1932). — 2. HARRISON: J. Soc. Dyers Colourists 27, 279 (1911).

5. Die Textilhilfsmittel.

1. D.R.P. 113433. — 2. NÜSSLEIN: Angew. Chem. 50, 384 (1937); Melliands Textilber. 18, 248 (1937), 19, 582 (1938); E.P. 433305. — 3. IMHAUSEN: Fette u. Seifen 44, 411 (1937); Chemiker-Ztg. 61, 1007 (1937); Kolloid-Z. 85, 234 (1938) — WIETZEL: Angew. Chem. 51, 531 (1938); Fette u. Seifen 46, 21 (1939); F.P. 818796. — 4. FISCHER-TROPSCH: Ber. dtsch. chem. Ges. 59, 832, 923 (1926).

6. Chemismus und molekularer Feinbau der Textilhilfsmittel.

1. PIPER, BROWN u. DYMENT: J. chem. Soc. London 127, 2194 (1925) — PIPER, MALKIN u. AUSTIN: J. chem. Soc. London 128, 2310 (1926) — MUELLER u. SHEARER: J. chem. Soc. London 123, 3156 (1923) — MUELLER: Proc. Roy. Soc. London 114, 542 (1927), 120, 437 (1928) — BRILL u. MEYER: Z. Kristallogr. 67, 570 (1928) — MEYER: Angew. Chem. 41, 935 (1928); Kolloid-Z. 53, 8 (1930) — BERNAL: Z. Kristallogr. 83, 153 (1932). — 2. HENGSTENBERG: Z. Kristallogr. 67, 583 (1928) — Vgl. auch MARK u. POHLAND: Z.

Kristallogr. 64, 113 (1927) — Morse: Physic. Rev. 31, 304 (1928). — 3. Staudinger: Die hochmolekularen organischen Verbindungen. Berlin: Julius Springer, 1932. — 4. Adam: Trans. Faraday Soc. 29, 90 (1933). — 5. Haller, W.: Kolloid-Z. 49, 74 (1929), 56, 257 (1931), 61, 26 (1931). — 6. Langmuir: J. chem. Phys. 1, 775 (1933). — 7. Kuhn, W.: Z. physik. Chem., Abt. A 161, 1, 427 (1932); 175, 1 (1936); Kolloid-Z. 62, 269 (1933), 68, 2 (1934), 76, 258 (1933); Angew. Chem. 49, 858 (1936) — Vgl. auch Guth u. Mark: Mh. Chem. 65, 93 (1934); Erg. exakt. Naturw. 12, 115 (1933). — 8. Duclaux: J. Chim. physique 5, 29 (1907), 7, 405 (1909). — 9. McBain: J. chem. Soc. London 101, 2042 (1912), 105, 417, 957 (1914). — 10. Pauli-Valkó: Elektrochemie der Kolloide. Wien: Julius Springer, 1929. — 11. Stewart u. Bunbury: Trans. Faraday Soc. 31, 208 (1935) — Chwala: Österr. Chemiker-Ztg. 38, 2 (1935), 40, 39 (1937); Melliands Textilber. 17, 509 (1935) — Chwala u. Martina: Österr. Chemiker-Ztg. 40, 270 (1937). — 12. Bertsch: Angew. Chem. 47, 424 (1934), 48, 52 (1935). — 13. Hartley: Aqueous solutions of paraffin chain salts. Paris, 1936. — 14. Siehe z. B. Halle: Kolloid-Z. 56, 77 (1931) — Brill u. Halle: Angew. Chem. 48, 785 (1935) — Thiessen: Kolloid-Z. 46, 350 (1928) — Zsigmondy: Kolloid-Z. 47, 97 (1929) — Thiessen u. Spychalski: Z. physik. Chem., Abt. A 156, 435 (1931) — Thiessen u. Triebel: Z. physik. Chem., Abt. A 156, 309 (1931) — Thiessen u. Ehrlich: Z. physik. Chem., Abt. B 19, 299 (1932), Abt. A 165, 453 (1933) — Thiessen u. v. Klenck: Z. physik. Chem., Abt. A 174, 335 (1935) — Thiessen u. Stauff: Z. physik. Chem., Abt. A 176, 397 (1936) — Thiessen: Angew. Chem. 51, 318 (1938). — Seck: Angew. Chem. 49, 203 (1936); Fettchem. Umschau 42, 120 (1935). — Thiessen, Stauff u. Wittstadt: Angew. Chem. 49, 640 (1936). — Brill: Angew. Chem. 49, 643 (1936).

7. Die Textilhilfsmittel in wäßrigen Dispersionen.

1. Krafft: Ber. dtsch. chem. Ges. 27, 1747 (1894), 28, 2566 (1895), 29, 1328 (1896), 32, 1584 (1899). — 2. Hartley: Aqueous solutions of paraffin-chain salts. Paris, 1936. — 3. McBain u. Taylor: Ber. dtsch. chem. Ges. 43, 2, 321 (1909); Z. physik. Chem., Abt. A 76, 179 (1911) — McBain in R. H. Bogues: Colloid Behaviour, Bd. 1, S. 410. New York, 1924; Internat. critic. tables 5, 446 (1929). — 4. Hartley, Collie u. Samis: Trans. Faraday Soc. 32, 795 (1936) — Hartley: Aqueous solutions of paraffin chain salts. Paris, 1936 — Vgl. auch Howell u. Warne: Proc. Roy. Soc. London, Ser. A 160, 440 (1937) — Malsch u. Hartley: Z. physik. Chem., Abt. A 170, 321 (1934) — Malsch u. Wien: Ann. Physik 83, 305 (1927) — Wien: Ann. Physik 83, 327 (1927), 85, 795 (1928), [5], 1, 400 (1929); Physik. Z. 28, 834 (1927) — Chwala u. Martina: Österr. Chemiker-Ztg. 40, 270 (1937); in Hefter-Schönfeld: Chemie und Technologie der Fette und Fettprodukte, Bd. 4, S. 3. Julius Springer, Wien 1939. — Thiessen u. Triebel: Z. physik. Chem., Abt. A 156, 309 (1931) — Thiessen u. Spychalski: Z. physik. Chem., Abt. A 156, 435 (1931). — 5. Lottermoser u. Püschel: Kolloid-Z. 63, 175 (1933). — 6. Howell u. Robinson: Proc. Roy. Soc. London, Ser. A 155, 386 (1936). — 7. Lottermoser u. Frotscher: Kolloid.-Beih. 45, 303 (1937). — 8. Schmid u. Erkkila: Z. Elektrochem. 42, 781 (1936) — Schmid u. Aalto: Z. Elektrochem. 43, 907 (1936). — 9. Langmuir: J. Amer. chem. Soc. 38, 2221 (1916), 39, 1848 (1917) — Harkins, Davies u. Clark: J. Amer. chem. Soc. 39, 354, 541 (1917) — Adam: The Physics and Chemistry of Surfaces. Oxford, 1930. — 10. Held u. Samochwalov: Kolloid-Z. 72, 13 (1935) — Held u. Kainsky: Kolloid-Z.

76, 26 (1936). — 11. LOTTERMOSER u. STOLL: Kolloid-Z. 63, 49 (1933). — 12. WALKER: J. chem. Soc. London 119, 1521 (1919).

8. Kolloide Mittel gegen die Härtebildner des Wassers bei textilchemischen Prozessen.

1. HALLER u. RUPERTI: Cellulosechem. 6, 189 (1925); Melliands Textilber. 6, 664 (1925). — 2. STUMPER: Angew. Chem. 48, 117 (1935); s. auch SAUER u. FISCHLER: Angew. Chem. 40, 1176, 1276 (1927). — 3. HECKMANN: Wärme 59, 861 (1936). — 4. v. WEIMARN: Die Allgemeinheit des Kolloidzustandes. Dresden u. Leipzig, 1925; vgl. auch HEINERTH: Angew. Chem. 52, 392 (1939). — 5. DANEEL u. FRÖHLICH: Z. Elektrochem. 36, 302 (1930), 38, 158, 578 (1932). — 6. KOEPPEL: Vom Wasser. Jb. Wasserchem. 5, 108 (1932). — 7. WESLY: Angew. Chem. 46, 19 (1933); Vom Wasser. Jb. Wasserchem. 8/II, 57 (1934). — 8. ADAMS u. HOLMES: J. Soc. chem. Ind. T 54, 1 (1935). — LESSING: J. Sco. chem. Ind. 57, 61 (1938). — HOLMES, BATH u. BATH: Ind. Engng. Chem. 30, 82 (1938). — TUPHOLME: Ind. Engng. Chem., News Edit. 14, 3 (1936) — BURRELL: Ind. Engng. Chem., Ind. Edit. 30, 358 (1938). — GRIESSBACH: Angew. Chem. 52, 215 (1939) — E. P. 450 308/09, [474 361, 478 134; F. P. 816 448, 823 808. — 9. E. P. 450 540, 450 575, 455 374, 473 647, 486 471, 492 032; Ö. P. 150411; A. P. 2 069 564. — 10. APPLEBAUM u. RILEY: Ind. Engng. Chem.-Ind. Edit. 30, 80 (1938) — BREUIL: Rev. gén. Matières colorantes, Teinture, Impress., Blanchiment, Apprêts 42, 441 (1938). — 11. AUSTERWEIL: Rev. gén. Matières colorantes, Teinture, Impress., Blanchiment, Apprêts 42, 201, 241 (1938). — 12. KNODEL: Angew. Chem. 50, 729 (1937). — 13. I. G. Farbenindustrie A. G.: D.R.P. 492 362. — 14. A.P. 2 106 486. — 15. CHWALA: Kolloid.-Beih. 31, 222 (1930) — D.R.P. 478 190, 504 598; A.P. 1 728 662; F.P. 650 177 — In ALEXANDER: Colloid Chemistry, Bd. III, S. 179. New York, 1931 — In LIESEGANG: Kolloidchemische Technologie, S. 936. Dresden u. Leipzig, 1932 — In BERL: Chemische Ingenieurtechnik, Bd. 3, S. 554. Berlin, 1935; Angew. Chem. 48, 541 (1935). — 16. HALL: A.P. 1 956 515 — VOLZ: Melliands Textilber. 16, 780 (1935) — STEINER: Melliands Textilber. 17, 507, 587, 660 (1936). — 17. WERNER u. GUBSER: Ber. dtsch. chem. Ges. 34, 1579 (1901). — 18. A.P. 2 032 173; F.P. 756 761, 786 332; D.R.P. 571 738, 580 233; E.P. 378 345, 424 677, 424 959, 425 001, 428 961, 448 604; Schweiz.P. 173 420, 175 808. — 19. LINDNER: Melliands Textilber. 17, 861, 935 (1936). — 20. FLEITMANN u. HENNEBERG: Liebigs Ann. Chem. 65, 325 (1848) — UELSMANN: Liebigs Ann. Chem. 118, 100 (1861) — SCHWARZ: Z. anorg. allg. Chem. 9, 253 (1895) — STANGE: Z. anorg. allg. Chem. 12, 444 (1896) — PARRAVANO u. CALCAGNI: Z. anorg. allg. Chem. 65, 1 (1910). — 21. E.P. 436 235, 437 128, 441 474, 447 467; A.P. 2 019 665/6, 2 031 827, 2 059 570; F.P. 818 116, 822 584 — HERBST: Dtsch. Färber-Ztg. 72, 351 (1936) — HUBER: Z. anorg. allg. Chem. 230, 123 (1936); Angew. Chem. 50, 323 (1937) — HEDRICH: Chemiker-Ztg. 61, 793 (1937) — ANDRESS u. WÜST: Z. anorg. allg. Chem. 237, 113 (1938). — 22. I. G. Farbenindustrie A. G.: E.P. 474 518; Schweiz.P. 190 986; F.P. 811 938 — Vgl. auch ENDER: Fette u. Seifen 45, 144 (1938). — 23. Böhme Fettchemie Ges. m. b. H.: D.R.P. 619 386. — 24. Victor Chemical Wks.: A.P. 2 122 122. — 25. Stockhausen & Cie.: D.R.P. 113 433. — 26. BOUVEAULT u. BOURDIER: C. R. Acad. Sci. 147, 1311 (1908). — Vgl. auch JAKES u. HOEKL: Fette u. Seifen 45, 306 (1938). — 27. ULLMANN: Melliands Textilber. 7, 940, 1021 (1926), 8, 440 (1927). — 28. D.R.P. 576 366; Ö.P. 133 483. — 29. LANDOLT: Melliands Textilber. 9, 759 (1928). — 30. MÜNZ:

Angew. Chem. **42**, 734 (1929). — 31. Münch: Angew. Chem. **47**, 425 (1934); Melliands Textilber. **15**, 417, 557, 558 (1934); Chemiker-Ztg. **58**, 17 (1934). — Briscoe: J. Soc. Dyers Colourists **49**, 71 (1933). — 32. Böhme Fettchemie Ges. m. b. H.: D.R.P. 592569; E.P. 317039. — 33. Lindner, Russe u. Beyer: Fettchem. Umschau **40**, 93 (1933). — 34. Boedeker: Melliands Textilber. **13**, 436 (1932). — 35. Waldmann u. Chwala: F.P. 796917; E.P. 460858. — 36. I. G. Farbenindustrie A. G.: D.R.P. 313850. — 37. I. G. Farbenindustrie A. G.: Melliands Textilber. **13**, 147 (1932) — Chwala: Österr. Chemiker-Ztg. **40**, 101 (1937). — 38. Lindner: Melliands Textilber. **16**, 782 (1935) — Vgl. aber Lottermoser u. Flammer: Kolloid.-Beih. **45**, 359 (1937). — 39. Lindner: Melliands Textilber. **15**, 416, 557 (1934); Mschr. Text.-Ind. **50**, 65, 94, 120, 145 (1935) — Lottermoser u. Flammer: Kolloid.-Beih. **45**, 359 (1937) — Kuckertz: Angew. Chem. **49**, 273 (1936) — Vgl. auch Münch: 31. — 40. Ostwald, Wo.: Kolloid.-Beih. **10**, 234 (1919). — 41. Zsigmondy: Z. analyt. Chem. **40**, 697 (1901). — 42. Baudouin: Melliands Textilber. **17**, 654, 932 (1936). — 43. Kessler: Melliands Textilber. **19**, 809, 918, 978 (1938), **20**, 82 (1939). — 44. Kuckertz: Angew. Chem. **49**, 273 (1936). — 45. Lindner: Mschr. Text.-Ind. **50**, 65, 94, 120, 145 (1935). — 46. Angew. Chem. **49**, 668 (1936).

9. Wasch- und Reinigungsmittel.

1. Lederer: Fettchem. Umschau **40**, 69 (1933) — Nüsslein: Melliands Textilber. **19**, 582 (1938). — 2. Duhamel: F.P. 188286. — 3. Spring: Kolloid-Z. **4**, 161 (1909), **6**, 11, 109, 164 (1910). — 4. Haller: Kolloid-Z. **53**, 247 (1930), **54**, 7 (1931). — 5. Powney: Trans. Faraday Soc. **31**, 1510 (1935) — Powney u. Frost: J. Text. Inst. **28**, T 237 (1937). — 6. Hillyer: J. Amer. chem. Soc. **25**, 1856 (1903). — 7. Gibbs: Thermodynamische Studien, S. 277. — 8. Langmuir: J. Amer. chem. Soc. **39**, 1848 (1917). — 9. Harkins, Davies u. Clark: J. Amer. chem. Soc. **39**, 354, 541 (1917). — 10. Lottermoser u. Schadlitz: Kolloid-Z. **63**, 295 (1933). — 11. Lottermoser u. Tesch: Kolloid.-Beih. **34**, 339 (1931). — 12. Lottermoser u. Baumgürtel: Kolloid.-Beih. **41**, 73 (1935). — 13. Lottermoser u. Giese: Kolloid-Z. **73**, 155, 276 (1935). — 14. Walker: J. chem. Soc. London **119**, 1521 (1921). — 15. Lascaray: Kolloid-Z. **34**, 73 (1924). — 16. Godbole u. Sadgobal: Kolloid-Z. **75**, 193 (1936). — 17. Traube: Ber. dtsch. chem. Ges. **20**, 2644 (1887); Liebigs Ann. Chem. **265**, 27 (1891). — 18. Hirose: J. Soc. chem. Ind. Japan (Suppl.) **30**, 184 (1927). — 19. Adam: Proc. Roy. Soc. London, Ser. A **101**, 452 (1922); J. physic. Chem. **29**, 87 (1925); Chem. Review **3**, 163 (1926); The physics and chemistry of surfaces. Oxford, 1930. — 20. Angelescu u. Popescu: Kolloid-Z. **51**, 247 (1930). — 21. Szegö u. Malatesta: G. Chim. ind. appl. **17**, 569 (1935). — 22. Lottermoser u. Stoll: Kolloid-Z. **63**, 49(1933). — 23. Schrauth: Chemiker-Ztg. **55**, 3, 16 (1931); Seifensieder-Ztg. **58**, 61 (1931). — 24. Nishizawa u. Tomitsuka: J. Soc. chem. Ind. Japan (Suppl.) **35**, 548 B (1932). — 25. Evans: J. Soc. Dyers Colourists **51**, 233 (1935). — 26. Adam: J. Soc. Dyers Colourists **53**, 121 (1937). — 27. Neville u. Jeanson: J. physic. Chem. **37**, 1000 (1933). — 28. Lederer: Angew. Chem. **47**, 119 (1934); Kolloid-Z. **72**, 267 (1935). — 29. Weltzien u. Ottensmeyer: Mh. Seide u. Kunstseide **40**, 594 (1935); Fette u. Seifen **43**, 91 (1936). — 30. Dhingra, Uppal u. Venkataraman: J. Soc. Dyers Colourists **53**, 91 (1937). — 31. Seidel u. Engelfried: Ber. dtsch. chem. Ges. **69**, 2567 (1936). — 32. Hartmann u. Kägi: Z. angew. Chem. **41**, 127 (1928). — 33. Wark: J. physic. Chem. **40**, 661 (1936).

— 34. CHWALA u. MARTINA: Melliands Textilber. 18, 998 (1937). — 35. LORANT: Pflügers Arch. ges. Physiol. Menschen Tiere 157, 211 (1914). — 36. LOTTER-MOSER u. WINTER: Kolloid-Z. 66, 276 (1934). — 37. SZEGÖ: G. Chim. ind. appl. 16, 533 (1934). — 38. SZEGÖ u. BERETTA: G. Chim. ind. appl. 16, 281 (1934); Fettchem. Umschau 41, 161 (1934). — 39. ROBINSON: In "Wetting and Detergency", Harvey, London 1937. S. 142. — 40. McBAIN: Seifensieder-Ztg. 46, 138 (1919); Z. dtsch. Öl-Fettind. 44, 376, 389 (1924). — 41. ZSIGMONDY: Kolloidchemie, 5. Aufl. Leipzig, 1927. — 42. PAULI-VALKÓ: Elektrochemie der Kolloide. Wien, Julius Springer, 1929. — 43. MADSEN: Detergent action and surface activity. Kopenhagen, 1931. — 44. PROSCH: Z. angew. Chem. 48, 243, 541 (1935). — 45. FISCHER u. HARKINS: J. physic. Chem. 36, 98 (1932). — 46. BRIGGS: J. physic. Chem. 32, 641, 1646 (1928); Colloid Symposium Monogr. 6, 41 (1928). — 47. BULL u. GORTNER: Proc. Nat. Acad. Sci. USA. 17, 288 (1931); Colloid Symposium Monogr. 8, 309 (1932). — 48. BARTELL u. MILLER: J. Amer. chem. Soc. 44, 1866 (1922), 45, 1100 (1923), 46, 1150 (1924), 47, 1270 (1925). — 49. MILLER: J. physic. Chem. 36, 2967 (1932). — 50. FRUMKIN: Kolloid-Z. 51, 123 (1930) — Vgl. auch v. BUZAGH: Kolloidik, S. 192. Dresden u. Leipzig, 1936. — 51. GOUY: J. Physique Radium [4], 9, 457 (1910). — 52. KRUYT u. DE KADT: Kolloid.-Beih. 32, 249 (1931). — 53. PILOJAN, KRI-WORUTSCHKO u. BACH: Kolloid-Z. 64, 287 (1933). — 54. McBAIN u. PEAKER: Proc. Roy. Soc. London, Ser. A 109, 28 (1925). — 55. POWIS: Z. physik. Chem., Abt. A 89, 186 (1915). — 56. URBAIN u. JENSEN: J. physic. Chem. 40, 821 (1936). — 57. LIMBURG: Recueil Trav. chim. Pays-Bas 45, 772, 854, 875 (1925). — 58. GÖTTE: Kolloid-Z. 64, 333 (1933). — 59. LEWIS: Kolloid-Z. 4, 211 (1909). — 60. CARRIERE: Fettchem. Umschau 34, 57 (1927). — 61. NEVILLE u. HARRIS: Bur Standards J. Res. 14, 765 (1935); Amer. Dyestuff Reporter 24, 312 (1935). — 62. McBAIN: J. Amer. chem. Soc. 57, 1926 (1935). — 63. SECK: Fettchem. Umschau 42, 120 (1935); Angew. Chem. 49, 203 (1936). — 64. GÖTTE: Kolloid-Z. 64, 222, 327, 331 (1933), 65, 236 (1933). — 65. BERTSCH: Angew. Chem. 47, 424 (1934), 48, 52 (1935). — 66. LOTTER-MOSER u. FLAMMER: Kolloid.-Beih. 45, 359 (1937). — 67. REYCHLER: Bull. Soc. chim. Belgique 26, 193 (1912), 27, 113 (1913); Kolloid-Z. 12, 277 (1912), 13, 252 (1913). — 68. SPEAKMAN u. CHAMBERLAIN: Trans. Faraday Soc. 28, 358 (1932); J. Text. Inst. 26, 271 T (1935); Text. Manuf. 61, 281 (1935) — In „The Colloid Aspects of Textile Materials and Related Topics", S. 358. London, 1932 — In „Technical Aspects of Emulsions, S. 101. London, 1935 — Vgl. auch Dtsch. Färber-Ztg. 71, 561 (1935). — 69. DONNAN: Z. physik. Chem., Abt. A 31, 42 (1899) — DONNAN u. POTTS: Kolloid-Z. 7, 208 (1910). — 70. HARKINS u. BEEMANN: J. Amer. chem. Soc. 51, 1674 (1929); Kolloid-Z. 53, 127 (1930). — 71. OSTWALD, WI.: Grundriß der allgemeinen Chemie, 6. Aufl., S. 349, 517. Dresden, 1920. — 72. RHODES u. BASCOM: Ind. Engng. Chem. 23, 778 (1931). — 73. DUNBAR: J. Soc. Dyers Colourists 50, 309 (1934). — 74. RHODES u. WYNN: Ind. Engng. Chem. 29, 56 (1937). — 75. LINDNER: Chemiker-Ztg. 61, 753 (1937). — 76. REUMUTH: Z. ges. Textilind. 34, 283 (1931). — 77. KERTESS: J. Soc. Dyers Colourists 48, 8 (1932). — 78. MULLIN: Text. Recorder 46, Nr. 543, 65, Nr. 544, 59 (1928). — 79. PHILLIPS: Amer. Dyestuff Reporter 25, 496 (1936); J. Text. Inst. 27, P 208 (1936). — 80. CHWALA, MARTINA u. BECKE: Melliands Textilber. 17, 583 (1936). — 81. PERRIN: Kolloid-Z. 51, 2 (1930). — 82. REUMUTH: Melliands Textilber. 13, 599 (1932). — 83. GODBOLE u. JOSHI: Allg. Öl- u. Fett-Ztg. 27, 77 (1930) — GODBOLE u. SADGOBAL: Vgl. 16. — 84. STIEPEL: Seifensieder-Ztg. 41, 347 (1914) — LEDERER: Fettchem. Umschau 40, 69 (1933); Z. angew. Chem. 47,

123 (1934); Kolloidchemie der Seifen. Dresden, 1932 — I. G. Farbenindustrie A. G.: Melliands Textilber. 18, 812 (1937) — Holde-Bleyberg:
Kohlenwasserstofföle und Fette, 7. Aufl., S. 888. Berlin: Julius Springer,
1933. — 85. Nüsslein: Melliands Textilber. 19, 582 (1938). — 86. Chwala:
Kolloid.-Beih. 31, 222 (1930) — Vgl. auch Frey-Wyssling: Protoplasma 27,
372, 563 (1937). — 87. v. Buzagh: Kolloid-Z. 48, 33 (1929); Kolloid.-Beih. 32,
249 (1931). — 88. Carter: Ind. Engng. Chem. 23, 1389 (1931). — 89. Lindner: Fette u. Seifen 43, 214, 256 (1936). — 90. Baudouin: Melliands Textilber. 17, 654, 932 (1936) — Vgl. auch Münch: Melliands Textilber. 15, 561
(1934) — Sowie Kessler: Melliands Textilber. 19, 809, 918, 978 (1938). —
91. Zsigmondy: Z. analyt. Chem. 40, 697 (1901); vgl. auch Lehrbuch der
Kolloidchemie, 5. Aufl., Teil 1, S. 228. — 92. Ostwald: Kolloid.-Beih. 10,
179 (1919). — 93. Schöller: Melliands Textilber. 19, 57 (1938). — 94. Rhodes
u. Brainard: Ind. Engng. Chem. 21, 60 (1929). — 95. Prosch: Z. dtsch.
Öl-Fettind. 42, 410 (1922); Kolloid-Z. 70, 106 (1935); Angew. Chem. 48,
243 (1935). — 96. Kratz: Z. dtsch. Öl-Fettind. 44, 49 (1924). — 97. McBain
u. Martin: J. chem. Soc. London 105, 957 (1914) — McBain u. Bolam:
J. chem. Soc. London 113, 825 (1918) — McBain: Rep. Colloid Chem., S. 2.
1920. — 98. Kröper: Fette u. Seifen 44, 298 (1937) — Vgl. auch Lustig
u. Schmerda: Fette u. Seifen 44, 51 (1937) — Powney u. Jordan: Trans.
Faraday Soc. 34, 363 (1938) — Stauff: Z. physik. Chem., Abt. A 185, 55
(1938). — 99. Stockhausen u. Kessler: Melliands Textilber. 13, 592 (1932).
— 100. Bleyberg u. Lettner: Chem. Umschau Fette, Öle, Wachse, Harze
39, 245 (1932). — 101. I. G. Farbenindustrie A. G.: E.P. 455310; F.P.
789004 — Vgl. auch Nüsslein: Melliands Textilber. 18, 248 (1937). —
102. I. G. Farbenindustrie A. G.: D.R.P. 635522; E.P. 459039, 461328,
vgl. auch E.P. 456142. — 103. Bertsch: Melliands Textilber. 11, 779 (1930).
— 104. Chevreul: Ann. chim. Phys. 7, 157 (1817); Bull. Mus. d'Hist. natur. 4,
292 (1818); Recherches sur les corps gras, S. 161. 1818. — 105. Hilditch
u. Lovern: J. Soc. chem. Ind., Chem. & Ind. 48, 365 T (1929). — 106. Tsu-
jimoto: J. Soc. chem. Ind. Japan (Suppl.) 24, 275 (1921); Chem. Umschau
Fette, Öle, Wachse, Harze 28, 71 (1921), 32, 127 (1925) — Toyama: J. Soc.
chem. Ind. Japan (Suppl.) 30, 527 (1927); Chem. Umschau Fette, Öle, Wachse,
Harze 29, 237 (1922). — 107. D.R.P. 38444; A.P. 1664777. — 108. A.P.
1962941; F.P. 736655. — 109. Bouveault u. Blanc: C. R. Acad. Sci. 136,
1676 (1903), 137, 60 (1903); Bull. Soc. chim. France 31, 674, 1210 (1904);
D.R.P. 164294 — Vgl. auch Willstätter u. Mayer: Ber. dtsch. Chem. Ges.
41, 1478 (1908). — 110. Schrauth: Chemiker-Ztg. 55, 3, 16 (1931); Seifensieder-Ztg. 58, 61 (1931); Z. angew. Chem. 46, 459 (1931); D.R.P. 607792,
626979, 629244, 636681; vgl. auch F.P. 701200, 703844. — Schrauth, Schenck
u. Stickdorn: Ber. dtsch. chem. Ges. 64, 1314 (1931). — 111. Adkins u. Fol-
kers: J. Amer. chem. Soc. 53, 1095 (1931), 54, 1145 (1932) — Adkins u. Connor:
J. Amer. chem. Soc. 53, 1091 (1931). — 112. Schmidt: Ber. dtsch. chem. Ges. 64,
2051 (1931); D.R.P. 573604. — 113. Normann: Z. angew. Chem. 44, 471, 714, 922
(1931). — 114. D.R.P. 628064, 639527, 648510; E.P. 346237, 351359; F.P.
689713, 699945; A.P. 1987558/9, 2070318, 2080419; Ö.P. 129768, 130655. —
115. F. P. 779097; E.P. 479642. — 116. E.P. 406714; A. P. 1971742/43,
2019022, 2096036. — 117. I. G. Farbenindustrie A. G.: D.R.P. 577428, 608362,
626521, 652541; E.P. 360002; F.P. 714000; A.P. 2020453. — 118. I. G.
Farbenindustrie A. G.: D.R.P. 626296. — 119. Böhme Fettchemie Ges. m.
b. H.: D.R.P. 635184; F.P. 795391/2. — 120. Dumas u. Peligot: Ann.
Pharmaz. 19/20, 293 (1836). — 121. v. Cochenhausen: Dinglers polytechn.

J. 303/304, 283 (1897). — 122. Hueter: Melliands Textilber. 13, 83 (1932).
— 123. F.P. 776044; E.P. 350432, 354851, 365938; A.P. 1933431. —
124. D.R.P. 546807, 593709; F.P. 671456; A.P. 1968793/97; Ö.P. 143634,
148620, 150296. — 125. D.R.P. 592569; E.P. 388485; F.P. 693814. —
126. D.R.P. 608413. — 127. E.P. 442198; F.P. 770884; A.P. 2044399;
Schweiz.P. 174511/14. — 128. D.R.P. 592569, 606083. — 129. Vgl. z. B.:
D.R.P. 542048, 609456, 622268, 628064, 640681, 640997, 643052, 659277;
E.P. 308824, 317039, 318610, 351403, 351452, 357649/50, 358539, 365938,
406641, 434452, 441601; F.P. 679186, 38628/679186, 718395, 735235,
776044; A.P. 2044919, 2060254, 2081865, 2091956; Schweiz.P. 146178,
172043; Ö.P. 144366. — 130. Lindner, Russe u. Beyer: Fettchem. Umschau
40, 93 (1933). — 131. Riess: Collegium 1933, 580. — 132. D.R.P. 648448. —
133. A.P. 2099214; vgl. auch A.P. 2098114. — 134. A.P. 2079347. —
135. D.R.P. 639625. — 136. E.P. 479482; A.P. 2075914/15. — 137. Lindner:
Melliands Textilber. 14, 416, 557 (1934). — 138. E.P. 394043, 400986, 418139,
419308, 450579, 462202; F.P. 736771, 738057; A.P. 2045015, 2066542. —
139. Reumuth: Z. ges. Textilind. 34, H. 29/30 (1931). — 140. Münch: Chemiker-Ztg. 58, 454 (1934); Angew. Chem. 47, 425 (1934); Melliands Textilber.
15, 417, 557, 558 (1934). — 141. Kling: Melliands Textilber. 12, 111 (1931) —
Briscoe: Dyer Calico Printer, Bleacher, Finisher Text. Rev. 69, 679 (1932);
J. Soc. Dyers Colourists 48, 127 (1932) — Lenher: Amer. Dyestuff Reporter
21, 693 (1932) — Hoff: Z. ges. Textilind. 35, 408 (1932) — Gerstner:
Melliands Textilber. 14, 297 (1933) — Lenher: Amer. Dyestuff Reporter 22,
13, 21, 663 (1933) — Kertess: J. Soc. Dyers Colourists 49, 69 (1933) —
Kehren: Z. ges. Textilind. 36, 12 (1933) — Brandenburger: Z. ges. Textilind.
36, 37 (1933) — Briscoe: J. Soc. Dyers Colourists 49, 71 (1933) — Lenher u.
Smith: Dyer Calico Printer, Bleacher, Finisher Text. Rev. 71, 21, 76 (1934) —
Duncan: Dyer Calico Printer, Bleacher, Finisher Text Rev. 71, 190 (1934) —
Lenher u. Dupont: Dyer Calico Printer, Bleacher, Finisher Text. Rev. 71, 293,
352 (1934) — Lindner: Melliands Textilber. 15, 416 (1934); Seifensieder-Ztg.
60, 26 (1934) — Kling u. Püschel: Melliands Textilber. 15, 21 (1934) —
Kertess: Text. Manuf. 60, 336 (1934) — Bresser: Dtsch. Färber-Ztg. 70, 417
(1934) — Hannay: J. Soc. Dyers Colourists 50, 273 (1934) — Bolton: Dyer
Calico Printer, Bleacher, Finisher Text Rev. 72, 21, 68, 123 (1934) — Bonnet:
Rev. gén. Matières Colorantes, Teinture, Impress. Blanchiment, Apprêts 38,
246 (1934) — Lindner: Rev. gén. Matières Colorantes, Teinture, Impress.
Blanchiment, Apprêts 39, 105 (1935) — Szegö u. Deponte: G. Chim. ind.
appl. 13, 344 (1935) — Brass u. Beyrodt: Mschr. Textil-Ind. 50, 2. Fachh.,
53 (1935) — Ohl: Mh. Seide u. Kunstseide 40, 178 (1935) — Kertess: J. Soc.
Dyers Colourists 52, 42 (1936). — 142. Colgate-Palmolive-Peet Co.: D.R.P.
635903; F.P. 702626, 810847; Schweiz.P. 171359, 174511/14, 175866/70; A.P.
2073797. — 143. Carbide and Carbon Chemicals Corporation: F.P. 782835.
— 144. Carbide and Carbon Chemicals Corporation: F.P. 786734, 789406;
Schweiz.P. 188499 — Vgl. auch I. G. Farbenindustrie A. G.: E.P. 471483.
— 145. Carbide and Carbon Chemicals Corporation: F.P. 789405; E.P.
456214. — 146. Wilkes u. Wickert: Ind. Engng. Chem. 29, 1234 (1937). —
147. Wacker: F.P. 805706, 806112. — 148. Oranienburger chem. Fabrik:
D.R.P. 622268. — 149. Benckiser: E.P. 492350. — 150. Böhme Fettchemie
Ges. m. b. H.: E.P. 419868; Ö.P. 146014; Schweiz.P. 176617. — 151. Böhme
Fettchemie Ges. m. b. H.: D.R.P. 589778. — 152. Böhme Fettchemie Ges. m.
b. H.: E.P. 384230, 405195, 421843; F. P. 739261; Schweiz.P. 178200, 183447.
— 153. D.R.P. 625637, 633082, 634759, 655942; F.P. 676331, 676336, 677526,

721070; E.P. 298559, 313160, 313453, 315832, 350425, 351911, 368853; A.P. 1823815, 1974007, 2032313/14. — 154. D.R.P. 595173, 634032; F.P. 693520, 715205, 716705, 735647, 679185; E.P. 340272, 341053, 343524, 343899, 318542; Ö.P. 125182, 141864; vgl. auch Chem. Umschau Fette, Öle, Wachse, Harze **39**, 218 (1932). — 155. REYCHLER: Bull. Soc. chim. Belgique **27**, 110 (1913); Kolloid-Z. **12**, 278 (1913); Seifensieder-Ztg. **40**, 851 (1913), **41**, 809 (1914). — 156. McBAIN u. MARTIN: J. chem. Soc. London **105**, 957 (1914); Seifensieder-Ztg. **41**, 809 (1914). — 157. TWITCHELL: Seifensieder-Ztg. **44**, 482 (1917). — 158. NORRIS: J. chem. Soc. London **121**, 2161 (1922). — 159. McBAIN u. WILLIAMS: J. Amer. chem. Soc. **55**, 2250 (1933). — 160. HARTLEY: J. Amer. chem. Soc. **58**, 2347 (1936). — 161. F.P. 711210, 716705; E.P. 360539. — 162. LASARENKO: Ber. dtsch. chem. Ges. **7**, .125 (1874) — Vgl. auch E.P. 343872, 346669, 358583, 360602, 424951; F.P. 693814, 716178. — 163. I. G. Farbenindustrie A. G.: D.R.P. 652410, 655999, 657357, 657404, 679186; F.P. 693620, 705081, 720590; E.P. 359893, 366916, 372005; Ö.P. 138252. — 164. I. G. Farbenindustrie A. G.: Melliands Textilber. **13**, 28 (1932) — NÜSSLEIN: Melliands Textilber. **18**, 248 (1937) — RAMSKAV: Dyer. Text. Print. **78**, 531 (1937). — 165. I. G. Farbenindustrie A. G.: D.R.P. 584703, 633334; F.P. 693620, 693815, 712121, 715205, 720529, 721988, 814166; E.P. 341053, 343524, 360982, 372389, 389543; Ö.P. 136671, 138028; Schweiz.P. 155446. — 166. I. G. Farbenindustrie A. G.: D.R.P. 639079; Ö.P. 149681; Schweiz.P. 192553, 192556. — 167. WALDMANN u. CHWALA: E.P. 434358; F.P. 779503; Schweiz. P. 180400. — 168. I. G. Farbenindustrie A. G.: F. P. 715585. — 169. Henkel: D.R.P. 666388. — 170. D.R.P. 550780, 553811, 567361, 625637, 649156, 649323, 658650; F.P. 676336, 693699; E.P. 313453, 343098; A.P. 2107197. — 171. Gesellschaft für chem. Industrie in Basel: D.R.P. 605687; E.P. 403977; F.P. 754626; Schweiz.P. 163005. — 172. WALD-MANN u. CHWALA: D.R.P. 664475; F.P. 811423; Schweiz.P..193046. — 173. WALDMANN u. CHWALA: F.P. 796917; E.P. 460858; Schweiz.P. 189136, 191412. — 174. Chemische Fabrik Grünau A.P. 2015912; E.P. 413016; Schweiz. P. 172359; vgl. auch E.P. 435481, 450467; F.P. 772585; Schweiz.P. 187594 bis 99. — 175. TSCHESCHE: Angew. Chem. **48**, 569 (1935) — HENK: Seide **64**, 395, 493 (1937). — 176. Lever Brother: F.P. 795664; A.P. 2071459. — 177. I. G. Farbenindustrie A. G.: D.R.P. 548201; F.P. 713426, 717427, 727202, 752831; E.P. 346550, 367420, 409336, 443559; Rev. gén. Teinture, Impress. Blanchiment Apprêt **12**, 11 (1934); Rev. gén. Matières colorantes, Teinture, Impress. Blanchiment Apprêt **39**, 153 (1935). — 178. Imperial Chemical Industries: E. P. 414403, 420066; Schweiz. P. 174644, 178101/1. — 179. Böhme Fettchemie Ges. m. b. H.: D.R.P. 628715, 634952; E.P. 421135; Ö.P. 135333. — 180. Böhme Fettchemie Ges. m. b. H. D. R. P. 593422; F.P. 739261; E.P. 393769, 421318; Ö.P. 135333, 141867; vgl. auch SCHMALTZ: Kolloid-Z. **71**, 234 (1935). — 181. NÜSSLEIN: Melliands Textilber. **18**, 248 (1937). — 182. MÜNCH: Melliands Textilber. **15**, 561 (1934) — LEDERER: Angew. Chem. **47**, 119 (1934); Kolloid-Z. **71**, 61 (1935) — Vgl. auch UHL: Seifensieder-Ztg. **62**, 687 (1935) — OHL: Mh. Seide u. Kunstseide **40**, 178 (1935). — 183. BRASS: Mschr. Text. Ind. **48**, H. 2, 3 (1933). — 184. FRANZ: Melliands Textilber. **16**, 277 (1935); vgl. auch Melliands Textilber. **15**, 1 (1934). — 185. MOLNAR: Mschr. Text. Ind. **49**, 64 (1934) — Vgl. auch FRANZ 184. — 186. LINDNER: Mschr. Text. Ind. **50**, 65, 94, 120, 145 (1935); Melliands Textilber. **16**, 782 (1935). — 187. ELÖD: Melliands Textilber. **18**, 49 (1937), **19**, 72 (1938). — 188. REUMUTH: Z. ges. Textilind. **34**, 283 (1931) — NÜSS-LEIN: Melliands Textilber. **16**, 325 (1935). — 189. FRANZ: Melliands Textilber.

16, 279 (1935); Angew. Chem. **50**, 467 (1937). — 190. SPEAKMAN: Nature (London) **127**, 665 (1931) — SPEAKMAN, STOTT u. CHANG: J. Text. Inst. **24**, T 273 (1933) — SPEAKMAN: Melliands Textilber. **17**, 580, 658, 736 (1936). — 191. ELÖD: Z. angew. Chem. **38**, 837, 1112 (1925) — MEYER u. FIKENTSCHER: Melliands Textilber. **8**, 781 (1927) — SCHWEN: Melliands Textilber. **13**, 485 (1932) — BOLTON: Dyer Calico Printer, Bleacher, Finisher Text. Rev. **72**, 21, 68, 123 (1934) — NÜSSLEIN: Melliands Textilber. **16**, 326 (1935). — 192. FRIEDRICH: Melliands Textilber. **10**, 639 (1929) — FRIERDICH u. KESSLER: Melliands Textilber. **14**, 78 (1933). — 193. WILLIAMS, BROWN u. OAKLEY: In HARVEYS Wetting and Detergency, London 1937. S. 163. — 194. NÜSS-LEIN: 85 — Hansawerke Lürmann, Schütte u. Co.: Melliands Textilber. **19**, 587 (1938). — NÜSSLEIN: Melliands Textilber. **20**, 205 (1939). — ELÖD u. RUDOLPH: Melliands Textilber. **20**, 211, 280 (1939). — MEYER: Deutsches Wollengewerbe **79**, 1280 (1938), Melliands Textilber. **20**, 355 (1939).

10. Schmälzöle.

1. FRANZ: Melliands Textilber. **17**, 302 (1936). — 2. Frosted Wool Process Comp.: A.P. 1 866 205, 2 015 893/4; E.P. 395 471, 398 683, 423 002; F.P. 757 650; Ö.P. 138 653, 142 452 — Vgl. auch FURLONGER: Dyer Calico Printer, Bleacher, Finisher Text. Rev. **74**, 442 (1935) — TOWNEND: Dyer Calico Printer, Bleacher, Finisher Text. Rev. **75**, 598 (1936) — HERBIG: Melliands Textilber. **17**, 721 (1936). — 3. LANGMUIR: J. Amer. chem. Soc. **39**, 1848 (1917). — 4. ADAM: Proc. Roy. Soc. London, Ser. A **99**, 336 (1921), **126**, 366 (1930; Chem. Reviews **3**, 163 (1927). — 5. TRILLAT: Ann. Physique **6**, 5 (1926); C. R. Acad. Sci. **180**, 1329 (1925), **187**, 168 (1928), **188**, 555 (1929); Metallwirtschaft **7**, 101 (1928), **9**, 1023 (1930). — 6. SPEAKMAN: J. Text. Inst. **24**, 273 (1933); Melliands Textilber. **17**, 582 (1936). — 7. FRANZ: Melliands Textilber. **17**, 399 (1936). — 8. ERASMUS: Allg. Öl- u. Fett-Ztg. 1930, 390. — 9. KEHREN: Z. analyt. Chem. **100**, 142 (1935); Z. ges. Textilind. **39**, 245, 256 (1936); Melliands Textilber. **18**, 908 (1937), **20**, 138 (1939). — 10. Wissenschaftliche Zentralstelle für Öl- und Fettforschung (Wizöff): Deutsche Einheitsmethoden Wizöff. Stuttgart, 1930. — 11. MACKEY: J. Soc. chem. Ind., Chem. & Ind. **15**, 90 (1896). — 12. GRÜN: Die Analyse der Fette und Wachse, Bd. 1, S. 434. Berlin, 1925. — 13. KAUFMANN: Arch. Pharmaz. u. Ber. dtsch. pharm. Ges. **265**, 32, 675 (1925). — 14. KEHREN: Melliands Textilber. **7**, H. 10 (1926), **11**, 53, 123, 220 (1930), **12**, 270, 342, 396 (1931). — 15. STIEPEL: Seifensieder-Ztg. **57**, 278 (1930). — 16. MANECKE u. LINDNER: Z. ges. Textilind. **41**, 239 (1938). — 17. KEHREN: Melliands Textilber. **19**, 735 (1938). — 18. Vgl. LEVECKE: Melliands Textilber. **20**, 141 (1939). — 19. KEHREN: Fette u. Seifen **45**, 142 (1938); Melliands Textilber. **20**, 142 (1939). — 20. ERBAN: Die Anwendung von Fettstoffen und daraus hergestellten Produkten in der Textilindustrie, S. 10. 1911. — 21. Vgl. z. B.: D.R.P. 574 536; E.P. 431 073; A.P. 2 009 612; Ö.P. 136 966. — 22. D.R.P. 336 212. — 23. Vgl. z. B. D.R.P. 551 402; F.P. 608 302. — 24. I. G. Farbenindustrie A. G.: D.R.P. 439 598, 524 211. — 25. I. G. Farbenindustrie A. G.: D.R.P. 605 973 — Vgl. auch SCHULZ: Fette u. Seifen **45**, 146 (1938) — GARNER: E.P. 487 949; Dyer Calico Printer, Bleacher, Finisher Text. Rev. **80**, 17 (1938). — 26. Vgl. auch Dyer Calico Printer, Bleacher, Finisher Text. Rev. **79**, 209, 255, 303, 353, 451, 505, 547 (1938). — 27. KEHREN: Melliands Textilber. **18**, 908 (1937); Fettchem. Umschau **40**, 127 (1933) — HERBIG: Melliands Textilber. **8**, 797 (1927) — STIEPEL: Seifensieder-Ztg. **58**, 291

(1931). — 28. HENNING: Melliands Textilber. **16**, 166 (1935). — 29. D.R.P. 188712. — 30. SHINKLE u. MORRISON: Text. Manuf. **61**, 139 (1935). — 31. CHWALA: Ö.P. 141026; Melliands Textilber. **17**, 423 (1936). — 32. Vgl. z. B. Dtsch. Färber-Ztg. **71**, 561 (1935). — 33. KEHREN: Melliands Textilber. **19**, 27, 417 (1938); Fette u. Seifen **45**, 142 (1938). — 34. SPEAKMAN u. GREEN-WOOD: J. Text. Inst. **26**, P 271 (1935); Text. Manuf. **61**, 281 (1935). — 35. Stöhr: E.P. 436956; A.P. 2100845; vgl. auch A.P. 2093863. — 36. GÖTZE: Melliands Textilber. **19**, 416 (1938). — 37. NÜSSLEIN: Melliands Textilber. **20**, 205 (1939). — 38. I. G. Farbenindustrie A. G.: D.R.P. 621396. — 39. I. G. Farbenindustrie A. G.: Ö.P. 139102; F.P. 802362; E.P. 454559.

11. Karbonisierhilfsmittel.

1. TOWNEND: J. Text. Inst. **27**, P 219 (1936); Dyer Calico Printer, Bleacher, Finisher Text. Rev. **75**, 598 (1936) — HERBIG: Melliands Textilber. **17**, 721 (1936); A.P. 1866205; F.P. 757650; E.P. 395471; Ö.P. 138653. — 2. RYBERG: Amer. Dyestuff Reporter **23**, 230 (1934), **24**, 142, 150 (1935); Rev. gén. Teinture, Impress., Blanchiment, Apprêt **12**, 957 (1934) — HARRIS: Amer. Dyestuff Reporter **23**, 224 (1934); Text. Manuf. **60**, 291 (1934); Rev. gén. Teinture, Impress., Blanchiment, Apprêt **12**, 955 (1934); Bur. Standard J. Res. **12**. 475 (1934) — DERBY: Amer. Dyestuff Reporter **24**, 246 (1935) — ARMAND: Rev. gén. Teinture, Impress., Blanchiment, Apprêt **13**, 753 (1935) — HERBIG: Melliands Textilber. **17**, 488, 568, 721 (1936); vgl. auch Amer. Dyestuff Reporter **24**, 180 (1935) — HARRIS, MEASE u. RUTHERFORD: Text. Manuf. **63**, 288 (1937) — SMITH u. HARRIS: Amer. Dyestuff Reporter **26**, 416 (1937) — I. G. Farbenindustrie A. G.: Z. ges. Textilind. **41**, 28 (1938). — 3. A.P. 1984794; F. P. 783629 — Vgl. auch BRANDY u. BURNAM: Text. Manuf. **60**, 381 (1934); Dyer Calico Printer, Bleacher, Finisher Text. Rev. **72**, 588 (1934). — 4. ELÖD u. HAAS: Z. ges. Textilind. **40**, 31 (1937) — Vgl. auch ELÖD u. RUDOLPH: Z. ges. Textilind. **41**, 295 (1938). — 5. BERGMANN u. MACHEMER: Ber. dtsch. chem. Ges. **63**, 316, 2304 (1930). — 6. I. G. Farbenindustrie A. G.: D.R.P. 336558. — 7. Böhme Fettchemie Ges. m. b. H.: D.R.P. 556772. — 8. Chem. Fabrik Oranienburg: E.P. 275267. — 9. Stockhausen & Cie.: D.R.P. 614702 — Vgl. auch FRIEDRICH: Mschr. Text.-Ind. **45**, H. 11 (1930). — 10. Flesch: D.R.P. 557088, 568209. — 11. Melliands Textilber. **19**, 569 (1938). — 12. ELÖD u. RUDOLPH: Z. ges. Textilind. **41**, 295 (1938). — 13. Gesellschaft für Chemische Industrie in Basel: D.R.P. 535061.

12. Hilfsmittel für das Walken.

1. ARNOLD: Mschr. Text.-Ind. **44**, 463, 507, 540 (1929); Text. Forsch. **11**, 3 (1930). — 2. LOEBNER: Studien und Forschungen über Wolle und andere Gespinstfasern. Grünberg, 1898 — SHORTER: J. Soc. Dyers Colourists **39**, 270 (1923) — ARNOLD: 1 — REUMUTH: Melliands Textilber. **14**, 23 (1933); Rev. gén. Matières colorantes, Teinture, Impress. Blanchiment Apprêts **39**, 272 (1935) — KING: Text. Manuf. **63**, 513 (1937) — GUTENSOHN: Z. ges. Textilind. **40**, 691, 701 (1937). — 3. WITT: Chemische Technologie der Gespinstfasern. 1888 — Vgl. auch STIRM: Appretur der Wolle. In HEERMANNS Enzyklopädie der textilchemischen Technologie. Berlin: Julius Springer, 1930. — 4. SPEAKMAN u. STOTT: J. Text. Inst. **22**, T 339 (1931) — SPEAKMAN, STOTT u. CHANG: J. Text. Inst. **24**, T 273 (1933). — 5. MEUNIER u. REY: J. int. Soc. Leather Trades Chemists **11**, 508 (1927); C. R. Acad. Sci. **184**,

285 (1927). — 6. Elöd u. Silva: Z. physik. Chem., Abt. A 137, 142 (1927).
— 7. Götte u. Kling: Kolloid-Z. 62, 207, 213 (1933). — 8. Speakman u.
Hirst: Trans. Faraday Soc. 28, 152 (1932), 29, 148 (1933). — 9. Justin-
Mueller: Melliands Textilber. 20, 72 (1939). — 10. Brauckmeyer: Melliands
Textilber. 17, 31, 205 (1936). — 11. Böhme Fettchemie Ges. m. b. H.: D.R.P.
619182. — 12. Vgl. z. B. Gerstner: Melliands Textilber. 14, 297 (1933) —
Bleyberg u. Lettner: Chem. Umschau Fette, Öle, Wachse, Harze 39,
241 (1932). — 13. Boedeker: Melliands Textilber. 13, 436 (1932). — 14. Vgl.
z. B. Rehmann: Mschr. Text.-Ind. 53, 57 (1938); Teintex. 3, 327 (1938). —
15. Lustig u. Schmerda: Fette u. Seifen 44, 51 (1937). — 16. Nüsslein:
Melliands Textilber. 18, 248 (1937). — 17. Ronke: Wollen-Gewerbe 75, 1201
(1938). — 18. Brauckmeyer u. Rouette: Melliands Textilber. 18, 222, 293
(1937). — 19. Stock: Angew. Chem. 51, 33 (1938). — 20. Vgl. 19. — 21. Vgl. 19.

13. Schlichtmittel.

1. Gerstner u. Walther: Melliands Textilber. 18, 357 (1937) — Vgl.
auch Krais u. Weinges: Mschr. Text.-Ind. 47, 193 (1932). — 2. Sauter:
Melliands Textilber. 16, 268 (1935). — 3. Irvine u. Mitarbeiter: J. chem.
Soc. London 1926, 518, 862 — Haworth: Die Konstitution der Kohlehydrate. Dresden u. Leipzig, 1932 — Freudenberg: Ber. dtsch. chem.
Ges. 63, 1510 (1930) — Zemplén: Ber. dtsch. chem. Ges. 60, 1555
(1927). — Samec: Chemiker-Ztg. 71. 353 (1939). — 4. Meyer,
Hopff u. Mark: Ber. dtsch. chem. Ges. 62, 1103 (1929) — Staudinger u. Eilers: Ber. dtsch. chem. Ges. 69, 819 (1926) — Staudinger
u. Husemann: Liebigs Ann. Chem. 527, 195 (1937). — 5. Samec: Kolloidchemie der Stärke. Dresden u. Leipzig, 1927; vgl. auch Kolloid-Z. 47, 81
(1929) — Malfitano u. Catoire: Kolloid-Z. 46, 3 (1928). — 6. Rodewald:
Z. physik. Chem., Abt. A 24, 193 (1897), 33, 593 (1900). — 7. Seck, Dittmar
u. Blume: Kolloid-Z. 63, 347 (1933), 64, 86 (1934) — Seck: Melliands Textilber. 14, 546 (1933) — Seck u. Dittmar: Melliands Textilber. 14, 594 (1933) —
Seck: Melliands Textilber. 17, 147, 343, 506 (1936) — Seck u. Brem: Kolloid.-
Beih. 45, 99 (1936). — 8. Freundlich: Z. physik. Chem., Abt. A 108, 153
(1924). — 9. Ostwald: Kolloid-Z. 36, 99, 157, 248 (1925). — 10. Hagen:
Pogg. Ann. 46, 437 (1839) — Poiseuille: Ann. Chim. Physique [3], 7, 50
(1843). — 11. Ostwald: Vgl. 9 — Waele: J. Oil Colour Chemist's Assoc. 6,
33 (1923) — Vgl. auch Farrow u. Lowe: J. Text. Inst. 14, 414 (1923). —
12. Hatschek: Kolloid-Z. 13, 88 (1913). — 13. Röthlin: Biochem. Z. 98,
34 (1919) — Vgl. auch Hess: Kolloid-Z. 27, 154 (1920). — 14. Freundlich
u. Nitze: Kolloid-Z. 41, 206 (1927). — 15. Tsuda: Kolloid-Z. 45, 325 (1928).
— 16. Haller: Melliands Textilber. 7, 239 (1926) — Vgl. auch Haller u.
Trakas: Kolloid-Z. 47, 304 (1929). — 17. Lloyd: J. Amer. chem. Soc. 33,
1213 (1911) — Vgl. auch Buschkandl: Spinner u. Weber 26, 12 (1928),
28, 18 (1930). — 18. Farrow u. Jones: J. Text. Inst. 18, 1 (1927). — 19. Neumann: Melliands Textilber. 12, 382, 447, 508, 568, 632, 686, 745 (1931) —
Vgl. auch Ditmar u. Kober: Melliands Textilber. 16, 734 (1935) — Boeh-
ringer: Melliands Textilber. 11, 603 (1930) — Hart: Rayon Melliands
Text. Mont. 17, 365, 447, 495 (1936). — 20. Krais u. Biltz: Mschr. Text.-Ind.
38, 207 (1923), 39, 390 (1924). — 21. Chem. Fabrik Pyrgos: D.R.P. 390658,
423464; F.P. 610985 — Feibelmann: Chemiker-Ztg. 56, 279 (1924); Melliands
Textilber. 7, 47 (1926), 10, 724 (1929), 11, 610 (1930), 12, 263 (1931) —
Heermann: Melliands Textilber. 5, 181 (1924) — Krais u. Meves: Melliands

Textilber. 6, 306 (1925). — 22. NEALE: J. Text. Inst. 15, 443 (1924), 18, 25 (1927). — 23. SAMEC: Kolloid-Z. 64, 321 (1933); vgl. auch Kolloid.-Beih. 28, 155 (1929), 38, 41, 98 (1933). — 24. MALFITANO: Bull. Soc. chim. France [4], 11, 606 (1912). — 25. NEUMANN: Melliands Textilber. 13, 251 (1932) — Vgl. auch HEININGER: Kolloid.-Beih. 35, 40 (1932) — SCHMIDT: Melliands Textilber. 13, 360 (1932) — JOCHUM: Melliands Textilber. 13, 595 (1932) — FEIBELMANN: Melliands Textilber. 14, 196 (1933) — JOCHUM: Melliands Textilber. 14, 500 (1933). — 26. A.P. 1 947 495. — 27. E.P. 467 098. — 28. KATZ: In WALTON: Starch Chemistry I. S. 68. New York, 1928 — VAN DER HOEVE, BUNGENBERG DE JONG u. KRUYT: Kolloid.-Beih. 39, 105 (1934) — KATZ, MUSCHTER u. WEIDINGER: Biochem. Z. 257, 404 (1933), 261, 19, 48 (1933) — Vgl. auch WIEGEL: Kolloid-Z. 62, 310 (1933), 67, 47 (1934) — OSTWALD, WO. u. FRENKEL: Kolloid-Z. 43, 296 (1927). — 29. KATZ, MUSCHTER u. WEIDINGER: Biochem. Z. 257, 404 (1933), 261, 19, 48 (1933). — 30. MÜNCH u. BRASSELER: Melliands Textilber. 19, 668 (1938). — 31. GERSTNER u. WALTHER: Melliands Textilber. 18, 289, 357 (1937). — Vgl. auch WALTHER: Melliands Textilber. 16, 59 (1935). — 32. EICHLER: Melliands Textilber. 16, 658 (1935). — 33. BENTLEY: Rayon Melliands Text. Mont. 18, 597 (1937). — 34. SCHRAMEK u. SCHEUFLER: Mschr. Text.-Ind. 52, 137 (1937). — 35. I. G. Farbenindustrie A. G.: Ö.P. 121 241; E.P. 341 516, 345 207, 413 624; A.P. 1 971 662 — BLUMER: D.R.P. 605 573, 606 081. — 36. I. G. Farbenindustrie A. G.: Ö.P. 140 191; A.P. 1 998 544. — 37. Celanese: E.P. 454 425. — 38. Röhm u. Haas: D.R.P. 626 920. — 39. Röhm u. Haas: F.P. 803 170; E.P. 467 598. — 40. I. G. Farbenindustrie A. G.: D.R.P. 652 362; F.P. 795 414; E.P. 453 048. — 41. BOCK: Ind. Engng. Chem. 29, 985 (1937) — Vgl. auch SCHORGER u. SCHOEMAKER: Ind. Engng. Chem. 29, 114 (1937) — KOCH: Ind. Engng. Chem. 29, 687 (1937). — 42. STAUDINGER u. SCHWEITZER: Ber. dtsch. chem. Ges. 63, 2317 (1930); vgl. auch KUNZ: Angew. Chem. 52, 436 (1939). — 43. BECKERS: Melliands Textilber. 18, 360 (1937). — 44. DREYFUS: E.P. 445 109; A.P. 2 106 298. — 45. Böhme Fettchemie Ges. m. b. H.: E.P. 466 402; F.P. 815 382. — 46. BOYEUX: F.P. 383 219; D.R.P. 198 931. — 47. RIECHE: Alkylperoxyde und Ozonide. Dresden u. Leipzig, 1931 — EIBNER: Das Öltrocknen, ein kolloider Vorgang aus chemischen Ursachen. Berlin, 1930 — STAUDINGER: Ber. dtsch. chem. Ges. 58, 1075, 1079 (1925). — 48. EIBNER: Das Öltrocknen, ein kolloider Vorgang aus chemischen Ursachen, S. 190. Berlin, 1930. — 49. MARCUSSON: Z. angew. Chem. 38, 148, 780 (1925); Chem. Umschau Fette, Öle, Wachse, Harze 32, 304 (1925). — D'ANS, J.: Chem. Umschau Fette, Öle, Wachse, Harze 34, 283, 296 (1927) — Vgl. auch MERZBACHER: Chem. Umschau Fette, Öle, Wachse, Harze 35, 173 (1928). — 51. SCHEIBER u. NALTSAS: Farbe u. Lack 1930, 51. — 52. SCHEIBER: Z. angew. Chem. 46, 643 (1933). — 53. I. G. Farbenindustrie A. G.: D.R.P. 545 507, 609 222 — Aceta: D.R.P. 624 316; E.P. 381 764 — Rhodiaseta: F.P. 736 216; E.P. 406 642. — 54. SCHRAMEK: Mschr. Text.-Ind. 52, 49, 81, 112 (1937) — WELTZIEN: Mh. Seide u. Kunstseide 41, 32 (1936), 37, 21 (1932) — GENSEL: Mh. Seide u. Kunstseide 40, 193 (1935). — 55. GÖTZE: Mh. Seide u. Kunstseide 35, 445 (1930). — 56. Du Pont: A.P. 1 987 321, 1 993 771. — 57. Vgl. z. B. E.P. 419 119; A.P. 1 984 139, 1 979 188. — 58. CHWALA: Ö.P. 140 713. — 59. HILPERT u. NIEHAUS: Angew. Chem. 47, 86 (1934). — 60. Allgemeene Kunstzijde Unie: D.R.P. 590 658. — 61. Oranienburger chemische Fabrik: D.R.P. 625 387. — 62. Stockhausen & Co.: D.R.P. 622 262; vgl. Stockhausen & Co.: D.R.P. 599 837 — Oranienburger chemische Fabrik: D.R.P. 524 349 — Gesellschaft für chemische Industrie in Basel: Schweiz.P. 166 789. — 63. I. G. Farbenindustrie A. G.: D.R.P. 554 386; A.P. 2 023 768/69.

— 64. SAUTER: Melliands Textilber. **16**, 268 (1935); Mh. Seide u. Kunstseide **40**, 193 (1935) — Vgl. auch EICHLER: Melliands Textilber. **16**, 658 (1935); Wolle- u. Leinenind. **55**, 290 (1935).

14. Entschlichtungsmittel.

1. LETSCHE: Melliands Textilber. **15**, 313 (1934). — 2. RORDORF: Mschr. Text.-Ind. **49**, 183 (1934); Wollen- u. Leinenind. **54**, 268 (1934); Text. Manuf. **61**, 161 (1935). — 3. D.R.P. 623859; Ö.P. 137659; Schweiz.P. 164522. — 4. E.P. 428827; F.P. 753728; D.R.P. 671900. — 5. Schweiz.P. 163891. — 6. D.R.P. 628319. — 7. A.P. 2095300. — 8. E.P. 439398. — 9. NOPITSCH: Melliands Textilber. **8**, 169 (1927). — 10. MOLNAR: Melliands Textilber. **17**, 234, 250 (1936). — 11. HENK: Melliands Textilber. **18**, 1003 (1937); Mschr. Text.-Ind. **51**, 157 (1936) — RANSHAW: Dyer Calico Printer, Bleacher, Finisher Text. Rev. **77**, 74 (1937) — FRITSCH: Melliands Textilber. **16**, 657 (1935) — KEHREN: Melliands Textilber. **16**, 875 (1935) — PORZKY: Z. ges. Textilind. **39**, 198 (1936) — MÜNCH: Melliands Textilber. **17**, 871 (1936) — EVANS: Text. Manuf. **60**, 330 (1934). — 12. HOWELL: Dyer Calico Printer, Bleacher, Finisher Text. Rev. **78**, 23, 78 (1937) — Vgl. auch 11. — 13. Vgl. z. B. D.R.P. 602582. — 14. F.P. 782039; Schweiz.P. 180377. — 15. F.P. 819322; E.P. 479965; Ö.P. 151637. — 16. KOSCHE: Z. ges. Textilind. **41**, 201 (1938). — 17. FISCHER: Kunstseide **17**, 22 (1935) — Vgl. auch SCHREITERER: Mh. Seide u. Kunstseide **39**, 376 (1934) — OHL: Mh. Seide u. Kunstseide **43**, 452 (1938). — 18. Unveröffentlichte Versuche des Verfassers; vgl. auch J. Text. Inst. **26**, A 22 (1935).

15. Beuchmittel.

1. ULLMANN: Melliands Textilber. **14**, 242 (1933). — 2. Deutsches Sprachpflegeamt: Melliands Textilber. **17**, 840 (1936). — 3. MATHEWS: The textile fibres, S. 475. — 4. FARGHER u. PROBERT: J. Text. Inst. **14**, 49 (1923). — 5. KOLLMANN: Melliands Textilber. **8**, 270 (1927), **18**, 994 (1937). — 6. SCHOLEFIELD u. WARD: J. Soc. Dyers Colourists **51**, 172 (1935). — 7. FILIPOV u. VORONKOV: Izvestia Textilnoi Promushlenosti **1930**, 8. — 8. KOLLMANN: Melliands Textilber. **19**, 269 (1938). — 9. I. G. Farbenindustrie A. G.: D.R.P. 584703; Ö.P. 138745; F.P. 755541; E.P. 403009. — 10. Melliands Textilber. **14**, 550 (1933); F.P. 786391; E.P. 425689; A.P. 1927363 — Vgl. auch FREIBERGER: Melliands Textilber. **14**, 302 (1933); Wollen- u. Leinenind. **54**, 142 (1934) — HOLTMANN: Melliands Textilber. **14**, 550 (1933). — 11. SCHELLER: Melliands Textilber. **16**, 787 (1935). — 12. TAGLIANI: Rev. gén. Teinture, Impress., Blanchiment, Apprêt **12**, 293 (1934); Dyer Calico Printer, Bleacher, Finisher Text. Rev. **71**, 294 (1934). — 13. HALLER: Melliands Textilber. **16**, 185 (1935). — 14. HALLER u. SEIDEL: Z. angew. Chem. **41**, 698 (1928). — 15. FEIBELMANN: Melliands Textilber. **12**, 263 (1931) — Vgl. auch HAUSNER: Melliands Textilber. **13**, 268 (1932) — HERBST: Dtsch. Färber-Ztg. **70**, 395 (1934). — 16. HEERMANN: Melliands Textilber. **5**, 181 (1924). — 17. BRAIDY: Melliands Textilber. **4**, 663 (1923). — 18. Flesch: D.R.P. 561521, 600293; E.P. 394989; Schweiz.P. 162730, 166658/59; vgl. auch Wollen- u. Leinenind. **56**, 259 (1936). — 19. Flesch: D.R.P. 624561. — 20. Böhme Fettchemie Ges. m. b. H.: D.R.P. 589778; E.P. 425804; Schweiz.P. 183447. — 21. ULLMANN: Melliands Textilber. **12**, 577 (1931) — Vgl. auch PERNDANNER: Melliands Textilber. **13**, 421 (1932). — 22. I. G. Farbenindustrie A. G.: D.R.P. 210682, 211326. — 23. Röhm u. Haas: D.R.P. 554999. — 24. Gesellschaft für chemische Industrie in Basel: F.P. 739475.

16. Merzerisierhilfsmittel.

1. MECHEELS: Melliands Textilber. **13**, 645 (1932), **17**, 725, 804 (1936). — 2. VALKÓ: Kolloidchemische Grundlagen der Textilveredlung, S. 173 ff. Wien: Julius Springer, 1937. — 3. REUMUTH: Z. ges. Textilind. **38**, H. 1 (1935) — REUMUTH u. KÖHLER: Z. ges. Textilind. **40**, 401 (1937). — 4. HEUSER u. BARTUNEK: Cellulosechem. **6**, 19 (1925). — 5. KRAUSE u. KAPITANCZYK: Kolloid-Z. **71**, 55 (1935). — 6. TSCHILIKIN: Melliands Textilber. **14**, 404 (1933). — 7. TSCHILIKIN: Melliands Textilber. **13**, 655 (1932), **14**, 80 (1933) — Vgl. auch 2. — 8. MECHEELS: Melliands Textilber. **14**, 463 (1933). — 9. Sandoz: D.R.P. 393781; E.P. 279784; F.P. 624474. — 10. Oranienburger chem. Fabrik: F.P. 659538. — 11. I. G. Farbenindustrie A. G.: F.P. 687616. — 12. Sandoz: E.P. 374214. — 13. I. G. Farbenindustrie A. G.: F.P. 784359; A.P. 2104290; E.P. 551355, 415718. — 14. Böhme Fettchemie Ges. m. b. H.: D.R.P. 617180. — 15. Sandoz: E.P. 364172, 369393. — 16. Hydrierwerke: F.P. 789182; Schweiz.P. 175648. — 17. Oranienburger chem. Fabrik: F.P. 761921 — Ciba: Schweiz.P. 173382; F.P. 763716 — Imperial Chemical Industries: A.P. 2000559. — 18. Sandoz: D.R.P. 593048, 614913; A.P. 1976886, 2008458/9; Ö.P. 144342. — 19. Sandoz: F.P. 821342; E.P. 480837. — 20. Sandoz: F.P. 624174; A.P. 1998150, 2103819 — A. Th. Böhme: D.R.P. 615115, 628062. — 21. Sandoz: Schweiz.P. 185116. — 22. I. G. Farbenindustrie A. G.: Schweiz.P. 185917; D.R.P. 635522; E.P. 463644; A.P. 2081528. — 23. I. G. Farbenindustrie A. G.: E.P. 441070; A.P. 2064883. — 24. Hydrierwerke: E.P. 454617; F.P. 796498; Schweiz.P. 185403; Ö.P. 146483. — 25. Ciba: Schweiz.P. 182371; F.P. 805379. — 26. Ciba: Schweiz.P. 184268; F.P. 799220; E.P. 449661. — 27. LANGER: Melliands Textilber. **15**, 165 (1934), **16**, 507 (1935). — 28. LANDOLT: Melliands Textilber. **9**, 759 (1928); Rev. gén. Matières Colorantes, Teinture, Impress., Blanchiment, Apprêts **32**, 379 (1928). — 29. I. G. Farbenindustrie A. G.: D.R.P. 544665; F.P. 571536. — 30. I. G. Farbenindustrie A. G.: D.R.P. 588351; F.P. 733170; A.P. 2046747. — 31. I. G. Farbenindustrie A. G.: F.P. 713644. — 32. I. G. Farbenindustrie A. G.: F.P. 714029, 715756. — 33. I. G. Farbenindustrie A. G.: F.P. 822052; Ö.P. 475675. — 34. I. G. Farbenindustrie A. G.: D.R.P. 651794, 572283; F.P. 803896; E.P. 455893; Schweiz.P. 190129. — 35. I. G. Farbenindustrie A. G.: D.R.P. 597646; F.P. 756158; E.P. 410164; A.P. 2043329; Schweiz.P. 167137. — 36. I. G. Farbenindustrie A. G.: A.P. 2010176. — 37. SIEFERT: Melliands Textilber. **15**, 367 (1934). — 38. STAUDINGER: Die hochmolekularen organischen Verbindungen. Berlin: Julius Springer, 1932. — 39. MÜNCH: Z. ges. Textilind. **41**, 180 (1938). — 40. RATH u. Mitarbeiter: Z. ges. Textilind. **39**, H. 23, H. 24, 493, 649 (1936), **40**, 25, 143, 519 (1937). — 41. Vgl. MECHEELS 1 — RATH: 40 — SCHRAMEK: Z. ges. Textilind. **41**, 219 (1938) — CHRISTOPH: Kunstseide **19**, 429 (1937); Kunstseide u. Zellwolle **7**, 295 (1937) — HEIDE: Kunstseide **19**, 314 (1937) — KERESZTES: Österr. Chemiker-Ztg. **40**, 268 (1937) — SCHMIDHÄUSER: Z. ges. Textilind. **40**, 390 (1937). — 42. WELTZIEN u. ZUM TOBEL: Mh. Seide u. Kunstseide **31**, 132 (1926) — Vgl. auch HESS u. RABINOWITSCH: Kolloid-Z. **64**, 257 (1933). — 43. DAVIDSON: J. Text. Inst. **28**, T 27 (1937). — 44. HEES: Melliands Textilber. **18**, 367, 446 (1937).

17. Bleichhilfsmittel.

1. D.R.P. 563387, 647566, 656112 — Vgl. auch FEIBELMANN: Melliands Textilber. **12**, 263 (1931) — SCHOFIELD, J. u. J. C. SCHOFIELD: Melliands

Textilber. **18**, 589 (1937). — 2. HEDGEPETH: J. Soc. Dyers Colourists **51**, 220 (1935). — 3. FREIBERGER: Siehe Zusammenstellung bei 4. — 4. Vgl. z. B. TAGLIANI: Melliands Textilber. **18**, 441, 513 (1937). — 5. MARKUSE: Textilind. (russ.) **14**, 43 (1935) — Vgl. auch ELÖD u. VOGEL: Melliands Textilber. **18**, 64 (1937). — 6. ELÖD u. VOGEL: Melliands Textilber. **18**, 64 (1937). — 7. FOERSTER: J. prakt. Chem. **59**, 53 (1899), **63**, 141 (1901); Z. Elektrochem. **23**, 131 (1917) — KAUFMANN: Z. angew. Chem. **37**, 364 (1924), **43**, 840 (1930), **44**, 104 (1931); Ber. dtsch. chem. Ges. **65**, 179 (1932); Melliands Textilber. **9**, 694 (1928) — WEISS: Z. anorg. allg. Chem. **192**, 97 (1930); Z. Elektrochem. **37**, 20, 271 (1931); Z. angew. Chem. **44**, 102 (1931). — 8. SCHILOW u. MINAJEW: Melliands Textilber. **15**, 221, 266 (1934). — 9. KAUFMANN: Melliands Textilber. **14**, 138 (1933). — 10. SECK: Melliands Textilber. **13**, 314 (1932). — 11. CLIBBENS u. RIDGE: J. Text. Inst. **18**, 135 (1927), **19**, 389 (1928) — Vgl. auch CLIBBENS u. GEAKE: J. Text. Inst. **19**, T 77 (1928).'— 12. BAUR: Dtsch. Färberkalender **1930**, 97. — 13. MINAJEW: Melliands Textilber. **17**, 219, 326 (1936). — 14. EBERT u. NUSSBAUM: Vgl. z. B. 13 und 15. — 15. KIND: Das Bleichen von Pflanzenfasern. Berlin: Julius Springer, 1932. — 16. SCHMIDT: Melliands Textilber. **17**, 878 (1936), **18**, 304 (1937). — 17. KORNREICH: Melliands Textilber. **17**, 227 (1936). — 18. WASSER: Melliands Textilber. **18**, 227 (1937). — 19. GÖBEL: Melliands Textilber. **19**, 64 (1938) — Vgl. auch HENK: Mschr. Text.-Ind. **52**, 86 (1937). — 20. WIELAND: Ber. dtsch. chem. Ges. **54**, 2353 (1921), **55**, 3639 (1922) — FRANK u. HABER: Naturwiss. **19**, 450 (1931) — HABER u. WILLSTAETTER: Ber. dtsch. chem. Ges. **64**, 2844 (1931). — 21. SCHELLER: Melliands Textilber. **16**, 787 (1935). — 22. BRAIDY: Melliands Textilber. **4**, 663 (1923). — 23. DÖRFELT: Mschr. Text.-Ind. **50**, 37, 67, 90, 117 (1935). — 24. Vgl. z. B. MÜNCH: Z.) ges. Textilind. **34**, 323 (1931) — KOLTHOFF: Z. ges. Textilind. **34**, 323 (1931) — TATU: Rev. gén. Teinture, Impress., Blanchiment, Apprêt **9**, 473 (1931) — LORENZ: Mschr. Text.-Ind. **49**, 112 (1934). — 25. E.P. 289156; D.R.P. 226090 — Vgl. auch SCHENK, VORLÄNDER u. DUX: Z. angew. Chem. **27**, 291 (1914); Wollen- u. Leinenind. **56**, 259 (1936). — 26. D.R.P. 250262, 284761; Ö.P. 88372 — Vgl. auch KIND: 15 — FOLGNER u. SCHNEIDER: Melliands Textilber. **14**, 452, 502 (1933), **15**, 24 (1934) — OHL: Melliands Textilber. **15**, 555 (1934) — MECHEELS: Melliands Textilber. **16**, 725 (1935) — FOLGNER: Melliands Textilber. **18**, 619 (1937); Mschr. Text.-Ind. **52**, 257 (1937) — BAIER: Z. ges. Textilind. **40**, 454 (1937). — 27. KRAUSS: Z. anorg. allg. Chem. **204**, 318 (1932) — D.R.P. 542157; F.P. 783578. — 28. Vgl. z. B. LEMOINE: Bull. Soc. chim. France [4], **19**, 401 (1917) — NAST: Melliands Textilber. **10**, 745 (1929). — 29. F.P. 668822. — 30. D.R.P. 314590. — 31. D.R.P. 263650. — 32. RUSSINA: Z. ges. Textilind. **30**, 285 (1927). — 33. D.R.P. 649322; E.P. 401109, 403035, 421843, 425804; Ö.P. 141132, 141135; Schweiz.P. 188878 — Vgl. auch PORZKY: Z. ges. Textilind. **39**, 451 (1936) — REUMUTH u. KÖHLER: Z. ges. Textilind. **40**, 401 (1937). — 34. WIEGAND u. SCHÖNIGER: Melliands Textilber. **17**, 337 (1936) — Vgl. auch FESTERLING: Dtsch. Färber-Ztg. **72**, 40 (1936). — 35. SMITH u. HARRIS: Bur. Standards J. Res. **16**, 301, 309 (1936); Amer. Dyestuff Reporter **25**, 180 (1936) — Vgl. auch ARMAND: Rev. gén. Teinture, Impress., Blanchiment, Apprêt **15**, 5 (1937). — 36. Böhme Fettchemie Ges. m. b. H.: D.R.P. 653989; F.P. 755637; E.P. 401199; A.P. 2048991; vgl. auch D.R.P. 615680 — BUTZ: Wollen- u. Leinenind. **54**, 109 (1934); Dtsch. Färber-Ztg. **72**, 381 (1936) — OURISSON: Bull. Soc. ind. Mulhouse **53**, 217 (1937) — KORNREICH: Melliands Textilber. **18**, 304 (1937). — 37. I. G. Farbenindustrie A. G.:

D.R.P. 582239, 588872, 613417, 657006 — KAYSER: Melliands Textilber. 14, 455 (1933); Wollen- u. Leinenind. 54, 217 (1934) — KORTE: Melliands Textilber. 15, 801, 864 (1936) — BAIER u. HUNDT: Melliands Textilber. 18, 301 (1937) — HUNDT: Melliands Textilber. 18, 228 (1937).

18. Färbereihilfsmittel.

1. Vgl. z. B. BARTEL: In ALEXANDERS Colloid-Chemistry, Bd. 3, S. 41. New York, 1931 — STOECKER: Melliands Textilber. 12, 524 (1931), 13, 86, 150 (1932), 14, 75, 197, 544 (1933) — SCHULZE: Melliands Textilber. 13, 544 (1932) — WELTZIEN u. GÖTZE: Mh. Seide u. Kunstseide 32, 401 (1927), 33, 372 (1928) — HOHN u. LANGE: Physik. Z. 36, 603 (1935) — HETZER: Melliands Textilber. 17, 822 (1936). — 2. LANDOLT: Melliands Textilber. 9, 759 (1928). — 3. D.R.P. 336558. — 4. NEUBERG: Biochem. Z. 76, 108 (1916); Seifensieder-Ztg. 50, 209, 223 (1923) — LINDAU: Naturwiss. 20, 396 (1932) — v. HAHN: Kolloid-Z. 62, 202 (1933). — 5. ELÖD u. SILVA: Z. physik. Chem., Abt. A 137, 142 (1928) — ELÖD u. BÖHME: Melliands Textilber. 13, 365 (1932) — ELÖD u. KÖHNLEIN: Melliands Textilber. 17, 409 (1936) — ELÖD: Melliands Textilber. 17, 67 (1936), 18, 49 (1937); vgl. auch HALLER: Helv. chim. Acta 19, 15 (1936). — 6. KNECHT: Ber. dtsch. chem. Ges. 37, 3479 (1904) — MEYER u. FICKENTSCHER: Melliands Textilber. 7, 605 (1926); Naturwiss. 15, 129 (1927) — SPEAKMAN u. STOTT: Trans. Faraday Soc. 30, 539 (1934), 31, 1425 (1935). — 7. ENDER u. MÜLLER: Melliands Textilber. 18, 633, 732, 809, 906, 991 (1937). — 8. ANACKER: Melliands Textilber. 17, 332 (1936). — 9. Vgl. z. B. RUGGLI: Melliands Textilber. 10, 536 (1929) — PARKS u. BARLETT: Amer. Dyestuff Reporter 24, 476 (1935) — PARKS u. BEARD: Amer. Dyestuff Reporter 24, 558 (1935). — 10. GARA: Z. ges. Textilind. 41, 672, 681 (1938); vgl. auch Melliands· Textilber. 19, 436 (1938) sowie MÜLLER: Melliands Textilber. 9, 55 (1928). — 11. SCHÖLLER: Melliands Textilber. 19, 57 (1938). — 12. NEVILLE u. JEANSON: J. physic. Chem. 37, 1000 (1933). — 13. NÜSSLEIN: Melliands Textilber. 16, 49, 325 (1935) — SCHWEN: Melliands Textilber. 13, 485 (1932), 14, 22 (1933); Mh. Seide u. Kunstseide 43. 369 (1938) — SCHÖLLER: Melliands Textilber. 15, 357 (1934) — VALKÓ: Österr. Chemiker-Ztg. 40, 465 (1937). — 14. Vgl. z. B. Melliands Textilber. 18, 642 (1937). — 15. VALKÓ: Trans. Faraday Soc. 31, 230, 254 (1935); Österr. Chemiker-Ztg. 40, 465 (1937); Kolloidchemische Grundlagen der Textilveredlung. Berlin: Julius Springer, 1937. — Vgl. dazu HOLZACH: Entwicklungsarbeit der deutschen chemischen Industrie auf dem Gebiete der Farbstoffsynthese. Ludwigshafen, 1936. — 16. ENDER u. MÜLLER: Melliands Textilber. 19, 65, 161, 272 (1938) — Vgl. auch BOUTIN: Rev. gén. Teinture, Impress., Blanchiment, Apprêt 12, 93 (1934) — BRASS u. WITTENBERGER: Mschr. Text.-Ind. 50, 241 (1935). — 17. I. G. Farbenindustrie A. G.: D.R.P. 604401, 607750; E.P. 411474; A.P. 2040796. — 18. Gesellschaft für chemische Industrie in Basel: F.P. 771270; E.P. 439890, 433230, 436790, 436863; Ö.P. 148458, 151282. — 19. I. G. Farbenindustrie A. G.: E.P. 439675. — 20. RUGGLI: Melliands Textilber. 6, 674 (1925), 14, 600 (1933), 15, 209 (1934); Kolloid-Z. 63, 129 (1933).; J. Soc. Dyers Colourists, Jubilee Issue 1934, 77; Rev. gén. Teinture, Impress., Blanchiment, Apprêt 13, 5 (1935); Z. ges. Textilind. 40, 271 (1937) — WELTZIEN u. SCHULZE: Kolloid-Z. 62, 46 (1933); Mh. Seide u. Kunstseide 40, 289, 335, 381 (1935) — WELTZIEN u. WINDECK-SCHULZE: Mh. Seide u. Kunstseide 43, 63 (1938) — MEYER: Melliands Textilber. 9, 572 (1928) — SCHIRM: J. prakt. Chem. 144, 69 (1935) — KRZIKALLA u. EISTERT: J. prakt.

Chem. **143**, 50 (1935) — LENHER u. SMITH: J. Amer. chem. Soc. **57**, 479 (1935) — Vgl. auch VALKÓ: Kolloidchemische Grundlagen der Textilveredlung. Berlin: Julius Springer, 1937. — 21. VALKÓ: Kolloidchemische Grundlagen der Textilveredlung, S. 408. Berlin: Julius Springer, 1937. — 22. LANDOLT: Melliands Textilber. **17**, 650 (1936). — 23. Gesellschaft für chemische Industrie in Basel: F.P. 778476. — 24. Gesellschaft für chemische Industrie in Basel: F.P. 776146. — 25. Gesellschaft für chemische Industrie in Basel: F.P. 778833. — 26. KRAUS: Wollen- u. Leinenind. **55**, 349, 363 (1935). — 27. SCHWEN: Melliands Textilber. **14**, 22 (1933) — SCHOELLER: Melliands Textilber. **15**, 357 (1934), **18**, 234 (1937) — Vgl. auch E.P. 436942. — 28. Böhme Fettchemie Ges. m. b. H.: E.P. 435431 — Vgl. auch Sandoz: F.P. 822739. — 29. HEIDE: Z. ges. Textilind. **39**, 133 (1936). — 30. HALLER u. RUPERTI: Cellulosechem. **6**, 189 (1925); Melliands Textilber. **6**, 664 (1925) — Vgl. auch RUPERTI: Melliands Textilber. **8**, 942 (1927) — SCHWEN: Melliands Textilber. **9**, 673 (1928). — 31. F.P. 824196. — 32. ELLNER: Melliands Textilber. **19**, 508 (1938) — Vgl. auch GUND: Melliands Textilber. **18**, 231 (1937). — 33. Böhme Fettchemie Ges. m. b. H.: F. P. 739006; A. P. 2026817; Ö. P. 135670. — 34. I. G. Farbenindustrie A. G.: D. R. P. 593790.

19. Kolloide Nachbehandlungsmittel zur Erhöhungs der Wasserechtheit substantiver Färbungen.

1. AUERBACH: Melliands Textilber. **19**, 512 (1938). — 2. F.P. 768283, 769307, 777792, 784692; E.P. 429206, 431524, 431703, 433143, 433210, 435868, 437642; A.P. 2033836, 2093651. — 3. CHWALA, MARTINA u. BECKE: Melliands Textilber. **17**, 583 (1936). — 4. HARTMANN u. KÄGI: Z. angew. Chem. **41**, 127 (1928) — Gesellschaft für chemische Industrie in Basel: D.R.P. 464142, 567921, 582101, 671782; E.P. 219304, 294582; F.P. 657974. — 5. Gesellschaft für chemische Industrie in Basel: D.R.P 559500, 626718;. F.P. 725637; A.P. 2004476; Ö.P. 131103; E.P. 390553. — 6. I. G. Farbenindustrie A. G.: A.P. 2061860; E.P. 435388; F.P. 734202 — 7. Vgl. z. B. I. G. Farbenindustrie A. G.: E.P. 460961. — 8. Sandoz: Schweiz.P. 191564; E.P. 464921; F.P. 805742; A.P. 2132074. — 9. I. G. Farbenindustrie A. G.: F.P. 779583, 785043; E.P. 435388, 440488. — 10. I. G. Farbenindustrie A. G.: D.R.P. 598635, 611363. — 11. Deutsche Hydrierwerke: F.P. 782802; E.P. 434911. — 12. HUNDSDIEKER: E.P. 426508, 428988. — 13. E.P. 340572, 406686; A.P. 2008902 — HUNDSDIEKER u. VOGT: E.P. 765475; E.P. 425188, 428987. — 14. HUNDSDIEKER: E.P. 424717. — 15. Imperial Chemical Industries: F.P. 748510. — 16. Böhme Fettchemie Ges. m. b. H.: F.P. 770235; Schweiz.P. 183676; Ö.P. 154886. — 17. Gesellschaft für chemische Industrie in Basel: E.P. 419010; F.P. 774107; Schweiz.P. 163274. — 18. I. G. Farbenindustrie A. G.: E.P. 460961, 461181; F.P. 803821. — 19. E.P. 436592, 437273, 438508, 466734; Ö.P. 152172; D.R.P. 654443, 661749, 666643. — 20. Böhme Fettchemie Ges. m. b. H.: E.P. 457942; A.P. 2114564. — 21. Böhme Fettchemie Ges. m. b. H.: F.P. 793182.

20. Kolloidchemische Hilfsmittel zum Abziehen von Färbungen.

1. I. G. Farbenindustrie A. G.: D.R.P. 636305. — 2. Imperial Chemical Industries: D.R.P. 605913, 632066, 632728, 652347; F.P. 752728, 771349, 791217; E.P. 436076, 437884; A.P. 2003928, 2019124, 2052612. — 3. ROVE

u. Owen: J. Soc. Dyers Colourists 52, 205 (1936). — 4. I. G. Farbenindustrie A. G.: E.P. 434810. — 5. Gesellschaft für chemische Industrie in Basel: E.P. 441296; vgl. auch D.R.P. 636626.

21. Wollschutzmittel.

1. Vgl. z. B. Patat: Melliands Textilber. 20, 279 (1939). — 2. Speakman u. Stott: Trans. Faraday Soc. 30, 539 (1934), 31, 1425 (1935) — Speakman u. Hirst: Trans. Faraday Soc. 28, 152 (1932), 29, 148 (1933). — 3. Elöd: Z. angew. Chem. 38, 837, 1112 (1925) — Elöd u. Silva: Z. physik. Chem., Abt. A 137, 142 (1928) — Elöd: Z. angew. Chem. 46, 414 (1933); Melliands Textilber. 18, 49 (1937) — Elöd u. Reutter: Melliands Textilber. 19, 67 (1938). — 4. Vgl. auch Herzog u. Koch: Melliands Textilber. 17, 101 (1936) — Viertel: Dissertation. Dresden, 1933; Forschungsh. 15 des Deutschen Forschungsinstitutes für Text.-Ind., Dresden. — 5. Hartmann: Z. ges. Textilind. 37, H. 34 (1934). — 6. Friedrich u. Kessler: Melliands Textilber. 14, 78 (1933) — Vgl. auch Friedrich: Mschr. Text.-Ind. 53, 29 (1938). — 7. Brandenburger: Melliands Textilber. 17, 60 (1936) — Vgl. auch Ullrich: Wollen- u. Leinenind. 57, 3 (1937). — 8. Trotman, Trotman u. Brown: J. Soc. Dyers Colourists 44, 49 (1928). — 9. Cherbulliez u. Feer: Helv. chim. Acta 5, 678 (1922). — 10. Bergmann, Jacobsohn u. Schotte: Z. physiol. Chem. 131, 18 (1923). — 11. I. G. Farbenindustrie A. G.: D.R.P. 601103; F.P. 752831; E.P. 409336; A.P. 2042194. — 12. Küntzel: Angew. Chem. 50, 308 (1937). — 13. Speakman u. Coke: I. Soc. Dyers Calourists 54, 563 (1938). — Patat: Melliands Textilber. 20, 277 (1939). — Gross, v. Roll u. Schreiber: Melliands Textilber. 20, 357 (1939).

22. Mattierungsmittel.

1. Lassé: Melliands Textilber. 14, 553 (1933). — 2. Vgl. z. B. A.P. 2114915. — 3. Dtsch. Färber-Ztg. 70, 333 (1934); Chem. Zbl. 1934 I, 3266; Melliands Textilber. 15, 118 (1934); Rev. gén. Matières Colorantes, Teinture, Impress., Blanchiment, Apprêts 39, 130 (1935) — Keiner: Dtsch. Färberkalender 1935, 23/24 — Prior: Mh. Seide u. Kunstseide 40, 456 (1935). — 4. Imperial Chemical Industries: F.P. 783108, 798694, 799 912, 805462; D.R.P. 618329, 621468, 638197, 643995, 665365; E.P. 430993, 448262, 455642; Schweiz.P. 189113. — 5. Ohl: Mschr. Text.-Ind. 48, 342 (1933); Z. ges. Textilind. 37, 271 (1934) — Vgl. auch Ö.P. 150994; A.P. 2099004. — 6. Weltzien u. Schulze: Kunstseide 15, 452 (1933) — Vgl. auch Herzog: Melliands Textilber. 16, 829 (1935). — 7. E.P. 339603; vgl. auch D.R.P. 592817. — 8. Wiegand u. Schöniger: Melliands Textilber. 17, 337 (1936). — 9. Waldmann u. Chwala: F.P. 796917; E.P. 460858; Schweiz.P. 189136. — 10. Feldmühle A. G.: E.P. 426751; A.P. 2048833; Ö.P. 143303; Schweiz.P. 170409. — 11. Mitcheson: Dyers Colour. Print. 77, 97 (1937) — Moore: Rayon Melliands Text. Mont. 17, 737, 791 (1936) — Vgl. auch A.P. 1961229; F.P. 811563; E.P. 465741; Ö.P. 151642. — 12. E.P. 261333; F.P. 626956; E.P. 432328. — 13. D.R.P. 570666. — 14. F.P. 763807. — 15. D.R.P. 610424. — 16. D.R.P. 584876. — 17. A.P. 1958949. — 18. E.P. 414153. — 19. A.P. 2042944, 2066385. — 20. Vgl. z. B. Prior: Mh. Seide u. Kunstseide 40, 415 (1935) — Dissertation Brünn 1934. — 21. D.R.P. 454680. — 22. Zart: Chemiker-Ztg. 60, 213 (1936). — 23. Ciba: D.R.P. 615307; F.P. 739747. — 24. Sandoz: E.P. 415822; F.P. 752337. — 25. Vgl. z. B. Machu: Kunstseide 16, 392, 426 (1934), 17, 150, 194 (1935); Melliands Textilber. 20, 144, 295, 371 (1939). — 26. Melliands Textilber. 14, 402 (1933);

Mschr. Text.-Ind. **49**, 187 (1934). — 27. E.P. 408240, 455209, 478327; vgl. auch Text. Manuf. **63**, 116 (1937); Text. Col. **59**, 317 (1937); Wollen- u. Leinenind. **58**, 59 (1938). — 28. Ciba: F.P. 760995; E.P. 421360; D.R.P. 642194. — 29. Imperial Chemical Industries: E.P. 379396 — Vgl. auch Reychler: Bull. Soc. chim. Belgique **26**, 193 (1912), **27**, 113 (1913); Kolloid-Z. **12**, 277 (1913), **13**, 252 (1914). — 30. Böhme Fettchemie Ges. m. b. H.: F.P. 789538, 793183; E.P. 443758, 445145; D.R.P. 636638; Ö.P. 147468. — 31. Lassé: Melliands Textilber. **14**, 185, 309, 358, 414, 461, 508, 553 (1933) — Vgl. auch Reumuth: Chemiker-Ztg. **58**, 345 (1934). — 32. Chwala: Kolloid.-Beih. **31**, 264 (1930). — 33. Frey-Wyssling: Protoplasma **27**, 563 (1937). — 34. Lassé: Melliands Textilber. **14**, 358 (1933). — 35. Prior: Mh. Seide u. Kunstseide **40**, 415, 500 (1935); Mschr. Text.-Ind., Fachh. Nov. 1935, 84. — 36. Bertsch: Angew. Chem. **47**, 424 (1934), **48**, 52 (1935). — 37. Reychler: loc. cit. 29 — Imperial Chemical Industries: E.P. 379396 — Vgl. auch Götte: Kolloid-Z. **64**, 222, 327, 331 (1933). — 38. Böhme Fettchemie Ges. m. b. H.: E.P. 424672; A.P. 2101251; Ö.P. 142884; Schweiz.P. 175323; F.P. 772788. — 39. Götte: Melliands Textilber. **17**, 236 (1936); vgl. auch Dyer Calico Printer, Bleacher, Finisher Text. Rev. **75**, 573 (1936) — Ferner sei verwiesen auf Raushan: Text. Manuf. **62**, 232 (1936) — Moore: Rayon Melliands Text. Mont. **18**, 328 (1937). — 40. Böhme Fettchemie Ges. m. b. H.: E.P. 443758; F.P. 793182/3. A.P. 2114564. — 41. Stockhausen & Co.: D.R.P. 651231. — 42. I. G. Farbenindustrie A. G.: D.R.P. 592817, 593562; F.P. 760946; E.P. 425418; A.P. 1990864; Schweiz.P. 172337. — 43. Ohl: Mschr. Text.-Ind. **48**, 342 (1933); vgl. auch Wollen- u. Leinenind. **58**, 59 (1938). — 44. Ciba: F.P. 804221; E.P. 469688, 478998; Ö.P. 149978; Schweiz.P. 185117, 186727/9. — 45. Kuhlmann: F.P. 798839. — 46. Vgl. F.P. 807424; E.P. 467480. — 47. Stahl: Mh. Seide u. Kunstseide **36**, 324, 358, 402, 439 (1931); Mschr. Text. Ind. **47**, 139, 161 (1932); Melliands Textilber. **13**, 200 (1932) — Weltzien u. Brunner: Mh. Seide u. Kunstseide **36**, 399, 447 (1931) — Ohl: Melliands Textilber. **13**, 483 (1923); Dyers Calico Printer, Bleacher, Finisher Text. Rev. **72**, 31 (1934) — Roche: Text. Manuf. **63**, 330 (1937). — 48. E.P. 306067. — 49. Vgl. z. B. A. P. 1984788. — 50. Imperial Chemical Industries: E.P. 393985. — 51. E.P. 415686; A.P. 2111252. — 52. E.P. 409275. — 53. Imperial Chemical Industries: E.P. 391214, 391847, 412929/30. — Allgemeines und analytisches Schrifttum: Herzog: Melliands Textilber. **16**, 829 (1935), **18**, 77 (1937).

23. Mittel zur porös-wasserabweisenden Imprägnierung von Textilwaren.

1. Rohrdorf: Mschr. Text.-Ind. **50**, 20, 43 (1935). — 2. Vgl. z. B.: Wollen- u. Leinenind. **50**, 199 (1930). — 2. Zschimmer & Schwarz: D.R.P. 574452; A.P. 2086499 — Durst: Melliands Textilber. **19**, 739 (1938). — 4. Vgl. z. B. Melliands Textilber. **11**, 148 (1930); Z. ges. Textilind. **40**, 252 (1937). — 5. Vgl. z. B. Dtsch. Färber-Ztg. **71**, 98 (1935). — 6. Heermann: Mschr. Text.-Ind. **42**, 529 (1927); E.P. 403957. — 7. Vgl. z. B.: Seifensieder-Ztg. **61**, 61 (1934). — 8. Taubitz: Z. ges. Textilind. **29**, 472 (1926). — 9. Vgl. z. B.: Dtsch. Färber-Ztg. **71**, 98 (1935); Rev. gén. Matières colorantes, Teinture, Impress., Blanchiment, Apprêts **38**, 243 (1934). — 10. Zschimmer & Schwarz: D.R.P. 652956. — 11. Rotter: Spinner u. Weber **42**, 14 (1928) — Vgl. auch Durst: Melliands Textilber. **20**, 136 (1939). — 12. Mecheels: Melliands Textilber. **18**, 313 (1937). — 13. Vendor: Mschr. Text.-Ind. **52**, 120 (1937). — 14. Müller u. Stenzinger: A.P. 2015864, 2015865. — 15. Quehl: Melliands Textilber. **18**, 1001 (1937). — 16. Cleve-

LAND: A.P. 2046305. — 17. Baumheier: E.P. 385344, 386018, 386700. — 18. BUNDESMANN: Melliands Textilber. 16, 128, 211, 331, 437, 663, 739, 792 (1935), 18, 169 (1937) — D.R.P. 631584 — STENZINGER: Mschr. Text.-Ind. 50, Fachh. 1, 15 (1935); Melliands Textilber. 18, 169 (1937) — FRANZ u. HENNING: Melliands Textilber. 17, 926 (1936) — D.R.P. 603216 — MECHEELS: Melliands Textilber. 14, 20 (1934); Dtsch. Färber-Ztg. 70, 305 (1934) — BECKER: Z. ges. Textilind. 38, 235 (1935), 39, 3 (1936) — Vgl. auch QUEHL: 15 — WENZEL: Amer. Dyestuff Reporter 25, 509, 598 (1936) — CRYER: Amer. Dyestuff Reporter 25, 615 (1936). — 19. MECHEELS: Melliands Textilber. 17, 341 (1936) — Vgl. auch STEIN: Z. ges. Textilind. 32, 739 (1929) — v. KAPFF: Mschr. Text.-Ind. 39, 288 (1924) — BUCHHEIM: Dtsch. Färber-Ztg. 72, 43, 56, 67, 79, 96 (1936) — TAUBITZ: Wollen- u. Leinenind. 57, 107, 142, 157 (1937). — 20. FRANZ u. HENNING: Melliands Textilber. 17, 926 (1936). — 21. D.R.P. 88012, 124973; vgl. auch Mh. Seide u. Kunstseide 42, 210 (1937). — 22. ELÖD u. ETZKORN: Angew. Chem. 51, 45 (1938). — 23. AUERBACH: Melliands Textilber. 19, 512 (1938). — 24. D.R.P. 499818, 535234, 537036. — 25. Röhm u. Haas: D.R.P. 653084. — 26. I. G. Farbenindustrie A. G.: E.P. 463472. — 27. I. G. Farbenindustrie A. G.: E.P. 463300. — 28. I. G. Farbenindustrie A. G.: E.P. 464860; F.P. 809289; Ö.P. 151520. — 29. I. G. Farbenindustrie A. G.: E.P. 472613. — 30. I. G. Farbenindustrie A. G.: E.P. 467166. — 31. I. G. Farbenindustrie A. G.: Ö.P. 149654. — 32. Ö.P. 137650; E.P. 412067; D.R.P. 572613; Ö.P. 138739; E.P. 451300; D.R.P. 636396; F.P. 791435; A.P. 2092702. — 33. I. G. Farbenindustrie A. G.: E.P. 460602. — 34. Du Pont: E.P. 461436. — 35. STOLTE u. MISSY: E.P. 474403; F.P. 805591; Ö.P. 150292 — I. G. Farbenindustrie A. G.: E.P. 461179. — 36. Imperial Chemical Industries: F.P. 790215. — 37. I. G. Farbenindustrie A. G.: E.P. 467992; F.P. 811825. — 38. Deutsche Hydrierwerke: D.R.P. 613735; E.P. 426482. — 39. Ciba: E.P. 390533. — 40. Imperial Chemical Industries: E.P. 466817, 475119; F.P. 819945; vgl. auch Text. Manuf. 63, 464 (1937); Silk J. 14, 36 (1937) — STOLTE u. MISSY: F.P. 819945. — 41. CHWALA: Melliands Textilber. 19, 905 (1938). — 42. Imperial Chemical Industries: E.P. 477991.

24. Mittel zur Erhöhung der Knitterfestigkeit.

1. KRAIS: Text. Forsch. 1, 71 (1919). — 2. HALL: Rayon Record 1920, 689; J. Soc. Dyers Colourists 46, 257 (1930); Amer. Dyestuff Reporter 19, 418 (1930) — Vgl. auch WELTZIEN: Melliands Textilber. 17, 245 (1936) — REIN: Melliands Textilber. 17, 247 (1936) — AMICK: Amer. Dyestuff Reporter 24, 553 (1935) — POWERS: Amer. Dyestuff Reporter 25, 71 (1936), 26, 783 (1937); Dyer Calico Printer, Bleacher. Finisher Text. Rev. 75, 218 (1936) — GUILLERAND: Rev. gén. Teinture, Impress., Blanchiment, Apprêt 14, 827 (1936). — 3. LOHMANN u. BRAUN: Melliands Textilber. 18, 345 (1937). — 4. Siehe z. B. QUEHL: Melliands Textilber. 18, 241 (1937). — 5. SPEAKMAN u. LIU: J. Text. Inst. 28, T 207 (1937). — 6. HART: Kunstseide 14, 409 (1932) — ULLRICH: Kunstseide 19, 293 (1937). — 7. MARK: Kunstseide 14, 410 (1932). — 8. QUEHL: Melliands Textilber. 20, 76 (1939). — 9. HESS: Z. ges. Textilind. 39, 506 (1936). — 10. ELÖD u. ETZKORN: Angew. Chem. 51, 45 (1938) — Vgl. auch ELÖD u. HAAS-WITTMÜSS: Dipl.-Arbeit HAAS-WITTMÜSS. Karlsruhe, 1938 — HARTMANN: Umschau 43, 149 (1939). — 11. OHL: Melliands Textilber. 14, 485 (1933); Mh. Seide u. Kunstseide 43, 427 (1938). — 12. WELTZIEN: Mh. Seide u. Kunstseide 39, 343, 390 (1934). —

13. Schwarzkopf: Kunstseide 15, 247 (1933). — 14. Tootal Broadhurst: D.R.P. 499818; E.P. 291473/74, 449243; F.P. 784556, 810347; Ö.P. 118595, 145189. — 15. D.R.P. 535234, 537036; E.P. 426956, 431524, 431703/4, 439294, 446976, 452248, 454868; F.P. 766829, 777426, 795112, 797005, 797049; Ö.P. 143302, 147143, 147152, 147464. — 16. Koebner: Z. angew. Chem. 46, 251 (1933) — Houwink: Physikalische Eigenschaften und Feinbau von Natur- und Kunstharzen. Leipzig, 1934; Kolloid-Z. 77, 183 (1936) — Scheiber u. Barthel: J. prakt. Chem. 147, 99 (1936) — Ellis: Ind. Engng. Chem., News Edit. 10, 1130 (1936) — Megson: Trans. Faraday Soc. 32, 336 (1936). — 17. Walter: Trans. Faraday Soc. 31, 377 (1935). — 18. I. G. Farbenindustrie A. G.: Ö.P. 147464, 155139 — Heberlein: E.P. 466535. — 19. Auerbach: Z. ges. Textilind. 41, 192 (1938); Melliands Textilber. 19, 512 (1938). — 20. E.P. 447651, 455472, 471988, 488095; F.P. 805504, 809556, 809557. — 21. E.P. 460201, 482254. — 22. E.P. 458877, 466015, 468677, 468746, 486519; Ö.P. 150002; A.P. 2118685. — 23. D.R.P. 648792. — 24. Vgl. z. B. Chem. Fabrik 9, 529 (1937). — 25. Rotta-Quehl: F.P. 825474; Schweiz.P. 196948.

25. Avivagemittel.

1. Münch: Melliands Textilber. 15, 417, 557, 558 (1934) — Lindner: Melliands Textilber. 15, 416, 557 (1934). — 2. I. G. Farbenindustrie A. G.: F.P. 811808. — 3. Gesellschaft für chemische Industrie in Basel: E.P. 459457.

26. Appreturhilfsmittel.

1. I. G. Farbenindustrie A. G.: D.R.P. 652796, 653427; E.P. 414576; F.P. 766119; Schweiz. P. 175998; A.P. 2099765; Ö.P. 148375. — 2. Stadler: Melliands Textilber. 16, 61 (1935). — 3. Gesellschaft für chemische Industrie in Basel: E.P. 466015, 477841; Schweiz.P. 191826, 197255. — 4. Imperial Chemical Industries: A.P. 2125901. — 5. Haussner: Z. ges. Textilind. 40, 242 (1937) — Bergs: Melliands Textilber. 19, 94, 445 (1938) — Sponsel: Melliands Textilber. 18, 100 (1937), 19, 738 (1938) — Günther: Mh. Seide u. Kunstseide 43, 181 (1938); vgl. auch Dyer Calico Printer, Bleacher, Finisher Text. Rev. 80, 63 (1938). — 6. I. G. Farbenindustrie A. G.: E.P. 476312, 491539. — 7. Röhm u. Haas: E.P. 437446; A.P. 2009015. — 8. Walther: Melliands Textilber. 19, 376 (1938).

Namenverzeichnis.

Die *kursiv* gedruckten Seitenzahlen beziehen sich auf die abschnittsweisen Schrifttumsverzeichnisse.

Sachverzeichnis.

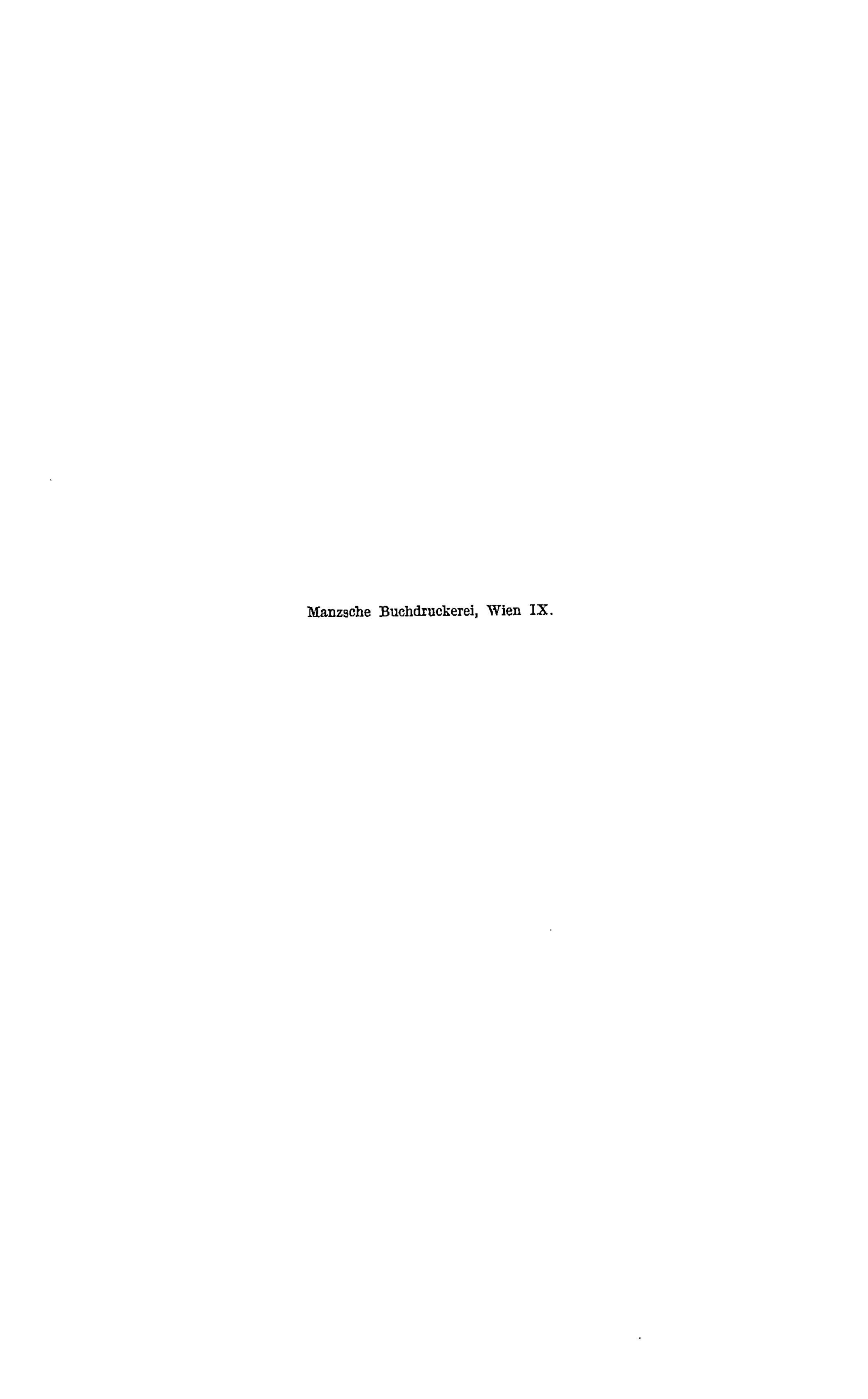

Manzsche Buchdruckerei, Wien IX.

Textilhilfsmittel-Tabellen (insbesondere Schaum-, Netz-, Wasch-, Reinigungs-, Dispergier- usw. -Mittel). Von Dr. **J. Hetzer,** Ludwigshafen a. Rh. Zweite, erweiterte Auflage. VI, 327 Seiten. 1938.   Gebunden RM 24.—

Kenntnis der Wasch-, Bleich- und Appreturmittel. Ein Lehr- und Hilfsbuch für technische Lehranstalten und die Praxis. Von Ing.-Chem. Professor **Heinrich Walland,** Wien. Zweite, verbesserte Auflage. Mit 59 Textabbildungen. X, 337 Seiten. 1925..   Gebunden RM 16.20

Chemische Technologie der Lösungsmittel. Von Dr. phil. **Otto Jordan,** Mannheim. Mit 26 Abbildungen im Text. XIV, 322 Seiten. 1932.
Gebunden RM 26.50

Handbuch der Seifenfabrikation. Von Professor Dr. **Walther Schrauth,** Berlin. Sechste, verbesserte Auflage. Mit 183 Abbildungen. IX, 771 Seiten. 1927.   Gebunden RM 35.10

Das Wasserstoffperoxyd und die Perverbindungen. Von Ing. Dr. techn. **Willy Machu,** Wien. Mit 46 Textabbildungen. XII, 408 Seiten. 1937. (Verlag von Julius Springer-Wien.)   RM 39.—

Grundlegende Operationen der Farbenchemie. Von Professor Dr. **Hans Eduard Fierz-David** und Priv.-Doz. Dr. **Louis Blangey,** Zürich. Vierte, umgearbeitete und vermehrte Auflage der „Grundlegenden Operationen der Farbenchemie" von **H. E. Fierz-David.** Mit 52 Textabbildungen und 21 Tabellen auf 24 Tafeln. XX, 338 Seiten. 1938. (Verlag von Julius Springer-Wien).   Gebunden RM 39.—

Künstliche organische Farbstoffe. Von Professor Dr. **Hans Eduard Fierz-David,** Zürich. („Technologie der Textilfasern", Bd. III.) Mit 18 Textabbildungen, 12 einfarbigen und 8 mehrfarbigen Tafeln. XVI, 719 Seiten. 1926.   Gebunden RM 56.70

Ergänzungsband. Von Professor Dr. **Hans Eduard Fierz-David,** Zürich. Mit einer Farbmustertafel. VI, 136 Seiten. 1935.
RM 12.—; gebunden RM 14.50

Die hochmolekularen organischen Verbindungen. Kautschuk und Cellulose. Von Professor Dr. phil. **Hermann Staudinger,** Freiburg i. Br. Mit 113 Abbildungen. XV, 540 Seiten. 1932.   Gebunden RM 52.—

Celluloseverbindungen und ihre besonders wichtigen Verwendungsgebiete dargestellt an Hand der Patent-Weltliteratur. Bearbeitet von zahlreichen Fachgelehrten. Herausgegeben von Patentanwalt Dr. **0. Faust,** Berlin. In zwei Bänden. Mit zahlreichen Textabbildungen. XXIV, 3098 Seiten. 1935.   Beide Bände zusammen RM 480.—